水環境
ハンドブック

(社)日本水環境学会 [編集]

朝倉書店

序

　このハンドブックの表題にある「水環境」は，この15年ほど前から広く使われ始めた新しい若い言葉であり概念である．さまざまな近代科学技術用語が，明治時代に日本語として整備されたが，そのころはまだ「水環境」という言葉は存在していなかった．「水環境」分野はまだ若く発展を続けている分野である．

　社会生活の改善，地域の安全，あるいは，地球環境保全について具体的な施策を立案するとき，水は必ず含めなければならない課題である．これは，すべての人々，特に，環境とさまざまな資源に関わる政策決定，行政，生産，研究，教育に携わる人々が，「水環境」に関する正確で確実な知識を持つことが求められていることを意味する．多くの人々が関わる分野であるがゆえに，その体系が誰にでもわかることが必要である．水環境の体系をわかりやすく示すこと，その役割を果たすのがこのハンドブックである．

　環境省のホームページで，各年度の環境白書を検索すると，現在の意味で「水環境」が最初に現れたのが，1978年版（昭和53年版）であることがわかる．下水道の整備の目的として，「良好な水環境の回復……」という文章である．1987年版（昭和62年版）になってはじめて，項の見出しに「水環境」が現れている．その後1993年（平成5年）の環境基本法の制定以降，「水環境」は環境白書の文中に頻出するようになる．人為的な汚染が自然水系を汚すという一方向の行為としてのとらえ方である「水質汚濁」という概念から，人間社会を含む地球上の生態系全体の中で，「水に関わる環境と社会」の総体を「水環境」と呼ぶようになったわけである．

　（社）日本水環境学会が日本水質汚濁研究協会から名称を変えたのは，1993年の環境基本法制定に先立つ，1991年（平成3年）6月のことであり，本書は前身の協会（1971年10月に設立）の創立30周年を機に企画された．発展し変化し続けている「水環境」の分野を，水の世紀と呼ばれる21世紀の始めのこの時期に，ハンドブックとして取りまとめることができたことは，幸いである．

　インターネットの時代と言われてから久しく，すでに時代は，ウェブ上で不特定多数の開発者からユーザーまでが，自由にサービスの提供やシステムの開発に参加できる，あるいは，無償でさまざまな情報が公開されるという，ウェブの新しい世界が現れている．このような時代に，刊行物としての「ハンドブック」を制作する意義は何であろうか．それは，水環境について，確実な知識の俯瞰と，知識体系の座標を規定する軸の提

序

示が求められているからである．最新情報の交換はインターネットが得意とするところであるが，その情報あるいは知識を検索するためのキーワード（あるいは図形情報）の選択と，インターネットのウェブの世界から得られる知識の真贋の吟味には，俯瞰的な知識とその知識を位置づける座標軸の存在が不可欠である．これがこのハンドブックが担っている役割である．

通常のハンドブックの構成とは異なり，このハンドブックは，漢字一字で表記された4つの編から構成されている．すなわち，「場」，「技」，「物」，「知」である．水環境に関する知識を改めて体系化しようとする試みである．多くの諸科学と同様，水環境の学術分野も，その従来の守備範囲を超えて異なる領域と融合する領域を切り拓いている．水環境の分野は，学術の面に加えて，行政，産業の実務の面，さらに社会生活の面まで深く結びついた分野である．このような水環境の特性から，従来からの学術や行政の細分された対応では，新しい水環境を創造することが難しいであろう．また，効果的な国際活動も保証できないであろう．新進気鋭の執筆陣がまとめた，この4つの編で構成される水環境ハンドブックの知識体系が，日本と世界に新しい水環境を創造するための力強い指針になれば幸いである．

2006年9月

「水環境ハンドブック」編集委員会

委員長　大垣　眞一郎

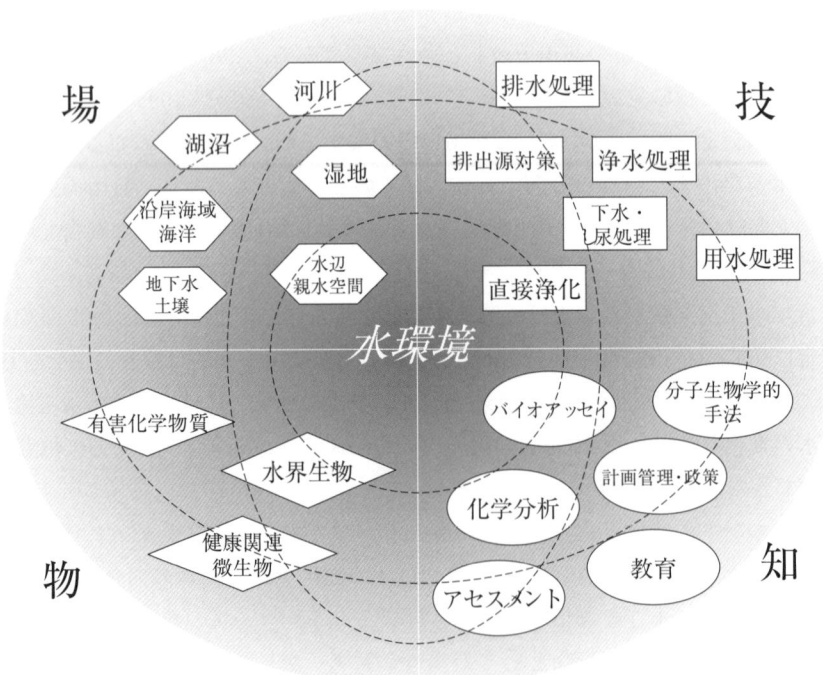

● 本書の4編と各章の全体構成図

編 集 委 員

委員長　大垣　眞一郎　東京大学大学院工学系研究科
副委員長　花木　啓祐　東京大学大学院工学系研究科
　　　　　古米　弘明　東京大学大学院工学系研究科
　　　　　伏脇　裕一　神奈川県衛生研究所
　　　　　小野　芳朗　岡山大学大学院環境学研究科
　　　　　迫田　章義　東京大学生産技術研究所

主　　査

河原　長美	岡山大学大学院環境学研究科（1章）	
浅枝　隆	埼玉大学大学院理工学研究科（2章）	
岡田　光正	広島大学理事・副学長（3章）	
中村　由行	港湾空港技術研究所（4章）	
米田　稔	京都大学大学院工学研究科（5章）	
土屋　十圀	前橋工科大学工学部（6章）	
国包　章一	国立保健医療科学院水道工学部（7章）	
味埜　俊	東京大学大学院新領域創成科学研究科（8章）	
藤江　幸一	豊橋技術科学大学エコロジー工学系（9章）	
中島　淳	立命館大学理工学部（10章）	
明賀　春樹	オルガノ（株）（11章）	
青井　透	国立群馬工業高等専門学校（12章）	
国本　学	（13章）	
中室　克彦	摂南大学薬学部（13章）	
花里　孝幸	信州大学山岳科学総合研究所（14章）	
平田　強	麻布大学環境保健学部（15章）	
劒持　堅志	岡山県環境保健センター（16章）	
西村　哲治	国立医薬品食品衛生研究所（17章）	
池　道彦	大阪大学大学院工学研究科（18章）	
小川　かほる	千葉県環境研究センター（19章）	
津野　洋	京都大学大学院工学研究科（20章）	
中杉　修身	上智大学大学院地球環境学研究科（21章）	

執　筆　者

相﨑　守弘	島根大学生物資源科学部		伊藤　雅喜	国立保健医療科学院水道工学部
相澤　貴子	横浜市水道局		井上　勝利	佐賀大学理工学部
青井　透	国立群馬工業高等専門学校		井上　隆信	豊橋技術科学大学建設工学系
赤木　洋勝	国立水俣病総合研究センター		今井　一郎	京都大学大学院農学研究科
秋葉　道宏	国立保健医療科学院水道工学部		今村　聡	大成建設(株)
浅枝　隆	埼玉大学大学院理工学研究科		入谷　英司	名古屋大学大学院工学研究科
阿部　晶	福岡工業大学社会環境学部		岩熊　敏夫	北海道大学大学院地球環境科学研究院
有薗　幸司	熊本県立大学環境共生学部		岩橋　均	産業技術総合研究所
安藤　正典	武蔵野大学薬学部		岩堀　恵祐	静岡県立大学環境科学研究所
池　道彦	大阪大学大学院工学研究科		上　真一	広島大学大学院生物圏科学研究科
石垣　智基	龍谷大学理工学部		浮田　正夫	山口大学工学部
石川　雅也	山形大学農学部		内山　巖雄	京都大学大学院工学研究科

執筆者

浦野 紘平	横浜国立大学大学院環境情報研究院
江種 伸之	和歌山大学システム工学部
遠藤 銀朗	東北学院大学工学部
遠藤 卓郎	国立感染症研究所
大橋 晶良	長岡技術科学大学環境・建設系
大橋 則雄	東京都健康安全研究センター
岡田 光正	広島大学理事・副学長
岡部 聡	北海道大学大学院工学研究科
岡部 健士	徳島大学大学院ソシオテクノサイエンス研究部
小川 かほる	千葉県環境研究センター
沖野 外輝夫	早稲田大学人間科学部
小倉 紀雄	東京農工大学名誉教授
小越 真佐司	日本下水道事業団
尾崎 則篤	広島大学大学院工学研究科
小野 芳朗	岡山大学大学院環境学研究科
神子 直之	茨城大学工学部
上山 肇	江戸川区役所都市開発部
川田 邦明	新潟薬科大学応用生命科学部
川西 琢也	金沢大学大学院自然科学研究科
河村 清史	埼玉県環境科学国際センター
河原 長美	岡山大学大学院環境学研究科
木曽 祥秋	豊橋技術科学大学エコロジー工学系
城戸 由能	京都大学防災研究所
木苗 直秀	静岡県立大学食品栄養科学部
楠井 隆史	富山県立大学短期大学部
楠田 哲也	九州大学大学院工学研究院
國井 秀伸	島根大学汽水域研究センター
国包 章一	国立保健医療科学院水道工学部
國松 孝男	滋賀県立大学環境科学部
久保 隆	長崎大学共同研究交流センター
畔柳 昭雄	日本大学理工学部
劒持 堅志	岡山県環境保健センター
胡 洪営	精華大学環境化学與工程系
古賀 憲一	佐賀大学理工学部
小島 貞男	(株)日水コン
小山 一行	(株)荏原製作所
今野 弘	東北工業大学工学部
坂本 峰至	国立水俣病総合研究センター
先山 孝則	大阪市立環境科学研究所
下ヶ橋 雅樹	東京大学産学連携本部
迫田 章義	東京大学生産技術研究所
佐々木 淳	横浜国立大学大学院工学研究院
佐藤 進	(社)地域資源循環技術センター
佐藤 弘泰	東京大学大学院新領域創成科学研究科
島田 幸司	立命館大学経済学部
島谷 幸宏	九州大学大学院工学研究院
清水 芳久	京都大学大学院工学研究科
新藤 純子	農業環境技術研究所
榛葉 繁紀	日本大学薬学部
鈴木 茂	中部大学応用生物学部
清 和成	大阪大学大学院工学研究科
瀬川 恵子	環境省地球環境局
関根 雅彦	山口大学大学院理工学研究科
高崎 みつる	石巻専修大学理工学部
高橋 正宏	北海道大学大学院工学研究科
高村 典子	国立環境研究所
出口 洋治	新潟大学工学部
田瀬 則雄	筑波大学大学院生命環境科学研究科
田中 規夫	埼玉大学大学院理工学研究科
田中 宏明	京都大学大学院工学研究科
谷口 義則	名城大学理工学部
谷田 一三	大阪府立大学大学院理学系研究科
土屋 十圀	前橋工科大学工学部
津野 洋	京都大学大学院工学研究科
手塚 雅勝	日本大学薬学部
寺脇 利信	水産総合研究センター
土佐 光司	金沢工業大学環境・建築学部
中井 克樹	琵琶湖博物館
中里 広幸	(株)クライス
中沢 均	日本下水道事業団
中島 淳	立命館大学理工学部
中杉 修身	上智大学大学院地球環境学研究科
中田 喜三郎	東海大学海洋学部
永沼 章	東北大学大学院薬学研究科

執筆者

中野　伸一	愛媛大学農学部
中野　　武	兵庫県立健康環境科学研究センター
中原　敏次	栗田工業(株)
中村　由行	港湾空港技術研究所
中室　克彦	摂南大学薬学部
那須　正夫	大阪大学大学院薬学研究科
西垣　　誠	岡山大学環境理工学部
西村　　修	東北大学大学院工学研究科
西村　哲治	国立医薬品食品衛生研究所
野村　和弘	(株)建設環境研究所
野村　宗弘	東北大学大学院工学研究科
羽賀　清典	畜産草地研究所
花木　啓祐	東京大学大学院工学系研究科
花里　孝幸	信州大学山岳科学総合研究所
早瀬　隆司	長崎大学環境科学部
原田　　泰	産業技術総合研究所
久野　　武	関西学院大学総合政策学部
姫野　誠一郎	徳島文理大学薬学部
平岡　喜代典	(財)広島県環境保健協会
平川　和正	水産総合研究センター
平田　健正	和歌山大学システム工学部
平田　　強	麻布大学環境保健学部
平山　利晶	国際航業(株)
深見　公雄	高知大学大学院黒潮圏海洋科学研究科
福島　武彦	筑波大学大学院生命環境科学研究科
福嶋　　実	大阪市立環境科学研究所
藤井　滋穂	京都大学大学院工学研究科
藤江　幸一	豊橋技術科学大学エコロジー工学系
藤田　正憲	国立高知工業高等専門学校
伏脇　裕一	神奈川県衛生研究所
府中　裕一	荏原環境エンジニアリング(株)
古米　弘明	東京大学大学院工学系研究科
保坂　三継	東京都健康安全研究センター
細井　由彦	鳥取大学工学部
細川　恭史	港湾空港技術研究所
細見　正明	東京農工大学大学院共生科学技術研究院
堀内　将人	大同工業大学工学部
堀　伸二郎	三栄源エフ・エフ・アイ(株)
松田　　治	広島大学名誉教授
松本　　亨	北九州市立大学国際環境工学部
道奥　康治	神戸大学工学部
宮田　直幸	静岡県立大学環境科学研究所
味埜　　俊	東京大学大学院新領域創成科学研究科
明賀　春樹	オルガノ(株)
村上　哲生	名古屋女子大学家政学部
村川　三郎	広島大学大学院工学研究科
森川　和子	星槎大学共生科学部
森　　孝志	大阪市都市環境局
森田　重光	麻布大学環境保健学部
森田　博志	栗田工業(株)
門谷　　茂	北海道大学大学院水産科学研究院・環境科学院
矢野　一好	東京都健康安全研究センター
山際　和明	新潟大学大学院自然科学研究科
山口　進康	大阪大学大学院薬学研究科
山下　　洋	京都大学フィールド科学教育研究センター
山室　真澄	産業技術総合研究所
湯浅　　晶	岐阜大学流域圏科学研究センター
吉田　和広	いであ(株)
吉田　靖子	東京都健康安全研究センター
米田　　稔	京都大学大学院工学研究科
若林　明子	淑徳大学国際コミュニケーション学部
渡部　　徹	東北大学大学院工学研究科
渡辺　　実	栗田工業(株)
渡辺　義公	北海道大学大学院工学研究科

(五十音順)

目 次

I. 場

概　　説 ……………………………………………………………(古米弘明)… 1
1. 河　　川 …………………………………………………………………… 3
　1.1 河川とは ……………………………………………………(河原長美)… 3
　1.2 河川流量，水質および汚濁負荷の特性 ………………………………… 4
　　1.2.1 河川流量と水環境 ……………………………………(細井由彦)… 4
　　1.2.2 汚染源の分類と特性 ……………………………………………… 6
　　　a. 林　　地 ………………………………………………(國松孝男)… 6
　　　b. 農　　地 …………………………………………………………… 7
　　　c. 道路・都市系の非特定汚染源 …………………(福島武彦・尾崎則篤)… 9
　　1.2.3 河川の水質変動と汚濁負荷 …………………………(浮田正夫)… 11
　1.3 河川の水質の変化 ……………………………………………………… 13
　　1.3.1 水質変化機構 …………………………………………(細見正明)… 13
　　1.3.2 河川の水質予測 ………………………………………(河原長美)… 17
　1.4 河川の生態系 …………………………………………………………… 20
　　1.4.1 植　　生 ………………………………………………(岡部健士)… 20
　　1.4.2 魚　　類 ………………………………………………(関根雅彦)… 25
　　1.4.3 河川の水生微生物 ……………………………………(井上隆信)… 28
　1.5 河川環境の管理と整備 ………………………………………………… 31
　　1.5.1 河川の水量，水質管理 ………………………………(古賀憲一)… 31
　　1.5.2 河川環境整備 …………………………………………(島谷幸宏)… 34

2. 湖　　沼 …………………………………………………………………… 37
　2.1 湖沼の分類 ……………………………………………(浅枝　隆)… 37
　　2.1.1 自然湖沼と人造湖 ………………………………………………… 37
　　2.1.2 栄養形態による湖沼の類型化 …………………………………… 37
　2.2 湖沼における物理過程 ………………………………(道奥康治)… 39
　　2.2.1 水理特性による湖沼・貯水池の分類 …………………………… 39
　　2.2.2 物理特性からみた湖沼と人工貯水池の比較 …………………… 39
　　2.2.3 貯水池の構造 ……………………………………………………… 40
　　2.2.4 光環境と熱収支 …………………………………………………… 41
　　2.2.5 湖沼・貯水池の流れと乱れ ……………………………………… 42
　　2.2.6 熱収支に伴う流れ ………………………………………………… 43
　2.3 湖沼水質 ………………………………………………(相崎守弘)… 45
　　2.3.1 湖沼水質 …………………………………………………………… 45

目　次

  2.3.2　富栄養化 …………………………………………………………… 47
  2.3.3　深い湖沼での水質変化 ……………………………………………… 48
  2.3.4　浅い湖での水質変化 ………………………………………………… 48
  2.3.5　汽水湖における水質変化 …………………………………………… 49
 2.4　湖沼の生態系 ……………………………………………（花里孝幸）… 50
  2.4.1　沖帯の生態系 ………………………………………………………… 50
  2.4.2　沿岸帯の生態系 ……………………………………………………… 52
 2.5　湖沼およびダム湖の管理手法と整備 ………………（浅枝　隆・田中規夫）… 54
  2.5.1　湖沼の湖内を対象とした管理 ……………………………………… 54
  2.5.2　流域管理 ……………………………………………………………… 57
  2.5.3　評　価 ………………………………………………………………… 57

3.　湿　　地 …………………………………………………………………… 59
 3.1　湿地とは …………………………………………………（岡田光正）… 59
  3.1.1　湿地の価値とその保全・回復 ……………………………………… 59
  3.1.2　湿地の特性と定義 …………………………………………………… 59
  3.1.3　湿地の機能 …………………………………………………………… 60
  3.1.4　湿地の保全，再生，代償措置と順応的管理 ……………………… 61
 3.2　干潟生態系 ………………………………………………（細川恭史）… 62
  3.2.1　干潟の定義と種類 …………………………………………………… 62
  3.2.2　干潟生態系の現状 …………………………………………………… 63
  3.2.3　干潟生態系の構造と機能 …………………………………………… 63
  3.2.4　保全・回復の施策検討 ……………………………………………… 69
 3.3　藻場生態系 ………………………………………………（寺脇利信）… 70
  3.3.1　藻場生態系とは ……………………………………………………… 70
  3.3.2　藻場生態系の現状 …………………………………………………… 71
  3.3.3　藻場の保全 …………………………………………………………… 73
  3.3.4　さまざまな施策 ……………………………………………………… 73
  3.3.5　藻場回復の技術開発 ………………………………………………… 75
  3.3.6　人工的な藻場と自然の藻場の比較 ………………………………… 76
  3.3.7　藻場回復の方向性 …………………………………………………… 76
  3.3.8　藻場回復の今後の技術的課題 ……………………………………… 76
 3.4　湿地生態系 ………………………………………………（藤井滋穂）… 80
  3.4.1　湿地の分類とその特徴 ……………………………………………… 80
  3.4.2　湿地の植物と生産力 ………………………………………………… 82
  3.4.3　湿地の動物 …………………………………………………………… 83
  3.4.4　湿地の喪失と現状 …………………………………………………… 84
  3.4.5　湿地の役割と保護 …………………………………………………… 85
 3.5　人工湿地生態系の回復・創出の事例 …（岡田光正・平岡喜代典・吉田和広）… 87
  3.5.1　日本での湿地における再生事例 …………………………………… 87
  3.5.2　海外における湿地回復・創出事例 ………………………………… 91

4.　沿岸海域・海洋 ……………………………………………………………… 94
 4.1　沿岸海域・海洋とは ……………………………………（中村由行）… 94
 4.2　沿岸海域・海洋の力学 …………………………………（佐々木　淳）… 96

4.2.1　流　れ …………………………………………………………… 96
　　　4.2.2　沿岸フロント（潮目）………………………………………… 98
　　　4.2.3　エスチャリー（河口域，感潮域）の力学 ………………… 99
　　　4.2.4　海面・海底境界層 ……………………………………………100
　4.3　沿岸海域の生物・生態系………………………………（山室真澄）…100
　　　4.3.1　沿岸域の環境 …………………………………………………101
　　　4.3.2　沿岸域の生物 …………………………………………………103
　　　4.3.3　沿岸域における人為的攪乱と生態系の変化 ………………106
　4.4　沿岸海域の汚濁現象……………………………………（中村由行）…108
　　　4.4.1　沿岸海域の水質汚染と汚濁の概要 …………………………108
　　　4.4.2　沿岸海域の水質の現状 ………………………………………110
　　　4.4.3　底泥の有機汚濁 ………………………………………………114
　　　4.4.4　水質・底質の有害化学物質による汚染 ……………………114
　4.5　物質輸送・水質変化のモデル化………………………（中田喜三郎）…116
　　　4.5.1　包括的な生態系モデル ………………………………………116
　　　4.5.2　結果の例 ………………………………………………………121
　　　4.5.3　将来の方向 ……………………………………………………121
　4.6　環境保全と修復…………………………………（野村宗弘・西村　修）…122
　　　4.6.1　物理・化学的環境保全・修復技術 …………………………122
　　　4.6.2　生態工学的環境保全・修復技術 ……………………………124

5. 地下水・土壌 ……………………………………………………………127
　5.1　地下水・土壌をとりまく状況…………………………（米田　稔）…127
　　　5.1.1　地下水の重要性 ………………………………………………127
　　　5.1.2　危機に面する地下水 …………………………………………128
　　　5.1.3　持続可能な地下水利用 ………………………………………129
　5.2　地下水の水理 …………………………………………………………129
　　　5.2.1　土の3相と地中水の形態 ……………………（江種伸之）…129
　　　5.2.2　土の透水性 ……………………………………………………131
　　　5.2.3　地中での水の流れ ……………………………………………131
　　　5.2.4　地下水と地質 …………………………………（平山利晶）…132
　　　5.2.5　帯水層の能力 …………………………………………………134
　　　5.2.6　地下水の流動 …………………………………………………135
　5.3　地下水・土壌の化学……………………………………（清水芳久）…136
　　　5.3.1　土壌粒子への吸着 ……………………………………………137
　　　5.3.2　土壌粒子からの脱着 …………………………………………139
　　　5.3.3　土壌粒子の組成 ………………………………………………139
　5.4　地下水流と物質輸送のモデル化と数値シミュレーション
　　　　………………………………………………………（西垣　誠）…141
　　　5.4.1　地下水流のモデル化 …………………………………………141
　　　5.4.2　地下水中での物質輸送のモデル化 …………………………144
　　　5.4.3　非混合性流体の多相流動 ……………………………………145
　　　5.4.4　数値計算法 ……………………………………………………145
　5.5　土壌・地下水汚染のメカニズム ……………………………………146
　　　5.5.1　有機物の汚染源と特徴 ………………………（平田健正）…146

        5.5.2 無機物の汚染源と特徴 …………………………………………… 148
        5.5.3 廃棄物最終処分場の構造 …………………………………………… 149
        5.5.4 土壌の酸性化と水系への影響 ………………………………(堀内将人)… 150
    5.6 土壌・地下水汚染の対策と管理 ………………………………………………… 153
        5.6.1 土壌・地下水汚染の調査法 …………………………………(平田健正)… 153
        5.6.2 土壌・地下水汚染に関する基準 ………………………………… 155
        5.6.3 重金属による汚染の対策技術 ………………………………(今村 聡)… 156
        5.6.4 有機物による汚染の対策技術 ………………………………………… 159

6. 水辺・親水空間 ……………………………………………………………………… 162
    6.1 親水河川，親水公園とは ………………………………………(土屋十圀)… 162
        6.1.1 親水の由来 …………………………………………………………… 162
        6.1.2 古川親水公園と親水性の概念 ……………………………………… 163
        6.1.3 親水公園の今後の課題 ……………………………………………… 165
    6.2 水辺の親水空間としての役割と可能性 …………………………(上山 肇)… 166
        6.2.1 都市における親水 …………………………………………………… 166
        6.2.2 親水空間の役割 ……………………………………………………… 167
        6.2.3 親水の可能性―今後の展開 ………………………………………… 169
        6.2.4 親水施設の今後 ……………………………………………………… 171
    6.3 海浜・海岸の親水空間 ……………………………………………(畔柳昭雄)… 172
        6.3.1 海辺の環境整備の動向 ……………………………………………… 172
        6.3.2 海上公園の整備 ……………………………………………………… 173
        6.3.3 海浜の親水空間 ……………………………………………………… 175
    6.4 人間と水辺・親水空間 ……………………………………………(村川三郎)… 176
        6.4.1 水空間と居住環境 …………………………………………………… 176
        6.4.2 水空間と親水行動 …………………………………………………… 177

II. 技

概　　説 …………………………………………………………………(花木啓祐)… 181
7. 浄 水 処 理 ……………………………………………………………………… 183
    7.1 水道における浄水処理と最近の動向 ……………………………(国包章一)… 183
        7.1.1 浄水処理の意義と役割 ……………………………………………… 183
        7.1.2 浄水処理の方式とわが国の現状 …………………………………… 183
        7.1.3 浄水技術と最近の動向 ……………………………………………… 185
        7.1.4 浄水場における排水処理とその動向 ……………………………… 186
        7.1.5 浄水処理に関連するその他の新しい動向 ………………………… 187
    7.2 凝集・沈殿 …………………………………………………………(秋葉道宏)… 188
        7.2.1 凝集の原理と凝集操作の概要 ……………………………………… 188
        7.2.2 コロイドの安定と電気2重層 ……………………………………… 188
        7.2.3 凝集用薬品 …………………………………………………………… 189
        7.2.4 沈　殿 ………………………………………………………………… 191
    7.3 砂 ろ 過 …………………………………………………………(今野 弘)… 194
        7.3.1 ろ過の機能とろ過速度 ……………………………………………… 194

         7.3.2　ろ過機構の卓越因子 ··· 194
         7.3.3　ろ過の厚さと粒径 ··· 195
         7.3.4　ろ過方式 ··· 195
         7.3.5　ろ層の再生 ··· 195
         7.3.6　ろ過の高効率化 ··· 196
    7.4　膜ろ過および逆浸透 ··(湯浅　晶)··· 198
         7.4.1　膜の種類と除去対象 ··· 198
         7.4.2　精密ろ過 (MF) と限外ろ過 (UF) ··· 200
         7.4.3　逆浸透 (RO) ··· 203
         7.4.4　ナノろ過 (NF) ··· 203
    7.5　高度浄水処理 ··(伊藤雅喜)··· 205
         7.5.1　高度浄水処理とその必要性 ·· 205
         7.5.2　活性炭処理 ··· 206
         7.5.3　オゾン処理 ··· 209
         7.5.4　生物処理 ··· 210
         7.5.5　日本の水道における高度浄水処理の例 ······································· 210
    7.6　消　　　毒 ···(相澤貴子)··· 211
         7.6.1　水道における消毒の意義と課題 ·· 211
         7.6.2　消毒剤の特徴と水道での利用実績 ··· 212
         7.6.3　消毒と消毒効果 ··· 214
         7.6.4　最適な消毒システム設定の考え方 ··· 216
         7.6.5　クリプトスポリジウムなどの耐塩素性病原性原虫に対する制御の考え方
                 ·· 219

8. 下水・し尿処理 ··· 220
    8.1　下水・し尿処理システムに関する新しい動向 ···············(味埜　俊)··· 220
         8.1.1　2003年の下水道法施行令の改正および2005年の下水道法一部改正 ······ 220
         8.1.2　下水処理場におけるエネルギー・資源の有効利用 ······················· 221
         8.1.3　下水道空間の多目的利用 ··· 222
         8.1.4　ディスポーザ ·· 223
         8.1.5　エコロジカルサニテーションと尿分離システム ·························· 223
         8.1.6　サステナブルな下水道システム ··· 224
    8.2　下水道システム ···(高橋正宏)··· 224
         8.2.1　下水道システムの役割 ··· 224
         8.2.2　現在の下水道システム ··· 225
         8.2.3　下水道システムの技術的課題 ·· 225
    8.3　好気性処理技術 ···(中沢　均)··· 230
         8.3.1　活性汚泥法の浄化機能 ··· 230
         8.3.2　各種活性汚泥法 ·· 233
         8.3.3　活性汚泥法の新たな適用例 ·· 235
    8.4　生物膜処理技術 ···(府中裕一)··· 236
         8.4.1　浄化機構 ··· 236
         8.4.2　散水ろ床法 ·· 237
         8.4.3　回転円板法 ·· 237
         8.4.4　接触酸化 (浸漬ろ床) 法 ··· 238

8.4.5　生物膜ろ過法（好気性ろ床）………………………………………… 239
　　8.4.6　固定化担体法 ………………………………………………………… 240
　8.5　栄養塩除去技術……………………………………………（佐藤弘泰）… 241
　　8.5.1　硝化脱窒法による窒素除去 ………………………………………… 241
　　8.5.2　嫌気好気式活性汚泥法によるリン除去 …………………………… 242
　　8.5.3　窒素除去・リン除去における嫌気条件 …………………………… 243
　　8.5.4　窒素・リンの同時除去と活性汚泥プロセスの数値モデリング … 243
　　8.5.5　栄養塩除去を安定して行うための条件 …………………………… 244
　　8.5.6　生物学的栄養塩除去プロセスの制御 ……………………………… 245
　　8.5.7　新しい生物学的栄養塩除去技術 …………………………………… 245
　8.6　物理化学的排水処理技術…………………………………（小越真佐司）… 246
　　8.6.1　廃水処理における物理化学的処理の概要 ………………………… 246
　　8.6.2　物理化学的リン除去およびリンの回収 …………………………… 246
　　8.6.3　処理水の消毒 ………………………………………………………… 249
　　8.6.4　酸化処理 ……………………………………………………………… 249
　　8.6.5　生物処理との併用処理法 …………………………………………… 250
　　8.6.6　その他の物理化学処理 ……………………………………………… 250
　8.7　嫌気性処理技術……………………………………………（大橋晶良）… 250
　　8.7.1　嫌気性処理の特徴 …………………………………………………… 250
　　8.7.2　嫌気性処理の原理 …………………………………………………… 251
　　8.7.3　固形性有機物の嫌気性消化 ………………………………………… 253
　　8.7.4　UASB法 ……………………………………………………………… 254
　　8.7.5　メタンの発生・回収 ………………………………………………… 255
　8.8　汚泥処理・処分・再利用技術……………………………（森　孝志）… 256
　　8.8.1　汚泥濃縮 ……………………………………………………………… 256
　　8.8.2　汚泥調質 ……………………………………………………………… 256
　　8.8.3　汚泥脱水 ……………………………………………………………… 257
　　8.8.4　汚泥焼却 ……………………………………………………………… 258
　　8.8.5　汚泥溶融 ……………………………………………………………… 258
　　8.8.6　汚泥中重金属 ………………………………………………………… 259
　　8.8.7　下水汚泥有効利用と汚泥処分 ……………………………………… 260
　8.9　し尿処理技術と浄化槽……………………………………（河村清史）… 261
　　8.9.1　生活排水処理 ………………………………………………………… 261
　　8.9.2　し尿処理 ……………………………………………………………… 262
　　8.9.3　浄化槽 ………………………………………………………………… 264

9. 排出源対策・排水処理（工業系・埋立浸出水）……………………………… 266
　9.1　エミッション低減と省エネルギー対策…………………（藤江幸一）… 266
　　9.1.1　プロセスのクローズドシステム化と処理水リサイクルによる排出削減 … 266
　　9.1.2　有機汚濁物質のキャラクタリゼーション ………………………… 266
　　9.1.3　排水処理の省エネルギー化 ………………………………………… 267
　9.2　汚濁物質除去の原理と水処理技術 ……………………………………… 268
　　9.2.1　懸濁物質の除去と脱水の原理および技術 ……………（入谷英司）… 268
　　9.2.2　膜分離の原理と技術 ……………………………………（木曽祥秋）… 270
　　9.2.3　吸着・イオン交換の原理と技術 ………………………（井上勝利）… 273

9.2.4　重金属および無機物質の除去原理と技術 ……………………（田口洋治）… 274
　　9.2.5　難分解性物質，微量有機汚染物質の除去技術 …（岩堀恵祐・宮田直幸）… 276
　　9.2.6　その他の新技術 ………………………………（胡　洪営・藤江幸一）… 277
　9.3　産業排水の処理プロセス設計と運転 ……………………………………… 280
　　9.3.1　水産加工排水の特徴 ………………………………（高崎みつる）… 280
　　9.3.2　食品加工排水 ……………………………………………（佐藤　進）… 282
　　9.3.3　金属機械加工排水 ………………………………………（藤江幸一）… 284
　　9.3.4　化学工業排水 …………………………………………（山際和明）… 286
　　9.3.5　繊維・染色排水 ………………………………………（川西琢也）… 288
　　9.3.6　パルプ・製紙排水 ………………………………………（渡辺　実）… 289
　　9.3.7　電子産業排水 …………………………………………（明賀春樹）… 293
　　9.3.8　電子・ボイラー関係排水 ………………………………（中原敏次）… 295

10.　排出源対策・排水処理（農業系） ……………………………………… 297
　10.1　農業系からのエミッションとその低減対策 ……………（中島　淳）… 297
　　10.1.1　農業系とは ………………………………………………………… 297
　　10.1.2　食料生産とエミッション ………………………………………… 297
　　10.1.3　食料生産と供給フロー …………………………………………… 298
　　10.1.4　農業系における排水管理の考え方 ……………………………… 298
　　10.1.5　点源対策 …………………………………………………………… 299
　　10.1.6　非点源対策 ………………………………………………………… 299
　　10.1.7　環境保全型農業 …………………………………………………… 300
　10.2　畜産業の排水対策 ………………………………………………（羽賀清典）… 300
　　10.2.1　家畜糞尿 …………………………………………………………… 300
　　10.2.2　畜舎および排水の発生源 ………………………………………… 300
　　10.2.3　生物処理法 ………………………………………………………… 302
　　10.2.4　窒素，リンの除去 ………………………………………………… 303
　　10.2.5　維持管理 …………………………………………………………… 303
　10.3　水産養殖業による排水対策 ……………………………（平川和正）… 304
　　10.3.1　魚類養殖における窒素とリンの負荷量 ………………………… 304
　　10.3.2　有機物（窒素・リン）負荷削減対策 …………………………… 305
　10.4　農地からの窒素負荷削減対策 …………………………（石川雅也）… 308
　　10.4.1　農村における地下水の硝酸汚染 ………………………………… 308
　　10.4.2　水田機能を活用した窒素負荷削減対策 ………………………… 310

11.　用 水 処 理 ……………………………………………………………………… 316
　11.1　水環境保全を考慮した用水処理の考え方 ………………（明賀春樹）… 316
　　11.1.1　用水水質と処理技術 ……………………………………………… 316
　　11.1.2　水環境保全を考慮した用水処理 ………………………………… 316
　11.2　各種産業用水に求められる特性 ………………………（小山一行）… 317
　　11.2.1　クーリングタワー用水 …………………………………………… 317
　　11.2.2　飲料製造用水 ……………………………………………………… 317
　　11.2.3　半導体製造用水 …………………………………………………… 318
　　11.2.4　紙・パルプ用水 …………………………………………………… 318
　　11.2.5　ボイラ用水 ………………………………………………………… 318

11.2.6　水産用水 ……………………………………………………………… 319
　　11.2.7　水族館飼育用水 ………………………………………………………… 319
　11.3　用水処理における単位操作技術 ……………………………（森田博志）… 321
　　11.3.1　有機物除去技術 ………………………………………………………… 321
　　11.3.2　イオン類の除去技術 …………………………………………………… 322
　　11.3.3　滅菌技術 ………………………………………………………………… 326
　　11.3.4　水の機能化技術 ………………………………………………………… 327

12. 直接浄化 ……………………………………………………………………… 329
　12.1　直接浄化の基本的事項 ………………………………………（青井　透）… 329
　　12.1.1　直接浄化の基本的事項 ………………………………………………… 329
　　12.1.2　直接浄化の除去対象物質 ……………………………………………… 329
　　12.1.3　直接浄化の今日的役割 ………………………………………………… 329
　12.2　礫間接触酸化法 ………………………………………………（野村和弘）… 330
　　12.2.1　浄化原理 ………………………………………………………………… 330
　　12.2.2　礫間接触酸化浄化施設の構造 ………………………………………… 331
　　12.2.3　実績と浄化性能 ………………………………………………………… 332
　　12.2.4　礫間接触酸化法の課題 ………………………………………………… 334
　12.3　植生浄化法 ……………………………………………………（中里広幸）… 334
　　12.3.1　閉鎖性水域の物質循環における植生浄化の位置づけ ……………… 334
　　12.3.2　植生浄化の適応条件 …………………………………………………… 335
　　12.3.3　植生浄化法の分類 ……………………………………………………… 335
　　12.3.4　ビオパークの詳細と浄化能力 ………………………………………… 336
　12.4　貯留水の気泡による循環混合法 ……………………………（小島貞男）… 339
　　12.4.1　貯留水循環・混合の意義 ……………………………………………… 339
　　12.4.2　湖水を循環混合する方法 ……………………………………………… 340
　　12.4.3　湖水循環混合の効果とそのメカニズム ……………………………… 342
　　12.4.4　関連する周辺技術 ……………………………………………………… 343
　12.5　直接浄化に利用できる植物の特性 …………………………（青井　透）… 344
　　12.5.1　浄化によく利用される植物の栄養塩除去性能 ……………………… 345
　　12.5.2　回収植物体の組成と有効利用 ………………………………………… 346
　　12.5.3　成育条件による肥効成分の変化と気象条件 ………………………… 346

Ⅲ．物

概　　説 ……………………………………………………………（伏脇裕一）… 349
13. 有害化学物質 …………………………………………………………………… 351
　13.1　有害化学物質とは ……………………………………………（中室克彦）… 351
　13.2　無機物質 ………………………………………………………………………… 352
　　13.2.1　無機・有機水銀 …………………………………（坂本峰至・赤木洋勝）… 352
　　13.2.2　カドミウム ……………………………………………………（永沼　章）… 355
　　13.2.3　ヒ　素 …………………………………………………………（安藤正典）… 357
　　13.2.4　セレン …………………………………………………………（姫野誠一郎）… 360
　　13.2.5　硝酸性・亜硝酸性窒素 ………………………………………（田瀬則雄）… 363

13.3 有機物質 ……………………………………………………………………… 366
13.3.1 低沸点有機塩素化合物およびトリハロメタン ……………（大橋則雄）… 366
13.3.2 農　薬 ……………………………………………………（福嶋　実）… 371
13.3.3 ダイオキシン類 …………………………………………（中野　武）… 375
13.3.4 PCB ………………………………………………………（堀　伸二郎）… 376
13.3.5 ビスフェノールAおよびアルキルフェノール類 ………（石垣智基）… 382

14. 水界生物 ……………………………………………………………………… 387
14.1 水界生物とは ……………………………………………（花里孝幸）… 387
14.2 河川の生物 ……………………………………………………………… 387
14.2.1 魚　類 ……………………………………………………（谷口義則）… 387
14.2.2 水生昆虫とは ……………………………………………（谷田一三）… 390
14.2.3 藻　類 ……………………………………………………（村上哲生）… 392
14.2.4 付着微生物 ………………………………………………（森川和子）… 394
14.2.5 河川生態系における物質循環 …………………………（谷口義則）… 396
14.3 湖沼の生物 ……………………………………………………………… 399
14.3.1 魚　類 ……………………………………………………（中井克樹）… 399
14.3.2 動物プランクトン ………………………………………（花里孝幸）… 401
14.3.3 植物プランクトン ………………………………………（高村典子）… 403
14.3.4 底生動物 …………………………………………………（岩熊敏夫）… 405
14.3.5 微生物 ……………………………………………………（中野伸一）… 408
14.3.6 水　草 ……………………………………………………（國井秀伸）… 411
14.3.7 湖沼生態系における物質循環 …………………………（沖野外輝夫）… 413
14.4 沿岸の生物 ……………………………………………………………… 417
14.4.1 魚　類 ……………………………………………………（山下　洋）… 417
14.4.2 動物プランクトン ………………………………………（上　真一）… 419
14.4.3 植物プランクトン ………………………………………（今井一郎）… 420
14.4.4 底生生物 …………………………………………………（門谷　茂）… 423
14.4.5 微生物 ……………………………………………………（深見公雄）… 424
14.4.6 沿岸域生態系における物質循環 ………………………（上　真一）… 427

15. 健康関連微生物 ……………………………………………………………… 429
15.1 健康関連微生物とは ……………………………………（平田　強）… 429
15.2 細　菌 ……………………………………………………（土佐光司）… 430
15.2.1 種類と性状 ……………………………………………………………… 430
15.2.2 汚染状況 ………………………………………………………………… 434
15.2.3 感染力と消毒剤耐性 …………………………………………………… 435
15.3 ウイルス ………………………………………………………………… 438
15.3.1 種類と性状 ………………………………………………（吉田靖子）… 438
15.3.2 汚染状況 …………………………………………………（矢野一好）… 444
15.3.3 感染力と消毒剤耐性 ……………………………………（渡部　徹）… 448
15.4 原虫・寄生虫 …………………………………………………………… 453
15.4.1 種類と性状 ………………………………………………（遠藤卓郎）… 453
15.4.2 汚染状況 …………………………………………………（保坂三継）… 458
15.4.3 消毒剤耐性 ………………………………………………（森田重光）… 467

15.5 微生物汚染の評価指標 ………………………………………(神子直之)… 471
　15.5.1 評価指標とはどういうものか ……………………………………… 471
　15.5.2 現行の衛生学的評価指標 ……………………………………………… 471
　15.5.3 現行の評価指標の限界と問題点 ……………………………………… 472
　15.5.4 新たな病原微生物に対して期待される評価指標 …………………… 474
　15.5.5 「評価指標」システムそのものの限界 ……………………………… 475
　15.5.6 「評価指標」を補う新たな評価・管理方法 ………………………… 475

Ⅳ．知

概　説 ……………………………………………………………(小野芳朗)… 477

16. 環境微量分析 ……………………………………………………………… 479
　16.1 環境微量分析とは …………………………………………(劔持堅志)… 479
　16.2 環境微量分析のための前処理技術 ……………………………………… 479
　　16.2.1 前処理とは ……………………………………………………………… 479
　　16.2.2 抽出方法 ………………………………………………………………… 480
　　16.2.3 濃縮方法 ………………………………………………………………… 484
　　16.2.4 クリーンアップ方法 …………………………………………………… 484
　　16.2.5 分析法の検証 …………………………………………………………… 488
　　16.2.6 分析の自動化 …………………………………………………………… 489
　　16.2.7 前処理技術の今後 ……………………………………………………… 489
　16.3 環境微量分析のための測定技術と精度管理 ………………(福嶋　実)… 491
　　16.3.1 GC/MS の装置概要と利用状況 ……………………………………… 491
　　16.3.2 HPLC/ICP-MS の装置概要と利用状況 ……………………………… 492
　　16.3.3 質量測定と定性，定量法 ……………………………………………… 492
　　16.3.4 精度管理 ………………………………………………………………… 495
　16.4 液体クロマトグラフ質量分析法（LC/MS）による環境微量分析
　　　　　　　　　　　　　　　　　　　　　　　　　　　　…(鈴木　茂)… 500
　　16.4.1 LC/MS の主要なイオン化法 ………………………………………… 501
　　16.4.2 移動相とカラム ………………………………………………………… 503
　　16.4.3 測定法 …………………………………………………………………… 505
　16.5 揮発性有機化合物（VOC）の多成分分析 ………………(川田邦明)… 507
　　16.5.1 VOC 分析の特徴 ……………………………………………………… 507
　　16.5.2 対象化合物 ……………………………………………………………… 509
　　16.5.3 試薬，器具 ……………………………………………………………… 509
　　16.5.4 試料採取 ………………………………………………………………… 512
　　16.5.5 試料の保存 ……………………………………………………………… 512
　　16.5.6 分析条件の最適化 ……………………………………………………… 512
　　16.5.7 ヘッドスペース法による分析 ………………………………………… 513
　　16.5.8 パージトラップ法による分析 ………………………………………… 513
　　16.5.9 空（ブランク）試験 …………………………………………………… 514
　　16.5.10 同定，定量および計算 ………………………………………………… 514
　16.6 ダイオキシン類の分析技術 ………………………(先山孝則・中野　武)… 515
　　16.6.1 ダイオキシン類の分析方法 …………………………………………… 516

16.6.2　ダイオキシン類の精度管理と分析上の注意点 …………………………… 521
　　　16.6.3　ダイオキシン類分析の今後 …………………………………………… 524

17. バイオアッセイ ………………………………………………………………… 527
　17.1　バイオアッセイとは ………………………………………（西村哲治）… 527
　17.2　生 態 毒 性 …………………………………………………（楠井隆史）… 528
　　　17.2.1　生態毒性とは ………………………………………………………… 528
　　　17.2.2　生態毒性試験 ………………………………………………………… 529
　　　17.2.3　簡易バイオアッセイ ………………………………………………… 531
　　　17.2.4　連続モニタリング …………………………………………………… 532
　　　17.2.5　生態毒性試験結果の適用 …………………………………………… 532
　17.3　遺伝子障害性試験 ………………………………………………………… 536
　　　17.3.1　細菌を用いた試験 ……………………………（浦野紘平・久保　隆）… 536
　　　17.3.2　体細胞を用いた遺伝毒性試験 ……………………………（木苗直秀）… 541
　17.4　内分泌攪乱化学物質のスクリーニング試験 ……………………（有薗幸司）… 544
　　　17.4.1　研究の動向 …………………………………………………………… 544
　　　17.4.2　in silico 仮想スクリーニング試験（構造活性相関手法：3D-QSAR） … 545
　　　17.4.3　in vitro スクリーニング試験法 ……………………………………… 546
　　　17.4.4　in vivo スクリーニング試験 ………………………………………… 547
　　　17.4.5　魚類を用いたスクリーニング試験 ………………………………… 548
　17.5　新　技　術 ………………………………………………………………… 551
　　　17.5.1　ダイオキシン類の検出を目的としたレポータージーンアッセイの現状と
　　　　　　　展望 …………………………………………（榛葉繁紀・手塚雅勝）… 551
　　　17.5.2　DNAマイクロアレイ（DNAチップ）………………………（岩橋　均）… 555

18. 分子生物学的手法 ……………………………………………………………… 558
　18.1　水環境研究のツールとしての分子生物学 ………………………（池　道彦）… 558
　18.2　分子生物学の基礎 ……………………………（藤田正憲・池　道彦・清　和成）… 559
　　　18.2.1　核酸・アミノ酸・タンパク質 ……………………………………… 559
　　　18.2.2　セントラルドグマと遺伝子の発現制御 …………………………… 561
　18.3　特定微生物の検出・定量 ………………………………………（岡部　聡）… 563
　　　18.3.1　特定遺伝子・微生物の検出手法 …………………………………… 564
　　　18.3.2　特定遺伝子・微生物の定量手法 …………………………………… 566
　　　18.3.3　複合系バイオフィルム内における硝化細菌の定量 ……………… 569
　　　18.3.4　病原性ウイルス・微生物の検出・定量 …………………………… 570
　18.4　微生物群集の構造解析 …………………………………（山口進康・那須正夫）… 574
　　　18.4.1　蛍光 in situ ハイブリダイゼーション法 …………………………… 574
　　　18.4.2　in situ PCR-FISH 法 ………………………………………………… 578
　　　18.4.3　DGGE 法，TGGE 法 ………………………………………………… 579
　　　18.4.4　T-RFLP 法 …………………………………………………………… 581
　　　18.4.5　省力化・自動化 ……………………………………………………… 582
　18.5　環境浄化にかかわる遺伝子群の解析とその応用 ………………（遠藤銀朗）… 585
　　　18.5.1　分子生物学と環境バイオテクノロジー …………………………… 586
　　　18.5.2　難分解性/有害有機化合物分解遺伝子の解析と応用 ……………… 588
　　　18.5.3　重金属耐性遺伝子の解析と応用 …………………………………… 590

目　　次

　　　18.5.4　栄養塩除去にかかわる遺伝子の解析と応用 …………………………… 594

19. 教　　育 …………………………………………………………………………… 597
　19.1　教育とは ……………………………………………………(小川かほる)… 597
　　　19.1.1　水環境教育で理解しておきたいこと ………………………………… 597
　　　19.1.2　本章の内容 …………………………………………………………… 598
　19.2　社会を変革する環境教育 ………………………………………(原田　泰)… 598
　　　19.2.1　環境教育の教育論 …………………………………………………… 598
　　　19.2.2　批判的環境教育の骨格 ……………………………………………… 600
　　　19.2.3　カリキュラム例「川に親しむ」 …………………………………… 603
　　　19.2.4　環境教育の目指すもの ……………………………………………… 606
　19.3　水環境保全計画への市民参加 …………………………………(城戸由能)… 607
　　　19.3.1　水にかかわる計画と市民参加 ……………………………………… 607
　　　19.3.2　水にかかわる計画における市民参加 ……………………………… 608
　　　19.3.3　計画の費用と便益・効果の評価 …………………………………… 611
　　　19.3.4　計画への市民参画に向けて ………………………………………… 611
　19.4　地域の水環境保全を担う市民活動と市民環境科学 …………(小倉紀雄)… 613
　　　19.4.1　水や物質は循環する ………………………………………………… 613
　　　19.4.2　市民による河川の水質調査 ………………………………………… 613
　　　19.4.3　身近な川の一斉調査 ………………………………………………… 614
　　　19.4.4　市民環境科学の発展と推進 ………………………………………… 615
　　　19.4.5　市民が主体となる持続可能な社会の実現へ ……………………… 616
　19.5　環境研究者の役割 ……………………………………………(浦野紘平)… 617
　　　19.5.1　環境研究者の2つの大きな役割 …………………………………… 617
　　　19.5.2　環境研究者育成の重要性 …………………………………………… 620

20. アセスメント …………………………………………………………………… 623
　20.1　評価について …………………………………………………(津野　洋)… 623
　20.2　影響評価と基準 ………………………………………………(内山巖雄)… 623
　　　20.2.1　人の健康の保護からみた影響評価指標 …………………………… 624
　　　20.2.2　生活環境の保全からみた影響評価指標 …………………………… 626
　20.3　リスク評価 ……………………………………………………………………… 627
　　　20.3.1　リスク評価の必要性 ………………………………………………… 627
　　　20.3.2　発癌性物質のリスク評価の手順 …………………………………… 627
　　　20.3.3　発癌以外のリスク評価 ……………………………………………… 628
　　　20.3.4　曝露評価の各種パラメータ ………………………………………… 629
　　　20.3.5　曝露経路別による曝露量の推計 …………………………………… 629
　　　20.3.6　病原性微生物の水系感染リスク評価 ………………(田中宏明)… 629
　20.4　各種基準と設定根拠 …………………………………………………………… 630
　　　20.4.1　水質環境基準 ………………………………………………………… 631
　　　20.4.2　排水規制 ……………………………………………………………… 633
　　　20.4.3　ダイオキシン類対策特別措置法に基づくダイオキシン類の水質・底質
　　　　　　　基準と排水基準 ……………………………………………………… 637
　20.5　環境影響評価 …………………………………………………(島田幸司)… 637
　　　20.5.1　環境影響評価の理念と意義 ………………………………………… 638

20.5.2　環境影響評価のシステムと制度 ………………………………………… 638
20.5.3　調査・予測・評価の考え方 …………………………………………… 639
20.6　炭酸ガス排出計算 ……………………………………………（松本　亨）640
20.6.1　LCA ………………………………………………………………… 640
20.6.2　計算手法 ……………………………………………………………… 641
20.6.3　水処理技術に関する計算例：下水道システムのLCA ……………… 642
20.7　アセスメントのための新たな指標 …………………………………………… 645
20.7.1　酸性雨による影響評価 ……………………………（新藤純子）… 645
20.7.2　残留性有機汚染物質の残存性指標 …………………（中野　武）… 645
20.7.3　瀬戸内海資源の持続性指標 …………………………（松田　治）… 646
20.7.4　生態系影響評価指標 …………………………………（若林明子）… 647

21. 計画管理・政策 …………………………………………………………… 648
21.1　管理と政策とは ………………………………………（中杉修身）648
21.2　水環境保全政策の体系 ………………………………（阿部　晶）648
21.2.1　環境基準 ……………………………………………………………… 648
21.2.2　公共用水域の水質保全 ……………………………………………… 649
21.2.3　地下水・土壌の環境保全 …………………………………………… 653
21.2.4　水質の現状 …………………………………………………………… 655
21.3　水環境モニタリング計画 ……………………………（川田邦明）656
21.3.1　モニタリング計画 …………………………………………………… 656
21.3.2　公共用水域 …………………………………………………………… 657
21.3.3　土壌と地下水 ………………………………………………………… 658
21.3.4　水　道 ………………………………………………………………… 659
21.3.5　ダイオキシン類などの汚染実態把握調査 ………………………… 660
21.3.6　環境安全総点検調査 ………………………………………………… 660
21.4　閉鎖性水域の水質保全計画 …………………………（早瀬隆司）661
21.4.1　湖沼水質保全と計画 ………………………………………………… 661
21.4.2　水道水源の水質保全と計画 ………………………………………… 663
21.4.3　瀬戸内海環境保全特別措置法と計画 ……………………………… 665
21.4.4　水質総量規制制度のための計画 …………………………………… 666
21.5　水環境リスク管理 …………………………（瀬川恵子・中杉修身）669
21.5.1　環境基準など ………………………………………………………… 669
21.5.2　水質汚濁防止法 ……………………………………………………… 672
21.5.3　化学物質の審査及び製造等の規制に関する法律 ………………… 672
21.5.4　特定化学物質の環境への排出量の把握等及び管理の改善の促進に関する法律（PRTR法） ………………………………………………… 675
21.5.5　農薬取締法等農薬汚染防止対策 …………………………………… 677
21.6　水環境生態保全計画 …………………………………（久野　武）678
21.6.1　陸水系水環境 ………………………………………………………… 678
21.6.2　沿岸陸海域 …………………………………………………………… 679
21.6.3　全般にわたる保護地域制度 ………………………………………… 682
21.6.4　自治体の独自の制度 ………………………………………………… 683
21.6.5　公有水面埋立 ………………………………………………………… 683
21.6.6　今後の水環境保全の計画の方向 …………………………………… 683

目次

  21.7 水資源保全計画 ………………………………………………(楠田哲也)… 684
   21.7.1 水資源保全計画にかかわる社会的問題点 ……………………… 684
   21.7.2 水資源にかかわる制度 ……………………………………………… 685
   21.7.3 水需給計画 …………………………………………………………… 686
   21.7.4 水源開発手法と開発計画 …………………………………………… 687
   21.7.5 水源地保全計画 ……………………………………………………… 689
   21.7.6 地下水保全計画 ……………………………………………………… 690
   21.7.7 水リサイクル計画 …………………………………………………… 690

付　録　編 ………………………………………………………………………………… 691
付 1 水環境関連年表 ……………………………………(下ヶ橋雅樹・迫田章義)… 692
付 2 世界の水環境とその管理 ………………………………………(渡辺義公)… 695
  付 2.1 タイにおける水環境と水管理 ……………………………………… 695
  付 2.2 スロバキアにおける水管理 ………………………………………… 696
  付 2.3 韓国における水環境と水管理 ……………………………………… 700
付 3 日本の水環境とその管理 ………………………(下ヶ橋雅樹・迫田章義)… 703
  付 3.1 日本の水環境マップ ………………………………………………… 703
  付 3.2 日本における水環境関連の基準等 ………………………………… 706
  付 3.3 水環境版元素周期律表 ……………………………………………… 720

索　　引 ………………………………………………………………………………… 721

I. 場

　水環境を取り扱う際に,「場」という概念はいうまでもなく非常に重要である.水質環境基準が,公共用水域を類型別に「河川」,「湖沼」および「海域」,さらには「地下水」を対象として設定されていることからもわかる.本編では,これらの水域に加えて,エコトーンとして重要な「湿地」,人とのつながりの強い「水辺・親水空間」も場としてとらえている.なお,身近な生活空間における「池,堀」,「湧水」,「水田・用水路・排水路」なども水環境の場として重要性を増してきている.

　水環境を構成する要素としては,「場・空間」,「水量・流況」,「水質」,「水域生態系・生息生物」が挙げられる.その各要素間の相互作用,バランスが水環境保全に重要な視点となる.そこで,本編ではそれぞれの水環境の「場」ごとに全部で6章を設

け，上記の構成要素を意識して，流況，水質変動，水質変化，汚濁源と汚染現象，生物群集などの生態系，保全・管理対策などの事項に分けて節立てして整理している．それらは，言い換えれば，物理的環境，化学的環境，生物・生態学的環境に加えて，社会的なインパクトに伴う現象やその保全や管理のあり方を取り上げているということである．

　本書では，各水環境の現象や問題を「場」ごとに解説する形式を採用しているが，健全な水環境やハビタットの保全を果たすためには，図に示すように，水収支の単位となる流域全体において水の流れと汚染物質の流れを理解することが必要となる．また，その流域の影響を受ける場として河口域や内湾や内海，さらには沿岸海洋を位置づけることに意味がある．

　このように水環境の把握や問題認識のためには，流域を総体としてつかんだうえで，まず個別の水域において自然な状態で起きている現象や反応の特徴や特性を理解することが重要となる．そして，同時に人為的な活動を受けることによって，どのように変化するのかを知ることが求められる．また，その水環境の変化速度，要因や相互関係を定量化して把握することも必要となる．その際，対象域の地域特性である水文・気象学的な因子（降水量，気温など），地形・地質学的因子（標高，地質，流域植生など）も考慮することが必要となるが，本書では特に扱っていない．

　水環境を正しく理解するためには，場ごとの特性に応じて起きている現象やその機構に影響を与える要因や因果関係を明示して，モデル化することが有意義である．しかしながら，水環境の水質変化や生態系のモデル化には，現象を十分に理解するためのモニタリングという裏づけがあることが必須である．本編で取り上げた代表的な「場」の特徴やそこで起きている現象の基礎知識をしっかりともつことが，水環境のモニタリングやモデリング，保全や創出，さらには人為的な汚染への対策や管理などのあり方を正しく構築することにつながるものと考えられる．　　　　〔古米弘明〕

1 河川

1.1 河川とは

▷ 2.1 湖沼の分類
▷ 4.1 沿岸海域・海洋とは
▷ 5.1 地下水・土壌をとりまく状況

　河川は，陸域に広く存在し身近で重要な水環境構成要素である．そのため，古くより水資源，漁業，河川を利用した行事，釣りや水遊びなどのレクリエーションに活用されてきた．また，河川はさまざまな動植物の生息場を提供するとともに，陸域で発生した各種水質成分を下流へ運搬し，かつ一部は浄化する働きも担っている．ところで，わが国の河川は急流で降雨に伴う流量の変動が大きい．そのため，堤防の強化，ダムや遊水池の建設など洪水防止の取り組みが古代より営々と行われてきており，人為の影響を強く受けた自然である．

　現在の河川は，長い年月にわたる人間の働きかけと自然の営みの両者によって形作られてきた．歴史的には，治水や利水に偏った人間の働きかけが行われたこともあるが，生態系や地域住民の生活における働きかけも忘れてはならない．

　河川水は，湖沼水や地下水とともに陸水を構成している．陸水は陸域に存在する水を指し，海水と対になる言葉である．陸水の存在量は，地球上の水のわずか3％程度と見積もられている．陸水の全存在量のうち氷雪に約7割が，地下水に約3割が存在し，わずかに0.006％が河川における存在量とされている[1]．このように，河川に存在する水量はきわめてわずかであるが，陸域に降った降水は，蒸発や植物による蒸散により大気に戻る部分と地下に浸透して地下水となる部分を除けば，河川を経由して最終的には海へ流出する．そのため，河川を通過する流量は，広範囲にわたるがきわめて遅い速度で移動する地下水への供給量と同程度であるとされている．地下水では集中的なくみ上げによって，水位低下やそれに伴う地盤沈下につながることを考えると，河川は水資源の供給源として重要である．

　河川は，変動の大きい水環境である．変動の原動力は降雨に伴う流量変動である．流量の変動は，河道の形状だけでなく河道内の動植物，河床構成材料，水質なども大きく変動させ，河川の水環境は流量変動を抜きに取り扱うことはできない．降雨に伴う流量変動の大きさには，地域特性が大きく関与し，台風の常襲地帯と温暖小雨地帯とでは，降雨を流下させるために自然に形成された河川の形が異なり，自然状態の河川に人が働きかけて形成されている現在ある河川の形も当然ながら大きく異なる．河川構造物のみならず河川の動植物も，このような地域ごとに大きく異なる流量変動を背景に形作られている．

　また，河川は水や水質物質が流域から海まで運ばれる通過経路に当たり，ダム貯水池などの貯水施設を除けば，水の滞留時間が短い．加えて，河川では年間に何回かの大きな出水時に，河川水のみならず河床の砂礫，底泥，生物さえも流出・更新されるので，汚染されたとしても回復の早い系である．この点が，他の水環境と大きく異なる．ダムなどによる河川流量の平滑化は，出水の強度の逓減や土砂流出の変化を引き起こし，上述の底泥などの更新を低下させる．したがって，ダムなどによる流量管理においては，水害防止や利水の観点からだけではなく，下流水環境の視点からの配慮が必要である．

〔河原長美〕

文献
1) 宗宮　功，津野　洋（1997）：水環境基礎科学，p.4，コロナ社．

1.2 河川流量，水質および汚濁負荷の特性

▷ 10.1 農業系からのエミッションとその低減対策
▷ 10.4 農地からの負荷削減対策
▷ 21.3 水環境モニタリング計画
▷ 21.7 水資源保全計画

表 1.1 代表的な河川の比流量と河況係数[1]

河川名	比流量（m^3/s・100 km^2)	河況係数（地点）
石狩川	3.88	68（橋本町）
北上川	4.11	28（狐禅寺）
利根川	2.89	74（栗橋）
信濃川	5.12	39（小千谷）
木曽川	5.89	106（犬山）
天竜川	5.16	74（鹿島）
淀 川	3.9	28（枚方）
江の川	3.8	223（川平）
吉野川	4.18	658（中央橋）
筑後川	4.77	148（瀬の下）
ナイル川	0.1	30（カイロ）
ドナウ川	0.92	4（ウィーン）
ライン川	1.45	18（バーゼル）
ミシシッピ川	0.27	21（ビクスバーグ）
コロラド川	0.094	46（国境）
アマゾン川	2.9	

1.2.1 河川流量と水環境

a. 河川の流量

河川の流量は降水量や流域面積，流域の環境などにより影響を受ける．おおまかにはわが国の河川の流量は春の融雪期に増え始め，梅雨や台風の季節である夏から秋にかけて多くなり，秋から冬に減少する．1年を通しての流量を特徴づけるものとして，年間 355 日間はその流量を下回らない渇水流量，275 日間は下回らない低水流量，185 日間は下回らない平水流量，95 日間は下回らない豊水流量がある．流域面積の影響を除くために，流量を流域面積で割ったものを比流量と呼ぶ．最大流量と最小流量の比を河況係数（または河状係数）と呼ぶ．この値が大きいと流量の変化が大きいことになり，治水や利水などの河川の管理が難しくなる．

表 1.1 にわが国と世界の代表的な河川の流量特性値を示す[1]．日本の河川は急勾配で延長が短く，また降水が季節的に集中する傾向がある．その結果，比流量が大きくかつ河況係数も世界の河川に比べて大きいという特徴を有している．

b. わが国の水利用

日本の平年の降水量は平均約 1700 mm である．これは世界の平均である約 970 mm の約 1.8 倍になる．国土に降る総量は約 6000 億 m^3 である．これを人口で割った一人あたり降水量にすると，人口密度が高いために，世界の平均の半分以下の一人あたり約 3400 m^3 となる．総量の約 1/3 は蒸発散により失われ，1/3 は洪水として流出する．現在利用されている水量は約 900 億 m^3 である．利用の内訳は大きく農業用水，生活用水，工業用水に分けられる．図 1.1 にわが国の用水の利用水量を示す[2]．

最も利用量が多いのが農業用水であり全体の 2/3 を占めている．世界的にも農業用水は水使用量の 7 割を占めている．農業用水の内訳はさらに水田灌漑用と，畑地灌漑用，畜産用に分けられるが，95%以上が水田灌漑用である．水田灌漑用水は利用水量が多いが，利用時期が灌漑期に限られるという特徴を有している．a 項で述べたように一般に日本の河川は夏に水量が多くなるので，稲作にとっては都合がよいといえる．

わが国の耕地面積は 1961（昭和 36）年には約 610 万 ha であったのが，2003（平成 15）年は約 470 万 ha にまで減少している．しかし，スプロール的な農地の宅地化によって残存した農地に灌漑をするためには，従来どおり用水路の水位を保つ必要がある．また，圃場の整備が進み，用水と排水を分離した利用方法が進んでいる．このような事情から農地が減少しても必要な農業用水の減少にはつながっていない．

生活用水は家庭用と都市活動用に分けられる．家庭においては炊事，洗濯，風呂，水洗便所などが主たる水利用用途である．都市活動用には，飲食店やデパートなどの営業用，事務所などの事業所用，公共用，消火用などがある．近年，環境問題への関心の高まりから，洗濯機や水洗便所など個別の水使用機器の使用水量の低減や，都市施設における水の循環利用，雨水や下水処理水の再利用など，社会全体で節水化が進んでいる．2001（平成 13）年には下水処理水の再利用量は年間約 1 億 9000 万 m^3 になっている．

工業用水の用途はボイラー用，原料用，製品処理用，洗浄用，冷却用，温調用などがあり，業種によって使用量が異なっている．使用水量が多いのは化学工業（全水量の 34%），鉄鋼業（全水量の 28%）

1.2 河川流量，水質および汚濁負荷の特性

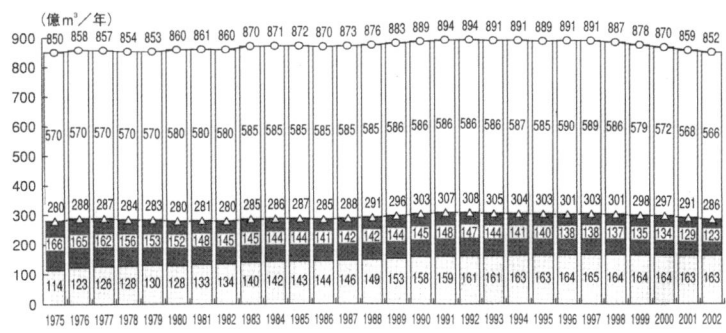

図1.1 わが国の水利用 [2)]

(注) 1. 国土交通省水資源部の推計による取水量ベースの値であり，使用後再び河川などへ還元される水量も含む．
2. 工業用水は従業員4人以上の事業所を対象とし，淡水補給量である．ただし，公益事業において使用された水は含まない．
3. 農業用水については，1981～82年値は1980年の推計値を，1984～88年値は1983年の推計値を，1990～93年値は1989年の推計値を用いている．
4. 四捨五入の関係で集計が合わないことがある．

表1.2 正常流量の構成要素と検討内容の例

構成要素	検討内容
1. 舟運	舟の喫水（きっすい）を確保する流量を検討した
2. 漁業	区間や魚種ごとに，生息に適した流速，水深が確保できる流量を検討した
3. 景観	視覚的に満足を与える程度の流量を検討した
4. 塩害の防止	塩水の遡上によって用水や地下水の塩分濃度が上昇し，上水道，農業や漁業などに重大な影響を及ぼさない流量を検討した
5. 河口閉塞の防止	流量が少ないとき，土砂の堆積によって河口が閉塞される場合があるため，このような現象が起こらない流量について検討した
6. 河川管理施設の保護	河川の水位変化により，木製の施設（護岸の基礎や杭柵工）などの腐食が起こらないか検討した
7. 地下水位の維持	地下水位に直接影響を与えない流量について検討した
8. 動植物の保護	主に魚類（アユやアマゴなど生息が確認されている代表的な6種類）の生息に必要となる流速，水深が確保できる流量について，「2. 漁業」の項と併せて検討した
9. 流水の清潔の保持	流域から発生する水質悪化の原因となる物質が流入しても，その濃度を下げて環境基準値をクリアできる流量についても検討した
10. 水利流量	検討する地点より，下流において取水される，農業用水が確保できる流量について検討した

（静岡県太田川ダム建設事務所）

などである．用途別では冷却・温調用が最も多く全体の約8割を占めている．図1.1において，この数十年間，工業の発展にもかかわらず工業用水の使用量がやや減少気味であるのは，回収して再利用する率が大幅に上昇したためである．1965（昭和40）年ころには4割弱，1975（昭和50）年には67％であった回収率が2003（平成15）年には79％になっている．

c. 河川の流量と環境

河川の環境を保全するための流量として河川管理の立場からの目標としては「正常流量」と呼ばれるものがある．これは適正な河川管理のために必要な維持流量と水利のための流量を満足する流量のことである．維持流量とは舟運，漁業，景観，塩害防止，河口閉塞防止，河川管理施設の保護，地下水位の維持，動植物の保存，流水の清潔の保持などを考慮して渇水期にも維持されるべき水量のことをいう．表1.2に正常流量についての検討例を示す．表中の1～9が河川維持流量に関する検討であり，それに10の水利流量を考慮して正常流量が定められている．

流量そのものだけでなく流量の変動も河川の環境に影響を及ぼす大きな因子である．流量の変動は河道の地形を変化させる．何年かに一度発生するような大洪水によって，土砂が供給され河道内に堆積したり，河道内の土砂の移動が生じて，河床の形状が変化する．砂州の状況などが変化すると，そこに生息する生物の生息環境も変化する．月に一度程度の

1. 河川

規模の増水は河床に沈殿した泥を流し去ったり，古い付着藻類を剥離させる作用をする．その結果として河床の礫表面の付着藻類の生息環境が整えられる．新しい藻類の増殖は水生昆虫や草食動物の生息に影響を及ぼす．礫を転動させるような洪水によりそこに形成されていた底生動物群集は破壊され，洪水後に再び群集の形成，遷移が始まる．このように流量の変動は多様な河川生態系を形成，維持するうえでも重要であり，河川環境に影響を及ぼす重要な要因である．河川流量の管理が進むにつれ，流量が自然条件ではなく取水やダム操作など人為的な作用の影響を強く受けるようになってきている．そのため流量変化と河川環境の関係を詳しく把握し，河川の管理に役立たせていくことが求められている．

〔細井由彦〕

文 献
1) 阪口 豊, 高橋 裕, 大森博雄 (1986): 日本の川, 岩波書店.
2) 国土交通省 (2005): 平成17年版日本の水資源, 国立印刷局.

1.2.2 汚染源の分類と特性

人為が及ぶ範囲の陸域（環境）では，物質は絶えず自然的要因と人為的要因の作用を受けながら上流から下流に向かって水系を移動し，外洋や深い湖に到達して堆積する．窒素や炭素などのように気体物質になることができる元素は，陸・水・大気を大循環している．水系の水質保全を図るためには，陸域で発生し排出される汚濁物質の質と量をコントロールしなければならない．それには陸域を形成する主な構成要素・コンパートメントごとに汚濁物質の発生量と排出機構および社会システムとのかかわりなどを究明して，対策技術および施策を開発し，それらを統合して水系あるいは流域の水管理・水質管理の実現を目指すのが効果的である．

河川を汚濁する原因には，有機物・栄養塩類・農薬・有害化学物質・病原性微生物などがあるが，ここでは有機性汚濁物質（BOD，COD成分）と栄養塩類について解説する．水環境学では汚濁源を表1.3に示すように，特定汚染源または点源（point source）と非特定汚染源または面源（nonpoint source または diffuse source）に分類するのが通例である[1]．以下では非特定汚染源のうち林地，農地，道路，市街地について排出機構と原単位（unit load）および研究の現状と課題について解説する．なお，原単位とは単位あたりの汚濁物質の発生量または排出量および浄化施設などの浄化率のことで，流域の汚濁負荷削減計画などの立案に基礎数値として用いられている（第21章参照）．

a. 林 地[2]

日本の国土の67％（2510万ha）[3]は森林である．森林から流出する河川・渓流の水質は，普段は良好である．しかし，50 mmを超えるような強い降雨があると，渓流といえども肥沃な表土を含んだ大量の濁水を流出する．これを洪水流出と呼ぶ．このとき汚濁物質が大量に流出するので，非特定汚染源の研究では洪水流出負荷がどれだけ正確に評価されているかによって精度が決まる．

河川の汚濁負荷流出量（物質流出量）Lは，流量と水質データから計算される．調査は目的とする森林に数ha前後の実験小流域を設定し，その流域末端に量水堰を設置して，流出河川の流量Qと水質Cを測定する．流量は堰の水位データから計算し，水質は1週間に1回程度の定期調査や降雨時に行う洪水流出調査などで測定される．

汚濁物質の流出負荷量Lは，本来，連続して変化するが，水質データは通常は不連続データしか得られない．そこでLの評価にはいくつかの方法が提案されているが[4]，定期調査では式（1.1），洪水流出調査を基にするときは式（1.2）を用いて計算されることが多い．

$$L = \sum_{i=1}^{n} C_i Q_i (t_{i+1} - t_{i-1})/2 \qquad (1.1)$$

表1.3 陸域の汚濁負荷発生源

発生源	発生源	特 徴	規制・対策
特定汚染源	工場・デパート・ホテル・下水処理場・畜舎・家庭排水など	・排水は処理施設で浄化処理（第Ⅱ編参照）される ・特定の排水口から排出される	・排水の水質は水質汚濁防止法などによって規制される
非特定汚染源	林地・農地・市街地・大気降下物・地下水など	・比較的低濃度の汚濁物質を含む排水が，分散的・面的に排出される ・降雨時に大量の排水が一気に流出する	・法的規制にはなじみにくい ・浄化対策が取りにくい

表1.4 指定湖沼の農林地原単位と集水域の土地利用 (kg/ha·年)

No.	指定湖沼	全窒素		全リン		TCOD$_{Mn}$		土地利用 (%)		備考
		森林	水田	森林	水田	森林	水田	森林	農地	
1	釜房ダム	1.3	12.2	0.1	0.99	15.0	33.6	83	11	1996
2	霞ヶ浦	3.76	8.58	0.23	0.35	14.0	19.3	45	44	1995
3, 4	手賀沼・印旛沼	2.08	12.0	0.299	1.21	12.7	43.4	15	34(手賀沼)	1995
5	諏訪湖	3.3	13.1	0.29	0.78	11.3	24.5	79	11	1996
6	琵琶湖	7.34	14.4	0.139	0.57	18.2	54.8	71	16	1995
7	児島湖	1.39	6.61	0.08	3.26	14.1	51.8	36	27	1997
8, 9	中海・宍道湖	6.57	12.0	0.12	1.28	22.3	36.1	81	15(宍道湖)	1993
10	野尻湖	6.57		0.12		22.3		98	1	1998

(文献6を元に筆者作成)

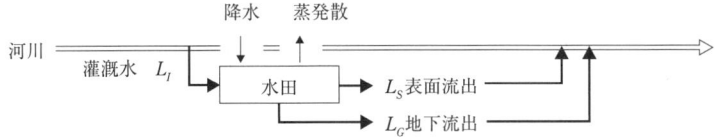

図1.2 水系における水田の物質収支

$$L = \sum_{i=1}^{n} a \cdot Q_i^b (t_{i+1} - t_{i-1})/2 \quad (1.2)$$

ここで，tは式 (1.1) では定期調査の測定時刻である．式 (1.2) ではtは流量を読みとった時刻 (たとえば1時間ごと) で，a, bは流量と汚濁負荷流出量の関係を両対数に変換して線形回帰して求めた係数である．

一般に，非特定汚染源からの物質の流出の最大の特徴は，非定常性が強く，年変動することである．そのため調査は長期間続ける必要があり，かつ危険を伴うため，精度の高い調査・研究は少ない．表1.4に湖沼水質保全計画策定時に用いられた林地の全窒素・全リン・全CODの原単位を示すが，これらは行政による調査が基になっており，客観的評価を受けたものではない．森林は土地利用率が一般に大きいため，農地に匹敵する汚濁物質を排出している集水域も少なくない．

わが国の森林は，現在，その40%強がスギ・ヒノキ・マツなどが植林された人工林になっている．その多くは戦後の復興期から高度経済成長期にかけて植林されたので，21世紀初頭から次々と伐期 (50〜60年) を迎えている．その一方で安い外材の輸入が80% (2001年) に達しており，国内の林業経営の危機と過疎化が進行している．その結果，伐採されず，間伐・枝打ちなどの管理もされずに放置される人工林が増えてきている．ところが最近，皆伐・再植林は数年以上にわたって窒素の流出量を数倍にし，放置森林も窒素・リンの流出を多くすることが明らかにされつつある．しかし，水質保全的森林管理などに関する研究は始まったばかりである．

b. 農　地 [1,5,6]

日本の耕地面積は483万ha (2000年) で，日本の土地利用の12.8%に相当する．その54.7%は水田で，畑，樹園地，牧草地はそれぞれ24.6，7.4，13.4%である[3]．わが国で農地からの肥料成分の流出が湖沼・海域などの水質汚濁・富栄養化の原因の一つとして問題になり，水質化学的研究が始まったのは1970年代半ばからである．水田については，先進工業国の中で水稲による穀物生産を主としているのは日本だけであるという事情から，わが国における研究成果にほぼ限られている．一方，畑地・牧草地などについては欧米で研究が進んでおり，わが国での研究事例は少ない．

農地は栽培技術などの人為条件 (栽培品種・施肥・灌漑・土壌管理など) や自然条件 (土壌・地形・気候など) が地域によって多様である．そのため汚濁物質の流出量は地域性が強い．したがって他の地域，特に外国で調査されたデータなどをそのままわが国の農地一般に適用するのは不適切である．さらに同一地域でも気象，特に降雨条件の変化の影響を受けて農地の汚濁負荷量は毎年変動している．

農地 (たとえば1区画あるいはまとまった1区域の水田) を図1.2のように模式的に考えると，農業用水路から灌漑すなわち流入した河川水は，降水と混合して水田に貯められ (約20mm/日)，余分の水は水尻 (尻水戸) から表面排水される．貯め

■場　1. 河　川

表1.5　水田タイプ別の全窒素，全リンの負荷流出原単位[1,9]　(kg/ha・年)

流出経路	乾田		普通田		湿田		循環灌漑田		傾斜地水田	
	全窒素	全リン	全窒素	全リン	全窒素	全リン	全窒素	全リン	全窒素	全リン
表面流出	−	−	8.0	0.26	25.2	0.89	10.4	0.47	40.0	4.90
地下流出	32.2	1.38	11.7	0.19	10.7	0.20	−	−	−	−
総流出量	32.2	1.38	19.7	0.45	35.9	1.09	10.4	0.47	40.0	4.90

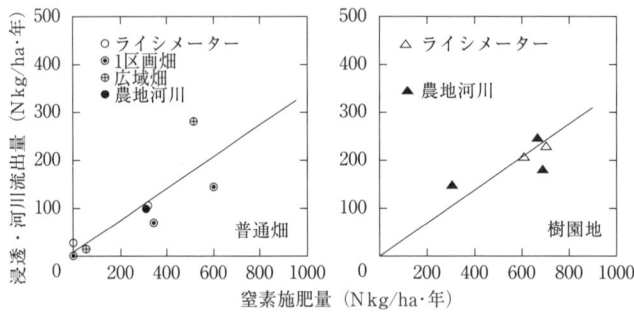

図1.3　畑地における窒素施肥量と浸透・河川流出負荷量[1,8]

られた水は，一部は大気へ蒸発散（約5 mm/日）し，また鉛直浸透（約1 mm/日）して地下水を涵養する．残りは畦畔を横浸透して排水路へ滲出し，表面排水とともに排水路から表面流出（約16 mm/日）して河川に帰る．地下水も下流で直接または間接に河川に帰っていく．このようにみると農地の河川への汚濁負荷量は，農地をブラックボックスとした式（1.3）で与えられる正味の汚濁負荷流出量L_n（net load）[1,9]によって評価できる．

$$L_n = L_S + L_G - L_I \quad (1.3)$$

ここでL_I，L_S，L_Gは，それぞれ灌漑水による流入負荷，表面排水による排出負荷，地下浸透による排出負荷である．

1）水　田　表1.4には湖沼水質保全計画策定時に用いられた水田の原単位を併せて示してある．表1.5にはこれまでに各地で行われた調査・研究データのうち比較的精度のよいものについて，筆者が年間流出量に補完[9]して，水田タイプ別に整理した単位面積あたりの汚濁負荷流出量・原単位を示した．

水田の水質化学的研究は比較的早くから行われてきたが，①精度の高い研究は依然として少なく，人為条件・自然条件と流出負荷量との関係を解析できない，②降雨による流出や非作付け期間の流出の評価が十分でない，③不耕起栽培，緩効性肥料，側条深層施肥など水質保全の効果を有すると考えられる新技術の評価が不十分である，④3割を超える麦作，大豆作などへの転作・輪作田の水質影響が不明である，⑤農業用水路や湿地などの自然浄化機能の定量的評価ができていないなど，多くの課題が残されている．

このような状況であるので，今のところの水田の年間汚濁負荷流出量を施肥量などのパラメータによって予測することには成功していない．したがって，対象流域で水田からの汚濁負荷流出量を評価するためには，土壌や水管理，品種などの主な要因で水田をいくつかのタイプに分類し，それぞれについて実測する以外に方法はない．

2）畑　畑作は窒素の施肥量が栽培作物によって100 kg/ha以下（たとえばダイズ）から500 kg/ha以上（セロリや茶など）まで大きく異なる．さらに同じ作物でも栽培方法によって施肥量は異なる．そのため汚濁負荷流出量は畑ごとに大きく異なっている．水田でも基本的には同様であるが，畑の方がはるかに差異が大きい．これまでにわが国で公表されたデータはそれほど多くはないが，精度や評価法を問題にせずに年間の浸透流出負荷量あるいは河川流出負荷量Lと施肥量Fとの関係を検討すると，窒素については図1.3のようになる．すなわち普通畑，樹園地とも両者の間に比較的よい相関が認められかつ双方の回帰式にほとんど差はない．そこで一括して回帰式を求めると（1.4）式が得られる[1,8]．

$$L_N = 0.311 F_N + 13.4 \quad (1.4)$$

この式から畑では施肥した窒素の31%が流出し，土壌中の窒素から 13 kg/ha・年が流出すると推定される．土壌が還元的な水田とは異なり，畑地では窒素肥料は速やかに酸化されて硝酸塩になる．硝酸塩は土壌に吸着されにくく流亡しやすいため，畑では施肥量と流出負荷量が比例するようになると考えられる．

近年，わが国でも欧米でも畑地帯の地下水の硝酸塩汚染が広がっている．1999 年には水質汚濁防止法による「公共用水域及び地下水水質汚濁にかかわる人の健康に関する環境基準」に硝酸性窒素（亜硝酸性窒素を含む）が加えられ，飲料水基準と同じ 10 mg/l 以下とされた．ちなみに環境庁による 2002 年度の「概況調査」では 4167 井戸中 253 井戸（6.1%）が基準値を超えていた[10]．その主な原因は農地，特に畑からの窒素肥料の流出であると考えられている[11]．リンについては水田・畑ともデータは少ないが，施肥量と流出負荷量の間に全く相関は認められていない． 〔國松孝男〕

文 献

1) 國松孝男，村岡浩爾（1989）：河川汚濁のモデル解析，p.266，技報堂出版．
2) 國松孝男（2006）：森と水の環境科学（第 1 巻），p.246，技報堂出版．
3) 農林水産省統計情報部：ポケット農林水産統計，2002 年版，㈶農林統計協会．
4) Kunimatsu T, Otomori T, Osaka K, Hamabata E and Komai Y (2006): Evaluation of nutrient runoff loads from a mountain forest including storm runoff loads. *Water Sci Technol*, 53 (2): 179-192.
5) Kunimatsu T, Hamabata E, Sudo M and Hida Y (2001): Comparison of nutrient budgets between three forested mountain watersheds on granite bedrock. *Water Sci Technol*, 44 (7): 129-140.
6) 湖沼環境保全対策技術検討委員会（2000）：湖沼等の水質汚濁に関する非特定汚染源負荷対策ガイドライン，環境庁水質保全局水質管理課．
7) 田淵俊雄，高村義親（1985）：集水域からの窒素・リンの流出，p.226，東京大学出版会．
8) 國松孝男（1995）：水資源と水環境．農業と環境（久馬一剛，祖田 修編），pp.73-147，富民協会．
9) 國松孝男（1985）：農耕地からの N・P 負荷（その 1，2）．環境技術，14：114-119, 195-202.
10) 環境庁：環境白書，総説，2003 年版，pp.133-135.
11) 小川吉雄（2000）：地下水の硝酸汚染と農法転換，p.200，農文協．

c. 道路・都市系の非特定汚染源

都市のさまざまな活動により大気に排出された汚染物質は，降水・降雪に取り込まれて地表面に達し，水系に流出したり，あるいは晴天時に地表面に降下堆積し，降水とともに水系に流出する．また，緑地へ散布した農薬，肥料，ごみやガソリンなどのこぼれたものの流出，下水管からの漏れや下水管中での化学・生物反応生成物なども汚染物質の発生源となっている[1]．

こうした中でも，鉛，銅，亜鉛などの重金属，トルエン，多環芳香族炭化水素類（PAHs），脂肪族炭化水素類，ジオキサン，MTBE（メチル-t-ブチルエーテル）といった有機化学物質が最近，特に問題となっている．これらは車や工場からの排ガス，燃料，タイヤ・道路の破砕片などに由来するといわれている．また，雨天時路面排水には高い遺伝毒性，生態毒性が検出されている[2]．このため，下流の池，湿原，河川生態系への影響[3]，地下水や土壌の汚染[4]が懸念されている．特に，晴天時堆積量が多い道路，屋根などからの排水が危険視されており，高濃度の初期流出分の処理が検討されている．

1) 測定とモデル化 乾性降下物はデポジットゲージやダストジャーなどの降下煤塵測定装置を用いて単位時間・単位面積あたりの降下フラックスを測定する．湿性降下物の降下フラックスは降雨時にのみ開く湿性降下物採集装置などで測定する．降雨を感知して，2 つの採取容器を取り替える仕組みが工夫されている[5]．

路面への汚染物質の堆積量は，前回の降雨時の残存量に，一定の降下フラックスが加わること，また，堆積した降下物は一定の速度で分解・減少すると考えて以下のようにモデル化される．

$$\frac{dP}{dt} = a - kP \qquad (1.5)$$

ここに，P は路面堆積量，a は降下フラックス，k は分解速度係数である．なお，残存量が初期条件となる．路面清掃が行われている場合には清掃間隔・清掃効率を考慮する必要がある[6]．

なお，路面に降った雨により堆積物の一部は流出し，一部は残存する．物質の流出量は水の流出速度や堆積量の関数であることより，降雨強度一定を仮定する場合は流出負荷量を次式のように表現することが多い．

$$Q_s(t) = KP(t)^m Q^{n-1}(Q - Q_c) \qquad (1.6)$$
$$P(t) = P_{ini} - \int Q_s(t) dt \qquad (1.7)$$

$Q_s(t)$ は降雨開始後 t 時間経過後の汚染物質の流出量，K は流出係数，$P(t)$ は t 時間経過後の堆積量，Q は水流出流量，Q_c は限界流量，m と n は定数，P_{ini} は降雨前の堆積量である．式（1.6），式（1.7）

■場 1. 河　川

より，降雨強度が一定の場合は，初期に高濃度の流出があり，その後は指数関数的に低濃度となることがわかる．なお，粒径別の流出特性を調べた結果，粒径1mm以上では，それより小さい粒径のものに比較して急激に流出が遅くなることがわかっている[6]．つまり，流出負荷量のモデルでは堆積粒子を粒径別にグループ化し，それぞれのグループごとに式（1.6）のmやnのべき定数およびQ_cを変化させる必要がある．

また，肱岡らは，道路と屋根では汚染物質の流出特性が異なり，特に道路では表面に凸凹があるので，一定の雨水流出速度以上にならないと汚染負荷が流出しないというサブモデルを導入する必要があることを示した[7]．

なお，上記のモデルで示されるように，大気からの降下量，路面・屋根面での堆積量，降雨による流出量はそれぞれ異なるものであるが，実際には区別があいまいとなっている場合もあるので注意が必要である．

2) 汚染負荷のデータベース

i) BOD, SS, 栄養塩： Novotony and Olem[1]は米国諸都市での用途地域ごとのBOD，SS，栄養塩，重金属などの排出負荷原単位をまとめていて，BODは16〜74 kg/ha・年，SSは11〜4800 kg/ha・年，全窒素は0.2〜18 kg/ha・年，全リンは0.1〜4.8 kg/ha・年と報告している（公園や建設中の地域は除く）．また，都市部での栄養塩，重金属の湿性，乾性降下物量も整理している．特に，高速道路，工業，商業地からの負荷が大きいことを示している．

和田[8]は用途地域ごとに道路でのBOD，SS，NH_4-N，重金属の路面堆積フラックスをさまざまな都市で測定した．たとえばBOD，SSのそれは，第1種住居専用地域でそれぞれ0.20，6.37 kg/ha・年，商業地域で0.50，10.4 kg/ha・年，工業地域で3.48，187 kg/ha・年と，工業地域で高く，住居専用地域で低いことを示している．この傾向は銅，カドミウム，亜鉛などの重金属も同じである[6]．

大野ら[9]は，道路5地点でそれぞれ2回の降雨時に路面排水を測定して，汚染排出原単位（実際には流出原単位）を推定した．BODとSSではそれぞれ14.1〜111，25〜515 kg/ha・年であり，東京23区を対象としても，BOD，SSの路面負荷は下水道流入負荷全体の1%程度と推算している．なお，対象とした降雨の強度が弱く，路面負荷を過小評価している可能性も指摘している．

山本ら[10]は3つの異なる道路（山地部，平地部，人口集中地域）からの路面排水を測定し，BODで12.3〜29.1 kg/ha・年，CODで71.2〜17.4 kg/ha・年，SSで66.9〜307 kg/ha・年の範囲であったことを報告している．

また，市木ら[11]は，全窒素について，住宅地，商業地，工業地，高速道路，屋根における堆積フラックスをそれぞれ0.35，1.0，22，6.6，2.4 kg/ha・年と，全リンについてそれぞれ1.3，0.44，1.3，7.1，0.44 kg/ha・年と報告している．このとき，分解速度係数は全窒素，全リンでそれぞれ0.095，0.121/日としている．

ii) 有害化学物質： 多環芳香族炭化水素類（PAHs）の中で特に発癌性の観点から危険視されているベンゾ（a）ピレンについては，晴天時堆積フラックス，道路・屋根の懸濁物質中の含量などの報告値がある．

まず，晴天時堆積フラックスは，住宅地[12]で63 mg/ha・年，幹線道路脇[13]で245 mg/ha・年，高速道路[14]で73〜2190 mg/ha・年と（先行晴天日数が5〜20日とあるので10日で堆積し，分解がないとして計算），交通量に関係すると考えられている．また，道路の懸濁物の含量として，0.6〜45 μmの粒子で0.2 μg/g，45 μm以上の粒子で0.3 μg/g，一方，屋根の懸濁物の含量として，それぞれ0.60，0.30 μg/gとの報告がある[15]．

〔福島武彦・尾崎則篤〕

文　献

1) Novotony V and Olem H (1993): Water Quality — Prevention, Identification and Management of Diffuse Pollution —, 1054 pp, John Wiley & Sons.
2) 小野芳朗，岡村秀雄，河原長美，青山　勲，小田美光（1999）：雨天時路面排水中塵埃の遺伝毒性・生態毒性評価．水環境学会誌，**7**：561-567．
3) Sriyaraj K and Shutes RBE (2001): An assessment of the impact of motorway runoff on a pond, wetland and stream. *Environ Internat*, **26**：433-439.
4) Ammann AA, Hoehn E and Koch S (2003): Ground water pollution by roof runoff infiltration evidenced with multi-tracer experiments. *Water Res*, **37**：1143-1153.
5) 福島武彦（2000）：気圏から水圏・地圏への負荷．大気圏の環境（有田正光編），pp.219-242，東京電気大学出版会．
6) 和田安彦（1990）：ノンポイント汚染源のモデル解析，214 pp，技報堂出版．
7) 肱岡靖明，古米弘明（2001）：都市ノンポイント汚染源負荷流出調査に基づく不浸透面堆積負荷流出モデルの検討．土木学会論文集，**685**：123-134．
8) 和田安彦（2003）：都市地域からの負荷の調査．pp.39-44，地球環境調査計測事典第2巻陸域編2，フジテクノ

9) 大野順通, 山田俊哉, 大西博文, 植村圭司 (1999): 都市域における路面排水汚濁負荷流出量. 第36回環境工学研究フォーラム講演集, pp.85-87.
10) 山本昌弘, 松下雅行, 大城 温, 並河良治, 大西博文, 大野順通 (2001): 路面排水の環境影響予測手法の検討と環境保全措置による効果. 第38回環境工学研究フォーラム講演集, pp.106-108.
11) 市木敦之, 大西敏之, 山田 淳 (1996): 集水域における下水道整備進捗にともなう琵琶湖流入汚濁負荷量の変化. 水環境学会誌, 19: 109-120.
12) Ozaki N (2002): Rate of photolysis of polycyclic aromatic hydrocarbons (PAHs) in suspended particulate matter and dry deposited particulate matter. Proceedings of the First International Conference on Civil and Environmental Engineering, pp.147-155.
13) 新田恭子, 尾崎則篤, 福島武彦 (2002): 道路近傍における粒子状物質及びPAHsの拡散と堆積. 第57回土木学会年次学術講演会, VII-098 (on CD-ROM).
14) 市木敦之, 山田 淳, 嶋田智行, 佐藤昌弘 (1999): 高速道路と都市河川における降雨時流出水の同時調査. 第2回日本水環境学会シンポジウム講演集, pp.80-81.
15) 村上道夫, 中島典之, 古米弘明 (2002): 粒径画分ごとのPAHおよび重金属組成から見た道路・屋根堆積塵埃の比較. 第5回日本水環境学会シンポジウム講演集, pp.169-170.

1.2.3　河川の水質変動と汚濁負荷

河川の水質, 汚濁負荷はさまざまな時間スケールで変動する. 変動要因としては, 気象や気候変動などの自然的要因と, われわれ日常生活や土地利用の変化などの人為的要因がある. ここでは, 一般的な生活環境項目を中心にして, 変動の時間スケール別に調査報告例を紹介する.

a. 長期的な経年変動

水質の長期的な変動の主たる要因は, 流域内における人為的な活動の変化によるものである. すなわち, 土地利用変化, 人口変化, 産業活動, 下水道整備などによる汚濁負荷の発生, 排出, 流達の各段階での変化が, 河川の水質や負荷量の長期的な経年変化に反映される. 図1.4は大阪市水道局による長年にわたる淀川原水の水質経年変化を示したものである[1]. 産業活動の活発化や流域人口増加によって, 過マンガン酸カリ消費量は1964年にピークを示し, その後, 産業排水規制や下水道整備などによって徐々に減少し, BODは13.5 mg/lから最近では2 mg/l程度まで低下している. NH_4-Nはこれらより少し遅れた変化を示している.

流域の土地利用の変化や農業の形態変化, 山林の維持管理不足, ダムや護岸整備などの治水事業の影響による面源負荷にかかわる長期的な水質変動については, 重要な課題であるが, 過去のデータが不十分で, まだ未解明な部分が多い[2].

b. 季節変動

わが国のように四季がはっきりしている地域では, 自然の営みの季節変化が水質に反映される. 河川内の植物などの生命活動も季節変化をもつので, その影響も水質に反映される. また, 降水量に季節変化があるため, 面源負荷の流出や希釈率も季節により異なり, 水質に影響する[3].

森林流出河川の水質季節変化については, 全窒素, 全リンとも濃度はおおむね夏季に高く, 冬季に低い傾向を示しているが, 全リンについてはSS性の寄与が大きいため, 気象状況の影響を受けて季節変化の傾向は乱される[4].

農村地帯の河川水質の季節変化について, 特に水田地帯においては晴天時の全窒素, 全リンは代掻き期において濃度, 負荷量ともに大きいことが示されている[5]. また, 生活排水などが混入する都市近郊の農村地帯の場合は, 農業用水の使用される灌漑期

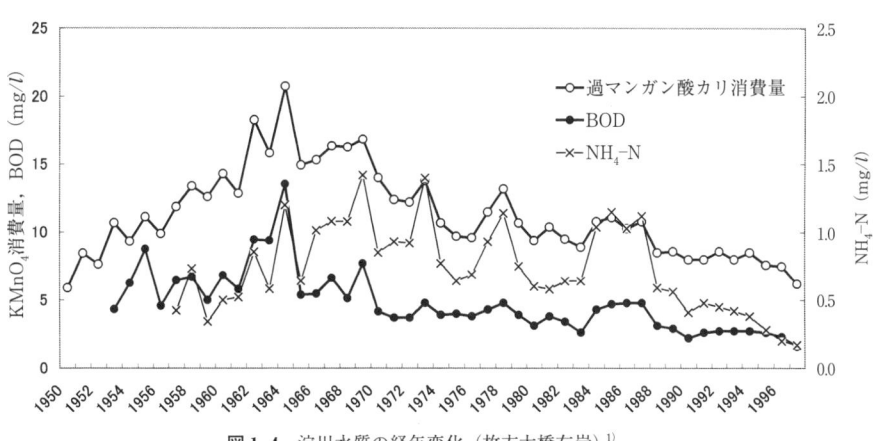

図1.4　淀川水質の経年変化 (枚方大橋右岸)[1]

のほうが生活排水が希釈されることになり，BODなどの水質は非灌漑期のほうが悪い傾向がある．灌漑期のBODと非灌漑期のBODの比率はBODの大きい河川ほど小さい傾向を示す．

河川内の水生植物などの影響が水質の季節変化に反映される例として，水草のある川では，代掻き期や田植え期のCOD，全窒素，全リンが水草帯で抑留され，水質は低めに抑えられるが，冬季に吐き出されて濃度が高まる傾向がある[6]．

c. 週間変動・日間変動

降雨による影響を除けば週間変動や日間変動はほぼ人間活動の変化を反映したものである．週間変動は，住宅地帯の河川であれば，休日はむしろ排出負荷量が多くなり，河川水質や負荷量も増えるであろうし，工場地帯の河川であれば，逆の傾向を示すであろう．日間変動については人々の生活パターンを反映し，排出元では朝と夜に負荷量の極大値がみられ，河川採水点までの流達時間に応じた，水質や負荷量の変動がみられるはずである[7]．

d. 河川水質・負荷量に及ぼす降雨の影響

図1.5は流域面積500 ha程度の小河川について，降雨時の流量および水質変化を測定した一例である[8]．一般的傾向としてSS性のものは流量増加とともに掃流されてくるので，流量のピークを示す直前に全リンやKj-Nの濃度のピークがみられる．一方，$NO_{2,3}$-Nについては，土壌を通過してくる水に随伴して流出するため，これらの項目とは逆に流量減衰に伴って濃度が増加する．したがって，降雨時流出のデータについて，横軸に流量，縦軸に負荷量すなわち濃度×流量をプロットして関係をみてみると，SS性のものは時計回りのループ，硝酸性窒素は反時計回りのループを描き，流量増加期と流量減少期の同じ流量に対して，負荷量や濃度は二価性をもつことはすでによく知られていることである[9]．流域面積の大きい河川については，1日1度の採水でも同様の傾向をみることができる（図1.6）．

ところで水質環境基準の評価は75％非超過確率値で行われるが，これは1年のうちの75％以上の日数に対して環境基準が満足されるべきことを意味しており，負荷条件が一定とすると低水流量以上の流量がある場合に環境基準が維持されるべきであることを示している．

近年，地球温暖化の影響として降雨パターンが変化して，流量の変動が大きくなっていることが認識

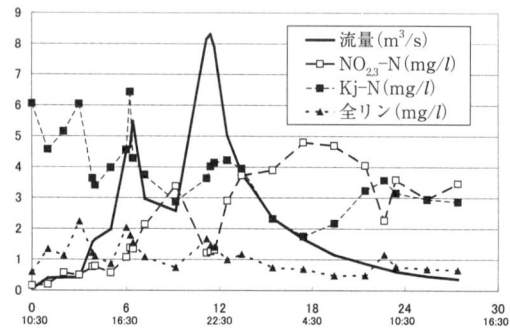

図1.5 降雨に伴う都市河川の水質時間変化（宇部市塩田川 1974.6.17）

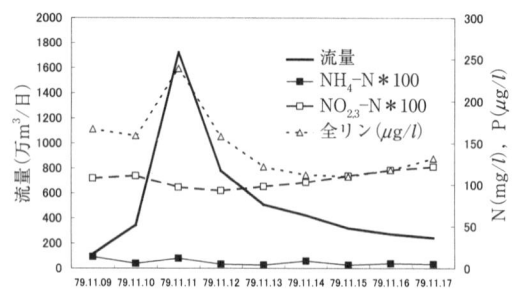

図1.6 降雨の増水による水質変化例（加古川 1979）

されている．卑近な例として，河川からの汚濁負荷量を見積もる場合でも，年による降雨量の違いを考慮する必要がある．たとえば，降水量の多かった豊水年と少なかった渇水年が隣り合わせた両年の河川水質を全国19～26か所のデータについて整理して比較したところ，渇水年で水質が悪かった[10]．実際，河川のBOD環境基準の適合率は1993年の豊水年において77.3％と比較的よかったのが，翌1994年の渇水年では67.9％と悪かった[11]．一方，汚濁負荷量としては，渇水年のほうが小さくなり，単純に年平均値で流量と水質を掛け合わせても，渇水年で相当小さい値に計算される．

e. 流量と負荷量の関係

負荷量は流量×水質で与えられるので，もし流量の大小にかかわらず，水質が安定していれば，負荷量は流量に比例する．河川のある地点の観測データについて，両対数グラフの横軸に流量Q，縦軸に負荷量Lをプロットしてみると，傾き1の直線より上の範囲に点が集まる場合は，降雨増水時に濃度が大きくなるケース，SSはこの傾向を示す．傾き1の直線より下の範囲に点が集まる場合は，降雨増水期に濃度が小さくなる希釈型である．$L = kQ^n$式を用いて，限られたデータから全負荷量を推定するこ

とは有力な手段である[3,12]．しかし，先に述べた同一流量に対して増水期と減水期で水質が異なる値を示すことなどから，推定精度はさほど高くない．したがって，その精度向上のための工夫がいくつか提案されている．たとえば，負荷源の有限性を考慮して，流量とともに堆積物量を組み込んだ，$L = kQ^nS^m$ 式を適用した例や，増水期には dL/dt と dQ/dt の間の指数式，減水期には L と Q の間の指数式を適用した例などがある[13]．また，タンクモデルを応用した汚濁負荷流出タンクモデルでは適宜，汚濁負荷排出のメカニズムを組み込むことができ，水質の時間変動を再現することができる[14]．

〔浮田正夫〕

文献

1) 大阪市水道局：水質試験所調査研究ならびに試験成績，各年度．
2) 武田育郎，福島 晟（2004）：斐伊川水質の長期トレンドと流域特性の変化．第38回日本水環境学会年会講演集，1-A-9-1, p.2.
3) 浮田正夫，中西 弘（1985）：河川の汚濁負荷流達率に関する研究．土木学会論文集，357/2-3：225-234．
4) 梅本 諭，駒井幸雄，井上隆信，今井章雄（2004）：栗鹿山山林域からの栄養塩類の年間流出量．第38回日本水環境学会年会講演集，1-A-10-1, p.6.
5) 大久保卓也，東 善広，早川和秀（2002）：集水域からの栄養塩負荷（晴天時）．及大久保卓也・寺村善幸・市木敦之：集水域からの栄養塩負荷（降雨時）．琵琶湖研究所プロジェクト研究報告書 01-A01, 128-179．
6) 國松孝男，村岡浩爾編著（1989）：河川汚濁のモデル解析，pp.114-115, 技報堂出版．
7) 中島 淳（1980）：上流がきたない川―印旛沼流入河川桑納川，神崎川流域の市街化について―．用水と廃水，**22**（9）：1045-1052．
8) 浮田正夫，中西 弘（1976）：小河川における N, P 流達率に関する研究．第12回衛生工学研究討論会講演論文集，pp.114-120．
9) 海老瀬潜一，宗宮 功，大楽尚史（1979）：市街地河川における降雨時流出負荷量の変化特性．水質汚濁研究，**2**（1）：33-44．
10) イリシャットラヒム，柿本大典，今井 剛，浮田正夫（1998）：森林流出水の水質特性と森林植生の水源涵養機能に関する研究．土木学会論文集，No.594/Ⅶ-7：73-83．
11) 環境省総合環境政策局：平成14年版環境統計集，ぎょうせい．
12) 山口高志，吉川勝秀，輿石 洋（1980）：河川の水質・負荷量に関する水文学的研究．土木学会論文報告集，No.293：49-53．
13) 井手淳一郎，久米 篤，大場恭一，小川 滋，永淵 修（2004）：ヒノキ人工林小流域から流出する懸濁態リンの評価について．第38回日本水環境学会年会講演集，1-A-11-1, p.9.
14) 海老瀬潜一，宗宮 功，平野良雄（1979）：タンクモデルを用いた降雨時流出負荷量解析．用水と廃水，**21**（12）：46-55．

1.3 河川の水質の変化

▷ 2.3 湖沼水質
▷ 4.4 沿岸海域の汚濁現象

1.3.1 水質変化機構

a. わが国の河川の特徴

河川水中の栄養塩や有機物質は，流れによって拡散，混合，希釈されながら移動するだけでなく，微生物などの作用により，生物化学的に変化する．これを河川の水質生態系としてとらえることができるが，湖沼のように水がたまった状態でよどんで滞留する系と異なる．河川は，running water と呼ばれるように，滞留時間が非常に短い系であり，湖沼の生態系とは構成要素である生物相が大きく異なる．もし完全混合のようによく混ざっていれば，滞留時間よりも生物の増殖速度が小さければ，系外に流出してしまう．わが国の河川は，利根川と信濃川を除けば，急流部の上流から流れが穏やかになる中流域で海域へ注ぐ川がほとんどである[1]．平均の河川勾配で示すと，1/1000 から 10/1000 の範囲で，外国の主要な河川に比べ，10倍程度大きい．すなわち，わが国の多くの河川は，勾配が大きく流れが速く，数日で海に注ぐため，水中に浮遊している植物プランクトンの影響はほとんど無視できる．しかし，河川の水深が浅いため，河床部まで光が届くので付着藻類や沈水および抽水植物などを考慮する必要がある．

一方，河川水中の浮遊物質では，沈降して底質に移行し，蓄積されていく物理的現象も重要である．ただし，わが国の河川は急流であるため，沈降しても巻き上げられ，長期間蓄積しにくい．もちろん，河口域のように流れが穏やかな水域では，底質が蓄積して組成の一部が溶出し，水質に及ぼすことも考えられる．

b. 有機物の消失と生成

河川水中の有機物の消失過程は，従属性栄養細菌による浮遊性および溶解性有機物の分解と，浮遊性有機物の沈降である．一般に，溶解性有機物濃度 C（mg/l）の時間変化は，河川では有機物濃度が低く，

微生物の増殖による影響が無視できるとして，溶解性有機物濃度に関する一次反応式で表される．

$$\frac{dC}{dt} = -k_1 C \tag{1.8}$$

ここで，k_1 は脱酸素係数（1/日）である．

通常，河川では有機物濃度は BOD（生物化学的酸素要求量）濃度で示される．上式では脱酸素係数と表現されるように，有機物の分解に伴い酸素が消費される．対数の底を e としたときの脱酸素係数 K_1 と底が 10 の場合の脱酸素係数 k_1 との間には，$K_1 = 2.3 k_1$ の関係がある．国内外の文献を整理すると，k_1 は 0.1 から 1.0（1/日）の範囲にある．さらに，微生物の分解だけでなく，浮遊性有機物が沈降して水中から除去される分も加えると，その値は 2 倍程度になる[2]．k_1 は温度 T の影響を受け，温度係数 θ（おおむね 1.05）で表される．

$$k_1 = k_{1,20} \theta^{T-20} \tag{1.9}$$

ここで，$k_{1,20}$：20℃における脱酸素係数．

わが国では河川水中の浮遊有機物の沈降に関する情報は少ないが，河口域や感潮河川での観測や数値シミュレーションが行われている[3]．底面での流れによるせん断応力が，沈降に関する限界せん断応力を下回ったときに沈降が生じる．粒子沈降速度 w_s は，式（1.10）のように表され，$C_D = 24/Re$ となる $Re \leq 1$ の領域では式（1.11）に示す Stokes の式で表される[4]．

$$w_s = \sqrt{\frac{4g}{3C_D} \frac{\rho_p - \rho}{\rho} d} \tag{1.10}$$

$$w_s = \frac{1}{18} \frac{\rho_p - \rho}{\mu} g d^2 \tag{1.11}$$

ここで，g：重力の加速度，ρ_p：粒子の密度，ρ：水の密度，C_D：抵抗係数，d：粒子の直径，$Re (= \rho w_s d/\mu)$：レイノルズ数，μ＝水の粘性係数（粘度）．

粒子沈降による有機物の減少（水中から底質への移動）速度は，w_s を比例定数とした粒子濃度の一次式で表される．

また，底質に蓄積していた粒子の巻き上げは，河床部でのせん断応力が巻き上げに関する限界せん断応力を上回ったときに生じる．巻き上げに関する限界せん断応力は，河床の粒子間の凝集力に依存する[3]．

一方，河床部の付着生物による光合成については，Monod 式（たとえば，比増殖速度 $\mu = \mu_{max} \cdot C/(K_s + C)$，$\mu_{max}$：最大比増殖速度，$K_s$：飽和定数，$C$：栄養塩濃度などのパラメータ）に代表されるように，日射による光強度，窒素やリンなどの栄養塩濃度，温度などのパラメータで表現される．付着藻類の増殖速度は，0.5～10 g/m^2・日の範囲にある．河床での付着生物を考慮したモデルによる解析は，多摩川やその支流の野川などで実施されている[5-7]．また，水路での付着生物膜を組み入れたモデルもある[8]．植物プランクトンの構成する元素組成は $(CH_2O)_{106}(NH_3)_{16}(H_3PO_4)$ で表され，C：N：P＝106：16：1 は Redfield 比といわれている．付着生物は，こうした比率で栄養塩を取り込む．もちろん，生物種によって，また生育条件によって，こうした栄養塩の摂取の比率も多少異なる．

c. 再曝気

河川での有機物の分解に伴い，溶存酸素が消費されるが，大気から河川水へ酸素の移動により，酸素が供給される．この現象は，再曝気と呼ばれる．この移動速度は，水中の飽和溶存酸素濃度 DO_{sat} と実際の溶存酸素濃度 DO との差に比例することが知られている．

$$\frac{dDO}{dt} = k_2 (DO_{sat} - DO) \tag{1.12}$$

比例定数 k_2 は再曝気係数（reaeration coefficient）と呼ばれる．この再曝気係数は，大気と河川水の気液界面にあたる水表面の乱れに依存し，流速，水深や流況などと関連づけて経験的に表現されることもある．たとえば，水深が 0.6～1.5 m で，流速が 0.15～0.61 m/s の場合，k_2 は 1～5（1/日）の範囲にある．もちろん，理論的な検討や測定法に関する知見は多い（たとえば文献 9）．なお，飽和溶存酸素濃度は，大気中の酸素分圧と平衡となる水中の溶存酸素濃度であり，水中の温度や塩分濃度，さらには気圧によって決まる．

d. 硝化・脱窒

河川水中の窒素化合物は，微生物による働きで以下のように変化する．アンモニア酸化と亜硝酸酸化からなる硝化過程では酸素消費を伴う．硝化反応にかかわる微生物は，アンモニアあるいは亜硝酸を酸化するエネルギーを利用して，二酸化炭素を炭素源として，菌体を合成する独立栄養細菌である．こうした独立栄養細菌の増殖速度は小さく，通常の河川水中では無視できる．しかし，感潮河川などで巻き上げが多い水域や底質表層部において，また河床部の付着生物により硝化反応が進行する．さらに，硝

化の最終生成物である硝酸は，脱窒菌により有機物を水素供与体（H）として，窒素ガスに還元される．河川水中での脱窒はほとんど無視できるが，河床部の付着生物膜内部や底質内部の無酸素雰囲気下で進行する．

アンモニア酸化

$$NH_4^+ + \frac{3}{2} O_2 \longrightarrow NO_2^- + H_2O + 2H^+$$

亜硝酸酸化

$$NO_2^- + \frac{1}{2} O_2 \longrightarrow NO_3^-$$

脱窒

$$NO_3^- + 5H \longrightarrow \frac{1}{2} N_2 + 2H_2O + OH^-$$

河川での硝化および脱窒の速度に関する文献値は，河床付着生物あるいは底質表層の微生物による単位河床（底質）表面積あたりの硝化あるいは脱窒速度（$mgN/m^2 \cdot 日$）で表現されることが多い．硝化および脱窒速度は河川環境によって大きく異なり，それぞれ 500～5000 $mgN/m^2 \cdot 日$，300～1370 $mgN/m^2 \cdot 日$の範囲にある[10]．一方，硝化および脱窒を動力学的にMonod式を用いて表現することもできる．硝化菌や脱窒菌の最大比増殖速度のみならず，硝化においては，溶存酸素濃度，アンモニア濃度，亜硝酸濃度に関する飽和定数や，また脱窒においては硝酸濃度に関する飽和定数，さらには溶存酸素濃度を脱窒阻害とした飽和定数が必要になる．また pH，温度などの影響因子も考慮する必要がある．

e. 水と底質との栄養塩の交換

河川水質に及ぼす底質の影響を定量的に評価していくためには，水と底質間における窒素・リンの交換現象を定量的に記述する必要がある[11]．水と底質間における窒素・リンの交換現象を整理すると次のようになる[12,13]．

① 沈殿・堆積過程：水域内で生産された有機物や上流部から流入する有機物や無機物が沈殿して，水底に底質粒子として堆積していく．

② 分解過程：堆積・蓄積していく過程で，底質粒子中の有機物の一部は分解を受けると同時に無機物も生物化学的作用を受ける．この結果，堆積した底質粒子と底質間隙水との間で窒素・リンが交換される．

③ 移動過程：底質間隙水と水との間で窒素・リンが拡散により移動する．その他には，風波などによる巻き上げ，底生生物の活動によっても移動する．

まず，沈降・堆積・圧密による底質粒子および底質間隙水の移動過程と底質中の粒子状の窒素・リンと溶解性の窒素・リン，DOを状態変数とし，窒素・リンの変化過程も組み込んで窒素およびリン溶出モデルを鉛直一次元BOXモデルとして数式化することができる[14,15]．

しかしながら，底質からの窒素およびリンの最大の溶出速度でも，それぞれ 500 $mgN/m^2 \cdot 日$，100 $mgP/m^2 \cdot 日$程度である．わが国の通常の河川では，河川水の流れに伴う窒素やリンの移動速度がはるかに大きいので，よほど緩やかな流れで停滞する河川域以外は無視できる．また，底質と河川水との栄養塩の交換速度からすれば，水中からの粒子の沈降に伴う速度のほうが溶出速度よりも大きい．すなわち，底質への蓄積が生じる．このように蓄積された栄養塩は，豪雨などの出水時に下流側へ輸送される．

f. DOの連続観測に基づいた都市河川での解析例

わが国の浅い都市河川における水中のDOは河川付着生物の活動と密接に関係している．都市河川のDOは昼間に増加して夜間に減少するという一日周期で変動する．河川で実測されたDOの連続データ（愛知県）に基づいて，DO収支をとり，水質評価を行った例を示す[16,17]．

愛知県岡崎市を流れる乙川下流域の男川浄水場上流部より吹矢橋下流部までの約3kmを対象とした．この対象区間（平均水深は1m以下）の3か所（男川浄水場前，竹橋下，吹矢橋下）でDOが1992（平成4）年8月1日から同年9月30日までの61日間，連続測定された．なお，対象区間の下流部では魚のへい死が毎年のように報告されていた．

測定結果から，上流地点の男川浄水場前のDOは，全期間を通じて，飽和に近い7～10 mg/lの値で安定した日周変化がみられた．中流地点の竹橋下ではDOは男川浄水場よりも全体的に低い値で日周変動していた．下流地点の吹矢橋下ではDO変動幅が大きく，最低値は0～1 mg/lを示しており，魚がへい死してもおかしくない値が観測された．

対象区間を3つのBOXモデルに分割して，酸素の収支をとる．各BOX外部からDOに影響する因子は流入流出，降雨，大気との交換であり，各BOX内部では生物活動（付着生物の光合成と呼吸，有機物の分解による酸素消費）によって各BOX内

■場　1. 河　川

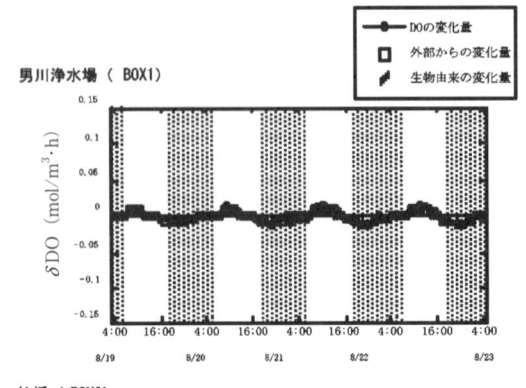

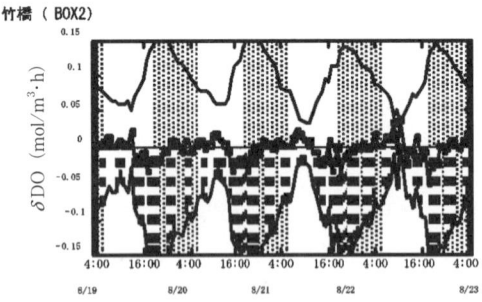

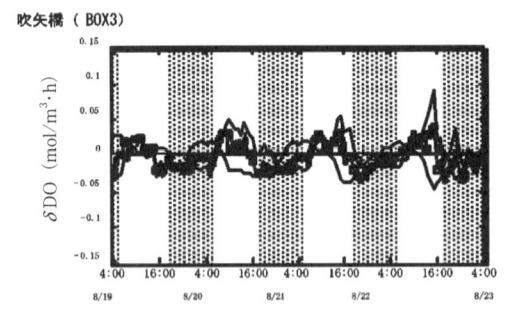

図 1.7　対象区間における見かけの DO 変化量，流入出，大気との交換，雨による変化量，生物由来の変化量の経時変化

$3 \times T^2 - 8.4E - 5 \times T^3$)/32，$k_2$：再曝気係数（$k_2 = 0.7$ を採用），S_i：各 BOX の表面積 [m^2]，V_i：各 BOX の体積 [m^3]，Bio：BOX 内部の生物活動 [mol/h].

右辺第 1 項から第 4 項までは，系外から DO に影響する因子で，第 5 項が内部の生物活動による．図 1.7 は 1 時間ごとの，見かけの DO 変化量，流入出，大気との交換，雨による変化量，生物由来の変化量をグラフに示したものである．

図中の網分けは，昼間と夜間の区別を表す．BOX2 を除き，見かけの DO 変化量は昼間に正，夜間に負の値をとっている．すなわち，BOX1 と BOX3 においては，昼間に生産，夜間に消費していることがわかることから，生物の光合成・呼吸・分解が，バランスよく行われているといえる．これに対して BOX2 では，流入水の DO が高く多量の酸素が供給されているにもかかわらず，生産量（生物由来の DO 変化量）は常に負である．つまり，流入した酸素の大部分が生物によって消費され，光合成が最も盛んな時間帯においても，純生産がみられなかった．また，生物由来の DO 変化量と各 BOX の滞留時間から，BOX2 における単位体積・単位時間あたりの酸素消費量は，2.4 mol/m^3·h で，BOX1 の数十倍，BOX3 の約 10 倍であった．このことから，BOX2 に流入する有機物負荷が著しく高いために，魚のへい死に至る DO の減少が夜間起こることが示唆された．

g. 河道に水生植物が繁茂する河川での水質変化

水生植物が繁茂した河川における水質変化を評価した結果を紹介する[18]．対象河川は東京都東久留米市内を流下する落合川（一級河川，隅田川水系）である．落合川は，河川延長が 3.60 km，流域面積が 6.8 km^2，流域人口が 5 万 7000 人，下水道普及率が 99％の小さな河川である．落合川の特徴は，湧水が非常に豊富なことと抽水植物であるナガエミクリ（ミクリ類）が繁茂していることである．調査範囲としてナガエミクリの繁茂が認められ，堰などの障害物がなく，生活雑排水などの流入が少ない毘沙門橋－老松橋間の中流域 500 m 区間を取り上げた．

水質変化を評価するために行う主な調査項目は，上流側（毘沙門橋）と下流側（老松橋間）における流量と栄養塩などの水質項目をはじめ，各調査時において，食塩水を投入して，下流部で電気伝導度を測定して，滞留時間を評価した．さらに調査対象区間にある水生植物の現存量を調べた．

の DO 変化が生じている．したがって，ある期間，河川において DO を連続的に測定し，その変動から，外部からの因子の影響を差し引くと，生物に起因する DO 変化が推測できる．DO 収支モデル式は，以下のようになる．

$$\frac{dCx}{dt} = Q_I C_I - Q_O C_i + Q_R C_S + k_2(C_S - C)S_i/V_i + Bio$$

(1.13)

ここで，Cx：DO 濃度 [mol/m^3]，Q_I：流入水量 [m^3/h]，Q_O：流出水量 [m^3/h]，Q_R：降雨量 [m^3/h]，C_I：流入水の DO 濃度 [mol/m^3]，C_i：BOX 内の DO 濃度 [mol/m^3]，C_S：飽和 DO [mol/m^3]．ただし $C_S = (14.4 - 0.0309 \times T + 8.12E -$

水質項目において，調査期間を通じて，500 m の調査区間で有意に減少した項目は，BOD のみである．すなわち，BOD は，平均で 4.0 mg/l から 3.3 mg/l へと減少した．ナガエミクリの成長とともにこの調査区間の滞留時間は 22.1，36.4，67.0 min へと増加していた．また 10 月中旬に行われた刈り取りを境に 20.0 min と再び減少した．このようにナガエミクリの繁茂は，河川水の流下抵抗となり，水位が上昇し，滞留時間も大きくなると推定される．

滞留時間を仮に 30 min として，BOD が 4.0 mg/l から 3.3 mg/l へ減少し，この BOD の減少が一次反応に従うとすれば，脱酸素係数は 9.2（1/日）となる．通常の河川における分解速度定数は 0.1 から 1.0（1/日）であるので，落合川で推定される分解速度定数は，1 オーダーも高い．この理由として，繁茂したナガエミクリの茎および葉の表面に付着する生物膜とナガエミクリによる浮遊粒子（SS）の沈殿促進効果と考えられる．

水生植物の物理的効果を確認するために，SS の沈殿ポテンシャル実験を行った．SS の沈殿ポテンシャルは，上流部で河川底質を SS 源として瞬時投入して，下流側の複数の地点で経時的に SS 濃度を測定し，区間ごとに SS の捕捉量を求めた．その結果，ナガエミクリの現存量と SS の捕捉量との間に正の相関関係が認められ，ナガエミクリの現存量が 6 倍に増加すれば，SS の沈殿効果は 4 倍になることが示された．このような水生植物は，沈殿促進効果のみならず，栄養塩の吸収効果などが認められている[19]．〔細見正明〕

文献

1) 玉井信行（1993）：わが国の河川の特徴．河川生態環境工学（玉井信行，水野信彦，中村俊六編），pp.2-7，東京大学出版会．
2) 津野 洋（1990）：4. 河川における自然浄化機能．自然の浄化機構（宗宮 功編著），pp.85-100，技報堂出版．
3) 楠田哲也（1994）：8. 感潮河川における自然浄化機能の強化策．自然の浄化機構の強化と制御（楠田哲也編著）pp.159-179，技報堂出版．
4) 楠田哲也（1994）：1. 自然界の物質変換とその構造．自然の浄化機構の強化と制御（楠田哲也編著），pp.1-26，技報堂出版．
5) 合葉修一，岡田光正，大竹久夫，須藤隆一，森 忠洋（1975）：浅い汚濁河川における BOD，DO の収支のシミュレーション（第 1 報）—数理モデル—．下水道協会誌，12（131）：1-6．
6) 合葉修一，岡田光正，大竹久夫，須藤隆一，森 忠洋（1975）：浅い汚濁河川における BOD，DO の収支のシミュレーション（第 2 報）—多摩川中流域への適用—．下水道協会誌，12（132）：1-12．
7) 川島博之，鈴木基之（1984）：浅い富栄養化河川水質シミュレーションモデル．化学工学論文集，10（4）：475-481．
8) 大久保卓也，細見正明，村上昭彦（1995）：数理モデルによる水路浄化法の性能に及ぼす影響因子の検討．水環境学会誌，18：121-137．
9) 谷垣昌敬（1990）：8. 水域での酸素吸収過程．自然の浄化機構（宗宮 功編著），pp.211-219，技報堂出版．
10) 津野 洋（1990）：4. 河川における自然浄化機能．自然の浄化機構（宗宮 功編著），pp.85-100，技報堂出版．
11) 下ヶ橋雅樹，細見正明（2003）：9. 河川および湖沼における水質生態系モデル．エコテクノロジーによる河川・湖沼の水質浄化：持続的な水環境の保全と再生（島谷幸宏，細見正明，中村圭吾編），pp.81-109，ソフトサイエンス社．
12) 細見正明（1987）：湖沼底泥からの窒素・燐溶出とその制御に関する研究．学位論文，203 p．
13) 細見正明（1993）：底質からの窒素およびリンの溶出とその制御．水環境学会誌，16（2）：91-95．
14) Hosomi M, et al（1982）；Hosomi M and Sudo S（1992）Hosomi M Okada M and Sudo R（1985）：A model of nitrogen release from bottom sediments. Proceedings of the 10 th U. S-Japan Experts Meeting, US Army Corps of Engineers（Patin TR, ed）, pp.30-62．
15) Hosomi M and Sudo R（1992）：Development of the phosphorus dynamic model in sediment-water system and assessment of eutrophication control programs. *Wat Sci Technol*, 26：1981-1990．
16) 細見正明（1996）：3.2.1 DO の連続データからの水質評価．河川整備基金事業　河川生態環境評価基準の体系化に関する研究報告書，平成 8 年度，pp.68-77，(財)河川環境管理財団．
17) 細見正明（1996）：水質汚染のシミュレーション．空気調和・衛生工学，70（11）：889-895．
18) 細見正明（2000）：4.4.2　水生植物による水質浄化．河川生態環境評価法：潜在自然概念を軸として（玉井信行，奥田重俊，中村俊六編），pp.124-134，東京大学出版会．
19) 細見正明（2003）：10. 水生植物が水質浄化に果たす役割．エコテクノロジーによる河川・湖沼の水質浄化：持続的な水環境の保全と再生（島谷幸宏，細見正明，中村圭吾編），pp.110-127，ソフトサイエンス社．

1.3.2　河川の水質予測

一般に水質予測には，数学モデル（mathematical model）が広く用いられている．河川の水質予測でも多くのモデルが開発されてきており，また現在も発展を続けている．数学モデルには確率論的モデル（stochastic model）と決定論的モデル（deterministic model）とがある．確率論的モデルでは現象の不規則変動に着目しており，不規則変動するノイズが明示的に含まれていたり，変数が最確値と分布で表現されたりする．他方，決定論的モデルでは，初期条件や境界条件が決まれば一つの値が決まるモデルであり，河川の水質予測で用いられる数学モデルの

多くは決定論的モデルであり，ここでは決定論的モデルの紹介をする．

ところで，河川の水質は，次のような現象によって決定される．

① 陸域からの汚濁物質の流入
② 河川での汚濁物質の輸送
③ 河川での生物学的，物理学的，化学的，物理化学的現象による汚濁物質濃度の変化

これらのうち，①に関しては，1.2.2項で述べられている「汚染源の分類と特性」を参照されたい．また，③については，1.3.1項の「水質変化機構」を参照されたい．ここでは，②の汚濁物質の輸送について述べる．

汚濁物質の輸送には，水の流れに従って物質が移動する移流と，濃度が一様でない場合に，濃度の高いところから低いところへ物質が移動する拡散とがあり，拡散にはブラウン運動による分子拡散（molecular diffusion）と乱流における渦の不規則な動きによる乱流拡散（turbulent diffusion）とがある．河川の通常の流れは乱流であり，乱流拡散が分子拡散に卓越する．なお，河川の横断方向や鉛直方向に流速分布が一様でない場で，場所的，時間的平均流速と局所的な流速との間に差があることにより，流れに従って物質が移動していても物質が広がる現象を移流分散もしくは分散（dispersion）と呼ぶ．時間，空間平均の流速および濃度の積で移流を表現すると，残りの物質の輸送量は移流分散で表される．この場合，式の形は拡散方程式と変わらないが，拡散係数（diffusion coefficient）に対応する係数を移流分散係数（dispersion coefficient）などと呼び，係数の表す意味が変わる．

河川の水質予測において，水田や都市域などの非特定汚染源や合流式下水道の越流水などのように，降雨流出が大きく関与する現象を対象とする場合は，非定常解析が必要とされるが，晴天時の水質予測や各種水質保全対策の効果を予測する場合には定常解析が用いられるのが通常である．

河川の水質予測は，歴史的には生物学的酸素要求量（BOD：biochemical oxygen demand）と溶存酸素（DO：dissolved oxygen）の予測から始まった．水系における溶存酸素濃度の高低は，魚介類の生息の可否，悪臭ガスの発生の有無，底質の表層性状などに影響し，水系の状態を大きく変えることによる．

最初に定式化された式は，Streeter–Phelpsの式と呼ばれ，生物による有機物の分解反応に伴う溶存酸素消費と空気中からの酸素の溶解による溶存酸素供給を定式化したもので，微分形もしくは積分形で，式（1.14）と（1.15）もしくは（1.16）のように表される．

$$dL/dt = -k_1 L \quad (1.14)$$
$$dD/dt = k_1 L - k_2 D \quad (1.15)$$

ここに，L：BOD，D（$= C_S - C$）：溶存酸素不足量（oxygen deficit），C_S：対象とする水系の状態における飽和DO濃度，C：水系のDO濃度，k_1：脱酸素係数（deoxygenation constant），k_2：再曝気係数（reaeration constant），t：流下時間である．なお，古い文献においては，10を底とする係数をkで，eを底とする係数をKで表現し，区別することがあるので注意を要する．式（1.14）を初期条件$t=0$で$L=L_0$を用いて解くと，$L/L_0 = \exp(-k_1 t)$となり，この結果を式（1.15）に代入して，初期条件$t=0$で$D=D_0$を用いて解くと，次のようになる．

$$D = \frac{k_1 L_0}{k_2 - k_1}\{\exp(-k_1 t) - \exp(-k_2 t)\} + D_0 \exp(-k_2 t)$$
$$(1.16)$$

式（1.16）は，排水が河川流入直後に完全混合（complete mixing）する仮定に基づき，排水流入後の流下時間tにおける溶存酸素不足量を表している．DOが飽和した河川水に，DOが不足しBODを含む通常の排水が流入した場合を想定して図にすると，図1.8のようになり，溶存酸素垂下曲線（oxygen sag curve）と呼ばれる．DOの最小値や不足する区間が問題であれば，排水処理のレベルを検討することになる．

河川水質予測，対象水質はBODとDOであるが，河川で生じるより多くの水質現象を考慮した式が提案されている．取り上げられている現象としては，藻類などの光合成による酸素供給，底質による酸素消費，底質の巻き上げによるBODの増加と沈降に

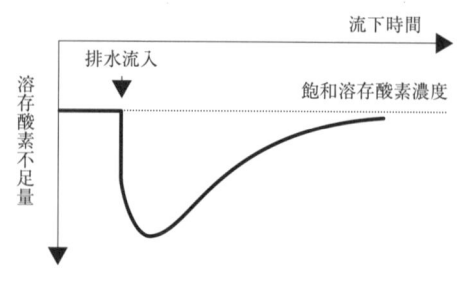

図1.8 溶存酸素垂下曲線

よる減少である[1].

これまでに示した式は，流下時間 t で表現されているが，水質成分の場所的，時間的変化を詳細に表現する場合には，移流分散方程式（advection-dispersion equation）が用いられる．塩分濃度差や水温差などによる密度差の影響が流れに強く影響する感潮域やダム貯水池などの水域を除けば，鉛直方向の水質分布は一様とみなすことができるので，一次元，もしくは平面二次元の移流分散方程式（horizontal 2 dimensional advection-dispersion equation）が用いられる．一次元方程式を用いるのは流れ方向の水質分布が卓越する場合であり，平面二次元の方程式を用いるのは，川岸から流入排水がある場合のように，河川横断方向の水質分布が無視できない場合である．一次元の移流分散方程式は次のようになる．

$$\partial Ac/\partial t + \partial Auc/\partial x = (\partial/\partial x)(DA\partial c/\partial x) + AR_1 + BR_2 + P \quad (1.17)$$

もしくは，

$$\partial c/\partial t + u\partial c/\partial x = (\partial/\partial x)(D\partial c/\partial x) + R_1 + R_2/h + P/A \quad (1.17')$$

ここに，A：流水断面積，c：流水断面内での平均水質濃度，u：断面平均流速，D：移流分散係数，P：河川の単位長さあたりの流入汚濁負荷量，R_1：水中での生物反応などのように水塊全体で生じる反応，R_2：水面や底面で生じる反応や移動現象，$h (= B/A)$：平均水深である．

移流分散方程式を用いる場合には，河川の流れを把握する必要があり，流れを解く必要のある場合には，一次元解析では次のような連続方程式（equation of continuity）と運動量方程式（momentum equation）が用いられる．

連続方程式：$\partial A/\partial t + \partial Q/\partial x = q$ (1.18)

運動量方程式：$\partial Q/\partial t + \partial/\partial x(Q^2/A) + gA\partial h/\partial x + gA(S_f - S_0) = 0$ (1.19)

ここに，Q：河川流量，q：河川長あたりの流入出流量（流入が正，流出が負），g：重力加速度，$S_f (= \tau_0/\rho gR)$：河床に働く摩擦抵抗，τ_0：河床に働くせん断応力，ρ：水の密度，R：径深，S_0：河床の勾配である．なお，解析にあたっては，各種排水に加えて稲作に伴う取水・排水が複雑に関与していることと，河道形状が一級河川下流部を除いてあまり把握されていないことに留意する必要がある．

また，平面二次元方程式の場合は次のようになり，河川流下方向に x 軸，横断方向に y 軸をとると，横断方向の流速 v を無視することが多い．

$$\partial c/\partial t + \partial uc/\partial x + \partial vc/\partial y$$
$$= (1/h)(\partial/\partial x)(D_x h\partial c/\partial x)$$
$$+ (1/h)(\partial/\partial y)(D_y h\partial c/\partial y) + R_1 + R_2/h \quad (1.20)$$

ここに，h：河川の水深，u, v：河川流下方向および横断方向の流速，D_x, D_y：流下方向および横断方向の移流分散係数であり，c, R_1, R_2 は一次元の場合と同じである．また，流入汚濁負荷に関しては，汚濁負荷流入地点での濃度もしくは流入汚濁負荷による濃度上昇を与えて計算する．

河川で生じる移流や拡散以外の水質変化に関係する速度現象は，現象に関係する長さの次元から次の3通りに分類できる．①河川長あたりの量である側方からの汚濁負荷の流入，②面積あたりの現象である水面での再曝気，熱移動，もしくは底面での酸素消費，沈殿，底質の巻き上げなど，③体積あたりの量である水中での反応など，に分類できる．これらの項を方程式中に組み込むときには，水深や面積が関係してくるので，移流分散方程式における左辺の最初の項である濃度の時間微分項の形に留意する必要がある．式（1.17）の場合には左辺の時間変化項に A がかかっているので，①のタイプは P のように，②のタイプの項は R_2 のように，また，③のタイプの項は R_1 のように表現される．式（1.17'）や式（1.20）では時間変化の項に何もかかっていないので，A や h で割ることが必要である．

一次元，もしくは平面二次元の移流分散方程式において，$c = L$ と置き R に式（1.14）の右辺を代入すれば，BOD の変化を表す式となり，$c = D$ と置き換え，式（1.15）の右辺を代入すると溶存酸素不足量の変化を表す式になる．分布を求めるべき水質ごとに，それぞれ方程式を立てて解く必要がある．

近年の河川水質予測モデルでは，移流分散方程式を用いて，BOD や DO だけでなく各種水質成分を予測する方向へと発展してきている．

河川水質の変化の詳細なモデルとしては，米国の環境保護庁が開発してきた QUAL2E（Enhanced Stream Water Quality Model）がよく知られている[2]．このモデルは，流れ場としては一次元の定常流を対象として，さまざまな水質現象を包含させて拡散方程式を差分により解くモデルである．水温変化，無機物の加水分解，CO_2 の空気中からの溶解な

■場 1. 河　　川

どによる変化，酸素のフリーラジカルによる反応，紫外線による化学反応，水中成分の水面からの放散，生物学的分解，底質の巻き上げや底質からの溶出，溶存酸素，BOD，窒素，リンの変化，浮遊物質による吸着と脱着反応，植物プランクトンと動物プランクトンの影響，着生藻類の影響など，きわめて包括的な諸現象がモデル化されている．

しかしながら，このモデルでは流れと流入汚濁負荷の定常性を仮定しており，降雨に伴う非特定汚染源からの汚濁負荷と河川流量が変動するような場合を想定しておらず，このモデルは，水質保全計画立案などの計画的な局面で使うことに適している．汚濁負荷や流量の時間変動が大きい場合を対象として，CE-QUAL-RIV1 などのモデル[3]も開発されている．また，国際水協会（IWA：International Water Association）の RWQM1（River Water Quality Model No. 1）では，QUAL2のモデルの成果を踏まえつつも，活性汚泥処理の研究において蓄積された生物化学反応の知見を背景に，生物化学反応の記述が詳細になされている[4]．

通常，現象のモデル化を行う際には，対象とする現象に関係する要因を抽出し，それらを数式表現する．数式表現する際には，現象のすべての側面を詳細に記述することは困難であるので，通常主たる要素を選択して数式表現する．この際，モデル化を行う目的に応じて表現されるべき現象やその詳細さが異なるので，取り上げるべき要因を取捨選択してモデルに取り入れることになる．モデルに採用する変数については，データの入手が困難な変数を組み込んだモデル化は，原理的な現象解明には役立っても，実際に使うことが困難であり，モデル化を行う際に注意が必要である．

モデルにはモデルのパラメータ（model parameter）と呼ばれる未知の指数や係数が含まれており，モデルが観測データを再現するようにこれらの値を決めてやる必要がある．現象を再現するようにモデル中のパラメータの値を決めることをパラメータフィッティング（parameter fitting）と呼ぶ．河川水質モデルでは普遍定数が少なく，他の河川を対象として決定されたモデルパラメータは，概略値として参考にはなってもそのまま使えるとは限らない．したがって，モデルの適用過程ではパラメータを決めることが重要な作業となり，観測データも必要とされる．

ところで，パラメータフィッティングにおいて，観測もしくは実験データに誤差が含まれていると，モデル定数の推定において誤差が入り込む[5]．観測データにある程度の誤差が含まれているのは通常であり，推定されたモデル定数にもこれが影響しているので，モデル定数を決定した条件と大きく条件が異なる場合へのモデルの適用には，慎重な取り扱いが必要である．
〔河原長美〕

文　献

1) Camp TR and Meserve RL (1974)：Water and its Impurities, 2nd ed, pp.306-336, Dowden, Hutchnson & Ross.
2) Brown LC and Barnwell TO (1987)：The enhanced stream water quality models QUAL2E and QUAL2E-UNCAS：documentation and user manual, EPA/600/3-87/007, 189pp.
3) US Army Corps of Engineers (1990)：CE-QUAL-RIV1：a dynamic one-dimensional (longitudinal) water quality model for streams-User's manual, Introduction report E-90-1, 173 pp.
4) IWA task group on river water quality modelling (2001)：River Water Quality Model No. 1, 131pp, IWA Publishing.
5) 河原長美，山下尚之（1992）：誤差を含む流入汚濁負荷量を用いて同定された生態学的水質評価モデルの予測誤差．環境工学研究論文集，**29**：135-145.
6) 杉木昭典（1975）：水質汚濁-現象と防止対策，pp.325-384，第一版，技報堂．

1.4　河川の生態系

▷ 14.2　河川の生物
▷ 20.7　アセスメントのための新たな指標
▷ 21.6　水環境生態保全計画

1.4.1　植　生

a. 河川に出現する植物

両岸の堤防に挟まれた区域，あるいは無堤の区間については数年に一度程度以上は河川水によって冠水する区域を「河川」と呼ぶことにする．さらに，便宜上その中を以下のように「低水流路（low water stream）」，「低水敷（low water bed）」および「高水敷（flood plain）」という3種の領域に区分する．

低水流路：平常時に水流が占めている領域．
低水敷：砂州や平坦な河原など，平常時は冠水し

ていないが，洪水時には容易に冠水するとともに，洪水による土砂運搬・堆積作用を頻繁に受ける領域．

高水敷：自然にあるいは人工的に造成された比較的高位の場所で，冠水や表層土砂の移動頻度が低水敷と比較すれば格段に低くなる領域．

なお，山間部の渓流区間については，高水敷を「渓畔（あるいは渓岸）」に置き換える必要がある．また，植物群落（plant community）の成立・維持要件（establishment and maintenance requirement）を詳細に分析する立場より，上記の低水敷をさらに冠水や土砂移動（sediment motion）の頻度や低水路水際からの距離などの大小により「低水敷」と「中水敷」に細分化する場合[1]や，各区分の境界にあたる水際領域，河岸斜面部，河岸肩部などを固有の環境条件をもつ場として位置づける場合も多い[2]．

河川には上記のように多様な環境条件が縦断的・横断的に大きい環境傾度（environmental gradient）をもって混在しているとともに，各種の領域の分布状態やそこにおける物理的・化学的環境条件が比較的短い時間スケールで，かなり大幅に変動する．このため，河川では，いわゆる陸域におけるものとは著しく異なる特徴的な植物相（flora）がみられる．わが国の河川に出現する代表的な植物種群を，それらの生育場所（habitat）の相違および個体と水との関連性に着目した生態学的分類のもとに整理すると表1.6のようである[3-6]．沈水・浮葉・抽水植物に分類される水生植物は，いうまでもなく低水路内に生育する．河原（河辺）植物としては主として低水敷に，河畔・渓畔植物としては高水敷あるいは渓畔に生育することが多いものが列挙されている．また，表中の草本植物（herbaceous plant，木本植物はwoody plant）には帰化植物（naturalized plant, exotic plant）もかなりの割合で記載されている．これらの多くは，牧畜あるいは土木工事における法面の緑化や浸食防止などのために輸入されたものが，本来の生育場から逸脱して繁茂したものである[7-9]．ある地域や群落立地にみられる植物種の総数に対する帰化植物種の総数の百分率が帰化植物率と定義されている．今日では，わが国の河川の大半で帰化植物率が20%を越え，都市部に近い河川あるいは改修事業の進んだ河川ほど，それが高値を示すことが報告されている[10,11]．

表1.6 わが国の河川でみられる植物の代表例

生態分類	植物種
沈水草本植物	エビモ，ササバモ，クロモ，ホザキノフサモ，ヤナギモ，コカナダモ*，オオカナダモ*，オオフサモ*
浮葉草本植物	ヒメコウホネ，ヒルムシロ，フトヒルムシロ，ヒシ，ヒシモドキ，ヒツジグサ，ホソバミズヒキモ
抽水草本植物	ヨシ，マコモ，ヒメガマ，フトイ，クログワイ，ウキヤガラ，キショウブ*，オランダガラシ*，キシュウスズメノヒエ*
河原(河辺)草本植物	ツルヨシ，オギ，セイタカヨシ，クサヨシ，ヤナギタデ，ミゾソバ，カワラノギク，ヨモギ，カワラヨモギ，カワラハハコ，チガヤ，ススキ，メドハギ，カワラマツバ，シナダレスズメガヤ*，セイタカアワダチソウ*，アレチウリ*
河原(河辺)木本植物	イヌコリヤナギ，タチヤナギ，アカメヤナギ，ジャヤナギ*，ネコヤナギ，アキグミ，ドロノキ，メダケ，ニセアカシヤ*
河畔・渓畔木本植物	キシツツジ，ユキヤナギ，カワラハンノキ，アキニレ，エノキ，ムクノキ，サワグルミ，トチノキ，ゴマギ

注）種名に付した*は帰化植物であることを示す．

b. 河状と植物群落の相互作用

植物群落の立地環境としての河川特性を表現する際には，河川地形（channel geometry）や景観（landscape）という主として幾何的な面に加えて，平常時の水表面からの比高（relative elevation），洪水による冠水（inundation）の頻度や深さ，洪水流が植物体に及ぼす流体力（fluid force），土砂移動の激しさやそれに伴う地形と底質粒度（substrate grain composition）の変化など，水理学的あるいは水成地形学的な面にも十分に配慮する必要がある[6]．このように幾何的ならびに水理学的な面から総合的にとらえた河川の物理的環境特性を河状と呼ぶことがある[12,13]．

河川では，河状のシステムと植生のシステムが図1.9に示すように相互作用関係を形成している．まず，ある植物は，主として河床形状や平常時の水位によって決まる水分条件の適地を選んで実生（芽生え，seedling）として定着し，群落形成（colonization success）を開始する．この後の群落動態は，流水と流送土砂（流砂〈sediment load〉という）の直接的な力学作用や流砂現象に伴う地形変化などの河状因子から支配的な影響を受ける[14-17]．ここにおいて，上流域からの流出水量や流出土砂量の時系列は河状のシステムをほぼ一義的に規定する．な

場 1. 河 川

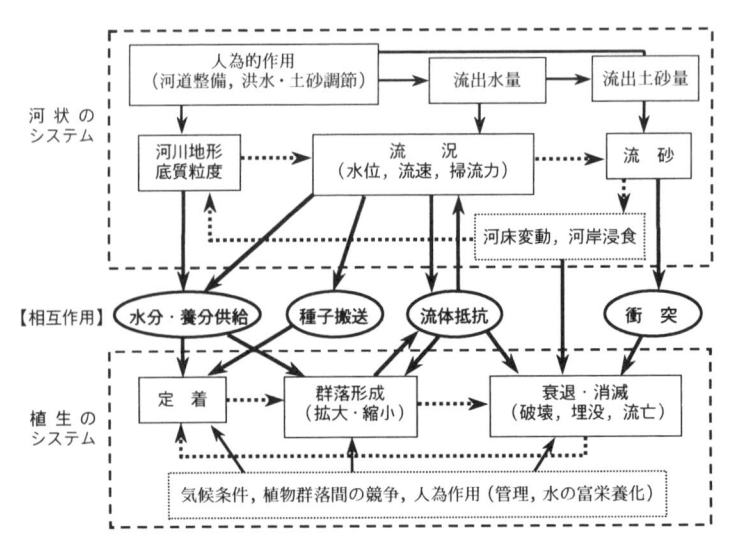

図1.9 河状と植生の相互作用関係

お，植物群落の消長にかかわる要因には，気候帯や共存あるいは隣接する他種の植物との競争（competition）という生態学的なものもあるが，物理的攪乱（physical disturbance）の発生頻度や規模が大きい河川ではそれらの効果が二次的であると考えられる[17]．一方，植物群落（特に木本群落や高草本群落）の河状への影響は，まず，流体抵抗の形で流れの水位，流速，掃流力（河床に作用する流水の摩擦力のうち土砂輸送に有効な成分，tractive force）などの分布状況に現れる．次いで，流砂現象の場所的不均一に起因する河床変動（riverbed variation）や河岸侵食（bank erosion）を介して河川地形と底質粒度にも及ぶ．そして，このように連鎖的に生じる河状全体の変動は，植物群落の動態に再度反映される．以上のように，河状と植物群落の消長とは密接な相互関係を保ちながら推移していく．

c．植物群落の分布特性

一般に，個々の植物は，種子散布（seed dispersal）の様式，発芽要件（germination requirement），水ストレスへの耐性（tolerance），生育に必要な養分の要求度などはもとより，水流，流砂，風などによる物理的攪乱に対する耐久性やそれらによる損傷からの回復能力が異なっているため，それぞれ固有の生息地適性（habitat suitability）をもつ[6,18]．換言すれば，植物はそれぞれの生息地適性に従って棲み分けを行っている．

河川の場合，生息地適性に関連する環境因子は，水温・水質，低水水位からの比高，河床材料の粒度，洪水の発生頻度と洪水時の流況（冠水深，流速，掃流力），流砂量やこれに伴う地形・底質変化の状況，人為作用など多岐にわたるが，これらは個々の河川で特徴的なものになることはもとより，同一の河川内でも縦・横断方向に複雑に変化する．したがって，個々の河川では，その流域の自然的ならびに人為的特性が如実に反映された帯状あるいはモザイク状の植物群落分布が出現するとともに[6,12,20,21]，その状況は時間の経過とともに変遷していく[22-25]．

近年，上述のような植物群落の分布特性を河相あるいは河状を代表する環境変数（environmental variable）を用いて定量的に説明する試みがなされている．宇多ら[26]は，まず河川を縦断方向に河床勾配や底質粒度がほぼ一定とみなせる区間（セグメント）に分割したのち，横断方向には砂州，中水敷，高水敷，河岸の領域に分けて植物群落の分布状況と河状特性を調査・整理し，セグメントとその中での冠水頻度，底質粒度，出水時流速などが異なる範囲ごとに，出現可能な群落種のグループ分けをした．辻本ら[27]あるいは鎌田ら[22]は，代表的な河原植物群落の分布域を特徴づける環境変数として，比高，横断勾配，低水流路水際からの距離，底質平均粒径などが有用であることを示した．砂州上における植物群落種別の地被面積について，Aubleら[23]は冠水時間率と関係づけ，岡部ら[12,13]は過去数年間にわたって平均化された多数の河状履歴指標群による回帰式を提示した．古東ら[28,29]は，河状履歴指標群を説明変数として，選好度曲線やニューラルネッ

トワークモデルに基づく出現群落種の推定モデルを提案した．

d．植物群落が河川の水流と地形に及ぼす影響

まず，植物群落が河川水流に及ぼす影響について述べる．植物群落は，水理学的な観点からみると，河床や河岸から河川水流中に，あるいはそれを突き抜いて存在する水流抵抗体（resisting body）の集合であるといえる．特に，発達した竹林やヤナギ群落あるいはヨシなどのように密生した背の高い草本群落が広く河床や川岸を被覆している場合には，それらの群落域内の流れは著しく減速させられ，いわゆる河道の洪水疎通能（安全に流下させることができる洪水の最大流量, flood capacity）が減殺される．その程度は，他の流水抵抗要素としての砂礫面や護岸・護床面や高水敷造成に伴う断面減少による効果より勝る場合も多い[30]．これは，砂礫面や護岸工などがもつ摩擦面としての流速低減作用が，それらにきわめて近い（面の凹凸の数倍程度）領域でしか顕著でないことに対して，植物体の形状抵抗はその存在高さの範囲で有効に効果を発揮するためである．

図1.10に，細い円筒状の植生模型を河床に植えつけた水路で計測された流速分布を示す[31]．図中の密生度は水路床単位面積あたりに存在する植生模型の表面積と定義されている．ここに示されたように小さい密生度の場合でも，底面近傍の流れが著しく減速される．たとえばヨシ群落のように密生度がきわめて高い場合には，その高さの範囲内で流速はほとんどゼロとなる．実際の植生帯を通過する流れの流速構造は，個々の植物体の影響できわめて強い三次元性を帯びる[32]とともに，群落を構成する植物の種構成（species composition）により，また同一種類の植物であっても成長段階や立地環境によってシルエット，大きさ，分枝構造，流れに対する剛性および地被密度や配列状態などがさまざまに変化するため，非常に複雑なものとなっている．ただし，河道管理の観点からは，群落内で平面的に平均化された流速の鉛直分布特性を把握するだけで十分である．この際に群落の抵抗指標として選ばれるのは，流れ場の単位容積あたりについて評価された抵抗面積（抵抗体の流れ方向投影面積で植生密生度[30]と呼ばれる）であり，これが既知の場合に鉛直流速分布特性や群落域の粗度係数（roughness coefficient）などを推定する手法が多数提案されている[33]．

次に，植物群落に影響される地形変化について述

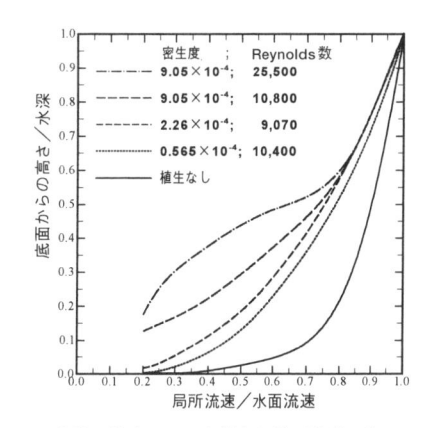

図1.10 糸状の植生モデルを植えた滑面水路の流れにおける流速分布
（文献31より実験データの傾向線のみ複写）

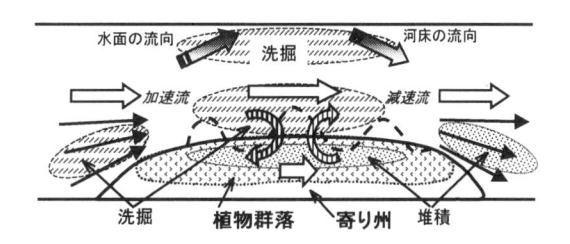

図1.11 外縁部に帯状の植物群落をもつ寄り州の周辺における流れと地形変化

べる．実際河川においては，そのような地形変化が多様な様相で観測されるが，次に示す素過程が単独あるいは組み合わせとして発現しているものと考えれば理解しやすい[17, 34, 35]．

① 孤立した植物個体あるいは植物群下流部への細砂（主に浮遊砂〈suspended load〉）の堆積（deposition），

② 植物群落上流部での流速，掃流力，乱れの低減に伴う砂礫（掃流砂〈bed load〉と浮遊砂）の堆積，

③ 側岸沿いや寄り州上の植物群落の水ハネ作用により流れが流心部あるいは対岸部へ集中し，その領域の掃流力が増大することに伴う洗掘（erosion），

④ 帯状の植物群落域と主流域の間で生じる流水の横断混合（水の出入り）に起因した群落域への正味の土砂輸送（sediment transport）による植物群落内の堆積および主流域での洗掘．

図1.11に，植物群落の影響による典型的な地形変化の一例として，右岸・河岸沿いに形成された寄り州（交互砂州と考えてもよい）の周辺で生じる地形変化を模式的に示している．このような砂州では，

■場　1. 河　川

低水路沿いにヤナギやハンノキ類の帯状群落が発達しやすい[4, 6, 36]．群落の下流側では，主流域から拡散しつつ右岸に向かう流れが生じ，これによって持ち込まれた比較的細粒の土砂が堆積する（素過程①）．この堆積域の上流部では掃流砂として運ばれた砂礫の堆積も考えられ，このようにして形成された箇所が新たな群落床になって，既存群落の拡大につながる場合もある．寄り州外縁部に沿う帯状の堆積は，素過程②および④の効果が相まって進行する．特に④の効果は継続性が強く，明瞭な盛土状地形が出現する．このような堆積の反作用に素過程③の効果が加わって，流心側では広い範囲にわたって洗掘が生じる．右岸の河岸沿いに寄り州に接近する流れは，地形と植物群落の効果により左岸方向に向きを変える．このために，まず，寄り州の外縁・上流部では流れの集中が起こり，洗掘領域が現れる（素過程③）．これによって寄り州上流部の植物群落域が削減されることもある．また，寄り州外縁と左岸の距離が小さい場合には，転向させられた流れが左岸に衝突する状況となる．このとき，左岸沿いの河床では，河岸から流心に向かう戻り流れ（二次流〈secondary flow〉という）が発生して河岸直下の砂礫を流心方向に輸送するため，著しい洗掘が生じる．

〔岡部健士〕

文献

1) 佐々木寧（1995）：河川植生の特性．河川の植生と河道特性，pp.18-22，（財）河川環境管理財団・河川環境総合研究所．
2) 山本晃一（1994）：河道特性としての生態系．沖積河川学，pp.237-252，山海堂．
3) 竹原明秀（1993）：河辺の植物群落．1993年度（第29回）水工学に関する夏期研修会講義集（Aコース），pp.A-2-1-A-2-20，土木学会水理委員会．
4) 佐々木寧（1996）：河川環境の特質．河川環境と水辺植物—植生の保全と管理—（奥田重俊，佐々木寧編），pp.2-4，ソフトサイエンス社．
5) 奥田重俊（1996）：河川に発達する植物群落．河川環境と水辺植物—植生の保全と管理—（奥田重俊，佐々木寧編），pp.93-113，ソフトサイエンス社．
6) 石川愼吾（1997）：河川と河畔の植生．1997年度（第33回）水工学に関する夏期研修会講義集（Aコース），pp.A-4-1-A-4-19，土木学会水理委員会・海岸工学委員会．
7) 服部保（1988）：河川の雑草群落．日本の植生侵略と撹乱の生態学，pp.54-61，東海大学出版会．
8) 鷲谷いづみ，森本信生（1993）：日本の帰化植物，保育社．
9) 佐々木寧（1995）：河川の植物種の特性．河川の植生と河道特性，pp.11-18，（財）河川環境管理財団・河川環境総合研究所．
10) 梅原徹，星野義延，奥田重俊，浅見佳世，服部保（1996）：河川植生の評価．河川環境と水辺植物—植生の保全と管理—（奥田重俊，佐々木寧編），pp.208-212，ソフトサイエンス社．
11) 星野義延（2002）：河道特性と外来種のハビタット．自然的撹乱・人的インパクトと河川生態系の関係に関する研究，pp.98-101，（財）河川環境管理財団・河川環境総合研究所．
12) 岡部健士，鎌田磨人，湯城豊勝，林雅隆（1996）：交互砂州上の植生と河状履歴の相互関係—吉野川における現地調査—．水工学論文集，40：205-212．
13) 岡部健士，鎌田磨人，小寺郁子（1997）：交互砂州上の植物群落分布に及ぼす河状履歴の影響．水工学論文集，41：373-378．
14) 石川愼吾（1988）：揖斐川の河辺植生．I．扇状地の河床に生育する主な種の分布と立地環境．日本生態学会誌，38：73-84．
15) 石川愼吾（1991）：揖斐川の河辺植生．II．扇状地域の砂礫堆上の植生動態．日本生態学会誌，41：73-84．
16) 砂田憲吾，岩本尚，渡辺勝彦（1998）：出水履歴と河道特性が植生域の長期変動に及ぼす影響に関する基礎的研究．水工学論文集，42：451-456．
17) 辻本哲郎（2001）：河道植生と流路変動．2001年度（第37回）水工学に関する夏期研修会講義集（Aコース），pp.A-6-1-A-6-20，土木学会水理委員会・海岸工学委員会．
18) 石川愼吾（1996）：河川植物の特性．河川環境と水辺植物—植生の保全と管理—（奥田重俊，佐々木寧編），pp.116-139，ソフトサイエンス社．
19) 荒木健太郎，鎌田磨人，湯城豊勝，岡部健士（2000）：那賀川中・下流域における樹木群落の分布と立地特性．環境システム研究，28：247-254．
20) Johnson WC, Burgess PL and Ellenberg H (1976): Forest overstory vegetation and environment on the Missouri River floodplain in North Dakota. *Ecological Monographs*, 46:59-84.
21) Nakamura F, Yajima T and Kikuchi S (1997): Structure and composition of riparian forest with special reference to geomorphic site conditions along the Tokachi River, northern Japan. *Plant Ecology*, 133:209-219.
22) 鎌田磨人，小島桃太郎，吉田竜二，浅井孝介，岡部健士（2002）：ダム下流域における河相変化が砂礫堆上の植物群落の分布に及ぼす影響．応用生態工学，5(1)：103-114．
23) Auble GT, Friedman JM and Scott ML (1994): Relating riparian vegetation to present and future streamflows. *Ecological Appl*, 4(3):544-554.
24) 鎌田磨人，岡部健士，小寺郁子（1997）：吉野川河道内における樹木および土地利用型の分布の変化とそれに及ぼす流域の諸環境．環境システム研究，25：287-294．
25) 小寺郁子，岡部健士，鎌田磨人（1998）：河川砂州上に分布する植物群落の立地条件としての物理環境因子．環境システム研究，26：231-237．
26) 宇多高明，藤田光一，佐々木克也，服部敦，平舘治（1994）：河道特性による植物群落の分類—利根川と鬼怒川を実例として—．土木技術資料，36(9)：56-61．
27) 辻本哲郎，岡田敏治，村瀬尚（1993）：扇状地河川における河原の植物群落と河道特性—手取川における調査—．水工学論文集，37：207-214．
28) 古東哲，岸本崇，岡部健士，鎌田磨人（2001）：砂

州上の植物群落分布の再現モデル．環境システム研究，**29**：171-178.
29) 古東哲，岸本崇，岡部健士，鎌田磨人，梅岡秀博（2002）：河状履歴指標による砂州上の植物群落分布の再現．水工学論文集，**46**：935-940.
30) 辻本哲郎（1995）：水理学的見方．河川の植生と河道特性，pp.3-7，(財)河川環境管理財団・河川環境総合研究所．
31) 福原輝幸（1983）：開水路乱流の構造解析とその応用に関する研究．大阪大学学位論文，第Ⅱ編，第3章，pp.41-57.
32) 湯城豊勝，岡部健士，濱井宣行（2001）：樹木状植生をもつ河床上の流れの乱流構造とその数値解析法．水工学論文集，**45**：847-852.
33) 岡部健士（1995）：植生帯を通過する流れ．河川の植生と河道特性，pp.61-72，(財)河川環境管理財団・河川環境総合研究所．
34) 砂田憲吾他（1998）：河道変遷特性に関する研究—適切な河川環境管理をめざして—，p.157，(財)河川環境管理財団．
35) 池田裕一（1995）：河道の変形に対する植生の影響．河川の植生と河道特性，pp.90-100，(財)河川環境管理財団・河川環境総合研究所．
36) 太田陽子，鎌田磨人，岡部健士（1996）：徳島県吉野川の木本と土地利用型の分布—1964および1990のメッシュ図—，徳島県立博物館研究報告，第6号：39-72.

1.4.2 魚類

a. 流程遷移（longitudinal succession）

河川において最も大きなスケールで魚類の分布を規定しているのは，流下に伴う環境変化である．上流は低水温，低栄養塩，大きな河床礫，急勾配．下流は温水域，高栄養塩，砂河床，緩勾配で，それに応じて生息する魚類も変化するというShelford[1]の考えに基づいている．図1.12に流程遷移の模式図を示す．

図1.12 流程遷移の模式図[2]

日本においても，上流域ではイワナ，ヤマメ，アマゴ，カジカ，中流域ではオイカワ，カワムツ，ウグイ，下流域ではニゴイ，タナゴ類というように，魚種による分布域の違いがみられる．ダムや堰などの人工構造物や，滝などの自然の障害によって魚の分布は撹乱を受ける点に注意が必要である．

b. 棲み分け（habitat segregation）[3]

流程遷移により大まかな流下方向の魚種の違いは説明できるが，流下方向では同一の場所においても，より細かな環境因子の違いで魚種ごとに異なる生息場が選択されている．魚類が生息場を選択する際のメカニズムとして，再生産の成功（reproductive success），エネルギー的優位性（energetic advantage），生物的相互作用（biotic interactions）の3つの視点がある．

再生産の成功は，産卵場に適した河床材料，シルトの堆積を防ぎ，適度な溶存酸素を供給する流速などによって規定される．

エネルギー的優位性とは，摂餌のために消費するエネルギーが最小となるような行動を魚がとれるかどうかで規定され，流速が主要な影響因子となる．

生物的相互作用とは，被食者がその捕食者から逃避しやすい場所を生息場として選択したり，餌料が競合する魚種の一方が他方を駆逐したりする現象である．アユの遡上時にはオイカワがアユに摂餌場を譲るといった行動が知られている．水深や遮蔽物が主要な影響因子となる．

魚類はこれらの3つの視点に対して本能的な重み付けを行い，生息場を選択していると考えられる．

c. 生息場ボトルネック（habitat bottlenecks）

生息場ボトルネックとは，ある魚種にとってキーとなる重要な成長段階の生息場の多寡によって，その魚種の成魚の生息量が決定されてしまうという仮説である[5]．この仮説に基づき，魚類の生息量評価は，生息場の量の評価に置き換えられることが多い．流程遷移および棲み分けは，現時点での魚の分布を支配するのに対して，生息場ボトルネックの影響は，たとえば産卵場の面積が生息場ボトルネックとなった場合，その魚が成魚に達する数年後に顕在化するということに注意する必要がある．

d. 魚類の行動圏（home range）

行動圏は，河川における瀬と淵の組み合わせの重要性をモデル化するために必要なパラメータである．たとえば，アユは日中は瀬で付着藻類を摂食し，夜間は淵で休息する．瀬と淵の両方が行動圏内に存

■場　1. 河　　川

在する位置は生息場としての価値が高いと考えられる．

　Minns は北米の湖沼と河川での種々の魚種の行動圏データを収集し，行動圏が体長，体重などの体サイズの関数であること，湖沼での行動圏は川の行動圏よりも大きいことを示した[6]．Minns による河川における行動圏式は以下のとおりである．

$$\log_e H = 3.43 + 0.53 \log_e W \quad (1.21)$$
$$\log_e H = -2.41 + 1.52 \log_e L \quad (1.22)$$

ここに，W：魚の体重（g），L：魚の体長（mm），H：魚の行動圏（m^2）である．関根ら[7]はカワムツ，コイ，フナなどいくつかの日本の魚種について実験的に行動圏を求め，オーダー的には Minns の式が日本の河川にも適用できることを示した．

e．魚類の生息場の定量評価

　米国では，ミティゲーションの法制化に伴い，開発行為が生息場に与える影響を把握する必要性から，定量的に生息場評価を行う手法が発達している．その代表的なものが，USFW（U.S. Fish and Wildlife Service）によって 1970 年代後半から開発され，現在は USGS（U.S. Geological Survey）に引き継がれている IFIM（Instream Flow Incremental Methodology）である[2-4]．

　IFIM では，流程遷移の観点から，魚類の生息場をまず流下方向にのみ変化する環境因子で区間限定する．続いて，棲み分けの観点から，河川横断方向に変化する環境因子を用いて二次元的に生息場の価値を計算する．前者をマクロ生息場（macro habitat）評価，後者をマイクロ生息場（micro habitat）評価と呼ぶ．

　流下方向にのみ変化する環境因子としては，水温，溶存酸素，pH，濁度などの化学的因子，あるいは流量，河道形態，勾配などの物理的因子をとり，横断方向にも変化する環境因子としては，流速，水深，遮蔽物，河床材料などの物理的因子をとることが多い．

　ことに，マイクロ生息場評価に用いられるソフトウェア PHABSIM（Physical Habitat Simulation System）は，USGS からインターネットを通して無料で配布されており，IFIM と独立して用いられたり，IFIM と混同されたりするほど一般に受け入れられつつある．PHABSIM の概念を図 1.13 に示す．まず，図 1.13(A) のように，対象河川を物理環境が均一とみなせる小区画（セル）に分割し，そのセルごとに種々の流量に対する水深，流速，カバー（底

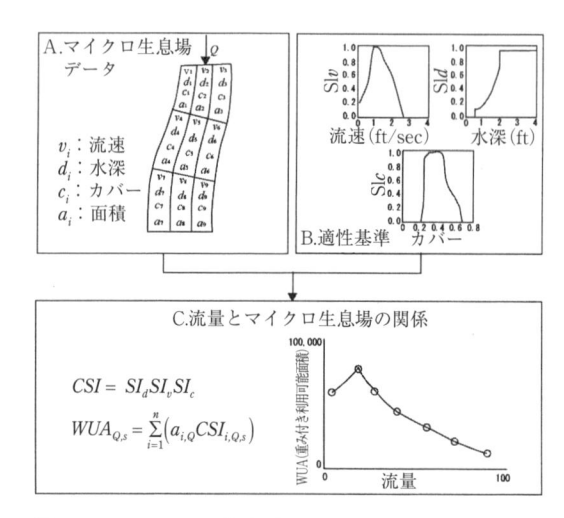

図 1.13　PHABSIM の概念（Stalnaker C, *et al*：A primer for IFIM, 1994 を改変）

質や隠れ場となる物陰）のデータを収集する．これらが説明変数となる．一方，評価対象種に対してこれらの物理環境についての生息場適性基準（HSC：habitat suitability criteria）を調査や実験などに基づいて定めておく．たとえば水深 1 ft の地点には 5 尾/m^2，2 ft の地点には 10 尾/m^2 の魚が観察されたとすると，$SI_{d=1\mathrm{ft}} : SI_{d=2\mathrm{ft}} = 1 : 2$ となる．ここに，SI_d は水深（d）に対する適性指数（SI：suitability index）である．こうした観察を多数繰り返し，観察された SI_d の最大値を 1 となるように正規化することで，図 1.13(B) に示すような曲線を描くことができる．これが HSC である．最後に，種々の流量においてセルごとの説明変数値に対する SI 値を読み取り，セルの表面積に乗じることで，図 1.13(C) に示すような，流量と重み付き利用可能面積（WUA：weighted usable area）の関係を得る．対象区間がその魚種にとって最適な状態なら，WUA は対象区間の水面積と一致する．

　PHABSIM の特徴は，説明変数がすべて物理項目であることから，水理学的シミュレーションによって任意の流量に対する説明変数値が予測できることである．これによって，水資源開発に伴う河川流量の変化が水生生物に与える影響を予測することができる．

　WUA の算定方法にはいくつかのバリエーションが存在するが，わが国でも，行動圏内に含まれる瀬と淵などの異なる生息場の価値を重み付き平均などの適当な方法で統合する計算方法[8, 9]が考案されている．

f．魚類と水質

　河川にすむ魚に最も強く影響する水質項目は，前項でも述べたように，水温，溶存酸素，pH，濁度であろう．これらについては比較的情報が多い．

　水温は上流から下流に穏やかに変化し，河川全体の魚の分布を決定づけている．魚にとって水温の2度の変化は人間にとっての気温10度の変化に相当するといわれている．ダムからの冷水の放流や工場からの温排水の放流など，人為的な原因による急激な温度変化は，魚類の生息に決定的な影響を与えるおそれがある．また逆に，放水量の極端な減少などで流れが停滞し，水温が上昇してしまう場合もある．各種魚類と水温の関係の一例が文献[10-15]にある．

　溶存酸素は，魚類に限らず水生生物一般についてきわめて重要な水質項目である．BODやCODもその分解に伴う溶存酸素低下という形で水生生物に影響を与えることが多いと考えられる．ただし，落ち込みのみられるような河川上流域で溶存酸素濃度が低下することはめったになく，溶存酸素が成魚にとって問題になるのは，流れの停滞域や，中下流部の落ち込みが存在せず，再曝気量の少ない区間についてである．一方，卵稚仔にとっては，上流部であっても有機物の堆積に伴う産卵場近傍の局所的な貧酸素化が悪影響を及ぼすおそれもある．各種魚類と溶存酸素の関係の一例が文献[13, 16, 17]に紹介されている．水産用水基準（2000）では一般：6 mg/l 以上，サケ・マス・アユ：7 mg/l 以上としている．

　pHの低下は卵の発生に影響を与える．また，稚魚ではえらの粘膜の分泌が過剰になり，えらの上皮を通しての酸素移動量が抑制されて呼吸困難になる，との報告がある．さらに，アンモニア性窒素濃度の高い水域では，pHによって毒性の強い遊離アンモニア濃度が変化する，といった間接的影響もある．各種魚類とpHの関係の一例が文献[18-24]に紹介されている．水産用水基準（2000）では6.7～7.5としている．

　濁度は，河川改修などの土木工事に付随して常に問題となる水質項目である．魚は濁水を忌避するという報告が圧倒的に多い．長期曝露により，摂餌障害が現れるという報告もある．また，産卵場に懸濁物質が堆積すると産卵の障害になる．一方，関根らの実験的研究[25]では，魚種によっては濁水を強く選好する，という結果が得られている．これは，濁度には遮蔽物としての側面があるからである．各種魚類と濁度の関係の一例が文献[13, 26, 27, 28]に紹介されている．水産用水基準（2000）ではSSにして25 mg/l 以下（人為的に加えられるものは5 mg/l 以下）としている．

　一方，一般には影響が大きいと思われているBOD, COD，栄養塩などについては，状況証拠は種々報告されてはいるものの，魚類の生息状況との間にそれほどはっきりとした因果関係が証明されているわけではない．水産用水基準（2000）では，DO保持の観点から，BODについて自然繁殖条件：3 mg/l 以下（サケ・マス・アユ：2 mg/l 以下），成育条件：5 mg/l 以下（サケ・マス・アユ：3 mg/l 以下）としている．また，農薬その他の微量有害物質についても，毒性試験などの情報は蓄積されているが，環境中に低濃度で存在している場合の影響についてはほとんどわかっていない．今後の情報の蓄積が最も求められている分野であるといえる．

〔関根雅彦〕

文　献

1) Shelford VE (1911)：Ecological succession. I. Stream fishes and the method of physiographic analysis. *Biological Bull*, 21：9-34.
2) 中村俊六，テリー・ワドゥル訳 (1999)：IFIM入門. p.197, リバーフロント整備センター.
3) Stalnaker C, Lamb BL, Henriksen J, Bovee K and Bartholow J (1995)：The Instream Flow Incremental Methodology A Primer for IFIM., p.45, U.S. Department of the Interior, National Biological Service.
4) Bovee KD and Lamb BL, *et al* (1998)：Stream Habitat Analysis Using the Instream Flow Incremental Methodology, p.130, U.S. Department of the Interior, U.S. Geological Survey.
5) Bovee KD, Newcomb TJ and Coon TJ (1994)：Relations between habitat variability and population dynamics of bass in Huron River, Michigan. National Biological Service Biological Report, 22, p.79.
6) Minns K (1995)：Allometry of home range size in lake and river fishes. *Can J Fish Aquat Sci*, 52：1499-1508.
7) 佐々木丞，関根雅彦，後藤益滋，浮田正夫，今井剛 (2001)：多自然型川づくりに資するための魚の行動圏調査. 環境工学研究論文集，38：13-19.
8) 楊継東，関根雅彦，浮田正夫，今井剛 (2001)：行動モードを考慮した魚の生息環境評価手法に関する研究. 土木学会論文集，No.671/VII-18：13-23.
9) 田代喬，伊藤壮志，辻本哲郎 (2002)：生活史における時間的連続性に着目した魚類生息場の評価. 河川技術論文集，8：277-282.
10) 岩田ら (1987)：漁業公害調査報告　多摩川におけるダムなどの河川工作物設置による漁業に及ぼす影響調査昭和56～60年度. 東京都水産試験場調査研究要報，No.192：97.
11) 沢田健蔵 (1996)：魚種別　適環境を維持する飼育管理　アユ. 養殖，33 (3)：95-96.
12) 田中英樹，吉沢和倶 (1994)：アユの攻撃行動に及ぼす

水温の影響. 群馬農業研究 E 水産, No.10 : 53-56.
13) 渡辺昭彦 (1993) : 水辺の国勢調査に基づく魚類と水質の関係. 土木研究所研究発表会論文集, **32** : 65-68.
14) Childs MR and Clarkson RW (1996) : Temperature effects on swimming performance of larval and juvenile colorado squawfish : implications for survival and species recovery. Trans Am Fish Soc, **125** (6) : 940-947.
15) Lohr SC, Byorth PA, Kaya CM and Dwyer WP (1996) : High-temperature tolerances of fluvial arctic grayling and comparisons with summer river temperatures of the big hole river, Montana. Trans Am Fish Soc, **125** (6) : 933-939.
16) Smale MA and Rabeni CF (1995) : Hypoxia and hyper thermia tolerances of headwater stream fishes. Trans Am Fish Soc, **124** : 698-710.
17) 山元憲一 (1991) : コイ科魚類6種の低酸素下における逃避反応. 水産増殖, **39** (2) : 129-132.
18) 新島恭二, 石川雄介 (1992) : 酸性水が淡水魚の卵・稚仔の孵化と生残に及ぼす影響—コイ, アユ, ヤマメおよびイワナについて—. 電力中央研究所報告 U91050, p.25.
19) International Electric Research Exchange (1981) : Effects of SO2 and its derivatives on health and ecology., Vol.2 Natural ecosystems, agriculture, forestry and fisheries.
20) 清野通康, 石川雄介 (1985) : 日本の河川湖沼の水質現況ならびに火山性無機酸性湖研究の概要. 電力中央研究所報告 484016, p.42.
21) 中川久機, 石尾真弥 (1989) : メダカの卵および仔魚に対するカドミウムの毒性および蓄積性に及ぼす水の pH の影響. 日水誌, **55** : 327-331.
22) 伊藤 隆, 岩井寿夫 (1965) : アユ種苗の人工生産に関する研究-IX, 人工孵化仔魚の各種水質要素に対する抵抗性. 木曽三川河口資源調査報告第2号, pp.883-914.
23) Rombowugh PJ (1965) : Effects of low pH on eyed embryos and alevins of Pacific Salmon. Can J Fish Aquat Sci, **40** : 1575-1582.
24) Jogoe CH, Haines TA and Haines FW (1984) : Effects of reduced pH on three life stage of Sunapee char Salvenus alpinus. Bull Contam Toxicol, **33** : 430-438.
25) 関根雅彦, 浮田正夫, 中西 弘, 内田唯史 (1994) : 河川環境管理を目的とした生態系モデルにおける生物の環境選好性の定式化. 土木学会論文集, No. 503/II-29 : 177-186.
26) 藤原公一 (1997) : 濁水が琵琶湖やその周辺河川に生息する魚類へおよぼす影響. 滋賀県水産試験場研究報告, No.46 : 9-37.
27) 全内漁連 (1986) : ダムなど河川工作物設置による漁業への影響調査. 漁業公害調査報告書, pp.84-111.
28) 本田晴朗 (1983) : アユの遡上行動におよぼす濁りおよび水温低下の影響. 海洋科学, **15** (4) : 223-225.

1.4.3 河川の水生微生物
a. 着生藻類の現存量と生息環境との関係

河川には, 浮遊性の微生物と着生の微生物が生存している. わが国の河川は, 一般的に流れが速く, しかも短いことから, 浮遊性の植物プランクトン (phytoplankton) は, 増殖する前に湖や内湾などに流れ込むために少ない. それに対して, わが国に多い中小河川は水深が浅く河床まで光が届き, しかも河床が礫で構成されている場合が多いため, 着生藻類 (periphyton) が河床で発達している.

着生藻類は, 水質汚濁の程度によって, その生物種が異なる. 一部の都市内汚濁河川でみられる強腐水性水域 (polysaprobic) では, *Sphaerotilus* sp. のような細菌が主体の水わたと呼ばれる生物膜が形成されて, 着生藻類は生育できない. 貧腐水性 (origosaprobic) から β-中腐水性 (β-mesosaprobic) 水域では, 硅藻 (diatom) や緑藻 (green algae) が中心の着生藻類が優占する. この着生藻類の現存量や増殖速度は, 生息環境によって異なる.

着生藻類現存量と流速の関係は, 着生藻類内部への栄養塩の供給速度と流れの掃流力による剥離のバランスによって決まる[1-3]. すなわち, 流速が速くなると着生藻類内部への栄養塩の供給速度が大きくなり, 増殖速度・最大現存量とも一定の範囲内では大きくなる. しかし, 流速が速くなると流れによる掃流力が増すために, 着生藻類に加わる力も大きくなり, その掃流力に耐えることが可能な最大現存量は少なくなる. 河川流速が 0.6~1.0 m/s までであれば, 流速の増大によって着生藻類の現存量が増加するが, それ以上速くなると減少することが報告されている[4-6]. 着生藻類の剥離が生じるかどうかは, 流速の絶対値ではなく, 流速の変化量に対応する. 遅い流速のところで生育した着生藻類は, 付着力が発達していないため, 少し流速が速くなっただけでも剥離する.

着生藻類の増殖と栄養塩の関係は, 植物プランクトンの増殖と同様に, 水中の栄養塩濃度が高くなると増殖速度・最大現存量がともに大きくなる. 湖沼や海域では, 栄養塩として窒素とリンのどちらかが制限因子になるが, 河川水中の N/P 比は一般的に大きいため, 着生藻類の場合, リンが制限因子になることが多い. 着生藻類現存量と, 藻類が直接取り込み可能なリンの形態であるリン酸態リン濃度の関係をみると, リン酸態リン濃度の増加に伴って着生藻類の現存量は多くなり, リンの濃度が 0.1 mg/l 程度までは現存量の増加がみられるとする報告[7]や, 0.015 mg/l で着生藻類の現存量が飽和に達するとした報告[8]がある. 着生藻類の増殖速度は, 栄養塩の河川水中の平均濃度ではなく, 着生藻類への

栄養塩の供給速度に依存するため，流速によっても異なるし，もちろん着生藻類の種類によっても異なる．着生藻類が生育できるような環境下では，リン酸態リン濃度が増加すると着生藻類の現存量も増す傾向にある．

着生藻類の光合成速度は，光のエネルギーが大きくなると大きくなるが，ある一定量以上になると光合成速度は一定になり，飽和型曲線で表せることが，室内実験により明らかにされている[9-12]．これらの研究結果で示されている飽和に達する光のエネルギーはほぼ等しく，約 $400 \mu E/m^2 \cdot s$ となっている．この値を $1cal = 20.91 \mu E$ [13] を用いて，日射量に換算すると $0.3 MJ/m^2 \cdot h$ になる．日射は河床に届くまでに，水面で一部反射され，水中では水深方向に指数関数的に減少し，また河川水中の懸濁物質濃度が高くなると河床に到達する光のエネルギーは少なくなる．しかし，水深 30 cm 程度以下の河川であれば，河床においても日中は飽和日射量を十分超えている．

着生藻類の増殖速度は水温にも依存している．湖沼などの植物プランクトンの増殖と同様に，25℃程度までは，着生藻類の増殖速度は水温が高いほど大きくなることが実験水路で確認されている[14]．

着生藻類現存量は捕食者である底生動物の個体数によっても影響を受け，捕食者が多いと摂食によって着生藻類の現存量が減少する[15-17]．しかし，栄養塩の状態によっては底生動物の移動に伴って内部にまで栄養塩や光が届くことで増殖速度が速くなり，着生藻類の現存量が減少しない場合や逆に増加する場合もあることが報告されている[18]．

茨城県涸沼川で測定された着生藻類の炭素・窒素・リンの比[19] は，46：7.4：1 であり，$(CH_2O)_{106}$ $(NH_3)_{16}H_3PO_4$ で表される植物プランクトンの示性式[20] から求められる Redfield 比の 41：7.2：1 に非常に近い値であった．他の観測例でも，C/N 比はほぼ，5.0～7.2 の間に入っており[21-23]，地点，季節，着生藻類現存量に関係なくほぼ一定であり，河川水質の違いによってあまり影響を受けない．一方，N/P 比は 2.3～13.6 とバラツキが大きい[22,24,25]．着生藻類の N/P 比は，河川水中の N/P 比によって変化し，河川水中の N/P 比が低いと藻類中の N/P 比は低く，河川水中の N/P 比が高いと藻類中の N/P 比は高くなる傾向がある．

b．着生藻類による河川流下過程の水質変化

河川の流下過程における水質変化には，細菌 (bacteria) と着生藻類の関与が大きい．細菌は，有機物質を分解し，河川水中の有機物質濃度を低下させる自浄作用 (self-purification) と呼ばれる反応の中心をなしている．また，アンモニア酸化細菌によってアンモニアは亜硝酸に，亜硝酸酸化細菌によって亜硝酸は硝酸に変換される．河床で発達した着生藻類内部の嫌気化した場所では脱窒細菌によって脱窒も生じている．一方，着生藻類は二酸化炭素を固定して有機物を生産しているため，自濁作用と呼ばれることもある．増殖した着生藻類は，一部は底生動物や魚の餌になるとともに，降雨時に剥離して減少する．

茨城県涸沼川において着生藻類の現存量の変化を年間を通して観測した結果[19] を図 1.14 に示したが，降雨が少なく流量が安定している秋季に現存量が多くなっている．夏季は水温，日射量が高く増加量は大きいが，春季や夏季は降雨による剥離が頻繁に生じて，高い現存量を維持できず，冬季は増殖速度が低く，現存量の低い状態が続く結果となってい

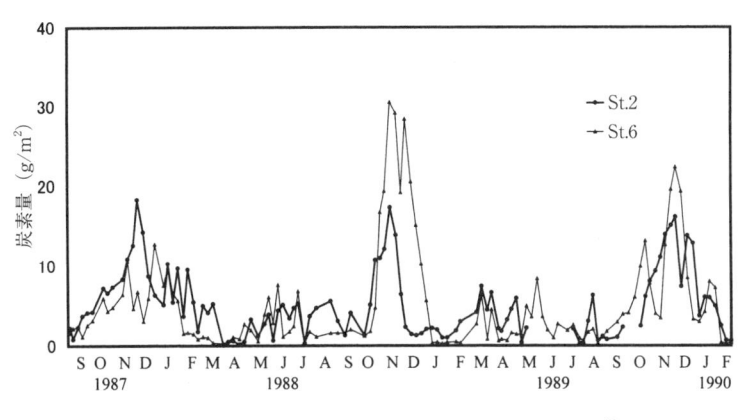

図 1.14 茨城県涸沼川における着生藻類現存量の変化[19]

表 1.7 茨城県涸沼川における炭素・窒素・リン流出負荷量に占める藻類の比率[27]

	藻類としての流出量 (t)		河川水流出負荷量 (t)		藻類の比率 (%)	
	1988年	1989年	1988年	1989年	1988年	1989年
炭素	37	51	390	560	9.5	9.1
窒素	5.9	8.2	200	240	3.0	3.5
リン	0.81	1.1	11	19	7.1	6.0

る．また，着生藻類による単位面積あたりの年間純生産量は全窒素濃度が 1.6 mg/l，全リン濃度が 0.08 mg/l の涸沼川で，炭素量として 102〜123 g/m^2・年となり[26]，富栄養化した湖沼とほぼ同程度の，高い生産性を示す．

涸沼川を対象として，河川から流出する栄養塩のうち，どの程度が藻類として流出するかを Chl-a を指標として推定した結果[27]を表 1.7 に示す．全流出量のうち炭素として 9％，窒素として 3％，リンとして 7％程度が藻類として流出している．この中には，流域内の停滞水域で増殖した浮遊性の藻類も含まれているが，大部分が着生藻類と考えられる．

着生藻類は，流量安定時に水中の溶存態の窒素やリンを取り込んで増殖し，流量増大時に懸濁物として剥離・流出している．このため，着生藻類は，流量増大時に流出するまでの栄養塩一時貯留機能と溶存態から懸濁態への栄養塩変換機能を有していることになる．流量増大時に剥離・流出した着生藻類が，多量に流出する土やシルトなどとともに底質に移行し，好気的条件下で底質からの溶出が起こらなければ，窒素やリンの栄養塩は水系から除去されることになる．人為的な水質汚濁が進行する前はこのような生態系システムが維持されていたと考えられる．このような考えに立てば，栄養塩も含めて考えると，着生藻類は自濁作用ではなく自浄作用として働いているとみることもできる．　　　　　　　〔井上隆信〕

文献

1) Maurice AL and Peter HJ (1979): The effect of flow patterns on uptake of phosphorus by river periphyton. *Limnol Oceanogr*, 24: 376-383.
2) 細井由彦，村上仁士，住山 真 (1985):流水中にたてた円柱表面に成育する着生藻類と流れの関係について．衛生工学研究論文集，21: 165-176.
3) Horner RR, Welch EB, Seeley MR and Jacoby JM (1990): Responses of periphyton to changes in current velocity, suspended sediment and phosphorus concentration. *Freshwater Biol*, 24: 215-232.
4) 田中庸央 (1975):都市近郊河川における富栄養化 (1)．水処理技術，16: 345-349.
5) Horner RR and Welch EB (1981): Stream periphyton development in relation to current and nutrients. *Can J Fish Aquat Sci*, 38: 449-457.
6) Welch EB, Jacoby JM, Horner RR and Seeley MR (1988): Nuisance biomass levels of periphytic algae in streams. *Hydrobiologia*, 157: 161-168.
7) Bothwell ML (1989): Phosphorus-limited growth dynamics of lotic periphyton diatom communities: Areal biomass and cellular growth rate responses. *Can J Fish Aquat Sci*, 46: 1293-1301.
8) Welch EB, Horner RR and Patmont CR (1989): Prediction of nuisance periphytic biomass: A management approach. *Water Res*, 23: 401-405.
9) McIntire CD, Garrison RL, Phinney HK and Warren CE (1964): Primary production in laboratory streams. *Limnol Oceanogr*, 10: 92-102.
10) Jasper S and Bothwell ML (1986): Photosynthetic characteristics of lotic periphyton. *Can J Fish Aquat Sci*, 43: 1960-1969.
11) Boston HL and Holl WR (1991): Photosynthesis-light relations of stream periphyton communities. *Limnol Oceanogr*, 36: 644-656.
12) Hill WR and Boston HL (1991): Community development alters photosynthesis-irradiance relations in stream periphyton. *Limnol Oceanogr*, 36: 1375-1389.
13) Richard K, Beardall J and Raven JA (1983): Adaptation of unicellular algae to irradiance: An analysis of stratagies. *New Phytol*, 93, 157-191.
14) Bothwell ML (1988): Growth rate response of lotic periphytic diatom to experimental phosphorus enrichment: The influence of temperature and light. *Can J Fish Aquat Sci*, 45: 261-270.
15) Hunter RD (1980): Effects of grazing on the quantity and quality of freshwater Aufwuchs. *Hydrobiologia*, 69: 251-259.
16) Lambert GA and Resh VR (1983): Stream periphyton and insect herbivores: An experimental study of grazing by a caddisfly population. *Ecology*, 64: 1124-1135.
17) Hill WR and Knight AW (1987): Experimental analysis of the grazing interaction between a mayfly and stream algae. *Ecology*, 68: 1955-1965.
18) McCormick PV and Stevenson RJ (1991): Grazer control of nutrient availability in the periphyton. *Oecologia*, 86: 287-291.
19) 井上隆信，海老瀬潜一 (1993):河床付着生物膜現存量の周年変化と降雨に伴う剥離量の評価．水環境学会誌，16: 507-515.
20) Richards FA, Cline JD, Broenkow WW and Atkinson LP (1965): Some consequences of the decomposition of organic matter in Lake Nitinat, an anoxic fjord. *Limnol Oceanogr*, 10: R185-R201.
21) 田中庸央，田中正明，佐野方昴，田中 進 (1977):流下に伴う河床付着物の現存量変化．水処理技術，18: 741-748.
22) 小林節子 (1981): 4.「桑納川の着性微生物」，河川の汚濁負荷に及ぼす着生微生物の影響—印旛沼流入河川桑納川の汚濁とミズワタおよび着生藻類—．千葉県水質保全研究所資料，22: 6-25.
23) 紺野良子，津久井公昭，渡辺正子 (1990):清流の復活

に関する研究（その10）玉川上水の河床付着性微生物. 東京都環境科学研究所年報, pp.163-166.
24) 海老瀬潜一, 宗宮 功, 大楽尚史 (1978)：市街地河川流達負荷量変化と河床付着性生物群 (1). 用水と廃水, **20**：1447-1459.
25) Biggs BJF and Close ME (1989)：Periphyton biomass dynamics in gravel bed rivers：The relative effects of flows and nutrients. *Freshwater Biol*, **22**：209-231.
26) 井上隆信, 海老瀬潜一 (1994)：河床付着生物膜現存量の周年変化シミュレーション. 水環境学会誌, **17**：169-177.
27) 井上隆信, 海老瀬潜一, 今井章雄 (1998)：農耕地河川における Chl-a 流出負荷量の評価. 土木学会論文集, **594**（Ⅶ-7）：11-20.

1.5 河川環境の管理と整備

▷ 1.2　河川流量，水質および汚濁負荷の物性
▷ 21.1　計画管理・政策とは
▷ 21.3　水環境モニタリング計画
▷ 21.6　水環境生態系保全計画
▷ 21.7　水資源保全計画

1.5.1　河川の水量，水質管理

河川とのかかわりは，利水，舟運，治水のように人間活動の目的や気象条件などの流域特性に応じて多種多様である．河川整備や計画を立案する際，流域環境が重視される傾向にあり，環境に配慮することによって治水や利水面で有為となる場合があることも認識されつつある．このことは，「総合水管理 (integrated water management)」という概念に基づいて河川「場」を河川環境の管理と整備の対象とする時代になりつつあるといえる．

総合水管理という用語は，わが国において複数の専門分野や行政分野で用いられているが，確固たる法律的（行政上の）定義はなされていない．その理由は，水に関する基本法が存在しないからである．

ここでは，総合水管理を「一つあるいは複数の流域に存在する複雑な利害関係の絡む水問題を解決するために総合行政（政策）として水管理を実施すること」として取り扱う．水管理先進国（地域）では，水量・水質問題（財政的・制度的問題も含む）を同時に解決しなければならない複雑な問題に遭遇して，総合化への検討を開始した例が多いようである．

水量・水質問題，ひいては環境問題を解決するた

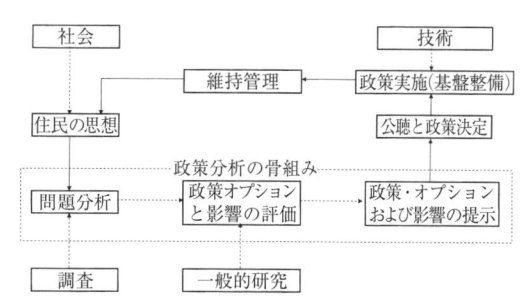

図 1.15　政策サイクルと政策分析

めの総合水管理とは，図 1.15 に示すような政策サイクルを循環するシステムで構成される．総合水管理の政策サイクルは，周到な水問題分析，政策分析，そして意思決定プロセスで構成される．問題分析には住民の意思（流域・地域からの要望）も循環プロセスに組み込まれるために，住民意思の非定常性によっては政策（意思）決定も困難となることがある．したがって，問題分析や政策分析プロセスにおける専門家集団のみによる最適解が必ずしも問題解決策（対策事業）とならず，意思決定のプロセスにおいて公聴や地域の意見を反映する手続きなどが必要条件となる．わが国の河川事業は，公金によって整備されることが基本となっているので，最終的な意思決定は国益（公益）を損しない範囲で効率・公平性を勘案して実施されることになる．

わが国の水行政の総合化に向けた取り組みとして「健全な水循環構築に関する関係省庁連絡会議（平成11年）」による「健全な水循環系の構築」が挙げられる[1]．「健全な水循環系」とは，「流域を中心とした一連の水の流れの過程において，人間社会の営みと環境の保全に果たす水の機能が，適切なバランスの下にともに確保されている状態」と定義されている．この「健全な水循環系の構築」に関する議論は，中央集権的施策が総合化へ向けてシフトする意味でも重要な役割を果たすものと思われる．健全な水循環系構築のための施策の基本的方向として，「流域の視点」「水循環系の機構把握，評価及び関連情報の共有化」「流域における各主体の自主的取り組みの推進」が示されている．注目すべきことは，「流域の主体性（個性）の重要性が明確になったこと」「場の視点に循環の視点が加わったこと」「循環系の場として分水嶺から地下空間まで含めた三次元の空間場が対象となったこと」などが挙げられる．流域場が地下空間まで含むことから，地下水の寿命時間まで考慮した視点が要求されることとなろう．わが国においては，地下水は制度上，私水として位

■場■　1. 河　　川

置づけられていることから，水に関する基本法，すなわち総合水管理の必要性が指摘される所以の一つともなっている．わが国においては水に関する基本法がないことから，当面は，地域独自のルール化を進めつつ，多種多様な水管理への取り組みが社会実験的に進められることとなろう．

a. 管理と制御

河川環境の管理と整備という観点から河川水量・水質管理を考えるには，水循環を基本とした総合水管理の概念が重要となる．しかしながら，河川の水量・水質変動特性は，多くの場合自然由来のものに何らかの人的関与が加わったいわゆる「半自然」の状態下にあり，さらなる人為関与を前提とした「管理」という概念を明確にしておく必要がある．図1.16に河川水量・水質に関する「管理」の概念図を示す．図中に示した「基本型」は，対象とする「場」の現況（多くの河川場ではすでに人的関与が存在するので半自然[2)]の状態にある）を表現している．この現況に対して問題分析が実施され，人的関与（対策）を必要とする場合に，何らかの基準値を設けて，その範囲内にとどめることを目的とする方式を「制御」型と定義する．水量に関する制御型の具体例として，水位制御（破堤防止）を目的とした治水計画（計画高水流量），年間を通しての許可水利量，下廃水放流に対する水質基準などが挙げられる．「管理」型と「制御」型の違いは，基準値に対する考え方と取り組み方の違いにある．基準値志向型の制御型に対して，管理型は，目的志向型とも表現され，目的そのものを基準値のみで表現できない（しない）場合に用いられる概念である．管理型の具体例として，渇水時における渇水被害（水質障害も含む）の最小化を目的とする水量配分，そして水量・水質を考慮した総合水管理などが挙げられる．

制御型の特徴としては，全国統一型で社会資本整備を迅速に実施できることにあるが，一方では地域特性を考慮した弾力的対応が困難となりやすいこと，などが挙げられる．明治維新以降の水行政に関する社会資本整備の大半は，国策としての治水，利水が主流を占めていたために制御型の対応であったともいえる．

管理型の特徴としては，地域特性に応じた水量・水質問題に対する弾力的な対応が可能であること，対策によっては社会資本投資の公平性が維持されにくいこと，ひいては目標設定が困難となりやすいこ

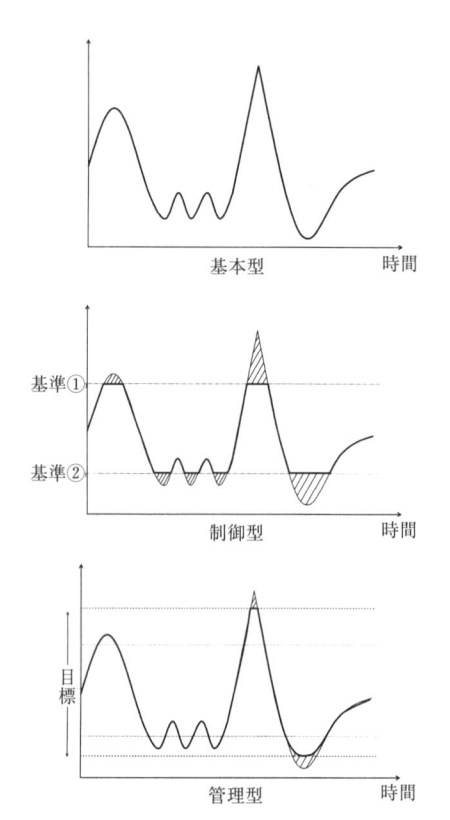

図 1.16　制御と管理の概念図

とが挙げられる．河川も含めて水行政一般について，従来の人間（生活）優先の行政目標に環境が新たに追加されると管理型に移行せざるをえなくなる．

図に示した人的関与部分（斜線部）は，現状の評価（問題分析結果）と経済的評価によって評価され実施されることとなる．河川環境の目標は，治水・利水・自然環境の観点から流域の総意をふまえつつ決定されることとなる．その際，河川環境の評価と経済評価における人的関与（対策）をどのように評価するかが，評価手法の選択と併せて重要となる．

b. 水量管理

水量管理を必要とする河川では，人間社会と生態系の双方の持続性からみた水量不足に起因する問題が多い．わが国においては，この水量に関する問題を解消するために正常流量が設定されている[3)]．正常流量とは，河川における流水の正常な機能を維持するために必要な流量であり，維持水量（渇水時に維持すべき流量）と水利流量の双方を満足する流量として定義されている．原則として，1/10程度の確率（10か年第1位相当）での渇水時でもその正常流量が維持されるように計画・設定されている．正常流量の設定手順を図1.17に示す．

1.5 河川環境の管理と整備

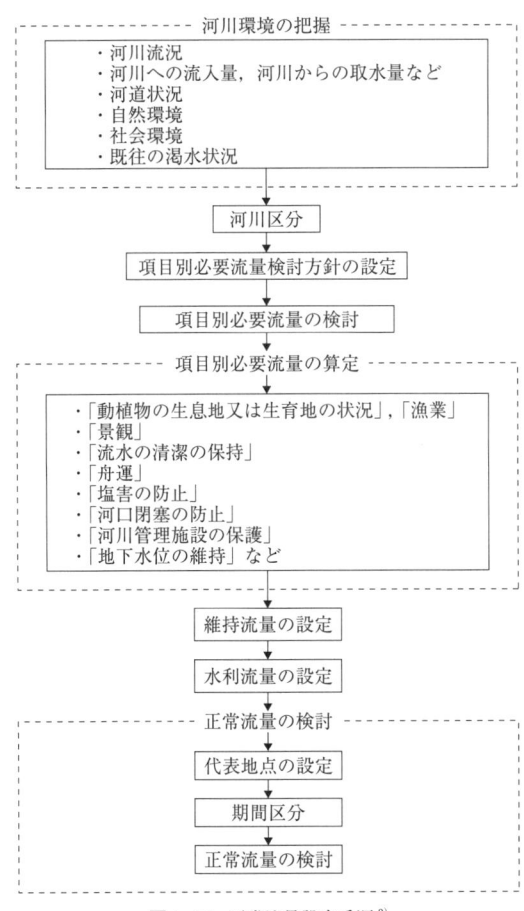

```
┌──── 河川環境の把握 ────┐
│ ・河川流況              │
│ ・河川への流入量，河川からの取水量など │
│ ・河道状況              │
│ ・自然環境              │
│ ・社会環境              │
│ ・既往の渇水状況        │
└────────────────────────┘
          ↓
    ┌ 河川区分 ┐
    └──────────┘
          ↓
┌ 項目別必要流量検討方針の設定 ┐
└──────────────────────────────┘
          ↓
┌ 項目別必要流量の検討 ┐
└──────────────────────┘
          ↓
┌──── 項目別必要流量の算定 ────┐
│ ・「動植物の生息地又は生育地の状況」，「漁業」│
│ ・「景観」              │
│ ・「流水の清潔の保持」  │
│ ・「舟運」              │
│ ・「塩害の防止」        │
│ ・「河口閉塞の防止」    │
│ ・「河川管理施設の保護」│
│ ・「地下水位の維持」など│
└────────────────────────────────┘
          ↓
    ┌ 維持流量の設定 ┐
    └────────────────┘
          ↓
    ┌ 水利流量の設定 ┐
    └────────────────┘
          ↓
┌──── 正常流量の検討 ────┐
│  ┌ 代表地点の設定 ┐    │
│  └────────────────┘    │
│         ↓              │
│  ┌ 期間区分 ┐          │
│  └──────────┘          │
│         ↓              │
│  ┌ 正常流量の検討 ┐    │
│  └────────────────┘    │
└────────────────────────┘
```

図 1.17 正常流量設定手順[3]

図に示されるように正常流量は，動植物の保護，漁業，景観，そして既得の慣行・許可水利権流量などを勘案して設定されるが，必ずしも維持流量と水利流量との和を意味するものではない．正常流量は，あらかじめ設定された代表地点において，年間を通した流量変動も考慮したうえで設定されるべきものとして定義されている．

1997（平成 9）年の河川法改正に伴い，河川行政に関する計画は，環境に配慮し，地域の意見を反映した河川整備を推進することとなり，河川整備に関する計画は，河川整備基本方針と河川整備計画で策定されることとなった．主要地点における流水の正常な機能を維持するため必要な流量に関する事項は，手続き上，上位計画である河川整備基本方針で検討される．

正常流量は，維持流量と水利流量の双方を同時に満足するものであることから，河川の自然流況（人的関与のない状態での河川流量）と人的関与との間での綱引き関係によって左右される．重要なことは，その綱引き関係の持続性あるいは安定性が計画論上からも要求されることである．したがって，自然流況に余裕があれば，生物系の専門家や地域の要望をふまえつつ正常流量を確保することは比較的容易であろう．河川流況が貧弱か，人的関与（特に水利流量）の影響を強く受ける場合には，維持流量と水利流量を同時に満足する正常流量の確保が困難となる．このような場合には，環境・利水・治水に関する価値観や利害が錯綜することとなり，最終的には，政策サイクルを伴った総合水管理のプロセスが必要となる．問題解決のためには，流域自治の考え方に基づく河川環境の目標設定とそのための自然観が共有化されなければならず，そのためにも河川環境を把握する（知る）ためのモニタリング調査が重要となる．

近年，水資源開発に伴う減水区間における流量低下が社会問題となり，発電用水の一部を減水区間へ放流する事例や河川環境の再生を目指した人工出水の調査検討が進められつつある．複数ダムの貯水特性を活用したダム群連携事業や多目的ダムの治水容量の一部を不特定用水補給に使うダムの弾力的運用も調査検討の対象となりつつある．このような新たな技術的展開は財政や制度面での弾力的対応の支援があって可能となるし，地域からの要望が問題分析の対象として組み込まれて，実施可能なオプションとなる．

c. 水質管理

河川の水質管理は，水量管理と不可分のものであるが，わが国では生態系まで含めて水量・水質の両面から総合的に検討した例は少ない．河川の水質問題は，汚濁源で分類すると生活・事業場からの点源由来の水質汚濁問題，そして市街部・農地からの面源由来のものに大別される．水質環境基準からみた水質汚濁問題を解決するには，下水道などの生活排水処理施設の整備が必要不可欠である．わが国において，排水処理施設の未整備に起因する水質汚濁問題は，現在，中小市町村に集中しているために，河川水質の直接浄化を対症療法的に必要とする地域がある．水域の直接浄化対策は，上流域からの河川水と都市域からの排水の混合水であるため，処理目的によっては生活排水処理施設と比較して低効率の施設となりうるので，適材適所に設置する工夫が必要である．直接浄化対策を講じる際には，自然浄化機構強化策の原則である「自然が有する恒常的な浄化能をそのまま使うか，人為的に強化する際には，人

為的関与を最少にする」ことが重要である．浄化施設そのものが除去された物質の貯蔵空間となる場合には，その影響を事前に把握しておく必要がある．また，汚濁河川水が浄化施設に流出入するので施設建設前後における影響把握，具体的には施設設置に伴う流況変化や水質変化を把握・予測し，副次的な水質問題が生じないようにしなければならない．汚水者負担（私費負担）の原則を導入していることから，浄化に伴う（公費の）費用対効果に加えて，施設の浄化能力と処理目的（環境基準の維持達成，せせらぎ用水確保など）との整合性も図っておく必要があろう．

水質管理については，環境基準や排水基準などの水質基準を用いた現状分析や対策効果の評価は否定できないものの，これら基準値は，ある一定の濃度で規定されることが多いことから制御的意味合いの強い施策となりやすいことに留意しておく必要がある．環境目標という観点からは，際限のない水質目標が設定され技術的には対応可能でも財政的な観点から実施不可能な目標値に設定されることもありうる．特に，面源由来の物質については，財政的・技術的に制御困難となるものが多い．そのような場合には，「総合水管理」の概念が必要不可欠となる．各種水質基準のみで地域からの要望を満足させるための対策を模索するのは困難となることもありうるので，正常流量設定方法の例にみられるように区間別，期間別の目標が弾力的に設定され，たとえば，「泳げる水質」「魚釣りができる水質」「特定種が生存できる水質」のような目標を満足させる方策をハード・ソフトの両面から考える必要があろう．

生態系まで含めた水量・水質に関する総合水管理を進めるには，新たな技術的展開，弾力的な制度の対応に加えて，政策サイクル（意思決定プロセス）におけるNGOやNPOの役割が重要となろう．

〔古賀憲一〕

文 献
1) 健全な水循環系構築に関する関係省庁連絡会議：「健全な水循環系構築に向けて」中間取りまとめ報告書，平成11年
http://www.mlit.go.jp/tochimizushigen/mizsei/junkan/junkan1.html
「健全な水循環系構築のための計画づくりに向けて」，平成15年
http://www.mlit.go.jp/kisha/kisha03/03/031016.html
2) 西，加治屋，古賀，今江，木村，平野，坂梨，荒木，樺島，豊崎，福山（1988）：河川環境の評価手法に関する基礎的研究．環境システム研究, **26**.

3) 国交省河川局河川環境課（2001）:「正常流量の手引き（案）」．

1.5.2 河川環境整備
a. 河川の特徴

河川は洪水の流路として形成されてきた空間であり，水，土砂，植物が基盤となりさまざまな生物が生存している．人は河川を水資源として，土砂や生物の採取場所として，運搬路として古くから利用あるいは改変してきた．このように，現在の河川は自然と人為の両方の作用によって成立している．

河川をどのような空間領域でとらえるかというのは河川環境を考える場合に重要な観点である．流域に降った雨は，さまざまな物質を集め，河川に流入し，それらの水や物質を利用し，生物が生息している．雨季には河川は増水し，周辺の低地に水や物質を流出させ，自然堤防，後背湿地，河跡湖などの微地形を形成し，生物はそれらの空間を利用しながら生活を営んでいる．また，河川内では，河床の付着藻類が生産の重要な部分を担っており，瀬，淵，河原などの河道内の微地形や微環境が重要な空間となっている．このように，河川環境は集水域，氾濫域，河川域など空間と関係をもっており，それぞれがある水理的な条件において，つながっているのが特徴である．

河川には出水や渇水などのイベントがある．集水域では，大きな斜面崩壊や土石流の発生などにより大量の土砂が生産される．大洪水時，河道内の砂州は移動し，植物は送流あるいは埋没などにより大きなダメージを受け，遷移の初期の段階に戻る．氾濫原には洪水が流入し栄養分が運ばれると同時に，河道周辺には土砂が堆積し自然堤防を発達させる．破堤地点は大きくえぐられ，深い池が形成されることもある．このようなイベントが繰り返され，河川は変動しつつ環境が維持されている．

一方で人はこのような河川とさまざまな形でかかわってきた．信仰の対象として，飲み水や生活用，農業用，工業用の水源として，舟運の航路として，さまざまな形で利用してきた．また，有効にかつ安定的に土地を利用するため治水・利水事業が行われてきた．

b. 河川の縦断的な区分

流域の地形や地質，気候，人間と河川とのかかわり方の歴史が個々に異なることにより，河川はそれぞれに個性があり，一つとして同じ河川はないとい

ってよい．河川環境の魅力と多様性は，自然と人との共同作業によって形成されてきた河川の歴史的過程そのものにあるといってよい．したがって，ある川の環境を理解しようと思えば，川の自然と人間との履歴をたどり，現在の環境が成立している原理や背景を把握する必要がある．川の個性を活かしながら環境を考える場合においても，環境を類型化し，それとの比較によって個々の河川を考えることは有効な手法である．日本では河川の類型化の研究は遅れており，生態学者では可児藤吉が瀬・淵構造に着目し，Aa型，Ab型，Bc型に区分した研究や，河川工学者である山本晃一がセグメントⅠ，Ⅱ，Ⅲなどに区分した少数の研究があるのみである．ここでは地理的区分，山本の区分，生物の生息の観点から，河川を上下流方向に類型化し，その特徴を概念的に解説する．

1）上流域（山地域） 上流の山地域を流れる河川は，水平方向の浸食や堆積が抑制されるため，基本的に土砂の通過空間である．環境的には山地斜面との関係，河道内砂州形態などが重要で，斜面の河沿いに渓畔林と呼ばれる河川の流水の影響を受ける樹林帯が生育する．渓畔林は，木陰や河川内に枯葉や昆虫などの有機物や生物の隠れ家となる倒木などを供給する役割を担っている．

河道内微地形は土砂の質や供給量，河床勾配などによって異なるが，上流域の環境を特徴づけるのはステップ＆プール河道である．この河道は100年あるいは数百年に一度の大規模な出水時に流出してきた大きな岩が絡み合い階段状の河床形態を形成するもので，落水と淵で特徴づけられる．

上流域に生息する魚類はイワナ，ヤマメ，アマゴなどである．これらの魚類は，渓畔林から落下する昆虫を主たる餌としている．

2）中流域（扇状地） 河川が山間部から平野に出ると，土砂が堆積する区間となる．流出土砂量の多い河川では，扇状地が発達する．扇状地上の河川の主材料は玉石や礫で構成され，澪筋は複数となり広い川原が存在する．河岸の構成材料と河床の構成材料は同じで，河床が移動を始めるときに，河岸の材料も移動する．そのため澪筋はそれほど深くなることはなく，流路は変動しやすい[1]．河道内には旧河道が取り残されたワンドなどの環境が生じ，魚類の稚魚などにとって重要な環境となっている．このように，扇状地は常に変動する攪乱環境にあり，それらに対応した生物にとって重要な生息地となっている．

扇状地の扇端部に近づくと河床や河岸あるいは低内地に湧水がみられることがある．このような湧水は扇状地において水温や流量が安定している場所として重要であり，湧水に依存するトゲウオなどの生息地となっている．

3）中流域（自然堤防） さらに下流になると，河道沿いに微高地である自然堤防が発達し，その背後が水はけの悪い後背湿地となる自然堤防地帯（氾濫原地帯）となる．河道内には交互に砂州が発生し，砂州の前縁部が瀬に，そこからの落ち込みが淵に対応し，瀬・淵構造が生物にとって重要な区間である．瀬は水深も浅く波立ち，酸素が豊富でかつ付着藻類による光合成が盛んなところである．淵は平常時は流れが遅く，物質が沈降する場である．

後背湿地は，水田として開発されてきた歴史をもっており，人間活動が活発な区間である．自然の状況では，出水期，後背湿地に洪水流が進入し，河川より栄養塩類などの物質や生物が運搬され，さまざまな生命活動が行われた．水田がそのような役割を担っていたが，近年の圃場整備や河川改修のため氾濫原的な機能が失われてきており，ドジョウやナマズなど，このような環境に適応してきた生物が減少してきている．

4）下流部（感潮域） 海の影響を受ける感潮部では，潮位変動や塩分濃度が生物の生息にとって重要である．日本の河川には扇状地河川や自然堤防河川の性格をもったまま海に突入する河川もあるが，河岸がシルトや粘土など粘着性の強い土で形成されたデルタ河川の特徴をもった河川も一部みられる．デルタ河川の特徴をもった川では河岸の侵食力は強く，河道の安定性は高い．

下流域には干潟が発達した河川も多く，干潟が重要な環境となっている．

c．河川環境の特徴と環境整備

河川が公園や海岸，農村，山林などと異なる環境上の特徴は，①流水と流砂の作用により微地形が形成され多様な環境が存在すること，②上下流および氾濫原の水域と連続していること，③洪水により常に攪乱を受け環境が変動していること，が挙げられる．

したがって，環境整備を行う際には，この特徴を十分に理解する必要がある．自然に形成される微地形の形状をふまえているのか，不自然な形状になっていないか，上下流の連続性あるいは支流や用水路

との連続性は確保されているのか，洪水などによってすぐに変形する地形を無理に維持しようとしていないか，など河川の特徴をふまえることが基本である．

また，自然と人間の歴史的な過程を通して形成されている河川においては生物が主体となった自然環境，人間が主体となった社会文化的環境の両者の視点がある．どちらも重要であるが，生物多様性の保全などの観点より以前に比べ自然環境への関心は高まってきている．自然環境はいったん大きなダメージを受けると回復に時間がかかったり，あるいは困難な場合もあるので，人間が主体となった環境整備を行う際にも歴史的な過程をふまえ，自然をベースに考える必要がある．

d. 河川環境の保全と整備における対象と空間スケール

河川環境を形成する要素としては，流量，流量変動，水温，流下する栄養塩類などの微量物質，流下する土砂の量と質，生物，河道の形状などがある．また，ある場を構成する要素としては微地形の形状，河岸の形状，河床材料，流速，水深，水質，光などがある．

河川環境の保全や整備を行う際には，ある場所の空間形状や空間構成をどのようにするのかという観点と同時に，広域的なスケールで流量や土砂や水質など，環境を規定する要素の管理も必要である．

① 流域スケールでの対策：土砂の管理，流量の管理，水質の管理など．
② 区間スケール（セグメントスケール）での対策：河道の法線，低水路の川幅，河畔林，外来種対策，魚道など．
③ 地先スケールでの対策：拠点整備，河岸形状，護岸構造，ワンドなど．

e. 多自然川づくり

多自然型川作りは，ヨーロッパで1980年代に始まった近自然河川工法を参考に1990年に建設省が開始した事業で，2005年に名前を多自然川づくりと変えた．河川が本来有している生物の良好な生息・生育・繁殖環境に配慮し，あわせて美しい自然景観を保全あるいは創出することを目的とした事業である．一律の断面で整備しない，水循環や水域の連続性に気を配るなど，優れた基本理念をもっている．しかし，多自然川づくりが治水整備を行うときに行われてきたことから，流域スケールでの対応まで発展せず，地先スケールの瀬，淵，ワンドの創出や保全，河岸域の緑化や多孔質化が主として行われてきた．河岸の緑化や伝統工法を用いることが多自然型川づくりであるという誤解が生じた時期もあった．目的にあるように，当該河川が本来有している良好な生育環境が形成されることを念頭に，当該河川の良好な，あるいは良好であった環境を抽出し，それらが保全あるいは形成される仕組みを手助けすることが多自然川づくりの基本である．あわせて，地域の暮らしや歴史・文化に十分配慮することも含まれている．

現在では，ダムの弾力的管理やダム下流への土砂投入など流量や土砂管理にまで環境対策は広がってきており，自然再生法が2002年に成立するなど，河川の自然環境の保全対策も流域管理へと広がりをみせている．

f. 景観整備

河川の景観は水や緑が主体となった自然景観を基本に，人工の構造物や人の営みが彩りを添える景観ととらえることができる．過去の研究によれば，人は川で，水の流れや樹木，鳥，人の活動などに視線が誘導される．特に水は，景観の対象としてはきわめて魅力的である．大きな淵や堰やダムの湛水域などの静水面は，物をよく映し，山林や巨木の倒景はそれらの雄大さ，神秘さを増幅する．また都市部では夜景を写し，人の心を和ませる．波立った水面は，光を反射しキラキラときらめく．自然の落下水は滝と呼ばれ，それ自体が景観の主対象となる．また，河川内のヤナギやヨシなどの植物やサギやカモなどの鳥などの生物，あるいは中州や瀬・淵などの微地形などの自然物は河川風景の主たる景観対象である．

都市部においては，河川沿いのプロムナードや階段など水辺を楽しむことができる施設が重要であり，護岸や橋梁のデザインにも配慮が求められる．また，川沿いの水神や祠，歴史的な堰，分水施設，治水施設などは，景観整備の資源として重要である．

〔島谷幸宏〕

文 献

1) 山本晃一（1998）：河道特性論，土木研究所資料，2662号．
2) 須賀堯三（1992）：川環境の理念，ぎょうせい．
3) 島谷幸宏（2000）：河川環境の保全と復元，鹿島出版会．
4) 島谷幸宏編著（1994）：河川風景デザイン，山海堂．

2 湖沼

2.1 湖沼の分類

▷ 1.1 河川とは
▷ 4.1 沿岸海域・海洋とは
▷ 5.1 地下水・土壌をとりまく状況

　湖沼には自然湖沼と人造湖（ダム湖）がある．自然湖沼は，水がたまった場所の成因により，地殻に生じた断層・陥没（断層湖），火山噴出物・地すべりなどによる河川の堰き止め（堰止湖），海岸における砂州の形成などの漂砂作用（海跡湖），休止した火山の火口跡などの窪地（火山湖），火山の山頂付近の陥没跡（カルデラ湖），その他（河道の蛇行跡の三日月湖など）に分類される．また，人造湖（ダム湖）は生活用水，農業用水，工業用水などの確保のために，河川を堰き止めて造った湖である．

　わが国の面積 1 ha 以上の自然湖沼は 470 余りあり，北海道，東北地方，関東・中部地方でそのうちの 80%を占めており，近畿以西の西日本には全体の 20%しかない．そのため，自然湖沼の少ない地域では昔から人工的なため池造りが盛んで，全国で約 2600 ある堤高 15 m 以上のダムのうち 60%は近畿以西に造られている．

　一般にわが国の湖沼環境は流入と流出との影響を受けている．流入水は集水域に降った雨や湧水に依存し，水量や水質は，集水域の土地利用，地質，植生，腐食堆積物，人工的な汚濁負荷などの影響を強く受けている．また，湖沼に湛水することで，洪水期，渇水期を通じて下流河川の水量は一般に平滑化される．また，下流河川の水質は湛水域で生ずる化学的，生物的な作用を経たものとなっており，湖沼の存在しない河川のものと大きく異なっている．

2.1.1 自然湖沼と人造湖

　自然湖沼を成因別にみると，堰止湖が 38%を占め，海跡湖が 21%，火山湖，カルデラ湖がそれぞれ 12%，3%が断層湖である．いずれも長期間かけて自然の営力によって造り出されたものであり，水位変動は少なく，長期間安定しているものが多い．また，一般に流入流量に対して湖沼の湛水体積が大きく，水の滞留時間が長い．そのため，栄養塩の流入・流出はあるものの，流入栄養塩の多くは，長年における湖内生産活動の結果として堆積された底質を介して水中に回帰するという過程をとっており，短期間の収支をみれば，人造湖と比して，流入負荷よりも湖内で循環している割合のほうが多い．

　人造湖は，河川を堰き止めて造られる場合が多く，河川の性格をより強く残している．そのため，多くの場合，平均的に一方向の流れがあるのが普通である．また，低コストで湛水水量を多くするという必要性から，急峻な渓谷に造られる場合が多く，湖岸は急で，面積に比べ水深が深く，しかも，上流から下流に向かって徐々に深くなる．栄養塩の供給は主として流入河川によっており，自然湖沼と比較して，流域の汚濁負荷の影響を直接，短期間に受けやすい．また，造られてからの期間が短いことから，多くの場合，土砂の堆積速度が速い．さらに，洪水調節ダムなどでは，洪水の生じやすい夏季には水位を下げてあること，必要に応じて表層以外から取水が行われることなど，利用の面からのさまざまな運営がなされている．

　このように，自然湖沼と人造湖とでは，形状や動態に大きな違いがあり，一律に取り扱うことはできない．

2.1.2 栄養形態による湖沼の類型化

　湖沼は湖沼内の物質代謝，循環，生物生産などに基づいた類型化がなされている．まず，栄養塩類や物質に大きな偏りのない場合について，

2. 湖沼

表2.1 栄養形態による湖沼の類型化（文献1を元に作成）

湖沼類型		特徴	栄養項目					
			TOC (mg/l)	無機態N (mg/l)	T-P (mg/l)	クロロフィルa (mg/m^3)	植物プランクトン量 (mg/m^3)	純1次生産量 (gC/m^2・y)
I．調和湖沼標識		栄養塩類や物質に大きな偏りがなく生物活動にとっての諸条件がそろっている湖	—	—	—	—	—	—
小分類	1) 貧栄養型	溶存する栄養塩類，特に窒素，リンが乏しく，生物現存量・生産量ともに小さい．ただし，植物プランクトンの種類は多いこともある	1～5	< 0.001～0.2	< 0.001～0.005	0.3～3	20～200	15～20
	2) 中栄養型	1) と 3) の中間的なもの	2～10	0.2～0.4	0.005 < 0.01	2～15	200～600	50～150
	3) 富栄養型	溶存する栄養塩類，特に窒素，リンが豊富で，生物現存量・生産量ともに大きい	10～100	0.3～0.065	0.01～0.03	10～500	600～10000	150～500
	4) 過栄養型	3) がさらに進行したもの	—	—	—	—	—	—
II．非調和湖沼標識		ある特定の物質が豊富に存在し，一般的な生物にとって不適当な条件をもつ湖	—	—	—	—	—	—
小分類	1) 腐植栄養型	腐植質の堆積，泥炭地の水の流入	—	—	—	—	—	—
	2) アルカリ栄養型	石灰分等が多い	—	—	—	—	—	—
	3) 酸栄養型	有機酸，無機酸に富んでいる	—	—	—	—	—	—
	4) 鉄栄養型	鉄分が多い	—	—	—	—	—	—

I．調和湖沼標識
1) 貧栄養型，2) 中栄養型，3) 富栄養型，4) 過栄養型

次に，ある特定の物質が豊富に存在する湖に対して，

II．非調和湖沼標識
1) 腐植栄養型，2) アルカリ栄養型，3) 酸栄養型，4) 鉄栄養型　など

のように分けられている（表2.1）．

全体の自然湖沼の1/4程度は貧栄養湖であり，特に水深30 mを超える湖沼に多い．溶存する栄養塩類，特に，窒素，リンが乏しく，沿岸帯の大型植物群落，植物プランクトン群集の現存量・生産量はともに小さい．ただし，植物プランクトンの種類は多いこともある．湖水の吸光係数は小さく，透明度は5～10 m程度になる．溶存酸素の消費量は小さく，夏季にも溶存酸素が減少することは少ない．中栄養型に相当するのは全体の自然湖沼の1/5程度である．平均水深は8.2 m，透明度は3 m程度である．

全体の1/3の湖沼は富栄養型である．水深は平均3.5 m，透明度は1.6 m程度である．大型植物群落が発達し，秋から冬にかけて珪藻，夏季には藍藻や緑藻，鞭毛藻といった大量の植物プランクトン群集が発達する．

腐植栄養型は，全体の14%程度にあたり，北海道の湿原，本州の亜高山帯に多い．平均深度は1.6 m程度と浅く，腐植質に富み，褐色をおびて弱酸性～中性を示す．

全体の自然湖沼の5%程度は，無機酸や有機酸に富んだ酸性湖に分類される．特に，火山地帯では，しばしば強酸性の湖沼もみられる．

アルカリ栄養型，鉄栄養型の湖沼割合はわが国では少ない．

〔浅枝　隆〕

文　献
1) Whittaker RH (1975): Communities and Ecosystems, MacMillan.

2.2 湖沼における物理過程

▷ 4.5 物質輸送・水質変化のモデル化
▷ 12.4 貯留水の気泡による循環混合法

2.2.1 水理特性による湖沼・貯水池の分類
a. 循環特性による分類[1]

水の密度は3.98℃で最大であることから，水温成層の季節変動パターンと循環特性によって次のように分類される．

1) 全層循環湖（holomictic lakes） 1年に1度は水面から湖底まで全層循環する．

・年1回循環湖（monomictic lakes）：水温が1年中4℃以上に保たれる水域（熱帯湖）では，上層ほど高温の「正列成層（夏成層）（summer stratification）」が春から秋にかけて形成され，秋季に自然対流によって全層循環する．

・年2回循環湖（dimictic lakes）：冬季に3.98℃以下にまで冷却される寒冷地の水域（温帯湖）では，上層ほど低温の「逆列成層（冬成層）（winter stratification）」が形成され，春季の受熱開始時にも秋季大循環と同様の全層循環が生ずる（図2.1）．

・年多数回循環湖（polymictic lakes）：熱帯や高緯度地方では，強い水温成層が形成されず，地形・水文条件によって不規則に多数回の全層循環が発生する．

2) 部分循環湖（meromictic lakes） 何らかの原因によって底層に高密度の安定層が形成されると，1年を通して全層循環には至らない．高密度層を形成する要因としては次のようなものがある．

・海水侵入（汽水湖の場合）
・溶解物質を多く含む地下水の湖底からの湧出
・高濃度河川水の流入（炭酸カルシウムなどの溶解物質や微細土粒子を含む河川水）
・表層から沈降する有機物・栄養塩などの底層近傍での溶解・成層化
・貧酸素化した湖底面からの金属成分，栄養塩の溶出

後2つは水域の富栄養化に伴う現象であり，深層部が閉塞的な地形で有機汚濁が進んだ湖沼や貯水池ではしばしばみられる．部分循環湖では，物質濃度と水温からなる「熱塩成層」が形成されている．

人工貯水池の場合，河川流の影響が大きい．成層特性は池水交換率 α によっておおよそ次のように分類される（地形・水文条件に応じて例外がある）．

$$\alpha\,(1/\text{年}) = \frac{[Q_0:\text{年間総流入量 m}^3/\text{年}]}{[V_0:\text{総貯水容量 m}^3]} \equiv \frac{1}{\tau} \quad (2.1)$$

ここで，τ は更新時間（retention time（年））である．

① 混合型：$\alpha > 20$ のとき，水温成層がほとんど形成されない．

② 中間型：$\alpha = 10 \sim 20$ のとき，一時的には弱い成層が形成されるが，出水や風などの擾乱事象によって混合し成層が消滅する．

③ 成層型：$\alpha < 10$ のとき，安定な水温成層が形成される．

2.2.2 物理特性からみた湖沼と人工貯水池の比較
a. 水文・水理特性

その建設目的から明らかなように，一般に，貯水池の［集水面積］/［水面積］は湖沼のそれよりも大きい．したがって，貯水池の池水交換率 α ($= 1/\tau$) は自然湖沼の交換率より大きい場合が多い．湖沼においては流れの主たる駆動力が風応力であるが，貯水池では風応力に加えて取放水や曝気循環な

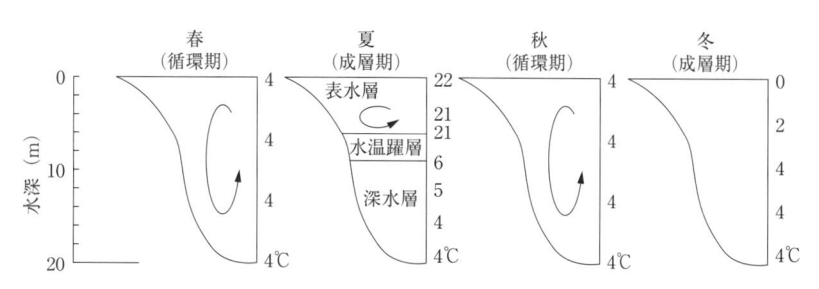

図2.1 年2回循環湖における水温分布の季節変化

■場　2. 湖　　沼

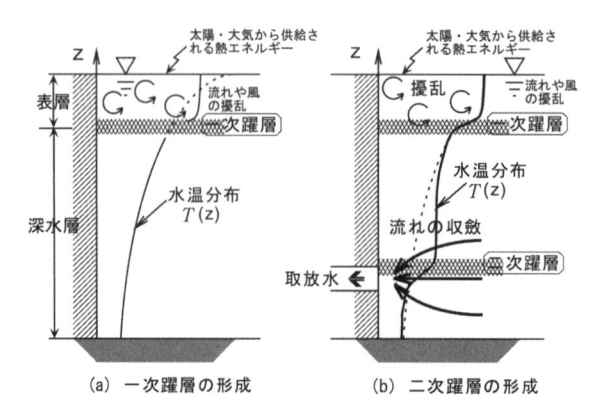

(a) 一次躍層の形成　　(b) 二次躍層の形成

図 2.2　水温躍層の形成機構

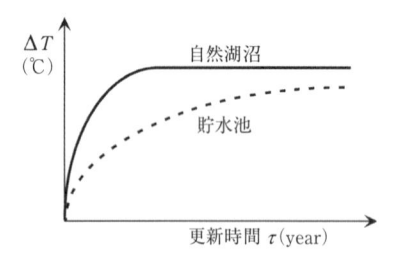

図 2.3　更新時間 τ と上下層水温差 ΔT の相関関係（湖沼と貯水池の比較[2]）

どの人為操作も流れを引き起こす要因となる．

b. 水温成層特性

貯水池では取放流口が利用水深の下限に位置するため，表層から深水層まで流動する可能性がある．自然湖沼では，成層期において河川水の出入りが表層に限定され深水層には至らない．図 2.2 のように，自然湖沼では表層のみに水温躍層が形成されるのに対し（一次躍層），貯水池では取放水に伴う躍層が取放水口付近にも形成される（二次躍層）．

図 2.3 には成層最盛期の上下層水温差 ΔT と更新時間 τ との相関を表す[2]．τ が大きいほど—すなわち停滞性が高いほど ΔT は増加する．前述のように，成層期の自然湖沼では，下層が低温に保たれる一方，表層水温は上昇するため ΔT が大きくなる．これに対して貯水池では，表層水が取放水によって下層へと降下するので，同じ更新時間の自然湖沼に比べると ΔT が相対的に小さくなる．こうした湖沼と貯水池の成層特性の違いは更新時間 τ が小さいほど顕著に現れる．

2.2.3　貯水池の構造

a. 上下流方向の構造

上下流方向の水理・水質構造を概念的に示せば図

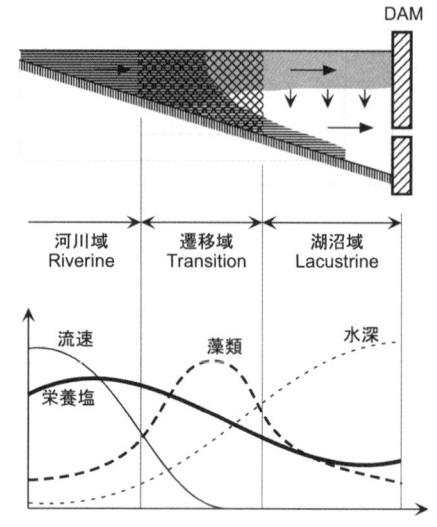

図 2.4　上下流方向の水理・水質構造[2]

2.4 のようである[2]．水深が小さく流速の大きな上流域では河川的な挙動を示す（riverine zone）．藻類（植物プランクトン）の活動はほとんどないので流域から供給される栄養塩は消費されず高濃度に保たれる．流速の低減に伴い開水路流から成層流へと遷移する領域（transition zone）では，藻類活動が活発になり増殖するため栄養塩は多量に消費される．流れが微弱で大水深の湖沼域（lacustrine zone）に至ると，水質は水平方向に均質となり鉛直方向には成層化する．図 2.4 に示すように，遷移域から湖沼域に向かうにつれ植物プランクトンは減少する．湖岸では河川流入や水辺植生の影響を受けて水域中央よりも栄養塩濃度が高いためこのように藻類が分布する．

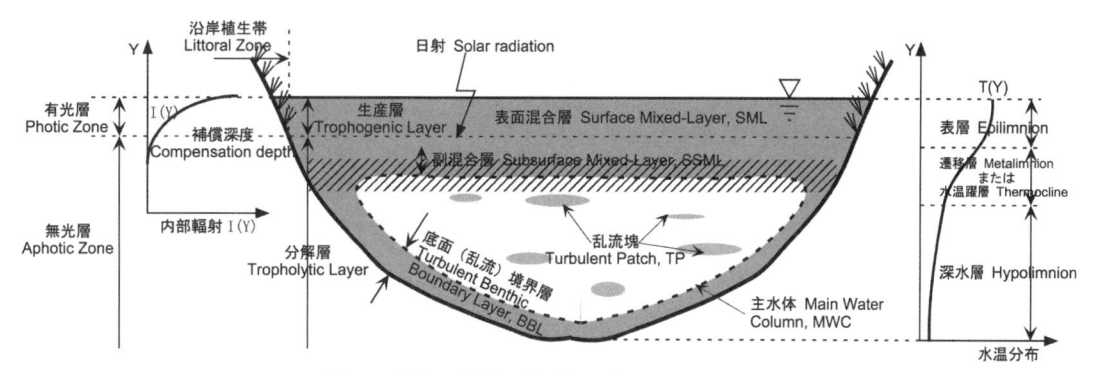

図 2.5 湖沼・貯水池の横断構造（グレイ部分が乱流）

b. 横断面内の構造

成層期における横断面内の構造を示せば図 2.5 のようである．

1) 水温構造に基づく領域区分

①表層（epilimnion）：乱れによって水温が一様な層．

②水温躍層（thermocline）（遷移層 meta-limnion）：水温の急変層．

③深水層（hypolimnion）：躍層以深の水温変化が緩やかな層．

水温躍層以外にも，対象量によって，化学躍層（chemocline），溶存酸素躍層（oxycline），密度躍層（pycnocline），栄養塩躍層（nutricline）などの躍層が形成される．

2) 乱流構造に基づく領域区分[3]

①表面混合層（surface mixed layer：SML）：風応力，自然対流，河川流入などの擾乱を受けて強い乱流状態にあり，水温・水質が均一に混合した層．

②副混合層（subsurface mixed layer：SSML）：SML直下の水温躍層に含まれる乱流層．

③底面境界層（benthic boundary layer：BBL）：セイシュ（seiche）による往復振動流，湖盆上での内部波の反射・遡上・砕波などにより形成される乱流境界層．

④主水体（main water column：MWC）：大部分が非乱流であるが，内部波のせん断力などによって局所的に乱流塊（turbulent patch：TP）が散在する乱流構造をもつ．水質は主に分子拡散と層流沈降により輸送されるが，局所的に乱流拡散の影響を受ける．

3) 生態構造に基づく領域区分

①生産層（trophogenic zone）（有光層 photic zone）

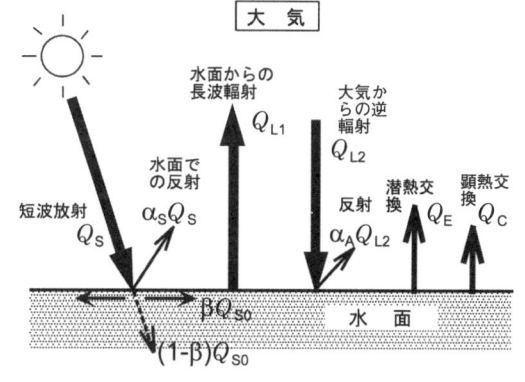

②分解層（tropholytic zone）（無光層 aphotic zone）

③沿岸植生帯（littoral zone）

2.2.4 光環境と熱収支（図 2.6）

水面での熱交換は，次の成分からなる（降水に伴う熱交換は無視する）．

①日射量（短波放射量）Q_S：このうち，$\alpha_S Q_S$ は水面で反射され，$Q_{S0}=(1-\alpha_S)Q_S$ が水体の加熱に有効である．ここで，α_S は水面のアルベド（反射率）である．

②長波放射量 Q_{L1}，Q_{L2}：水面から大気に向かう成分 Q_{L1} と大気から水面に向かう成分 Q_{L2} からなる．Q_{L2} の一部は水面において反射率 $\alpha_A=0.03$ 程度で反射される．

③潜熱交換量 Q_E：蒸発による熱損失．

④顕熱交換量 Q_C：「大気-水面」間の伝導による熱交換．

①～④の成分を合計して，大気から水体に供給される全熱エネルギー Q_T は次式で表される．

図 2.6 水面での熱交換

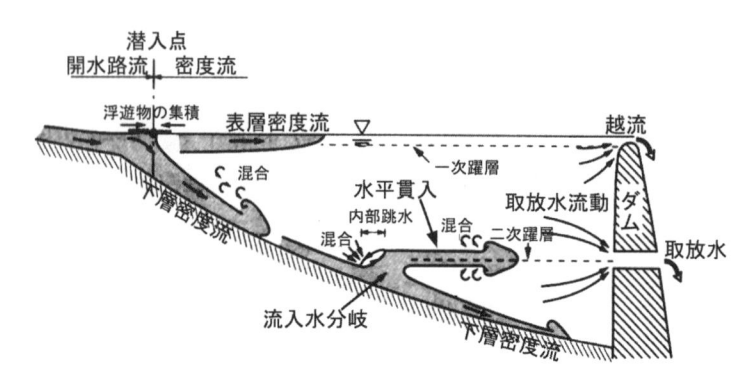

図2.7 河川流入に伴う流れ

$$Q_{\mathrm{T}} = (1-\alpha_{\mathrm{S}})Q_{\mathrm{S}} - Q_{\mathrm{L1}} + (1-\alpha_{\mathrm{A}})Q_{\mathrm{L2}} - Q_{\mathrm{E}} - Q_{\mathrm{C}} \quad (2.2)$$

各成分の計測や算定方法については文献4に詳しい．

短波放射の主成分は可視光であり，有効放射量 $Q_{\mathrm{S0}} = (1-\alpha_{\mathrm{S}})Q_{\mathrm{S}}$ のうち βQ_{S0} が水面で吸収され，残りの $(1-\beta)Q_{\mathrm{S0}}$ が水中へ透過する．ここで，β は水面での吸収率で，$\beta \approx 0.5$ である．光の水中照度 I は Lambert-Beer の次式で与えられる．

$$I \equiv (1-\beta)Q_{\mathrm{S0}} \exp[-\eta z] \quad (2.3)$$

ここで，η は消散係数であり，透明度 D_{S} の関数として次式のように表される．

$$\eta = 1.7 D_{\mathrm{S}}^{-1} \quad (2.4)$$

光合成による酸素の生産量と消費量が等しくなる深さ「補償深度（図2.5参照）」は透明度 D_{S} の約3倍程度である．

2.2.5 湖沼・貯水池の流れと乱れ

貯水池では河川流入に伴って図2.7のような流れが発生する．河川水はその密度と水温成層の状態に応じて，表層，中層あるいは下層へと流入する．取放水口周辺では流れが収斂するので，水質や熱が取水流動に乗って二次躍層に集中し放流される．

風が吹くと「水面−大気」界面にせん断応力（摩擦力）τ_0 が働き，吹送流と乱れが発生する．風に伴う流れと乱れに対しては次の2つのパラメータが重要である．

a. Richardson number（R_{iw}）

$$R_{\mathrm{iw}} = \frac{\Delta \rho g l}{\rho_0 u_*^2}（二層系）または \frac{N^2 l^2}{u_*^2}（連続成層系） \quad (2.5)$$

ここで，$\Delta \rho$ は水温成層を二層系とみなしたとき（成層が強い場合）の上下層密度差，ρ_0 は基準密度，$N^2 = -(g/\rho_0)(\partial \rho / \partial z)$ は水温成層を連続成層系とみなしたとき（成層が弱い場合）の浮力振動数，l は混合層の厚さ，$u_* = \sqrt{\tau_0/\rho_0}$ は摩擦速度である．R_{iw} は風応力 $\tau_0 = \rho_0 u_*^2$ に対する成層安定度 $\Delta \rho g l$ の比を表す．風応力によって駆動される鉛直混合の量は無次元パラメータ R_{iw} によって規定される．

b. Wedderburn number（W）

$$W = R_{\mathrm{iw}} \cdot \frac{H}{L} \quad (2.6)$$

ここで，H は水深，L は水域長さ（吹送距離）である．R_{iw} の l としては水深 H を用いる．

Spigel と Imberger[5] は閉鎖成層水域の混合形態を図2.8のように分類した．横軸は Wedderburn number（W）または Richardson number（R_{iw}）などの成層安定度を表し，縦軸は時間である．W や R_{iw} が小さいほど成層が弱い（あるいは乱れが強い）ため，鉛直混合は急速に進み，吹き寄せによって成層が傾斜する．C，D では底層水が湖岸の水面にまで湧昇している．沿岸部への深層水の湧昇は，東京湾における「青潮」や三河湾の「ニガ潮」など，貧酸素水塊の湧昇現象として知られている．

放熱期においては，自然対流がもたらす鉛直混合によって深層水が表層へ連行される．これによって表層水温は減少し，水温躍層が低下して全層循環に至る．自然対流の強さは次式の対流速度 u_{f} により表される．

$$u_{\mathrm{f}} = \left(\frac{\alpha g F_{\mathrm{s}} h_{\mathrm{m}}}{\rho_0 c_{\mathrm{p}}}\right)^{1/3} \quad (2.7)$$

ここで，c_{p} は水の定圧比熱（cal/g・℃），α は水の熱膨張係数（1/℃），F_{s} は水面における冷却熱フラックス（cal/cm^2・s）である．

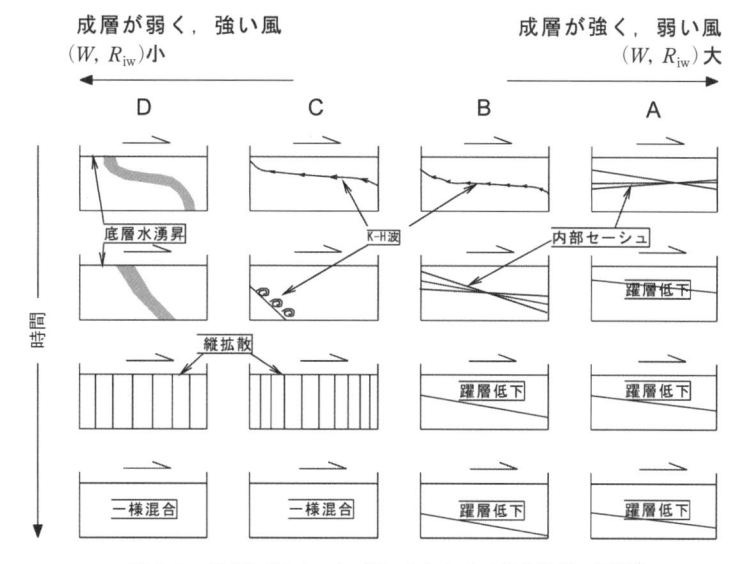

図 2.8 成層度パラメータ (W, R_{iw}) による混合形態の分類[5]

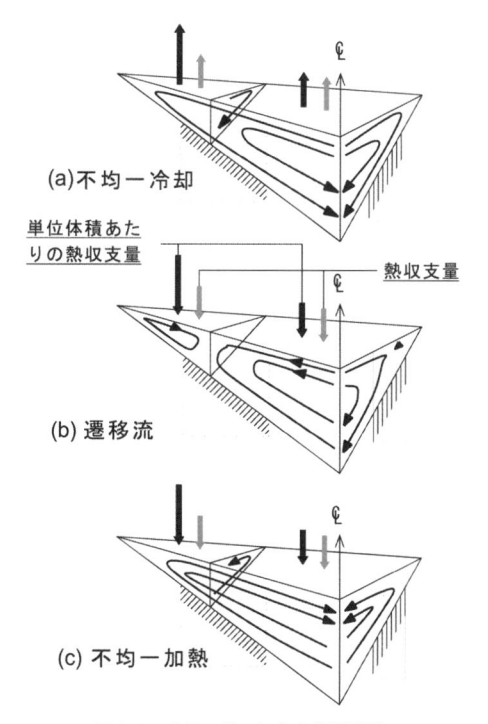

図 2.9 水深の違いによる熱循環流

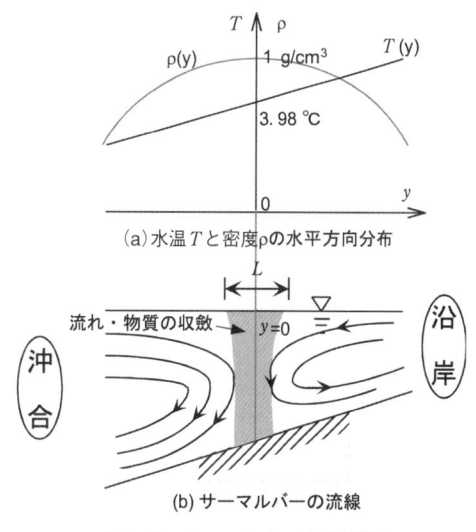

図 2.10 サーマルバーの発生原理

2.2.6 熱収支に伴う流れ

　水温は水平方向にほぼ均一に分布するが，水面熱収支や水温に場所的な違いがあると水平方向の温度密度差が流れを引き起こす．図 2.9 は，水深の違いに起因する水温の不均一性が引き起こす熱循環流である．水域の中央部に比べ，入り江部（sidearm）や支川部（tributary）では水深・体積が小さく，その熱容量は小さい．水平方向に一様の水面熱輸送がある場合でも，受熱時においては，水温上昇は浅い湾奥部で大きく，深い湖中央では小さい．逆に，放熱時には浅い湾奥部で水温低下が早く，湖の中央部の水温低下は遅い．このような湖盆地形の影響で水平方向の密度差が生じ，二次的な流れが形成される．

　図 2.9(a) の冷却時においては，湾奥部の低温水塊が沿岸側から流出し，中央水域の底層へと輸送される．逆に中央部の表層水塊は湾奥ほど冷却されていないので相対的に軽く，表層密度流として湾奥へ

2. 湖沼

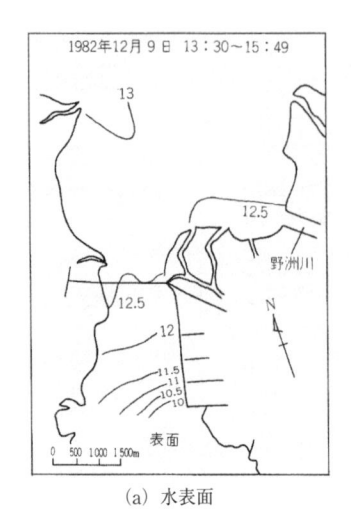

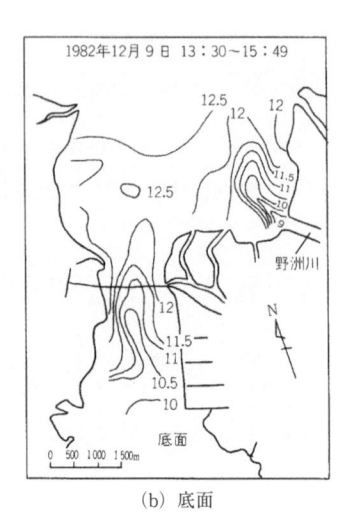

図 2.11 冬季密度流発生時の琵琶湖大橋周辺の水温分布[6,7]

と進行し，同図(a)のような循環流が形成される．横断面をみた場合にも同様の地形性貯熱効果が生じ，熱循環流が発生する．これら縦横断方向の循環流は三次元的な構造をもつ．(c)の受熱時には，これと全く逆の機構により回転方向が正反対の循環流が生ずる．放熱時から受熱時へ転ずる遷移期間には(b)のように回転方向の異なる二つの循環流が共存し，両者が均り合う境界水面で流れが収斂して物質が集積しやすくなる．水平方向の水温勾配によって生ずるこのような流れを「サーマルサイフォン(thermal siphon)」という．

水温が4℃以下にまで冷却された湖が春先に昇温する段階では，図2.10のような地形性加熱や暖かい河川水の流入により沿岸部に4℃以上の水塊が形成される．このとき，水温と密度は図2.10のような岸沖方向の分布をなす．4℃に相当する部分は最大の密度を有するので深水部へ沈み込み，熱成循環流と流れの収斂部を形成する．これをサーマルバー(thermal bar)と称する．サーマルバーは晩秋に湖が沿岸部から4℃以下に冷却され始めるときにも形成される．図2.10のように沿岸部の水が沖側の水と分断され，孤立した鉛直循環流が生じているので，陸域から流出した水が沿岸にトラップされ，水質汚濁の要因となる．

琵琶湖は水深が浅く富栄養化した南湖と水深が大きく中栄養の状態にある北湖からなる．冬季において浅い南湖が北湖より早く冷却され，その低温水塊が南北湖間の急斜面を北湖側へと流下する「冬季密度流」は，南湖の汚染を北湖へ伝播する一因となっている．図2.11は，南北湖の境界に位置する琵琶湖大橋周辺で観測された水表面付近(a)と湖底(b)における水温分布である．湖底の水温分布には，南湖から北湖への低温水塊の移動が認められる．一方，水表面(a)では，このような動きはみられないかわりに，低温水塊の移動を補償する北湖水の南湖への侵入フロントが密な等温線として現れている．

〔道奥康治〕

文 献
1) Jørgensen SE and Vollenweider RA (1988)：Principles of lake management. Guidelines of Lake Management, Vol.1, 199 p, International Lake Environment Committee, United Nations Environment Program.
2) Straskraba M and Tundisi JG (1999)：Reservoir water quality management. Guidelines of Lake Management, Vol.9, 229 p, International Lake Environment Committee, United Nations Environment Program.
3) Imberger J (1998)：1. Flux paths in a stratified lake：A Review, pp.1-17, Physical Processes in Lakes and Oceans, Coastal and Estuarine Studies 54, Imberger J ed, American Geophysical Union.
4) 土木学会編 (1999)：水理公式集，713 p.
5) Spigel RH and Imberger J (1980)：The classification of mixed layer dynamics in lakes of small to medium size. *J Phys Oceanogr*, **19**：1104-1121.
6) 村本嘉雄，大久保賢治 (1987)：琵琶湖冬季密度流の現地観測．第31回水理講演会論文集, pp.545-550.
7) 岩佐義朗編著 (1990)：湖沼工学，504 p, 山海堂.

2.3 湖沼水質

▷ 1.3　河川の水質の変化
▷ 4.4　沿岸海域の汚濁現象
▷ 21.4　閉鎖性水域の水質保全計画

2.3.1　湖沼水質

日本には1 ha以上の面積をもつ天然湖沼は483湖沼あり、人造湖、いわゆるダム湖は2730湖ある．天然湖沼を成因別に分類すると断層湖，カルデラ湖，火山湖，堰止湖，海跡湖などに分けられ，ダム湖は堰止湖の一種と考えてよい．湖沼型でみると富栄養湖，中栄養湖，貧栄養湖，酸栄養湖，鉄栄養湖，腐植栄養湖などに分けられる[1]．また，この中には汽水湖が59湖沼含まれている．このように成因や湖沼型に大きな違いがみられ，その水質特性も大きく異なる．しかしながら，水質成分でみると共通性があり，湖沼水質はこれら成分の濃度の違いにより特色づけられている．ここでは湖沼水質について，その成分の特徴などについて述べ，湖沼水質を決めている要因や富栄養化などについて記述する．

水の中に含まれる物質を分けると，溶存成分と懸濁成分に大きく分類できる．しかし，その仕切は明確でなく，操作の便宜上，1 μmのフィルターを通過するものを溶存物質，補足されるものを懸濁物質と呼んでいる場合が多い．ガラスフィルターの最少の孔径が，現在のところ0.6 μmであるところから，0.6 μmで区分しているケースも多い．また，メンブランフィルターでは0.45 μmおよび0.2 μmの孔径のものもあるところから，これらのフィルターを使って分離しているケースも多くみられる．

溶存成分はさらに無機成分，有機成分およびガス成分に分けられる．懸濁成分も無機および有機成分に分けられる．懸濁態有機物はさらに生物態と非生物態に分けられる．多くの細菌プランクトンやウイルスは生物であるが，上記の操作上からは溶存有機物として取り扱われる．

a. 無機成分

湖沼水中の無機溶存成分は集水域の土質や岩石および土地利用の影響を強く受ける．湖沼に限らず，海洋，地下水および河川水などの天然水中の多量成分としては，陽イオンとしてNa$^+$，K$^+$，Mg^{2+}，Ca^{2+}，陰イオンとしてCl$^-$とSO$_4^{2-}$を含む．これらのイオンはppm単位の濃度で含まれる．これは，これらの物質が水に溶けやすいことによっている．一般に電解質の溶けやすさは電荷とイオン半径の比によって決まってくる．すなわち，電荷が大きくイオン半径の小さいCl$^-$，Na$^+$，Li$^+$，Br$^-$などは溶けやすく，Ca^{2+}，Mg^{2+}，K$^+$などは次に溶けやすい．イオン半径が大きなFe^{3+}，Al^{3+}，Ti^{4+}などは溶けにくい．イオン半径がさらに大きくなると再び溶けやすくなり，SO$_4^{2-}$やNO$_3^-$などは水によく溶ける．湖沼水質は流入河川の水質によって支配されるが，河川水質は雨の量や岩石の風化の具合で決まってくる．雨の量が多いところでは海塩の影響を受けてNaが多くなり，風化の進んだ集水域ではCa濃度が高くなる．その他溶存成分のうち，窒素，リン，ケイ素は水生植物にとって必須元素であり栄養塩類と呼ばれる．特に窒素とリンはすべての生物にとって必須であり，多くの湖沼では，これらの量によって植物プランクトンの現存量が規定されている．ケイ素は珪藻にとって必須元素であり，珪藻の増減に大きな影響を及ぼす．

微量金属成分としてはFe，Mn，Zn，Pb，Cu，Cd，Crなどが重要であり，これらはppbからpptの濃度で存在している[2]．

b. 溶存有機成分

水環境でよく使われる略字を表2.2に示す．溶存有機炭素（DOC）には生物学的に易分解性（L-DOC）のものと難分解性（R-DOC）のものとがある．溶存有機物の起源として藻類の光合成に由来する有機物（P-DOC）と動物プランクトンなど水生動物の排泄に由来する有機物（E-DOC）がある．溶存有機物の成分としてはフミン酸（humic acid），フルボ酸（fulvic acid），脂肪酸（fatty acid），炭水化物（carbohydrate），アミノ酸（amino acids），炭化水素（hydrocarbon）などがある．図2.12に霞ヶ浦におけるDOCとその中のR-DOCの割合を示す[3]．霞ヶ浦においては溶存有機物の80〜90%が生物的に難分解性の有機物であった．今井ら[4]は溶存有機物をフミン物質，疎水性中性物質，親水性酸，塩基物質，親水性中性物質に分画し，その起源や分解性について調べている．湖水ではフミン物質と親水性酸の占める割合が高く，特に親水性酸が特徴的である．森林や畑の浸透水ではフミン物質の占める割合が高く，田面流出水，下水処理水および池

2. 湖沼

表2.2 水環境でよく使われる略字とその意味

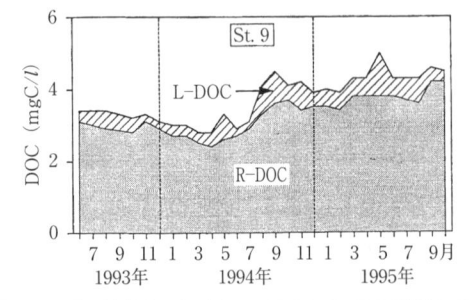

略字	正式名（英語）	意味
DOC	Dissolved Organic Carbon	溶存有機炭素
L-DOC	Labile Dissolved Organic Carbon	生物分解性溶存有機炭素
R-DOC	Refractory Dissolved Organic Carbon	生物難分解性溶存有機炭素
P-DOC	Photosyntheticaly Dissolved Organic Carbon	光合成由来溶存有機炭素
E-DOC	Excretion Dissolved Organic Carbon	動物排泄由来溶存有機炭素
POC	Particulate Organic Carbon	懸濁態有機炭素
TOC	Total Organic Carbon	全有機炭素
VOC	Volatile Organic Carbon	揮発性有機炭素
DOM	Dissolved Organic Matter	溶存有機物
TOM	Total Organic Matter	全有機物
BOD	Biochemical Oxygen Demand	生物化学的酸素要求量
COD	Chemical Oxygen Demand	化学的酸素要求量
DMS	Dimethylsulphide	硫化ジメチル
SS	Suspended Solid	懸濁物
Chl	Chlorophyll	クロロフィル
TN	Total Nitrogen	全窒素
PON	Particulate Organic Nitrogen	懸濁態有機窒素
TP	Total Phosphorus	全リン
DO	Dissolved Oxygen	溶存酸素

図2.12 霞ヶ浦湖心におけるL-DOCとR-DOC濃度の季節変動[3]

水では親水性酸の占める割合が高い．湖水と河川水の100日生分解後の組成比を調べてみると，湖水ではフミン物質と親水性酸の存在比が上昇し，河川水ではフミン物質の存在比は上昇したが親水性酸のそれは減少していた．したがって，湖沼の溶存有機物は陸起源の難分解性フミン物質ではなく，湖沼や下水処理水などに含まれる難分解性の親水性酸によって特徴づけられる．

植物プランクトンが増殖すると，光合成時に溶存有機物が排泄されることがよく知られている．これら，光合成に伴う溶存有機物はすみやかにバクテリアにより取り込まれ，水中に蓄積することは少ない[5]．

c. ガス成分

溶存ガス成分としては，窒素（N_2），酸素（O_2），炭酸ガス（CO_2），メタン（CH_4），亜酸化窒素（N_2O），硫化ジメチル（DMS）などがあり，生物の生存や環境問題を取り扱ううえで重要な成分が多い．溶存酸素は好気的な生物にとって最も重要な環境要素の一つである．多くの魚類は溶存酸素濃度が$3\,mg/l$以下になると生存できない．$3\,mg/l$以下の濃度の水塊を貧酸素水塊と呼び，多くの湖沼や内湾で貧酸素水塊の発生が大きな環境問題となっている．水中の溶存酸素は，光合成により供給され，呼吸によって消費される．大気中には約21%，すなわち，大気$1\,l$中には$300\,mg$の酸素が含まれている．しかし，水中に溶存する酸素の濃度はきわめて低く，0℃，1気圧で$14.6\,mg/l$しか含まれない．気体の水への溶解は圧力に比例して溶解量が増加し（ヘンリーの法則），温度の上昇に伴って溶解量が減少する．また，塩分の高い水ほど溶解度は減少する．

メタンや亜酸化窒素は地球温暖化ガスとしてその挙動については多くの研究がある[6,7]．また，DMSは硫黄循環に大きな役割を果たしており，酸性雨の原因の一つともなっている[8]．

d. 懸濁態無機成分

湖沼水中には流域の土壌や湖内の底質の舞い上がり由来の懸濁無機成分を多く含む．粘土やシルトは粒径が小さいことから沈降速度が遅く湖水中に滞留しやすい．粘土やシルトの定義は学会によって異なっているが，だいたい粒径$2\,\mu m$以下が粘土，2〜$50\,\mu m$程度がシルトと呼ばれる．粒径$1\,\mu m$以下の粘土はコロイド状になり沈降性が悪くなる．多くのダム湖では濁水の滞留が深刻な問題となっている．

表 2.3 OECD が示した栄養度の区分とそれに用いられる全リン (TP), クロロフィル a 濃度 (Chl) および透明度 (Sec) の値

栄養度	TP 平均値 (mg/m³)	Chl 平均値 (mg/m³)	Chl 最高値 (mg/m³)	Sec 平均値 (m)	Sec 最低値 (m)
極貧栄養	≤ 4.0	≤ 1.0	≤ 2.5	≥ 12.0	≥ 6.0
貧栄養	≤ 10.0	≤ 2.5	≤ 8.0	≥ 6.0	≥ 3.0
中栄養	10〜35	2.5〜8	8〜25	6〜3	3〜1.5
富栄養	35〜100	8〜25	25〜75	3〜1.5	1.5〜0.7
過栄養	≥ 100	≥ 25	≥ 75	≤ 1.5	≤ 0.7

浅い湖沼では底泥の舞い上がり由来の水中懸濁物が多い. 福島ら[9,10]はセジメントトラップによる霞ヶ浦における研究で, 沈殿物として採取されるもののうち, 底泥の舞い上がりに由来する量は新生堆積物の 20〜100 倍程度多いことを報告している. すなわち, 浅い湖での水中懸濁物の多くは底泥由来である.

e. 懸濁態有機成分

懸濁態有機成分は生物態と非生物態に分けられる. 生物態には主として植物プランクトンが含まれる. 非生物態としては生物の分解物 (debris) が重要であるが, それを基質として利用している微生物と分けずに総称として使われるデトリタス (detritus) がよく使われる. 懸濁態有機物の総量は懸濁態有機炭素 (POC) や懸濁態有機窒素 (PON) で表すことができる. 植物プランクトン量はクロロフィル a (Chl-a) 濃度で表す場合が多い. クロロフィル a は光合成色素であり, すべての藻類中に含まれている. 霞ヶ浦における懸濁物中の炭素とクロロフィル a 比 (C/Chl) は平均値で 60 程度の値を示すが, 季節による変動が大きく 30 程度から 150 程度を変動していた[11]. 藻類中のクロロフィル含量は藻類種や光条件などによっても変動するところから, クロロフィル量を植物プランクトンの炭素量や窒素量に換算する場合には, 上記の程度の誤差を含むことを考慮に入れておく必要がある. 生物態と非生物態を区分する方法としては, クロロフィル a のほか, ATP 量, DNA 量などから求める方法もある. デトリタス量については POC 量から生物体の量を差し引いて求める. 植物プランクトン態や動物プランクトン態の炭素量は数とサイズおよび種類ごとの炭素含量を用いて算出される. デトリタス量を正確に見積もることはかなり困難な作業である.

2.3.2 富栄養化

富栄養化とは流入栄養塩濃度の増大や水域内での栄養物の蓄積により, 水域の栄養塩濃度が高くなり藻類現存量が増大する現象である. 本来, 陸水学の用語であったが, 多くの湖や海域で人為的影響による藻類の異常増殖が起きるようになり, 社会用語として定着した. 富栄養化が起きると, 流入する有機物量だけでなく湖内で生産される有機物が加わり COD 値が高くなる. 多くの場合, 植物プランクトンの生産は窒素とリン濃度により規定されている. 藻類が異常増殖するとアオコや赤潮状態となり, 透明度の低下, 悪臭の発生, 水道水の異臭味, 水生生物への影響, 浄水処理への影響など多くの問題が引き起こされる.

湖沼型の研究は陸水学のはじめのころより行われ, 富栄養, 中栄養, 貧栄養に区分されてきた[12]. 近年の激しい富栄養化の進行に伴い, OECD では上記 3 段階に極貧栄養および過栄養を加え 5 段階で表すことを提唱した[13]. OECD で提案された湖沼型を区分する基準を表 2.3 に示す. Carlson は透明度, クロロフィル a 濃度および全リン濃度を用いて栄養段階を連続的に示す Carlson (カールソン) 指数を提唱した[14]. Carlson 指数を用いると透明度を測るだけでおおよその湖沼水質を推測することが可能である[15].

富栄養化の研究の進展に伴い, 湖沼水質と流入負荷の関係が詳細に検討された. Vollenweider は物質収支モデルを用いて流入リン負荷と湖沼水質の関係を解析し, 滞留時間の関数として表すモデルを提唱した[16]. その後, 滞留時間に代わり水量負荷と見かけの沈降速度を用いて表すように改良された[17]. このモデルは Vollenweider 型モデルと呼ばれ, 流入負荷量から平均的な湖沼水質を推定するモデルとしてよく使われている. 以下に基本式を示す.

$$P_j = L(1-R_p)/q_s = P_i(1-R_p) \quad (2.8)$$
$$R_p = V_p/(V_p + q_s) \quad (2.9)$$

ここに, P_j は湖水平均リン濃度 (mg/l), L は面積

■場　2. 湖沼

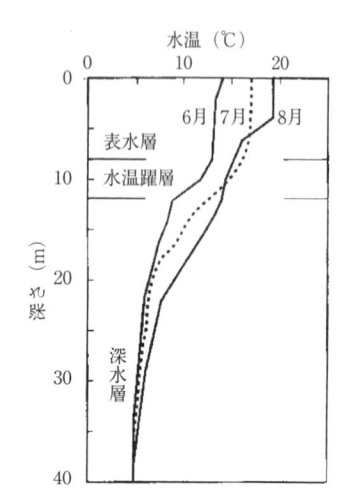

図 2.13 中禅寺湖の夏季における水温鉛直分布[19]

あたりのリン負荷（g/m²·年），q_s は水量負荷（m/年），R_p はリンの蓄積率，V_p は見かけのリン沈降速度（m/年）である．

OECDの報告では 87 湖沼について，リンの見かけの沈降速度（V_p）として 15.8 m/年という値が報告されている[13]．日本の湖沼については 20 m/年の沈降速度を用いたときに原単位から求めた流入負荷と湖沼リン濃度が最もよい一致を示した[18]．

2.3.3　深い湖沼での水質変化

湖沼成因別でみると水深の深い湖はカルデラ湖，断層湖など山間部に位置している湖沼に多い．ダム湖には深い湖も多いが，水を集める目的から上流域から中流域にわたって広く分布している．深い湖では成層構造の形成による影響を強く受ける．水は 3.96℃で最も比重が大きく，それより水温が上昇しても低下しても軽くなる．そのため，温帯地域から北にある深い湖の低層水はいつでも約 4℃である．図 2.13 に中禅寺湖における水温の鉛直分布を示す[19]．10 m 付近を境に夏季では水温が激しく変化していることがわかる．水温が激しく変化する部分を水温躍層（変水層）といい，それより上を表水層，下を深水層と呼ぶ．水温躍層が形成されると表水層と深水層の水は混じり合わなくなり，それぞれ独立した水塊が形成される．この時期を成層期と呼ぶ．秋になり表層水温が低下すると水温躍層の位置は深くなり，やがて全層が混ざり合う．この時期を循環期と呼ぶ．冬に表層水温が 4℃以下になると再び表層水のほうが軽くなり深層水と混じり合わなくな

る．特に氷が張ると湖水循環が著しく妨げられる．春に水温が上昇し，表層水温が 4℃になると再び循環期となり，表層水の水温上昇に伴い夏の成層期へと移行する．冬季の平均気温が 4℃以下まで下がらない地域にある深い湖では深層水温が 4℃より高くなり循環は冬季に一度だけ起きる．日本では琵琶湖付近を境としてそれより北では 2 回循環，琵琶湖を含めそれより南では 1 回循環の湖になっている．

深い湖沼での水質は成層期と循環期の影響を強く受ける．成層期では河川からの流入水は密度（水温）が同じ中層に流入することから，表層水では栄養塩が消費しつくされ，植物プランクトンの量は減少する．深水層では表層から沈降してきた有機物の分解が起こり，酸素が消費されるとともに栄養塩が蓄積される．富栄養化した湖沼では表層から沈降してくる有機物量が多く，多量の酸素が消費され貧酸素から無酸素の状態になる．深層が無酸素化すると底質からの栄養塩の回帰量が多くなり富栄養化はいっそう促進される．

多くのダム湖では深水層が無酸素化し大きな利水障害が引き起こされている．また，淡水赤潮の発生やアオコの発生による水質悪化が深刻な問題になっている．ダム湖での淡水赤潮の集積メカニズムとして次のような機構が考えられている[20]．すなわち，流入する河川水は密度が同じ水塊に入り込む性質があるため，夏季では水温の高い表層ではなく中層に流入する．そのときに表層水は一緒に引き込まれるため表層水は上流側へと移動する．赤潮プランクトンは水にのって河口部分に集積するとともに，流入水に含まれる栄養塩を利用して大増殖する．

2.3.4　浅い湖での水質変化

浅い湖では夏季にも強固な成層構造が形成されることは少なく，風などにより容易に全層が混合する．深い湖における表水層と湖底で構成されていると考えてよい．そのため，水質は湖底の影響を強く受ける．湖底では水温の上昇とともに有機物分解が盛んになり，底泥間隙水中には高濃度の栄養塩が蓄積され，水中に回帰する．図 2.14 に霞ヶ浦高浜入りにおける各態リン濃度の季節変化を示す[21]．夏季に高い全リン濃度を示し，無機態リンも高濃度に存在していた．霞ヶ浦は浅い湖沼であるところから夏季にも水温成層が形成されることは少ないが，梅雨明けの天気が安定した期間には弱い水温成層が形成され底層は嫌気的状態になる．同水域で隔離水界を用

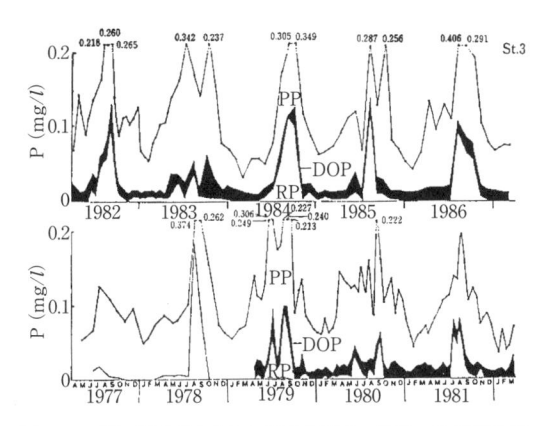

図2.14 霞ヶ浦高浜入りにおける各態リン濃度の季節変化[21]

いた実験では7月中旬から約2週間の間に急激なリン濃度の増加が観測され，その期間の底泥からのリン回帰速度は約23 mg/m^2・日と見積もられた[22]．同水域への夏季の全リン流入負荷量は19.7 mg/m^2・日と見積もられており[23]，それに比べても大きな値である．河川を通しての流入負荷は水量が多ければ増加するが，濃度としての変動は少ない．それに対して底泥から回帰する栄養塩は湖水へ直接負荷されることから直接湖水の濃度増加をもたらす．上記の隔離水界実験では7月中旬からの2週間で湖水の全リン濃度は0.08 mg/lから0.24 mg/lへと上昇した．この上昇は底泥からの回帰量にほぼ見合う値であった．浅い湖沼では食物連鎖やそれを通した物質循環が湖底を介して行われており，湖底環境が水質形成に大きな影響を及ぼしている．

2.3.5 汽水湖における水質変化

汽水湖は成因としては海跡湖が大半であり，浅い湖が多い．しかし，浅い淡水湖とは異なり，底層に海水が浸入するため塩分躍層が形成され成層構造が形成されやすい．島根県にある中海では海水が塩水くさび状に底層に浸入し，強い塩分躍層が形成されている．底層に浸入した海水中に含まれる溶存酸素は湖心部付近に至るまでに消費され，湖の底層水の大半が貧酸素から無酸素の状況に置かれている．汽水湖では深い湖と異なり，底層の水温は比較的高く酸素消費速度は速い．そのため，海水の出入りが多い湖沼を除き嫌気的状況になりやすい．汽水湖では深い湖と浅い湖の特性を混ぜ合わせたような水質変化が起きることが特徴である[24]．〔相崎守弘〕

文 献

1) 環境庁編（1989）：日本の湖沼，pp.196，大蔵省印刷局．
2) 野尻幸宏（1992）：陸水中の微量重金属成分（日本化学会編，陸水の化学），化学総説，**14**： 45-55．
3) 朴 済哲（1996）：霞ヶ浦における溶存有機物の挙動と生成機構に関する研究，東京水産大学博士論文，p.129．
4) Imai A, Fukushima T, Matsusige K and Hwan KY (2001)：Fractionation and characterization of dissolved organic matter in a shallow eutrophic lake, its inflowing rivers and organic matter sources. *Water Res*, **35**： 4019-4028．
5) 加藤憲二（1994）：湖の物質代謝とバクテリア．微生物の生態19（日本微生物生態学会編），pp.163-178，学会出版センター．
6) 滝井 進（1995）：水界堆積物におけるメタン生成とその支配因子．微生物のガス代謝と地球環境，微生物の生態20（松本聰編），pp.101-122，学会出版センター．
7) 寺井久慈，楊 宗典（1995）：水圏からの窒素の放出．微生物のガス代謝と地球環境，微生物の生態20（松本聰編），pp.123-143，学会出版センター．
8) 内田有恆（1995）：硫化ジメチルの分布とその生合成．微生物のガス代謝と地球環境，微生物の生態20（松本聰編），pp.145-163，学会出版センター．
9) 福島武彦，相崎守弘，村岡浩爾（1984a）：浅い湖における沈殿量の測定方法とその起源．国立公害研究所研究報告，R-51： 73-87，国立公害研究所．
10) 福島武彦，相崎守弘，村岡浩爾（1984b）：霞ヶ浦高浜入りにおける沈殿量とその特性について．国立公害研究所研究報告，R-51： 89-101，国立公害研究所．
11) Aizaki M and Otsuki A（1987）：Characteristic of variations of C：N：P：Chl ratios in eutrophic shallow Lake Kasumigaura. *Jpn J Limnol*, **48**, Special Issue： S99-S106．
12) 吉村信吉（1976）：湖沼学（増補版），生産技術センター．
13) OECD（1982）：Eutrophication of Waters, OECD, Paris．
14) Carlson RE（1977）：A trophic state index for lakes, *Limnol Oceanogr*, **22**： 361-369．
15) Aizaki M, Otsuki A, Fukushima T, Hosomi M and Muraoka K（1981）：Application of Carlson's trophic state index to Japanese lakes and relationships between the index and other parameters. *Verh Internat Verein Limnol*, **21**： 675-681．
16) Vollenweider RA（1976）：Advances in defining critical loading levels for phosphorus in lake eutrophication. *Mem 1st Ital Hydobiol*, **33**： 53-83．
17) Kirchner WB and Dillon PJ（1975）：An empirical method of estimating the retention of phosphorus in lakes. *Water Resour Res*, **11**： 182-183．
18) 福島武彦，天野耕二，村岡浩爾（1986）：湖沼水質の簡易予測モデル 1．湖沼流域の諸特性と湖水栄養塩濃度との関係．水質汚濁研究，**9**： 586-595．
19) 国立公害研究所（1984）：中禅寺湖の富栄養化現象に関する基礎的研究．国立公害研究所研究報告，R-69-'84： 143．
20) 畑 幸彦（1987）：ダム湖における淡水赤潮の発生事例．淡水赤潮（門田元編），pp.247-283，恒星社厚生閣．
21) Otsuki A, Aizaki M and Kawai T（1987）：Long-term variations of three types of phosphorus concentrations in highly eutrophic shallow Lake Kasumigaura, with special

reference to dissolved organic phosphorus. *Jpn J Limnol*, **48**, Special Issue：S1-S11.
22) 相﨑守弘（1984）：硫酸アルミニウム処理による底泥からのリン溶出削減 (1) 水質の変化と湖底からのリン溶出速度の推定. 国立公害研究所研究報告, R-52-'84：47-58.
23) 安野正之, 相﨑守弘, 岩熊敏夫（1984）：霞ヶ浦高浜入り生態系における炭素およびリンの循環. 国立公害研究所研究報告, R-51-'84：255-271.
24) 相﨑守弘（2000）：湖沼生態系の保全と管理. 須藤隆一編, 環境修復のための生態工学, pp.113-138, 講談社サイエンティフィク.

2.4 湖沼の生態系

▷ 4.5　物質輸送・水質変化のモデル化
▷ 14.3　湖沼の生物
▷ 20.7　アセスメントのための新たな指標
▷ 21.6　水環境生態保全計画

湖沼の生物群集は水草が生えている沿岸帯とそれがない沖帯で大きく異なる．当然，それに伴い食物連鎖が異なり，生態系の機能が異なることになる．

2.4.1 沖帯の生態系
a. 生息する生物

沖帯に生息する生物は，生息様式に基づいて主に三つのグループに分けられる（図2.15）．一つはネクトン（遊泳動物）で，これは高い遊泳能力をもち水の流れに逆らって定位することのできる動物のことで，魚を指す．ただし，多くの魚は常に沖帯に分布しているわけではなく，時には沿岸帯に移動することもある．二つ目はプランクトン（浮遊生物）である．これは遊泳能力に乏しく，水の流れに逆らえない生物と定義される．プランクトンには，光合成により有機物を生産する植物プランクトン，他の生物を餌とする動物プランクトン，そして分解者としての役割を果たす細菌プランクトンがいる．植物プランクトンは，緑藻，珪藻，藍藻（ラン細菌）などの藻類からなり，動物プランクトンには甲殻類（ミジンコ類，カイアシ類，アミ類），ワムシ類，原生動物類，昆虫類などがいる．そして三つ目のグループは湖底に生息する底生生物で，これにはユスリカ幼虫やイトミミズ，貝類などが含まれる．

湖は夏には成層し，湖水が風により混合される暖かい表水層と，風の攪拌効果が及ばない冷たい深水層に分かれる（図2.1参照）．植物プランクトンは増殖のために光が必要なので表水層に多い．ただし，比重が大きく沈降しやすい珪藻類が優占したり，湖面積が小さく風の影響を受けにくい湖では，植物プ

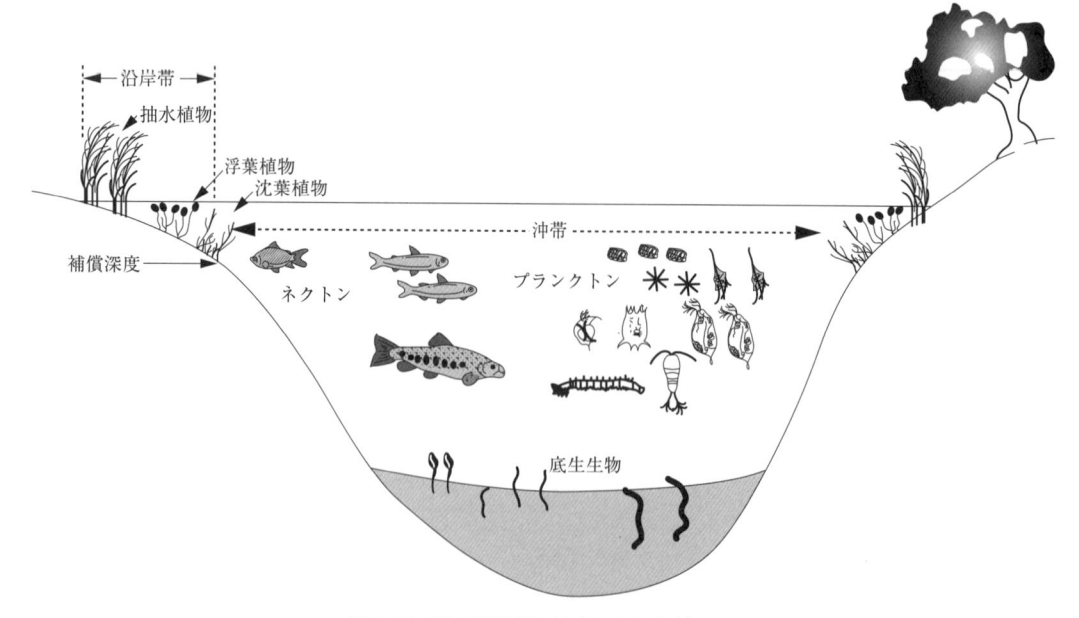

図2.15　湖の生態区分（文献5より改変）

ランクトンの現存量は表水層と深水層の境（水温躍層）に高くなることがある．ここでは植物プランクトンが沈降しやすく，表水層の植物プランクトンが沈降していって水温の低い深水層に至ると，そこで急に水の密度が高くなるために沈降速度が落ちる．その結果，深水層の上層に植物プランクトンが集積して現存量が高くなるのである．

植食性の動物プランクトンの多くは餌（植物プランクトン）が多い表水層に分布する．しかし，魚に食べられやすい大型の種（大型のミジンコ属ダフニア（Daphnia）の仲間や，ノロ（Leptodora），フサカ（Chaoborus）幼虫，ケンミジンコなどの無脊椎捕食者）は魚を避けて昼間は深水層に降り，夜になると表水層に上がるという，日周鉛直移動（diel vertical migration）を行うものが多い．魚は目で餌生物をとらえて捕食するので，大型動物プランクトンは暗い深水層に分布していたほうが食われにくい．しかし，深水層には餌が少ないので，魚の捕食活動がおさまる夜に餌の多い表水層に移動するのである．すなわち，これらの生物は環境が大きく異なる表水層と深水層を有効に利用しているといえる．

湖水の成層は魚の分布域を分けることになる．冷水性の魚（およそ20℃以下の水温を好むサケ科魚類など）は夏の間は水温の高い表水層を避けて深水層に分布する．一方，暖水性の魚は表水層を好む．

b. 季節変動

ところが，この湖内の環境は季節に応じて大きく変化する（図2.1参照）．水は4℃のときが最も密度が高いため，夏でも深水層にはこの水温の水が貯蔵されている．そのため，暖かい表水層と冷たい深水層に分かれて湖水が成層する．しかし，この成層構造は春と秋には崩れることになる．春先には表水層の水温が4℃になると深水層と水温が変わらなくなるので，風が吹くと表層から底層まで水が混合されるようになる．この時期を循環期と呼ぶ．すると，湖底に堆積していた栄養塩が表層まで運ばれるようになる．春は水温は低いが太陽の日差しが強いので，湖水中の植物プランクトンにとっては豊富な光と栄養塩を得ることになる．その結果，低水温に強い珪藻が生産力を上げて増え，湖水を茶色い珪藻色に変えるとともに透明度を低下させる．その後，夏に向けて水温が上がると表水層と深水層の温度差が大きくなり，湖は成層する．すると，湖底からの栄養塩の供給がなくなるので，河川など湖外からの栄養塩供給が少ない場合には，植物プランクトンの生産量は春よりも少なくなることになる．もし，栄養塩供給が多いと，高い水温に支えられて藍藻の大発生が起こり，アオコを形成するようになる．秋になって表水層の水温がしだいに低下し，深水層と変わらなくなると，再び循環期となる．これにより，再び湖底にたまっていた栄養塩が表層に運ばれることになり，植物プランクトンの生産力が上昇する．しかし，この時期は秋分をだいぶ過ぎて太陽光が弱いため，光量不足で春ほどには植物プランクトンの生産量は高くならない．冬になると，水面を氷が覆い表層の水温は0℃となるが，0℃の水よりも密度の高い4℃の水が湖底に残ることになる．これにより，表水層と深水層の混合が起きなくなる成層期が生じる．この時期は，水温は低く，光量が少なく，さらに成層によって湖底からの栄養塩の供給が断たれるので，植物プランクトンの生産力は一年を通して最も小さくなる．

先に述べたように，春は植物プランクトンの生産量が高くなり，湖の透明度が大きく低下する時期である．しかし，その春に，透明度が突然高くなることがある．このときを，春の透明期（spring clear-water phase）と呼ぶ．これは，春先の植物プランクトンの増殖に遅れてミジンコ類，特に大型のダフニア属のミジンコが増え，それが植物プランクトンを食い尽くした結果生起する現象である（図2.16）．豊富な餌を食べて大きくなったダフニア個体群は，餌を食い尽くすと急激に崩壊する．それに伴い植物プランクトンが回復し，再び湖の透明度が下がることになる．

c. 貧酸素層の発達

夏になり湖が成層すると水の動かない深水層が作られる．すると，深水層にまで沈降した植物プランクトンやデトリタスは再び表水層に戻ることなく湖底にたまることになる．たまった粒子（有機物）はそこで分解を受けることになり，その際水中の酸素が消費される．そのため深水層の溶存酸素濃度が低下する．この酸素の消費速度は湖底の有機物量が多いほど高い．湖が富栄養化すると，表水層での有機物生産量が大きくなるので，それだけ深水層への沈降粒子量も増え，湖底付近に貧酸素層が形成されるようになる．富栄養化が著しくなると，時には貧酸素層が深水層全体に広がることがある．

この貧酸素層の発達は湖内の生物に大きな影響を与える．

まず，湖底に生息する生物，特に貝類に大きなダ

■場　2. 湖　沼

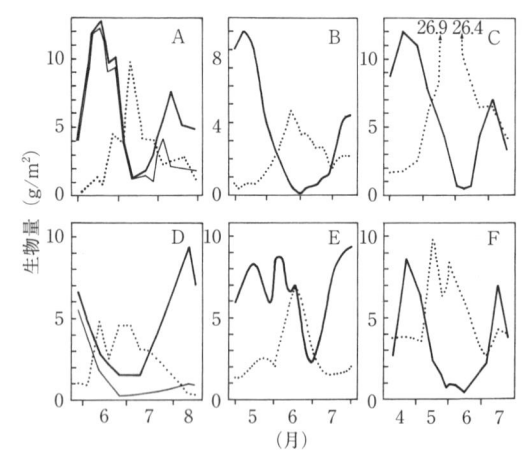

図2.16 六つの湖での春の透明期の植物プランクトン量と動物プランクトン量の変動（文献6より再作図）
太い実線：植物プランクトン量（炭素量），細い実線：サイズが35 μmより小さい植物プランクトン（動物プランクトンに食われやすいと考えられる）の現存量（炭素量），点線：動物プランクトン量（炭素量）．
A：コンスタンス湖，B：ブルス湖，C：グライフェン湖，D：エスロム湖，E：ビール湖，F：ルサーン湖．
AとDで，透明期の後の全植物プランクトン量の回復時に，サイズが35 μmより小さな植物プランクトンが増えていないことを示しているが，これはそれよりも大きな植物プランクトンが増えたことを意味している．B，C，E，Fの湖では，植物プランクトン量は全体量しか測っていない．

メージを与える．一方，底生生物の中でもイトミミズやユスリカ幼虫は貧酸素環境に比較的強く，富栄養湖では彼らの餌となる湖底の有機物量が増えるため，現存量を増すことが多い．富栄養化問題を抱えていた長野県諏訪湖では，オオユスリカ（*Chironomus plumosus*）とアカムシユスリカ（*Propsilocerus akamushi*）の成虫が年に4回大発生し，迷惑害虫となっていた[1,2]．

貧酸素水界の存在はまた，魚の分布に影響を及ぼす．多くの魚は，溶存酸素濃度が5 mgO_2/l 以下に下がるとその水界を避け，3 mgO_2/l 以下に下がると生存できなくなるといわれている．すると，湖底付近に貧酸素水界が作られると，そこには魚がすめない場所が作られることになる．20℃以上の水温を嫌う冷水魚は，夏に表水層の水温がそれを超えるような地域の湖では，水温の低い深水層に分布している．ところが，この深水層が富栄養化によって溶存酸素濃度の低い水界になってしまうと，この湖ではすんでいけなくなる．米国のウィスコンシン州にあるメンドータ湖では，夏には深水層全体の溶存酸素濃度が低くなり，ここにすむ冷水魚のシスコ（*Coregonus artedii*）は表水層に分布することを余儀なくされていた．表水層の水温は約20℃であり，シスコにとっては生存できるぎりぎりの水温であった．ところが，1987年にその地域が異常な熱波に襲われ，メンドータ湖の表水層の水温が24℃にまで上昇した．その結果，シスコが大量に死亡するという異変が起きた[3]．

貧酸素層の発生が生物に恩恵を与えることもある．そこは魚がすめない場所であり，魚を天敵としている生物にとっては，もし貧酸素条件に対する耐性を獲得できれば，魚からの避難所となる．双翅目昆虫で動物プランクトンであるフサカの幼虫は，終齢（4齢）には体長が10 mmほどになり，魚の格好の餌となる．そのため，魚の多い湖沼には多くはみられない．ところが，この幼虫は高い貧酸素耐性をもつため，貧酸素層が発達すると，魚の多い湖にも多くの個体が生息できるようになる．この幼虫は昼間は魚を避けて貧酸素層に分布し，魚の活動が収まる夜に表水層に上がって餌（動物プランクトン）を捕食する．同様なことはダフニアにもある．ダフニアの中でも大型種のオオミジンコ（*Daphnia magna*）やミジンコ（*Daphnia pulex*）は，普段は透明な体をもっているが，水中の溶存酸素濃度が3 mgO_2/l 以下に下がると赤くなる．これは，ミジンコが血液中に大量に増やしたヘモグロビンの色で，これにより水中からの酸素の取り込み効率を上げ，貧酸素条件でも生存を可能にしている．この能力をもつことで，比較的浅く魚の多い湖でも，貧酸素層が作られれば，ダフニアは魚と共存することができる．この例は日光湯の湖でみられている[4]．

また，湖底で溶存酸素がなくなると，嫌気性の硫酸還元細菌の働きにより硫化水素が発生するようになる．

2.4.2 沿岸帯の生態系

沿岸帯は，湖底泥中に根をはる水草の分布域ということができ（図2.15），その分布は，多くの場合，湖底への光の透過量で決められている．なぜなら，水草は湖底で根や種子，殖芽などで越冬し，春になってそこから芽を出すので，そのために必要な光が湖底にまで届くことが必要条件となるからだ．

植物は光合成で有機物を生産しているが，それと同時に呼吸によって有機物を分解している．光が十分にあると光合成が呼吸に卓越し生産量が増すが，

光が不足するようになると呼吸量が生産量を上回るようになる．湖水中では，水深が増すにつれ光量が減るので，どこかの深さで植物の光合成量と呼吸量が等しくなるところがある．その水深を補償深度と呼ぶ．したがって，補償深度が水草が生息できる水深の限界ということになる．そのため，水草の分布域，すなわち沿岸帯は補償深度よりも浅い水域ということができる．ただし，補償深度は湖沼の透明度に依存して変化するので，沿岸域の広さは湖沼の透明度に応じて異なることになる．

沿岸域生態系を作るのに最も重要な役割を果たしているのは水草である．それらは生活型から三つのグループに分けられる．最も岸寄りで浅いところに生息するのは，茎葉部を水面上に出している抽水植物で，ヨシ（*Phragmites*），ガマ（*Typha*），マコモ（*Zizania*），ハス（*Nelumbo*）などがある．より水深の深いところには葉を水面に浮かす浮葉植物が群落を作り，そこにはヒシ（*Trapa*），アサザ（*Nymphoides*），ジュンサイ（*Brasenia*）などがみられる．さらに水深が深くなると，浮葉植物は生息できなくなり，そこには，エビモ，ササバモ，センニンモなどヒルムシロの仲間（*Potamogeton*）や，クロモ（*Hydrilla*）などの沈水植物が分布するようになる．

沿岸帯の生物群集の特徴は，水草が構造物としてさまざまな生物に生息場所を提供しており，それらの生物によって生態系が作られていることにある．水草上で生活する植物には付着藻類がおり，主なグループには珪藻や藍細菌（藍藻）がある．動物では，ツリガネムシ（*Vorticella*）のような原生動物，ウサギワムシ（*Lepadella*）などの付着性ワムシ類，シカクミジンコ（*Alona*）やヌカエビ（*Paratya*）などの甲殻類，トンボやユスリカなどの昆虫の幼虫などがいる．これらはそこに繁殖する付着藻類，原生動物，バクテリアなどを餌とし，またはそこに集まる小型動物を餌としている．このほか，水草帯内の水中には，その環境を好むミジンコやケンミジンコなどの動物プランクトンや仔稚魚がおり，さらには水草体上や底に貝類，ユスリカ幼虫，エビ，ヨコエビ，ミジンコなどの甲殻類がいる．このように，沿岸域には，水草体上，水中，そして湖底泥上という異なった生息場所が存在し，それぞれに適応した生物が分布することによって，生物多様性の高い生物群集が作られている．

水草は構造として生物に生息場所を与えるだけで

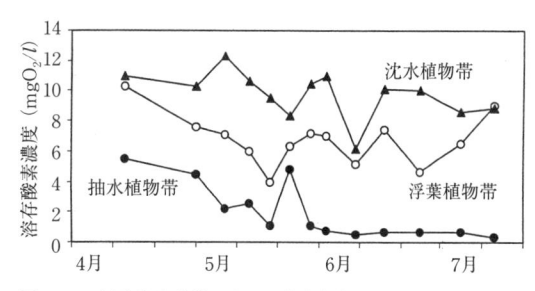

図 2.17 諏訪湖水草帯の中の，抽水植物帯，浮葉植物帯，沈水植物帯での溶存酸素濃度の季節変化（文献 7 より改変）

はなく，水中の環境形成にも大きな影響を与えている．抽水植物や浮葉植物が密に繁殖しているところでは，溶存酸素濃度が著しく低下することがある（図 2.17）．特に富栄養湖では，その低下が著しい．これは，水草に太陽光が遮られて水中の植物プランクトンの光合成が抑制される一方で，水中の有機物の分解によって水中の酸素が消費されるためである．また，もう一つ，その環境を作るうえで水草が果たす大きな役割がある．それは，水の流れを妨げることである．それによって，豊富な酸素を含んでいる沖帯の水と水草帯内の水の交換がなくなり，水草帯の中の貧酸素水界が維持されることになる．

湖水が成層する富栄養湖では，深水層の溶存酸素濃度が低くなる．この深水層と同じ環境が，深水層のない浅い富栄養湖では，沿岸の水草帯に作られるのである．

魚は低い溶存酸素濃度を嫌う．したがって，水草帯で溶存酸素が低くなると，そこは魚の分布しない水界が生まれることになる．水草帯は仔稚魚の生息場として重視されているが，時として仔稚魚が生息できない場所にもなっているのである．また，水草が密に繁茂すると，その中には魚は入り込みにくくなる．そうなると，水草帯には魚を恐れる生物たちの避難所が作られることになる．ミジンコの中には昼間は水草帯内に分布し，夜になり沖帯に移動するという，日周期水平移動（diel horizontal migration）を行うものがいる．水草帯内に分布するのは魚を避けるためで，夜になり沖帯に移動するのは，水草帯の中は餌となる植物プランクトンが少ないため，魚の活動が低下する夜に餌を求めて植物プランクトンの多い沖帯に行くと説明されている．

水草は沿岸域の多くの有機物生産に寄与しているが，水草を摂食する動物は少ない．したがって，水

草によって生産された有機物は直接そこの物質循環に寄与する程度は低い．その有機物は，秋になって水草が枯れ，分解を通して（腐食物連鎖を通して）物質循環系に流れることになる．その点では，沿岸域生態系における水草の役割は，生産者というよりは，複雑な構造物を作ることによって多様な環境を作り，さまざまな生物に生息場所を提供する意義が大きいといえるだろう．　　　　〔花里孝幸〕

文　献

1) 中里亮治，平林公男，沖野外輝夫（2001）：諏訪湖におけるユスリカ研究（1）幼虫に関する知見を中心に．陸水学雑誌，**62**：127-137.
2) 平林公男，中里亮治，沖野外輝夫（2001）：諏訪湖におけるユスリカ研究（2）不快昆虫としての成虫とその防除対策に関する検討．陸水学雑誌，**62**：139-149.
3) Vanni MJ, Leucke C, Ktchell JF, Allen Y, Temte J and Magnuson JJ（1990）：Effects on lower trophic lavels of massive fish mortality. *Nature*, **344**：333-335.
4) Hanazato T, Yasuno M and Hosomi M（1989）：Significance of a low oxygen layer for a Daphnia population in Lake Yunoko, Japan. *Hydrobiologia*, **185**：19-27.
5) 岩熊敏夫（1994）：湖を読む，160 pp，岩波書店．
6) Lampert W（1988）：The relationship between zooplankton biomass and grazong：A review. *Limnologica*, **19**：11-20.
7) Sakuma M and Hanazato T（2001）：Heterogeneous distribution of environmental factors and zooplankton in a vcgctatcd arca of a eutrophic lake. *Verh Internat Ver Limnol*, **27**：4053-4056.

2.5　湖沼およびダム湖の管理手法と整備

▷ 12.4　貯留水の気泡による循環混合法
▷ 21.2　水環境保全政策の体系
▷ 21.3　水環境モニタリング計画

2.5.1　湖沼の湖内を対象とした管理

湖沼の管理は深い湖沼と浅い湖沼とで大きく異なる．浅い湖沼では，湖底が補償深度より浅く，湖底に付着藻や沈水性の大型植物が生え，こうした植物が湖内の栄養塩に大きな影響を及ぼす．一方，深い湖沼では，湖岸を除けば，湖底に植物は生えない．その結果，一次生産活動の多くは植物プランクトンによってなされる．特に多くのダム貯水池では，湖岸が急峻で湖岸がほとんど存在せず，また，治水ダ

表 2.4　浅い湖と深い湖の特性

	浅い湖	深い湖
水温，溶存酸素，溶存二酸化炭素分布，栄養塩分布	常時混合され，水深方向に一様	温度躍層が形成される
光強度，生産層	湖底まで高い可能性　全水深が生産層になる可能性	生産層は表層に限られる
植物群落	大型植物，付着藻，植物プランクトン	植物プランクトン

ムの場合には水面の標高が季節によって変化するために，一次生産のほぼすべてが植物プランクトンに依存している．したがって，湖沼の管理は，このような湖の特性を反映したものでなければならない．表 2.4，図 2.18 に浅い湖と深い湖の特性を示す．

a. 浅い湖の水質管理

浅い湖は，湖底に植物が生える可能性を有しているということで，二者択一的な挙動を示す．

水の透明度が高い状態にある湖では，光が湖底に届くために，湖底が大量の植物群落で覆われる．そのため，風や魚によって湖底の底質が巻き上げられることは少なく，また，大量の栄養塩が流入しても大型植物の生産に利用される．そのため，栄養塩負荷が多少変化しても透明度を失うことはない．

他方，植物プランクトンや無機の浮遊物質によって透明度の低い湖では，湖底の植物群落は発達せず，風や魚によって湖底の底質が攪乱されやすく，容易に濁水化する．また，栄養塩負荷の高まりとともに植物プランクトンの増殖を招き，いっそう透明度が低下する．このように，一方の状態にある湖はその状態を維持しやすく，栄養塩負荷などが変化しても他方の状態に移行させるにはきわめて長い時間を要する．

1) バイオマニピュレーション　いったん透明度の下がった湖沼を再生させることは，栄養塩負荷を多少減らしただけでは難しく，人為的な手段を必要とする．その手法には，人為的な除去や，植物プランクトン食魚を導入し，かつ動物プランクトン食魚や草食魚を除去する方法がある．こうした方法はトップダウンのバイオマニピュレーション（図 2.19）[1] と呼ばれる．

さまざまな方法で浮遊物質を除去することや，人為的に栄養塩負荷をきわめて低い状態に保つことにより，ある期間高い透明度を保つことも効果のある

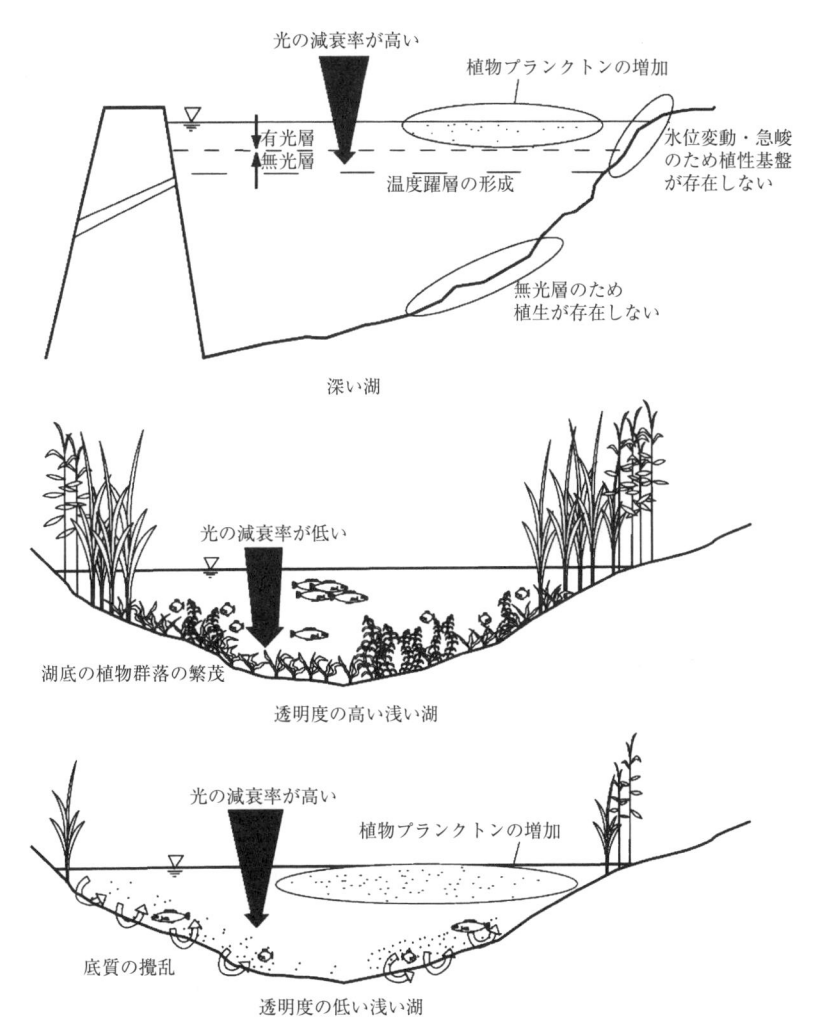

2.5 湖沼およびダム湖の管理手法と整備

図2.18 深い湖，浅く透明度の高い湖，浅く透明度の低い湖の違い

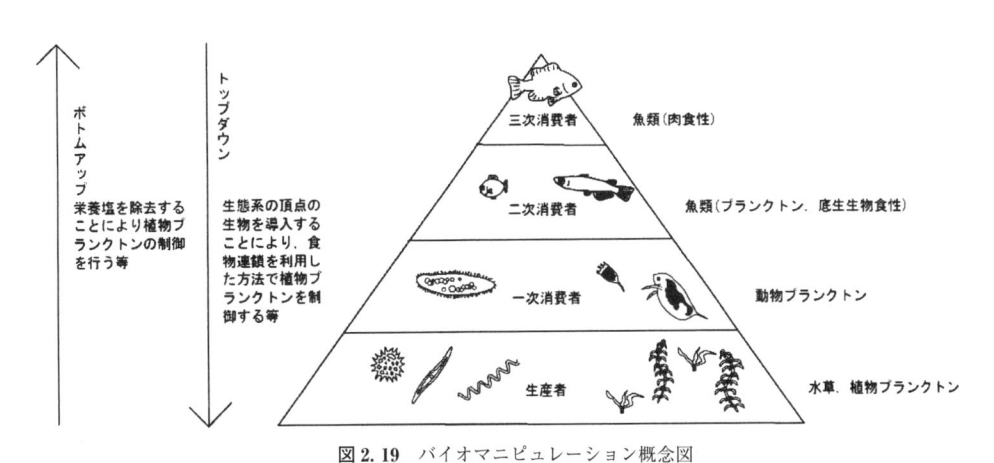

図2.19 バイオマニピュレーション概念図

場合が多い．これによって，湖底に植物群落が形成され，その後の栄養塩負荷の増大に対しても，ある程度の透明度を保つことができる．こうしたやり方をボトムアップのバイオマニピュレーションと呼ぶこともある．

いずれにしても，バイオマニピュレーションの意義は透明度の低い状態にある湖沼を人為的に高い状態に移行させることにある．

2) 湖岸植生帯の再生 湖岸に植生帯を再生させることも，湖沼の水質改善に大きく寄与する．ここで対象となる植物は主として抽水植物群落や浮葉植物群落であるが，これらの植物自身による栄養塩吸収だけでなく，群落内をハビタートとするさまざまな消費者によって有機物が消費されること，さまざまな浮遊物質の沈降が促進されること，また，硝化脱窒効果により窒素分が除去されることなどの効果によって水質改善が図られる．さらに，こうした抽水植物群落や浮葉植物群落の外縁に沈水植物群落が形成されれば，過剰な栄養塩負荷の吸収に役立つ．ただし，抽水植物による大量の有機物の生産やシルト分の捕捉は湖底の泥化を促進し底質を嫌気化させる．そのため，硫化水素やメタンなどの気体を発生させやすく，また，沈水植物の群落を形成させることも必ずしも容易ではない．

3) 浚 渫 栄養塩負荷の大きい浅い湖での最も大きな問題の一つが湖底の泥化である．湖底に泥がたまると，風や動物によって攪乱され透明度を低下させ，沈水植物が根づかないなどの問題を生ずる．そこで，たまった泥を取り除くために，泥の浚渫が必要な場合も多い．

b. 深い湖の水質管理

深い湖の特徴は，水深方向に水温，酸素，二酸化炭素の分布を形成することと，生産層が表層に限られることである（図2.18，図2.20）．そのため，水質管理の手法もこうした点に留意したものになる（図2.21）．

1) 水温躍層によって生ずる影響の管理 水温躍層は溶存酸素や溶存二酸化炭素，栄養塩濃度の分

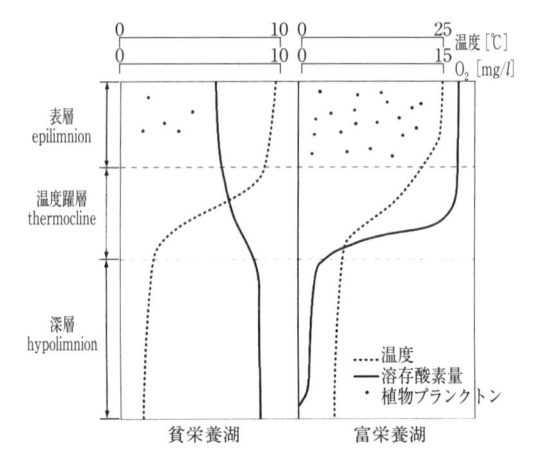

図2.20 水温躍層と溶存酸素量分布

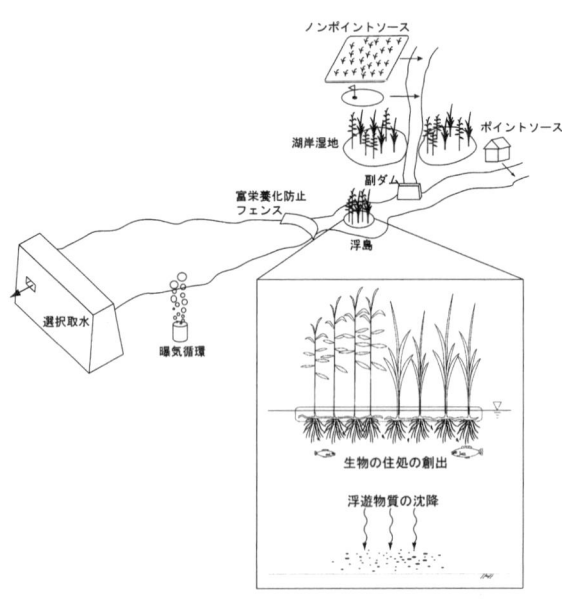

図2.21 深い湖の水質管理対策

布を左右し，これがさまざまな形で水質に影響を及ぼす．まず，深層の溶存酸素濃度の低下は，底質内に含まれているリン酸や鉄，マンガンといった物質の溶出を促進し，また，アンモニア濃度を高める．これにより湖沼自体の生産性が増し，植物プランクトンが増加する．また，植物プランクトン濃度が上昇し，有色の物質の溶出は透明度を低下させ，景観上も問題をきたす．さらに，アンモニアの毒性は生物のハビタートとしての環境を損なう．

夏季の植物プランクトンによる活発な生産活動は表層の二酸化炭素濃度を減少させる．そのため，表層のpHは増加し，二酸化炭素濃度はさらに減少する．こうしたことは，炭酸水素イオンの利用に長じた藍藻の増殖を促し，飲み水としての水資源の悪化，生態系への影響などさまざまな問題を生じさせる．

しかし，一方では，水温躍層によって深層からの供給が絶たれるために，湖外からの供給がなければ，夏季の生産が活発な時期には表層の栄養塩濃度は徐々に減少していく．

このような水温躍層によって生ずる問題への対策には次のようなことがある．

①深層の曝気：深層の低下した酸素濃度を補うために行われる手法である．これには，水温躍層を維持しながら，深層の水に酸素を送り込んだり，深層水を大気に触れさせ再び深層に送り込んだりする方法と，全層を混合させて自然対流によって酸素を送り込む方法という二つの形態がある．

②浅層曝気，全層曝気：表層に分布する植物プランクトンを無光層にまで広げ，生産力を低下させることや，深層から，表層で低下した二酸化炭素を供給することを目的に行われる．特に，上下方向に移動することで他種との競争において優位な地位にある藍藻を抑制するには効果のある方法である．

③富栄養化防止フェンス[3]：夏季に栄養塩の枯渇する表層の水塊を温存できれば植物プランクトンの増殖を抑えることができる．栄養塩の供給が流入河川に依存する割合が大きい場合には，表層に河川水が流入しないように幕を張ることで，植物プランクトンの増殖を抑えることができる．これは一方では，河川水がもたらす濁質の表層への拡散防止にも有効である．

④選択取水：ダム湖のように容量に比較して流出や取水量の割合が大きい場合には，これを利用して水温躍層を制御することができる．水温躍層を低下させ表層の混合を促進し植物プランクトンの生産力を低下させることなどが行われる．

2）**生産性の管理** 深い湖の大きな問題は，植物群落の形成できる場所が限られていることである．植物群落によって植物プランクトンの増殖を抑えるためには，通常，全容積の20％程度[4]の植物群落が必要である．こうした場所が存在しない湖沼では，さまざまな形で植物群落の管理が必要になる．

①浮島：湖底に植物群落が形成できないことを補うために，浮島を設置して植物群落を作ろうというものである．これにより，植物プランクトンを捕食する動物プランクトンの魚からの隠れ家が作られる，風が妨げられ浮遊物質の沈降が促進されるなどの効果が得られる．

②湖岸湿地：さまざまな形で湖岸に湿地を作ることも行われている．こうした場合，湖水を循環させる方法などが採られる場合もある．なお，浮島や湖岸の湿地の面積は全体の水域面積の20％程度以上必要であることが示されている．

3）**植物プランクトンの直接除去** 深い湖では，流入栄養塩負荷に対して植物プランクトンの競争相手が存在せず，過剰な栄養塩負荷は植物プランクトンの増殖をもたらす．そのため，増殖した植物プランクトンを直接除去することも行われる．この方法には，機械的に回収する方法，圧力でプランクトン中の気泡や細胞自体を破壊する方法，オゾンなどを利用する方法などがある．

2.5.2 流域管理

湖沼の管理において，湖内で行える管理には限界がある．最も有効な管理方法は，湖沼の流域の負荷を減少させることである．そのために，流域内における下水道の整備，肥料の使用量管理，点源の汚濁負荷対策，流入する河川内での栄養塩対策など，さまざまな管理面での対策が行われている．またそれと同時に，水質汚濁規制など，政策面からの対策も必要である．

2.5.3 評　価

湖沼の管理を行う際に，あらかじめ，その方法でどの程度の改善が可能かということを予測することはきわめて重要である．この方法にはさまざまな方法がある．最も頻繁に用いられる方法は，与えられた気象条件において，水流および水温，栄養塩収支，植物プランクトンについての増殖予測式を解くこと

により,対策を行った場合の予測を行うことである.しかし,こうした方法は湖内で生じている現象を的確に反映したモデルで行われることが重要である.

特に,生物過程の予測においては,深い湖沼であれば植物プランクトンのみでもほぼ予測可能であるが,浅い湖では,大型植物[5,6],付着藻類[7],さまざまな消費者など影響の多いすべての群集[8-10]を考慮する必要がある. 〔浅枝 隆・田中規夫〕

文献

1) Sheffer M (1998): Ecology of Shallow Lakes, Chapman & Hall.
2) Horne AJ and Goldman CR (1994): Limnology, 2nd ed, McGraw Hill.
3) Asaeda T and Son DH (1997): A new technique for controlling algal blooms in the withdrawal zone of reservoirs using vertical curtains. *Ecological Engineering*, **7** : 95-104.
4) Schriver P, Bøgestrand J, Jeppesen E and Søndergaard M (1995): Impact of submerged macrophytes on fish-zooplankton-phytoplankton interactions : large-scale enclosure experiments in a shallow eutrophic lake. *Freshwater Biol*, **33** : 255-270.
5) Asaeda T and Bon TV (1997): Modelling the effects of macrophytes on algal blooming in eutrophic shallow lakes. *Ecological Model*, **104** : 261-287.
6) Asaeda T and Karunaratune S (2000): Dynamic modeling of the growth of Phragmites australis : model description. *Aquat Bot*, **67** : 301-318.
7) Asaeda T and Son DH (2000): Spatial structure and populations of a periphyton community : a model and verification. *Ecological Model*, **133** : 195-207.
8) Asaeda T, Trung VK and Manatunge J (2000): Modeling the effects of macrophyte growth and decomposition on the nutrient budget in shallow lakes. *Aquat Bot*, **68** : 217-237.
9) Asaeda T, Nam LH, Hietz P, Tanaka N and Karunaratne S (2002): Evaluation of the material and nutrient budgets in the decay process of *Phragmites australis* in Neusiedlersee, Austria, using a growth and decomposition model. *Aquat Bot*, **69** : 1-12.
10) Asaeda T, Trung VK, Manatunge J and Bon TV (2000): Modelling macrophyte-nutrient phytoplankton interactions in shallow eutrophic lakes and the evaluation of environmental impacts. *Ecological Engineer*, **16** : 341-357.

3 湿　地

3.1 湿地とは

▷ 6.1　親水河川，親水公園とは
▷ 12.1　直接浄化の基本的事項
▷ 12.3　植生浄化法

3.1.1　湿地の価値とその保全・回復

湿地とは，河川・湖沼・海岸の近辺などの地下水が地表に近いか，または湛水することが多いために水気の多いじめじめした土地である．湿地は，森林，草原，農地のような陸上生態系と河川・湖沼や海洋のような水界生態系の接点，すなわちエコトーン (ecotone) と呼ばれる2つの生態系のインターフェイスに相当する生態系である[1]．したがって，両方の生態系の影響を受け，それぞれの性質，属性をもつ．しかしながら，いずれとも明らかに異なる生態系である．

湿地は南極以外のどの大陸にも，熱帯地方から極地域まで分布している．内陸の乾燥地帯にも存在し，海岸では塩性湿地やマングローブ林としてあらゆる地域に存在している．湿地は地球上の陸地の約6%を占める．

湿地は多くの民族の生活に重要な場である．東南アジアの米作民族にとっては稲作の場であった．また，北方民族にとっては泥炭燃料を得る場であった．しかし，湿地はカやハエ，また不快臭の発生する場でもあり，産業や都市の発展の阻害になる不要な場と考えられてきた．わが国においては，東京や大阪を始めとする大都市は湿地の埋立によって形成されてきた．米国でも1970年代以前は農地開発や都市開発のために湿地から排水し，埋め立てることが奨励された．このため，米国本土に存在した湿地の約56%がすでに失われたと推定されている[2]．

しかしながら，近年，湿地は地球上で最も重要な生態系の一つであると認識されるようになった．長期的にみれば，現在，われわれがエネルギー源としてそのほとんどを依存している化石燃料は湿地で作られたといえよう．短期的スケールでも，湿地はその流域において水循環のみならず有機物や栄養塩の循環過程で重要な役割を果たしている[3]．また，自然と人間の活動の廃棄物の受け入れの場であり，水質浄化，洪水防止，侵食防止，地下水涵養などの機能をもつことも知られている．また，陸域，水域両方の生態系から生物種が供給されるため，種の多様性が高く，多数の生物の生息の場としても重要である[1]．

このような背景から，湿地保全の動きが盛んになり，米国ではすでに1970年代から連邦政府のみならず州レベルでも湿地の保護が始められた[4]．連邦水質汚濁防止法1972年改正法（通称 Clean Water Act）404条によって，湿地帯を含む水域の浚渫または埋立土砂の投棄が規制されるようになった．すなわち，かつて不要な土地とみなされた湿地が自然豊かなすばらしい土地であるとの認識に変わった (Wetlands are not wastelands ; they are natural wonderlands)[1,5]．わが国でも湖沼ではヨシ原や水生植物帯，沿岸では干潟や藻場，さらには塩性湿地などの生態系の保全とその修復に多くの関心が寄せられるようになってきた．ここでは，湿地の特性と定義，機能，ならびにその保全と創出の考え方についてまとめることとする．

3.1.2　湿地の特性と定義

「湿地」とは英語の "wetland" に対応する言葉である．狭義には，湿原，沼沢地，泥炭地，ヨシ原などが湿地に対応し，広義には干潟，藻場，水生植物帯なども含む．湿地は沿岸湿地と内陸湿地とに大別される[1,3]．沿岸湿地では，海域との物質交換が潮

3. 湿地

汐によって1日1〜2回起こる．しかし，上流では海の影響が減り，内陸湿地に近くなる．内陸湿地における陸域，水域との物質交換は降雨に依存する．このため，大きな季節的変化を示す．

湿地を保全したり，再生する場合，湿地の定義が必要となる．すなわちどのような生態系を，またどこまでの範囲を湿地とみなすか，共通の認識が必要となる．しかし，湿地はきわめて多様であり，その判定基準と境界はさまざまに定義されてきた．最も広いのは米国の魚類・野生生物局（U.S. Fish and Wildlife Service）の次の定義であろう[6]．

「地下水面が地表もしくはそれに近いか，または浅く湛水している陸と水の遷移帯にある土地．次のうち1つまたはそれ以上の特色をもつ．1) 少なくとも一時期には湿性植物が優占になる．2) 水はけの悪い湿性土壌が卓越する．3) 毎年，植物の成長期に地盤が水で飽和しているか浅く湛水している．」

この定義では，植生の有無を問わない．たとえば，干潟，砂浜，石が多い浜辺も湿地に含まれることが大きな特徴である．一方，米国の Clean Water Act では，湿地の保全や回復のための法的な規制を目的として次のように定義した[7]．

「湿潤状態の土壌に適応する湿性植物が優占化するのに十分な頻度と期間，湛水したり地下水で飽和される土地．一般に swamp，marsh，bog 等を含む．」

この定義では，次の3条件のすべてを満たすことが湿地の条件とされている．

1) 水理条件（成長期に飽和または湛水しているか？）　湿地は，常にまたは周期的に湛水するか，またはある一定期間以上土壌が水で飽和することによって形成される．このため，湿地では植物の成長期において，連続して15日以上表面が湛水するか，または連続21日以上地表まで地下水で飽和するか，ほとんどの年において，潮汐によって周期的に湛水するという条件を満たさなければならない．

2) 土壌条件（湿性土壌があるか？）　湿地の土壌は，①湿性土壌（湿性土壌は湿潤状態にあるため，嫌気的であり，酸化鉄，酸化マンガンの還元が起こっている），②有機土壌（湛水や飽和状態で土壌が嫌気的になり，葉や茎の好気分解が阻害されて有機物（泥炭）が蓄積した土壌），または③湿性鉱物性土壌（湛水や飽和状態が続いて表面に有機物の蓄積がみられるものの，全体としては有機物の蓄積の少ない土壌），などの湿性土壌でなければならない．

3) 植生条件（湿性植生があるか？）　湿地では，過剰の水分がある条件で成長する湿性植生が発達している必要がある．湿性植生には，水中もしくは底質，または水分が過剰なために少なくとも一定期間嫌気的になる土壌に適応して生長する大型植物群が存在する．しかし，これらの多くの植物は陸地でも生長することが知られているため，植生のみで湿地の判定（水理条件，水成土壌の条件が必要）はできない．

3.1.3 湿地の機能

湿地の価値を再評価したことが湿地保全の動きにつながった．湿地の価値は湿地がもつとされる次のような機能に由来する[1,8,9]．

1) 地下水涵養と放流　あまり多くの例は知られていないが，湿地によっては地下水の涵養機能があると考えられている．特に，容積に対する周辺部の比（edge/volume）が大きい，すなわち一般に小型の湿地のほうがこの機能が大きいと考えられている．逆に，地下水との水位差によっては地下水が流入するため，地下水を放流する機能を有する．

2) 洪水貯留[10]　湿地は雨天時流出水を蓄えるため，流出ピークをおさえ，長期にわたってゆっくり放流する機能をもつ．この機能は，湿地面積（数）が大きく，洪水が大きく，また上流の貯留機能が少ないほど有効であると考えられている．

3) 護岸，堤防の保護　マングローブやヨシのような植物の根は，底質を結合させ，地盤を安定化させる．台風などの災害に対しても防護帯となる．

4) 水質浄化　湿地には，降水，表流水，地下水，潮汐の流入のような水理学的入力と光合成（炭素），窒素固定（窒素）のような生物学的入力とがある．出力としては，表流水，地下水，潮汐の流出のような水理学的出力，栄養塩や化学物質が湿地に埋没する出力，また呼吸（炭素），脱窒（窒素），アンモニア揮散，メタン，硫化水素の発生などの生物化学的出力がある．さらに湿地内部では，化学物質の循環，落葉の生産，無機化，化学物質の変化，根圏から葉などへの移動などの変化過程がある．これらの入出力の差や変換過程を通じて，湿地はSSの捕捉・除去機能，また有機物，栄養塩類，有害物質の除去機能を示す．特に湿地では，①流速の減少による沈殿，②好気・嫌気過程による脱窒や化学的沈殿生成，③植物の生長が早いことによる栄養塩の吸収とその枯死後の埋没，④多様な分解過程や分解

生物の存在，⑤底泥との接触による底泥との反応の促進，などの理由により他の生態系より浄化機能が高いと考えられている．

5）生物生息：魚介類，野生生物の生息場所　成熟した湿地は多様な魚介類の生息の場所である．たとえば，米国の漁獲高の60%は湿地に依存する（産卵，仔稚魚の生息場，餌場，生涯の生息場所）魚介類である．これを元に食物網が発達しているため，米国の150種の鳥，200種の動物は湿地に依存している．特に絶滅危惧種の多くは湿地に依存する種であることが知られている．また，多くの渡り鳥にとって，湿地は重要な生息の場である．

6）親水：レクリエーション・教育・美観・オープンスペースの場　湿地は，魚釣り，狩猟，野生生物観察などの親水機能を果たすとともに，多様な生態系を観察する教育の場でもある．

7）生物生産：漁業・狩猟・林産の場　水産魚介類の多くが湿地に依存するため，湿地は漁業にとってきわめて重要である．多くの淡水魚は湿地で孵化する．また沿岸域の魚類の多くは海域で孵化するが，幼魚期を湿地で過ごす．さらに湿地によっては，動物（ワニなど）の捕獲，材木や草本（エネルギー，繊維など）の生産の場でもある．イネにみられるように，湿地性の植物は優れた農作物である．地域によっては，泥炭の採掘場となる．

8）地球規模での循環　定量的な推定は不十分なものの，地球規模での窒素，硫黄，メタン，炭酸ガスの循環に湿地が果たしている役割は大きいと推定されている．

3.1.4 湿地の保全，再生，代償措置と順応的管理

湿地は上記のような数多くの機能を有するため，その保全が求められるとともに，すでに損なわれた湿地に対してはそれを再生する試みが行われるようになってきた．また，今後の開発行為に伴う湿地の機能と価値の減少（no net loss of wetland functions and values）を食い止めるため，一般にミティゲーション（compensatory mitigation）と呼ばれる代替措置が米国で導入され，わが国でも同様な考え方が普及しつつある．

保全，再生，代償措置のいずれも湿地という自然生態系を対象にした人間の行為である．このような人間の行為は，自然とのかかわりの内容によって，保存（preservation），防御（protection），保全（conservation），復元（restoration），再生（rehabilitation），創出（creation）などのさまざまな用語が使われている[11, 12]．たとえば，わが国の自然再生推進法では保全や再生などを次のように定義している．

1) 保全：良好な自然環境を積極的に維持する行為
2) 再生：自然環境が損なわれた地域において，損なわれた自然環境を取り戻す行為
3) 創出：自然環境が失われた地域において，地域の自然生態系を取り戻す行為
4) 維持管理：再生された自然環境の状態を，長期間にわたり維持するために必要な管理を行う行為
5) 代償措置：開発行為などに伴い損なわれる環境と同種のものをその近くに創出する行為

これらの行為を事業として実施する場合，まずその目標を具体的に設定する必要がある[13, 14]．目標が明確でないかぎり，湿地にかかわる事業の効果判定が不可能である．目標は，たとえば次のように定量的に定める必要がある．

1) 湿地の特性を表す適切な状態変数（DO，塩分，水位，バイオマス，呼吸速度，多様性など）を選択する．
2) 各変数の目標値（範囲：望ましい状態）または制限値（範囲：望ましくない状態）を定める．たとえば，正常であった湿地の状態が目標値になりうる．

保全や再生などの事業に先立って，対象となる湿地の喪失や劣化の原因を明らかにする必要がある．たとえば，アマモが繁茂していない場所に単純にアマモを移植してアマモ場を形成するには無理があろう．アマモが繁茂していない理由が明確になっておらず，その原因を取り除くことも行われていないからである．

生態系に対する種の供給（生態系再生の原料）は，近隣に類似の湿地が全くない場合を除き，多くの場合十分である．したがって，供給される種をどのように定着させるか，すなわち，水理，栄養，攪乱などのどのような環境因子がどのような種（アマモ場ならばアマモの種の定着と発芽・生長）の定着に重要な因子かを定量的に明らかにすることが必要である．環境因子は数多くあるが，少数の因子（水理，栄養度，攪乱，競争，草食，埋没など）が重要な役割を果たし，かつ湿地への影響は予測可能な範囲で

ある．したがって，これらのうちの1，2の要因を制御して，所定の湿地を創出することになる．一般に，湿地の特性を決定するうえでは，水理条件が相対的に最も重要であり，栄養，塩分，攪乱などが次に重要と考えられている．

しかしながら，現状の技術では所定の構造と機能をもつ湿地の再生は必ずしも容易ではない[15]．これは，生態系へのさまざまな攪乱によって，期待した生態系に遷移しない可能性があること，また再生措置として用いる方法・技術には，その効果や影響について不確実性があり，予測によって問題が少ないと見積もられても，実際には予測外に大きな影響が生ずる可能性を否定できないこと，などによる．このため，生態系の保全・再生において，計画を仮説，事業を実験とし，モニタリングの結果によって仮説を検証し，その結果に応じて新たな計画＝仮説をたて，よりよい働きかけを行う取り組み，すなわち順応的管理（adaptive management）が求められている．

〔岡田光正〕

文献

1) Mitsch WJ and Gosselink JG (1986)：Wetland, Van Nostrand Reinhold.
2) Washington State Department of Ecology (1990)：Wetland Preservation, An Information & Action Guide, Feburuary, 1990, Publication No. 90-5.
3) Holland MM, Whigham DF and Gopal B (1990)：The characteristics of wetland ecotones. The Ecology and Management of Aquatic-Terrestrial Ecostones (Naiman RJ and Decamps H, eds), 316 pp, The Parthenon Publ. Group.
4) Washington State Department of Ecology (1998)：Washington's Wetland, Publication No. 88-24.
5) United States Environmental Protection Agency (1987)：America's Wetland, Our Vital Link Between Land and Water, OPA-87-016.
6) Fish and Wildlife Service, Environmental Protection Agency, Department of Army, Soil Conservation Service (1989)：Federal Manual for Identifying and Deliniating Jurisdictional Wetland, An Interagency Cooperative Publication, January 1989.
7) U.S. Government (1991)：Federal Register Notice：Proposed Revisions to the Federal Manual for Identifying and Delineating Jurisdictional Wetland, Federal Register 56 (157), August 14, 1991.
8) Erwin KL (1990)：Freshwater marsh creation and restoration in the Southwest. Wetland Creation and Restoration —— The Status of Science (Kusler JA and Kentula ME, eds), Island press.
9) Mitsch WJ (1992)：Applications of ecotechnology to the creation and rehabilitation of temperate wetland. Ecosystem Rehabilitation, Vol. 2：Ecosystem Analysis and Synthesis (Wali MK, ed), pp.309-331, SPB Academic Publ.
10) Nichols AB (1998)：A vital role for wetland. *J WPCF*, **60**：1215-1221.
11) 只木良也 (1988)：森と人間の文化史（NHKブックス 560），211 pp，日本放送協会．
12) Bradshaw AD (1987)：The reclamation of derelict land and the ecology of ecosystem. Restoration Ecology (Jordan III WR, Gilpin ME, Aber JD, eds), pp.53-74, Cambridge Univ. Press.
13) Keddy PA (2000)：Wetland Ecology：Principles and Conservation, Cambridge University Press.
14) 環境省 (2004)：藻場の復元に関する配慮事項．
15) Langis R, Zalejko M and Zedler JB (1991)：Nitrogen assessment in a constructed and a natural salts marsh of San Diego Bay. *Ecological Appl*, **1** (1)：40-51.

3.2　干潟生態系

▷ 14.4　沿岸の生物

3.2.1　干潟の定義と種類

わが国の国土は狭隘であり，かつ国土の7割は山がちである．急峻な山を下った河川は，流下土砂を堆積させ平野を形成し海にも土砂を運ぶ．内湾や内海の河口部周辺では，沖からの波の作用が比較的弱いため土砂の沈積が起こり，そこに遠浅の地形を形成しやすい．干潟とは一般には，「干潮時に露出する砂泥質の平坦な場所」とか，「潮汐の干満周期により露出と水没のサイクルを繰り返す平坦な砂泥質の地帯」のように表される．周期的に繰り返す干出と水没のおかげで，「陸」から「海」へと遷移する環境勾配を有し，エコトーンとして独特の生物相をもった場となっている．最近では，干潟生物の生息の様子や干潟の物質循環の関与空間の広がりから，背後や前面とのつながりを意識するようになり，干出・水没する場所（つまり潮間帯）を超えて背後地（潮上帯や後浜）や前面水域（亜潮間帯や潮下帯・浅場水域）も含めて「干潟」と称することも多い．

干潟地形の維持には，河川からの土砂供給のみならず波の作用・河川流や潮流の作用・塩分の作用などが影響する．また，こうした作用力と供給土砂の性状とから，干潟地形を形成する基盤土壌粒子の大

きさ（基盤となる底質の粒径）も変動する．

このような事情から，沿岸の干潟は大きく3つに分類されている[1]．すなわち，①海に面して位置し，沖合いから来襲する波の作用を受ける前浜干潟，②河口付近の河道内に位置し，河川流や河口を遡上する波の作用を受ける河口干潟，③河口付近に形成された行き止まりの水域（潟湖）に面して位置し，河道とつながる潟湖開口部から潮汐作用や河川水や遡上海水の影響を受ける潟湖干潟，である．河口干潟から前浜干潟へと連続して連なるなど各要素を併せ持つことも多く，明瞭な区分がしがたい干潟も多い．

干潟の基盤となる底質の粒径からは，砂質干潟と泥質干潟とに大きく区別される．底質の粒径は，基盤に作用する物理的な外力の大きさに影響される．このため，波の作用を受ける前浜干潟では，作用力の大きさなどにより砂質前浜干潟も泥質前浜干潟も観察される．潟湖干潟では，作用外力が常時小さいので泥質干潟がほとんどである．土壌の地形安定に関する物理条件から，作用波が小さく・細かい粒子で形成されている干潟基盤ほど勾配がゆるいという傾向がある[1,2]．

3.2.2 干潟生態系の現状

干潟地形が発達する場所は同時に沿岸都市に隣接している場所でもあるため，古くよりさまざまな利用がなされてきた．ノリやアサリの漁獲，浜遊びや潮干狩り，塩田などは江戸時代からの典型的な干潟利用の形態であった．農地拡大のための干拓や，都市的利用のための埋立も，古くから行われてきた．高度成長期には，臨海工業地帯開発などにより沿岸部への工場や都市の立地が進み，遠浅の干潟部で埋立が進んだ．

わが国沿岸の干潟現況に関しては，統一的な調査がなかなかなされてこなかった．過去の干潟面積に関しては信頼できるデータに乏しいが，戦前には約830 km^{2}あったとされている．環境庁（当時）は，1989〜1992年に干潟分布を調べている[3]．これによれば，日本沿岸全域で1978年時点には553 km^2，1992年時点には514 km^{2}であった．1992年時点で，干潟のタイプ別面積は，前浜干潟330 km^2，河口干潟158 km^2，潟湖干潟29 km^{2}となっており，人工的に造成された干潟271 haが計上されている．一つの干潟を複数のタイプで報告している場合があるため，タイプ別の合計が現存面積より大きくなる．干潟面積が10 km^{2}を越える海域は10あり，そのうちの上位5海域は，有明海（207 km^2），周防灘西海岸（64 km^2），八代海（45 km^2），東京湾（16 km^2），三河湾（15 km^2）などとなっている．有明海のみで日本の干潟面積の4割，上位5海域で7割弱を占める．1978年以降1992年までに消滅した干潟面積は，有明海での14 km^{2}など計39 km^2（1978年時点での存在干潟の約7％）であり，埋立・陥没・砂の自然流出などが主要因である．人工的に作られた造成干潟に関しては，水産増養殖の目的で造成された干潟などを含め，1978年以降約21 km^{2}あるとする別の調査結果[4]もある．

東京湾[5]では，明治期の終わりには140〜150 km^{2}ほど，終戦直後で100 km^{2}前後の干潟が地先に広がっていたとされている．高度成長期にはまず京浜地区で，次いで京葉地区でも埋立が始まり，1960年ころには干潟面積が終戦時から半減している．高度成長期後の1878年時点で19 km^2，1992年時点で16 km^{2}の干潟があったとされ，その8〜9割が前浜干潟，1割弱が金沢海浜公園・幕張海浜公園などの造成干潟，残りが河口干潟である．

3.2.3 干潟生態系の構造と機能

a. 干潟の生物の様子

干潟に入り干潟泥を掘り返したり小さな水溜りを見つけ，じっと足元をみていると，さまざまな生物が見つかる．干潟底泥に定住する生物総体を底生生物（ベントス）と呼ぶ．干潟生態系は生産者・消費者・分解者から構成される．普通，図3.1に示すように，生産者としては底泥上に付着する微細藻（底生藻類）や海藻草類，消費者としては体長数 cm程度の二枚貝類・多毛類・腹足巻・甲殻類，分解者としてはバクテリアがそれぞれ代表的である[6]．消費者はその体長から2つに区別され，1 mm目のふるいを通過するものをメイオベントス，ふるいの上に残るものをマクロベントスと呼んでいる．ベントスの食性からは，懸濁物をえらで濾し分けて摂取するグループ（ろ過食者，filter feeder）や，底泥上の堆積有機物片を削り取ったりなめたりするグループ（堆積物食者，deposit feeder）などがいる．分解者であるバクテリアは，他の底生生物の餌ともなることが知られてきている．また，干潟に定在はしていないが時々来訪する生物として，鳥類や魚などがいる．

岩場や礫浜の付着生物と同様に，乾燥に対する耐

■ 場　3. 湿　　地

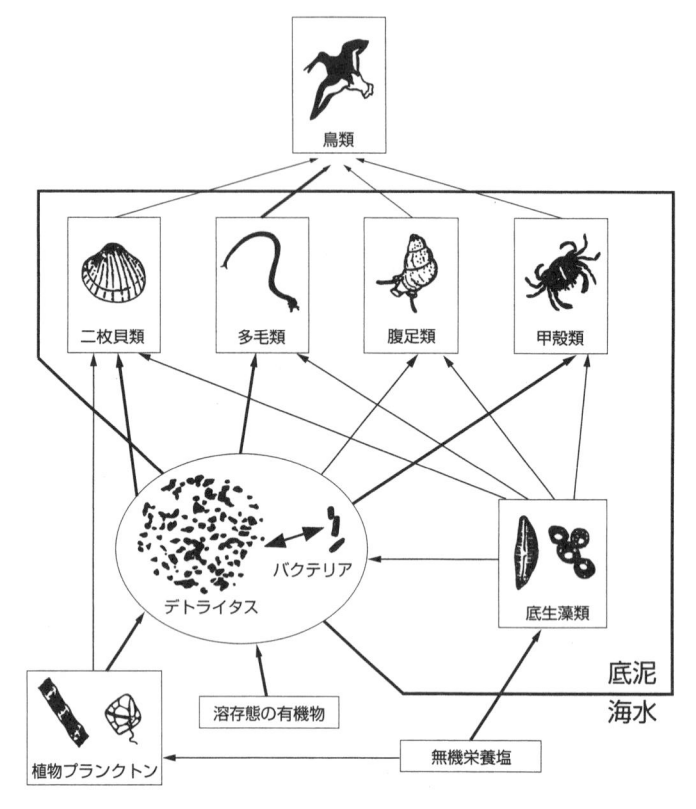

図 3.1　干潟における食物連鎖の模式図[6]

性などから水深ごとの棲み分け（帯状構造）がよくみられる[7]．高潮帯で乾きやすい場所によくみられる生物や，なかなか干上がらない沖側潮下帯によくみられる生物などがいる．生物量では，一般に潮間帯よりも沖側の潮下帯で大きくなる傾向がある．また，細かい泥を好む種と砂混じりや細砂を好む種とがあり，干潟底泥の粒度によっても卓越生息種が変わる．さらに無機的で保水能が小さい砂浜になると，生息種が変わるとともに，生息生物種数や生物量は泥浜のそれに比べて少なくなる．内湾湾奥や河口部では流入淡水の影響で，場所により塩分濃度が大きく変化する．淡水種・汽水種・塩水種が，その場の塩分濃度により棲み分けていることもある．干潟相互の比較を試みるときには，こうした特性[8,9]をよく理解したうえで比較する必要がある．

b. 底生生物の加入・定着と遷移

種々の干潟生物のうち，ごくわずかの種しか生活史の詳細は知られていない[9]．一般には，小さな生物は短い世代時間で速い増殖をし，バクテリアや微細藻は数時間から数日で個体数を増やしていく．マクロベントスの世代時間は，種により数日程度から数年程度までさまざまであるが，短寿命・多産ないわゆる r 戦略生物も多い．世代の交代が季節によって起こるときには，成体の個体数や幼生の加入に季節変動がみられる．また，多くのマクロベントスでは，発生の初期段階に海水中を浮遊し流れに乗って広がる時期がある．干潟上では，他の生物との餌や場所の取り合い競争や食物連鎖などの関係性の中で，生息適地で生活を続ける．

干潟地形が海辺に新たに提供されたとき，どのような生物がどのように棲み着き始めるかについては，大型の干潟実験施設を用いた観察例[10]がある．陸上の建物内部に，図 3.2 のように 20 m² 規模の底泥面積を有する干潟水槽を 3 槽設置した．十分乾燥してメイオベントス・マクロベントスの生息していない干潟泥を敷き，自然海水を定期的に導入して潮位変動を起こし日に 2 回の干満を与えている．人為的な生物持ち込みはせず，水温・塩分・日射は自然変動のままに，1995 年 1 月から連続運転をした．干潟槽内では，まず数か月でバクテリア類や微細藻類の定着がみられ，メイオベントス，マクロベントスの順に生息種が観察された．マクロベントスの中

図 3.2 干潟実験施設の様子[10]

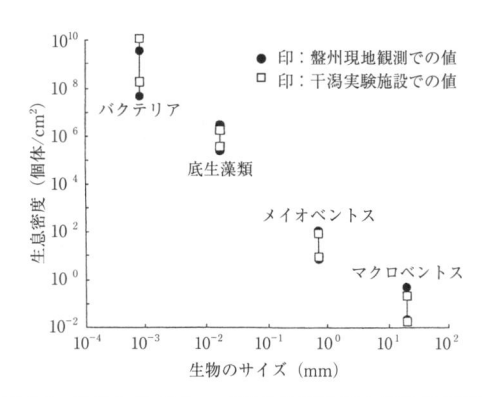

図 3.3 干潟生物グループ別の代表体長と個体数密度[11]
（●：千葉県盤州干潟，□：干潟実験施設，1995 年 11-12 月）

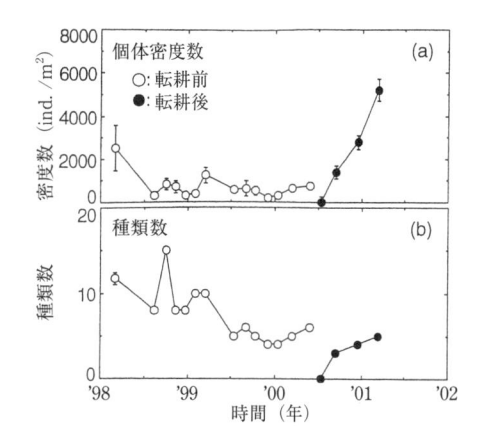

図 3.4 底泥の転耕前（○）および転耕後（●）におけるマクロベントスの個体数密度（a）と種類数（b）の時間変化[10]
エラーバーは標準誤差（$n=4$）.

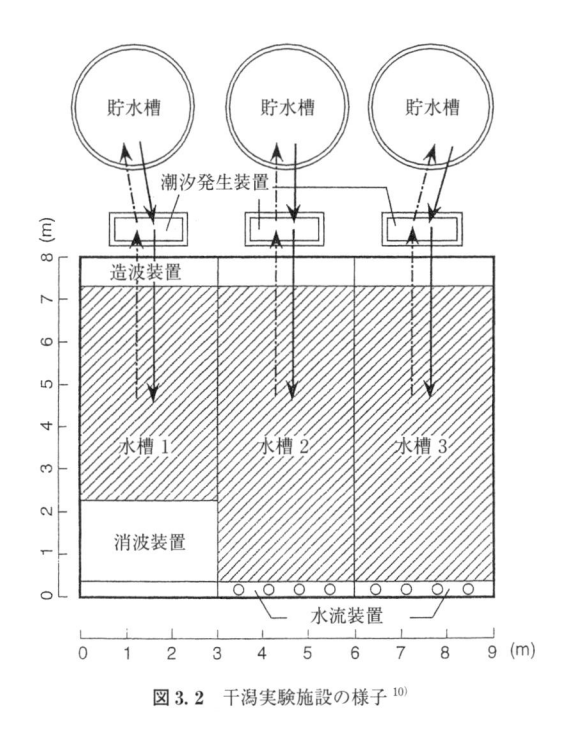

では，r 戦略生物，特に日和見種とされるイトゴカイ（*Capitella* sp.）などが，初期に目立った．卓越種はコケゴカイ（*Ceratoneis erythraeensis*），ホトトギスガイ（*Musculista senhousia*）を経て，ブドウガイ（*Haloa japonica*）へと遷移していった．運転 6 年後も平均して年 1 種ずつ種数が増加しており，徐々に成熟している様子がうかがえる．マクロベントスの個体数密度は明瞭な季節変動を示し，冬から春にかけて高密度になった．

波の作用を与えた水槽では，波を与えない水槽とは異なるマクロベントスが定着している．特に，3 年目ごろからコアマモ（*Zostera japonica*）の生息が広がり始めると，ヨコエビ類（*Grandidierella japonica* や *Corophium* sp.など）の生息がみられるようになり，マクロベントス種数も増加した．このように，初期の定着生物やその後の遷移過程に関しては，加入場所（つまり干潟地形）の提供時期や周辺海域の状況・周囲の干潟の様子なども影響するようで，日和見種から加入してくる傾向があるといった以上の予測は難しい．

この実験施設では，運転開始後 11〜12 か月目では，図 3.3 にみるような生物グループ構成が，自然に構成されていた[11]．自然干潟である盤州干潟と比べると，各生物グループごとの個体密度はよく似ている．また，生物グループ間の個体数比率（右下がりの傾き）も，両干潟で似ている．

干潟実験施設水槽でかなり成熟した系が形成された後，水槽の底泥表面全域を深さ 30 cm にわたり転耕してみた．図 3.4 のように，直後にはマクロベントスの種数も個体数も激減したが，半年間で種数・個体数とも元に近い値に戻っていた．このように干潟実験施設では，新規に生息場が提供された後の系の形成や，場が攪乱を受けた後の再形成も実験できた．数か月から 1 年程度の期間で比較的速い初期応答をみせ，その後は遷移しながら成熟していくようである．

c. 干潟のネットワーク

浮遊期を有する底生生物の加入により干潟生態系の形成が促され，変動や劣化からの回復ができるのであれば，浮遊期の生物の広がりや運搬の機構が干

■場 3. 湿 地

潟の保全・再生・回復には重要となる．東京湾でのアサリの浮遊幼生の湾内分布と輸送過程を調べた[12, 13]．アサリ幼生は，発生後10日～2週間程度浮遊後に着底するとされている．2001年8月2日から4日おきに3回，採水海水中に含まれているアサリ浮遊幼生を数えた．幼生の形態やサイズから日齢を評価した．図3.5のように，8月2日には，若い幼生が成貝生息域近くの水中で見いだされた．4日後には湾内を広く分布し，さらにその4日後には着底直前の幼生が少し見つかるという状態であった．観測時の海水の流れから幼生の浮遊経路が数値計算できた．湾西岸では沿岸に広く移動し，流れの上手側の干潟から下手側の干潟に幼生が供給されているという相互の結びつき（ネットワーク）の存在が示唆された．一方，東岸側では，発生した干潟の近くを浮遊する幼生が多く，幼生供給に関しては比較的閉じた系であることが示唆された．

幼生が湾内に広く散らばることから，干潟地形の提供場所については必ずしも既存干潟の直近でなければならないことはなく，配置や立地位置の制限は少ないことがわかる．しかし，浮遊幼生を干潟へうまく導くためには，沖合い海水が岸辺の干潟面まで入り込んでくるような潮通しのよさが必要であると思われる．

d．干潟の機能

干潟のさまざまな作用により，環境面での機能が発揮される．干潟の機能は環境資源の考え方に準じて，①多様な生物を生息させる生物生息機能，②不都合な物質を水域から取り除く水質浄化機能，③高い一次生産能に支えられ水産有用生物の漁獲などをもたらす生物生産機能，④市民に水と触れ合える憩いの場を提供する親水機能，⑤海からの影響を和らげるなどのその他の機能，に分類されることが多い[1]．こうした機能は人々にとっての価値を生み出すが，その定量評価は難しい．また，それぞれの干潟機能は互いに関連し，時として利用する者の立場からは相互に対立することもある．

近年，水辺の自然回復や水とのふれあいの改善の要望が強く，都市近郊での漁業や多様な生物生息の回復も望まれてきている．背後河川など周辺の生態系に対する沿岸干潟の寄与の重要性も指摘されている．干潟の保全・回復の要望が，社会的に強まっている[14]．

e．栄養循環と干潟泥

干潟生態系では，生物作用や物理化学作用を介して栄養塩が循環する．生物作用としては，一次生産や食物連鎖による上位栄養段階への移行と排泄や分解が主要である．干潟泥の役割は，粒状物の堆積や浮遊に加え，過剰な栄養塩の貯留や不足栄養塩の放出といった緩衝的な働きとして理解されることが多い．

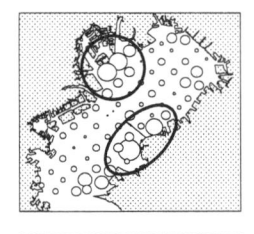

ここでは，循環過程の中で不都合物質が水系から取り除かれる作用を浄化作用と定義する．不都合物質としては有機物と栄養塩とが代表的である．栄養塩や有機物は，生物の体内に取り込まれたり，底泥として堆積することで水系から除去される．また，底泥中では脱窒作用により窒素が大気に放出される．浄化に関与する主な過程を図3.6に示す[15]．

内湾では富栄養化の進展が著しく，夏季の水質悪化が大きな問題になっている．夏季の悪化時に一時的にでも栄養塩が除去されればよいと判断するときには，この期間中の一時的な生物貯留作用も浄化とみなせる．一方，生物体内に取り込まれた栄養塩はやがては排泄されたり死滅後に分解され，水系に再回帰する．したがって，長期的には，存在する姿を変えただけで水系から取り除かれてはいないことになる．このように，取り除かれる時間スケールによ

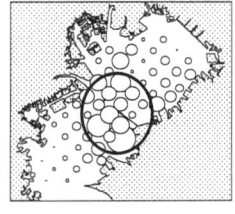

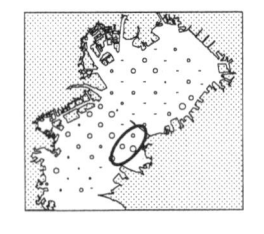

図3.5 アサリのD型および殻頂期幼生の水平分布[12]
上から2001年8月2日の0～-4 m層，同6日の-4～-8 m層，同10日の-4～-8 m層での観測結果．

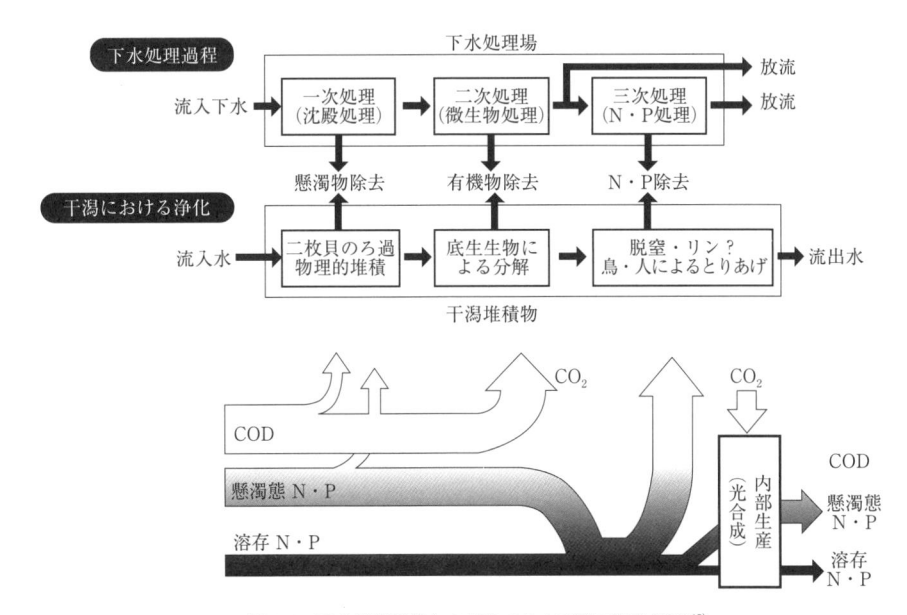

図 3.6 下水処理過程との対比でみた干潟の浄化過程 [15]

って，関与する作用が変わることに注意する必要がある．

生物作用は，干潟の環境条件の変動・生物個体の発生や生長などから，時間的に変化する．たとえば，微細藻は日射によって光合成速度を変化させるため，昼と夜との一次生産量が大きく異なる．さらに，生物の季節的な消長による季節変動も起こる．加えて，台風来襲などの擾乱時（イベント時）には底泥の流出により粒状物も含めての干潟の栄養収支は大きく変動する．このように，さまざまな時間スケールでの変動やイベント効果が常に生起しているため，ある一時期の生物作用の計測値のみからでは干潟の平均的な栄養塩循環や浄化作用の評価はきわめて難しい．既述のように干潟生物は水深ごとに卓越種や生物量を変えることが多い．このため，局所的な計測値のみからでは，広い干潟全体での生物作用を評価することもまた難しい．従来の観測では，数日程度以下の時間スケールに対し，窒素の干潟吸収フラックスとして $10\sim100$ mgN/日・m^2 程度の値が示されることが多かった [16]．

東京湾盤州干潟での夏季大潮時の観察例 [17] では，無機態の窒素やリンは岸側で高濃度・沖側で低濃度の分布を示し，有機態の栄養塩は逆の分布を示した．上げ潮海水が干出域を再水没させると，その瞬間無機栄養塩濃度が急上昇した．これらから，有機粒状栄養塩が干潟上で捕捉され，干潟泥上で分解された

表 3.1 一潮汐間における干潟への見かけのフラックス [17]
（単位 $\mu mol/m^2 \cdot h$）

日付	水没時間	T-N	DIN	ON	T-P	PO_4-P	OP
8月30日	14:00〜22:00	-100	322	-422	-1	29.2	-30.2
8月31日	01:30〜09:00	169	388	-219	30	42.2	-12.2

負の値は干潟への補捉，正の値は干潟からの放出を意味する．

無機栄養塩が再水没時に上載水に放出されていると推察された．1時間ごとの濃度と流速値から，上げ潮時・下げ潮時の流入・流出フラックスを算定できる．上げ潮による水没から次の下げ潮による干上までの一潮間での時間積分値を表3.1に示す．表には，2000年8月30日の午後から夜にかけての潮時と，翌日深夜から朝にかけての潮時の値を別々に記してある．負の値は干潟上に補足されたことを示す．有機態の窒素やリンは常に捕捉されていたが，無機態では常に放出されていたことになる．有機と無機との合計での値（T-PやT-Nの欄の値）では，30日午後から夜では捕捉傾向であるのに，深夜の翌潮時には放出傾向（干潟が栄養塩の供給源）であることも示されている．日照や水理条件に依存してさまざまな作用が変化し，干潟と海水との間の栄養塩のやりとりも変化していることが推察される．

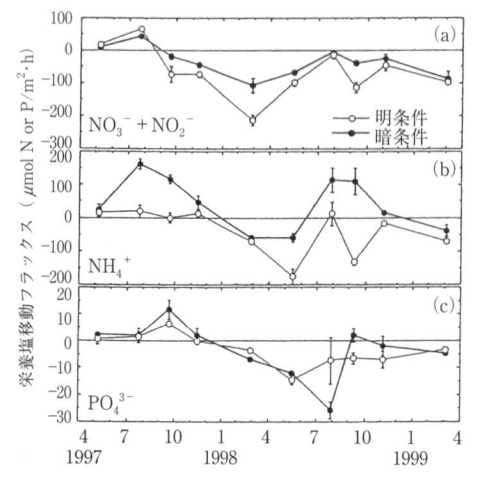

図 3.7 干潟泥と直上上載水間の栄養塩移動フラックスの季節変化[10]
負の値は干潟への捕捉，正の値は干潟からの放出を意味する．○は明条件，●は暗条件．

同じ盤州干潟で1〜2か月おきに干潟泥をコア採泥し，実験室で明・暗両条件で並行して培養し，水・泥境界での栄養塩のやりとりを調べた例[10]がある．コア中の生物種と生物量も同時に観察し，やりとりへの寄与を，①物理的拡散，②微細藻による取り込み，③二枚貝の排泄，の要因別に求めた．丸2年間の観測結果を図3.7に示す．無機態の窒素やリンは明条件では直上水から干潟泥へ運ばれるが，暗条件ではアンモニア態窒素が干潟泥から直上水へと放出され，この傾向は夏期に強い．表3.1とも似て，①暗条件でのマクロベントスなどからの排泄や，②明条件での微細藻の取り込みが，大きく影響していると思われる．さらにこの観察では，微細藻の取り込み栄養塩の約3割を直上水から得ていること，脱窒に必要な硝酸源としては水中由来というよりは底泥中の硝酸が大部分を占めることなどが示された．砂泥層での脱窒速度の報告値は1〜200 mgN/m²・日程度であり，大きくばらつくことがある．干潟における栄養塩循環や浄化作用にとって，干潟泥内での栄養塩の変化過程の重要性が浮き彫りにされた．

直上水から底泥への粒状有機物の輸送に対しては，二枚貝類などろ過食者の生物的ろ過作用の寄与が大きく，アサリやシオフキなどについてろ過作用の大きさや水温依存性が調べられている[1,7,16,18]．二枚貝生息地でのみかけのろ過速度としては，1〜5 m³/m²・日といったオーダーの報告が多い．干潟における生産と消費を計測すると，アサリの高密な生息地などでは一時的に，消費者の消費量が生産者の一次生産量を超えることもある．この場合，流入有機物片や堆積有機片が，消費者によって餌として取り込まれている（浄化作用）ことになる．

バクテリアは鉛直的には干潟泥の表層近くで，平面的には潮間帯の先端から潮下帯にかけての乾燥しない場所で生息密度が高い傾向がある．粗い砂粒子に比べ細かいシルト・粘土粒子のほうが高い生息密度になる傾向がある．干潟泥内の有機物の分解作用に関しては，分解にあずかるバクテリアの生息密度と活性，対象有機物の水理的運搬によるバクテリアへの供給などにも左右される．一般には，海水の有機物濃度が高い場所にある干潟ほど分解能力も高い[7,19]．やや粗い粒子で構成された干潟であってバクテリアの生息密度がそれほど高くなくとも，干潟泥の奥深くまで海水が浸透することで高い有機物分解能を示す場合もある[20]．分解者の生息密度のみからでは，分解能力を比較評価できない[20-23]．

f. 変動に対する応答

干潟では絶えず作用外力や環境条件が変動し，それに応じて地形や生物の生息状況や生態系の働きも変化する．変動に対する生態系の応答の様子について観察例をみてみる．

干潟に大きな波や流れが作用すると泥粒子が巻き上がったり移動したりする．東京湾の盤州干潟に設定された観測ラインで深浅測量を長期間実施したところ，図3.8にみられるような変動を観測した[24]．ところによって30〜50 cm近くの侵食や堆積を繰り返している様子がみられた．外力の季節変動や台風来襲などのイベントに応じてある範囲内を変動しつつも，長期的には泥粒子が沖まで運び去られることがなく断面地形が維持されている．こうした安定を動的安定（dynamic equilibrium）と呼ぶ．

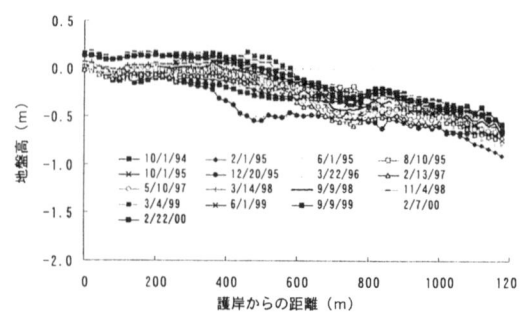

図 3.8 盤州干潟における岸沖方向でみた地盤高の経年変化[24]

表3.2 干潟の平均生物現存量[23]
(単位：gN/m²)

生物項目	1993.5.21	1994.6.23	1994.10.4
バクテリア	—	0.021	0.139
付着藻類	—	3.386	1.767
メイオベントス	—	0.013	0.004
マクロベントス	6.353	6.465	2.871
食生別内訳			
ろ過食性者	5.989	5.080	2.091
(そのうちのアサリ)	5.106	2.997	0.000
表層堆積物食者	0.065	0.628	0.262
下層堆積物食者	0.047	0.304	0.029
肉食者, 腐食者	0.253	0.455	0.490
合計	—	9.885	4.781

注) 現存量は各生物の窒素 (N) の含有量で表示.

底生生物は遊泳力が弱く，生息に不都合な環境になってもその場から容易に逃げることができない．貧酸素水塊（青潮）が8月に来襲し，三河湾の干潟ではアサリなどの干潟生物がへい死した．その前後の生物観察[23]から，表3.2のような現存量の変化があった．青潮後2か月で，へい死生物片を餌とする腐食性底生生物や表在性の堆積物食者は徐々に回復がみられた．

外部環境条件の変動が系の存続を脅かすほどでなければ，干潟生態系も変動に応答して姿を変える．その応答時間は，陸上生態系などと比較しても早く，数か月～数年程度である．外部環境条件が元に戻れば，系の姿もまたもともとの様子に近くなる．したがって，干潟生態系の自律的な動的安定には，外部環境条件が「変動から再回帰する自然のメカニズム（負のフィードバック）」を内包していることが重要である．栗原[25]は，この種の機構をサイバネティクスと呼び，蒲生干潟を例に具体的に示している．回復機構が内包されていない系では，長期にわたって人の手による「負のフィードバック」への応援や「柔らかい管理」が求められる．

3.2.4 保全・回復の施策検討
a. 東京湾再生行動計画

閉鎖性内湾の湾奥水域は，閉鎖度が高く水深が浅いため，負荷に弱く水質汚濁の進行が早い．また，背後都市の土地需要の高さから，水際線部の埋立が急激に進行した．こうして，沿岸部の生態系は劣化し，干潟生態系の浄化機能やイベントからの回復力が落ち込み，水質の悪化が加速され，水辺への市民アクセスや関心をより阻害する，という悪化の循環過程が形成されていた．こうした悪循環を逆に回し，徐々に環境修復をするためには，負荷削減などとともに，沿岸生態系（中でも干潟生態系）の回復努力が必要となる．

東京湾では過去に多くの干潟を喪失したため，干潟の保全や回復が大きな緊急課題となっている．2002年に国と関係自治体とから構成される「東京湾再生推進会議」が設置され，翌年「東京湾再生のための行動計画」[26]を策定した．「快適に水遊びができ，多くの生物が生息する，親しみやすく美しい「海」を取り戻し，首都圏にふさわしい「東京湾」を創出する」との共通目標を設定し，重点エリアとアピールポイントの提示をし，回復へ向けての重点的で複合的な取り組み施策を提言している．アサリ浮遊幼生の湾内浮遊経路の検討結果と，行動計画における重点エリア設定域とが，うまく重なっている．この行動計画にあるように，個々の干潟の回復を試みるときにも広域的視野での検討や関連施策の連携した実施を併せて行うことが望ましい．

b. 保全や回復にあたっての技術の適用

条件が整えば，干潟の再生・回復が可能であることは，徐々に社会的に認知されつつある．それでも，科学的知見や目標達成のための技術としては不完全であるかもしれない．そうしたときに干潟の保全や回復に対してどのような態度が採れるのかについては，人の自然に対する働きかけのありかたとも絡んで，さまざまな可能性がある．①目標の設定と，②技術適用の仕方，との二つから考えてみる．

現状の知識や技術からみて，その場にあった無理のない目標の設定が必要である．昔そこに存在していた干潟の再生・回復なら，存在を支えていた昔の条件に近い条件を提供できれば，類似の系が形成されやすい．「自然が自己形成する生態系を，人が少し応援する」という態度での目標設定である．遠くの場所の干潟と「全くうり二つの干潟」の形成という目標は，別の場所とこの場所との条件が異なるかぎりは，知識や技術のレベルとは無関係にもともと達成が困難な目標である．目標設定には，干潟生態系が周囲の条件に応じてその構造や機能を作っていることの理解が不可欠ということになる[1]．

また，最新の技術を適用しても，自然変動までは詳細予測ができないので，必ずしも予想どおりの順番や規模で生態系が形成されるとは限らない．また，その場の環境や変動機構を大枠では把握できていても，詳細部分の理解が不十分であることも多い．こ

うしたときには，「少しずつ手を加えてゆき，その結果を観察し把握しながら目標達成に近づいているかどうか評価し，評価に基づき手の加え方を変えてゆく」「作りつつ学び，学びつつ作る」といった順応的管理（adaptive management）の手法が提案されている[1,26]．順応的管理を実効あるものにするためには，関係者が計画・実施・管理の各段階まで共通の理解をもてる仕組みやフィードバックの仕組みについてもあらかじめ考えておく包括的計画（strategic planning）も提案されている[1]．

具体的な実施に際しては，過去の経験から学ぶことは重要である．人工的に手を入れてできた干潟生態系の事例[1,19,26]を収集し，意味のある教訓を見いだすとよい．　　　　　　　　　　〔細川恭史〕

文献

1) 海の自然再生ワーキンググループ編（2003）：海の自然再生ハンドブック―その計画・技術・実践―，第1巻総論編，第2巻干潟編，p.107，p.138，ぎょうせい．
2) 姜 閏求，高橋重雄，奥羽敦彦，黒田豊和（2001）：自然・人工干潟の地形および地盤に関する現地調査―前浜干潟の耐波安定性に関する検討―．港湾空港技術研究所資料，p.77，独法港湾空港技術研究所．
3) 環境庁自然保護局編（1997）：日本の干潟・藻場・サンゴ礁の現況，291 p，㈶海中公園センター．
4) 前出1)の第2巻干潟編，pp.16-19．
5) 国土交通省港湾局・環境省自然保護局編（2004）：干潟ネットワークの再生に向けて―東京湾の干潟などの生態系再生研究会報告―，pp.19-23，国立印刷局．
6) 桑江朝比呂，細川恭史（1996）：干潟実験施設での物質収支実験．HEDORO, No.67, pp.33, ㈳底質浄化協会．
7) 栗原康編著（1988）：河口・沿岸域の生態学とエコテクノロジー，335 p，東海大学出版会．
8) 秋山章男，松田道生（1974）：干潟の生物観察ハンドブック―干潟の生態学入門，332 p，東洋館出版社．
9) 堀越増興，菊池泰二（1976）：ベントス．海藻・ベントス（元田 茂編，海洋科学基礎講座5），第Ⅱ編，pp.149-437，東海大学出版会．
10) 桑江朝比呂，三好英一，小沼 晋，井上徹教，中村由行（2004）：干潟再生の可能性と干潟生態系の環境変化に対する応答―干潟実験施設を用いた長期実験―．港湾空港技術研究所報告，43（1）：21-48，独法港湾空港技術研究所．
11) 細川恭史，桑江朝比呂（1997）：干潟実験施設によるメソコスム実験．土木学会誌，82（8）：12-14．
12) 粕谷智之，浜口昌巳，古川恵太，日向博文（2003）：夏季東京湾におけるアサリ（*Ruditapes philippinarum*）浮遊幼生の出現密度の時空間変動．国土技術政策総合研究所研究報告，No.8, 13 p，国土技術政策総合研究所．
13) 粕谷智之，浜口昌巳，古川恵太，日向博文（2003）：秋季東京湾におけるアサリ（*Ruditapes philippinarum*）浮遊幼生の出現密度の時空間変動．国土技術政策総合研究所研究報告，No.12, 12 p，国土技術政策総合研究所．
14) 三番瀬再生計画検討会議（2004）：三番瀬再生計画案，238 p，三番瀬再生計画検討会議事務局（千葉県総合企画部）．
15) 中村由行（2001）：干潟の生態系と水質浄化について．波となぎさ，150号：37-43．
16) 佐々木克之（1989）：干潟域の物質移動．沿岸海洋研究ノート，26（2）：172-190，日本海洋学会沿岸海洋研究部会．
17) 野村宗弘，中村由行（2002）：盤州干潟における潮汐に伴う水質変動に関する現地観測．水環境学会誌，25：217-225．
18) 山室真澄（1992）：懸濁物食性二枚貝と植物プランクトンを通じた窒素循環に関する従来の研究に対する問題点．日本ベントス学会誌，42：29-38．
19) ライゼ，K.著，倉田 博訳（2000）：干潟の実験生態学，175 p，生物研究社．
20) 李 正奎，西島 渉，向井徹雄，滝本和人，清水 徹，平岡喜代典，岡田光正（1998）：自然および人工干潟の有機浄化能の定量化と広島湾の浄化に果たす役割．水環境学会誌，21（3）：149-156．
21) 清水 徹，岡田光正（1999）：前浜干潟の水質浄化能，水環境学会誌，22（7）：527-532．
22) 門谷 茂（1999）：沿岸浅海域における物質循環―潮下帯から河口干潟まで―．水環境学会誌，22（7）：533-538．
23) 青山裕晃，鈴木輝明（1996）：干潟の水質浄化機能の定量的評価，愛知水試研報，3号：17-28
24) 古川恵太，藤野智亮，三好英一，桑江朝比呂，野村宗弘，萩本幸将，細川恭史（2000）：干潟の地形変化に関する現地観測―盤州干潟と西浦造成干潟―．港湾技研資料，No.965．
25) 栗原 康（1992）：汽水域のエコテクノロジー．土木学会誌別冊増刊，エコ・シビルエンジニアリング読本，pp.35-39，㈳土木学会．
26) 東京湾再生推進会議（2003）：東京湾再生のための行動計画（最終とりまとめ），21 p，東京湾再生推進会議事務局．

3.3 藻場生態系

▷ 14.4 沿岸の生物

3.3.1 藻場生態系とは

a．藻場の定義と種類

藻場は，「沿岸の浅い海底に海草が密生している場所を指す漁業者の地方用語で，ふつうはアマモ場を指す」[1]などに従い，大型海草・藻類の群落を指していた．近年，琵琶湖など淡水域で沈水植物帯を藻場とも表現する[2]．そこで「水中に生育する植物の総称（淡水藻，水草，海藻および海草）を"藻"

とし，藻場を，藻が密生または疎生する広い群落あるいは2つ以上の群落を含む広い場とする」との定義が提案された[3]．このことは，河川・湖沼などから浅海の沿岸域までを通じた，藻場と称される植物群落への，共通的な理解と保全の具体化の萌芽とみられる．ここでは，海草・藻類の藻場生態系を中心に述べる．

遠浅で波静かな浜・干潟の地先の砂泥底に海草藻場（seagrass bed）が多い．岩礁底では，寒流の影響域でコンブ場（Laminaria bed）が多く，暖流の影響域で暖海性コンブ類のアラメ・カジメ場（Eisenia・Ecklonia bed）が多く，両者を合わせて海中林（kelp bed）とも呼ばれる．温帯から亜熱帯ではホンダワラ場（ガラモ場；Sargassum bed）が多い．世界の藻場面積は，$2×10^8$ ha と見積もられ，全海洋の0.55%にすぎない[4]．藻場は，好適な立地環境条件の範囲が狭いため，なおさら存在が貴重である．

日本では，藻場面積は $2×10^5$ ha で，水深20 m 以浅の海域面積308万8000 ha の7%を占めるにすぎない[5]．海草藻場は，日本では，アマモ Zostera marina など10種以上が生育し，アマモ場と呼ばれる．北海道の岩礁底にはマコンブ L. japonica など40種以上が生育するコンブ場が多い．本州，四国，九州の太平洋岸にはアラメ E. bicyclis およびカジメ E. cava など5種以上が生育するアラメ・カジメ場が多い．本州の日本海岸および九州の東シナ海岸にはアカモク S. horneri，ノコギリモク S. macrocarpum など50種以上が生育するガラモ場が多い．さらに，日本では，ワカメ場，テングサ場，アオノリ・アオサ場も区別される[5]．

b. 藻場生態系の構造と機能

藻場を中心とする生物群集と環境は，藻場生態系として認識され，干潟生態系，サンゴ礁生態系などと並び，沿岸生態系の重要な構成要素である．藻場生態系は，砂泥底や岩礁底に繁茂する海草・藻類によって海中の草原や森林となり，立体的な空間および熱帯雨林に匹敵する大きな第一次生産力が特徴である．

藻場生態系では，植物の光合成によって，太陽エネルギーが海水中の炭素，栄養塩類とともに植物体（有機物）に固定されるとともに，海水中へ酸素が供給される．植物体上および海底には，ヨコエビ・ワレカラなど節足動物，巻貝類などの小動物が多数生息する．葉上・葉間の小動物などを食物とする魚介類にとって，藻場生態系は，産卵の場，幼稚仔の隠れ場，生育の場などとなり，「海のゆりかご」といえる．

藻場生態系は，魚介類が生活史を完結するうえのある時点で季節的・周期的に来遊することから，多様性の高い生物群集が形成され，沿岸漁業の重要な漁場でもある[6]．特に，コンブ場がコンブの畑，アラメ・カジメ場がアワビ・ウニの牧場，ガラモ場がメバルなど魚類のたまり場，アマモ場が幼稚仔の生息場およびエビ・ナマコ類の漁場となる[7]．加えて，波の力などで海底から引き剥がされた植物体は，海面を漂う流れ藻や海底を漂う寄り藻となり，流れ藻がハマチ養殖用のモジャコ漁場となり，寄り藻の集積地にアワビが多いなど，藻場的な環境を時・空間的に広げている（図3.9）．

3.3.2 藻場生態系の現状

a. 世界の特徴的な藻場生態系

北太平洋西岸の岩礁底では，冷温帯から亜寒帯でコンブが生育し，オオバフンウニを含む藻場生態系がよく保存されている[8]．しかし，東アジアは，世界最大の人口密集域で，漁獲圧が高く，藻場生態系の破壊が最も顕著であり，磯焼け発生以前の状態が不明である[8]．近年，温暖帯から亜熱帯では，ガンガゼ（ウニ）およびアイゴ（魚）など藻食性動物の過剰な採食圧による藻場生態系の崩壊が顕著化している[9]．

北太平洋東岸の岩礁底では，オオウキモ（Macrocystis；giant kelp）が繁茂し，ラッコなど高次捕食者によってウニ類の数が制御され，複雑な食物網が維持されている[10]．アリューシャン列島では，海中林は，毛皮用ラッコの乱獲でウニが増えて崩壊し，ラッコ保護とウニ漁獲で回復したが，1990年代にはシャチによるラッコ捕食で再び崩壊が進んでいる[11]．都市排水管の破裂に伴うオオウキモの衰退もみられる[12]．

北大西洋西岸の岩礁底では，海中林と磯焼けは，ウニ大量へい死も含めた交代過程と考えられる[13]が，帯状に併存もする[14]ため，ウニ大量へい死のない北米・メイン湾では沖合のタラ（大型捕食者）による群集調節機能の観点から解明が進んでいる[15]．

北大西洋東岸の岩礁底では，大型魚への漁獲圧が高まってウニが増えた[16]が，ウニの病気も知られる[8]．富栄養化および透明度の減少によって，アオサなど緑藻が過剰に増加する green tide が発生し，

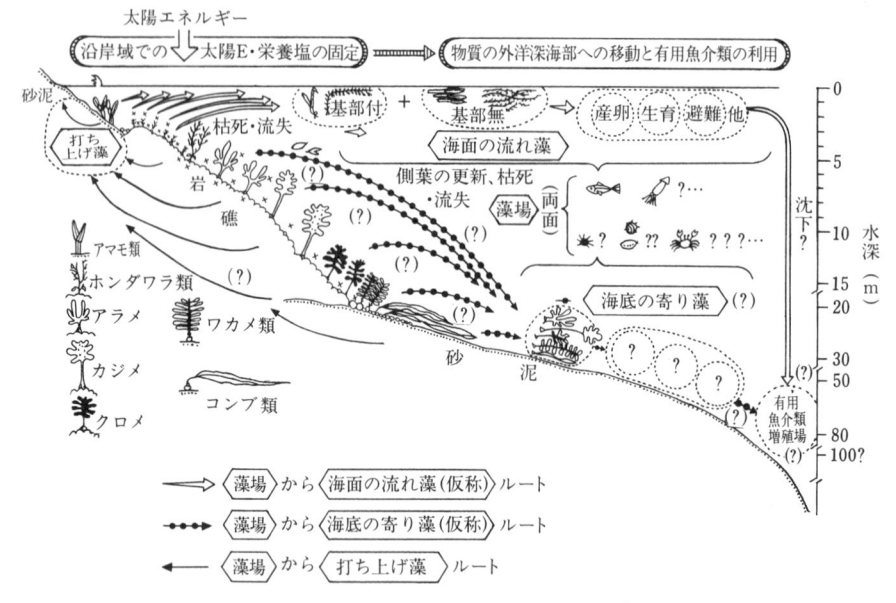

図 3.9 藻場生態系とさまざまなつながり[7]

海中林などの衰退も進む[17].

南半球の岩礁底では，藻場生態系は北半球に比べてよく保存されている．ニュージーランド北部の岩盤では，岸側から，ガラモ場，coralline flat と呼ばれる barren ground（磯焼け）[18] およびカジメ海中林が，帯状に平衡状態で並存する[8]．オーストラリア南西部では，アスナロガンガゼ属ウニによる barren ground からウニを除去するとアワビが増産した[19]．近年は，両国とも，ウニへの漁獲圧が高まっていることから，barren ground の減少も予想される[8]．西太平洋諸島では観光化に伴う富栄養化で無節サンゴモの疾病が広がり[20]，南米チリ北部では銅鉱山廃水がコンブ（Lessonia 属）海中林の植生に影響を及ぼしている[21]．

砂泥底の海草藻場は，海草類の約 60 種が，南東太平洋・諸島，南アメリカ，大西洋南部，インド洋諸島，アフリカ西岸および南極大陸などにみられ，潮間帯に比べ水深 10 m 以深については不明な面が多い[22]．岩礁底の藻場と同様に，海草藻場も，沿岸開発のため著しく消失している．主な要因は，wasting disease（消耗性疾患）[23]，storm（大嵐）[24] も知られるが，大部分が人為的な行為によるものであり，富栄養化[25]，埋立，または，土地利用変化[26] である．浚渫，海岸構造物の設置，沿岸資源の過剰な商業利用，レジャーボート増加，陸域からの栄養塩および堆泥なども，海草藻場を劇的に衰退させた[27]．加えて，地中海では，暖海域からの移入種で，毒性があり，基質を問わず生育可能なイチイヅタ Caulerpa taxifolia の変異種が急速に繁殖し，Posidonia 属海草藻場を衰退させ，社会問題化している[28]．

b. 日本の藻場生態系

日本では，藻場は 1978～1991 年に，6400 ha（現存面積の 3%）が消滅した[5]．消滅・衰退原因の第 1 位は，「埋立など直接改変（全体の 28%）」である[5]．藻場の立地環境は，沿岸開発の観点からも絶好の埋立適地であった．埋立は，浅海などを仕切り干出させる干拓に替わり，サンドポンプなど土木機械で大規模に海底に盛り土する方法で急速に増加した[29]．埋立面積は，戦後だけで 145000 ha（明治時代から戦前までの実績の 10 倍以上）にのぼる[30]．日本の海岸線はすでに 48% が構造物や施設で人工化され[31]，埋立地の下敷きとなって消滅する藻場が増えた．

藻場の消滅・衰退原因の第 2 位以下は，「海況変化 16%」「磯焼け 15%」と続く．しかし，残る原因の「不明 41%」を合わせ，大部分の衰退機構が実は未解明であることがさらに問題である．磯焼けが発生した海底は，藻場をつくる海藻類が減少し，アワビや磯魚の生産が落ち，身の痩せたウニが増え，経済的な価値を失う．磯焼けは，岩礁性藻場の回復研究の端緒であり，現在でも重要課題である．磯焼けが発生した地先の海底の景観は，現地の自然およ

び社会環境の条件に影響されて多様である[32]．磯焼けは，藻食動物の侵入（食害）を制限している波・流れなど物理的な外力条件が介在し，波・流れの弱い海底から強い浅海へ向かって発達する．海岸構造物により静穏化し，海底では藻食動物の侵入を受けやすく，磯焼けの発生も予想される[33]．近年，北海道の磯焼け発生域において，岩礁域の嵩上げに続くウニ漁場の管理による藻場回復が報告された[34]．磯焼けを減らすには，地先ごとに沿岸漁業の変遷，資源の変動，漁業者の情報などを含む海域利用の歴史を総合化する必要がある．

このように日本では，藻場生態系は埋立による消滅で面積が減少したのみならず，磯焼けに代表される衰退が進んでおり，保全が急務となっている．

3.3.3 藻場の保全
a. 必要性
沿岸域の藻場は，水環境が良好に保たれ，藻食動物が過剰に繁殖していない範囲に発達する[3]．したがって，藻場生態系の保全は，沿岸域における水環境の保全，基礎生産に始まり多様な生物の生息によって実現する健全な食物連鎖網での物質循環およびエネルギー・フローの保全，それらを通じての水産資源の持続的な利用による食料供給の確保の観点からもきわめて重要である．国連の環境開発会議（1992年・地球サミット）において，生物の多様性の保全などが国際的な責務となり，2003年には日本でも自然環境の再生に関する取り組みが加速されるなか，藻場の保全の必要性が高まっている．

b. 保全に資する基礎知識
藻場分布の制限要因を理解し，対処の方向を模索するには，常に変化しつつある現地の状況に関する地道なモニタリングの継続がきわめて重要である．天然記念物・阿寒湖のマリモについては，長期モニタリングに基づき，保全のため森林伐採区域の限定，水力発電所による最低水位の遵守，公共下水道の敷設が行われている[35]．淡水域における藻場の保全の進展により，浅海域の藻場の保全への寄与が期待される．

藻場は，淡水および浅海の両域において，ほぼ共通する要因による分布の制限を受ける．地理的分布には水温，水深方向の垂直分布には干出による乾燥および光量がある．局所的には，塩分（浅海域のみ），波浪などによる砂面の上下変動，砂の移動，基質の反転・移動，着生基質上および藻体への堆泥がある．

生長を制限する要因は栄養塩である．生態的適域を制限する要因には，着生基質と生育空間をめぐる競争および採食がある[3]．筆者らは，日本各地の地先ごとに多様な藻場の景観模式図を連載し（図3.10），局所的な制限要因に関する適域の可視的なモニタリング事例として提示し，今後の浅海域における藻場の保全に資する情報となることを願っている．

3.3.4 さまざまな施策
a. 世界の事例
岩礁性の藻場について東南アジアでは，海洋資源の増殖に向け沿岸域での漁場の改良・開発のため目的を絞り，海底地形・底質および海洋生物を調査し，物理・化学的条件および社会・漁村・漁具情報などを分析し，適地を選定し，事業の適否を決定し，行動計画に従って人工礁を投入している[41]．タイのBangkokに近いRayong地先では，砂泥海底に竹筋コンクリート製の人工礁が設置され，目的とする魚類の蝟集を確認したが，移植されたホンダワラ海藻の生き残りについては，技術的課題として残されている[42]．

米国・California沿岸では，1940〜50年代に，大発生したウニによってgiant kelp海中林が大衰退をきたした際に，海中林の生態解明，ウニの駆除および培養した藻体の移植など基礎研究から施策までの一貫した取り組みが行われた[43]．また，第一次オイルショックの際には，giant kelpを原料とするバイオマスエネルギー変換プロジェクトにおいて，メタン資源としての増殖研究の一環で海中林の形成技術研究が進められた[44]．一方，海草藻場では，沿岸開発の影響を緩和するとともに浚渫後の航路を生物的に安定化し確保する観点から，海草の移植技術の開発が着手された[45]．その後，湿地のNo-Net-Loss国家政策に基づき，環境の保全に資する海草藻場の回復に資する指針[46]に従った施策が進められている．

近年では，世界海草協会が設立され，世界規模の専門的な研究者・技術者の情報・技術交流の促進のうえに，海草生息地の保全のため，①海草生息地の質の改善，②草体の移植および回復の方法，③海草保護の手順と方法が整理された[22]．

b. 日本での事例
昭和30年代（1960年ころ）に，埋立で消滅したアマモ場の回復研究が着手された．昭和40年代（1970年ころ）には，岩礁域で頻発した磯焼け発生

場　　3. 湿　　地

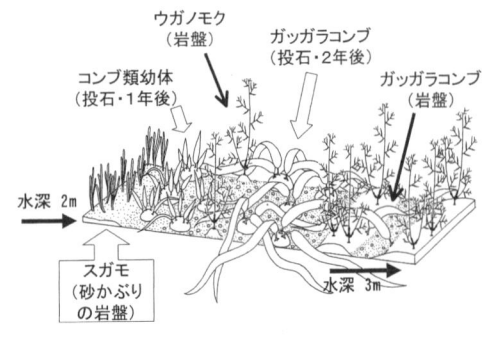

(a) 北海道厚岸郡浜中町藻散布地先のコンブ用投石事業地[36]

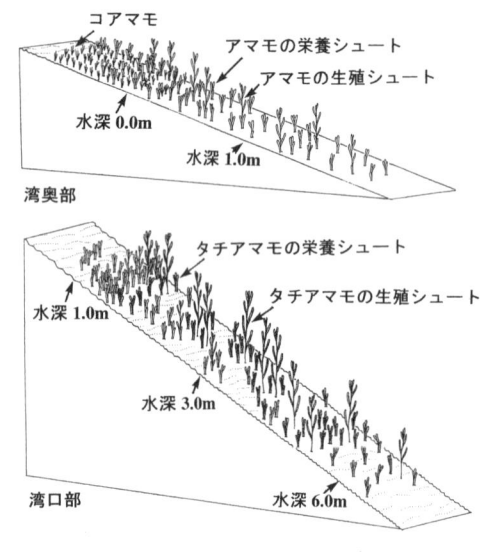

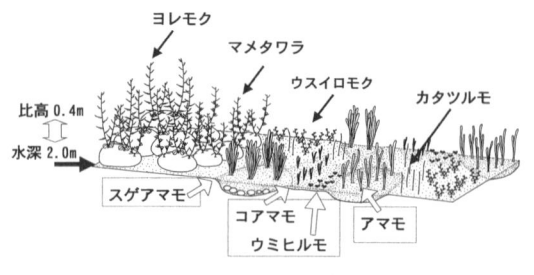

(b) 新潟県佐渡島・真野湾二見地先[37]

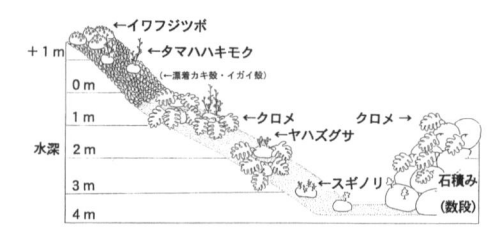

(c) 神奈川県三浦半島・小田和湾の海草藻場[38]

(d) 広島湾大野瀬戸・亀瀬[39]

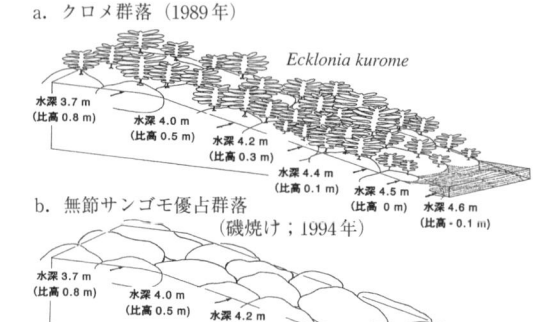

a. クロメ群落（1989年）
b. 無節サンゴモ優占群落（磯焼け；1994年）

(e) 宮崎県川南地先[40]

図3.10　藻場の景観模式図の例

域での回復研究が加わった．昭和50年代（1980年ころ）には，電源立地によって消滅・衰退する藻場の代替のための技術の開発が始まった．昭和60年代（1990年ころ）には，ほとんどの沿岸開発構想に藻場回復が組み込まれた．水産分野においては，1952（昭和27）年開始の「浅海増殖開発事業」以降，各種事業で造成された藻場面積は，明確ではないが3000 haを越える[47]．しかし，事後の継続的なモニタリングが行われていないため，大部分の事業地の現状は，正確には把握されておらず，たとえ一時期は藻場が形成されても，自然の藻場と同様の藻場衰退の要因による影響をこうむっているおそれがある．

近年，藻場の回復に向けての技術的レビューが，さまざまな機関から刊行されている．海岸事業では離岸堤設置に伴う生態変化の予測手法に基づく施策[48]，港湾事業では港湾構造物と海藻草類の共生を目指す施策[49]，加えて，発電所立地点の多様化技術に伴う支援技術としての藻場造成[50]が取り組まれ，これらを合わせて日本の海岸の現状と問題点が集約された[51]．

水産分野では，メンテナンスフリーの考え方を促進し，自然での岩礁底のガラモ場と砂泥底のアマモ場の立地環境条件を模倣した複合的な回復を目指している[52]．特に，漁港の防波堤の修築部に，藻場が維持されている水深帯までの嵩上げのみを行うことにより，藻場を形成する指針も示された[53]．これらの場合では，海草・藻類の移植は奨励されてい

ない.

3.3.5 藻場回復の技術開発
a. 技術の到達点
　藻場の回復は，土木工事を用い，環境を改変する開発行為であるからこそ，確かな実現に向けて，より高度な技術が求められる．基本的には，適地の選定により，耐波浪安定な基盤を設置するだけで，人為的な管理を必要としない藻場をつくることは可能である[50]．コンブ場の磯焼け発生域では，ウニの漁場管理の継続によっても，藻場を造成することが可能である[50]．アマモ場に適した砂泥底の環境条件を海岸の地形的規模で整備する技術の検討が進んでいる[50]．以上のような検討を元に，今後は沿岸域の多様な開発構想の目的別に，最適な藻場造成の方法と対応可能な技術が必要となっている.

　近年，海草・藻類の生育基盤を復元させるために用いられる土木工事に限り，「宅地造成」と同様の「藻場造成」と呼ぶことが提案された[33]．この点からは，野生の植物群落または生態系と認識される藻場を「造成」することはできない．今後，藻場分布の制限要因の緩和を伴わない移植用基盤の設置，また，種苗の移植や母藻の投入のみの行為は，「藻場造成」にはあたらなくなっていくものと考えられる．

b. 自然調和型漁港作り事業における事例
　メンテナンスフリーでなるべく管理を必要としない藻場回復を指向して進められている自然調和型漁港作り事業において開発された技術の概略を以下に示す.

　1) 調査・設計の基本的な考え方　漁港施設において藻場を作る基盤の設計に必要な情報を得る．特に，自然の藻場における波浪や流れの条件を明らかにする．次に，対象の藻場を選定し，定量的な目標を設定し，藻場の基盤に関する設計条件を漁港施設本来の設計条件に加える．特に，漁港本来の機能を保持しつつ，できるかぎり広い藻場が作られる環境に設計する．海草・藻類の生態を考慮した施工を行う．モニタリングによって，藻場の定量的な評価を行い，作られた藻場と自然の藻場の比較から構造上の不都合な点を修正する.

　2) 対象とする主な制限要因　考慮の対象とする主な制限要因は，6点が挙げられる．①ウニなど底生動物，アイゴなど藻食性魚類，ハクチョウなど鳥類による食害．②付着動物が基質を占有する岩礁

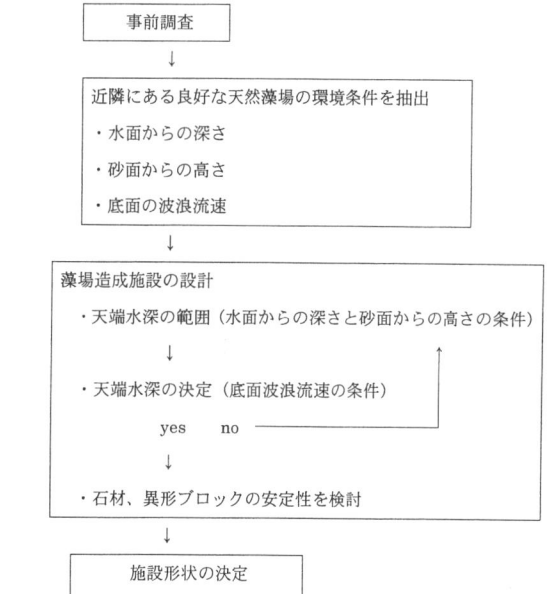

図 3.11　設計の要点と基本的な流れ[53]

域での付着動物．③透明度の低い海域の深所での光量不足．④砂の移動による洗掘，基質の埋没，砂礫の衝突．⑤自然の藻場から離れた場合に母藻か胞子の供給されにくさ．⑥海藻の胞子の着底を妨げ，葉面に付着し藻体を枯死させる浮泥の堆積.

　3) 制限要因の条件の緩和　前項2)で示した要因の条件を緩和するため，事業地の周辺にある良好な自然の藻場の，①水面からの深さ，②砂面からの高さ，③底面波浪流速，を把握し，模倣する設計が望ましい．周辺に良好な天然藻場があることで 2)-⑤胞子の流失と輸送，水面からの深さを模倣することによって 2)-③光量の不足，砂面からの高さによって 2)-④底質の移動と堆積，底面波浪流速によって 2)-①食害，2)-②付着生物との競合および 2)-⑥浮泥の堆積の，条件が緩和され，藻場の形成に好適化する（図 3.11）.

　4) モニタリング　モデル地点における継続的なモニタリング結果を取り入れ，随時，ガイドラインの見直し・改訂が行われることになっている[53].

3.3.6 人工的な藻場と自然の藻場の比較
　瀬戸内海・広島湾の，岩礁底にガラモ場がみられる地先の砂泥底に設置された，砂面から 0.5 m 以上の高さのブロック上では，自然の藻場と類似の植生が 5 年以上にわたって維持されている[54]．それらブロック上の人工的な藻場の周辺での魚類相は，近

接する自然の藻場での魚類相と基本的に同様であった[55]．その後，砂面からの高さが0.5 m以下の低いブロックでは，設置水深と砂面からの6段階の高さの組み合わせによって，主に砂の移動に伴う洗掘・埋没および堆泥の影響が着生面の条件ごとにさまざまに異なり，海藻植生の遷移の攪乱程度に差が生じ，自然のガラモ場のさまざまな植生の局面が現れた[56]．そこで，人工的な藻場で，定期的な剥ぎ取りなどで実験的に植生を，裸面，1年生・多年生種の混生群落および多年生種の群落の3種類に調整したところ，葉上・葉間動物および底生動物相にも，自然の藻場での出現種が植生ごとにさまざまにみられた[57]．

海底地形・底質，海洋生物，物理・化学的条件，社会・漁村情報などから適地を選定し，実験的に設置された実験基盤上では，周辺の群落からたどり着いた胞子由来のアラメおよびカジメが2～3年の遷移の後，周辺の岩礁上と類似の植生に到達して繁茂した[58]．また，日本の周辺で海岸線の保全および安全防災を主目的に設置されている海岸構造物も，岩礁性の藻場海藻の生育基盤として機能する場合があり，磯根生物のみならず魚類および流出海藻の滞留などについても確認された[59]．特に北海道の石積み礁では，礁内の海藻現存量にはウニの生息密度が，一方，ウニの成長には海藻現存量が相互に影響し合っていた[60]．

海草の場合には，草体の移植が主に採用されてきており，事後には繁茂域の面積のモニタリングが重視され，1年後から開始し5年後までが適切とされる[46]．移植事業の成否の基準として葉長体積（発芽密度×葉長）の変化が提案された[61]．また，回復させた藻場については，その後の事業のドナー（供給元）化が考えられているが，これら草体の移植を前提とした場合，遺伝子多様性の問題に関する検討が求められる[46]．

3.3.7 藻場回復の方向性

藻場の回復へ向けての試案（図3.12）を参考に，以下のことが考えられる[33]．

a. 藻場の衰退した自然海底（岩礁，砂泥）での回復

磯焼け域を含め，対象としてきわめて広い面積が存在する．外海域では近年の海水温の上昇によるウニ・藻食魚の採食圧の増大，逆に，内海・内湾域では透明度の低下や藻体や着生基盤への浮泥の堆積が主要な制限要因である[33]．このカテゴリーは，よ

図3.12 藻場回復へ向けての連携と協力の姿の試案[33]

り総合的で広域的な対策が必要である．沿岸域における水中光量・透明度を回復させる水質改善の推進案[62]などが取り組まれることを期待したい．

b. 局所的な生育基盤の設置

すでに開発されている地先で，潮間帯の干潟・磯浜と潮下帯まで続く岩礁底・砂泥底の複合藻場の基盤として，浅海底を造成し，一体的な回復を進める（図3.13）．この場合，局所的な環境条件を模倣した人工基盤を設置するのみで，周辺海域の海草・藻類の生育環境と類似した条件となるので，移植を要さず，維持のための管理を必要としない藻場が回復される．すでに，アラメ・カジメ類[63]，および，ホンダワラ類[56]などについての実証的な研究がある．

c. 人為的管理を必要とする人工基盤

環境条件がすでに海草・藻類の生育適域でない場合，種苗生産の技術を活かし，定期的な移植を前提とした海中緑化技術の確立が求められる．基盤への堆泥の増加および固着動物の被覆などで海草・藻類の入植が阻害される場合，定期的に種苗を移植することで海底の緑化が可能である[33]．このカテゴリーは，コストが高く，生物生産ベースの経済効果などは見込めない．藻場回復というよりは，海中緑化・造園と考える．陸上の公園のように緑化自体が重要な場合，雇用の創生などを含めた事業として，種苗生産と移植の技術が有効に活用されよう[33]．

3.3.8 藻場回復の今後の技術的課題

a. 藻場の基本図・分布図を作る

藻場は海底地形と底質分布に大きく影響される．海底地形と底質分布を重ねた「藻場の基本図」の上

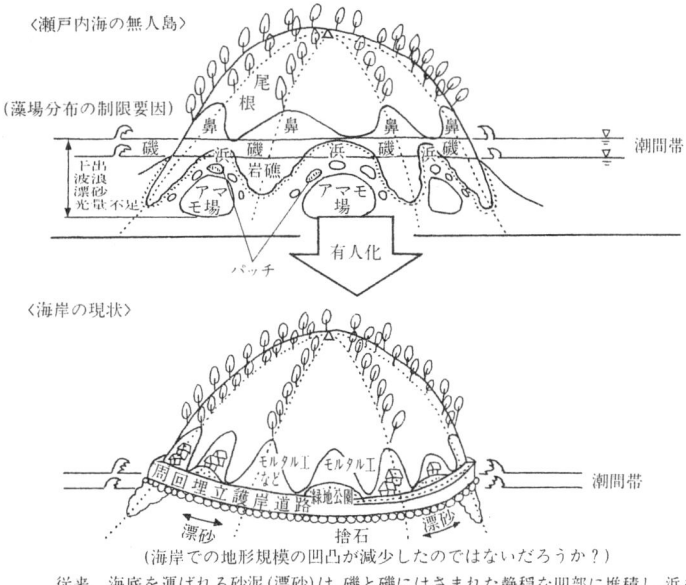

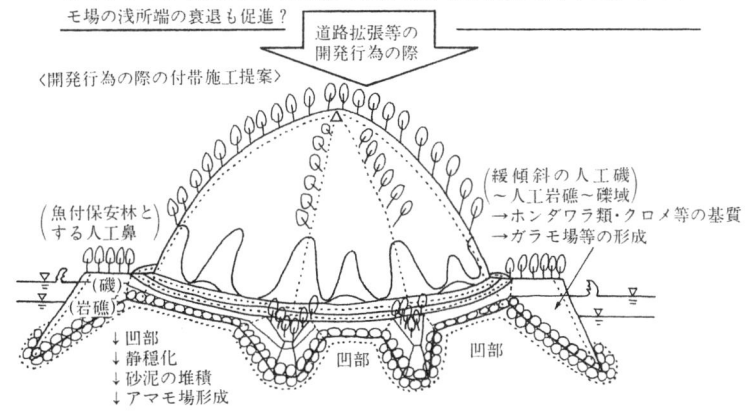

図 3.13 浅海底の造成による複合藻場の回復の提案[7]

に，藻場をつくる海藻類を含むさまざまな生物の分布を重ねた「藻場の分布図」を，日本列島の全沿岸にわたり整備することが第一に重要である[64]．それら基本情報のうえに，GIS解析などにより，波・流れ，光量，塩分，水質など環境条件の情報を重ねることで，管理を必要としないメンテナンスフリーの藻場の回復が見込める．

b. 海草・藻類植生の遷移を知る

寿命の短い海草・藻類の群落の植生の遷移は，陸上よりも何桁も速く進み，2～3年で極相に達する[65]．海草・藻類植生の遷移の極相が植生の種類のことではなく，平衡関係のことであることを認識し，遷移理論に基づく施策が重要である．

c. 自然岩礁と人工基盤の違いを探る

人工基盤は，設置水深，耐波浪性や基盤全体の輪郭などを自然岩礁に類似させても，基質の空隙を含む表面形状の点で異なる[66]．基質の空隙の調節を中心に，今後，藻食動物の密度や漁業形態に合わせ，地先ごとに最適な人工基盤の設計が求められる．

d. モニタリングの高度化を図る

海底の目印によって必ず同じ場所を繰り返し調査できる「定置枠」での海草・藻類植生のモニタリングによって，人工基盤上と自然岩礁上の変化をいち早く察知する．ライン調査の場合には，目印になるハーケンなどを打ち込むことで，繰り返し同じ場所にラインを張ることがきわめて重要である．

おわりに

　藻場の回復は，今後，「対策のための技術」だけではなく，対象とする問題の性質や対策の進め方など，基本的な考え方が問われる[67]．それは，第一に藻場の回復に関して社会的な合意を得る努力，第二に藻場の変化をよく見極めてから復元の選択をする必要性，第三に地域の人々の暮らしや経済への影響も考慮する必要性である[67]．実際，阿寒湖の例では，天然記念物であるマリモの保全を目的とした湖水浄化の成果が上がり始めたが，逆に漁獲量が減少傾向にあり[35]，回復における要素技術以上に「全体」に与える影響を総合的にみる必要性が示されている[67]．

　藻場回復の「総合化」は，淡水・浅海の沿岸域と共存する地域社会にとって重要なテーマである．「藻場回復」という1つの施策から，アジェンダ21でも取り上げられた総合的な「沿岸域管理（coastal zone management）」という総合政策や管理への発展である．このことは，ある生物種がターゲットであった管理（回復）が生態系全体に広がり，さらにはその管理プロセスにまで広がる変化である[67]．

　沿岸域の総合的な管理は，生態系に関し，そのものの価値のみならず非利用価値など多様な価値を認めたうえで利用ルールを共有し，秩序を形成する仕組みである．生態系が対象なのであるから，生態系に関する予測性の低さを対策の前提条件とすることが必要となる．専門家の役割は，複数の解決方法を提示し，選択を促すことに変化する[67]．解明が難しいとされる磯焼けでも，性急な対策を講ずるより，モニタリングを優先し，様子をみながら順応的に対策を進めることが求められる．「リスク管理」の観点からは，事業における完全な解決を求めず，0～100％の間で幅をもたせて磯焼けをコントロールするような発想が求められる[67]．

　今後は，物理的な藻場回復から，沿岸域の総合的な管理・マネジメントへと進み[33]，沿岸域をとりまく地域社会や浅海生態系の重要性の再評価につながる．そのためには，多くの水産関係者，生物学関係者の参加と協働が望まれる[33]． 〔寺脇利信〕

文　献

1) 沼田　真（1974）：生態学辞典，pp.1-520，築地書館．
2) 千葉泰樹，伊東正夫，八木久則，吉原利雄，山中　治（1979）：葭地，藻場帯の水産生物調査．滋賀県水産試験場研究報告，**31**：57-77．
3) 新井章吾（2002）：藻場．21世紀初頭の藻学の現況，pp.85-88，日本藻類学会．
4) 徳田　弘，大野正夫，小河久朗（1987）：海藻資源養殖学，pp.1-354，緑書房．
5) 環境庁自然保護局（1994）：海域生物環境調査報告書 第2巻藻場，第4回自然環境保全基礎調査，pp.1-400．
6) 東　幹夫（1982）：アマモ場の消長と漁業生産．海草藻場（特にアマモ場）と水産生物について，pp.106-142，日本水産資源保護協会．
7) 大野正夫編著（1996）：21世紀の海藻資源―生態機構と利用の可能性，pp.1-260，緑書房．
8) 藤田大介（2002）：磯焼けの現状．水産工学，**39**：41-46．
9) 新井章吾（2000）：南日本における藻食魚による藻場崩壊の機構について．藻類，**48**：76-77．
10) Harrold C and Pearse JS (1987): The ecological role of echinoderms in kelp forests. Echinoderm studies, 2, pp.1-320.
11) Dayton PK, Tegner MJ, Edwards PB and Riser KL (1998): Sliding baselines, ghosts and reduced expectations in kelp forest communities. *Ecological Appl*, **8**: 309-322.
12) Pringle JD (1986): A review of urchin/macro-algal associations with a new synthesis for nearshore, eastern Canadian waters. *Monografica Biologicas*, **4**: 191-218.
13) Elner RW and Vadas RL (1990): Inference in ecology: the sea urchin phenomenon in the northwest Atlantic. *Am Nat*, **136**: 108-125.
14) Himmelman JH and Nedelec H (1990): Urchin foraging and algal survival strategies in intensely grazed communities in eastern Canada. *Can J Fish Aquat Sci*, **47**: 1011-1026.
15) Vadas RL and Steneck RS (1995): Overfishing and inferences in kelp-sea urchin interactions. Ecology of Fjolds and Costal Waters (Skjoldal HR, Hopkinss C, Erickstad KE and Leinass HP, eds), Elsevier Science B.V.
16) Sala E, Boudouresque CF and Harmelin-Vivien M (1998): Fishing, trophic cascades, and the structure of algal assemblages: evolution of an old but untested paradigm. *Oikos*, **83**: 425-439.
17) Schramm W and Nienhuiss PH (1996): Marine benthic vegetation. Recent Changes and the Effects of Eutrophication. Springer.
18) Ayling AL (1981): The role of biological disturbance in temperate subtidal encrusting communities. *Ecology*, **62**: 830-847.
19) Andrew N (2001): Interactions between abalone and sea urchins on temperate rocky reefs in New South Wales, Echinoderms 2000, Australia (Barker M, ed), Swets and Zeitlinger, Lisse, 461.
20) Littler MM and Littler DS (1997): Disease-induced mass mortality of crustose coralline algae on coral reefs provides rationale for the conservation of herbivorous fish stocks. *Proc 8th Int Coral Reef Sym*, **1**: 719-724.
21) Leonaridi PI and Vasquez JA (1998): Effects of copper pollution on the ultra structure of *Lessonia* spp. *Hydrobiologia*, **398/399**: 375-383.
22) Short FT, Cole RG and Short CA (2001): Global Seagrass Research Methods. pp1-473, Elsevier science B.V.
23) den Hartog C (1987): Wasting disease and other dynamic phenomena in *Zostera* beds. *Aquat Bot*, **27**: 3-14.

24) Poiner IR, Walker DI and Cole RG (1989): Regional studies : Seagrasses of tropical Australia. Biology of Seagrasses (Larkum AWD, McComb AJ, Shepherd SA, eds), pp.279-303, Elsevier Science B.V.
25) Short FT and Burdic DM (1996): Quantifying eelgrass habitat loss in relation to housing development and nitrogen loading in Waquoit Bay, Mssachusetts. *Estuaries*, **19** : 730-739.
26) Kemp WM, Boynton WR, Twilley RR, Stevenson JC and Means JC (1983): The decline of submerged vascular plants in Upper Chesapeake Bay : Summary of results concerning possible causes. *Mar Soc Tech J*, **17** : 78-89.
27) Short FT and Wyllie-Echeverria S (1996): Natural and human-induced disturbances of seagrass. *Env Cons*, 17-27.
28) 内村真之（1999）：地中海のイチイヅタ．藻類，**47** : 187-203．
29) 川崎 健，平野敏行，嶋津靖彦（1977）：海面埋め立てと環境変化，pp.1-191，恒星社厚生閣．
30) 若林敬子（2000）：東京湾の環境問題史，pp.1-408，有斐閣．
31) 敷田麻実，小荒井衛（1997）：1960年以降の日本の自然海岸の改変の統計学的分析．日本沿岸域学会論文集，**9** : 17-25．
32) 寺脇利信，吉川浩二，吉田吾郎，内村真之，新井章吾（2002）：南西日本の磯焼け海域における海底景観の特徴．水産工学，**39** : 29-35．
33) 寺脇利信，新井章吾，敷田麻実（2002）：藻場の保全・再生．緑の読本，**64** : 1615-1621．
34) 桑原久美，川井唯史（2000）：北海道南西部磯焼け海域におけるホソメコンブ群落の造成手法．育てる漁業，**325** : 3-8．
35) 若菜 勇（1999）：マリモの研究の1世紀―みえてきた保全へのアプローチ―．遺伝，**53** : 59-64．
36) 寺脇利信，新井章吾（2002）：藻場の景観模式図11．北海道厚岸群浜中町藻散布地先の投石事業地．藻類，**50** : 117-119．
37) 寺脇利信，新井章吾（2002）：藻場の景観模式図10．新潟県佐渡島・真野湾二見地先．藻類，**50** : 89-91．
38) 寺脇利信，新井章吾（2003）：藻場の景観模式図12．神奈川県三浦半島・小田和湾の海草藻場．藻類，**51** : 7-10．
39) 寺脇利信，新井章吾（2001）：藻場の景観模式図8．広島湾奥部の大野瀬戸・亀瀬．藻類，**49** : 199-202．
40) 寺脇利信，新井章吾（2000）：藻場の景観模式図4．宮崎県川南地先．藻類，**48** : 177-180．
41) Southeast Asian Fisheries Development Center (1990): Technical manual for resource enhancemant, pp.1-120, Training Department of Southeast Asian Fisheries Development Center.
42) Southeast Asian Fisheries Development Center (1991): The Artificial Reefs Experiment in Thailand, pp.1-78, Training Department of Southeast Asian Fisheries Development Center.
43) North WJ (1971): Biology of the giant kelp beds (*Macrocystis*) in California. *Nova Hedwigia*, **32**, Suppl : 1-600.
44) Neushul M and Harger BWW (1985): Studies of biomass yield from a near-shore macroalgal test farm. *J Solar Energy Engineering*, **107** : 93-96.
45) Coastal Engineering Research Center (1980): Planting guidelines for seagrasses. Coastal Engineering Technical Aid No.80-2, pp.1-27, U.S. Army, Corps of engineers.
46) NOAA (1998): Guidelines for the conservation and restoration of seagrasses in the United States and adjacent waters. Decision analysis series No.12, pp.1-222, NOAA's coastal ocean program.
47) 綿貫 啓（2002）：水産工学と藻場研究．水産工学，**39** : 1-4．
48) 建設省土木研究所（1992）：離岸堤設置に伴う生態変化予測手法に関する調査報告書．土木研究所資料，**3106** : 1-149．
49) 港湾空間高度化センター（1998）：港湾構造物と海藻草類の共生マニュアル，pp.1-98．
50) 土木学会原子力委員会（1996）：藻場造成技術 原子力発電所の立地多様化技術 付属編2 立地支援技術，pp.72-97．
51) 磯部雅彦（1994）：日本の海岸の現状と問題点．海岸の環境創造―ウォーターフロント学入門―，pp.1-10，朝倉書店．
52) 水産庁中央水産研究所（1997）：藻場の機能．水産業関係試験研究推進会議 資源増殖部会「テーマ別研究のレビュー」Ser.4, pp.1-110．
53) 水産庁漁港漁場整備部（2003）：藻場造成型漁港構造物ガイドライン，pp.1-116．
54) 吉川浩二（2003）：ガラモ場の遷移と管理．藻場の海藻と造成技術，pp.190-209，成山堂．
55) 松永浩昌，船江克美，薄 浩則（1992）：三枚底刺網を中心とした漁獲結果から見た造成ホンダワラ藻場域に蝟集する魚類について．南西水研研報，**25** : 21-42．
56) Terawaki T, Yoshida G, Yoshikawa K, Arai S and Murase N (2000): "Management-Free Techniques" for the restoration of Sargassum beds using subtidal, concrete structures on sandy substratum along the coast of the western Seto Inland Sea, Japan. *Environmental Sci*, **7** : 165-175.
57) 山本智子，濱口昌巳，吉川浩二，寺脇利信（1999）：植生の異なる実験藻場における生物群集の決定要因．水産工学，**36** : 1-10．
58) 川崎保夫，寺脇利信，長谷川寛（1994）：自然模倣の海中緑化技術．土木学会誌，**79** : 14-17．
59) 大野正夫（1988）：海岸構造物と水産資源増殖．海洋科学，**216** : 350-354．
60) 町口裕二，飯泉 仁（1997）：造成藻場における海藻現存量と植食動物との関係．海洋科学，**326** : 450-455．
61) Short FT (1993): The port of New Hampshire Interim mitigation success assessment report. Jackson Estuarine Laboratory, pp.1-19, University of New Hampshire.
62) 寺脇利信，吉田吾郎，吉川浩二（2001）：藻場の回復．港湾，**7** : 34-37．
63) Terawaki T, Hasegawa H, Arai S and Ohno M (2001): Management-free techniques for restoration of *Eisenia* and *Ecklonia* beds along the central Pacific coast of Japan. *J Appl Phycol*, **13** : 13-17.
64) 寺脇利信，吉川浩二，中嶋 泰，山岡 誠，新井章吾，渡辺耕平（2003）：衛星画像解析による藻場分布把握のために-1．藻場の基本図と分布図（山口県東和町の事例）．平成15年度日本水産工学会学術講演会 講演論文集，pp.207-208．
65) 寺脇利信，新井章吾（2000）：藻場の景観模式図3．神奈川県横須賀市秋谷沖・尾ケ島地先.崎県川南地先．藻類，**48** : 33-36．

66) 寺脇利信, 新井章吾 (2002): 藻場の景観模式図 9. 宮崎県門川湾乙島地先. 藻類, **50**: 21-23.
67) 敷田麻実 (2002): 藻場を中心とした浅海生態系の管理方式の検討. 水産工学, **39**: 21-28.

3.4 湿地生態系

▷ 14.4 沿岸の生物

表 3.3 湿地にかかわる英単語

bog	沼地, 湿地, 泥沼, 湿原
everglade	(所々に高い草が, 縦横に水路がある) 沼沢地
fen	沼地, 沢地, 沼沢地, 干拓地
glade	林間の空地, 低い湿地, 沼沢地
marsh	沼地, 沼沢 (地), 湿地
marshland	湿地地帯, 沼沢地
mire	深い泥, ぬかるみ, 泥沼 //窮地
moor	(草・スゲなどに覆われた泥炭質の) 湿原
morass	低湿地帯, 沼地, 沢地 //苦境, 難局
moss	一面に苔で覆われた場所 //苔
muskeg	(一面に水苔が発生している) 沼地, 湿原
pool	水たまり, よどみ, とろ, ふち
pothole	深い洞窟, 泥沼
slash	(低木の生い茂った) 低湿地
slough	(アシの茂った) じめじめした浅い沼・池・入り江
swale	草の生え茂った湿地帯, (砂丘間の) 谷状の低地
swamp	(水に浸った農耕に適さない) 沼沢地, 低湿地
wetland	湿地

注1) 意味 (訳) は研究社「英和大辞典 (第6版)」より, 抜粋
注2) //の右は, 原義あるいは別の意味
注3) 文献 2 は上記の他, billabong, bottomland, carr, lagoon, mangal, mangrove, oxbow, pakili, peatland, playa, pocosin などを紹介

湿地 (wetlands) とは, 水が湿った土地であり, 陸域と水域の接点の多くが含まれる. ラムサール条約[1]では, 天然か人工/常時か一時/静水か流水/海水か汽水か淡水, を問わず "沼沢地 (marsh), 湿原 (fen), 泥炭地 (peatland), 水域 (water), 干潮時 6 m 以下の海域 (marine water)" を, 湿地として扱っている (同第一条). 湿地の定義は, 法律・学問分野・個人により千差万別である[2]が, 広義の考え方では上記のような浅い水域や一時的であれ湛水あるいは飽和した土壌の場を指し, 狭義的にはこれらから, 浅海域 (含藻場・サンゴ礁), 湖沼河川本体 (除沿岸・氾濫域) を除いた場を示す. 本節ではこの狭義の定義からさらに干潟 (含汽水湖・潟湖) を除いた場, すなわち低湿地, 沼沢地, 湿原, 湖沼河川沿岸を対象とする. なお, 後者の湿地に対応する日本語は, 沼・沢・湧水・泥濘・沿岸など限定されるが, 英語は多様である. 単行本「Wetlands」(第 3 版)[2]には 31 の用語が紹介されている. 表 3.3 にはそれらを含め主要なものについてその解説訳語をまとめる.

3.4.1 湿地の分類とその特徴

湿地の特徴は, 不均一性が時間的, 空間的にきわめて大きい点であり, 多様な種類が存在し, 分類も単純ではない. そのキー要素は, ①水深 (土壌水分条件), ②塩分 (海水・汽水・塩水), ③天然・人工, ④場所 (山間・山麓・平野部・河口・湖岸), ⑤構造差 (湾・窪地・沿岸斜面), ⑥周辺環境など多数ある. Horne ら[3]は, 機能と構造 (優先植生, 水源, 泥炭形成) を重要要素として挙げ, 前者により季節的湿地 (seasonal wetland) と恒久的湿地 (permanent wetland) とに, 後者により沼沢地 (swamp), 低湿地 (marsh), 高層湿原 (bog) および低層湿原 (fen) とに区分している. 一方, 斉藤[5]はまず泥炭 (peat) の有無で, 湿原を泥炭湿原 (mire) と沼沢湿原 (swamp, marsh) に分け, さらに前者を水面との位置関係などで高層湿原・中間湿原・低層湿原とに区分している. 角野[7]は水位 (湛水期間) と塩分条件を示している.

上記のように確立した分類はないが, Horne[3]の内容を中心に整理すると, 表 3.4 が得られる. まず泥炭層形成の有無[4,5]と閉鎖性の程度[3]で, 湿地は湿原とそれ以外に分けられる. 湿原は, 枯死した植物体の分解が低温・過湿などのため阻害され泥炭層が発達する草原[4]で, 亜寒帯・温帯域で形成される[5]. 湿原のうち, 降水以外の栄養塩類供給の乏しい場所に形成されるのが, 高層湿原 (high moor, bog) であり, 泥炭層の蓄積が著しく (堆積速度は 1 mm/y 程度[4]), 時計皿を伏せた形状になる (高層の由来). 高層湿原では, 腐植酸や不飽和コロイドが蓄積して土壌は酸性化し, 樹木の侵入が困難で, ミズゴケを中心とした植生となる. また, イシモチソウやモウセンゴケなどの食虫植物が生育し, 同地の少ない栄養塩供給を補っている. 高層湿原は, カナダとアラスカでは muskeg, ヨーロッパでは moors, mosses, mires など地方名をもっている[3].

3.4 湿地生態系

表 3.4 自然の湿地の分類（淡水域）

名称	日本語 英語 ドイツ語	高層湿原 bog Hochmoor	低層湿原 fen Niedermoor	低湿地 swamp Sumpf	沼沢 marsh Sumpf
涵養条件 水文		降水栄養性 降水涵養性	鉱物質栄養性 流水涵養性		
水源 構造 滞留時間(日)		降雨 閉鎖 70	地下水 半開放的 5	河川・地下水 半開放的 4	河川 開放的 0.4
栄養状態 泥炭 表層有機物% pH Ca (meq/l)		貧栄養 多量 90～100 3.6～4.7 13～160	中栄養 あり～多量 10～95 5.1～7.6 200～500	富栄養 あり 39～75 5.1～7.0 6～13000	中～富栄養 なし・少量 少量 3.0～7.0 —
植生		ミズゴケ	コケ類・スゲ類・ヨシ	ヨシ・スゲ・フトイ・ヒルムシロ	同左＋樹木（ヤナギ・ハンノキ）

注1) 文献6の内容を中心に，他文献4,5,33の内容を加味して作成．
注2) 高層湿原と低層湿原の間に中間湿原を定義することがある．

表 3.5 沿岸域の植物群

分類	主要種	特徴
浅 ↑ 抽水植物 (emergent plant)	ヨシ・マコモ・フトイ・ガマ・コウホネ・ハス	浅水に生え，根は水底の土壌中に，葉や茎の一部または大部分が空中に．下限生息水深は約1m
浮葉植物 (floating-leaved plant)	ハス・ヒシ・ヒツジグサ・ヒルムシロ・ジュンサイ	根は水底の土中にあって，葉は水面に浮かべる植物．下限生息水深は1～3m
↓ 深 沈水植物 (submerged plant)	クロモ・セキショウモ・ホザキノフサモ・マツモ・エビモ	体の全部が水面下にあって根は水底に固着．下限水深は，照度（透明度）に依存

一方，低層湿原（low moor, fen）は，周辺環境からの鉱質物・土砂が流入し比較的栄養条件がよい場所で形成され，スゲ類・ヨシが中心植生となる．土壌はミネラル分が多いため，腐植質が飽和されて中性化している[4]．これらの中間を中間湿原（intermediate moor）と呼ぶ．なお水性遷移（hydrarch succession）の過程[4]（新生水塊→貧栄養湖→中栄養湖→富栄養湖→沼沢地→低層湿原→高層湿原→先駆森林→極相森林）で，これら湿原は陸化前に表れる．

これらに対し，低湿地（swamp）と沼沢地（marsh）は外界と水・物質交換が多く，植物遺体の分解が比較的早い場所でみられ，樹木の有無で両者は区別される[3]．低湿地は，樹木がほとんど存在せず，ヨシ・ガマ・スゲなど抽水植物が優占し，これに沈水植物・浮葉植物が加わって群落が構成される．沼沢地では冠水下でも生育可能なヤナギやハンノキなどの低木・高木が存在し，抽水植物や沈水植物は地面への日射が差し込む場所に制限された構造をもつ．湖沼の沿岸で陸域から水域へ緩やかな勾配をもつ場所では，この沼沢地・低湿地が形成される（図3.14）．陸域側では，過湿状態に強いヤナギなどの水辺林が，続いてそれとヨシ・スゲなどの混成帯が形成される（沼沢地）．水深が深くなると，ヨシなどの抽水植物帯，浮葉植物帯，沈水植物帯が順に生じる（低湿地）．表3.5にはそれら植物群の特徴をまとめる．このような場は，植物集落・動物群集構造が推移する"エコトーン"（ecotone, 推移帯または移行帯）となる

Horneら[3]は，この4タイプと季節的か恒久的

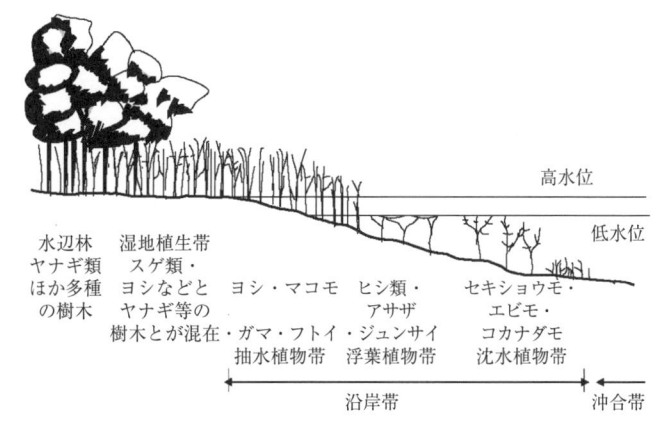

図 3.14 沿岸帯の植生変化（文献22の図を元に修正）

3. 湿地

表 3.6 湿地の実務的分類例

1. 環境省自然環境保全基礎調査（文献7より）
内陸（自然）
　a：湿原（a1：高層，a2：中間，a3：低層），b：湧水湿地，c：雪田湿田，d：沼沢地，e：河畔，f：湿地林，g：淡水湖沼
海岸（自然）
　h：塩性湿地，i：マングローブ林，j：河口域（j1：河口干潟有，j2：同無），k：汽水湖沼（k1：潟湖干潟有，k2：同無），l：休耕・放置田，m：水田，n：廃塩田，o：湿性牧野，p：ため池
その他
　q：その他
2. ラムサール条約（文献1より）
海洋沿岸域湿地
　A：浅海域，B：藻場，C：サンゴ礁，D：岩礁，E：砂浜・礫海岸，F：河口域，G：塩性干潟，H：塩性湿地，I：マングローブ林，J：汽水・塩湖，K：沿岸淡水潟，Zk（a）：海岸地下カルスト・洞窟
内陸湿地
　L：永久的内陸三角州，M：永久的河川，N：季節的河川，O：永久的淡水湖沼，P：季節的淡水湖沼，Q：永久的塩水湖，R：季節的塩水湖，Sp：永久的塩水沼沢地，Ss：季節的塩水沼沢地，Tp：永久的淡水沼沢地，Ts：季節的淡水沼沢地，U：樹木の少ない泥炭地，Va：高山湿原，Vt：ツンドラ湿地，w：灌木優占湿原，Xf：樹木優占湿原，Xp：森林性泥炭地，Y：淡水泉，Zg：地熱性湿地，Zk（b）：内陸地下カルスト・洞窟
人工湿地
　1：水産養殖池，2：ため池，3：灌漑地（含水路・水田），4：季節的冠水牧草地，5：製塩場，6：人工湖，7：採掘場水たまり，8：下水処理場（酸化他池），9：運河・排水路，Zk（c）：人工カルスト・洞窟

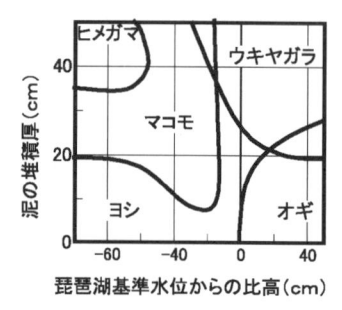

図 3.15 琵琶湖岸の群落優先条件[20]

かの区分で，すべての湿地を記述できると述べている．しかし実際の湿地分類はもっと複雑である．表3.6には，自然環境保全基礎調査（環境省）の湿地調査での区分[7]とラムサール条約の湿地分類法（第6回締結国会議決議）[1]を示す．陸域の自然湿地に限っても，前者で7種類，後者では20種類に分けられている．

3.4.2 湿地の植物と生産力

湿地にはさまざまな植物が生育し，貴重種も多い．たとえば西日本で希少な湿地である福井県中池見湿地（25 ha）には，125種あまりの湿性・水生植物が生育し，その中には「日本の植物レッドデータブック」の絶滅危惧IB類が1種，絶滅危惧II類が11種，純絶滅危惧種が3種含まれている[8,9]．湿地は希少植物種が生育する一方，ミズゴケ，ヨシ，ヤナギ，ハンノキなどの優先的に生育する植物もある．

高層湿原を代表する植物であるミズゴケは，コケ植物（蘚苔類）蘚類（Bryopida）ミズゴケ科（Sphagnaceae）の植物で，世界に約300種，日本に40種ほど存在する[6]．泥炭地など腐植酸を多く含む酸性土壌を好む"酸性土植物"であり，土壌にCa分（特に$CaCO_3$）が多いと生育が著しく妨げられる嫌石灰植物（calcifuge）でもある[4]．茎は直立して，5〜15 cmほどになり，群生して厚い層を作る[6]．

ヨシ（*Pragmites australis*）は，イネ科ヨシ属 Pragmites Adans. の植物であり，河岸や水湿地に広く群生し，主に地下茎で増殖する多年草である[14]．日本では全国の湿地に群生し，世界でも温帯から亜寒帯まで広く分布する[15]．ヨシは，マコモ，ガマ類，フトイなどに比べ，根茎（地下茎）が発達して密に絡み，波浪や流水による浸食に耐える力が大きく[17]，その結果，最も一般的な抽水植物帯を形成する．砂質でなだらかな地形ならば水深1 m近くまで生育する一方，乾燥に対する耐性も強く，地下2 mにも達する深い根[16]により完全な陸上でも集落をなす[18]．また汽水域や還元状態での耐性も強い[18]．梅原[19,20]は，抽水植物について，①オギは内陸奥部の泥のない高い場所，②マコモは汀線から湖側の泥の堆積した場所，③ウキヤガラは汀線から陸側の泥の堆積した場所，④ヨシは水深1 mから他の植物が優占とならない場所，であることを示し，地盤高と泥厚の2条件による優占抽水植物図（図3.15）を得ている．

ハンノキは，カバノキ科ハンノキ属の高木であり，日本全国・朝鮮・満州の湿原や沼沢地に生育する．一方，ヤナギ[10]は，双子葉類ヤナギ科の落葉高あるいは低木で，世界に約300種ある．日本では4属40種以上が，高山の岩場から平野の低湿地まで多様な場所で生育し，湿地の代表樹木である．一般には堀端に植えられるシダレヤナギが有名である

3.4 湿地生態系

表3.7 各群落の現存量および純生産量

	現存量		純生産量	
	kgDW/m²	文献*	kgDW/m²/y	文献*
高層湿原#	0.053（平均）	2	0.56（平均）	2
低湿地#	0.046（平均）	2	2.00（平均）	2
沼沢地#	0.052（平均）	2	0.87（平均）	2
マツ林	10～20	35	1.00～1.90	7
水田	1.6～7.4	35	1.29～1.88	7
ヨシ	0.78～2.8	34	2.10～3.25	7
マコモ	0.28～1.24	34		
ガマ類	0.46～0.57	34	2.74～4.04	7
ヒシ類	0.12～0.36	34		
カナガモ	0.13～0.87	34		
ホテイアオイ	1.26～1.69	34		
ウキクサ	0.050～0.10	34		
琵琶湖南湖	0.021～0.037	36		
琵琶湖北湖	0.007～0.029	36		

#：平均的な場の値，*：引用・参考文献．

表3.8 環境省湿地500での，湿地選択の基準

	基準	数
1	湿原・塩性湿地，河川・湖沼，干潟・マングローブ林，藻場，サンゴ礁のうち，生物の生育・生息地として典型的または相当の規模の面積をもつ	247
2	希少種，固有種等が生育・生息	341
3	多様な生物相を有す	173
4	特定種の個体群のうち，相当数割合の個体が生息	92
5	生物生活史で不可欠な地域（採餌場，産卵場等）	17

選択基準が複数の場合もあるため，合計数は500を超える．

表3.9 湿地500での湿地タイプ別重要生物

タイプ	湿原	湧水	湖沼	河川	人工
総個数	108	36	75	79	50
湿原植生	104	8	10	13	4
淡水藻類	4	5	13	6	1
水草	10	10	10	14	17
魚類	13	9	0	41	12
貝類	10	7	11	18	11
甲殻類	0	2	4	8	0
底生動物	11	1	40	13	1
爬虫両生類	4	5	3	13	1
昆虫類	40	8	13	18	11
シギ/チドリ類	3	1	13	5	2
ガン/カモ類	13	1	0	9	5
その他鳥類	13		0	9	1

湿地500の個別情報[11]を解析し整理

湿原：高層～低層湿原・同複合型・雪田草原
湧水：地下水系・湧水池・湧水湿地
湖沼：湖沼・池沼・沼沢地
河川：河川・渓流・遊水池・氾濫源・河川敷
人工：水路・水田・休耕田・ため池

が，本種は自然環境中ではほとんど自生しない．アカメヤナギ，タチヤナギ，コゴメヤナギ，カワヤナギ，オノエヤナギなどの種が国内でよくみられる．

湿地の生産力は，そのタイプにより異なり，一般的な順序は，低湿地＞沼沢地＞低層湿原＞高層湿原および季節的＞恒久的である[3]．表3.7に主要タイプ・植生の現存量・純生産量をまとめる．湿地の現存量は，森林域の1/10～1/100にすぎないが，純生産量はほぼ同レベルとなっている．一方，湖沼などの水塊に比べれば富栄養湖よりも数～数十倍大きい．湿地の特徴は，①場所・季節による変動が大きいこと，②現存量（B）に比べ生産速度（P）が大きいこと（P：B比が高い），③総生産に対する純生産の割合が高く，高次の栄養段階へその生産量が移行しない，点である．③は，一次性生産量の大半が捕食あるいは沈降中の分解で消失する湖沼水塊と対称的であり，泥炭層の蓄積などの理由ともなる．

湿地は捕食者の主要栄養供給源とはならないが，捕食者である動物が少ないわけではない．動物の中には湿地をねぐらとし，その餌の取得を湿地外に求めるものも多い．外系とのやり取り，時間的・場所的不均一性のため，食物連鎖や物質循環を定量的に把握することは，湿地ではきわめて困難となっている．

3.4.3 湿地の動物

湿地は「生命のゆりかご」と呼ばれ，貴重種も含め多様な生物の育種の場となっている．環境省は2001年12月，国内の重要湿地500を選定した[11]．それは，湿原から干潟，サンゴ礁まで含み，広義の湿地の範囲に相当する．選定基準（表3.8）では，規模の大きさとともに多様性と希少種・固有種の保護を重視し，希少種・固有種の生育（基準2）を理由に約2/3の湿地を選定している．この湿地500では，湿地名の他，選定基準，湿地タイプ，重要生物種などが示されている．そこで，そのデータを元に湿地でみられる希少生物を湿地タイプ別に示した．なお干潟やサンゴ礁などの汽水・海水域を解析対象から除くとともに，湿地のタイプを6種にまとめた．表3.9に示すように湿地は植物から鳥類までほとんどの生物種（大型動物がない）の保全・育種の場となっている．タイプ別では，湿原では植生・昆虫類・ガン/カモ類が，湧水地では水草・昆虫類が，湖沼では藻類・底生動物・シギ/チドリ類

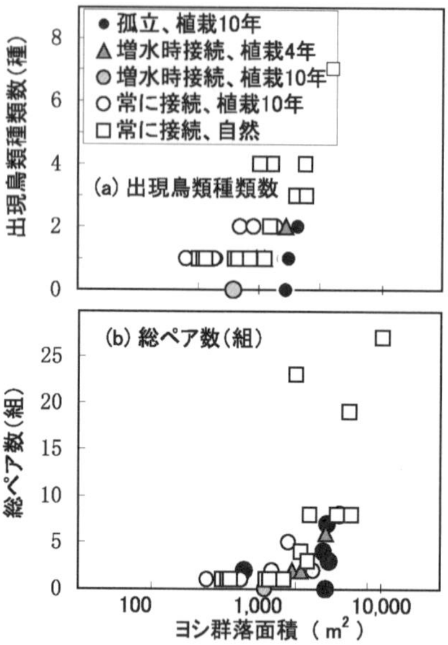
● 孤立、植栽10年
▲ 増水時接続、植栽4年
● 増水時接続、植栽10年
○ 常に接続、植栽10年
□ 常に接続、自然
(a) 出現鳥類種類数
出現鳥類種類数（種）
0
2
4
6
8
(b) 総ペア数(組)
総ペア数(組)
0
5
10
15
20
25
100
1,000
10,000
ヨシ群落面積（m²）

図 3.16　群落規模と生息鳥類の種類・ペア数（文献 37 のデータを元に図化）

が，河川では魚類・貝類・爬虫両生類・昆虫類が，人工域（水路・水田他）では水草が，特にその保全対象となっている．

これらを保護するうえでは，規模も重要である．浜端ら[41]は琵琶湖の内湖群について，その面積と貴重植物確認種数との関係を検討し，種多様性保持にとってその規模が重要なことを指摘している．一方，ヨシ群落においても，その規模とペア数・種類数との間に図 3.16 の関係[21]が見いだされている．本調査は，面積，天然・植栽，ヤナギ有無などが異なる 29 のヨシ群落で実施されたが，天然か植栽かはあまり関係せず，ヨシ群落の規模増大で，種類数，ペア数とも増加することを示した．開水面との接続も重要で，孤立化した湿地では出現種数が明らかに小さい．ヤナギの影響は明確ではないが，規模の大ききところほどヤナギは多く，系の多様性を増す意味で重要と考えられる．なおオオヨシキリのなわばりは千曲川で 450〜2060 m^2（平均 860 m^2）と報告されている[22]．蓮尾[23]は，繁茂したヨシ群落は，その内部での移動が困難なため水鳥にはあまり好まれず，むしろ開水面もヨシも沈水植物もある変化に富む系がよいと述べている．多くの鳥類はその摂食と就塒（しゅうじ，塒（ねぐら）に就（つ）くこと）とを使い分けて湿地を利用している．表 3.10 に示すように，ガン・カモ類の大半は，摂食と就塒の場所が異なっている．

表 3.10　代表的なガン・カモ類の越冬期の利用環境

	牧草地	畑	水田	林縁の岸	河岸裸地	湖岸裸地	抽水植生	沈水植生	海岸岩礁	開放水面
ハクチョウ類			×		○	○	×	×		○
マガン，亜種ヒシクイ	×		×							○
亜種オオヒシクイ	×	×	×			○	●	×		
マガモ，コガモ					○	○	○			×
ヒドリガモ，ヨシガモ				○			○	×	×	
キンクロハジロ										●
ウミアイサ，カワアイサ				○	○					×

×：採食環境，○：就塒環境，●：採食・就塒環境．

藤原ら[24]はヨシ群落の役割をニゴロブナの生育観点から調査し，高 DO を好む本種があえて DO 濃度の低いヨシ群落に集積すること，ヨシがこの魚種の生育場として重要な役割にあると述べている．この状況はヨシ群落先端ではみられず，ニゴロブナが好む環境創生では，一定幅以上の奥行きが必要である[25]．さらにニゴロブナの稚魚を沖合・砂浜・ヨシ群落で放流し，生残率を調べる実験を行い，ヨシ帯の捕食バリアーとしての機能を検証している[27]．

3.4.4　湿地の喪失と現状

現在，全世界で広義の湿地の割合は 15%，狭義の湿原（湿原，沼沢地など）は約 6%といわれる[13]．湿地は，元来，地球上，平野部の大半を占めいていたと考えられる．人類の歴史は，その湿地を排水・埋立・灌漑し，町や農地と改変してきた過程ともいえる．

南・東・東南アジアでは現在 1200 万 km^2 の湿地が存在し，その 80%以上が，インドネシア，中国，インド，パプアニューギニア，バングラディッシュ，ミャンマー，ベトナムの 7 か国にある[26]．主要なタイプは，マングローブ林，湿原，淡水冠水樹林，森林性泥炭地，沼沢地，サンゴ礁群，天然湖沼，水田である[26]．

米国の全 50 州（総地表面積 930 万 km^2）では，1780 年代には国土の 17%（160 万 km^2）が湿地であったが，1980 年代末までに 47 万 km^2 の湿地を喪失し，その割合は 12%に低下した[28]．特にはカリフォルニア州では湿地の 91%を損失した（湿地面積割合が 4.8%から 0.4%に低下）．一方，アラスカ州では全面積の 45%である湿地はほとんど維持されている．湿地の損失場所は，農地域が 80%，森林域が 10%，都市域が 5%で，その原因には，生物学的改変（放牧他），化学的改変（栄養塩負荷増加，

表 3.11 日本の湿地の特徴

			北海道	東北	関東	中部	近畿	中四国	九州	合計
国土地理院[29]	総面積(万km²)		7.8	6.4	3.6	5.3	3.3	5.1	4.2	35.7
	湿地箇所数		114	109	45	51	19	4	41	383
	湿地(km²)	明治大正	1772	175	110	30	7.2	2.9	14	2111
		現在	709	42	41	12	5.2	1.4	11	821
環境省湿地500登録地[11]	箇所数		61	66	52	79	54	63	143	500
	淡水域	高層湿原	22	19	5	10	3	0	1	60
		中間湿原	5	4	3	5	5	5	2	28
		低層湿原	13	8	1	6	6	4	2	40
		雪田草原	1	15	1	5	0	0	0	21
		地下水・湧水地	2	1	2	7	5	7	11	36
		湖沼	18	19	10	12	4	5	7	75
		河川	15	4	2	9	5	4	30	79
		水路・水田地	2	5	5	8	8	9	12	50
		その他	2	1	5	6	2	6	8	30
	汽水域(干潟他)		12	8	6	4	12	11	28	80
	海域(藻場他)		15	13	13	19	9	27	80	175

表 3.12 日本における主要な湿地(過去と現在)

湿地名(県)	明治・大正時代 面積	順位	現在 面積	順位
釧路湿原(北海道)	33739	1	22656	1
サロベツ原野(北海道)	12250	2	6043	4
根釧原野湿地群(北海道)	11278	3	8626	3
別寒辺牛川流域湿地(北海道)	9618	4	10825	2
石狩川小湖沼群(北海道)	8619	5	66	80
屏風山湿地群(青森)	1541	19[*1]	158	45
印旛沼周辺湿地(千葉)	962	26[*2]	228	35
尾瀬ヶ原(福島・群馬・新潟)	452	49[*3]	849	14[*2]
渡良瀬遊水池(栃木・群馬他)	348	55	1967	6[*1]
山下池・小田の池湿地(大分)	31	130[*3]	0	—
仲間川湿地(沖縄)	0	—	155	47[*3]

面積は ha, 順位は日本全体.
[*1], [*2] は各北海道以外の国内 1 位, 2 位. [*3] は西日本 1 位.

有害物流入他),物理的改変(埋立,干拓,流路変更他)が関係したが,特に農業活動に伴う物理的改変(湿地干拓)が大きく影響した.

日本での湿地の喪失は,平安時代の荘園開発以前より始まり,関東以西ではその記録が残る以前に大半が喪失した.国土地理院は,明治・大正時代(1886~1926年)作成の地図と最近(1975~1997年)作製の地図を比較し,湿地面積の変化を定量している[29].表 3.11 に示すように,百年前の日本の湿地総面積は 2110 km²(国土の 0.6%)で,北海道が 1770 km² で 86% を占め,次いで青森,宮城が続き,東北地方全体で 8% となっている.関西以西には湿地はほとんどなく(陸地面積の 0.02%),合計しても全国の 1.1% である.最近の 70~90 年間で北海道の湿地も大きく減少し,湿地の面積割合が 2.3% から 0.9% に低下している.東北地方も減少が著しく,東北 6 県での湿地面積は 175 km² から 42 km² に減少している.個別の湿地の変化を表 3.12 に示す.百年前は釧路湿原が 337 km² で最大であり,北海道以外では屏風山湿地群(青森県)が 15 km² で最大であった.現在は,釧路湿原の 227 km²,別寒辺牛川流域湿地の 108 km² 順で,北海道以外では,渡良瀬遊水池が 20 km² で全国 6 位となっている.

上記は,湿原など狭義の湿地を集計したものであり,湖沼や河畔などは含まれていない.国立環境研究所は,湿地総面積を 6500 km² と推定し(国土の 1.7%),内訳として広い順位に淡水湖沼(1300 km²),低層湿原(1100 km²),汽水湖沼,湿原,河畔,塩生湿地,マングローブ林,高層湿原,河口域,中間湿原,湧水湿地,水田・雪田草原,その他,ため池,休耕田を示している[32].湿地には各種のタイプがあるが,その分布には地域的な特徴がある.先の表 3.11 には,地域別に登録地のタイプをまとめているが,湿原は北海道・東北で,湧水地・河川は九州で多くみられる.なお,水田も湿地として計算すると,日本の湿地面積は約 9% に増加する.

3.4.5 湿地の役割と保護

元来の湿地は,未利用かつ平地部に存在したため無用の場所として評価され,さらに場所によってはカやハエなどの病原菌媒介昆虫類や硫化水素の発生など[3]の理由により,早急に除去すべき対象として考えられてきた.しかし,その後,①洪水の被害軽減(貯留・遅延・土砂沈殿),②生物の育種(希少種・絶滅危惧種保護,水鳥・野生動物生育,魚介類育成),③レクリエーション(野生生物ウォッチング,キャンプ,釣り),④食料・木材生産(湿性植物採取・養殖・木材供給),⑤景勝・歴史的・考古学的価値保存,⑥環境学習・教育,⑦水質改善(ノンポイント負荷削減),⑧地域気候緩和,など多くの機能が評価されるようになってきた[7,13,28].

このような観点から,各種の機関が積極的に湿地の保全を試みるようになってきた.その国際的動きの一つがラムサール条約である.

ラムサール条約の正式名称は,「特に水鳥の生息地として国際的に重要な湿地に関する条約」(Convention on Wetlands of International Importance especially as Waterfowl Habitat)であり,イ

■ 場   3. 湿　地

表 3.13　ラムサール条約登録地となるための基準

基準 1：	自然度が高い代表的，希少または固有な例を含む湿地
基準 2：	絶滅危惧種など貴重種のある生態学的群集を支えている
基準 3：	生物多様性維持に重要な動植物種の個体群を支えている
基準 4：	重要な生活環段階や悪条件期間中に動植物を支える場
基準 5：	定期的に 2 万羽以上の水鳥を支える場合
基準 6：	水鳥の一種または種の個体群で，個体数の 1% を支える
基準 7：	固有な種や湿地を代表する魚類個体群を相当割合維持
基準 8：	魚類の重要な食料，産卵場，生育場，回遊経路の場

ランの Ramsar で 1971 年 2 月 2 日に決議されて 1975 年 12 月 21 日に発効となった．全世界では 2004 年 5 月 14 日現在，加盟国 142 か国，1365 地区，合計 121 万 km^2 の面積（全陸地の 1% 弱）になっている[1]．日本は 1980 年に釧路湿原の登録とともに加入し，現在 13 地区が登録されている．ラムサール条約は，ヨーロッパでの国際的水鳥保護ネットワーク作りがきっかけといわれ[30]，その経緯から，はじめは水禽生息地保護に重点が置かれた．しかしその後，魚類に関する基準の追加・生物地理区分ごとの代表湿地指定など，湿地版生物多様性条約へと変化を続けている[31]．表 3.13 にその登録のための条件を示す．本条約は，①登録湿地の保全・適正利用の促進のための計画作成と実施，②すべての湿地に自然保護区を設けることによる湿地と水鳥の保全促進と保護区監視，③湿地に関する研究と広報，④湿地管理者の育成，などを締結国に要請し[1]，その保護を推進している．

米国では，Clean Water Act 404 条，Conservation Reserve Program，Agricultural Wetland Reserved Program など各種湿地復元プログラムが進められている[28]．その内容・方法は，①水文の過去の状態への復帰（流入の再開・排水システムの停止，過度の氾濫流流入抑制），②地形再構築，④汚染物負荷抑制，④在来生物相の復活，である．

日本では，先に示した湿地 500 のように，湿地を見直す動きとともに，「自然公園法」など既存および新設の法律でその保護が試みられている．「自然公園法」（1957 年制定）は自然公園として，国立公園（国土の 5.4%），国定公園（同 3.5%），都道府県自然公園（同 5.2%）を定義し，それらの地域での開発などの規制，環境の保全を推進している[38]．釧路湿原の 270 km^2 は 1987 年に国立公園として指定されている．「自然環境保全法」（1972 年制定）は自然環境の適正保全の総合的推進を目的に，原生自然環境保全地区などを指定し，そこでの開発行為を制限するものである[39]．これら保全地区の採用要件は湿地を含みうるものではあるが，原生林や天然林が主体であり，湿地の指定は若干にとどまる[38]．「絶滅のおそれのある野生動植物の種の保存に関する法律」（1992 年制定）は，希少動植物とその生息地を保護する法律である．その保護・管理地区として現在，7 か所が指定されているが，うち 3 か所は，湿地 500 での指定場所である．「鳥獣保護及狩猟の適正化に関する法律」（2002 年制定）の前身は，1895（明治 28）年制定の「狩猟法」である．元来は，狩猟の適正化を定めたものであったが，現在は鳥獣保護が主目的である．2001 年 3 月現在，54 か所 4932 km^2（国土の 1.3%）が本法律の国設鳥獣保護区に指定されている[40]．「自然再生推進法」（2002 年制定）は，自然再生の施策を総合的に推進し生物多様性確保を通じて自然と共生する社会実現を目的としている．その対象として"河川，湿原，干潟，藻場，里山，里地，森林その他"を明示しており，湿地はその重要対象となっている．

〔藤井滋穂〕

文　献

1) Convention on Wetlands of International Importance especially as Waterfowl Habitat（1971.2 発行，1882.12 および 1987.5 改正）
http://ramsar.org/key_conv_e.htm
2) Willian J, Mitsh G, James G and Gosselink eds.（2000）: Wetlands, 3rd ed, John Wiley & Sons.
3) Horne AJ and Goldman CR（1994）: Limnology, 2nd ed, McGraw‐Hill.
4) 八杉竜一，小関治男，古谷雅樹，日高敏隆（1998）: 岩波生物学辞典第 4 版 CD‐ROM 版，岩波書店.
5) 斎藤員郎（1977）: 8.6 湿原．群落の分布と環境，植物生態学講座Ⅰ，石塚和雄編，pp.242‐261，朝倉書店.
6) http://db.gakken.co.jp/jiten/ma/603500.htm
7) 角野康郎，遊磨正秀（1995）: ウェットランドの自然，保育社.
8) 河野昭一（1998）: 中池見湿地の生物多様性と保全の意義．日本生態学会誌，**48**: 159‐161.
9) 角野康郎（1998）: 中池見湿地の植物相の多様性と保全の意義．日本生態学会誌，**48**: 163‐166.
10) 吉川正人（2001）: 河川に沿ったヤナギの分布はどうしてきまるか？　植物環境学—植物の生育環境の謎を解く—（水野一晴編），古今書店.
11) http://www.sizenken.biodic.go.jp/wetland
12) 宮林泰彦（1999）: 東アジアガンカモ類ネットワークの発足とその意義．琵琶湖研究所所報，**18**: 104‐109.
13) 辻井達一（1993）: 湿地—その現在と将来—．環境情報科学，**22**（2）: 7‐13.
14) 戸刈義次（1975）: [新版] 日本原色雑草図鑑，p.281，全国農村協会.
15) 佐竹義輔，大井次三郎（1982）: 日本の野生植物，草

16) 吉良竜夫（1990）：ヨシの生態おぼえがき．滋賀県琵琶湖研究所所報，No.9：29-37．
17) 桜井善雄（1990）：抽水植物群落復元技術の現状と課題．水草研究会全国集会講演．
18) 倉田 亮（1993）：ヨシの浄化機能．水情報，13（3）．
19) 梅原 徹，栗林 実，永野正弘，小林圭介（1991）：琵琶湖・淀川水系の低層湿原植生，滋賀県自然誌 滋賀県自然環境財団．
20) 梅原 徹（1996）：原野と貴重植物，シンポジウム記録（農山村地域の生物と生態系保全），pp.427-437．
21) 中村宣彦，山下祥弘，北牧正之（1993）：琵琶湖におけるヨシ植栽．ダム工学，No.9：66-76．
22) 桜井善雄（1992）：湖岸，河岸の自然環境．水環境学会誌，15（5）：282-290．
23) 蓮尾純子（1994）：水鳥と水辺環境づくり．水環境学会誌，17（8）：492-496．
24) 藤原公一，臼杵崇広，小林 徹，水谷英志（1995）：琵琶湖の固有種にゴロブナ *Carassius auratus grandoculis* を育む場としてのヨシなど植物群落の重要性．環境システム研究，23：414-419．
25) 藤原公一（1996）：ニゴロブナの発育の場としてのヨシ群落の重要性．シンポジウム記録（農山村地域の生物と生態系保全）．
26) Asian Wetland Bureau（1993）: Present Status of Wetlands in the Asian Region. 環境情報科学，22（2）：37-46．
27) 藤原公一，臼杵崇広，根本守仁（1997）：ニゴロブナ資源を育む場としてのヨシ群落の重要性とその管理のあり方．琵琶湖研究所所報，No.16：86-93．
28) 浅野 孝，大垣眞一郎，渡辺義公監訳（1999）：水環境と生態系の復元―河川・湖沼・湿地の保全技術と戦略―．技報堂出版．
29) http://www1.gsi.go.jp/geowww/marsh/index.html．
30) 山下弘文（1993）：ラムサール条約と日本の湿地―湿地保護と共生への提言―，信山社サイテック．
31) 安藤元一（1999）：ラムサール条約登録湿地として見た琵琶湖．琵琶湖研究所報告，18：116-122．
32) 国立環境研究所（2003）：干潟など湿地生態系の管理に関する国際共同研究（特別研究）（平成10～14年度）．国立環境研究所特別研究報告，SR-51-2003．
33) 国立環境研究所（1997）：湿地の環境変動に伴う生物群集の変遷と生態系の安定維持機構に関する研究（平成3～7年度）．国立環境研究所特別研究報告，SR-22-'97．
34) 桜井善雄（1988）：水辺の緑化による水質浄化．公害と対策，24（9）：899-909．
35) 宗宮 功編著（1990）：自然の浄化機構，技報堂出版．
36) 湯浅岳史（1997）：琵琶湖北湖における水質因子の変化特性把握，京都大学大学院環境工学専攻修士論文．
37) 須川 恒（1999）：水鳥を通して知る琵琶湖周辺の注目すべき湿地の存在とその保全．琵琶湖研究所所報，18：97-103．
38) 櫻井正昭（1993）：わが国の湿地保護政策の現状と課題．環境情報科学，22（2），19-125．
39) 環境法令研究会編集（2003）：環境六法―平成15年版―，中央法規．
40) http://www.sizenken.biodic.go.jp/wildbird/flash/hogo/hogoku.html
41) 西野麻知子，浜端悦治編（2005）：内湖からのメッセージ，pp.66-68，サンライズ出版．

3.5 人工湿地生態系の回復・創出の事例

▷ 3.2 干潟生態系
▷ 3.3 藻場生態系
▷ 3.4 湿地生態系

3.1節で述べたように，湿地生態系はきわめて重要な生態系と認識されるようになった．このため，わが国のみならず，諸外国でもその保全や再生の試みが数多く行われるようになってきた．ここでは，わが国と諸外国に分けて，湿地の再生事例を紹介する．

3.5.1 日本での湿地における再生事例

日本での湿地再生の事例は，そのほとんどが補償措置を目的としたミティゲーション事例である．ここでは，内陸の湧水湿地と海域の干潟・アマモ場の事例を取り上げ，その現状を紹介する．

a．内陸でのミティゲーション事例

湿地の保全と復元は，北海道釧路湿原，岡山県鯉ヶ窪湿原，愛知県葦毛湿原など各地でみられ[1,2]，最近では，特定の事業による影響を緩和するミティゲーション事業も報告されている[3-5]（表3.14）．

茨城県ひたちなか市での沢田湧水湿地の事例では，港湾事業によって湿地の水位低下が予測されたことから，これによって消滅する湿地性生物の移植が計画された．緊急措置として，地下水位の保全が図られたが，移植前に港湾事業による水位低下が進んだため，港湾計画を見直して緑地保存する考え方が浮上した[4]．福井県敦賀市の中池見湿地の事例では，湿田地帯でのLNG基地の建設に伴い，事業計画地の一部を環境保全エリアとして残し，貴重植物の移植，田起こしや除草などの管理により，湿田特有の多様な生物の保全を図ろうとした．試験的に実施された維持管理では，多様な植物群落の成立と，多数の種の生息が確認された[3]．しかしながら，生態学的に未知な部分が多く，計画の実施による影響が危ぶまれるなか[5,6]，事業者から計画の中止が発表された．岡山県自然保護センター湿生植物園の事例は，もともと水田であった所に湧水湿地を整備し，ゴルフ場建設によって消滅する湿生植物を移植した

場　　3. 湿　　地

表3.14　内陸湿地におけるミティゲーション事例

	名　称	所在地	規模	特　徴	完成年	用　途	事業効果	資料
1	国営ひたち海浜公園	茨城県	—	沢田湧水湿地の生物を移植	—	港湾事業に伴うミティゲーション	・移植先ができる前に移植元の湿地の水位が低下し，移植と水位上昇の応急措置を実施 ・代償から回避への転換の検討	4
3	中池見湿地環境保全エリア	福井県	約10 ha（環境保全エリア）	・埋土種子や植物体を含む移植元の表土を移植 ・湿田での田起こしや草刈りなどの管理を実施	1998～	LNG基地建設に伴うミティゲーションと放棄水田の生物相保全	維持管理試験によって多様な植物群落の成立と多種の動物を確認	3,5,6
2	岡山県自然保護センター湿生植物園	岡山県	約0.8 ha	・水田にマサ土を敷き，湧水湿地の湿生植物を移植 ・水の管理，草刈りなどの定期的な管理を実施	1991	ゴルフ場建設に伴うミティゲーション	・移植後3年を経過し，移植元と同じ種類の植物を確認 ・構成種が異なる種類が生育	3,7

ミティゲーションである．湿生植物園では，水の管理や除草などの維持・管理が行われ，移植後3年を経過し，移植元の湿地植生と同じ種類の植物が確認された．その一方で，本来湿原に生育していない植物の増加もみられ，現在，モニタリングが続けられているところである[3,7]．

湿地性の生き物は，水位の低下による乾燥化，水質の悪化，周辺森林の被陰増大によって影響を受け，これらの環境変化に伴って遷移の進行や生物相の変化を招く[2]．このため，湧水湿地などでのミティゲーションは，その後も水位の確保や除草・伐採などの定期的な管理が必要となる．

b. 海域でのミティゲーション事例

1）人工干潟　人工干潟は全国で40か所以上を数え，その多くは関東以西の内湾域に集中する（表3.15）．葛西海浜公園，検見川，稲毛の浜，幕張の浜，五日市人工干潟などでは，砂の流出や浸食，地盤沈下などが起こり，砂を補給するなど，定期的な管理が行われている．このような人工干潟では，底生生物などは安定せず，立地する場所によっては検見川，稲毛の浜などのように，青潮による魚類のへい死も報告されている[11,14]．横浜港金沢・海の公園に造成された人工干潟では，アオサの回収事業が毎年行われているが，アサリの資源量は近傍の自然海浜よりも高く，魚類相は自然海浜の水準にまで達している[17]．東京都野鳥公園の場合，底生動物の生息量は良好な回復をみせ，多様な生物相を示している．ただし，前浜干潟での砂質化や内陸干潟での泥質化など，干潟環境は少しずつ変化し，これに伴って生物も遷移を続けているようである[13]．広島県廿日市市地御前の人工干潟では，造成後1年程度で細砂泥の比率が自然干潟に近づき，干潟生物の種類数，個体数ともに自然干潟の水準にまで回復した[18]．現在，干潟造成後30年を経過するが，潜堤によって底泥が安定化した場所では干潟生物は豊富で自然干潟に近くなっている[19]．尾道市百島地区・海老地区に造成された人工干潟では，当初，圧密沈下や浸食などがあったが，底質や地盤が安定化したここ数年はアマモ場の分布がみられ，底生動物もハクセンシオマネキなどの貴重生物が生息するなど，自然干潟と変わらぬ多様性が維持されている[20]．このように，干潟生物の多様性や豊富さは，干潟環境の安定性と関連が認められ，地盤や地形の安定化が自然干潟に近い生態系を形成するうえで重要なことがうかがえる．

2）アマモ場再生　アマモ場の再生には，移植や播種による海中緑化的な事例と地盤の嵩上げや防波堤建設などの土木工事を伴う事例とがある[28]（表3.16）．海中緑化的な事例としては，香川県観音寺市，岡山県日生町，広島県東野町などでの事業があり，岡山県日生町では播種などにより広大なアマモ場が形成された．一方，土木的な環境改善を行った事例には，熊本県天草町樋合島，広島市似島二階，広島県江田島町，下蒲刈町大地蔵などでの事業が知られる．熊本県天草町樋合島，広島市似島二階および広島県江田島町では，地盤の嵩上げによってアマモの生育に必要な光量を確保し，アマモの移植が行われた．熊本県樋合島と広島市似島二階では，アマ

3.5 人工湿地生態系の回復・創出の事例

表 3.15 代表的な干潟造成事例の概要

	名　称	所在地	規　約	完成年	用　途	事業効果	資料
1	合浦海岸養浜	青森県	約 4.2 ha	1979	養浜		8
2	大洗海岸養浜	茨城県	6.9 ha	1984〜	養浜		8
3	東京港野鳥公園	東京都	26.6 ha	1993	野鳥園	・多くの鳥類が飛来 ・底生動物の良好な回復	8, 9, 10
4	葛西海浜公園	東京都	428 ha	1988	レクリエーション(西なぎさ),サンクチュアリー(東なぎさ)	・年間 140 万人の利用 ・1981 年より野鳥増加 ・干潟生物増加するも不安定	3, 8〜14
5	稲毛の浜	千葉県	24 ha	1975	自然海浜への復帰, 環境浄化,浸食防止	・安定した利用者 ・干潟生物は種類数, 現存量とも貧困	11〜13
6	検見川の浜	千葉県	16.9 ha(干潮時)	1989	レクリエーション	・潮干狩り, 海水浴場などに利用	8
7	幕張の浜	千葉県	41.5 ha	1975	レクリエーション	・海水浴などに利用されていた ・マクロベントス年を追って増加	8, 13
8	横浜港金沢・海の公園 (八景島海浜公園)	神奈川県	46 ha	1980	魚介類の生息, 潮干狩り等レクリエーション	・海水浴場, 潮干狩りに利用 ・アサリなど多くの生物が生息	3, 8〜10, 13
9	渥美郡福江湾人工干潟	愛知県	—	1982	アサリの養殖場		8
10	蒲郡地区シーブルー事業	愛知県	30 ha	1998	潮干狩り, 景観, 海域環境に配慮	・多様な生物相の回復, 増加傾向	3, 8, 9
11	名古屋市第 5 区緑地海浜	愛知県	32 ha	1996	レクリエーション	・底生生物は対岸の新舞子海岸の種類・量を上回る(中間報告)	8
12	和田海岸養浜	福井県	養浜延長：800 m 養浜幅：45 m	1974〜	養浜		8
13	大阪南港野鳥園	大阪府	12.8 ha (干潟部)	1983	野鳥園	・多くの鳥類が飛来 ・多数の来園者 ・地盤沈下や海水導入により鳥類に変化	8, 10
14	淡輪・箱作海岸養浜	大阪府	13.6 ha	1990	養浜		8
15	松江養浜	兵庫県	約 0.9 ha	1977	養浜		8
16	須磨海岸	兵庫県	1.4 km	1988 (第Ⅰ期)	海水浴場	・海水浴客おおむね 80〜90 万人	8, 10, 13
17	西宮市甲子園浜海浜公園	兵庫県	7.3 ha (海浜)	1994	レクリエーション(水遊び場)	・家族連れなどで賑わう	8
18	津田港海岸浸蝕対策	香川県	—	1998	浸食対策, 養浜		15
19	水島港海岸沙美地区海浜	岡山県	約 4.2 ha	1989	レクリエーション(海水浴場)	・海岸利用の増大	8
20	鳥取港人工海浜	鳥取県	約 1 ha	2008 予定	レクリエーション(海水浴場)		8
21	福山市竹ヶ淵人工干潟	広島県	12.6 ha	1975	アサリ, オオノガイ繁殖場	・アサリ, オオノガイ, ウミタケなど増殖	8
22	尾道市百島人工干潟	広島県	12 ha	1982	港湾浚渫土処理と有効利用		8
23	広島市似島深浦人工干潟	広島県	1.9 ha	1978	カキの種苗抑制場	・カキ種苗抑制	8
24	広島市似島二階人工干潟	広島県	2.5 ha	1989	アサリ漁場, 潮干狩り, アマモ場造成	・貝類, カニ類, 稚魚などの養殖	8
25	五日市人工干潟	広島県	23.9 ha	1990	鳥類の保護	・地盤沈下, 河口部堆砂, 沖合浸食 ・干潟生物量は 1996 年以降低水準 ・ガン・カモ類は, 造成後 2 か年は良好であったが, その後徐々に減少	8, 13
26	江田島町鷲部人工干潟	広島県	約 4.3 ha	1976	ガザミの幼稚仔育成場		8
27	厳島海岸養浜 (宮島町包ケ浦)	広島県	4 ha	1974	養浜	・レクリエーション(海水浴場)利用	8
28	廿日市市地御前人工干潟	広島県	約 6.8 ha	1974	カキの種苗抑制場	・生物回復, カキの種苗抑制など	8

89

■場 3. 湿　　地

29	宮島町大江浦人工干潟	広島県	約8 ha	1973	カキの種苗抑制，アサリ漁場	・カキの種苗抑制，アサリ生産など	8
30	厳島港シーブルー事業	広島県	約3.9 ha（盛砂干潟部）	1991	白砂青松の海浜	・観光客の利用 ・生物の増大	8, 10, 13, 16
31	光市虹ケ浜海岸	山口県	1 ha	2003	レクリエーション（海水浴場）	・レクリエーション（海水浴場）利用	8
32	防府市西浦人工干潟	山口県	20 ha	1982	アサリ増殖場		8
33	山口市嘉川人工干潟	山口県	61 ha	1982	アサリ増殖場		8
34	百道地区養浜	福岡県	養浜延長：976 m 養浜幅：177～190 m	1986	養浜		8
35	行橋市稲童地先干潟	福岡県	1.7 ha	1985	増殖場		8
36	松浦市志佐町人工干潟	長崎県	0.4 ha	1975	クルマエビの増殖場	・3回土砂補給	8
37	長崎市飯香ノ浦町人工干潟	長崎県	0.5 ha	―	クルマエビの増殖場	・2年に1回土砂補給	8
38	玉名地区人工干潟	熊本県	67.5 ha	1982	アサリ増殖場	・土砂補給なし	8
39	出水市人工干潟	鹿児島県	2 ha	1989	クルマエビの増殖場	・2年に1回土砂補給	8
40	具志川市人工干潟	沖縄県	約3.3 ha	1994	トカゲハゼ生息地創造	・トカゲハゼなどの多くの生物が確認	8
41	エキスポビーチ養浜	沖縄県	4.2 ha	―	養浜		8

表3.16　代表的なアマモ場再生の実施事例の概要

	所在地	規模	特徴	実施年	用途	事業効果	資料
1	香川県観音寺市室本	50 m² （播種） 23 m² （移植）	・移植（ムシロ） ・播種（テープシーダー）	1983	造成試験	・播種後減少傾向 ・移植後3か月で20%程度に減少	21
2	香川県観音寺市室本	―	フェンス設置による移植（縄固定），播種	1987	造成試験	・種子は漂砂により早い時期に消失 ・移植草体はアオサの堆積により枯死	22
3	岡山県日生町	―	・播種（ばらまき） ・アマモ場であった場所 ・ゼオライトなどによる底質改善	1985～	アマモ場造成	1985～1997年の播種で8 ha以上回復	23
4	広島県尾道市百島	216 m²	移植（ムシロ）	1980～1983	ミティゲーション	1980年に水深0m付近に移植したアマモが3年後も群落として点在	24
5	広島県東野町	800 m²	移植（ムシロ）	1984	ミティゲーション	1年後消失	24
6	広島県大崎町	495 m²	移植（ムシロ）	1984	ミティゲーション		24
7	広島県下蒲刈町大地蔵	2000 m² 20 株/m²	・将来的な静穏化を見込み建設中の防波堤の内側に移植 ・移植（20 株/m² ポット）	1999	ミティゲーション（道路拡幅）	2年後アマモ場面積が2倍以上に拡大	25
8	広島県倉橋町	150 m²	移植（ムシロ）	1985	ミティゲーション		24
9	広島県江田島町	300 m²	人工干潟に移植（ムシロ）	1983	ミティゲーション	養生が認められたとされるが，分布面積，密度は不明	24
10	広島市南区似島二階	1000 m²	・嵩上げ地（人工干潟） ・移植（20 株/m²：粘土固定）	1991	漁業振興	・1年後1.5倍に増加，繁茂域拡大 ・放流したクロダイの稚魚，イカの産卵確認	26
11	山口県玖珂町	150000 株等	移植（小石固定）	1965～1966	アマモ場造成	水中照度が低く，浮泥の堆積が顕著で移植後すべて消失	27
12	熊本県松島町樋合島	1900 m²	・嵩上げ ・移植（25 株/m²：粘土固定）	1991	ミティゲーション（人工干潟）	・2年後が2倍以上に株数増加 ・メバルなどの魚類の生息，アメフラシ，アオリイカの産卵，ハゼ科などの稚魚を確認	26

モの増加や分布の拡大が認められ，魚介類の産卵や生育なども確認されている．広島県江田島町でも，人工干潟に移植したアマモが残存したとの報告がある．広島県下蒲刈島町大地蔵では，将来的な海域の静穏化を見込み，建設中の防波堤の内側海域においてアマモの移植が行われた．移植したアマモは，2年後には面積が2倍以上に拡大した[25]．これらの事例では，いずれも移植が行われているが，千葉県勝浦市興津漁港では人工リーフの建設によって静穏となった海域に1 ha規模のアマモ場が自然形成された[29]．アマモ場の形成と維持には，種子の供給源があり，その種子を供給しうる水理条件にあることと，供給された場所がアマモの生育に適した環境にあることが重要である[30,31]．種子の供給が確保される場所では，環境改善だけでアマモ場の形成が可能なことを示している．

3.5.2 海外における湿地回復・創出事例

米国は現在，湿地修復・創出事業の最も進んだ国であり，カリフォルニア沿岸，サンフランシスコ湾などでの著しい面積の湿地生態系の消失に伴い，1970年代には生息場（habitat）の創出，修復という概念が形成され，政策的に実行されるようになった．

ヨーロッパでも沿岸湿地の埋立は過去何百年にもわたって行われてきており，主たる埋立は，特に黒海南部の沿岸低地で行われ，英国の河口域では潮間帯の泥質干潟がほとんどなくなり，フランスのブルターニュ地方の沿岸湿地は1960年から40％が破壊された[32]．このため，湿地の創出・修復が注目されるようになり，最近では生息場の創出・修復事業の実施は一般的になりつつあり，地球温暖化による海面上昇率の増大が予測されることによって付加的な推進力が与えられている[33]といわれている．

韓国でも約24万haの干潟のうち，最近10年程度の間に約30％が消失[33]していることから，欧米や日本における湿地修復事業に関心がもたれており，海洋研究所（Korea Ocean Research & Development Institute：KORDI）では実証実験[34]に取り組んでいる．

欧米における湿地回復・創出事業の特徴的な事例を表3.17に示した．

米国では湿地の"no net loss"を目標にミティゲーション制度のもとで湿地の回復・修復事業が行われてきたが，初期の段階の事業のほとんどは成功していないともいわれ，制度のあり方，成功・不成功の判定について議論がなされるようになった．表3.17に示したアッパーニューポートベイの事例は，南カリフォルニアで最初のミティゲーション事業となり，オフサイトで行われたことで成功し，ロングビーチ港開発におけるミティゲーションバンクのとりかかりとなった．ニューハンプシャー港のミティゲーション事業は成功判定基準の確立を条件に行われたもので，1995年の事業完了後15年間のモニタリングが計画され，順応的管理の好例である．また，サンフランシスコ湾ソノマベイランズ（Sonoma Baylands）の湿地修復事業は，米国西海岸で実施された環境修復事業の先進的な事例として注目されており，浚渫土砂の有効利用，希少生物の生息場の回復を目標とした明確な目標設定，事業後20年間のモニタリングなど，順応的管理による事業の例として代表的である．

英国では1994年に始まったHabitat Schemeに基づき，農業・水産・食糧省（MAFF）によって管理型養浜事業が進められてきたが，最近では生息域創造事業として沿岸域の機能を再生する目的で行われている[32]．特に河口部での潮汐や波の力に対応する機能が潮間帯の消失によって著しく損なわれ，埋立によって失われた地域における回復が利用者に便益を提供できると考えられている[35]．表3.17の英国の2事例はいずれも浚渫土砂の有効利用によるもので，生息場の回復とともに防護の目的も有している．

ヨーロッパの大西洋岸の港は河口港として発達した例が多く，オランダのロッテルダム港やフランスのル・アーブル港が代表的である．ル・アーブル港はセーヌ川河口の西北端に位置し，周辺は泥質干潟や湿地など多様な自然に恵まれたところであるため，港湾整備計画にあわせた環境保全・修復計画が策定されている．ここでの特徴は河口水理をふまえた土砂堆積の制御とそれに伴う湿地やさまざまな生息場の創出である．

ルーマニアでは広大なドナウ川の河口デルタにおける干拓地の老朽化に伴い，比較的早い段階に旧堤防を開削してデルタの湿地を修復する事業を実施しており，現在はラムサール登録湿地となっている．

以上の事例から，今後の湿地回復・創出事業において重要であると考えられる点を以下に挙げる．

・順応的管理：すでに日本でも一般的な概念となっており，この概念に基づく体系によって環境回

3. 湿地

表 3.17 海外の干潟・沿岸湿地（mudflat, tidal flat, tidal marsh, coastal wetland 等）の造成、修復事業の事例

国名	名称	所在地	事業のタイプ	規模	完成年	目的	効果	資料
米国	アッパーニューポートベイ	カリフォルニア州、オレンジ郡、Newport Beach	自然のものと人為的な影響により堆積した堆積物を除去することにより、湿地における潮汐の効果を回復	約12 ha（29エーカー）	1988年	ロングビーチの埋立に伴う代償措置として、州立自然保護区の生息場として、堆積物の除去して潮汐の一画を回復し、湿地機能を回復させる	連邦の絶滅危惧種であるカリフォルニアジサギの生息場の整備だけでなく、多くの野生生物の生息場が創出され、南部カリフォルニア初のオフサイト・ミティゲーションの例となった	35
米国	ニューハンプシャー港	ニューハンプシャー州、Great Bay	・潮上帯の泥質の池の堰を除去し水路を深くすることで潮間帯泥質干潟に改善し、埋立地を掘削し、表層を清浄な堆積物に置き換え、地盤高を潮間帯に設定して潮間帯干潟を創造	約3.6 ha（9エーカー）約0.4 ha（1エーカー）	1995年	潮上帯の泥質の堰を除去することで潮間帯泥質干潟の拡張に伴う Great Bay Estuary の生息場の消失に対する代償措置として、干潟の再生とアマモ場、塩性沼沢湿地の再生	計画段階で定めた成功判定基準に基づき、修復干潟と対照干潟の比較によって成功したと判定した	36
米国	サンフランシスコ湾	サンフランシスコ湾	地盤沈下により牧草地となった干拓地を浚渫土砂の有効利用により嵩上げし旧堤防の開削（ベイランズ）に修復	336 ha	1996年	絶滅が危惧されるカリフォルニア産イリエクイナ（California Clapper Rail）およびキカアシネズミ（Salt Marsh Harvest Mouse）の生息地の修復	モニタリングにより、潮汐による水路の回復、植生の発達、動物の利用が確認されている	37
英国	パークストーンショットクラブ	Parkstone 湾, Poole Harbour	干潟造成（mudflat creation）：干潟の埋立に伴い、石積防波堤と鋼製の杭で囲んだ窪みに消失する干潟の代替干潟を造成	0.65 ha	1995年	ヨットハーバー造成に伴って消失する干潟の代替干潟の造成（replace）	元の干潟に比べて多毛類が増加し、植生は周辺と同様になり、鳥の休息や巣がみられるようになった	32
英国	オーブランドマーシュ	Blackwater エスチュアリ, St. Lawrence 湾	老朽化した護岸を開削して塩性湿地（salt-marsh）を創造	40 ha	1995年	高潮防護、鳥の越冬と繁殖地、魚の生息地の創造、パブリックアクセスの整備、汚濁改善、経費削減	植生の定着、動物の利用、通常の高潮防護に比べて 525000 ポンドの節約	32
フランス	ル・アーブル港	セーヌ川河口	河口の導流堤の開削、突堤の新設などにより水理や堆積を制御し、導流堤の内側に形成された泥質干潟（mudflat）の年間 20 ha になる湿地化・干潟化を抑制し、新たな泥質干潟・干潟の創造	300 ha 以上	2004年着工予定	ル・アーブル港の整備に伴い、最も影響を受ける恐れのある平均潮位からの高潮位の間の泥質干潟の保全	（未着手）魚類の生育場、鳥の生息場、上流からの汚染物質の貯蔵または変質等の機能を保全する	38
ルーマニア	ドナウ川河口	バビアン島、セルノフカ島（ドナウ川河口北部）	1985年と1987年にそれぞれ2つの島に干拓にて農地としたため、堤防をもって湿地を再生。1996年にセルノフカ島、1994年にバビアン島	バビアン島：2200 ha セルノフカ島：1580 ha	1994年、1996年	ドナウ川河口の湿地生態系の再生	植物、鳥、動物の生息場、魚類の産卵場や生物多様性の宝庫としての機能が回復している。黒海への除去出量が減少して富栄養化の抑制に寄与している。また土砂の保有能力も回復し、デルタと黒海ともに恩恵を受ける	39

復・創出事業が進められようとしている．

・浚渫土砂の有効利用：港湾の浚渫土砂の処分にあたり，今後海洋汚染防止の立場から有効利用の必要性はますます高くなり，その技術の蓄積が重要であると考えられる．

・土砂管理：ル・アーブル港の例にみられるように，水理学的な見地からの土砂管理は河口だけでなく沿岸の前浜型干潟でも重要であり，生息場の成立条件として今後最も重要な課題であると考えられる．
〔岡田光正・平岡喜代典・吉田和広〕

文　献

1) 中村太士（2003）：河川湿地における自然環境復元の考え方と調査・計画論―釧路湿原および標津川における湿地，氾濫源，蛇行流路の復元を事例として―．応用生態工学, **5**（2）：217-232.
2) 大澤雅彦監修（2001）：生態学からみた身近な植物群落保護, 244 pp, 講談社サイエンティフィク.
3) 森元幸裕, 亀山　章編（2001）：ミティゲーション, 354 pp, ソフトサイエンス社.
4) 日置佳之（2000）：ミチゲーションは自然環境保全の切り札になるか？ 遺伝, **54**（7）：87-92.
5) 角野康郎（1998）：中池見湿地の植物相の多様性と保全の意義. 日本生態学会誌, **48**：163-166.
6) 河野昭一（1998）：中池見湿地の生物多様性と保全の意義. 日本生態学会誌, **48**：159-161.
7) 西本　孝, 宮下和之, 波田善夫（1995）：岡山県自然保護センター湿生植物園の植生 1. 移植後 3 年目の植生. 岡山自然保護センター研究報告, **3**：11-22.
8) 運輸省港湾局環境整備課・港湾技術研究所海洋環境部（1996）：自然と生物にやさしい海域環境の創造事例集, 291 pp.
9) エコポート（海域）技術推進会議編（1999）：港湾における干潟との共生マニュアル, 138 pp, ㈶港湾空港高度化センター.
10) 港湾創造研究会（1997）：よみがえる海辺, 230 pp, 山海堂.
11) 沼田　眞, 風呂田利夫編（1997）：東京湾の生物史誌, 411 pp, 築地書館.
12) 木村賢史, 三好康彦, 嶋津暉之, 紺野良子, 赤澤　豊, 大島奈緒子（1992）：人工海浜（干潟）の浄化能について. 東京都環境科学研究所年報, pp.89-100.
13) エコポート（海域）技術推進会議編（1999）：自然にやさしい海域環境創造事例集, 249 pp, ㈶港湾空港高度化センター．
14) 木村賢史, 鈴木伸治, 溝口明子, 秋山章男（1999）：沿岸生態系の修復について―葛西人工海浜の事例―. 東京都環境科学研究所年報, pp.218-223.
15) 六車啓助（2000）：復活！白砂青松のふるさと海岸. 土木施工, **41**（9）：10-14.
16) 皆川和明（1996）：瀬戸内海の環境構成要素としての干潟の保全に関する研究結果について（その 2）. 瀬戸内海, pp.73-77, ㈳瀬戸内海環境保全協会.
17) 工藤孝浩（2002）：人工海浜と自然海浜の生物生産機能の比較. 水産業における水圏環境保全と修復機能（松田　治, 古谷　研, 谷口和也, 日野明徳編）, pp.71-83, 恒星社厚生閣.
18) 荒川好満, 峠　清隆（1977）：広島県地御前人工干潟造成前後の生物相の変化. 水産土木, **14**（1）：45-51.
19) 丁　仁永, 国次　純, 平岡喜代典, 曺　慶鎮, 向井徹雄, 西嶋　渉, 瀧本和人, 岡田光正（2002）：潜堤の設置が干潟生態系に及ぼす影響. 水環境学会誌, **26**：431-436.
20) 春日井康夫（2003）：浚渫土を用いた干潟・藻場造成. CDIT, No.10：18-19.
21) 山田達夫（1984）：香川水産試験場報告　昭和 60 年度, pp.52-54.
22) 井口正紀（1989）：三豊海域アマモ場造成試験―Ⅱ. 香川県水産試験場事業報告　昭和 63 年度, pp.31-37.
23) 田中丈裕（1998）：アマモ場再生に向けての技術開発の現状と課題. 関西水圏環境研究機構 11 回公開シンポジウム, pp.25-47.
24) 高場　稔（1985）：広島県におけるアマモ移植の現況について. 昭和 60 年度南西海区ブロック会議藻類研究会誌, pp.3-6.
25) 平岡喜代典, 杉本憲司, 寺脇利信, 岡田光正（2003）：防波堤建設後の環境変化と移植アマモ場の拡大. 水環境学会誌, **26**：849-854.
26) 水産庁漁港部建設課（1993）：ミチゲーションの事例集. 漁港建設技術資料, **15**：26-33.
27) 山口県内海水産試験場（1969）：藻場保護水面調査報告書　久賀沖　昭和 43 年度, 16 pp.
28) 寺脇利信, 新井章吾, 敷田麻美（2002）：藻場の保全・再生. 緑の読本, pp.61-67.
29) 島谷　学, 中瀬浩太, 岩本裕之, 中山哲嚴, 築舘真理雄, 星野高士, 内山雄介, 灘岡和夫（2002）：興津海岸におけるアマモ分布条件について. 海岸工学論文集, **49**：1161-1165.
30) Orth RJ, Ruckenbach ML and Moore KA (1994)：Seed dispersal in a marine macrophyte：Implications for coronization restoration. *Ecology*, **75**（7）：1922-1939.
31) Olesen B (1999)：Reproduction in Danish eelgrass (*Zostera marina* L.) stands：size-dependence and biomass patitioning. *Aquat Bot*, **65**：209-219.
32) ABP Research & Consultancy Ltd (1989)：Review of Coastal Habitat Creation, Restoration and Recharge Schemes. Report No. R.909, pp.190
33) Incheon Metropolitan City：Tidal Flat Information System（http://wetland.incheon.go.kr/index.html）
34) Korea Ocean Research & Development Institute（http://www.kordi.re.kr/eng/kordi/research01）
35) Knatz G：Protecting the Environment. 12 pp.［The Port of Long Beach のパンフレット］
36) Short F, *et al* (2000)：Developing success criteria for restored eelgrass, salt marsh and mud flat habitats. *Ecological Engineering*, **15**：239-252.
37) Marcus L. (2000)：Restoring tidal wetlands at Sonoma Baylands, San Francisco Bay, California. *Ecological Engineer*, **15**：373-383.
38) Scherrer P., *et al* (2002)：Port 2000-Combining a port development scheme and environmental project to begin rehabilitating the Seine Estuary：towards global management. PIANC 2002, 30th International Navigation Congress Sydney-September 2002. S6C P90.doc1109-1117.
39) Savulescu A (1997)：Undoing Delta damage .Regional Environmental Center (REC)：The Bullutein7/2.

4
沿岸海域・海洋

4.1 沿岸海域・海洋とは

▷ 1.1 河川とは
▷ 2.1 湖沼の分類
▷ 5.1 地下水・土壌をとりまく状況

　沿岸海域は，海洋と陸域の接点として，外洋と陸水のそれぞれの影響が混在し，特有の水環境の特性を備えている．また，古くから人々の利用が進み，漁業活動などを通じて自然の恩恵を積極的に受容してきた歴史がある．しかしながら，近年，経済的・社会的活動の発展とともに人間活動の影響を受け，急速かつ大規模に環境が変貌した．特に閉鎖性の強い内湾では外海との交換が少なく，流域からの負荷の影響が残りやすく，富栄養化など，多くの水質の問題に苦しめられてきている．
　法制度の面から環境政策の流れを概観してみよう（表 4.1 参照）．まず，深刻な公害の発生を受けて，1967（昭和 42）年度に公害対策基本法が制定されており，公害防止が当時の環境施策の最重点課題であったことがわかる．その後，曲がりなりにも毒性の強い重金属などの化学汚染対策が進められ，政策としては徐々に生活環境改善に比重が移りつつあったのが昭和 50 年代であったといえるであろう．1992（平成 4）年に地球サミットが開催され，地球温暖化などグローバルな気候変動や地球規模での環境対策の必要性が広く認識される一方，1993（平成 5）年に環境基本法が，1997（平成 9）年に環境影響評価法が制定（施行は 1999 年度から）された．その流れを受けて，海岸法が 1999（平成 11）年に改正され，海岸環境の整備と保全が位置づけられた．沿岸海域に対する環境施策が自然環境の保全・修復や創造に向かって転換したといえる．特に環境影響評価法では，埋立などの事業計画に対して，環境への影響を予測し，その影響を最小限にとどめること，影響が免れない場合には代償措置を考慮することが定められている．このように，法制度の面からも，沿岸域の環境修復技術を確立し，実用化することが求められている．たとえば，旧運輸省においては 1994 年に，エコポートと呼ばれる，環境と共生する港湾を目指す政策が打ち出され，干潟や藻場の造成などが試み始められている．さらに，2003 年 1 月に自然再生推進法が施行され，過去に損なわれた生態系その他の自然環境を取り戻すための基本方針が定められた．基本方針の中には，参加主体の面では NPO の計画段階からの参画とそれへの支援，管理の面では順応的管理など，新たな方針が盛り込まれている．これに基づき，沿岸海域においても自然再生施策が打ち出されようとしている．さまざまな水環境の現象を理解し，水質汚濁などの問題を解決したり，自然再生を実現するためには，沿岸域における物理・化学・生物などの基礎的な現象や過程を理解する必要がある．
　沿岸海域における物質の輸送や分布は，沿岸域特有の流れの構造に依存することが多い．沿岸域の流れは，日本近海の海流の流況，潮汐，河川流入，日射など熱の出入り，風などによって支配され，時間的，スケールによる違いも大きくなる．砂浜や干潟潮間帯など海浜や河口域においては，特に潮汐の影響で現象が大きく変動する．潮汐による変動を考えても，約半日周期での変動から，大潮・小潮周期の変動までが含まれ，それぞれの周期に応じて流体の運動が変化し，水質にも影響を及ぼしている．沿岸域に生息している生物の活性も，このような環境条件に依存しているため大きく変動する．生物活性自体が水質に大きく作用しているため，物質の循環構造は流れや波の変動の影響を受け，敏感に変化する．したがって，沿岸域の水質や生態系の特性を考える

表 4.1 環境施策の歴史的変遷[1]

年次	環境関連法制および施策	港湾における環境施策	施策の方法
1950年	港湾法制定		公害の防止
1965年	公害防止事業団法制定		
1967年	公害対策基本法制定	船舶廃油処理施設整備事業の創設	
1970年	公害国会において，水質汚濁防止法，海洋汚染防止法等制定		
1971年	公害財政特別措置法制定 環境庁発足*		
	国連人間環境会議	人間環境宣言・行動計画の採択* 田子の浦港にてヘドロ浚渫工事開始	
1973年	港湾法改正 公有水面埋立法改正	海洋性廃棄物焼却施設・廃棄物埋立護岸整備事業の創設 緑地整備事業の創設（緩衝緑地・休息緑地） 港湾計画・公有水面埋立のアセスメント制度の確立	
1974年		三大港等で浮遊ごみ・油の回収を開始（国）	
1977年		水俣港にてヘドロ処分工事開始	
1981年	フェニックスセンター法制定		生活環境の改善
1982年		大阪湾フェニックスセンターの設立	
1983年	海洋汚染・海上災害防止法制定		
1985年		「21世紀への港湾」を策定し，物流・産業・生活が調和した総合的な港湾空間の形成を提言	
1988年		水俣港での工事終了 海域環境創造事業の創設（港湾区域外については国が直轄で実施）	
1991年	リサイクル法制定		
1992年	地球サミット開催 リオ宣言，アジェンダ21の採択* 気候変動条約署名*		自然環境の保全・創造
1993年	環境基本法制定		
1994年	環境基本計画策定	エコポート政策を提言	
1995年		エコポートモデル事業開始（モデル港の指定，事業認定）	
1996年	港湾整備緊急措置法改正（法目的に「生活環境」を位置づけ）		
1997年	環境影響評価法制定（2009年施行）* 河川法改正（「河川環境の整備と保全」を位置づけ）		
1999年	海岸法改正（「海岸環境の整備と保全」を位置づけ）		

・*は政府全体の施策
・ゴシックは港湾行政にかかわる事項

うえで，これらの流れや波の作用の特性を十分考慮する必要がある．塩分や水温，溶存酸素濃度などの化学的な環境が生物やその活動などを通した水質に及ぼす影響についても，十分な理解が必要である．

これらのことから，沿岸海域・海洋の物理的あるいは生物的な基礎となる部分について，4.2節および4.3節において，まず概説する．そのうえで，沿岸海域の汚濁現象の例を4.4節において述べ，現象を理解するツールとしての物質輸送・水質変化のモデル化の最新の成果について，4.5節において概説する．最後に，4.6節において，沿岸海域における環境保全と修復を実現するための方策について述べる．

干潟や藻場などの浅海域は，沿岸域の中でも特に

生物生産力や浄化力が大きいといわれている．それらが次第に失われてきたことが，沿岸海域の富栄養化が進行した一因である可能性がある．しかしながら，干潟・藻場については第3章において個別に取り上げたため，本章においては特に記述しない．

〔中村由行〕

文 献

1) 運輸省港湾局（1999）：沿岸域環境の保全・創造にむけて―干潟・藻場の保全・創造事業への取り組み―，運輸省港湾局，35 pp.

4.2 沿岸海域・海洋の力学

4.2.1 流 れ

沖合で風の作用によって生成された風波（wind wave）は絶え間なく海岸にうち寄せ，海浜における流れを引き起こす原動力となる．水の波は粘性を無視した完全流体の方程式系を用いて解析することが可能で，特に水深に比べて波高が十分に小さい場合には微小振幅波理論（small amplitude wave theory）による線形解析が適用できる[1]．一方，水深に比べて波高が大きくなると非線形性を考慮した有限振幅波理論の適用が必要となる[2]．水の波は水深 h，周期 T および波長 L の間に次の分散関係式（dispersion relation）が成立する（g は重力加速度）．

$$L = \frac{gT^2}{2\pi}\tanh\frac{2\pi h}{L} \quad (4.1)$$

いずれか2つを決めると残りは式（4.1）を満たすように一意に決まる．これより波速（wave celerity）は波長に依存し，さまざまな波長の成分波をもった波群（wave group）は進行するに従い分散し広がっていく．一方，波群は波エネルギーの塊と考えられ，その進行速度である群速度（group velocity）はすなわち波エネルギーの伝播速度である．これらは表4.2のようにまとめられる．波による水粒子の運動に着目すると，深海波では半径は水面で最大となり深さ方向に指数関数的に減衰する円軌道を描く．浅

表 4.2 水の波の波速と群速度

	波速 (C)	群速度 (C_g)
任意の波	$\sqrt{\dfrac{gL}{2\pi}\tanh\left(\dfrac{2\pi h}{L}\right)}$	$\dfrac{1}{2}\left\{1+\dfrac{2kh}{\sinh 2kh}\right\}C$
深海波 （$h/L > 1/2$）	$gT/(2\pi)=1.56T$	$C/2$
極浅海波 （$h/L < 1/20$）	$\sqrt{gh}$	C

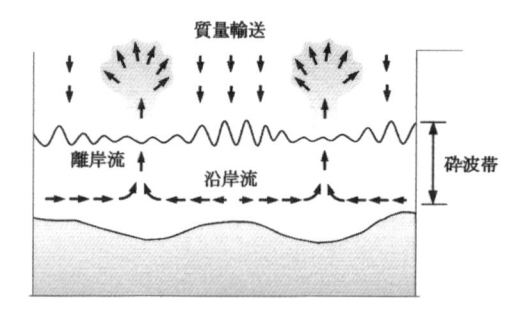

図 4.1 砕波帯付近における海浜流

海域で波が海底を感じるようになると水粒子運動は水平方向を長軸とする長円軌道となり，長波では水深方向に一様な水平往復運動に近づいていく．この軌道は厳密には閉じておらず，1周期平均すると波の進行方向への質量輸送が存在する．波が浅海域に入射すると群速度が遅くなるため波のエネルギー密度が高まり波高が増大する浅水変形（wave shoaling）が起こる．さらに伝播するとやがて水粒子速度が波速を越え砕波（wave breaking）する．このような波高の空間変化は波による過剰運動量流束（radiation stress）の空間変化を生じさせ，水平圧力勾配がこれと釣り合うように平均水位が変化する．特に砕波後の急激な波高の低下は wave setup と呼ばれる岸付近での水位上昇を引き起こし，台風などの荒天時には高潮被害を拡大させることもある．また，図4.1のように砕波波高の沿岸方向分布が生じると沿岸流が発生し，その収束域では沖に向かう離岸流が生じる．これらと波による質量輸送を総称して海浜流（nearshore current）といい，砕波帯（surf zone）における漂砂や物質の輸送に強くかかわっている．

潮汐[3]（tide）も周期と波長の非常に長い長波による現象とみなせる．潮汐を駆動する力は起潮力と呼ばれる．地球と月からなる系を考えるとその共通重心は地球の質量が圧倒的に大きいため地球内部に存在する．地球と月はこの共通重心の回りを公転し

ていると考えることができる．地球の中心ではこの公転による遠心力と月による引力とが釣り合っているが，地球表面では両者に差が生じ，これが起潮力となる．実際には地球と太陽の間にも同様の関係が成り立ち，その影響も加味しなければならない．実用的には潮汐波はさまざまな周期，位相および振幅をもった長波の重ね合わせとして表現することができる．その主要な成分には約12時間周期のM2分潮やS2分潮があり，検潮記録を調和分解することによって潮位予報も可能となる．潮汐波が湾に進入すると反射波との干渉で振幅（amplitude）が増幅される．湾には湾口が節（node），湾奥が腹（trough）となる振動モードが存在するが，その周期は湾の固有周期と呼ばれ，第1モードは湾長をl，水深をhとすれば$4l/\sqrt{gh}$で表現される．一方，潮汐波の主要分潮の周期は12時間程度であり，両者の値が近づくと共振に近い現象が起こる．有明海ではこのような原理で5mを越えるような潮位差がみられる．潮汐による流れは基本的には往復流であるが，地形の影響などから一潮汐平均後の質量輸送が存在する．これは潮汐残差流（tidal residual current）と呼ばれ，定常性が高いことから物質輸送の主要な担い手となる．対象とする時空間スケールが大きくなると地球回転に起因する見かけの力であるコリオリ力（Coriolis force）が重要となる．以降は北半球の場合を想定すると，コリオリ力は流速に比例し進行方向に対して直角右向きに作用するため，速さは変えずに向きを右方向に変化させる．大きな湾では潮汐にもコリオリ力の効果が現れ，潮流の進行方向右岸側の水位が高まるケルビン波（Kelvin wave）として伝播する．このとき水位勾配による左向きの圧力勾配が右向きに働くコリオリ力と釣り合った状態にある．

海域に風が吹くとその摩擦によって水面は風下側に引きずられ，吹送流（wind induced flow）[4]が生じる．今，無限に広い海域において定常かつ一様な吹送流場が形成される場合を考える．このときコリオリ力と風による水面摩擦に起因する粘性応力とが釣り合った状態にある．水面では風下に対して右45度を向いた流れが生じ，水深方向には速度を指数関数的に減じながら右回りらせん状に回転する流れが生じる．これはエクマン（Ekman）吹送流と呼ばれ，有意な流速が存在するエクマン層厚 $H_e(=\sqrt{2A_v/f})$ は鉛直渦動粘性係数（vertical eddy viscosity）A_v とコリオリパラメータ f から決まり，

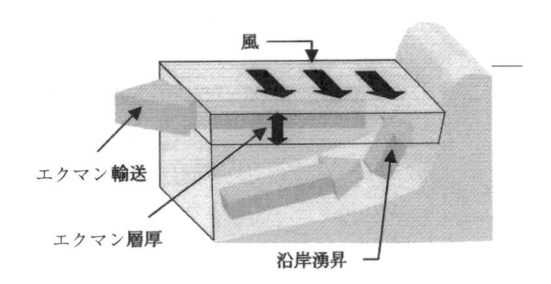

図4.2 岸に平行な風に起因するエクマン吹送流と沿岸湧昇

およそ数mから数十m程度となる．また，エクマン吹送流を水深方向に積分した水平流量であるエクマン輸送は風に対して右直角の向きとなる．貿易風など地球規模の風系によってエクマン吹送流が形成され，その結果として海水の収束発散が生じると水位変化による水平圧力勾配が生じ，それが再びコリオリ力と釣り合うように流れ場が調整される．これは地衡流（geostrophic current）と呼ばれ，黒潮や親潮といった海流の原動力となる．一方，図4.2のように岸を左にみて平行に風が吹くとエクマン輸送により上層水は沖向きに流され，流出分を補うように下層水が岸に接岸湧昇（upwelling）する．よい漁場として知られる南米ペルー沖では貿易風により大規模な湧昇が起こり，下層の豊富な栄養塩を上層に供給することで活発な生物生産を支えている．何らかの要因で貿易風が弱まると下層から上層への冷水の輸送が抑制されるため海面水温が上昇し，結果として地球規模の気象変動を引き起こすことがある．これはエルニーニョ現象としてよく知られている．同様の湧昇現象は内湾においてもみられ，夏季の東京湾で北風系の連吹により発生する青潮はその好例である[5]．

海水密度は水温と塩分により決まり，高温・低塩分ほど密度は小さくなる．外洋では塩分差は小さく主に水温差によって密度差が生じ，夏季には上層水が加熱されて密度が低下し安定な密度成層（stratification）が形成される．一方，河川水の流入する内湾（エスチャリー）では上層が低塩分となることで常時成層が形成され，エスチャリー特有の物理現象がみられる．成層化した海域に風が吹くと上層の水柱は鉛直方向に攪拌され，下層水を連行（entrainment）することにより上層厚を増していく．この過程で上下層の境界面に密度が急変する躍層（pycnocline）が形成される．躍層深度は浮力加入と風などによる攪乱によって決まるため明瞭な季節変化

がみられる．たとえば外洋では冬季になると海面冷却による対流によって躍層は深くなり，夏季には海面加熱により浅くなる．躍層はあたかも壁のように振る舞い，上層厚スケールの渦による鉛直混合を促進する一方，躍層を通過する物質輸送を著しく抑制する．そのため，躍層が有光層より深い位置にあると植物プランクトンは光の不足する有光層下での滞留時間が長くなり基礎生産の効率が低下する．また，躍層下への酸素輸送が抑制されることから下層水の貧酸素化（hypoxia）を引き起こす．このような鉛直過程は鉛直渦動拡散係数（kinematic eddy diffusivity）によって表現され，その値は乱れによる擾乱により大きくなり，成層が強化されて鉛直混合が抑制されると小さくなる．乱れと成層強度の相対的な関係を示す指標は次式に示す Richardson 数 Ri であり，この値が大きいほど水柱の安定度が高く鉛直混合が抑制される[6]．ここに (x, y, z) はデカルト座標系，u, v は x, y 方向の流速，ρ は密度．

$$Ri = -\frac{g}{\rho}\frac{\partial \rho}{\partial z} \bigg/ \left\{ \left(\frac{\partial u}{\partial x}\right)^2 + \left(\frac{\partial v}{\partial y}\right)^2 \right\} \quad (4.2)$$

一方，水平方向の拡散[6]は着目する時空間スケールによってその扱いが異なってくる．たとえば小さな港内の物質輸送を考えるときは潮汐による輸送は流れとして扱い，より小さな空間的な擾乱による物質の広がりを拡散として認識するであろう．一方，人工衛星から流出油の広がる様子をみる場合は潮汐による時々刻々の往復運動は無視し，より大きな時空間スケールでの油のパッチの広がりと重心の移動に着目したくなる．その際は潮汐残差流や吹送流を流れとして，潮汐流のシアーなどに起因するパッチの広がりを拡散として認識することになる．このように着目する現象の時空間スケールに応じて流れと拡散それぞれが担う範囲を適切に設定するのが便利である．一方，浅い海域において鉛直方向の拡散時間より長い時間スケールに着目する場合は，鉛直シアーによる水平拡散効果を加味した分散係数を導入することで平面二次元問題として扱うこともできる[7]．しかし，現在は計算機の急速な進歩を背景に，可能なかぎり時空間解像度を上げて潮汐を含む三次元の流れ場を精密に解く数値解析が主流となっている[8]．その際は水平拡散係数を計算格子サイズの関数として表現するスマゴリンスキーモデル（Smagorinsky model）[9]を採用し，格子サイズで解像できるものはすべて移流とみなした解析がなされる．

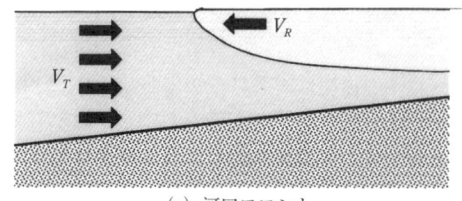

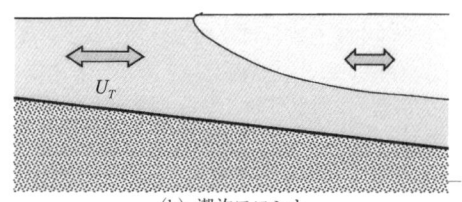

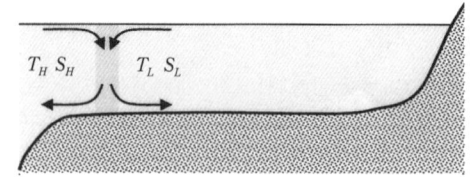

図 4.3 沿岸域におけるフロント
(a) 河口フロント
(b) 潮汐フロント
(c) 熱塩フロント

4.2.2 沿岸フロント（潮目）

海面を眺めているとさまざまな浮遊物質や気泡が筋状に並んだ様子をみることがある．このような現象は一般に潮目（front）[10]と呼ばれ，その筋状部分に向かって表層の海水が収束し，沈降流が生じている．この収束速度が拡散速度より大きいとき，潮目は維持される．沿岸域でみられる潮目のうち2つの異なる水塊の境界面に発生する海面収束を特に沿岸フロントと呼び，代表的なものには図 4.3 に示すような河口フロント（estuarine front），潮汐フロント（tidal front），および熱塩フロント（thermohaline front）がある．

河川水が海域に流出するとその広がりの先端に河口フロントが形成される．地球回転の影響が無視できる場合を考えるとフロントの先端が進行する速度 V_R は河川水の層厚を h_1 として $V_R = \sqrt{\Delta\rho g h_1 / \rho}$ の程度となる．その先端の形状は図 4.3 の (a) のように急傾斜となり，河川水と海水の水位差に起因する二次流による表面収束流が発生する．岸向きの潮流速 V_T が V_R と同程度であれば河口フロントの位置は時間的に変化しなくなる．

潮汐フロントは主に夏季の沿岸域において海面の加熱や河川水の流入によって成層化した海域と海峡のように強い潮流による乱れで非成層化した海域と

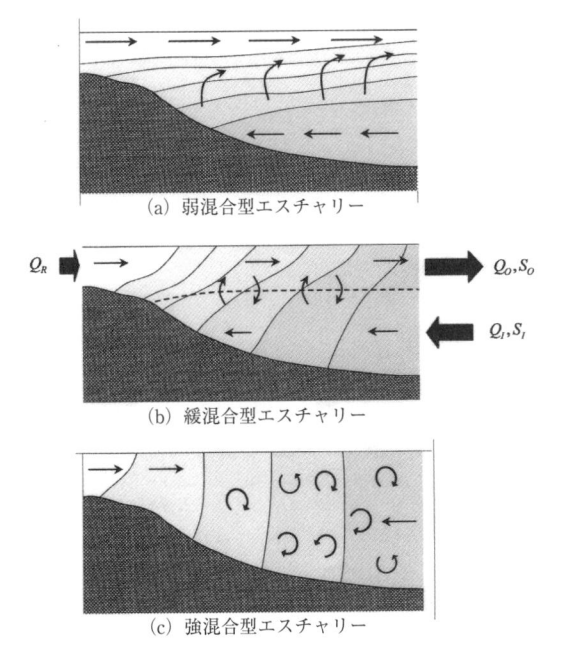

図 4.4 エスチャリーの3つのタイプと塩分分布および鉛直循環の様子

の境目にみられる．潮汐フロントでは単位時間あたりの浮力の加入に起因して成層化した水柱を一様化するのに必要なポテンシャルエネルギーの増分が潮流による乱れから供給されたエネルギーに等しい状態にあるとみなせる．各海域・季節ごとに浮力加入や潮流による乱れは定常性が高く，潮汐フロントの位置は水深を H，潮流流速振幅を U として H/U^3 の等値線とほぼ一致することが見いだされている．また，成層海域では植物プランクトンブルームの発生後に栄養塩の枯渇がみられるが，潮汐フロントでは底層からの恒常的な栄養塩供給によって活発な基礎生産が維持されやすい環境となっている．

熱塩フロントは冬季の内湾湾口のように低温・低塩分の内湾水と高温・高塩分の沖合水の境界でしばしばみられる．冬季の内湾では水深が小さく貯熱量が小さいため海面冷却による水温低下が著しく，淡水影響のため相対的に低温・低塩分となっている．一方，外洋側は貯熱量が大きいうえに外洋からの熱供給を受けるため水温低下は小さく，相対的に高温・高塩分となっている．密度はおおよそ等しいが水温，塩分の異なる両水塊の出会う湾口付近ではキャベリング現象によって密度が増大し沈降流が形成される．その結果，表層では双方から収束し底層では双方に発散するような，フロントを挟んだ2対の

鉛直循環流が形成される．熱塩フロントに伴う鉛直循環は一見すると湾内物質の外洋への流出を妨げるように思われるが，フロント部の下層から湾外への定常的な流れが形成されることから，むしろ逆に湾内の物質を効率的に湾外へ流出させる働きがあるとの見解もある．

4.2.3 エスチャリー（河口域，感潮域）の力学

エスチャリーは河口域と訳される場合が多いが，淡水影響のある内湾も含む広い概念である．4大文明は大河の下流域に花開いたことからも明らかなようにエスチャリーを囲む沿岸域は人口密集地帯である場合が多く，陸域負荷による汚濁や水産資源など，水環境を考えるうえで特に重要性の高い海域である．エスチャリーを第1に特徴づける河川水は，海水に比べ密度が小さいため，表層をはうように流出する．この過程で上層流出水は下層水を連行 (entrainment) しながら流量を増大させ，この流出分を補うように沖合底層水が河口底層に侵入する鉛直循環が発達する．これはエスチャリー循環 (estuarine circulation)[11] と呼ばれ，その連行作用によって河川流量の10倍以上もの鉛直循環流が誘起される場合もある．エスチャリー循環は沖合底層に堆積した有機物分解から生じた栄養塩を再び奥部へ輸送する働きがあり，栄養塩を河口内にとどめるトラップ機構としても機能している．図4.4はエスチャリー循環の模式図で，河川から塩分0，流量 Q_R の淡水が流入，沖合上層から塩分 S_O の海水が流量 Q_O で流出し，底層からは塩分 S_I の海水が流量 Q_I で流入する様子を示している．このとき観測から塩分を既知とすれば流量保存式と塩分保存式から $Q_O = Q_R S_I/(S_I - S_O)$，$Q_I = Q_R S_O/(S_I - S_O)$ となり，混合が強く上下層の塩分差が小さいほど循環流が強くなることがわかる．

エスチャリーは大きく3つのタイプに分類される．潮流の弱い海域に大河川が流入する場合には上層と下層の密度差が大きくかつ混合作用が弱いため，河川水は水面をはうようにして沖合へ流出し，下層では高塩分水が河口底層をさかのぼる塩水楔 (salt wedge) がみられる．このような河口を弱混合型エスチャリー (weakly-mixed estuary) と呼ぶ．一方，相対的に潮流が強く河川流量の小さい河口域では上層と下層の密度差が小さく鉛直混合が強いため，塩分は鉛直方向には一様化し水平方向にのみ勾配ができる．このような河口は強混合型エスチャリ

ー (well-mixed estuary) と呼ばれ，両者の中間が緩混合型エスチャリー (partially-mixed estuary) となる．大潮期の有明海では強潮流のため筑後川や六角川河口は強混合型に分類されることが知られている．また，図4.4の (b) の点線は水平流速が0の等値線であり，その海底との交点付近はしばしば浮遊した底質の集積により濁度最大域 (turbidity maximum) となる[12]．

4.2.4 海面・海底境界層

海面では風による運動量輸送をはじめ，熱，水蒸気，あるいは二酸化炭素や海塩粒子といった物質の大気とのやりとりがある．これらのフラックスを時々刻々精密に求めていくことはきわめて困難であるため，それぞれの現象を代表する量を用いた次元解析による定式化が行われ，バルク公式として整理されている．たとえば，風に起因する海面摩擦応力 τ_s は代表的な風速として基準となる高度（通常は10 m）における風速 U_{10} と空気の密度 ρ_a を用いた次元解析により $\tau_s = \rho_a C_D U_{10}^2$ のように表現される．ここに C_D は海面摩擦係数で，実測との比較により決める必要がある．同様の考え方により熱や水蒸気フラックスのバルク公式が求められている．さらに海面における酸素などのガス交換フラックス F は大気側と海水側のガス分圧の差 ΔP とガスの溶解度 S を用いて $F = k_L S \Delta P$ と表現し，ガス交換係数 k_L (m/s) を実測に基づき決定するのが主流である[13]．一方，風波の砕波によって生成された海水滴が風に乗って陸域に運ばれると塩害を起こすことがある．また，最近では地球環境問題への関心の高まりから二酸化炭素の大気-海洋間交換の定量化が重要となっているが，この過程における砕波の重要性が注目され，砕波に伴う気液交換過程の研究が盛んに進められている．

海底では河川から供給された土砂粒子や生物起源の懸濁物質などが堆積し，風や潮汐に起因する流れや波による海底摩擦の作用による再浮上と沈降堆積を繰り返しながら底質が形成されていく．流れや波浪による砂移動に関しては多くの理論や実験式がまとめられている[14]．しかし，有機物を起源とする粒子や底質粒径の影響を考慮した定式化はまだ確立されておらず，近年開発された現地用のレーザー回折式粒度分布計や流速計の高精度化を背景としてこれらに関する知見が深まりつつある[15,16]．

〔佐々木　淳〕

文　献

1) 服部昌太郎 (1987)：海岸工学，pp. 13-36, コロナ社.
2) 磯部雅彦 (1985)：有限振幅波の諸理論と適用範囲. 水工学シリーズ85 B-1, 土木学会水理委員会, 25 pp.
3) 宇野木早苗 (1993)：沿岸の海洋物理学, pp. 67-138, 東海大学出版会.
4) 上掲書3), pp. 235-280.
5) 佐々木　淳 (1997)：東京湾湾奥水塊の湧昇現象と青潮への影響. 海岸工学論文集, **44**：1101-1105.
6) 大久保　明 (1970)：海洋乱流・拡散. 海洋物理 I, pp. 265-381, 東海大学出版会.
7) 柳　哲雄 (2001)：拡散・分散. 沿岸海洋学（第二版）, pp. 96-111, 恒星社厚生閣.
8) 佐々木　淳 (1998)：3次元密度流としての内湾の流れのモデリング. 水工学シリーズ98B-3, 土木学会水理委員会・海岸工学委員会, 20 pp.
9) Smagorinsky J (1963): General circulation experiments with the primitive equations I. the basic experiment. *Monthe Weather Rev.*, **91** (3)：99-164.
10) 柳　哲雄編 (1990)：潮目の科学―沿岸フロント域の物理・化学・生物過程, 恒星社厚生閣, 169 pp.
11) Knauss JA (1997): The coastal ocean and semienclosed seas. Introduction to Physical Oceanography 2nd ed, pp. 245-268, Prentice-Hall.
12) 奥田節夫 (1996)：感潮河川における堆積環境. 河川感潮域―その自然と変貌―（西条八束, 奥田節夫編）, pp. 85-105, 名古屋大学出版会.
13) 鳥羽良明 (1996)：海面境界過程と波浪. 大気海洋の相互作用, pp. 13-60, 東京大学出版会.
14) Soulsby RL (1997): Dynamics of marine sands, a manual for practical applications. Thomas Telford, 249 pp.
15) 鷲見栄一, 田中祐志 (1999)：沿岸域の底層における懸濁態粒子の物理的挙動. 海岸工学論文集, **46**：991-995.
16) 中川康之 (2002)：東京湾奥部での底泥巻き上げとその粒度分布特性について. 海岸工学論文集, **49**：1046-1050.

4.3　沿岸海域の生物・生態系

▷ 14.4　沿岸の生物
▷ 20.7　アセスメントのための新たな指標

地球表面の71%は海洋で占められ，その平均水深は3800 mである．地球上の海洋の全容量は1370×10^6 km^{3}で，これは淡水域を含む地上が生物に提供する空間の300倍にもなる[1]．この広大な海洋のうち，水深200 mまでを沿岸域とするならば（図4.5），全海洋に対して面積で7.6%，容積で0.36%

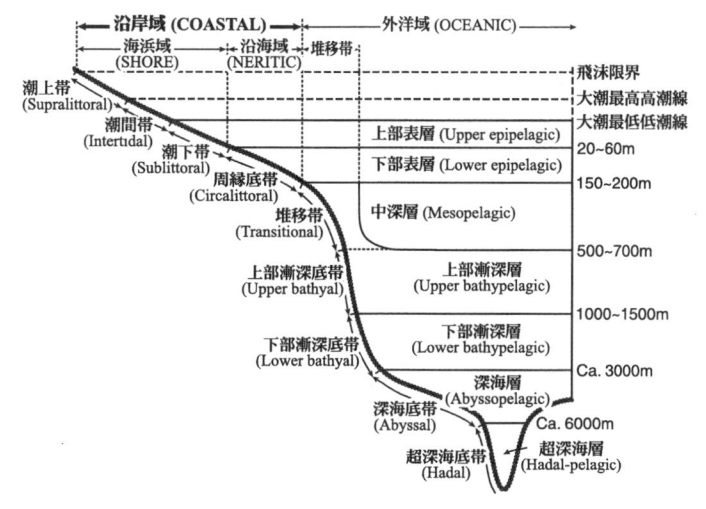

図 4.5 海洋の区分図

基盤を表す太い線の左側がベントスの生息域を示す名称，英語で"～pelagic"と表記されているのが，プランクトンとネクトンの生息域を示す名称である．潮下帯下部は陽性型（sunny type）植物の生育限界，周辺底帯下部は陰生型（shade type）植物の生育限界付近の水深で表したが，大陸棚外縁部付近の水深である 200 m を便宜的に沿岸域と外洋域の境界とする例もある．文献 1, 2, 7 の区分を合成して作成．

となる[2]．このように海洋全体からみれば量的には非常に少ない部分でしかない沿岸域だが，海洋全体の一次生産のうち約 14％が沿岸域で占められ，また窒素循環の観点から重要な脱窒も，全海洋での半分近くが沿岸域で起こっているとされる[3]．さらに沿岸（coastal）という言葉を平均海水面の高度から±200 m 以内の陸地側も含むとすれば，全人類の約 60％がこの範囲に居住し，全漁獲量の 9 割がこの範囲から採られている[3]．すなわち沿岸域は面積・容量は少ないが，生物活性，化学活性，ひいては人間の活動度が高い地域であるといえる．ここではまず，このような沿岸域の非生物的な環境要因について，日本の沿岸を対象として解説する．次に，そのような非生物的な環境要因に規定されて，どのような生態系が構成されているのかを概観し，最後に，近年の人為的攪乱によって沿岸域生態系がどのように変化してきたのかをまとめる．

4.3.1 沿岸域の環境
a. 海　流

海流は遠方から沿岸海域への生物の進入を促進し，沿岸域の気候を調節するなどの作用を及ぼしている．日本の南岸に沿って流れる黒潮（図 4.6）は世界の海流系の中でも最も強い海流に属し，その流量は毎秒 5000 万 t にも達する．千島列島から北海

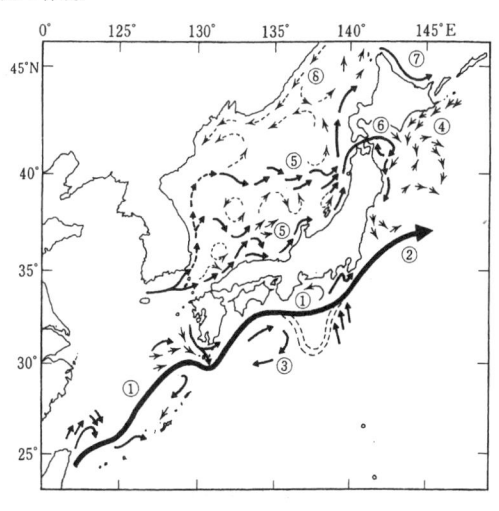

図 4.6 夏季の日本周辺海域の海流の模式図[5]

①黒潮（2～3ノット）②黒潮続流（2～3ノット）③黒潮半流（0.5ノット前後）④親潮（夏季 0.2～0.5ノット，冬季 0.5～1ノット）⑤対馬海流（夏季 1ノット前後，冬季 0.5ノット前後）⑥津軽海流（夏季 1～2ノット，冬季 0.5ノット前後，津軽海峡部においては 2ノット程度）⑦宗谷海流（夏季 2ノット前後，冬季には消滅）⑧リマン海流．

道の南東岸に沿って南下する流れを親潮と呼ぶ．日本海を北上する対馬海流は，ほとんどが津軽海峡から太平洋に出て，三陸海岸に沿って南下する津軽海流となる．残りは北海道西岸沿いをさらに北上し，一部は宗谷海峡からオホーツク海に抜けて宗谷海流となる．

■ 場　　4. 沿岸海域・海洋

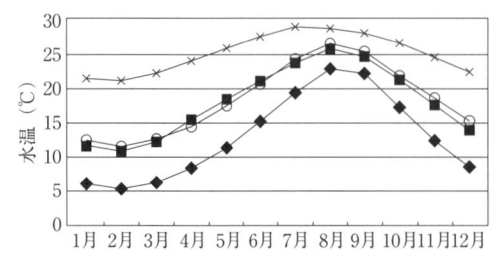

図4.7　沿岸水温の月平年値

◆：江差，■：御前崎，○：浜田，×：石垣島．日本時間午前10時の観測値の月平均値を平均したもの．気象庁ホームページ（http://www.data.kishou.go.jp/marine/ocean/normal/CST/coastJ.html）に2003年4月25日にアクセスして表示された値から作図

b. 水　温

沿岸域の水温は測定地点の地形や淡水流入河川の影響，上記海流の影響などを受けるが，南北に長い日本においては，緯度による差が著しい（図4.7）．特にその差は冬季に大きくなり，2月における沿岸水温の平年値は，北海道の江差では約5℃であるのに対して，沖縄県の石垣島では20℃以上である．ほぼ同緯度にある太平洋側の御前崎と日本海側の浜田とでは，沿岸水温の平年値は同等に推移する．このような水温の差が，沿岸水域に生息する動植物の分布を規定する一因となる．

c. 塩　分

日本近海の海水の表面塩分は実用塩分[4] 31.0～34.6だが，地形や河川水の影響などにより，沿岸域での塩分はこの範囲外の値になる．たとえば潮間帯のタイドプールでは干出時にはこれよりも濃い塩分になるし，淡水河川の影響が及ぶ所では，どこまでを沿岸域とするかによっては，ほとんど淡水に近い環境も含まれる．塩分は水温とともに動植物の分布を規定する重要な因子であり，特にその変化が大きい沿岸域においては，狭い空間スケールで動植物相がまったく異なる状況をもたらす．

d. 潮　汐

日本の沿岸では，海域によって潮汐差に顕著な違いが認められる．大潮差が最も大きいのは有明海を含む東シナ海沿岸で約2～5m，次が瀬戸内海で1～3m，太平洋沿岸が1～2m，オホーツク海が0.5mで，最小の日本海沿岸では0.1～0.2mである[5]．

日本海沿岸のように潮汐差がほとんどない海域においては干潟や潮間帯が発達しないため，そのような環境に特異的に発達する生態系は存在しないことになる．また海跡湖などの閉鎖的な汽水域においては，河口域などの開放的な汽水域よりも塩分の変動が小さくなる．

e. 地形と波あたり

海岸は構成する基盤によって磯浜，堆積性海岸，生物作用による海岸に分けることができる．磯浜は潮間帯以上が主に岩盤で構成されている海岸で，波浪の影響で海食崖，波食棚などの地形が形成されている浸食性の強い磯浜と，リアス式海岸にみられる，波浪の影響が小さい沈水性の磯浜とがある．堆積性海岸は河川や潮流によって別の場所から運搬された粒子が堆積して形成された海岸で，有明海の泥で構成された干潟，砂で構成された鳥取砂丘，鹿児島県甑島の礫で構成された長目の浜など，粒子の大きさは作用する営力によってさまざまである．日本に分布する生物作用による海岸としては，熱帯海域のサンゴ礁が代表的である．海外では石灰質の管を作る管棲多毛類による礁や，カキなどの貝類によって形成される礁もある．日本でも小規模なカキ礁が北海道の厚岸湾にある．

沿岸域がこれらのどの地形で構成されるかによって，生息できる生物は制限され，したがって形成される生態系も異なったものになる．たとえば基盤が岩であればそこに固着することができる海藻類が主な一次生産者になるが，砂地であれば根をもつ海草類が繁茂できる．動物についても，磯浜での多毛類は固着性の管棲多毛類が優占するが，砂浜では砂に潜るタイプの多毛類が優占する．

小島の前面と背後では波当たりが違い，その違いによって分布する生物が異なる．このような波当たりの度合いを，定性的に「露出度（exposure）」という概念で表し，きわめて大きい（very exposed），いくぶん大きい（moderately exposed），小さい（sheltered），きわめて小さい（very sheltered）などと区分する[6]．図4.8では小島の陰にあたる対岸の露出度が「小さい」になっているが，防波堤や潜堤などの人工構造物も同様の効果を及ぼすと考えられる．

f. 溶存酸素

酸素が水に溶けて飽和する量は，気圧・塩分・水温によって変化する．1気圧下の水に飽和すべき酸素量を溶存酸素飽和量と呼ぶ．海水の温度 t（℃）と塩素量 Cl（‰）を変数とした溶存酸素飽和量 O（ml l^{-1}）は，Foxの式では

$$O = 10.291 - 0.2809t + 0.006009t^2 - 0.0000632t^3$$

4.3 沿岸海域の生物・生態系

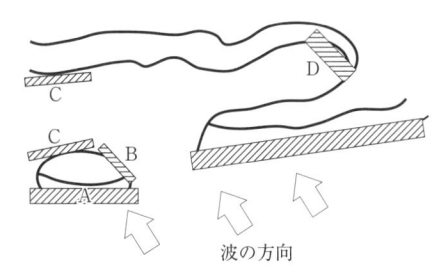

図4.8 地形・波の方向と露出度との関係[6]
A：きわめて大きい（very exposed），B：いくぶん大きい（moderately exposed），C：小さい（sheltered），D：きわめて小さい（very sheltered）.

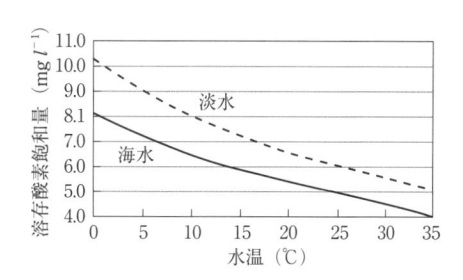

図4.9 Foxの式により，海水の塩素量を19‰，淡水0‰として水温0〜35℃までの溶存酸素飽和量を計算した結果

$$-Cl(0.1161 - 0.003922\,t + 0.0000631\,t^2) \quad (4.3)$$

と表される．海水の塩素量を19‰として上式に代入し，水温0〜35℃までの溶存酸素飽和量を計算した結果が図4.9である．比較のために淡水（0‰）での量も示した．海水に溶け込める酸素の量は，淡水より約2割少ないことがわかる．また，生物の代謝が一般に高くなる高水温期には，物理的に溶け込める酸素の量が顕著に減少する．また同じ夏季であっても，7月の江差での沿岸水温の月平年値は19.4℃で，溶存酸素飽和量は5.43 ml l^{-1}である．これに対して沿岸水温の月平年値が29.1℃の石垣島での溶存酸素飽和量は4.60 ml l^{-1}である．主に本州の温帯域での調査結果によると，底層での溶存酸素量が3 ml l^{-1}未満になると底生動物が急速に減少し，望ましい漁場を形成することが困難になる[7]．また，溶存酸素濃度の多寡は海域の閉鎖性の度合という地形形状に負うところが大きいことが知られている[8]．したがって，水温や地形の影響により自然条件として貧酸素しやすく，それによって生物が壊滅的な影響を受ける可能性が高い地域においては，沿岸海域の人為的な改変に慎重な事前評価が必要となる．

4.3.2 沿岸域の生物
a. 日本の海洋生物相の概観

日本列島は南北に長く，また先述の黒潮や親潮などの暖流・寒流の影響の度合いによって異なる水温の変化に対応して，生物の分布が形成されている．まず動物の分布については，太平洋側では，黒潮が日本列島から遠ざかる犬吠埼以北（図4.6）が亜寒帯性，犬吠埼以南大隅諸島までが亜熱帯性，大隅諸島を含む南西諸島が熱帯性の海中気候に属する．このため南西諸島ではサンゴ礁という熱帯に特徴的な，生物作用による海岸が広がる．このような暖流系と寒流系の生物相の違いは，黒潮の影響が小さい日本海側では明瞭ではない[9]．

植物である海藻の分布も動物とほぼ同様だが，太平洋側の金華山から野間岬付近の緯度までと，日本海側全体を温帯性，金華山以北の太平洋側を亜寒帯性，野間岬以南を亜熱帯性と称する[7]．また傾向として高緯度ほど緑藻よりも褐藻のほうが目立つようになるが，これは褐藻より緑藻のほうが高温に強いという一般的傾向を反映しているためとされている[10]．

太平洋側・日本海側を問わず内湾の動物には，二枚貝のホトトギスガイ（*Musculus senhausia*），シズクガイ（*Theora lubrica*），アサリ（*Ruditapes philippinarum*）などのように，日本全域と対岸の大陸沿岸に共通して分布する「大陸沿岸系生物」と呼ばれる生物群が存在することが認識されている[11]．同様の現象は内湾に接続する汽水域でも貝類・多毛類について確認されている[12]．

汽水域は日本の沿岸に連続して配置されているものではないため，そこに生息する動物群は全国的に遺伝子を交換しながら分布を維持していると考えるよりは，過去のある段階に広域に分布したものが，その後，個々の分断された生息域に残存したと考える方が合理的である[9, 11]．したがって，たとえ全国共通に出現していても，遺伝子レベルでは隔離効果によって他の水域のものとの相違点が大きくなっている可能性がある．実際，沿岸沿いに遺伝子交流ができると考えられる内湾に繁茂する海産顕花植物のアマモ（*Zostera marina*）でさえ，太平洋側と日本海側で遺伝子型が異なっている[13]．このことは，一見同一種にみえる生物であっても，生物多様性を維持する観点からは，安易に移植・移入しないほうがよいことを示している．

このように，日本の沿岸域の生物は亜寒帯性のものから熱帯性のものまで生息すること，また，たとえ同一種が分布するようにみえる内湾や汽水域であっても，遺伝子レベルでは各水域独自の分化をしているかもしれないことなど，多様性に富むことが日本の沿岸域の生物相の重要な特徴である．

b．塩分に対する分布

沿岸域で淡水河川と混合する部分は汽水域となるが，大部分の分類群において浸透圧調節の困難から，汽水域で種数の減少が認められる[14]．水生植物や底生動物のように，移動能力に乏しく，生活史を通じて汽水域に生息する生物群でこの傾向が著しい．一方，魚類や鳥類のように，汽水域に一時的に滞在して利用する種類を含む分類群では，淡水域よりも種類が多い場合もある．

移動能力に乏しく，生活史を通じて汽水域に生息する生物として汽水湖沼での多毛類や貝類の分布を調べた研究では，汽水域の底生動物は，それらの幼生が拡散する時期の塩分や流れの有無によって生残が規定され，その後の成体の分布の大枠が決定される[12]．その点を考慮したうえで，汽水性の多毛類や貝類と塩分との関係を検討した結果，日本の汽水域に生息する多毛類と貝類は広い塩分耐性を示す広塩性種と，狭い塩分耐性を示す狭塩性種に分かれ，さらに狭塩性種には低塩分にしか棲めない低鹹性汽水種と，高塩分にしか棲めない高鹹性汽水種の2種類がある．そして汽水域の区分として広く用いられるベニスシステム[14]に対応させると，塩分18‰以上の多鹹性汽水域では，主として海産種が生息し，塩分5～18‰の中鹹性汽水域では，高鹹性汽水種と広塩性汽水種が主に生息し，種類数は多鹹性汽水域より減少する．塩分0.5～5‰の貧鹹性汽水域では低鹹性汽水種と呼び得る分布を示す動物が分布し，他に広塩性汽水種と広塩性淡水種が生息する．

このような塩分に対応した分布は浮遊幼生期に形成される．また汽水性多毛類・貝類は4.3.2項a.で解説した「大陸沿岸系生物」と共通の分布を示し，特に低鹹性汽水種が高塩分水域で分断された別の貧鹹性汽水域と遺伝子交流をしている可能性はきわめて低いので，これらの汽水種は，過去の何らかの環境条件下で分布を広げて以降，各水域内で生残してきた個体群である可能性が高い．したがって，海水側や淡水側に浮遊幼生が移動できないような構造物ができると，豪雨や渇水などの通常の範囲を超える環境変化が生じる度に種類数が減少する可能性が高い．現実に，淡水側にも海水側にも開口部をもたない上甑島の汽水湖沼群では汽水種の種類数が同塩分の他水域よりも著しく少ない[12]．

植物については，日本の汽水域に生息する維管束植物（いわゆる水草，海草）については，大部分が広塩性の淡水種か海産種で，純粋に汽水のみに生息するのはイトクズモ（*Zannichellia palustris*）のみであると報告されている[15]．内湾から汽水域で優占する大型藻類として緑藻類のスジアオノリ（*Enteromorpha pfolifera*）やアオサ属（*Ulva*）が，富栄養化に伴い大きな群落を作る．さらに塩分が低下する河口域にも生息する海藻類としては紅藻類のホソアヤギヌ（*Caloglossa ogasawaraensis*）が，貧鹹性汽水域にまで分布する[16]．植物プランクトンは固着性ではないが，自ら移動する能力がないという点で，受動的に塩分の影響を受ける．淡水から海水までの一連の塩分勾配が比較的安定して存在する宍道湖・中海での研究によると，海水域では珪藻類や渦鞭毛藻類が多く，貧鹹性汽水域では緑藻類，藍藻類が多くなる傾向がみられた[16]．緑藻の種類数に対する珪藻の種類数の比（B/C比）と塩素量との関係をみても，両者の変動傾向はおおむね一致していた[16]．

c．垂直分布

沿岸域の環境は鉛直方向に潮汐の影響，波浪の影響，透過する光の量や波長が変化するため，生物の分布にも，それらの鉛直方向の環境勾配に応じた垂直分布が形成される．垂直分布の形成には，それら非生物的な環境要因だけではなく，生物相互の関係も影響を及ぼしている．図4.5で示した海洋環境の生態区分は，このような生物の垂直分布から考案されたものである．

光合成を行う大型藻類では，鉛直方向に減衰する光のどの波長を利用できる色素を有しているかによって深さ方向のおおよその分布傾向が決まる[10]．例外も多いが，緑藻は浅いところに多く，紅藻が深いところ，中間の深度に褐藻が多い傾向があるとされる[1]．

動物については，種類によって垂直分布範囲が異なるため，岩礁海岸，特に潮間帯以上の深度で明瞭な帯状分布が認められる．これは潮間帯では干出する時間が深度によって異なるので，干出耐性によって進出できる上限が生理的に決定されるからである[7]．帯状構造の下限については他の生物との関係も影響する．動物が岩盤のどの深度に分布するかは，

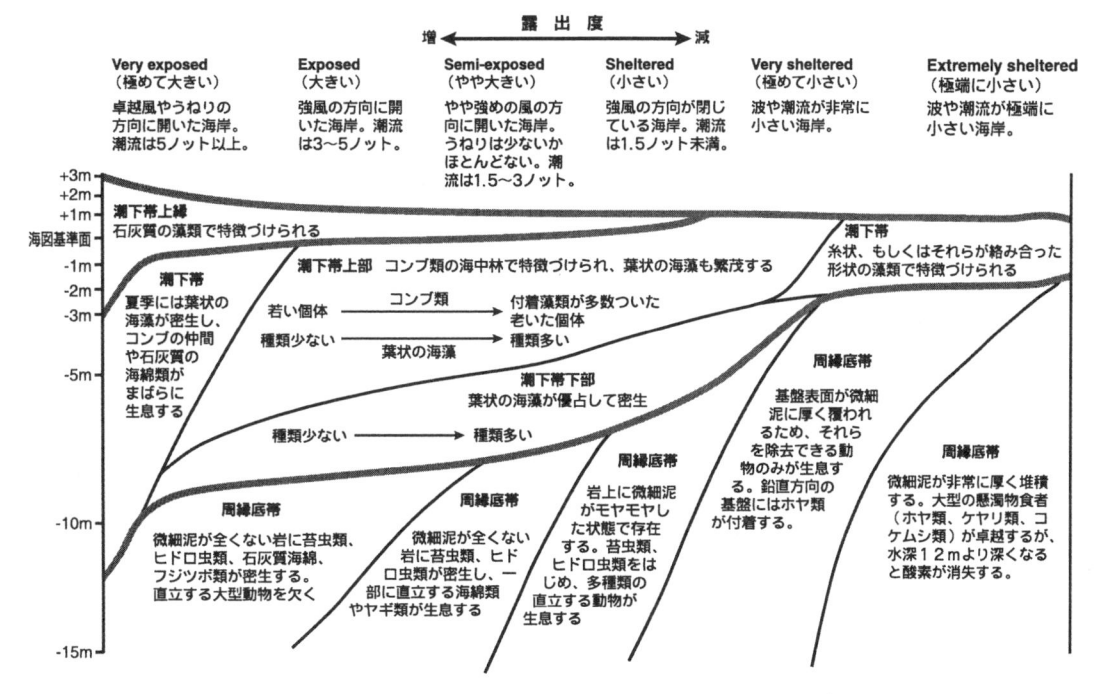

図 4.10 露出度の違いによる生物群集，特に卓越する生物の変化[17]

潮位だけでなく波当たりによっても変わるため，露出度が高いところほど波当たりによって，より高い所まで分布するようになる（図4.10）．岩礁海岸でみられるこのような生物の垂直分布は，干潟のような堆積性の海岸でも認められる（干潟の生物については第3.2節参照）．

d. 地形による生物群集の違い

海岸は構成する基盤によって磯浜，堆積性海岸，生物作用による海岸に分けることができるが，生物作用による海岸として日本で特徴的なのはサンゴ礁である．サンゴ礁が発達するのは貧栄養な熱帯海域であることから，植物プランクトンが非常に少なく，主な一次生産者がサンゴを含む底生生物であること，共生関係が多くの生物に認められること，主に熱帯種から構成され種多様性が非常に高いことなど，日本の他の沿岸にない特徴的な生態系を構成している．

磯浜と堆積性海岸とでは，前者が岩を基盤としているのに対して，後者が泥から礫までの粒子であることから，生活様式がまったく異なる生物が生息する．たとえば岩盤には固着するか穿孔する生活様式の生物が，堆積性海岸には根を生やしたり堆積物に潜る生活様式の生物が多い．

これら基盤の粒度の違い以外に，たとえば伊勢湾の一部の海域のように露出度が小さい磯浜もあるし，九十九里浜のように露出度が大きい堆積性海岸があり，この露出度によって生物種や生活型が変わってくる．たとえば図4.10のように，垂直的な位置関係では同じ潮下帯，周縁底帯であっても，露出度の違いによって優占する生物の生活型が異なっている．

e. 生態遷移

ある一定の場所に存在する生物群集が，時間軸に沿って自発的な過程（系内の生物的過程）としてその内容を変化させ，最終的にあまり変化が生じない安定な群集が形成される過程を生態遷移と呼ぶ．生態遷移の初期と後期とを比べると，前者では多産・早熟・短い世代時間・小さな体サイズなどの「r戦略」と呼ばれる戦略を，後者では少産・晩熟・長い世代時間・大きな体サイズなどの「K戦略」と呼ばれる戦略を生物が採ると期待され，また前者では種の多様性が低く，後者で高いとされる[18]．また，系外から作用する他発的な過程は，生態系を不安定な系にし，遷移の初期の方向に移行させる．貧酸素化後，溶存酸素濃度が増加に転じて間もなく生息するようになるホトトギスガイ，シズクガイやイトゴカイ（*Capitella* sp.1）などは，r戦略の底生動物である．

4.3.3 沿岸域における人為的攪乱と生態系の変化

4.3.1項で日本の沿岸域の非生物的な環境要因について解説し，4.3.2項でそのような非生物的な環境要因に規定されてどのような生態系が構成されているのかを概観した．ここでは，沿岸域に加えられてきた人為的な改変によって非生物的な環境変化が生じ，その結果として沿岸域生態系がどのように変わってきたかを，富栄養化，埋め立てと護岸，地球温暖化に限定して述べる．

a. 富栄養化に伴う主要一次生産者の交代

沿岸域に生活する人間の増加や農耕形態の変化，輸入食料品の増加などにより，日本の多くの沿岸域，特に大都市を控えた内湾で，流入する窒素やリンによる富栄養化の弊害が顕著になっている．下水道の普及や下水処理施設の増加，合成洗剤の無リン化，排出規制などの努力により水質が悪化する速度は減ったものの，東京湾，大阪湾，三河湾などの多くの内湾が，依然として高度成長期以前の状態からはほど遠い富栄養化状態のままである．

富栄養化は一次生産者にとって養分となる窒素やリンが増加することになり，特に水中での濃度が増加することから，水中で生育する植物プランクトンの増加を招く．湖沼生態系における植物プランクトンと沈水植物との関係として，透明度が高いと光がよく透過して沈水植物が育ち，生育によって栄養塩を取り込むので水中の栄養塩が減り，植物プランクトンが育たないために透明度が高くなるという正のフィードバックが成立するとされる．しかし，富栄養化による植物プランクトンの増加やそれ以外の懸濁物の増加などで透明度がある閾値を越えたときには，透明度が高く沈水植物が育つ生態系から，透明度が低く植物プランクトンが多い生態系に遷移すると考えられている[19]．そして，いったん状態が遷移してしまうと，カタストロフの履歴効果のため簡単には元の状態に戻らないとされる[20]．

沿岸域でも近年，湖沼と同様の一次生産者の交代が富栄養化の進行によって生じていたと考えられる．岡山県のアマモ場は，1925年当時には4000ha以上あった．しかし1971年時点では800haに減少しており，1989年以降は600haのまま増加していない[21]．この原因として埋め立て以外に，富栄養化による透明度の低下が指摘されている．図4.11のように，岡山県の児島湾における透明度から算出したアマモの生育下限水深は，1972年以降は水深2

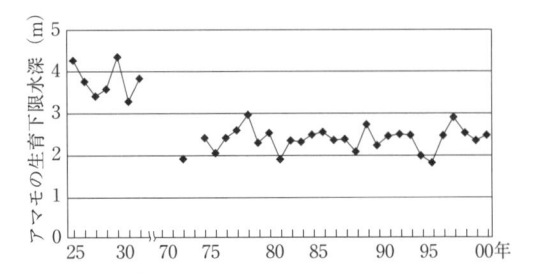

図4.11 児島湾湾口部における透明度から算出したアマモの生育下限水深[21]

～3m以浅で推移しており，富栄養化に伴う透明度の低下が閾値を越えて，アマモ場の衰退をもたらしたと考えられる．

主要な一次生産者が大型植物から植物プランクトンに移行することにより，二次生産者である魚介類も，大型植物に付着する藻類や堆積物近辺に蓄積する大型植物起源のデトリタスに依存していたものから，植物プランクトン起源の有機物をより有効に利用できる種類に移行すると考えられるが，日本の内湾域における魚類相の変化とアマモ場の盛衰を議論した研究は，筆者が知る限りなされていない．

b. 埋立てと護岸

日本の大都市を控えた内湾は戦前から埋立てが盛んであったが，特に高度経済成長期以後に活発に行われるようになった．埋立ては浅いところを陸地にする工事であるため，埋立てが進むにつれて，堆積性海岸の浅場，特に干潟が減少し（第3.2節参照），そのような浅場を生息場所とする生物を減少させる．干潟を中心とした日本全体の内湾の底生動物の生息状況を明らかにした報告では，389種もの底生無脊椎動物が絶滅または絶滅危惧種として挙げられている[22]．干潟などの堆積性の海岸では，潮上帯から潮下帯までの多様な環境（図4.5）に加え，底質表層に生息する動物や，深い巣穴を作り換水して酸素や餌を取得する動物などに多層な生活空間を供与できる．しかし埋立てにより大抵の場合は垂直護岸となって堆積性の底質は潮下帯だけになり，コンクリート護岸に付着できる生物だけが潮上帯から潮間帯に生息できることになる．このことが内湾域の種多様性の減少の主要因であると考えられる．

海岸の浸食を防ぐことを目的とした護岸は，海岸線そのものをコンクリートなどで固めてしまう場合と，海側に防波堤や潜堤を築き，波当たりを弱くすることで浸食作用を小さくする場合とがある．いずれの場合でもコンクリートなどでできた構造物の出

現により，固着性の生物，もしくは生活史の一部に固着できる基盤を必要とする生物にとっては，特にその場所がもともと堆積海岸であった場合には，新しい生息場所が出現することになる．たとえば，これまでに内湾で帰化が報告されている貝類は腹足類カリバガサガイ科シマメノウフネガイ (*Crepidula onyx*)，二枚貝類イガイ科ムラサキイガイ (*Mytillus galloprovincialis*)，コウロエンカワヒバリガイ (*Xenostrobus securis*)，ミドリイガイ (*Perna viridis*)，およびカワホトトギスガイ科イガイダマシ (*Mytilopsis sallei*) の5種であるが，いずれも付着性種である[23]．また，近年，日本各地の内湾でミズクラゲ (*Aurelia aurita*) の大量発生が問題になっているが，その原因の一つとして，コンクリート護岸や浮き桟橋の設置などにより，クラゲのポリプの付着面積と生残率が増大したことも一因とされている[24]．

防波堤や潜堤の建設は露出度の低下につながるため，露出度が低い所に生息する生物 (図4.10) にとって有利に働くと考えられる．埋立てにより湾の面積が減少すると湾の基本振動周期が小さくなり，そのことが潮汐と潮流の減少をもたらすとの説もあり[25]，港湾整備に伴う埋立てや防波堤・潜堤の建設はいずれも，露出度が低い所に生息する生物に有利な環境をもたらすと考えられる．

c. 地球温暖化

人間による化石燃料の使用を主原因として，産業革命以前には280 ppmだった大気中二酸化炭素濃度が現在では370 ppm，そして依然として毎年1.7 ppmずつ上昇している．この二酸化炭素の増加により，地球は温暖化に向かうとされているが，現実に1997年から1998年にかけて，世界中のサンゴ礁海域で，海水温の上昇が原因と考えられるサンゴの白化が生じた．最も被害が大きかったインド洋のモルジブやスリランカでは95％近くのサンゴが白化後に死亡し，沖縄やパラオでも50～70％のサンゴが影響を受けたとされる[25]．造礁サンゴの生育適温は25～29℃であるが，たとえば沖縄県阿嘉島では1998年8月はほぼひと月に渡って表面水温が30℃を越えていた[26]．

わずかな水温上昇が特定の生物にとって壊滅的な影響を与える例は温帯海域でもみられる．伊豆半島東岸では，黒潮の接近により水温が上昇すると，生育可能温度の上限が21℃の褐藻類アラメが生育できなくなり，同じく上限が25℃のカジメも葉部が枯れ茎だけが残る[21]．温暖化は同時に，暖流起源の生物種の分布を北側に拡げる効果もあると考えられるが，いまのところ，明らかに温暖化が原因で分布が北上したとする報告は，国内ではない．

一方で，特に閉鎖的な沿岸域で海水温が上昇した場合，溶存酸素飽和量が減少して貧酸素化しやすくなると考えられる (図4.9)．

以上a～cに挙げた人為改変の影響をまとめると，富栄養化によって一次生産者が大型植物から植物プランクトンに交代し，沈降する有機物の増加や地球温暖化によって，底層での貧酸素化が進む．人間による海岸の埋立てや構造物の建設も，流れの弱化や露出度の低下により，貧酸素化を加速する．貧酸素化は系外から作用する他発的な過程であるため生態系を不安定にし，遷移の初期の方向，すなわち種多様性が低くr戦略をとる生物に有利な系にする．有機物生産者が植物プランクトンに交代すると懸濁物食者が有利になるが，露出度の低下によって微細泥が堆積しやすくなるため，アサリなどの内在性懸濁物食者ではなく，ホトトギスガイなどのような表在性，もしくは，構造物に付着して埋没を免れる固着性の懸濁物食者に有利な環境が今後も拡大すると予測される．

富栄養化や地球温暖化は，即効的な対策が立てにくい問題である．沿岸域生態系を植物プランクトンとそれを捕食する特定の懸濁物食者が特異的に増殖する状態から，より多様な生物が生息する環境に修復するためには，最低限，人工構造物が流れや露出度を減少させたり，潮上帯から潮間帯にかけての堆積性海岸における種多様性を低下させないことが重要であると考えられる．

〔山室真澄〕

文献

1) Lalli CM and Parsons TR (1993): Biological Oceanography: An Introduction, 301 p, Pergamon Press.
2) 西村三郎 (1972):海洋における生物群集の構造・分布・維持.海の生態学(生態学研究シリーズ3),時岡隆他著,築地書館,pp.188-295.
3) LOICZ Newsletter (1996): No.1.
4) 日本海洋データセンター (1984):実用塩分と国際海水状態方程式(改訂版),104 pp,海上保安庁水路部.
5) 文部科学省国立天文台編 (2001):理科年表平成14年,pp 627,丸善.
6) 秋山章男 (1983):磯浜の生物観察ハンドブック—磯浜の生態学入門—, 372 p, 東洋館出版社.
7) 平野敏行編 (1992):漁場環境容量, 120 p, 恒星社厚生閣.
8) 中尾 徹,松崎加奈恵 (1995):地刑形状による富栄養化の可能性.海の研究, **4**:19-28.

9) 奥谷喬司，鎮西清高（1980）：日本をめぐる海とその生物．日本の自然（阪口豊編），pp.242-252，岩波書店．
10) 横浜康継（1986）：海藻の分布を環境要因．藻類の生態（秋山優他編），pp.251-308，内田老鶴圃．
11) 宮地伝三郎，黒田徳米，波部忠重（1953）：日本近海の生物地理区について．生物科学，**5**：145-148．
12) 山室真澄（1986）：日本の汽水性海跡湖における多毛類・貝類の分布とそれを規定する環境条件．東京大学大学院理学系研究科地理学専門課程修士論文，106 pp.
13) Kato Y, Aioi K, Omori Y, Takahata N and Satta Y (2003): Phylogenetic and population genetic analyses of ZOSTERACEAE species based on rbcL, matK and phyA nucleotide sequences. Society for Molecular Biology & Evolution（ABSTRACTS），65-66．
14) Remane A and Schlieper C (1971): Biology of Brackish Water, 2nd edition, 372 pp, John Wiley.
15) 國井秀伸（2001）：汽水域の水生植物．汽水域の科学—宍道湖・中海を例にして—（高安克己編），pp.56-64，たたら書房．
16) 大野正夫（1986）：汽水域の藻類の生態．藻類の生態（秋山優他編），pp.348-370，内田老鶴圃．
17) Hiscock K (1983): Water movement. Sublittoral Ecology — The Ecology of the Shallow Sublittoral Benthos (Earll R and Erwin DG eds), pp.58-96, Clarendon Press.
18) Odum EP (1969): The strategy of ecosystem development. *Science*, **164**：262-270．
19) Scheffer M et al (1993): Alternative equilibria in shallow lakes. *Trends Ecol. Evol.* **8**：275-279．
20) Scheffer M et al (2001): Catastrophic shifts in ecosystems. *Nature*, **413**：591-596．
21) 相生啓子（2003）：藻場生態系と地球環境．遺伝，**57**(2)：53-58．
22) 和田恵次ほか（1996）：日本の干潟海岸とそこに生息する底生動物の現状．WWF Japan Science Report, 3, 182 pp.
23) 木村妙子（2000）：人間に翻弄される貝たち—内湾の絶滅危惧種と帰化種—．月刊海洋／号外，No.20：66-73．
24) 上 真一（2002）：瀬戸内海生態系の変化：クラゲが魚を駆逐する？ 公開シンポジウム「瀬戸内圏の環境・技術研究の現状と未来」要旨集，9．
25) 宇野木早苗，小西達男（1998）：埋め立てに伴う潮汐・潮流の減少とそれが物質分布に及ぼす影響．海の研究，**7**：1-9．
26) 大森 信（2003）：サンゴ礁の環境保全．遺伝，**57**(2)：46-52．

4.4 沿岸海域の汚濁現象

▷ 1.3　河川の水質の変化
▷ 2.3　湖沼水質
▷ 21.4　閉鎖性水域の水質保全計画

4.4.1 沿岸海域の水質汚染と汚濁の概要

沿岸海域は，港湾や産業立地などの面から人の利用が進んでいるとともに，経済的・社会的活動の影響を直接受けて，環境が劣化しやすい．特に閉鎖性の強い内湾では外海との交換が少なく，流域からの負荷の影響が滞留しやすい．さらに，海底の堆積物にも高濃度に汚濁物質などが蓄積し，それらが再び溶出して内部負荷として働くため，いったん劣化した環境を改善することが困難になりがちである．

沿岸海域の汚濁現象は，沿岸域特有の流れの構造に依存することが多い．沿岸域の流れは，潮汐，河川流入，熱の出入り，風などによって支配され，時間的，スケールによる違いも大きくなる．沿岸域の水質や生態系に対しても，これらの流れや波の作用の特性を理解する必要がある．夏季を中心に発達する密度成層は，貧酸素水塊の形成など，水質悪化に影響する．

水質汚染や汚濁には，PCBや有機水銀に代表されるような化学毒性の強い物質による化学的汚染と，赤潮に代表される有機汚濁に大別される．化学的汚染については，1950年前後を中心に水銀などの深刻な重金属汚染が発生した．水俣における有機水銀汚染はその代表的な例である．その後，そのような急性で強い毒性が顕在化する問題はかなり克服されてきたが，近年，環境ホルモン物質のような世代を越える影響が懸念される，微量な有機化学物質による汚染の問題が顕在化してきている．水銀やヒ素などの重金属汚染，および有害性有機化学物質の汚染については第13章において詳述されるため，ここでは概略のみを述べるにとどめる．

一方，対象となる物質それ自体がヒトの健康に直接有害ではないが，後述するような赤潮の発生や貧酸素水塊の形成，さらには青潮などの水質の悪化をもたらす有機汚濁現象は，依然として深刻な問題である．有機汚濁をもたらす原因には，陸域などから

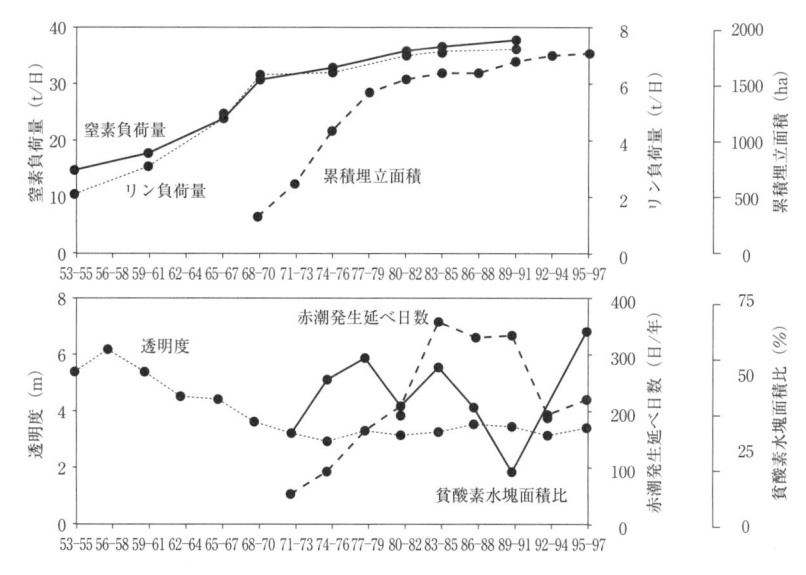

図4.12 三河湾における栄養負荷，累計埋立面積，透明度，年間の赤潮発生延べ日数，貧酸素水塊面積比（酸素飽和度30%以下の面積が三河湾に占める割合）[2]

の有機物の流入によるものと，水域内部で生産された有機物による汚濁がある．前者の例にはパルプ・製紙工場からの排水があり，かつては大きな問題として取り上げられたが，近年の排水規制などにより緩和されてきている．後者は，外部からの栄養塩類の過剰な流入によって，海水中の植物プランクトンの増殖がもたらされ，その光合成作用によって有機物が生産されることを示す．植物プランクトンの過剰な増殖や蓄積による海水の着色現象は赤潮と呼ばれる．また，水域の栄養塩濃度が高濃度に維持されることを，富栄養化と呼ぶ．富栄養化は，流域から窒素やリンなどの栄養塩類の増大が原因であるため，それを防止するためには，排水の規制や下水処理の高度化が必要となる．近年のさまざまな行政施策によってリン濃度が減少傾向にある内湾が多く，クロロフィル a 濃度の減少傾向や透明度の向上がみられ始めた海域もある（たとえば東京湾の例として，文献1）．リンに比べて窒素の削減は依然として困難であり，COD などの有機汚濁指標でみるかぎり，東京湾などのような広域の汚濁を顕著に改善するまでには至っていない．

干潟や藻場などの浅海域は，沿岸域の中でも特に生物生産力や浄化力が大きいといわれている．それらが次第に失われてきたことが，沿岸海域の富栄養化が進行した原因の1つであり，さらに近年陸域からの負荷を減少させる努力が払われているにもかかわらず水質の顕著な改善がみられない理由である，と推定されている．また，貴重な野生生物の保護や水産有用生物資源を保全するため，これらの生物の生息場所の確保という観点からも干潟・藻場の役割は重要である．そのような問題や社会的な要請をふまえ，近年，干潟・藻場などの環境修復や人工的な造成が試みられるようになってきた．環境修復に関連して，沿岸海域の生態系の機能をどのように評価すべきかについて，議論され始めている．

三河湾を例に，比較的長い時間経過とともに栄養塩の負荷と水質の変動をみたのが図4.12である[2]．三河湾に流入する窒素・リンの負荷量は1960年代に急増したが，1970年代以降にはそれほど大きな増加はみられない．透明度は1960年代の10年間で，約6mから4mに減少したが，以後はほぼ横ばいである．つまり，負荷量の増加と透明度の低下は時期的によく対応している．これに対し，赤潮発生日数や，貧酸素水塊面積率は1970年代に入ってから急増しており，この増加時期は三河湾における埋立て面積の増加時期とほぼ一致している．1970年代には三河湾奥部の埋立てが急速に行われていたが，埋め立てられた海域は干潟が中心であり，その結果として干潟が担ってきた水質浄化機能が損なわれ，湾の水質悪化を招いたのではないかと推定されている．

4. 沿岸海域・海洋

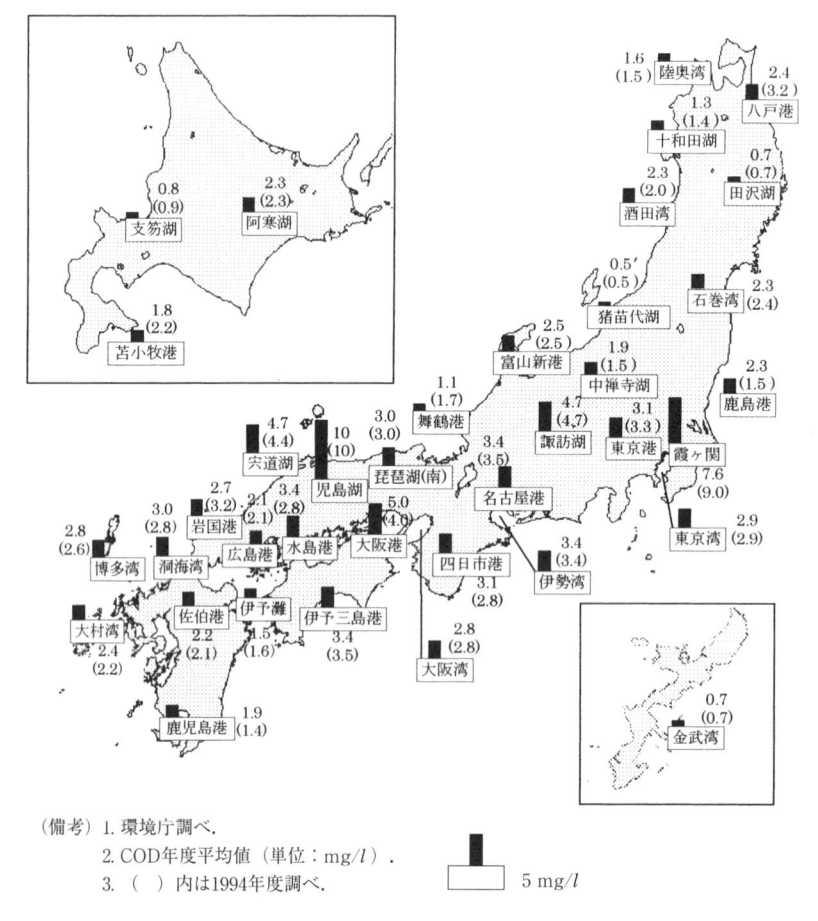

図4.13 主要湖沼・内湾の1995年度における水質汚濁状況(COD)[3]

(備考) 1. 環境庁調べ.
2. COD年度平均値(単位：mg/l).
3. ( )内は1994年度調べ.

4.4.2 沿岸海域の水質の現状
a. 有機汚濁とCOD

有機汚濁は，陸域から流入した有機物や，海域の内部で生産された有機物による汚濁現象を示す．過剰なリン・窒素などの栄養塩類が流入すれば，海域の植物プランクトンによる有機物生産が盛んになり，有機汚濁が進行しやすい．栄養塩類は生物生産にとって必須の物質であり，適度な供給があれば漁業生産活動などにも役立つ．大陸棚や深層水が湧昇しやすい海域では，歴史的に漁業生産が盛んであり，栄養塩類は食物連鎖によって多様な生物にいきわたる．しかしながら，人為的に過剰な栄養塩の流入があれば，植物プランクトンの大量発生やその後の貧酸素化，底生生物の死滅など，生態系や物質循環は単純化しやすく，さまざまな問題が生じる．

個々の海域には，水質改善の目標となる固有の基準値—環境基準—が設けられている．有機汚濁の指標としては，従来からCODが用いられてきた．工業や水産への利用の違いなどから基準値は類型化され，異なる水質の目標値—基準値—が設けられている．結果として，同じ内湾においても，複数の類型のあてはめが行われることが多い．基準に定められた水質項目は，複数の水質基準点で定期的に測定され，基準値との比較が行われる．図4.13に，わが国における主要な湖沼・内湾の水質汚濁状況(COD)を，図4.14にはその中でも代表的な内湾である，東京湾，伊勢湾，大阪湾，瀬戸内海および海域全体のCOD環境基準達成率の推移を示す[3]．達成率は，水域の中で環境基準を満たした基準点の割合であり，数値が高いほど目標が達成できた(水質が改善された)ことになる．近年，陸域起源の有機物負荷を減らす目的でCOD総量規制が図られて

おり，下水道整備に代表されるような努力が払われている．さらに，栄養塩類についても総量規制が開始されている．このような負荷を減少させる対策や，湖沼や海域で浚渫・覆砂などの底質改善策など，かなりの費用をかけて水質改善の事業が行われているが，内湾スケールでのCOD水質基準達成率の改善は緩慢であり，図をみるかぎり顕著な水質改善効果は挙がっていないようである．

達成率の推移は類型の具体的なあてはめ方にも依存するため，図4.14のような整理の仕方は，水質の改善傾向がみられるかどうかの判断には必ずしも適したものとはいえない．たとえば，東京湾において，約20年間のCODや栄養塩濃度を面的に比較すれば，いずれの指標においても明瞭な改善傾向がみられる．図4.15は，1978～1980年度と1995～1997年度において，それぞれ3年間の表層CODおよび全窒素濃度の平均値を比較したものである．いずれにおいても，中間的な濃度（CODでは3.0 mg/l，全窒素では1.0 mg/l）の等濃度線が湾奥側に移動し，水質が改善傾向にあることがわかる．これは，伊勢湾奥部や大阪湾など，富栄養化が進行した海域に一致してみられる傾向である．原単位法によってこれらの海域への負荷量が推定されているが，海域への負荷量は1976年以降一貫して減少しており，水質の改善傾向と定性的にはほぼ対応しているといえる．一方，同じような整理を底質のCODについて行ったのが図4.16である．水質に比較して底質の観測データは少ないため，推移は明確ではないが，1977年および1994年の底質CODの分布をみるかぎり，底質には改善傾向が現れていないようである．底質に含有されるリンや窒素濃度の変動傾向は不明であるが，CODで判断するかぎり，底質からの内部負荷は依然として大きく，外部負荷の削減が水質にそれほど反映されない一因となっている可能性がある．内湾への負荷量の推定については，外部負荷の推定が特に面源について不正確であること，また，合流式下水道が主体の場合には降雨時の処理が行われにくく，その効果が見積もられていないことなどが指摘されている．さらに，湾口部において，比較的高濃度な栄養塩類が下層から流入する影響についても議論されている．

最近，小倉は東京湾奥部における過去20年間の水質データを解析し，リン酸態リン濃度が近年減少傾向にあるのに対して，無機態窒素濃度は依然増加していること，クロロフィル a 濃度や植物プランクトンの細胞数は減少傾向にあり，透明度の向上が

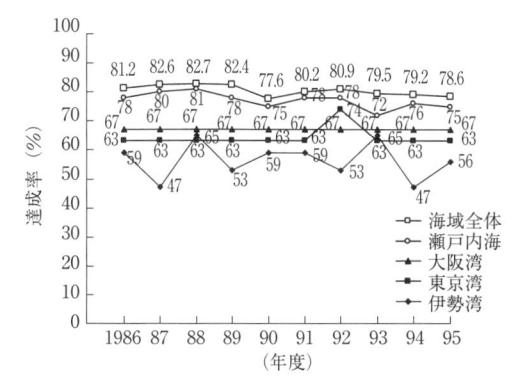

図4.14 三海域の環境基準（COD）達成率の推移[3]

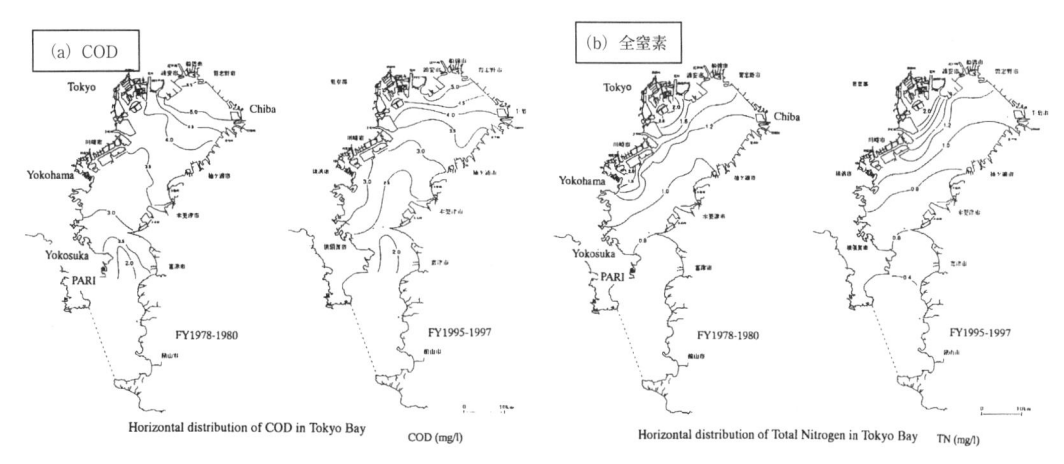

図4.15 東京湾表層水の20年間の水質の分布の比較

■ 場　4. 沿岸海域・海洋

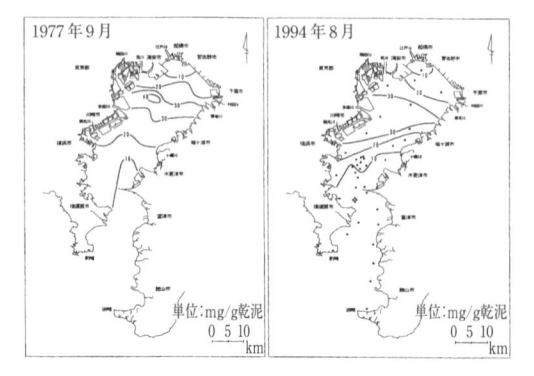

図 4.16 東京湾底質 COD の分布の比較（東京湾口航路海域環境調査報告書，1995 年 3 月，運輸省第二港湾建設局京浜港工事務所）

みられ始めていることを報告している[1]（図 4.17 参照）．このように栄養塩濃度や植物プランクトン相の面からは水質の回復傾向が現れ始めているといえる．リン酸と無機態窒素の逆の傾向は，陸起源の負荷の削減が効率的に行われてきたかどうかを反映しているものと考えられる．無機態窒素濃度の増加は直接には硝酸態窒素によるものである．洗剤などの規制の効果が明確に現れているリンに比べ，今後は特に窒素の面限負荷の削減が課題である．また，このような負荷特性の変化は多くの沿岸海域で N/P 比の増加をもたらしており，植物プランクトンの種構成など，生態系に変化を与えている可能性がある（たとえば文献 4）．図から判断するかぎり，かつては窒素制限であった東京湾奥部は，現在はリン制限に移行していると考えられる．COD については年間最低値が減少傾向にあるものの，明確な改善傾向はみられていない．近年，難分解性の溶存態 COD の割合が増加し，それらが蓄積傾向にあることなどが影響している可能性がある．比較的低濃度の有機物量の推移を議論するには，COD には指標としての限界があるのかもしれない．

b. 赤潮と内部生産

植物プランクトンによる一次生産は，水域の有機物量の観点からは，水域内部で生産された量であることから，内部生産と呼ばれる．水質管理の面から，有機物の内部生産量の推定は重要である．沿岸海域の内部生産量は栄養塩や水温・光量などによって支配される．溶存酸素濃度や炭素同位体などの変化量を用いて，直接水域の生産速度を計測する手法の他に，季節ごとに測定した COD 値から簡便的に内部生産量を求める方法がある．代表例として，

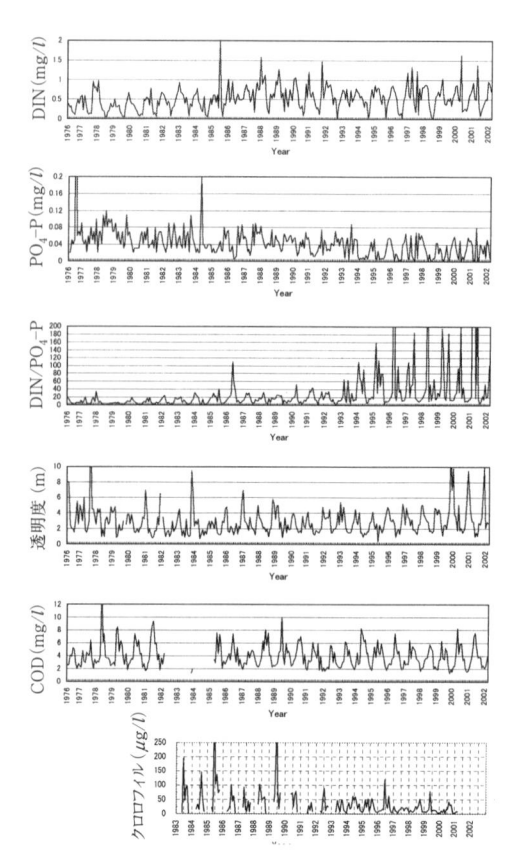

図 4.17 東京湾奥部の定点における無機態窒素，リン酸態リン，COD，透明度およびクロロフィル a の推移[1]

ΔCOD 法，クロロフィル a 相関法がある．両方法の概念図を図 4.18 に示す．

わが国の沿岸海域では，通常，夏季に内部生産が盛んであり，有機物の指標としての COD も夏季に最大となるのに対して，冬季には顕著に活性が低下する．そのため，冬季 COD 値を陸起源有機物量に依存した値とみなせば，他の季節の COD 値と冬季の極小値の差が水域の内部生産量を反映したものと考えられる．これが ΔCOD 法である．

富栄養化した水域では，冬季においても植物プランクトンの生産が高い場合がある．内部生産は植物プランクトンによって行われることから，植物プランクトンの指標としてクロロフィル a 濃度をとり，COD とクロロフィル a 濃度との相関から内部生産を見積もる方法—クロロフィル a 相関法—も提案されている．実際，多くの海域で，COD とクロロフィル a 濃度との相関性が高いことが確かめられている．

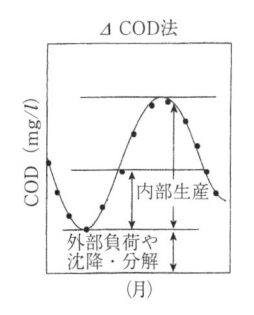

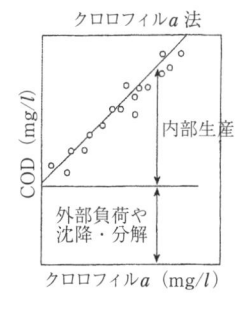

図 4.18 内部生産量を求めるための Δ COD 法とクロロフィル a 法の概念図

富栄養化した沿岸海域では，特に水温が上昇する夏季に植物プランクトンの急激な増殖や蓄積を生じ，海水が呈色する．これを赤潮と呼ぶ．赤潮を構成する植物プランクトンには，*Skeletonema*（スケルトネマ）などの珪藻，*Prorocentrum*（プロロケントラム）などの渦鞭毛藻などがある．赤潮には，養殖ハマチなどへの漁業被害や貝毒を起こすものがあり，社会問題化している．これらの詳細は第 14 章において述べられる．

c. 貧酸素水塊・青潮

富栄養化した海域ではしばしば過剰な有機物生産が行われ，それらが微生物分解作用を受けると大量の酸素が消費される．特に内湾の夏季には密度成層が発達し，光の届かない底層への酸素輸送が阻害されると，酸素が欠乏した状態の水塊が大規模に生じる．これが貧酸素化と呼ばれ，顕著な場合には無酸素状態となる．酸素の欠乏は，底生魚や底生生物に直接の多大な被害をもたらすばかりでなく，有害な硫化物を生成させるなどの悪影響が生じる．さらに，底泥に蓄積したリンの大量溶出を引き起こし，栄養レベルが高い（富栄養化の）状態が維持されやすい．そのため，貧酸素化が進行すると，沿岸生態系の構造も，植物プランクトンと底泥でのバクテリアを中心とした極度に単純化された系となりやすい．

底層の無酸素水塊が湧昇して光にさらされ青白く呈色する現象を青潮と呼ぶ．無酸素水塊中に生成された硫化物が酸素と接触することにより，無機の単体硫黄や多硫化物イオンが生じ，これらが光を分散して青白く発色する（図 4.19 参照）．東京湾奥部の青潮現象が有名であるが，類似の現象は三河湾においても「苦潮」として知られていたほか，従来は発生しないといわれてきた大阪湾においても，最近，発生が確認されている．青潮は，浚渫窪地や湾奥部で形成された無酸素水塊が，離岸風によって湧昇したり，表層水温が低下して成層が弱くなる時期に生じやすいといわれている[5]．東京湾においては，無酸素水塊の形成や湧昇が生じやすい千葉側で青潮の多くが観測されてきた．時期的には，北東よりの離岸風が連吹しやすく，密度成層が弱くなる初秋に発生しやすい．大規模な青潮の発生は，普段は酸素濃度が豊富な浅場における酸素濃度を極端に低下させ，アサリなどの魚介類に甚大な漁業被害を与える．また，栄養塩類が高濃度な水塊が湧昇するため，青潮が発生した直後には，植物プランクトンの増殖を刺激し，赤潮状態になりがちであることが知られている．

d. 温排水・濁り

発電所などの冷却水として使われた排水を表層に放流すると，安定な密度流となって周囲とあまり混合せず，影響範囲が遠方に及ぶ．パルプ工場などからの排水の広がり面積と排水量の関係をはじめて理論的に説明したのは熊谷・西村[6]である．彼らは拡散係数とスケールの関係（Richardson–Ozmidov の 4/3 乗則）を沿岸に適用した．温排水の広がりは場の流れや地形・熱収支に大きく依存するため，現実の水域に影響範囲を適用する場合には，数値計算や大規模な物理模型実験による手法を用いることが多い．

海水の濁りは，植物プランクトンや藻場に生育する大型植物など，光条件に敏感な生物に与える影響が大きい．濁りの原因物質は，陸起源の濁質，内部生産された有機物，風波などによる底泥が再懸濁したもの，あるいは浚渫や埋立工事などによって人為的に生じたものなどがあり，それぞれ沈降速度や分解特性が異なるため，水環境に及ぼす影響度は異なる．特に，有害化学物質はシルト・粘土分など，粒径の細かい物質に吸着しやすく，濁り成分の輸送は有害な化学物質の輸送と密接な関係にあるといわれている．

e. 油汚染

タンカーからの油流出による汚染は沿岸海域特有の汚染であり，生態系へのインパクトがきわめて大きい．油の広がりについては，その理論的な解析が Fay[7]によって取り扱われた．風や流れがない静水中に瞬間的に油が放出されたとき，油は，円形を保ちながら時間とともに広がる．油の広がりは，スケールに応じて広がりを支配する力学的特性量が異なり，重力および慣性力が支配する流出初期の領域か

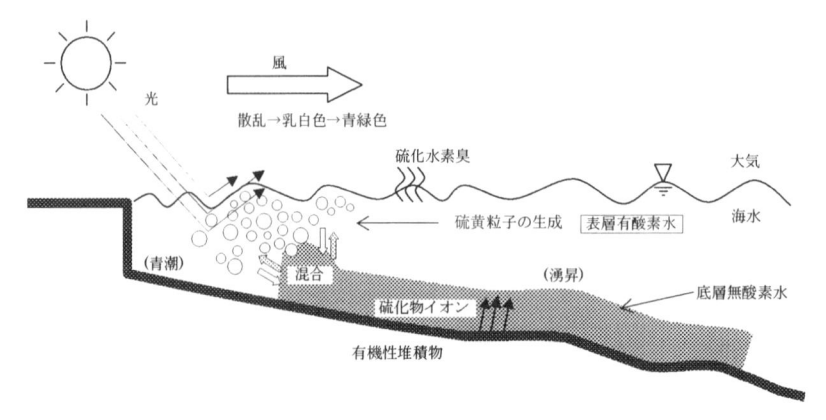

図 4.19 青潮発生の概念図（文献16より，一部改変の上作成）

ら，油の範囲が拡大するとともに，粘性力，さらには表面張力が支配的な領域に遷移する．極限領域では，油が水中に溶解する割合 S に応じて，それ以上広がらなくなる．現場海域に流出した油を効率的に回収するのは非常に困難であり，画期的な技術開発が期待される．

4.4.3 底泥の有機汚濁

沿岸海域の海底には，陸起源の粒子状物質および内部生産された有機物が沈降・堆積する．堆積した物質は地質年代的にみて次第に固化し岩石となるが，その初期段階を初期続成作用と呼び，物質循環や化学物質による汚染の観点からは重要である．重金属類・有機塩素化合物などの有害化学物質も，底泥に吸着し堆積する．

粒度組成と堆積速度は底質を性格づけるための基本的な性質である．粒度組成は直上の流動状態を反映したものである．流動は沈降性粒子の堆積・再懸濁を支配する主要な因子であるから，海底の粒度組成から底質汚染の範囲をある程度把握することができる．瀬戸内海で調べられた底泥表層の粒度組成[8,9]の分布は，重金属類の分布[10]とよく似たパターンを示している．

a. 底泥からの溶出と酸素消費

窒素・リンの底泥からの溶出は，内部負荷と呼ばれる．富栄養化した浅い水域では，その量は外部からの海域へ流入する負荷量と匹敵する場合も報告されており，水域の物質循環に重要な役割を果たしている．底泥は，過去の有機汚濁の履歴を反映して栄養塩類を大量に蓄積しており，仮に外部負荷を減らしても内部負荷が継続して存在し続けるため，陸域からの負荷削減効果を減殺させる効果をもつ．

栄養塩の溶出や底泥の酸素消費の機構は，基本的には水中から，あるいは堆積した底泥から濃度勾配にしたがって拡散移行するものである．したがって，溶出速度の推定は，間隙水の鉛直方向濃度勾配から求める間接法が一般的であるが，濃度分布を求める際の空間分解能の限界，見かけの拡散係数推定法など，推定精度上の問題点がある．溶出速度は，水温，pH，酸化還元電位，溶存酸素濃度などの水の理化学的性質のほか，底泥中の鉄・マンガンなどの含有量，海底直上の流動条件，底泥の起伏やベントスの巣穴の存在などの地形的条件，ベントスの活動，底泥中に蓄積した嫌気的代謝産物であるガスの移動などにも依存する．そのため，現地でチャンバーを用いて底泥ごと隔離し，水中の濃度変化から溶出速度を求めるチャンバー法，コアサンプルを採取し環境条件を制御した系で室内培養試験により求めるコア室内法が，より正確な手法として用いられている[11]．

最近，空間分解能がきわめて高い微小電極を用いて精度よく濃度分布を計測する方法が提案され，特に溶存酸素濃度に関しては実用化され，精度よく酸素消費速度を推定できるようになった．微少酸素電極は，付着（底生）藻類による一次生産速度の推定などにも有用である．

栄養塩の溶出速度や底泥の酸素消費速度に関して，最近，境界層を考慮したモデル化も行われている[12,13]．

4.4.4 水質・底質の有害化学物質による汚染

わが国における公害史の中で，水俣における有機水銀汚染は顕著な例である．汚染された底泥を除去

4.4 沿岸海域の汚濁現象

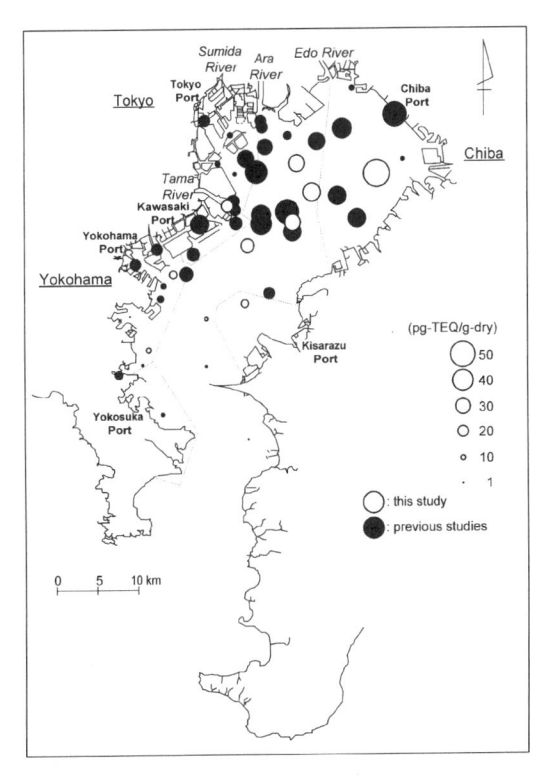

図 4.20 東京湾表層底泥中のダイオキシン類濃度の分布 [14]

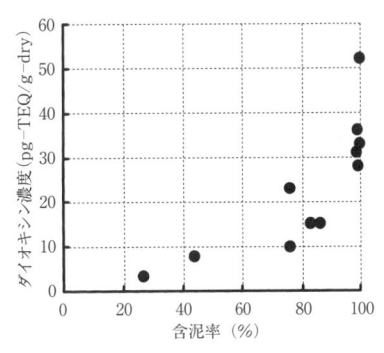

図 4.21 東京湾表層底泥中のダイオキシン類濃度と底質粒径との関係 [15]

し，発生源の対策がなされた今日では，有機水銀による急性毒性被害のおそれはほぼ消滅したが，有機化の反応機構など詳細な機構はいまだ不明の部分が多い．無機水銀についても，依然として人体への影響が取りざたされている．他の重金属汚染については，発生源対策などにより問題はかなり解決されつつある．

近年では，人工的に作られる有機化合物による汚染が注目されている．特に，ダイオキシン類や有機リンをはじめとする環境ホルモン物質，PCB などの残留性の高い有機化学物質（POPs）に注目が集まっている．これらの物質は，微量な濃度レベルにおける世代を越えた影響が懸念されている．1998年には環境ホルモン戦略計画（SPEED '98）が，1999年にはダイオキシン類特別措置法が制定された．さらに 2002年には水底質のダイオキシン類環境基準が制定されたが，基準を超過する底質が複数の港湾域で発見されている．図 4.20 は，最近東京湾で調べられた表層底泥中のダイオキシン類の分布である [14]．湾奥部の含泥率の高い底質に比較的高濃度に分布している．底泥の含泥率とダイオキシン類の含有量の相関は高く，有害化学物質の多くは微細な粒子に選択的に吸着し，湾内を移動していることが示唆される（図 4.21）[15]．

内湾特有の有害化学物質として，船舶や漁網の防汚剤として広く使われてきた有機スズ類（特にトリブチルスズ）がある．その生物影響については多くの知見があるが，特に巻き貝のインポセックスがよく知られている．内湾における水質や底質の濃度分布は，多くの他の陸起源の物質とは異なり，河川が流入する湾奥部が高濃度とはかぎらず，船舶のドックやマリーナなど，特定の負荷源の分布を反映しているといわれている．東京湾沿岸部でのモニタリング結果からは，水質・底質・生物（二枚貝）試料ともに，湾口部の海域で高濃度であることが報告されている．

内湾には人間活動によって発生した不特定多数の膨大な種類の有機物が集積する場所である．それらの毒性を個々に調べる努力は必要であるが，同時に，生物の個体や機能に着目したモニタリングやバイオアッセイによる評価手法を確立する必要がある．

〔中村由行〕

文 献

1) 小倉久子，飯村 晃，杉島英樹（2003）：東京湾に出現する赤潮植物プランクトンの経年変化．第37回日本水環境学会年会講演集, p.365.
2) 青山裕晃，甲斐正信，鈴木輝明（1999）：貧酸素化海域における浅場造成手法の検討—三河湾の事例—貧酸素による底生生物残存率の定量化．海洋理工学会秋季大会講演集, pp.29-36.
3) 環境庁編（1997）：環境白書平成9年度版, pp.87-91.
4) 矢持 進（1993）：水域の窒素：リン比と水産生物, 吉田陽一編, pp.84-95, 恒星社厚生閣.
5) 竹下俊二，木幡邦男，金守孝二（1995）：湧昇流の発生

6) 熊谷幹郎, 西村 肇 (1974): 沿岸海域における汚染物質の分散の法則性. 化学工学, **38**: 659-663.
7) Fay J A (1969): The spread of oil slicks on a calm sea. Oil on The Sea (Hoult DP, ed), pp.53-63, Plenum.
8) 井内美郎 (1982): 瀬戸内海における表層堆積物分布. 地質学雑誌, **88**: 665-681.
9) 谷本照巳, 川名吉一郎, 山岡到保 (1984): 瀬戸内海における底質の粒度組成と有機物, 中国工業技術試験所年報, **21**: 1-11.
10) 塩沢孝之, 川名吉一郎, 星加 章, 谷本照巳, 滝村 脩 (1979): 瀬戸内海の底質. 中国工業技術試験所年報, **4**: 1-24.
11) 中嶋光敏, 西村 肇 (1986): 溶出量測定. 沿岸環境調査マニュアル(底質・生物編), 日本海洋学会編, pp.79-91, 恒星社厚生閣.
12) 細井由彦, 村上仁士, 上月康則 (1992): 底泥による酸素消費に関する研究. 土木学会論文集, 第456号/Ⅱ-21: 83-92.
13) 中村由行 (1993): 底質の酸素消費過程における濃度境界層の役割. 水環境学会誌, **16**: 732-741.
14) Nakamura Y, Tanaka Y and Yasui M (2001): Endocrine disrupting chemicals in the coastal sediments in Japan. Characterization of Contaminated Sediments, Battele Press.
15) 交通エコロジー・モビリティー財団 (1991): 湾内におけるダイオキシン類分布調査報告書, 79 pp.
16) 環境庁水質保全局 (1988): 青潮の発生機構の解明に関する調査, 86 pp.
17) 栗原 康 (1988): 生態学の論理と生態系の保全と活用. 沿岸域の生態学とエコテクノロジー(栗原 康編), pp.289-305, 東海大学出版会.

4.5 物質輸送・水質変化のモデル化

▷ 2.2 湖沼における物理過程
▷ 2.3 湖沼水質
▷ 2.4 湖沼の生態系
▷ 4.2 沿岸海域・海洋の力学

沿岸の水質を解析する際に生態系モデルが強力なツールであることは現在多くの人によって認識されてきた. そしてその適用例は非常に多くなってきている. しかし, 多くのモデルは浮遊系を扱ったものであり, 底生系との相互作用はたとえば無機態栄養塩の海底からの溶出速度であるとか, 海底での酸素消費速度のような形で, 境界条件として浮遊系モデルの中で与えられている. これは沿岸の炭素循環や窒素循環の現状を解析する目的としては妥当な手法である. しかし, このモデルを使って陸からの栄養塩削減の結果, 水質はどの程度改善されるかというような, いわゆる環境管理のツールとしてモデルを使う場合は問題がある. すなわち栄養塩の削減が水柱での一次生産を減少させ, これが底生系への有機物のフラックスの減少につながり, その結果, 底生系から水柱への無機態栄養塩のフラックスにどのように影響するかについては, このようなモデルは対応できない. このような問題を克服するために, 浮遊系, 底生の生態系モデルを結合し, さらに輸送モデルと組み合わせた包括的なモデルの開発が試みられ始めた. その代表的なものがEMSモデルであり, これは ERSEM (European Reagional Sea Ecosystem Model) モデルへと発展されていった. わが国においても同様な包括的なモデルの開発が試みられてきた.

包括的なモデルの中で, 生物学的な部分は浮遊, 底生, 表在底生サブモデルとして分類される. そして生物学的な状態変数は機能グループを表現し, 標準的な生物としてモデル化されることになる. これは, たとえば干潟の懸濁物食者という機能グループを考えたとき, 対象海域ではアサリが優占しているのであれば, これを標準生物として扱うと考えればわかりやすい.

EMSモデルの全体の記述は文献1の中にみることができる. ここでは主として底生系モデルを中心としてモデルの説明をしていくことにする.

4.5.1 包括的な生態系モデル
a. モデル設定
生態系モデルのシステムは図4.22に示すサブシステムに分けられている.
浮遊サブシステム
次の過程を記述するモジュール:
1 酸素
2 栄養塩
3 一次生産
 a 珪藻
 b 独立栄養微細鞭毛藻
 c ピコプランクトン
 d 渦鞭毛藻
4 バクテリア
5 従属栄養鞭毛虫
6 微小動物プランクトン(繊毛虫など)
7 メソ動物プランクトン

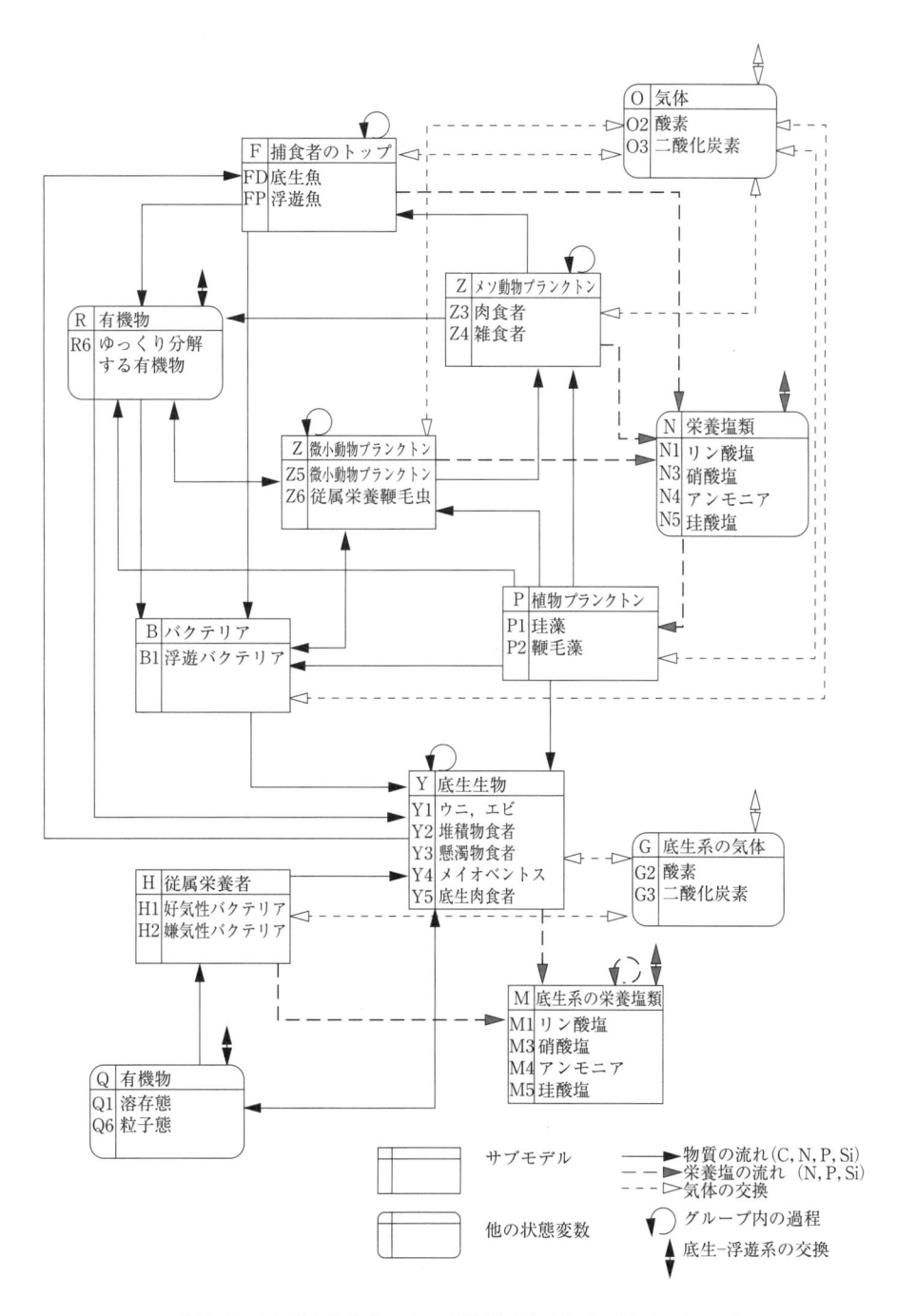

4.5 物質輸送・水質変化のモデル化

図 4.22 包括的な生態系モデルの概念図（Blackford and Radford, 1995）

8 浮遊魚
9 底生魚
10 デトリタス
底生サブモデル
次の過程を記述するモジュール：

1 生物動態
　a 好気的バクテリア
　b 嫌気的バクテリア
　c メイオベントス
　d マクロベントス

・懸濁物食者
  ・堆積物食者
  ・肉食者
 2 デトリタス
 3 生物攪乱/生物喚水
 4 間隙水栄養塩動態
   a 酸素
   b 栄養塩
   c 還元者（Mn，Fe など）
   d 酸素浸透深度
このほかに輸送を司る物理過程（水温や塩分を含む）のサブシステムからなる．このほかには日射量，陸側と海側の境界条件が必要となる．

b．輸送過程
物理過程は 3 次元レベルモデルで計算された結果をそのまま使うか，ボックスモデルを使う．その場合ボックス間の生物物質や，非生物物質の輸送は 3 次元レベルモデルの結果を使う．ボックスモデルの場合，容積 V のボックスでの任意の物質濃度 C の変化は，浮遊システムの中の水輸送に影響を受けるので次のように記される．

$$\frac{dC}{dt} = wh_iC - wh_oC + wv_iC - wv_oC + wd_iC - wd_oC$$
$$+ ws_iC - ws_oC + wr_iC + 反応項 \quad (4.4)$$

ここで濃度変化は（流入については添え字 i，流出については o）次の過程により起こされるとする．

 wh_xC ： 物質 C の水平移流輸送
 wv_xC ： 層間の鉛直移流輸送
 wd_xC ： 拡散による鉛直輸送
 ws_xC ： 水輸送以外の鉛直輸送（たとえば沈降）
 wr_iC ： 河川水からの流入

ここで x は i か o を表している．たとえばボックスに入る水平輸送の影響は次のように与えられる．

$$wh_iC = \frac{\left(\sum_{j=1}^{N} U_j \cdot F_j \cdot C_j\right)}{V} \quad (4.5)$$

ここで，
 N：ボックスがもつ横方向の境界領域 j の数
 F_j：ボックスの横方向境界 j の面積
 U_j：境界領域 j を通ってボックスに入る積分された流量
 C_j：境界領域 j に隣接する他のボックスにおける物質濃度

流出についても同様に与えられる．

c．浮遊サブモデル
モデルの生物学的な機能グループは標準生物の概念を使ってモデル化されている．その概念は図 4.23 に模式的に示されている．食物摂取，呼吸，成長，死亡などの普遍的な生物過程がこの中で示されている．したがって，これより標準生物量の純成長に関する方程式は

$$\frac{dST_c}{dt} = (sugST - (srtST + sdST + setST + sgST)) \cdot ST_c$$
$$(4.6)$$

ここで，
 ST_c： 標準生物の炭素生物量
 $sugST$： 比摂取速度
 $srST$： 比全呼吸速度
 $ssST$： 比死亡速度
 $setST$： 比全排泄速度
 $sgST$： 比グレージング速度

1 日の間の生物量変化を決定する過程の多くは水温，酸素飽和度に依存する．温度の影響は一般に次のように定式化されている．

$$etST = q10ST\$^{(ETW-10.0)\cdot 0.1} \quad (4.7)$$

ここで ETW は水温，$q10ST\$$ は状態変数に依存したパラメータで，特性温度関数と呼ばれる．酸素飽和度への依存は一般的には 100% で 1 となり，0.5（50%）のレベルまで抑制される酸素飽和度に関するパラメータ（生物によって異なる）$chrST_o\$$ なる半飽和定数を導入して定式化する．

1）栄養元素 従属栄養成分の親生物栄養元素の動態は排泄を除いては炭素と結びついている．標準生物による排泄は次のように与えている．

$$tsTN1_p = (q_pST_c - q_pST_c\$) \cdot St_c$$
リンについて (4.8)
$$tsTN1_n = (q_nST_c - q_nST_c\$) \cdot St_c$$
硝酸塩とアンモニア (4.9)

標準生物の炭素プールで最大となる栄養素 P や N の割合を表すのが $q_pST_c\$$ と $q_nST_c\$$ である．実際の栄養素 P や N との割合は q_pST_c と q_nST_c である．上式の括弧の中が負になるときは栄養素は最大値に届くまで滞留することになる．結局，状態変数は動的に Redfield 比を維持するようになっている．浮遊生態系モデルの詳細は Kremer and Nixon (1978)[2) を参照されたい．また，微生物食物網の構造や定式化についてはたとえば Nakata ら (2004)[3)] に示されている．

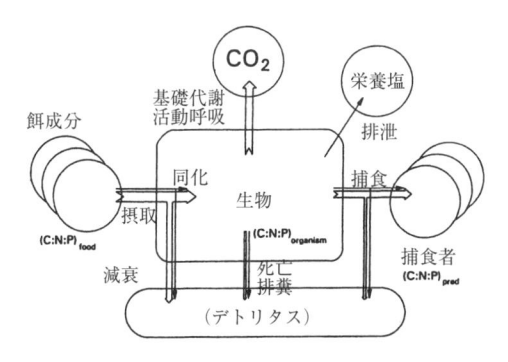

4.5 物質輸送・水質変化のモデル化

図 4.23 標準生物に関係する過程とフラックス

d. 底生サブモデル

底生サブモデルは次のサブモジュールから構成される．

- 生物学的な底生モジュール
- 生物攪乱/生物喚水モジュール
- 底生栄養塩モジュール

さらに底生と浮遊系には次のような相互作用が存在する．

- デトリタスや珪藻の堆積
- 堆積物表面を通した栄養塩拡散
- 底生懸濁物食者が浮遊系デトリタスや食物プランクトンを摂食する
- 浮遊系の捕食者がマクロベントスを摂食する

底生モジュールの中では次のような相互作用が存在する．

- 生物学的な底生モジュールはマクロベントス生物量，生物攪乱/生物喚水モジュールに取り込まれるマクロベントスの活性による見かけの拡散係数の増減，生分解過程による栄養塩の放出を底生栄養塩モジュールへ供給し，この中では発生項として使われる．
- 底生栄養塩モジュールは鉛直方向の栄養塩分布を計算し，生物学的な底生モジュール中の過程の鉛直的な範囲を決定する．さらに酸素の浸透深度や硫化物平面（その深さより上では硫化物がゼロになる面）を計算する．

1) 生物学的な底生モジュール 生物学的な底生モジュールは次の機能グループを処理する．

好気的な底生バクテリア（H1）：嫌気的な底生バクテリア（H2）：メイオベントス（Y4）：マクロベントス堆積食者（Y2）：マクロベントス懸濁物食者（Y3）：底生肉食者（Y5）：表在捕食者（Y1）．

この生命体の機能グループに加えて，2つのデトリタス状態変数が扱われている：底生粒状デトリタス（Q6）と底生易分解性溶存有機物（Q1）．

分解者 H1 と H2 は時間とともに厚さが変わり，はっきり区別された層の中に現れる．その活性はこれらの層に存在するデトリタスに依存する．好気的な底生バクテリアが呼吸のために酸素を消費するのに対して，嫌気的なバクテリアは硝酸塩や他の酸素キャリアを還元する．

Y1 から Y5 までの機能グループは一般的な生理機能でモデル化される．これらは同じ構造をもつがパラメータの値は異なる．これらは前の標準的な生物のところで記述したように，摂取，排糞，呼吸（静止，活動，ストレス），自然死亡，栄養塩の排泄過程を含んでいる．

2) 生物攪乱/生物喚水モジュール 上の7つの生物機能グループによるデトリタスの生産と消費は深さが変化する堆積物の中で起こる．これらのソース，シンクは堆積物中での鉛直分布を計算するため生物攪乱/生物喚水モジュールで使われる．浮遊デトリタスの堆積は表層近くにデトリタスを蓄積することになるが，生物攪乱はそれを堆積物の中へ輸送し，デトリタスの分布の鉛直勾配を弱くする．生物攪乱過程の強さは Y3 から Y7 までの機能グループの生物量の重みつきの和に依存するようにモデル化している場合が多い．生物攪乱についてはまだわからないことが多く，まだ研究が必要である．

とりあえず生物攪乱/生物喚水モジュールの中で，重みつき生物量の和に依存するとした見かけの拡散係数として扱うしかないであろう．存在するマクロベントスの生物量に依存して見かけの拡散係数は 1 オーダー変化することもある．しかし，実際には堆積物中の粒状物質の輸送は生物量というより生物の活性に依存するものであろう．

3) 底生栄養塩モジュール 底生系での重要な過程は有機物の無機化，間隙水で溶存している栄養塩や電子受容体の鉛直輸送，脱窒や吸着のような栄養塩の除去を記述する過程である．これらの中の重要なものがモデルの中で具現化されているべきである．

底生栄養塩モジュールでモデル化されたすべての栄養塩や電子受容体には同様な概念が適用されてきた．

底生栄養塩モジュールの目的は間隙水中の栄養塩

119

鉛直分布を正確に計算することにより底生栄養塩フラックスをうまく再現することにある．堆積物を多くの薄い層に分割する代わりに，堆積物の中で起きるすべての変換過程を簡単なゼロ次や一次のオーダーの過程に集約して，限られた層で模式化し，この中でのパラメータは深さでは変化しないものとして扱うこともできる．簡単に取り扱う場合には3つの層で区別するとよい．

①酸化層では酸素が無機化過程の電子受容体として使われる．

②脱窒層では，酸素はなく硝酸塩が有機物の無機化を通してN_2へと還元される．

③嫌気層では，O_2やNO_3^-はなく鉄が還元され，さらに硫酸還元を通して硫化物が形成される（嫌気的無機化）．

結局底生栄養塩モジュールは次の成分の鉛直分布を計算する．

・硝酸塩
・アンモニア
・リン酸塩
・珪酸塩（溶存）
・酸素
・二酸化炭素
・酸素受容体
・溶存有機炭素

間隙水中の任意の溶存成分に関する一般的な続成方程式は次のように定式化される．

$$\frac{\partial C}{\partial t} = D\frac{\partial^2 C}{\partial z^2} - w\frac{\partial C}{\partial z} + \sum R \quad (4.10)$$

ここで，
　D = 堆積物全体での拡散係数（m²/日）
　w = 堆積物全体での移流定数（m/日）
　$\sum R$ = Cに影響する反応項

この式を上に挙げたすべての成分について解くことになる．

この偏微分方程式系を解くために，ERSEMでは計算中の毎時間ステップごとに続成方程式を擬似定常状態にあると仮定する．したがって，時間変化は擬似定常状態の分布とそれに対応するフラックスを補正することで得られるようにする．

生物学的な底生モジュールで計算された栄養塩や酸素，二酸化炭素についてのソース，シンクは入力として扱う．堆積物表面を通した交換は浮遊系の濃度や分布の勾配に依存して行われるとする．また，ここでは脱窒や硝化，吸・脱着も計算することができる．

酸素の浸透深度は生物学的な過程にとっては非常に重要であり，硝化や他の電子受容体の回帰にとっても重要である．硝酸還元バクテリアを陽に扱っていない場合には，硫化物平面は当面硝酸塩が低い閾値，あるいはゼロとして間接的に計算することになる．本来嫌気バクテリアはそれらの生理機能に従って細かく分類されるが，現在のところモデルではそこまでは考慮できない．硫化物平面の鉛直方向の動きに応じてリン酸塩は堆積物への吸着能を劇的に変えることになる．

現在のところ，底生モデルは，モデル化された過程をファクター2以上は正確には定量化できないという意味では定性的なモデルといわざるをえない．しかし，モデルにはパラメータの値をどうこうするというより，フィードバック機構が互いにバランスするというさらに重要な相互作用が含まれているので，シミュレーション時の定量化が不十分でもそう深刻な問題にはならないことがある．

アンモニアモジュールは硝化，堆積物への吸着そして鉛直輸送を扱う．ここへの入力は底生炭素モデルで計算された無機化速度である．アンモニアには2つの状態変数が使われる．好気層のアンモニアと嫌気層での全アンモニアである．

硝酸塩モジュールは堆積物中の硝酸塩濃度や脱窒層の厚さを計算する．また，脱窒や鉛直輸送の計算も行う．硝化速度はアンモニアモジュールから導かれる．硝化過程は酸素を必要とするので，好気層で起こるが，脱窒は硝酸塩が酸素の代わりの電子受容体として使われる脱窒層でのみ起こるとする．

リン酸塩モジュールはリン酸塩の吸着や鉛直輸送をシミュレートする．吸着は堆積物の状態に依存する．好気層や脱窒層ではリン酸塩は鉄と反応して不安定な化合物となる．ここでは遊離リン酸塩と吸着したリン酸塩の割合は1：1～250と変化が大きいが，嫌気層では鉄は還元型でのみ存在するのでリン酸塩の吸着はないとする．

珪酸塩モジュールは好気層や脱窒層において浮遊珪藻の細胞膜から生ずる粒状ケイ酸塩（オパール），そしてその溶解，堆積物中での鉛直輸送，水柱との交換を計算する．

酸素モデルは堆積物中に存在する酸素量やその層の厚さを計算する．双方の状態変数は有機物の無機化，硝化，還元物質の酸化（還元等価物モジュールから導かれる）の和で制御される．

4.5 物質輸送・水質変化のモデル化

還元等価物は S^{2-} や Fe^{2+} のような嫌気的な無機化による還元によって作られた成分である．これらの成分はまだ堆積物中の電子受容体の挙動についての知識が十分でないので，まとめて1つの状態変数として扱われている場合が多い．そして脱窒層や嫌気層で酸化された物質から還元等価物質への還元や鉛直輸送が扱われる．

4.5.2 結果の例

浮遊モデルで計算された水柱での一次生産や有機物の沈降フラックスは図4.24のようになっている．これに応答した底生系で，たとえば図4.25(a)では夏の間酸素消費によって酸素浸透深度が1cm以下にまで浅くなっていることが示されている．さらに図4.25(b)では酸素消費に対する各過程の寄与を示している．これによると全体的には有機物の酸化（黒）が大きく，夏季には還元等価物の酸化による消費（薄い黒）が大きくなっていることがわかる．図4.26は栄養塩（P, Si, N）の溶出の計算結果である．いずれも8～9月に最大となり，窒素は10 mmol/m²・日までになっている．まだモデルの検証データが不十分であるが，結果は少ないデータではあるが観測結果の中に入っている．

4.5.3 将来の方向

ここでは沿岸の水質変化を予測するモデルとして浮遊系‐底生系が結合したいわゆる包括的な生態系モデルについて ERSEM の例を示した．もとより検証データが圧倒的に少なく，十分に検証されたモデルであるとはいいがたいが，われわれが今後，沿岸生態系の中で解析していく必要のある窒素循環やリン循環などの1つの方向性を示していると考えている．特に底生系の導入は今後の環境管理や干潟での物質循環を考えるうえで必須であり，観測を含めた今後の研究に大きな示唆を与えるものと信ずる．

〔中田喜三郎〕

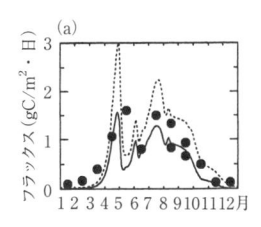

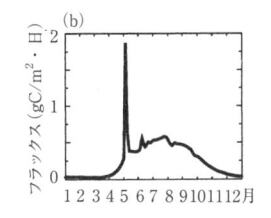

図4.24 沈降フラックス[4]

(a) モデルで計算された浮遊系における総生産（破線）と純生産（実線）．比較の点は Joint and Pomroy (1993) の測定（●）．
(b) 有機物の海底への沈積フラックスの計算結果．

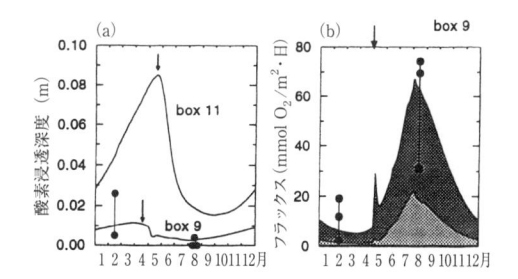

図4.25 図4.24に対応した底生系

図4.25と同じ点での (a) 酸素浸透深度；(b) 全酸素消費と酸素消費過程：有機物の酸化過程（黒の部分），還元等価物の酸化（薄い部分）を示す．ここでは硝化過程は無視できるほど小さい．図中の矢印は春のブルームのモデル計算の最大値が起こった時期を示す．box 9 は富栄養化の進んだ海域，box11 は富栄養化のみられない海域に対応している．

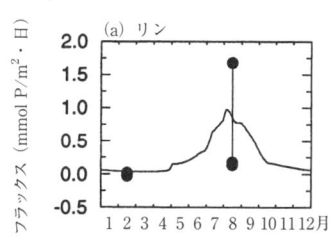

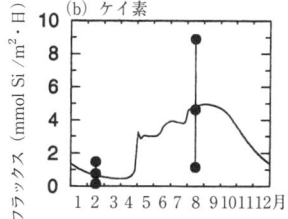

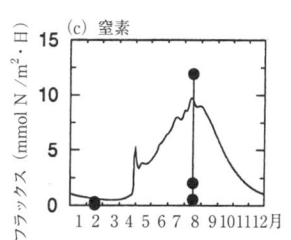

図4.26 海底からの栄養塩の溶出フラックス（図4.25の box 9 の地点）[4]
●は観測値．(a) リンフラックス，(b) ケイ素フラックス，(c) 窒素フラックス．

文献

1) Baretta JW and Ruardij P (1988)：Tidal Flat Estuaries. Simulation and Analysis, Springer‐Verlag, 353 pp（日本語版，中田喜三郎訳：生物研究社）
2) Kremer JN and Nixon SW (1978)：A coastal Marine Ecosystem — Simulation and Analysis, Springer‐Verlag, 217 pp（日本語版，中田喜三郎訳：沿岸生態系の解析，生物研究社）
3) Nakata K, Doi T, Taguchi K and Aoki S (2004)：Characterization of ocean productivity using a new physical‐biological coupled ocean model. Global Environmen-

tal Change in the Ocean and Land (Shiomi M *et al.* ed), pp.1-44, Terrapub.
4) Ruardij P and van Raaphorst W (1995): Benthic nutrient regeneration in the ERSEM ecosystem model of the North Sea. *Neth J Sea Research*, 33 : 453-483.

4.6 環境保全と修復

▷ 3.2　干潟生態系
▷ 3.3　藻場生態系
▷ 21.6　水環境生態保全計画

海域の環境基準（COD）達成率はここ30年間70～80%で推移している．河川の達成率が50%から80%に改善されたことと比較すると，改善の兆しのみえない状態が続いている．この原因は，特に閉鎖性海域の富栄養化にあると考えられている．

沿岸域の環境保全対策は陸域から過剰に流入する有機物，および窒素，リンなどの富栄養化原因物質を削減することが根本である．しかしながら，陸域における対策のみでは不十分であり，沿岸域において直接的に富栄養化防止のための対策をとることも重要である．なぜなら沿岸域に発生する富栄養化問題には，底質の有機汚濁化，閉鎖性の進行による水循環の不健全化，干潟や藻場などの生態系の消失による物質循環の遮断なども関係し，多くの場合，複合的な要因でもたらされているからである．

現在適用され，あるいは考えられている沿岸域の環境保全・修復技術は，主に物理・化学的な手法で浄化を行う底質改善，海水交換促進，鉛直交換促進と，生態系の浄化能力を活用する干潟・浅場・藻場造成などの生態工学的手法に大別される．

4.6.1　物理・化学的環境保全・修復技術
a．底質改善

底質の有機汚濁化が進行すると底質の酸素消費速度が増大し，底層水の貧酸素化をもたらすのみならず，底質からの栄養塩溶出による内部負荷の増大を引き起こし，富栄養化の悪循環を生む．底質改善は，主にこの有機物に富む底質を，①物理的に除去する浚渫，②清浄な砂でカバーする覆砂，によって行われる．

1）浚渫　浚渫は，1970年代には公害防止事業として実施された．すなわち水銀やPCBなどを含有する底質は浚渫によって除去され，周辺環境に影響のないように遮断して埋立処分された．また，有機物を大量に含む底質においても，有毒ガスである硫化水素や悪臭を発生することから浚渫が実施されてきた．また，近年はダイオキシン類による底質汚染対策としても位置づけられている[1]．

さらに公害防止から環境改善へとその目的を拡大し，各地で浚渫が行われている．その方法は高濃度薄層浚渫と呼ばれるもので，有機質に富む表層の底質のみをポンプ吸引あるいは機械的に掘削する方法が開発されている[2]．これまでの実績からみると，浚渫によって除去される底質のCODは20～30 mg/g以上，強熱減量は10～20%以上である[1]．

このような有機質に富む底質には窒素，リンが多量に含まれており，窒素，リンの含有量と溶出量には相関があるため[3]，浚渫によって有機質に富む底質を除去すれば内部負荷の削減を行うことができる．また，底質の酸素消費速度も有機物含有量と相関があるので，浚渫を効果的に行えば底層水の貧酸素化の防止に有効である．

酸素消費速度を低下させて底層水の貧酸素化を防ぐために必要な浚渫深さは，沿岸域の水質シミュレーションにより求められる貧酸素化防止に所要の酸素消費速度を，底質の酸素消費速度の鉛直分布から浚渫深さに変換することで求められる．富栄養化防止を目的とした浚渫深さも栄養塩溶出速度をパラメータとして同様に求められる．

浚渫による高濃度有機性底質の除去は，底生動物の生息環境の改善につながる．底生動物の分布と有機物含有量との間には密接な関係があり[4]，水産用水基準に示される有機汚濁の境界値である底質COD 20 mg/gを超えると底生動物の種類数・現存量とも減少する[5]．底生動物の生息は水質および底質の有機物の浄化に働くため，富栄養化防止に好循環をもたらす．

浚渫において問題となるのは，浚渫底質の処理（脱水処理，余水処理），および浚渫土の処分地の確保である．特に処分地の確保が困難であるわが国では，さまざまな有効利用の方策が検討され，埋立，公園緑地，農地などへの利用に適した処理方法が開発されてきた[2]．しかし，量的には供給過剰の現状にあり，新たな有効利用の方策が求められている．浚渫土による干潟造成もその1つであり，山口県三

田尻湾で実施された例[6]では、近隣自然干潟と同じ程度の底生動物生息状況が観察されている．

2）覆砂 覆砂は底質改善の代表的な技術であり、浚渫と同様に栄養塩溶出抑制、酸素消費速度の低下を目的として行われる．有機質に富む底質の上に砂層を形成させることで、砂層の好気的な環境において底質から溶出する窒素の硝化・脱窒、リンの鉄の水和酸化物としてのトラップが生じる．このような生物学的・化学的溶出抑制効果は、砂層が好気的に保たれれば持続性を期待できる．津田湾における事例では、1991年に実施した覆砂により3年以上PO_4-Pの溶出がほぼゼロに抑えられた[7]．三河湾河和港における事例では、1987年に覆砂を実施し1993年に追跡調査を行った結果、窒素については覆砂直後と同様に溶出が抑制されていたものの、リンに関しては徐々に溶出量が増加する傾向が示された[8]．一方、覆砂層表層に新たな浮泥が堆積したことも報告されているが[7]、覆砂の効果の持続性には新生堆積物の影響が大きいため、このことを考慮した事業の実施が必要不可欠である．

大阪湾を対象に、底泥系と海水系との相互作用をデトライタスの底泥への沈降と底泥からの無機栄養塩の溶出として扱ったモデルによるシミュレーション[9]では、浚渫、覆砂実施後1年後の水質は、ほぼ同じ改善効果となるが、両ケースとも時間の経過とともに水質が悪化する傾向をみせ、効果がなくなるまでの時間は覆砂で15年、浚渫で5年と覆砂のほうが浚渫よりも水質改善効果が持続することが計算されている．

覆砂厚は、その溶出抑制機構から考えて、溶出速度の大きな底質にはより厚くする必要がある．通常、底質コアサンプルを用いた覆砂実験によって適正な覆砂厚が求められており、前述の三河湾では50cmの覆砂厚で実施された．覆砂厚の決定には、施工精度、めり込み厚なども考慮する必要があり、適正覆砂厚は50cm程度以上と考えられる[10]．

三河湾では、覆砂域の底生動物は施工直後から多様性を増加させ[7]、環境改善に即効性のある技術であることが示されている．底生動物の生息にとっても覆砂厚は重要であり、覆砂厚を十分に確保すればより大型の二枚貝類、多毛類の生息も可能になる．

b. 海水交換促進

対象沿岸域の外の水質が良好な場合、①導流堤などの構造物の設置、②水路開削などの湾口改良、③作澪、④防波堤の改良、によって海水交換を促進させ、直接的に水質を改善することができる．海水交換促進技術は、水中の有機物、栄養塩などを物理的に拡散、希釈し、沈降を抑制するものである．海水交換の促進は、潮流などの自然エネルギーによる海水交換を、地形の変化によって強化するものであり、地形が元に戻らないかぎり効果は維持される．しかし、大規模な地形の変化は沿岸域の生態系に大きな影響を与える可能性があるため、生態影響を十分に考慮する必要がある．

1）導流堤 導流堤は、潮流のうちの一方向成分を助長して、恒流あるいは残差流を強くすることで海水交換を促進する技術である．導流堤を配置して、上げ潮時に流入しやすい湾口Aと、流入しにくい湾口B（導流堤先端部に強い渦流形成）を作る．下げ潮時にはそれぞれ、流出しにくい湾口（渦流形成）Aと、流出しやすい湾口Bになるため、AからBへの一方向の流れが強くなる．

原理から明らかなように導流堤は流れの抵抗となるので、潮流が強い場でなければ逆に閉鎖性を強める結果ともなることに注意しなければならない．

2）湾口改良 湾口の断面を拡大、縮小、あるいは新たに湾口を設け（水路開削）、海水交流量や潮汐交換率を増大させ、海水交換を促進する方法である．海水交換量は海水交流量と潮汐交換率の積で与えられる[11]．海水交流量は湾内潮差に比例し、外側の潮差と同じ場合に最大である．湾内潮差が小さい場合には湾口断面の拡大、新水路の開削により海水交流量が増大する．一方、潮汐交換率は湾口流速を増加させることで増加する．したがって、湾口断面が広すぎて断面流速が小さな場合には、湾口を縮小することが有効である．これら相反する2つの条件を最適化して海水交換量を増加させる必要がある．

3）作澪 作澪は、海底に溝（澪）を掘ることによって澪に沿う恒流を助長し、また澪縁辺でのシアー流の発達により混合・拡散を促進し、海水交換量を増加させる．作澪が効果的であるためには潮差が大きく、水深が浅い場が適している．

4）防波堤改良 三田尻中関港では、防波堤断面の一部を空洞の海水透過構造として、防波堤背後水域の海水交換を促進させる事業が行われている[12]．その他にもスリットがある海水交換型防波堤や礫間接触酸化法による海水の浄化機能をもった透過性のケーソンなど、本来の機能を維持しながら環境と調和できる防波堤の開発、利用が積極的に行われてい

c. 鉛直交換促進

　富栄養化による生態影響として最も深刻な問題は，底層水の貧酸素化である．底生動物の生息が困難になるのはもちろんのこと，貧酸素水界の拡大，湧昇，青潮の発生は，沿岸域生態系に多大な損傷を与える．貧酸素化の原因は，有機性底質による酸素消費量に対して表層水から底層水へ供給される酸素量が小さいためであり，対策としては前者を低下させるか後者を増加させる方法がとられる．ここでいう鉛直交換促進は後者の技術である．

　方法としては，①潮汐の位置エネルギーを活用して鉛直交換を促進する潮汐ダム，②潮流の運動エネルギーを活用して鉛直交換を促進する潮汐ポンプ，③曝気などによって上昇流と下降流を作り出す強制循環，に分けられる．しかし，いずれの技術も揚水した底層水の挙動やどの程度の施設規模で効果がみられるかなど検討すべき課題は多い．

1）潮汐ダム　潮汐ダムは，湾の浅いところを堤防で仕切って作られるダムと，ダムと湾の深部を結ぶ導水管からなり，潮汐の位置エネルギーを利用して，浅いダムの水と深い湾の底層水の鉛直交換を促進する技術である[14]．上げ潮時に湾の水位上昇とともに導水管を通じて湾の底層水はダムに運ばれる．下げ潮時には，ダムの水が導水管を通じて湾の底層に運ばれる．ダムの水が十分に酸素を含んでいる必要があるが，これにはダム水面での再曝気と，光合成などによる酸素の生産を活用する．

2）潮汐流ポンプ　潮汐流ポンプは流れの中にパイプを立て，霧吹きの原理と同様にパイプ端面に発生する負圧に起因する流れを誘発させ，もう一方の端面に位置する底層水を揚水し，鉛直交換を促進する方法である．自然エネルギーである潮流を利用するが，交換量はパイプ端面に発生する負圧，すなわち流速に比例するため，断面として小さな湾口狭窄部や潜堤が利用される．揚水効率のよい揚水管ヘッドの選定などの工夫が必要である[15]．

3）強制循環　これまでにいろいろな方法が提案[16]されているが，湖沼などの閉鎖性水域で最も実績が多いのが間欠式空気揚水筒型技術である．この方法は水域に揚水筒を設置し，その中で間欠的に大気泡を吹き上げて上向流を発生させ，底層水を表層まで揚水するとともに，揚水筒周囲に生じる下向流で，大きな鉛直循環流を形成させるものである．大船渡湾において実証実験が行われ，夏季の成層を消滅させるほどの鉛直混合効果は認められなかったが，溶存酸素の増加，アンモニア態窒素の減少の効果が認められた[17]．現在のところ比較的小規模の水域で適用実績がある．

4.6.2　生態工学的環境保全・修復技術

　近年，干潟や藻場などの生態系を活用した水環境の改善に多くの期待が集まっているが，水質や気象などの環境変動が時・空間的に大きい浅海域においては，浄化能力の評価や外部環境変化に伴う物質収支の変動が把握できていないのが現状である．

　現在，現地観測を通じて浅海域における物質循環に関するデータの蓄積，系統的な整理が行われ，数値計算に用いることのできるレベルでの物質循環の定量化が進められている段階にあるが，ここでは既往の知見から内湾の水環境に対する干潟・藻場の物質循環の役割をまとめる．

a. 内湾に対する干潟の機能の波及効果

　三河湾では，1960年代に窒素，リンの急増による基礎生産の増大，透明度の低下が起こり，1970年代に赤潮や貧酸素化の発生が顕著になった．赤潮や貧酸素化の発生は急速に行われた渥美湾奥部の埋立が原因であるという[18]．埋立の面積比は三河湾の2%にすぎなかったが，埋立海域のろ過食性マクロベントスの存在量から推定されるろ過速度は，三河湾の海水交換速度に匹敵すると試算され，これが失われて流入負荷や内部生産による水中懸濁物質の増加を制御できなくなったことが1970年代の三河湾の環境悪化を引き起こした可能性がある．

　汀線に生息する生物のろ過速度が湾内水質に及ぼす影響を東京湾を対象に富栄養化モデルにより推定した研究[19]では，湾全汀線の形式を直立護岸にした場合，夏季にCODが湾奥・湾口で0.4〜1.2 mg/l程度高くなることが，また，全汀線域を砂浜にした場合には，湾奥で0.8 mg/l，東京港全面では1.4 mg/l程度改善することが明らかにされた．

　貧酸素化によるマクロベントスの死亡過程を水温と溶存酸素の関数として定式化し，貧酸素化による浅場の水質浄化機能低下をシミュレーションした結果[18]，貧酸素化が起こらない時期の懸濁態有機物の取り込みは，785 mg$-$N/m^2・日，溶存無機態窒素の放出は，535 mg$-$N/m^2・日，総窒素では250 mg$-$N/m^2・日のシンクであるが，貧酸素化の影響後にはろ過食性者が死滅し，懸濁態有機物の取り込みが低下し，総窒素でソースに転じることが示された．

表 4.3 沿岸域環境保全・修復のための技術の比較（文献 19 を改編）

方法	技術分類	技術的課題	効果			経費	
			影響範囲	直接的効果	持続性	工費	維持費
底質改善	浚渫 覆砂	浚渫土処理・処分・有効利用技術の開発	◎	○	●	●	◎
海水交換促進	導流堤 湾口改良 作澪 防波堤改良	生態影響を考慮した流動バランスへの配慮	○	○	◎	○	●
鉛直交換促進	潮汐ダム 潮汐流ポンプ	海域利用目的に適う構造物の形式・配置	●	●	●	○	●
	強制循環	省エネルギー	●	●	○	○	●
生態工学的手法	干潟造成 藻場造成 浅場造成	生態系本来の機能との調和	○	○	◎	◎	◎

◎安価，有利，○やや有利，●高価，不利．

b. 内湾に対する藻場の水質浄化機能の波及効果

干潟と同様に藻場における大型藻類の栄養塩吸収能を考えると，浮遊藻類に利用される栄養塩が減少するため水質が改善されることが予想できる．海藻の窒素吸収効果に着目し，東京湾全域の物質循環計算を行うことによって沿岸部での水質改善効果がどのように伝搬するのかを検討した研究[20]では，①現況地形に浅海域を造成し，海藻（草）を植えた場合，②浅海域が多く存在していた昔の東京湾地形，の 2 ケースについて比較計算が行われた．現況では流入河川が東京湾の西岸に集中していることから，水質は西半分が東半分に比べて汚れている．①のケースでは東京湾の東部沿岸で浮遊藻類が増殖できないレベルまで栄養塩濃度が減少することが示された．②では西岸にも浅海域が存在していたため，西半分についても水質の改善がみられた．また，昔の地形のほうで海水交換率が高かったために全湾域の水質が良好なことが評価された．

大型海藻（アカモク）の栄養塩吸収速度，栄養塩回帰速度，大型海藻が浮遊藻類に及ぼす増殖抑制効果を考慮して，松島湾を対象とした水質モデルを作成し，藻場生態系の水質浄化機能を評価した研究[21]では，最大繁茂期の 5 月におけるアカモクは栄養塩の流入負荷の約 7 割を藻体として取り込み，湾内で栄養塩を蓄える場として機能するが，7 月の枯死・分解期には蓄積していた栄養塩を放出する場として働き，水温の上昇に伴い浮遊藻類の増殖を招くことが示された．また，藻場面積を変化させたときの湾全域の水質変化として，現在の藻場をすべてなくした場合，クロロフィル a 濃度で $12\,\mu g/l$（現状の約 2 倍）となることやクロロフィル a 濃度の上昇がみられる時期には刈り取りにより，海域から大型海藻を陸上に揚げることが湾内の水質改善には有効であることが示された．

このように内湾の水質改善に浅海域の造成は有効と考えられるが，これらはいずれもシミュレーション研究であり，内湾と浅海域の相互関係には未解明の部分も多い．この面での研究を進め，浅海域と内湾をリンクさせながら沿岸域の物質循環を解析していくことが重要と考えられる．

おわりに

海域利用の持続性を考えれば，浄化機能が恒久的に維持できるかどうかが 1 つのポイントとなる．表 4.3 に示すように浅海域の造成という自然生態系を活用する方法は，浄化効果の持続性やメンテナンスの面でも有利とされ，今後の富栄養海域の浄化策の主流となるであろう．また，浅海域の波及効果は海域の水質浄化の面だけではなく，親水性，生産性，生息性といった複合的な機能にも好影響をもたらす．生物機能を利用して環境保全・修復を目指す場合，機能が十分発揮できるよう，少なくとも生物が生息できる環境（場）を提供することが重要である．たとえば貧酸素水の影響を受けるような干潟の生物は持続して機能を発揮することはできない．その際には貧酸素を防止するような土木工学的な手法による水質改善策を同時に行うことが要求される．また，海域によっては即効性が要求されるなど他の工法が

有利なケースもあり，人工エネルギーによる工法も含め，浄化効果の特性を考慮しながら効率的な区域，規模，方法を適宜選定し実施していくことが必要であろう．

〔野村宗弘・西村　修〕

文　献

1) 中島宣雅（1998）：底質汚濁の現況とその対策．ヘドロ，**71**：28-43．
2) 中村正春（1995）：最新の底泥浚渫船と浚渫土利用の実態．ヘドロ，**62**：25-37．
3) 角田省吾（1996）：底質浄化技術の現状と今後の課題．ヘドロ，**65**：42-50．
4) 栗原　康（1980）：干潟は生きている，pp.42-50, 岩波書店．
5) 木村賢史（1998）：水質浄化場としての人工干潟の（海浜）の設計．沿岸域の環境圏，pp.1122-1136, フジ・テクノシステム．
6) 山口県（2003）：自然を活用した水環境改善実証事業評価検討調査：平成14年度環境省委託業務結果報告書．
7) 財団法人シップ・アンド・オーシャン財団（2000）：沿岸海域における海洋環境改善技術に関する調査研究報告書，p.70．
8) 堀江　毅，井上聰史，村上和男，細川恭史（1996）：三河湾での覆砂による底質浄化の環境に及ぼす効果の現地実験．土木学会論文集，**533**：225-235．
9) HAN D, 山本行高，中辻啓二（2001）：大阪湾の底泥の浚渫・覆砂による水質・底質改善効果の検討．海岸工学論文集，**48**：1281-1285．
10) 干山善幸（1998）：覆砂の設計．沿岸域の環境圏，pp.1147-1158, フジ・テクノシステム．
11) 木村晴保（1990）：汚染漁場の復旧技術．海面養殖と養魚場環境，pp.99-103, 恒星社厚生閣．
12) (財)シップ・アンド・オーシャン財団（2000）：沿岸海域における海洋環境改善技術に関する調査研究報告書，p.72．
13) 西守男雄，日比野忠史，鶴谷広一，石原弘一（1999）：実海域における下部透過型防波堤の海水交換特性．海岸工学論文集，**46**：1081-1085．
14) 木村晴保（1998）：潮汐干満利用潮汐ダム造流装置による海水交換．沿岸域の環境圏，pp.1106-1111, フジ・テクノシステム．
15) 小沢大造，平出友信，小林茂雄，古川恵太，中村聡志，国栖広志（2000）：負圧を利用した海水交換潜堤の揚水特性の基礎的検討．海岸工学論文集，**47**：1161-1165．
16) 小島貞夫（1983）：人工的曝気循環：富栄養化対策総合資料集．サイエンスフォーラム，pp.173-183．
17) 森田　祥（1998）：底層水の揚水，混合，拡散による水質改善．沿岸域の環境圏，pp.1141-1146, フジ・テクノシステム．
18) 鈴木輝明（2002）：内湾干潟の浄化能と貝類の生物生産：水産業における水圏環境保全と修復機能，pp.86-105, 恒星社厚生閣．
19) 堀江　毅（1988）：内湾における物質循環モデルと浄化工法．河口・沿岸域の生態学とエコテクノロジー，pp.212-232, 東海大学出版会．
20) 古川恵太，細川恭史（1994）：浅場の窒素収支を考慮した3次元物質循環モデルの構築と計算事例．港湾技術研究所報告，**33**（3）：27-56．
21) 野村宗弘，佐々　衛，千葉信男，佐々木久雄，谷口和也，須藤隆一（1998）：内湾の水質浄化における海藻の役割．日本沿岸域学会論文集，**10**：125-136．

5 地下水・土壌

5.1 地下水・土壌をとりまく状況

▷ 1.1 河川とは
▷ 2.1 湖沼の分類
▷ 4.1 沿岸海域・海洋とは

5.1.1 地下水の重要性

1998年国連報告によると,飲料水に関係した疾病で8秒に1人ずつの子供が死亡しており,途上国における病気の80%の原因が汚水であるといわれている.1990年のWHO報告によると,途上国の下水道整備率はわずか2%にすぎず,世界の死亡者のうち,感染症34%(先進国6%,途上国42%),そのうち水系感染症による下痢患者の死亡者数は250万人(1996)であり,そのほとんどは5歳未満である.また,年間2億人が住血吸虫症に感染,うち2000万人に著しい健康被害が生じている[1).このような水系感染症問題解決の切り札として,飲料水に適した水質の水源を比較的手軽にかつ安価に開発するには地下水による水供給が最も適している.浅井戸は一般に水量水質ともに気候変動や汚染の影響を受けやすいため,飲料水源としてはあまり好ましくないが,深井戸は水量水質ともに安定し,多くの場合,水質もそのままで飲料用に適するという優れた飲料水源である.現在,発展途上国など十分な技術と財力をもたない国,地域で比較的手軽に飲料水を確保するため,世界各地で無計画かつ急激な地下水開発が行われている.今後,さらに世界規模での人口増加に伴って,2050年には少なくとも31か国以上で水が不足し,食糧難の増加など非常に深刻な状態になると予想されている[2)ことから,地下水の需要はますます増加していくものと予想される.

地球上で利用可能な淡水の95%以上は地下水である[3).現在も世界人口の25~35%,15~20億人が地下水源に依存し,年間汲み上げ量は地球全体取水量の約20%,飲料水源に占める地下水比率は米国で50%,ヨーロッパでは70%に及んでいる[1).日本においても環境庁(現環境省)が設定した名水百選の多くが地下水や湧水であることを指摘するまでもなく,人々の生活や文化に良質の水源としての地下水の存在は大きなウエートを占めてきた.日本における地下水利用状況をみた場合,図5.1に示すように,生活用水と工業用水を合わせた都市用水の水源としての地下水利用の比率は,最大の北陸地方では50%を超えており,都市部の多い,関東や近畿でも20%以上と,決して少ない比率ではない.また,図5.1の数値はいわばかなり広領域での平均的な数値であり,各自治体単位でみた場合は,生活用水の100%を地下水に頼っている自治体も多く存在する.今後,地球規模での気候変動などが水の需要と供給のバランスに及ぼす影響を考えると,水の確保はますます重要になると考えられ,地下水の重要度はさらに増していくものと考えられる.

地下水のおおもとの涵養源は天水である.これが

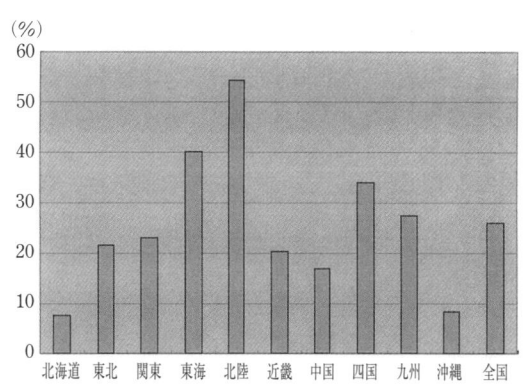

図5.1 都市用水の水源に占める地下水の割合(1999年)
(国土交通省:平成14年版日本の水資源,表4-2-3より作成)

地表面から，あるいは河川底などから地下に浸透し地下水となる．逆に河川の基底流量を構成するのは一度土壌を通過して河川底へと湧出したいわば地下水である．このため河川水質にもその地域の土壌や地下水の特性が大きく反映される．また，地下水は直接，湖沼や近海底にも湧出しており，その地域の水質を大きく作用する．地表面あるいは，表流水，海面から蒸発した水はやがて天水となり地表へと帰ってくる．このように天水，表流水，海水，地下水は大きな水循環を形成し，土壌は淡水の大きな滞留場所としての役目を果たしている．また，このことは地下水が陸上の生態系に対しても重要な役割を果たしていることを意味している．地下水は泉となって陸上に出て，湿地や河川の基底流量を形成し，乾期の水生態系を維持しているし，地下水位が地表に近い地域では木々は直接地下水を利用している．陸上の生態系に対する地下水の役割という観点からも，持続可能な地下水利用を続けていくことが必要である．

5.1.2 危機に面する地下水

しかし，過剰揚水による水位低下により，地盤沈下や井戸の枯渇，海岸部での塩水浸入という問題が生じ，また内陸部での各種化学物質，硝酸性窒素，ヒ素，フッ素による汚染などの問題が世界各地で発生している．

過剰揚水は汲み上げ量が自然の涵養量を上回ると発生する．このとき，地下水位は低下し貯留量が減少していく．増大する水需要への対応やポンプなど揚水技術の進歩によって，過剰な地下水の汲み上げが行われ，これに伴う地下水位の低下，地盤沈下が世界各地で発生している．このような地下水過剰利用の影響は水循環全体に現れ，地下水の水質の悪化や河川流量の減少などによって生態系にまで及ぶ問題に発展している場合もある．現在も，中国の穀物の約40％を生産する華北平原の大半の地域で，地下水位が1年間に1〜1.5mずつ低下しているという報告があり，また，現在のサウジアラビアにおける地下水使用水量のペースを続ければ，2040年までに地下水資源が完全に枯渇するといわれている[4]．

近年，地球環境問題の一つとして，特に世界の乾燥・半乾燥地域において塩害が問題となっている．塩害の被害は甚大で，過去パキスタンなどにおいては国家経済基盤をゆるがすほどの大問題となった．また，米国コロラド川においては，耕作地域における塩害の被害を軽減するために，汽水化した地下水を汲み上げ河川へ放流したことによって，メキシコとの間の国際問題にまで発展した．このため逆浸透膜法による塩水の大規模な淡水化プラントが内陸部に建設されるという事態にまで発展している[5]．これらの塩害はその多くが地下水システムを十分に理解することなく行われた無計画な灌漑によってもたらされたものである．

地下水には通過する土壌や岩盤に由来する微量成分が溶けて，その地域特有の水質をもつこととなる．これが名水といわれる地下水質を生み出す理由であるが，ある条件下では健康にとって有害となる場合もある．この最も有名な例はアフリカ，インド，中国の乾燥地帯で顕著な問題となっているフッ素化合物と，バングラデシュで大きな問題となっているヒ素である．地下水中のヒ素は，アルゼンチン，チリ，中国，メキシコ，ネパール，台湾，タイ，USA，ベトナムなどでも問題となっている．これらの地域では，地下水に代わる水源がなく，健康リスクが高いことを知りながら，ヒ素濃度の高い地下水を飲用し続けている場合もある．飲料水中ヒ素濃度のWHOガイドライン値は$10\,\mu g/l$であり，多くの国ではこの値を飲料水基準としているが，バングラデシュでは$50\,\mu g/l$を基準としている．バングラデシュでは5700万人（人口の41％）がWHOガイドライン値を超えるヒ素濃度水を飲用し，3500万人（人口の25％）がバングラデシュの基準値を超える水を飲用していると推定されている．また，インドと中国では5万人以上の患者が疾患に苦しんでいるという状況にあり，飲料水のヒ素汚染はアジア全域での大きな問題である．$50\,\mu g/l$のヒ素濃度水を$1\,l$/日飲用することによる生涯癌死亡リスクは100分の1にもなるといわれており，早急な対策が必要であると考えられる[6]．さらに，高濃度ヒ素地下水は汲み上げられて農業用水として使用され，水田のヒ素汚染の原因ともなっている．

日本国内においては環境省の調査結果[7]によると，2001（平成13）年度末時点において判明している環境基準を超える井戸が存在する事例の数は，揮発性有機化合物による汚染事例が1554件で最も多く，主として化学肥料に起因する硝酸性窒素および亜硝酸性窒素による汚染事例が865件，また，重金属などによる汚染事例が529件（うち，ヒ素による汚染事例が317件）となっている．これらもその多くが土壌，そしてそれにつながる地下水システム

を無視した産業や近代農業の結果であるといっても過言ではない.

5.1.3 持続可能な地下水利用

さまざまな地下水中有害物質に起因する問題を解決するには,地下水システムの総合的調査,有害物質の起源と分布のよりよい理解,政策者や公衆への周知,低価格処理施設の開発などが必要となる.また,地下水の枯渇や地盤沈下,塩水化を避け,今後,持続可能な地下水利用を行っていくためには,涵養量管理として処理下水や,現在は流れ去るだけの洪水時の水を利用した人工制御された帯水層涵養が総合的水管理システムにおけるキーとなる可能性がある[3].また,涵養とのバランスをとるためには,水のより有効な利用,井戸深度の制限,灌漑農業の抑制などにより,需要も制御する必要がある.これらの方策をとるためには,地下水システムの十分な理解が必要である.またこれから予想される世界人口の爆発的増加に対し,地下水は問題解決へのキーとなると考えられるが,爆発的に成長する都市が必要とするだけの水量と水質を確保するためには,さらに新しい技術,革新的水管理,保全戦略が必要となると考えられる.

日本国内においては,2003(平成15)年2月の土壌汚染対策法の施行により土壌・地下水の汚染とその浄化対策が大きな注目を集めている.地下水汚染の広がりや浄化効果の予測においては,地下水流動のメカニズム,水質形成のメカニズム,表流水との関係も含めた地下水システムのしっかりした理解が必要不可欠である.比較的降水量に恵まれているわが国においては,その役割の大きさに比べ,ともすれば地下水の存在が軽視されているように感じられる.今後,地球環境の変動などとともに,わが国においても生活基盤を淡水の最大の貯留源としての地下水に頼らざるをえない時代が訪れるかもしれない.生態系と生活基盤を維持し,良質な飲用水源を確保しながら,よりよい水環境を次世代に引き継いでいくためには,大きな水循環の重要な構成要素である地下水システムを質的にも量的にも十分理解していくことが必要不可欠である. 〔米田 稔〕

文 献
1) 村上雅博(2003):水の世紀—貧困と紛争の平和的解決にむけて—, pp.11-15, 日本経済新聞社.
2) Tom Gardner-Outlaw and Robert Engelman, Sustaining Water, Easing Scarcity (1997): A Second Update, Revised Data for the Population Action International Report, Sustaining Water : Population and the Future of Renewable Water Supplies, Population Action International.
3) http://www.iah.org/briefings/Mar/mar.htm
4) http://www.world.water-forum3.com/jpn/intro02.html
5) 森澤真輔編著(2002):土壌圏の管理技術, pp.181-194, コロナ社.
6) http://www.iah.org/briefings/Trace/trace.htm
7) 環境省環境管理局水環境部土壌環境課地下水・地盤環境室:平成13年度 地下水汚染事例に関する調査について.

5.2 地下水の水理

▷ 5.3 地下水・土壌の化学

5.2.1 土の3相と地中水の形態

a. 土の3相分布

土は大小さまざまな粒径と形をもった土粒子が集合してできたものであり,その空隙に水や空気を含んでいる.すなわち,土は固相(土粒子)・液相(水)・気相(空気)の3相から構成されている.

単位体積あたりの土に占める空隙の割合を空隙率(porosity),水分の割合を体積含水率(volumetric water content)と呼び,次式で表す.

$$n = \frac{V_v}{V} \times 100 \qquad (5.1)$$

$$\theta = \frac{V_w}{V} \times 100 \qquad (5.2)$$

ここで,n:空隙率(%),θ:体積含水率(%),V:土の全体積(cm^3),V_v:土の空隙体積(cm^3),V_w:空隙内の水分の体積(cm^3)である.

b. 地中水の形態

空隙内の水(地中水)は土粒子への結合の強弱により,結合水(bound water)と自由水(free water)に分けられる.結合水は土粒子表面に吸着している水分のことで,地中をほとんど移動することはない.その吸着力は電場の力やvan der Waals(ファン・デル・ワールス)力などである.一方,自由水は結合水の周辺に存在している水分のことで,水に働く毛管力や重力によって地中を移動する.自由水の中

で重力により移動する水を重力水（gravitational water），毛管現象で保持されている水を毛管水（capillary water）と呼ぶ．

空隙が水で満たされている土を飽和土，水で満たされていない土を不飽和土と呼ぶ．地下水（ground-water）とは飽和土中の水を指し，地下水が存在している領域を飽和帯（saturated zone）と呼ぶ．一方，地表面から地下水面までの空隙は水で満たされておらず，その領域を不飽和帯（unsaturated zone）と呼ぶ．不飽和帯の水は地下水と区別して土壌水（soil water）と呼ばれる．

c. 地中水のポテンシャル

地中水がもつ主なポテンシャルは，重力ポテンシャル（gravitational potential）と圧力ポテンシャル（pressure potential）である．圧力ポテンシャルは，飽和帯では水圧，不飽和帯では毛管圧，吸着力，土中空気圧の和で表される．毛管圧と吸着力は土粒子と水の相互作用によって発生するポテンシャルで，2つを合わせてマトリックポテンシャル（matric potential）と呼ぶ．また，土中空気圧は空気ポテンシャル（pneumatic potential）と呼ばれる．

動いている水は重力ポテンシャルと圧力ポテンシャルのほかに速度ポテンシャルをもっているが，流れの遅い地中水の速度ポテンシャルは他のポテンシャルと比べて非常に小さいので無視できる．また，不飽和帯の圧力ポテンシャルの中の空気ポテンシャルは，土壌ガス吸引法を適用した汚染浄化のような特殊な状況を除き，通常はゼロと考えてよい．さらに，吸着力は水の流れに関係しないポテンシャルなので，不飽和帯の水の流れを対象とする場合には，圧力ポテンシャルとして毛管圧のみを考えてよい．

ポテンシャルは一般的には単位質量あたりのエネルギーで表示されるが，長さの次元にした水頭（head）で表されることも多い．この場合，全ポテンシャルを水理水頭（hydraulic head），重力ポテンシャルを重力水頭（gravitational head, 位置水頭 elevation head），圧力ポテンシャルを圧力水頭（pressure head）と呼び，次式で表す．

$$h = Z + \frac{\phi}{g} = Z + \varphi \quad (5.3)$$

ここで，h：水理水頭（cm），Z：重力水頭（位置水頭）（cm），ϕ：圧力ポテンシャル（cm^2/s^2），g：重力加速度（cm/s^2），φ：圧力水頭（cm）である．

圧力水頭は，大気圧を基準とした場合，地下水面でゼロ，地下水面より下の飽和帯では大気圧より大きな水圧をもつので正，不飽和帯では毛管圧により大気圧より小さな圧力をもつので負の値をとる．

d. 地中水の分布

図5.2に地下水面から地表面までの体積含水率の変化を模式的に描いている．不飽和帯は地下水面直上の毛管帯（capillary zone），中間帯（intermediate zone），および地表面に接する土壌水帯（soil water zone）に区分される．毛管帯は毛管現象によって水分が地下水面よりも上昇した部分で，空隙はほとんど飽和に近い状態にある．地表面に接している土壌水帯は，降水などによって水分が補給される一方，重力による下方への浸透や蒸発散による損失も生じるので，体積含水率の変化が激しい．

不飽和帯における土壌水のもつ圧力水頭と体積含水率との関係を表す曲線は水分特性曲線（moisture characteristic curve）と呼ばれる．水の動きがない不飽和帯のある任意の高さにおける圧力水頭は，地下水面からその点までの高さにマイナスをつけた値に等しい．すなわち，地下水面より上の体積含水率を高さに対してプロットしたもの（図5.2）が水分特性曲線になる．ただし，圧力水頭と体積含水率が1対1対応するわけではなく，吸水過程と排水過程では異なる曲線をたどる．このような現象を水分特性曲線のヒステリシス（hysteresis）と呼ぶ．一般には吸水過程よりも排水過程の体積含水率が大きい．

e. 空隙率と有効空隙率

土に占める空隙の割合は土の種類によって異なり，一般に土粒子の粒径が大きくなると，空隙径は大きくなり，空隙率は小さくなる．空隙に含まれる結合水と自由水のうち，結合水は地中をほとんど移

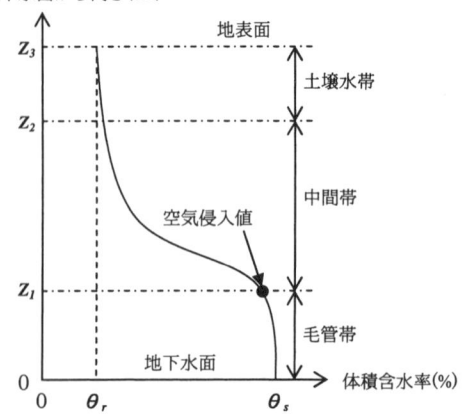

図5.2 地下水面から地表面までの水分分布

5.2 地下水の水理

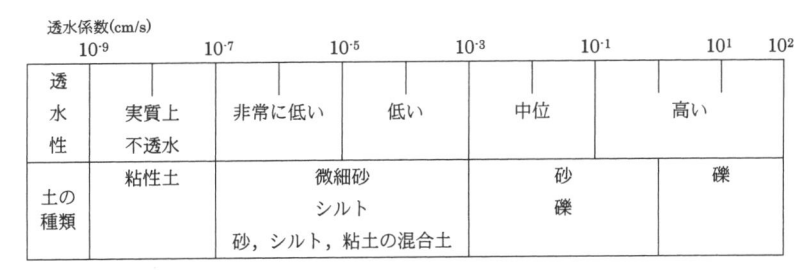

図5.3 土の種類と透水係数

動しない．また，空隙の不連続部に孤立して残る水も移動に関与しない．すなわち，空隙中のすべての水が移動できるわけではなく，水の移動に寄与する空隙率は実際の空隙率よりも小さくなる．水の移動に寄与する空隙の割合は有効空隙率（effective porosity）と呼ばれ，地中水の流れでは非常に重要である．有効空隙率は地層を構成する土の粒度組成で決定される．粘土のような細粒質の地層では砂や礫と比べて空隙率は大きいが，有効空隙率は小さくなる．このことは，シルトや粘土内の水は流れにくいことを意味している．

5.2.2 土の透水性
a. 透水係数

地中の水の移動のしやすさは透水性（permeability）と呼ばれ，その大小は透水係数（permeability coefficient, hydraulic conductivity）で表される．透水係数は一般に粒径の大きな礫や砂で大きく，シルトや粘土で小さくなる（図5.3）．これを関連づけた Hazen（ハーゼン）の式，Creager（クレーガー）の式，Terzaghi（テルツァギー）の式などが提案されている．ここでは最も簡単で一般的な Hazen の式を示す．

$$K = CD_{10}^2 \quad (5.4)$$

ここで，K：透水係数（cm/s），D_{10}：土の有効径（cm），C：比例定数で，特に均質な砂で150，ゆるい細砂で120，よく締まった細砂で70くらいである．

b. 飽和透水係数と不飽和透水係数

土の透水性は，土粒子径だけでなく，空隙内の水の割合（体積含水率）によっても変化する．先に述べた透水係数は空隙が水で満たされている地下水に対する透水係数，すなわち飽和透水係数（saturated permeability coefficient）である．不飽和帯中の透水係数は不飽和透水係数（unsaturated permeability coefficient）と呼ばれ，飽和透水係数よりも数オーダー小さい値になる．飽和透水係数が土ごとにただ一つ求まるのに対して，不飽和透水係数は同じ土でも体積含水率によって変化する．

5.2.3 地中での水の流れ
a. Darcy の法則

図5.4 に地下水の流れを模式的に表しているが，地下水は一般に地下水位の高いところから低いところへ流れる．地中の小さな空隙を通って流れる地下水の流速は遅く，通常は層流（laminar flow）である．地下水の流れが層流であるかぎり，飽和した土の空隙中を単位時間に流れる水量（流量）は，断面積と水位差（水理水頭差）に正比例し，通過する土の長さ（浸透流路長）に反比例する．この法則を Darcy（ダルシー）の法則と呼び，次式で表す．

$$Q = AK\frac{\Delta h}{L} \quad (5.5)$$

ここで，Q：流量（cm³/s），A：流れに垂直な断面積（cm²），K：透水係数（cm/s），Δh：水位差（水理水頭差）（cm），L：浸透流路長（cm）である．

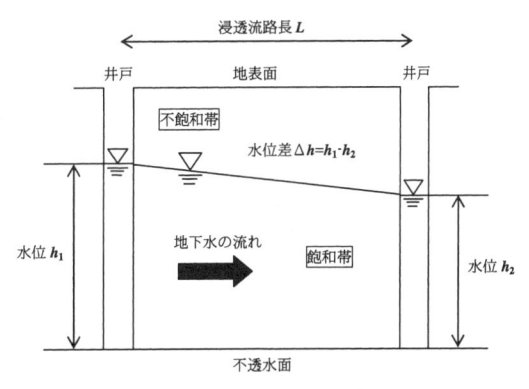

図5.4 地下水流れの概念図

5. 地下水・土壌

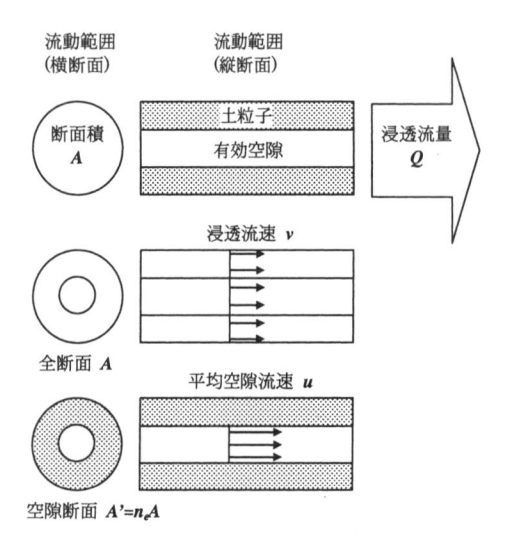

図5.5 浸透流量と平均空隙流速との違い
（文献1を参考に作成）

$\Delta h / L$ は動水勾配 (hydraulic gradient) と呼ばれ，通常は i で表される．

Darcyの法則は飽和帯の水（地下水）を対象としたものであるが，不飽和帯の水の流れにも成り立つ．この場合の透水係数には不飽和透水係数が用いられる．

b．浸透流速と平均空隙流速

Darcyの法則の式 (5.5) の両辺を断面積 A で割ると流速 v が得られる．

$$v = \frac{Q}{A} = K \frac{\Delta h}{L} = Ki \quad (5.6)$$

この流速は空隙と土粒子を含めた全断面 A を水が流れていると仮定したもので，浸透流速 (seepage velocity) またはDarcy流速と呼ばれている（図5.5）．

実際の水は土の空隙部分のみを通過しているので，その流速は流量が同じ場合には浸透流速よりも大きくなる．断面積に占める空隙部分の面積 A' は有効空隙率 n_e を用いて $n_e A$ で表されるので，空隙内の平均流速（平均空隙流速 average pore velocity）は次式で表される．

$$u = \frac{Q}{A'} = \frac{Q}{An_e} = \frac{K}{n_e} \frac{\Delta h}{L} = \frac{K}{n_e} i = \frac{v}{n_e} \quad (5.7)$$

実際の問題では，地下水の流量を対象とする水収支解析においては浸透流速を用いても不都合はない．しかし，地下水汚染などのように溶存物質の広がりを対象とする場合には，平均空隙流速を用いなければならない．

c．Darcyの法則の適用限界

Darcyの法則の適用範囲は，層流の範囲内（Reynolds〈レイノルズ〉数 $R_e \leq 1.0 \sim 10.0$）とされている．層流では水の粘性力が慣性力よりも優っているが，Reynolds数の大きな乱流領域（高流速域）では慣性力が無視できなくなる．このような乱流領域では動水勾配と流速との間に線形関係は成り立たず，Darcyの法則は適用できない．

一方，Reynolds数が非常に小さい微流速域では，水は土粒子の吸着力の影響を強く受けた高粘性流となり，Newton（ニュートン）流体としてよりはBingham（ビンガム）流体としての挙動を示すようになる．この流速はDarcyの法則から予想される流速よりもかなり遅くなる．　　　〔江種伸之〕

文　献
1) 水収支研究グループ (1993)：地下水資源・環境論—その理論と実践—，p.79，共立出版．

5.2.4　地下水と地質
a．帯水層の分類

地下水の存在形態や流動状況は，地層を構成する土粒子や亀裂の空隙の形状や大きさなどに支配される．地下水に飽和され，空隙が大きく，透水性の大きな地層を透水層 (permeable layer) と呼び，さらに地下水を産出することが可能な透水層が帯水層 (aquifer) である（図5.6）．一方，透水性が小さく，ほとんど地下水を通さない地層を不透水層 (aquifuge)，透水性は小さいものの水頭差によっては漏水 (leakage) などの流動が生じる地層を難透水層 (aquiclude) という．

帯水層は不圧帯水層 (unconfined aquifer) と被圧帯水層 (confined aquifer) に大別される（図5.6）．

不圧帯水層は地下水面 (groundwater table) を有する帯水層であり，地下水面は地層中の空隙を通して大気と直接つながる．被圧帯水層は地下水で満たされ，その上下に分布する難透水層あるいは不透水層によって加圧された帯水層である．被圧帯水層中の地下水を加圧する難透水層および不透水層を総称して加圧層とも呼ぶ．帯水層中の水圧は被圧水頭といい，水頭面は帯水層の上面よりも高くなる．地表面よりも水頭が高い場合には自噴する．不圧帯水層は浅層に位置し，その下位に一つあるいは複数の被圧帯水層が位置することが一般的である．

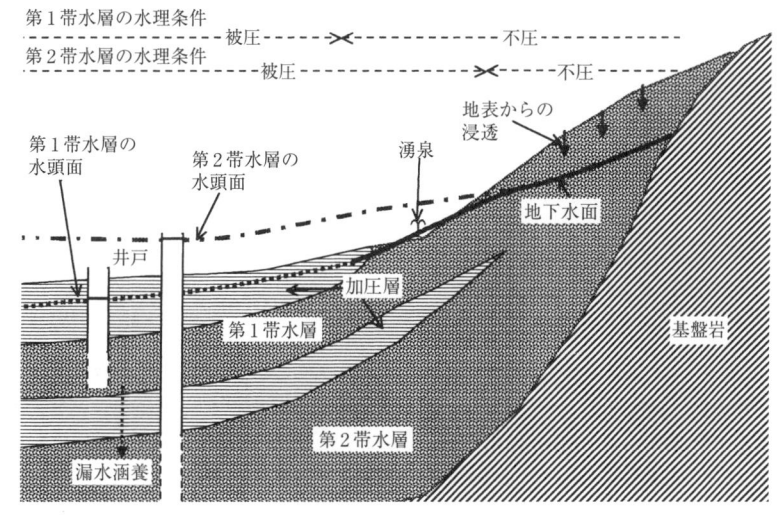

図 5.6 帯水層の分類

表 5.1 空隙タイプと帯水層を構成する地質（文献 1 に加筆）

空隙のタイプ	堆積物		火成岩および変成岩	火山起源の岩石など	
	固結堆積物	未固結堆積物		火山岩類	火山性噴出物
構成粒子		礫質砂 粘土質砂 砂質粘土 （沖積堆積物など）	風化帯 （たとえば，花崗岩などが風化した真砂）	風化帯	火山放出物 火山岩塊 火山性破砕物
構成粒子および亀裂	角礫岩 礫岩 砂岩 粘板岩 砕屑性石灰岩	石灰質砂礫			凝灰岩 噴石 火山性角礫岩 軽石
亀裂	石灰岩 苦灰岩 苦灰岩質石灰岩		花崗岩 片麻岩 斑れい岩 珪岩 片岩 雲母片岩	玄武岩 安山岩 流紋岩	

b. 帯水層を構成する地層と地下水盆

帯水層を構成する地層は，堆積物，火成岩および変成岩，火山起源の岩石類の大きく 3 種類に大別される（表 5.1）．国内では，第四紀に形成された，未固結〜固結堆積物や火山性噴出物，火山岩類が，帯水層を構成する主要な地層である．また，南西諸島などのように，石灰岩が主要な帯水層となっている地域もある．

一つ，あるいは，複数の帯水層や難透水層などより構成され，地下水の涵養や流出する地区を含む水理地質学的な単元が地下水盆（groundwater basin）である（表 5.2）．複数の地下水盆が累重して大きな地下水盆が構成される場合，構成要素である地下水盆を亜地下水盆と呼ぶ．地下水盆を構成する地層は，地質学における層群あるいは累層群に相当し，地形的な特徴から区分できることが多い．

c. 地層の空隙

帯水層を特徴づける空隙の形状や大きさは，岩石や地層によって異なる（図 5.7）．堆積物では，地下水は主に土粒子間の空隙中を流動するため，土粒子の形状や大きさ，ばらつきが透水性に大きくかかわる．一方，花崗岩などの固結した岩石では地下水は亀裂中を，石灰岩などでは亀裂や溶食によって形成された空隙中を地下水は流動する．すなわち，堆積物と岩石とでは，流動する空隙が大きく異なる．また，砂岩や礫岩などのように土粒子空隙と土粒子

5. 地下水・土壌

表 5.2 わが国の地下水盆類型と主な地下水区 [2]

地下水盆類型		亜地下水盆類型		主な地下水区
沈降性地下水盆	1. 大規模平野型	1-1	低地（三角州）	十勝平野，石狩平野，関東平野，新潟平野，濃尾平野，大阪平野，徳島平野，筑紫平野など
		1-2	砂丘	
		1-3	扇状地（段丘）	
		1-4	台地（段丘）	
	2. 小規模平野型			阿部川，大井川などの静岡県の海岸平野，紀伊半島の海岸平野，瀬戸内の海岸平野など
	3. 大規模盆地型	3-1	低地	横手盆地，北上盆地，山形盆地，那須野原，甲府盆地，松本盆地，近江盆地など
		3-2	扇状地（段丘）	
		3-3	台地（段丘）	
	4. 小規模盆地型			花輪盆地，大野盆地，亀岡盆地，宇和盆地，都城盆地など
	5. カルデラ型			阿蘇カルデラなど
隆起性地下水盆	6. 火山山麓型			藻琴山麓，浅間山麓，八ヶ岳山麓，富士山麓，妙高山麓，大山山麓など
	7. 火砕流台地型			南九州しらす台地，阿蘇山麓台地など
	8. 丘陵型			宮城北部丘陵，相双丘陵，三浦半島，魚沼丘陵など
	9. 火山丘陵型			松浦半島，壱岐島，肥薩丘陵など
	10. 石灰岩台地型			備後台地，秋吉台地，宮古島など

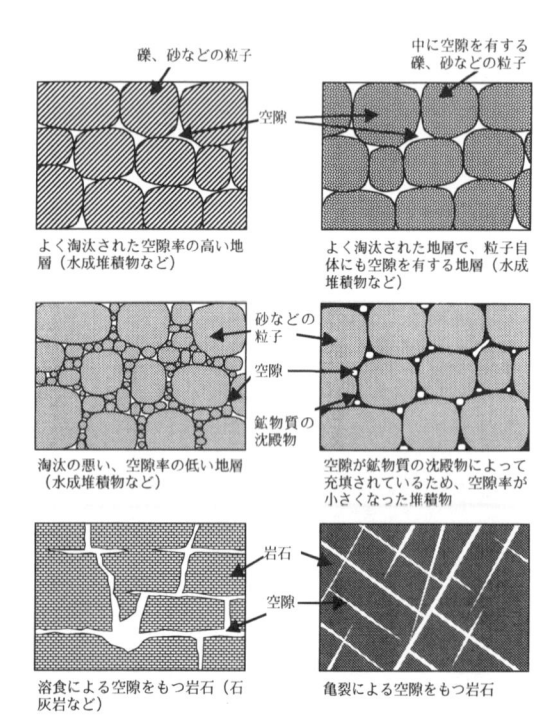

図 5.7 地層の組織と空隙の種類（文献3の分類に基づく）

内の両方を地下水が流動する場合もある．

5.2.5 帯水層の能力

a. 帯水層係数

帯水層の水理的な能力を定量的に示す指標として，有効空隙率（5.2.1項）や透水係数（5.2.2項）のほかに，以下のものがある．

・透水量係数（transmissivity）：帯水層全体の透水性を示す指標であり，$T = km$ で示される．式で，T：透水量係数，k：透水係数，m：帯水層厚である．透水量係数は揚水試験の解析で得ることができる．

・比湧出量（specific yield）：揚水井戸における水位低下量と揚水量から，$Sc = Q/\Delta h$ で表す．式で，Sc：比湧出量，Δh：水位低下量，Q：揚水量である．透水量係数と比湧出量の間には，$T = aSc$（a：定数，たとえば1.22）の関係がある [4]．

・貯留係数（storage coefficient）：貯留係数は，地下水位の低下体積と実際に産出される水量との比であり，被圧帯水層では $10^{-2} \sim 10^{-5}$ 程度である [5]．不圧帯水層では有効空隙率にほぼ等しい．

・漏水係数（leakance）：帯水層間の水位差（もしくは水頭差）により生じる加圧層中の地下水流動量であり，$L = k'/b'(H - h)$ で示される．ここに，L：漏水係数，k'/b'：漏水係数（k'：加圧層の透水係数，b'：加圧層の層厚），h：対象とする帯水層中の地下水位もしくは水頭，H：加圧層を挟んで隣接する帯水層中の地下水位もしくは水頭である．

b. 水収支

広い意味で帯水層の能力を考える場合，地下水の貯留量が減少傾向にあるかどうか，すなわち，水収支も重要な項目である．地下水の水収支は帯水層単位ではなく，空間的に特定した範囲（たとえば地下水盆）で評価することが多く，次式で表される．

$$Q_r - Q_d = S\frac{dh}{dt} \tag{5.8}$$

ここで，Q_r：涵養量，Q_d：流出量，S：貯留係数（不圧帯水層の場合は有効空隙率），dh/dt：地下水位変化量である．

涵養量（recharge rate）は，対象範囲に入る地下水量であり，地表からの浸透量（infiltration rate），範囲外からの地下水流入量，河川や湖沼などからの浸透量などを含む．被圧帯水層においては，地表からの浸透量はゼロとみなせ，代わりに難透水層を通る漏水量が加わることになる．流出量（discharge rate）は対象範囲外への地下水流出量のほか，地下水揚水量や河川などへの湧出量などより構成される．

地下水の流入量や流出量は，観測で得た地下水面分布図（被圧帯水層では地下水頭等値線図）にDarcy則を適用するほか，数値モデルを用いる場合もある．また，河川などと地下水との流出・流入量は，観測値から求めることが可能である．

地表からの浸透量については，ライシメーターなどにより直接的に計測する方法のほか，水収支式の中で浸透量以外の値を既知として計算する方法，地下水位変化量から求める方法，数値モデルで求める方法などがあり，おのおの一長一短がある．ここでは，地下水位が降雨によってのみ上昇すると仮定し，比較的簡便に浸透量を求める式を示す．

$$\Delta h = \frac{I_{rate}}{n_e} p \quad (5.9)$$

ここで，Δh：1降雨イベント時の地下水位上昇量，I_{rate}：浸透率，n_e：有効空隙率，p：1降雨イベント時の降水量，$I_{rate}p$：単位面積あたりの浸透量である．I_{rate}を除く値を既知として，浸透量を得ることができる．

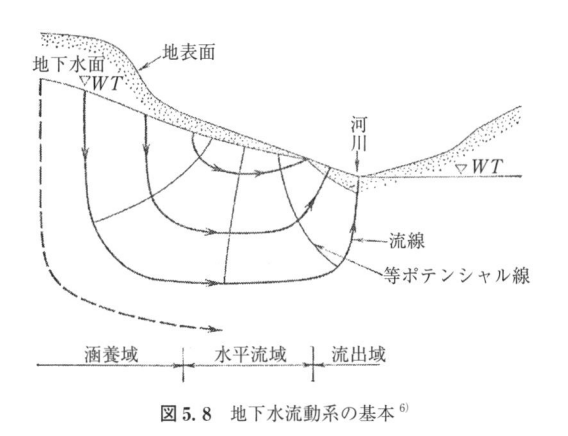

5.2.6 地下水の流動
a. 地下水の流動系

均質な帯水層において，地下水流動の基本的なパターンは地下水面に規定されたものとなり，等ポテンシャル線に直交するように，尾根部の涵養域から地下水は流入し，谷部に流出する（図5.8）．複雑な地形のもとでは，地下水は地下水面標高に応じて，規模に応じた流動系を形成する（図5.9）．

・広域的流動系（regional system of groundwater flow）：大河川の流域など，大きな地形に支配された地下水の流動．深部にまで地下水の流動は及ぶ．

・中間的流動系（intermedeate system of groundwater flow）：広域流動系と局所流動系との中間的な規模の地下水の流動．

・局所的流動系（local system of groundwater flow）：局所的な地形の高低差で生じる地下水の流動．比較的，浅層の地下水の流動．

b. 地下水の流動速度

地下水盆中における地下水の流速(平均空隙流速)は，おおむね1 m/日以下である（表5.3）．ただし，透水係数などの帯水層の水理特性だけでなく，地下水揚水などの人為的な影響も受けるため，地域や地質によって一義的に定めることができない．また，同一地点においても水頭差や透水係数は異なる場合があるため，地下水の流速を評価する場合には，調査に基づく値を用いることが望ましい．

〔平山利晶〕

文 献

1) Todd DK (1980): Groundwater Hydrology, p.535, John Wiley (出典元は，Dept. of Economic and Social Affairs (1975): Ground-water storage and artificial rechrage, Natural Resources, Water Ser. no.2, p.270 United Nations, New York).

図5.8 地下水流動系の基本 [6]

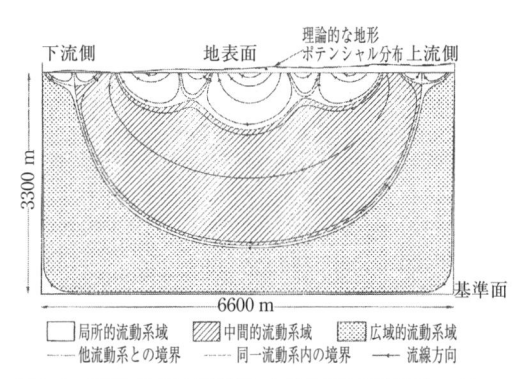

図5.9 単純な地下水盆断面における理論的流動系のパターン [7]

5. 地下水・土壌

表5.3 広域地下水流動系の水頭と流速（文献8に加筆）

地下水盆名	地質	水頭差 (m)	流動距離 (km)	水頭勾配 (m/m)	透水係数 (m/日)	透水係数 (cm/s)	空隙率	平均空隙流速 (m/日)	地下水盆の通過時間(年)
青森	洪積層	100	10.7	9.3×10^{-3}	31	3.5×10^{-2}	0.20	1.44	20
西目	洪積層	10	1.6	6.3×10^{-3}	23	2.7×10^{-2}	0.25	0.58	8
米沢	洪積〜沖積層	60	19.2	3.1×10^{-3}	1	1.2×10^{-2}	0.15	0.02	2545
赤川扇状地	沖積層	45	9.0	5.0×10^{-3}	25	2.9×10^{-2}	0.23	0.54	45
鶴岡	洪積〜沖積層	45	15.2	2.9×10^{-3}	23	2.7×10^{-2}	0.15	0.44	94
福島	洪積〜沖積層	90	11.2	8.1×10^{-3}	0.6	6.9×10^{-4}	0.10	0.05	631
新潟	上部鮮新〜沖積層	25	27.2	9.2×10^{-4}	0.5	5.8×10^{-4}	0.10	0.0046	16200
関東(Ⅰ)	上部鮮新統	60	4.2	1.4×10^{-2}	0.5	5.8×10^{-4}	0.10	0.07	164
関東(Ⅱ)	中部鮮新統	150	53.4	2.8×10^{-2}	0.5	5.8×10^{-4}	0.10	0.14	523
関東(Ⅲ)	下部鮮新統	350	61.8	5.7×10^{-3}	0.1	1.2×10^{-5}	0.10	0.01	29704
市原	洪積〜沖積層	35	18.4	1.9×10^{-3}	30	3.4×10^{-2}	0.20	0.29	177
平塚	沖積層	20	10.1	2.0×10^{-3}	25	2.9×10^{-2}	0.15	0.33	83
七尾	中新〜沖積層	5	8.1	6.2×10^{-4}	1.5	1.7×10^{-3}	0.08	0.01	1910
熊本(UL)	洪積〜沖積世溶岩	25	19.1	1.3×10^{-3}	8000	9.3×10^{0}	0.25	41.60	1.3
熊本(LL)	洪積〜沖積層	10	10.1	1.0×10^{-3}	5	5.8×10^{-3}	0.10	0.05	553
白石	洪積〜沖積層	8	8.2	6.1×10^{-4}	12	1.4×10^{-2}	0.10	0.07	307
クィーズランド	二畳〜白亜紀	270	202.3	1.3×10^{-3}	0.3	3.4×10^{-4}	0.10	0.004	14×10^{4}
シナイ半島	ジュラ〜白亜系	290	420.0	6.9×10^{-4}	20	2.3×10^{-2}	0.15	0.092	1.2×10^{4}
アルバータ	デボン〜白亜系	230	120.0	1.9×10^{-3}	0.1	1.2×10^{-5}	0.26	0.001	45×10^{4}
テライ(ネパール)	洪積〜沖積層	300	17.2	1.7×10^{-2}	4	4.6×10^{-3}	0.15	0.45	104
マデゥン(ジャワ)	洪積〜沖積層	55	45.4	1.2×10^{-3}	13	1.5×10^{-2}	0.08	0.20	638
メスケン(シリア)	暁新統	70	30.0	2.3×10^{-3}	0.05	5.8×10^{-5}	0.05	0.002	3.6×10^{4}

2) 農業用地下水研究グループ「日本の地下水」編集委員会（1986）：日本の地下水, p.37, 地球社.
3) Meinzer OE（1923）：The Occurrence of Ground Water in the United States. USGS., Water Supply Paper.
4) 水収支研究グループ（1993）：地下水資源・環境論—その理論と実践—, p.132, 共立出版.
5) 地学団体研究会編（1996）：新版 地学事典, p.842, 平凡社.
6) 水収支研究グループ編（1976）：地下水盆の管理, p.37, 東海大学出版会.
7) Toth J（1963）：A Theoretical Analysis of Groundwater Flow in Small Drainage Basins. *J Geophys Res*, **68**（16）.
8) 柴崎達雄（1981）：堆積盆中の流体移動, 東海大学出版会.

5.3 地下水・土壌の化学

▷ 21.6 水環境生態保全計画

さまざまな有機汚染物質が，その使用，廃棄，漏洩などの人間活動に起因して，土壌環境（通気層，地下帯水層）中に排出される．このような排出による土壌環境における汚染が顕在化した場合，汚染物質の地下水への溶出を防止すること，汚染地下水の拡散を抑制すること，汚染された土壌・地下水を修復・浄化することが重要となってくる．この修復・浄化のための方法として現在さまざまな手段が講じられているが，これらは土壌および地下水から汚染物質を抽出・除去する方法と土壌および地下水中で汚染物質を分解・無害化する方法とに大別される．

汚染物質を抽出・除去する方法としては，(1) 汚染物質の封じ込め，(2) 土壌の掘削・除去，(3) 地下水の揚水，(4) 土壌ガスの抽出，などが挙げられる．一方，分解・無害化する方法としては，主に (5) 化学物質や微生物による修復方法が実際に用いられている．最近では，その他，これらの方法を効率的に組み合わせた方法（二重抽出法）や，汚染土壌そのものをガラス固化する方法などが開発されている．

いずれの方法を用いるにせよ，土壌環境の効率的な汚染修復を実施し，地下水の浄化を促進するためには，汚染物質の土壌環境中での挙動を把握することが重要な課題となる．そしてそのためには，まず，汚染物質の挙動に影響を及ぼす主要な移動機構を解明する必要がある．汚染物質の土壌・地下帯水層内での移動を左右する重要な機構の一つとして，土壌

粒子への収着（sorption）および土壌粒子からの脱着（desorption）が挙げられる．ここでは，これらの有機汚染物質の水相から土壌粒子への収着および土壌粒子から水相への脱着について現在まで蓄積された研究成果の概説を試みる．また，有機汚染物質の収脱着に影響を及ぼす自然の土壌粒子の組成について説明する．なお，本文中において収着とは，土壌粒子表面への吸着（adsorption）と土粒子内部への吸収（absorption）とを含むものと定義する．

5.3.1 土壌粒子への収着

一般に，有機化合物の水相から土壌粒子への収着においては以下のような反応機構の存在が考えられる[1,2]．

①有機化合物イオンと土壌粒子表面の電気二重層との相互作用
②イオン交換
③土壌粒子表面の金属陽イオンとの錯形成
④イオンと双極子の相互作用
⑤水素結合
⑥分子間引力（van der Waals 力）
⑦有機化合物の疎水性反応

自然界に存在する土壌粒子には種々雑多な成分が混在している．したがって，上記の収着機構が相対的にどれほどの重要性をもつかを評価することは困難である．実際の水相から土壌粒子への有機化合物の収着には，これらの機構がさまざまな程度で含まれていると考えるほうが妥当である．しかし，そのうちの一つが主な収着機構であると考えられる場合が存在する．

非解離性の有機化合物の場合は，上記の収着機構①および②は考えられない．また，収着機構③は，有機化合物がアミンのような電子供与体である場合には重要となり得るが，電荷を有しない非解離性の有機化合物の場合には重要とはならない．さらに，収着機構④および⑤は，非解離性有機化合物の場合はほとんど存在しないと考えられる．以上より，非解離性有機化合物の水相から土壌粒子への収着は，主として有機化合物の疎水性によって強められた分子間力によるものであると考えることができる．この収着機構⑥および⑦による収着は疎水性収着（hydrophobic sorption）と呼ばれるものである[1,3]．

この疎水性収着における熱力学的推進力は，非解離性有機化合物の脱水に伴って生じる水相のエントロピーの増大である．水相中の非解離性有機化合物分子は，組織化した水分子群によって取り囲まれている．収着による非解離性有機化合物分子の水相から土壌粒子への移動により，この水分子の組織は破壊され，水相のエントロピーが増大し，系全体のGibbsの自由エネルギーが低下することになる．また，この疎水性収着は，非解離性有機化合物の水相から土壌粒子の有機成分の3次元網目構造への分配（partition）によるものであるとする説が現在のところ最も有力である．このエントロピーを推進力とする土壌粒子有機成分への分配による疎水性収着は，非解離性有機化合物の土壌粒子への収着に関する以下の様な研究成果からも実証されている[4]．

①収着等温線が線形となる濃度範囲が広いこと．
②収着等温線が線形となる範囲内の収着係数と有機化合物の疎水性を示す物理量とが高い相関を有すること．
③収着が低吸熱反応であり，温度の影響が少ないこと．
④複数の非解離性有機化合物の収着において，競合作用が無視できること．

回分式収着実験により求められる収着等温線は，平衡時における水相の非解離性有機化合物濃度（C）が 10^{-5} M 以下および水への溶解度の 1/2 以下の場合は，次式で示されるように線形となる[5,6]．

$$q = K_d C \qquad (5.10)$$

式（5.10）中の q は，平衡時における土壌粒子に収着化合物濃度である．また，K_d は収着係数である．この K_d は，土壌粒子の有機炭素成分重量比（f_{oc}）と非解離性有機化合物の土壌粒子有機炭素成分への収着係数（K_{oc}）との積として推定することができる．

$$K_d = f_{oc} K_{oc} \qquad (5.11)$$

さらに，式（5.11）中の K_{oc} は，非解離性有機化合物の疎水性を示す物理量（たとえば，オクタノール/水分配係数（K_{ow}）や水への溶解度（S_w）から推定可能である（A_i ＝実験的に求められる定数，$i = 1, 2, 3, 4$）[4-7]．

$$\log K_{oc} = A_1 \log K_{ow} + A_2 \qquad (5.12)$$
$$\log K_{oc} = A_3 \log S_w + A_4 \qquad (5.13)$$

これら2式のうち，式（5.12）（K_{ow} を利用する式）は測定データの豊富さと測定の容易さとから最も頻繁に利用されている（図 5.10 参照）．

非解離性有機化合物の水相から土壌粒子への収着に関して，土壌粒子のさまざまな性質（有機炭素成分重量比，粒径分布，結晶性粘土組成，陽イオン交

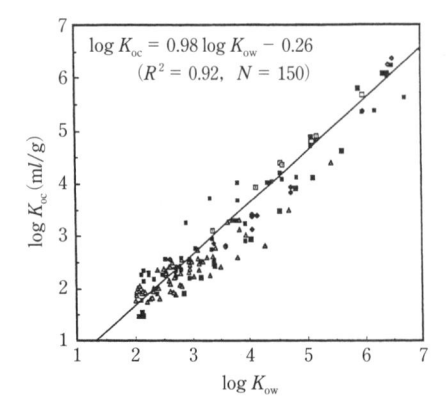

図 5.10 オクタノール/水分配係数（K_{ow}）と水相から土壌粒子の有機炭素成分への収着係数（K_{oc}）との相関[8]

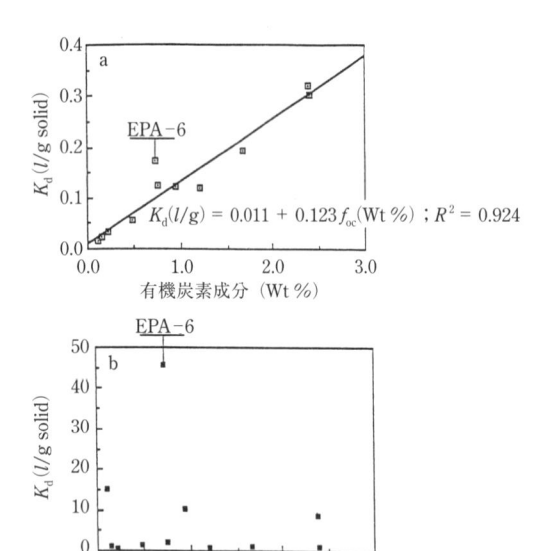

図 5.11 US. EPA 土壌粒子の有機炭素成分重量比（f_{oc}）と水相から土壌粒子への収着係数（K_d）との関係（実験条件：pH = 7, I = 0.1 M, 20℃, 24 時間）[8]
(a) アントラセン, (b) 2-アミノアントラセン.

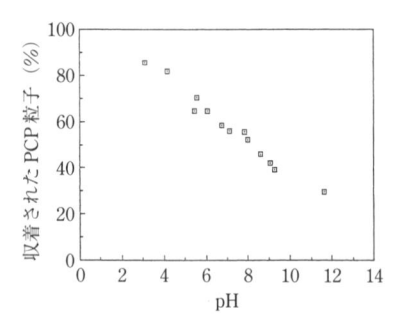

図 5.12 ペンタクロロフェノール（PCP）の水相から土壌粒子 EPA-6 への収着における水相 pH の影響

換容量，比表面積など）の影響が実験的に検討されてきた．その結果，非解離性有機化合物の疎水性収着においては，上述のように土壌粒子の有機炭素成分重量比が最も重要な因子であり，他の影響はほとんど無視できることがわかっている[5,9-12]．

しかし，有機化合物の水相から土壌粒子への収着のすべてが，上述の疎水性反応による土壌粒子の有機成分への疎水性収着によるものであるとは断言できない．土壌粒子の有機成分含有量が少ない場合や有機化合物が解離性あるいは極性を有する親水基を有する場合には，土壌粒子の無機成分への収着および疎水性以外の収着機構の関与を考慮に入れる必要がある．

図 5.11 に US. EPA（米国環境保護局）によって採取された，11 種類の土壌粒子へのアントラセンと，2-アミノアントラセンの収着係数の回分式実験での測定結果を示す．アントラセンでは有機炭素成分重量比と収着係数がほぼ比例関係にある．これは，非解離性のアントラセンが疎水性収着により土壌粒子の有機成分に収着された結果である．一方，2-アミノアントラセンでは土壌粒子の有機炭素成分重量比と収着係数との相関は認められない．これは，解離性の $-NH_2$ 基を有する 2-アミノアントラセンが土壌粒子の無機成分にも収着されていることを意味する．また，図 5.11（b）の EPA-6 への特に高い収着係数は，この土壌粒子のモンモリロナイト（結晶性膨潤性粘土）重量比が他の土壌粒子に比較して高い（60.8%）ことからも説明可能であった．

次に，ペンタクロロフェノール（PCP）の土壌粒子 EPA-6 への回分式収着実験結果を図 5.12[8] に示す．図 5.12 中の横軸および縦軸は，それぞれ水相の pH および土壌粒子に収着された PCP の全 PCP（水相中＋土壌粒子中）に対する割合を示す．図 5.12 より，水相の pH の上昇に伴い PCP の収着が減少することがわかる．この結果は，水相の pH が PCP の水相中での解離に及ぼす影響と土壌粒子表面の性質（電位，電荷など）に及ぼす影響に起因すると考えられる．PCP の水相中での解離を考慮すると，pH が高い範囲（たとえば 7 以上）では非解離の PCP は殆ど存在しない．しかし図 5.12 より，この高い pH 範囲でも PCP の土壌粒子への収着が認められる．これは，解離した PCP も土壌粒子に収着されていることを示唆している．したがって，この場合は前述の疎水性収着以外の収着機構も収着

に関与するものと考えられる.

5.3.2 土壌粒子からの脱着

回分式実験において,一般に有機化合物の土壌粒子からの脱着等温線は収着等温線と一致せず,収着過程よりも脱着過程においてより多くの有機化合物が土壌粒子に保持されるという結果が多くの有機化合物について報告されている[9-11].すなわち,収着と脱着にはヒステリシスが存在し,その反応は不可逆的であるわけである.このヒステリシスの存在は,地中の有機化合物の移動を考慮する際に非常に重要であることは言うまでもない.

このヒステリシスが存在する原因として以下のものが挙げられる.

①収脱着における反応時間が十分ではなく,非平衡な収脱着を平衡状態とみなしてしまうことによる.たとえば,収着過程の平行到達時間以前に脱着実験が開始される場合や,脱着過程が収着過程よりも平衡に到達するのに長い時間を必要とするにもかかわらず脱着実験と収着実験の反応時間が同一とされる場合がこれに当てはまる.

②有機化合物が実験中に生化学的分解を受け消滅してしまうことによる.

③脱着不可能な収着反応(収脱着の不可逆性)が実際に存在することによる.

これらの中で,収脱着反応時間や生化学的分解に起因するものは,実験手法および技術を改良すること(反応時間を長くしたり,実験前後の有機化合物の物質収支により補正するなど)によって,平衡時におけるヒステリシスを除去することが可能である.しかし,ヒステリシスが実際の収脱着の不可逆性に起因するものである場合には,ヒステリシスの存在は地中での有機化合物の挙動を考慮する際に非常に重要となる.

5.3.3 土壌粒子の組成

自然界に一般に存在する土壌(以後,自然土壌と呼ぶ)は,種々の成分により構成されており,それらの成分が有する性質が複雑に絡み合って一つの自然土壌を性格づけている.収着という現象一つを取り上げてみても,各成分の収着特性を把握しなければその機構を説明することはできない.したがって,汚染物質の収着に及ぼす各土壌成分の影響を調べるためには,各々の収着能を十分考慮に入れる必要がある.また,同一あるいは類似の化学組成をもつ土

表5.4 自然土壌中の主要成分組成 [12-15]

固体組成	自然土壌中の重量比(%乾燥重量)
有機成分	0〜10
結晶性粘土(< 2 μm fraction)	0〜70
ケイ酸アルミニウム(粘土以外)	30〜90
金属酸化物	1〜5

壌であっても,それらの表面における収着特性は大きく異なる可能性がある.以下では,自然土壌の収着現象を考慮するにあたって,自然土壌中の重量比や収着特性から重要であると考えられる土壌無機成分(結晶性粘土,非結晶性ケイ酸アルミニウム,非結晶性金属酸化物)および土壌有機成分についてそれぞれ述べる(表5.4参照).また,実際の土壌中における存在状態についても述べる.

結晶性粘土は土壌中の他の結晶性アルミニウム成分に比較して比表面積,表面電荷,陽イオン交換容量が大きく,高い反応性を有している.そのため有機化合物の収着特性も高いと考えられる.結晶性粘土とは一般に,シリカ(silica)とギブサイト(gibbsite)あるいはブルサイト(brucite)の積層構造を持つ結晶性アルミニウムあるいはマグネシウムのことである.シリカ層(T)は,ケイ素原子の周りを4個の酸素原子が正四面体(Tetrahedron)の配置で取り囲んだ構造単位が2次元的に配列したものである.また,ギブサイトあるいはブルサイトの層(O)は,六方最密構造に配置されたアルミニウムあるいはマグネシウムを取り囲む正八面体(Octahedron)配列の酸素原子から形成されている(図5.13).土壌中の結晶性粘土は非膨潤性粘土と膨潤性粘土に大別されるが,前者は上述の2種類の層が2層重なったもの(T-O),後者は3層重なったもの(T-O-T)をそれぞれ構造の基本単位としている.

非結晶性ケイ酸アルミニウムの大部分は砂(粒径50 μm〜2 mm)およびシルト粒子(粒径2〜50 μm)で占められている.これらの粒子の比表面積(砂粒子10〜20 m^2/g,シルト粒子50〜150 m^2/g)は結晶性粘土(150〜200 m^2/g)に比較して小さいことから,一般にこれらの粒子への有機化合物の収着は無視できると考えられる.

非結晶性ケイ酸アルミニウムゲルは,その比表面積が大きく(150〜1500 m^2/g),有機化合物の収着性も高いことから重要な無機成分の一つであると考

正四面体　　　正四面体構造

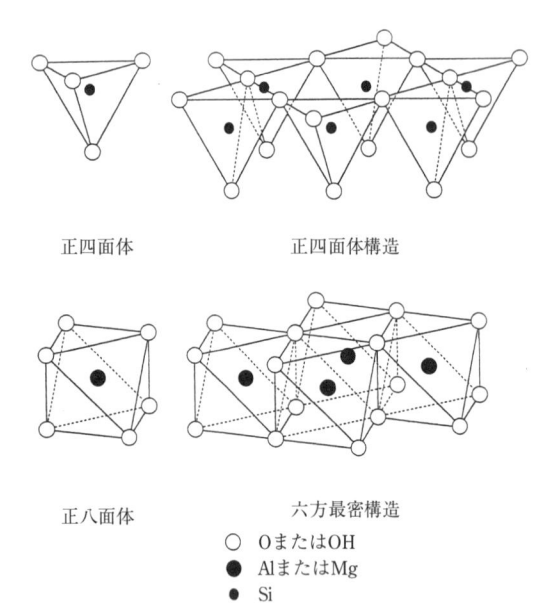

正八面体　　　六方最密構造
○ OまたはOH
● AlまたはMg
・ Si

図 5.13 結晶性粘土のシリカ層の正四面体構造 (tetrahedron) とギブサイトあるいはブルサイトの六方最密構造 (octahedron)

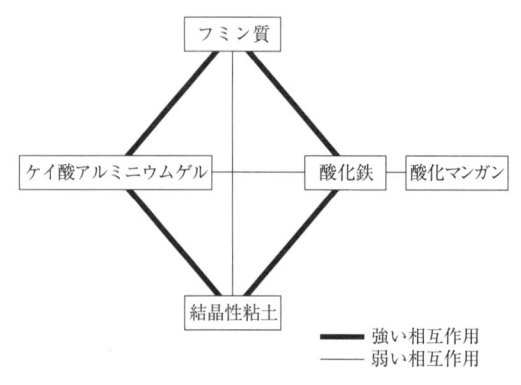

── 強い相互作用
── 弱い相互作用

図 5.14 土壌各成分の相互作用

えられる．また，環境中の結晶性粘土の表面は通常アルミニウムやケイ素の非結晶性水酸化物で覆われていることからも非結晶性ケイ酸アルミニウムゲルは重要な土壌無機成分であると考えられる．

土壌中の金属酸化物の中で最も共通して存在するのは ferrihydrite と呼ばれる非結晶性酸化鉄と birnessite と呼ばれる非結晶性酸化マンガンである．これらの成分はいずれも比表面積が大きく（酸化鉄 250〜350 m^2/g，酸化マンガン 200〜300 m^2/g），有機化合物の収着性も高い．また，土壌粒子に存在する非結晶性酸化鉄は一般に，結晶性粘土の表面を覆っていることが多い．

土壌の有機成分はさまざまな物質から構成されているが，その化学的特性からフミン質ではない物質とフミン物質とに大別される．前者は，炭水化物，タンパク質，ペプチド，アミノ酸，脂肪，樹脂などその性質がよく知られている物質であり，これらは一般に環境中で微生物などにより比較的容易に分解される．後者（フミン質）は非結晶性で，褐色あるいは黒色を呈し，親水性で酸性を示し，生物による分解が困難な生物由来の不均質な高分子有機物である．フミン質は土壌中の有機成分の大部分を占めている物質である．フミン質は一般に，いくつかのフェノール基をもつベンゼン環を基本単位としており，これが $-O-$，$-CH_2-$，$-NH-$，$-S-$ などを架橋として連鎖した分子構造を有しており，カルボキシル基（$-COOH$），水酸基（$-OH$），カルボニル基（$-C=O$）などを含んでいる．そしてこの中で，$C=C$，$C=O$ などの二重結合は発色団として，また，$C-OH$，$C-NH_2$ などの共有電子対を有する官能基は助色団として働き，それぞれ紫外線領域の光を吸収する．

土壌粒子中で結合している土壌の各成分が互いに独立に有機化合物の収着に関与することはない．各成分の相互作用が有機化合物の収着に影響を及ぼすと考えられる．各成分の土壌からの抽出実験および各成分の特性を測定した研究から推定される各成分の相互作用の概念図を図 5.14 に示す．

非結晶性ケイ酸アルミニウムゲルと非結晶性酸化鉄は，これらの pH$_{ZPC}$（表面電荷が 0 となる pH）が 6〜8 の間であることから，環境中では中性または正に耐電している．したがって，負の電荷をもつ結晶性粘土や有機成分（フミン質）と電気的に結合することが可能となる．

土壌中の酸化マンガンは有機成分（フミン質）と結合したり結晶性粘土を被覆するのではなく，単一の粒子の形態で多く存在するとされている．これは，酸化マンガンの pH$_{ZPC}$ が約 3 と低く，中性付近の pH 範囲（6〜8）では負に帯電していることが一つの原因であると考えられる．また，マンガンが強力な酸化剤として働く場合には，接触した有機物は比較的短時間で酸化されることも考えられる．

このように考えると，一般の土壌粒子は，結晶性粘土を中心として，その周りを非結晶性ケイ酸アルミニウムゲルや非結晶性酸化鉄が覆い，さらに有機成分が覆うといった多重構造になっていることがわかる．一般に，地下帯水層中の土壌粒子は底質や表層土壌に比較して有機炭素成分含有量が少ない．し

たがって，2-アミノアントラセンやPCPの例で認められるような土壌粒子の多種成分および多種の機構の収着への寄与は，有機化合物の地下帯水層での挙動を考慮する際において特に重要である．なぜならば，収着された有機化合物の物理化学的反応は土壌粒子の成分および土壌粒子との結合状態に影響されると考えられるからである．　　　〔清水芳久〕

文 献

1) Hamakar, J.W. and Thompson, J. M. (1972): Organic Chemicals in the Soil Environment, Marcel Dekker, New York, pp.49-143.
2) Mortland, M. M. (1985): Ground Water Quality, John Wiley & Sons, New York, pp.370-386.
3) Voice, T.C. and Weber, W. J. Jr. (1983): Sorption of hydrophobic compounds by sediments, soils and suspended solids-I. *Water Res*, **17**, 1411-1433.
4) Chiou, C. T. (1989): Theoretical considerations of the partition uptake of nonionic organic compounds by soil organic matter. *Soil Sci Soc Am J.*, **53**, 1-30.
5) Karickhoff, S. W. (1984): Organic pollutant sorption in aquatic systems. *J. Hydraulic Engin*, **110**, 707-735.
6) McCarty, P. L., Reinhard, M. and Rittman, B. E. (1981): Trace organics in groundwater. *ES & T*, **15**, 40-51.
7) Horvath, C., Melander, W. and Molnar, I (1977): Liquid chromatography of ionogenic substances with nonpolar stationary phases. *Anal Chem*, **49**, 142-154.
8) 清水芳久，寺島　泰 (1991)：地下水汚染における土壌と有機汚染物質との相互作用—土壌への収着について—．第1回地下水汚染とその防止対策に関する研究集会講演集，104-109.
9) DiToro, D. M. (1985): A particle interaction Model of reversible organic chemical sorption. *Chemosphere*, **14**, 1503-1538.
10) Liljestrand, H. M. and Lee, Y. D. (1991): Sorption kinetics of non-ionic organic pollutants onto suspended sediments. *Water Sci Technol*, **23**, 447-454.
11) Uchrin, C. G. and Mangels, G. (1987): Sorption equilibrial of benzene and toluene on two New Jeresey coastal plain ground aquifer soils. *J. Enviro Sci Health*, **A22**, 743-758.
12) Brady, N. C. ed. (1974): The Nature and Properties of Soils, 8th ed., MacMillan, New york.
13) Baul, S. W., Hole, F. D. and McCracken, R. J. eds. (1980): Soil Genesis and Classification, 2nd ed., Iowa State University Press, Ames, Iowa.
14) Davies-Colley, R. J., Nelson, P. O. and Wiiliamson, K. J. (1984): Copper and cadmium uptake by estuarine sedimentary phases. *ES & T*, **18**, 491-499.
15) Kabata-Pendias, A. and Pendias, H. (1984): Trace Elements in Soils and Plants, CRC Press.

5.4 地下水流と物質輸送のモデル化と数値シミュレーション

▷ 5.5 土壌・地下水汚染のメカニズム

地盤中の地下水流動や地下水汚染のような物質輸送問題を検討する場合，さまざまな数値解析手法が用いられている．ここでは，主な解析手法について整理し，その前提条件や特徴について示す．

5.4.1 地下水流のモデル化

a. 飽和・不飽和流れの基礎方程式 [1]

ここでは汚染物質の移流分散現象に関係する飽和・不飽和地下水流動の概略について示す．質量保存則から微小空間での水収支は式 (5.14) で示される．

$$\frac{\partial}{\partial t}(\rho n) + \frac{\partial(\rho v_i)}{\partial x_i} = 0 \qquad i = 1, 2, 3 (1 = x, 2 = y, 3 = z)$$
(5.14)

ここに，ρ：地下水の密度 (M/l^3)，v_i：x, y, z 方向の流速成分 (l/T)，n：間隙率 $(-)$，t：時間 (T)，x_i：座標 (l)．

ここで，運動の式として「流速は，動水勾配に比例する」というDarcy（ダルシー）則を不飽和領域まで拡張して導入する．このDarcy流速を式 (5.14) の流速 v_i に適用すると次式で表される [1]．

$$v_i = -k_r(\theta)k_{ij}^s \frac{\partial h}{\partial x_j}$$
(5.15)

ここに，θ：体積含水率 $(-)$，k_{ij}^s：飽和透水係数 $(i, j = 1, 2, 3)$，k_r：相対透水係数（不飽和透水係数と飽和透水係数との比 [飽和状態 $(k_r = 1.0)$，不飽和状態 $(0 < k_r < 1.0)$]，h：全水頭．

式 (5.15) を式 (5.14) に代入し，さらに飽和の程度を飽和度 S_r と圧力水頭 ψ を用いて表すと式 (5.16) となる．

$$\frac{\partial}{\partial t}(\rho S_r n) - \frac{\partial}{\partial x_i}\left(\rho k_r(\theta)k_{ij}^s \frac{\partial \psi}{\partial x_j} + \rho k_r(\theta)k_{i3}^s\right) = 0$$
(5.16)

ここに，S_r：飽和度 $(= V_W/V_V)(-)$，V_W：土の水の体積 (l^3)，V_V：土の全体積 (l^3)，ψ：圧力水頭

($h = \psi + z$)(l).

ここで，式（5.16）第1項の時間微分項は対象体積内の水の質量の微分項であり，第2項の水頭微分と同じく取り扱うことができない．このため，式（5.16）の第1項も圧力水頭 ψ の微分で表すと式（5.17）となる．

$$\frac{\partial}{\partial t}(\rho S_r n) = \left(nS_r \frac{d\rho}{d\psi} + \rho n \frac{dS_r}{d\psi} + \rho S_r \frac{dn}{d\psi}\right)\frac{\partial \psi}{\partial t}$$
(5.17)

式（5.17）の右辺第1係数項は水頭変化に対する流体の圧縮性を表す項であり，流体を非圧縮性と仮定すると $d\rho/d\psi$ はゼロとなる．右辺第2係数項は土塊中の貯留特性を表すもので比水分容量 $c(\theta)$（$/l$）として定義される．また，右辺第3係数項は物理的には地盤の水頭変化に対する間隙変化に伴う排水・貯留を表す項で比貯留係数 S_s（$/l$）となる[1]．式（5.16）に微小空間に対する外部からの単位体積あたりの排水・注入量 q（$l^3/T \cdot l^3$）を考慮し，地下水の密度が均一であるとして消去し，比水分容量と比貯留係数を用いると式（5.18）に示す三次元飽和不飽和浸透流の基礎方程式が得られる．

$$\left\{c(\theta) + \beta S_s\right\}\frac{\partial \psi}{\partial t} - \frac{\partial}{\partial x_i}\left\{k_r(\theta)k_{ij}^s\frac{\partial \psi}{\partial x_j} + k_r(\theta)k_{i3}^s\right\} + q = 0$$
(5.18)

ここに，β：1（飽和時），0（不飽和時）．

式（5.18）で c および k_r は体積含水率 θ の関数であり，一般に図5.15に示すような関係がある．また，圧力水頭 ψ と体積含水率 θ の間に不飽和土の水分保持特性の関係が認められる．これらの関係を明確にしておけば式（5.18）を用いて不飽和問題を扱うことが可能となる．

b. 解析次元

地下水流挙動は本来三次元場で評価するべきであるが，いくつかの仮定（前提）のもとに低次元場で近似できる．各解析次元の特徴を表5.5に示す．

1）鉛直二次元 河川堤防やダム，トンネルといった地下水流動に対して構造物延長が十分な長さを有する場合は鉛直（断面）二次元で近似することができる．鉛直二次元ではいくつかのモデル化が提案されているが，多くは飽和・不飽和浸透モデルであり，式（5.18）から y 軸成分を除いた方程式が用いられる．

2）平面二次元，準三次元 平面二次元および準三次元では，根切り工事や掘割構造物のような構造物に対して，平面的な迂回効果を扱うことができ

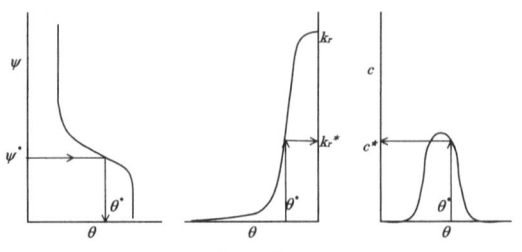

図5.15 不飽和浸透特性の概念図

る．このときの地下水流れの鉛直方向成分は微小であるとして無視する Dupuit–Forchheimer（ディピューイ–フォルヒハイマー）の仮定に基づいており，式（5.19）に示す帯水層の厚さ D を考慮した平面飽和浸透方程式が用いられる．この場合，地下水位＝全水頭 h を意味する．

$$S\frac{\partial h}{\partial t} - \frac{\partial}{\partial x_i}\left(T_{ij}\frac{\partial h}{\partial x_j}\right) + Q = 0 \quad i = 1, 2\,(x = 1,\ y = 2)$$
(5.19)

$$T_{ij} = k_{ij}D, \quad S = S_s D, \quad Q = qD \quad (5.20)$$

ここに，T：透水量係数（l^2/T），D：層厚（l），S：貯留係数（−），Q：単位平面積あたりの排水・注入量（$l^3/T \cdot l^2$）．

平面二次元では層厚が変化しない線形問題を対象とすると，この場合は被圧帯水層を扱うモデルとなる．これに対して準三次元は不圧帯水層を対象とし，不飽和領域の流れは扱わず，帯水層中の自由水面以下の飽和領域のみを扱うものである．この場合，水位高さ（＝全水頭 h）によって透水量係数と貯留係数が変化する非線形問題として評価する．この場合地形を考慮し，地表面を地下水位が越えないように境界処理することで降雨浸透も考慮することができる．

3）三次元 三次元モデルが必要になる例としては，トンネル切羽周辺のように地下水流動場が三次元的な地形の影響を受けている場合や，不圧および被圧帯水層を同時に検討する必要がある場合などである．このためには三次元的な地質・水理構造の調査結果が必要となる．三次元では，鉛直二次元同様に飽和・不飽和浸透方程式が用いられる場合が多く，地表からの降雨や汚染の移動が解析できる．

c. 初期条件および境界条件

基礎方程式を解くためには初期条件，境界条件が必要となる．

1）初期条件 解析領域における時間 $t = 0$ における初期の水頭分布を初期条件として入力する．

5.4 地下水流と物質輸送のモデル化と数値シミュレーション

表5.5 各解析次元の特徴（文献2に加筆修正）

	鉛直二次元解析	平面二次元解析	準三次元解析	三次元解析
適用性	・鉛直方向の流れが卓越した地下水流動場の検討に適している ・線形構造物の横断方向断面の検討に適している	・広域地下水流動場の検討に適している ・平面的な流れ場の検討 ・被圧地下水位分布の検討	・広域地下水流動場の検討に適している ・平面的な流れ場の検討 ・自由地下水位分布の検討 ・降雨浸透を考慮できる ・地形を考慮できる ・複数の透水性をもった帯水層の構造を考慮できる	・三次元的に複雑な地下水流動場の検討が可能 ・詳細検討向き ・自由地下水位分布の検討 ・降雨浸透を考慮できる ・地形を考慮できる ・複雑な水理構造を考慮できる（帯水層、難透水性層）
出力	x, z方向の地下水流速 自由地下水位分布（断面内）	x, y方向の地下水流速 被圧水位分布（水平面分布）	x, y方向の地下水流速 自由地下水位分布（水平面分布）	x, y, z方向の地下水流速 自由地下水位分布
短所	・奥行き方向の流れを無視（水平面の迂回挙動が考慮できない）	・鉛直方向の流れがないとして解析 ・自由地下水位の検討ができない（地形を考慮できない） ・降雨浸透を考慮できない	・鉛直方向の流れがないとして解析 ・複数の帯水層を同時に取り扱うことができない	・三次元構造データの作成に多大な労力が必要となる ・境界水位として面的分布が必要となる
解析対象	・河川堤防・ダムの浸透現象の検討 ・トンネル掘削による地下水位低下およびトンネル湧水量 ・釜場排水の設計など	・広域地下水流動場の検討	・広域地下水流動場の検討 ・根切り工事における排水井戸・復水井戸の平面配置検討	・地下構造物設置に伴う三次元的地下流動場の検討 ・地下空洞に対する湧水量の検討

一般に，初期条件は非定常計算のみに必要で，定常計算では重要でないといわれている．しかしながら，非線形問題では定常計算であっても水頭分布の初期値によっては解析結果が変わる可能性があるので，重要な条件となる．

また，地下構造物施工による影響評価では，比較的広域にわたって自然状態（現況）の地下水位を把握しなければならないが，調査からそのすべてを入手できない場合がある．このため，限られた調査地点での水位を再現できる境界条件の組み合わせを考慮し，事前の解析結果を初期条件として扱うこともある．

2）境界条件 境界条件は，第1種境界条件（ディレクレ条件）：水頭既知境界，第2種境界条件（ノルマル条件）：流量既知境界，第3種境界条件：水頭と流量が関数型で表される境界，に大きく分類できる．地下水流解析では，河川，海岸，湖沼などが水頭既知境界となる．また，流量既知境界は不透水境界として基盤としてのモデル底面や水収支がとれる分水界を解析領域境界として設定される場合が多い．また，地表面からの降雨浸透も流量既知境界の一種である．特に三次元モデルでは，三次元的（面的）な境界水位を設定することが困難なため，解析領域を水収支がとれるような分水界境界（不透水境界）で設定することになる．

この場合，地下水流動は降雨浸透量が涵養源になるため，透水係数と降雨浸透量の設定が地下水流動場を規定することになる．降雨浸透境界では，降雨量に対して表面流出量や蒸発散量を除いた地下水涵養としての降雨浸透量（能）の設定が必要となる．これらの詳細な設定には水文的な調査結果と解析条件との比較検討が必要である．この場合，タンクモデルなどの水収支解析から地下涵養量を設定したり，降雨浸透量と透水係数をパラメータとして地下水位と基底流出量について実測値と解析値とのマッチングを行い，適切な降雨条件が設定される．しかしながら，水文的調査は長期期間の調査が必要なため，十分なデータが得られていない場合も多い．この場合，Darcy則による地下水流動場の検討で最も重要なことは地下水位分布の再現であることから，

この地下水位分布を再現するために必要な降雨浸透量を解析モデル上で設定することが必要である．この場合，設定した降雨浸透量が水文的な見地から大きく乖離していないことが望ましい．

5.4.2 地下水中での物質輸送のモデル化[3]

地下水中での物質輸送問題は地下水汚染挙動に代表される問題である．地下水汚染の状況にはいろいろな状況があるが，大きく分類すると，以下の2つに区分される．

①水溶性汚染挙動（混合流体，単相流）：地下水中に汚染物質が混合して移動する挙動．

②非水溶性汚染挙動（非混合流体，多相流）：地下水と汚染物質が，それぞれの圧力で移動する挙動．

水溶性汚染挙動は，ヒ素や六価クロムといった重金属や農薬などが地下水中に溶け込んだ状態の汚染挙動であり，広域的に拡大する可能性がある地下水汚染問題の形態である．また，トリクロロエチレンのような難水溶性汚染物質であっても微量は地下水に溶解する．この場合，地下水に溶けた挙動に関しては水溶性汚染挙動として取り扱う必要がある．このほかには沿岸地域における地下水低下に伴う塩水化問題も水溶性汚染挙動として扱える．

一方，非水溶性汚染挙動は，近年問題となっている揮発性有機化合物のような難水溶性汚染物質の原液や廃油などの汚染挙動問題であり，地盤の土中水（水相）と間隙空気および揮発性ガス（気相）と油（汚染相）からなる後述の多相流の問題である．

a. 移流分散モデル

水溶性汚染挙動では，汚染物質が地下水に溶け込んで，帯水層中を地下水とともに移動，拡大し，広域的な汚染となる可能性がある．これらの現象を検討する場合，一般に吸脱着特性を表す遅延係数 R と化学反応や微生物分解などの減衰特性を表す減衰定数を考慮した式（5.21）に示すような移流分散方程式が用いられる．

$$R\theta\rho\frac{\partial C}{\partial t} = \frac{\partial}{\partial x}\left(\theta\rho D_{ij}\frac{\partial C}{\partial x}\right) - \theta\rho v_i\frac{\partial C}{\partial x} - R\theta\rho\lambda C - Q_c \quad (5.21)$$

ここに，R：遅延係数（-），θ：体積含水率（-），ρ：流体の密度（M/l^3），C：比濃度（たとえば飽和濃度に対する濃度）（-），D_{ij}：分散テンソル（l^2/T），v_i：間隙内流速（l/T），λ：減衰定数（$/T$），Q_c：源泉項（解析領域内での湧き出し，吸い出し）（l^3/T）．

式（5.21）の左辺は濃度の時間変化量であり，右辺第2項は移流による濃度変化を示しており，地下水に溶け込んだ汚染物質が地下水流とともに移動する現象を表している．ここで用いる間隙内流速は地盤の間隙中の実質的な流れの平均流速であり，Darcy 流速を有効間隙率で割った値となる（実流速，間隙内平均流速とも呼ばれる）．右辺第1項が分散による濃度変化を表しており，濃度差により濃度が均一化されようとする拡散現象に見立てて表している．拡散現象はブラウン運動によって濃度が広がる現象であり，分散現象は多孔質媒体である地盤内を地下水が移動する際，地下水流速の不均質性から汚染濃度が空間的に広がる現象を表している．この地盤内濃度の広がり度合いを Fick（フィック）の法則の拡散係数に見立てて分散係数として表しているのが移流分散方程式である．分散係数の代表的な考え方として式（5.22）に示すように分子拡散係数と機械的分散係数に区別されている．

$$D = D' + D_m \quad (5.22)$$

ここに，D：分散係数（l^2/T），D'：機械的分散係数（l^2/T），D_m：分子拡散係数（l^2/T）．

分子拡散係数はブラウン運動による濃度の広がりであり，一般に地下水流速がこの拡散速度よりも早いことから，相対的に分子拡散係数の与える影響は少ないと考えられている．機械的分散はミクロな土粒子の間隙構造による分岐や経路長の違いによって現れる濃度の広がりを表している．この分散係数は室内カラム試験から地下水の間隙内流速に比例する特性が示されており，式（5.23）のような比例式で表されている．

$$\left.\begin{array}{l} D_L = \alpha_L v \\ D_T = \alpha_T v \end{array}\right\} \quad (5.23)$$

ここに，D_L：縦方向分散係数（l^2/T），α_L：縦分散長（l），D_T：横方向分散係数（l^2/T），α_T：横分散長（l），v：間隙内流速（l/T）．

縦分散長，横分散長は間隙内流速に対する比例定数であり，一般に横分散長は縦分散長の1/10程度といわれている．原位置の分散長は水みちのようなマクロな流速の不均質性の影響を受けることから，測定領域のスケールが大きくなるほど分散長が大きくなる傾向がある．経験に基づく指標として，分散長は移行距離（l）の 0.1 程度とされているが，地盤の分散特性を近似するための初期推定値として用いられる．

1) 遅延項

重金属のような汚染物質が地盤中の間隙を移動する際，固相（土粒子）への吸着や脱着現象が起こる．これにより液相中の汚染物質の移動が地下水の移動速度に比較して見かけ上遅れる現象が起こるため，簡易的に式(5.21)の左辺にかかる係数として遅延係数 R を用いている．吸脱着現象による遅延がある場合，$R > 1$ となり，遅延がない場合は $R = 1$ となる．一般に汚染濃度が薄い領域では，固相への吸脱着量の割合（分配係数）が濃度によらず一定であることから，これを仮定して遅延係数は次式で与えられる．

$$R = \left(1 + \frac{\rho_d}{\theta} K_d\right) \quad (5.24)$$

ここに，K_d：飽和土に対する分配係数（l^3/M），ρ_d：土の乾燥密度（M/l^3）．

2) 減衰項

汚染物質が化学反応や微生物分解などで別の物質に変化または消滅するような場合，一次反応と考えると次式のように濃度が時間的に減衰することと等価として取り扱うことができる．

$$\frac{d(\theta c)}{dt} = -\lambda \theta c \quad (5.25)$$

5.4.3 非混合性流体の多相流動

多相流れモデルは，水と1つ以上の非混合性流体の移動に関するものであり，水と油のような非水溶性流体の場合は二相系，これと同時に空気や揮発性ガスの流れを取り扱う場合は三相系となる．多相流れモデルによる汚染濃度の評価は地下水中の濃度ではなく，各相の飽和度として取り扱われる．

地盤中の流れは一般に Darcy 則が適用されることから，各相の多相流れにおける Darcy 則は水頭を用いた場合，式(5.26)に示すように表すことができる．

$$q_{pi} = -K_{rp}\frac{\rho_p g K_{ij}}{\mu_p}\left(\frac{\partial h_p}{\partial x_j} + \rho_{rp}\frac{\partial z}{\partial x_j}\right) \quad (5.26)$$

ここに，q_{pi}：p 相における i 方向の Darcy 流速（$l^3/l^2 \cdot T$），K_{rp}：p 相の相対透過度（-），g：重力加速度（l/T^2），K_{ij}：固有透過度（l），μ_p：p 相の粘性係数（$M/l \cdot T$），h_p：p 相の水頭 $= \rho_p/\rho_w g$（l），ρ_p：p 相の圧力（$M/l \cdot T^2$），ρ_{rp}：p 相の相対密度 $= \rho_p/\rho_w$，z：鉛直方向の高さ（L）．また，添え字 $p = w$：水，o：NAPLs，a：空気を示す．

多相流れの Darcy 則を各相の連続式に代入することで，多相流れの支配方程式は式(5.27)のようになる．

$$n\frac{\partial \rho_p S_p}{\partial t} = \frac{\partial}{\partial x_i}\left\{\rho_p k_{pij}\left(\frac{\partial h_p}{\partial x_j} + \rho_{rp}\frac{\partial z}{\partial x_j}\right)\right\} + R_p \quad (5.27)$$

ここに，n：間隙率（-），S_p：p 相の飽和度（-），R_p：流入出する p 相の物質総量（$M/l^2 \cdot T$），k_{pij}：p 相の透水係数テンソル（l/T）．

この多相流れの支配方程式を解くためには各相の圧力と飽和度の関係および飽和度と透水係数（相対透過度）の関係が必要となる．

多相流れ解析に必要なパラメータは，地盤に関するものとして，間隙率，飽和透水係数（固有透過度），各相に対する不飽和浸透特性がある．また，間隙流体に関するパラメータとして，各流体の比重，粘性係数，表面張力，界面張力が必要となる．

5.4.4 数値計算法

座標系や離散化などの違いによる主な解析手法を整理して以下に特徴を説明する．また，最後に代表的な移流分散および多相流解析コードを表5.6に示す．

a. Euler（オイラー）法

最も一般的な解析手法であり，移流分散方程式をオイラー座標（固定座標）系で記述し，有限差分法（FDM）や有限要素法（FEM）で離散化する手法である．また，化学反応や濃度依存性などの非線形性についても導入しやすい手法である．反面，移流分散方程式をオイラー法で解く場合，移流項を扱うため非対称のマトリクスを解く必要があり，記憶容量や計算効率から大規模な解析に向いていない．また，移流項に起因する数値的不安定性を抱えており，分散項に対して移流項が支配的な場合や要素分割サイズや時間刻みの取り方により，最大濃度を越えたり，負の濃度や濃度分布が振動する場合がある．

b. 粒子追跡法

粒子追跡法は，物質の移動現象を濃度をおびた粒子の移動として評価する手法であり，座標系が粒子とともに移動する Lagrange（ラグランジュ）座標（移動座標）系で記述する手法である．この場合，初期に配置した粒子に対して移流項は流れに乗った粒子の移動，分散項は分散係数と等価なランダム移動として評価するため，オイラー法でみられるような数値的不安定性がないという長所があるが，粒子分布を空間的な濃度に置き換える際，空間的に平滑化された濃度分布になる場合がある．

表5.6 代表的な移流分散および多相流解析コード[3]

プログラム名	次元	離散化	開発元／配布元
GEOFLOWS-V3	3	D	登坂他(1996)
Dtransu2D・EL, 3D・EL	3	E	岡山大学, ダイヤコンサルタント, 三菱マテリアル
TRANSFLOW(MATRAN)	2	E	CRC総合研究所
FERM(FEGM)	3	E	電力中央研究所
SUTRA	2	E	USGS
TOUGH	3	I	LBL
UTCHEM	3	D	Center for Petroleum and Geosystem Engineering, UT at Ausitin
MOCDENSE(MODFLOW)	2	D	IGWMC
MODPATH(MODFLOW)	2	D	USGS
MT3D(MODFLOW)	3	D	IGWMC
FEMFAT	3	E	SSG
BIOPLUME II	2	D	Rice University / IGWMC
SWICHA	3	E	Geo Trans / IGWMC
SWIFT II	2	D	SNL
TARGET	3	D	Dames & Moore Inc.
RAND3D	3	R	Engineering Technologies Associates
HST3D	3	D	IGWMC

D：差分法， E：有限要素法， I：積分差分法， R：ランダムウォーク法

c. オイラリアン・ラグランジアン法

分散が支配的な問題にはオイラー的手法が，移流が支配的な問題にはラグランジュ的手法が適しており，この両手法を組み合わせた手法が研究されている．このような手法を用いると幅広い流速場に対して安定かつ精度よく解析が行える．一般に，移流項に移動粒子を用い，分散項に対して差分法を用いる手法は特性曲線法（Method of Characteristics：MOC）と呼ばれている．

また，移流項に対し有限要素メッシュの節点を移動粒子に見立てて，時間ステップごとに節点上にどこから移流による濃度が運ばれてきたかを後ろ向きに軌跡をたどる手法を用い，設定した有限要素メッシュを使って分散項をオイラー法によって求める組み合わせがオイラリアン・ラグランジアン法と呼ばれている．これにより，特性曲線法のように移動粒子と差分格子といった煩雑さを解消しており，国内では，西垣らがオイラリアン・ラグランジアン法を用いた解析コードを公開している[4]．

d. LTG法

LTG法は，移流分散方程式の時間軸をラプラス変換することによって安定な方程式に変換し，ラプラス領域においてオイラー法と同様に解析を行う手法である．この場合，任意の時間での解が同時に求められるため，計算効率が非常によい手法である．ただし，地下水流速が時間的に変化する場合や濃度が非線形項を含むような問題に対応できていないため，適応範囲が限られている．　〔西垣　誠〕

文　献

1) 赤井浩一，大西有三，西垣　誠（1977）：有限要素法による飽和一不飽和浸透流の解析．土木学会論文報告集，264号：87-96．
2) 菱谷智幸（1991）：浸透流解析．地下水技術，**33**（7）：11-19．
3) 地盤工学会（2002）：土壌・地下水汚染の調査・予測・対策, たとえば第3章, 4章．
4) 西垣　誠ら（2001）：Dtransu-3D・ELマニュアル資料, 第4回地下水移流分散解析ソフト「Dtransu-3D・EL」セミナー．

5.5　土壌・地下水汚染のメカニズム

▷ 5.6　土壌・地下水汚染の対策と管理
▷ 10.4　農地からの窒素負荷削減対策
▷ 13.2　無機物質
▷ 13.3　有機物質

5.5.1　有機物の汚染源と特徴

地下水汚染（groundwater pollution）といえば，最近ではトリクロロエチレン（trichloroethylene）やテトラクロロエチレン（tetrachloroethylene）に

代表される揮発性有機塩素化合物（volatile organochlorines）を指すことが多いが，土壌・地下水汚染を引き起こす物質は，有機，無機，微生物などさまざまであり，なかでも微生物による地下水汚染と飲用による健康被害は古くて新しい汚染である．

地下水の汚染要因として，人為由来・自然由来，有機物・無機物，微生物など，考えられるものの多くは地下水汚染事例として何らかの報告がある．田瀬[1]によれば，最も多い汚染物質は有機塩素化合物であり，これにはトリクロロエチレンなどの有機溶剤，農薬などが含まれている．

トリクロロエチレンなどの揮発性有機塩素化合物は，水より重く，表面張力や粘性は水より小さい，サラサラした液体である．こうした性質からDNAPLs（denser-than-water non-aqueous phase liquids）と称されることもあり，その対比として水より軽いベンゼンなどはLNAPLs（lighter-than-water non-aqueous phase liquids）と称される．液体の表面張力や粘性は，小さな隙間に浸透するときの抵抗となる要素であり，浸透能を高めるには小さいほどよい．その意味でトリクロロエチレンなどの揮発性有機塩素化合物は，洗浄剤として他に勝る性質を保持している．逆に不飽和土壌中では水より浸透しやすく，横方向にはあまり広がらずまっすぐ下に降下浸透する．地下への浸透量や土壌の間隙規模によるが，原液状態の揮発性有機塩素化合物は地下水帯に侵入することがあり，その後は少しずつ地下水に溶け出し，地下水流れに伴って汚染範囲を拡大していくことになる（図5.16）．

揮発性有機塩素化合物に次いで報告事例が多いのは重金属類（heavy metals）であり，3番目はガソリンなど石油類，4番目は赤痢など微生物となっている．こうした地下水汚染事例を経年的にみると，戦前と戦後の混乱期には，平塚市のマンガン（1939），福岡県古賀町と夜須町（1954）の四エチル鉛の汚染事例が知られている．水道の普及により1970年以降，発症事例は激減するが，A型肝炎の発生件数が増える．1990年には大腸菌による埼玉県しらさぎ幼稚園児2名の死亡事例がある．この汚染事例では，し尿処理用の汚水タンクに漏水個所が発見され，また汚水タンクをつなぐ配管継ぎ目にも不備が見つかり，こうした部分から漏れ出た汚水が地下水を汚染したものと推定されている．

1960年代には農薬関連の事例が多く，パラチオン（parathion），DDT（p,p'-dichlorodiphenyl-trichloroethane），BHC（benzene hexachloride）が使用禁止になる．70年代になるとクロルデン，PCNB（pentachloronitrobenzene）などの散布による汚染事例が報告され始める．土壌殺菌剤として使用されるPCNBは，それ自身の急性毒性は低いが，「化学物質の審査及び製造等の規制に関する法律」（化審法）で第一種特定化学物質に指定されているHCB（hexachlorobenzene）を製造過程の不純物質

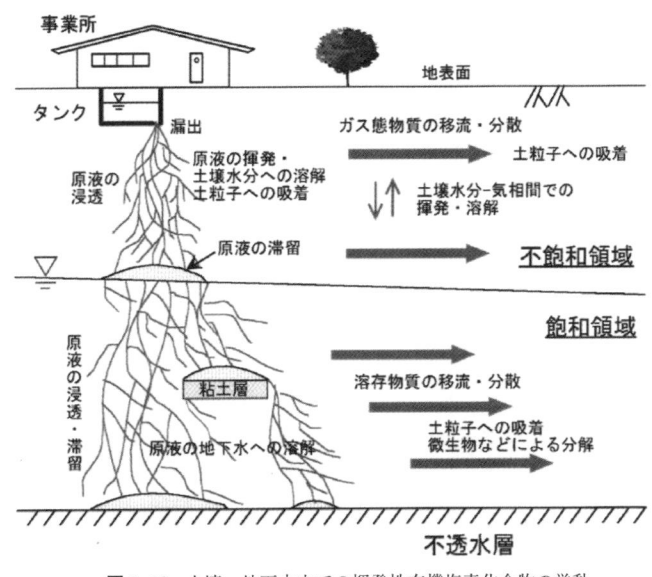

図 5.16 土壌・地下水中での揮発性有機塩素化合物の挙動

として含んでいる[2]．80年代にはハイテク汚染として話題になったトリクロロエチレンなどの有機溶剤による事例報告が増える．有機溶剤による地下水汚染は，すでに1972年に館林市，1973年に鹿児島県，1974年に東京都で発見されており，最近の地下水汚染ではない．さらにガソリン・重油などの油類による汚染事例も多く，立川・横田の基地周辺でのジェット燃料・ガソリン漏出事故もある．何らかの形でほとんどすべての自治体で地下水汚染の報告はある．

5.5.2 無機物の汚染源と特徴

前項で紹介したように報告事例数で第2番目に多いのは重金属類であり，メッキ関連（六価クロム，シアン，ニッケル，亜鉛）を中心に四エチル鉛，ヒ素，水銀，マンガン，モリブデン，カドミウムなどの汚染が報告されている．ただ重金属類は鉱物資源として採取され，使用されている．そのため含有量の多寡を別にすれば，たいていの金属元素は土壌に含まれていると考えてよい．ヒ素や鉛は溶出基準値で $0.01\ mg/l$ とかなり低いところに設定されており，事実，2001年度の自治体調査でも高濃度ヒ素汚染の多くは自然由来と判定されている．

地質由来の汚染であれば，その存在形態から考えて薄く広く拡がる傾向があろう．平均的な地殻存在量をみると，鉛：$13\ mg/kg$，クロム：$100\ mg/kg$，ヒ素：$1.8\ mg/kg$ となっている．特にヒ素については，半導体や農薬など幅広い用途がある一方で，わが国でも自然の地質にも広く分布している．地下水を例にとれば，仙台市[3]や高槻市[4]の調査にみることができる．

重金属汚染の中で，六価クロムは報告事例の多い物質の一つである．クロム鉱滓からの溶出やメッキ廃液による汚染事例などであるが，負に帯電している六価クロム化合物は，地中を移動しやすく，地下水汚染をも引き起こすことが多い．ただ一般的に重金属は，陽イオンとして存在するものが多く，表層土壌から高濃度で検出される．さらに地質由来の場合，薄く広く拡がる性質のあることを指摘したが，人為由来の重金属汚染でもこの傾向が認められる．

さらにトリクロロエチレンなどの揮発性有機塩素化合物と並んで，高頻度・高濃度で検出される物質に硝酸性窒素（nitrate nitrogen）がある．硝酸性窒素は1982年の環境庁調査で検出率が80%と最も高く，10%で水道水質基準を超えていた物質である．

揮発性有機塩素化合物は発癌のおそれのある微量有害化学物質として，その緊急性から先行して土壌・地下水汚染の調査や対策技術の開発が進められてきたが，硝酸性窒素は生活排水や農地への施肥と関連して，かねてより指摘されてきた環境問題である．環境基準の改定とともに，最近では全国規模の調査が進められている．両者を比較すると，トリクロロエチレンなどはこれまでに調査された約8万検体のうち2%が地下水環境基準を超過し，農地施肥由来とみられる硝酸性窒素は5%が地下水環境基準を上回っている．

地下水への窒素の供給源として，生活排水・工場排水の地下浸透，畜産廃棄物の土壌浸透処理など，さまざまな要因があるが，現在顕在化している硝酸汚染（nitrate pollution）の多くは，農地に施用された窒素肥料（nitrogen fertilizer）に由来すると考えられている．無機化学肥料（inorganic fertilizer）はもちろんのこと，有機肥料（organic fertilizer）にしても多くはアンモニア態を経て硝酸性窒素にまで無機化（硝化，nitrification）される．この硝化過程で大量の水素イオンが放出され，これに伴い土壌や地下水は酸性化する．

結果として，土壌の陽イオン交換能（cation exchange capacity）を超えた多量の水素イオンは，粘土鉱物の構造そのものを攻撃し，粘土鉱物の構成物質である金属元素を溶出させる．よく知られているのは，酸性雨現象でも発現するアルミニウムイオンの溶出である．

$$Al_2SiO_5(OH)_4 + 6H^+ = 2Al^{3+} + 2H_4SiO_4 + H_2O \tag{5.28}$$

施肥由来の環境問題として硝酸汚染が注目される傾向にあるが，こうした金属元素の溶出は，わが国でも多量の窒素肥料を施用する茶畑湧水で顕在化し，水系生態系に多大な影響を及ぼしている地域がある[5]．

現在顕在化している地下水の硝酸汚染を解消するには，原位置で実施可能な対策を考える必要があり，これにはいくつかの手法が提案されている．水田あるいは休耕田を利用した高濃度畑地地下水の浄化，硫黄酸化細菌（sulfur bacteria）や脱窒菌（denitrifying bacteria）を利用した微生物分解などは実際の汚染現地で実証試験が進められている．こうした技術の中で，硝酸性窒素のように継続的にしかも過剰な施肥供給に起因している場合には，適正な肥料の施用が対策として直接的な地下水質の改善効果をも

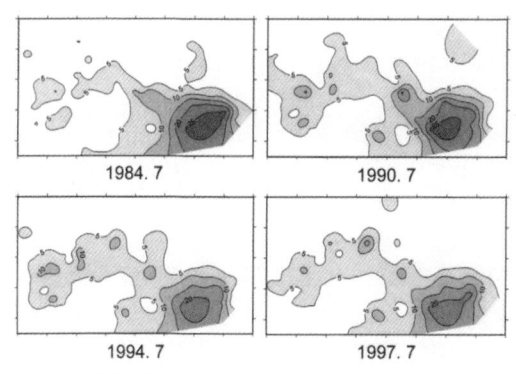

図5.17 夏季に観測された各務原台地地下水の硝酸性窒素等濃度線の推移[6]（単位：mg/l，1目盛りは1.5 km）

たらす．ニンジン栽培で知られる各務原台地では，慣行施用量であった400 kg/ha·yの窒素肥料施用量を300 kg/ha·yにまで減量し，比較的短期間で硝酸汚染の改善に成功している[6]．対策の始まった1989年以前には東部畑作地域で25 mg/lを上回っていた汚染プルームが，対策開始後5年程度で25 mg/lを超える高濃度域が消滅するまでに回復させることができた（図5.17）．

5.5.3 廃棄物最終処分場の構造

廃棄物は，これ以上使用できない，あるいは有償で売却できないごみであり，最終的には一般環境から隔離する必要がある．埋め立てる廃棄物の性状や有害物質の溶出濃度から，安定型最終処分場，管理型最終処分場，遮断型最終処分場の3種に分けて処分される（図5.18）．

安定型最終処分場は，地下水や土壌水など環境水との接触を断つ遮水シートや遮水工をもたない処分場である．浸出水の処理装置もなく，最も簡単な最終処分場であるため，有害物質の溶出や分解に伴う浸出水のない廃棄物を埋め立てることになる．ゴムくず，金属くず，ガラス・陶磁器くず，廃プラスチックくず，建設廃材のいわゆる安定5品目を受け入れる最終処分場である．

管理型最終処分場は，有害物質を含んでいる廃棄物であってもある基準を満たせば埋め立てることのできる最終処分場である．燃えがらや汚泥など廃棄物の溶出試験を行い，重金属類であれば土壌環境基準の30倍値，揮発性有機化合物類では10倍値を限度に受け入れている．ダイオキシン類は，含有量が土壌含有基準（1 ng-TEQ/g）の3倍値（3 ng-TEQ/g）まで管理型最終処分場に処分することが

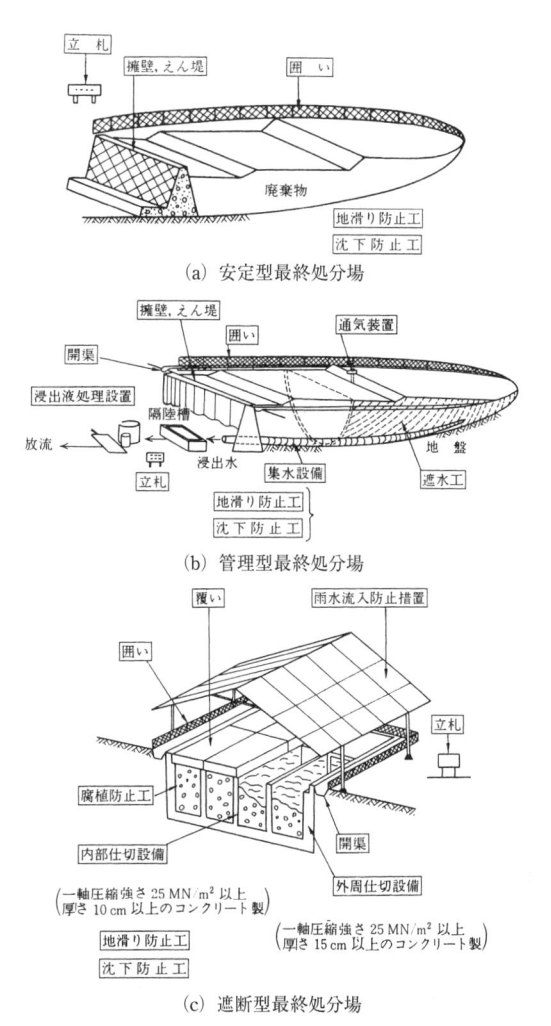

図5.18 廃棄物最終処分場の構造

(a) 安定型最終処分場
(b) 管理型最終処分場
(c) 遮断型最終処分場

できる．

有害物質の溶出濃度が管理型最終処分場の受け入れ基準を超過した廃棄物，医療機関から排出される感染性廃棄物やPCB（polychlorinated biphenyl）含有廃棄物などの特別管理廃棄物は，遮断型最終処分場に封じ込めるか，溶融など適切な手法で無害化しなければならない．特に遮断型最終処分場は，図5.18にみるように封じ込めた廃棄物が雨水はもちろん土壌水や地下水などの環境水と接触しない構造をもち，耐震性など十分な強度を有する構造物とする必要がある．

〔平田健正〕

文　献

1) 田瀬則雄（1988）：日本における地下水汚染の発生状況．ハイドロロジー，18：1-13．
2) 伏脇裕一（1994）：野菜栽培地域における殺菌剤ペンタ

クロロニトロベンゼンおよび分解代謝物質の動態．衛生化学，**40**：39-48．
3) 金子恵美子，菅野 直 (1979)：仙台市内の井戸水調査（第2報）―ヒ素について―．仙台市衛生試験所所報，**9**：174-178．
4) 殿界和男，鶴巻道二，三田村宗樹，加藤紀代子 (1994)：高槻市におけるヒ素含有地下水と浄水処理について．第3回地下水・土壌汚染とその防止対策に関する研究集会講演集，pp.135-140．
5) 井伊博行，平田健正，松尾 宏，田瀬則雄，西川雅高 (1998)：茶畑周辺の池水のpH変化と窒素，リン，硫黄，アルミニウムの挙動について．土木学会論文集（Ⅶ），**594**：57-63．
6) 寺尾 宏 (2001)：岐阜県各務原市の硝酸性窒素による地下水汚染対策．第41回日本水環境学会セミナー，pp.130-141．

5.5.4 土壌の酸性化と水系への影響
a. 土壌への酸の負荷と緩衝作用

湖沼の酸性化による水生生物の死滅，樹木の枯死など欧米において観測されている酸性雨（acid rainまたはacid deposition）の影響と比較すると，わが国の生態系への酸性雨の影響は現在それほど深刻ではない．しかしながら，わが国でも欧米と同程度の酸性雨が観測されており（1998～2000年度，雨水の平均pH 4.82)[1]，将来的に影響の程度は大きくなるものと予想される．

土壌の酸性化も酸性雨がもたらす影響の一つである．しかし，土壌の酸性化は酸性雨だけが原因ではない．植物は土壌中の養分であるカチオンを吸収すると，その交換として水素イオンを放出するため，土壌の酸性化は自然の現象である[2]．樹木リターの溶解や分解による腐植酸の生成も土壌への酸の負荷とみることができる[2]．地層中においては，硫化鉄などの金属硫化物の結晶が空気に触れて酸化されると硫酸が生成し，土壌が酸性化する場合がある．

酸またはアルカリを溶液に加えたとき，水素イオン濃度の変化を抑える作用を緩衝作用という．緩衝作用は溶液中だけでなく，土壌中においても発現する．土壌の緩衝能とは，土壌がもつ酸中和能力と酸消去能力の総和である[3]とされている．ここでいう酸消去能力とは，土壌中生物（植物の根を含む）の吸収同化または還元作用による硝酸または硫酸の消去である．土壌の酸中和作用は土壌の酸性化の進行程度によって異なり，表5.7，表5.8のように分類されている[4,5]．表5.7では，土壌の酸性化が進むにつれて段階Ⅰ～Ⅲへと移行する．表5.8中のpH範囲は厳密なものではなく，実際にはある土壌の同じpHにおいて複数の緩衝機構が働いているものと考えられる．

b. 土壌の酸性化が生態系に及ぼす影響

表5.8に示した各緩衝領域の中で，土壌の酸性化による生態系への影響という意味で重要なのは，陽イオン交換緩衝とアルミニウム交換緩衝である．陽イオン交換緩衝では，土壌の陽イオン交換座を占めるイオンがカリウム，カルシウム，マグネシウムなどの植物の養分になる塩基から水素イオンやアルミニウムイオンのような酸性物質に変化するため，土壌の養分保持能力が低下する．アルミニウム交換緩衝では，溶出したアルミニウムイオンが根毛での養分吸収メカニズムと根に共生している菌根菌の両者に毒性を発揮し，樹木に悪影響を及ぼす[2]．アルミニウムイオンは魚に対しても毒性をもつ．間隙水中のAl濃度が0.1 mol/lを超えると，植物に対し毒性を示すという報告もある[6]．ただし，アルミニウムの間隙水中での物理化学的な存在形態はアルミニウムイオン（Al^{3+}）だけではなく，間隙水のpH，有機酸・腐植の存在などによって変化し，その毒性

表5.7 土壌の酸中和作用とそれに伴う土壌の酸性化[4]

段階	酸中和作用	土壌の酸性化
Ⅰ	炭酸塩・重炭酸塩による中和	
Ⅱ	交換性塩基による中和 1. 弱酸性交換基の塩基 2. 強酸性交換基の塩基	交換性H^+の増加 交換性Al^{3+}の増加
Ⅲ	二次鉱物による中和 1. 酸吸着 2. Al水和酸化物の溶解	交換性OH^-の放出 Al^{3+}の溶出
Ⅳ	岩石の風化	

表5.8 土壌のpH変化に伴う酸緩衝機構の変化[5]

pH範囲	緩衝領域	主な反応式
＞pH 6.2	カルシウム炭酸塩緩衝領域	$CaCO_3 + 2H^+ \rightarrow Ca^{2+} + H_2CO_3$
pH 6.2～5.0	ケイ酸塩緩衝領域	$Mg_2SiO_4 + 4H^+ \rightarrow 2Mg^{2+} + H_4SiO_4$
pH 5.0～4.2	陽イオン交換緩衝領域	$R-Ca + 2H^+ \rightarrow R-H_2 + Ca^{2+}$（Rは交換体を表す）
pH 4.2～2.8	アルミニウム緩衝領域	$Al(OH)_3 + 3H^+ \rightarrow Al^{3+} + 3H_2O$
pH 3.8～2.4	鉄緩衝領域	$Fe(OH)_2 + 2H^+ \rightarrow Fe^{2+} + 2H_2O$

も存在形態によって大きく異なる．たとえば，各種有機酸や腐植あるいは硫酸イオン，フッ素イオン，リン酸イオンなどと結合したアルミニウムの毒性はきわめて低いとされている[7,8]．また，土壌中の交換性塩基（K, Ca, Mg）と交換性Alの濃度比が重要であり，交換性塩基/交換性Al比（モル比）が1以下になると樹木に対して毒性を発現するという報告もある[9]．ただし，Al濃度や交換性塩基/交換性Al比に対する感受性は樹種によって異なる．

土壌の酸性化を生態系への影響という観点からみれば，陽イオン交換容量（CEC）が大きい土壌（粘土や腐植土）ほど酸性雨に対する耐性が大きいといえる．さらに，土壌の酸性化の進行程度は，陽イオン交換座に占める交換性塩基（K, Na, Ca, Mg）の割合（BS：塩基飽和度）または量という尺度で評価することができ，この値が小さいほど土壌の酸性化が進行していると判断される．

環境省が1993（平成5）年度から1997（平成9）年度までの5年間に実施した「第3次酸性雨対策調査」，および1998（平成10）年度から2000（平成12）年度までの3年間に実施した「第4次酸性雨対策調査」では，以下に示す全国10の自治体，11の地域において酸性雨の土壌・植生への影響を調査し結果をまとめている[1,10]．

岩手県（八幡平），栃木県（刈込湖），埼玉県（鎌北湖），新潟県（山居池），富山県（美女平），長野県（双子池），岐阜県（伊自良湖），島根県（蟠竜湖，亀の原池），鹿児島県（屋久島），兵庫県（六甲山）

湿性腐植型ポドゾル土および湿性鉄型ポドゾル土である美女平のぶな坂，ぶな平では，平均土壌pH（H_2O）は3.8であり，交換性Alがきわめて多いため，交換性塩基/交換性Al比も最も低かった．六甲山の西おたふく山や伊自良湖でも4を下回る土壌pH（H_2O）を観測し，交換性塩基/交換性Al比も1を大きく下回っている．しかし，調査期間中での土壌酸性化の進行は確認されず，酸性沈着との関連性が明確に示唆される土壌酸性化は生じていないと報告書はまとめている．

一方，上記調査地域林分内の植生モニタリングによる衰退度調査では，衰退木のほとんどは風（雪）害，被圧，落雷，病虫害などによって説明可能であるものの，ぶな平およびぶな坂（富山県），屋久町（鹿児島県），西おたふく山および新穂高（神戸市）では衰退の原因が不明であるとし，酸性雨による影響を否定していない．国レベルの調査で，樹木衰退と酸性雨との関連性を否定しなかったのは，第3次以降の酸性雨対策調査が初めてである．

酸性土壌の改良には適量の炭酸カルシウムや水酸化カルシウムを施用するが，適用されるのは農地が主であり，自然土壌に対してはほとんど適用されていない．

c. 土壌の酸性化がその他の土壌汚染に及ぼす影響

土壌の酸性化に伴い，交換性イオンとして交換基に保持されるイオンがCa, Mgなどの塩基からH, Alなどの酸性イオンに置換される．HやAlは交換座において高い選択性を示すため，土壌の酸性化はCaやMgだけでなく，亜鉛（Zn），カドミウム（Cd），コバルト（Co）などの重金属の土壌への収着反応に対しても影響を及ぼす．図5.19[11]はコバルトの分配係数が液相のpHによって変化する様子を示している．この図にみられるように，重金属の土壌と間隙水との間の分配係数は，液相pHの低下によって顕著に低下する．このことは，土壌の酸性化に伴い土壌がもつ重金属の保持容量が低下すること，一度土壌に収着された重金属が間隙水中に溶出することによって，植物による重金属の吸収，地下水の汚染などの可能性が高くなることを意味している．このように，土壌の酸性化は二次的に土壌環境の悪化，生態系への悪影響を引き起こす可能性をもつ．

d. 陸水環境への影響

ヨーロッパや北米の緩衝力の小さい湖沼では，水が酸性化し魚が死滅するなど，生態系に大きな影響が及んでいる．1982年に開催された「環境の酸性化に関するストックホルム会議」では，スウェーデン，ノルウェー，カナダ，米国において，集水域の母岩や土壌の緩衝力が小さく，酸性雨に対して感受

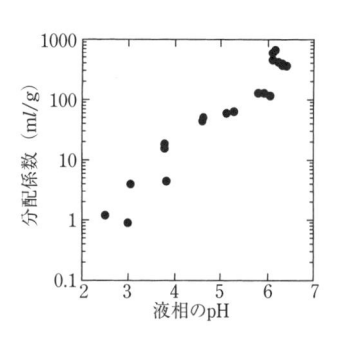

図5.19 液相のpHとコバルトの分配係数との関係[11]

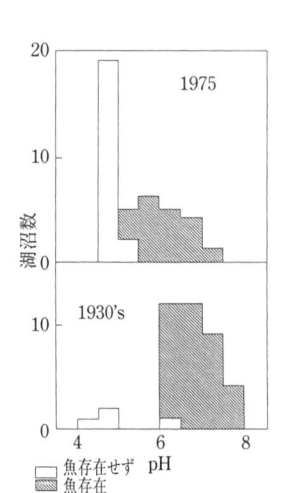

図 5.20 アディロンダック山地湖沼群（標高 610 m 以上）のpH の頻度分布と魚類の存在 [13]

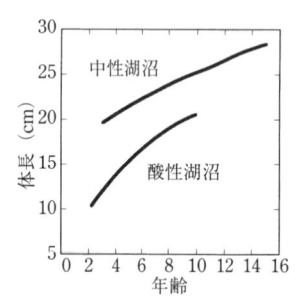

図 5.21 中性湖沼と酸性湖沼に生息する魚の体長の差 [14]

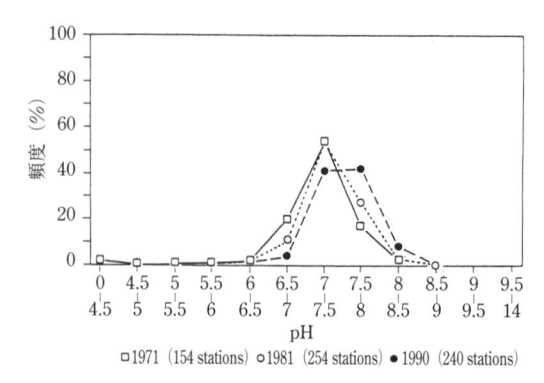

図 5.22 日本国内の河川水の pH 頻度分布の経年変化 [15]

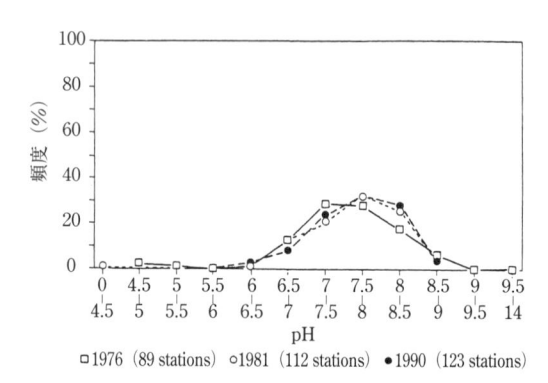

図 5.23 日本国内の湖沼水の pH 頻度分布の経年変化 [15]

性の高い地域，すなわちアルカリ度が 50 μeq/l 以下の湖沼で，集水域への硫酸イオン沈着量が年間 0.5 gS/m² 以上の場合には，多くの湖沼で酸性化が認められたと報告している [12]．図 5.20 [13] は，米国北東部のアディロンダック山地の湖沼について，1930 年代と 1970 年代に測定した pH の頻度分布を示している．1930 年代には大部分の湖沼が pH 6 以上であったのに対し，1975 年には半数近くの湖沼で pH が 5 を下回り，魚類がすまなくなった．図 5.21 [14] はスウェーデンの湖沼のうち，pH が 6.3 の中性の湖沼と，pH が 4.6〜5.5 の酸性の湖沼に生息するイワナの体長を比較したものである．酸性湖沼に生息するイワナは，中性湖沼のイワナに比べて 5〜10 cm 小さい．

日本国内の河川・湖沼の酸性化の現状に関する調査結果を図 5.22，5.23 に示す．河川・湖沼ともにほとんど酸性化が進んでいないことがわかる．環境省の第 4 次酸性雨対策調査 [1] では，人為的な影響が比較的少ない 13〜14 の湖沼を対象に，酸性化調査を実施している．その結果，調査対象湖沼の湖心表層 pH の範囲は，5.54〜7.78 であり，期間中に pH の年平均値が変化する傾向をみせた湖沼はなかったと報告している．第 3 次調査において酸性雨による影響が生じている可能性があると指摘した，双子池（雌池），夜叉ヶ池および今神御池の 3 湖沼ともに，第 4 次調査からは特に顕著な特徴はみられなかった．しかし，双子池のアルカリ度は 20〜27 μeq/l と低い値を続けており，湖沼の酸性化が進行する可能性は否定できない．

陸水の酸性化が魚類に及ぼす影響には，図 5.21 に示した成長不良のほかに，体内浸透圧の恒常性を保つ生理学的機能不全が挙げられる [16]．さらに水中に Al が含まれると，比較的高い pH でも影響が発現する [16]．酸性化した水域での魚類の忌避行動も無視できない．シロサケの稚魚では，中性水から pH 5.8 の水への遊泳が有意に抑えられるという実験結果が得られている [17]．酸性水から魚類が忌避

できない場合にはストレス反応が起こり，死に至る場合もある．　　　　　　　　　　〔堀内将人〕

文　献

1) 環境省酸性雨対策検討会（2002）：第4次酸性雨対策調査とりまとめ，p.7.
2) 野内　勇（1990）：酸性雨の農作物および森林木への影響．大気汚染学会誌，**25**（5）：295-312.
3) 日本土壌肥料学会編（1988）：昭和62年度酸性雨による土壌影響調査，p.64.
4) 吉田　稔，川畑洋子（1988）：酸性雨の土壌による中和機構．日本土壌肥料学会誌，**59**：413-415.
5) Ulrich B（1983）: Soil acidity and its relations to acid deposition. Effects of Accumulation of Air Pollutants in Forest Ecosystem（Ulrich B and Pankrath J, eds）, pp.127-146.
6) Taylor BJ（1989）: Aluminum toxicity and tolerance in plants. Acidic Precipitation 2（Adriano DC and Johnson AH eds）, pp.327-361, Springer-Verlag.
7) Bartlett RJ and Riego DC（1976）: Toxicity of hydroxy aluminium ions in acid soils. *J Soil Sci*, **27**：167-174.
8) Tanaka A, Tadano T, Yamamoto K and Kanamura N（1987）: Comparison of toxicity to plants among Al^{3+}, $AlSO_4$, and Al-F complex ions. *Soil Sci Plant Nutrition*, **33**：43-55.
9) Sverdrup H and De Vries W（1994）: Calculating critical loads for acidity with the simple mass balance method. *Water Air Soil Pollution*, **72**：143-162.
10) 環境省酸性雨対策検討会（1999）：第3次酸性雨対策調査とりまとめ．
11) 岸野　宏，堀内将人，井上頼輝（1991）：模擬酸性雨を用いた土壌の酸性化とアルミニウム溶出現象の解析．京都大学環境衛生工学研究会第13回シンポジウム講演論文集，pp.295-300.
12) Hilman B（1983）: 1982 Stockholm conference on acidification of the environment. *Environ Sci Technol*, **17**：15A-18A.
13) Schofield CL（1976）: Acid precipitation effects on fish. *AMBIO*, **5**：228-230.
14) Almer BH, Dickson W, Ekstrom C, Hornstrom E and Miller U（1974）: Effects of acidification on Swedish Lakes. *AMBIO*, **3**（1）：30-36.
15) 池田英史，宮永洋一（1992）：酸性降下物による河川水質への影響の実態調査．日本地球科学会年会講演要旨集，p.168.
16) Rosseland BO and Staurnes M（1994）: Physiological mechanism for toxic effects and resistance to acidic water : An ecophysiological and ecotoxicological approach. Acidification of Freshwater Ecosystems. Implications for the Future（Steinberg CEW and Wright RF eds）, pp.227-246, Chicester, John Wiley.
17) 上原浩二ら（1995）：シロサケとヒメマス稚魚の酸性環境下における行動とストレス．平成6年度日本水産学会春季大会講演要旨集，p.166.

5.6　土壌・地下水汚染の対策と管理

▷ 10.4　農地からの窒素負荷削減対策
▷ 21.2　水環境保全政策の体系
▷ 21.3　水環境モニタリング計画
▷ 21.5　水環境リスク管理
▷ 21.7　水資源保全計画

5.6.1　土壌・地下水汚染の調査法

　工場跡地の再開発や水質汚濁防止法に基づく地下水質の常時監視により，市街地土壌汚染（urban soil pollution）が次から次に発見されている．こうした土壌調査で汚染の有無を判定するのは土壌環境基準（standards for soil environment）であり，浄化対策の実施も浄化目標も土壌環境基準であった．確かに資本力のある大規模事業場では自主的な調査が進み，修復対策が実施されている．ただ一般論として，汚染された土壌空間の修復には，長い時間と多額の経費負担を伴い，すべての汚染原因者が経費負担に耐えられるとは限らない．こうした背景から汚染地の管理状態や地下水の利用形態に即した，現実的で実効の上がる土壌地下水保全対策として，2003年2月に土壌汚染対策法（2002年5月制定）が施行された．この新しい法制度には，汚染土壌の直接摂取と地下水摂取のリスク管理をベースに，汚染土壌の浄化に加えて土地利用状況に応じた大きな経費負担を伴わない柔軟な健康リスクの低減措置が含まれている．

　土壌汚染対策法の施行により，土壌・地下水汚染の調査や浄化など対策全般にわたって新しい局面を迎えている．これまで土地所有者や企業の自主的判断に任されてきた土壌調査は，次のような機会をとらえて実施することになる．

　①特定有害物質の製造・使用事業場の廃止時（形質変化時）には調査が義務づけられる．

　②操業中の事業場は原則調査の対象外であるが，それでも明らかに土壌汚染が存在する場合や顕在化している地下水汚染の原因となり，健康を害するおそれのある場合には，都道府県知事は土壌調査を命ずることができる．さらに，

　③操業中の特定有害物質製造・使用事業場であっても，土壌汚染のおそれのある土地から搬出される土壌については，汚染の有無を確認することが必要

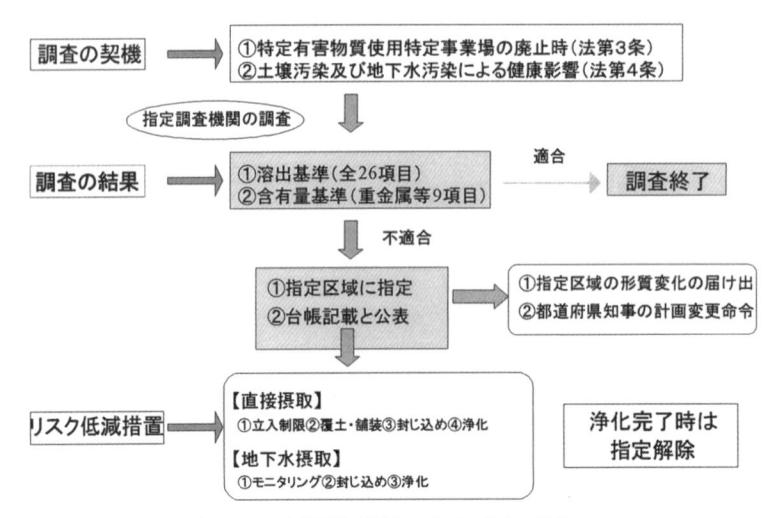

```
調査の契機 → ①特定有害物質使用特定事業場の廃止時（法第3条）
              ②土壌汚染及び地下水汚染による健康影響（法第4条）
                    ↓ 指定調査機関の調査
調査の結果 → ①溶出基準（全26項目）          適合
              ②含有量基準（重金属等9項目）  ────→ 調査終了
                    ↓ 不適合
              ①指定区域に指定     →  ①指定区域の形質変化の届け出
              ②台帳記載と公表         ②都道府県知事の計画変更命令
                    ↓
リスク低減措置 → 【直接摂取】
                 ①立入制限②覆土・舗装③封じ込め④浄化      浄化完了時は
                 【地下水摂取】                              指定解除
                 ①モニタリング②封じ込め③浄化
```

図 5.24 土壌汚染対策法における調査の流れ

となる．

　新しい法制度では，土壌環境基準に指定される基準項目のうち，農用地のみに定められている銅を除いて，すべての物質が対象となっている．地下水摂取によるリスクとして現在の溶出基準が用いられ，土壌の摂食や皮膚接触による直接曝露リスクとして重金属類に含有基準が定められた．この含有基準については，ダイオキシン類の環境基準設定方法と同じ生涯曝露量（一日摂取量は大人 100 mg，子供 200 mg）が採用されている．

　土壌汚染対策法に基づく調査や対策の大まかな流れを図 5.24 に示した．対象物質が揮発性有機化合物であれば 1 m 深度くらいの採取孔から得た土壌ガス調査，土壌中を浸透しにくい重金属類や農薬類は表層 50 cm までの土壌を平均的に採取分析する．採取密度は，原則 100 m^2（10 m×10 m）に 1 か所であり，管理棟など操業当初からの土地履歴により汚染の可能性が低いと認められた区域については，900 m^2（30 m×30 m）に 1 か所で土壌調査を実施することになる．100 m^2 に 1 か所の調査は，調査・対策指針（1000 m^2 に 1 か所）に比べてかなり高密度の調査が求められている．この根拠は，わが国の土壌汚染事例で 100 m^2 以上の汚染が約 80% を占め，この程度の調査を行えば土壌汚染のほとんどが把握できること，さらに ISO の土壌採取密度も視野に入れているからである．

　重金属類は陽イオンとして存在するものが多く，表層土壌に高濃度で存在している場合が多い．これに対して揮発性有機化合物は，トリクロロエチレンなど有機溶剤にみられるように土壌中を容易に浸透し，地下水帯に達する．そのため揮発性有機化合物は，まず最初に表層土壌ガス調査（surface soil gas survey）を行い，汚染の有無（ベンゼンのみ 0.05 ppmv で他はすべて 0.1 ppmv）を確認することになる．この土壌ガス調査を元に，相対的に濃度の高い地点で原則 10 m 深度までボーリング調査（boring exploration）を行って，採取試料の溶出試験を行う．地下水が浅く，1 m 深度で土壌ガスの採取ができない場合には，地下水を採取分析することになる．また，過度な経費負担を避けるため，土壌ガス調査結果だけで指定区域に指定してもよい．

　これらの調査により土壌汚染が発見された場合，すべての事業場で浄化のための詳細調査を実施し，環境基準を目標とした浄化対策に進むとは限らない．事業場規模や事業場敷地の管理状況に応じて，時間をかけて，あるいはより廉価な技術開発を待って，浄化対策を実施することもあろう．

　こうした背景から，新しい法制度では汚染が確認された土地を指定区域に指定し，指定区域台帳への記載と閲覧を基本に，汚染土壌の飛散や地下水流れによる一般環境への拡散を防止し，健康リスクを低減するところに特徴がある．この台帳には，指定区域の所在地，面積，調査日時や基準超過項目，汚染範囲や調査機関などが記載される．

　土壌汚染対策法が施行されたことにより，土地利用や管理状態に応じて，対策選択肢の広がることは事実である．たとえば重金属類について，原位置不溶化や原位置封じ込めも可能であるが，こうした措

置では原位置に汚染物質が残留しており，構造物や化学処理など用いた対策が機能を果たしているかどうか，地下水の事後モニタリングが必要なことはいうまでもない．このモニタリングには，構造物や化学処理など措置を行った周縁下流側1か所以上に観測井を設け，年4回以上の測定と少なくとも2年間は環境基準を満たすことが要件として定められている．

5.6.2 土壌・地下水汚染に関する基準

土壌や地下水は，流域を構成する重要な水移動の媒体である．しかも流域内の水移動は連続しており，降雨から土壌へ，土壌から地下水へ，さらに地下水から表流水へと移動するが，その間の水質基準に整合性をとる必要がある．公共用水域を対象とした水質環境基準（standards for water environment）と地下水環境基準（standards for groundwater environment）は，水に含まれる溶存物質濃度で環境基準値が定められている．これに対して土壌環境は，水資源の観点から地下水を涵養する媒体であり，そのため土壌環境基準（standards for soil environ-ment）は土壌からの物質の溶出濃度で環境基準値が定められている．

土壌環境基準も地下水環境基準も，人の健康を保護するために定められており，水道水質基準（standards for drinking water）とも連動している．三者間で，たとえば硝酸性窒素は土壌環境基準には含まれないこと，鉛の基準値が水道水質基準（0.05 mg/l）と土壌環境基準・地下水環境基準（0.01 mg/l）でわずかに異なるなどの違いはあるが，おおむね合致している．さらに現在の環境基準は，シアンを除いて慢性毒性（chronic toxicity）で評価されている．水については一生涯摂取して10万人に1人の割合で健康影響の発現する濃度で環境基準が定められている（ちなみに大気環境基準は，1日1人あたりの曝露量は15 m^{3}として環境基準が定められている）．

一生涯とは世界平均では60年を指すことが多いが，わが国では70年程度を目安としている．したがって，水の健康項目に関する環境基準は，一日あたり2 lを70年間飲み続けて，10万人に1人が健康影響（たとえば発癌）をこうむる濃度を意味する．

表5.9 土壌の溶出基準と含有基準

対象項目	土壌溶出量基準 (mg/l) (地下水摂取によるリスク)	第二溶出量基準 (mg/l)	含有基準 (mg/kg) (直接摂取) (直接摂取によるリスク)	分類
ジクロロメタン	0.02	0.2	—	第一種特定有害物質 (揮発性有機化合物)
四塩化炭素	0.002	0.02	—	
1,2-ジクロロエタン	0.004	0.04	—	
1,1-ジクロロエチレン	0.02	0.2	—	
シス-1,2-ジクロロエチレン	0.04	0.4	—	
1,1,1-トリクロロエタン	1	3	—	
1,1,2-トリクロロエタン	0.006	0.06	—	
トリクロロエチレン	0.03	0.3	—	
テトラクロロエチレン	0.01	0.1	—	
ベンゼン	0.01	0.1	—	
1,3-ジクロロプロペン	0.002	0.02	—	
カドミウム	0.01	0.3	150	第二種特定有害物質 (重金属等)
鉛	0.01	0.3	150	
六価クロム	0.05	1.5	250	
ヒ素	0.01	0.3	150	
総水銀	0.0005	0.005	15	
アルキル水銀	検出されないこと	検出されないこと	—	
セレン	0.01	0.3	150	
フッ素	0.8	24	4000	
ホウ素	1	30	4000	
シアン	検出されないこと	1	50 (遊離シアン)	
PCB	検出されないこと	0.003	—	第三種特定有害物質 (農薬等)
チウラム	0.006	0.06	—	
シマジン	0.003	0.03	—	
チオベンカルブ	0.02	0.2	—	
有機リン	検出されないこと	1	—	

このように土壌環境基準や地下水環境基準は慢性毒性を対象としており，そのため環境基準の達成状況は年間の平均値で評価されている．ただ急性毒性（acute toxicity）が懸念されるシアンについては最高値で評価することになっている．

新たに制定された土壌汚染対策法は，地下水摂取（groundwater uptake）と摂食・皮膚接触など直接曝露（direct exposure）による2つのリスク管理を行い，それらの曝露経路を遮断することによって健康リスクを低減することになっている．土壌環境基準である溶出濃度は地下水摂取のリスク管理に対応し，摂食や皮膚接触など直接曝露リスクについては重金属類（カドミウム，鉛，六価クロム，ヒ素，総水銀・アルキル水銀，セレン，フッ素，ホウ素，シアンの9物質）に対して含有基準が定められた（表5.9）．その基準設定方法は，ダイオキシン類と同じ生涯曝露量（1日摂取量は，大人：100 mg，子供：200 mg）の考え方を踏襲し，その生涯曝露量が溶出基準に定められた物質の飲用による生涯曝露量と同等となるよう含有量が定められた．ただ含有量は溶出濃度と異なり，胃液で分解された後に曝露されることになるため，実際の含有量分析時に胃液での分解状況を再現する必要がある．胃液は，pH1程度の塩酸であり，1日約2 l 分泌されるため，大人でいえば対象土壌 100 mg を pH 1 の塩酸溶液 2 l で分解しなければならない．ただ土壌は不均質で，確度の高い分析精度管理を行うには，対象土壌の重量もある程度は確保する必要がある[1]．そのため土壌汚染対策法では含有量分析として，たとえばカドミウム，鉛，ヒ素などについては，土壌試料6 g 以上を pH 0（1 mol/l）の塩酸溶液（重量体積比3%）で分解（溶出）することとしている[2]．

〔平田健正〕

文　献
1) 鈴木　茂，貴田晶子，酒井伸一，森田昌敏（2003）：汚染土壌などの共通試料による精度管理調査について．廃棄物学会誌，14（2）：93-104.
2) 土壌環境センター（2003）：土壌汚染対策法に基づく調査および措置の技術的手法の解説．平成14年度環境省請負業務結果報告書：A, pp.1-3.

5.6.3　重金属による汚染の対策技術

1990年初頭より近年の世界的な環境保護の高まりの中で，日本においても最近相次いで土壌・地下水関連の法律・基準が整備されつつあり，1999年2月には「土壌・地下水汚染に係わる調査・対策指針および運用基準」が出された．2003年2月には，土壌汚染対策法の施行が開始され，大気や水質と同様に土壌においても環境保全に対する法制度が一応整備された．これら法環境の整備に伴い，汚染土壌に対する関心は一段と高まり，不動産売買の分野でも汚染の有無によって地価が大きく左右されるようになり，社会的に大きな問題となってきている．特に，揮発性有機化合物や農薬の汚染と異なり，重金属汚染は自然由来の汚染もあり，土地売買においては自然由来の汚染まで問題となる場合もあり，土壌汚染対策法が施行された効果は大きい．

土壌汚染対策法では，重金属は第二種特定有害物質に分類されており，カドミウム，六価クロム，シアン，水銀，セレン，鉛，ヒ素，フッ素，ホウ素が規制されている．フッ素，ホウ素は重金属ではないが，対策法上重金属等に分類されている．土壌汚染対策法が整備される以前においては，ヒトの健康に対するリスクを算定する際に，地下水を経由したリスクのみが考慮され，汚染土壌を直接摂取するリスクは考慮されていなかった．対策法では，直接摂取のリスクも考慮されるようになったため，従来の溶出試験による汚染土の判定と含有量試験による判定の双方が必要になった．含有量試験についても，従来の全含有量試験とは異なり，強酸による抽出試験（バイオアベイラビリティを考慮した試験）となり含有量基準も新たに制定された．したがって，対策も両方のリスクに対する対策が必要となった．第2種特定有害物質による汚染土壌に対する対策は，シアンを除いては分解することが不可能であり，有機化合物の場合よりは対策の幅が狭いが，現在使用されている対策方法についてその概要を紹介する．

a. 重金属汚染対策技術の概要

土壌汚染対策法では，対策法施行以前の水質汚濁防止法下で環境基準の算定根拠となった地下水摂取シナリオ以外に，直接摂取シナリオが加えられた．図5.25に土壌汚染がヒトの健康に及ぼす影響を算定するための2つの曝露経路を模式的に示した．新しく加えられた直接摂取シナリオでは，土壌を直接摂食するという経路や皮膚接触による経路が取り入れられ，環境基準（含有量基準）が定められることとなった．土壌汚染対策法で定められた含有量試験は，土壌環境中での化合物の形態の変化，および土壌からの対象物質の体内での摂取の実態を考慮して，一定の安全性は見込むが完全分解による全量分

5.6 土壌・地下水汚染の対策と管理

ヒトの健康の考え方（土壌汚染）
－ 環境基準 －

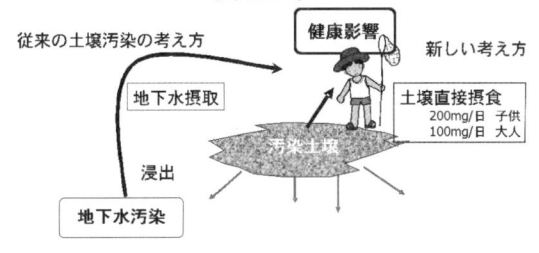

図 5.25 土壌汚染が人の健康に及ぼす影響

析分析までは行われないような方法が選定された．詳しい分析方法は他書にゆずるが，たとえばカドミウム，鉛，ヒ素，フッ素，ホウ素，セレン，無機水銀では，1 mol/l 塩酸により固液比 30～50 で 2 時間振とうして抽出された重金属量を含有量としている．本方法で得られた含有量は，体内で取り込まれる量を簡便に試験できる方法としてわが国では取り扱われており，英語では Bioavailability とか Bioaccessibility とか呼ばれている概念である．

土壌汚染対策法で決められている直接摂取リスクに対する措置（対策）を図 5.26 に，地下水摂取リスクに対する措置（対策）を図 5.27 に示した．図中に示したように，対策に関する技術開発は，固化不溶化や掘削土壌の分離技術，原位置浄化技術に対して行われているが，土壌汚染対策法で基本としているのは，直接摂取リスクに対しては舗装及び盛土措置であり，地下水摂取リスクに対しては封じ込め措置である．しかし，実際には汚染サイト所有者が土地を持ち続ける場合に行われることが多く，土地の売買時に，盛り土や舗装，封じ込め措置が用いられることはきわめてまれである．以下に重金属類による汚染の概要について述べる[1]．

1）封じ込め 封じ込め技術は汚染物質を含む

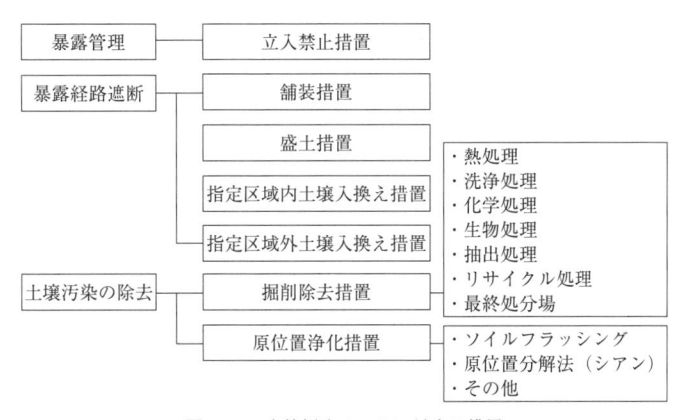

図 5.26 直接摂取リスクに対する措置

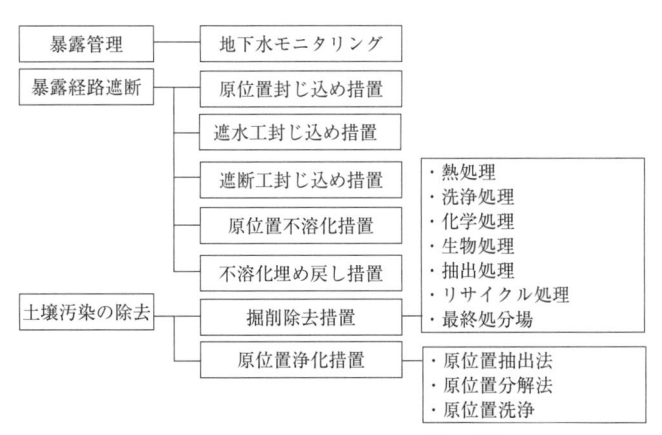

図 5.27 地下水摂取リスクに対する措置

土壌を健全土壌から分離するもので，地下水を介したりあるいは飛散やガス化に汚染拡散を防止するものである．封じ込めには原位置で行う方法と掘削除去後に処分場等で行う方法があり汚染レベルによって遮断構造と遮水構造を使い分ける．土壌汚染対策法では，溶出量値Ⅱという環境基準値より10～30倍上回る基準を定めて，溶出量値Ⅱを上回るものは遮断構造（遮断型処分場に相当），溶出量値Ⅱ以下で環境基準を上回るものについては遮水構造（管理型処分場に相当）にして封じ込めるように定められている．しかし，固化・不溶化を行い溶出値が溶出量値Ⅱを下回れば遮水構造の封じ込めが可能である．原位置封じ込めは，不透水性地盤等（厚さ5 m以上，透水係数100 nm/s以下）に地下連続壁（SMW壁などの厚さを50 cm以上有し，透水係数が10 nm/s以下）や鋼矢板を打設することによって行われる．

2）固化・不溶化 　固化・不溶化の技術は，土壌中の汚染物質が地下水や土中の間隙水に溶解することや大気中に拡散することを防止するために行われる．本技術は，汚染土壌にセメントなどの固化剤を混入して固形化し物理化学的に安定な物質とする固化処理と，汚染土壌に薬剤を混入して汚染物質を難溶性の物質に変えて安定化させる化学的不溶化処理に分けられる．

固化にはセメント系の固化剤が用いられることが非常に多いが，セメント系以外の固化剤にはアスファルト系，ポゾラン系，ケイ酸塩系，熱可塑性ポリマー系のものなどがある．セメントを使用した場合に土壌はアルカリを呈し，それを嫌って中性系の固化剤たとえば酸化マグネシウム系のものも開発されており，比較的よく使われている．また，市販されている固化剤には，不溶化剤を混入して能力をあげているものや，リン酸カルシウム系のアパタイトを生成させ，強固な不溶化能力を発揮させようとしているものなど数多くある．適合性試験を行ったうえで，サイトにあった固化剤を選ぶことが望ましい．鉛やカドミウムの水酸化物の溶解度は，pHによって異なり，pH 9程度が最も小さい溶解度をもつので，セメント系固化剤を混入し，pHを増加させた場合には溶出が増加したり，効果がない場合もあるので注意が必要である．

不溶化の一般的な方法は，以下のとおりである．(1) 硫化ナトリウムに代表される硫化処理剤による不溶性の硫化物を作るもので，カドミウム，鉛，水銀化合物によく使用される．(2) 硫酸鉄（Ⅱ）に代表される還元処理剤による不溶性塩を作るもので六価クロム化合物に適用される．遅効性の還元剤としては亜炭もある．また，VOCの地下水浄化に用いられる透過性地下水浄化壁の反応剤としてよく使用される零価の鉄粉も耐久性の長い還元剤である．(3) 塩化鉄などを用いて鉄イオンの化学結合により不溶化物を作るものでヒ素，シアン化合物に適用される．なおシアン汚染がシアノ錯体でなく，シアン化ナトリウムのようなシアン化合物の場合は，次亜塩素酸ナトリウムなどのアルカリ塩素法で酸化分解する方法もある．

以上のほかにも，有機および無機高分子の複合体，有機高分子物質，有機化合物を主体とした不溶化剤もある．これらの物質は硫黄を含み，硫黄官能基が金属イオンと結合して重金属を固定化する．フッ素やホウ素は一般的には不溶化しにくいが，ハイドロタルサイトのような陰イオンを多量に吸着する物質の炭酸イオン選択性を改良した不溶化剤も開発されている．

3）土壌洗浄，ソイルフラッシング 　重金属の浄化技術としては，土壌洗浄法が一般的であり，砂質地盤であればコストメリットも大きい．土壌洗浄法は，汚染対策技術としては，比較的歴史が長く，実績も多い技術である．土壌を機械的に洗浄して有害物質を除去する方法で，土壌を粒度により分級して，汚染物質が吸着・濃集している画分を分離することと，汚染物質を洗浄液中に溶解させることが基本となっている．しかし，砂質土であっても砂分の風化度合いや高濃度汚染の場合には，環境基準を満足することは難しく，適合性試験を事前に行い成立性をよく吟味することが必要である．土壌洗浄法を原位置で行うものをソイルフラッシングと呼ぶ．この方法は注入井戸と抽出井戸を設け，注入井戸から洗浄剤（水もしくは界面活性剤）を注入し，抽出井戸から洗い出した重金属分を地下水と一緒にくみ上げるものである．米国では数件実施例があるが，わが国では実施された例はほとんどない．

地下水を含んだ土中に直流電流を流し，陽イオンを陰極に陰イオンを陽極に移動させ，重金属を回収する電気泳動法もフラッシングと同様の範疇にはいる技術であるが，六価クロムのような移動性の高い重金属に有効な場合もある．

4）熱処理 　熱処理技術には，(1) 水銀のような低沸点の重金属で汚染された土壌を加熱し，気化

後冷却して回収分離する熱脱着法，(2) シアンなどの物質を高温で分解する熱分解法，(3) 汚染物質を土壌とともに溶融して重金属を封じ込める溶融固化法がある．熱脱着技術が比較的よく用いられているが，単純な熱脱着の他，加熱媒体に水蒸気を使用する水蒸気注入法，沸点を低下させる薬剤などを加熱時に添加して塩化揮発させる方法がある．使用温度は対象物質により大きく異なるが，水銀などの低沸点金属を対象とする熱脱着法では，400～600℃，これに加え PCB や有機の成分も分離することに使用される水蒸気注入法では 300～700℃，高沸点の重金属の強制的な揮発を促す塩化揮発法では 800～1000℃で行うことが多い．800～1000℃で実施される熱分解と同様に，副生成物の生成やオフガスの処理に留意する必要があり，わが国では固定プラントで実施することがほとんどである．比較的強力な処理で，汚染物質の濃度，土質に影響されることが少ないが，処理費用は一般的に高い．

5) 生物処理 シアン化合物は第二種特定有害物質に指定されている物質のうち唯一分解無害化できる物質である．シアン化合物に対しては，石油系炭化水素類による汚染土壌の浄化と同様にバイオレメディエーションが期待されている．掘削土に対しては，栄養塩と空気を送り込み攪拌し，生物分解を促す方法が一般的である．原位置シアン分解法としては，エアスパージングによる酸素の補給と栄養塩の添加によりシアンの分解が図られている例がある．

6) リサイクル処理 リサイクル処理はセメント工場への搬出が一般的である．セメントはその製造の際に，シリカ源として粘土分を必要とする．最近では，天然の粘土の代替材料として，汚染土壌や石炭灰を多く使用されており，焼成の際生ずるオフガスに対しても十分な対策がとられている．焼成温度は 1000℃以上のため，前述した熱脱着法や溶融固化と原理的には同じである．リサイクル処理のコストは安価であるため，よく利用されている．近年では，キルンを用いて土壌のみを焼成させ，埋め戻し材に使用している例も多い． 〔今村 聡〕

文 献
1) 吉澤　正監修 (2003)：サイトアセスメント実務と法規，pp.185-200，(社)産業環境管理．

5.6.4 有機物による汚染の対策技術

土壌汚染対策法による有機汚染物質は，第 1 種特定有害物質（揮発性有機化合物等）と第 3 種特定有害物質（農薬等）に分類されている．第 1 種特定有害物質に分類されているものは，ジクロロメタン，四塩化炭素，1,2-ジクロロエタン，1,1-ジクロロエチレン，シス-1,2-ジクロロエチレン，1,1,1,-トリクロロエタン，1,1,2,-トリクロロエタン，トリクロロエチレン，テトラクロロエチレン，ベンゼン，1,3-ジクロロプロペンの 11 種類である．そのうち，1,3-ジクロロプロペンは農薬として用いられているが，その性状から第 3 種特定有害物質（農薬等）に分類されず，第 1 種特定有害物質として分類されている．第 3 種特定有害物資としては，PCB，チウラム，シマジン，チオベンカルブ，有機リン化合物の 4 物質が規制されている．PCB，シマジン，チオベンカルブは塩素を含む有機化合物であり，製造過程において副生成物としてダイオキシン類を混入している場合があることに留意すべきである．ダイオキシン類を含む汚染土壌は，土壌汚染対策法ばかりでなく，ダイオキシン特別対策法の適用も受けることを考慮し，対策にあたる必要がある．

a. 有機化合物による汚染の対策技術の概要

トリクロロエチレンやテトラクロレチレンなどの揮発性有機塩素化合物は，水より比重が重く，粘性が水より小さい揮発性物質であるために，DNAPL (dense non aqueous phase liquid) と総称される．汚染源より溶出した DNAPL 原液は，さらさらした水より重い液体であるため，きわめて容易に不飽和地盤中に浸透し，地下水面に達する．地下水面に達した後も，漏洩量が大きければ，帯水層中に浸透していき，難透水性の水理学的基盤に達し滞留する．下方に降下浸透していく過程においても，DNAPL 原液は地盤中の間隙にトラップされ，汚染源として長期間存在することになる．このように地下深部にまで浸透した揮発性有機塩素化合物の浄化対策は，調査の困難さも手伝い非常に困難で，多くの場合完全浄化は非常に難しい．経済性，合理性を考慮したうえで，長期的戦略のもと汚染対策を組み合わせながら行うことが望ましい．

ベンゼンは環境中で単独で発見されることはまれで，多くの場合，他の石油系炭化水素類と一緒に発見される．石油系炭化水素類は，分留過程においてガソリン，灯油，軽油，重油などに分類され，製品化されているが，実際には多くの有機化合物の集合

体である.たとえば,ガソリンの場合,販売会社や原油産地により成分は異なるが,主要な成分だけでも50種類を越す.n-ブタン,イソペンタン,ベンゼン,トルエン,キシレン,エチルベンゼン,トリメチルベンゼンと非常に揮発性の高い物質から,比較的低い物質までさまざまである.したがって,不飽和層・帯水層における挙動も,揮発性の高いもの,生分解性の高いものは比較の汚染初期の段階において,濃度が減少するが,揮発性が低く,生分解性の低い物質ほど汚染後期まで残存することになる.また,いずれの物質も水に溶けにくいために,不飽和層,帯水層中ではNAPLとして移行し,水より軽い物質であることからLNAPL (light non aqueous phase liquid) と浸透挙動から総称される.ベンゼンなどの揮発性石油系炭化水素類の不飽和帯での浸透特性は速やかであり,漏洩量が多ければいずれ地下水面に達する.地下水面に達した後も,通常地下水位以深に原液が浸透することはない.ベンゼンの溶解度は1780 mg/lと比較的他の炭化水素類に比較して高いために,地下水中にもよく発見される.しかし,LNAPLの汚染はDNAPLの汚染に比較して,地下水変動帯より浅いところに存在するため,容易に汚染の存在位置が明らかになることや,生分解性が高いために,自然界の浄化速度も速く,汚染対策は容易である.

これらの汚染に対して,1990年初頭より,土壌・地下水汚染対策は行われてきた.現在までに最も多く行われてきた汚染対策は,土壌ガス抽出法と揚水ばっき法であり,いずれも1000件を越す実績がわが国には存在している.しかし,前述したようにこれらの方法特に揚水ばっき法では,完全な浄化は困難であるが,完璧な浄化と称して実施されている例もみられ,実績の割には浄化予測という意味からは完成しているとはいえない.

揮発性有機化合物などの汚染対策は,汚染物質を直接土壌および地下水から除去する分離・分解対策と掘削除去が推奨される.原位置封じ込めや遮水壁による遮断,土壌洗浄,熱処理などの技術は揮発性有機化合物や石油系炭化水素類にも有効な技術であるが,5.6.3項に述べられているのでここでは主に原位置浄化対策を中心に述べる.

原位置浄化対策は,汚染土壌の範囲および当該範囲内における汚染土壌の深さをボーリング調査により確認した後,原位置抽出法または原位置分解法などにより汚染された地下水から原位置で有害物質を取り除き,汚染土壌中の有害物質が地下水を経由して摂取されることを防止するものである.原位置浄化対策は,サイトの土質条件,地下水面の位置,透水性,土の物理化学特性,汚染物質の生分解性など多くの要因がかかわるため,その選定や計画策定にあたっては,経験のある専門家も交えその適用性について十分検討したうえで行う必要がある.さらに,汚染の状況や現地の状況,浄化の工法によっては対策の完了までかなりの時間が必要であることもあらかじめ考慮しておく必要がある.

1) 原位置抽出法 原位置抽出法の最も代表的な工法として,土壌ガス抽出法(土壌ガス吸引),地下水揚水法があげられる.土壌ガス抽出法は,汚染物質の揮発性(蒸気圧8 mmHg以下)を利用したものであり,不飽和帯に存在する揮発性有機化合物を強制的に吸引除去し汚染土壌の処理対策を行うものである.具体的にはボーリングにより土壌中に吸引井戸を設置し,真空ポンプ・ブロワーにより,その吸引井戸を減圧し気化した汚染物質を地上に導き,活性炭に吸着除去させるなど適切に処理するものである.非常に多くの実績があり,多くの補助工法も開発されている.吸引井戸に水平井戸を用いる方法や,飽和帯に空気を注入して地下水からの揮発を促進するエアスパージング法,生物分解を併用した方法などもその応用例の一つである.シルト質地盤,粘土質地盤では,実用的には適用できないが,深層混合処理法を応用して,生石灰を混入することにより,地盤の温度を上昇させるとともに,通気性を改良して汚染物質を抽出する工法も実用化されている.

地下水揚水法(地下水揚水,二重吸引など)は,汚染地下水を揚水し汚染物質を除去,回収することにより地下水および汚染土壌の処理を行うものである.揚水した地下水はそれぞれの有害物質の性質に応じた方法で処理する.本地下水揚水法については,一般的に敷地外拡散防止の意味合いでも用いられるが,浄化の目的からいえば,揚水井は,土壌ガス(揮発性有機化合物)または地下水汚染(重金属類,揮発性有機化合物,農薬類)の最高濃度付近に設置されることが必要である.汚染が深部までに及んでいる場合は,原液は地盤の間隙中にいたるところでトラップされているため,浄化には数年以上にわたる年月が必要である.

2) 原位置分解法 原位置分解法は,現地の汚染土壌を掘削することなく化学的,生物的,あるい

は熱的作用により汚染物質の分解を目指すものであり，その分解機構により多くの方法がある．一般に分解法は分解過程においての中間生成物や意図しない化学物質の生成がある場合があり，十分に事前のトリータビリティー試験などで分解経路や分解生成物の挙動確認を実施しておく必要がある．また，溶出値の変化（減少）だけでは，単なる揮散・拡散の場合も考えられ，一概に分解とは判断することができない．分解方法の場合には，対象物質がどのような分解経路によって分解され，分解に関して物量平衡が成り立っているかを十分に確認する必要がある．さらに地中への薬剤の注入を伴う方法においては，より安全な薬剤の使用を検討するとともに，浄化対象土壌に存在する汚染物質を汚染されていない周辺に移動させてしまうことがないように，遮水壁など周辺拡散防止措置を実施したうえで行う必要がある．

化学的処理法は，汚染土壌中に薬剤を添加し，化学的に汚染物質の分解を行う．農薬類や揮発性有機化合物を含む汚染土壌に対して，次亜塩素酸や過マンガン酸処理，過酸化水素と鉄を使用するフェントン法などによる酸化処理，揮発性有機化合物を含む汚染土壌に鉄粉を添加して分解を行う還元的な脱塩素処理などがある．また，汚染地下水の拡散防止の観点から鉄粉による脱塩素分解を用いた工法としては，透過性地下水浄化壁工法があげられる．本法は鉄粉を清浄な砂や砂礫に10～20％程度混入し，現地の透水係数より1オーダー程度高い透水係数になるように，地盤中に杭状または壁状に現地土と置換する工法である．敷地境界や汚染地下流側に設け，汚染した地下水をこの浄化壁にて清浄にする工法である．本工法は六価クロムやヒ素にも有効である．

生物的処理法は，汚染土壌に棲息する分解微生物を利用し，生物的に汚染物質の分解を行う．海外では油分に対する分解では確立されており，近年は農薬類や揮発性有機化合物を含む汚染土壌にも使用されるようになってきた．酸素を添加し，好気的な微生物により分解を行う場合と酸素がない条件で嫌気的微生物を使って分解する場合がある．油分（土壌汚染対策法の範囲ではベンゼンが該当）農薬類，揮発性有機化合物，シアンなどに対象物質は限定されるが，わが国の環境基準に指定されている農薬類は基本的に生分解性が悪いため，本方法の適用は困難である．また，生物分解は濃厚な汚染源に対しては適用が難しく，トリクロロエチレンなどの原液が存在する部分は掘削除去措置などの汚染源対策との併用を考慮することも必要である．

方法としては，不飽和土壌中に空気を吹き込み，酸素濃度を上げてやる方法（バイオベンティング），帯水層中に空気もしくは酸素を吹き込み，酸素濃度を上げてやる方法（バイオスパージング），揚水循環の注入水に酸素と栄養塩類を添加する方法などがとられている．上記のような方法は，原位置に存在する微生物を活性化する手法として，一括してバイオスティミュレーションと呼ばれている．それと対比する意味で，汚染物質の土着微生物に分解能力がない場合などに，すでに効果が認められている微生物を栄養塩・酸素とともに供給する方法（バイオオーギュメンテーション）もある．この方法は，土着微生物ではないことから生態系への配慮が必要であるとともに，汚染場所で活性化できるかどうかの評価が必要である．原位置浄化ではないが，掘削除去した後のバイオレメディエーションも石油系汚染にはよく用いられている．一般的にわが国で行われている方法は，ランドファーミングと呼ばれている方法であり，掘削した土壌を通気管を敷設したうえに，通常2～3mの高さに盛土したうえで栄養塩を添加攪拌し，微生物の活性化を促すものである．通気管のピッチ，栄養塩の組成，添加量，攪拌期間などは，掘削土壌の土質，油分濃度，油種，温度，水分量によって異なり，モニタリングしながら決定する．

3）PCB，農薬などの対策 PCB，農薬ともに地盤中において移動性は低い場合が多く，地下水汚染につながることは少ない．したがって，PCB，農薬汚染土壌は掘削除去された後，焼却処理，真空加熱分解，溶融固化処理，溶剤抽出法，アルカリ触媒化学分解法，超臨界水酸化法，メカノケミカル法など多くの技術があるが，処理された実施例は数少ない．

〔今村　聡〕

6
水辺・親水空間

6.1 親水河川,親水公園とは

▷ 1.5 河川環境の管理と整備
▷ 3.1 湿地とは

6.1.1 親水の由来

1950～60年代は都市への人口集中によって,都市河川は水害や水質汚染がピークに達していた時代であった.「親水」という言葉は,このような時代背景の中で都市河川の再生を願った東京都の河川計画担当技術者の自主的な研究活動が支えとなり山本らが使った用語であり,もともと造語である.河川のもつ治水,利水の各機能と同様に重視されるべき機能として「親水」機能という言葉で表現し,1969(昭和44),1970(45)年土木学会年次学術講演会で発表された[1].このとき提案された親水機能の位置づけについては図6.1に示した.

従来の治水,利水の機能は物理的な機能に重点を置いたものとして「流水機能」と位置づけられている.これに対して,景観,エコロジー,レクリエーション,気候調節,心理的存在などを包含する新しい理念として「親水機能」を対置した.また,川が人間とのかかわり合いのもとに自然的,社会的に存在するだけでなく,人間の心理的,精神的な関係までに象徴化し,とらえることの重要性が強調された.

ここにおいては,流水機能における「計画高水流量」に対して,平常時の流水に必要な水量として「計画親水流量」を対置した.この考え方は,今日の維持流量に近い意味をもっている.さらに,水質については公害対策基本法ができる以前から「計画親水水質」という言葉で提起したのであった.これはその後の水質汚濁防止法,今日の環境基本法の環境基準に相当することになろう.

山本らが提唱した親水という言葉は化学用語の「親水コロイド」にヒントを得たものであり,治水機能,利水機能に次ぐ機能であるとして,東京都では「第三機能」とも呼ばれていた.したがって,当時「親水」は河川行政関係や一部の専門家からみた

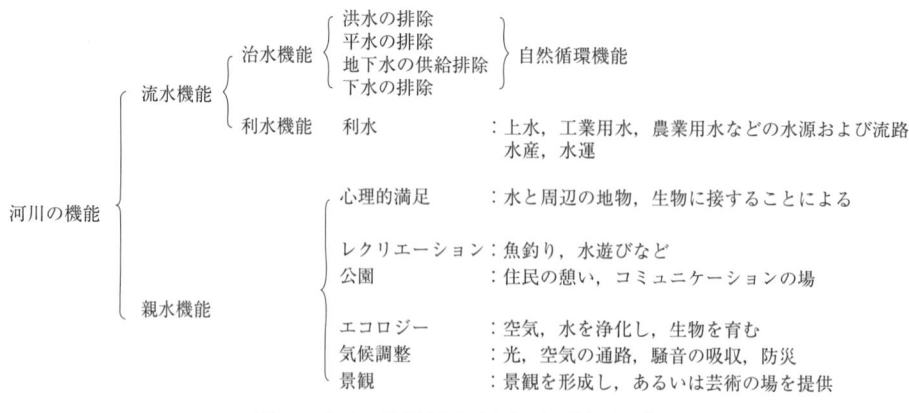

```
                      ┌ 治水機能 ┌ 洪水の排除
                      │         │ 平水の排除      ┐
           ┌ 流水機能 ┤         │ 地下水の供給排除 ├ 自然循環機能
           │         │         └ 下水の排除      ┘
           │         └ 利水機能   利水        :上水,工業用水,農業用水などの水源および流路
           │                                   水産,水運
 河川の機能 ┤
           │                    ┌ 心理的満足   :水と周辺の地物,生物に接することによる
           │                    │ レクリエーション:魚釣り,水遊びなど
           │                    │ 公園        :住民の憩い,コミュニケーションの場
           └ 親水機能 ───────────┤
                                │ エコロジー   :空気,水を浄化し,生物を育む
                                │ 気候調整     :光,空気の通路,騒音の吸収,防災
                                └ 景観        :景観を形成し,あるいは芸術の場を提供
```

図 6.1 初めて親水性を加えた河川の機能分類[1]

河川用語でしかなく，一般には認知されていなかった．また，河川行政の用語の「浸水」と区別するために「親水（おやみず）」と読んだ．しかし，今日「親水」は広辞苑にも掲載されるようになり，観光ガイドにも親水マップが売られるなどその広がりは日常的用語として使われるまでになった．専門用語から社会用語になり，一人歩きをするようになったといえよう．

1997（平成9）年の河川法改正によって河川機能として「治水」「利水」「河川環境」が位置づけられ，親水は「河川環境」の重要な部分を事実上占めている．

このような経過から生まれた「親水機能」は当初，理念として東京都の河川計画のマニュアルに掲載されたが具体的な手法などの提示はなく，曖昧さを拭い切れなかったといえよう．まだ，河川への実践例がなく，どのような設計になるのか，どのような施設になるのか，河川事業としても未知な分野であったといってよいだろう．

6.1.2 古川親水公園と親水性の概念

しかし，1972～73年に東京都江戸川区に全国で第一号となった古川親水公園が完成し，ドブ川が再生され，新しい河川整備の第一歩が始まった．その当時の古川整備前の図6.2と整備直後の図6.3を示した．完成を待たずに子どもたちが水路に飛び込み楽しそうな様子がうかがわれる．新中川から導水した水は必ずしもきれいではなかったが，コイ，ボラ，ウナギなどの魚影がみられるようになった．一方，整備前の写真はゴミと悪臭の漂う下町の河川そのものであった．古川は河川再生の第一歩となり，その後，全国の各地に親水公園が次々と造られるようになった．新しい河川整備の手法として親水公園，親水河川は定着したものとなり，その用語自体も市民権を得たものとなった．

その後，江戸川区の古川親水公園は日本が公害を克服した事例とまでいわれてOECDにも紹介された．このとき，親水公園化を図るために8つの機能区分と目的が設定された．表6.1に各機能の考え方を示した．ここでは，公園的機能，レクリエーション機能，景観形成機能，浄化保健機能，生物育成機能および，防災機能などが具体的な施設（要素）として設定された．このような意味づけで東京都の理念を河川環境整備として具体的に実施したのは江戸川区の意欲的な土木技術担当者たちであった．

このような由来から親水機能が生まれたのである

図6.2 古川親水公園整備前

図6.3 古川親水公園

表6.1 古川親水公園における親水機能の位置づけと施設（要素）

機能種別	目的	施設（要素）
レクリエーション機能	魚釣り，水遊び，ボートなどが楽しめる	魚釣り場，渡渉川，ボート乗り，ブランコ，滑り台などの遊戯施設
公園的機能	憩いとコミュニケーションの場となる	散策道，休息所，ベンチ，オープンスペース，その他
景観形成機能	景観を形成する	滝，堰，池，流水，あやめ園
心理的満足機能	水と周辺の地物，生物に接することによって情緒的満足を与える	清浄水，樹木，その他
浄化保健機能	空気，水を浄化する	浄化用水，樹木，その他
生物育成機能	鳥類，魚類，虫類，水生植物を生育する	水中および水辺動植物の生育場
空間機能	空地帯などとなる	水流，樹木，遊歩道，オープンスペース
防災機能	消防水利	貯留池

■場　6. 水辺・親水空間

図 6.4　広島市元安川

図 6.5　工夫次第で楽しい親水広場（左：鴨々川（札幌市），右：石神井川（板橋区））

が，改めて親水性の概念を定義づけるとするならば「親水性は水辺環境において文字どおり水に楽しむことをいい，水がもつ物理的，化学的な諸作用を通じて，人間の知覚作用によって与えられた意識およびその事象をいい，アメニティの一部を構成する概念」[3)]ということができる[2)]．

しかし，その後の親水施設は各地に美術館や博物館ができたのと同様に地方の活性化，都市化の象徴のように親水公園が画一的な手法で作られていった．都市や地方の風土の違いがあるにもかかわらず親水公園はパターン化し，箱庭的な公園施設ができ

あがった．多くの親水公園は庭園風であったり，場所と無関係に巨石が使われた水路になったり，演出された水の流れ，ベンチ，パーゴラ，モニュメントなどのディテールで人工的に装飾された親水公園が多数作られた（図 6.4）．もちろんすべての親水公園がこのように作られたのではなく，工夫次第では多様な親水公園もあり，うまく利用されている事例もある（図 6.5）．もともと自然要素の強い河川に造園設計的な手法が持ち込まれてきたように思う．これは河川の3つの機能のうち親水機能が一面的に受け止められたために陥った「親水至上主義」の結

表 6.2 親水公園の 3 つの分類と維持管理

形式分類	水質	水源・水量	維持管理
創造型親水公園	・水が存在していなかった場所に新たに水辺環境を創出したため水道水，下水処理水の利用が多い．BOD では 5 mg/l 以下のところが多い．河川プールのように河川水利用もあり，水質は良好である	・水源の構成は水道水 46.7％，湧水・地下水 26.7％，河川水 20.0％，下水処理水 6.6％であった．このように水道水が約 50％であり，水量は 0.1 m³/s 以下で少ない．河川水利用でも 1 m³/s 未満が多い	・通常の公園管理の他に水循環施設，浄化施設が加わり，日常的，専門的な維持管理が多くなっている
復元型親水公園	・かつての用水路などの再生を図るため河川水を導水し，あるいは生態の復活を図ったりしたケースで水源は河川水，下水処理水が多い．水質は 2 mg/l から 8 mg/l 以上まで幅が大きい	・水源の構成は河川水 73.0％，湧水・地下水 13.5％，下水処理水 10.8％，水道水 2.7％であった．河道の流水そのものの利用のケースを除いて 1 m³/s 未満が多く，下水処理水，湧水でも 1 m³/s から 0.1 m³/s の水量の場合が多い	・河川水，下水処理水の利用が多いため，取水施設，浄化施設などが加わる場合は施設維持が多い．しかし，生態系の復活が図られている親水公園では維持管理が少ない
保全型親水公園	・歴史的保全，生態の保全などの整備事例があり，湖沼では BOD 5 mg/l から 8 mg/l が多い．しかし，その他の水質は良好である	・水源は自然水，伏流水などに限られ河川水，下水処理水の利用はなかった	・事例はあまり多くはないが，自然環境保全，歴史的環境保全では維持管理はその他の親水公園に比べ少ない

果ではなかったのではないだろうか．

6.1.3 親水公園の今後の課題

親水公園は江戸川区の古川親水公園をきっかけに，全国各地に作られた．その後，水質，水量（水源），維持管理の問題把握のために親水公園の調査が 1989〜90 年に行われている[3]．この調査では親水公園の基本的考え方を以下のように定義づけを行い，親水河川・公園の概念を明確にした．

すなわち，親水公園とは河川，池・湖沼，海浜などの水を主題とし，意図的に親水性を「保全」，「復元」，「創造」し，整備した施設の総称とする．ここで，それぞれの定義は以下のとおりである．

「保全」：河川，湖沼などの既存の水辺環境を整備したもの．

「復元」：かつて水辺があったが，水面が消失したところを復活したり，旧河川，水路を利用したもの．

「創造」：もともと水辺が存在しなかったところに新たに水辺環境の創造・創出を図ったもの．

このときの調査結果を表 6.2 に示した．これらを要約すると，創造型親水公園では水源の 50％が水道水の利用であり，水そのものが存在しない場所に新たに水辺環境の創造を図っている．そのためきわめて人工的な施設整備となっているのが特徴である．また，水質の向上のために浄化施設が不可欠であったため，日常的に専門的な維持管理が求められてきた．したがって，維持管理費が継続的に必要となる．復元型の親水施設では農業用水などを含む水源の 70％が河川水であるため，これもまた水質がよくない場合はそのレベルに応じた浄化施設が作られることが多い．しかし，生物の復活に重点を置いた親水公園では人為的な維持管理が少ないことがわかった．また，保全型の親水施設は水量はあまり期待できないが，維持管理は他の公園に比べ多くの時間を必要としていないことがわかった．水源が水道水であったり，水質浄化施設込みの親水施設であったりした場合はどうしても維持管理費の負担が大きくなる．一方，この調査では少なかったが生態系を保全した形の親水河川・公園は維持費が少なくてすむという利点もあることがわかった．

前述したように親水機能は景観形成，エコロジー，レクリエーション，公園的機能，心理的充足，防災機能，微気象などをなすものとして理念が提起された[1]．この先進的な理念を具現化したのが景観や公園機能の一部分だけであったといえよう．今日では癒しの水辺，いきものとの共生した水辺づくりなどの発想への進展はまさに親水機能が提起された当初の理念の具現化を意味することになったといえよう．

親水公園・親水施設は当時の社会的背景から公害克服やアメニティの回復のシンボルになったが，これらの役割の一部のみを取り上げた断片的な技術だったといえる．現在，都市でも田舎でも本物の自然らしい親水河川・公園が求められている．今までの結果を整理すると表 6.3，表 6.4 に示したように

■場　6. 水辺・親水空間

表 6.3　初期の親水公園

- 河川という本来自然的要素の強い空間に造園的手法，公園的手法が強調されたデザイン
- 河川が本来受け持つべき洪水・治水機能を断ちきりコントロールすることによって親水公園が成立していた
- 水量の変動はなく，生物は存在しないか特定の種に限定された人工系の親水公園

表 6.4　従来の親水公園と今後の方向

整理すべき課題と項目	初期の親水公園（環境整備）	自然復元型の親水公園（近自然型の川づくり）
タイプ	公害克服型	自然再生型
浄化施設	塩素処理など	不要
生態系	生物の単純化	生物多様化
水量	コントロール 変化なし	洪水を含む水量変化を期待
水源	人工的に確保	河川・池・湖沼

したがって，親水公園の歴史的変遷を整理すると，今日人々の価値観の変化や社会的ニーズの動向を考えるとき，「公害克服・開発型の親水河川・公園」の時代から「人間・自然がエコロジカルに共生する保全型の親水河川・公園」に重点を置いた時代に政策的にも技術的にも転換することが求められているといえる．　　　　　　　　　　　　　〔土屋十圀〕

文　献

1) 山本弥四郎，石井弓夫（1971）：都市河川の機能について．土木学会年次講演会概要集，pp.441-444.
2) 日本建築学会（2002）：親水工学試論，p.3，信山社サイテック．
3) 土屋十圀（1999）：都市河川の総合親水計画，pp.71-72，信山社サイテック．

6.2　水辺の親水空間としての役割と可能性

▷ 19.2　社会を変革する環境教育
▷ 19.3　水環境保全計画への市民参加

6.2.1　都市における親水

「水」そのものは何ら変哲もないものなのだが，時間や場所，また使い方によってさまざまな形や色，音を含む「空間」を作る．河川をはじめ池や湖沼といったこれらの要素をもつ水面は，しばしば街並みや水辺の緑・風景を映す水鏡にもなる．特に都市におけるこうした水辺空間は，スケールの大きなビスタ景観を作る．

そもそも「都市」は「水」なくしては成り立たない．「水」は，われわれ人間はもとよりすべての生命にとってなくてはならないものであり，また，そのことは，われわれ人間が住んでいる「都市」においても同様である．

しかし，歴史的にみると，水辺，特に都市内河川は，産業の発達とともに市民にとって背を向けた機能空間となってきたことがわかる．近年，人々の環境への思いが高まってくるとともに，都市においては「水」の重要性が再認識されるようになってきた．そのような中で，都市計画（都市の健全な発展と秩序ある整備を図るための土地利用，都市施設の整備及び市街地開発事業に関する計画（都市計画法第4条第1項））・まちづくり（地域住民が共同して，あるいは地域自治体と協力して，自らが住み，生活している場を，地域に合った住みよい魅力あるものにしていく諸活動．〈都市計画用語研究会編著「都市計画用語事典」ぎょうせい，1994.7〉）において，人間の住む都市の中に「水」を近くに感じさせてくれたのが「親水公園」に代表とされる親水施設（空間）であった．

特に親水公園についていえば，その前身は多くの場合，どぶ川化した都市小河川であり，長い間，それらは周辺市街地の環境を阻害し，沿線の公共施設や建築物はその川に背を向け，川との関係を絶つことによって自らの環境を守ろうとしていた．

1970年代以降，全国各地で整備が進められている親水公園は，水と緑のアメニティ施設としての機能に加えて，市街地環境改善の面で，従来の公園や緑地に増して大きな可能性を発揮されることが期待されてきた．親水公園としては，江戸川区の古川親水公園が1973年に完成してからすでに30年になるが，同区でも多くの親水公園・親水緑道が完成している（図6.6）．しかし，その計画や設計にはまだ確立した理論が存在していないのが実情であろう（親水の理論化については，2002年6月に出版された建築学会環境工学委員会親水ワーキンググループによる「親水工学試論」[1]において試みられている）．

ところで，親水施設（空間）がその周辺環境に及ぼしてきた影響をみるときに，親水公園に代表され

6.2 水辺の親水空間としての役割と可能性

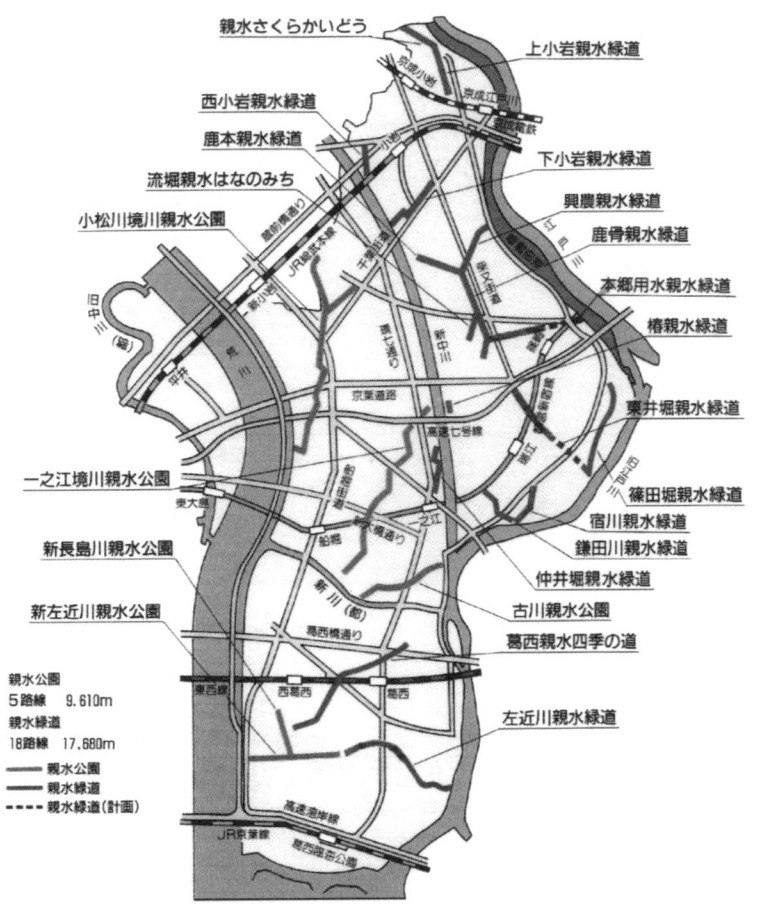

図 6.6 江戸川区の親水公園・親水緑道

る親水施設（空間）が都市計画的にみて，①人を引き付ける要素と線的な特徴をもつ形態が土地利用において大きなポテンシャルをもっている，②市街地整備においては戦略的な土地利用誘導要素となり得る，③コミュニティー形成の要素としても地域住民による積極的な利用を促進するポテンシャルをもっている施設，ということがわかる[1,2]．

本節では，この親水空間がわれわれの住む都市の環境にどのような影響を与えてきたのかということを中心に，まちづくり計画への展開について探る．

6.2.2 親水空間の役割
a. 土地利用と建物計画に及ぼした影響
昭和初期から台地上の零細河川が消えていったのと同じ状況が市街地にも及んだ．その結果，市街地の中小河川が次々に下水道化されたり，あるいは埋め立てられて道路となった．本来の役目を終えた河川や水路は，その用途を転換せざるをえなかったわけである．東京都 23 区全体でも水際線延長の減少が進んだ．特に中央区では水路の約 6 割が道路へ転換し，葛飾・江戸川・足立・墨田においても約 6 割が道路と住宅地へと転換している．

東京における "水際に建つシンボリックな建物" としては，大正末期から昭和初期に建てられた邦楽座や朝日新聞社など数寄屋橋周辺の建物が有名である．そこまでダイナミックにいかないまでも，親水公園の周辺を歩いていると建物に関しいろいろと面白いことに気づく．明らかに公園と一体感をもたせようとした建物の計画や「…マンション親水公園」といった名前の建物の存在など，建物は親水公園に「顔」を向けていることである．

建物への影響を調べるにあたり周辺の土地利用がどのように変わったのかを知る必要がある．今のところ親水空間を作ることに伴う周辺の用途地域などの見直しは行われていないが，周辺の土地利用には明らかに変化が起こっていることに気づく[3]．小松

167

場　6. 水辺・親水空間

図 6.7　一之江境川親水公園（江戸川区）

図 6.9　古川親水公園の金魚すくい大会

図 6.8　親水公園側に居室・玄関を設けた住宅

川境川親水公園（江戸川区）周辺の場合，1984年に公園が完成する前後の土地利用を調べてみると，工場の数が減少し，その代わりに集合住宅が多く建てられるようになったことが確認できるし，1996年に完成した一之江境川親水公園（図 6.7）周辺においてもすでに同様の変化がみられている．

また，それら集合住宅に親水公園を意識した名前をつけるなど親水公園をステータスシンボルとした建物が多く出現している．親水公園には近くに住んでみたいという人を引きつける魅力があるのだろう．

周辺に建てられた建物も，公共建築物の計画においては入口部を親水公園と一体化した計画にするなど，親水公園を積極的に利用している例や親水公園側に入口や景観を楽しめる窓を設けるなど工夫している店舗が出現している．

また，一般の住宅においても親水公園ができる前は川面に背を向けていたものが，公園ができることにより公園面に玄関や居室の窓を設けるといった例もある．実際に古川親水公園で沿線の住宅地に対して調査を行ったところ，増改築した際に親水公園の景観を意識的にプランに取り入れていた例がいくつもみられている[4]．

まさに親水公園ができることにより周辺の人々は「甦った水」へ顔を向けるようになったということができる（図 6.8）．

b．親水公園を中心としたコミュニティー形成

行政の事務事業報告や周辺住民に対する調査をした結果，親水公園では花見をはじめ，町会による盆踊りやラジオ体操，愛する会による金魚すくい大会や清掃活動など実にたくさんの行事が行われていることがわかった[5]．

そこにおいてコミュニティー形成の観点からわかったことの一つとして，親水公園ができることによりそれぞれの公園ごとに「愛する会」的な住民組織ができているということがある．具体的には「小松川境川親水公園を愛する会」「古川を愛する会」「葛西『四季の道』『新長島川』・水と緑に親しむ会」「一之江境川親水公園を愛する会」といったようなものである．これらは親水公園を通して「清掃活動」や「金魚すくい大会」（図 6.9）などの活動を実に精力的に行い，住民同士が従来の町会という枠を越えた横のつながりをもつというコミュニティーの形成に役立っている．

特に，周辺住民が「清掃活動」や「金魚すくい大会」「自然観察会」（1996年に完成した自然型の一之江境川親水公園では，「愛する会」が主体となってプロのナチュラリストを招き自然観察会を行っている）など親水公園を中心とした活動に参加することにより，住民の間に「皆で親水公園を守っていこう」「子供たちに川の大切さを語り継いでいこう」という一致した心をもたせることができたという点に大きな価値がある．

また，親水公園が防災において非常に大きな効果

があることが考えられることからも，今後防災コミュニティーへの応用を検討する必要がある．

c. 環境教育の場としての役割

江戸川区の場合，当初は人工的な造りの親水公園であった．しかし，1996年に完成した一之江境川親水公園（図6.7）が区内では初めて，人工的な造りから自然的な造りへと方向を転換している[6]．また，このような自然が育まれている身近な親水施設（親水公園や親水緑道）では小中学校における教育の一環として，学校教材としての活用が期待されるようになってきている．

たとえば，一之江境川親水公園や左近川親水緑道・篠田堀親水緑道などでは，自然観察会が毎年行われており，身近な生態系の学習材料に最適であることが確認できた．その結果，その他の親水施設でも水質調査や総合学習などで盛んに用いられるようになってきている．行政としても，①年間（四季）を通じ継続調査することにより体系的な研究を目指す，②「総合的な学習の時間」で各学校での活用を推進する，③郷土愛の育成につなげる，ということを方針として明確に位置づけるようになってきている．

これらのことを通しても，親水空間が地元に根づき教育の面でも役に立っていることがわかる．

d. 防災上の役割

阪神・淡路大震災以降，その被害の大きさから防災についてはさまざまな角度から議論されている．

江戸川区の場合，現在，親水公園としては人工的なものが4路線と自然的なものが1路線あるが，それらは流量と火災時に親水公園から水がとれるように消防枡が設置されている．人工的な親水公園は水深0.2 mであるため，消防枡を設置しなければならないが，自然的に造られた親水公園では，水深が0.6 mあるため消防枡は不要となっている．

また，親水公園の緑地幅員と道路幅は延焼遮断帯としての機能を果たすものと考えられる．緑による防火帯機能としても平均で10 mの樹高があり，常緑樹の比率も6割強となっているために，その役割が期待されている．その他にも親水公園は一般的に線的に細長いという特性をもっているために，一時避難広場としての機能以外にも，点と点を結ぶ避難通路としても有効となる．

このように，親水公園には防災上大きな役割を果たす潜在的な機能はあるものの，いずれの親水公園も今のところさまざまな角度から災害を想定した十分な設計とはなっていないのが現状である．

今後の課題として，①災害のパターンを想定し親水公園が果たせる機能を再確認する，②停電時ポンプ作動不能になることへの具体的な対応について，非常用発電機を設置することなど現在わかっている問題を早急に解決する，③親水公園，親水緑道のネットワーク化を図る，というようなことが挙げられる．これらの課題を解決していくことにより防災としての機能の拡大が期待される[7]．

6.2.3 親水の可能性―今後の展開

a. 親水空間の新たな利用例

親水空間の利用について，土地の有効利用の可能性を探り，駐車場としての機能を付随させた珍しい事例がある．江戸川区に作られた河川の地下空間を有効活用した新川地下駐車場である．この地下駐車場は，都営新宿線船堀駅周辺地区の発展および新川の親水化により生じる駐車場需要に対応するために計画されたもので，河川法を改正し全国で初めて造られた（地下駐車場は，延長が484 m，幅員が17 m，面積が10500 m^2，高さが3.4 mで，駐車できるのは2.1 m以下の普通乗用車となる．駐車台数は200台で，入庫は午前7時から午後10時までだが，出庫はいつでもできる．車の入出庫口は，入庫専用の中央口を含め3か所．歩行者出入り口は川の両側に4か所ずつ計8か所設けている）（図6.10）．

この新川地下駐車場は，当時この地区で大きな問題となっていた路上駐車の解消と整備後の新川利用者のための駐車場整備を目的に作られたものであり，一之江境川親水公園とともに水と緑のアメニティーネットワークの一環としてこの地区のまちづくり計画に寄与している[8]．この駐車場は，都市部における（河川）空間活用のモデルケースとして大き

図6.10 新川親水河川と地下駐車場中央入庫口

■場　6. 水辺・親水空間

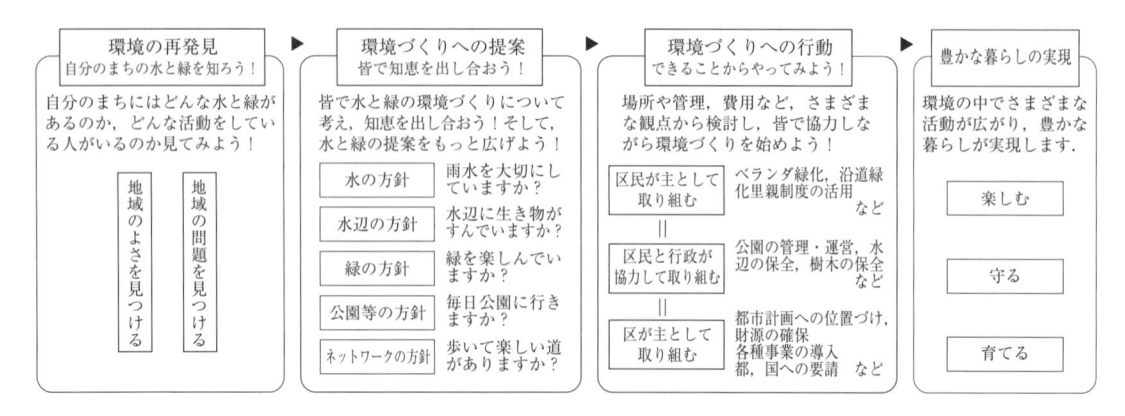

環境の再発見 自分のまちの水と緑を知ろう!	環境づくりへの提案 皆で知恵を出し合おう!	環境づくりへの行動 できることからやってみよう!	豊かな暮らしの実現
自分のまちにはどんな水と緑があるのか、どんな活動をしている人がいるのか見てみよう!	皆で水と緑の環境づくりについて考え、知恵を出し合おう! そして、水と緑の提案をもっと広げよう!	場所や管理、費用など、さまざまな観点から検討し、皆で協力しながら環境づくりを始めよう!	環境の中でさまざまな活動が広がり、豊かな暮らしが実現します.
地域のよさを見つける / 地域の問題を見つける	水の方針 — 雨水を大切にしていますか? 水辺の方針 — 水辺に生き物がすんでいますか? 緑の方針 — 緑を楽しんでいますか? 公園等の方針 — 毎日公園に行きますか? ネットワークの方針 — 歩いて楽しい道がありますか?	区民が主として取り組む = ベランダ緑化、沿道緑化里親制度の活用 など 区民と行政が協力して取り組む = 公園の管理・運営、水辺の保全、樹木の保全 など 区が主として取り組む = 都市計画への位置づけ、財源の確保 各種事業の導入 都、国への要請 など	楽しむ / 守る / 育てる

図 6.11　水と緑の環境づくりの展開

な期待を担った施設であり、今後、利用率のアップという課題を含め、その運用状況が注目されている.

b. まちづくり計画への展開—親水まちづくりの実現へ

今まで述べてきたことからも、親水空間は都市・緑・住宅などのマスタープラン、また再開発事業や土地区画整理事業、さらには地区計画などの「地区まちづくり」の計画を策定するうえにおいても有効な手段となる（文献1では、「親水まちづくり」を「親水施設（空間）のもつポテンシャルをまちづくりに取り入れた計画及び行為」と定義している）.

それではいったい親水空間のもつ魅力や機能をまちづくり計画にどのように活かすことができるのだろう. 親水空間を都市計画的に位置づける一つの手段となった江戸川区の都市マスタープランとその実効性をもたせる意味で策定された「水と緑の行動指針（2002年5月）」について紹介する.

都市マスタープランは大きく全体構想と地域別構想に分けられるが、親水空間は両構想においてまちづくりに貢献している.

全体構想の将来都市像においては、「豊かな水と緑の『快適環境都市』」で「…江戸川や荒川などの大河川の存在とともに小河川や水路の多くが親水公園・水道に生まれ変わり、水と緑の豊かな環境をつくり出している.…」と表現するなどして親水空間のまちづくりにおける役割について認識するとともに、それを受け「水と緑の整備方針」で、①水と親しめる緑豊かな連続したアメニティー空間を形成する、②水と緑豊かな環境と地域の資源を活かしながら、江戸川区らしさ、地域の特色を活かした景観を形成する、③延焼遮断帯や消火などの防災機能を向上させる水と緑の空間を形成する、④豊かな水辺を活かした市街地環境づくりと安全性の高い河川づくりを進める、⑤水と緑の環境づくりを通じて、活発なコミュニティー活動を支える住民主体のまちづくりを進める、というように基本的な考え方を示している.

「水と緑の行動指針」については、その特色として、住民と行政のパートナーシップによる行動の推進を前提に、区民と区が互いに役割を発揮し、協働してまちづくりを進めるための共通認識として、以下のような水と緑の基本的な方向性を示している.

1) 暮らしを豊かにする環境づくりプラン　計画的に水と緑の充実を図り、「安心で快適な暮らしのための地球に優しい環境づくり」を進めるとしている. そして、その環境は区民の思いや発想を実現するさまざまな行動により、いっそう豊かなものになるとしている.

水と緑の環境づくりの展開として、具体的に「環境の再発見→環境づくりの提案→環境づくりの行動→豊かな暮らしの実現」を提案している（図6.11）.

さらに、目標を実現するためには、区民の自由な発想から生まれる行動が最も大切となるが、この行動指針では、区民一人一人のさまざまな考え方を大切にし、以下のようにそれぞれの思いを実現するための方策を示している.

2) 一人一人の思いや発想を実現するアクション　区民誰もが水と緑に対して行動しやすくなる仕組みづくりを推進し、これにより、一人一人の生きがいや楽しみが拡大することを願っている. そして、その行動が暮らしを豊かにする環境づくりにつながるとともに「水・緑、ともに生きる豊かな暮らし」という指針の目標を実現していくとしている.

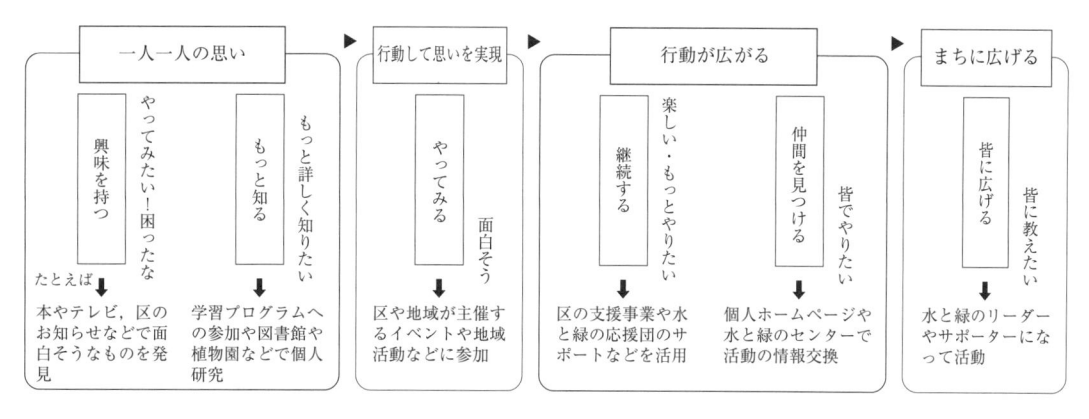

6.2 水辺の親水空間としての役割と可能性

一人一人の思い	→	行動して思いを実現	→	行動が広がる	→	まちに広げる
興味を持つ やってみたい！困ったな	もっと知る もっと詳しく知りたい	やってみる 面白そう	継続する 楽しい・もっとやりたい	仲間を見つける 皆でやりたい	皆に広げる 皆に教えたい
たとえば ↓ 本やテレビ，区のお知らせなどで面白そうなものを発見	↓ 学習プログラムへの参加や図書館や植物園などで個人研究	↓ 区や地域が主催するイベントや地域活動などに参加	↓ 区の支援事業や水と緑の応援団のサポートなどを活用	↓ 個人ホームページや水と緑のセンターで活動の情報交換	↓ 水と緑のリーダーやサポーターになって活動

図 6.12　一人一人のアクションのまちづくりへの展開例

具体的には「一人一人の思い→行動して思いを実現→行動が広がる→まちに広げる」として提案している（図6.12）．そして，同時に「行動のヒント集」と「サポート集」を作っている．「行動のヒント集」における項目の多くは住民参加（水と緑の井戸端会議出張会）などで出された区民の意見であり，「サポート集」における項目は，「取り組みが始まっているもの」「すぐに取り組むことが必要なもの」に分けて記載されている．

このように親水施設は今後，今までのように単に造る時代から活用する時代になってくるとともに，この指針に示す内容のように使う側の創意工夫が求められるようになってくる．

6.2.4　親水施設の今後

「親水公園」が初めて作られてから30年になるが，今まで述べてきたように，われわれの住んでいる都市環境にもさまざまな面において影響を及ぼしてきたと同時に，大きな役割を果たしてきていることがわかる．全国で最初に親水公園を実現した江戸川区も，かつて親水公園を計画した段階でこれだけの効果をどれだけ予想していたであろうか．都市計画法に基づく都市マスタープランが20〜30年を見据えての計画であるとするなら，この江戸川区における親水計画は，まさにグローバルな実現をみて大きな評価を受けるとともに，各地で展開されるであろうこれからの親水まちづくりの礎となることだろう．

親水施設（空間）を中心とする都市計画・まちづくりにおける今後の具体的な計画論としては，①都市マスタープランや水と緑の行動指針などの行政計画とタイアップさせながら，②親水空間周辺に地区計画などによる独自のルールを検討し，③用途地域などの都市計画の見直しをも視野に入れた土地利用を誘導すること，また，④地域コミュニティーをも育む「まちづくり」を行うことを加味することが必要である．

おわりに

「親水まちづくり」を考えるとき，しばしば，「誰もが親しめる身近な水辺空間を造ること」と真っ先に考えてしまいがちだが，最近，江戸川区の親水計画に初期から携っておられた方がいわれていた「本当に親水とは，河を海を水を大切にすることではないでしょうか」という言葉に，われわれが忘れかけていた「親水」という言葉のもつ本来の意味を改めて思い起こした．

〔上山　肇〕

文　献

1) 建築学会編（2002）：親水工学試論，信山社．
2) 上山　肇（1995）：親水公園の都市計画的位置づけに関する研究—東京都江戸川区を中心事例として—，学位論文．
3) 上山　肇，北原理雄（1994）：親水公園の周辺土地利用と建築設計に及ぼす影響．日本都市計画学会学術研究論文集，pp.361–366．
4) 上山　肇，北原理雄（1994）：親水公園の周辺環境に関する研究—親水公園が住宅の増改築に与えた影響—．日本建築学会学術講演概集，pp.259–260．
5) 上山　肇，若山治憲，北原理雄（1994）：親水公園の周辺環境に関する研究—親水公園が周辺住民のコミュニティ形成に与える影響—．日本建築学会計画系論文集，No.465，pp.105–114．
6) 上山　肇，北原理雄（1994）：人工的な親水施設と自然的な親水施設—江戸川区の親水事業の転換—．日本建築学会学術講演概集，pp.257–258．
7) 上山　肇（2002）：市街地における自然育成型親水施設の生物生息状況—親水施設の周辺環境の関する研究—．日本建築学会関東支部研究報告集，pp.337–340．
8) 上山　肇，北原理雄（1995）：親水公園の防災性能に関

する考察—東京都江戸川区の場合—．日本建築学会学術講演梗概集，pp.211–212．
9) 江戸川区 (1997)：船堀駅周辺地区まちづくり推進計画．
10) 江戸川区 (1999)：江戸川区街づくり基本プラン．
11) 江戸川区 (2002)：江戸川区水と緑の行動指針．
12) 上山 肇, 北原理雄 (1997)：「親水公園（空間）」の都市計画的位置づけに関する研究—都市マスタープランへの応用—．日本建築学会学術講演梗概集，pp.57–58．

6.3 海浜・海岸の親水空間

▷ 3.2 干潟生態系
▷ 3.5 人工湿地生態系の回復・創出の事例

6.3.1 海辺の環境整備の動向

沿岸域における海岸環境整備に対する関心が今日高まってきている．沿岸域は陸域と海域の二つの領域が海岸線に沿って延びる空間であるが，この空間は従来まで，ややもすると国土保全や防災といった観点から海岸の防護を図ることが最優先されてきた．海岸保全事業は1950年に制度化され，56年に海岸法が公布されることで事業が実施されてきた．このことにより，災害に対処するための強固な護岸整備が全国の海岸で線的になされてきた．このことは反面，長らく水辺と触れたいとする人々の水辺希求意識を阻害してきたり，海岸の景観や眺望における美的価値を著しく阻害してきた嫌いもある．加えて，水際に生息する生態系の生育環境を減少させたり消失させ，多様で重層的な生態系を単純なものにしがちであった．そのため，今日では，こうした護岸整備の中に人々が水とたやすく親しめたり，生態系を育む空間整備の概念が持ち込まれるようになり，2000年に改正された海岸法には，「海岸環境の整備と保全」および「公衆の海岸の適正な利用の確保」が加えられることとなった．さらに，各地の自治体では沿岸域圏の利用管理についての検討が進められるようになってきている．そして，最近では親水空間を備えた水辺空間や人工海浜，干潟の整備が積極的に行われるようになり，生態系に対する配慮もなされるようになってきた．加えてパブリックアクセスに関しても従来に増して整備されるようになってきている．

このような水辺に対する人間的環境概念がはじめて登場したのは，今から30年前の1970年代初頭ころからであり，当時の経済の高度成長に則った水辺環境整備（埋立てや都市内河川の暗渠化）が招いた生活環境の質的低下への反省があるものと思われる．すなわち，この過程で消失していった水辺空間の価値が近年再認識されることで「水のある空間」が良好な生活環境を形成するうえで不可欠な空間であると広く認識されるに至ったためである．わが国で沿岸域に対する概念が初めて示されたのは第三次全国総合開発計画（1977年）の中であり，それ以前の全総計画では，沿岸域や海洋に対する認識は皆無であった．第三次全国総合開発計画では，「海岸線を含む陸域と海域を沿岸域として一体的に捉え，多面的な利用が可能な空間としての特長を生かしつつ，沿岸域の自然特性，地域特性，生態環境に応じて，保全と利用を一体的に行う必要がある」としている．その後，第四次全国総合開発計画（1987年）の中で「海洋・沿岸域の保全と利用」を掲げ，沿岸域基本計画策定の基本方針が示された．また，この時期に制定された総合保養地域整備法（通称リゾート法）の後ろ盾により海洋性レクリエーションやリゾート開発が活発化した．こうした国や地方自治体の動きに呼応するかのように80年代後半には，都心部の水際を中心に遊休化した港湾地区の再開発や新たな水辺のまちづくりとしてのウォーターフロント開発が民間事業者によって展開され，沿岸域，水際や水辺といった環境がいっそう注目されるようになった．そして，各地で水辺の復興や再生，創造が展開され，人工海浜，親水テラス，マリーナ，といった水との融合を積極的に図る空間整備が行われてきた．

また，海や海岸における新たな開発においては，「自然との共生」「環境との調和」「自然に優しい」「海域環境に優しい」「生態系への配慮」などさまざまな表現で利用・開発の見直しが行われ，自然環境そのものに対する配慮や保障が必要であるという認識が芽生え始めてきつつある．合わせて開発行為によって失われるであろう環境の価値を正しく評価し，同等のものを修復，再生，創造するミティゲーションなどの方法の確立が望まれるようになり，これまで培われてきた技術の見直しや，伝統的な工法の再評価が行われてきている．

6.3.2 海上公園の整備

生活環境の向上や自然環境の保全に対する認識・欲求が水辺環境を対象として顕在化した結果，沿岸域や河川流域を対象に各地で親水性に富んだ海岸や河川の整備が進められ，特に東京湾や大阪湾の臨海部における埋立て地や遊休地，運河や貯木場では80年代のウォーターフロント再開発のブームにより海浜公園やふ頭公園が数多く整備された．また，地方都市においても遊休化した港湾施設の再生において親水性の高い空間を取り入れた整備が展開された．こうした開発ではマリーナやボードウォーク，物販施設やレストランを海辺に配することで，親水性に富む空間を人々に提供している．その一方で，失われた海浜を再び取り戻す動きとして人工海浜の整備も行われてきている．人工的に造成された砂浜は，コンクリート護岸とは異なり，砕波やろ過効果および自然浄化能力が期待できるため，水質浄化による透明度の向上が図られることで，人々に対しては水辺への関心を高めるとともに，親しみやすい海岸景や親水空間を提供することになる．そのため，1973年の海岸環境整備事業の実施以降，現在まで全国の47か所で整備されている．

こうした国や自治体レベルの対応の中で，東京都の水辺環境保全に対する積極的な取組みは特に注目されるものである．その一つに海上公園事業がある．1960年に顕在化してきた水質の悪化や自然環境の喪失に対して，都民の水や緑といった自然への欲求はきわめて強くなった．しかし，都市公園事業では水域を含むことができないため，東京都は独自の構想として1970年12月に「失われた海を都民の手に返す」ことを目的とした「東京都海上公園基本構想」を発表した．続いて1971年8月には，この構想の具体化のために「海上公園基本計画」が策定された．この基本的考え方は，①東京湾の水を浄化し，自然を回復して都民に提供する．②都民が創造する多様なレクリエーションの場として発展する公園とする．③既成市街地のオープンスペース計画と関連する公園とする．④都民が参加する公園とする．整備は1972年から始められ，1975年にお台場海浜公園と晴海ふ頭公園が開園した．以来，現在までに海浜公園，緑道公園，ふ頭公園など42公園が供用されてきている．この中で1989年に開園した葛西臨海・海浜公園は，首都圏の住民だけでなく全国から人々が訪れる観光スポットとなり，年間数十万人の人々が訪れる親水空間となっている．また，人工なぎさが整備されることにより鳥類の飛来種が増加しており，生態系の保護効果もあらわれている（図6.13）．

そこで，これら海上公園にみられる都市住民の利用状況をみてみる．

ここでは，お台場海浜公園と大井ふ頭中央海浜公園を取り上げ，利用者の利用範囲にみられる経年変化をみる（図6.14，図6.15）．

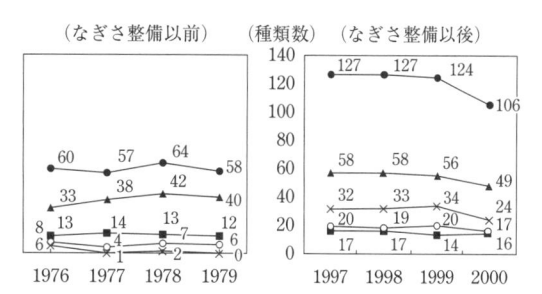

図6.13 鳥類の飛来種数の推移

■：海洋性種，▲：水辺・干潟種，○：草原性種，×：その他，●：合計．

図6.14 お台場海浜公園

図6.15 大井ふ頭中央海浜公園

6. 水辺・親水空間

お台場海浜公園

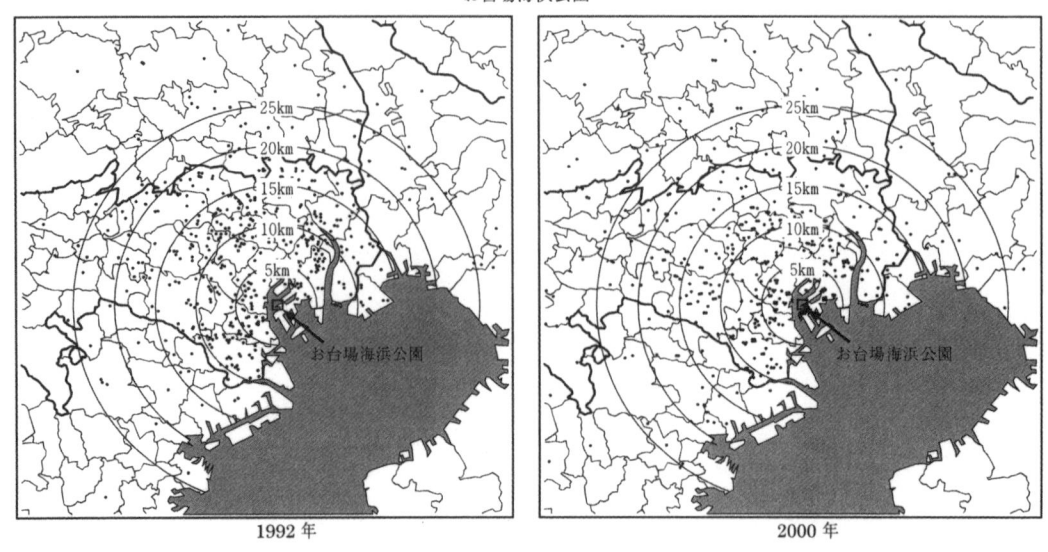

1992年

2000年

大井ふ頭中央海浜公園

1992年

2000年

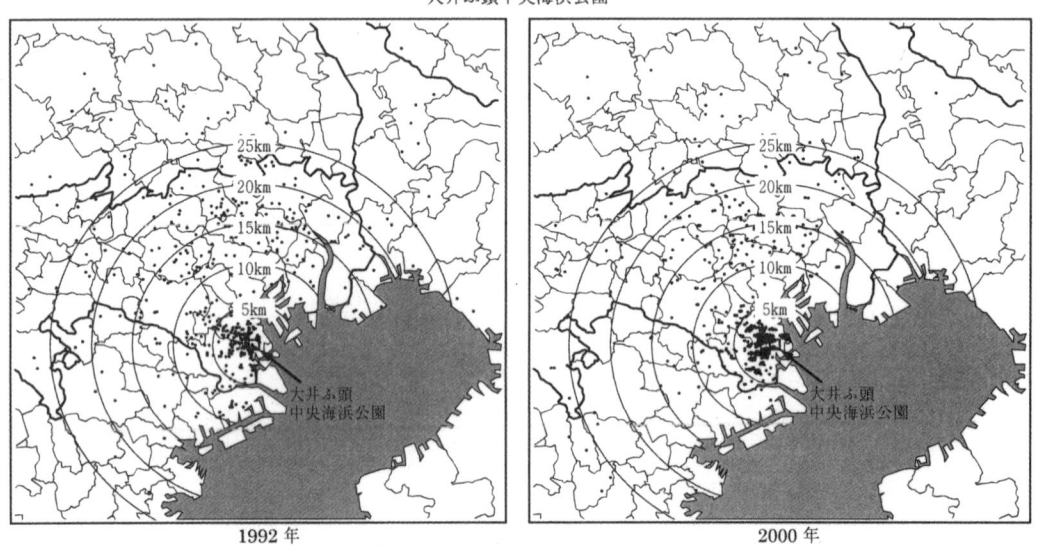

図 6.16 お台場海浜公園，大井ふ頭中央海浜公園の来訪者の居住場所

　調査は，1992年と2000年の2度行い，その結果から各公園来訪者の居住場所を地図上にプロットしたものを図6.16に示す．お台場は1992年当時は臨海副都心が建設途中であったが，その後，2000年には海浜公園背後にさまざまな建築物が建ち並び周辺環境は一変している．こうした状況の変化をふまえて2度の調査の結果をみると，どちらも利用者の居住地は比較的広範囲に分布しており，特に15 km圏内から約60%の人々が来訪し，25 km圏を越える遠方からも20%以上の人々が訪れていることがわかる．一方の大井では2度の調査の期間中，大きな環境変化は生じていない．利用者の動向をみると，お台場と異なり，公園の近隣の利用者が集中していることがわかる．特に2000年の結果では5 km圏内の利用者が増加している．

　この2か所の海浜公園の調査結果をみるとそれぞれの海浜公園には性格の違いもあるが，水辺は必ずしも身近な人々の利用ばかりではなく，遠方からも利用者は訪れていることがわかり，こうした動向から水辺に対する利用者意識の変化は社会的な水辺に対する意識の変化として顕在化してきており，親水空間の重要性が高まっていることがわかる．

図 6.17　東京都浜離宮庭園（潮入の池）

図 6.18　横浜 MM 21 地区の親水テラス

図 6.19　神奈川県横浜の海の公園内の人工磯

図 6.20　大阪府りんくう公園内の内海
内海は空（うつろ）現象と石の間を水が通過することでろ過される．

図 6.21　福島県いわき市小浜港に造られた Umi‑Tsukushi（波によってパイプから音が発せられる）

6.3.3　海浜の親水空間

海辺の親水空間としては，旧くは浜離宮庭園の潮入の池や広島の富島公園，大阪の浜寺公園などが海浜の景勝地に作られた親水公園として有名である（図 6.17）．一方，近年は湾岸地区において，護岸を階段状や緩傾斜状にすることで親水性を高めたり，テラスを設けたり，護岸上にボードウォークを敷設しプロムナード化することで水に親しみやすい空間を創出してきている（図 6.18，6.19）．また，野鳥公園やタイドプールなどでビオトープを形成し潮の干満差による生物の生息を観察できる親水空間も整備されてきている．さらに，潮入公園や，波の力を使った「空（うつろ）」公園，波の音を楽しむ環境楽器を備えた公園など，多様な形態の親水空間も整備されている（図 6.20，6.21）．これら以外にも釣り桟橋や旧い港湾施設を親水公園に再生したものなどもある．また，少し目先を変えてみると，海辺に立つレストランやカフェ，ホテルでは，わざわざ水際にテラスを張り出すことで，そこに食事が楽しめたり，会話が楽しめる海辺ならではの親水空間が作り出されてきている．

〔畔柳昭雄〕

文　献
1) 畔柳昭雄，渡邊秀俊（1999）：都市の水辺と人間行動，共立出版．
2) 武田　雄，畔柳昭雄（2003）：葛西海浜及び臨海公園整備にみられる環境改善効果と維持管理方法に関する研究．日本造園学会誌ランドスケープ研究, pp.723-728.

6.4 人間と水辺・親水空間

▷ 1.5　河川環境の管理と整備
▷ 21.6　水環境生態保全計画

6.4.1 水空間と居住環境
a. 水空間の存在効果

人口が集中した稠密な都市域において，河川などの水空間は，周辺の居住環境に対してさまざまな影響を及ぼす．快適性の面からみた場合，都市域の中で河川が存在する利点としては，「心が和む」「開放的になる」といった心理的な効果や，「景観がよくなる」「風通しがよくなる」といった街並み構成に及ぼす効果を挙げる人々が多い．

ここで，高温化の進む都市域の中で風通しに着目し，河川の存在による市街地の温熱環境の形成を太田川6派川が流下する広島のデルタ地帯における測定結果からみるなら，図6.22のようになる[1]．河川上と周辺市街地の気温差をアスファルト舗装面と河川水面の表面温度差によって示したものである．夏季日中のアスファルト舗装面では55〜60℃の高温となり，河川水面では25℃程度であることから，河川上では周辺市街地より4℃以上涼しくなっている．このような効果は，高度50m程度においても1℃程度の差として現れている．このように都市域がアスファルト舗装面などで人工化され不浸透面が増加することは，都市域の高温化をもたらし，ヒートアイランド現象を起こす原因ともなる．したがって，都市域では浸透面積を確保し，水面積の増大と緑化によって蒸発散量を多くするとともに，夏季にはその表面で冷やされた風を市街地へ導く工夫が必要である．海陸風の発達が顕著である広島の太田川デルタ地帯などに立地する都市の河川周辺部においては，建築物の高さの工夫やピロティの導入などによって，市街地内部へ涼風を取り込む計画設計が必要となる．

b. 水空間の生理・心理的効果

次に，都市内水空間が居住環境に及ぼす影響として，景観形成と人々との関連についてみてみる．水際に建つ建築物からの窓を通した眺望景観は，人々に生理・心理的効用をもたらす．広島市街地において，高層集合住宅の居住者が窓から景観を眺め評価する際に，特に好ましい景観として目を向ける対象要素としては，河川，緑などであり，建築物については好ましくないとする割合が高い．したがって，それぞれの住戸から外を眺める際に，川が「みえる」場合と，「みえない」場合によって，その眺める頻度は前者のほうが高くなる．このような外を眺める行動は，季節では春と夏に，時間帯では朝と夕方に多い．特に川がみえる居住者の場合は，「気分を転換したい」とする積極的な動機づけが，「1〜2階」

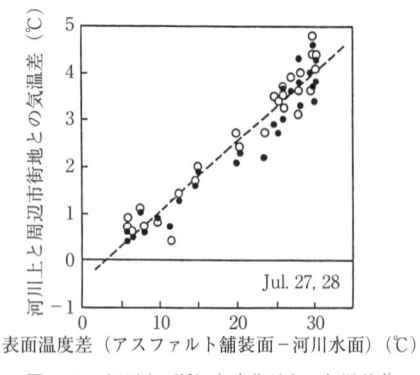

図6.22　河川上（橋）と市街地との気温差[1]

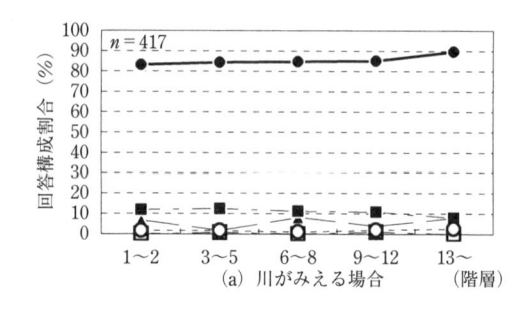

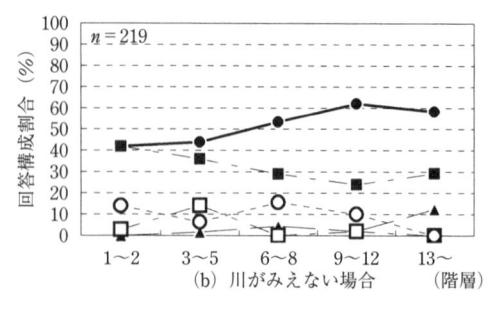

図6.23　窓から外を眺めるときの気分変化[2]

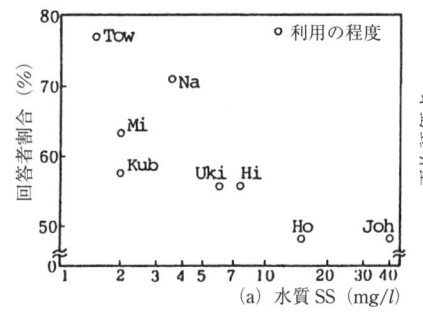

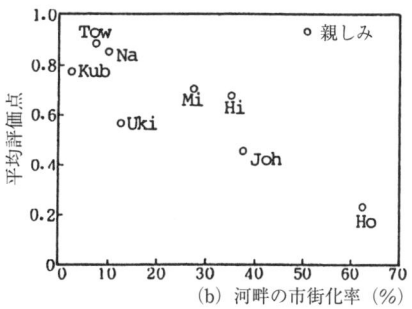

図 6.24 河川環境の状況と利用・評価の関係 [3]

表 6.5 利用形態の分類 [4]

	各 LEVEL の内容	主な行為
LEVEL1	水に潜ることを伴う行為	水泳，水中ジャンケンなど
LEVEL2	水に浸かり魚などの生物を捕らえる行為	魚とり，貝ほり，水草とりなど
LEVEL3	水に浸かることを伴う行為	水遊び，筏遊び，川の中を歩くなど
LEVEL4	水との接触を伴う行為	魚釣り，舟流し，石拾い，砂・泥遊びなど
LEVEL5	高水敷でする行為（自然的特性を活用）	散策，休憩，昆虫採集，ジョギングなど
LEVEL6	（スペースを活用）	キャッチボール，サッカー，鬼ごっこ，凧あげなど
LEVEL7	準備を必要とする多人数による行為	お祭り，盆踊り，バーベキュー，遠足など

では回答者の約 40％に対し，「13 階以上」では 65％程度と，居住階が高くなるに従って比例的に大きくなる．これに対し，川がみえない居住者の場合は，「1～2 階」では約 20％にとどまり，「6～8 階」からは階層によらずほぼ一定の 40％程度を示す [2]．

このような窓を通した接触行動に対し，外を眺めることによる生理・心理的な気分の変化について，回答構成割合を図 6.23 に示す．川がみえる，みえないにもかかわらず，気分が「よくなる」とする割合が高いが，川がみえる場合はいずれの階層でも 80％以上を占め，低層階でも生理・心理的な効用の高いことが認められる．

6.4.2 水空間と親水行動

a. 水空間と親水性評価

人々が水空間と触れ合う利用形態としては，水に直接触れるレベルから，陸域から景観を眺めたり，高水敷を利用したスポーツ・レクリエーション活動，自然の観察，祭り・行事，さらには，水面を利用したボート・遊覧船観光といったさまざまな形態がみられる．そして，それぞれの利用形態は，その水空間が有する特性，たとえば，水質，流況，護岸構造や，水辺へのアクセス性などによって大きな影響を受ける．したがって，各地で整備されている水空間の親水性を評価するには，それぞれの利用形態

レベルごとに要求される諸条件について適当な評価指標に基づき検討する必要がある．

長良川・四万十川・筑後川の上・中・下流域にそれぞれ位置する市町村で実施した住民の河川に対する「利用の程度」と「親しみ」の評価結果を，河川の水質性状および河畔の市街化状況と関係づけてみるなら，図 6.24 のようになる [3]．「利用の程度」は水域の親水性との関連が強く，その一つの指標として考えられる水質（SS）との関連がみられ，水質のよいほうが利用程度は高くなる．また，総体的な評価である「親しみ」は地域の都市化と関連し，河畔の市街化率が高くなるに従って親しみが薄れていくことがわかる．

このように人々が触れ合う河川空間では，水質性状や，都市化に伴う護岸の整備状況などによって，親水行動の形態が大きな影響を受ける．

b. 住民の親水行動

各地域で整備されている水空間の特性と住民の親水行動との関係を把握するため，広島市東部を流下し，海田湾に注ぐ瀬野川を対象とした調査結果を元にその特徴を示す [4]．なお，瀬野川は，流路 22.5 km，流域面積 122.2 km^2 の二級河川であり，1990 年代前半に大幅な親水環境に対する整備がされている．調査は，下流から上流まで 7.5 km を 100 m 間隔の 75 区間について実施した．

6. 水辺・親水空間

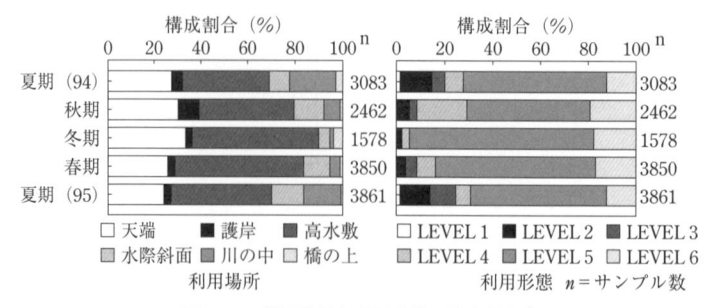

図 6.25 利用場所と利用形態の構成割合[4]

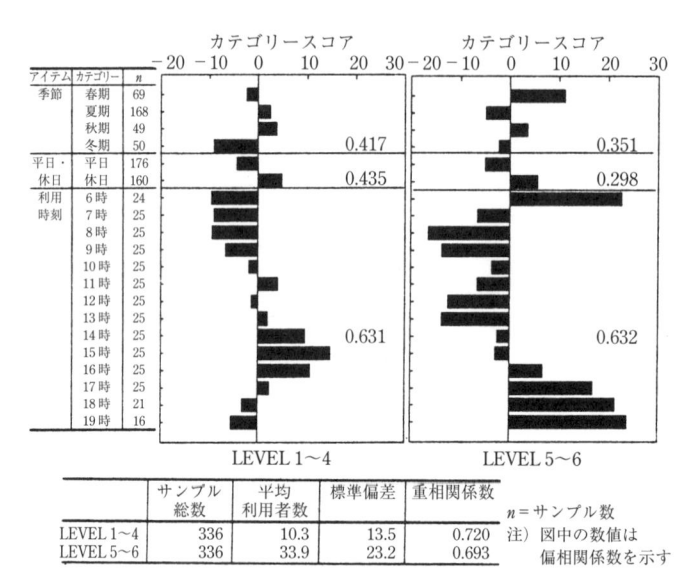

図 6.26 利用内容別利用者数の規定要因分析[4]

　住民の親水行動は，季節によって，また各季節においても，平日と休日では時間帯によってそれぞれ特徴を有する．ここでは，表6.5に示す利用形態の分類によって，各季節と曜日による親水行動の特徴についてふれる．

　1994年の夏期から1995年の夏期に至る各季節における人々の利用場所と利用形態の構成割合を図6.25に示す．なお，1994年の夏期は記録的な猛暑であり，渇水により流水量も平年に比べかなり低下しており，利用者総数も1995年夏期のほうが多く，暑さの影響がみられる．

　ここでの河川利用者の特性としては，男性が約7割を占め，年齢層では大人が6割以上であり，このうち約60歳以上の高齢者が季節によって2～3割を占める．小学生と中高生の利用は，冬期は減少するが，そのほかの季節では全体の3割程度を示し，このうち小学生のほうが2倍以上を占める．したが

って，利用者の年齢構成からも判断できることであるが，「利用場所」は平坦面である天端と高水敷の割合が高く，冬期には9割を占める．春期や秋期，夏期になるに従って，川の中での利用が増加する．「利用形態」では，水との接触を伴わない散策・スポーツなどLV.5～LV.6が各季節とも7割を超え，主たる利用行動となっている．

　ここで，季節や利用時間帯の条件が利用行動に及ぼす影響を定量的に把握するため，水との接触程度として，LV.1～LV.4とLV.5～LV.6の利用グループに大別し，各調査日の毎正時ごとの利用者数を外的基準にとり，数量化理論第I類によった分析結果を図6.26に示す．これより，カテゴリースコアから結果を解釈するなら，LV.1～LV.4は夏期と秋期の休日，14～16時に，LV.5～LV.6は春期と秋期の休日，早朝と夕方にそれぞれ利用者数が増加することがわかる．また，両グループとも7～9時の朝食時，

6.4 人間と水辺・親水空間

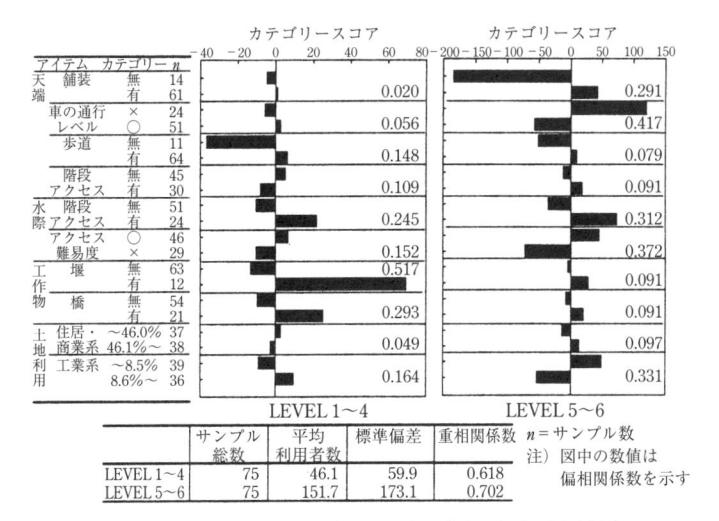

図6.27 周辺・河川環境特性による利用内容の規定要因分析[4]

12時の昼食時には利用者数は減少する。偏相関係数の値から、いずれの利用グループとも、利用者数の増減は「利用時刻」に依存していることがわかる。また、「季節」「平日・休日の別」の偏相関係数が、LV.1～LV.4よりLV.5～LV.6で低いことから、水に触れない利用は水に触れる利用に比べ、より日常的で習慣的な行動であるといえる。

次に、上述した2グループの利用形態が河川空間やその周辺環境の状況によってどのように影響されるかについてみてみる。利用実態調査結果に基づき100mの各区間ごとに集計した1日の利用者総数の平均を外的基準とし、区間ごとの河川空間特性と周辺の土地利用状況を説明変数として数量化理論第Ⅰ類を適用した結果を図6.27に示す。これより、偏相関係数の値から各説明変数の寄与をみるなら、LV.1～LV.4の水に触れる利用では、「堰の有無」が突出して高く、次いで「橋の有無」「水際への階段アクセス」「工業系土地利用」「水際へのアクセス難易度」の順となる。水際への接近性が影響するのは自明であるが、そのほかの説明変数については次のように解釈できる。すなわち、堰はその存在によって水深の深浅や流れの変化が生じることから、釣りや水遊び、魚とりなどを行う場所として魅力的な空間を創出するものと考えられる。また、橋梁の存在は、橋脚による流れの変化の創出や、行動全般の結節点となることが指摘でき、さらに日射遮蔽物の少ない河川空間において、滞在時間が長くなる水に触れる利用者に対して格好の日陰場所を提供してい

る。工業系の土地利用は、瀬野川の河口域にその分布が集中していることから、釣りなどの利用が河口域で多く認められることと対応して間接的な影響が現れたものといえる。

LV.5～LV.6の水に触れない利用では、寄与の大きい順に「天端通行レベル」「水際へのアクセス難易度」「工業系土地利用」「水際への階段アクセス」「天端の舗装の有無」となる。これより、堤防の天端を車が通行せず、舗装されて歩きやすい場合に利用者数の増加が認められる。高齢者による健康保持のための散策が多くみられることから、交通面の安全性を重視した河川空間整備が望まれる。また、水辺へのアクセス性が十分確保されている区間は、水に触れない利用にも影響が現れており、多くの人々によって多様な利用がされる空間といえる。

〔村川三郎〕

文献

1) 村川三郎, 関根 毅, 成田健一, 西名大作, 千田勝也 (1990): 都市内河川が周辺の温熱環境に及ぼす効果に関する研究 (続報). 日本建築学会計画系論文報告集, No.415: 9-19.
2) 村川三郎, 西名大作, 横田幹朗 (1994): リバーフロント住宅の眺望景観が居住性に及ぼす影響. 日本建築学会計画系論文集, No.456: 43-52.
3) 村川三郎, 飯尾明彦, 西田 勝, 西名大作 (1986): 長良川・筑後川・四万十川の特性と河川環境評価の分析 住民意識に基づく水環境評価に関する研究その2. 日本建築学会計画系論文報告集, No.363: 9-19.
4) 西名大作, 村川三郎, 大地啓子 (1999): 都市内河川空間における住民の利用行動特性の分析. 日本建築学会計画系論文集, No.525: 75-82.

II. 技

　水環境問題はわが国の環境問題の中でも長い歴史をもつ．それは典型七公害の一つの水質汚濁問題として，人間の健康に甚大な被害をもたらすという歴史的な悲劇，高度経済成長に伴い各地で起きた水質汚濁を経て，今日，水の循環の中でより広義な水環境のあり方を議論するような段階に至ってきた．

　人間が用いる水はさまざまな起源をもつが，つねに清浄な水が手に入るわけではない．多くの場合，そのままでは利用できないため，浄水処理や用水処理を受け，それぞれの目的にふさわしい水準まで水質が整えられる．浄水処理においては健康リスクの管理が重要度を増し，産業用水においては，ハイテク産業用の超純水が必要とされるようになってきた．

　一方，水の利用によって，さまざまな汚濁物質が水に溶け込む．これを環境中にそのまま放流すれば問題を起こすので，ここに排水処理が必要になってくる．この技術は，それぞれの除去目的によって異なる．生活系排水に対しては，下水処理，浄化槽，し尿処理が用いられ，産業系排水に対しては，その排水の組成によってさまざまな技術が用いられる．また，農業の場では面的な汚染を防止するための農業側の技術が期

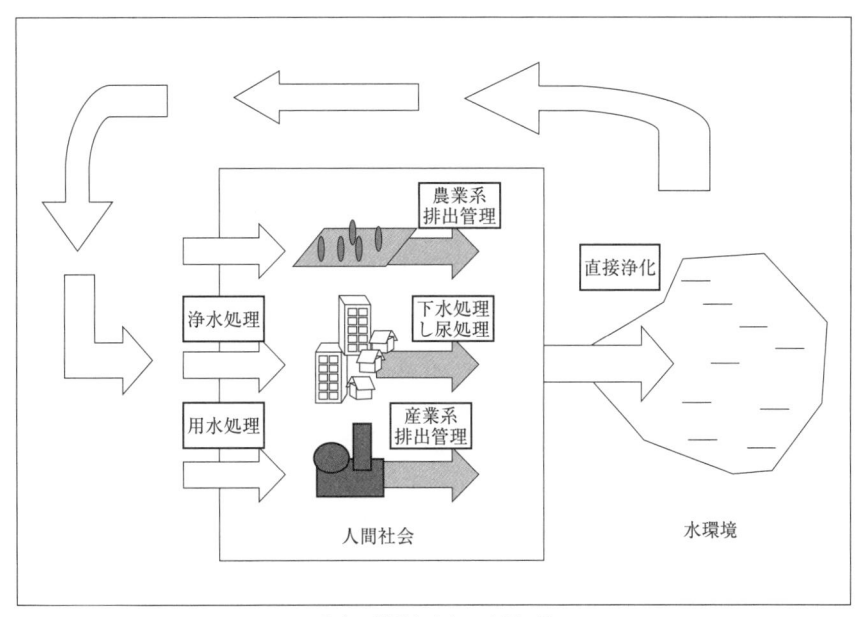

●水の循環を支える人間の技

技

待される.

　人間社会を経てふたたび水環境に戻ってきた水は，人間の負荷による汚濁の程度が小さければそのままで良好な水環境を形成するが，人間の負荷の悪影響が残る場合もしばしばみられる．このような場合には水環境自身を直接浄化するような技術も用いられる.

　これらの水処理に関して，さまざまな技術的取組みがなされ，成果が挙げられてきた．そこでは，物理的な方法，化学的な方法，生物学的な方法など多様な方法が用いられてきた．近年の特徴としては，対象とする物質がますます微量な濃度の物質になったこと，あるいは BOD で代表されるような従来型の有機汚濁物質にしても，従来に比較してより低濃度の水準までの浄化が求められるようになってきたことが挙げられる．ここには，人々が求める水質の水準が高度化してきたことが背景にある.

　浄水処理と排水処理の技術が近づいてきたことも変化として挙げられよう．膜分離は双方で用いられるし，活性炭もしかりである．対象とする濃度も同程度のものになってきた.

　このように，水環境問題の歴史の中では，いわゆるエンドオブパイプ技術として水処理技術が果たす役割は大きい．しかし今日の技術は，さらに幅広いものになり，エンドオブパイプ技術を超えて，汚濁物質の発生を未然に防ぐ排出抑制技術が重要視されるようになってきた.

　本書では，このように発展を遂げてきた技術をあえて「技（わざ）」というキーワードで表現した．この技という言葉の背景には，単に力まかせに技術を適用するのではなく，それぞれの適用場所，状況に応じて柔軟に技術を組み合わせていく，というニュアンスがこめられている．今日，水処理に限らずさまざまな技術の適用に当たっては，俯瞰的な評価が求められるようになっている．安全な水を供給し，水環境の質を高めるという目的に対して，さまざまな技が存在しており，それぞれの技に特徴があるのである.

　このような中では，技を掘り下げ突きつめていくことも重要だが，常に技の交流とそれによる発展を深めることが必要になる．とりわけ他分野の技術開発の成果の導入，自然の浄化能力を活用した技など，柔軟な発想の転換を伴う技の発展が望まれる．また，技に科された今日の大きな要件はそのコストである．水道事業，下水道事業，水環境改善，いずれをとってもその経費は使用料金または税金でまかなわれる．したがって事業主体は最小の経費で最大の効果を挙げることが期待される．さまざまな技術を適切に組み合わせることによって全体としてのコストの削減と効果の最大化を行うことも広い意味で技である．

〔花木啓祐〕

7
浄水処理

7.1 水道における浄水処理と最近の動向

▷ 13.1 有害化学物質
▷ 13.2 無機物質
▷ 13.3 有機物質
▷ 15.1 健康関連微生物とは
▷ 15.2 細菌
▷ 15.3 ウイルス
▷ 15.4 原虫・寄生虫
▷ 15.5 微生物汚染の評価指標

7.1.1 浄水処理の意義と役割

私たちは，日常生活や社会活動に必要な水を，水道を通じて自然の水環境から取り入れている．水道は，ヒトの生命維持に必要な飲料水や，快適な生活を営むために必要な生活用水，その他さまざまな産業活動に必要な水の供給を担っている．このように，私たちの生活や活動は水道によって支えられており，また，水道を介して，水環境と密接なかかわりを保つことによって初めて成り立っている．

水道の歴史を振り返ってみると，今から100年以上前に横浜市で近代的な水道が創設されて以来，わが国の水道を取り巻く状況は大きく変化してきている．少なくとも全国各地で水道が創設され始めたころには，良質な水が安定して得られる河川の上流域の地点から原水を取水することが一般的であった．近代水道の基本的要件は，必要に応じてろ過を行って濁りを除去したのち，圧力をかけて水を供給することであった．しかし，今日，主として臨海部に位置する大都市では，水道水を安定的に供給するため，まとまった量の水が比較的容易に得られる河川下流域で原水を取水することが，むしろ一般的といえる状況になってきている．このような場合，原水が汚染の影響を受けやすいことは避けられない．また，以前に比べれば，さまざまな化学物質が一般に広く使用されるようになってきており，これらの多くは水環境を汚染している．そのため，水道における浄水処理の役割はますます重要になってきており，河川下流域から原水を取水する多くの大都市などでは，活性炭処理やオゾン処理などのいわゆる高度浄水処理プロセスが採用されている．

水道における浄水処理の目的は，原水中の懸濁物質を初めとする汚染物質を取り除いて，飲用，その他生活用水としての利用などに適する水を作り出すことである．特に今日においては，水道水中の汚染物質の健康影響に関する知見が豊富に蓄積されるようになり，そしてまた，上記のような水環境の汚染など水道を取り巻く状況の著しい変化を受けて，浄水処理は水道水の安全性を確保するための重要な手段として明確に位置づけられるようになった．それゆえ，わが国の水道システムを考えるうえにおいて，浄水処理はもはや欠かすことのできないものとなっている．

7.1.2 浄水処理の方式とわが国の現状

浄水処理の基本は濁りの除去と消毒である．濁りを除去することによって，病原細菌などに対して十分な消毒効果を発揮させることができ，また，付随的にではあるがさまざまな汚染物質をかなりの程度まで除去することも可能である．最近では，たとえばクリプトスポリジウムなどの耐塩素性病原微生物による水道水の汚染が重大な問題となっているが，懸濁物質の除去を目的としたろ過などの操作を適切に行うことによって，クリプトスポリジウムなども十分に除去することができる[1]．

わが国の水道における浄水処理は，懸濁物質の除去方法により，消毒のみ，緩速ろ過，急速ろ過，膜ろ過などの方式に分類される．これらの方式の基本的な処理フローは，それぞれ以下に示すとおりである．

[消毒のみの方式]　消毒

[緩速ろ過方式]　沈殿 → 緩速ろ過 → 消毒

[急速ろ過方式]　凝集・フロック形式 → 沈殿 → 急速ろ過 → 消毒

[膜ろ過方式]　夾雑物除去 → 膜ろ過 → 消毒

このほか，最近では下記のようないわゆる高度浄水処理方式を採用している事例も多い．

[高度浄水処理方式]
例1）　凝集・フロック形式 → 沈殿 → オゾン処理 → 活性炭処理 → 急速ろ過 → 消毒

例2）　凝集・フロック形式 → 沈殿 → 急速ろ過 → オゾン処理 → 活性炭処理 → 消毒

わが国の水道では，水道法によって，給水末端において水道水の残留塩素を確保することが義務づけられているので，浄水処理方式にかかわらず，すべての場合において浄水処理の最終段階で消毒が行われる．

以下，上記の各浄水処理方式の概要につき簡単に紹介する．なお，これらの各浄水処理方式の詳細については「水道施設設計指針」[2]などを参考にされたい．

1) 消毒のみの方式　病原微生物の不活化を目的として，消毒のみを行う浄水処理方式である．地下水，伏流水，湧水など，懸濁物質やその他水道水として使用するうえで問題となるような汚染物質を，ほとんど含まない原水の場合に限って適用される．

2) 緩速ろ過方式　緩速ろ過（＝緩速砂ろ過）を主体とした浄水処理方式であり，必要に応じて前処理としての沈殿（普通沈殿とも呼ばれる）が付加される．緩速ろ過に用いられるろ過砂の粒径は0.3～0.45 mmとやや細かめで，標準的なろ過速度は4～5 m/日である．緩速ろ過では，砂層での懸濁物質の除去だけでなく，ろ過池表層に形成される生物膜の生物学的な酸化作用によるアンモニア，溶解性有機物などの除去も期待できる．

緩速ろ過方式の場合には，原則として消毒剤以外に薬品を用いず，処理水質も良好であるが，基本的に原水水質が良好な場合にしか適用できないことに十分注意しておく必要がある．たとえば，原水の濁度が30度を超えることがある場合や，アンモニアを多く含むような場合には適用できない．

3) 急速ろ過方式　急速ろ過（＝急速砂ろ過）を主体とした浄水処理方式であり，前段での凝集処理が前処理として不可欠である．一般には，上記のように凝集・フロック形成→沈殿（薬品沈殿とも呼ばれる）→急速ろ過といった順序で処理が行われる．

急速ろ過に用いられるろ過砂の粒径は0.45～0.7 mmとやや粗めで，標準的なろ過速度は120～150 m/日である．急速ろ過方式の場合には，凝集剤の作用によって原水中の懸濁物質の粗大化が図られてフロックが形成され，しかもそのうちの沈殿しやすい大部分のフロックは沈殿池で除去される．したがって，急速ろ過は，沈殿池で除去しきれなかった微細なフロックの除去がその主な目的となるので，緩速ろ過の場合に比べて高いろ過速度でも効率的な処理が可能である．

以上のようなことから，急速ろ過方式は緩速ろ過方式と違って，一般の河川水など原水濁度が高い場合でも広く適用することができる．

4) 膜ろ過方式　精密ろ過（microfiltration：MF）または限外ろ過（ultrafiltration：UF）を主体とした膜分離による浄水処理方式であり，必要に応じて前段に凝集処理を付加することがある．膜ろ過の原理は，砂ろ過の場合と基本的に同じと考えてさしつかえないが，ろ過膜の細孔による篩い分け作用によって原水中の懸濁物質が除去されるので，砂ろ過の場合に比べてはるかに清澄度の高い処理水が得られる．ちなみに，精密ろ過膜の細孔径は0.01～0.25 μm程度であり，また限外ろ過膜の分画分子量は1000～30万Dalton程度である．

5) 高度浄水処理方式　懸濁物質の除去だけでなく，異臭味の除去や，トリハロメタンなどの消毒副生成物の生成抑制を目的として，急速ろ過方式などに，いわゆる高度浄水処理プロセスと呼ばれる活性炭処理，オゾン処理，生物処理などを付加した浄水処理方式である．最近では，膜ろ過に高度浄水処理プロセスを付加した方式も採用されるようになってきている．

以上で述べたような，沈殿，砂ろ過，膜ろ過，消毒，さらには高度浄水処理などの代表的な個々の浄水処理プロセスについては，次節以降で詳しく解説する．

次に，わが国の水道の現状を最新の統計資料[3]に基づいて紹介すると，水源としては河川水などの表流水への依存率が諸外国に比べて高い．その割合は，水量比で約70%である．図7.1は，水道の規模別に水源の種類別構成比を示したものである．この図で「ダム」として分類されているものは，そのうち一部がダムから直接取水しているものであるが，それ以外はダム開発で得た水利権に基づいてその下流から取水しているものである．この図から明

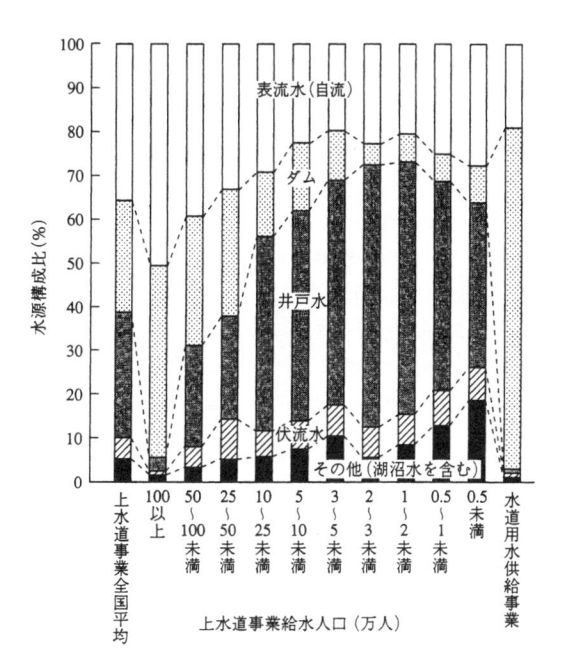

図7.1 水源の規模別・種類別構成比（2000年度）

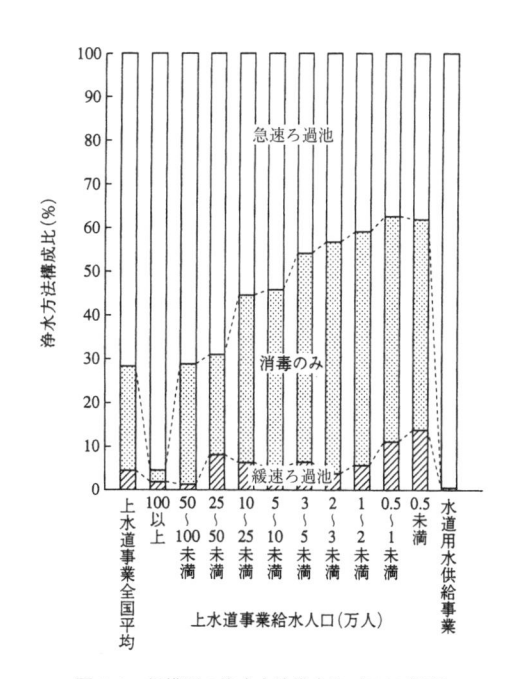

図7.2 規模別の浄水方法構成比（2000年度）

らかなように，表流水への依存率は大規模の水道になるほど高く，また，水道用水供給事業では特に「ダム」への依存率が著しく高い．これらの傾向は，先に述べたような都市化やそれに伴う水道水源開発の推移を如実に反映している．さらに，このことを受けて，浄水処理方式別にみると急速ろ過方式を採用している例が大規模の水道になるほど多いことが，図7.2から明らかである．ちなみに，全体の水量比としては，急速ろ過方式が約76%，緩速ろ過方式が約4%，膜ろ過方式が0.1%，消毒のみの方式が約20%である．なお，これとは別に，高度浄水処理方式によるものは全体の約22%にのぼっており，その大半は急速ろ過方式に高度浄水処理プロセスを付加したものである．

7.1.3 浄水技術と最近の動向

浄水処理に適用されている単位操作技術をその原理などによって分類すれば，表7.1に示すとおりである．これらのうちいずれを採用するかは，原水の汚染状況，浄水施設の規模などそれぞれの条件に応じて判断される．

水道の浄水処理では，大量の水を休みなく連続的にしかも確実に処理しなければならない．そのため，図7.3に示すように，原水中の懸濁物質やその他の汚染物質を確実に除去しうるだけでなく，信頼性

表7.1 浄水技術の分類

分類		単位操作技術
物理学的方法	相分離（固液分離）	沈殿，砂ろ過，浮上分離，膜ろ過など
	相分離（気液分離）	エアレーションなど
物理化学的方法	相転換	吸着，イオン交換など
	薬品添加	凝集，酸化，消毒，pH調整など
	その他	逆浸透，電気透析，紫外線照射など
生物学的方法		生物学的酸化など

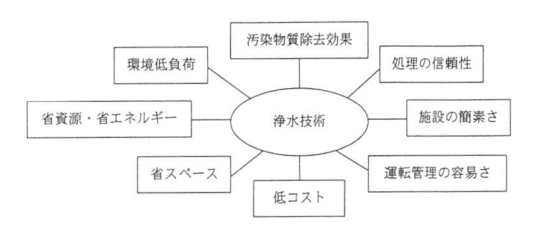

図7.3 浄水技術に必要とされる条件

が高いことなどが条件として求められる．これらのことは，水処理としての浄水処理の重要な特徴であり，また，浄水処理における単位操作技術の選択が，常により無難な側を指向したものになりがちな理由でもある．また，現実に採用されている浄水処理システムにおいては，原水水質の変動特性などを勘案したうえで，異常な状況に対しても耐えられるよう，

十分に余裕をみたシステムの構成や設計となっている.

浄水技術の最近の動向としては,先にも述べたような活性炭処理,オゾン処理などの高度浄水技術の導入,すぐれた固液分離性能をもつ膜ろ過技術の導入,クリプトスポリジウムなどの原虫による汚染に対処するための新しい浄水技術の開発などが挙げられる.以下,これらのそれぞれについて簡単に紹介する.

高度浄水技術については,オゾン処理と活性炭処理を組み合わせた処理方式が大都市を中心として次第に普及してきている.このような方式を採用することによって,処理水質が格段に改善されるので,水道水の快適性とともに安全性の向上を図ることができる[4].今後,急速ろ過方式だけでなく,膜ろ過方式に高度浄水処理プロセスを取り入れた方式も含めて,このような高度浄水処理方式はさらに普及が進むものと考えられる.

膜ろ過技術が水道の浄水処理に採用されるようになったのは,約10年前とごく最近のことであるが,特に小規模水道における採用事例が着実に増加しつつある.2003年6月1日現在,膜ろ過方式を採用している浄水施設(工事中を含む)は全国で300か所以上にのぼっており,その総処理能力は20万m^3/日を超えている[5].精密ろ過や限外ろ過では,クリプトスポリジウムなどの原虫も確実に除去することができるので,このような面からも今後その普及がさらに進むものと考えられる.特に最近では,クリプトスポリジウムオーシストの除去を目的とした大孔径精密ろ過膜もすでに開発されている[6].

水道水のクリプトスポリジウムによる汚染に関しては,1996年に埼玉県越生町において約8800人の集団感染事故[1]が起きて以来,わが国でも重大な関心が寄せられている.クリプトスポリジウムは先進国の水道における共通の関心事であり,WHOでは『第3版飲料水水質ガイドライン第1巻』において,危害度分析重要管理点方式(Hazard Analysis and Critical Control Point:HACCP)の考え方を取り入れた水安全計画(Water Safety Plan:WSP)を新たに盛り込んでいる[7].環境水中でオーシストとして存在するクリプトスポリジウムは,通常の塩素消毒では不活化できないので,これとは別の方法によって不活化または除去することが必要となる.クリプトスポリジウムオーシストは,わが国で広く採用されている砂ろ過の操作を確実に行うことによって,3 log(99.9%)程度の除去が可能であることが知られている[1].そのため,クリプトスポリジウムによる原水の汚染のおそれがある場合には,砂ろ過や膜ろ過などによるろ過の操作を確実に行うことが,現実的で有力な解決策の1つとなりうる.わが国で広く採用されている急速ろ過方式の場合には,凝集処理の操作を確実に行うことが重要となる.最近では凝集pHの適正化のために酸注入を新たに行うケースが増えてきており,このような傾向は非常に好ましいことである.

クリプトスポリジウムオーシストの除去には,オゾン処理が有効であるほか,最近の研究[8]では紫外線照射が有望であることが明らかにされている.わが国の水道では微生物の不活化に紫外線照射を採用している事例はまだないが,欧州などではすでにかなり普及しており,わが国でも今後近いうちにその採用が進むものと考えられる.

このほか,わが国の浄水処理においては,高分子凝集剤の使用による急速ろ過におけるろ過速度の高速化,アルミニウム系凝集剤に代わる鉄系凝集剤の利用,藻類を多く含む原水などに対する加圧浮上分離技術の適用,塩素剤に代わる新しい代替酸化・消毒技術の適用[9]などが検討されている.

7.1.4 浄水場における排水処理とその動向

浄水処理に関連して重要なのは浄水場排水の処理である.浄水処理を行うことに伴って,懸濁物質やその他の汚染物質を含む排水が発生することは避けられない.とりわけ原水が表流水で急速ろ過方式を採用している場合など,凝集処理を主体とする浄水処理方式の場合には汚泥の発生量が多い.そのため,浄水場排水を適切に処理することも,浄水場における重要な業務である.浄水場排水処理に関して以下では特にふれないので,その概要と最近の動向についてここでまとめて簡単に述べておく.

浄水場における排水の主な発生源は,急速ろ過方式の場合には沈殿池とろ過池である.沈殿池からの引き抜き汚泥が,ろ過池からは洗浄排水が排出される.これらの排水の一般的な処理方式は図7.4に示すとおりであり,濃縮,脱水などのプロセスによって構成される.

浄水場排水処理の目的は,環境負荷の低減と水の有効利用である.浄水能力が1万m^3/日以上の浄水場は,水質汚濁防止法の特定事業場として排水基準が適用されるので,適切な排水処理を行うことが求

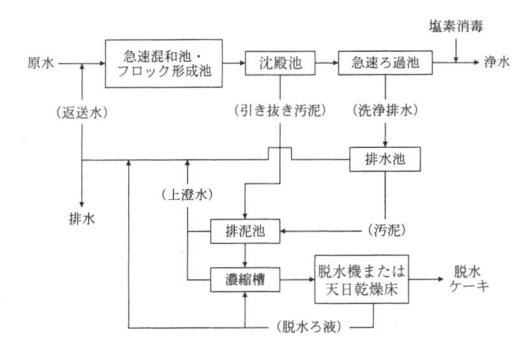

図7.4 浄水場排水の一般的な処理方式

められる．排水処理に伴って発生する脱水ケーキは，埋立処分するかまたは土壌改良剤やセメント原料などとして有効利用される．有効利用する場合には，必要に応じて脱水後に乾燥まで行われることもある．一方，ろ過池洗浄排水の大半や排水処理に伴って発生する上澄水などは，浄水処理工程に返送されて原水の一部として再利用される．このほか，図には示していないが，最近では浄水場排水を下水道に処分することも，一部の大都市などで行われはじめている．

排水処理で最も重要なのは濃縮工程である．原水の性状は濃縮の良否を大きく左右する．原水を湖沼や貯水池から取水している場合など，原水中に有機の懸濁物質を多く含む場合には濃縮性が悪くなりやすい．濃縮汚泥の固形物濃度は，その脱水効率に影響する．わが国では一般に重力濃縮が採用されているが，これを膜分離に代えることによって，汚泥の安定した濃縮・脱水が行えることが期待できる[10]．また，汚泥を加温して脱水することにより，脱水効率の向上を図ることが可能である．

浄水場排水の適切な処理は，クリプトスポリジウム対策の面からも重要である．沈殿池やろ過池で除去されたクリプトスポリジウムオーシストは，沈殿汚泥やろ過池洗浄排水とともに排出されるので，原水が高濃度のオーシストによって汚染される可能性がある場合には，オーシストが極力原水側に戻らないよう配慮しておく必要がある．

7.1.5 浄水処理に関連するその他の新しい動向

水道の浄水処理において重要なことは，水道水の安全性と同時に快適性を確保することである．水道水の快適性を損なう最も大きな要因は残留塩素である．残留塩素の確保は安全性を確保するために必須とされているものであるが，残留塩素濃度が過剰な場合には不快臭が生じて苦情の原因となる．最近では，水道水の快適性に対しても多くの配慮が払われるようになってきており，いくつかの都市では，浄水場だけでなく配水過程でも塩素注入を行うことにより，地域によって残留塩素が過剰にならないようきめ細かな濃度制御が行われている．このことは，トリハロメタンなど消毒副生成物の生成制御の面からも好ましいことである．

最近では，配水過程における水質変化についても大いに関心がもたれるようになってきている．配水過程における水質変化として重要なのは，細菌の再増殖，消毒副生成物の増加，腐食と金属の溶出などである．このうち細菌の再増殖は水道水の快適性に大きな影響を及ぼす．水道水の快適性は，AOC（assimilable organic carbon，同化性有機炭素）や従属栄養細菌によって評価される．オランダでは快適性を確保するために必要なAOCの上限値として$10\,\mu g/l$という値が用いられており[11]，今後わが国でもこのような点に関して十分に配慮すべきである．

このほか，水道では水の輸送などに多量のエネルギーを消費している．また，よほど重大な事態が生じた場合でないかぎり水道の機能を停止させることは許されないので，多くの浄水場では非常用の自家発電機を備えている．これらのことから，浄水場でコジェネレーションシステムを採用して自家発電機を常時運転し，それによって発生した電力を浄水場内で有効利用することによって，施設の有効活用とエネルギーの節減を図る試みがすでに行われている[12]．このような試みは地球環境保全の視点からみて重要であり，今後広く普及することが期待される．

浄水処理に限らず水道においては，他の分野と同様に環境負荷低減が求められている．そのため，ISO 14000s環境マネジメントシステムの認証を取得している事例も最近では多くなってきている．このような傾向も，水道における新しい動向として指摘しておく必要があるであろう． 〔国包章一〕

文献

1) 金子光美編（1999）：水道のクリプトスポリジウム対策（改訂版），ぎょうせい．
2) 日本水道協会（2000）：水道施設設計指針．
3) 日本水道協会水道統計編纂専門委員会（2002）：水道統計の経年分析（平成12年度）．水道協会雑誌，**71**(8)：29-67．
4) Sasaki T, Kobayashi K, Hanamoto T and Nagashio D

(1999): An optimized water treatment system incorporated protection against *Cryptosporidium* oocysts, 22nd World Water Congress, SS5 : 28-33.
5) 水道技術研究センターホームページ http://www.mizudb.or.jp/member/index.html
6) 神保吉次, 小松賢作, 後藤光亀, 平田 強 (2002): 原虫除去を目的とした大孔径膜ろ過システムの開発. 水道協会雑誌, **71** (8): 11-18.
7) World Health Organization (2004): Guidelines for drinking-water quality, Third Edition, Vol.1: Recommendations, WHO ホームページ http://www.who.int/water sanitation health/dwq/guidelines/en/
8) Morita S, Namikoshi A, Hirata T, Oguma K, Katayama H, Ohgaki S, Motoyama N and Fujiwara M (2002): Efficacy of UV irradiation in inactivating *Cryptosporidium parvum* oocysts. *Appl Environ Microbiol*, **68** (11): 5387-5393.
9) 水道技術研究センター (2002): 代替消毒剤の実用化に関するマニュアル.
10) 水道技術研究センター (2002): 膜ろ過高度浄水施設導入の手引き.
11) van der Kooji D (1992): Assimilable organic carbon as an indicator of bacterial regrowth. *J Am Water Works Assoc*, **84**: 57-65.
12) 佐々木隆, 込山健二, 須原敏樹, 阿河雅也 (2002): 浄水場への省エネルギー・ゼロエミッション技術の導入. 第17回環境工学連合講演会論文集, pp.79-86.

7.2 凝集・沈殿

7.2.1 凝集の原理と凝集操作の概要

水道原水中の不純物の大きさは，数Å（オングストローム）の溶解性成分から数百 μm の懸濁成分までの約6桁以上にわたっている．不純物の大きさが $10\mu m$ 以上のものは単純な沈殿によって，また1nm以下のものは吸着やイオン交換によっていずれも直接的な除去が可能である．しかし，その中間の $1nm \sim 1\mu m$ の範囲のもの，すなわちコロイド成分はそのままの状態で直接的に除去することができない．そこで，この範囲の大きさのものを寄せ集めて大きな塊（フロック）にして，沈降やろ過で分離しやすくする操作を凝集（coagulation）という．水中の不純物の中で，浄水場において除去しなければならないもの，たとえば粘土などの濁度成分（ $1\mu m$ 前後），色度成分（1nm 前後～ $0.1\mu m$），多糖類やタンパク質（数nm～ $0.1\mu m$），ウイルス（ $0.02 \sim 0.1\mu m$），細菌類（ $0.2 \sim 10\mu m$），藻類（ $1\mu m$ 前後～ $100\mu m$）などはほとんどがコロイド成分の範囲にある．したがって，これらを沈降やろ過で分離するための前処理としての凝集操作は浄水場の中で最も重要なプロセスとなる．

最近，クリプトスポリジウムなど耐塩素性病原微生物による水道原水汚染が問題となっているが，浄水場での対策として低濁度管理の実施に伴い，急速砂ろ過方式を採用している浄水場では，前処理として化学薬品による凝集操作が不可欠な要件となっている[1]．また，米国の環境保護庁（USEPA: United states Environmental Protection Agency）では，1998年に施行された消毒剤・消毒副生成物（D/DBP）規則の中で，表流水を原水とする浄水場に対して，消毒副生成物前駆物質を除去するために凝集処理の強化（最適化）を求めている[2]．この消毒副生成物前駆物質とは，主に動植物の微生物分解に起因するフミン質，リグニンや藻類由来有機物質などの天然有機物質（NOM: natural organic matter）で，コロイド成分の範囲のものである．

急速砂ろ過方式を採用している浄水場での凝集操作は，2つのプロセスから構成されている．すなわち，原水に凝集剤を注入後，凝集剤などの凝集操作用薬品と原水中の懸濁成分を十分に混合させるための急速混和池と，急速混和池からの微細フロックを穏やかな攪拌を与えることにより沈殿池で分離可能な大きさまでフロックを成長させるための緩速混和池（フロック形成池）である．

7.2.2 コロイドの安定と電気2重層

水中のコロイドは，その種類によって同形置換，官能基，吸着など表面電荷原因が異なるものの，中性のpH領域ではほとんどが負に帯電しており，同一の電荷のために静電的に反発し合っている．また，粒子の種類によって水に対する親和性の強弱はあるが，その表面に水分子をひきつけている（水和）．これらの理由により，コロイド粒子は水中においては安定な分散系を作っている．このような系に，反対の電荷をもつ凝集剤を添加して荷電中和を行うと，粒子間の電気的反発力が減少し，粒子間引力（Van der Waals force）が電気的反発力を上回り，ブラウン運動（Brawnian movement）や攪拌などで

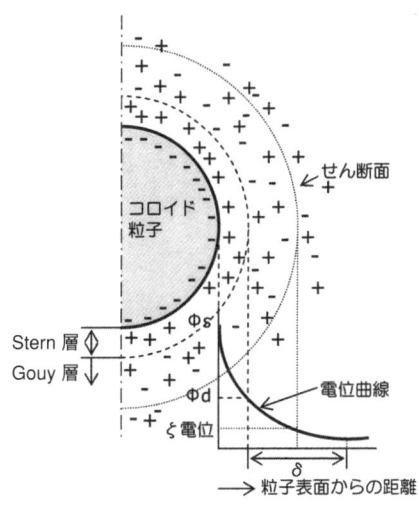

図7.5 コロイド粒子表面の電気2重層

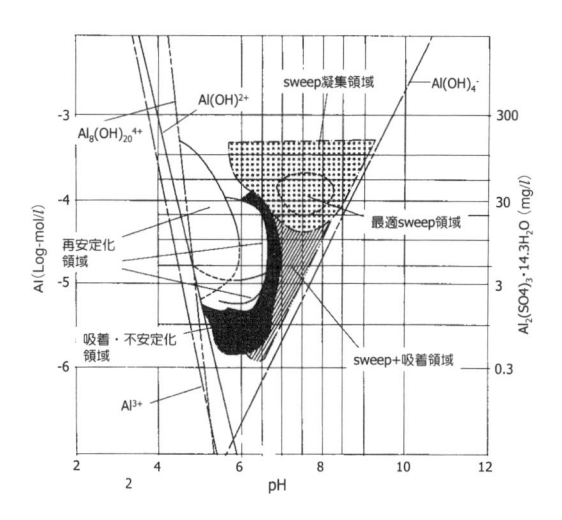

図7.6 硫酸アルミニウムによる凝集領域[5]

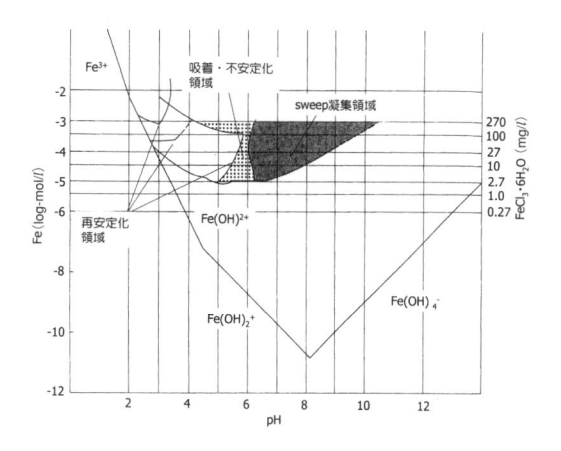

図7.7 塩化第二鉄による凝集領域[5]

生じた乱流変動による輸送によって衝突合一の機会が与えられ，重力沈降可能な大型のフロックが形成される．

コロイド粒子の安定を支配する最も重要な因子は粒子表面の荷電状態である．すなわち，粒子表面には，コロイドそのものの表面電荷（負電荷）および反対荷電イオン（counter ion）の吸着によって生じる固定層（fixed layer）または Stern 層（Stern layer）と表面荷電により引きつけられる反対荷電イオンが拡散的な分布をする拡散層（diffused layer）または Gouy 層（Gouy layer）が形成されており，この2つの層を電気2重層（electric double layer）という．図7.5にその様子を模式的に示した．電気2重層の指標として，粒子の表面電位 Φ_s，Gouy－Stern 層境界電位 Φ_d，粒子に付着して動く水と静止水との間に生ずるせん断面の電位 ζ（ゼータ電位：zeta potential），拡散層の厚さ δ の4つが考えられる．しかし，実際に測定可能なのがゼータ電位のみなので，これが2重層の電気的性質を示す代表指標として用いられている．水中のコロイド粒子の不安定化（凝集）は，水中に凝集剤などのイオンを添加してゼータ電位を等電点付近にコントロールすると生じる．自然水中の粘土や藻類のゼータ電位は，−20～−30 mV 程度である．これらの粒子を凝集させるためには，ゼータ電位を −15～+15 mV の範囲にコントロールすることが必要である[3,4]．

7.2.3 凝集用薬品

凝集用薬品は，凝集剤，アルカリ剤，pH 調整剤に分けられる．

a．凝集剤

凝集剤としては，水中で容易に加水分解を起こし，正荷電の金属水酸化物のコロイドとなるアルミニウム，鉄などの金属塩類が用いられる．アルミニウムや鉄は，次式のように水中のアルカリ成分と反応して金属の水酸化物を生成する．

$$Al_2(SO_4)_3 + 3Ca(HCO_3)_2$$
$$= 2Al(OH)_3 + 3CaSO_4 + 6CO_2 \quad (7.1)$$
$$2FeCl_3 + 3Ca(HCO_3)_2$$
$$= 2Fe(OH)_3 + 3CaCl_2 + 6CO_2 \quad (7.2)$$

これら金属の水酸化物は，水の pH によって種が変化する．Johnson と Amirtharajah[5] は，水の pH とアルミニウムおよび鉄の各種水和イオンの溶解度を求めて，その凝集効果について検討した（図7.6,

7.7).

　強〜弱酸性状態でのアルミニウム，鉄は主に3価の単純イオン（Al^{3+}，Fe^{3+}）として存在する．負電荷のコロイド粒子にAl^{3+}，Fe^{3+}が過剰に吸着すると，コロイド粒子の電位の逆転が生じて，安定化してしまう領域（再安定化領域）となる．この領域では，アルミニウムイオンと鉄イオンが最大の荷電を生じ，そのpHはアルミニウムが4.5〜5.0，鉄が3.5〜4.0付近である[6]．一方，この領域では，アルミニウムと鉄イオンの荷電中和能力が高いことから，コロイド粒子表面の電気的反発力をなくして凝集することもある（吸着・不安定化領域）．再安定化領域と吸着・不安定化領域の境界は，凝集剤の添加量，コロイド粒子表面の状態，SO_4^{2-}，PO_4^{3-}のような陰イオンの濃度によって決定される．中性付近では，$Al(OH)_3$，$Fe(OH)_3$などの不溶化した水酸化物が架橋作用によりコロイド粒子を取り込んで良好なフロックを形成する領域（sweep凝集領域）となる．アルカリ性状態では，$Al(OH)_4^-$，$Fe(OH)_4^-$と負電荷となり，荷電中和能力を失って凝集が生じなくなる．アルミニウムイオンと鉄イオンの等電点（isoelectric point）は両者ともほぼ同じpH 8付近に存在する．

　以上のように，凝集はコロイド粒子表面の荷電中和や凝集剤の水酸化物による架橋吸着などの物理化学的性質によって支配される現象であり，一般に粒子自身の化学的性質に支配されることは少ない．

　水道では凝集剤として硫酸アルミニウム（aluminum sulfate），ポリ塩化アルミニウム（PAC：poly aluminum chloride），主に海水淡水化の前処理には塩化第二鉄が用いられる．これら凝集剤の一般的な特徴を以下に述べる．

　硫酸アルミニウムは，固形状と液体状があり，取り扱いの容易さから液体状が多く用いられている．PACは，液体状でそれ自身加水分解し重合しているので，一般に硫酸アルミニウムに比べすぐれた凝集性を示し，適用pH範囲が広く，アルカリ度の減少量も少ない．浄水処理や薬品管理の容易さからPACを使用している浄水場が多く，国内の凝集剤使用量の約80％を占めている[7]．塩化第二鉄は，硫酸アルミニウムに比べて生じたフロックが重く，適正pHの幅が広いという利点もあるが，過剰に添加すると水の着色の原因となる．逆浸透法による海水淡水化施設では，海水中の濁質を除くため，塩化第二鉄を使用している．塩化第二鉄は，カルシウム，

表7.2　凝集用薬品1 mg/l注入によるアルカリ度の増減
（文献8を一部改変）

薬品名	アルカリ度	
	減少	増加
硫酸アルミニウム（液体，Al_2O_3 8％）	0.24	
ポリ塩化アルミニウム（Al_2O_3 10％，塩基度50％）	0.15	
塩素（Cl_2）	1.41	
消石灰（CaO 72％）		1.29
ソーダ灰（Na_2CO_3 99％）		0.93
液体カセイソーダ（NaOH 20％）		0.25

マグネシウムが析出しにくい酸性状態のpHでも凝集効果が高いためである[8]．

　最近，新しく提案されている凝集剤として鉄-シリカ高分子凝集剤がある．酸性領域で重合させた分子量20万〜50万の重合シリカに塩化第二鉄や硫酸第二鉄を導入したものである．鉄の荷電中和能力と重合シリカ特有の高い架橋作用で，他の凝集剤と比べ色度成分や藻類の除去にすぐれており，低水温時においても凝集効果が低下しないという[7,9]．

　なお，ポリアクリルアミド系高分子凝集剤は，アクリルアミドモノマーが残留し，神経毒性を引き起こす可能性があるとして1973（昭和48）年以来使用が禁止されてきたが，2000（平成12）年「水道施設の技術的基準を定める省令」の制定に伴い，その注入によって水に付加される物質（特にアクリルアミドモノマー）が基準を超えない範囲であれば使用できることになった．

b．アルカリ剤とpH調整剤

　アルミニウム塩や鉄塩を凝集剤として用いる場合，式（7.1），（7.2）で示したように凝集剤が水中のアルカリ分を消費してpHを低下させる．アルカリ度やpHが低い原水，多量の凝集剤を注入する高濁度原水の場合，不足するアルカリ分を補給してアルカリ度やpHを調整するためにアルカリ剤を添加する．アルカリ剤としては，消石灰，ソーダ灰，液体苛性ソーダが使用される（表7.2）．消石灰は，使用する割合が少なく経済的であるが，粉末のため取り扱いに難点があり，沈殿して管などを詰まらせる場合がある．ソーダ灰は，粒状のものは取り扱いが容易である．液体苛性ソーダは，添加が容易であるが，劇物であり，取り扱いには注意を要する．

7.2 凝集・沈殿

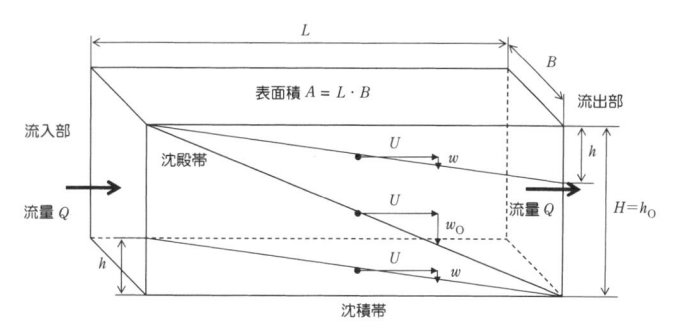

図7.8 理想沈殿池

富栄養化した湖沼や貯水池を水源としている場合，発生した藻類の炭酸同化作用により，原水 pH が上昇し，酸剤として硫酸，塩酸，二酸化炭素（炭酸ガス）を用いて，最適凝集 pH 領域まで調整する必要がある．

7.2.4 沈 殿

沈殿は水中の濁度成分を水との密度差を利用して，重力によって分離する操作であるため，その分離速度は粒子の沈降速度によって支配される．

a. 単一粒子の沈降速度式

粒子が静水中を沈降するとき，はじめは重力による加速度が作用しているが，この力に水の粘性によってできる抵抗力が作用して，重力から浮力を差し引いた力と釣り合うようになり，定速度で沈降するようになる．この速度は，限界沈降速度（critical settling velocity），または終末沈降速度（terminal settling velocity）という．

水中の単一粒子（沈降中にその大きさ，形状，重量などの物性が変化しない粒子）が球形の場合，その限界沈降速度は次のNewton（ニュートン）の式で示される．

$$w = \sqrt{\frac{4}{3} \cdot \frac{g}{C_D} \cdot \frac{\rho_s - \rho}{\rho} \cdot d} \quad (7.3)$$

ここで，w：粒子の沈降速度（m/s），g：重力の加速度（m/s^2），ρ：水の密度（kg/m^3），ρ_s：粒子の密度（kg/m^3），d：粒子の径（m），C_D：粒子の抵抗係数（－）．

粒子の抵抗係数 C_D は，水中を沈降する粒子の Reynolds 数 Re（$= w \cdot d / \nu$，ν：水の動粘性係数 [m^2/s]）によって変化し，Rouse（ラウズ）は $Re < 10^4$ の広い範囲に適用できる次の式を与えている．

$$C_D = \frac{24}{Re} + \frac{3}{\sqrt{Re}} + 0.34 \quad (7.4)$$

一般に沈殿池における沈降では，$Re < 1$ の層流領域を扱う場合が多い．この領域では，$C_D = 24/Re$ となり，これを式（7.3）に代入すると，次の Stokes（ストーク）式が得られる．

$$w = \frac{g(\rho_s - \rho)}{18\mu} \cdot d^2 \quad (7.5)$$

ここで，μ：粘性係数（－）．

実際の沈殿池内では，粒子は粒子群として挙動することが多く，単一粒子の沈降速度よりも遅くなる．一方，球以外の粒子の形状については，抵抗係数を補正して沈降速度を求めなくてはならない．砂粒子，フロックなどを正八面体と近似すると $Re < 1$ の範囲で $C_D = 34/Re$ となる[6]．

b. 理想沈殿池

沈殿池は，濁度成分やフロックの大部分を，重力沈降作用によって汚泥として底部に集積して排泥する装置である．沈殿機能とは，流入してきた濁質成分を効果的に沈殿除去させる働きであり，装置は，機能に応じて流入部，沈殿帯，流出部，沈積帯の4つに区分される．装置を設計するにあたっては池内の流れの状態を単純化することが必要であり，このためのモデルが理想沈殿池（ideal settling basin）である．理想沈殿池は，図7.8に示すような水平流式（横流式）沈殿池を考える場合，基本となる池で，次のような仮定を満たさなくてはならない．

① 沈殿帯の流速は一定，かつ完全な押し出し流れで，理論滞留時間と実滞留時間が等しい．

② 流入部から沈殿帯へ流入してくる各径の粒子濃度は全水深を通じて一様である．

③ 沈殿帯に沈下した粒子は再浮上しない．

図7.8において，粒子が沈降するときの軌跡は，水塊の水平流速 U と粒子の沈降速度 w の合成線と

7. 浄水処理

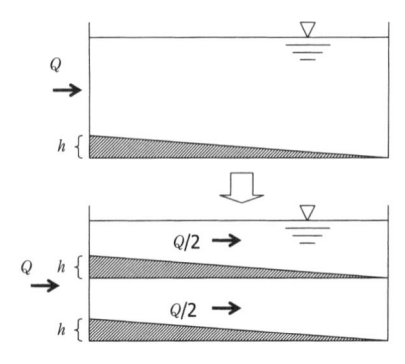

図7.9 2階層の効果

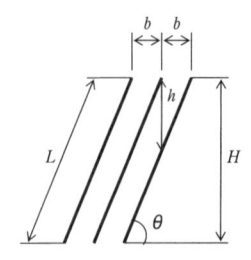

図7.10 傾斜板の効果

して示される．このような場合，設計条件として，

$$T = \frac{V}{Q} = \frac{L \cdot B \cdot H}{Q} = \frac{L \cdot B \cdot H}{B \cdot H \cdot U} = \frac{L}{U} \quad (7.6)$$

$$h_o = H = w_o T \quad (7.7)$$

であるから，$w \geqq w_o$ であれば，流入した水塊が池の長さ L を通過する以前に水塊中の粒子は沈積帯に到達することになり，池内で除去される．このとき，沈殿除去率 E は

$$E = 1 \quad (7.8)$$

である．ここで，U：平均流速（m/s），w：粒子の沈降速度（m/s），T：滞留時間（h），Q：流量（m³/s），L：池の長さ（m），B：池の幅（m），H：水深（m），w_o：越流率（overflow rate）（m/s）．

また，式 (7.6)，(7.7) より，

$$w_o = \frac{h_o}{T} = \frac{H}{T} = \frac{H \cdot Q}{L \cdot B \cdot H} = \frac{Q}{L \cdot B} = \frac{Q}{A} \quad (7.9)$$

となり，設計時の粒子の沈降速度 w_o は，池の単位表面積（水面積）A あたりの流入流量（処理水量）Q を表し，一般に表面負荷率（overflow rate, surface loading）という．

一方，$w < w_o$ のような沈降速度の粒子の除去率 E は，

$$E = \frac{h}{h_o} = \frac{h}{H} = \frac{wT}{w_o T} = \frac{w}{w_o} = \frac{w}{Q/A} \quad (7.10)$$

となる．すなわち，粒子の除去率 E は，粒子の沈降速度 w と Q/A の比で表すことができ，水深 H とは無関係となっている．

一般に，除去率を向上させる方法として，次の3つの方法が考えられている．

① 池の表面積 A を大きくする．
② 粒子の沈降速度 w を大きくする．
③ 流量 Q を小さくする．

池の表面積 A を大きくするのには，図7.9に示すように，仕切板を表水面と沈積帯の中間位置に設置するとよい．この仕切板によって，除去率は2倍になる．同様に仕切板を3枚入れると除去率は3倍になる．この考え方に基づく沈殿池が多階層式沈殿池であり，用地の占有面積の割には，大きな処理能力を得ることができる．この考え方を究極に推し進めたのが傾斜板式沈殿池（plate settler, inclined plate clarifier）や傾斜管式沈殿池（tube setter）である．これは，沈殿池内に傾斜した板や管を多数設置して，沈降面積を増やし，処理能力を向上させたものである．その原理を図7.10に示す．水深 H の沈殿池に傾斜板を設置すると，池内の粒子の最大沈降距離は H から h へと短くなり，除去率は H/h 倍に向上する．フロックの沈降速度 w を大きくして，除去率を向上させる試みは，凝集剤や凝集補助剤の開発および凝集操作の最適化などにより達成されてきた．流量 Q を小さくし，除去率を向上させることについては，沈殿池の途中から上澄水を取り出す中間取り出し式沈殿池が採用されている[8]．

c. 高速凝集沈殿池

高速凝集沈殿池（suspended solid contact clarifier）は，フロックの形成を既成フロックの存在下で行うことにより，凝集沈殿の効率を向上させた沈殿池である．この沈殿池の採用にあたっては，次の条件を考慮する必要がある[8]．

① 原水濁度が10度以上．
② 表面負荷率は，40〜60 mm/min を標準とする．
③ 滞留時間は 1.5〜2.0 時間とする．
④ 池数は原則として2池以上とする．
⑤ 傾斜板などの沈殿装置を設置する場合には，スラリー界面の上に設置する．

高速凝集沈殿池の種類には，図7.11に示すように，原理上あるいは機構上から，スラリー循環型，スラッジ・ブランケット型，複合型に大別することができる．スラリー循環型は，すでに生成したフロ

(a) スラリー循環型

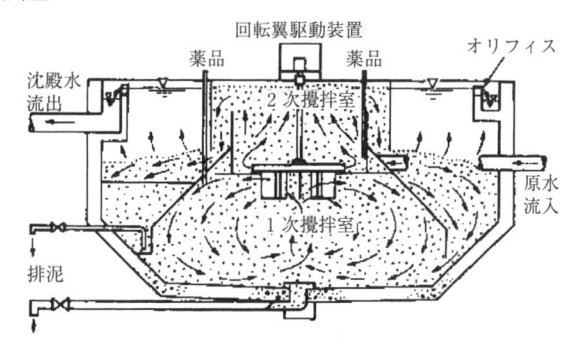

(b) スラッジ・ブランケット型

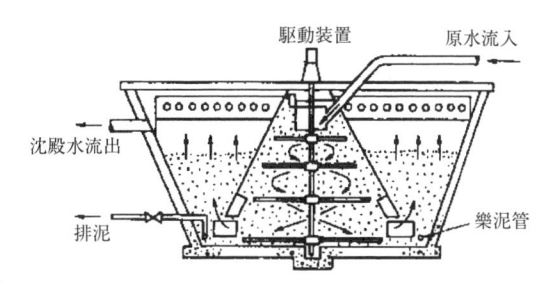

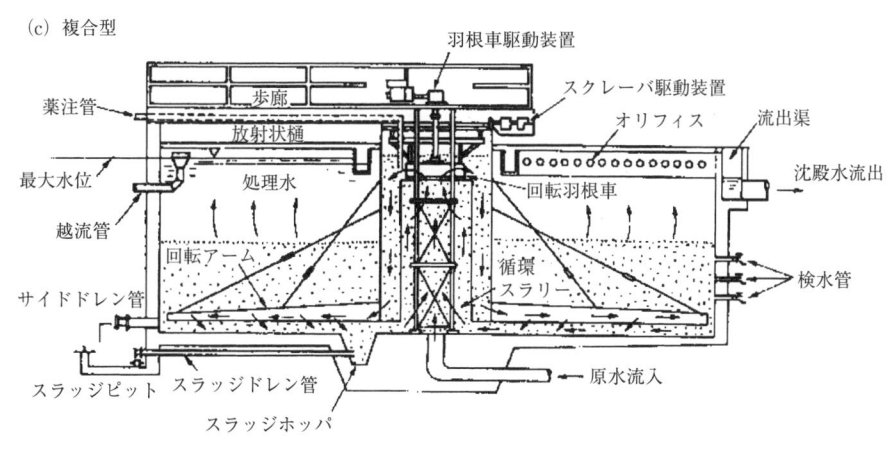

(c) 複合型

図7.11　高速凝集沈殿池[8]

ックを池内に循環させておき，その中に原水と凝集剤を流入撹拌して凝集とフロックの成長を行い，循環流とともに分離部に流入し，上昇水流と循環する下降スラリーとに分離する方式である．スラッジ・ブランケット型は，上昇水流によって，浮遊状態にあるスラリーの下方から凝集剤を混和した原水が通過することにより，多数の既存フロックと接触し，スラリー層上面に達するまで成長して固液分離する方式である．複合型は，最初の凝集をスラリー循環方式で行い，次のフロックの成長と分離をスラッジ・ブランケット方式によって行わせる方式である．これらの型別で，原水の条件や使用条件に対して，それぞれ異なる適用範囲をもっているので，選択にあたっては，計画する浄水場の条件を十分に検討する必要がある．　　　　　　　〔秋葉道宏〕

文　献

1) 厚生労働省（2001）：水道におけるクリプトスポリジウム暫定対策指針（改正）．
2) United states Environmental Protection Agency (1999): Enhanced coagulation and enhanced precipitative softening guidance manual.
3) 秋葉道宏，後藤光亀，佐藤敦久（1992）：走査型電子顕微鏡による藻類フロックの特性評価．衛生工学論文集，

28：67-74.
4) 秋葉道宏，後藤光亀，佐藤敦久（1994）：緑藻2種の凝集特性に関する研究．水道協会雑誌，**62**（8）：2-11.
5) Johnson PN and Amirtharajah A (1983)：Ferric chloride and Alum as single and dual coagulants. *J AWWA*, **75** (5)：232-239.
6) 丹保憲仁（1980）：土木学会編新体系土木工学 88 上水道，技報堂出版．
7) 水道技術研究センター（2002）：水道用凝集剤の多様化検討調査報告書．
8) 日本水道協会（2000）：水道施設設計指針．
9) Hasegawa T, Ehara Y, Kurokawa M, Hashimoto K, Nishijima W and Okada M (2001)：A Pilot Study of Polysilicsate-iron Coagulation, IWA World Water Congress-Berlin.

7.3 砂ろ過

7.3.1 ろ過の機能とろ過速度

ろ過（filtration）は，ろ材で構成されたある厚さの層，いわゆるろ層に水を通すことで，水中の懸濁物質や溶解物質の一部をろ材表面に抑留させて除去することをいい，ろ材として砂を用いた場合，そのろ過を砂ろ過という．砂ろ過は，もっぱら清澄なろ過水を得る清澄ろ過の目的で採用される．

砂ろ過は，ろ過速度の速さにより緩速ろ過と急速ろ過に分類される．緩速ろ過は 10^0 のオーダのろ過速度で 3〜5 m/d 程度が多用されている．急速ろ過のろ過速度は緩速ろ過の約 30 倍の 100〜150 m/d 程度である．これらの砂ろ過はろ過速度だけでなく，ろ過機構も異なっているが，それを次項で説明する．

7.3.2 ろ過機構の卓越因子

砂によるろ過は，水中の粒子とろ材の大きさを考えると簡単なふるい作用では説明できない．ろ過の機構は，水中の粒子がろ材の表面に移動し，接触するまでの輸送過程（阻止作用，重力沈降，ブラウン運動など）と，表面に運ばれた粒子がろ材と接触して付着する付着過程（機械的抑止，凝集，フロック形成，化学的結合，粒子間引力，生物作用など）に分けて考えられている．

藤田[1]は，輸送因子について粒子の大きさが 1〜100 μm の場合の接触効率をそれぞれ簡単なモデルで置き換えて理論的に解析し，どの因子が最も大きく作用するのかを検討した．その結果，阻止作用が最も大きく，次いで重力沈降，また 1 μm 以下の懸濁粒子になるとブラウン運動による効率が大きくなると報告している．

付着過程の機械的抑止は，ろ材の上部に単に接触したままとどまっていたり，ろ材間の間隙部に挟まるという感じでろ層内部に粒子が保持されている状態のものである．この作用は現象から考えて，ろ材の大きさや形状，ろ層の厚さおよび粒子の大きさやろ過速度などと関係している．

凝集（coagulation）やフロック形成（flocculation）は，粒子同士の凝集と同じようにろ層内で起こっている現象である．この作用によってろ材表面に抑留された粒子は，さらに同様な粒子を捕捉することによって抑留が進行する．また，水中に粒子とろ材とを橋渡しするような架橋物質が存在することでも抑留は拍車がかかる．

化学的結合は，前述の凝集の作用を一層補強するもので，凝集したろ材上の粒子や微フロックとの間での水素結合など化学的結合力をもつ物質の架橋作用によって，ろ材上の結合力はより強固なものになる．この作用は，凝集剤として注入されたアルミニウムや鉄などの金属水酸化物や高分子のポリマーなどによって行われることになる．

粒子間に働く力は，粒子間引力（van der Waals' force）やクーロン力（Coulomb force）などである．このうち前者は小さな粒子とろ材が接触すればその結合力の一部にはなるが，粒子が大きい場合には主力とはなりえない．

生物作用は，微生物の介在する生化学反応による酸化分解などの作用である．この種の微生物が分泌した粘質物は，粒子の吸着性も強いので，粒子がそれにより捕捉されるほか，有機物の分解，アンモニアの硝化および脱窒，鉄マンガンの酸化吸着，臭気物質の分解など多くの物質を除去することが可能である．このような微生物およびその分泌物などが一体となって浄化機能を有する生物集合体が生物ろ過膜（Schmutzdecke；独）である．

このような多くの因子をもつ付着過程であるが，主機能は，緩速ろ過では生物ろ過膜による生物作用であり，急速ろ過では架橋作用などを含めた凝集フ

ロック形成作用である.

なお，ろ過の数式化については，清澄化式と連続式そしてろ過係数が1937年の岩崎の式を初めとして1960年代にその多くが提案され，その後，ろ過の損失水頭の式も含めて報告されている．理論式として提示されているが，ろ層内のフロック抑留体積の定量化が難しいこともあって，ろ過継続時間に対するろ過効率や損失水頭を合理的に再現できる数式は確立されていない．比較的最近の研究では，ろ過方程式にろ過の操作因子のほかにろ過処理を行う前の水中のフロックの性質も取り込んで数式化を試みた松井の研究[2〜5]は，実験定数というべきパラメータを多く含んでいるが，従来のろ過に関する多くの知見を説明できる研究として評価される．

7.3.3 ろ層の厚さと粒径

a. ろ層の厚さとの比率

ろ層の厚さをろ過機構およびその数式化の結果として，合理的なろ層厚さを示した研究報告はない．しかし，実際の浄水場や研究例で実施されているろ層厚さを統計的に整理した結果をまとめた例として以下のような報告がある．

藤田[1]は，浄水場や過去の急速ろ過の研究を統計的に整理して，ろ材の有効径 d_{10} とろ層厚さ L についての比率 L/d_{10} を，

$L/d_{10} = 1000$, d_{10}：ろ材の有効径（effective size；砂の粒子径分布において質量比率で小さいほうから全体の10%の粒子径）

とまとめた．また有効径のかわりに調和平均径 d_h を用いると

$L/d_h = 800$,

d_h：調和平均径；$d_h = \Sigma mi/\Sigma(mi/di)$；ふるい径 di 上の砂の質量 mi

となると報告している．また河村[6]もその著書で，一般的な単層ろ過や複層ろ過のろ層構成は $L/d_{10} \geq 1000$ で設計すればよいと指摘している．

これらのろ層厚さを示す指標は，ろ層厚さを合理的に示す指標がないという現状において，十分な処理水質が得られている実績から判断した「ろ層厚さの設計指標」とでもいうべき意味合いをもっている．たとえばろ材の有効径を決めてから，ろ層厚さについてはこれらの指標を用いることで，ろ層を適切に設計できると考えてよい．

b. 多層ろ過の場合の粒径の比率

ろ過の高効率化のために，密度の異なる材料として砂以外のろ材を用いるが，複数のろ材を用いる多層ろ過（後述）においては，ろ材は多層に分離することで機能する．そのためにろ材の混合を防ぐ必要があるが，急速ろ過の一種である多層ろ過でもろ層再生（後述）にあたり，逆流洗浄を行っている．逆流洗浄後のろ層をろ材の種類ごとに分離するために，藤田[1]，河村[6]は次の式を示した．これは密度の異なる複数のろ材を用いた場合，上下層を構成するろ材の粒径比率は，ろ材分離のために次式を満足する必要がある．

$$d_1/d_2 = \{(\rho_2-\rho)/(\rho_1-\rho)\}^{0.667}$$

d_1, d_2：ろ材1, 2のろ材径（ろ材1は上層，ろ材2は下層のろ材の意）

ρ_1, ρ_2, ρ：ろ材1, 2の密度および流体の密度

この式は，上層にあるろ材1の最も速い沈降速度と下層にあるろ材2の最も遅い沈降速度を同一に調整することで，上下層のろ材は混合しないという考え方で，上下層のそれぞれのろ材の境界におけるろ材の粒径比率を示したものであり，多層ろ過のろ材の粒径を決定する際の指標となる．

7.3.4 ろ過方式

ろ過方式は，定速ろ過と定圧ろ過に分類できる．定速ろ過は，ろ過速度を一定に調節してろ過を継続するもので，得られるろ過流量は常に一定であり，必要な浄水量の管理がしやすい．しかしろ過の継続に伴ってろ層内への濁質の抑留量が増大するためにろ層間隙内の流速が速まり，ろ層内に抑留されている濁質の剥離が生じる場合が多くなって，ろ過水質を悪化させることがある．

一方の定圧ろ過は，ろ層にかかる圧力を一定に保ちながらろ過が継続されるものをいう．このような運転ではろ層の総損失水頭はろ過初期と同じままで，ろ過継続によりろ層の透水性が低下して，その分ろ過流量が次第に減少する．ろ層にかかる負荷は大きくならないので，ろ層内の抑留濁質の剥離などのリスクはないが，ろ過流量がろ過継続に伴って減少するので，浄水量の均等化のための浄水池などに配慮する必要がある．

7.3.5 ろ層の再生

ろ過池はろ材としてほぼ均一径の砂を用いてろ過をし，閉塞すればろ過を停止してろ層を再生しなければならない．緩速ろ過法の場合には生物ろ過膜に相当する厚さ2〜3 cm程度を削り取り，洗浄した

あとろ過池に戻すという作業を繰り返している．ろ層の削り取りは，古くは人力による作業で熟練を要する重労働であったが，いまでは機械化されているところも多く，また各種の削り取り機やろ材洗浄装置が開発されている．

急速ろ過法では，ろ層を自動的に水などによって洗浄し，再生している．日本のように砂の有効径が0.5～0.7 mm 程度であれば，水をろ過と逆方向から流し，ろ層を流動化させてろ材同士を衝突させて抑留物を砂と分離する逆流洗浄（backwashing）が採用されている．また逆流洗浄だけではマッドボール（mud balls）が形成される場合もあるので，表面洗浄を併用する方法が多く採用されている．両者併用の場合には，はじめ砂上水深を砂面頂上部付近まで低下させてから，表面洗浄を実施し，1～2分後に逆流洗浄を開始するという方法をとることが多い．表面洗浄の際の噴射水は，ろ層表層部の最も抑留量の多いろ層の洗浄が主目的であるが，逆流洗浄でろ層が膨張した後も，噴射力は低下するが，ろ層深さ10～20 cm のろ層部分の洗浄に効果的であるので逆流洗浄と併用するのがよい．特に，10 cm 程度の厚さにアンスラサイト（anthracite）を敷設した複層ろ過の場合，砂層とアンスラサイト層の境界部分の洗浄に効果的であることがわかっている[7]．

砂の有効径が 0.8 mm 以上の大粒径の砂を用いる場合には，ろ層を流動化させるために大量の水を使用することになるので，逆流洗浄は合理的ではない．そのような場合には空気洗浄により，抑留物をろ材と分離させ，そののちろ層を流動化させない程度の逆流水で剥離したフロックを排出するという再生方法をとるほうがよい．ただしこの場合，空気洗浄を単独で実施する時間が長く（2分以上）なると，剥離したフロックがろ層内部にまで進入してしまい，逆流水による排出が難しくなるので，空気洗浄を開始してから1分程度以内にフロック排出のための逆流洗浄を開始すべきである．

7.3.6 ろ過の高効率化
a. 水中の粒子の操作

ろ過機構が明らかになったことで，特に急速砂ろ過法についてはその機能を高める方法がいろいろと開発されている．急速砂ろ過法におけるろ過機構の卓越因子は，前述のようにろ材と懸濁粒子の凝集およびフロック形成ならびにろ材上の架橋物質の存在である．未ろ水中の粒子は，いわゆる凝集沈殿処理水中の粒子ということになり，この粒子ができるだけろ材との凝集条件を満足できる状態であることが望ましい．しかし，一般にこういう条件を満足している粒子は，ろ過池に流入する前に凝集し，大きなフロックを形成して沈殿してしまう．凝集させないで凝集条件を維持させることは，通常の浄水処理では難しい．

一般に凝集せずに，沈殿しない粒子をろ過池においてろ過効果を十分に発揮させるためには，凝集条件を満足していない状態の懸濁粒子の表面を改質して，ろ材と凝集しやすい状況に変化させることである．そのためには，ろ過池に流入する直前の未ろ水中の懸濁粒子に，凝集沈殿させるよりは少ない凝集剤を添加する方法がある．つまり凝集沈殿処理水に再度わずかの凝集剤を注入する方法でろ過の効率化を図ることが可能となる．海老江[8]はこの方法を凝集剤注入法と称している．この場合，再度注入した凝集剤によって懸濁粒子の性質が変わるよう十分機能させることが大切で，注入量が多すぎたりして凝集剤が残留してろ過池に流入すると，ろ層上部にそれらが集中して吸着され，表面ろ過を呈してろ層の損失水頭が急激に大きくなり，ろ過継続時間を短くしてしまうことがあるので注意する必要がある．

b. ろ材粒子の操作

同じくろ過の高効率化のためには，ろ材粒子のほうから懸濁粒子との凝集条件を満足させる状況を作り出す方法がある．再生直後のろ材は，初期漏出現象が起こることが知られている．ろ過初期は，ろ材粒子の凝集条件が満足しない，いわゆる熟成しないろ材の状況でろ過が行われるために起こる現象である．このようなときにろ材表面を凝集剤などで改質すると，ろ材粒子表面のゼータ（ζ）電位（zeta potential）の絶対値が低下して，ろ過機能が高まることが確認されている[9]．海老江[8]はこの方法を凝集剤被覆法と称しており，この方法には下向流法，上向流法および流動化法がある．

c. その他の操作

1) 逆粒度構成ろ層 ろ材の再生段階で一般に多用されている逆流洗浄は，それが終了するとろ材は粒径分布をもっているために成層化する．急速ろ過の機構は，前述のようにろ材と懸濁粒子の凝集作用が第一であり，前処理としての凝集が大きな役割を果たしている．ろ過の機能は8割以上はこの作用であるが，ろ材径によっては2割前後がふるい作用である．ふるいであれば，目開きは上部ほど大きく，

下部ほど小さくしてふるい分けるが，成層化したろ材の粒径分布はそれとは逆なので，この点が急速砂ろ過の不合理性といわれている．

なぜ，たった2割程度しか機能しないこのふるい作用が問題になるかというと，ふるい効果は実際にろ材径と大きく関与しており，ろ材径が小さいほどろ過効率が高く，したがって表層ほど懸濁粒子の抑留効率が高いため抑留量が多くなってやがて閉塞して，下部層のろ材がろ過機能を発揮する前にろ過停止に至るという問題が起きてしまうからである．

この点を改良すべく考案されたのが逆粒度構成ろ過（reverse-graded filter）である．水流の方向に粒径が大きいものから順に配列されているろ層ということであるが，通常の粒径構成で水流を逆向きにする上向流ろ過という方法もある．

この逆粒度構成ろ過の一つが多層ろ過（multi-layer filter）であり，粒径と密度の異なる複数のろ材でろ層を構成するものである．一般には砂のほかに軽いろ材としてアンスラサイト（密度 1.5～1.7 g/cm^3），そして重いろ材として石榴石（ざくろいし；ガーネット；密度 3.4～4.3 g/cm^3）が用いられている．

ろ過による懸濁粒子の除去にとって均等係数が同じであれば，粒径の大きなろ材ほど懸濁粒子はろ層深く進入し，ろ過継続時間が長くなって，一方では損失水頭が小さくてすむ．逆に小さい粒径ほどそのろ材間の空隙は小さく，ろ材と懸濁粒子の接触機会が増加し，ろ材による捕捉効率は高くなるが，空隙が小さいため損失水頭も急激に大きくなるのでろ過継続時間が短くなってしまう．ろ材に砂とアンスラサイトを用いる複層ろ過は，ろ過の不合理性を解決する一方法であり，300 m/d を超える高速ろ過も可能である．

2）藻類の除去 コロイドは大きさが 1 μm 前後，形も球形や立方体に近い．それに対して水中の藻類は，大きさが 100 μm を超える場合もあり，細長い形のものも少なくない．砂ろ過池のろ層表層では，ろ材径は 0.3 mm 程度である．したがって多くの藻類は，ろ過池に流入するとろ層表層近くに抑留されることになる．一方，藻類の水中における個数濃度は，1 ml あたり 10^1〜10^5 というオーダである．藻類の沈殿除去率 99% が期待できたとしても，原水中の個数濃度が 10^4/ml の場合には，10^2/ml の藻類がろ過池に流入してくることになり，ろ層は簡単に閉塞してしまう．

ろ過閉塞の原因藻類は，(1) ほとんどが珪藻である，(2) 珪藻以外では寒天質をもったとくに大形のものである，(3) いずれも著しい数にまで増殖する種類である，というのが，一般的な特徴といえる．日本では春の3〜5月，秋の9〜11月にこの障害が多くみられる．熱帯地方の水道などを含めて世界的に閉鎖性水域の富栄養化現象が進行する中で，藻類の増殖によるろ過閉塞の問題は一層深刻である．

藻類によるろ過閉塞に対しては，砂ろ層の上にアンスラサイトなどを敷設することにより，その防止をはかっている．

ろ過閉塞の原因藻類の長さ，ろ材径および必要なろ層厚に関する研究[10-12]が進み，一般に採用されている複層ろ過池（アンスラサイトの有効径 0.9〜1.3 mm 程度のものを砂層部に敷設）を通常のろ過速度（100〜150 m/d 程度）で運転する場合，下記のろ層厚 L において全抑留量の 95% 以上が除去できることがわかっている．

$$L/d_{50} > 100, \quad 条件 \quad d_{50}/s < 50$$

ここで d_{50}：ろ材のメディアン径，s：針状珪藻の長手方向の長さ

従来ろ過閉塞防止のための複層ろ過のろ材構成は何ら指標が提示されていなかったが，これらの指標は，$s > d_{50}/50$（例，$d_{50} = 0.8, 1.2$ mm の場合，$s > 16, 24$ μm）の長さをもつ針状珪藻を効率よく，しかもろ層を閉塞させることなく 95% 以上除去するために，$L > 100 d_{50}$（例，$d_{50} = 0.8, 1.2$ mm の場合，$L > 8, 12$ cm）程度アンスラサイトを砂層の上に敷き詰めればよい，ということを示している．

3）水系感染症原因微生物とろ過 水を介して生じる感染症の原因微生物は多数存在するが，飲料水に経路を限定しても，クリプトスポリジウム（*Cryptsporidium*），ジアルジア（*Giardia*）などの原虫やその他寄生虫，病原性大腸菌などの細菌，そしてウイルスなどがある．原虫や寄生虫の大きさは，2〜50 μm，細菌はそれより1オーダ小さくて 1 μm 前後，ウイルスになるとさらに 1〜2 オーダ小さくなり，10〜500 nm（0.01〜0.5 μm）である．

砂ろ過の起こりで知られるように，ろ過した水を飲んでいる区域では病気にかかる人が少ないという関係が見いだされたことで，ろ過による細菌の効果的除去は認識されてきた．実際に緩速ろ過によって細菌は十分に除去され，さらに消毒処理を行うことによって，細菌に対しては安全な飲料水が確保され

てきた.

しかしながら，原虫類のシストなどは堅い殻に包まれていて塩素に対する抵抗性がきわめて高いためろ過による除去が一層重要性を増している．またウイルスはそのほとんどは病原性が弱いが，時として重い疾病を起こすこともあるのは確かである．

緩速ろ過は，長い実績から細菌，ウイルス，原虫を99％以上除去する能力をもつと考えられており[14]，急速ろ過法も含めて1990年代まで数十年にわたる多くの研究結果から，やはりろ過施設は微生物が浄水中に入るのを阻止するのに効果的であることが指摘されている[15]．またウイルスの除去率と濁質の存在量が深く関係し，ウイルスの除去率を高くするには濁度は2度，できれば1度以下とした上で，不活化の方策を講じると効果的であるとの報告[16]もある．したがって凝集とろ過の効率化を図ることで，さらに高いウイルスの不活化も期待できる．

〔今野　弘〕

文　献

1) 藤田賢二（1976）：急速ろ過池の設計に関する研究．東京大学学位論文，28-48.
2) 松井佳彦，丹保憲仁（1992）：急速ろ過プロセスの数式モデル．水道協会雑誌，**61**（2）：17-27.
3) 松井佳彦，丹保憲仁（1992）：急速ろ過過程の数値シミュレーションのための諸係数の算定．水道協会雑誌，**61**（3）：2-12.
4) 松井佳彦，丹保憲仁（1992）：急速ろ過過程の破過過程と圧力水頭変化の数値シミュレーション．水道協会雑誌，**61**（7）：14-26.
5) 松井佳彦，丹保憲仁（1992）：数値解析による急速ろ過池の設計，操作条件の検討．水道協会雑誌，**61**（8）：2-12.
6) Kawamura S（2000）：Integrated Design and Operation of Water Treatment Facilities, 2nd ed., p.212, John Wiley.
7) Konno H（1997）：Rational depth of anthracite layer on sand layer for protection of filter clogging caused by diatom in rapid filtration process. Conference Reprint vol.2, 7th IAWQ Asia-Pacific Regional Conference, pp.765-770.
8) 海老江邦雄ら（2001）：砂ろ過による低濁水の高効率処理に関する基礎的研究―凝集剤被覆法と凝集剤注入法の有効性―．水道協会雑誌，**70**（12）：21-32.
9) 海老江邦雄ら（2001）：凝集剤被覆ろ過の有効性に関する基礎的研究．水道協会雑誌，**70**（3）：8-20.
10) 今野弘，佐藤敦久，真柄泰基（1994）：モデル材料を用いた針型珪藻の抑留特性と砂ろ過池の閉塞に関する検討．環境工学研究論文集，**31**：11-18.
11) 今野　弘，伊澤信宏，佐藤敦久，真柄泰基（1995）：針型珪藻の急速砂ろ過層内抑留に対する（ろ材径/珪藻長）比の影響．環境工学研究論文集，**32**：1-8.
12) 今野　弘，紺野栄二（1997）：針状珪藻による急速砂ろ過層の閉塞に対する複層ろ層の効果に関する研究．環境工学研究論文集，**34**：371-379.
13) 今野　弘，菊地信一，岩間竜彦（1999）：珪藻によるろ過閉塞防止のための実際の複層ろ過池の運転状況．世界ろ過工学会日本会ろ過分離シンポジウム論文集，pp.55-59.
14) 金子光美（1992）：飲料水の微生物学，p.121，技報堂出版．
15) 金子光美（1992）：飲料水の微生物学，p.132，技報堂出版．
16) 金子光美，五十嵐秀子（1981）：水中ウイルスの塩素による不活化．水道協会雑誌，No.566.

7.4　膜ろ過および逆浸透

▷ 9.2.2　膜分離の原理と技術

7.4.1　膜の種類と除去対象

膜ろ過（membrane filtration）は，膜（membrane）をろ材として水を通し，水中の不純物を除去する技術である[1]．膜の両側にかかる圧力の差を駆動力とするものであり，水（溶媒）は透過するが，懸濁質や溶質の一部は透過しない．浄水処理で用いられる膜ろ過は，精密ろ過（microfiltration；MF），限外ろ過（ultrafiltration；UF），ナノろ過（nanofiltration；NF）の3種類である．さらに，海水の淡水化処理などでは逆浸透（reverse osmosis；RO）が用いられている．逆浸透は超ろ過（hyperfiltration）と呼ばれることもあるが，いわゆるろ過とは異なるメカニズムにより物質が分離されるので，膜ろ過の範疇には入らない[2]．これらの膜を用いた膜分離（membrane separation）の操作圧力と除去対象物質を表7.3に示す．

浄水処理においてMFとUFは主に水中の懸濁微粒子や微生物の除去（除濁・除菌）を目的として用いられる．MF膜とUF膜の表面には無数の細孔（pore）が発達しており（図7.12），篩い分け作用によって細孔径よりも大きな物質（微粒子，微生物，高分子化合物）は阻止され，細孔径よりも小さな物質は通過する．

浄水処理で用いられるMF膜の公称孔径（nominal pore size）は0.1 μm や0.2 μm 程度のものが多く，粘土などの懸濁質および藻類・原虫・細菌は原

表7.3 膜分離の種類[2-7]

膜分離の種類	主な除去物質	分離粒径，分画分子量	操作圧力
精密ろ過（MF）	懸濁物質，原虫，細菌	0.01～10 μm	−60 kP（吸引）～200 kPa
限外ろ過（UF）	懸濁物質，原虫，細菌，ウィルス，高分子物質	1000～300000 Dalton	−60 kP（吸引）～300 kPa
ナノろ過（NF）	低分子物質，高分子物質	150～1000 Dalton	0.2～1.5 MPa
逆浸透（RO）	溶解塩類，低分子物質	60～350 Dalton	海水淡水化 5～9 MPa かん水脱塩 0.4～4 MPa

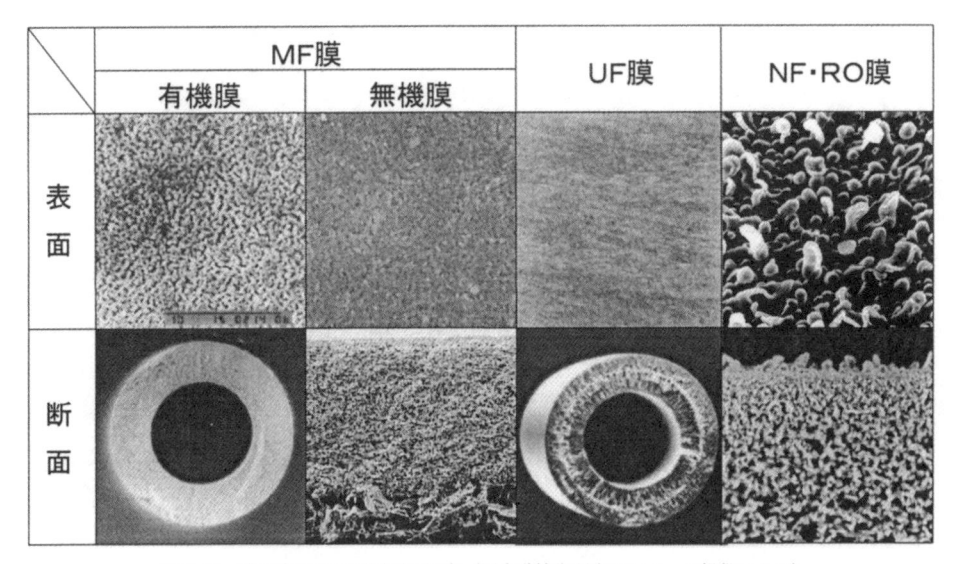

図7.12 膜の表面および断面の写真（㈶水道技術研究センターの提供による）

理的にほぼ完全に除去される．クリプトスポリジウム（*Cryptosporidium*）やジアルジア（*Giardia*）などの原虫の除去を目的として公称孔径 1 μm や 2 μm の MF 膜が用いられるケースもあるが，この場合には粘土などに起因する濁度は除去されず，また，細菌も完全には除去されない．

UF 膜の細孔径は MF 膜よりも小さく，浄水処理で用いられる UF 膜は公称の分画分子量（molecular weight cutoff）が 8 万～15 万 Dalton 程度のものが多い．UF 膜の細孔径は 0.01 μm よりも小さいので，MF 膜で除去される物質に加えて，ウイルスがほぼ完全に除去される．また，UF 膜の分画分子量に応じて色度成分であるフミン酸の一部が除去される．

RO と NF は低分子物質や溶解塩類を除去するのに用いられる．MF 膜と UF 膜の場合には細孔径による篩い分け作用が物質分離機構として支配的であるが，RO 膜と NF 膜の場合には細孔の存在が明確ではない．膜（高分子有機化合物）の分子構造の隙間を水分子が通過するが，溶質（低分子化合物，塩類の分子やイオン）が通過するかどうかは溶質と膜の間に働く電気化学的相互作用に支配される[3]．RO 膜は浄水処理では海水（塩分濃度 3.5%），かん水（塩分濃度 0.15～1.0%）の淡水化処理に用いられ[4]，原水中の金属イオン，硝酸・亜硝酸イオン，および，ほとんどの低分子有機化合物が除去される[5]．NF 膜の性能は RO 膜と UF 膜の中間であり，硬度成分の 2 価以上のイオンと農薬や臭気物質，フルボ酸などの大きさの有機物が除去され，硝酸・亜硝酸イオンや低分子有機化合物もある程度除去される[5]（図 7.13）．

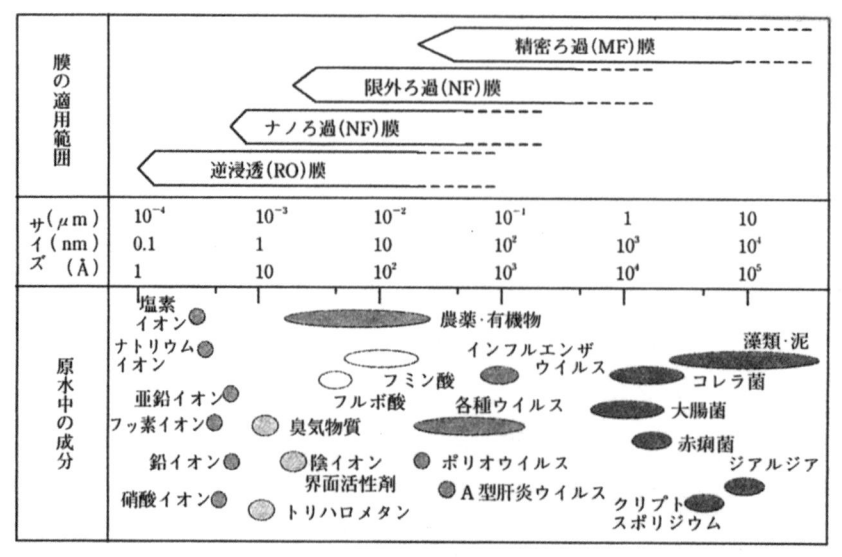

図7.13 水中の不純物成分のサイズと膜の分離領域[5]

7.4.2 精密ろ過（MF）と限外ろ過（UF）

a. 膜の材質

MF膜とUF膜は素材により有機膜と無機膜に分類される．有機MF膜の材質としてポリエチレン（PE），ポリプロピレン（PP），ポリスルホン（PS），ポリフッ化ビニリデン（PVDF）などが用いられ，有機UF膜の材質として酢酸セルロース（CA），ポリアクリロニトリル（PAN），ポリスルホン（PS），ポリエーテルスルホン（PES）などが用いられる．無機MF膜および無機UF膜の材質としてアルミナ系セラミックスなどが用いられる．なお，有機膜は高分子膜ともいう．

b. 対称膜と非対称膜

膜の厚み方向に膜の内部構造が均質な対称膜（symmetric membrane）と，不均質な非対称膜（asymmetric membrane）とに大別される．非対称膜は，固液分離性能に寄与する緻密層（dense layer, スキン層 skin layer）と多孔質支持層（porous suport layer）から成っており，緻密層と多孔質支持層の素材が異なる場合を複合膜（composite membrane）という．対称膜の場合には膜の両面がろ過膜面となりうるので，どちらの面から通水してもよい．非対称膜の場合には緻密層側の表面から通水する．

c. 膜エレメント

有機膜は成形した膜の形状により，平膜（flat sheet membrane），管状膜（tubular membrane），中空糸膜（hollow fiber membrane）などに分類される．いずれの膜でも膜厚は1 mm以下程度である．管状膜の内径は3〜5 mm以上であり，それ以下の内径のものを中空糸膜と呼んで区別している．平膜を数十枚〜数百枚束ねて，あるいは，管状膜や中空糸膜を数百本〜数千本束ねて，束ねた膜の両端あるいは片端を接着樹脂で溶着固定するなどして運びやすい部材に加工したものを膜エレメントという．

無機膜は成形した膜エレメントの形状により，管状膜とモノリス膜（monolith membrane，マルチルーメン型ともいう）などに分類される．管状膜とモノリス膜は1本ずつがエレメントとなる．

d. 内圧式と外圧式

管状有機膜・中空糸有機膜・管状無機膜の円形断面の内側から外側に向かって水が透過する方式を内圧式（internal pressure type）といい，その反対に円形断面の外側から内側に向かって水が透過する方式を外圧式（external pressure type）という．モノリス型無機膜の場合は，ルーメン（蓮根形状の穴に相当する部分）の内側表面が緻密層となっており，モノリスの外周に向かって水が透過する内圧式となっている．

e. 膜モジュール，ケーシング収納方式と槽浸漬方式

有機膜（平膜，管状膜，中空糸膜）や無機膜（管状膜，モノリス膜）のエレメントを何個か束ねて容器内に収納したり支持枠などに固定したりして，膜

7.4 膜ろ過および逆浸透

(a) ケーシング収納型中空糸膜モジュールの例（内圧式）

(b) ケーシング収納中空糸膜モジュールの例（外圧式）

(c) すだれ型膜モジュールの例（槽浸積用）

(d) 平膜モジュールの例

(e) 管形モジュールの例

(f) 管形モジュール（モノリス型）の例

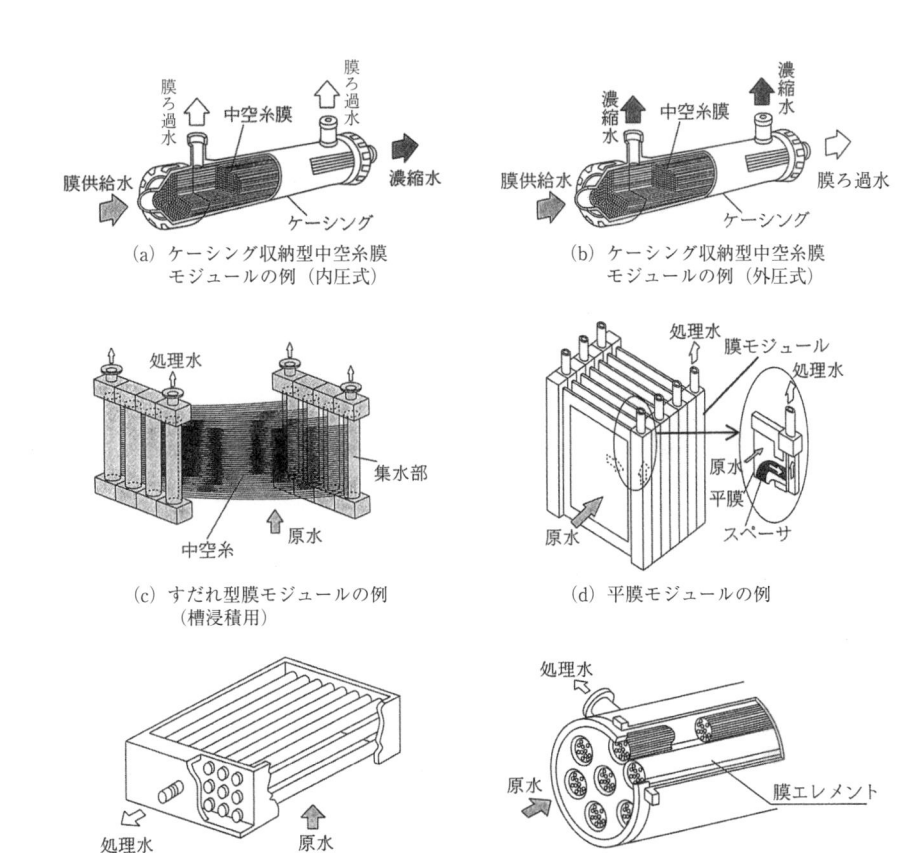

図 7.14　膜モジュールの例[4]

ろ過装置に装着できる形態に加工したものを膜モジュール（membrane module）という．膜モジュールの例を図 7.14 に示す．

膜を密閉可能な容器（ケーシング，ハウジング）に収納し，その収納容器に原水流入口と膜透過水流出口が取り付けられたものをケーシング収納方式（incased type）の膜モジュールといい，有機膜（平膜，管状膜，中空糸膜）や無機膜（管状膜，モノリス膜）のすべてのタイプで用いられる．一般にケーシング収納方式では内圧式または外圧式で加圧運転される．

管状膜や中空糸膜を圧力容器内に収納せずに，支持枠や容器に固定した膜モジュールを用い，原水流入槽（開放型または密閉型）に浸漬させた状態で膜ろ過装置を運転する方式を槽浸漬方式（tank-submerged type）という．一般に外圧式であり，ポンプ吸引式あるいは自然流下式で運転する．装置が簡素で膜モジュールの交換も容易であるという利点があるが，高圧条件下での運転ができないので膜ろ過流束は比較的に低い．

f. デッドエンドろ過とクロスフローろ過

ケーシング収納方式の膜モジュールに供給された原水や槽浸漬方式の膜モジュール浸漬槽に供給された原水の全量が膜面を透過し，ろ過によって除去された懸濁物質の全量が膜表面に蓄積し続ける方式をデッドエンドろ過（dead-end filtration）または全量ろ過という．デッドエンドろ過方式では，ろ過時間の経過につれて膜面上の堆積固形物層（ケーキ層）の厚みが増してろ過抵抗が増大し，やがて閉塞状態となる．

一方，膜面に平行な流れ，すなわち，膜透過流に垂直な流れ（クロスフロー）を与えながら膜ろ過を行う方式をクロスフローろ過（cross-flow filtration）という．クロスフローの掃流力により膜面上に堆積した固形物を剥離させ，膜面の固形物蓄積を防止して膜ろ過抵抗の増加を防止し，安定したろ過流束を維持することができる．ただし，十分な掃流作用をもたらすのに必要なクロスフロー流速を与えるため

のエネルギー消費が大きくなるという欠点がある．ケーシング収納方式の場合には，膜ろ過流量分を膜モジュールに供給するポンプのほかに，膜モジュールの内側と外側を循環させるためのポンプを追加する．槽浸漬方式の場合には，浸漬槽内で循環流を起こすことによってクロスフローろ過を行うことが可能である．

g. 前処理

MF膜とUF膜を用いた膜ろ過の前処理として，原水中の粗大浮遊物による膜モジュールの破損や膜の一次側での閉塞を防止するために，マイクロストレーナーを設置することが多い．急速砂ろ過では前処理として凝集処理が必須であるのに対して，MF膜とUF膜を用いた膜ろ過では前処理としての凝集処理は原理的に不要である．しかし，高濁度の原水に対しては，前凝集処理を行うことによって膜ろ過フラックスをより高く設定することが可能となることも多く，実用面から前凝集処理を行う場合もある．また，原水中の有機物濃度が高い場合には，前処理として粉末活性炭の注入やオゾン注入を行う場合がある．MF・UF膜ろ過と活性炭吸着やオゾン酸化処理を組み合わせたハイブリッドプロセスが考えられている[4,6]．

h. 物理洗浄

膜ろ過装置の運転では通常の急速砂ろ過池や緩速砂ろ過池の運転と同様に，ろ過流量を一定量に制御する方式が一般的である．また，急速ろ過池の運転と同様に，ろ過工程が一定時間経過した後にろ過を停止して，膜面に堆積した固形物を洗浄・排除する工程が必要である．たとえば，ろ過工程30～60分，洗浄工程1～3分といった時間の組み合わせで行われる．この洗浄工程を一般に物理洗浄（physical cleaning）という．

物理洗浄として，逆圧洗浄（back pressure washing），スクラビング，フラッシングなどが用いられる．逆圧洗浄は単に逆洗（backwashing）ともいい，膜の2次側（透過水側）から1次側（原水側）の方向に洗浄水や空気を圧送して膜面の付着粒子・堆積固形物を剥離・排除する方法であり，洗浄水として通常は膜ろ過水（貯留水）を用いる．スクラビングは膜の1次側に気泡を吹き込んで膜面を水中で揺動させる方法であり，フラッシングは膜の1次側に清浄な水や空気を圧入して膜面上を流す方法であり，いずれも膜面の付着粒子・堆積固形物の剥離・排除を目的とする．洗浄効果を高めるために，逆洗とスクラビングまたはフラッシングを併用することが多い．また，膜の表面や内部に吸着された有機物を酸化分解・脱着除去するために，逆圧洗浄水に次亜塩素酸ナトリウムを注入する（遊離塩素 5 mg/l 以下程度）ことも多い．

i. 薬品洗浄

膜ろ過装置を数か月にわたって運転すると，一定のろ過流量を維持するのに必要な膜間差圧（trans-membrane pressure difference）が次第に上昇していく．膜の物理洗浄では除去しきれない物質が膜の表面や内部に付着していき，膜の閉塞をもたらす．このような付着物質を除去するために化学薬品を用いて洗浄することを薬品洗浄（chemical cleaning）という．薬品として，酸化剤（次亜塩素酸ナトリウム），還元剤（クエン酸，シュウ酸），無機酸（硫酸，塩酸），アルカリ（苛性ソーダ），および界面活性剤などが用いられる．

膜の洗浄方法として，膜ろ過装置から膜モジュールなどを脱着して専門工場に運搬し，そこで薬品洗浄を行う方法（オフライン洗浄）と，膜ろ過装置に膜モジュールなどを装着したままの状態で薬品洗浄を行う方法（オンライン洗浄）がある．小規模な膜ろ過浄水場ではオフライン洗浄の場合が多いが，大量の膜モジュールを扱う大規模な膜ろ過浄水場では計画的なオンライン洗浄を行うことが必要である．

j. 膜ろ過流束と回収率

膜ろ過装置における膜面積あたりの膜ろ過流量を膜ろ過流束（membrane filtration flux），あるいは，膜ろ過フラックスという．通常は $m^3/m^2 \cdot$ 日，あるいは，$m^3/m^2 \cdot h$ の単位で表される．また，膜ろ過流束を標準水温（25℃）と単位膜間差圧（98.1 kPa）の条件下に換算した値を，補正流束（corrected flux）という．

膜ろ過装置の運転では，膜ろ過工程の時間と物理洗浄工程の時間を足し合わせた時間が1サイクルとなっている．MFとUFでは，膜ろ過工程における膜ろ過流束として $0.5\sim2\,m^3/m^2 \cdot$ 日程度で設計することが多い．膜ろ過工程と物理洗浄工程の時間を足し合わせた1サイクルの時間あたりに換算した膜ろ過流束はより小さな値となる．また，物理洗浄工程で使用する洗浄用水（膜ろ過水）の消費量を差し引いた正味の生産フラックス［$m^3/m^2 \cdot$ 日］はさらに小さな値となる．いずれの意味でも膜ろ過流束として用いられるので注意が必要である．

膜ろ過工程でろ過した総量に対して，物理洗浄工

程で消費した量を差し引いた正味の生産量の比率を回収率という．MFとUFでは回収率が90〜98%程度である．

k. 膜の管理

MF膜とUF膜は非常にすぐれた固液分離性能を有しているが，膜面の一部が破損する可能性を想定した危機管理が必要である．膜モジュールの系列ごとの膜ろ過流出水に対して，高感度濁度計や微粒子カウンターを用いた濁度や微粒子個数濃度の連続的監視あるいは間欠的監視が必要である．濁度や微粒子個数濃度の異常値が検出された場合には，異常箇所の特定と膜モジュールの修復・交換などの措置を迅速に行わなければならない．

7.4.3 逆浸透（RO）

a. 膜の構造と材質

RO膜の膜エレメントの構造には中空糸型とスパイラル型の2種類があり，膜の材質は酢酸セルロース（CA）系とポリアミド（PA）系の2種類に大別される．膜の内部構造は非常に薄い緻密層と厚い支持層からなる非対称膜である．膜モジュールはケーシング収納型であり，通常は数個の膜エレメントを収納している．膜モジュールの特徴を表7.4に示す．

表7.4 RO膜の種類と特徴 [4]

膜型式	膜材質	特　徴
スパイラル型	ポリアミド系（PA系）	・塩分，ホウ素，臭素，トリハロメタンなどの排除率高い ・耐圧性，耐温性高い ・残留塩素には弱い．脱塩素処理が必要
中空糸型	酢酸セルロース系（CA系）	・塩分の排除率高い．ホウ素，臭素，トリハロメタンなどの排除率は，ポリアミド系より低い ・残留塩素には強い．常用0.1〜1.0 mg/lでも耐える
中空糸型	ポリアミド系（PA系）	・スパイラル型とほぼ同じ性能をもつが，排除率はやや劣る ・排除性保持のために，定期的（数か月に1回）に薬品処理を必要とする ・残留塩素には弱い．脱塩素処理が必要

b. 前処理（原水調整設備）

逆浸透による海水やかん水の淡水化処理では，前処理として水中の懸濁物質を完全に除去することが必要である．前処理として凝集処理と直接ろ過が行われるが，2段のろ過器（塔）を直列に配置し，1次ろ過と2次ろ過（ポリッシングろ過）の直列ろ過方式が採用されることが多い．1次ろ過器は砂の単層ろ過またはアンスラサイト層/砂層の複層が用いられ，2次ろ過器は砂の単層ろ過が用いられる．凝集剤として通常は塩化第二鉄（注入濃度0.1〜1 mg-Fe/l）が用いられる [4]．

c. 逆浸透（RO）工程

懸濁物質が除去された海水はRO膜モジュールに流入する．RO膜モジュール内の流れはクロスフローであるが，透過水以外の水量は濃縮水としてRO膜モジュールから排出される．1段のRO膜モジュールによる透過水（淡水）の回収率は35〜45%程度であり，RO膜モジュールから排出された濃縮水中には原水（海水）中の溶質が2〜3倍に濃縮されている．淡水の回収率をより高めるために，図7.15と表7.5に示すように単段あるいは2段のRO脱塩法が採用されている．

海水淡水化RO膜の膜透過流束は，中空糸膜モジュールの場合に0.03〜0.04 m^3/m^2・日であり，スパイラル型膜モジュールの場合に0.4〜0.5 m^3/m^2・日である．しかし，膜モジュール1本あたりの膜面積は中空糸膜モジュールのほうがスパイラル型膜モジュールに比べて約10倍の大きさであり，膜モジュール1本あたりの膜透過流束はほとんど同程度である [5]．

7.4.4 ナノろ過（NF）

a. 膜の構造と材質

NF膜の膜エレメントの構造と材質，および，膜モジュール形状はRO膜と全く同様である．NF膜はRO膜の範疇に分類されることもあるが，従来のRO膜の操作圧（5〜7 MPa）に比べてかなりの低圧で運転でき，また脱塩率が低いので，低圧RO膜あるいはルーズRO膜と呼ばれることもある．

b. ナノろ過（NF）の用途

NF膜の分画分子量はUF膜と従来のRO膜の中間に位置づけられるが，分画分子量が非常に小さいタイプのUF膜（1000 Dalton前後）とも部分的に重複する．NF膜の総塩類除去率は50〜70%程度であるが，二価イオンのカルシウムやマグネシウムの

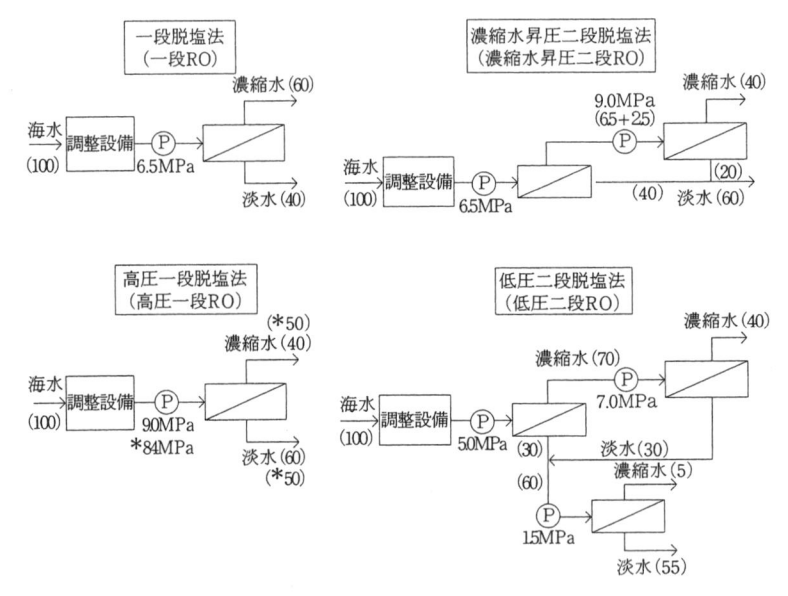

図 7.15 逆浸透（RO）による海水淡水化のフロー[4]
（ ）内は流量バランス，単位：％．

表 7.5 逆浸透（RO）による種々の脱塩方式[4]

脱塩方式	特　徴	水回収率 （％）	運動圧力 （MPa）
一段脱塩法（一段 RO）	従来からの方式で海水，かん水の淡水化の代表的な方式	35〜45	5.9〜6.9
濃縮水昇圧二段脱塩法 （濃縮水昇圧二段 RO）	従来の方式の濃縮水を昇圧してさらに脱塩し，水回収率を高くする方式 施設規模が縮小化できる	55〜60	5.9〜6.9 7.0〜9.0
高圧一段脱塩法 （高圧一段 RO）	従来の方式で運転圧力を全体で高め，水回収率を高くする方式 従来法より施設規模が縮小化できる	50〜60	8.0〜9.0
低圧二段脱塩法 （低圧二段 RO）	従来の一段脱塩法より低圧で高透過性を有する膜と従来の超低圧 RO 膜を直列に組み合わせ，水回収率を高くする方法 ホウ素対策用に使われる	50〜55	5.0〜7.0 1.0〜1.5

除去率は高く，また低分子量の有機物の除去率も高い．これらのことから，硬度や有機物濃度が高く，かつ濁度が低い原水に対して NF 膜を用いた浄水処理が適している．塩水の影響を受けた泥炭地水のように，硬度が高く，フミン質などの自然由来有機物（natural organic matter : NOM）の濃度が高い原水や，農薬などの微量有機物に汚染されている原水に対して，NF はきわめて有効である．有機物濃度が高くても硬度の問題がない原水の場合には，NF により硬度成分が除去されすぎて配水管の腐食性が増すので，石灰などのアルカリ注入が必要になることもある．

c. 前処理（原水調整設備）

ナノろ過を行うには原水中に懸濁微粒子をほとんど含まないことが必要であるので，ナノろ過を直接適用できるのは濁度および FI 値（fouling index）が非常に低い地下水などの原水に限られる．原水が表流水の場合には，懸濁物除去のための凝集・沈殿・砂ろ過や MF・UF などの膜ろ過による前処理が不可欠である．

d. ナノろ過（NF）工程

前処理によって懸濁物質が除去された原水は NF 膜モジュールに流入する．NF 膜モジュール内の流れはクロスフローであり，透過水以外の水量は濃縮水として NF 膜モジュールから排出される．1 段の NF 膜モジュールによる透過水の回収率は RO の場合と同様に小さいので，図 7.16 に示すように多段のクリスマスツリー方式，あるいは，濃縮水の循環

NF膜ユニット

クリスマスツリー方式

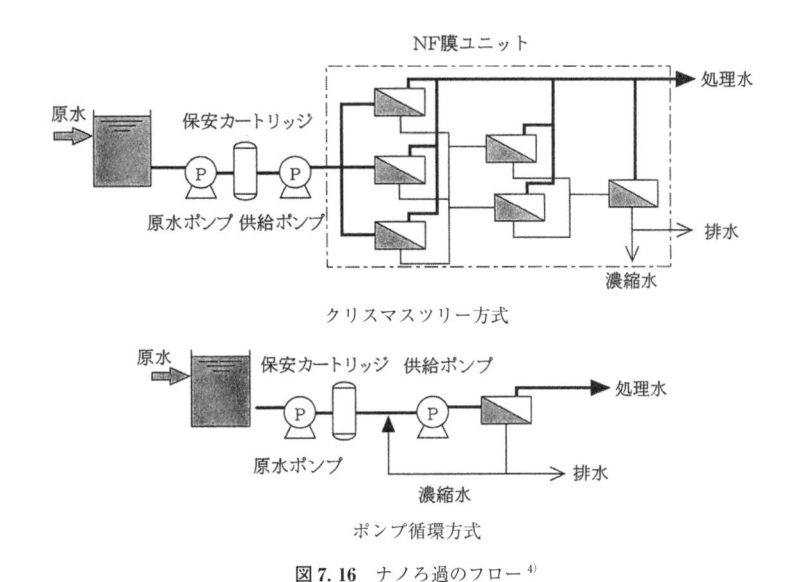

ポンプ循環方式

図7.16 ナノろ過のフロー[4]

利用によって，透過水回収率の向上が図られる．

〔湯浅 晶〕

文 献

1) 藤田賢二，山本和夫，滝沢 智 (1994)：急速ろ過・生物ろ過・膜ろ過, pp.19-23, 238-294, 技報堂出版.
2) 木村尚史他編著 (1990)：膜分離技術マニュアル, pp.1-3, アイ・ピー・シー.
3) 土木学会環境工学委員会 (2004)：環境工学公式・モデル・数値集, pp.33-39, 土木学会.
4) 浄水技術ガイドライン作成委員会 (2000)：浄水技術ガイドライン, pp.89-99, 205-223, 水道技術研究センター.
5) 浄水膜編集委員会 (2003)：浄水膜, 膜分離技術振興協会監修, 技報堂出版.
6) 水道技術研究センター (2002)：水道膜ろ過法入門, 国包章一監修, 日本水道新聞社.
7) 水道膜ろ過法Q&A編集委員会 (1995)：水道における膜ろ過法Q&A, 厚生省監修, 水道浄水プロセス協会.

7.5 高度浄水処理

▷ 13.3 有機物質

7.5.1 高度浄水処理とその必要性

日本は温帯地域に属し，停滞性水域では富栄養化とそれに伴う藻類などの植物性プランクトンの増殖による異臭味問題やトリハロメタン前駆物質などの有機物の影響が顕在化してきた．また，水道普及率の向上は同時に排水量の増加を意味し，水道水源となる河川などへの排水により有機物汚染などの原水水質の低下も引き起こすこととなった[1]．これらの臭気物質や有機物は溶解性成分であり，日本の浄水方式の主流となっている急速ろ過システムでは十分には除去できず，これらの成分の除去のためには高度浄水処理（advanced water treatment）を単独あるいは他の処理と組み合わせて適用する必要がある．高度浄水処理の対象成分としては，カビ臭の原因物質である2-メチルイソボルネオール（2-MIB），ジェオスミンを含む臭気物質，フミン質を主体するトリハロメタン前駆物質や色度，アンモニ

7. 浄水処理

表7.6 高度浄水処理法の概要と主な処理対象成分

処理法	概　要	処理対象成分
活性炭処理	活性炭の吸着効果により，異臭味，色度，有機物などを除去する方式で，粉末活性炭処理と粒状活性炭処理に分かれる．活性炭層内の微生物による有機物の分解作用を併せて利用する処理を特に生物活性炭処理という	臭気（カビ臭，その他），トリハロメタン前駆物質，トリハロメタン，陰イオン界面活性剤，トリクロロエチレン等，農薬等，色度（フミン質）
オゾン処理	オゾンの酸化力を利用して有機物，無機物，細菌などの酸化，不活化を行う．塩素などの他の酸化剤に比べ酸化力が強い．副生成物への対応のため，後段に粒状活性炭処理を設置しなければならない	クリプトスポリジウム，臭気（カビ臭，その他），トリハロメタン前駆物質，陰イオン界面活性剤，農薬など，色度（フミン質）
生物処理	微生物の酸化・分解反応を使用して原水中のアンモニア性窒素，臭気などを除去する方式．微生物との接触効率を高めるために生物処理槽内の担体に，微生物を増殖させる	臭気（カビ臭），陰イオン界面活性剤，アンモニア性窒素

ア性窒素，陰イオン界面活性剤，トリクロロエチレンなどが挙げられる．

高度浄水処理の確固たる定義はないが，「水道水源開発等施設整備費の国庫補助について」[2]では国庫補助の対象となる高度浄水施設を，生物処理，オゾン処理，活性炭処理，ストリッピング処理（揮散処理）などの浄水施設などとし，「膜ろ過高度浄水施設導入の手引き」[3]では膜ろ過高度浄水施設を処理性能の面から，消毒副生成物質駆物質，農薬，陰イオン界面活性剤，臭気物質，色度などを効率的に除去しうるような浄水施設としている．すなわち，従来の急速ろ過システムでは十分に除去できない溶解性有機性汚染物質が処理の主対象物であり，それに対する処理法が高度浄水処理ということができる．本節では既設浄水場で異臭味対策，トリハロメタン対策として実績のある，活性炭処理（activated carbon treatment），オゾン処理（ozonation），生物処理（biological treatment）について解説する．表7.6に，これらの概要と除去対象成分を示す．

7.5.2 活性炭処理

活性炭処理は活性炭と処理対象水を接触させ，通常の急速ろ過システムで除去できない溶解性物質を，吸着などによって除去する処理である．吸着（adsorption）とは固-液，固-気など異なる2相間で，ある物質が界面に濃縮または蓄積される現象である．物質を蓄積する側を吸着剤，吸着される物質を吸着質という．浄水処理では活性炭が吸着剤として用いられている．

活性炭は多孔性炭素質吸着剤であり，活性炭粒子表面の顕微鏡で観察できる程度の孔から，細孔内部の吸着質分子レベルの孔まで幅広い細孔分布を有している．細孔表面積は700〜1400 m^2/gときわめて

図7.17 活性炭細孔の模式図[5]

大きく，この細孔表面に処理対象物質を吸着する．細孔径は細孔容積の測定結果から円柱状の細孔を仮定して求められる．細孔はその大きさによりマクロ孔（細孔直径50 nm以上），メソ孔（細孔直径2〜50 nm），ミクロ孔（細孔直径0.8〜2 nm），サブミクロ孔（細孔直径0.8 nm以下）に分類される[4]．活性炭では広い細孔表面積と細孔分布を有しており，このことが高い吸着性を示す理由となっている．活性炭細孔の模式図を図7.17に示す．

活性炭は木材，おが屑，ヤシ殻などの木質系や瀝青炭などの石炭系，石油重質油や石油系ピッチなどの物質を原料として，炭化，賦活化工程により製造される．賦活化はガス賦活と薬品賦活があるが，水道で使用する活性炭ではガス賦活の一種である，水蒸気賦活法が用いられている．炭化，賦活化の条件により，活性炭の細孔構造，吸着特性が異なる．ヤシ殻系活性炭はミクロ孔が発達しており，全細孔容積は大きくないが細孔表面積が大きい．石炭系活性炭ではミクロ孔，メソ孔を中心とし幅広い細孔分布をもち，細孔表面積はヤシ殻系に比べ小さめであるが，全細孔容積は大きい．

活性炭では一般に疎水性物質がよく吸着され，農薬，異臭味原因物質，界面活性剤などの化学物質の除去に有効である．しかし，親水性の農薬，糖類，アルコール類などの有機物の除去効果はあまり期待できない．吸着現象は最終的な吸着量を示す平衡吸

表7.7 粉末活性炭処理と粒状活性炭処理の利害損失[6]

項目	粉末活性炭	粒状活性炭
処理施設	○既存の施設を用いて処理できる	△ろ過層を作る必要がある
短期間の場合	○必要量だけ購入すればよいから経済的	△不経済である
長期間の場合	△経済性が悪い,再生できない	○層厚を厚くできる,再生使用するから経済的となる
生物の繁殖	○使い捨てだから繁殖しない	△原生動物の繁殖するおそれがある
廃棄	△炭を含む黒色スラッジは公害の原因となる	○再生使用するので問題ない,廃棄しない
漏出による黒水のトラブル	△特に冬季に起こりやすい	○ほとんど心配がない
処理管理	△注入作業を伴う	○特に問題はない

注:○は有利,△は不利.

着量と,吸着速度に支配される.平衡吸着量は吸着等温線として表され,水処理ではFreundlich型またはLangmuir型吸着等温線が用いられる場合が多い.吸着速度は吸着質の活性炭細孔内における細孔拡散係数または表面拡散係数として示すことができる.浄水処理ではプロセスの滞留時間(活性炭との接触時間)が限られているため,平衡吸着量が大きい物質でも吸着速度が遅ければ処理プロセス内で十分な除去はできない.したがって,吸着処理の効率を上げるためには平衡吸着量だけではなく,吸着速度も考慮することが重要である.浄水処理における活性炭吸着ではmg/lオーダーで存在するフミン質などの自然由来有機物から$\mu g/l$〜ng/lで存在する農薬,カビ臭物質などの微量汚染有機物までを同時に処理する必要が起きる場合がある.これら複数の物質が同じ活性炭の細孔表面に吸着するため,吸着エネルギーの違い,吸着履歴の違いなどにより,特に微量汚染有機物では競合吸着の影響により単成分での吸着平衡に達しない場合が多い.

浄水処理における活性炭の使用形態からみると,粉末活性炭(powdered activated carbon)処理と,粒状活性炭(granular activated carbon)処理に分けることができる.粉末活性炭処理は応急的あるいは短期間使用の場合に有利とされ,粒状活性炭処理は比較的長期間あるいは年間を通した連続使用の場合に有利である.粉末活性炭処理と粒状活性炭処理の比較を表7.7に示す.また活性炭処理の機能からみると吸着型の活性炭と生物活性炭(biological activated carbon:BAC)に分類することができる.

a. 粉末活性炭処理

粉末活性炭処理は浄水場の取水井や混和池あるいは取水施設など,凝集剤添加以前に粉末活性炭を注入し,凝集・沈殿で活性炭を濁質とともに取り除くまでの間に処理対象成分を吸着する方式である.活性炭接触池を設ける場合もある.限られた接触時間しかないため,比表面積が大きく接触効率の高い,小粒径の粉末状の活性炭を使用する.通常,粉末活性炭は75μm以下の粒径のものが推奨されている.使用された活性炭は沈殿,ろ過により分離された濁質とともにスラッジとして排出されるため,回収はできず使い捨てとなる.このため,季節的あるいは年間のある限られた期間だけ問題となるような異臭味対策や,緊急的な事故対策に用いられる場合が多い.

粉末活性炭処理は浄水場に対しては濁度の添加であり,微細な濁質を凝集・沈殿・ろ過で除去しなければならない.凝集効果が低下する冬季の低水温時には沈殿池からのキャリーオーバーによるろ過池への負荷増や,ろ過継続時間が長くなると微粉炭の流出が起こりやすくなることに注意する必要がある.また,前塩素処理を行う場合には活性炭により塩素が消費されるため,目標とする残留塩素を確保できる注入量とすることが必要である.

b. 粒状活性炭処理

粒状活性炭処理は粒径0.3〜2.4 mm程度の活性炭を活性炭吸着池に充填し,通常のろ過のような下向流,あるいは上向流で処理対象水と接触させ,処理対象物質を除去する方式である.吸着池は凝集・沈殿・ろ過の後段に設置したり,オゾン処理と組み合わせてろ過の後段または沈殿とろ過の間に設置する場合が多い.処理システムの中の一プロセスとして組み込むため,連続運転(連続通水)となる.したがって,年間を通して汚染が問題となるような処理対象物質の除去に適した方法である.

粒状活性炭処理では図7.18の右側の実線に示すように,一定時間,吸着により処理対象物質が除去され続ける期間があり,さらに通水を継続すると流出水中に処理対象物質が出てくる.この点を破過点といい,その後の流出曲線を破過曲線という.吸着速度の速い成分は右側実線のような典型的なS字カーブを描くが,吸着速度の遅い成分の場合は左側

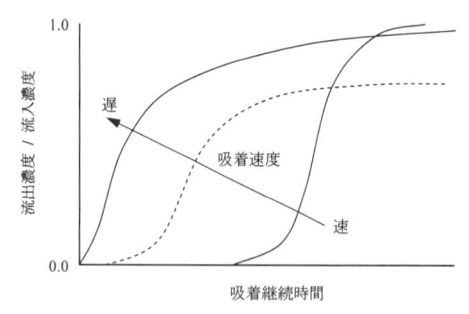

図 7.18　粒状活性炭処理における破過曲線

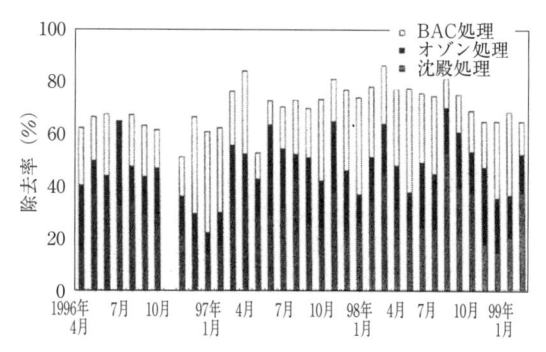

図 7.19　トリハロメタン生成能除去率（平成4年稼動開始，稼動後4～6年経過の除去率）（東京都水道局金町浄水場160万m^3/日）[7]

実線のように，吸着の比較的早い時期から破過し，徐々に流入濃度に漸近する形となる．処理水中に非吸着性の有機物が含まれる場合には，TOCなどを指標とすると，吸着初期から一定濃度の流出がみられることになる．実際の処理では流入濃度が一定ではないため，必ずしも図に示すようなきれいな曲線にはならない．破過曲線のパターンは処理対象成分の吸着速度だけでなく，接触時間，線速度（LV：砂ろ過の場合のろ過速度と同じ），空間速度（SV），活性炭層の厚さ，活性炭粒径などによって異なる．

処理目標値に達した活性炭は運転を停止し，活性炭を交換する．抜き出された活性炭は，乾燥，脱着，再賦活による再生工程を経て繰り返し使用される．再生におけるロスは活性炭の使用履歴によっても異なり，通常2～3%であるが，5%を超える場合もある．

通水方式は通常の砂ろ過池と同様の下向流固定層方式と，上向流流動層方式が実用化されている．それぞれ大規模では池などの開放型，中小規模では加圧式の設備が用いられる．固定層方式の場合は粒形0.4～2.4 mm程度の活性炭が用いられる．ろ過の後段に活性炭処理が設置される場合には比較的粒径が小さく，均等係数の大きい活性炭が使用される．逆にろ過池の前に設置される場合には，懸濁物質の負荷が大きくなるため，比較的粒径が大きく，均等係数の小さい活性炭が用いられる．固定層では設置場所により差はあるが，懸濁粒子の蓄積による損失水頭上昇を回復するために，ろ過池と同様に定期的に逆流洗浄を行う．流動層方式では活性炭粒子を流動化させるため，粒径が0.3～0.9 mm程度と固定層と比べて小さい活性炭を用いる．流動層方式では濁質の抑留が少なく，損失水頭がつきにくい．小粒径の活性炭を用いるため接触時間を短くすることができる．しかし，流量変動があると処理水中に活性炭粒子が流出するおそれがあるので注意が必要である．

c. 生物活性炭処理

粒状活性炭処理において活性炭層内に塩素がほとんど存在せず，溶存酸素が保たれている状態では，活性炭層内に微生物が増殖して生物活性炭といわれる状態となる．活性炭処理の前段でオゾン処理を行うと，一部の生物難分解性有機物が易分解性に転換され，同時に溶存酸素濃度が高まることから生物活性炭の効果を高めることが期待できる．一般的には活性炭前段における塩素処理を行わない方式を生物活性炭処理としている．

生物活性炭処理では活性炭の吸着作用とともに，微生物による溶存有機物の直接的な取り込みおよび分解，いったん吸着した有機物の直接または脱着後の微生物による分解（生物再生）が起こっていると考えられ，吸着型の活性炭処理より活性炭の寿命が長くなる．概念的には図7.18の破線で示すように破過後，吸着平衡へ近づきながらある一定の除去率を保っている状態として示される．図7.19に示すように東京都水道局の例では，稼働後4～6年経過した活性炭でも生物活性炭処理だけで全トリハロメタン生成能の15～35%の除去率を維持している．生物活性炭処理では有機物の除去だけでなく，活性炭層内に生息する硝化菌によりアンモニア性窒素の硝化も可能である．しかし，微生物活動による酸化・分解を期待しているため温度の影響を受けやすく，低水温時には処理効率が低下する場合もある．

生物活性炭層の洗浄に関する留意点として，ろ過池の後段に活性炭吸着を置く場合には生物活性炭からの微小動物の漏出のおそれがある．この場合には微小動物のライフサイクルを考慮して，活性炭層内に蓄積しないような逆洗頻度を設定する必要があ

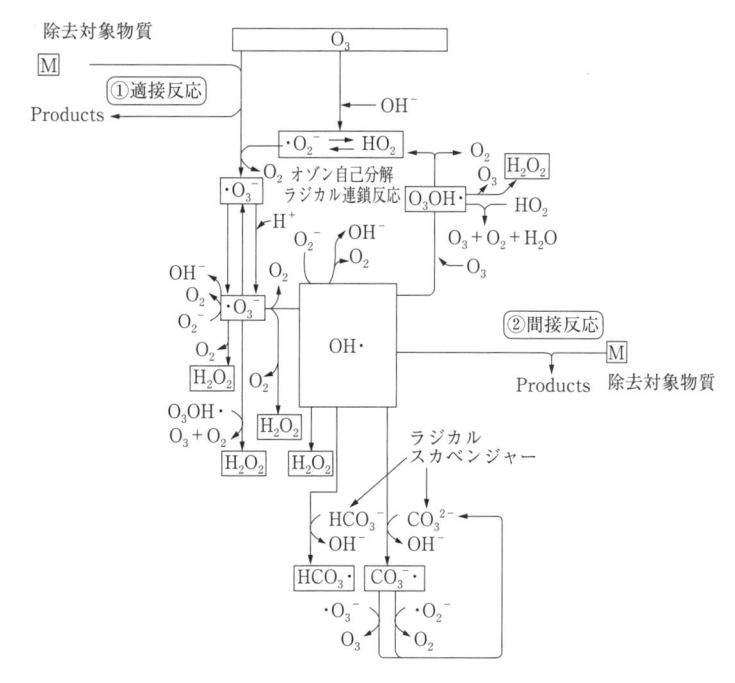

図 7.20 オゾン自己分解と直接反応および間接反応 [9]

7.5.3 オゾン処理

オゾンは塩素より強力な酸化剤であり，この酸化力を利用して異臭味，色度の除去，消毒副生成物前駆物質の低減，細菌の不活化などを行うプロセスである．オゾン処理は活性炭処理や膜ろ過などの分離型のプロセスと異なり，化学反応により処理対象物質を分解する方法である．したがって，原水によっては望ましくない副生成物の生成を伴うため，オゾン処理では活性炭処理を併用することとなっている．

オゾン処理の特徴は，①ジェオスミン，2-MIBなどの臭気，フミン質などによる色度，塩素処理により臭味を増すフェノール類の臭気除去に有効である．②生物難分解性有機物の生物分解性を増大させるため，後段の活性炭処理（生物活性炭）で有機物の除去性が高くなることが挙げられる．このほか塩素注入に先立ってオゾン処理を行うことにより，塩素要求量を減少させたり，原水中の鉄，マンガンの酸化にも用いられる．凝集効果の改善が図れる場合もある．トリハロメタン前駆物質となるフミン質の酸化・分解には有効であるが，すでに生成しているトリハロメタンに対しては低減効果を示さない．トリハロメタン制御のためにはオゾン・活性炭処理で前駆物質を低減することが必要である．また，塩素処理とは異なり，アンモニア性窒素とは反応しない．細菌，ウイルスなどへの不活化効果もあるが，残留性がないため水道の最終消毒剤としてわが国では使用されていない．

水中に溶解したオゾンによる酸化反応は，溶解したオゾンと処理対象物質が反応する直接反応と，オゾンから生成する OH ラジカルと処理対象物質が反応する間接反応がある [8]．水中でのオゾンは酸性溶液中では比較的安定しているが，pH が高くなると自己分解速度が速くなり急速に分解する．また，水温が高い場合にも溶解量が減少し，分解速度が増大する．OH ラジカルは強力な酸化力でカビ臭物質を酸化するため，比較的短時間で処理が可能であるが，原水中に共存する物質によっては OH ラジカルが反応により消費されたり，逆にラジカルが生成される場合がある．このため処理対象成分単独の場合と分解速度が異なることが知られている．水中の炭酸イオン，炭酸水素イオンなどはラジカルスカベンジャーとして働き，OH ラジカルを消費する．オゾンの自己分解と直接反応，間接反応の関係を図

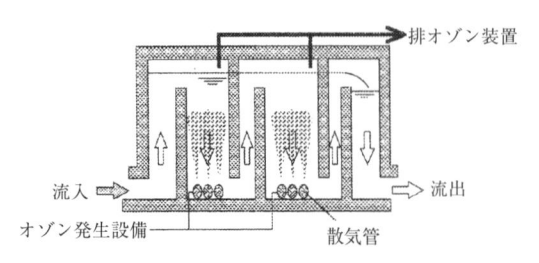

図 7.21 散気管方式模式図 [11]

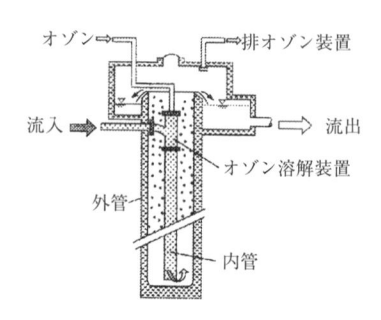

図 7.22 下方管注入方式模式図 [11]

7.20に示す.

オゾンおよびOHラジカルは有機物と反応して，アルデヒド類，ケトン類などの副生成物を生成する．臭素イオンの存在下では臭素酸イオンが生成されるため，オゾン処理副生成物の定性，定量試験，挙動の検討も重要な課題である．

オゾン処理に過酸化水素や紫外線照射を組み合わせた処理を促進酸化処理（advanced oxidation process：AOP）と呼び，たとえばオゾンに紫外線を照射すると，オゾンの自己分解が促進され，新たな酸化活性種に変化することが報告されている．これらオゾン-過酸化水素処理，オゾン-紫外線処理により，農薬類の処理性が向上した例が示されており[10]，通常のオゾン処理では分解困難な共存有機物も同時に処理できる方法として期待される．

オゾン処理設備は空気源設備，オゾン発生設備，オゾン反応設備，排オゾン処理設備からなる．空気，酸素富化空気または純酸素を原料とする．オゾン反応設備は散気管方式，下向管注入方式，インジェクタ方式などがある．図7.21，7.22に散気管方式，下向管注入方式の模式図を示す．注入したオゾンの一部は未反応のまま系外へ放出されるため，オゾン反応槽，砂ろ過池，活性炭吸着池では排オゾン処理が必要となる．通常は活性炭分解による方式，触媒による分解方式または両者の併用方式が採用されている．

7.5.4 生物処理

生物処理は微生物の働きによって原水中の有機物などを分解，除去する処理で，好気性生物処理と嫌気性生物処理があるが，水道では好気性生物処理が用いられることが多い．主としてアンモニア性窒素の除去を目的とする場合が多いが，藻類，カビ臭，陰イオン界面活性剤，マンガンなどに対しても効果がある．トリハロメタン生成能などの消毒副生成物前駆物質は生物難分解性有機物であるフミン質が主体であるため，生物処理による除去は期待できない．生物処理は通常，浄水処理の最上流側に設置され，原水水質を安定化させ後段の処理への負荷を低減化させる．オゾン，活性炭処理と組み合わせて用いられる場合もある．

生物処理の基本原理は河川などにおける自然の浄化作用を，プラント内で短時間に行うため，微生物の付着面積を増大させるための充填材を設置し，微生物と原水の接触効率を高めるとともに，空気中の酸素を供給できるようになっている．生物処理槽内に小筒の集合体であるハニコームに微生物を付着させるハニコーム方式，表面積の40％程度が水没するような円板の表面に生物膜を形成する回転円板方式，粒状ろ材の表面に生物膜を形成させ，下向流または上向流で原水と接触させる生物接触ろ過方式などがある．ハニコーム式，生物接触ろ過方式では生物処理槽内を曝気して酸素を供給する．回転円板方式では半分程度水没している円板を回転させ空気と原水に交互に接触させることにより酸素を供給する．接触槽底部からの空気吹き込みを併用する場合もある．

生物処理は微生物の活動に依存するため温度の影響を強く受ける．好気性処理の場合，20〜30℃が効果的であり，低水温時には処理効率が低下する．特に硝化菌は5℃以下で活性が大きく低下する．また，重金属，農薬，残留塩素など微生物の活動を阻害する物質が混入することは望ましくない．微生物の繁殖を制御するのは難しく，原水水質の変動が大きいと除去効果が安定しない点も注意が必要である．

7.5.5 日本の水道における高度浄水処理の例

2002年度の水道統計によると上水道，用水供給事業の高度浄水処理方式では粉末活性炭処理を備えているところが多い．次いで粒状活性炭，オゾン処

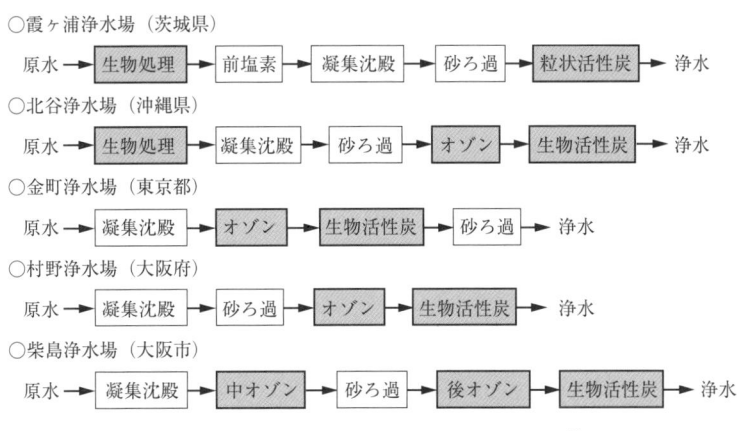

図 7.23 代表的な浄水場の高度浄水処理フロー[13]

理となっている．粒状活性炭とオゾン処理を比較すると，処理能力では粒状活性炭はオゾン処理の13％程度多いだけであるのに対し，事業体数では粒状活性炭はオゾン処理施設の3倍以上もある．基本的にはオゾン処理をもつ浄水場では粒状活性炭処理を備えていることから，オゾン処理をもつ浄水場の規模は比較的大きいことがわかる．1997年の国庫補助事業による補助を受けた浄水施設の統計でも，小規模な浄水施設では活性炭処理を採用しているところが多く，施設能力が25万 m^3/日を超える大規模な浄水施設では生物処理，オゾン，生物活性炭処理や，オゾン，生物活性炭処理を組み合わせた処理を導入していることがわかる[1]．

図 7.23には日本で採用されている，生物処理，オゾン処理，粒状活性炭処理を単独または組み合わせて，急速ろ過方式に組み入れている処理フローの例を示す．個々には示していないが，粒状活性炭を単独で急速ろ過方式に組み込む場合には，砂ろ過の後に設置する場合が多い．同じオゾン処理でも大阪市では二段オゾン処理を採用したり，阪神水道企業団では東京都と同じ処理フローであるが，上向流流動層方式の活性炭処理（東京都は下向流固定層式）を採用するなど，細かくみるとそれぞれ特徴をもった処理システムとなっている．　　〔伊藤雅喜〕

文　献
1) 眞柄泰基（1998）：高度浄水処理の現状と今後の動向．水道協会雑誌, **67**（12）：2-6．
2) 厚生事務次官通知（1988，最近改正2001）：水道水源開発等施設整備費の国庫補助について．
3) ㈶水道技術研究センター（2001）：膜ろ過高度浄水施設導入の手引き, p.2．
4) 真田雄三, 鈴木基之, 藤田　薫編（1992）：新版活性炭, pp.17-18, 講談社．
5) ㈶水道技術研究センター（2000）：浄水技術ガイドライン2000, p.108．
6) 日本水道協会（2000）：水道施設設計指針2000年版, p.289．
7) 日本水道協会（2000）：水道施設設計指針2000年版, p.296．
8) Staehelin J and Hoign J (1985)：Decomposition of ozone in water in the presence of organic solutes acting as promoters and inhibitors of radical chain reactions. *Environ Sci Technol*, **19**（12）：1206-1213．
9) 日本水道協会（1999）：生物起因の異臭味対策の指針, p.125．
10) 男成妥夫（1997）：高度酸化処理技術による有機塩素化合物の分解．水環境学会誌, **20**（2）：72-76．
11) ㈶水道技術研究センター（2000）：浄水技術ガイドライン2000, p.106．
12) 伊藤雅喜, 国包章一, 鴻野　卓, 品田　司（2000）：小型ナノろ過膜モジュールによる高度浄水処理実験．水道協会雑誌, **69**（12）：27-40．
13) 秋葉道宏（2001）：飲み水の高度浄水処理—処理技術とコストの両面から—．土木学会誌, **86**（7）：13-14．

7.6 消　毒

▷ 15.1　健康関連微生物とは
▷ 15.2　細菌
▷ 15.3　ウイルス
▷ 15.4　原虫・寄生虫
▷ 15.5　微生物汚染の評価指標

7.6.1　水道における消毒の意義と課題

水は人が生存するために必須なものであり，生涯にわたって毎日摂取するものである．そのため有害

な化学物質や病原微生物が，たとえわずかであっても飲料水中に含まれていることは好ましいことではない．水道の水源は環境水であり，有害な化学物質や微生物による汚染リスクが内在する．水道ではこれらの前提をふまえて，原水を人の健康に著しい障害を与えない実質的に安全なレベル，すなわち「水質基準値」を満たした水道水へと浄水処理したうえで，生活に必要な水量を需要者へ供給することを義務づけられている[1, 2]．

環境水中に存在する化学物質や微生物などで，水道水中に存在しないことが望ましい不純物は，ウイルス，細菌，クリプトスポリジウムなどの病原微生物やトリクロロエチレンなどの微量有害化学物質，ならびに浄水処理に影響を及ぼす藻類，水の濁りの原因となる粘土やシルト，鉄，マンガンなど金属類などである．

ヒトに対して健康被害を及ぼす可能性のある病原微生物（pathogenic organism）は多様であるが，水道水を介して伝播するものは，主に表7.8[3]に示すような腸管系の病原微生物であり，ヒトや動物の糞便による水の汚染に起因する．水道水の健康影響リスクは，通常，化学物質に関しては長期間摂取による慢性毒性や発癌性であるが，病原微生物に関するものは，ごく短期間での摂取によってもたらされるため，環境衛生状態が良好なわが国でも感染リスクをゼロにすることはできない現状にある．

そのような背景から，わが国の水道は衛生上の措置として塩素剤（chlorine agent）による消毒が義務づけられており，通常遊離残留塩素を 0.1 mg/l 以上，または結合残留塩素を 0.4 mg/l 以上，給水栓で維持することが水道法第 22 条[1]，および同法施行規則第 16 条第 3 項[4]により定められている．このことを受けて，水道では塩素剤として，主に塩素による塩素処理（chlorination）が行われており，クロラミン（chloramines）による結合塩素処理（chloramination）はごく一部の地域で導入されているにすぎない．また，水道の水質基準では病原微生物に関する項目を，糞便性汚染指標は大腸菌（*Escherichia coli*），現存量指標は一般細菌（standard plate count）とし，消毒が適正に行われているか否かを判定することになっている．

一方，浄水場で注入した塩素は，水中の有機物，水温，pH などの水質特性と給配水時間などの給水域特性など，多様な要因の影響を受けて消費されるため，給水末端での遊離塩素の残留を確実なものと

表7.8　代表的な水系感染病原微生物[3]

細菌	ウイルス	原虫
Campylobacter	Hepatitis A	*Giardia*
Escherichia coli	Reovirus	*Cryptosporidium*
Salmonella	Calicivirus	*Entameoba*
Yersinia	Enterovirus	*Microsporidium*
Vibrio	Coxsakievirus	
Legionella	Adenovirus	
Aeromonas	Echovirus	
Mycobacterium	Poliovirus	
Shigella		
Pseudomonas		

するために，過剰な塩素剤注入が行われてきたことは否めない．消毒の目的で注入した塩素は，水中に常在しているフミン質などの有機物と反応して，有害なトリハロメタン（trihalomethane：THM），ハロ酢酸（halo acetic acids）などの塩素消毒副生成物（chlorination by-products）を生成することが知られている[5]．水道水の微生物学的な安全性を確実なものとするために行う塩素処理が，塩素消毒副生成物の生成によって水道水のリスク増加に寄与していることは，水道水の安全性の問題をより複雑にしている．さらに，クリプトスポリジウム（*Cyptosporidium*）など，耐塩素性病原性原虫（chlorine resistant pathogenic protozoa）による水系集団感染の問題は，塩素による現状の消毒システムが完全でないことを顕在化させた[6]．そのため，給水末端で遊離残留塩素を 0.1 mg/l 以上保持することを基本に，消毒効果の向上と消毒副生成物の低減化の双方を目指したシステムを構築する必要が出てきている．水源流域や原水水質が高リスクの場合は，水質特性に応じて，浄水処理システムを強化するとともに，塩素のみならず，複数の代替酸化・消毒剤を適切に組み合わせることで複数のバリアを築き，水道水のリスクを最小限とした水道システムが求められている．

7.6.2 消毒剤の特徴と水道での利用実績

水道システムの中で現在，すでに導入，または導入可能な酸化・消毒剤は，①塩素（chlorine），②クロラミン，③二酸化塩素（chlorine dioxide），④オゾン（ozone），⑤紫外線照射（ultra violet irradiation）である．これらはその残留性の有無によって使用する位置が異なる．残留性がある塩素系消毒剤は，①塩素，②クロラミン，③二酸化塩素であり，

残留性がないものは，オゾンと紫外線である．また，この中で，塩素，オゾン，二酸化塩素は酸化力が強いことから，消毒の目的以外に，主に酸化剤として，①鉄，マンガンの酸化，②色度の分解，③藻類の制御，④臭気の分解，⑤有機物の分解などに用いられている．各消毒・酸化剤の使用上の特徴，消毒効果などは表7.9[3]に示す．また，各消毒・酸化剤の国内外の利用状況，水道水質で問題となる副生成物の基準値などを整理すると以下のようになる．

a. 塩素

塩素ガス，次亜塩素酸ナトリウムなどの塩素剤は，20世紀初めより水道の消毒剤に使用されている．わが国では1922年に東京，横浜で液化塩素を用いたのが最初である．1957年制定の水道法により，すべての水道で塩素による消毒が義務づけられ，水道普及率の増加に伴って水系感染症が激減している．塩素剤は取り扱いと残留濃度の管理が比較的に容易で，運転コストも安価であり，わが国では主消毒・酸化剤として使用実績がある．塩素処理の欠点は，被処理水中に有機物や臭化物イオン濃度が存在していると塩素との反応で有害な副生成物が生成すること，また，クリプトスポリジウムのような病原性原虫に対する消毒効果が低いことである．

2004年に改正された水質基準の省令[2]では，塩素消毒副生成物として，トリハロメタン（クロロホルム，ジブロモクロロメタン，ブロモジクロロメタン，ブロモホルム，ならびに総THM），ハロ酢酸（クロロ酢酸，ジクロロ酢酸，トリクロロ酢酸），ホルムアルデヒドが水質基準項目に指定され，基準値が示された．また，水質管理目標設定項目にジクロロアセトニトリル，抱水クロラールが指定され，目標値が設定されている．

b. クロラミン

クロラミン処理の最大のメリットはTHMの生成抑制効果と水中での残留効果が高いことである．また，欠点は遊離塩素に比べて病原微生物の消毒効果

表7.9 水道で制御すべき水質要因と消毒剤の効果の比較など[3]

	塩素	二酸化塩素	クロラミン	紫外線	オゾン
残留効果	あり	あり．塩素より残留性は高い	あり．塩素よりやや高い	なし	30～40分で消失
適正pH値	中性以下，7に比べ9では10～20倍，10では約60倍の接触時間が必要	6～10で効果変わらず，pH 8.5では塩素より効果大	中性域，pH値が上がるとやや効果減（塩素ほどではない）	pHの影響は受けない	広範囲で適用可，6～8.5で効果変わらず
不活化機構	細胞膜損傷による細胞成分の漏出．細胞膜機能への直接作用，酵素の不活化，ウイルスは核酸の不活化が基本	酵素の失活．ウイルスは外被タンパクの致死的障害	基本的には塩素と同じ．次亜塩素酸が作用する酵素とは異なる酵素が影響を受ける	紫外線吸収による核タンパクの損傷	細胞膜の破壊に伴う細胞成分の漏出．DNAの損傷．ウイルスは核酸の損傷が基本
脱色効果	効果は大きい．紫外線と併用するとさらに効果大	塩素と同等以上	有機性色着には効果はない	効果あり．塩素との併用で効果上昇	効果は迅速で著しい
脱臭味効果	植物性臭，魚臭，腐敗臭，下水臭などに効果	塩素より効果的	効果は小さい．モノクロラミンは異臭味を与える	藻臭には効果あり．他臭気には効果なし	ほとんどの臭気に効果あり．カビ臭は活性炭と併用すると効果大
殺藻効果	ほとんどの藻類，小動物，鉄バクテリアなどに効果	塩素と同等	効果は期待できる	水深が浅ければ効果あり	塩素と同等．ただし，藻類では細胞を破壊し，臭気が出ることもある
除鉄・除マンガン効果	鉄は前処理で，マンガンは前～中間処理で効果	塩素より効果大．オゾンとほぼ同等	効果はほとんどない（しかし，水道管内の赤水発生は非常に少ない）	効果なし	無機性，有機性の鉄，マンガンに効果大
最終消毒剤としての許可（水道法）	可	前・中間消毒可 最終消毒不可	可	不可	不可

が弱いことである．クロラミン処理は，THMの低減対策として欧米で広く用いられているが，わが国では1か所の浄水場でのみ使用されている．クロラミンは塩素とアンモニアを反応させて製造するが，塩素とアンモニアの比率，ならびに水のpHによってモノクロラミン（NH_2Cl），ジクロラミン（$NHCl_2$），トリクロラミン（NCl_3）の3形態が生成する．この中ではモノクロラミンの消毒力が最も強く，水道用消毒剤として用いられている．クロラミン処理では消毒効果が弱いことを補完するために，浄水システムとしては，まず前段で遊離塩素の形態で塩素注入し，水と短時間接触させた後に，アンモニアを添加し遊離塩素をモノクロラミンへと変換してから給・配水系統の消毒を行っていることが多い．

c. 二酸化塩素

二酸化塩素（ClO_2）はわが国において塩素剤として使用できることになっているが，これまでの使用実績はない．二酸化塩素処理は，欧米では塩素臭対策やトリハロメタン対策の目的で広く普及しており，最終消毒剤として使用している国もある[3]．

二酸化塩素は物理化学的に不安定で貯蔵できないため，現場で亜塩素酸ナトリウムと塩酸などの酸から二酸化塩素ガスを発生させ，水に吸収させて二酸化塩素水としてから注入するのが原則である．二酸化塩素処理施設はオゾン処理施設に比べて建設コストが安く，また電力などエネルギー消費量も少ない．

二酸化塩素は遊離塩素と同等の酸化力，ならびに消毒効果を有する．水中にアンモニアが存在しても反応しないため，同じ効果を得るための二酸化塩素注入率は塩素注入率より低減できる．また，塩素のように水のpHによる解離の影響が少ないことから広pH領域で強い酸化・消毒効果が得られる．二酸化塩素発生装置の最大発生効率は90〜95%程度であり，処理水中に未反応の塩素酸イオン（ClO_3^-）や亜塩素酸イオン（ClO_2^-）が残留することがある．また，二酸化塩素が水中の有機物や鉄，マンガンなどと反応するとその多くは亜塩素酸イオン（ClO_2^-）と塩素酸イオン（ClO_3^-）となり水中に残留する．

2004年の水道水質基準の省令改正では，同年に改訂されたWHO（世界保健機関；World Health Organization）飲料水水質ガイドラインの値を根拠に，二酸化塩素処理を行う場合は，給水栓水中の残留二酸化塩素，亜塩素酸イオン，塩素酸イオン濃度をおのおの0.6 mg/l以下とする新たな水質管理目標設定値が設定されている[2]．

d. オゾン

浄水処理に利用されている酸化剤の中ではオゾン（O_3）の酸化力が最も強く，処理にはpHの影響もほとんど受けない．そのようなオゾンの特性をいかして，殺菌，ウイルスの不活化（inactivation），色度の分解，鉄，マンガンの酸化，トリハロメタン前駆物質の分解，カビ臭の分解など，多様な目的で国内外での使用実績がある．オゾン処理では水中有機物の生物分解性が向上するうえ，溶存酸素の供給が豊富になることから，後段の生物活性炭表面での微生物活性が維持され，微生物は活性炭に吸着された有機物を分解して，吸着容量を回復する働きをする．この働きは活性炭の吸着寿命を延長させる反面，処理水の同化性有機炭素（AOC：assimilable organic carbon）濃度を上昇させる．

オゾン処理では，被処理水中に臭化物イオン（Br^-）が含まれていると，オゾンによって酸化されて次亜臭素酸イオン（BrO^-）が生成し，これがさらに酸化されると臭素酸イオン（BrO_3^-）となる．臭素酸イオンはオゾン処理プロセスの後段の活性炭処理では吸着効率が低いながら除去ができるが，生物活性炭処理では除去効果がほとんど期待できない．

臭素酸イオンはIARC（国際がん研究機関；International Agency for Research on Cancer）ではグループ2B（ヒトでは発癌性データが不十分であるが，動物実験では発癌データがある）に分類されており，これを根拠に2004年に行われた水道水質基準の省令改正[2]では，基準値として0.01 mg/lが設定されている．

e. 紫外線

紫外線は波長200〜380 nmの電磁波である．紫外線照射装置は単純で維持管理が容易であり，かつ薬品を添加しないため副生成物が生成しにくいという長所がある．しかし，残留性がないため，水道システムで消毒効果を維持するには，他の残留性を有する消毒剤と組み合わせて使用する必要がある．最近，きわめて高い耐塩素性を有するクリプトスポリジウムへの不活化効果や活性炭漏出微生物の不活化効果が認められるなど，さらに水道への適用方法が期待されている．

7.6.3 消毒と消毒効果

消毒剤の微生物に作用するメカニズムは完全に解

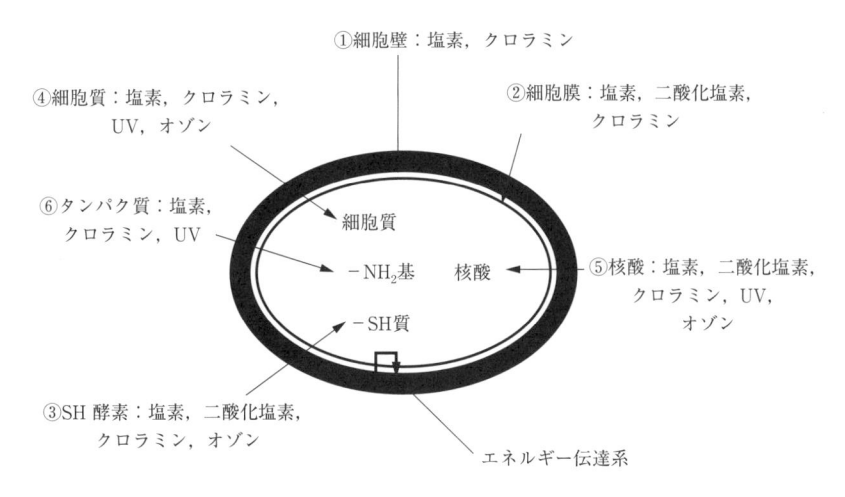

7.6 消毒

①細胞壁：塩素，クロラミン
②細胞膜：塩素，二酸化塩素，クロラミン
④細胞質：塩素，クロラミン，UV，オゾン
⑥タンパク質：塩素，クロラミン，UV
⑤核酸：塩素，二酸化塩素，クロラミン，UV，オゾン
③SH 酵素：塩素，二酸化塩素，クロラミン，オゾン

(細胞質，−NH₂基，核酸，−SH質，エネルギー伝達系)

	塩素	二酸化塩素	クロラミン	紫外線(UV)	オゾン
不活化機構	細菌 ①細胞壁 ②細胞膜 ③SH 酵素 ④細胞質 ⑤核酸 ⑥タンパク質 ウイルス ⑤核酸	細菌 ②細胞膜 ③SH 酵素 ⑤核酸 ウイルス ⑤核酸	細菌 ①細胞壁 ②細胞膜 ③SH 酵素 ④細胞質 ⑤核酸 ⑥タンパク質 ウイルス ⑤核酸 （塩素より弱い）	細菌 ④細胞質 ⑤核酸 ⑥タンパク質 ウイルス ④細胞質 ⑤核酸 ⑥タンパク質 原虫 ⑤核酸	細菌 ③SH 酵素 ④細胞質 ⑤核酸 ウイルス ③SH 酵素 ④細胞質 ⑤核酸 原虫 ⑤核酸

図 7.24 細菌，ウイルス，原虫に対する各種消毒・酸化剤の不活化機構[3]

表 7.10 25℃における 2 log（99.9%）不活化に必要な消毒剤接触量（CT 値）の概略図[3]

		Cl_2 (mg・min/l)	クロラミン (mg・min/l)	ClO_2 (mg・min/l)	O_2 (mg・min/l)	UV (mJ/cm^2)
E. coli		0.034〜0.05	95〜180	0.4〜0.75	0.02	5.4
Rotavirus		0.02	5000	0.2〜0.3	0.019〜0.064	25
Poliovirus		—	14000	0.2〜6.7	0.2	21
Giardia lamblia		47〜>150	2200[b]	26[b]	0.5〜0.6	5
Cryptosporidium parvum[a]	脱嚢	7200[c]	7200[d]	78[d]	5〜10[c]	80〜240
	マウス	1600[e]	—	70〜115[f]	2[e]	1〜10

a) *C. parvum* の上段は脱嚢試験による効果，下段はマウスによる感染試験結果
b) pH 7，25℃における 99.9%不活化のための値
c) pH 7，25℃における 99%不活化のための値
d) pH 7，25℃における 90%不活化のための値
e) pH 7，25℃における 99%不活化のための値
f) pH 8，20〜25℃における 99%不活化のための値

明されていないが，消毒方法と病原体の種類によって異なる．図 7.24 に示すように，消毒メカニズムは細胞構造の破壊，遺伝子の損傷，呼吸酵素など特殊な酵素の不活化，膜透過系の破壊などと関連づけられている[3]．微生物に対する消毒速度は温度，pH，消毒剤消費物質，懸濁物質などの水質要因が影響する．また，消毒機構の複雑さを反映して，水質条件が同一でも消毒手段，操作方法，微生物の種類によって消毒速度は異なる[7]．水道では消毒剤による消毒効果は経験則に基づき，便宜上，pH，温度などを同一条件として，特定の微生物に対する不活化率（たとえば 2 log = 99%）を達成するために

215

表 7.11 単位プロセスによる消毒指標水質の除去特性の目安[3]

対象成分			除去可能単位プロセス	除去特性	備考	
消毒効果に関する項目	〈不溶解性成分〉病原性細菌（一般細菌／大腸菌）		凝集沈殿→急速ろ過	1～2 log	（90～99%除去）	
			緩速ろ過	2～3 log	（99～99.9%除去）	
		酸化・消毒剤	オゾン	2 log（99%除去）	不活化に必要なCT値（mg·min/l）	0.02 （pH 6～7）
			二酸化塩素			0.4～0.75 （pH 8～9）
			クロラミン			95～180 （pH 8～9）
			UV			—
			塩素			0.05～0.34 （pH 6～7）
	病原性原虫（クリプトスポリジウム／ジアルジア）		緩速ろ過	0.5～1.0 log	（70～90%除去）	
			凝集沈殿，浮上分離	0.5～1.0 log	（70～90%除去）	
			急速ろ過（直接ろ過）	1～2 log	（90～99%除去）	
			膜ろ過（MF, UF）	5～7 log	（99.999～99.99999%除去）	
			粒状活性炭	1～2 log	（90～99%除去）	
		酸化・消毒剤	オゾン	2 log（99%除去）	不活化に必要なCT値（mg·min/l）水温10度（ ）外はクリプトスポリジウム（ ）内はジアルジア	5～50 （0.95）
			二酸化塩素			160 （15）
			クロラミン			14400 （30）
			UV			—
			塩素			14400 （80）
消毒副生成物に関する項目	〈溶解性成分〉THMFP		緩速ろ過	—	溶解性成分のみ	
			凝集沈殿→急速ろ過	20～40%		
			オゾン粒状（生物）活性炭	20～40%	粒状活性炭は，1～2年程度経過したもの	
			粉末活性炭	20～30%	注入率が50 mg/l程度の場合	
			ナノろ過（NF）	60～90%	前処理を含む	
	（THM）		（塩素）	非常に増加する	THM増加量塩素＞クロラミン＞二酸化塩素	
			（クロラミン）	やや増加する		
			（二酸化塩素）	ほとんど増加しない		

必要な，消毒剤の濃度（C）と接触時間（T）の積によって評価している[8]．

CT値＝消毒剤の濃度（mg/l）×接触時間（min）

表7.10[3]は水道で消毒すべき病原微生物に対する2 log不活化に必要なCT値を示す．CT値は低いほうが消毒効果が高いことを示し，表7.10は消毒剤による微生物への作用機序が異なることを反映して，消毒効果に大きな差異があることを示している．

7.6.4 最適な消毒システム設定の考え方

わが国では浄水処理技術として，①塩素消毒のみ，②緩速ろ過方式，③急速ろ過方式，④MF，UFなどのろ過膜を用いた膜ろ過方式，⑤オゾン-活性炭などの高度浄水処理方式などが導入されている．凝集沈殿-ろ過や膜ろ過のような物理化学処理は，病原微生物に対する除去効果があるが，浄水処理システムの中で添加される酸化・消毒剤は消毒効果をさらに向上させる．しかしながら，このような処理水であっても生物学的安全性が十分に確保されている保証はない．より安全な水道水を配水するためには，浄水処理システムの最終処理水に対して消毒を行い，送配水システム内での生物学的安全性や配管内での生物再増殖（regrowth）による障害に対して消毒剤の残留性を確保することが不可欠となる．また，消毒剤の残留性を低濃度で長時間維持しつつ，生物再増殖を抑制するには，生物が代謝可能な有機物を浄水処理システム内で極力，低減化することが望ましい．

いずれにせよ，消毒効果，ならびに消毒副生成物や浄水処理障害要因を可能なかぎり制御する最適なシステムの選定には，原水水質から送配水システムまでの特徴を総合的に考慮し，単位処理技術と酸化・消毒剤の特徴を最大限にいかした組み合わせを

7.6 消毒

```
                    原水水質レベル
                    ┌──────┴──────┐
            ┌───────┴────────┐  ┌───────┴────────┐
            │   レベルA       │  │   レベルB       │
            │ 河川類系AA相当  │  │ 河川類系A，B相当 │
            │ 〈不溶解性成分〉│  │ 〈不溶解性成分〉│
            │ 消毒対象成分    │  │ 消毒対象成分    │
            │ 大腸菌群 50 MPN/100 ml 以下 │ │ 大腸菌群 5000 MPN/100 ml 以下 │
            │ 病原性原虫 汚染の可能性なし │ │ 病原性原虫 汚染の可能性あり │
            │ 〈溶解性成分〉  │  │ 〈溶解性成分〉  │
            │ 消毒副生成物前駆物質：THMFP │ │ 消毒副生成物前駆物質：THMFP │
            │ 消毒剤消費成分：鉄・マンガン │ │ 消毒剤消費成分：鉄・マンガン │
            │         アンモニア性窒素 │ │         アンモニア性窒素 │
            ├────────────────┤  ├────────┬───────┤
            │       低        │  │   低    │   高   │
            └────────────────┘  └────────┴───────┘
```

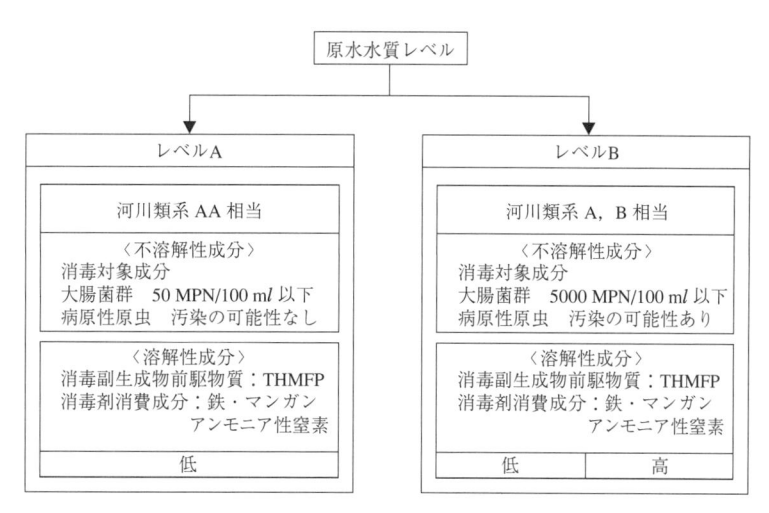

図 7.25 原水の水質レベルの想定[9]

設計する必要がある．この場合，原水水質としては，病原微生物（指標としての一般細菌，大腸菌，病原性原虫）の汚染レベルや消毒副生成物の前駆物質，消毒剤消費成分などを把握し，浄水処理システムでは，消毒剤の種類や注入量を決定するうえで，病原微生物や消毒副生成物前駆物質の低減化が各単位処理技術でどのレベルまで達成されているかを把握しておくことが重要である．また，送配水システムにおける水質維持には，消毒副生成物増加の抑制，生物再増殖の抑制，消毒剤の残留性の確保，鉄による赤水，ならびにマンガンによる黒水の抑制が必要である．水質の安定性や残留消毒剤の確保の要素は，配水池，送配水システムでの滞留時間，水温，地域・年間特性，管路の新旧に加えて，原水水質，浄水処理システムとも密接な関連がある．また，給水末端で確実に残留塩素を確保しつつ，過剰な塩素を残留させないためには，浄水場における最終消毒剤注入量の目標値を，季節，天候，原水水質，取水量，給水栓残留塩素濃度などの条件に基づき設定したうえで制御する必要がある．残留塩素の制御方式には，①残留塩素濃度によるフィードバック制御方式，②比例制御方式，③ファジー制御方式があるが[8]，給配水地域の残留塩素濃度を低濃度で平準化しつつ維持するには，いずれも過去の残留塩素濃度のデータ解析に基づき，きめ細かな制御が必要となる．これらすべてを総合的に判断して，消毒剤の選定やその注入量，追加塩素などの消毒システムの選定をすることが重要である．

表 7.11[9]は単位プロセスによる消毒指標水質の除去特性の目安を示している．流域情報，原水水質から浄水処理システムを評価，または設計するには下記のような手順で行う．

まず，原水水質レベルは図 7.25[9]に示すように，「生活環境の保全に関する環境基準」の河川類型において，レベルAは河川類型AA相当で人為汚染のほとんどない非常に清澄な原水を想定し，レベルBは河川類型Aならびに河川類型B相当で人為汚染のある原水を想定したモデルである．また，原水水質の成分は，不溶解性成分で消毒の対象となる大腸菌群と病原性原虫，溶解性成分は消毒副生成物の前駆物質の指標として，トリハロメタン生成能（THMFP），消毒剤消費成分はアンモニア性窒素，鉄・マンガンとし，それらの濃度レベルが低いケース（「低」：目安としてTHMFP：0.05 mg/l 未満，アンモニア性窒素：0.3 mg/l 未満，マンガン：0.03 mg/l 未満）と高いケース（「高」：目安として，THMFP：0.05 mg/l 以上，アンモニア性窒素：0.3 mg/l 以上，マンガン：0.03 mg/l 以上）を想定している．表 7.12[9]は，原水水質と浄水処理システムに消毒システムを組み込んだ代表的な事例を示したものである．浄水処理システムは，溶解性成分の処理システムがある場合とない場合に分類し，「無」としたケースでは不溶解性成分の除去のみを基本とした3方式（緩速ろ過方式，急速ろ過方式，膜ろ過方式），「有」としたケースでは前記3方式に溶解性成分を処理するための単位プロセスを追加して示している．これらのうちで与えられた条件に最も近いケースの浄水処理フローを選ぶことにより，最適な

7. 浄水処理

表7.12 原水水質と浄水処理に対応する消毒システムの選定例[9]

原水水質適用のレベル	溶解性成分の処理システム		浄水処理フロー (浄水処理システム + 消毒システム) 例	浄水処理フローからみた追加塩素の検討（例）
レベルA	低	無	A-(1)	⟨緩速ろ過方式⟩ ① → 緩速ろ過 → 塩素 ⟨急速ろ過方式⟩ ② → (直接ろ過／マンガン接触ろ過／浮上分離／凝集沈殿)・ろ過 → 塩素 ⟨膜ろ過方式⟩ ③ → 前処理 → 膜ろ過（MF, UF）→ 塩素またはクロラミン	追加塩素の検討の必要性 低い
レベルB	低	無	B-(1)	⟨緩速ろ過方式⟩ ① → (普通沈殿池／凝集沈殿／前処理ろ過／浮上分離) → 緩速ろ過 → 塩素 ⟨急速ろ過方式⟩ ② → 直接ろ過 → 塩素 ③ → 凝集沈殿 → 急速ろ過 → 塩素 ⟨膜ろ過方式⟩ ④ → 前処理 → 膜ろ過（MF, UF）→ 塩素	追加塩素の検討の必要性 やや高い
			B-(2)	⟨急速ろ過方式⟩ ① → 凝集沈殿 → 中間塩素 → 急速ろ過 → 塩素 ⟨膜ろ過方式⟩ ② → 前塩素 → 膜ろ過（MF, UF）→ 塩素	追加塩素の検討の必要性 低い
		有	B-(3)	⟨急速ろ過方式⟩ ① → 生物ろ過 → 粒状（生物）活性炭 → 塩素 ⟨膜ろ過方式⟩ ② → (粉末活性炭) → 膜ろ過（MF, UF）→ 塩素 ③ → 膜ろ過（MF, UF）→ (オゾン) → 粒状（生物）活性炭 → 塩素	追加塩素の検討の必要性 高い
			B-(4)	⟨急速ろ過方式⟩ ① → 前二酸化塩素 → (凝集沈殿／浮上分離) → 急速ろ過 → オゾン → 粒状（生物）活性炭 → 塩素 ② → (凝集沈殿／浮上分離) → 中間二酸化炭素 → 急速ろ過 → オゾン → 粒状（生物）活性炭 → 塩素 ③ 凝集沈殿 → オゾン → 粒状（生物）活性炭 → 中間塩素 → 急速ろ過 → 塩素 ⟨膜ろ過方式⟩ ④ → 前二酸化塩素 → 膜ろ過（MF, UF）→ (オゾン) → 粒状（生物）活性炭 → 塩素	追加塩素の検討の必要性 やや高い
	高	無	B-(5)	⟨急速ろ過方式⟩ ① → 前二酸化塩素 → 凝集沈殿 → 中間塩素 → 急速ろ過 → 塩素 ⟨膜ろ過方式⟩ ② → 前二酸化塩素 → 膜ろ過（MF, UF）→ 塩素	追加塩素の検討の必要性 高い
		有	B-(6)	⟨急速ろ過方式⟩ ① → 生物ろ過 → 粒状（生物）活性炭 → 塩素 ② → 生物処理 → (凝集沈殿／浮上分離) → 急速ろ過 → (オゾン) → 粒状（生物）活性炭 → 塩素 ⟨膜ろ過方式⟩ ③ → (粉末活性炭) → 膜ろ過（MF, UF）→ 塩素 ④ → 膜ろ過（MF, UF）→ オゾン → 粒状（生物）活性炭 → 塩素	追加塩素の検討の必要性 高い
			B-(7)	⟨急速ろ過方式⟩ ① → 前二酸化塩素 → (凝集沈殿／浮上分離) → (中オゾン) → 急速ろ過 → 後オゾン → 粒状（生物）活性炭 → 塩素 ② → 凝集沈殿 → オゾン → 粒状（生物）活性炭 → 中間塩素 → 急速ろ過 → 塩素 ⟨膜ろ過方式⟩ ③ → 生物処理 → 前二酸化塩素 → 膜ろ過（MF, UF）→ オゾン → 粒状（生物）活性炭 → 塩素	

浄水処理システムの構築が図れるものと考えられる．

7.6.5 クリプトスポリジウムなどの耐塩素性病原性原虫に対する制御の考え方

クリプトスポリジウムなどの耐塩素性病原性原虫については，その検出方法などに種々の課題があることから2004年の省令改正では水質基準とすることは適当でないと判断された[10]．

「水道におけるクリプトスポリジウム暫定対策指針」[6]が策定され，さらに水道法第22条に基づく措置としては，消毒に加えて，原水がクリプトスポリジウムで汚染，または汚染のおそれがある場合は浄水処理の徹底が要求され，ろ過池の出口濁度を0.1度以下に維持することが求められている[8]．また，汚染のない原水を確保するには水源保全対策の強化が重要であり，水道原水の取水上流域への排出源対策など関連機関との協議が求められている．

〔相澤貴子〕

文　献

1) 水道法（法律第177号）昭和32年．
2) 厚生労働省令第101号；水道水質基準に関する省令，平成15年5月30日．
3) ㈶水道技術研究センター（2002）：高効率浄水技術開発研究（ACT21），代替消毒剤の実用化に関するマニュアル（委員長　大垣真一郎）．
4) 厚生労働省令第142号；（2003）：水道法施行規則の一部を改正する省令，平成15年9月29日．
5) 相澤貴子（1996）：消毒副生成物．水質衛生学，金子光美編，技報堂出版，395pp．
6) 厚生労働省健康局水道課水道水質管理室（2001）：水道におけるクリプトスポリジウム暫定対策指針改正，平成13年11月．
7) 金子光美（1985）：消毒．水質衛生学，萩原耕一編，光生館，190 pp．
8) 日本水道協会（1998）：水道維持管理指針，203 pp．
9) ㈶水道技術研究センター（2000）：浄水技術ガイドライン，第3章．
10) 厚生科学審議会生活環境部会水質管理専門委員会（2003）：水質基準の見直し等について（平成15年4月）．

8
下水・し尿処理

8.1 下水・し尿処理システムに関する新しい動向

　下水道システムは，かつては水洗化・雨水排除・水質汚濁防止を基本的な目的として導入されてきた．しかし，近年の社会的状況の変化に対応して，下水道に期待される役割に大きな変化が生じており，そのような背景を受けて2003（平成15）年9月には下水道法施行令が改正され，さらに2005（平成17）年6月には下水道法自体も一部改正された．本節では，このような変化に応じた技術的対応や技術システムのあり方について主要事項を解説する．

　一方，し尿処理・浄化槽システムについては新しい技術動向まで含めて8.9節で記載されているので，本節では下水道システムとし尿処理を代替する技術として尿分離システムおよびコンポストトイレを紹介する．

8.1.1 2003年の下水道法施行令の改正および2005年の下水道法一部改正

　「下水道法施行令の一部を改正する政令」が2003（平成15）年9月25日に公布され，2004（平成16）年4月1日より施行された[1]．これは同施行令の1959（昭和34）年の制定以来45年ぶりの大幅な改正となった．この改正の背景には，下水道施設の構造基準を明確化して下水道分野の地方分権に対応できる仕組みが必要になってきたこと，また，汚水処理・雨水排除といった下水道の旧来の目的以外に下水道が対応すべき課題が増えてきたことが挙げられる．

　具体的な改正の内容として，①合流式下水道の改善，②水処理の高度化，③汚泥処理の適正化，④浸水対策の確実な実施，などの目標を掲げ，その達成のための下水道の構造にかかわる技術上の基準を定めるとともに，放流水の水質基準の見直し，維持管理基準の見直しを行っている．これらの改正の要点を図8.1にまとめた．新たに定められた構造基準の特徴として，下水道を実際に建設する地方公共団体が定められた基準を満たせばさまざまな異なった技術を採用しうる性能規定として定められていることが挙げられる．また，放流水の水質に関する新たな概念として「計画放流水質」という概念を導入して，下水道管理者が放流先の状況などを考慮して自ら計画法流水質を定め，その水質を達成しうる処理方法を選択するという仕組みを作った．そして，放流水質基準に窒素とリンが追加されている．さらに，合流改善を目的とした雨水吐の構造基準を定めたこと，汚泥処理施設からの排気・排液・残渣物が生活環境や人の健康に影響を与えないための措置をとることを定めたこと，浸水対策として雨水貯留施設や浸透機能をもつ管渠などについて認可対象とすることが盛り込まれたこと，ピルビットなどの排水設備の臭気対策を目的とした構造基準が決められたことなど，新たな措置が講じられることとなった．

　新しい施行令の適用は，施設の改築時に，あるいは一定の経過措置の後に実施されるものであり，そのために関連の省令や告示を順次整備していく必要がある．また，構造基準が性能規定により定められるようになったことで，新たな技術開発を誘発するきっかけにもなることが期待される．

　加えて，2005年6月22日に下水道法を一部改正する法律が公布された．この改正の背景には，1) 改善がなかなか進まない湾や湖沼などの閉鎖性水域の富栄養化対策として，その原因物質である窒素お

8.1 下水・し尿処理システムに関する新しい動向

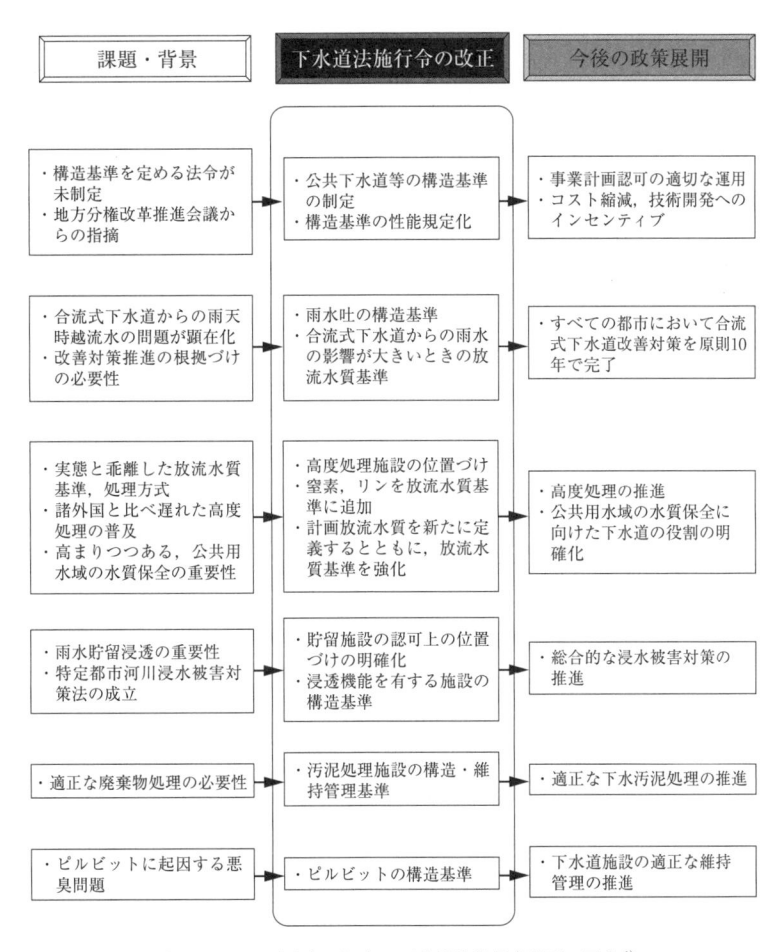

課題・背景	下水道法施行令の改正	今後の政策展開
・構造基準を定める法令が未制定 ・地方分権改革推進会議からの指摘	・公共下水道等の構造基準の制定 ・構造基準の性能規定化	・事業計画認可の適切な運用 ・コスト縮減，技術開発へのインセンティブ
・合流式下水道からの雨天時越流水の問題が顕在化 ・改善対策推進の根拠づけの必要性	・雨水吐の構造基準 ・合流式下水道からの雨水の影響が大きいときの放流水質基準	・すべての都市において合流式下水道改善対策を原則10年で完了
・実態と乖離した放流水質基準，処理方式 ・諸外国と比べ遅れた高度処理の普及 ・高まりつつある，公共用水域の水質保全の重要性	・高度処理施設の位置づけ ・窒素，リンを放流水質基準に追加 ・計画放流水質を新たに定義するとともに，放流水質基準を強化	・高度処理の推進 ・公共用水域の水質保全に向けた下水道の役割の明確化
・雨水貯留浸透の重要性 ・特定都市河川浸水被害対策法の成立	・貯留施設の認可上の位置づけの明確化 ・浸透機能を有する施設の構造基準	・総合的な浸水被害対策の推進
・適正な廃棄物処理の必要性	・汚泥処理施設の構造・維持管理基準	・適正な下水汚泥処理の推進
・ビルピットに起因する悪臭問題	・ビルピットの構造基準	・下水道施設の適正な維持管理の推進

図 8.1 2003（平成 15）年の下水道法施行令改正の要点[1]

よびリンの流入負荷量をいっそう削減するため，下水の処理水質を向上させる高度処理を推進する必要性が高まってきたこと，2）集中豪雨による被害を最小限に押さえるために広域的な雨水排除の推進が急務になってきたこと，および，3）有害物質や油の流出事故などの事故発生時における措置の充実を図ることが求められるようになったこと，の3点が挙げられる。それぞれの背景に対応した施策として，1）閉鎖性水域について定められた流域別下水道整備総合計画において，終末処理場ごとに窒素またはリンの削減目標量および削減方法を定めることを義務化し，さらに，高度処理共同負担事業（いわゆる窒素およびリンの排出枠取引）を新設したこと，2）公共下水道により排除される雨水のみを受けて，2以上の市町村の区域における雨水を排除する下水道（終末処理場をもたない）を，流域下水道として整備することができることとしたこと，3）公共下水道に下水を排除する特定事業場に対し，シアンなどの有害物質または油が公共下水道に流入する事故が発生したときの応急措置および公共下水道管理者への届け出を義務化したこと，が新たに定められた．

8.1.2 下水処理場におけるエネルギー・資源の有効利用

a．エネルギーの有効利用と省エネルギー

「持続可能な社会」を物質面からみると，枯渇資源である化石燃料をいかに長持ちさせることができるかが問われている．したがって，化石燃料の節約につながる消費電力の削減は最重要課題の一つである．下水道システムの電力消費量は日本全体の電力消費量の約0.6％を占めており，水環境保全を主目的の一つとする下水道においても省エネルギーへの努力を求められる．また，温室効果ガスの排出削減に関する国際的な取り決めであるいわゆる京都議定

書（1997年）を受けて1998年に公布された「地球温暖化防止対策の推進に関する法律」では，国・都道府県・市町村が温室効果ガスの排出抑制のための実行計画を策定することが定められ，その実行計画の対象事業として下水道も含まれることになった．主要な温室効果ガスである炭酸ガス（CO_2）の発生を削減するためにも下水道における電力消費の削減により化石燃料の消費を抑える必要がある．

下水道における具体的なエネルギー節約方法として，下水のもつ熱エネルギーをヒートポンプにより回収する方法が注目されている．下水の温度は外気温に比較して夏は低く冬は高いことが多く，この温度差をヒートポンプの熱源として利用することが技術的に可能である．東京都の試算によれば[2]，東京区部の下水量は約500万m^3/日を用いた場合，もし5℃の温度差が利用できれば年間のエネルギー回収量は2.2×10^6GJにもなり，一般家庭40万戸の冷暖房エネルギーに相当する．実際に東京都では，後楽一丁目地区21.6 haを対象に，未処理の下水を熱源とした地域冷暖房システムを1994年から運転している．その1999年度の実績によると，対象地域でビルごとの個別熱源方式の場合と比較して，一次エネルギー使用量は約33％，CO_2，NO_xの排出量は約46％，SO_xの排出量は約51％削減することができたと試算されている．このほか，岩手県盛岡市の盛岡駅西口地区では北上川上流流域下水道中川ポンプ場に流入する下水を熱源とした約7.1 haの地域冷暖房事業が，また，千葉県幕張新都心地区では下水処理水を熱源とした大規模な地域冷暖房が実施されている[3]．さらに，処理場内の空調の熱源を下水に求めている例は数多くみられる．下水熱を回収して効率的に利用するためにはエネルギー源と需要地が近接していて運搬による熱損失が小さいことが必要条件となる．

下水のもつ熱エネルギーの利用法[3]としてはこのほかにも，北海道北見市でバス待合所の暖房に下水熱を利用した例，雪国での処理水の融雪水としての利用，などがある．汚泥をメタン発酵することによりメタンとして回収する方法，焼却炉からの廃熱などの回収，下水のもつ運動エネルギーや位置エネルギーを用いた発電など，下水道システムのもつ未利用エネルギーを利用する方法は他にもあり，今後の技術開発が期待されている．

b. 資源の有効利用と省資源

下水道は安定した水資源の供給元とみることができる．その処理水は，そのままであるいはさらに高度処理されたうえで，さまざまな用途に利用されている．その概要については本章8.2節で述べられる．

下水道システムでの省資源あるいは循環型社会の構築における下水道の役割といった文脈の中で，汚泥の資源化もよく議論される．日本という高密な社会の中で汚泥のような不安定な有機廃棄物を環境中に廃棄することは許されず，焼却して完全無機化してもその過程でのダイオキシンなど有害物質の生成や重金属の濃縮などの問題からその処理処分には細心の注意が必要で，しかも最終処分地の不足が各地で深刻な問題になっている．汚泥の資源化・再利用は，省資源を論じる前に，そのような非常に現実的な問題を突きつけられたところに端を発している．汚泥の処理・処分・再利用の具体的な技術については本章8.8節で述べられるので，技術的なことに関してはそちらを参照されたい．また，汚泥からのメタン生成の技術的側面に関しては本章8.7節「嫌気性処理技術」を参照されたい．

循環型社会を考える際にリンの回収と循環利用も考慮しないわけにはいかない．リンは枯渇資源の一つとされ，下水道に流入するリンは回収すべきリン源と考えられている．これまでリン鉱石からリン肥料を生産し，農地に一方的に投入するということを続けてきた．地球全体の物質循環からみてそのようなリンの利用方法が持続的でない以上，どこかの時点で，人間の排泄物を適切に処理した後，食物の生産つまり農業に還元する仕組みを作らざるをえないであろう．下水中からあるいは汚泥処理の過程でリンを回収する技術としては，さまざまな物理化学的方法（本章8.6節参照）が利用されており，また下水中のリン濃縮法としては生物学的リン除去法（本章8.4節参照）が有望である．

8.1.3 下水道空間の多目的利用[3]

下水道は本来，人間活動から発生する不要な水の処理・処分のためのシステムとして開発され発展してきた．しかし，社会が高密度化して，多様な社会的要請が下水道にも向けられるようになった．それに伴い，下水道の本来の目的以外の用途で下水道空間を利用する動きが広がっている．処理場やポンプ場の上部空間を公園やスポーツ用のグランドとして開放することはこれまでも広く行われてきた．これに加えて，もっと積極的に住民のための施設を建設

するような例（横浜市の市民プラザや鎌倉市の武道館）が増えている．また，防災計画に下水処理場を組み入れる例もある．たとえば，川崎市では震災時の緊急時避難場所として加瀬水処理センターを指定し必要な整備をしている．

下水道のもつ空間資源として管渠が注目されるようになった．下水管渠網は下水道が普及した地域であれば各戸を物理的につなぐネットワークを形成しており，近年の高度情報化の中で，下水道管渠空間を利用した高度情報通信網つまり光ファイバーなどの通信ネットワークの設置が行われるようになってきている．1996年には下水道法が改正され，下水道管理に支障のない範囲で地方公共団体や電気通信事業者などが下水管渠の中に光ファイバーなどの通信線を敷設できるようになった．現在，東京都，川崎市などでは，ポンプ場・処理場の監視・遠隔操作や降雨情報などの送信など下水道システムの維持管理の情報化のための光ファイバーネットワークを稼働させている．また，岡山市，新見市などでは各家庭などの自動検針システム整備を目的とした下水管渠内光ファイバー整備事業が実施されている．

8.1.4 ディスポーザ

日本では家庭の生ごみ（厨芥類）は可燃ごみとしてごみ収集車により回収され焼却されるのが一般的である．しかし，米国などでは厨芥類をディスポーザ（「ディスポーザ」(disposer) は和製英語，本来の英語は garbage grinder）と呼ばれる破砕機により粉砕して下水管に流し出す機械が普及している．家庭用のものは流しの下の配水管と一体的に取り付けられることが多い．ディスポーザの導入により，ごみ出しの手間がなくなり，生ごみを収集日まで保存するあるいは収集時間まで路上に放置する必要がなくなるので衛生面が向上し，またごみ収集の回数や処理量が減ることも期待される．一方，現在の下水道システムは厨芥類が流入してくることを想定して設計されておらず，ディスポーザが普及した場合，管渠内における堆積物の増加や閉塞，下水処理場における負荷増大とそれに伴う汚泥増加，合流式下水道における雨天時越流水による水環境汚染の深刻化などが懸念されている．そのため，ディスポーザの使用は制限されているのが実情である．たとえば，東京都下水道局の場合，2004年現在ではディスポーザ排水の処理システムを付けた場合に限り届け出を前提としてその使用を認めている．今後，下水道へのディスポーザ導入に関してさまざまな要素技術の研究や環境影響の評価が進むと思われる．

図8.2 尿分離トイレ，スウェーデンにて撮影

8.1.5 エコロジカルサニテーションと尿分離システム[4]

下水道にし尿を投入できることは衛生的な環境を守り，快適な生活空間を確保するために必要だと考えられてきたが，そのような現代社会の「常識」に一石を投じたのがスウェーデンで提唱されたエコロジカルサニテーション（ecological sanitation）という考え方である．この考え方は尿と尿を分離して回収することが基本になる．尿はタンクに回収してアルカリ化などの処理を施し，また屎はドライトイレあるいはコンポストトイレと呼ばれるシステムでおがくずなどと混合されコンポスト化される．いずれも最終的には農地還元され物質循環に寄与することを想定している．図8.2にし尿分離型のトイレの例を示したが，この例では尿は水洗となっている．

尿を分離して回収することは以下のような利点がある．まず，窒素・リン・カリウムの3大栄養素は屎よりも尿に多く含まれており，性状が均一で液体である尿として扱ったほうが回収・処理・加工がしやすい可能性がある．また，特に途上国ではし尿を水系から隔離できるため，し尿による地下水汚染のリスクを減らすことができる．さらに，人間の排泄する性ホルモン（環境中に排出されると内分泌攪乱物質すなわちいわゆる環境ホルモンとして生態系に影響を与える可能性がある）は基本的に尿に含まれ

るので尿を回収すればその環境影響を回避できる．現在，すでに下水道という巨大なインフラの整備を進めてきている多くの先進諸国にとってエコロジカルサニテーションのような考え方にすぐに切り替えることは現実的でないし，そのような考え方を実現させるための具体的な技術やシステムに関してまだ課題は多いが，途上国において，あるいは長期的視点に立ったときの人の排泄物管理のあり方について新たな視点を投げかけた考え方であるといえる．

なお，コンポストトイレ（compost toilet）は原理的には家庭用の生ごみ処理機や家畜糞尿処理用の高温好気処理法などと同じ高温好気細菌を用いた処理法であり，エコロジカルサニテーションとは独立して，電気や水のない山岳地域のトイレあるいは臨時・非常時のトイレとして利用されているものである．

8.1.6 サステナブルな下水道システム

将来の下水道のあるべき姿として，人間が健康で安全な社会生活を営むために必要な排水の処理処分先という旧来の位置づけに加えて，健全な水循環を作るために他の水関連システム（上水道，河川など）と連携して一定の役割分担を果たすシステムという位置づけを確認する必要がある．また，地域の環境保全に寄与するばかりでなく地球環境を意識して省エネルギー・省資源に貢献するような技術的配慮も必要である．一方，下水道システムという形態をこのまま今の形で維持していいのかという疑問が常に存在する．その疑問に対する一つの解答として得られたのが前に述べた「エコロジカルサニテーション」という考え方であると思う．

下水道システムは多くの時間と費用をかけて作られた都市基盤であり，それが計画された時代の社会的背景に影響されながら今日の形が作られてきた．今の時代から振り返ると必ずしも最適な判断をしてきたとはいえない例がある．たとえば日本のようにある頻度で強い降雨がある国で合流式下水道という選択肢は避けなくてはならなかったと今から振り返ればいうことができるが，限られた予算の中で下水道を早く整備するための政治的判断として結果的にそのような決定がなされてしまったといえる．また，下水道システムは人間活動に伴って排出される汚水を効率的に集め処理することがその目的の一つであるが，一方で下水管に流入してきた汚染物質を一か所（つまり下水処理場）に集中させてしまう機能も

もっている．したがって，たとえば，放流先水域における環境ホルモンの影響を考えると下水道システムを作ったことが環境あるいは生態系に対して負の影響を与えてしまっていることになる．今後，すでに存在する下水道という施設を有効に利用しつつ，50年あるいは100年先を見据えた長期的展望に立って下水道システムの再構築，あるいは下水道に変わるシステムの構築を進めていかなくてはならないだろう．

〔味埜　俊〕

文　献

1) 国土交通省都市地域整備局下水道ホームページ http://www.mlit.go.jp/crd/city/sewerage/info/seirei/kaisei030925.html
2) 黒住光浩（2004）：東京都における省資源・省エネルギーへの取り組み．下水道協会誌，**38**（462）：8-14．
3) 国土交通省都市地域整備局下水道部編：日本の下水道，日本下水道協会（毎年発行）
4) ウインブラッドら著，松井三郎監訳（2001）：エコロジカルサニテーション（日本語版），日本トイレ協会．

8.2　下水道システム

8.2.1　下水道システムの役割

人間が集積して居住する都市においては，人間が生存し生産活動を行うために，水，食料，日用品，生産財などの物資を都市内に搬入する必要がある．都市内で使用され，その使命を終えたこれらの物資は，最終的には都市の外へ廃棄される．また，都市に降った雨水のうち，地下に浸透せず，人間が利用しない余剰の雨水も，都市から河川などに排除される．下水道システムは人間が使用し利用価値のなくなった水と，人間の排泄物，および余剰の雨水を都市外に廃棄する役目を担ってきた．都市を持続可能なものとするためには，下水道システムが担っている役割は不可欠のものであり，古代ローマの「クロアカ　マキシマ：大きな排水路」や大阪の「太閤下水」などのように現在もその役目を果たしている遺構もある．

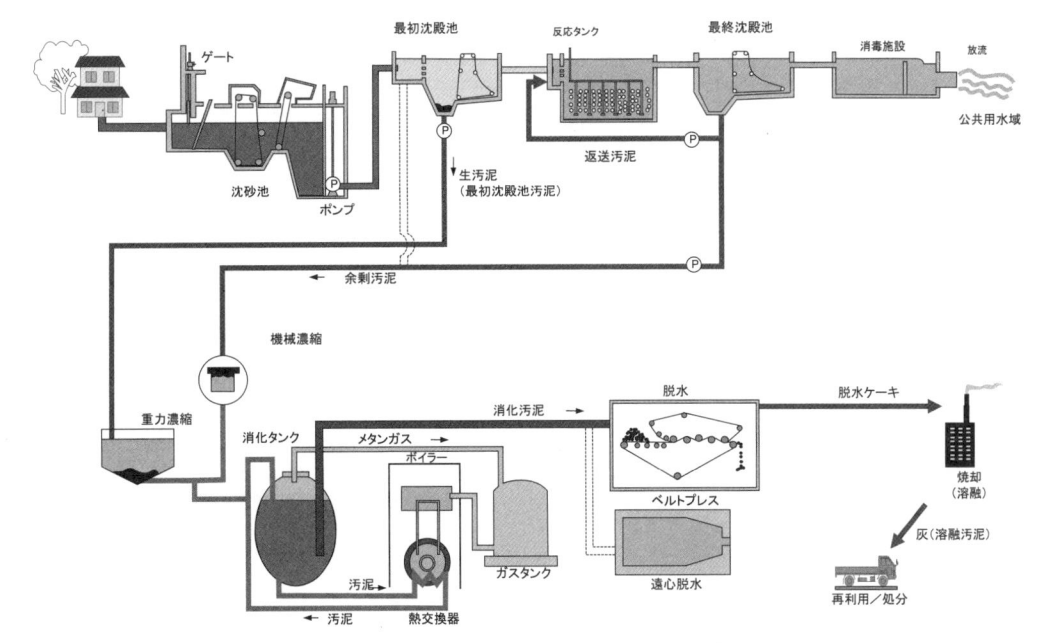

図 8.3 下水処理場の代表的プロセス構成[1]

都市の巨大化や生活水準の向上とともに，都市の排出する廃棄物が周辺の環境に与える悪影響が顕在化する．水の場合には，水質汚染と浸水被害が顕著な悪影響の例であり，微量化学物質による汚染や都市型水害など新たな問題が顕在化し始めている．一方，下水道は，建設，維持管理に多くの資金を有するため，段階的にこれらの問題に対応してきたという面が否めない．このため，現在の下水道システムは，過去の歴史を背負いつつ，さらなる発展を必要としているシステムであるといえる．

8.2.2 現在の下水道システム

下水道システム（wastewater system）は，人口密度，経済状態，水資源などの条件によりさまざまの形態をとりうるシステムであるが，日本の下水道システムは，欧米諸国とほぼ同様の構成となっている．日本の下水道は，下水管（sewer），ポンプ場（pumping station），下水処理場（wastewater treatment plant）から構成されており，各家庭や事業所から排出される下水を集め，送水し，処理をしている．下水管には，雨水と汚水を同じ管で集める合流式下水道（combined sewer system）と，雨水と汚水を別の管で集める分流式下水道（separate sewer system）の2種類がある．古くから下水道事業に着手した都市は合流式下水道の区域をもっていることが多い．ポンプ場には，汚水を送水する汚水ポンプ場，雨水を排除する排水ポンプ場，合流式下水道で雨天時に一定量の下水を処理場に送水し，それを越える雨天時下水を排除する合流式下水道のポンプ場がある．下水処理場では，下水を目標とする処理水質まで処理して放流または再利用し，下水処理の過程で発生する汚泥を再利用や最終処分に適した状態に処理する．目標とする処理水質や汚泥の状態，処理場用地の制限などで，さまざまな種類の処理プロセスがある．代表的な下水処理場のプロセス構成を図8.3に示す．

8.2.3 下水道システムの技術的課題

下水道が整備された地域では，生活環境の快適性が向上し，晴天時の河川の水質も良好なものとなっている．しかし，現在の下水道システムは，わが国においては数十年の歴史しかない．このため，依然，改良を必要とする部分と，100年単位での持続可能なシステムを目指し，大胆に手を入れなくてはならない部分を有している．前者には合流式下水道の雨天時越流水（combined sewer overflow：CSO）や面源による水質汚濁（diffused pollution），化学物質のリスク管理などがあり，後者には処理水や汚泥の資源利用，構造物の腐食などに対する対策などがある．以下に，これらの課題への取り組みを述べる．

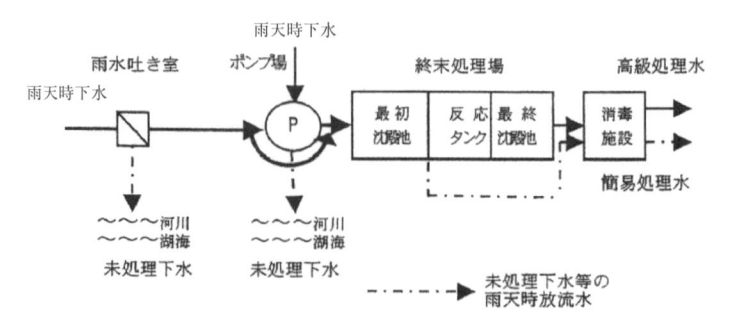

図8.4 合流式下水道の概念図

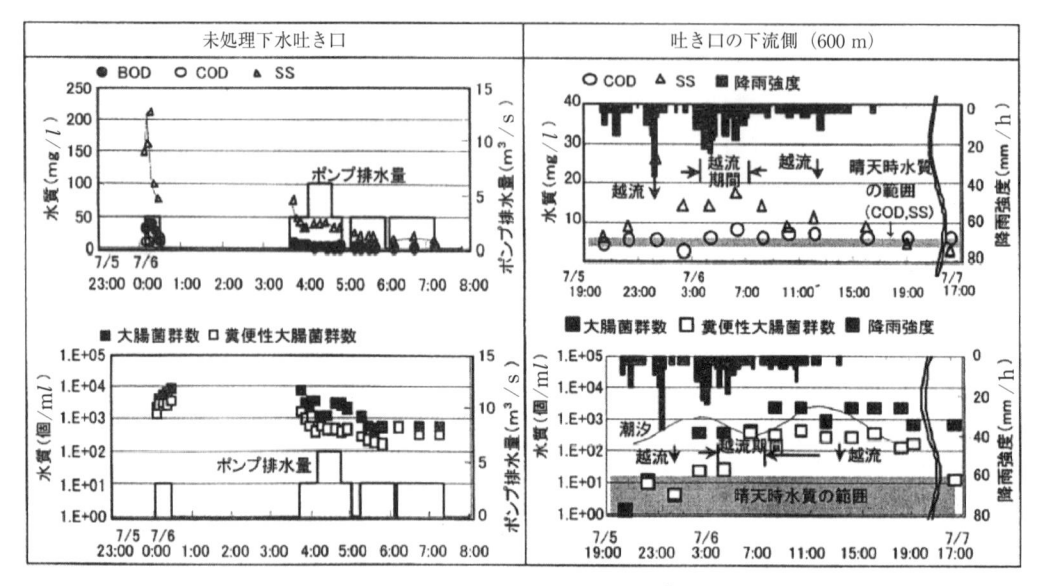

図8.5 雨天時の未処理下水の水質[2]

a. CSO対策

わが国では1960年代以前に下水道に着手した都市の多くが合流式下水道の排水区を有しており，その数は192都市，排水区面積は22万7 000 haにのぼっている．合流式下水道の排水区では，晴天時の汚水は全量，下水処理場に送られるが，雨天時には雨水と汚水が同一の管渠を流れ，下水管の遮集（しゃしゅう）容量（interceptor capacity）を超える流量分は水域に直接放流される．また，遮集された下水は下水処理場に送られ，その一部は通常のプロセスで処理されるが，通常の処理プロセスの能力を超える部分は，沈殿と消毒のみの処理（簡易処理）で放流される．合流式下水道の概念図を図8.4に示す．

一般に，降雨のはじめには下水管内に堆積した汚濁物質が流量の増加に伴って流下し始めるため，降雨初期には汚濁物質の濃度，負荷量とも大きな下水（ファーストフラッシュ）となる．

降雨時に雨水吐きから流出した未処理下水と吐き口下流公共用水域の水質の例を図8.5に示す．図は排水区近傍の雨量観測所に時間雨量5 mm/hから1 mm/hの降雨があったときに，雨水吐きから放流された未処理下水を採水して水質を分析したもので，水質データのある時間が放流のあった時間である．典型的なファーストフラッシュが観測された例である．合流式下水道からの雨天時の未処理下水の放流は，BODなどの水質汚濁の原因物質を環境中に放出するとともに，糞便性大腸菌群数を指標とする病原微生物の排出源ともなりうる．このため，合流式下水道の改善が大きな課題となっている．

未処理下水の放流を完全に止めるためには，合流式下水道を分流式下水道に再構築する必要がある．

しかし，汚水，または雨水の下水管渠網を新たに敷設し，さらに各家庭や事業所からの取り付け管を付け替えなくてはならないため，市街地再開発事業地区などを除いて，既存の市街地に適用することは困難である．既存の管渠，ポンプ場などのストックを活かしながら，CSO を極力削減する方策が求められている．

CSO 対策としては，①排水区内に貯留，浸透施設を配置し，下水管に流入する雨水量を抑制する，②下水道システムの遮集容量を増強し，未処理下水の放流頻度を減少させる，③下水道システム内で汚濁負荷の高いファーストフラッシュを貯留し，晴天時に下水処理場へ送り処理をする，④未処理下水の放流前に固液分離や消毒といった処理を行う，⑤発生源対策として，管渠の清掃や，油分を下水道に流さないようなキャンペーンを行う，などが実施，計画されている．

b. 化学物質のリスク管理

1999（平成 11）年 7 月に公布された「特定化学物質の環境への排出量の把握および管理の改善の促進に関する法律」（化学物質排出把握管理促進法，いわゆる PRTR 法）により，一定規模以上の事業所から排出された，または処分場などに移動した特定化学物質の種類と量が集計され，公表されることとなった．情報の公開請求によって，個別の事業所の情報も簡単に入手できる．PRTR 法では 354 種類の第一種指定化学物質について，所定量以上の排出や移動があった場合に届け出することとなっており，下水道への移動も届け出の対象となっている．一方，下水処理場も一部の小規模なものを除き，同法による届け出を義務づけられている．届け出の対象となる物質は，下水道法で水質測定が義務づけられている 29 の物質，ダイオキシン類，下水処理場での年間取り扱い量が PRTR 法で定められた量を超える化学物質，県条例などの横だし規制で測定が義務づけられている物質である．このため，下水道への流入が判明する化学物質と，下水道事業として届けるべき化学物質の種類に差異が生じることとなり，下水道への移動が判明した化学物質の下水道システム内での挙動が問題となる場合も考えられる．一般的に，下水処理場の処理プロセスは，沈殿による比較的粗大な固形物の除去，生物学的処理による BOD，COD などの総括的有機物指標の除去，薬剤による消毒を目的としており，高度処理プロセスとして，リン，窒素などの栄養塩類，ろ過による微細な固形物の除去，オゾン酸化や活性炭による難生物分解性有機物の除去が追加される場合もある．しかし，PRTR 法対象の化学物質のような特定の化学物質の除去についての情報はほとんどない．考慮すべき化学物質の数は膨大であり，下水処理場の運転条件もさまざまであるため，流入下水中の個々の化学物質の挙動を予測することは非常に困難である．このような場合のリスク管理手法について，今後の研究が待たれている．岡安ら[3]は，有機化学物質の活性汚泥中での挙動を，物質の物性データと下水処理場の運転条件を元に推定する数値シミュレーションモデルで検討している．揮発性を表す物性データとして Henry（ヘンリー）定数，活性汚泥への吸着性には水/オクタノール分配係数を用い，一定の傾向をとらえることが可能であることを示している．しかし，個々の物質について活性汚泥への吸着性や，生物分解性を正確に求めるためには多くの労力を要し，これらをある程度簡略に決定する手法の開発が求められている．

いずれにしろ，下水道システムにおける化学物質管理は，流入水中の物質も，そのシステム内での挙動も非常に不確定な要素が多い．このため，PRTR 制度などで得られた情報を，住民，排出源事業者を含む関係者で共有し，一体となってリスク管理に取り組むことが求められている．

c. 処理水・汚泥の資源利用

2000（平成 12）年度における全国 1638 か所の下水処理場から放流される処理水は年間約 130 億 m^3 にのぼっている[4]．同年の生活用水は 164 億 m^3，工業用水は 135 億 m^3 であり[5]，下水処理水は量的に十分な水資源となりうる可能性を有している．下水の処理に伴って発生する汚泥は，乾燥固形物量ベースで 2000 年に 197.7 万 DS-t であり，含水率 85％の汚泥に換算すると，年間 1318 万 t 発生している[4]．同年の一般廃棄物の発生量は 5236 万 t であり[5]，汚泥の発生量は膨大なものであることがわかる．表 8.1 に下水道処理水・汚泥の有効利用状況を示した[8]．

処理水の有効利用率は 1.1％と低いが，これは，処理場外における水洗トイレのフラッシュ水などの雑用水，公園，人工水路の修景用水など，管理された用途での有効利用を集計しているためである．海域に直接放流している下水処理場を除き，処理場からの放流水は，河川の水量，水質の維持はもちろん，下流部での農業用水や都市用水の取水などにも寄与

8. 下水・し尿処理

表 8.1　下水道処理水・汚泥有効利用状況[8]

処理水（2000年）	処理水量[1] 130.1 億 m³	有効利用量[2] 1.4 億 m³	有効利用率 1.1%	有効利用実施処理場[2] 202 処理場
下水汚泥（2000年）	汚泥発生量[2] 197.7 万 DS-t	有効利用量[2] 119.1 万 DS-t	有効利用率 60%	―

処理水の有効利用は，処理場内での利用を除く．
データ出典：1) 平成12年度版下水道統計（㈳日本下水道協会），2) 国土交通省都市・地域整備局下水道部下水道企画課調査．

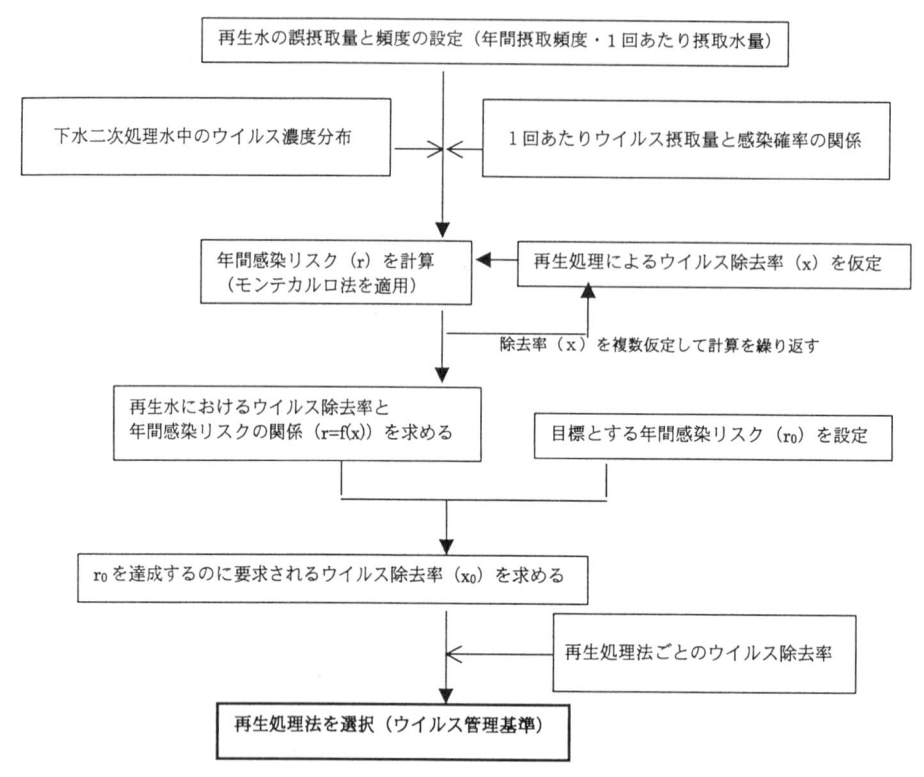

図 8.6　再生処理法を選択するための手順[9]

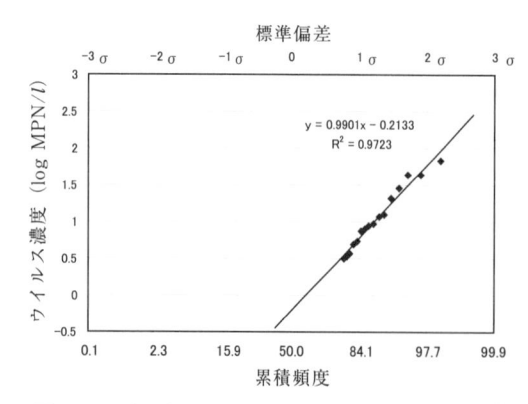

図 8.7　下水二次処理水中の腸管系ウイルスの濃度分布[9]

しており，広い意味での有効利用といえる．管理の有無にかかわらず，有効利用される処理水については，用途に見合った水量，水質の確保が求められており，下水処理水，再生水（reclaimed water）中の化学物質や病原微生物が，人の健康や生態系に与える影響についての知見が求められている．たとえば，腸管系ウイルス（Enterovirus）については，独立行政法人土木研究所が中心となってまとめた「ウイルスの安全性からみた下水処理水の再生処理法検討マニュアル（案）」があり，図 8.6 に示す手順で再生水の処理方法を決定することを勧めている．なお，下水二次処理水中の腸管系ウイルスの濃度分布は図 8.7 に示す分布が得られている．

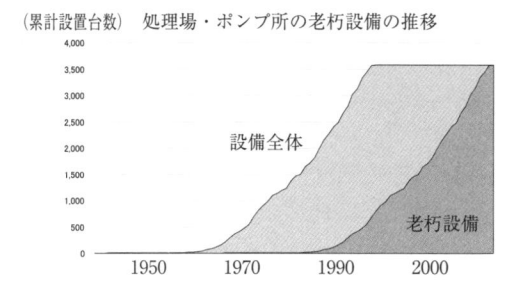

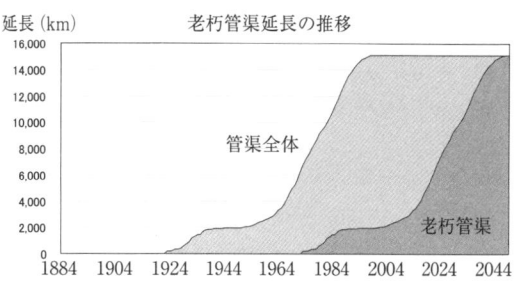

図8.8 下水道施設の老朽化率の予測

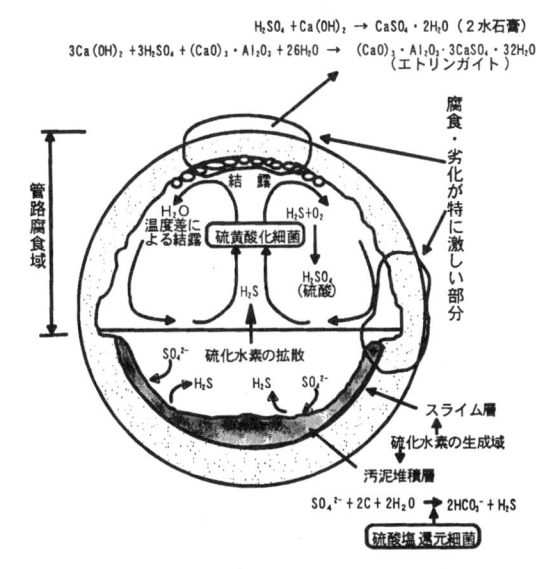

図8.9 下水道施設の硫酸によるコンクリート腐食のメカニズム[13]

d. 下水道システムの維持更新

2000（平成12）年度末におけるわが国の下水道の管渠総延長は34万4864 kmに[11]，運転を開始している下水処理場数は1638か所にのぼっている．下水道施設の耐用年数については，管渠などで50年，処理場，ポンプ場で施設，設備の種類によって異なるが平均して25年前後とされている[12]．東京都の下水道資産にこの耐用年数を当てはめると，図8.8のようになり，急激に老朽化した資産が増加することが予想される．

下水道施設の耐用年数に大きな影響を及ぼす因子は，硫化水素の発生である．下水，汚泥中の有機物が嫌気状態に置かれると，硫酸塩還元細菌の働きで硫化水素が発生する．気相に放散した硫化水素は，下水道施設の表面の結露，水膜に再溶解し，好気性の硫黄酸化細菌の働きで硫酸となる．この硫酸がコンクリートと反応し，腐食が発生する．図8.9[13]

は管渠における腐食のメカニズムと，腐食が激しい箇所を示したものである．下水や汚泥が滞留する箇所，嫌気度の強い下水が激しく流動する箇所などで強い腐食が発生しており，供用開始後，数年間で構造物の強度が設計値を下回るような激しい劣化もみられる．㈳日本下水道協会（2002）[13]や日本下水道事業団（2002）[14]では，腐食に対する調査，抑制対策，防食技術などをまとめており，下水道システムの維持更新のためには，コンクリート腐食に関する不断の注意喚起が必要である． 〔髙橋正宏〕

文献

1) 弓倉純一（2002）：環境保全の主役 日本の下水処理場，CD-ROM版，山海堂．
2) 高相恒人（2002）：CSOによる影響の把握—実態調査結果と今後のモニタリングについて—．水環境学会誌，**25**（9）：21-24．
3) 岡安祐司，小森行也，田中宏明（2001）：数理モデルを用いたPRTR指定化学物質の活性汚泥処理における挙動の推定．第9回世界湖沼会議発表文集，pp.233-236．
4) 国土交通省都市・地域整備局下水道部監修（2002）：平成14年度 日本の下水道，p.223，㈳日本下水道協会．
5) 国土交通省ホームページ
http://www.mlit.go.jp/tochimizushigen/mizsei/junkan/index-4/11/main.html
6) 上掲書4），p.226．
7) 環境省ホームページ
http://www.env.go.jp/press/press.php3?serial=3886
8) 国土交通省ホームページ
http://www.mlit.go.jp/crd/city/sewerage/data/seibi_jokyo/yukouriyou.html
9) 高度処理会議（2001）：ウィルスの安全性からみた下水処理水の再生処理法検討マニュアル（案），pp.6-7．
10) 上掲書4），p.229．
11) ㈳日本下水道協会：平成13年度版下水道統計要覧，p.81．
12) 国土交通省都市・地域整備局下水道部，下水道事業課監修：下水道事業の手引き 平成14年度版，pp.170-173，㈶全国建設研修センター．
13) ㈳日本下水道協会（2002）：下水道管路施設腐食対策の手引き（案），p.4．
14) 日本下水道事業団（2002）：下水道コンクリート構造物の腐食抑制技術および防食技術指針，同マニュアル．

8.3 好気性処理技術

下水の好気性（aerobic）生物処理は，主として自然界に存在する好気性微生物などを利用して下水中の有機物などの除去を行うもので，微生物を水中に浮遊させた状態で用いる方法（浮遊生物法：酸化池と活性汚泥法（activated sludge process））と，微生物をろ材や板に付着させた状態で利用する方法（生物膜法）および浮遊生物法に微生物を固定した流動担体などを投入して処理する方法（担体利用処理法）がある．

わが国においては，2003（平成15）年度末で1924か所の下水処理場が稼動しているが，93％の1786処理場が何らかの活性汚泥法を採用している．このうち，標準活性汚泥法（conventional activated sludge process）が695処理場（36％），オキシデーションディッチ法（oxidation ditch process）（OD法）が849処理場（44％）と大多数を占めている[1]．

8.3.1 活性汚泥法の浄化機能

活性汚泥法は，図8.10に示すように最初沈殿池（primary settling tank），反応タンク（reactor），最終沈殿池（final settling tank）から構成され，活性汚泥と呼ばれる微生物の集合体を用いた下水の生物処理法である．

最初沈殿池は，下水中の有機物を主体とする比重の大きいSS（suspended solids）分を重力沈降する沈殿池であり，後段の活性汚泥処理の前処理として設けられる．沈降分離された最初沈殿池汚泥は，汚泥処理施設へ送られて処理される．なお，処理方式によっては，OD法のように最初沈殿池を設けないものもある．合流式では，雨天時の処理を考慮して水面積負荷（= Q/A，Q：流入水量（m^3/日），A：池の表面積（m^2））が小さくなっている．

最初沈殿池流出水あるいは下水は，反応タンクで活性汚泥と混合，エアレーションされ，好気性微生物の代謝により有機物が除去される．その後，最終沈殿池で混合液から汚泥を沈殿分離し，上澄水が処理水となる．分離された汚泥の一部は返送汚泥（return sludge）として反応タンクに送られ，残りは余剰汚泥（excess sludge）として汚泥処理施設へ送られ処理される（図8.10）．

最終沈殿池で除去されるSSは，微生物フロックを主体としており，最初沈殿池のSSに比べ沈降速度が小さいため，最終沈殿池の水面積負荷は最初沈殿池のものより小さい．水温の低下や反応タンク内の混合液浮遊物（MLSS：mixed liquor suspended solids）濃度の増加に従い，活性汚泥の界面沈降速度は低下し，また，バルキング（bulking）によっても活性汚泥の沈降性が悪化するので，水面積負荷（overflow rate）の設定にあたっては設計上の配慮が必要である．なお，設定したMLSS濃度を維持するためには，返送汚泥のSS濃度に応じた汚泥返送比（return sludge ratio）を設定しなければならないので，MLSS濃度が異なる標準活性汚泥法（1500～2000 mg/l）とOD法（3000～4000 mg/l）の汚泥返送比は，それぞれ，50～100％と100～200％と異なっている[2]．

最初沈殿池と最終沈殿池の標準的な水面積負荷と

表8.2 最初沈殿池と最終沈殿池の標準的な水面積負荷と有効水深[2]

	水面積負荷（m^3/m^2・日）	有効水深（m）
最初沈殿池	分流式：35～70 合流式：25～50	2.5～4.0
最終沈殿池	標準活性汚泥法：20～30 OD法：　　　　8～12	2.5～4.0 3.0～4.0

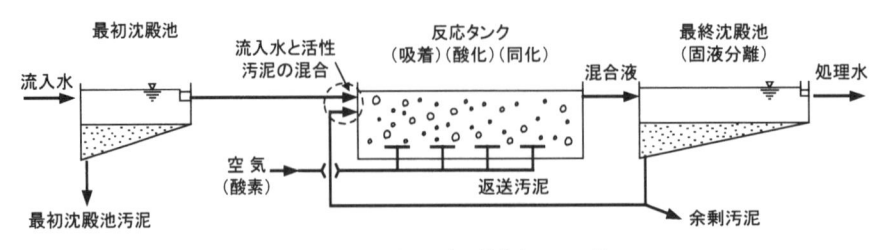

図8.10 活性汚泥法の機能とフロー[6]

表8.3 各種活性汚泥法の特徴とわが国における反応タンクの標準的な設計諸元[2]

処理方式	特徴	MLSS濃度 (mg/l)	反応タンクの水深 (m)	反応タンクの①形状，②混合方式と③環境条件	HRT (h)	ASRT (日)
標準活性汚泥法	BODで代表される有機物除去が目的	1500〜2000	4〜6 10（深層式）	①矩形 ②多槽完全混合形 ③全部が好気	6〜8	3〜6
酸素活性汚泥法	高い有機物負荷と高いMLSS濃度を可能にするために酸素によるエアレーションを採用 有機物除去が目的	3000〜4000	4〜6	①矩形 ②多槽完全混合形 ③全部が好気	1.5〜3	1.5〜4
長時間エアレーション法	最初沈殿池を省略 有機物負荷が低い 有機物除去が目的であるが，硝化反応が進行しやすいため，脱窒反応による窒素の高度処理が可能	3000〜4000	4〜6	①矩形 ②多槽完全混合形（完全混合形） ③全部が好気（脱窒のため一部無酸素の場合あり）	16〜24	13〜50
オキシデーションディッチ法（OD法）	最初沈殿池を省略 有機物負荷が低い 有機物除去が目的であるが，硝化反応が進行しやすいため，脱窒反応による窒素の高度処理が可能	3000〜4000	4〜5	①無終端水路 ②完全混合形 ③好気と無酸素の組み合わせ	24〜48	8〜50
回分式活性汚泥法	一つの反応タンクで，流入，反応，沈殿，排出の各機能を行う活性汚泥法の総称 有機物除去から窒素・リンの高度処理まで可能	幅広い（1500〜4000）		①矩形 ②完全混合形（反応は時間的に押し出し流れ形） ③好気，無酸素，嫌気の組み合わせが可能	幅広い	幅広い
嫌気-好気活性汚泥法	反応タンクの前段部分を嫌気的に攪拌して，生物学的に脱リン	1500〜2000	4〜6	①矩形 ②多槽完全混合形 ③好気，嫌気の組み合わせ	6〜8	2〜4
循環式硝化脱窒法	反応タンクの前段に無酸素タンク，後段に好気タンクを設置し，後段の硝化液を前段に循環させることにより，生物学的に脱窒	2000〜3000	4〜6	①矩形 ②多槽完全混合形 ③好気，無酸素の組み合わせ	14〜18	11〜14
硝化内生脱窒法	最初沈殿池を省略 反応タンクの前段に好気タンク，中段に無酸素タンク，後段に好気タンクを設置し，生物学的に脱窒	2500〜4000	4〜6	①矩形 ②多槽完全混合形 ③好気，無酸素の組み合わせ	18〜24	11〜14
ステップ流入式多段硝化脱窒法	無酸素タンクと好気タンクの組み合わせを2〜4段直列に設置し，生物学的に脱窒	2000〜3000（最終段好気タンク）	4〜6	①矩形 ②多槽完全混合形 ③好気，無酸素の組み合わせ	—	11〜14
嫌気-無酸素-好気法	循環式硝化脱窒法と嫌気-好気活性汚泥法の組み合わせにより，生物学的に窒素，リンを同時除去	2000〜3000	4〜6 10（深層式）	①矩形 ②多槽完全混合形 ③好気，無酸素，嫌気の組み合わせ	16〜24	11〜14

有効水深を表8.2に示す．

a. 有機物除去

活性汚泥法による下水中の有機物の除去過程は，反応タンク内での活性汚泥微生物による汚濁物質の除去（吸着・摂取・酸化・同化）と最終沈殿池における活性汚泥の固液分離に要約されるので，反応タンクの容積・形状の選定のほかに，良好な活性汚泥フロックの沈降・分離のための適切な最終沈殿池の設計・運転管理と，反応タンク内への適正な酸素供給や攪拌動力投入の設計・運転管理が不可欠であ

る.

表8.3に示すように, 標準活性汚泥法とOD法の反応タンクのHRT (hydraulic retention time：水理学的滞留時間) は, それぞれ, 6～8時間, 24～48時間であり, 結果として, OD法ではSRT (solids retention time：固形物滞留時間) が標準活性汚泥法と比べて大きくなるため, 有機物の除去性能は向上する (平均的な処理水質は, BOD (biochemical oxygen demand) ＝ 4 mg/l, SS濃度＝ 5 mg/l 以下である).

b. 硝化

硝化 (nitrification) は, 下水中のアンモニア性窒素が好気性条件下で独立栄養細菌 (autotrophic bacteria) である硝化細菌の作用により亜硝酸性窒素や硝酸性窒素に酸化される現象である.

有機物負荷の高い標準活性汚泥法でも, 水温の高い夏季や計画水量に対して流入水量が少ない場合には, 硝化反応が進行し, 有機物負荷の低いOD法では, 水温の低い冬季にも硝化反応が進行する. このため, 活性汚泥法による有機物処理の検討においては, 硝化反応を考慮した必要酸素量の計算を含む適正な施設設計が不可欠である.

硝化細菌の増殖速度は, 通常の活性汚泥中にいる従属栄養細菌 (heterotrophic bacteria) より遅いため, 活性汚泥中に保持されるためには, 比較的長いSRTを必要とする. 硝化細菌が活性汚泥中に存在するために必要な, すなわち完全に硝化反応が進行するASRT (aerobic solids retention time：好気的条件下のSRT) と水温の関係は, 式 (8.1) に示す相関式が報告されている[2].

$$ASRT \geqq 20.65 \exp(-0.0639\,T) \quad (8.1)$$

ここに, T：水温 (℃).

c. 脱窒

脱窒 (denitrification) は, 溶存酸素が存在しない条件下での通性嫌気性細菌 (facultative bacteria) の呼吸 (硝酸性呼吸および亜硝酸性呼吸) であり, この際, 酸素原子を奪われた硝酸塩中の窒素原子は, 分子状窒素に還元される. 活性汚泥混合液内に溶存酸素 (dissolved oxygen) がない無酸素 (anoxic) 状態であることと, 活性汚泥混合液中に酸化の対象となる有機物が存在することが脱窒反応の条件である.

有機物負荷の低いOD法などでは, 硝化反応が進行するため, 硝化によるアルカリ度の消費に伴う処理水pHの低下による処理水質の悪化を防ぐた

め, 反応タンク内に無酸素ゾーンあるいは無酸素時間を設定した脱窒反応により, 硝化で消費されたアルカリ度を回収し, 処理水pHの低下を防ぐ必要がある. また, 標準活性汚泥法でも硝化反応が進行している場合は, 最終沈殿池や返送汚泥ラインで無酸素条件が発生し, 脱窒が生じるため, 施設設計・運転管理上での考慮が必要である.

d. 下水の好気性処理に伴う必要酸素量と余剰汚泥の発生量

活性汚泥法の処理施設の設計・運転管理では, 目的とする処理性能を確保するために必要な酸素供給量の予測や結果として発生する余剰汚泥量の予測が重要となる.

1) 必要酸素量 必要酸素量は, 実務的に式 (8.2) により求められている[2].

$$必要酸素量 (kgO_2/日) = D_B + D_N + D_E + D_O \quad (8.2)$$

ここに, D_B：有機物の酸化に必要な酸素量 (kgO$_2$/日), D_N：硝化反応に必要な酸素量 (kgO$_2$/日), D_E：内生呼吸に必要な酸素量 (kgO$_2$/日), D_O：溶存酸素濃度の維持に必要な酸素量 (kgO$_2$/日).

$$D_B = \left\{ \begin{array}{l}(C_{BOD,in} - C_{BOD,eff}) \cdot Q_{in} \times 10^{-3} \\ -(L_{NOX,DN} - L_{NOX,A}) \times K\end{array}\right\} \times A$$

$$D_N = C \times 硝化した\,Kj\text{-}N\,量$$

$$D_E = B \times V_A \times X_{MLVSS}$$

$$D_O = C_{O,A} \cdot (Q_{in} + Q_r) \times 10^{-3}$$

ここに, $C_{BOD,in}$：反応タンク流入水BOD (mg/l), $C_{BOD,eff}$：処理水BOD (mg/l), Q_{in}：反応タンクへの流入水量 (m^3/日), $L_{NOX,DN}$：無酸素タンクNO$_X$-N (NO$_2$-NとNO$_3$-Nの合計) 負荷量 (kgN/日), $L_{NOX,A}$：無酸素タンクNO$_X$-N流出量 (kgN/日), K：脱窒により消費されるBOD量 (kgBOD/kgN), A：除去BODあたりに必要な酸素量 (kgO$_2$/日), C：硝化反応に伴い消費される酸素量 (kgO$_2$/kgN), 硝化したケルダール窒素 (Kj-N) 量 (kgN/日)：(流入水 Kj-N 量) − (流出水 Kj-N 量) − (余剰汚泥に転換された Kj-N 量), B：単位MLVSS量あたりの内生呼吸による酸素消費量 (kgO$_2$/(kgMLVSS・日)), V_A：好気部分の反応タンク容量 (m^3), X_{MLVSS}：活性汚泥有機性微生物 (MLSS中の強熱減量) (mg/l), $C_{O,A}$：好気タンク末端の溶存酸素濃度 (mg/l), Q_r：返送汚泥量 (m^3/日).

係数の値としては, A：0.5～0.7, B：0.05～

0.15, C : 4.57, K : 2.0〜3.0 の範囲の値が用いられる[2]．

なお，必要空気量の算出に用いるエアレーション装置の酸素移動効率は，清水状態における性能であるため，下水処理における必要酸素量（AOR : actual oxygen requirement）を清水状態での酸素供給量（SOR : standard oxygen requirement）に換算し，酸素移動効率から必要空気量を求めている．

一般的な都市下水に対する流入 BOD あたりの SOR 値は，標準活性汚泥法で 1.6 kgO$_2$/kg 流入 BOD，OD 法で 2.1 kg O$_2$/kg 流入 BOD である．

2）余剰汚泥の発生量 水処理施設全体の除去 SS 量あたりの計画発生汚泥量は，標準活性汚泥法で 100%，OD 法で 75% である．また，標準活性汚泥法に対して，凝集剤添加活性汚泥法では約2割増，嫌気-好気活性汚泥法ではほぼ同程度，循環式硝化脱窒法では約2割減となるという報告もある[2]．

なお，余剰汚泥の発生量（$Q_w \cdot X_w$）は，下水の水質組成や運転条件により異なるため，反応タンク流入水中の溶解性有機物（S-BOD）から転換した活性汚泥と，流入水中の固形物（SS）から転換した活性汚泥との合計から，活性汚泥微生物の内生呼吸による自己分解を差し引いたものと仮定し，実務的に，式（8.3）で求めている[2]．

$$Q_w \cdot X_w = a \cdot Q_{in} \cdot C_{S\text{-}BOD, in} + b \cdot Q_{in} \cdot C_{ss, in} - c \cdot V \cdot X_{MLSS}$$
$$= (a \cdot C_{S\text{-}BOD, in} + b \cdot C_{ss, in} - c \cdot \theta \cdot X_{MLSS}) Q_{in}$$
(8.3)

ここに，Q_w：反応タンクからの余剰汚泥（m^3/日），X_w：余剰汚泥の微生物濃度（mg/l），$C_{S\text{-}BOD, in}$：反応タンクへの流入水の S-BOD（mg/l），$C_{ss, in}$：反応タンクへの流入水の SS 濃度（mg/l），V：反応タンクの容積（m^3），X_{MLSS}：MLSS 濃度（mg/l），a：S-BOD に対する汚泥転換率（gMLSS/gBOD），b：SS に対する汚泥転換率（gMLSS/gSS），c：活性汚泥微生物の内生呼吸による減量を表す係数（1/日），θ：反応タンクの HRT（日）（$= V/Q_{in}$）．

式（8.3）の係数 a，b，c の値としては，以下の範囲の値が用いられている[2]．

a : 0.4〜0.6, b : 0.9〜1.0, c : 0.03〜0.05

8.3.2 各種活性汚泥法

除去対象とする基質の種類（有機物，窒素，リン），関与する微生物群の種類（好気性条件のもとで炭素系有機物を利用して増殖する従属栄養細菌や，硝化細菌，脱窒細菌，リン蓄積微生物），反応タンクの環境条件（好気，無酸素，嫌気）などの多様な組み合わせにより，各種の活性汚泥法が開発・採用されており，目的に応じて，下水中の有機物除去のほか，硝化，脱窒および生物学的リン除去に用いられる．現在，下水処理場で採用されている各種活性汚泥法の特徴とわが国における反応タンクの標準的な設計諸元を示したのが表 8.3 である．

表 8.3 に示した各種活性汚泥法の反応タンクの形状や環境条件（好気/無酸素/嫌気）を分類すると，以下のようになる．

a. 反応タンクの利用形態

1）形状と混合方式 活性汚泥法の反応タンクの形状分類方法には，①浅いタンクと深いタンク，②矩形水路と無終端水路，の2種類がある．

また，反応タンク内の活性汚泥の混合方式には，①完全混合（complete mixing）形と②押し出し流れ（plug flow）形がある．なお，実際の施設では，完全な押し出し流れ形反応タンクの条件を設定することは不可能であり，一般には，数個の完全混合形のタンクを隔壁で分離し短絡流を防止した多槽完全混合形反応タンクが採用されている（図 8.11）．

2）好気状態，無酸素状態と嫌気状態による反応タンクの区別 次に示す例のように，反応タンクの一部または全部をエアレーションせずに無酸素状態や嫌気（anaerobic）状態にすることがある．

①標準活性汚泥法の糸状性バルキングによる活性汚泥の沈降性の悪化を抑制するために，反応タンクの前段部分を嫌気状態にする．

②窒素の除去のために反応タンクの一部を無酸素状態にする．

③リン除去のために反応タンクの前段部分を嫌気状態にする．

④硝化・脱窒のために間欠エアレーションを行う．

3）回分式 「1）形状と混合方式」に示した連続流れ式の反応タンク以外に，単一の反応タンクの中で，下水の流入，反応，活性汚泥の固液分離（沈殿）および処理水の排出と余剰汚泥の排出を時間的に連続させることにより下水を処理する回分式活性汚泥法（sequencing batch reactor）がある（図 8.11）．

b. 活性汚泥法の設計因子と操作因子

1）ASRT SRT は，最終沈殿池や汚泥返送ライン内の固形物量を無視すると，反応タンクあるい

8. 下水・し尿処理

a) 連続流れ式活性汚泥法

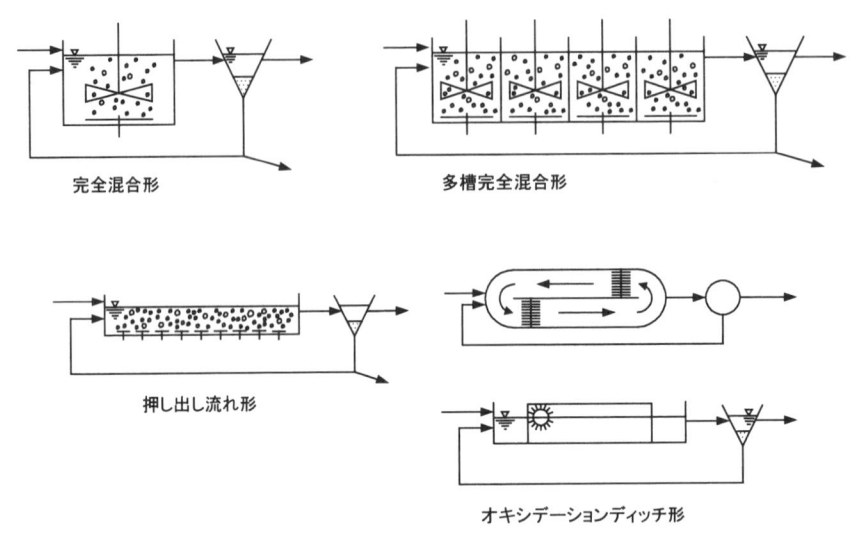

完全混合形　　　　　　　　多槽完全混合形

押し出し流れ形

オキシデーションディッチ形

b) 回分式活性汚泥法

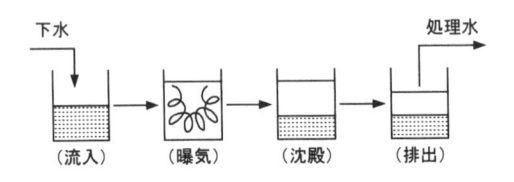

下水　　　　　　　　　　　処理水

（流入）　（曝気）　（沈殿）　（排出）

回分式活性汚泥法のフロー
（単位操作の時間的連続化）

図 8.11　各種活性汚泥法の反応タンクの利用形態[6]

は最終沈殿池からの引き抜き余剰汚泥量（$Q_w \cdot X_w$）と反応タンク内の汚泥量（$V \cdot X_{MLSS}$）の比（$V \cdot X_{MLSS}$）/（$Q_w \cdot X_w$）で定義できる．V を好気槽全容積とすることにより定義できる ASRT は，好気性処理における有機物除去性能や硝化細菌の系内保持に関する重要な運転制御因子である．

2）BOD-SS 負荷　下水中の有機物を活性汚泥法により好気性処理する場合，反応タンクの設計および運転管理の指標として，BOD-SS 負荷（BOD-SS loading）が用いられてきた．BOD-SS 負荷は，反応タンク内の単位 MLSS 量あたり，1日に流入する BOD 量（単位：kgBOD/kgMLSS・日）のことで，有機物除去を目的とする標準活性汚泥法では，0.2～0.4 kgBOD/kgMLSS・日の値が用いられて，OD 法では 0.03～0.05 kg BOD/kgMLSS・日である．

3）活性汚泥微生物濃度　活性汚泥法による下水処理では，微生物が有機物を分解・摂取するので，処理に関与する微生物濃度が最も重要な操作因子となる．流入下水の組成の違いや最初沈殿池でのBOD と SS の除去率，SRT の大小により，活性汚泥中の微生物の存在比率は異なるが，一般に，活性汚泥微生物濃度を代表するものとして，MLSS 濃度あるいは MLVSS 濃度を用いている．なお，各種活性汚泥法の MLSS 濃度は表 8.3 に示した値の範囲を一般に採用している．

4）溶存酸素（DO）濃度　反応タンクの好気性状態の指標である DO 濃度は，特に硝化反応を考慮する場合，活性汚泥法における運転管理の重要な制御指標である．

実際の施設では，水量および水質とも常に変動するため，反応タンクの流出口で 2～3 mg/l に DO 濃度を保つことが望ましいとされている．

5）活性汚泥の沈降性　活性汚泥の沈降性を表す指標の一つとして，汚泥容量指標（SVI：sludge volume index）が用いられている．SVI は，反応タ

ンク内混合液を30分間静置した場合，1gの活性汚泥浮遊物質が占める容積をml数で示したものであり，SVI＝活性汚泥沈殿率（％）×10000/MLSS（mg/l）で算出する．一般には，200以下が良好な状態といわれているが，分流式の標準活性汚泥法や，OD法などのMLSS濃度が高い処理方式では200〜300が通常の値となってきている．

SVI値は，バルキングなどの活性汚泥固液分離障害の指標となるので，SVI値の急激な上昇が認められる場合は，活性汚泥中の糸状性微生物の確認が必要である．

8.3.3 活性汚泥法の新たな適用例
a. 膜分離活性汚泥法[3]

浮遊生物法の新たな方法として，従来は最終沈殿池で行っていた固液分離工程を反応タンクに浸漬したろ過膜（孔径0.1〜0.4 μmの精密ろ過膜（MF膜））で行うことにより活性汚泥の沈降性によらず，より清澄で高度な処理水が得られる膜分離活性汚泥法（membrane separation bioreactor）が実用化されている．本法では，大腸菌がろ過されるので，消毒装置を省略できる．

小規模な下水処理場に対して実用化されている浸漬形の膜分離活性汚泥法（図8.12）の反応タンクの設計諸元は表8.4のとおりである．なお，パイロットプラント実験結果などから，本法の計画処理水質は，BOD＝2.0 mg/l以下，SS濃度＝1.0 mg/l以下，T-N濃度＝10 mg/l以下，T-P濃度＝0.5 mg/l以下（同時凝集の場合の参考値）程度である．

表8.4 膜分離活性汚泥法の反応タンクの設計諸元[5]

項　目	標準的な設計値
無酸素タンク滞留時間	3時間
好気タンク滞留時間	3時間
MLSS濃度	10000 mg/l
硝化液循環比	200％
必要空気量	日最大汚水量の23倍程度

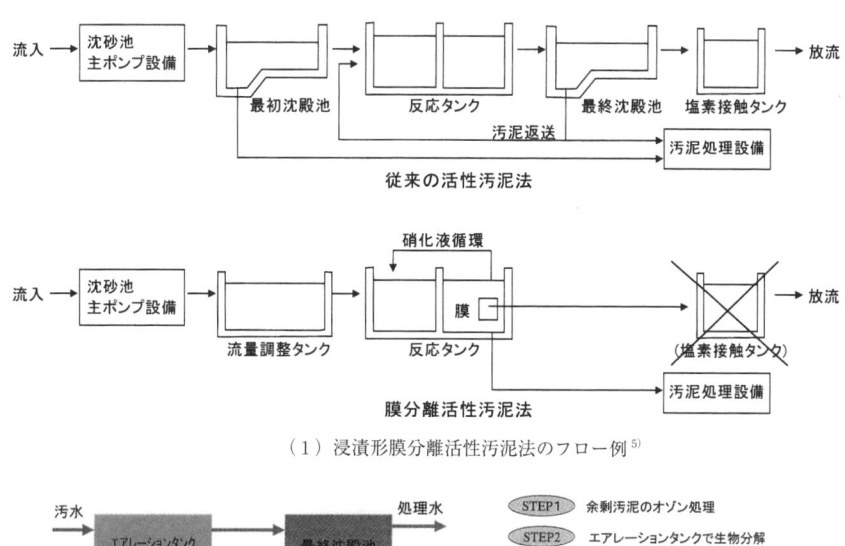

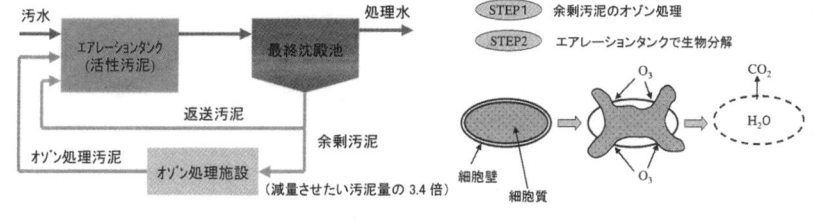

（1）浸漬形膜分離活性汚泥法のフロー例[5]

（2）オゾンによる余剰汚泥の減量化技術のフローと原理[7]

図8.12 活性汚泥法の新たな適用例

b. 汚泥減量型活性汚泥法

OD法など低負荷活性汚泥法の返送汚泥の一部を図8.12に示すように「オゾン処理」や「好気性好熱細菌の分泌する酵素」などにより可溶化し，それを再び反応タンクへ返送することにより，可溶化した有機物を分解し，余剰汚泥発生量を減量化させる技術が実用化されている．

オゾン処理を用いた場合の本技術の特徴は，以下のとおりである[4]．

①余剰汚泥発生量を任意に減量することができる．

②全量減量を行っても高級処理の処理水質にかかわる技術上の基準は満足できるが，処理水のCOD，リン濃度が上昇する．

③処理条件によっては硝化反応に障害が生じることがあるため，窒素に対する排水基準などがある場合には別途の検討が必要となる．

④オゾン処理に関連する設備とエアレーション装置の性能アップが必要となるが，汚泥濃縮タンク，脱水機などの汚泥処理施設を削減あるいは省略できる．

⑤維持管理費用では，オゾン処理とエアレーション装置の電力量がアップするが，余剰汚泥の減量により脱水に必要な薬品や汚泥処分費が削減できる．

〔中沢　均〕

文　献

1) ㈳日本下水道協会 (2004)：下水道統計（平成15年度版）．
2) ㈳日本下水道協会 (2001)：下水道施設計画・設計指針と解説 後編―2001年版―．
3) 若山正憲 (2001)：膜分離活性汚泥法の実用化研究について．季刊水すまし（日本下水道事業団），No.105：27-34.
4) 日本下水道事業団・栗田工業㈱ (1999)：返送汚泥のオゾン酸化による汚泥減容処理方法の開発に関する共同研究報告書（第2報）．
5) 中沢　均 (2004)：新技術　膜分離活性汚泥法．水の創造，**10** (55)：20-24.
6) 多田　実，中沢　均 (1989)：分流式下水道における処理の安定化を目的とした活性汚泥法の技術評価．技術開発報報1989, pp.94-113, 日本下水道事業団．
7) 中沢　均 (2001)：小規模下水道の技術と現状．環境技術，**30** (55)：709-716.

8.4　生物膜処理技術

生物膜処理法 (biofilm process) は，有機性排水を浄化する処理技術として最も古くから用いられている．わが国においては，1922（大正11）年，三河島下水処理場（東京）において標準散水ろ床法 (low-rate tricking filter) が生物処理方法の1号機として採用されている．

生物膜処理法は活性汚泥法に比べて汚泥発生量が少なく，維持管理が容易であるなどの特徴がある．昨今では，散水ろ床法のほかに回転円板法 (rotating biological contactor) や浸漬ろ床法 (submerged biofilter)，さらには固定化担体法 (attachment medium) が実用化されるなど，設備面での技術進歩が目覚ましい．

8.4.1　浄化機構

砕石やプラスチック材などの担体に有機性排水を滴下させると，排水中の栄養分と大気からの酸素が供給されるために浄化微生物が担体表面に自生し，ゼラチン状の生物膜を形成する．この様子を模式化したのが図8.13である[1]．生物膜は二つの層に分かれている．排水と接触する外側の生物膜は，酸素の供給が十分なため好気性細菌 (aerobic bacteria) による微生物層が形成される．一方，内側の担体付近にある生物膜は酸素が供給されにくいため嫌気性細菌 (anaerobic bacteria) 層になる．

好気性層では混合・攪拌によって膜表面に拡散移動した有機物が最終代謝物質である炭酸ガスと水に分解され，膜外部に排出される．さらに条件によってはアンモニア性窒素が亜硝酸や硝酸に酸化され，嫌気性層へ進行する．嫌気性層では未分解の有機物が酸発酵 (acidogenesis) により有機酸に，亜硝酸や硝酸は窒素に還元される．しかし，嫌気性層が厚くなりすぎると基質の移動が不十分になり，生物膜の剥離が生じ，処理を悪化させることがあり，留意すべき点である．

8.4 生物膜処理技術

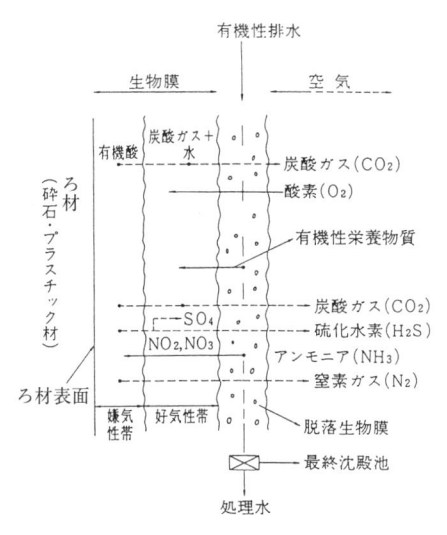

図 8.13 生物膜処理における代謝模式図[1]

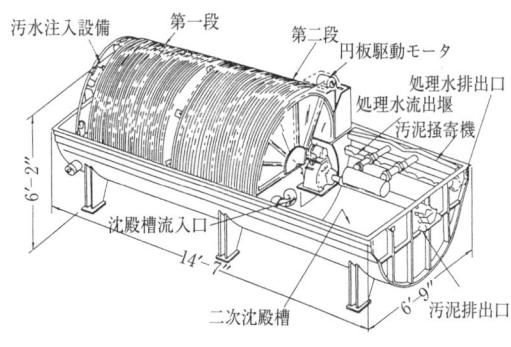

図 8.14 回転円板装置[2]

また，生物膜処理法は輪虫類，線虫類や貧毛類などの微小後生動物（micrometazoa）の出現確率が高く，活性汚泥法に比べ食物連鎖が進む傾向がある．

8.4.2 散水ろ床法

散水ろ床法の方式には標準散水ろ床法と高速散水ろ床法（high-rate trickling filter）とがある．前者は，BOD 負荷（BOD loading）を低く設定するので浄化効果が高くなる反面，敷地面積を多くとる必要がある．後者はその逆で，浄化効果を高くすることはできないが，敷地面積を少なくすることができる．

a. 原 理

散水ろ床装置の代表例として円形ろ床の構造を説明する．回転散水機に取り付けられた散水ノズルから排水はろ床に散水される．ろ床は，通常 50〜60 mm の砕石によって構成され，層厚は 1.5〜2 m 程度である．砕石は重量があることから木材やプラスチック材を用いることもある．また，ろ床を 1 段ではなく，2 段にして浄化能力を高める工夫もみられる．ろ床に到達した排水はろ材の間にある空気中の酸素を取り入れながら，ろ材表面を滑るように流下していく．このようになることによって，ろ材表面に生物膜が自生し，この生物膜によって生物学的な浄化が進む．

ろ床の底部に達した排水はマンホールに集水され，散水ろ床装置から排出される．

b. 特 徴

活性汚泥処理法と比較して次の特徴がある．
①ろ床に自生する微生物群は幅広い生物相によって構成されるため，汚泥発生量が少ない．
②汚泥の返送が不要であり，汚泥保持量を管理しなくてもよいので，維持管理が容易である．
③ろ床ハエや臭気の発生に留意する必要がある．

c. 適用例

一般的な設計基準は，高速散水ろ床法で BOD 容積負荷 1.2 kg/m^3・日以下，散水負荷 15〜25 m/日であり，標準法では BOD 容積負荷 0.3 kg/m^3・日以下，散水負荷 1〜3 m/日である．

8.4.3 回転円板法

回転円板装置は 1960 年に Stuttgart 工科大学の Hartmann, Pöel らによって開発され，ヨーロッパ諸国を中心に普及している技術である．わが国では 1970 年代から各種産業排水をはじめ下水，農村集落排水，ゴミ埋立浸出水などさまざまな分野で採用されている．

a. 原 理

散水ろ床など通常の生物膜処理装置は生物膜の付着する担体自体が固定されている．しかし，本装置は回転する円板に生物膜を付着させるものである．

図 8.14 に代表的な構造を示す[2]．厚さ 0.7〜20 mm の円板を数十枚，約 20 mm 間隔で回転軸に直結したものが水槽に取り付けられている．回転円板の約 40% が液中に浸漬している．円板の大きさは直径 1〜3 m であり，材質はポリエチレンや塩化ビニルなどのプラスチック材が軽くて丈夫なことから好まれる．

円板の回転速度は 1〜5 rpm で，ゆっくり動いているのが特徴的である．液中から気中に出ると大気

中の酸素を取り込み，液中では回転による攪拌力で基質や酸素の拡散が容易になり，生物学的な浄化が進行する．

b. 特　徴

①生物膜付着担体が常に回転しているため，目詰まりしにくい．

②酸素供給は円板の回転作用から得られるので，曝気ブロワが不用になる．そのため，省エネルギーである．

③運転操作が容易である．ただし，高負荷運転すると生物膜が肥大化し，重量過多になることがある．

c. 適用例

ゴミ焼却場排水に対する例[3]では，日排水量が400 m³，原水水質は BOD 250 mg/l，COD 150 mg/l，SS 100 mg/l に適用している．回転円板面積の総計は 14520 m² であり，BOD 面積負荷（BOD loading per unit area）は 6.9 g/m²・日となる．一般的には，BOD 面積負荷は 10 g/m²・日以下として実施している場合が多い．回転円板装置のあとにSSを除去するための凝集沈殿があり，処理水質の目標値はBOD 10 mg/l，COD 25 mg/l，SS 10 mg/l となっている．

8.4.4 接触酸化（浸漬ろ床）法

浸漬ろ床もしくは接触曝気ともいわれる接触酸化法は19世紀末に起源を発する技術である．しかし，砂利，枝笹などの天然素材をそのままの状態で担体として利用してきたために散水ろ床法の変法的な要素が強く，広く普及することはなかった．1960年代から1970年代にかけて水道水源の汚染対策としてハニカムチューブを用いた方式が小島[9]によって開発されると，担体の見直しが一気に進み，活性汚泥処理では適用できない比較的低濃度の原水に対して急速に普及し始めた．

a. 原　理

接触酸化装置の代表的な構造を図8.15[4]に示す．円筒形の水槽が二重筒様に仕切られ，水槽の上端と底部は水が循環できるように内筒と外筒とが連通になっている．内筒部に原水流入口と空気挿入口とがあり，外筒部にはハニカムチューブである担体が充填されている．原水は内筒部に導かれる．内筒部は散気が行われ，生物処理のための酸素供給とエアーリフト効果による上昇流を形成させている．その結果，酸素を十分に蓄えた原水は槽上部に導かれ，その後，外筒部へ移動する．外筒部では下降流になり，担体表面に生成した生物膜に接触する．このとき，酸素を含んだ原水は生物膜に酸素を供給するとともに生物処理作用を受け，同時に生物膜の過剰分を水流の衝撃力によって剥離させる．外筒部下端に達した液は内筒部に戻り，この循環を繰り返す．循環水の一部が処理水として槽外に排出される．

接触酸化装置の場合，担体（接触材）の選定が非常に重要である．担体は均質でかつ空隙が十分にあり，比表面積の大きなものがよい．もちろん長期間の使用に耐えうる強固で安定性の高い材質でなければならない．最近ではポリ塩化ビニリデンをはじめとする合成樹脂製品が主に用いられている．また，形状はチューブ，ひも，網，網状骨格体，平板など多種多様であり，原水性状や負荷条件によって最適なものを選ぶことができる．

図8.16に都市排水路浄化試験において使用したひも状担体を示す．ひもの表面が生物膜で覆われている様子がわかる．

b. 特　徴

①空隙率（void ratio）の高い生物付着担体が浸漬

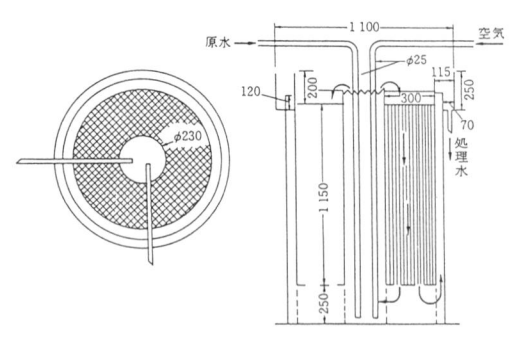

図8.15　接触酸化装置[4]

図8.16　生物膜の付着したひも状担体

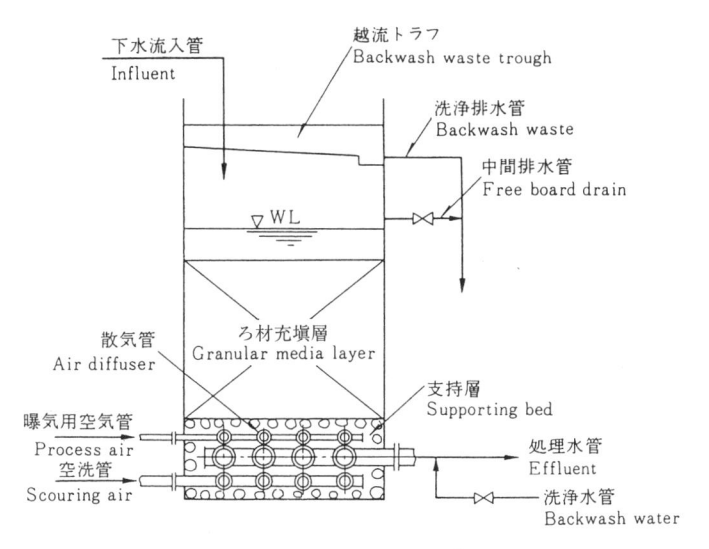

図 8.17 生物膜ろ過装置[6]

されているので反応槽における実質滞留時間が長い．そのため，負荷変動に強く，安定性が高い．

② 好気状態が維持されるので，臭気については比較的問題にならない．

③ 水や汚泥の返送が不要なので維持管理が容易である．

④ 担体が反応槽の中にあるので付着生物量の確認が難しい．

c．適用例

大阪府三島浄水場では，セルサイズ 20 mm のハニカムチューブを用い，滞留時間 2 時間で，日量33万 m^3 処理し，かび臭とアンモニア性窒素とを同時に分解している[5]．

8.4.5 生物膜ろ過法（好気性ろ床）

生物膜ろ過（biological aerated filter）法は生物処理と清澄ろ過とを同時に行うプロセスであり，1970年後半にフランスの OTV 社で考案され，下水分野を中心に普及している．わが国では 1982 年に工場排水処理装置として 1 号機が稼動し，その後，下水処理・浄水処理分野へと展開されている．

a．原理

生物膜ろ過装置の構造を図 8.17[6] に示す．重力式ろ過装置（gravity filter）とほぼ同じ構造であり，原水流入部とろ材充填層，支持層から構成されている．

原水は反応槽の上部から流入し，散気管からの曝気によって好気状態が維持されているろ材充填層を流下する．ろ材充填層では，ろ材表面に自生する生物膜の働きによって有機物の分解や浮遊物の吸着が行われる．浄化された原水は支持層をさらに流下し，処理水管を経て処理水として流出する．処理の経過に伴い，生物膜の肥大化によってろ材充填層が閉塞するため，ろ過抵抗が増大する．このようになった場合は逆流洗浄を行い，過剰な生物膜を反応槽の外に排出する．

生物付着担体としてのろ材は，砂ろ過の場合のように細かいとすぐ目詰まりする．一方，散水ろ床のように粗いと生物処理効果が低下するとともにろ過機能が十分発揮できない．そこで，浄水処理や高度処理の場合では有効径 2～3 mm 程度，排水や下水処理では 3～4 mm 程度が採用されている．

b．特徴

① ろ材充填層において気液向流になるので酸素利用効率が高く，省エネルギーである．

② 担体（ろ材）の比表面積（specific surface area）が高いので，浄化効率が高い．また，ろ過作用があることから後段の沈殿池が不要である．したがって，設置面積が少ない．

③ ろ材充填層を強力に逆流洗浄するので目詰まりの心配がなく，維持管理が容易である．

④ 滞留時間が短いので，急激な負荷変動があると処理水質の低下を招くことがある．

c．適用例

東京都有明浄化センターでは，臨海副都心における下水再利用水製造装置として稼動している[7]．下

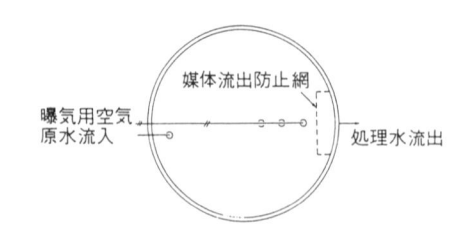

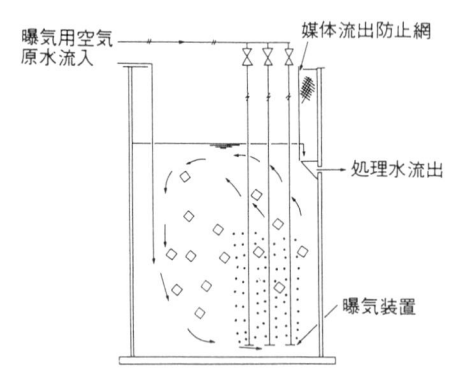

図 8.18 固定化担体装置[8]

水二次処理水 (secondary effluent) を生物膜ろ過とオゾンとで高度処理し，給水するシステムである．生物膜ろ過をオゾンの前段に設置することによって，二次処理水中に残存する亜硝酸が完全に酸化されて硝酸になる．その結果，亜硝酸によるオゾンの消費がなくなるため，オゾン注入率 2 mg/l 程度で十分な色度除去効果が得られている．

8.4.6 固定化担体法

生物膜処理法は有機物負荷の低い場合にはほとんど問題は生じないが，有機物負荷が高い場合は目詰まりが生じ，機能の低下を招くことがある．固定化担体法はこの欠点を克服するために考案され，活性汚泥法のように担体自体を流動させることが特徴である．

a. 原 理

固定化担体法には包括固定化法 (entrapping immobilization method) と結合固定化法 (binding immobilization method) とがある．前者はゲルの微細な格子構造内に微生物を取り込むものであり，後者は担体の表面に微生物を付着させるものである．これら担体の寸法はさまざまであり，3 mm から 20 mm 程度のものまである．

固定化担体装置の構造を図 8.18 に示す[8]．槽下部に曝気装置を配置し，曝気することによって槽内に旋回流を生じさせるとともに酸素を供給する．流出口には担体流出防止用の網が必要である．

b. 特 徴

① 生物付着担体が流動しているため，目詰まりが生じない．
② 包括固定化担体では硝化菌などの特定な菌を維持することができる．
③ 流動によって，剪断力や摩擦力が働くため，長期間の使用で担体が消耗することがある．

c. 適用例

下水高度処理システムの中で硝化反応を促進するための手段として本法はよく利用されている．結合固定化担体として PEG などを用いた例では，付着微生物の硝化菌密度が浮遊汚泥法に比べて 4～5 倍になることが確認されている[9]．この結果に基づいて川崎市麻生水処理センターでは本法が適用されている[10]．標準活性汚泥法と同等の反応時間（8 時間）で，全窒素が 10 mg/l 以下に，全リンが 0.5 mg/l 以下になっている．　　　　　　　　　　〔府中裕一〕

文 献

1) 井手哲夫編 (1993)：水処理工学（第二版），p.318, 技報堂．
2) 石黒政義 (1973)：回転円板接触体による汚水処理法．下水道協会誌, **10** (111)：18-28.
3) 古田 稔 (1978)：回転円板処理についての二，三の考察．荏原インフィルコ時報，No.75.
4) 小島貞夫 (1974)：再生水の造水と利用技術資料集大成，pp.634-679, フジテクノシステム出版部．
5) 住友 亘, 谷口光臣, 伊藤 保 (1995)：ハニコムによる臭気とアンモニアの同時分解．第 46 回全国水道研究発表会講演集，p.118.
6) 府中裕一 (1990)：生物膜ろ過法における下水の高度処理．環境技術，**19** (5)：302-305.
7) 竹島 正 (1998)：有明地区における下水処理から再生水供給までの施設概要と維持管理技術について．下水道協会誌, **35** (434)：22.
8) 府中裕一, 伍賀 洋, 米山 豊, 津田精一 (1990)：ウレタンフォームを用いた流動床型生物膜処理．用水と排水, **32** (5)：391-398.
9) 三島浩二, 西村孝彦, 藤田正憲 (1998)：担体投入型活性汚泥法の硝化特性とその影響因子に関する研究．水環境学会誌, **21** (4)：237-243.
10) 島田 要 (2003)：結合固定化担体を用いた嫌気—無酸素—好気法．下水道協会誌, **40** (486)：39-44.

8.5 栄養塩除去技術

▷ 10.2.4 窒素，リンの除去

処理水の放流先が富栄養化しやすい閉鎖性水域である場合，下廃水に含まれる窒素やリンを除去する必要が生じる．これら栄養塩は通常の好気性処理では除去することは難しいが，生物反応槽に酸素を供給する方法を工夫することにより除去することが可能となる．この節ではそうした栄養塩除去技術について述べる．

なお，窒素，リンともに，細胞を合成するために必須な栄養素であり，ここで述べるような特殊な方法を用いなくとも，通常の活性汚泥法を用いてもある程度は除去することができる．しかし，特に処理水の放流先が閉鎖性水域である場合，それでは除去が不十分となる．以下に述べる窒素・リンの除去法は，そのような場合に適用されるものである．

8.5.1 硝化脱窒法による窒素除去

硝化脱窒法（nitrification-denitrification method）による窒素除去は以下の反応により行われる．まず，好気条件下において硝化細菌（nitrifier）の働きにより水中のアンモニアを亜硝酸や硝酸とする（式(8.4)，式(8.5)）．式(8.4)の反応はアンモニア酸化細菌により，また，式(8.5)の反応は亜硝酸酸化細菌により行われる．これらは全く異なる細菌群である[1]．

$$2NH_4^+ + 3O_2 \longrightarrow 2NO_2^- + 4H^+ + 2H_2O \tag{8.4}$$

$$2NO_2^- + O_2 \longrightarrow 2NO_3^- \tag{8.5}$$

何らかの原因で亜硝酸酸化細菌の働きが抑制され，酸化反応が途中で，つまり亜硝酸まででとまってしまう場合もある．いずれの反応も酸素を要する反応であり，また，反応の結果，酸が生じるためにアルカリ度を消費する．

生じた硝酸・亜硝酸は脱窒細菌（denitrifier）の働きにより式(8.6)の順で還元されて窒素ガスとして除去される．

$$NO_3^- \rightarrow NO_2^- \rightarrow NO \rightarrow N_2O \rightarrow N_2 \tag{8.6}$$

硝化細菌は，アンモニアや亜硝酸が酸素により酸化される際に発生するエネルギーを利用し，水中の二酸化炭素（炭酸イオン）を還元して自らの細胞を構成する有機成分を得ているので，化学合成独立栄養細菌である．成長速度が遅く，特に低水温下では一般に活性を維持するのが難しい．

脱窒反応は脱窒細菌により行われるが，脱窒細菌という特殊な細菌群がいるわけではなく，さまざまな従属栄養細菌が脱窒能力をもっており，それらを総称して脱窒細菌と呼んでいる．多くの従属栄養細菌は，酸素が存在する条件下では酸素を酸化剤（電子供与体）として呼吸しエネルギーを得ているが，酸素がない場合には硝酸や亜硝酸を電子供与体として利用することができる．この反応，すなわち硝酸呼吸や亜硝酸呼吸により窒素は最終的に分子状窒素や亜酸化窒素に変換される．なお，従属栄養細菌とは独立栄養細菌が二酸化炭素から自らの細胞構成成分を合成するのに対し，外部の有機物を用いて細胞構成成分を合成する細菌のことである．

1gの硝酸性窒素は2.86gの酸素に相当する量の有機物を酸化することができる．したがって，理論的には1gの硝酸性窒素を除去するためには2.86gのCODが必要であるといえるが，実際にはCODの一部は酸化分解されずに脱窒細菌に同化されてしまうので，2.86g以上のCODが必要である．

脱窒反応は硝酸や亜硝酸が有機成分を酸化することにより達成される．すなわち，酸化される有機物がなければ進行しない反応である．また，酸素が存在しないとき，あるいは酸素濃度が十分に低いときにのみ脱窒反応が進行する．

硝化脱窒法という語順からは，先に硝化反応を行い，その後，脱窒反応を行うと思うかもしれない．しかし，それでは先に行われる硝化反応の際に下廃水中の有機成分のほとんどが好気的に利用されてしまい，脱窒反応のために必要な有機物が足りなくなってしまう．

今日広く用いられている循環式硝化脱窒法（anoxic-aerobic process）では，脱窒槽を先に，硝化槽をあとにおくことにより，下水中の有機物を用いて脱窒反応を行っている．循環式硝化脱窒法のプロセスフローを図8.19に示す．循環式硝化脱窒法では廃水は活性汚泥と混合され，まず脱窒槽に入り，その後，硝化槽に導かれる．硝化反応のあと，混合液の一部は沈殿池に導かれるのであるが，残りは脱

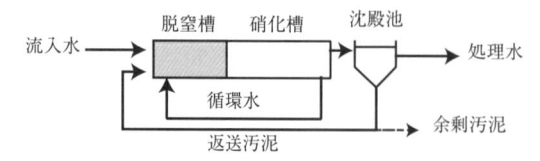

図 8.19 循環式硝化脱窒法

窒槽に送られる．脱窒槽は汚泥が沈まない程度に撹拌されているだけであり，酸素は供給されていない．しかし，硝化槽からの循環液には硝酸・亜硝酸が含まれている．したがって，脱窒細菌は流入水中の有機成分を利用して脱窒反応をすることができる．一方，硝化槽には酸素が供給されており，硝化細菌はアンモニアを硝化する．また，その他の従属栄養微生物は酸素呼吸により残存している有機物を利用する．

循環式硝化脱窒法のメリットは，脱窒反応を行うための有機物として廃水中の有機物を利用するところにある．しかし，窒素の除去率を高めるためには循環率を上げなければならない．

なお，硝化反応，脱窒反応の双方で地球温暖化ガスの一つである亜酸化窒素ガスが少量ながら発生する場合がある．

8.5.2 嫌気好気式活性汚泥法によるリン除去

嫌気好気式活性汚泥法（anaerobic-aerobic process）は，細菌の特殊な環境への適応能力を巧みに応用した技術である．

多くの好気性生物は，有機物を酸素，あるいは酸素の代わりに硝酸・亜硝酸を用いて酸化分解し，その際に発生するエネルギーを用いて生命を維持し，成長・増殖している．エネルギーはまた，外界から有機物を迅速に摂取するためにも必要となる場合が多い．酸素や硝酸が存在しない場合，エネルギーを合成することができず，周囲に利用可能な有機物があったとしても摂取することさえ困難である．

一方，活性汚泥中の細菌の中には，ポリリン酸蓄積細菌（polyphosphate accumulating organisms），あるいは，脱リン細菌と呼ばれ，ポリリン酸（polyphosphate）を蓄積する能力を有するものが存在する．ポリリン酸からは加水分解反応を行うだけで容易にエネルギーを取り出すことができる．したがって，ポリリン酸蓄積細菌は，酸素や硝酸を用いた呼吸が困難な場合でも，ポリリン酸をエネルギー源として用いて有機性成分を摂取することができる．

ポリリン酸蓄積細菌を利用すると，下廃水中のリン酸をポリリン酸として汚泥中に集め除去することができる．しかし，そのためには，活性汚泥中にポリリン酸蓄積細菌を集積し，なおかつ，活性汚泥中にポリリン酸が固定されたところで汚泥の引き抜きを行わなければならない．そうした条件を満たすプロセスの代表として，嫌気好気式活性汚泥法を挙げることができる．

嫌気好気式活性汚泥法のプロセスフローを図 8.20 に示す．流入水と活性汚泥はまず嫌気条件下で混合され，その後，好気条件下で混合される．嫌気条件下においては通常の好気性生物は酸素も硝酸もないので呼吸することができない．しかし，ポリリン酸蓄積細菌はポリリン酸を利用して有機物をいち早く摂取することができる．続く好気槽では，好気性生物も有機物を利用することができるようになるが，そのときにはポリリン酸蓄積細菌が嫌気槽で取り残した有機成分が残っているのみである．つまり，嫌気好気式活性汚泥法ではポリリン酸蓄積細菌のほうが有機物を摂取するのに有利だといえる．そのため，嫌気好気式活性汚泥法はポリリン酸蓄積細菌を集積するのに適した運転条件であるといえる．

図 8.20 の下部に，嫌気好気式活性汚泥プロセス中での上澄中および汚泥中の有機物の挙動を模式的に示した．嫌気条件では上澄中の有機物が減少し，それに伴ってポリリン酸が分解されリン酸（オルトリン酸）が上澄に放出される．嫌気条件で摂取される有機物の代表的なものに酢酸などの低級脂肪酸がある．一方，摂取された有機物は一時的な貯蔵物質として細胞内に貯蔵される．代表的な貯蔵形態としてポリヒドロキシアルカン酸（polyhydroxyalkanoates：PHA）が挙げられる．続く好気条件では

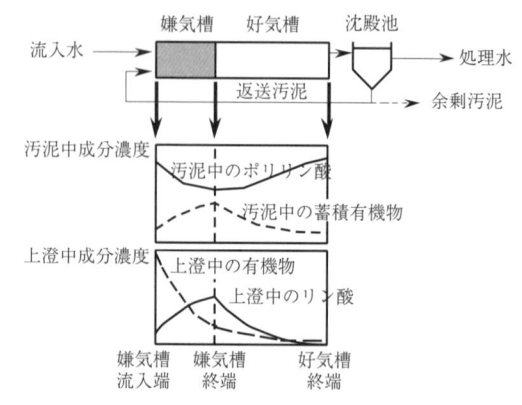

図 8.20 嫌気好気式活性汚泥法および関連成分の挙動の概要

貯蔵有機物が分解され，呼吸によるエネルギー合成や増殖のために用いられる．生成されたエネルギーの一部はポリリン酸の再合成のために用いられ，上澄中のリン酸が減少し，汚泥内のリンが増加する．上澄中のリン酸の濃度は最終的には流入水よりも低くなる[2]．

ポリリン酸蓄積細菌は，ポリリン酸やPHAだけでなくグリコーゲンも蓄積すると考えられている．摂取した低級脂肪酸をPHAに変換する反応は還元力を必要とする場合が多い．その還元力を供給するための機構の一つが，グリコーゲンからの解糖であるとされている．その代謝機構を図8.21に示す．

8.5.3 窒素除去・リン除去における嫌気条件

以上みてきたように，窒素除去もリン除去も，酸素のある条件（好気条件）と酸素のない条件（嫌気条件）を組み合わせることにより達成される．しかし，窒素除去における嫌気条件とリン除去における嫌気条件は，同じ嫌気条件でもやや異なる．窒素除去における嫌気条件では，酸素はないが硝酸・亜硝酸は存在する．一方，リン除去における嫌気条件では，硝酸や亜硝酸はないほうが望ましい．硝酸・亜硝酸が存在すると一般の好気性微生物も硝酸・亜硝酸呼吸によりエネルギーを得てポリリン酸蓄積細菌と競合してしまうからである．一般に，酸素のない条件はすべて嫌気条件（anaerobic condition）と呼ばれるが，栄養塩除去プロセスに関しては，酸素・硝酸・亜硝酸がない条件を嫌気条件（anaerobic condition），酸素はないが硝酸・亜硝酸は存在する条件を無酸素条件（anoxic condition）と呼んで区別されている．

なお，一部のポリリン酸蓄積細菌は無酸素条件において脱窒を行いつつリンを摂取できることが知られている．無酸素条件は，ポリリン酸蓄積細菌にとってはむしろ好気条件に近いといえる．

8.5.4 窒素・リンの同時除去と活性汚泥プロセスの数値モデリング

嫌気条件，無酸素条件，好気条件を組み合わせることにより，一つのプロセスで窒素とリンの双方を除去することが可能となる．そうしたプロセスは，窒素・リンの同時除去プロセス，あるいは栄養塩除去プロセス（nutrient removal processes）と呼ばれる．

さまざまな窒素・リン同時除去プロセスが開発され，実用化されている．その代表的なものを図8.22に示す．A2Oプロセスは，嫌気槽，無酸素槽，好気槽の順の配置となっており，沈殿池からの返送

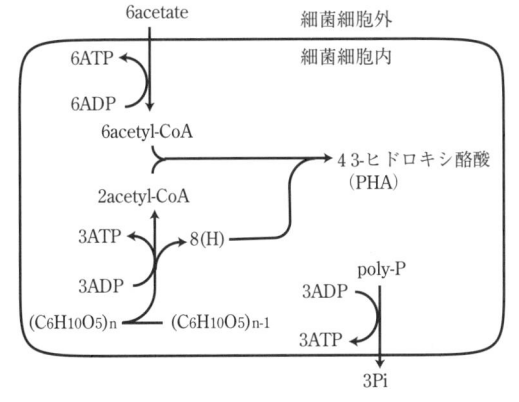

図8.21 ポリリン酸蓄積細菌による嫌気的有機物摂取代謝機構　Minoモデル，解糖がEmbden–Meyerhof–Parnas経路で行われる場合．

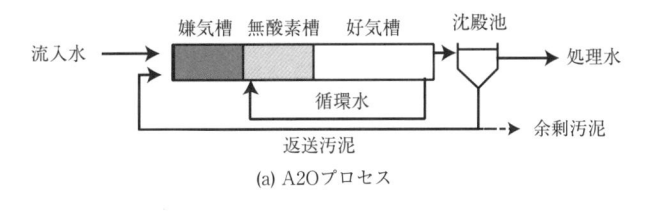

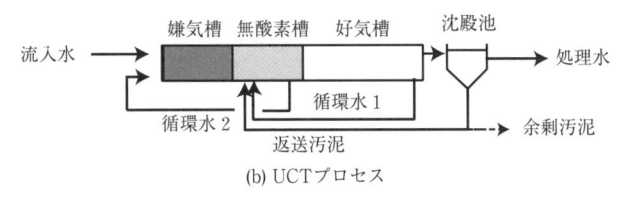

図8.22 代表的な窒素・リン同時除去プロセス

(a) A2Oプロセス

(b) UCTプロセス

汚泥は嫌気槽に，また，好気槽からの硝化液循環水は無酸素槽に送られる．返送汚泥に硝酸が含まれる場合に嫌気槽に硝酸が流入してしまうのが難点である．一方，UCTプロセスでは沈殿池からの返送汚泥はいったん無酸素槽に送られ，さらに嫌気槽に返送される．したがって，嫌気槽に硝酸が入る心配は非常に小さくなるが，プロセスの仕組みが若干複雑である．

窒素除去・リン除去はそれぞれ複雑な生物反応に基づいたものであり，それらを組み合わせた窒素・リンの同時除去ではさらにいっそう複雑である．そこで，プロセスの設計や運転管理を支援するために，プロセスの挙動をコンピュータを用いてシミュレーションすることが試みられ，また，一部実用化されている．

IWA（International Water Association，国際水協会）の活性汚泥数値モデリング研究グループにより提案された活性汚泥シミュレーションモデル（Activated Sludge Model：ASM）は，以下のような特徴を有する．まず，活性汚泥中の微生物群を，機能ごとで分類し扱っている．硝化細菌，ポリリン酸蓄積細菌，その他の従属栄養細菌が含まれる．また，有機基質の種類を酢酸などの低級脂肪酸，可溶性易分解性，可溶性難分解性，浮遊性加水分解性，浮遊性不活性，PHAを含む汚泥中の蓄積有機物などに分類している．これら有機性成分，および微生物体の量はCOD当量に換算して扱われている．酸素要求量ベースのほうが物質収支を追跡しやすいためである．また，ほとんどの生物反応で反応速度はMonod（モノー）式に従うとしている．速度式や物質収支を明快簡潔に表現するために，表（マトリックス）形式での表現が導入されている．

なお，ASMにはさまざまなバージョンがある[3]．Version 1では好気性有機物除去および硝化脱窒反応のみが扱われている．また，ASM Version 2はそれにポリリン酸蓄積細菌の代謝が加わったものであるが，細胞内蓄積有機物の扱いが不完全であった．また，ASM Version 2dでは脱窒性ポリリン酸蓄積細菌の挙動が組み込まれている．ASM Version 3では一時的な有機性基質の貯蔵を扱うことができる．今日では，ASM，またはそれに独自の改良を加えたモデルを実装したさまざまなシミュレーションソフトウェアが市販されている．

8.5.5 栄養塩除去を安定して行うための条件

硝化脱窒プロセスを不安定にする要因として，二つに分けて考えることができよう．一つ目は，硝化細菌の活性が低下する場合であり，二つ目は脱窒の活性が低下する場合である．

硝化細菌は，特に低水温時に増殖速度が低下しやすいことが指摘されている．包括固定化法や付着担体を導入する方法が検討され，その中には実用化されているものもある．また，アルカリ度の少ない廃水を処理する場合にも，硝化が不活発になることがある．硝化細菌はまた，多くの従属栄養細菌に比較して毒性物質に対する耐性も低いといわれている．

一方，脱窒の活性は反応系への酸素の混入や，利用可能な有機物の量による影響が大きい．また，脱窒反応が沈殿池で起こり，窒素の気泡により汚泥が浮上して処理水に汚泥が流出してしまう場合がある．

いずれにしても，こと都市下水からの窒素除去に関しては，数値シミュレーションを行うことにより比較的よい精度で再現できるといわれている．

リン除去に関しては，一般的に低濃度の下廃水が長期間流入したあとにリン除去が悪化するといわれている．週明けや長雨のあとにみられる現象である．原因は，ポリリン酸蓄積細菌が貯えているポリリン酸やグリコーゲンの量が過度に曝気されるうちに減少するためであるといわれている．ポリリン酸やグリコーゲンはポリリン酸蓄積細菌が嫌気条件で有機物を摂取するために必要不可欠な貯蔵物質だが，それらが枯渇した状態では通常の濃度の下水が流入してきても嫌気条件で有機物を摂取できないというわけである．対策として，曝気を制限する，あるいは最初沈殿池の汚泥を嫌気槽に流入させるなどの方法で流入下水の有機物濃度を維持するという方法が提案されている．

また，処理対象の廃水中に酢酸などの揮発性脂肪酸が少ない場合，嫌気性発酵などの処理により揮発性脂肪酸の生成を促す場合がある．揮発性脂肪酸はポリリン酸蓄積細菌が好んで利用する基質であることが知られているためである．

また，嫌気槽に返送される返送汚泥中の硝酸濃度が影響を与えることは，前述したとおりである．さらに，活性汚泥が何らかの原因で処理水に混入すると，処理水の全リン濃度を顕著に増加させる．

また，ポリリン酸蓄積細菌と同様に嫌気条件で有機物を摂取する細菌が存在することがわかってい

る．それらの細菌は，好気条件でグリコーゲンを蓄積し，嫌気条件でグリコーゲンを3-ヒドロキシ吉草酸（3-hydroxyvalerate）を含む PHA に変換することでエネルギーを得ているといわれており，グリコーゲン蓄積細菌と呼ばれる．グリコーゲン蓄積細菌とポリリン酸蓄積細菌の競合関係は，基質の種類の影響や，pH の影響に関してある程度理論に合致する説明がなされているが，十分に明らかにされているとはいいがたい．

一般に，リン除去に関しては窒素除去に比べて未知の部分が多い．安定した運転方法を確立するために，さらに基礎的な知見を重ねる必要がある．

8.5.6 生物学的栄養塩除去プロセスの制御

窒素除去プロセスについては，硝化や脱窒反応をセンサーを用いてモニタリングする技術がある程度確立されており，それを応用した技術開発が活発である．

アンモニアの測定法としてイオン電極法，硝酸・亜硝酸の測定法として紫外線吸光光度法が主に用いられる．また，回分式活性汚泥法では酸化還元電位をモニタリングすることにより硝化反応や脱窒反応の終点を検出することができる．硝化反応の終点はまた，酸素消費速度の低下により検出することもできる．

硝化反応・脱窒反応の終点を検出し酸素供給をオン・オフするという単純な制御法だけでなく，反応槽の酸素濃度や pH，ORP などのモニタリング，また，前述の活性汚泥プロセスシミュレーションモデルと組み合わせてのファジー制御に関する研究も行われている．

8.5.7 新しい生物学的栄養塩除去技術

さらに効率の高い栄養塩除去技術を開発するために，これまで述べてきたようなプロセスに関する検討のほか，次のような検討がなされている．

a. 脱窒性ポリリン酸蓄積細菌の利用

窒素とリンを同時に除去しようとする場合，下水中の有機成分が足りずに除去効率が落ちてしまう場合がある．脱窒細菌もポリリン酸蓄積細菌もその他の従属栄養細菌も，下水中の有機成分を基質として増殖している．つまり，下水中の有機成分をめぐって競合関係にあるのである．この場合，最初沈殿池の汚泥を生物反応槽に導くことで除去率を向上させることができる場合もある．

また，脱窒とリン除去を同時に行う細菌，すなわち脱窒性ポリリン酸蓄積細菌を利用したプロセスについても検討が行われている．

b. 好気性脱窒の利用

好気性反応槽への酸素の供給を適度に制限することで，硝化反応を進行させつつ脱窒反応を行うことが可能である．酸素が存在するにもかかわらず脱窒が進行しうるのは，主として活性汚泥フロックの表面は好気性でも内部が無酸素状態になるためであるといわれている．アンモニアは亜硝酸にまで酸化され，硝酸にならずに脱窒反応に利用される．また，脱窒により生じるガスは，通常の脱窒よりも亜酸化窒素の濃度が高い傾向がある．

c. Anammox 菌の利用

Anammox 菌は，アンモニアと亜硝酸を反応させ，以下のように脱窒を行う[4]．

$$1\,NH_3 + 1.32\,NO_2^- + H^+ \longrightarrow 1.02\,N_2 + 0.26\,NO_3^- + 2\,H_2O \tag{8.7}$$

廃水中のアンモニアの一部を亜硝酸にまで酸化し，その後，元の廃水と混合してこの菌を用いて処理すれば，従来の方法よりも少量の酸素供給で窒素除去を行うことができる．また，脱窒のための有機物も必要ないため，有機成分が少なくアンモニアの多い廃水を処理するために有望である．

〔佐藤弘泰〕

文 献

1) Metcalf & Eddy, Inc.（2003）：Wastewater Engineering – Treatment and Reuse, 4th ed, McGraw Hill.
2) Mino T, van Loosdrecht MCM and Heijnen JJ（1998）： A review on microbiology and biochemistry of the enhanced biological phosphate removal process. *Water Res*, **32**：3193–3207.
3) The IWA Task Group on Mathematical Modelling for Design and Operation of Biological Wastewater Treatment（2000）：Activated Sludge Models – ASM1, ASM2, ASM2d and ASM3, IWA Publishing.
4) Sliekers AO, Derwort N, Gomez JLC, Strous M, Kuenen JG and Jetten MSM（2002）：Completely autotrophic nitrogen removal over nitrite in one single reactor. *Water Res*, **36**：2475–2482.

8.6 物理化学的廃水処理技術

8.6.1 廃水処理における物理化学的処理の概要

物理化学的処理とは，物理的操作（分離，照射，通電，加熱，冷却など），化学的操作（酸化，還元，中和，分解，など）および物理化学的操作（凝集，晶析，イオン交換，吸着など）を行って，廃水中の汚濁物質を無害化したり，水中から分離除去したりするプロセスである．汚濁物質除去の主要な反応が生物学的に行われる場合でも，通常は，その前段や後段で除去困難物や生物体などを分離除去するために物理化学的処理が用いられる．したがって，廃水処理においては欠くことのできない処理技術である．

廃水処理における物理化学的処理技術としては，スクリーニング，沈殿，ろ過および浮上分離などの固液分離が最も汎用される．ほかに，凝集，晶析，吸着，酸化，イオン交換などの操作を行う処理技術がある．物理化学的処理技術は，主として生物学的処理が困難な汚濁成分を除去するために用いられており，処理対象成分と処理技術の関係は，概略，表8.5に示すとおりである．

物理化学的処理の各処理装置はある一定の条件において最大の処理効率が得られるように設計されるので，都市下水のように廃水中にさまざまな物質が含まれ，その割合が変動する場合は，平均的な処理効率は低下する．さらに，妨害物質や干渉物質の存在によって計画どおりの処理効率が得られない場合も考えられるので，事前に慎重な検討を行う必要がある．また，凝集，逆浸透，吸着・イオン交換などのように，生じた汚泥，濃縮廃水や廃吸着剤などの後処理が必ず必要になるプロセスと，酸化処理のように必ずしも後処理の必要性がないプロセスがある．多くの場合，後処理が必要であり，それらが適切に行われることを含めて1プロセスであることを認識しておく必要がある．

本節では固液分離および活性炭吸着以外の物理化学的処理プロセスのうち，下水あるいは一般廃水の処理において高頻度で用いられるプロセスについて概説する．

8.6.2 物理化学的リン除去およびリンの回収

リンは窒素とともに閉鎖性水域の富栄養化原因物質として，排水基準および特定水域ごとの上乗せ条例などによる基準が定められている．主要な人口集中水域である東京湾，伊勢湾および瀬戸内海の各流域についても排出規制が行われている．下水処理場などにおけるリンの除去は主に嫌気好気活性汚泥処理法などの生物学的処理法，あるいは凝集剤添加活性汚泥法のような生物処理と物理化学的処理の複合プロセスによって行われるのが主である．活性汚泥法以外の処理法を採用している場合や，汚泥の減量化プロセスを採用している場合は，物理化学的なリン除去による対応が必要である．また，リンは将来の枯渇が危惧される資源であり，循環利用技術を確立する必要があると考えられている．現在考案されている排水からのリン回収技術は物理化学的な手法によるものである．主な物理化学的リン除去・回収法を表8.6に示した．

a. 排水中のリンの形態

リンは浮遊性の固形物に含まれたり溶解性の化合物あるいはイオンとして排水中に存在する．し尿由来のほか，さまざまな添加剤として使用されたリン化合物が排出源である．固形物中のリンは固形物と

表8.5 廃水処理に利用される物理化学的処理技術と処理対象成分

処理技術	主な作用	除去対象物質
スクリーニング	機械的阻止	粗大夾雑物，数mm以上の浮遊物，マイクロストレーナでは数十μmまでの粒子を除去
沈殿	重力	水より重い浮遊物
ろ過	機械的阻止，など	数μmまでの粒子．限外ろ過では数十nmまでの粒子を除去
浮上分離	重力（浮力）	水より軽い粒子
凝集	荷電中和，衝突，など	コロイド，リン酸イオン
晶析	過溶解度	リン酸イオン
吸着	分子間力，化学結合	非イオン性分子
酸化	酸化分解	色，におい，など
イオン交換	電気的親和力	イオン
逆浸透	浸透圧	ほぼすべての溶解物質
ストリッピング	気液平衡	アンモニア，炭酸ガスなど

表 8.6 物理化学的リン除去，回収法

主な方法	除去・回収リンの形態	除去・回収の主体
凝集沈殿法	難水溶性リン酸塩	アルミニウム塩，第二鉄塩，（以上は除去のみ）石灰
晶析脱リン法	難水溶性リン酸（結晶）	ヒドロキシアパタイト，フルオロアパタイト，ストラバイト
吸着法	リン酸イオン	土壌，金属酸化物など
イオン交換法	リン酸イオン	イオン交換樹脂

ともに除去される．かつて，硬水の軟化剤として合成洗剤に大量に用いられたのは，トリポリリン酸ナトリウムなどの縮合リン酸塩であり，一時期，これらは家庭排水を主とする下水中のリンの約50％を占めていた．これらは活性汚泥処理を受ける過程で正リン酸に加水分解されるため，下水二次処理水中では溶解性リンの形態は正リン酸が大部分を占める．なお，合成洗剤の硬水軟化剤は1970年代の後半以降，合成ゼオライト系のものに切り替えられたため，現在では，流入下水中の溶解性リンも大部分は正リン酸態である．

b. リンの分離と回収

下水中のリン除去では，その大部分を占める正リン酸態リンの分離・除去（もしくは回収）を行う．正リン酸以外の形態であることが予想される場合は，第一に，リンの形態を確定し，第二に，正リン酸化後に除去するか，直接分離・除去するかを比較検討する．主なリン除去・回収技術は正リン酸態リンを対象としたものである．

下廃水中のリン酸の除去は，何らかの形で水中のリン酸を固相側に移行させて行われる．凝集沈殿法では金属塩や石灰とリン酸が反応して生じた難水溶性化合物が固定されたリン酸であり，これを沈殿やろ過によって水と分離している．生物脱リン法ではリンを取り込んだ微生物（活性汚泥）が固定化されたリンである．凝集沈殿法や生物脱リン法で除去されたリンは水分を多く含む状態の沈殿として得られるため，その後，さらに水分を減少させるため，濃縮，脱水などの操作が必要である．これに対し，晶析，吸着，イオン交換によるリン除去では，リン酸はmmオーダー程度の粒状の固体に取り込まれるため，水との分離は容易である．

リンの除去は下水や廃水中からリンを回収する第1の段階であり，除去されたリンを資源として経済的価値を有する形態にするには第2段階の処理が必要になる．ただし，晶析法では水中から除去されたリンを含む固体が回収リンとしての経済的価値を有するため，第2の段階は省略できる．また，吸着法やイオン交換法では吸着剤やイオン交換体の再生過程で高純度のリン酸液を得ることができ，そこから回収リンを得ることは比較的容易である．その他の方法では，リン含有率を高めたり，利用可能な化合物形態にするためにさらに複雑な追加処理を必要とし，経済的価値は低下する．石灰凝集沈殿汚泥，アルミニウム塩凝集沈殿汚泥および生物脱リン汚泥からのリンの回収技術はすでにいくつかの方法が明らかにされている．

c. 凝集沈殿法

凝集沈殿法はリン酸と反応して難水溶性の化合物を生じる陽イオンを添加して反応させた後，生じた化合物を凝集させて適当な大きさのフロックを生成させ，フロックを沈殿やろ過によって水と分離するリンの除去法である．主に使用される凝集剤は鉄（Ⅲ）イオン，アルミニウムイオンを供給する物質であり，活性汚泥混合液に添加する場合のように鉄（Ⅱ）イオンの鉄（Ⅲ）イオンへの酸化が見込める場合は硫酸第一鉄や金属鉄を利用することができる．リン濃度が希薄な下水処理などでリン除去のための凝集剤として石灰が用いられることはまれである．本法の適用にあたっては，下水・廃水のpHおよびアルカリ度が，使用凝集剤の選択と必要な前処理の検討において重要である．添加凝集剤が水和反応する際にアルカリ度を消費し，pH低下によって凝集効果が悪化したり，放流水基準を守れなくなる可能性があるからである．下水処理においてリン除去のための独立したプロセスとして凝集沈殿が用いられることはまれであり，凝集剤は活性汚泥混合液に添加する形で用いられるのが一般的である．凝集剤による下水中のリンの除去では図8.23に示すように，添加凝集剤によって供給される三価金属イオンとリン酸のモル比によって残留リン濃度が決定される．しかし，生物学的なリン除去法などと併用する場合は，凝集剤によるリン除去に生物学的なリン除去作用が加わるため，図8.23で示される必要添加モル比より低い添加率でより高度な除去が達成される場合がある．また，凝集剤の添加によって生物処理によるリン除去の不安定性を補い，安定したリン除去を達成することができる．

凝集剤を使用すると添加金属イオンの水酸化物として想定される固形物量よりも多くの固形物が発生し，汚泥の発生量が増加する．硫酸アルミニウムを

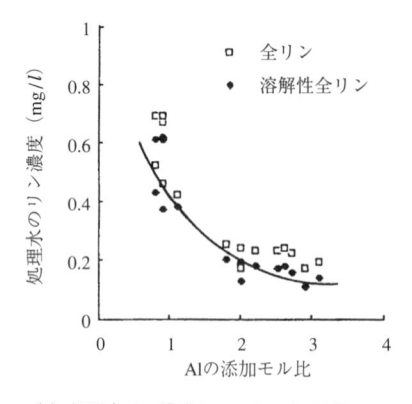

(a) 処理水リン濃度とアルミニウム添加モル比の関係
（K浄化センターの例）

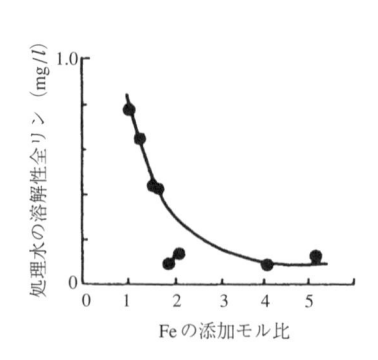

(b) 処理水リン濃度と鉄添加モル比の関係
（N処理場の例）

図 8.23　凝集沈殿法

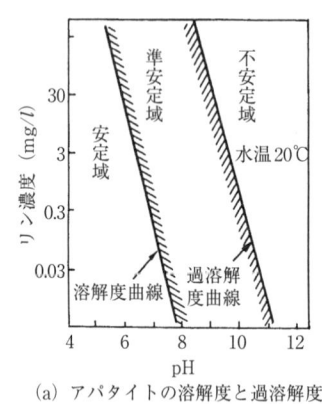

(a) アパタイトの溶解度と過溶解度
（Ca濃度：40 mg/l）

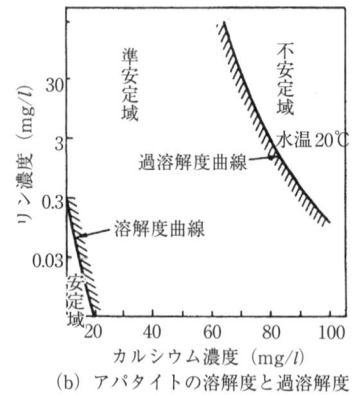

(b) アパタイトの溶解度と過溶解度
（pH = 8.5）

図 8.24　晶析脱リン法

用いた場合は添加量の約3倍の固形物が汚泥として発生する．鉄およびアルミニウムを使用したときに発生する汚泥は難脱水性であるため，添加量が多い場合は汚泥処理での対策を検討しなければならない．また，汚泥の有効利用や溶融を行っている場合は組成の変化に伴って問題が生じることがあるので，使用に先立って慎重に検討を行う必要がある．

d. 晶析脱リン法

晶析脱リン法はあるリン酸化合物に対して準安定状態（過飽和であるがそのままでは結晶化しない状態，図8.24）になるように薬品を添加し，結晶の核となる適当な種結晶と接触させて，その種結晶上にリン酸化合物を析出させて水中からリンを除去する方法である．種結晶としては，ヒドロキシアパタイト（$Ca_{10}(OH)_2(PO_4)_6$），フルオロアパタイト（$Ca_{10}F_2(PO_4)_6$）を主成分とする材料（リン鉱石，骨炭など）が主として用いられる．比較的希薄なリン濃度で行われる下水処理水を対象とした晶析反応では，1～2年のうちに種結晶表面の活性が失われて晶析反応が著しく低下する現象がよく出現する．特定の物質によって活性が低下している場合は前処理などで対応することになるが，原因が特定できない場合が多い．通常の操作域は，pH 8.5～9.2，Ca濃度30～80 mg/lであるが，操作域を不安定域付近に設定し，種結晶の活性を維持することなどが検討されている．下水処理水より高濃度のリンを含む汚泥系返流水からは，ストラバイト（$MgNH_4PO_4$）を析出させてリンを除去・回収する技術が実用化されている．

e. 吸着およびイオン交換

アルミナ，ジルコニアなどの酸化物や，火山灰土壌，焼成した破砕廃コンクリートなどが，リン酸の吸着除去剤として知られている．アルミナなどの酸化物は，リン濃度を一段と低下させる仕上げ処理的な目的で使用される場合がある．土壌などは通常は再生処理を行わないが，アルミナなどは再生して繰り返し使用する．吸着はpH中性付近で行い，再生はアルカリ剤で行うので，リン酸ソーダなどとして回収リンが得られる．再生後，中性付近で使用するために酸による中和・賦活処理が必要である．さまざまな陰イオンが共存する下水や一般廃水の処理では，吸着剤あるいはイオン交換体のリン酸イオン選択性と吸着あるいは交換容量の大きさが鍵になる．難水溶性のリン酸化合物として除去された汚泥からイオン交換樹脂を利用して金属イオンとリン酸を分離回収する手法は，凝集汚泥からのリン回収技術として有望である．

8.6.3 処理水の消毒

下水中には水系感染症の原因となる病原微生物が含まれる危険性が常にあり，沈殿池上澄水や砂ろ過水の消毒は必要不可欠のプロセスである．下水中に存在しうる病原微生物は，ウイルス，細菌，真菌，酵母，寄生虫（原生動物，原虫，を含む）等々である．下水処理の過程でこれらの多くは流入濃度より2〜3オーダー下の濃度まで除去されるが，流入濃度が高いと生残量も多くなり，感染の危険性は消えない．消毒は，処理水中に残存する微生物の感染力を失わせる（不活化する）ために行われ，多様な病原微生物全体に有効な手法で行うのが理想的である．代表的な消毒法の概要を表8.7に示した．

塩素消毒は最も一般的な水の消毒技術であるが，クリプトスポリジウムオーシストの不活化ができないことから，上水道を介して大規模な集団感染を起こし問題となった．また，上水の消毒では有害な副成物が問題である．下水処理水の場合は，水質が高度になると副成物の生成量が増加するので，高度な再生処理を行っている再生利用施設では注意する必要がある．処理水中にアンモニア性窒素が残留している場合は，藻類に有害なクロラミンが生成され長く残留するので，放流先によっては使用が忌避される．膜処理技術が一般化すると，処理水中に残存する病原体の種類と量が大幅に減少するので，消毒による細菌感染や原虫感染のリスク削減の必要性は低下し，ウイルス不活化と再増殖防止が主要な目的に変わっていくものと考えられる．

8.6.4 酸化処理

生物処理が困難な物質のうち溶解性有機物は活性炭吸着や酸化処理によって処理される．下水処理においてこれらの手法が必要とされるのは，化学・繊維・染色・皮革・食品などの工場廃水やし尿の受け入れに伴って難分解性有機物の流入が多い場合，および処理水を高度な再利用用途に使用する場合である．再利用の場合は処理水に残存する色度や臭気の除去が主な目的である．酸化処理の中心的な技術はオゾン処理である．オゾン処理では臭気物質など一部の物質が直接酸化分解されたり，難分解性有機物の一部の分子間結合が壊れることで発色性が失われたり，易分解性に変わったりすることで，上記の目的を達している．したがって，有機物濃度を低下させるためには，後段で生物処理や吸着処理を行うことが必要になる場合が多い．たとえば，下水処理水の色度を10度以下にするために必要なオゾン消費量は5〜10 mg/lであるが，残存有機物濃度はほとんど変化しない．オゾン処理と生物処理を繰り返すことで微生物を可溶化し，活性汚泥処理における余剰汚泥の発生をなくす技術が実用化されているが，処理水中のCOD濃度は増加することが知られている．

その他の酸化処理法として，皮革廃水処理など高濃度の有機物処理に用いられるフェントン酸化や，紫外線と塩素またはオゾンの併用処理，触媒酸化，超臨界水酸化などがある．超臨界水酸化は水が気体でも液体でもなくなる臨界点を越える高温高圧の状

表8.7 主な消毒法

消毒法	消毒剤・有効成分	特　徴
塩素消毒	(O), ClOイオン	安価，残留効果あり，広範に使用，有害副成物，耐性生物（クリプトスポリジウム）
オゾン消毒	(O)	副効果（脱臭・脱色），クリプトスポリジウムの不活化
紫外線消毒	紫外線 (λ = 250 nm)	DNAの損傷による，安全性高い，クリプトスポリジウムの不活化　光回復現象（10%程度復活する）
その他	二酸化塩素，臭素，ヨウ素，銀イオン　放射線（β線，γ線）	

態にして酸化や分解を行う処理技術で，汚泥処理への適用を中心に利用技術が開発中である．

8.6.5 生物処理との併用処理法

凝集剤を用いてリン除去を行う技術の中心が活性汚泥反応槽に凝集剤を添加する方法になったように，生物処理と物理化学的処理の一体化がいくつかの物理化学処理技術で進められている．凝集処理のほかでは膜分離法と活性炭吸着法がよく知られている．膜分離活性汚泥処理法では処理水質高度化，高濃度活性汚泥処理による反応時間の短縮，汚泥発生量の削減などが検討されている．さらに粉末活性炭を反応槽に投入して処理水の有機物濃度を低減する技術なども検討されている．活性炭吸着では，粒状活性炭の表面に生物膜を保持する生物活性炭処理法が主として上水処理の分野で実用化されているが，その他の吸着剤やイオン交換体と生物処理技術の複合についても可能性があると考えられている．

8.6.6 その他の物理化学処理

下廃水処理において生物処理困難な物質を除去するために用いられるその他の物理化学的処理法は吸着法で，活性炭のほかにもさまざまな選択性のある吸着剤が特定の物質除去のために用いられる．下水処理における活性炭吸着の主な用途は，水処理ではなく処理場内で発生する臭気の除去である．ろ過処理も頻繁に使用される技術であるが，二次処理水のろ過では，濁質の保持容量が大きいろ材を用い，内部ろ過を達成するため比較的早いろ過速度で運転を行うことが特徴である． 〔小越真佐司〕

8.7 嫌気性処理技術

8.7.1 嫌気性処理の特徴
a. 概 論

有機物の分解に酸素を必要とする好気性微生物（aerobic microorganisms）がいる一方，酸素は不要

表8.8 嫌気性処理の長所・短所

長所	短所
・省エネルギーで経済的	・処理水質が不十分
・メタンとしてエネルギー回収できる	・微生物の増殖が遅くてスタートアップ期間が長い
・汚泥発生量が少なく処分コストが小さい	・負荷変動に弱い
・維持管理が簡単	・阻害性物質に弱く安定性に欠ける
・処理速度は好気性処理と同等	・硫酸塩が含まれていると硫化水素が発生

で逆に酸素を嫌う微生物（嫌気性微生物，anaerobic microorganisms）も地球上には膨大で多様に生息している．この嫌気性微生物を反応器内に集積させ，有機性排水・廃棄物を効率的に処理する技術（嫌気性処理，anaerobic treatment）が21世紀を迎えた現在，再注目されている．嫌気性分解は嫌気性消化（anaerobic digestion）とも呼ばれ，メタン生成を伴うことからメタン発酵（methane fermentation）ともいう．

b. 嫌気性処理の長所・短所（表8.8）

嫌気性処理は，人為的な酸素供給を必要としないことから，きわめて優れた長所を有している．まず，活性汚泥法ではエアレーションの動力に処理全体の消費エネルギーの約半分も費やされているが，嫌気性処理ではこのエネルギーを必要としない．すなわち省エネで経済的な処理方法である．またエアレーションしないということは，エアレーション装置がないシンプルな構造となり，厄介な酸素濃度制御の必要もなく維持・管理は容易である．処理速度は好気性処理に比べて劣ると思われがちであるが，決してそのようなことはなく，微生物あたりの分解速度は好気性微生物と同等であって，余剰汚泥の発生はきわめて少ない．さらに有機物は分解されて主にメタンガスとなるため，バイオマスエネルギー回収が可能である．

嫌気性処理方法は上述のようにたいへん魅力的であるが，下水処理においては活性汚泥法が主流であって，あまり普及していない．その主な理由として，嫌気性処理方法では好気性処理のように良好な水質を得ることができず，単独の装置で水域に放流できるまでには浄化できないことが挙げられる．汚泥が発生しにくいことは長所である一方，装置内に汚泥を保持することが容易でなく，またこのためにスタートアップに長期間を要するといった欠点もある．嫌気性微生物は阻害性物質に弱くて処理の安定性に欠けるといわれている．

c. 嫌気性処理技術の適用

活性汚泥法による下水処理において，大量に発生する余剰汚泥は減量と安定化を目的として嫌気性消化される場合が多く，嫌気性処理は下水処理システムの重要なプロセスである．嫌気性消化で発生するメタンを含有する消化ガスは，ボイラーや発電用の燃料として利用でき，生成した蒸気や電気は処理場内で使われる．また，消化ガスを精製してガス会社に供給している処理場もある[1]．最近の嫌気性処理技術は，バイオマスからのエネルギー回収の必要性から畜産廃棄物，厨芥など固形性有機物処理への適用について精力的に検討されており，バイオマス・ニッポン総合戦略の重要な柱の一つとなっている．

有機性排水への嫌気性処理技術の適用は，上昇流嫌気性スラッジブランケット（upflow anaerobic sludge blanket：UASB）法が開発された後の1980年代から目覚ましく進展した．現在UASB法はビール製造廃水処理をはじめ食品加工廃水の中核処理装置として稼動している．国外に目を向けると，インド，ブラジルなどの国において，経済性，維持・管理面から低濃度の下水処理に対しても活性汚泥法ではなくUASBプラントの建設が進められていて，嫌気性処理技術が広く普及しつつある．

8.7.2 嫌気性処理の原理

a. 嫌気性処理の有機物代謝

嫌気環境下では，有機性炭素は酸化還元反応によって，最終的に炭素が最も還元されたCH_4と最も酸化されたCO_2へと変換される．不思議なことにグルコースのような単純な基質であっても，単独種でメタンまで完全分解する嫌気性微生物は発見されていない．すなわち，嫌気性処理での有機物分解は多様な種類の細菌で構成された微生物コンソーシアムによって行われる（図8.25）．

複雑な有機物からなる基質は，加水分解によって単純な有機物へ分解された後，酸生成細菌（acidogenic bacteria, acidogens）と総称される多種多様な細菌群によりプロピオン酸，酪酸などの揮発性脂肪酸へと変換される．加水分解に関与する細菌も加水分解産物を発酵するので酸生成細菌群に属する．炭素数3以上の揮発性脂肪酸は，水素生成酢酸生成細菌（hydrogen producing acetogenic bacteria, acetogen）あるいはsyntrophic bacteria（syntrophs）と呼ばれる細菌群によって，H_2生成を伴って酢酸へ酸化分解される．そして最終的にメタン生成古細菌（methanogenic archaea, methanogens）によってCH_4へと変換されて完結する．

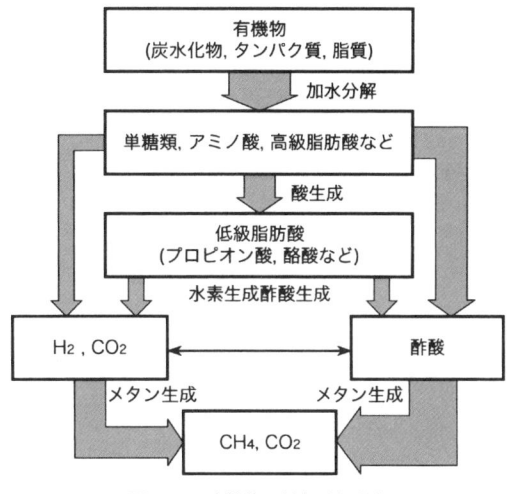

図8.25 有機物の嫌気分解過程

このように嫌気環境下での有機物の分解は，加水分解・酸生成，水素生成酢酸生成，メタン生成の大きく3つの過程に区分され，通常の嫌気性処理では，生成されるメタンの約70%は酢酸を経由し，残りの約30%が$H_2 \cdot CO_2$に由来するといわれている[2]．なお，酢酸から$H_2 \cdot CO_2$，$H_2 \cdot CO_2$から酢酸へと両物質間で交換も起こっていて，この変換にホモ酢酸生成細菌（homoacetogenic bacteria, homoacetogens）などが関与している[3]．

b. エネルギーの獲得

嫌気性細菌の増殖がなぜ遅いのかはエネルギー論的に説明できる．微生物は有機物の分解で発生する代謝エネルギーを利用することで生存し増殖を可能にしている．好気性分解ではCO_2に転換され高エネルギーが獲得できる一方，嫌気性分解では同じ有機物の化学エネルギーでも高エネルギーのCH_4に転換され，獲得できるエネルギーは有機物化学エネルギーからCH_4のエネルギーを差し引いた残りのわずかしかない．たとえば，グルコースの好気分解反応の標準自由エネルギー変化量は-2872 kJ/molであるが，嫌気性分解によるCH_4転換への反応では，-418.4 kJ/molの標準自由エネルギー変化量しか得られない（表8.9）．しかも，このエネルギーを水素生成酢酸生成細菌とメタン生成古細菌などでシェアし合わなければならず，嫌気性細菌あたりの獲得エネルギーは好気性細菌の1/10以下である．したがって，嫌気性細菌は，分解速度は劣らずとも

8. 下水・し尿処理

表8.9 有機物分解の標準自由エネルギー変化量

反応		$\Delta G°'$ (kJ/reaction)
グルコース好気分解	$C_6H_{12}O_6 + 6O_2 \rightarrow 6CO_2 + 6H_2O$	-2872
グルコース嫌気分解	$C_6H_{12}O_6 \rightarrow 3CH_4 + 3CO_2$	-418.4
プロピオン酸酸化水素・酢酸生成	$4CH_3CH_2COO^- + 12H_2O \rightarrow 4CH_3COO^- + 4HCO_3^- + 12H_2 + 4H^+$	$+304.4$
水素酸化メタン生成	$12H_2 + 3HCO_3^- + 3H^+ \rightarrow 3CH_4 + 9H_2O$	-406.8
プロピオン酸酸化メタン生成	$4CH_3CH_2COO^- + 3H_2O \rightarrow 3CH_4 + 4CH_3COO^- + HCO_3^- + H^+$	-102.4
酢酸酸化水素生成	$CH_3COO^- + 4H_2O \rightarrow 4H_2 + 2HCO_3^- + H^+$	$+104.6$

$\Delta G°'$：25℃，1 atm，pH 7

増殖に回すためのエネルギーを十分に獲得しにくいことになる．しかし裏を返せば，嫌気性微生物群集は有機物化学エネルギーを CH_4 というエネルギーに変える優れものの集団といえる．

c. 嫌気性微生物群集

嫌気性処理微生物生態系は水素を介した強固な共生関係（syntrophic association）を維持した非常にセンシティブな状態である．水素生成酢酸生成細菌による水素生成は，標準状態において吸エルゴン反応であるため熱力学的に進行しない．しかし，水素をすみやかに除去する水素資化性メタン生成古細菌と共存することで，実際の水素分圧はきわめて低いレベルに保たれていて発エルゴン反応となっている．たとえば，プロピオン酸の酢酸，H_2 への分解反応の標準自由エネルギー変化量は正であるが，プロピオン酸から CH_4 まで分解される全反応の標準自由エネルギー変化量は負となり，熱力学的な矛盾は解消される．分解反応が進行するための水素分圧は非常に微妙で，水素分圧が低すぎると水素資化性メタン生成古細菌はエネルギーを獲得できず活動できない．熱力学的にはプロピオン酸酸化嫌気性細菌と水素資化性メタン生成古細菌の共生は，水素分圧が 0.1〜10 Pa 程度の条件下において可能である（図8.26）[4]．

d. 動力学

嫌気性処理プロセスにおける汚泥量あたりの有機物分解速度は，処理対象の有機成分によって異なり，さらに汚泥内には生菌以外の固形性有機物も含まれ，その割合もさまざまであるため，非常に幅広い値（10^{-3}〜10 gCOD/gVSS・日）が報告されている．したがって，汚泥の活性は試験より評価されるが，嫌気性処理では分解の最終段階であるメタン生成が処理速度を律することになるので，酢酸あるいは $H_2 \cdot CO_2$ を基質としたメタン生成能試験が一般的に実施されている．

嫌気性微生物の倍加時間は長く，特に水素生成酢

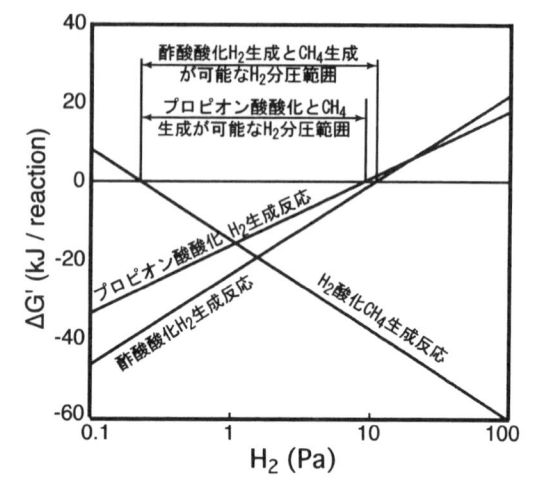

図8.26 嫌気環境下における自由エネルギー変化量 $\Delta G'$（25℃；pH 7；CH_4 0.65 atm；CO_2 0.35 atm；プロピオン酸，酢酸：1M）と熱力学的に共生関係が成立するための水素分圧範囲

酸生成細菌ではきわめて増殖が遅い[5]．このことは，処理プロセスのスタートアップに長期間を要し，また嫌気性処理プロセスに何らかのトラブルがあり微生物群集の一部が損傷を受けた場合，処理プロセスの回復にも長い時間がかかることを意味している．さらに，増殖速度の小さいメタン生成古細菌の回復は酸生成細菌より遅いため，急激な回復を図ろうとすると有機酸の蓄積，ひいては pH の低下をもたらして処理プロセスが完全にダウンするまでに至る場合がある．

e. COD 収支

嫌気性処理プロセスでは，定常状態において流入と流出の COD 量が保たれるため，処理パフォーマンスの把握に COD 測定（酸化力の大きい Cr を用いて）が一般的に行われる．メタン 0.35 l（1気圧，0℃）は 1 gCOD に相当し，分解された有機物の COD 量が生成したメタンの COD 量に一致するかどうかで COD 収支のチェックができる．ただし，

流入に硫酸塩が含まれていると，硫酸還元細菌（sulfate reducing bacteria）により32 gのSO_4^{2-}-SがS^{2-}に還元されるとき，64 gCOD当量の有機物が酸化されるため，流入と流出のSO_4^{2-}濃度差を考慮しないとCOD収支は成り立たない．その他，流入水の硝酸塩，酸化鉄や生成される水素ガスもCOD収支に影響を及ぼす．

f. プロセスの運転温度

嫌気性処理は中温域（30〜40℃）で運転されるのが一般的であるが，無加温あるいは高温（55℃）での運転が好まれるケースもある．嫌気性微生物は中温と高温に至適な2つのグループに大別できる．高温性微生物（thermophile）は中温性微生物（mesophile）の2〜3倍高い活性を有していることが知られていて，高速処理が可能である[6]．中温性微生物の活性は温度が下がると急激に低下するため，無加温プロセスでの運転では処理速度に期待がもてない．

高温嫌気性処理に中温嫌気性汚泥を植種する場合，スタートアップに3つの方法，①中温から徐々に温度を上げて馴養しながら高温へシフトさせる，②高温で直ちに馴養する，③中温から45℃で馴養した後に高温へ移行させる，がある．中温嫌気性汚泥には，極微量であるが高温性のメタン生成古細菌が生息していて，高温環境下にシフトすることで高温性微生物が優占化するため，いずれの馴養方法も長期間を要する．中温性，高温性微生物とも増殖できる温度範囲は広く，45℃は双方の多くの微生物が生息できる温度であることから，45℃に維持して高温に移行させる方法は理にかなっている．

8.7.3 固形性有機物の嫌気性消化

a. 嫌気性消化の現状

嫌気性消化は100年以上も前に登場した歴史のある処理技術である．近年，下水・し尿汚泥のみならず，種々の新しい処理装置が開発されて，畜産廃棄物，厨芥類にも適用されてきている．しかしながら，固形性有機物を高濃度に含んだスラリー性廃棄物に対する嫌気性処理技術の革新的な進歩はない．処理の基本に完全混合型消化槽を使っているためである．微生物処理プロセスの最も重要な点は，消化槽内に微生物が高濃度に保持できるかどうかである．固形性有機物処理では，微生物と固形物を分離することは容易でなく，完全混合型連続操作では水理学的滞留時間（HRT）と汚泥滞留時間（SRT）が同じである．このため処理を速くしようとすると，汚泥の流失（微生物もともに）は免れない．すなわち微生物の消化槽内での保持は難しく，しかも嫌気性微生物の増殖速度が遅いため高濃度保持はいっそう困難である．現在の技術では固形性有機物の嫌気性処理には長い時間が必要で，処理の高速化は望めない．

固形物の嫌気性消化の律速は加水分解過程といわれている．セルロース，デンプンなどの分解は主に細胞膜結合型の酵素によって行われるため，酸生成細菌との接触がきわめて重要である．このことは，消化槽内に生物膜などを形成させ微生物濃度を高めたとしても，固形物と酸生成細菌との接触に貢献しないため加水分解速度を早めることはできない，あるいは逆に低下させる結果となる．これが固形性有機物嫌気性処理技術の進歩を阻んでいて，酸生成細菌の加水分解が特に遅いというわけではない．

b. 固形性有機物の分解率

下水汚泥の嫌気性消化日数は30〜60日間で一般に運転される．消化時間とともにガス発生量は増加し分解率は高まるが，消化日数を長くしても消化はあまり進まないプラトー域に達する．下水・し尿汚泥のメタンへの転換率はせいぜい60〜70%である．一方，生ごみは消化15日間でも80%以上のメタン転換率が得られる分解性のよい固形性廃棄物である．

分解された有機物の一部は微生物の増殖に回るため，消化槽の除去率（（流入基質COD−流出全COD）/流入基質COD）と固形性廃棄物の分解率（（流入基質COD−流出基質COD）/流入基質COD）とは一致しない．HRTとSRTが同じである完全混合型消化槽では，分解率ϕと除去率ηに$\eta \fallingdotseq \phi(1-Y_G)$の関係がある．この関係は嫌気性微生物の死滅を考慮した増殖収率Y_G（g COD cell/g COD）に影響されるが，生ごみ処理のような80%以上の除去率とは分解率がおよそ100%である（基質がほぼ分解された）ことを示唆しており，消化槽単独でさらに高い除去率を得るには消化日数を長くして増殖収率Y_Gを小さくしないかぎり理論的に難しい（図8.27）．

c. 処理固形物の濃度

下水汚泥と生ごみを混合して嫌気性消化する際，一般的には水を加え含水率を上げて，有機物濃度を下げ，撹拌しやすい状態にして処理する湿式メタン発酵が採用されている．しかし全固形物（TS）濃

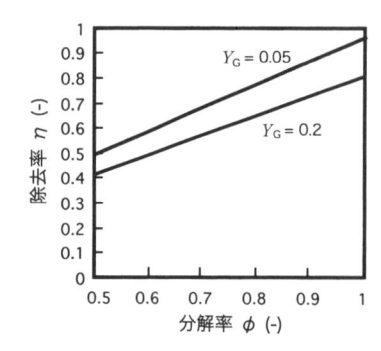

図 8.27 完全混合型消化槽の分解率と除去率の関係

度の高い汚泥を処理する乾式メタン発酵（通常 TS 濃度 10～15% 以上を称す）は，湿式に比べて同じ容積負荷ならリアクター容積は小さくなるなどの長所から今後普及が望まれる．ただし，低い含水率は溶解成分の濃度が高くなることを意味しており，アンモニアなどの高濃度阻害に留意する必要がある．

8.7.4 UASB 法

a. 概論

固形性有機物の処理では SRT と HRT を別々に制御することは容易でないが，排水処理においては微生物を高濃度に保持し，SRT/HRT 比を大きくした高負荷運転が可能である．付着支持体に生物膜を形成させる生物膜法はその一つの方策で，特に嫌気性生物膜処理では基質拡散律速になりやすい酸素を不要とするため非常に優れた方法である．オランダの Lettinga らによって精力的に研究開発された UASB 法は，付着支持体のない一種の生物膜法といえないこともないが，生物膜法よりも非常にシンプルであって多くの利点を有している．有機性産業廃水に対しては中核の処理方法として位置づけられ，下水処理にも適用されている．

b. 処理の原理

廃水を UASB 装置下部から均一に上昇流で供給すれば，嫌気性微生物群集は付着担体なしに自己固定化作用によって，まるでキャビアのような粒径 0.5～2 mm 程度の粒状の汚泥集塊体が装置内一帯に形成される．UASB グラニュール汚泥と通常呼ばれているものである．排水中の有機物はグラニュール汚泥に接して分解され，処理された廃水のみが UASB 装置上部から流出する．有機物の分解によって生成された CO_2 とメタンはガス化して上昇し，UASB 装置上部に設置してある GSS (gas solid separator) で捕集してガス回収される（図 8.28）．

c. グラニュール汚泥

グラニュール汚泥は微生物群集が高密度に密集していて沈降性がよい（図 8.29）．それゆえに液上昇流より沈降が勝り，あたかもグラニュール汚泥からなるベッドのようになる．すなわち UASB 装置から流失されにくく，高濃度に嫌気性微生物を保持できる．グラニュール汚泥の形成には適切な上昇液流速などの環境条件が必要であるが，この環境制御は現在のところ経験的なものであって，形成メカニズムはほとんどわかっていない．グラニュール汚泥は低濃度の排水処理では形成されにくいことが知られ

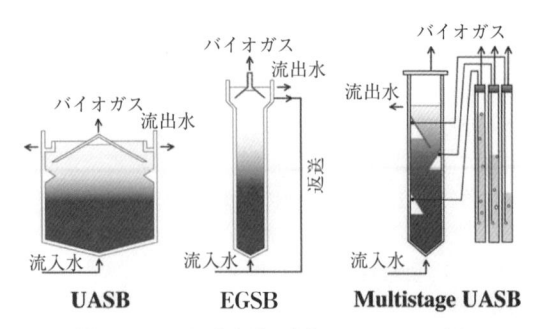

図 8.28 UASB 法とその変法のリアクター形式

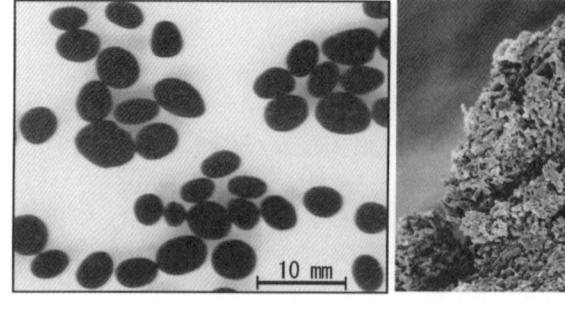

図 8.29 下水処理 UASB グラニュール汚泥とその割断面

ているが，下水処理でもグラニュール汚泥の形成が観察されている（図8.29）．しかし，リアクター内の全汚泥量に対するグラニュール量はほんのわずかで，UASB装置による下水処理では，主にフロック状の嫌気性微生物が分解に寄与している．グラニュール汚泥の色は一般的に黒である．これは硫化鉄などの黒色沈殿物によるもので，硫酸塩の少ない廃水処理では茶色のグラニュールなどがみられる．

d．処理の高速化と後段処理

UASB法には，処理の高速化を追求した，さまざまな変法が開発されている[7]．その中のEGSB（expanded granular sludge bed）とIC（internal circulation）リアクターは，上昇液流速を高めるリアクター構造となっていて，グラニュール形成を促進し，またグラニュール汚泥表面の液境膜を薄くすることで基質の利用効率が期待でき，高濃度だけでなく低濃度の廃水にも効果がある．UASBリアクターで高負荷運転すると，グラニュール汚泥から発生するガスは活性汚泥法のエアレーション量に相当するほどの膨大な量になるため，その発生ガスでグラニュール汚泥は崩壊・流失して長期運転ができない．この対策として，ガスを発生元位置近くですみやかに回収してリアクター内でのガス上昇流を押さえる構造の多段型UASBリアクター（multistage UASB）が登場した．このリアクターでは容積負荷100 kg COD/m^3・日以上の超高速運転の可能性がある[6]．

UASB法は高速処理に適しているが，嫌気性処理の大きな弱点である処理水質の不十分さを解消することはできない．したがって，下水の嫌気性処理水を放流するためには，後段にポスト好気性処理装置が不可欠となるが，後段に活性汚泥法を用いたのでは嫌気性処理のメリットを活かせない．嫌気性処理法を採用するからには，省エネタイプのエアレーションが不要な新規な好気性処理装置と組み合わせる必要があり，DHS（dowflow hanging sponge）リアクターが考案されている[8]．インドにおいて下水のUASB処理水をDHSリアクターで再処理するパイロット実験が実施されており，優れた処理結果が得られている．

8.7.5 メタンの発生・回収

嫌気性処理によって発生する消化ガス中のメタン含有率は，排水・廃棄物の有機物組成によって大きく影響し，また温度，pHにも左右されるが，通常60〜70％程度である．残り成分のほとんどは二酸化炭素である．メタン発生量は処理されたCOD量から換算できるので，有機物負荷量と分解率がわかれば，およそのガス発生量を予測できる．

発生したメタンの一部は処理水中に溶存してリアクターから流出するため，メタンをすべてガス回収することは困難である．溶存メタン濃度は，気相部のメタン分圧と温度によって決まり，通常47 mg COD CH$_4$/l（= 0.739 mmol/l，35℃，0.65 atm）程度である．高濃度処理ではメタン回収量に影響する溶存メタン量の寄与は小さいが，下水処理のような150 mg COD/l程度の有機物除去量ではメタン発生量のおよそ2/3しか回収は望めない．

嫌気性処理では，メタンではなく水素発酵により水素を回収することも検討されている．メタン発酵まで進行させないで，途中の水素が生成された段階で水素を回収しようとする技術である．しかし，熱力学的に水素生成酸発酵は水素分圧がきわめて低くないかぎり進行せず，低水素分圧のガスから水素を取り出す技術がない現状では，水素発酵プロセスは非現実的である．そこで，まず水素発酵で回収できる水素だけを取り出し，その後に未分解の有機物をメタン発酵処理でメタン回収する二段発酵の技術開発が行われている．

〔大橋晶良〕

文　献

1) 長部恵介（2000）：長岡市における消化ガスの精製による都市ガス原料化について．下水道協会誌，**37**：13-20.
2) Ahring BK (2003): Perspective for Anaerobic Digestion, Biomethanation I, pp.1-8, Springer.
3) 上木勝司，上木厚子（1993）：酸生成細菌の生理と生態．嫌気微生物学，pp.17-50，養賢堂．
4) Schink B (1997): Energetics of syntrophic cooperation in methanogenic degradation. Microbiology and Molecular Biology Reviews, **61**（2）：262-280.
5) Speece RE（1999）：産業廃水処理のための嫌気性バイオテクノロジー，pp.29-73，技報堂．
6) 原田秀樹，大橋晶良（1998）：高温条件化での嫌気性グラニュールの形成—"夢の超高速"嫌気性廃水処理プロセスの実現化—．水環境学会誌，**21**（10）：51-60.
7) Skiadas IV, Gavala HN, Schmidt JE and Ahring BK (2003): Anaerobic Granular Sludge and Biofilm Reactors, Biomethanation II, pp.36-67, Springer.
8) Izarul Machdar, Sekiguchi Y, Ohashi A and Harada H (2000): Combination of a UASB reactor and a curtain type DHS (downflow hanging sponge) reactor as a cost-effective sewage treatment system for developing countries. Water Sci Technol, **42**（3-4）：83-88.

8.8 汚泥処理・処分・再利用技術

汚泥処理 (sludge treatment) 過程は,水処理で発生した最初沈殿池汚泥や余剰汚泥を濃縮,消化,脱水操作により減容化 (sludge volume reduction) するとともに汚泥性状の安定化 (sludge stabilization) を図り,焼却,溶融,コンポスト化処理など後段の汚泥処理処分 (sludge treatment and disposal) および有効利用 (beneficial recycling of sludge) を容易にするためのものであるが,濃縮・脱水処理の不具合により汚泥処理系からの返流水が原因で水処理のトラブルが発生し,放流水質を悪化することがあるなど,下水処理プロセスで重要な役割を担っている.また,発生した脱水汚泥,焼却灰などの汚泥処分については,廃棄物最終処分場の逼迫や循環型社会構築への取り組みが求められており,発生汚泥量の減容化とともに資源としての有効利用の推進が望まれている.

8.8.1 汚泥濃縮

汚泥濃縮 (sludge thickening) の目的は,水処理施設で発生した汚泥を濃縮することによって,後段の消化や脱水運転を効率的に行うことにある.汚泥濃縮法としては,維持管理費の安価な重力濃縮法が多く用いられてきたが,より高濃度の汚泥を安定して得るために各種機械濃縮法を採用する事例が増加している.

a. 重力濃縮法 (gravity thickening)

汚泥粒子と水との比重差を利用して自然沈降させ圧密濃縮するもので,動力は汚泥かき寄せ機のみで薬品を必要としないため維持管理費が安く,多くの下水処理場で採用されている.維持管理面では,0.5〜1.0%と低濃度で新鮮な汚泥を投入し,槽内の汚泥界面を高くしないことが重要である.しかし,腐敗や脱窒による汚泥浮上,バルキング汚泥による濃縮性の悪化など処理の安定性に欠ける.対策として濃縮性のよい最初沈殿池汚泥と浮上分離しやすい余剰汚泥を分離濃縮することにより濃縮性を改善したり,最初沈殿池汚泥を重力濃縮,余剰汚泥を機械濃縮とする手法が多く用いられている.

b. 機械濃縮法

濃縮汚泥をより高濃度化するとともに汚泥回収率の向上,安定した濃縮運転を目的とした汚泥濃縮法として,遠心濃縮法 (centrifugal thickening),浮上濃縮法 (floatation thickening) などの機械濃縮法 (mechanical thickening) がある.遠心濃縮法は一般に700〜2000 G程度の遠心力によって多量の汚泥を連続濃縮することから中〜大規模処理場に適した濃縮法で,主に余剰汚泥を4%程度に濃縮するのに用いられる.無薬注運転が基本であるが,腐敗した汚泥や浮上性汚泥の濃縮では固形物回収率や濃縮性が低下することがあるので必要に応じて凝集剤添加 (DSあたり0.2%以下) による対応も必要である.浮上濃縮法は,下水汚泥が浮上しやすいという特性を利用した機械濃縮法で加圧浮上法 (dissolved-air floatation thickening) と常圧浮上法 (dispersed-air floatation thickening) がある.加圧浮上法は,加圧水中 (0.2〜0.4 Mpa) に溶解させた空気を常圧下で微細気泡として汚泥粒子に付着させて浮上させ,分離したフロス (浮上濃縮汚泥) を掻きとる方式で,主に中規模以上の下水処理場で余剰汚泥濃縮を目的として採用されてきたが,近年,起泡剤として界面活性剤 (DSあたり0.05〜0.1%),凝集剤として高分子凝集剤 (同0.2〜0.5%) を添加して汚泥を浮上濃縮する常圧浮上法が中小規模処理場を中心として急速に普及している.また,ベルト型やスクリュー型のろ過濃縮機が開発され,維持管理の容易性や省エネルギー面から動向が注目されている.

8.8.2 汚泥調質

濃縮汚泥や消化汚泥は負に帯電して分散しているため,そのまま脱水するのは困難である.汚泥に凝集剤を添加して荷電を中和し,フロック化することによって脱水処理しやすい性状にすることを汚泥調質 (sludge conditioning) という.高分子凝集剤 (polymer coagulant),無機凝集剤 (inorganic coagulant),金属塩〜両性高分子凝集剤などによる汚泥調質法がある.

a. 高分子凝集剤 (一液調質法)

下水汚泥は負に荷電しているので一般にカチオン系高分子凝集剤 (DAM系またはDAA系) を用いて調質する.カチオン度や分子量,凝集剤の化学構

造などにより調質効果が異なるため，あらかじめ選定試験を行う必要がある．また，使用にあたっては0.2～0.3％水溶液とし，汚泥の乾燥固形物（DS）あたり1～2％程度添加して脱水する．過剰注入するとフロックが分散し脱水性が低下するので適正量を注入する必要がある．無機凝集剤に比べて注入率が非常に少ないため汚泥量が増加せず，汚泥焼却・埋め立て処分に有利である．

b. 無機凝集剤

塩化第二鉄などの金属塩を添加することで汚泥の荷電を中和した後，消石灰を加えてフロック化する方法で，主に真空脱水機や加圧脱水機に使用する．嫌気性消化汚泥の脱水では，消化によって生成する重炭酸塩（アルカリ度）による金属塩の消費を抑制するために，洗浄槽を設けて消化汚泥を処理水で洗浄することによってアルカリ度を低減する必要がある．汚泥DSあたりの凝集剤注入率が，塩化第二鉄10％，消石灰30～40％前後と高いため，脱水汚泥量が増加し，焼却・埋め立て処分に不利であるが，脱水汚泥は石灰分を多量に含有しているので肥料や土壌改良材など緑農地利用されることが多い．

c. 金属塩～両性高分子凝集剤（二液調質法）

塩化第二鉄やポリ硫酸第二鉄などの金属塩をDSあたり10～20％添加して荷電を中和した汚泥に両性高分子凝集剤を1～2％注入することによってフロック化を促進する方法で，脱水汚泥含水率の低減や脱水効率の改善，返流水へのリン再放出低減，臭気抑制対策などとして有効である．

d. 造粒調質法（pelletization thickening）

下水汚泥にPACやポリ硫酸第二鉄などの金属塩をDSあたり10～20％注入した後に両性高分子凝集剤を1～2％加えて汚泥を粒状化し，スクリーンにより遊離水を分離して汚泥を濃縮するもので，濃縮設備なしでペレット状に濃縮した汚泥を得ることができることから，小規模処理場や車載式移動脱水車に多く採用されている．脱水性の改善やリン再放出低減などの効果もある．

8.8.3 汚泥脱水

汚泥脱水（sludge dewatering）の目的は，汚泥を減容化（sludge volume reduction）することにより以降の汚泥処理処分効率の向上を図ることにある．汚泥脱水方式としては，真空脱水機や加圧脱水機が多く採用されてきたが，これらは脱水効率や維持管理性が悪く，また多量の無機凝集剤を注入すること

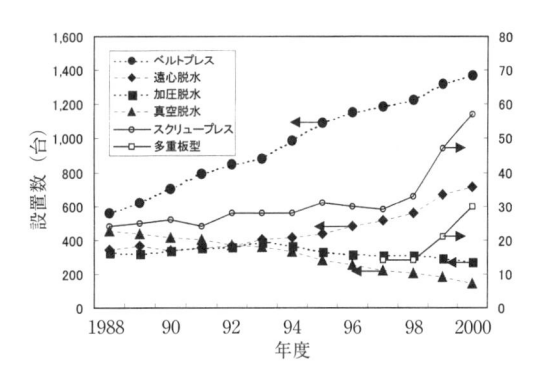

図8.30 脱水機設置機数の変化

によって汚泥処分量が増加するなどの理由で稼動数が減少している．代わって高分子凝集剤を使用し維持管理の容易なベルトプレス脱水機や遠心脱水機などの脱水方式が主流[1]となっている（図8.30）．

a. 天日乾燥床（sludge drying bed）

砂層，砂利層および集水管でできた乾燥床に汚泥を約10～30 cmの厚さで投入し，太陽光と自然の風を利用しておおむね10～20日程度で乾燥する．広い敷地を要することから，小規模処理場や供用開始当初に採用することが多い．

b. 真空脱水機（vacuum filter）

ろ布を張ったドラム下部を調質汚泥中に浸漬して減圧下でドラムをゆっくり回転させることによって汚泥をろ過脱水する方法である．無機凝集剤の添加率が高く，脱水効率や維持管理性が悪いことから稼動数は減少している．

c. 加圧脱水機（filter press）

ろ布を張ったろ過室に調質汚泥を圧入し加圧して脱水する方式で，低含水率化を図れるが無機凝集剤添加量が多く，脱水効率や維持管理性が悪いことから稼動数は減少している．

d. 遠心脱水機（centrifugal dehydrator）

調質汚泥を回転ドラムに供給して，1500～3000 Gの遠心力を加えることによって汚泥と分離液に分離し，汚泥はスクリューコンベヤとドラムの回転数の差（差速）によって圧密しながら機外に排出する．分離液は越流堰（ダム）から排出する．洗浄水が不用で処理能力が高く自動運転化できることから稼動数が増加している．なお，労働安全衛生規則141条により，年1回自主点検を実施しなければならない．

e. ベルトプレス脱水機（belt press filter）

調質汚泥を多数のロール間を波状に連続移動する

ろ布上に供給して，重力，加圧，剪断力により脱水する．ろ布の目詰まりを防ぐため常時洗浄する必要があるが，高分子凝集剤の使用と汚泥含水率が低いことから真空脱水機に代わって最も普及している脱水方式である．

f. 多重板型スクリュープレス脱水機（multidisk-type screw press dehydrator）

固定リングと遊動リングで形成される外胴と内部に挿入されたスクリュー羽根の間に調質汚泥を圧入してスクリューによる圧搾と剪断力で脱水する．洗浄水が不要で自動運転が可能であること，二液調質により低濃度汚泥を濃縮しないで直接脱水できることから小規模処理場での採用数が増加している．

g. スクリュープレス脱水機（screw press dehydrator）

円筒状のスクリーンと円錐状のスクリュー羽根の間に調質汚泥を圧入し，スクリューをゆっくり回転することで前段のスクリーン部で重力ろ過し，後段でスクリューによる圧搾と剪断力で脱水する．維持管理が容易なことから採用数が増加している．

8.8.4 汚泥焼却（sludge incineration）

汚泥焼却プロセスは，汚泥の減容化および安定化を図る主要な汚泥処理法の一つで，脱水汚泥を焼却処理することによって1/8～1/10に減容化する．焼却炉には，流動焼却炉（fluidized bed furnace），立形多段焼却炉（multiple hearth furnace）および階段式ストーカー炉（step grate stoker furnace）などがある．流動焼却炉は，750～850℃に加熱したケイ砂に予熱空気を吹き込み，流動層を形成したところに脱水汚泥を投入して汚泥を完全燃焼させる方式で，排ガスとともに炉より排出された焼却灰はサイクロン，バグフィルターで回収し，排ガスは排煙処理装置を経て大気放出する．他の焼却方式と比べて未燃物をほとんど発生せず臭気成分も分解するため採用割合も72％（2000年度197基）と多い．一方，立形多段焼却炉は，耐火レンガ製の円筒形の炉で，内部が4段以上の炉床となっており，最上段に投入した脱水汚泥を，回転式レーキでかき寄せながら最下段まで移動する間に，乾燥・燃焼・冷却して，焼却灰として排出する．負荷変動に弱く，焼却温度の制御や間欠運転が困難など運転管理上の制約が多いため，稼動数も49基（2000年度）と1989年度（106基）に比べて半減している．階段式ストーカー炉は，階段状の火格子の上に供給した脱水汚泥をゆっくり降下させながら燃焼ガスにより乾燥・燃焼・焼却し，焼却灰として排出する．一般ごみでの実績は多数あるが下水汚泥では少ない（同24基）．なお，焼却炉の運転管理に際しては，排ガスについて大気汚染防止法による排出基準値を遵守するとともに，ダイオキシン類やシアンなどの発生を抑制するために，適正負荷での連続運転，燃焼温度（850℃）の確保，最適空気比などに留意した安定運転を心がける必要がある．

8.8.5 汚泥溶融

汚泥溶融（sludge melting）は，生成スラグの有効利用が容易であることや重金属類溶出の安全性，汚泥の減容化（脱水汚泥の1/15～1/20，焼却灰の1/3）などを目的とした処理法で，全国で29基（2002年度末）の溶融炉が稼動している．炉の形式には，旋回式，コークスベッド式，表面溶融式およびスラグバス式溶融炉があり，被溶融物としては乾燥汚泥または焼却灰が，また，溶融スラグ融液の冷却方式により水砕，空冷，徐冷および結晶化スラグがある．一般に1200～1500℃で溶融するが，スラグの溶流する温度と粘性はスラグの塩基度（CaO/SiO_2 の比率）により変化する．高分子凝集剤系汚泥（塩基度0.1～0.2）では，溶流点は1200～1250℃と低いが粘性が高く，無機凝集剤系汚泥

表8.10 下水汚泥とし尿汚泥の重金属含有量（単位 mg/kg）[2]

項目	下水汚泥			し尿汚泥		
	試料数	範囲	平均値	試料数	範囲	平均値
カドミウム	30	0.8～5.2	2.2	56	0.6～6.3	2.4
ヒ素	30	0.04～3.5	1.4	57	0.14～2.7	1.2
水銀	32	0.05～41	6.7	56	0.5～18	4.2
銅	31	37～460	210	57	45～290	140
亜鉛	32	160～3200	1300	57	340～2000	850
鉛	32	2.0～130	52	57	0.76～80	16
ニッケル	32	6.7～160	39	57	6.0～79	23
クロム	32	10～260	49	56	5.0～61	22

8.8 汚泥処理・処分・再利用技術

表 8.11 下水汚泥の有効利用に係る有害物質の基準[3]

法令・通達 / 対象量 物質名	改正肥料取締法 含有量	廃棄物の処理及び清掃に関する法律（肥料取締法で溶出基準を準用） 溶出量	ダイオキシン類対策特別措置法 含有量	農用地における土壌中重金属等の蓄積防止に係る管理基準とその運用 含有量	農用地の土壌の汚染防止等に関する法律 含有量	（参考）土壌の汚染に係る環境基準 溶出量等
アルキル水銀		ND				ND
総水銀	2 mg/kgDS	0.005 mg/l				0.0005 mg/l
カドミウム	5 mg/kgDS	0.3 mg/l			1 mg/kg 米	0.01 mg/l
鉛	100 mg/kgDS	0.3 mg/l				0.01 mg/l
有機リン		1 mg/l				ND
六価クロム		1.5 mg/l				0.05 mg/l
クロム	500 mg/kgDS					
ヒ素	50 mg/kgDS	0.3 mg/l			15 mg/kgDS	0.01 mg/l
シアン		1 mg/l				ND
PCB		0.003 mg/l				ND
銅					125 mg/kgDS	
亜鉛				120 mg/kgDS		
ニッケル	300 mg/kgDS					
トリクロロエチレン		0.3 mg/l				0.03 mg/l
テトラクロロエチレン		0.1 mg/l				0.01 mg/l
ジクロロメタン		0.2 mg/l				0.02 mg/l
四塩化炭素		0.02 mg/l				0.002 mg/l
1,2-ジクロロエタン		0.04 mg/l				0.004 mg/l
1,1-ジクロロエチレン		0.2 mg/l				0.02 mg/l
シス-1,2-ジクロロエチレン		0.4 mg/l				0.04 mg/l
1,1,1-トリクロロエタン		3 mg/l				1 mg/l
1,1,2-トリクロロエタン		0.06 mg/l				0.006 mg/l
1,3-ジクロロプロペン		0.02 mg/l				0.002 mg/l
チウラム		0.06 mg/l				0.006 mg/l
シマジン		0.03 mg/l				0.003 mg/l
チオベンカルブ		0.2 mg/l				0.02 mg/l
ベンゼン		0.1 mg/l				0.01 mg/l
セレン		0.3 mg/l				0.01 mg/l
ダイオキシン類			3 ng-TEQ/g			1 ng-TEQ/g
備考	普通肥料の公定規格	・普通肥料の公定規格 ・管理型処分基準準用	・焼却灰・ばいじん・スラグ等適用	・対象は土壌自体 ・環境庁水質保全局長通達	・水田のみ対象 ・土壌自体を対象 ・カドミウムは米を対象	・農用地土壌汚染防止法の規定も適用 ・ダイオキシンは含有量

注）改正肥料取締法（施行日 2000 年 10 月 1 日）により，汚泥肥料は「特殊肥料の規定」から普通肥料の公定規格を遵守する必要がある．

注）ダイオキシン類対策特別措置法（施行日 2000 年 1 月 15 日）により，焼却施設から発生する焼却灰・ばいじん・スラグなどのダイオキシン類含有量規制が行われることとなった．

（塩基度 1 以上）では，溶流点は 1300℃以上と高いが粘性は低い傾向にある．必要に応じて石灰または砕石を添加して塩基度を調整し，適性な溶流温度および粘性となるように管理する．また，水砕スラグはガラス状で脆く，空冷，徐冷および結晶化スラグは砕石状の強度の高いスラグを得ることができるので，有効利用用途により冷却方式を検討しなければならない．

8.8.6 汚泥中重金属

下水汚泥には，生活排水や事業所排水による重金属類が含まれている．その一例を表 8.10[2] に示す．下水汚泥を緑農地利用や建設資材などに有効利用する場合や埋立処分するときには，その用途に応じて汚泥中の重金属類の含有量や溶出量についての基準値[3]が定められているため，これらの値を満足する必要がある（表 8.11）．

8.8.7 下水汚泥有効利用 (beneficial recycling of sludge) と汚泥処分 (sludge disposal)

循環型社会の形成や廃棄物処理処分の適正化が社会問題となるなか，廃棄物排出量の抑制，再利用および減量化が課題となっている．下水汚泥についても，年間198万DS-t (2000年度汚泥発生時乾燥重量ベース) のうち約60%が有効利用され，約40%が埋立処分されているが，有効利用の促進により埋立処分の割合は順調に低下している．下水汚泥有効利用量の経年変化を図8.31に示す[3]．1991 (平成3) 年ころまで有効利用のほとんどが緑農地利用であったが，その後，建設資材利用が急激に増加して現在では下水汚泥有効利用法の中心となっている．

a. 緑農地利用 (sludge utilization for green area and agriculture)

下水汚泥中には窒素，リンおよび有機物を多量に含むことから，土壌改良材や肥料として用いられる．緑農地に利用する場合，脱水汚泥，乾燥汚泥，消化汚泥およびコンポスト (汚泥堆肥) 化 (composting) による施用があるが，コンポスト化汚泥は発酵処理によって汚泥が滅菌・安定化し，取り扱い性がよくなるため広く利用されている．コンポスト化には，汚泥単独または副資材と混合して好気的条件で10～14日間微生物によって易分解性物質を分解 (1次発酵) し，その後1か月ほど熟成することによって安定化した汚泥肥料となる．なお，2000 (平

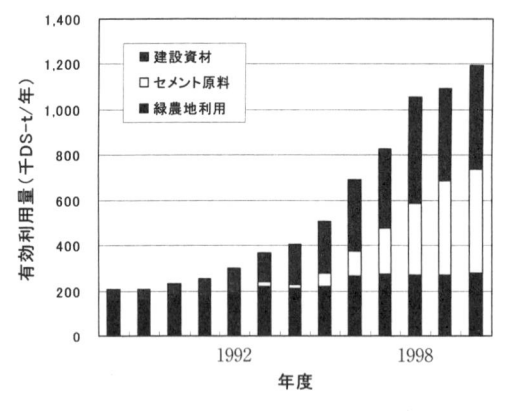

図8.31 汚泥有効利用量の経年変化[3]

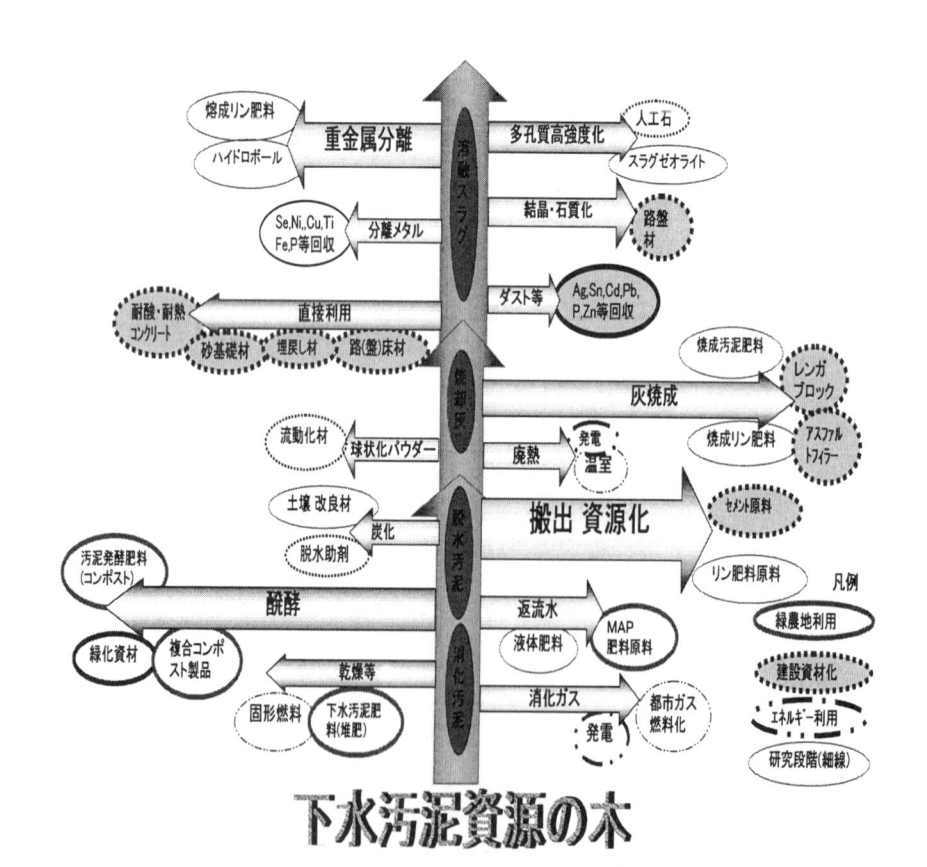

図8.32 下水汚泥の有効利用用途[4]

成12）年10月の肥料取り締り法の改正により，下水汚泥が特殊肥料から普通肥料となったのに伴って生産者ごとに肥料としての登録が必要となった．

b. 建設資材利用

建設資材利用（sludge utilization for construction works）としては，セメント原料化，コンクリート製品，レンガ，骨材，埋め戻し材，路盤材などへの利用があるが，特に，近年の有効利用率の著しい伸びは，建設資材利用の50%を占めるセメント原料（粘土の代替品として利用）としての利用や溶融スラグの建設資材化の増加が寄与している．焼却灰が，セメント原料化やレンガ，タイルなど焼成製品やコンクリート二次製品製造のための原材料として利用されるのに対して，溶融スラグは，埋め戻し材，アスファルト骨材，路盤材などスラグの特性を活かした有効利用法が主体となっている．その他，下水汚泥炭化製品の脱水助剤，土壌改良材，園芸用土壌などへの利用や消化ガスによるコジェネレーション，下水汚泥からのリン回収など下水汚泥の特性を活かした有効利用技術[4]（図8.32）が開発されている．

〔森　孝志〕

文　献

1) ㈳日本下水道協会（2002）：下水道統計要覧，57号の3．
2) 下水汚泥資源利用協議会（1996）：下水汚泥の農地・緑地利用マニュアル．
3) 松原　誠，高橋一彰（2002）：下水汚泥有効利用の現状と課題について．再生と利用，26（98）：17-27．
4) ㈳日本下水道協会（2001）：下水汚泥の建設資材利用マニュアル（案），p.5．

8.9　し尿処理技術と浄化槽

8.9.1　生活排水処理

日常の生活に由来する生活排水（domestic wastewater）は，大きく分けてし尿（night soil，black water）あるいは水洗便所排水（flush toilet wastewater）と台所排水，風呂排水，洗濯排水などの生活雑排水（gray water）から構成される．わが国では，長い間，し尿は貴重な肥料として利用されていたことから，両者を分けて取り扱ってきており，このことが下水道整備の遅れと相まって生活排水の処理に色濃く反映されている．すなわち，わが国特有といえる収集し尿のし尿処理施設（night soil treatment plant）での集中処理，水洗便所排水の単独処理浄化槽（tandoku-shori johkasou（purification tank for flush toilet wastewater））での個別処理が普及してきた．

a. 生活排水処理システム

わが国では，種々の生活排水処理システムが適用されているが，対象排水からは，し尿を対象とするものと生活排水を対象とするものとに大別される．

し尿を対象とするものとして，上述のし尿処理施設（浄化槽汚泥も対象）と単独処理浄化槽の他，収集したし尿と浄化槽汚泥のための汚泥再生処理センター（night soil treatment and organic waste recycling center）がある．また，生活排水を対象とするものとして，下水道，農業集落排水施設，合併処理浄化槽（gappei-shori johkasou（purification tank for domestic wastewater）），コミュニティ・プラントなどがある．なお，農業集落排水施設の処理施設は浄化槽法で合併処理浄化槽に位置づけられている．

2002（平成14）年度末現在，総人口1億2730万人のうち下水道人口は7600万人，浄化槽人口は3347万人（うち合併処理人口は1228万人）であり，非水洗化人口は1782万人であった．ここでいう合併処理には，合併処理浄化槽とコミュニティ・プラントが含まれる．また，浄化槽汚泥およびし尿については，計画収集量の90.5%および92.3%がし尿処理施設で処理され，残りは下水道投入，農地還元，海洋投入などがなされている．

b. 生活排水の特性

住宅を対象とした各種の実態調査結果の経年変化[1]に基づくと，近年の生活排水の平均的な水量および汚濁負荷量は図8.33のようになる．なお，SSはデータ数が少なく，参考値である．

水洗便所排水は，水量は全体の20%弱であるが，汚濁負荷量はBODやCODで約40%，窒素とリンでそれぞれ80%強と65%を占めている．なお，収集し尿については，汚濁負荷量は水洗便所排水のそれにほぼ等しいとみなせるが，量は約1.8 l/人・日と見積もられている[2]．

■技　8．下水・し尿処理

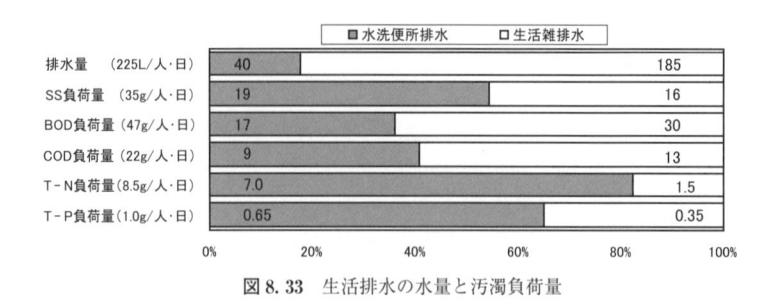

排水量 (225L/人・日)	水洗便所排水 40	生活雑排水 185
SS負荷量 (35g/人・日)	19	16
BOD負荷量 (47g/人・日)	17	30
COD負荷量 (22g/人・日)	9	13
T-N負荷量 (8.5g/人・日)	7.0	1.5
T-P負荷量 (1.0g/人・日)	0.65	0.35

図 8.33 生活排水の水量と汚濁負荷量

図 8.33 の数値に基づくと，水洗便所排水の汚濁物質濃度はいずれの指標も生活雑排水や生活排水に比べて非常に高く，単独処理浄化槽での処理の難しさが理解される．また，生活雑排水については，特に BOD と COD の負荷量が大きく，未処理放流が課題であることが理解される．

8.9.2　し尿処理

「廃棄物の処理及び清掃に関する法律」上のし尿処理施設として，いわゆるし尿処理施設（本節のし尿処理施設はこれを指す）とコミュニティ・プラントがある．さらに，後述するように，1997（平成9）年度からは，汚泥再生処理センターが新たに登場した．コミュニティ・プラントは，水洗便所排水を対象とするし尿処理施設であるが，生活雑排水も受け入れ，中・大型の合併処理浄化槽とほぼ同じであるとみなせる．

a. し尿処理施設での処理技術

1) し尿処理技術　し尿処理施設は，第二次世界大戦後のし尿の農業利用の激減によって生じた余剰の収集し尿を集中処理するため，昭和 20 年代末から整備され始めた．

し尿処理技術は，当初，嫌気性消化処理方式 (anaerobic digestion and secondary biological treatment process) が開発されたが，その後，処理の高度化や施設のコンパクト化などに向けた技術開発がなされた．生物処理を適用した処理方式を大別すると，好気性消化処理方式 (aerobic digestion and secondary biological treatment process)，標準脱窒素処理方式 (conventional biological denitrification process)，高負荷脱窒素処理方式 (high-rate biological denitrification process)，膜分離高負荷脱窒素処理方式 (high-rate biological denitrification process with membrane filtration) の順に実用化されてきた．

嫌気性消化処理方式は，除渣後のし尿などを嫌気性消化した後，主に活性汚泥法によるが，消化脱離液を好気的に生物処理するものである．「し尿処理施設構造指針解説— 1988 年版—」[3] では，消化日数は 20～30 日としている．好気性消化処理方式は嫌気性消化の代わりに好気性消化を行うものであり，消化日数は 10 日程度としている．ともに，約 20 倍の希釈倍率を必要とする．

残りの 3 処理方式は，いずれも生物的硝化脱窒素機能を導入して窒素の除去も行うものである．標準脱窒素処理方式では，除渣後のし尿などは脱窒素槽，硝化槽の順に送られ，硝化槽混合液は流入量相当分が二次脱窒素槽，再曝気槽，沈殿槽の順に送られるとともに，その何倍かの量が脱窒素槽に循環されるフローを基本とする．なお，二次脱窒素槽には水素供与体を加える．

高負荷脱窒素処理方式は，BOD および T-N の MLSS 負荷は標準脱窒素処理方式と同程度であるが，標準脱窒素処理方式で約 6000 mg/l であった MLSS 濃度を 12000～20000 mg/l に増加して容積負荷を高めている．上述の標準脱窒素処理方式のフローと同様のフローの複数槽形式のほか，硝化・脱窒を単一槽で行う場合もあり，好気・嫌気条件は集中曝気で DO 分布を作ったり，し尿などの投入や曝気を間欠的に行ったりして作る．高 MLSS 濃度を維持するため，固液分離には浮上分離や機械分離あるいは重力分離と機械分離の組み合わせなどが適用される．なお，生物処理水の SS 濃度が高いことから，後段に凝集分離設備を設ける．

膜分離高負荷脱窒素処理方式は，高負荷脱窒素処理方式の課題であった微生物混合液の固液分離を膜分離によって行うものである．生物処理後のほか，COD，リン，色度を対象とした凝集処理後にも膜分離を行う場合が一般的である．

これら 3 処理方式では，希釈倍率が順に約 10 倍，約 3 倍，約 1.5 倍に低減でき，処理水質の高度化と併せて施設のコンパクト化が達成されている．

8.9 し尿処理技術と浄化槽

表 8.12 窒素除去型 3 処理方式の処理水質[4]

処理方式	対象水	BOD (mg/l)	COD (mg/l)	SS (mg/l)	T-N (mg/l)	T-P (mg/l)	色度 (度)
標準脱窒素	凝集分離後水	3	27	9	12	1.4	106
	放流水	2	10	2	5	1	12
高負荷脱窒素	凝集分離後水	7.0	86	14	24	0.82	190
	放流水	3.3	10	3.4	11	0.39	12
膜分離高負荷脱窒素	凝集分離後水	2.2	49	<2.8	24	0.4	120
	放流水	<1.7	9.3	<1.6	8.9	0.4	<7.7

注：標準脱窒素脱窒素処理方式：平均希釈倍率は 11.5 倍．放流水は活性炭吸着後．
　　高負荷脱窒素処理方式：高度処理設備に砂ろ過設備，活性炭吸着処理設備を有している 24 施設を対象．平均希釈倍率は 2.5 倍．
　　膜分離高負荷脱窒素処理方式：生物膜，凝集膜および活性炭吸着設備を有する 18 施設を対象．平均希釈倍率は 1.43 倍．

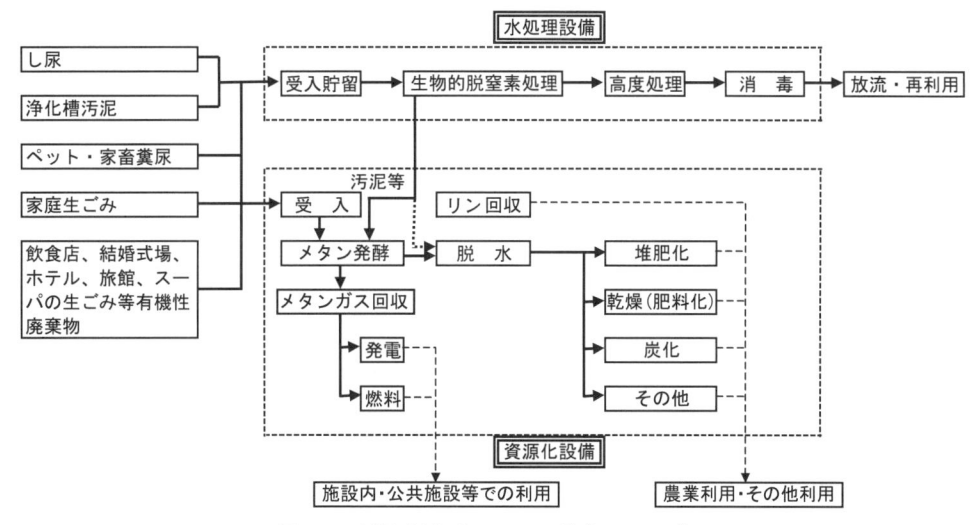

図 8.34 汚泥再生処理センターの構成システム[5]

2002（平成 14）年度末現在，これら 3 処理方式は，施設数で 1111 基中 542 基，処理能力で 9 万 8200 kl/日中 5 万 1700 kl/日といずれも約 1/2 を占めている．

他に，汚濁物質の SS 成分割合が高いという特徴をもつ浄化槽汚泥の搬入量増加への対応として，固液分離後生物処理する形の処理方式も開発されている．

2）処理水質　放流水の水質基準は，BOD 20 mg/l 以下，SS 70 mg/l 以下，大腸菌群数 3000 個/cm^3 以下が定められているが，通常はより厳しい値が適用され，近年設置されている施設では，BOD 10 mg/l 以下，COD 10 mg/l 以下，SS 5 mg/l 以下，T-N 10 mg/l 以下，T-P 1 mg/l 以下，色度 30 度以下とされる場合が多い．

窒素除去型 3 処理方式の平均的な処理水質を表 8.12 に示す．放流水はいずれも活性炭処理後のものであり，大きな違いはなく高度な処理水質が得られている．ただし，希釈倍率に違いがあることから放流負荷量には違いがある．

b．汚泥再生処理センターでの処理技術

1）汚泥再生処理センター　旧厚生省では，1997（平成 9）年度からの国庫補助事業として，図 8.34 に示すように，し尿や浄化槽汚泥だけでなく，生ごみなどの有機性廃棄物を受け入れ，さらにこれらについて衛生処理するのみならず資源化する汚泥再生処理センター事業を開始し，1998（平成 10）年度に本格化した．最初の実用施設が 2000（平成 12）年度から運転を始めている．

資源化については，メタン回収，コンポスト製造，炭化物製造などの実用化技術があるが，生ごみなどの有機性廃棄物の分別収集や製造物の需要の面など

表 8.13 浄化槽の構造方法[6]

告示区分		処理性能					処理方式	処理対象人員（人）
		BOD除去率(%)以上	BOD濃度(mg/l)以下	COD濃度(mg/l)以下	T-N濃度(mg/l)以下	T-P濃度(mg/l)以下		5　50 100 200 500　2000 5000
第1	単独	65	90	—	—	—	分離接触曝気／分離曝気／散水ろ床	
第1	合併	90	20	—	—／20	—	分離接触曝気／嫌気ろ床接触曝気／脱窒ろ床接触曝気	
第2	合併	70	60	60	—	—	回転板接触／接触曝気／散水ろ床／長時間曝気	
第3	合併	85	30	45	—	—	回転板接触／接触曝気／散水ろ床／長時間曝気／標準活性汚泥	
第4	単独	55	120	—	—	—	腐敗槽	
第5	単独	SS除去率55%以上	SS濃度250 mg/l以下	—	—	—	地下浸透	
第6	合併	90	20	30	—	—	回転板接触／接触曝気／散水ろ床／長時間曝気／標準活性汚泥	
第7	合併	—	10	15	—	—	接触曝気・砂ろ過／凝集分離	
第8	合併	—	10	10	—	—	接触曝気・活性炭吸着／凝集分離・活性炭吸着	
第9	合併	—	10	15	20	1	硝化液循環活性汚泥／三次処理脱窒・脱リン	
第10	合併	—	10	15	15	1	硝化液循環活性汚泥／三次処理脱窒・脱リン	
第11	合併	—	10	15	10	1	硝化液循環活性汚泥／三次処理脱窒・脱リン	

注：第9, 10, 11の硝化液循環活性汚泥方式においては日平均汚水量が10 m^{3}以上の場合に限る．
　　処理対象人員で5000を超える場合は上限なしを表す．

で社会システムが成立していないという課題がある．

2) 処理水質と資源化性能　水処理設備は窒素除去型のし尿処理方式に準じ，放流水質は日平均値で BOD 10 mg/l 以下，COD 35 mg/l 以下，SS 20 mg/l 以下，T-N 20 mg/l 以下，T-P 1 mg/l 以下とされている．また，資源化については，メタン回収においてガス中のメタン濃度を 50% 以上と規定するほかは，計画する用途における基準などで要求される仕様を満足させる性状であることとされている．

8.9.3　浄化槽

浄化槽は，浄化槽法で下水道およびコミュニティ・プラントを利用できない地域で便所を水洗化しようとする場合に設置しなければならない施設とされているが，現在，合併処理浄化槽は下水道と同等な生活排水処理施設として位置づけられている．また，2000（平成12）年の法改正で浄化槽の定義から単独処理浄化槽が削除され，原則として，単独処理浄化槽の新設が認められなくなった．

a. 浄化槽技術

浄化槽の処理技術は基本的に生物処理を適用して

いるが，処理方式は多くのものが開発されている．浄化槽の特徴を簡潔に述べると，最初沈殿池がないこと，維持管理頻度の少なさをカバーするべく水理学的滞留時間が長いことや生物膜を利用したものが多いことが挙げられる．また，発生する汚泥を処理施設内に保持する構造となっており，家庭用の合併処理浄化槽では1年分を保持することが原則である．さらには，流量調整機能を備えたものが多い．

浄化槽の構造は従来構造基準によって規定されてきたが，2000（平成12）年の建築基準法の改正に伴い，これは例示仕様としての構造方法とされた．1995（平成7）年に改正された最新の構造基準に基づく構造方法を表8.13に示す．

告示区分には，他に第12と第13がある．第12は水質汚濁防止法の規定で必要とされる性能をもつ浄化槽であって，第2，第3および第6から第11に定める構造の中から適用される．第13は第1から第12に規定する浄化槽と同等以上の性能があると建設大臣が認めた浄化槽であったが，前述の法改正で第1の単独とともに削除された．なお，処理対象人員は，建築物の用途別によるし尿浄化槽の処理対象人員算定基準（JIS A 3302）に定めたルールで計算される人数である．

改正前の告示区分の第13および改正後の構造方法以外の浄化槽については，高度処理を行うもののほか，ディスポーザ排水も受け入れるディスポーザ対応浄化槽，固液分離に膜分離技術を導入した膜利用型浄化槽や家庭用を対象としているが，槽容量を構造方法のものよりコンパクト化したものなどがある．

b. 浄化槽における最近の動向と課題

1）最近の動向　合併処理浄化槽が生活環境の改善に資するだけでなく公共用水域などの水質保全にも効果を発揮することが認められるようになり，合併処理浄化槽においていくつかの点が変革されている．

その一つが，市町村が設置管理主体となる事業の創設である．1994年に特定地域生活排水処理事業（2003（平成15）年度から浄化槽市町村整備推進事業），個別排水処理施設整備事業および小規模集合排水処理施設整備事業が創設された．浄化槽は，本来個人が設置し維持管理するものであるが，これらの公共関与の事業は，面的整備の推進や適正な維持管理の確保などを目的としている．

また，対象排水の拡大があり，従来から認められていた宿泊施設，店舗関係などの排水のほか，日本標準産業分類の野菜缶詰・果実缶詰・農産保存食料品製造業，パン・菓子製造業，その他の食料品製造業（めん類製造業，豆腐・湯揚製造業，あん類製造業，惣菜製造業）であって1日あたりの平均的な排出量が50 m^{3}未満の排水を合併処理浄化槽に受け入れることができることとなった．

2）課　題　浄化槽にかかわる課題のうち，技術的側面の大きな課題として以下のようなものがある．

その一つは，既設の単独処理浄化槽の合併処理化であり，具体的には単独処理浄化槽の構造改善を行うか合併処理浄化槽への設置替えを行う必要がある．前者については，膜分離技術を導入する方法以外の技術は開発されておらず，また後者については，費用面のほか，設置面積が確保できない場合があることなどの課題がある．

次いで，増加しつつある浄化槽汚泥量への対応である．浄化槽汚泥を多量に受け入れるし尿処理施設では，運転条件の変更が必要とされたり過負荷がもたらされたりしており，質と量における搬入の調整や独自での再生利用化などを検討する必要がある．

最後に，処理の高度化がある．たとえば，地域によっては，家庭用の合併処理浄化槽においてもリンの除去，できれば回収が望まれるが，現在のところ長期的に安定して行える技術は少ない．また，BODや窒素についても，省エネルギーでより安定した技術が望まれる．さらに，高度処理水の再利用を考える場合，微生物的安全性を担保する消毒方法の開発が望まれる．

〔河村清史〕

文　献
1) 河村清史（1995）：浄化槽技術者の生活排水処理工学，pp.13-22，㈶日本環境整備教育センター．
2) ㈳全国都市清掃会議編集（2001）：汚泥再生処理センター等施設整備の計画・設計要領, p.25, ㈳全国都市清掃会議．
3) ㈳全国都市清掃会議編集（1988）：し尿処理施設構造指針解説—1988年版—, p.224, p.253, ㈳全国都市清掃会議．
4) ㈶日本環境衛生センター，㈳日本環境衛生工業会，㈶日本環境整備教育センター（1997）：し尿処理施設改良・改造技術に関する手引書, p.11, ㈶日本環境衛生センター．
5) 上掲書1), p.95.
6) ㈶日本建築センター編集（1996）：尿尿浄化槽の構造基準・同解説　1996年版, p.10, ㈶日本建築センター．

9
排出源対策・排水処理（工業系・埋立浸出水）

9.1 エミッション低減と省エネルギー対策

9.1.1 プロセスのクローズドシステム化と処理水リサイクルによる排出削減

排水を処理するためには施設・設備の建設と運転・維持管理に新たな資源・エネルギーを必要とする．排水処理で消費される資源・エネルギー量をできるだけ低減しながら，処理水質を向上することは当然として，排水量および汚濁物質の排出をできるだけ低減するプロセス自体の改良も不可欠である．排水量および汚濁物質の排出を削減する考え方および手法を以下にまとめた．排出された排水の処理にのみ注目するのではなく，発生源にさかのぼった対策が必要である．排水処理は排水からの汚濁成分の分離であるから，処理性・処理原理が異なる成分についてはできるだけ混合を避けて個別にオンサイトで処理することが望ましい（表9.1）[1,2]．発生源ごとに排水の成分を把握できれば，その処理は容易で

あり，処理効率も向上できるのでプロセス内でのリサイクルも容易になる．プロセス水の使用削減と後段の総合排水処理への負荷も低減できるので総括的なコスト低減にも寄与できる（図9.1）[1]．

9.1.2 有機汚濁物質のキャラクタリゼーション

最適な排水処理プロセスを選択するためには，排水の特性，すなわち排水量と汚濁物質の性状（濃度，生物分解性，凝集性，吸着性など）を確認するとともに，各種排水処理プロセスの特性を知る必要がある．排水に含まれる有機汚濁物質の処理特性を評価する項目および手順を図9.2に示した[3]．この評価手順は工程排水処理プロセスの構成に準拠している．主に懸濁物質や大分子量有機物質の除去に対す

表9.1 排水排出削減と処理効率向上の考え方および方策 [1,2]

生産プロセスの改善による排出削減
1) 分離効率の改善による製品歩留まりの向上と排水への成分流出の低減
2) 排水処理困難物質の原料，副資材などとしての使用低減
3) 工程洗浄方法の改善による洗浄回数低減と洗浄水・溶剤など使用量削減
4) 不要成分の固形廃棄物への移行による排水への排出削減
5) 汚濁負荷低減可能な他プロセスへの転換
オンサイト処理とリサイクル促進
1) 特性が異なる排水の混合回避と分別回収
2) 個別の汚濁物質に適した排水処理方式の選択
3) 処理水のリサイクル使用の促進

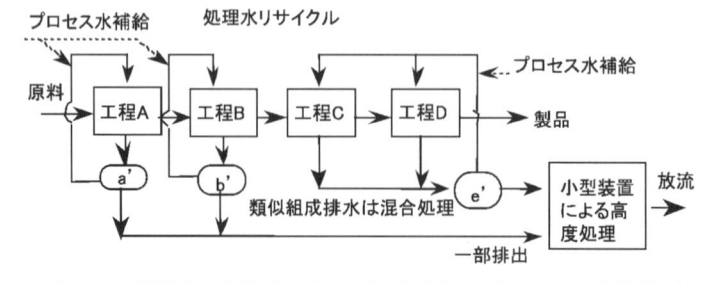

図9.1 工程排水の分別回収・オンサイト処理とリサイクルによる汚濁排出削減 [1]

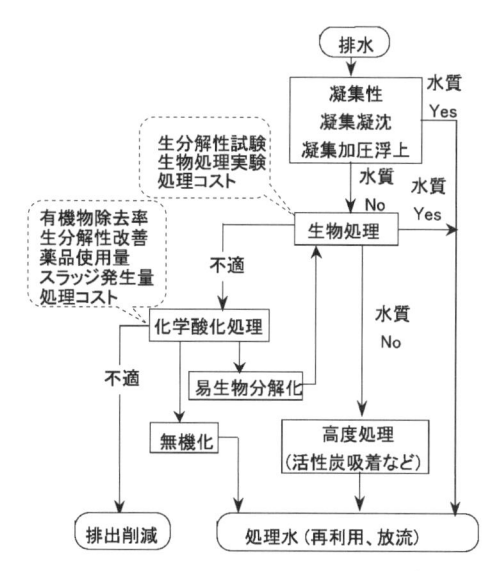

図 9.2 排水処理特性の評価項目と手順[3]

用できる．極性の高い物質は水への溶解度も高いので生物分解を受けやすいとみなせる．この図では考慮されていないが，処理方式の選択にあたっては汚濁物質濃度が重要な因子である．高濃度有機性排水の好気性生物処理は酸素溶解のためのエネルギー消費が過大になるので，嫌気性処理などの導入が検討されるべきである．生物分解性が低く，分子量が数千から数万のCODとして検出される有機汚濁物質の処理が最も厄介であり，化学的酸化分解による無機化や生物分解性向上などの手段も考えられるが，処理費用の上昇を招くので，生産工程での使用を削減すべきであろう．

9.1.3 排水処理の省エネルギー化

排水処理のエネルギー消費を定量化する指標として，単位エネルギー消費あたりの排水処理量あるいはBOD除去量などで定義される動力効率（m^3/kWh, kg-BOD/kWh）を用いることができる[5]．処理方式ごとに下水処理場での消費電力の平均的な値を比較すると，好気嫌気活性汚泥法では0.6 kWh/m^3，標準活性汚泥法では0.7 kWh/m^3，オキシデーションディッチ法では1.2 kWh/m^3，回分式活性汚泥法では1.3 kWh/m^3，長時間曝気活性汚泥法では1.5 kWh/m^3程度と報告されている[5]．

エアレーションは排水処理におけるエネルギー消費の大きな割合を占めており，好気性生物処理の省エネルギーにはエアレーションの改善が最も効果的である[6]．1 kWh あたりの酸素溶解量は4～5 mm程度の粗大な気泡を生成する散気装置を設置したエアレーションタンクで1 kg程度，3～4 mmの微細な気泡を生成する散気装置では1.5 kg/kWh程度に上昇する．散気装置を曝気槽底面全体に均一に設置

る膜分離の検討は生物処理の前で，微量な残留成分の除去に対する検討は活性炭吸着の前が適切であろう．この手法での評価によって処理が困難と判定された排水中の物質については生産プロセスでの使用を止めるよう対策すべきである．

分子サイズと生物分解性を指標とすれば，有機汚濁物質除去の原理および手法は図9.3のように分類される[1,4]．BODと理論酸素要求量（ThOD：theoretical oxygen demands）の比で生物分解性を表している．ThODは有機物が完全酸化されるときに必要な酸素量であり，COD_{Cr}で代替しても大きな違いはないであろう．分子量が数万を越える汚濁物質は凝集浮上や凝集沈殿，あるいは限外ろ過（UF）・精密ろ過（MF）によって除去できる．活性炭吸着は分子量が数千以下の低極性物質の除去に利

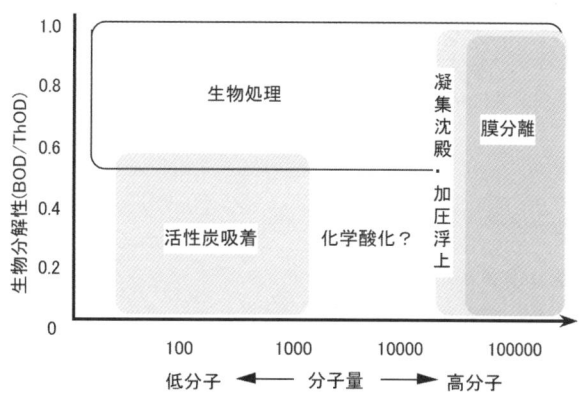

図 9.3 分子量と生物分解性に基づく有機汚濁物質除去原理の分類[1,4]

する全面曝気方式では20～30%程度の省エネルギーが期待できる[7]. なお，産業排水処理では機械式攪拌（表面曝気）が利用されていることが多い．この方式では目詰まりを起こすこともなく，散気方式よりも高い酸素溶解性能が期待できる．

〔藤江幸一〕

文献

1) 後藤尚弘, 胡 洪営, 藤江幸一 (2000)：産業排水の削減対策と最適処理. 用水と廃水, **45** (10)：870-875.
2) 藤江幸一, 胡 洪営 (1996)：ゼロエミッションプロダクションと水環境保全. 化学装置, 8月号：27-32.
3) 藤江幸一, 胡 洪営, 後藤尚弘 (1999)：産業排水の特性評価と最適処理. クリーンテクノロジー, 6月号：10-13.
4) 化学工学会編 (1999)：化学工学便覧改訂6版, pp.1274-1284.
5) 胡 洪営, 後藤尚弘, 林炳蘭, 藤江幸一 (1999)：下水処理場におけるエネルギー消費と物質フローの現状解析. 用水と廃水, **41** (2)：131-137.
6) 藤江幸一 (1987)：生物排水処理と動力効率特性. 化学と工業, **40** (1)：168-1171.
7) 藤江幸一, 久保田宏, 笠倉忠夫 (1983)：エアレーション用散気装置散気性能指標. 月刊下水道, **6** (10)：56-61.

9.2 汚濁物質除去の原理と水処理技術

▷ 7.4 膜ろ過および逆浸透

9.2.1 懸濁物質の除去と脱水の原理および技術

懸濁物質の除去や脱水においては，沈降，ろ過，遠心分離，圧搾脱水などの種々の機械的な固液分離操作が用いられ，その種類や濃度に応じて最適な分離操作が選択される．

a. 沈降・浮上分離

液中に懸濁している粒子を沈降現象を利用して分離する操作を沈降分離（sedimentation）という．自由沈降における粒子の沈降速度 u_t は，Stokes の法則が成立する Re < 0.3 では，次式で表される．

$$u_t = \frac{D_p^2 (\rho_s - \rho) g}{18 \mu} \quad (9.1)$$

ここに，D_p は粒子径，ρ_s は粒子密度，ρ は流体密度，g は重力加速度，μ は流体粘度である．実際の操作では粒子濃度はかなり高いため，相互にその運動に影響を及ぼし合いながら沈降する干渉沈降が生じ，沈降速度は自由沈降の場合より小さくなる．微粒子の懸濁液では，凝集剤を添加すると粒径の大きなフロックが形成され，式 (9.1) から明らかなように沈降速度は著しく増大する．処理水量 Q を沈降槽の分離面積 A で割った値を水面積負荷 v と呼び，沈降速度がこの値より大きな粒子は，この沈降槽で完全に分離捕集される．したがって，沈降槽の能力は，槽の深さには無関係となる．

濃厚な懸濁液をシリンダ内に入れ静置すると，上部の清澄液層と均一濃度の沈降粒子層との間に明瞭な界面が現れ，粒子群が一団となって沈降する．清澄液層と懸濁液層の界面高さと時間との関係では，初期には直線となる定速沈降期間となり，続いて減速沈降期間に移行する．シリンダ底部では，沈積した粒子が互いに接触して重なり合う圧縮脱水層が成長する．やがて懸濁液層がすべて圧縮脱水層になると，その圧密が進行する圧縮脱水期間へ移行し，界面の沈降速度はさらに減少する．沈降槽の所要面積の設計では，回分沈降に関する Kinch の理論に基づき，Coe-Clevenger 法，Talmage-Fitch 法，Oltmann 法などがよく利用される．

固液の密度差が小さい繊維状物質や活性汚泥などは，微細な気泡を付着させて，浮上分離（flotation）が行われる．加圧浮上法では，加圧下で水中に空気を溶解させた後，大気圧に戻して懸濁液を核にして気泡を析出させ，気泡・粒子凝集体として水面に浮上させる．

b. ろ過

懸濁液をろ布，ろ紙，膜などのろ材により捕捉粒子とろ液とに分離する操作をろ過（filtration）という．1 vol%以上の固体を含むスラリーのろ過では，ろ過開始後まもなくろ材面上にろ過ケーキが形成されるケーキろ過（cake filtration）が行われ，生成ケーキがろ液の流動抵抗となり，ろ過速度が低下する．

ろ過圧力 p が一定の定圧ろ過では，ろ過速度は次式で表される[1]．

$$\frac{dt}{dv} = \frac{2}{K}(v + v_m) \quad (9.2)$$

ここに，t はろ過時間，v は単位ろ過面積ごとの積算ろ液量，v_m はろ材抵抗と等しい抵抗をもつ仮想ろ過ケーキを与えるろ液量であり，K は次式で定義

されるRuthの定圧ろ過係数である．

$$K = \frac{2p(1-ms)}{\mu\rho s\alpha_{av}} \quad (9.3)$$

ここに，pはろ過圧力，mはケークの湿乾質量比，sはスラリー中の固体の質量分率，μはろ液粘度，ρはろ液密度，α_{av}は平均ろ過比抵抗である．式 (9.2) を積分し，Ruthの定圧ろ過式[1]が次のように得られる．

$$\frac{t}{v} = \frac{1}{K}v + \frac{2}{K}v_m \quad (9.4)$$

定圧ろ過試験データをdt/dv対vまたはt/v対vとしてプロットすると直線関係が得られ，その勾配からKが求まり，式 (9.3) よりα_{av}が求められる．比抵抗α_{av}は圧力pに依存し，次式[2]で表される．

$$\alpha_{av} = \alpha_1 p^n \quad (9.5)$$

ここに，nは圧縮性指数であり，$n=0$の場合を非圧縮性ケークという．圧縮性ケークの表面付近は底部に比べるとかなり湿潤となる．ろ過試験は，定圧下で行われることが多く，工業的には，ろ葉やブフナー漏斗の使用による真空ろ過試験，または加圧ろ過試験が利用される．

ろ過速度が一定の定速ろ過では，ろ過圧力は時間とともに増加し，式 (9.2) に$dv/dt = v/t =$一定の定速条件を用いて，次式が得られる[3]．

$$p - p_m = \frac{\mu\alpha_{av}\rho s}{1-ms}\left(\frac{dv}{dt}\right)^2 t \quad (9.6)$$

比抵抗α_{av}が式 (9.5) で近似できるならば次式が成り立ち，$\log(p-p_m)$対$\log t$は直線関係を示す．

$$(p-p_m)^{1-n} = \frac{\mu\alpha_1\rho s}{1-ms}\left(\frac{dv}{dt}\right)^2 t \quad (9.7)$$

加圧式の板枠型圧搾器（plate-and-frame filter press）[4]では，側面にろ布を張ったろ枠とろ液流路となる溝をもつろ板を交互に並べて端板の間に締め付け，スラリーをろ枠の中へポンプで圧入してろ過する．ろ枠がろ過ケークで充満しろ過速度がある値まで減少したら，そこでろ過を中止する．次いで，ケーク洗浄，装置の分解，ケーク除去を行った後，再び装置を組み立て次のろ過サイクルを行う．

真空式の多室円筒型真空ろ過器（Oliver型ろ過器，Oliver filter）[5]では，上部開放の原液槽にろ過円筒を浸して回転させ連続ろ過を行う．円筒の周囲は多数の小ろ過室に分割され，各ろ過室はそれぞれパイプで中央部の自動弁に連結されている．自動弁はろ過，ケーク洗浄，脱水区間では真空側，ケーク除去の区間では圧縮空気側に直結される．

近年，ろ過操作中にケーク表面に到達する粒子を掃流するケークレスろ過（ダイナミックろ過，dynamic filtration）が注目されている．スラリーをろ材面と平行に高速で流動させるクロスフローろ過（crossflow filtration）[6]が代表的である．回転円板型ダイナミックろ過器[7]では，両面にろ布を設けた固定円板と回転攪拌円板を交互に配列してろ室が構成され，スラリーを供給して攪拌しつつ加圧ろ過を行う．円板の高速回転によって生ずるスラリーの高速流動によってケークの成長が阻止され，定圧力下で定速ろ過が可能となる．

c. 遠心分離

遠心ろ過（centrifugal filtration）では，ろ布などのろ材を設けたバスケットを回転させて，この中に懸濁液を供給する．遠心力の作用によりケークろ過が進行し，懸濁液は清澄なろ液とろ過ケークに分かれる．ろ過終了後も引き続いて遠心力を作用させると，ケークの粒子間隙に残留する液体の一部が除去され，遠心脱水が生じる．遠心ろ過速度u_1は次式で表される[8]．

$$u_1 = \frac{Q}{A} = \frac{p}{\mu\left(\dfrac{\alpha_{av}W}{A_e} + R_m\right)} \quad (9.8)$$

ここに，Qはろ液流量，A（$=2\pi r_0 h$，r_0はろ材表面の半径，hは遠心バスケットの深さ）はろ材面積，Wはろ過ケークの全固体質量，R_mはろ材抵抗である．また，pは遠心ろ過圧力，A_eは有効ろ過面積で，それぞれ次式で与えられる．

$$p = \frac{\omega^2}{2}\left\{\rho(r_s^2 - r_l^2) + \rho_{sl}(r_c^2 - r_s^2) + \rho(r_0^2 - r_c^2)\right\} \quad (9.9)$$

$$A_e = \frac{\pi(r_0^2 - r_c^2)h}{r_0 \ln(r_0/r_c)} \quad (9.10)$$

ここに，ωは角速度，r_lは清澄液面の半径，r_sは懸濁液界面の半径，r_cはろ過ケーク表面の半径，ρはろ液密度，ρ_{sl}は懸濁液の密度である．

d. 圧搾脱水

圧搾（expression）では，液体のみを通過させる隔壁内に収容された固液混合物（懸濁液，半固体状物質）を，隔壁を移動させて圧縮し脱水する．乾燥，燃焼処理，埋立，造粒などの前処理として利用されることが多く，上下水汚泥，各種廃液や廃棄物の処理に広く用いられている．スラリーを圧搾装置に供給して加圧すると，まずろ過期間が生じ，ろ室にろ

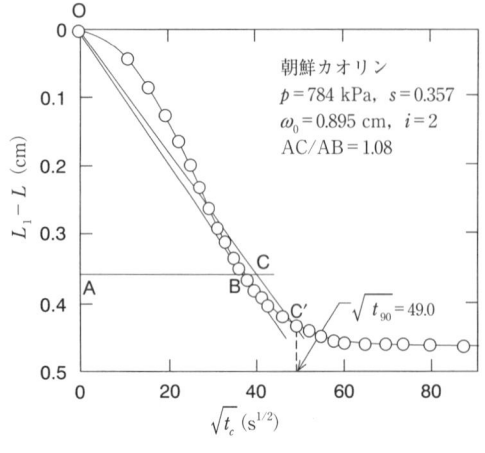

図9.4 フィッティング法

過ケークが形成される．やがてスラリーがすべてろ過ケークになると，圧密期間に入り，ろ過ケークは隔壁からの圧縮力を受け圧密脱水される．このように，スラリーの圧搾過程はろ過と圧密（consolidation）の二つの期間に分けて取り扱うことができる．

ろ過期間では上述のケークろ過理論が適用でき，圧密期間では圧密の進行程度を表す平均圧密比 U_c は次式で表される[9]．

$$U_c = \frac{L_1 - L}{L_1 - L_\infty} = 1 - \exp\left(-\frac{\pi^2}{4}T_c\right) \quad (9.11)$$

ここに，L_1，L および L_∞ は，それぞれ圧密開始時，任意の圧密時間 t_c および圧密終了時のケーク厚さであり，T_c は圧密時間係数で，次式で定義される．

$$T_c = \frac{i^2 C_e t_c}{\omega_0^2} \quad (9.12)$$

ここに，i は排水面の数，C_e は修正圧密係数，ω_0 は単位ろ材面積ごとの全固体体積である．上式は，同一の U_c 値に達する圧密時間が ω_0^2 に比例することを示し，ケーク厚さはできる限り薄いほうが有利となる．図9.4のフィッティング法により C_e が求められる．実験データが式(9.11)に従う場合，原点から接線 OB を描き，これと 1.08 倍の傾きをもつ直線 OC と実測曲線との交点 C' の時間は，$U_c = 0.9$ となる時間 t_{90} に等しく，この値を用いて C_e は次式から算出される．

$$C_e = \frac{0.933\omega_0^2}{i^2 t_{90}} \quad (9.13)$$

バッチ式のフィルタープレス（filter press）[10] では，0.3〜0.5 MPa の圧力で凹板のろ室内にろ過ケークを形成させた後，ろ布の裏側に設けたゴム製のダイヤフラム内に高圧の流体を導入してダイヤフラムを膨張させケークを圧搾脱水する．連続式のベルトプレス（belt press）[11] では，2枚のベルト間に固液混合物を挟んで，多数のロールの間をベルトにより屈曲移送させて圧搾し，ケークを排出する．

スクリュープレス（screw press）[12] は，固定されたバレルとその中で回転するスクリュー軸からなり，固液混合物をホッパーからバレル内部へ供給し，スクリュー軸の回転によってらせん溝に沿って出口方向へ送って次第に狭隙部へ押し込み，その際に受ける高圧によって圧搾する． 〔入谷英司〕

文献

1) Ruth BF, Montillon GH and Montonna RE (1933)：Studies in filtration, II. Fundamental axiom of constant-pressure filtration. *Ind End Chem*, **25**（2）：153-161.
2) Sperry DR (1921)：A study of the fundamental laws of filtration using plant-scale equipment. *Ind End Chem*, **13**（12）：1163-1165.
3) Shirato M, Aragaki T, Mori R and Sawamoto K (1968)：Predictions of constant pressure and constant rate filtrations based upon an approximate correction for side wall friction in compression permeability cell data. *J Chem Eng Jpn*, **1**（1）：86-90.
4) Kurita K (1969)：Filtration behaviour of filter presses under constant pressure. *Filtr Sep*, **6**（1）：31-39.
5) 化学工学協会編（1989）：化学装置便覧，pp.792-793，丸善．
6) Murkes J and Carlsson CG (1988)：Crossflow Filtration, John Wiley & Sons.
7) Toda T (1986)：Chap. 26, Free particle washing. Encyclopedia of Fluid Mechanics：Vol. 5, Slurry Flow Technology（Cheremisinoff NP, ed），pp.1149-1169, Gulf.
8) Sambuichi M, Nakakura H, Osasa K and Tiller FM (1987)：Theory of batchwise centrifugal filtration. *AIChE J*, **33**（1）：109-120.
9) 白戸紋平，村瀬敏朗，加藤宏夫，深谷成男（1967）：スラリーの定圧々搾分離．化学工学，**31**（11）：1125-1131.
10) Kurita T and Suwa S (1982)：The fully automatic filter press used for coal preparation waste water filtration. *Filtr Sep*, **19**（5）：384-386.
11) Austin EP (1978)：The filter belt press-application and design. *Filtr Sep*, **15**（4）：320-330.
12) Cheremisinoff NP (1986)：Chap. 17, Industrial filtration equipment. Encyclopedia of Fluid Mechanics：Vol. 5, Slurry Flow Technology（Cheremisinoff NP, ed），pp.717-789, Gulf.

9.2.2 膜分離の原理と技術

a. 概　要

水処理で用いられる膜分離法のほとんどは，分離

の駆動力として圧力を用いるものであり，ろ過法の駆動力と同じであることから"膜ろ過"ともいわれる．膜（membrane）は，基本的には細胞膜などのような選択透過性の機能をもつもので，液-液分離に用いられるものは半透膜といわれる．

1950年代の終わりに Reid[1) らがセルロースアセテート（CA）の薄膜によって塩分を分離できることを示したことに始まり，1960年代初頭に Loeb と Sourirajan[2) により海水の淡水化の実用化が可能な水透過性の高い非対称 CA 膜が開発された．脱塩が可能な逆浸透（reverse osmosis：RO）膜は，その後多様な合成高分子膜が開発されている．

一方，セロファンやコロジオン膜が高分子成分を分離できることはすでに知られていたが，このような機能をもつ限外ろ過（ultrafiltration：UF）膜も，1960年代以降に多様な材質の膜が開発された．

1980年代以降に，RO膜と UF 膜の中間の溶質分離特性を有するナノろ過（nanofiltration：NF）膜が開発され，近年は浄水処理への応用が進んでいる．また，メンブレンフィルターと同様な分離機能を有する精密ろ過（microfiltration：MF）膜も，近年水処理に広く用いられるようになっている．

b. 分離対象物質

水処理で用いられる上記4種類のカテゴリーの膜について，除去対象物質および用途を表9.2にまとめる．なお，電気透析法も広く用いられている膜分離技術であるが，ここでは触れない．

膜と除去対象物質との関係において，膜の細孔径が議論される．MF 膜については，直接的な観察や物理的測定法によって細孔径が測定されており，通常，0.1〜0.4 μm の範囲の膜が用いられている．その他の膜については細孔径の評価に議論が多いのが現状である．

c. 原理

半透膜（RO，NF，UF）で隔てられた濃度の異なる溶液の間には，浸透圧（osmotic pressure）が働く．両溶液が等しい圧力下に置かれていると，低濃度側から高濃度側（浸透圧が高い側）に水が移動し，これを浸透現象という．高濃度側に浸透圧以上の圧力を加えると，水は可逆的に低濃度側に移動するようになる．この現象を逆浸透（reverse osmosis）という（図9.5）．

希薄溶液の浸透圧（Π）は，次の vant' Hoff 式で表される．

表9.2 膜と除去対象物質・水処理での用途

膜	除去対象物質	用途
RO 膜	イオン（NaCl など），溶解性有機溶質	脱塩，超純水の生産，排水の高度処理
NF 膜	多価イオン（硬度など），分子量数百以上の有機化合物	RO の前処理，硬度除去，排水の高度処理
UF 膜	高分子溶質，コロイド	浄水，排水の高度処理，溶質の濃縮，MBR
MF 膜	サブミクロン粒子	浄水，MBR

MBR：膜分離バイオリアクター

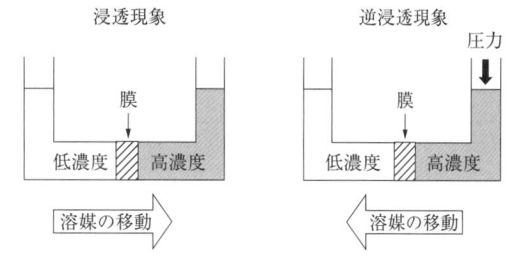

図9.5 浸透現象と逆浸透現象

$$\Pi = \nu g CRT \quad (9.14)$$

ここで，R は気体定数，T は絶対温度，g，C は溶質の浸透圧係数，モル濃度，ν は塩類が溶液中で解離して生成するイオン種の数である．

UF 膜の分離対象である高分子溶質は分子量が大きいため，溶液の浸透圧は高くないが，RO 膜で海水の淡水化を行う場合，海水の浸透圧は 2.4 MPa 程度であるため，それ以上の操作圧力が必要となる．

膜を透過する水の流束（J_w）は，操作圧（ΔP）と膜の両側の浸透圧差（$\Delta\Pi$）との差（膜間圧力差）に比例する．一方，RO 膜などにおける溶質透過流束（J_s）は，基本的には膜両側の溶質の濃度差（$C_F - C_P$）に比例する．したがって，高い水透過流束で（高い操作圧力で）操作するほうが高い溶質阻止率が得られる．

$$J_w = A\,(\Delta P - \Delta\Pi) \quad (9.15)$$
$$J_s = B\,(C_F - C_P) \quad (9.16)$$

MF 膜では，膜細孔径よりも大きな粒子が篩作用によって阻止され，UF 膜も主として分子篩作用によって阻止するものであり，UF 膜の特性が分画分子量（MWCO）で表される．しかし，MWCO は評価に用いた高分子化合物に依存するので，物性値とはいえない．

RO 膜や NF 膜における膜特性は，その用途から脱塩率や2価イオンの阻止率で表されている．膜に

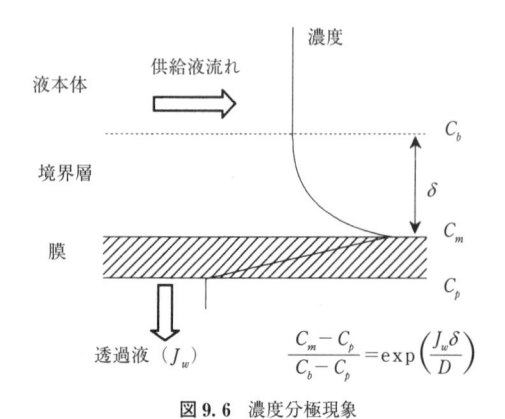

9. 排出源対策・排水処理（工業系・埋立浸出水）

図9.6 濃度分極現象

$$\frac{C_m - C_p}{C_b - C_p} = \exp\left(\frac{J_w \delta}{D}\right)$$

表9.3 膜材質

RO, NF	セルロースアセテート，ポリアミド，ポリエーテル，など
UF	セルロースアセテート，ポリスルホン，ポリアミド，など
MF	ポリオレフィン，セラミック，など

表9.4 膜形状と膜モジュール

平膜	プレート・アンド・フレーム，スパイラル，回転平膜
管状膜	チューブラー，キャピラリー，モノリス
中空糸膜	ホローファイバー

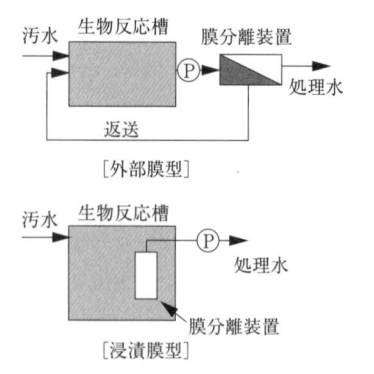

図9.7 MBRシステムの概要

よるイオンの阻止は，分子篩作用よりもイオンの水和に関係している．水溶液中でイオンは水和により安定化しており，誘電率の低い膜高分子にイオン自体が近接するためには脱水和が必要であるため近接できず，見かけ上イオンは膜から静電的反発を受けたようにみえる．この作用によって，イオンは膜内部（または細孔）への進入が阻止される．また，水和エネルギーの高い多価イオンのほうが阻止されやすい．一方，無機塩類でも分子状で溶解する物質（ヒ素（Ⅲ），ホウ素，塩化水銀（Ⅱ）など）は，RO膜によっても阻止されにくい[3-5]．

d. クロスフローと濃度分極

膜ろ過法は，通常クロスフローで操作され，供給液は透過液と濃縮液とに分離される．この過程で，膜近傍において分離対象物質の濃度分極現象（図9.6）が生じ，見かけの阻止率が低下し，また，溶質成分の析出，膜汚れ，膜閉塞の原因となる．

e. 膜モジュール

膜材質は表9.3に示すように，ほとんどは非対称構造の高分子膜で，多くは複合膜である．通常，非荷電膜であるが，荷電膜も用いられる．また，MF膜にはセラミック膜もある．膜は表9.4に示すような膜モジュールにして使用される．

f. 膜分離バイオリアクター

膜分離バイオリアクター（MBR：membrane bio-reactor）は，生物処理における活性汚泥の分離に膜を利用したもので，UF膜またはMF膜が用いられ，図9.7に示す2つのシステムに大別される．外部膜型では加圧ろ過または吸引ろ過で，浸漬膜型では吸引ろ過で操作される．

わが国において，MBRがし尿処理プロセスに導入されたのを契機に，普及・開発が急速に進んだ．MBRの特徴は，処理水質の高度化と活性汚泥の高濃度化が図れる点にある．一方，膜面に蓄積する活性汚泥を除去するために，高い膜面流速の維持や，膜閉塞の防止のために定期的な逆洗や間欠吸引ろ過が用いられる．

g. 凝集-膜分離法

浄水処理では，クリストスポリジウムなどの微生物汚染の懸念から，直接膜分離または凝集-膜分離法の導入が始まっている．後者のシステムは，上記MBRの生物反応槽が凝集槽に置き換わったものといえる．なお，凝集-膜分離法は，し尿処理におけるMBRの後段の処理にも適用されている．

〔木曽祥秋〕

文　献

1) Reid CE and Breton EJ (1959)：Water and ion flow across cellulosic membrane. *J Appl Polym Sci*, **1**：133-143.
2) Loeb S and Sourirajan S (1962)：Sea water demineralization by means of an osmotic membrane. *Adv Chem Ser*, **38**：117-132.
3) Oha JI, *et al* (2000)：Application of low-pressure nanofiltration coupled with a bicycle pump for the treatment of arsenic-contaminated groundwater. *Desalination*, **132**：307.

4) Pastor MR, et al (2001): Influence of pH in the elimination of boron by means of reverse osmosis. *Desalination*, **140**: 145-152.
5) Sugahara M, et al (1978): Effect of properties of feed solution on transport of inorganic solutes in reverse osmosis. *J Chem Eng Jpn*, **11**: 366-371.

9.2.3 吸着・イオン交換の原理と技術

吸着には物理吸着と化学吸着があり，イオン交換は化学吸着の一形態である．いずれについても優れた成書が数多く出版されており（たとえば文献1，2など），ここではその一部を概説する．吸着剤やイオン交換体などの分離機能を有する材料，分子の特性を評価するうえで最も重要な指標は，特定の物質に対する選択性と吸着容量，交換容量である．選択性は吸着剤と吸着する分子や原子との特異な相互作用や吸着剤の分子篩効果などにより発現する．この意味で物理吸着では大きな選択性の発現は期待できない．物理吸着の代表的な吸着材は活性炭であるが，本書の他の個所において詳しくふれられるので，ここでは省略する．

イオン交換は反応により陽イオン交換と陰イオン交換に分類され，イオン交換体は材質により無機イオン交換体と有機イオン交換体とに分類される．また粘土鉱物や多糖類の中にはイオン交換機能を有するものも多数あり，このような天然のイオン交換体と合成のイオン交換体とにも分類される．

a. 無機イオン交換体 最も代表的な無機イオン交換体としてゼオライトが挙げられる．ゼオライトはシリカとアルミナの化合物であり，酸素4面体構造を有する4価の元素であるケイ素の一部が3価の元素であるアルミニウムに置き換わった構造になっている．このためにこの部分に負電荷が生じ，それを中和するために陽イオンが結合している．このような陽イオンは外部の他の陽イオンと交換可能であるため，陽イオン交換機能を有する．したがって，アルミニウムの割合の大きなゼオライトほど交換容量も大きい．また，ゼオライトには特異な分子篩効果があり，空孔サイズによりイオン半径の異なるイオンの分離が可能である．

また，アルミナ，シリカゲル，含水酸化鉄も無機イオン交換体として挙動する．たとえばシリカゲルでは表面のシラノール基（$\equiv Si-OH$）の解離により水素イオンと他の陽イオンとの陽イオン交換反応が発現する．多くの粘土鉱物はこの両者の性質を併せもっている．すなわち粘土鉱物は4価のケイ素を中心とする酸素4面体の二次元シートと，3価のアルミニウムを中心とする酸素8面体のシートの組み合わせから成る層状構造をしているが，このうち前者のケイ素の一部がアルミニウムなどの3価の金属と，また後者のアルミニウムの一部がマグネシウムなどの2価の金属と置換されている．上記のゼオライトの場合と同様にこのような置換によって生じた正電荷の不足は層間に外部の陽イオンと交換可能な水和陽イオンを含有することにより中和されている．したがって，粘土鉱物の内部においては上記の永久電荷による陽イオン交換が，また表面ではシラノール基などの解離による変異電荷による陽イオン交換が起こる．このような粘土鉱物のイオン交換機能は重金属の土壌中における移行挙動を支配する．

一方，粘土鉱物でもハイドロタルサイト（$Mg_6Al_2(OH)_{16}X^{n-}\cdot 4H_2O$）は層電荷が正であり，層間に外部の陰イオンと交換可能な陰イオン X^{n-} を含有する．同様にアロフェンやイモゴライトなどの粘土鉱物も陰イオン交換機能を有する．

b. 有機イオン交換体

現在，工業的に利用されている有機イオン交換体の大部分は合成のイオン交換樹脂，イオン交換膜およびイオン交換繊維である．これらは合成高分子であるポリスチレンなどにイオン交換を行う官能基を固定したものである．すなわち，陽イオン交換性のスルホン酸基（$-SO_3H$）や，カルボキシル基（$-COOH$）を固定化したものが，それぞれ強酸性および弱酸性陽イオン交換体である．また1-4級のアミノ基（それぞれ $-NH_2$，$-NRH$，$-NR_2$，$-NR_3$，ここでRはメチル基などである）を固定化したものが弱塩基性および強塩基性の陰イオン交換体である．

これらのうち，陽イオン交換体は遊離酸型のほか，ナトリウム塩型のものが市販されているが，水素イオンやナトリウムイオンが外部の陽イオンと交換する．強酸性のものは低いpHからでも陽イオン交換するのに対して，弱酸性のものではある程度高いpHでないと陽イオン交換反応は起こらない．陽イオン交換樹脂の選択性に関しては一般にイオンの電荷の大きいほど，同じ電荷のものではイオン半径が大きく，すなわち原子番号の大きいものほど選択性が高い．したがって $Ba^{2+} > Pb^{2+} > Sr^{2+} > Ca^{2+} > Ni^{2+} > Cd^{2+} > Cu^{2+} > Co^{2+} > Zn^{2+} > Tl^+ > Ag^+ > Cs^+ > Rb^+ > K^+ > NH_4^+ > Na^+ > Li^+$ の順序となる．

陰イオン交換樹脂のうち，強塩基性樹脂では官能基である4級アミノ基（$-NR_3^+A^-$）の対陰イオン（A^-）が陰イオン交換するため，pHに関係なく陰イオン交換反応が起こるのに対して，1-3級アミンの弱塩基性樹脂では低pH域でないと陰イオン交換反応は起こらない．すなわちこれらの樹脂は下記のように酸性水溶液中で酸（HA）と中和反応をしてアンモニウム塩を形成し，その対陰イオンがイオン交換反応を行う．

　中和反応
　　　Ⓟ$-NR_2+$HA$=$Ⓟ$-NR_2H^+A^-$
　陰イオン交換反応
　　　Ⓟ$-NR_2H^+A^-+B^-=$Ⓟ$-NR_2H^+B^-+A^-$

陰イオン交換樹脂の選択性は以下のとおりである．クエン酸イオン＞SO_4^{2-}＞シュウ酸イオン＞I^-＞NO_3^-＞CrO_4^{2-}＞Br^-＞SCN^-＞Cl^-＞ギ酸イオン＞酢酸イオン＞F^-．

上記の選択性の序列に従えばフッ化物イオンやヒ酸イオン（AsO_4^{3-}）や亜ヒ酸イオン（AsO_3^{3-}）を硫酸イオンや塩化物イオンが存在する液中から陰イオン交換樹脂を用いて選択的に吸着・除去することは困難である．このような場合には第2鉄イオン，アルミニウムイオン，希土類金属イオンなどの高原子価の金属イオンを吸着担持させた陽イオン交換体を使用すれば，配位子交換反応によりこれらを選択的に吸着することができる[3,4]．

c．キレート樹脂

イオン交換樹脂の選択性は同じイオン交換機能を有する溶媒抽出試薬などと比較するとかなり低い．特定の金属イオンに対する選択性を高めた樹脂がキレート樹脂である．市販されているキレート樹脂のうち，主なものを表9.5に示す．

ここでグルカミン型の樹脂はホウ素を選択的に吸着・除去するという特異的な性質を有する．またソフトな配位原子である硫黄を有するジチオカーバメート型の樹脂は水銀，パラジウム，銀，金などのソフトな金属を選択的に吸着する．

d．吸着・イオン交換の操作

工業的な操作においてはほとんどすべての場合，吸着剤，イオン交換体をカラムに充填し，吸着-溶離を繰り返す操作が行われている．廃水処理などにおいては処理する水には微細な固体粒子が含まれていることが多く，多孔質の吸着剤，イオン交換体の細孔が固体粒子により目詰まりを起こすというトラブルが発生する．このような場合はカラムに通液する前に精密ろ過膜などにより前もって微細な固体粒子を取り除くという操作が必要となる．

〔井上勝利〕

文　献

1) 近藤精一，石川達雄，安部郁夫（1991）：吸着の科学，丸善．
2) 妹尾　学，阿部光雄，鈴木　喬（1991）：イオン交換，講談社．
3) 井上勝利，塩屋晶和，朱　玉山，Sedlackova I，牧野賢次郎，馬場由成（2003）：第2鉄イオンを担持した架橋ペクチン酸ゲルによる砒素の吸着・除去．化学工学論文集，**29**（3）：389－394．
4) Luo F, Ghimire KN, Kuriyama M, Inoue K, and Makino K (2003)：Removal of fluoride using some lanthanum（III）-loaded adsorbents with different functional groups and polymer matrices. *J Chem Technol Biotechnol*, **78**（10）：1038-1047．

9.2.4　重金属および無機物質の除去原理と技術

現在，環境基準と排水基準に規定されている元素には，Cd, Hg, Se, Pb, As, Cr（VI）（およびT-Cr），Cu, Zn, Fe, Mn, Bの11種類がある．第一義的にはこれらの元素が除去の対象となる．監視項目としてNi, Sb, Moも含まれる．これらのうちCrはその価数により基準が異なる．Se, As, Cr, Mn, Moなどは酸素原子とともにオキソ酸を形成し，陰イオンとして存在する場合が多い．BはpHによりホウ酸イオンや四ホウ酸イオンとなり，その存在率が異なる．

a．水酸化物・硫化物による除去

排水中の重金属イオンを沈殿除去する場合，薬剤を加え，重金属を取り込んだ沈殿生成物を作るが，その溶解度は十分低いことが要請される．溶解度の低い沈殿物の代表例は，水酸化物，硫化物，酸化物である．

1) 水酸化物法（hydroxide method, neutralization method）　重金属を含む水酸化物の溶解度は，表9.6[1]に示すように，十分低いので，アルカリを加え沈殿を生成し，固液分離する．排水量とその濃

表9.5　市販されている主なキレート樹脂

キレート樹脂のタイプ	官能基
イミノ2酢酸型樹脂	Ⓟ$-CH_2-N(-CH_2COOH)_2$
アミノリン酸型	Ⓟ$-NHCH_2-P(=O)(-OH)_2$
グルカミン型	Ⓟ$-N(-CH_3)(CHOH)_5H$
ポリエチレンポリアミン型	Ⓟ$-NH(CH_2CH_2NH)_nH$
ジチオカーバメート型	Ⓟ$-NH-C(=S)(-SH)$

表 9.6 水酸化物と硫化物の溶解度 [1]

Cd(OH)$_2$	2.74×10^{-3} (s)	CdS	2.11×10^{-8} (s)
Pb(OH)$_2$	1.1×10^{-20} (K_{sp})	PbS	1.0×10^{-3} (s)
Cu(OH)$_2$	1.5×10^{-20} (K_{sp})	CuS	2.44×10^{-13} (s)
Zn(OH)$_2$	8×10^{-52} (K_{sp})	ZnS	8×10^{-25} (K_{sp})
Fe(OH)$_2$	8×10^{-16} (K_{sp})	FeS	4.4×10^{-3} (s)
Fe(OH)$_3$	3.16×10^{-38} (K_{sp})	Fe$_2$S$_3$	6.2×10^{-16} (s)
Cr(OH)$_3$	6.3×10^{-31} (K_{sp})	MnS	6.23×10^{-3} (s)
Cd(OH)$_3$	2.74×10^{-3} (s)	As$_2$S$_3$	8×10^{-4} (s)

(s: g/l, K_{sp}: 溶解度積)

度, 生成沈殿物の沈降速度などを考慮し, アルカリの種類を選定する. 通常コストを優先させるので, Ca(OH)$_2$ や CaCO$_3$ を添加するが, pH 制御しやすい NaOH を加える場合もある. 高濃度のアルカリを瞬時に多量投入し, 短時間に沈殿を生成すると, 微小沈殿物が多数生成する傾向にあるので, 沈降性は悪くなる. 溶解度積 K_{sp} が与えられている水酸化物では, pH により大きく除去率 (重金属イオンの溶存量) が異なるので, 最終的にどの pH に調整するかをあらかじめ計算しておくとよい. さらに, 沈殿物の沈降を早めるために, アルミニウム塩, 鉄塩, 高分子凝集剤を添加する場合が多い.

2) 硫化物法 (sulfide method)　水酸化物法と同様, 重金属イオンをアルカリ側で硫化物として沈殿させ, 固液分離し, 重金属を除去する方法である. 重金属を含む硫化物の溶解度も表 9.6 に示した. 一般的に, 硫化物の溶解度は水酸化物のそれより小さいので, 低濃度にまで処理可能である. 水酸化物生成と同様, pH 調整が重要で, 重金属ごとに最適な pH が異なる. 硫黄源としては通常 Na$_2$S を用いる. FeS 粉末を添加する方法 [2,3] もある. 水銀キレート樹脂や重金属キレート樹脂にも硫黄の入っているものが多い.

3) フェライト法 (ferrite method)　鉄の酸化物である難溶性のフェライト中に重金属を取り込む方法 [4-6] である. Fe(Ⅱ) を廃水に加え溶液から鉄の酸化物を生成する. 多種類の共存重金属を同時に処理でき, 生成フェライトの粒子径も大きく磁性を有するので, 磁気分離が可能であるなどの特徴を有する. Gorter [4] によれば, 重金属のみならず, アルカリ金属の一部も含めて, 1 価から 6 価までの 27 種類の金属がフェライト中に入るという. 価数の影響も受けるが, Cr, As, Se などのオキソ酸の取り込みも期待される.

鉄の代わりに, ある重金属がオキソ酸と反応し, その生成沈殿物の溶解度が十分低いものであれば, 重金属の廃水処理技術に適用できる.

b. 脱塩 (desalination)

塩濃度の高い排水中には, 必然的に溶解度の大きいものが残り, 陽イオンとしては主としてアルカリ金属, 陰イオンとしては水酸化物イオン, 塩化物イオン, 硫酸イオン, 硝酸イオンなどが対イオンとして存在する. 一般的には, 蒸発濃縮法 [7], 晶析法, 逆浸透膜法 [8] などが採用される. 具体的には, 洗浄に用いたあとの高い濃度の苛性ソーダ溶液の再生, 岩塩の再結晶, 海水の淡水化などで大規模に適用されている.

c. 生物吸着・濃縮 (adsorption on biomass, concentration by biomass)

ある特定の元素を選択的に生体内に取り込む微生物が存在する. たとえば, 水銀化合物を吸着し取り込み, 濃縮作用を発揮する菌体がある. このような水銀に対して耐性をもつ菌体を培養すれば, 生物処理が可能である. 一般の活性汚泥でも水銀の除去が可能であるが, 大気中に金属水銀を放出する. また, Cr(Ⅵ) を取り込む菌体も知られている. どのような微生物や菌体がどの元素に有効かを特定し, それらを継続的に管理するのがポイントである. しかし, 植物を含めた最近のバイオレメディエーション (bioremediation) 技術の進展は著しく, 注目に値する.

〔田口洋治〕

文　献

1) 日本化学会編 (1984): 化学便覧, 基礎編Ⅱ, pp.177-182, 丸善.
2) 真島美智雄, 田口洋治, 小柳　聡, 長谷川準, 新井豊 (1986): 硫化鉄 (Ⅱ) 粉末法による水銀廃水の処理に関する基礎的研究. 水質汚濁研究, **9** (5): 291-298.
3) 真島美智雄, 田口洋治, 吉田　浩, 釜島孝一 (1987): 硫化鉄粉末法を前処理とするフェライト化法による重金属廃水の処理. 水質汚濁研究, **10** (11): 690-697.
4) Gorter EW (1954): Saturation of magnetization and crystal chemistry of ferrimagnetic oxides. *Philips Res Rept*, **9**: 295-320.
5) 桂　敬, 玉浦　裕, 寺田　博 (1977): 磁気分離方式による実験廃液処理. 工業廃水, 4月号: 16-29.
6) Takada T and Kiyama M (1970): Preparation of ferrites by wet method. Proc. International Conference on Ferrites, July, pp.69-71.
7) 宮武　修 (1996): 海水淡水化技術の動向と課題, 蒸発法による海水淡水化. 日本海水学会誌, **50** (4): 220-224.
8) 木村尚史 (1996): 海水淡水化技術の動向と課題, 逆浸透法. 日本海水学会誌, **50** (4): 216-219.

9.2.5 難分解性物質，微量有機汚染物質の除去技術

a. 難分解性有機汚染物質（POPs）とは

絶縁物質として製造されたポリ塩化ビフェニル（PCB），可塑剤として使用されているフタル酸エステル類，難燃剤である臭素系化合物や廃棄物の燃焼過程で非意図的に生成されるダイオキシン類，多環芳香族炭化水素（PAHs），有機塩素系農薬などは，難分解性有機汚染物質（POPs）と呼ばれる化学物質である．これらの大半は，物理化学・生物学的分解が困難であり（残留性），水溶解度が低くて脂溶性が高く（生物濃縮性あるいは蓄積性），ヒトの健康や環境に対する有害性（毒性）が認められ，また半揮発性の物質が多いため，大気を経由して長距離を移動する可能性（揮散移動性）もある[1]．また，POPsおよびPOPs混合物には，微量であっても，発癌性や内分泌攪乱性の疑われている物質も多く存在し，継世代への影響が懸念されている[1,2]．

PCBやDDTを例にすれば，POPs関連の環境問題は古くて新しい問題である．しかし，上記のPOPsの特徴を考えると，従来からの難分解性物質の概念や微量有機汚染物質に対する認識も変わりつつあることは否めない．つまり，水処理を例にとれば，これまで有機物除去に広く採用されてきた活性汚泥法では，これらの化学物質を分解・除去できにくいことが多くなってきたといえる．

b. POPsの分解・除去法

POPsの中でもPCBあるいはダイオキシン類を中心に，発生防止法や種々の分解・除去法が検討・開発されてきた．たとえば，ダイオキシン類の発生防止を目的とした焼却処理法では，高い燃焼温度と十分な滞留時間，炉内でのガスの十分な混合が必要である．また，廃PCBあるいはPCB含有廃棄物の分解・除去法として，焼却による熱化学的分解や化学的脱塩素化処理が用いられ，高温焼却法，アルカリ触媒分解法（BCD法），化学抽出分解法（DMI/NaOH法），触媒水素化脱塩素法（Pd/C法＋t-BuOK法），金属ナトリウム分散体法（SD法）や超臨界水酸化法などが知られている[1,3]．さらに，ダイオキシン類の処理に膜分離技術（RO膜）と加熱還元分解法を組み合わせた事例報告もある[4]．

一方，最終処分場（埋立処分場）浸出水にも非意図的に生成された種々のPOPsが存在し，その生態影響が懸念されている．低濃度のPOPsではあるが，浸出水は多量であるため，物理化学的な分解・除去法の適用はあまり効率的ではない．そこで，生物学的な分解・除去法の検討が試みられている．これは，標的とする物質を特異的に資化あるいは共代謝する微生物を活用する点にある．たとえば，ジベンゾフラン（DBF）を単一炭素源としたDBF分解菌の検索と包括固定化法によるDBFとクロロフェノールの分解[5]，白色腐朽菌の特殊な酵素活性を用いた種々のPOPsの分解（たとえばビスフェノールA[6]）などが検討されてきた．この生物学的な分解・除去法は今後の発展が期待されている．しかし，まだ研究段階であるため，電気-フェントン酸化法との併用[7]や，電気化学的な分解[8]，オゾン・過酸化水素の併用（促進酸化法）[9]，RO・電気透析の併用[10]などの物理化学的分解・除去法が開発されている．

また，種々のPOPsによる土壌・地下水汚染も深刻な社会問題となってきた．この浄化技術として化学処理法や生物による修復（バイオレメディエーション）が着目され，すでに実規模で稼働している事例もある．

c. 微生物によるPOPs分解・除去の基本概念

POPsの大半は水に難溶性で土壌や底泥に吸着して環境中に長期間残留しやすいため，たとえ分解菌が存在しても，実際の環境中ではPOPsの分解性は低いと認識されている．また，水溶性の高いPOPsもあるが，環境中での濃度はきわめて低いことが多い．このため，POPsの分解・除去に微生物を活用する場合には，微生物との接触のし易さや環境中での濃度を考慮して取り組む必要がある．

1）PAHsに対する微生物の親和性と取り込み

PAHsを対象物質とした場合，米国の事例では，大半の石油精製プロセスからの排水は活性汚泥法で処理されている．しかし，この処理過程でのPAHsの挙動は，活性汚泥微生物による分解よりはむしろ，活性汚泥への収着（物質への吸着と吸収；sorption）により排水中から除去されていると認識されている．

微生物のPAHsに対する作用は，①収着相への付着による直接的な摂取，②収着相から脱着したPAHsの摂取，③界面活性剤により乳化したPAHsの摂取が想定できる．作用③の促進が作用①の逆効果となる可能性もあるため，微生物とPAHsとの相互作用を明らかにすることが重要な課題になっている[11]．なお，このような作用には，親水的な細胞表面よりも疎水的である微生物が有効であることは論を待たない．

2) 低濃度のPOPsに対応した微生物検索の必要性　下水中に含まれる内分泌攪乱化学物質（EDCs）は，従来の指標であるBODと比べて，きわめて低濃度である（μg あるいは ng のオーダー）．様々なEDCs分解菌が単離されているが，単離菌の分解特性が高濃度の基質（mg オーダー）を用いて試験される場合には，どの程度の低濃度まで分解できるかどうかを明らかにすることが必要であろう．

典型的な Michaelis-Menten 型のモデルでは，①基質濃度が高いと単位微生物あたりの基質除去速度（比基質除去速度；y）も高くなるが，低濃度ではy値も低くなる場合と，②高い基質濃度でy値は低くても飽和恒数が低い値を保持している，つまり親和性（飽和恒数の逆数）の高い場合が想定される．後者のような特性を示す分解菌の検索が，実は低濃度汚染であるEDCsの分解・除去にはきわめて重要で，低濃度対応の分解菌検索こそ，微生物によるEDCs分解・除去の基本である．

PAHsとEDCsを対象に，微生物によるPOPsの分解・除去の基本を概説したが，他のPOPs対象物質にも適用可能である．　　〔岩堀恵祐・宮田直幸〕

文　献

1) 酒井伸一，高月　紘（1998）：残留性有機汚染質（POPs）と廃棄物―その管理体系の考え方―．廃棄物学会誌，**9**（3）：211-225．
2) 松井三郎（2000）：難分解性物質対策の新しい方向について．環境技術，**29**（12）：921-926．
3) 細見正明（1998）：POPsの化学的分解処理技術．廃棄物学会誌，**9**（3）：235-246．
4) 田路明宏，牛越健一（2000）：膜分離技術および加熱還元分解法を組み合わせた難分解性物質の処理．環境技術，**29**（12）：950-954．
5) 石黒智彦，中村智明，稲森悠平，雨谷敬史，相馬光之，松下秀鶴（1999）：微生物包括固定化法によるジベンゾフラン，クロロフェノールの生分解及びアンモニア性窒素の除去．環境化学，**9**：73-680．
6) 藤田正憲，池　道彦，立田真文，恵良　彰，宮田直幸（2000）：白色腐朽菌による難分解性物質の処理．環境技術，**29**（12）：939-944．
7) Lin SH and Chang CC (2000): Treatment of landfill leachate by combined electro-Fenton oxidation and sequencing batch reactor method. *Water Res*, **34** (17): 4243-4249.
8) Chiang LC, Chang JE, and Wen TC (2000): Destruction of referactory humic acid by electromechanical oxidation process. *Water Sci Technol*, **42** (3/4): 225-232.
9) 宮前博之，塩谷隆亮，船石圭介，関　広二（2000）：促進酸化法によるダイオキシン類除去の検討．環境工学研究フォーラム講演集，**37**：13-15．
10) 勝倉　昇，小三田栄，力石　元，塩沢　靖，柴田英則（1999）：埋立地浸出水のRO膜濃縮水を対象とした電気透析処理．廃棄物学会研究発表会講演論文集，**10**（2）：946-948．
11) Miyata N, Iwahori K, Fought JM and Gray MR (2004): Saturable, energy-dependent uptake of phenanthrene in aqueous phase by *Mycobacterium* sp. strain RJGII-135. *Appl Environ Microbiol*, **70** (1): 363-369.

9.2.6　その他の新技術

a.　溶媒抽出法

溶媒抽出法は，水に溶けない有機溶媒を処理対象となる排水および廃液に接触させ，汚染物質を分離する技術である．本技術は主に金属廃液からの重金属の回収，廃酸からの酸回収などに適用されている．

この方法は操業が常温であり加熱操作がいらないため，エネルギー消費が低い．また，装置がコンパクトで連続操作がしやすく，分離効率が高いことに加えて，装置に用いる耐蝕材料の選択がしやすく，システムのクローズド化が可能などの特徴があり，産業廃水の処理および資源回収などの技術として注目されている．

溶媒抽出法の問題点として，抽出試薬が高価で，しかも有害なものが多いこと，可燃性抽出剤を使うときの防火・防爆対策が必要であること，水中には有機溶媒が混入するため，抽出した後の廃液（尾液）の後処理が困難な場合があることなどが挙げられる．

1) 溶媒抽出法の基本操作　　溶媒抽出法は一般的に以下に示す三つの工程から構成される．

① 抽出工程：排水・廃液中の目的成分を抽出剤により有機相（抽出溶媒）へ移す操作である．抽出溶媒は抽出剤と希釈剤であり，場合によってエマルジョン破壊剤のような調整剤が添加される．

② 洗浄工程：目的成分とともに抽出された共存物質を除去するため，水で洗浄する操作である．

③ 逆抽出あるいは剥離工程：有機相に抽出された目的成分を水相へ移す操作である．

溶媒抽出法に使う装置としてミキサセトラ，抽出塔，遠心抽出器などがあり，その中でミキサセトラが最もよく使われている．向流連続ミキサセトラ抽出器のフローを図9.8に示す．

2) 溶媒抽出法による金属廃液の処理と金属回収　　溶媒抽出法による水溶液からの金属の精製・分離は，古くから分析化学の分野で使われてきた．近年，溶媒抽出法による金属廃液の処理と金属回収プロセスが開発された．金属抽出に使う抽出剤は金属と結

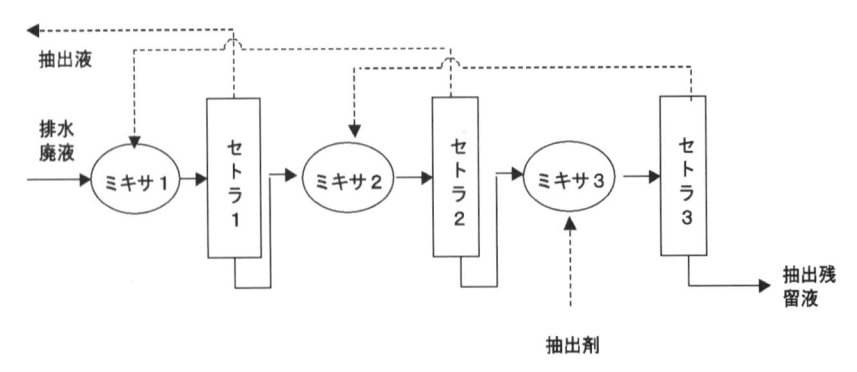

図 9.8　向流連続ミキサセトラ抽出器のフロー（文献1より改変）

合して，水にはあまり溶けず有機溶媒によく溶ける結合体を形成する性質をもつ．抽出剤は有機溶媒に抽出される金属結合体の種類によって金属キレート形成タイプ，非キレート形成タイプおよびイオン対形成タイプなどに分けられる．

溶媒抽出法による廃液からの金属回収事例として触媒製造廃液から硝酸ニッケルの回収などがあり，詳細について成書[1]を参照されたい．溶媒抽出法による地熱水からのホウ素・リチウムを分離・回収する研究も行われている[2]．

3）溶媒抽出法による廃酸液の処理と酸の回収
溶媒抽出法による廃酸からの酸の回収に使う抽出剤として，水に溶けない酸性リン酸エステルや中性リン酸エステルあるいはブタノール，イソアミルアルコール，メチルイソブチルケトンなどがある[1,3]．実施例としてステンレス鋼酸洗い廃酸から硝酸とフッ酸を回収するプロセスがある．このプロセスにはスウェーデンのAXプロセス，日新製鋼㈱の日新プロセスおよび川崎製鉄㈱（現JFE）の川鉄プロセスなどがある．

AXと日新プロセスでは中性リン酸エステルであるリン酸トリブチル（TBP）を主成分とした抽出剤を使っている．TBPは硝酸およびフッ酸と結合して，水に不溶性な結合体を生成する[1,3]．

$$HNO_3 + TBP \longrightarrow HNO_3 - TBP$$
$$HF + TBP \longrightarrow HF - TBP$$

HNO_3-TBP と $HF-TBP$ を含む有機溶媒を硝酸で洗浄すれば，硝酸とフッ酸の混合物が回収される．

$$HNO_3-TBP + HNO_3 \longrightarrow 2HNO_3 + TBP$$
$$HF-TBP + HNO_3 \longrightarrow HNO_3 + HF + TBP$$

抽出剤としてTBPと2-エチルヘキシルアルコール（EHA）を用いて，シリコンウェハのエッチング廃液から硝酸，フッ酸および酢酸との混合酸液を回収する研究も報告されている[4]．

b．鉄による促進還元技術

近年，金属鉄の高い還元能力を利用した排水還元処理技術が注目を集めている．その中で金属鉄による地下水中有機塩素化合物の還元処理が最もよく研究されているが，ここでは金属による無機系窒素排水，すなわち硝酸・亜硝酸イオンを高濃度に含む排水の還元処理技術を紹介する．

1）鉄による硝酸イオン還元のメカニズムと影響因子　鉄による水中硝酸・亜硝酸イオン還元処理では，図9.9に示すように鉄と硝酸・亜硝酸イオンとの直接反応に加えて，水の置換反応によって生成する活性水素による還元反応も起こると考えられ，硝酸・亜硝酸イオンの還元はよりいっそう促進される．最終生成物はアンモニアと窒素ガスである[5]．

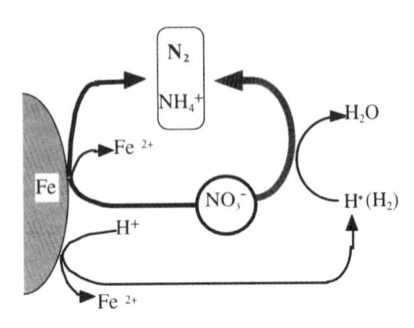

図 9.9　鉄による硝酸イオン還元処理メカニズム[5]

鉄による水中硝酸イオン還元速度はpHによって大きく影響される．鉄粉による水中硝酸イオンの還元はほぼ一次反応とみなせ，その反応速度定数はpHの低下とともに大きくなるが，高いpHでは反応速度定数は小さくなり，pH 4以上になると反応速度が著しく低下する（図9.10）．

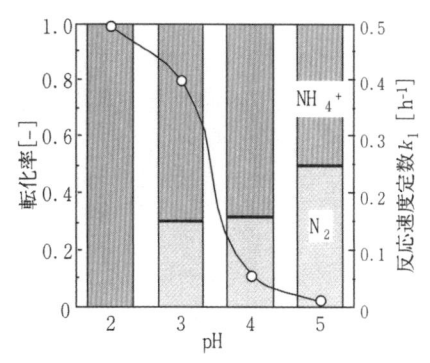

図 9.10 硝酸イオン還元速度と最終生成物に対する pH の影響

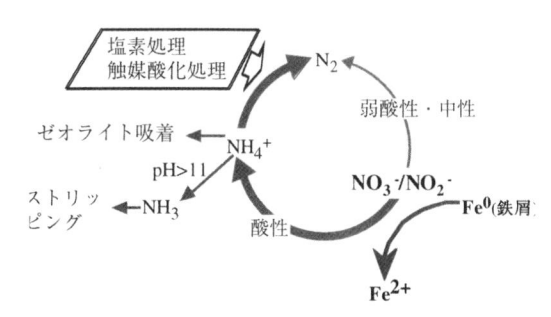

図 9.11 鉄による水中硝酸・亜硝酸性窒素除去プロセス[5]

硝酸還元の生成物も pH によって大きく影響される. pH 2 あるいはそれ以下ではほぼ 100% アンモニアに転換されるが, 窒素ガスへの転換率は pH が高くなるにつれて大きくなり, pH 5 では 50% 以上になるとの報告がある[5].

同じ pH 条件での亜硝酸イオンの還元速度および窒素ガスへの転換率はいずれも硝酸イオンより高い. pH 2 あるいはそれ以下の酸性条件でも窒素ガスへの転換率は 60〜70% となり, 弱酸性条件では窒素への転換率は 90% 以上ときわめて高い[6,7].

2) 鉄による還元プロセス 鉄の還元処理を中心とした硝酸・亜硝酸イオンを含む無機系排水の処理プロセスとして, 直接窒素ガス化プロセスとアンモニア化プロセスが考えられる (図 9.11).

直接窒素ガス化プロセスでは, 弱酸性あるいは中性条件で, 硝酸および亜硝酸性窒素を直接窒素ガスまで還元する. このプロセスは反応速度が遅いが, ワンステップで窒素ガスにまで還元できる.

アンモニア化プロセスでは, 酸性条件下で, 硝酸および亜硝酸性窒素をアンモニアにまで還元し, アンモニアは, 既存の触媒酸化法, 塩素処理やストリッピング法などによって処理する. このプロセスでは窒素ガスへの転換率が低いが, 反応速度がきわめて速いのが特徴である.

どのプロセスを選択するかについては, ケースバイケースで考える必要がある. 直接窒素ガス化プロセスは地下水の処理への適用が考えられ, アンモニア化プロセスは高濃度硝酸性窒素排水, たとえば鉄鋼業の鉄表面処理排水, 溶融メッキ排水, アルマイト加工排水などの処理への適用が期待される.

また, 鉄による硝酸・亜硝酸性窒素還元処理における還元速度および窒素ガスへの転換率をさらに高める技術として, 鉄電極および不活性電極による電解処理技術が研究・開発されている. 二価鉄イオンおよび塩素イオンの添加, 鉄電極および不活性電極の組み合わせにより, 酸性条件下においても硝酸イオンを窒素ガスへの転換が可能な条件が報告されている[8].

〔胡　洪営・藤江幸一〕

文　献

1) 村田徳治 (1995)：最新リサイクル技術の実際, p.137, オーム社.
2) 羽野　忠ら (1993)：溶媒抽出法を用いた地熱からのホウ素・リチウムの分離. ケミカル・ケミカル・エンジニヤリング, 3月号：42-45.
3) 西村山治 (1981)：溶媒抽出法による金属含有廃酸の回収技術. ケミカル・ケミカル・エンジニヤリング, 6月号：27-31.
4) 芝田準二ら (2002)：溶媒抽出法による混酸廃液からの酸回収新技術. ケミカル・ケミカル・エンジニヤリング, 7月号：47-52.
5) Hu H-Y, Goto N, Fujie K, Kasakura T and Tsubone T (2001)：Reductive treatment characteristics of nitrate by metallic iron in aquatic solution. J Chem Engin Jpn, **34** (9)：1097-1102.
6) Hu H-Y, Goto N, and Fujie K (2001)：Effect of pH on the reduction of nitrite in water by metallic iron. Water Res, **35** (11)：2789-2793.
7) 村松　剛, 岩崎　暢, 胡　洪営, 藤江幸一, 局　俊明 (1998)：金属鉄による硝酸性窒素含有排水処理技術の開発. 第32回水環境学会年会講演要旨集, p.84.
8) 松村　剛, 後藤尚弘, 胡　洪営, 藤江幸一, 局　俊明 (1999)：水中無機窒素化合物の電気分解処理特性の検討. 第33回水環境学会年会講演要旨集, p.260.

9.3 産業排水の処理プロセス設計と運転

9.3.1 水産加工排水の特徴

水産加工廃水処理の設計は，原料や季節，処理工程などが変化することを前提に多様な想定のもとに進めていく必要がある．原料魚介類は，季節的な漁獲の変動のなかで，その中心を占める魚種がほとんど決まっていることが多く，その多くは秋期から冬期にかけてピークを迎える．主要魚種の漁獲量自身に季節変動が顕著なことは普通で，通年平均した水揚げが行われている例はまず考えられない．ところで主要魚種は長期的にみて大きな変動を伴うことはよく知られ（80年代から90年代にかけて見られたイワシの豊漁から2000年代は漁獲量がきわめて減少した例やイワシに代わりサバ，カツオの豊漁が続く例など），魚種によって油分（ノルマルヘキサン抽出成分）や血水（COD）の出方は特徴を有しBOD，SSも大きく変化することを考えなければならない．このような季節変動や魚種の変化に加え，魚価が下がったときに連続した事業所操業が活発に行われることが多く，逆に魚価が高い休日前から休日期間中の操業はほとんど行われないような例もある．廃水水質は工場の操業内容によっても異なる．前処理（頭のカット，内蔵や魚卵の取り出し）工程を中心にしている工場廃水例，前処理されたものをすり身に加工する工場廃水例，魚体を圧搾処理する工場の廃水例，煮熱釜煮加工する工場廃水例，冷凍加工と魚槽血水洗浄を行う際の廃水例を表9.7に示す．

表中の総合排水には操業終了時に機械洗浄や床洗浄などで出る水も含んだ水質になっているが，機械運転時間によって処理工程＋洗浄工程から出る排水の総合的な内容は異なる．洗浄排水の負荷割合は機械運転時間によって変化が大きくなり，運転状況に応じた総合排水水質と水量の予測を行うことが望ましい．洗浄水には海水が使われることも多い．海水が使われるケースでは排水中に淡水と海水が繰り返し使われるため塩分濃度に変動が起こる．調整槽によって濃度変動を平滑化していこうと考える場合，海水の密度差によって調整槽中が成層化して混合が思ったように進まず，調整槽機能を発揮できないようなことも起こりうる．

また，最近の水産加工場には製品に付加価値を付けるため，水産加工場から食品工場のような姿へと変化してきたものもある．このような例では原料に水産物以外の小麦粉，油脂，卵，調味料などが使われるため，排水水質が従来までの排水水質と変化しているので確認が必要になるであろう．

このように水産加工排水の選定や，プロセス設計では，計画している水産加工場の質的，量的な変化への対応が大きなポイントになる．一般的には質的・量的変化の多い処理に対しては，多くの工場から排水を一括して受け入れる大がかりな廃水処理の取り組みが施設運営や処理コストの面では有利になっていくことが多い．しかし，大規模な処理施設であっても対応可能な負荷変動は，時間変動やせいぜい日周期の短い変動成分に限られ，季節的な変動，魚種の変化などに対応することは無理である．

水産加工廃水処理の主役である生物処理は基本的に負荷変動や酸素濃度の影響を受けやすく，その働きを支えるためには負荷を和らげ，変動を平滑化して生物処理槽の機能を十分に活かしていくような考

表9.7 水産加工工程

操業内容	前処理	すり身	圧搾処理	煮熱処理	冷凍加工
処理水量（m²/日）	500	150	15	10	80
廃水種類	総合排水	総合排水	総合排水	煮釜排水	魚槽血水
対象魚	タラなど	タラなど	サバ	サバ	サンマ
BOD	7740	1254	23211	47661	3158
COD	2100	296	4907	33657	2033
SS	4400	534	6415	41625	791
油分（N-H抽出）	1480	97	4000	394	391
pH	7.2	7.2	—	7.2	7

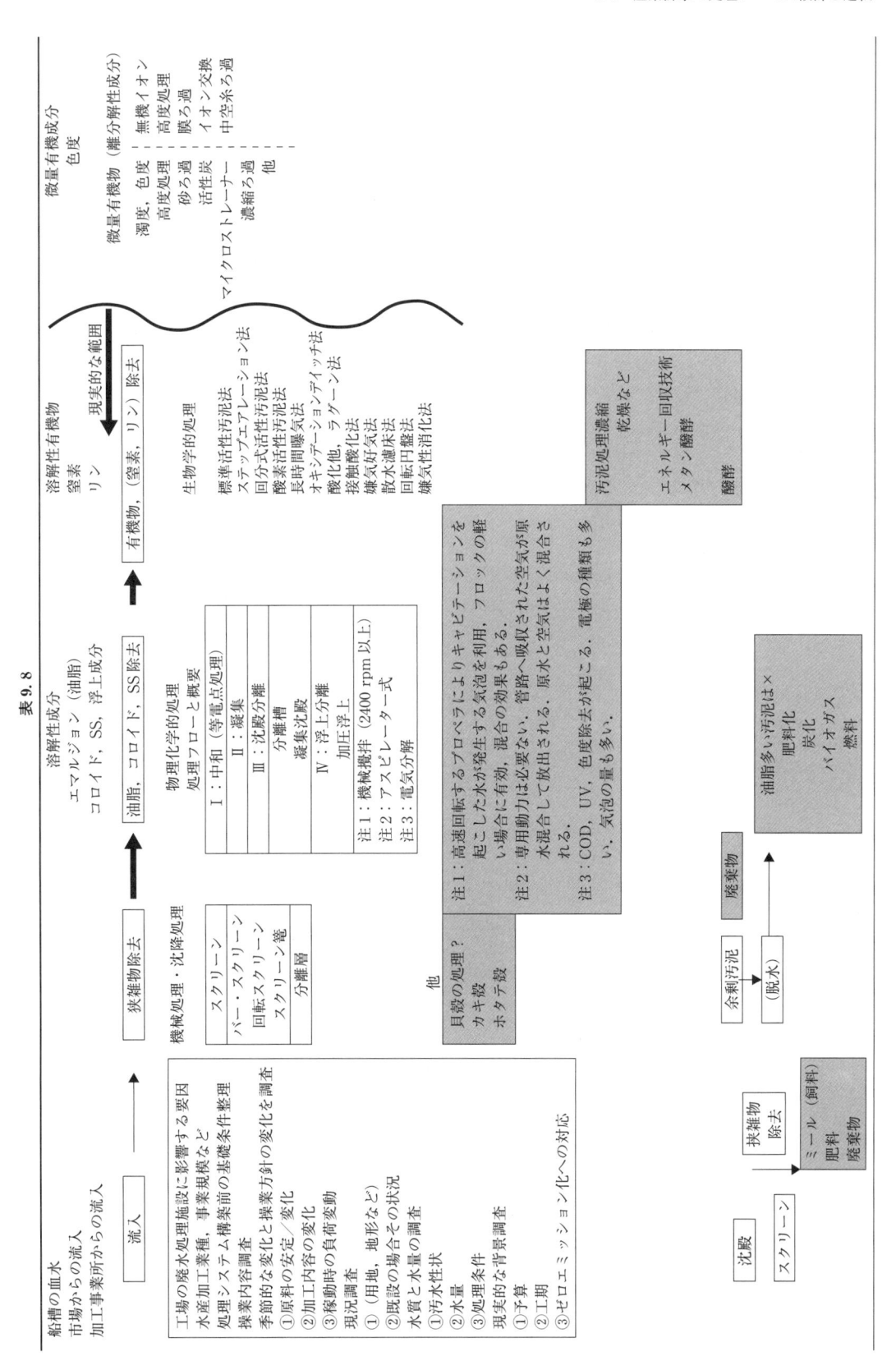

9.3 産業排水の処理プロセス設計と運転

表 9.8

船舶の血水
市場からの流入
加工事業所からの流入

→ 流入

工場の廃水処理施設に影響する要因
水産加工業種、事業規模など
処理システム構築前の基礎条件整理
操業内容調査
季節的な変化と操業方針の変化を調査
①原料の安定／変化
②加工内容の変化
③稼働時の負荷変動
現況調査
①既設（用地、地形など）
②既設の場合の状況
水質と水量の調査
①汚水性状
②水量
③処理条件
現実的な背景調査
①予算
②工期
③ゼロエミッション化への対応

溶解性成分
エマルジョン（油脂）
コロイド、SS、浮上性成分

油脂、コロイド、SS 除去

狭雑物除去 | 沈降処理

機械処理・沈降処理
スクリーン
バー・スクリーン
回転スクリーン篭
分離槽

貝殻の処理？
カキ殻
ホタテ殻

物理化学的処理
処理フロー（等電点処理）と概要
Ⅰ：中和（等電点処理）
Ⅱ：凝集
Ⅲ：沈殿分離
分離槽
凝集沈殿
Ⅳ：浮上分離
加圧浮上

注1：機械撹拌（2400 rpm 以上）
注2：アスピレーター式
注3：電気分解

注1：高速回転するプロペラによりキャビテーションを起こした水が発生する気泡を利用。フロックの軽い場合に有効。混合の効果もある。
注2：専用動力は必要ない。管路へ吸収された空気が原水混合として放出される。原水と空気はよく混合される。
注3：COD、UV、色度除去が起こる。電極の種類が多い。気泡の量も多い。

有機物、（窒素、リン）除去
現実的な範囲

溶解性有機物
窒素
リン

生物学的処理
標準活性汚泥法
ステップエアレーション法
回分式活性汚泥法
酸素活性汚泥法
長時間曝気法
オキシデーションディッチ法
酸化溝、ラグーン法
接触酸化法
嫌気好気法
散水濾床法
回転円盤法
嫌気性消化法

微量有機成分（難分解性成分）
色度

微量有機物、色度
濁度、色度　高度処理　無機イオン
　　　　　　砂ろ過　　　　高度処理
　　　　　　活性炭　　　　イオン交換
　　　　　　マイクロストレーナー　膜ろ過
　　　　　　濃縮ろ過　　　中空糸ろ過
　　　　　　他

汚泥処理濃縮　乾燥など
エネルギー回収技術
メタン醗酵
醗酵

余剰汚泥
（脱水）

油脂多い汚泥は×
肥料化
炭化
バイオガス
燃料

廃棄物

沈殿
スクリーン

ミール（飼料）
肥料
廃棄物

狭雑物除去

え方が大切になっていく．その一例として石巻市の水産加工団地を総括する水産加工廃水処理場を例に，前処理の働きを述べる．

石巻漁港に付随した市場は主に近海，沿海魚種を中心として扱うことが特徴で，水揚げされる魚種は他の漁港ほど偏っていない．水産加工団地は漁港と隣接した大規模なもので，加工団地内工場からの排水は専用管路網によって水産加工廃水処理場へと運ばれる．水産加工廃水処理場では生物処理（実質的に長時間曝気活性汚泥処理）が行われているが，その前処理として浮上分離を設けてある．浮上分離装置が運転されていた期間と運転停止期間の処理特性の比較からは，BOD 負荷のおよそ 3 割が浮上分離で除去されるといった結果を得た．また浮上分離装置の運転停止期間中は生物処理槽で恒常的に確認されていた窒素除去機能が停止し，窒素濃度は実質増加を示す結果となっていた．このように，効果的な前処理は生物処理への負担を軽減し，処理水質の向上に貢献する．水産加工廃水処理のような原水を対象とした水処理では，この例のように前処理を効果的に組み合わせて生物処理への負荷を軽減し，負荷変動に対応していくことがふさわしい．

表 9.8 は生物処理を中心的な処理として位置づけ有機物除去や窒素除去を考えた場合，生物処理機能を活かすためのいくつかの前処理方法を示す．

〔高崎みつる〕

9.3.2 食品加工排水
a. 食品加工排水の特性

食品加工工場は業種が多様であり，同一業種であっても排水量が著しく異なることなどの要因があるため，排水処理施設を計画するにあたっては，画一的な設計条件を適用できない場合が多い．したがって，あらかじめ工場の排水量・排水水質を十分に把握しておく必要がある．排水に含まれる汚濁源としては原材料に含まれている炭水化物，蛋白質，油脂類などが主成分であり，その濃度・比率は工場によりさまざまであるが，表 9.9 に示すように，一般的には他業種より高濃度の有機性排水であることが特徴である[1]．また，排水量および水質は，製品の切り替え，製造工程，洗浄工程，工場稼働時間により大きく変動し，それは日間，週間，季節変動として現れる特性を有している．

b. 処理プロセスの選択と構成

食品加工排水の処理施設は汚濁物質を効率よく除去し，かつ排水基準に適合できるものでなければならない．このために排水処理プロセスの選択にあたっては，排水の特性，処理水質，維持管理性，および経済性などを十分に考慮し，総合的見地から決定する必要がある．また，排水成分の腐敗などにより臭気を発生することも多く，排水処理施設は排水の浄化対策だけでなく，十分な臭気対応も必要とされる．

この排水処理工程は大別すると，前処理工程，生物処理工程，高度処理工程および汚泥処理工程から構成される．さらに各工程は各種の処理プロセスや単位操作から成り立っており，これらが有機的につながって施設の処理機能を発揮する．

1) 前処理工程　排水に高濃度の SS や油分を含んでいる場合には，後段にある生物処理の負荷の軽減と処理の安定化を図るために，前処理工程が必要となる．粗大な固形物はその大きさや含有量に応

表 9.9　食品加工排水の水質例（文献 1 を一部削除）

業　種	BOD (mg/l)	SS (mg/l)	油分 (mg/l)	全窒素 (mg/l)	全リン (mg/l)
デンプン製造業	2000	500	20	130	30
野菜加工品製造業	700	500	10	50	20
味噌・醤油製造業	2000	400	150	120	20
豆腐製造業	2000	400	50	100	10
パン製造業	2000	1000	200	30	50
菓子製造業	2000	400	20	20	20
ビール製造業	500〜2000	100〜1200	10	10	5
清涼飲料製造業	800	500	10	10	5
弁当製造業	600	600	400	50	15
レトルト食品製造業	1000	300	300	50	10
ソース製造業	3000	250	5	15	1
調味料製造業	3000	1000	1000	200	100
植物油脂製造業	13000	600	800	500	120
馬鈴薯加工品製造業	3000	4000	10	100	30

じたスクリーンで除去され,微細な SS は重力沈降により分離される.高濃度の油分は小規模工場では比重差に基づく油水分離を行う場合もあるが,一般には浮上分離が適用されている.この方式は無機凝集剤と高分子凝集剤を併用することで,BOD,SS 成分も同時に除去できるので,後段の負荷を軽減できる.なお,食品加工排水の油分は動植物油が主体で生物分解が可能なため,油分濃度が 100 mg/l 以下の場合には,そのまま生物処理を行うことも可能である.

2)生物処理工程 生物処理工程は食品加工排水の有機物を分解・除去する主工程であり,大きく嫌気性処理法(メタン発酵)と好気性処理法に分けられる.両者は排水の負荷変動,負荷量,要求される処理水質などの条件を考慮して使い分けされているが,一般に高濃度排水には嫌気性処理法が,低濃度排水には好気性処理法が適している.

①嫌気性処理法の特徴と留意点:食品加工排水では表 9.9 のとおり有機物濃度が高いため,嫌気性処理は処理に要する消費エネルギーが少なく,かつ発生メタンガスによるエネルギー回収が可能なことで,エネルギー収支の面で優れている.特に図 9.12 に示す最新の嫌気性処理方法である UASB (Upflow Anaerobic Sludge Blanket) 法や,さらに高負荷タイプの EGSB (Expanded Granular Sludge Bed) 法では,グラニュール状の嫌気性菌を利用することにより,固液分離が非常に効率よく行われ,反応槽内の菌体濃度を高く維持することで,処理性能の向上と高負荷処理が可能となり,食品加工排水に本方式の適用性を広げた結果となっている[2].

しかしながら,嫌気性処理法は発酵を阻害する物質(CIP などに含まれる洗浄剤,殺菌剤,溶剤,および高濃度な油分など)が多いため,食品加工排水の中でも適用範囲が限定される.また,処理水質も BOD:50〜500 mg/l 程度と,下水放流程度であり,かつ排水中の窒素の大部分が残留することとなる.このため要求される処理水質により,後段に好気性処理法を組み合わせる場合が多い.

②好気性処理法の特徴と留意点:食品加工排水の好気性処理法として,一般的に活性汚泥法が広く採用されている.この方式は広範囲の種類の排水を小規模から大規模の加工工場まで処理物質に応じた処理が可能であり,優れた処理水質が得られる利点を有している.

一方,負荷変動に対する許容範囲に限界があるため,きめの細かい運転管理(調整槽や前処理の適正運転,DO および MLSS 濃度管理など)が必要であり,また汚泥転換率が高いため,大量の余剰汚泥が発生し,その処分が必要となる.

3)高度処理工程 高度処理工程は生物処理工程で十分処理できなかった SS,栄養塩類(窒素,リン),色成分や COD の溶存有機物および溶存無機塩類などを除去する工程である.食品加工工場に要求される水質が厳しい場合の仕上げ処理,および処理水の再利用水質レベルなどに併せて,多数の処理プロセスが組み合わされて構成される.代表的な処理プロセスとしては,SS 処理には凝集沈殿法および砂ろ過法,膜分離法など,また栄養塩類の窒素に対しては生物学的脱窒法など,リンに対しては凝集沈殿法などが採用される.溶存有機物には活性炭吸着法など,溶存無機塩類の除去には逆浸透などが適用される.食品加工排水は汚濁物質の種類・濃度

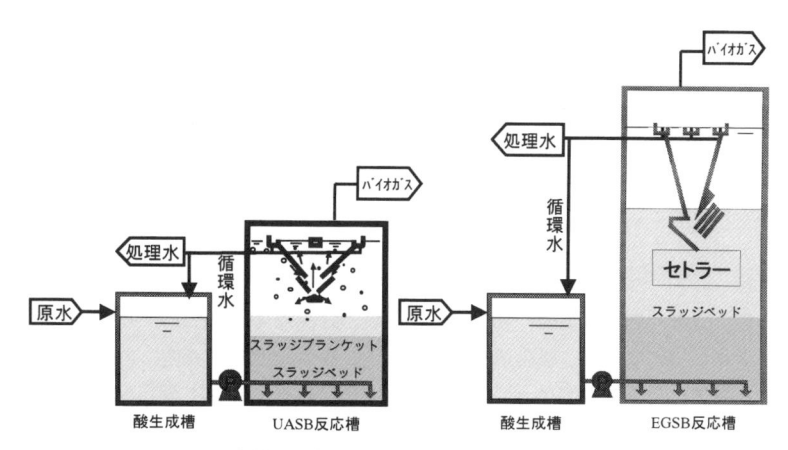

図 9.12 嫌気性処理法の代表例:UASB,および EGSB プロセス

がさまざまで，排水中の形態も溶解，不溶がある．このため排水を一括集水してはじめから処理する方式ではなく，分水集水して高度処理の要・不要を決めて，処理することが必要と考えられる[3]．

4）汚泥処理工程 食品加工排水の処理施設では，処理工程でスクリーンし渣，油分を高濃度に含有した浮上フロス，活性汚泥の余剰汚泥，および凝集沈殿汚泥などが発生する．これらは含水率が高く腐敗性であるため，汚泥処理工程で減量化および安定化を図る必要がある．特に汚泥処理工程の要である脱水機は，目標とする含水率，ろ液の清澄度，処理量やコストの他に，対象汚泥の種類，油分や繊維分の量を考慮して選定する必要がある．なお，脱水後のケーキはそのまま産業廃棄物として処分されるか，もしくは乾燥・焼却されてより安定・減量した状態で処分される．〔佐藤 進〕

文献
1) 曽我和雄 (2002)：好気性/嫌気性複合処理の基本事項．食品工場排水の最新処理ハンドブック（稲森悠平編），pp.62-69, サイエンスフォーム．
2) 栗栖治夫，中野 淳 (1997.5)：食品工場向け排水処理技術について．食品機械装置. pp.89-97.
3) 栗栖治夫 (1993)：食品工場廃水処理. 造水技術ハンドブック，pp.411-419, 造水促進センター．

9.3.3 金属機械加工排水
a. 金属機械加工排水の特徴

金属機械加工工程では，鋳造，鍛造，切削などの機械加工，脱脂，洗浄，化成，防錆，メッキ，塗装などの表面処理が行われており，表9.10に示すような多成分からなる副資材が多数用いられている．鋳造工程における離型剤の主成分はシリコーンオイル，植物油，合成油，界面活性剤などである．鍛造用の離型剤には黒鉛と分散剤が含まれている．水溶性切削油（クーラント）の主成分は界面活性剤，鉱物油，カルボン酸塩などであり，防錆剤や防腐剤が添加されている．油性切削油の主成分は鉱物油，油性剤，アニオン界面活性剤，高級脂肪酸金属石鹸などである．鋳造品の含浸剤としては，有機系ではメタアクリル酸エステルが主成分であり，無機系では水ガラスが使用されている．洗浄剤の成分は，非イオン界面活性剤，酸（硫酸，硝酸，塩酸，リン酸），アルカリ，塩化メチレンなどである．脱脂剤の成分はリン酸ソーダ，硫酸ソーダ，亜硝酸ソーダなどであり，化成剤や表面調整剤にも亜硝酸やリン酸などが含まれているので，これらが金属機械加工工程か

表9.10 金属機械加工工程における副資材と主成分の例[1]

副資材		主成分
鋳造離型剤		シリコーンオイル，植物油，合成油，界面活性剤
鍛造離型剤		黒鉛，分散剤
切削油	水溶性	界面活性剤＋鉱油，カルボン酸塩＋界面活性剤
	油性	アニオン界面活性剤＋高級脂肪酸金属石鹸
脱脂剤		$NaSiO_3$, Na_3PO_4, Na_3CO_3, $NaNO_2$, 活性剤
メッキ液		ピロリン酸銅，ピロリン酸カリウム，アンモニア
塗装	電着下塗	アルコール，水，樹脂・顔料
	電着	塩化エポキシ系樹脂，エポキシポリアミド系樹脂，他
	電着上塗	アルコール，エステル系，樹脂・顔料
含浸剤	無機系	水ガラス
	有機系	メタアクリル酸エステル，アゾ化合物，アクリル酸アルキル，アクリル酸エステル＋エポキシ樹脂
表面洗浄剤		非イオン界面活性剤，硫酸，硝酸，塩酸，リン酸，アルカリなど
表面調整剤		Na, Ti, リン酸
化成剤		リン酸亜鉛，ケイフッ化水素酸，リン酸亜鉛＋リン酸など
焼き入れ油		鉱物油
難燃性作動油		石油系鉱油，界面活性剤，グリコール，ポリエーテル，他

らの窒素およびリンの発生源になる．

鋳造工程で使用される有機含浸剤のCODが高く処理が困難であるうえに，排水処理施設内で硬化によるパイプなどの閉塞をもたらすなどの問題点が知られている．発生源での排出削減対策が必要である．

塗装工程では水性塗料が利用されるようになってから，汚濁負荷が一段と増大した．電着下塗り用塗料はアルコール，樹脂および顔料を水に溶解したもの，電着塗料は塩化エポキシ系樹脂，エポキシポリアミド系樹脂など，さらに上塗り塗料はアルコール，エステル，樹脂および顔料が主成分である．

鍍金工程排水には，銅，亜鉛，クロムなどの重金属だけでなく，シアン，ピロリン酸，グルコン酸ナトリウムなどが高濃度に含まれている．

工作機械には油圧機器が多用されており，作動油の漏れによる火災事故を防ぐために作動油の難燃化が進められ，グリコール系高分子に水を配合した含

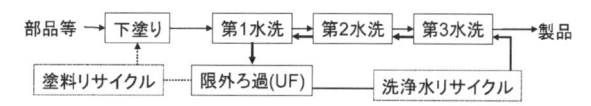

```
部品等 → 下塗り → 第1水洗 → 第2水洗 → 第3水洗 → 製品
         塗料リサイクル   限外ろ過(UF)      洗浄水リサイクル
```

図 9.13 限外ろ過（UF）を導入した塗装工程のクローズド化

水系難燃性作動油が広く用いられている．主成分は，石油系鉱油，界面活性剤，グリコール，ポリエーテルなどであり，水溶性である．金属の焼き入れ油（鉱物油）や皮膜剤も使用されている．

b. 発生源での排出削減対策

金属機械加工で使用された副資材は，①加工された製品に付着した後の洗浄，②飛散や製品以外の部位への付着，③機能低下により新副資材への交換，④シールなどの不完全による漏洩，⑤ホース破損などの突発的事故などによって，工程から排水として排出される場合が多い．まず，プロセスのどこで，どのような原材料・副資材が，どれだけ使用されているかを確認したうえで，どこから，どのような排水が，どれだけ排出されているかを把握する．金属機械加工工程では，処理困難な物質を高濃度に含む多種多様な副資材が使用されており，工程へのインプットとアウトプットを明確にする必要がある．

一般に金属機械加工に用いられる副資材には本来の機能に加えて，耐熱性，低蒸気圧，低腐敗性，低臭気，難燃性などの条件が求められる．このような生産側からの要求は，排水として系外に排出された際に，その処理性を低下させることになる場合が多い．排水として排出されたときの処理性も考慮した副資材の選択が必要である．

代表的な金属表面処理であるメッキ工程では，洗浄排水や老化したメッキ液が排出される．クリーニングやプロセスのクローズド化によってメッキ液の寿命を延ばすなどして排出を削減すべきである．電解，晶析，沈殿，吸着，イオン交換などによる不純物（金属イオン，炭酸塩，有機添加物，クロム酸塩など）の除去によるメッキ液の再生が行われている[2]．難燃性作動油，水溶性切削油（クーラント），化成剤などの排出削減とこれらを含む排水の処理に対する注意が必要である．

金属機械加工工程では，節水も大きな課題である．水洗が必要な塗装工程では，洗浄水の多段利用や限外ろ過膜（UF）などの導入による塗料と洗浄水のリサイクルシステムが利用されている（図9.13）．発生源での排出削減対策を表9.11にまとめて示した．

c. 排水処理方式の選択

金属機械加工工程から排出される排水の組成は，副資材およびそれらが使用過程で熱などによる劣化や反応によって変性したものが中心であり，水や他の副資材あるいは加工工程から発生した金属粉や原料などに付着して持ち込まれた汚染物質と混合したものである．事業場によって加工工程が千差万別であり，また同じ加工工程でも組成の異なる副資材が利用されていることもある．さらに各工程から発生する排水を個別に回収し処理を行っている事業場は少ないと考えられ，発生する排水は各工程での排水が混合した状態にあると予想される．

各工程排水は，まず重力分離によって浮上する油分と沈殿する固形分に分離する．さらに浮遊している懸濁物質あるいはエマルジョン化した油分は加圧浮上分離によって除去する．溶解性汚濁物質を除去するためには活性汚泥や接触酸化などの生物処理が行われる．残留する懸濁物質を除去し処理水の透明度を向上する目的で砂ろ過が利用される．生物処理で除去されなかった溶解性有機汚濁物質（COD成分）を除去し排出基準に適合する目的で活性炭吸着が行われることもある．

窒素およびリンがBOD成分と共存している場合には，好気嫌気くり返し活性汚泥法による処理を利用できる．リンが単独で存在する場合にはアルミ系や鉄系の凝集剤の利用による除去が可能である．硝

表 9.11 金属機械加工排水の主な処理方式と発生源での改善[3]

発生源	発生源での排出削減対策	主な処理方式
鋳造	噴霧時の飛散抑制，洗浄水の分別回収	凝集加圧浮上＋接触酸化＋砂ろ過＋活性炭
鍛造	噴霧時の飛散抑制，洗浄水の分別回収	pH調整＋凝集沈殿＋ろ過＋イオン交換
機械加工	クーラント長寿命化，分別回収，洗浄方法改善	凝集沈殿・加圧浮上＋生物処理＋活性炭
表面処理	分別回収・再利用，洗浄方法改善	油水分離＋凝集加圧浮上＋生物処理＋ろ過
塗装	塗料の回収再利用，最適凝集剤の導入	自然浮上＋凝集加圧浮上＋生物処理＋ろ過＋活性炭
油圧機器	作動油漏洩防止，分別回収処理	凝集加圧浮上＋生物処理＋砂ろ過＋活性炭

酸が単独で存在する場合には陰イオン交換の利用が考えられるが，他の陰イオンと共存する場合には効率が悪い．アンモニアは塩素による酸化（不連続点塩素処理）やアルカリ添加と水蒸気の吹き込みによる放散処理（アンモニア・ストリッピング）が選択肢になろう．

難生物分解性COD成分の除去には活性炭吸着が一般に利用されるが，分子量が大きいCOD成分に対しては吸着速度が遅くなるので見かけ上吸着容量が小さくなり，活性炭吸着塔の破過が起こりやすくなる．金属機械加工排水の代表的排水処理プロセス構成は，油水分離→凝集加圧浮上→生物処理→砂ろ過などであり，必要に応じて活性炭吸着や窒素・リン除去が追加される．代表的な処理プロセスの構成を表9.11にまとめて示した．　　　〔藤江幸一〕

文　献
1) 後藤尚弘，胡　洪営，藤江幸一（2000）：産業排水の削減対策と最適処理．用水と廃水，45（10）：870-875.
2) 森河　務，横井昌幸（1996）：めっきのクローズドシステム化技術．クリーン関西，80：11.
3) 環境省水環境部閉鎖性海域対策室監修（2002）：小規模事業場排水処理対策全科，第10章，pp.247-267，環境コミュニケーションズ．

9.3.4 化学工業排水
a. 概　論

水質防止汚濁法で一律排水基準が適用される工場・事業所数は，2002（平成14）年度で化学工業1286，石油製品・石炭製品製造業82，プラスチック製品製造業107，ゴム製品製造業135，これらの合計1610となっている．このうち，排水量50 m^3/日以上で有害物質排出のおそれがない工場・事業所数777（48％），排水量50 m^3/日以上で有害物質排出のおそれがある工場・事業所数557（35％），排水量50 m^3/日以下で有害物質排出のおそれがある工場・事業所数276（17％）となっており，排水量の多少を問わず半数以上の工場・事業所で有害物質を含む排水を排出している可能性がある．また，化学工業は無機，有機，高分子など広範な分野を含み，取り扱っている化学薬品，生成される化学物質の種類も膨大である．これに伴って，化学工場から排出される排水も，油分，無機塩類，pH，有機物など多種多様な汚濁成分を含んでいる．

b. 排出源対策

規模の大小や製品の種類にかかわらず，工場外への汚濁物質の排出を削減するうえで，排出源対策が最も有効であり，最初に取り組まねばならない課題である．化学工場における排出源対策の例を以下に示す．

1）排水の発生状況の把握　排水や廃棄物などの発生状況を定量的に把握することが必要である．これと並行して，各工程で必要とされる水の用途とその要求水質を適正に評価する．工程内で処理水をリサイクルするためには，各工程で必要とされる水質を満たすための処理を工程内に組み込む必要がある．要求水質を適正に把握することにより，過剰設備の無駄を省くことができる．工程水をリサイクルすることにより，排水量の削減や最終的な排水の処理が容易となることが期待される．

2）単位操作の改良　汚濁物質の排出を削減するために各工程で使われている操作を改良する．たとえば，減圧蒸留などに利用される大気脚では，揮発成分が溶解したバロメトリックコンデンサー水が排水となる．真空ポンプを使用することが可能であれば，バロメトリックコンデンサー排水そのものを削減できる．また，回分式操作における洗浄方法の見直しや，配管やポンプ軸封からの漏れの防止などの工程管理の強化により汚濁物質の発生を削減できる．

3）工程内処理　各工程で排出される排水，たとえば，酸・アルカリ排水，金属含有排水，含油排水，有機系排水（生物易分解性と難分解性），有機溶剤系廃液などの組成や特性は比較的単純な場合が多い．それぞれの排水を個別に処理することは比較的容易であると考えられるが，これらの混合排水は処理が困難となる．工程排水をリサイクルする場合でも，混合排水といったエントロピーの高い状態からエントロピーの低いリサイクル水を製造するよりも，エントロピーのより低い工程排水からリサイクル水を製造するほうが効率的である．各工程排水をその工程内で処理するためには，排水を工程ごとに分別するほかに，排水に含まれる主汚濁物質のほか，工程内水処理に妨害となる可能性のある物質の有無を確認する必要がある．

4）プロセスの転換　廃棄物の視点でプロセスを見直すと，多くの改良点が現れてくる場合が多い．廃棄物問題解決のためのアプローチが，経済的にも資源・環境的にも有利な新しいプロセスを開発する契機となる．たとえば，ナイロン原料のカプロラクタムの製造では硫安が副成し，その原単位は1.6～4 t-硫安/t-製品程度である．最近，新しい触媒の開

発により硫安を副成しないカプロラクタムの合成法が開発された．プロセスの転換は，プロセス全体から各工程に至るまで大小さまざまな規模で可能である．たとえば，反応装置内の生成物濃度を2倍に増加できれば，半分の溶媒量で従来と同じ生産量を達成できる．

このように，既設のプラントであっても，発生源の調査，排出抑制を通して排水を削減することが最も有効な排水処理方策である．

 c. 処理の選択肢

1) 油分・懸濁物質の処理 単独では沈降あるいは浮上速度が小さく，そのままでは分離できない油分，懸濁物質を分離する方法として，凝集沈殿，凝集加圧浮上，砂ろ過，膜分離などがある．凝集沈殿，凝集加圧浮上ともに凝集剤の選定が重要である．排水処理を目的とした場合の凝集用緩速攪拌槽の運転条件として，攪拌の程度を表す速度勾配値（G値）は80/s程度の値が広く用いられている．また，凝集操作によって可溶性高分子物質の部分的な除去も期待できる．

①凝集沈殿処理：沈殿槽の運転指標として水面積負荷（＝処理水量／沈降面積）がある．経験的に，活性汚泥や含油排水では0.7 m/h，石灰反応系排水では1.0 m/h，重金属排水では0.7〜0.8 m/h程度が標準とされている．なお，沈殿したスラッジの重量や粘性によって掻き寄せレーキのトルクを考慮する必要がある．

②凝集加圧浮上：一般に沈降しにくい懸濁物質や油分を含んだ排水の処理に適しており，無機性排水の処理に用いられている場合が多い．加圧浮上はスラッジの浮上速度を沈降速度の10倍くらい大きくできるため，滞留時間は短く，装置もコンパクトになる．しかし，処理水質，安定性ともに凝集沈殿に比べてやや劣る．このため，高度処理を目的とした場合には，凝集加圧浮上の後にろ過を付加する必要がある．標準的な操作条件として，加圧水に空気を溶解させる場合の圧力は3〜5気圧，気固比は0.06〜0.07 kg-air/kg-solidの値をとることが多い．含油排水を対象とした場合の水面積負荷は5〜6 m/h，気固比は0.03〜0.06程度である．

2) 有機物処理 化学工業で排出される有機性汚濁物質は，生物分解性の難易によってその処理方法が異なる．生物分解性の難易は，TOCに対するBOD比，CODに対するBOD比，あるいは有機物を完全に酸化するのに必要な理論酸素要求量ThODに対するBOD比などによって評価される．大まかな目安として，BOD/TOC > 1.5，BOD/ThOD > 0.6なら生物処理が十分に適用できる（図9.3参照）．濃度が比較的濃厚な場合には焼却処理が可能である．濃度が低く焼却処理ができない場合，化学的酸化あるいは湿式酸化などにより汚濁物質を低分子化・易分解化してから生物処理を行うことが考えられる．分子量が数千から数万の可溶性有機物はナノろ過膜あるいは分画分子量が小さい限外ろ過膜により分離することは可能である．しかし，排水処理を対象とした場合には，ファウリングが激しいと予想されるため膜分離法の適用は困難であろう．

①生物処理：活性汚泥法や生物膜法により生物易分解性有機物を処理できる．また，比較的難分解性の物質であっても馴養により，あるいは，人為的に特定微生物群を集積することにより生物処理が可能となる．生物処理の利点としては，比較的多様な有機汚濁物質に対応できることが挙げられる．しかし，化学工場排水は有機物の組成が比較的単純であることが多く，栄養塩類や無機塩類が不足することがある．このような場合，窒素やリン以外にカルシウムやマグネシウム，鉄塩などを添加する必要がある．また，微生物の増殖に阻害を与える重金属類や有機物が存在すると生物処理そのものが不可能となるので，あらかじめ除去するか，別の処理方法を採用する必要がある．なお，生物学的窒素除去を行う場合にはチオ尿素などの硝化反応阻害剤の有無を確認しておく必要がある．排水中に有機塩素系化合物や農薬系化合物などが含まれる場合，活性炭添加活性汚泥法が適用される場合がある．活性炭添加活性汚泥法では，有機塩素系化合物や農薬系化合物などが活性炭に吸着保持されるとともに，生物分解によってこれが除去される．

②活性炭処理：色度や低分子量難分解性有機汚濁物質を対象とした高度処理として従来用いられている．分子量1500程度以下の非極性溶解性物質が処理対象となる．しかし，活性炭の使用は一般に処理コストの増加をもたらすので，活性炭への負荷をできるだけ低減できる処理プロセスの構築が望ましい．

③酸化処理：分子量が数千から数万の生物難分解性有機物が最も処理が困難な物質であり，POPsやPAHsなどに分類される有機物を含む．これらの有機物を分解する方法として，化学的酸化法，水熱処理法，紫外線照射法などが挙げられる．各種酸化剤

としては，フッ素（標準酸化還元電位 = 2.87 V），OH ラジカル（2.80 V），オゾン（2.07 V），過酸化水素（1.77 V），次亜塩素酸（1.49 V），塩素（1.36 V）などがある．しかし，急激な酸化反応では，これによって逆に難分解性の物質が非意図的に生成する可能性がある．たとえば，膜分離活性汚泥法における膜洗浄に次亜塩素酸を用いた場合にはクロロホルムの生成が認められている．また，これらの酸化剤単独ではなく，オゾンと紫外線，過酸化水素とオゾン，鉄粉を用いたフェントン酸化，二酸化チタンと紫外線などの促進酸化処理も検討されている．しかし，過度の酸化は処理困難物質の非意図的生成を招きかねないので，酸化処理によって有機物を易分解化するのか，完全に無機化するのか，その目的を明確にする必要がある．

d. 処理法の選択

排出源対策でも述べたように，各工程から排出される排水をできるだけ混ぜないように，また，高濃度と低濃度に分別して収集する必要がある．なお，金属であれば ICP 発光分析などの元素分析，有機物質であれば分子量分布や質量分析などにより，汚濁成分を分析すれば，処理方法をあらかじめ絞り込むことも可能であろう（図 9.2 参照）．

1）有害重金属含有排水 有害重金属が含まれる場合には，まずこれを除去する必要がある．アルカリ沈殿，硫化物法，置換法，イオン交換などは対象となる重金属の種類や妨害物質が比較的はっきりしているので，排水の組成を明らかにすれば処理方法を絞り込むことができる．

2）凝集性試験 排水に有害重金属が含まれない場合には，凝集沈殿あるいは凝集加圧浮上による処理が可能であるかをまず判定する．対象となる排水の組成や性状によって適する凝集剤も異なるので，凝集剤の種類を広範に検討する必要がある．凝集性の試験は通常ジャーテスターによって行われるが，濁度だけでなく溶解性残留物質濃度やスラッジの脱水性を含めた評価が必要である．

3）生物分解性試験 BOD，TOC などの測定により生物分解性の難易を評価する．この場合，汚泥が排水に対して十分に馴養されているか，栄養塩類は不足していないか，毒性物質や増殖阻害物質が共存していないかを確認しておく必要がある．生物処理後に，難分解性有機物が残留して目的とする処理水質を満足できない場合には，活性炭吸着による高度処理の可能性，促進酸化法による低分子化・易分解化の可能性を評価する．

4）吸着性試験 活性炭種を変えて，吸着容量，速度を評価する．吸着性が低ければ酸化法による低分子化・易分解化の可能性を評価し，吸着性の可能性を再評価する．

5）酸化試験 化学的酸化，水熱処理などの処理を行い，無機化率，生物分解性向上率，吸着性向上率を評価する．化学的酸化処理では，薬品使用量，スラッジ発生量についても確認する．水熱処理では触媒の有無，温度や圧力など操作条件を確認する．なお，酸化処理に伴い非意図的な生産物が副成しているかどうかを変異原性試験などによって確認する必要があろう．

以上の試験に基づいて，汚濁物質を効率よく除去できる処理方法を選択し，フィージビリティスタディを通して最終的に処理プロセスを選定する．

〔山際和明〕

9.3.5 繊維・染色排水

a. 染色プロセス

図 9.14 に綿織物の染色加工工程の例を示す．染色プロセスは，繊維の違い，先染め（繊維・糸の染色），後染め（織布の染色）の違いなどによって異

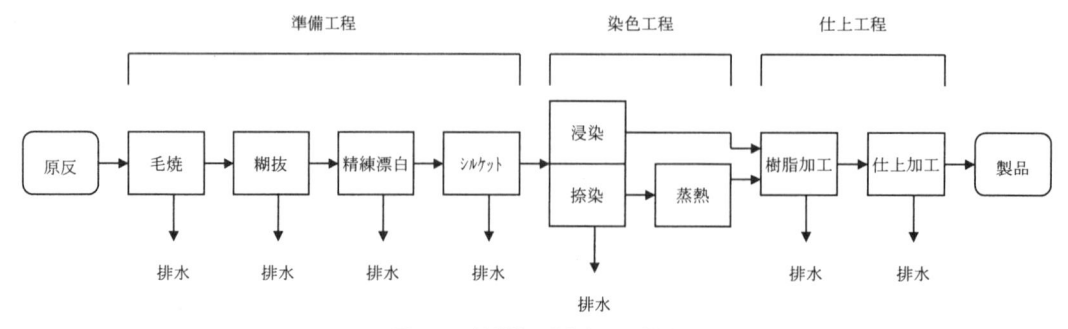

図 9.14 綿織物の染色加工工程例

なってくるが，おおよそは，この図で示されるように，準備工程（糊抜，精練，シルケットなど），染色工程（浸染，捺染），仕上工程（樹脂加工，風合加工など）によって構成される．

b. 各工程からの汚濁負荷の排出

1）糊抜工程　糊抜工程は，織布に付着している糊剤をとる工程であり，界面活性剤，糊抜剤が用いられる．糊剤（デンプン，ポリビニルアルコール（PVA），カルボキシメチルセルロース（CMC）など）が排出するため，最大のCOD発生プロセスとなる．

2）精練工程　精練工程では，精練剤（アルカリ）と界面活性剤が用いられる．天然繊維の場合，元の繊維に含まれている油脂その他の夾雑物がアルカリとともに排出することになる．アルカリの濃度は繊維によって異なる．

3）漂白工程　漂白剤（次亜塩素酸ナトリウム，過酸化水素など）と界面活性剤が用いられる．排水のpHは漂白剤により異なる．

4）染色工程（浸染）　繊維全体に同じ色を染める工程で，大量に水を利用するため，各種省水型装置が考案されている．界面活性剤，染料溶解剤による汚染と染料による色の問題があるがCOD負荷としてはあまり高くない．

5）染色工程（捺染）　糊剤を用いるため，それが排水のCOD源となる．特にエマルジョン糊の白灯油は難分解性である．また，乾燥防止のための助剤として大量の尿素が用いられ，これが染色プロセスにおける窒素排出の主要因となっている．

6）仕上加工　仕上加工には，樹脂加工のほか，柔軟加工，風合改善加工，防水加工，防虫加工，防汚加工，帯電防止加工などがあり，用いられる薬剤も多様である．ただし，用いられる水の量は，他の工程に比べると多くない．

c. 排水の性状

染色排水は，各種の染料，界面活性剤，染色助剤など多種類の薬剤が含まれ，その中には生物分解性の低いものが多く含まれるため，処理困難な排水とされている．排水性状も薬剤や繊維の種類によって異なってくるので，処理方法，条件の決定は慎重に行う必要がある．最大のCOD源は，糊抜工程，捺染工程で排出される糊剤であるが，糊剤によって生物分解性が異なり（デンプンは生物処理できるがPVAなどの合成糊剤は生物処理が難しい），それに応じて適切な処理方法を選択しなければならない．

d. 負荷削減

染色加工工程では多くの薬剤を使用し，それがほとんどそのまま排水に排出される．薬剤の選択（生物分解性，窒素・リンの含有量などに留意し，環境負荷が小さい，あるいは排水処理の容易な薬剤を利用する），用水の節約（水洗方式の選択，使用水量の管理），設備プロセスの改善（省水型染色槽，インクジェットプリントなどの採用）といった負荷削減策が有効であると考えられる．

e. 排水処理プロセス

排水処理方法としては生物処理法，凝集沈殿法および活性炭吸着法などがあり，単独あるいはこれらの組み合わせにより行われる．生物処理と物理化学処理を直列に配したり，工程別に異なる処理法が適用されたりする．

BODが200 mg/l以下の場合には，生物処理を行わず，凝集沈殿処理を主とするケースも採用されているようである．凝集沈殿では，分散染料や仕上剤のCOD除去は期待できるが，染色助剤，洗浄剤，繊維溶出分のCODに関しては除去率は低いとされている．

生物処理に際しては，pH調整，前曝気などにより，硫化物，フェノールなど生物に影響を与える物質を除去しなければならないこともある．

排水水質に適した排水処理の組み合わせにより，COD，SS，油分の70～90％以上の除去が期待でき，リン除去，脱色についてもある程度まで可能であるとされている．

〔川西琢也〕

9.3.6 パルプ・製紙排水

a. パルプ・製紙排水の現況

2002年度の国内のパルプ・紙の生産量は，約3100万tであり，その製造に伴い多量の排水が発生している．紙1tを製造するのに要する水の量すなわち用水原単位を表9.12に示す．用排水原単位は年々減少しており，また排出水に対する古紙回収率は60％近くに向上している．さらに規制強化に伴い，排水処理は，年々難しい対応が迫られ，多岐にわたった処理方法が用いられている．

b. 排水の特徴

紙パルプ工場の排水は，製造する紙パルプの種類およびパルプ製造排水か，板紙排水かによって大きく異なる．紙パルプ品種別汚濁負荷量を表9.13および表9.14に示す．

排水処理で主に問題になる水質項目は，パルプ系

表9.12 紙パルプ産業の用水原単位[1]

	単位	1975年	1988年	1997年	2001年
淡水補給量	1000 m³/日	9727.1	8844.4	8436.9	8039.0
	百万 m³/年	3550.4	3228.2	3079.5	2934.2
紙・板紙生産量	1000 t/年	15601	24624	29888	30903
用水原単位	m³/t	227.6	131.1	103.0	94.9
用水原単位比率	1975年=100	100	57.6	45.3	41.7

表9.13 紙パルプ品種別汚濁負荷[2]

	用水原単位 (m³/t)	汚濁負荷量 (kg/パルプt) COD
GP, RGP, TMP	30〜81 (50)	20〜31 (25)
DSP	280〜600 (460)	100〜165 (125)
UKP	35〜110 (60)	10〜28 (13)
BKP	80〜220 (140)	30〜60 (43)
SCP, CGP	42〜52 (50)	40〜50 (42)
DIP	45〜200 (95)	30〜56 (36)
離解古紙	20〜115 (60)	7〜20 (12)
新聞用紙	(30)	(12)
洋紙	34〜360 (95)	2〜15 (6)
板紙	41〜100 (50)	5〜13 (7)

注）（ ）の値は，代表値を示す．

表9.14 紙，板別汚濁負荷[3]

	汚濁負荷 (kg/紙, 板紙t)				
	COD	BOD	SS	全リン	全窒素
紙	8.9	3.6	3.4	0.051	0.291
板紙	2.1	0.7	0.5	0.006	0.093

ではCOD，BODと色度，板紙系および抄紙系ではSSである．

そのため，排水処理では凝集処理（沈殿または加圧浮上）および生物処理が広く実施されている．処理目標が厳しい場合は，ろ過および活性炭吸着処理が行われることもある．

c. 排水処理方法

排水性状および処理目標にあった適正な処理技術を組み合わせることで効率的な処理を行うことができる．

古紙排水に対して，凝集加圧浮上，生物処理，凝集沈殿処理，二層ろ過，活性炭吸着処理を導入した処理例を図9.15に示す．

1）凝集処理 凝集処理は，SSの大部分および有機物（BOD，COD）成分の一部を除去できる．有機物が多い排水の場合，凝集処理単独では目標を達成しない．これは凝集処理が分子量が1000程度以下の低いものに対して除去効果が得られないためである．その場合は生物処理が必要になる．

凝集処理は，排水にあった適正な凝集剤と処理装置を用いる必要がある．

凝集剤は，適正な無機凝集剤を，最適なpH（酸，アルカリ添加）で，またその条件にあった適正な高分子凝集剤を使用することで効果的な処理が行える．

KP総合排水，DIP排水および抄紙排水の凝集処理例を表9.15に示す．

無機凝集剤は，一般には硫酸アルミニウム（バン土ともいう）が用いられるが，臭気が問題になる場合は，塩化第二鉄など鉄塩が用いられる．これは鉄と臭気成分が反応して固定化する作用があるためである．また，表9.15にも示したが，無機凝集剤の一部代替として有機凝結剤を用いる方法も有効である．無機凝集剤を多量に使用すると，中和用のアルカリ剤が多く必要になり，硫酸イオンなどの腐食性イオンの増加，金属水酸化物生成による汚泥発生量の増加が問題になる．有機凝結剤は，無機凝集剤に比較して荷電中和能力が優れるため無機凝集剤の1/30程度の少ない添加量で効果を示し，それらの問題を低減して安定処理とコスト低減を図ることができる．

高分子凝集剤は，アクリルアミド系のノニオン〜アニオン性のものが用いられる．処理pHが低い（pH 6以下）場合にはノニオン性が，pHが中性付近ではアニオン性が有効である．アニオンの成分として，一般にはカルボキシル基が用いられ，またスルホン基を導入したものは処理pHが幅広く安定した凝集効果を示すことが知られている．

2）凝集剤注入量制御システム 排水性状は刻々変化するため，その性状の変化に伴って凝集剤（特に無機凝集剤）の適正注入量は変化する．注入量を制御することは，安定処理および汚泥発生量低減，コスト低減に重要である．

処理水のSSを連続測定して無機凝集剤の注入量

9.3 産業排水の処理プロセス設計と運転

```
       排水 → 凝集加圧 → 活性 → 凝集 → 砂ろ過 → 活性炭 → 放流
              浮上      汚泥    沈殿            吸着
 (mg/l)
COD   400 →          250 → 80 → 55 → 40 → 15
BOD   550 →          380 → 30 → 20 → 10 → 5
SS    900 →          100 → 50 → 30 → 15 → 5
```

図 9.15　各種処理と処理水水質

表 9.15　凝集処理の実施例

	排水性状 (mg/l)			凝集剤・添加量 (mg/l)				処理水 (mg/l)			
	COD	BOD	SS	バン土	有機凝結剤	アルカリ	ポリマー	pH	COD	BOD	SS
KP排水	840	470	150	4000	—	NaOH	弱アニオン・2	5.5	600	340	20
DIP排水	300	—	1500	1000	—	消石灰	中アニオン・2	6.5	170	—	20
	300	—	1500	500	4	—	中アニオン・2	6.5	180	—	15
抄紙排水	90	—	1000	200	—	—	中アニオン・1	6.3	80	—	20
	90	—	1000	100	1	—	強アニオン・1	6.5	80	—	20

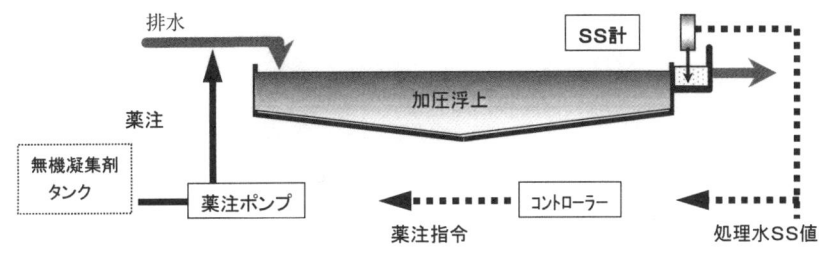

<実施例>

		従来処理	クリフィーダーOS処理時	削減率
PAC	mg/l	400	280	30%
苛性ソーダ	mg/l	40	30	25%
アニオンポリマー	mg/l	2	2.5	25%

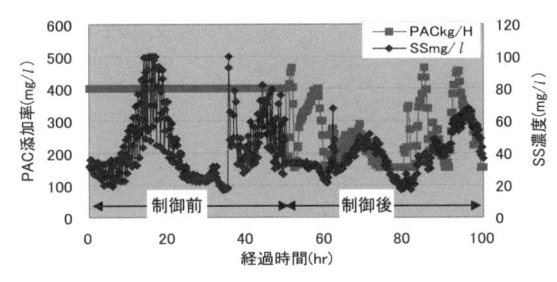

図 9.16　無機凝集剤添加量制御システムの実施例

を制御した例を図 9.16 に示す.

3) 凝集処理装置　凝集処理装置としては，凝集沈殿装置および加圧浮上装置が利用される．加圧浮上装置は，SS 中の灰分が少ない排水や発生スラッジを紙の原料として回収する場合（比重が小さい）に多く用いられる．

4) 生物処理　一般的に活性汚泥法が用いられるが，接触酸化法や散水ろ床なども適用される．活性汚泥法は適用範囲が広く，BOD 負荷は通常容積負荷で 0.5～1.0 kgBOD/m³·日，汚泥負荷で 0.2～0.4 kgBOD/kgMLVSS·日が目安とされている．BOD 除去率は通常 90～95% 以上が得られる．

最近は，設置面積が少なく，維持管理が容易な流動床生物膜処理装置も検討されている．代表的な流動床生物膜処理装置の例を図 9.17 に示す．

5) 汚泥処理　排水処理を行った結果，水中の汚濁物質は汚泥として分離・排出される．この汚泥が確実に処理されてはじめて排水処理全体が機能し

291

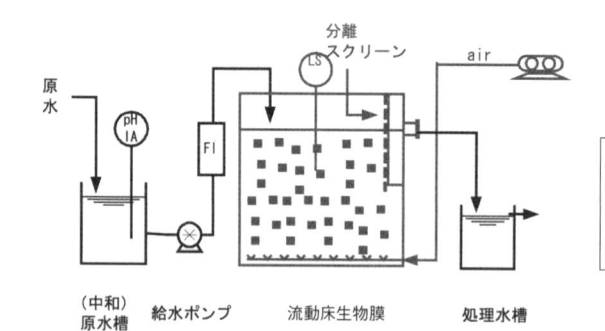

図 9.17　製紙排水の処理に利用される好気性生物膜流動床の例

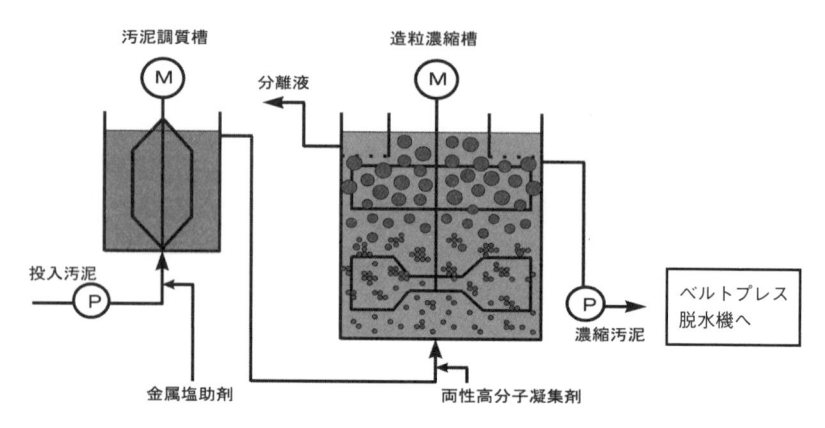

製紙排水への適用例
排水　　COD 400～500 mg/l，BOD 500 mg/l
滞留時間　3～4 h
処理水　COD 100～180 mg/l，BOD 50～90 mg/l

図 9.18　造粒濃縮法の処理フロー

表 9.16　塗工排水の造粒濃縮脱水結果

薬剤	装置	排水性状	処理水性状	脱水効果
液体バン土＋ アニオン＋両性	造粒濃縮＋ ベルトプレス	SS　0.5～5% COD　4000 mg/l	SS　< 100 mg/l COD < 100 mg/l	処理量 350 kg-ds/m·h 含水率　50%

たといえる．排水処理は凝集沈殿などの物理化学的処理と活性汚泥処理などの生物処理に大別され，発生する汚泥もこの2種類に区分される．紙パルプ汚泥の場合，汚泥性状として有機物濃度（VSS，対SSで表示）および繊維分（100メッシュONの有機物含有量，対SSで表示）を測定すると脱水後の汚泥含水率をある程度予想できる．脱水処理は，汚泥性状に適した脱水剤を用いてきちんと調質した後，それにあった脱水機を適用することが重要である．

脱水剤は，凝集汚泥の場合はアニオン・ノニオン性の高分子凝集剤が，生物処理汚泥の場合はカチオン性高分子凝集剤が有効である．また最近は，一つの分子中にカチオン性とアニオン性の両方をもつ両性高分子凝集剤も使用されている．

脱水機は，紙パルプ汚泥の場合，汚泥中に繊維分を含むことと低含水率が得られるロータリースクリーン＋スクリュープレス脱水機が多く用いられている．

処理が難しい濃厚な塗工紙廃液（汚泥）を無機凝集剤と両性高分子凝集剤で調質して，造粒濃縮＋ベルトプレス脱水で効果的に処理した例を図9.18に示す．

まとめ

紙パルプ工場からは，製造品目によってさまざまな排水が発生するが，基本的には凝集処理と生物処理が用いられる．用水原単位は年々減少しているがまだ多量の排水が発生するため，いかに効率的で安

定した処理を行うか，また汚泥発生量の低減など後工程まで考えた処理が必要である．そのためには，薬剤，装置，システムを含めた総合的な取り組みが重要である．
〔渡辺 実〕

文 献
1) 岩崎 誠（2001）：漂白排水のクローズド化の現状と可能性．紙パルプ技協紙，**55**(8)：17 および経済産業省調査統計部「工業統計表（平成 13 年）」平成 15 年 5 月刊行資料．
2) 日本製紙連合会　1997 年アンケート調査結果．
3) 日本製紙連合会　1999 年アンケート調査結果．

9.3.7　電子産業排水
a. 排水処理システムの基本的考え方
半導体製造や液晶ディスプレイ製造などの電子産業での水利用は，工業用水を純水あるいは超純水とし，これらの純水を薬品類の濃度調整用に添加して各種製造工程で利用することと，その後の製品を純水で洗浄することが主となっている．したがって，各種工程から排出される排水は純水中に特定の薬品類（単一物質である場合もある）が含まれたものであり，更新廃液であれば純水中に薬品類は高濃度で含有され，洗浄排水であれば薬品類は低濃度で含有されていることとなる．電子産業の排水処理システムを構築するうえで重要な点は，これらの排水を工程ごとに濃度に応じて分別収集することであり，有機系と酸系あるいは濃厚系と希薄系などに分けて原則的に並列で排水処理を行ったほうが合理的となる．また，その際に希薄排水の回収再利用と薬品類の回収を念頭に置くことも重要である．

b. 各工程からの排出される排水の特性
ウェハや基板のエッチング・現像・剥離など，表面加工や洗浄を行うウエットプロセスから各種排水が排出される．

ウエットプロセスの中で代表的な有機系の排水は現像排水と剥離排水である．いずれも基盤製造工程においてレジストを溶解したときに出る排水であるが，現像液としては有機アルカリとして TMAH (tetra methyl ammonium hydrooxide) を使用する場合が多く，剥離液としては DMSO (dimethyl sulfoxide) などが使用されている．また，その他の工程で有機物としてイソプロピルアルコール（IPA）や酢酸などが使用されている．IPA や酢酸は微生物分解性のよい物質であり，TMAH や DMSO は難分解性物質といえる．これらが別の工程から排出され，洗浄排水であれば含有物質濃度の低い排水が多量に，更新廃液の場合は濃厚な廃液が少量排出される．

無機排水としてはエッチングで使用されるフッ酸や硝酸，アンモニアが排水中に含まれることとなる．これらも洗浄排水か更新廃液かにより濃度が大きく異なる．

c. 各工程からの排水の分別と統合
1）TMAH 含有現像排水　　更新廃液として現像装置から排出される現像廃液は，電気透析法により現像廃液からフォトレジスト成分を分離し有価物である TMAH を濃縮回収することができる．電気透析法による TMAH 回収装置の模式図を図 9.19 に示す[1]．この濃縮回収液には，フォトレジスト残渣，Na などの金属イオン，微粒子などの不純物が少量含まれているため，イオン交換樹脂とマイクロフィルターから構成されている精製ユニットで高純度に精製を行った後，薬品として再利用する．電気透析法による TMAH の回収は TMAH が TMA^+ と OH^- のイオンに解離していることによる．すなわち，正の電荷をもつ TMA^+ イオンは陰極に引かれて陽イオン交換膜を通過することができるが，電気的な反発に遭うため陰イオン交換膜は通過できない．また，逆に負の電荷をもつ OH^- イオンは陽極に引かれて陰イオン交換膜を通過するが，陽イオン交換膜は通過することができない．その結果として TMAH は濃縮セル中を流れる回収液に濃縮回収される．一方，廃液中に存在する不純物であるフォトレジストは，低電荷で高分子物質であるためにイオン交換膜（陽イオン交換膜および陰イオン交換膜）を容易には通過できず脱塩液（脱塩セル）中にとどまる．したがって，回収液（濃縮セル）へのフォトレジストの移動はほとんどなく，TMAH を選択的に濃縮回収することが可能となる．

現像工程の洗浄排水中には難分解性の TMAH が低濃度で含有されており，これらの排水は SRT を長くとれる生物処理装置により分解処理する．この際に電気透析装置の脱塩セル中に少量残存する TMAH も混合して処理を行うことが可能となる．

2）DMSO 含有剥離排水　　更新廃液として剥離装置から排出される剥離廃液は，薬品業者により回収再利用されている．一方，洗浄排水中には難分解性の DMSO が低濃度で含まれるが，DMSO を嫌気性雰囲気下で微生物と共存させると還元を受け悪臭物質である硫化ジメチルとなるため，この対策が必

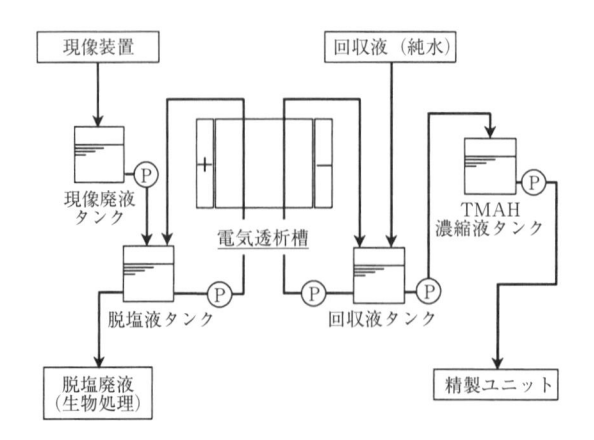

図 9.19 電気透析法による TMAH 回収装置

要となる．DMSO 含有排水の処理法としては，OH ラジカルと DMSO を反応させることにより DMSO をメタンスルホン酸とメタノールに分解した後に生物処理を行う方法[2]，DMSO が硫化ジメチルに還元しないように好気性雰囲気と pH を制御して生物処理する方法[3] などが実用化されている．

3) 易分解性有機物含有排水　IPA や酢酸を低濃度で含む洗浄排水は上記の難分解性物質とは分けて，高負荷型の生物処理により処理されている．2) 項で記載した DMSO を OH ラジカルと反応させた後の排水は，この処理工程で混合処理する．また，これらの易分解性有機物を高濃度に含む更新廃液は，後述の窒素除去システムでの水素供与体として有効利用も可能である．

4) 窒素含有排水　アンモニア性窒素や硝酸性窒素を含む無機性排水が排出されるが，これらは主として生物学的脱窒法で処理される．無機性排水であるため下水処理などで多く採用されている前段脱窒のフローとは異なり，硝化・脱窒・酸化のフローが採用されることとなる．脱窒工程で水素供与体の添加が必要であるが，上述のように IPA 濃厚廃液などを水素供与体として有効利用し，不足する場合はメタノールを添加する．

5) フッ素含有排水　排水中に含有されるフッ素を高純度のフッ化カルシウムとして回収し，フッ酸製造原料として再利用するとともに，良好な処理水を得ることができるフッ化カルシウム晶析法が実装置化されている[4]．フッ化カルシウム晶析法の詳細についてはここでは割愛するが，フッ酸メーカーからフッ酸を購入して製造プロセスで使用し，その排水からフッ酸の原料であるフッ化カルシウムを生

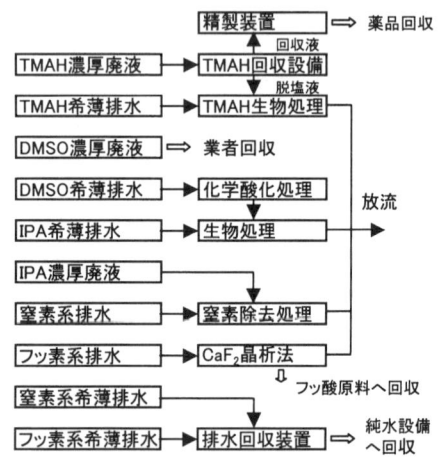

図 9.20 電子産業工場排水処理フロー例

成し，それをフッ酸メーカーが原料として回収するサイクルが成立している．

d. 処理システム例

電子産業工場から排出される排水の種類は多く，上述したものはその一部であるが，一例として図 9.20 のようなフローで排水処理システムが構成される．電子産業では新しい工場が多いため工程ごとに排水を分別することが可能となる．その結果として，分別した排水の分解特性によって分割・統合し排水処理を行うとともに，希薄系排水は回収再利用し，薬品類も回収することが可能となっている．

〔明賀春樹〕

文　献
1) 川端雅博, 菅原　広 (2002)：半導体・液晶工場の現像廃液リサイクル技術. 工業材料, **50**：59-63.
2) 浅野英之 (1995)：ジメチルスルホキシド含有排水処理

における一考察．第29回日本水環境学会年会講演集，p.190.
3) 村谷利明（1999）：有機排水（DMSO含有排水）のバイオサイクルシステム．シャープ技報，**73**：20-25.
4) 明賀春樹（2001）：環境分野における晶析プロセスの展開，晶析工学・晶析プロセスの進展，pp.47-52，化学工業社．

9.3.8 電力・ボイラー関係排水
a．発電所排水
発電所では，図9.21に示すようにボイラーまたは蒸気発生器（SG器と略す）で発生した蒸気を用いタービン発電機を回し発電を行っている．発生した高温高圧の蒸気は復水器で海水で冷却され再利用される．復水器の海水漏洩などで腐食促進物質であるナトリウムイオンや塩化物イオンのようなイオン不純物がボイラーやSG器内に持ち込まれることを防ぐために，イオン交換樹脂を充填した復水脱塩装置（以後，コンデミと略す）が設置されている．給水には，材料の腐食抑制の目的で火力発電所ではアンモニアやヒドラジン，また一部の原子力発電所ではモノエタノールアミンをさらに加え注入している．これらの薬品は，復水がコンデミを通過する際に除去される．コンデミは，定期的に再生されるため，上記薬品を高濃度含む排水が排出される．コン

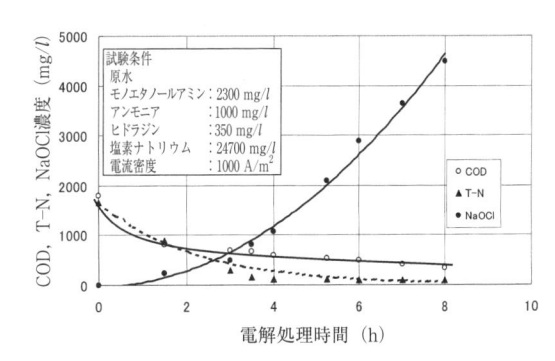

図9.22 電解処理時間と処理水質の関係[3]

デミの再生には，塩酸溶液と水酸化ナトリウム溶液が再生剤として使用されている．排水の水質分析結果を表9.17に示す[1]．

b．処理方法
発電所において排水排出時に問題となる項目は，窒素とCOD_{Mn}である．排水中の窒素およびCOD_{Mn}処理には，生物処理法が多く採用されている．しかし，コンデミ排水は，高濃度の塩類を含み，さらに，生物反応阻害となるヒドラジンを含有していること，また，排水の排出が不定期で不安定であり，馴養期間を要する生物処理法での処理は不向きな排水である．電解法や触媒湿式酸化分解法のような物理化学処理法は，不安定な排水に対しすみやかな対応ができ，適した処理法である．

以下に，コンデミ排水を対象に処理している電解法と触媒湿式酸化分解法を組み合わせた処理システムを紹介する．

1）原　理　電解法は，隔膜のない電解槽に排水を供給し，直流電流を通じ電気分解する方法である．コンデミの再生排水には，高濃度の塩類，塩化ナトリウムが存在する．したがって，電解槽の陽極と陰極表面上では以下に示す電気化学反応が起こる．

・陽極表面上での反応
$$2Cl^- \longrightarrow Cl_2 + 2e^-$$

・陰極表面上での反応
$$2Na^+ + 2H_2O + 2e^- \longrightarrow 2NaOH + H_2 \uparrow$$

・溶液内の反応
$$2NaOH + Cl_2 \longrightarrow NaOCl + NaCl + H_2O$$

排水中のモノエタノールアミン，アンモニアやヒドラジンは，発生した次亜塩素酸ナトリウムが酸化剤となり電極の触媒作用で酸化分解が促進される．触媒湿式酸化分解法は，次亜塩素酸ナトリウムを

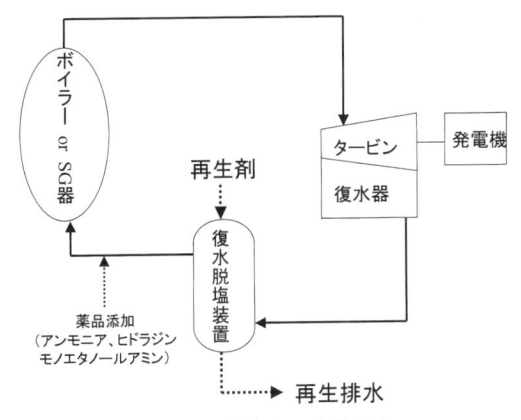

図9.21 発電プラント概念図

表9.17 排水分析例[1]

項　目	結　果
pH	9.3
モノエタノールアミン	2300mg/l
アンモニア	1000mg/l
ヒドラジン	350mg/l
塩化物イオン	15000mg/l
COD_{Mn}	1800mg/l
全窒素	1660mg/l

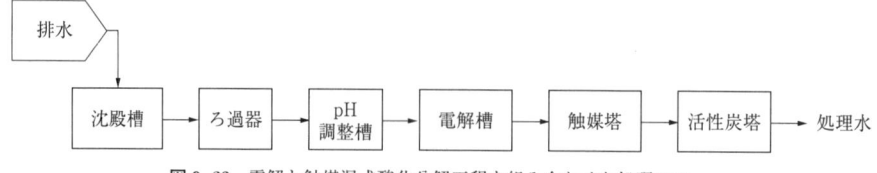

図 9.23 電解と触媒湿式酸化分解工程を組み合わせた処理フロー

酸化剤とし，触媒はニッケルやコバルトの過酸化物を担持した固体触媒を用い，モノエタノールアミン，アンモニアやヒドラジンを酸化分解する方法である[2]．

2) 処理フロー　電解を行った場合の電解処理時間と処理水質の関係を図 9.22 に示す[3]．

図より，電解時間の経過とともに，COD_{Mn} および全窒素濃度は低下しているが，電解 4 時間以降は COD_{Mn} の低下が緩慢となり，次亜塩素酸ナトリウム濃度が急激に増加している．これは，電解により発生した次亜塩素酸ナトリウムが酸化反応に有効に使用されていないことを示している．電解時間を長くすることで排水処理は可能であるが，電力消費量が大きくなり好ましくない．この課題を解決するために電解法の後段に触媒湿式酸化分解法を組み込んだ．フローを図 9.23 に示す[1,3]．

本法は，電解処理を適当な段階で中断し，その後の処理を触媒湿式酸化分解法で行う．すなわち電解で生成した次亜塩素酸ナトリウムを酸化剤とし，電解処理水中の未分解の成分を触媒湿式酸化分解工程で酸化分解処理する．この結果，電解法単独処理と比較すると電解時間を半分以下に短縮でき消費電力量の大幅低減となる．

c. 処理例

表 9.17 に示した水質の排水を処理した結果を表 9.18 に示す．

電解処理では排水の pH を 11 に調整し，電流密度を 1000 A/m^2 とした．電極は，陽極に白金系電極，陰極にはステンレス電極を使用した．電解槽内の流速は電解効率を上げるために 200 m/h 以上とした．

触媒湿式酸化分解処理では電解処理後の液を未調整で通水した．通水速度は空間速度で SV = 1/h と

表 9.18 処理水分析例

項目	結果
pH	7.7
COD_{Mn}	< 5 mg/l
全窒素	160 mg/l
残留塩素	< 1 mg/l

した．

COD_{Mn} 1800 mg/l，全窒素 1660 mg/l の排水を処理した結果，最終処理水として COD_{Mn} 5 mg/l 以下，全窒素 160 mg/l，残留塩素 1 mg/l 以下の水質が得られた．また，この処理水の組成をガスクロマトグラフィーで測定し，有機塩素化合物などの副生成物は検出されていない．

おわりに

本法は，コンデミ再生排水のような高塩類含有排水を処理対象とした場合，pH 調整用の薬品の添加以外は，新たな薬品添加を必要としない環境保全に寄与する新しい処理技術である．また，従来の生物処理法では達成が難しい自動運転管理が実施でき省力化を図ることが可能である．　〔中原敏次〕

文　献

1) 石原信秋，田中宗雄，上甲　勲，中原敏次 (2000)：エタノールアミン含有排水処理に関する研究．火力原子力発電，**51** (12)：37．
2) 中原敏次，上甲　勲 (1998)：過酸化金属担持ゼオライト触媒を用いた排水処理．第 14 回ゼオライト研究発表会予稿集，p.77．
3) 上甲　勲，中原敏次 (1999)：触媒を用いた水処理技術．化学工業，**50** (1)：58．
4) 中原敏次 (2001)：窒素含有有機化合物含有排水の処理．環境触媒ハンドブック（岩本正和監修），p.92，エヌ・ティー・エス．

10

排出源対策・排水処理（農業系）

10.1 農業系からのエミッションとその低減対策

10.1.1 農業系とは

本章では，農業系から水環境への汚濁負荷とその低減対策について述べる．ここで農業系とは，農林・水産業全般に関連する広義の場を考えることとし，汚濁負荷低減対策の対象となる場としては，表10.1のように農地，森林，畜産，水産および集落の5つのカテゴリーを考えることとする．

農地は田と畑に分類され，畑は普通畑，樹園地，牧草地に分類される．全国のそれぞれの面積は，田（2.7万 km^2），普通畑（1.2万 km^2），牧草地（6500 km^2），樹園地（3600 km^2）の順であり，農地合計（4.9万 km^2）の半分強を水田が占めている．この水田率には地域による差違があり，北陸，近畿，中国で高く，沖縄，北海道で低い．

森林の全国面積は25万 km^2 で，そのうち造成林では針葉樹（10万 km^2）が広葉樹（2300 km^2）と比較して圧倒的に多い．一方，天然木では広葉樹（11万 km^2）が針葉樹（2.4万 km^2）よりも多く存在している．

畜産は，牛，豚，鶏が主であり，全国飼育数は，乳用牛180万頭，肉用牛280万頭，豚990万頭，採卵鶏19億羽，ブロイラー11億羽となっている．

水産を漁業生産量でみると海面漁業（600万 t）が全体の80％を占め最も多いが，汚濁負荷低減対策の対象となる養殖についてみると，海面養殖業が120万 t，内水面養殖業が6.4万 t となっている．

表10.1 対象となる農業系の場

農地	水産
田	海面漁業
畑（普通畑，樹園地，牧草地）	海面養殖業
森林	内水面漁業
樹木（造成林，天然木）	内水面養殖業
竹林	捕鯨
伐採跡地	集落
未立木地	農業集落
畜産	漁業集落
牛（乳用牛，肉用牛）	
馬	
豚	
めん羊	
やぎ	
鶏（採卵鶏，ブロイラー）	

10.1.2 食料生産とエミッション

農業系の場における主たるプロセスは，生物の成長を利用した食料の生産である．食料生産プロセスにおいては，生物成長のための基質または栄養として，肥料や飼料がインプットされ，また，プロセスのコントロールのために農薬，抗生物質，消毒剤などがインプットされる．他方，アウトプットとしては農水産物が製品として挙げられるが，その他に生物成長に伴う排泄物や生物遺体，またインプットされた肥料，飼料，農薬などの残留物の一部がアウトプットされる．これらのアウトプットは，農業系から環境系へのエミッションとなりうるものである（図10.1）．

エミッションの制御対象とされる物質は，腐敗性有機物（BOD または COD），閉鎖性水域の富栄養化の原因物質としての窒素，リン，地下水汚染物質としての窒素のほかに，農薬類および病原微生物群を指標する糞便汚染指標が挙げられる．各エミッションにおいて，制御対象となる物質とエミッションとの関係は表10.2のとおりである．

297

表10.2 制御の対象物質とエミッション経路

汚染源となる対象		制御対象	エミッション経路例
生産生物	生産物の部分	有機物, 窒素, リン	生産場に残存, 収穫過程リーク
	糞尿	有機物, 窒素, リン, 病原微生物	溜槽からの流出, 土壌散布, 浸透
	生物遺体	有機物, 窒素, リン, 病原微生物	生産場に残存, 分解後流出
基質	飼料	有機物, 窒素, リン	過剰給餌の流出・浸透
	肥料	窒素, リン	施肥土壌の流出, 土壌からの溶脱, 浸透, 廃棄肥料
薬品	農薬	当該薬品	降雨流出・浸透, 薬品廃棄
	抗生物質	当該薬品	糞尿, 遺体, 薬品廃棄
	消毒剤	当該薬品	清掃時流出, 薬品廃棄
生産場	土壌	窒素, リン	浸食, 流出, 代かき排水
	養殖水塊	窒素, リン	交換, 放流

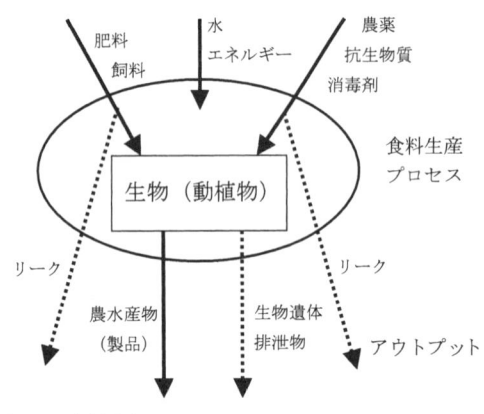

図10.1 食料生産プロセスにおけるインプット, アウトプットとエミッション
点線のアウトプットが環境へのエミッションとなる.

10.1.3 食料生産と供給フロー

食料の生産と消費者への供給のフローは, 農業系に続いて流通系や加工系を経て, 消費者に到達する (図10.2). その間の各過程において, 食料品原料もしくは製品のリークが生じるが, これらは有機物や栄養塩類を多量に含有していることから, 環境汚染の原因となる. すなわち, 農業系で生産された有機物や栄養塩類は, その後段の食料品製造業, 店舗, 飲食店, 家庭の排水としても環境中に排出する. これら後段のエミッションに対する対策は, いずれも農業系からは離れ, 工場排水, 事業場排水および生活排水の諸対策で扱われる.

図10.2のフローのどの部分がどの地域で担われているかを認識しておくことは重要である. 特に食料自給率が低下したわが国では, どこまでの範囲を輸入に頼っているのか, あるいは国内で扱われているのかを明らかにする必要がある. それによって, 環境へのエミッションの把握が可能となり, また処理などで生じた汚泥のリサイクルの可能性を論ずることができる.

当該食料の生産場所が海外に存在する場合であっても, その農業系の環境影響についての考慮が必要になりつつある. わが国が消費する食料を生産する海外の農業系における水資源消費, 地力変化, 環境影響についての責任が問われ, 世界規模の農業系と環境影響を念頭に置かねばならない時期にきている.

10.1.4 農業系における排水管理の考え方

農業系からのエミッションは排出の場が狭い領域に限られ, 発生源が明確に把握できる点源 (ポイントソース) と, 発生源が不明確もしくは個々に特定できない非点源 (ノンポイントソース) に大別される. 点源と非点源によって, 排水管理の考え方は大きく異なり, 対策も違ったスタイルをとらねばならない. 非点源は非特定汚染源とも呼ばれるが, 農業系においてはこの割合が大きいことが特徴である. また, 非点源を主とする農業系エミッションは, 農地を通じて水環境に拡散する場合が多く, こうした汚染プロセスは代表的なディフューズポリューションとして取り扱われている.

点源としては, 畜舎排水, 養魚場排水, 集落排水などの特定汚染源が主に挙げられる. これらの排水中の有機物や栄養塩は比較的高濃度であり, また降雨の有無にかかわらず発生源の使用状況に対応して排出される. 管理の対象とされる排水は発生源に近く流出過程が短いので, 一般に土壌の混入は少ない. 他方, 非点源としては, 農地や森林などの面源からの流出が挙げられる. 点源と比較して一般に水質濃度は低いが水量が多い. また, 水田のように用水の供給がある場合を除いて, 雨天時に表流水として流

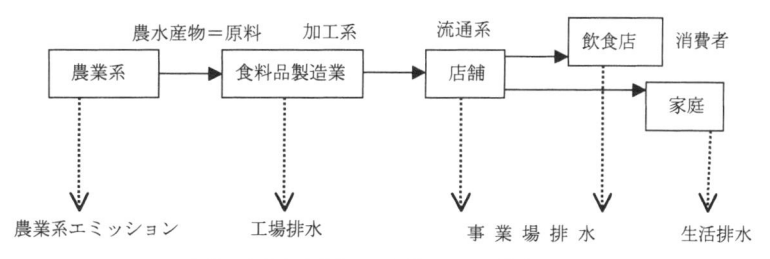

図 10.2 食料の生産と消費者への供給フローに伴うエミッション

出したり，地下水や伏流水の形で環境に排出する．

点源の排水は水量が小さいことから管理が比較的容易であり，専用の管渠で排水を集め処理を行うことが可能である．したがって，各発生源におけるインプットおよびプロセスの管理のほかに，排水処理が排水管理の重要部を占める．他方，非点源の水管理では，排水処理はほとんど期待できず，インプットの制御および土木工事などによる流出過程の管理が主たる対策となる．

また，排水管理は，より一般的なもの（共通事項）と特殊なもの（特定事項）に区分されることもある．共通事項として，環境保全型農業の推進，水使用の適正化，資源循環型システムの構築，河川管理と農村管理の総合化，等々が挙げられる．他方，特定事項の例としては，施肥量低減，農薬使用量削減，地表浸食防止，家畜頭数の規制，等々がある．

10.1.5 点源対策

点源の対策としては，発生源となる施設の構造に関するもの，施設の使用方法に関するもの，排水処理施設の設置や改善に関するものに大別することができる．

畜舎を例にとれば，構造面に関しては，汚水排出の少ない構造とすること，床や周辺通路はコンクリートなどの不浸透性材料とし，汚物の滞留，浸透がない構造とすること，汚物だめなどの容量は貯留に支障のない容量を確保すること，雨水が汚物だめなどに流入しない構造とすることなどが自治体などによって指導されている．

また，使用方法に関しては，汚水排出を削減するための洗浄方法の改良や，おがくず，わら，もみがらなどへの尿などの吸着，汚物だめ，汚水だめから汚水があふれないように余裕をもった処理利用計画の策定，農用地還元にあたっては飼育頭羽数に応じ安全を見込んだ面積の農地を確保すること，すみやかに十分な覆土を行うことなどが指導されている．

養魚場は水塊が生産の場であることから，発生源対策は比較的困難であるが，構造面では飼育水を開放系からより閉鎖化・循環化を進めること，使用方法に関しては，過剰給餌を防止するため餌料内容や給餌方法を改善することなどが行われている．

農業系における排水処理対策は，畜舎排水と集落排水が対象とされている．いずれも腐敗性有機物，窒素，リン，大腸菌群数が低減対象であるから，生物処理と消毒が行われる．

畜舎排水の処理方法としては，長時間曝気法，オキシデーションディッチ法，回分式活性汚泥法（たとえば複合ラグーン法と呼ばれる方式）が多く用いられる．高濃度の窒素を除去するために，嫌気部の導入が図られるが，これにはオキシデーションディッチ法や硝化液循環法のように嫌気ゾーンを設ける方法と，間欠的な曝気によって嫌気時間帯を作る方法とがある．

集落排水の処理では，集落内の生活排水が各戸から管路を用いて収集され，処理施設にて処理される．処理方式としては，接触曝気法，長時間曝気法，オキシデーションディッチ法，回分式活性汚泥法などが用いられる．

畜舎排水や集落排水を，長期間の滞留時間をもつ湿地，池溝を用いて，人為的な曝気を行わずに処理をするウェットランド法は，広い敷地の利用が可能な欧米の農村部で用いられており，エネルギー消費が少ない点が特長である．

10.1.6 非点源対策

非点源対策には，農地および森林からの窒素，リンのエミッション低減対策，農薬のエミッション低減対策，放牧地からの窒素，リンや糞便性微生物のエミッション低減対策，地下水への窒素や糞便の浸透防止対策などがある．低減の方策としては，インプット肥飼料の転換や量の低減によるもの，農地や森林といった場の構造や利用方法を改善してリーク

を削減させるものに大別できる．

窒素，リンのエミッション低減対策では，施肥量・時期の適正化，肥料の種類の転換，土壌浸食の防止，土壌流出緩和のための溝や林帯の設置，水田排水の循環利用，代かき濁水の流出防止などが行われている．

農薬のエミッション低減対策には，農薬の適正使用と使用量の低減，残存農薬の適正廃棄処分，易分解・少残留性農薬への転換などがある．

放牧地からのエミッション低減対策としては，飼育家畜密度の低減，飼料の栄養塩量の調節，土壌浸食防止などが挙げられる．

10.1.7 環境保全型農業

農業系から環境へのエミッションの低減のためには，農業のあり方を環境に配慮したスタイルに変革することが求められる．過去には，農業用水の汚濁など農業生産の被害面が注目されたが，今日では肥料，農薬のエミッションなど，農業生産も一定の環境汚染源であるとの認識が世界的に定着しつつある．したがって，環境への負荷の低減は今後の農業の抱える基本的な課題であり，土作り，水使用，施肥，農薬使用などにおいて，環境保全型の技術が研究され普及するようになってきている．

こうした環境保全型農業の促進には，農業従事者の環境配慮に対する関心を高めることが重要とされ，耕作の技術指導などにおいて，環境に配慮した内容の指針が作成され指導が行われている．また，畜舎廃棄物対策など環境保全のための施設整備に対しては，国や自治体の各種補助事業が進められている．　　　　　　　　　　　　　〔中島　淳〕

10.2 畜産業の排水対策

▷ 8.5 栄養塩除去技術

10.2.1 家畜糞尿

家畜糞尿（animal wastes）の固形分は堆肥（compost）などの形態で農耕地利用されている[1]．しかし，液状の畜舎排水（animal wastewater）などは肥料利用に限界があるため，適正処理して河川などに放流しなければならない．水質汚濁防止法では，豚房，牛房，馬房のうち一定面積規模以上の施設が届出対象となっているが，1997（平成9）年度末現在の水質汚濁防止法に基づく届出事業場数は，全国で37435事業場であり，そのうち日平均排水量50 m^3 未満の小規模事業場は37087で全体の99％を占め，排水量からみると小規模なものが多い．

家畜糞尿の排泄量や理化学的性状は，畜種，家畜の生育段階，飼料の種類と量，給水量などの条件で異なる．表10.3は，家畜の体重，生産物の量（牛乳量，日増体量，産卵量など），飼料の給与量と養分含有量などを元にして算出した糞尿量および窒素とリンの排泄量の原単位である[2]．

さらに，畜舎排水の性状や汚濁負荷量は，畜舎構造（糞尿混合または分離型畜舎，敷料の利用量など），飼育密度，給水器のこぼれ水，畜舎洗浄水の利用量など飼養管理の相違による変動が著しく大きい．

10.2.2 畜舎および排水の発生源

畜舎排水の発生源は畜舎およびその付属施設である．畜舎からの排水の主体は家畜糞尿および畜舎洗浄水であり，その他に給水器のこぼれ水などがある．糞尿を主体とした汚水が排出される飼養形態をとるのは，主に養豚と酪農である．特に豚は，糞量に対する尿量の比率が高いことや（表10.3），水洗する豚舎が多いことなどから，多量の尿汚水が畜舎排水として排出される．付属施設からの排水としては，酪農のミルキングパーラー（搾乳室）の洗浄水，採卵養鶏のGPセンター（卵の洗浄・選別・包装施設）の排水などがある．

一方，飼養形態の違いによってはほとんど排水が出ないこともある．おがくず豚舎（発酵床）や肉牛の肥育牛舎のように，床面に敷料を大量に使用し，尿の大部分を敷料に吸収させて取り出す方式の畜舎からは，汚水はほとんど排出されない．また，鶏舎においては，空舎時の洗浄水以外の排水はほとんど出ないと考えてよい．

豚舎における工程および排水の発生源を図10.3に示す[3]．豚舎構造や飼養管理の仕方によって，①糞と尿が分離されて排出される場合と，②糞と尿が混合した状態で排出される場合の大きく二つに分けることができる．養豚農家の70％は糞尿分離を行っている[4]．その理由は，汚濁負荷量の大部分が糞

10.2 畜産業の排水対策

表10.3 家畜排泄物量，窒素およびリン排泄量の原単位[2]

畜種		排泄物量 (kg/頭・日)			窒素量 (gN/頭・日)			リン量 (gP/頭・日)		
		糞	尿	合計	糞	尿	合計	糞	尿	合計
乳牛	授乳牛	45.5	13.4	58.9	152.8	152.7	305.5	42.9	1.3	44.2
	乾・未経産	29.7	6.1	35.8	38.5	57.8	96.3	16.0	3.8	19.8
	育成牛	17.9	6.7	24.6	85.3	73.3	158.6	14.7	1.4	16.1
肉牛	2歳未満	17.8	6.5	24.3	67.8	62.0	129.8	14.3	0.7	15.0
	2歳以上	20.0	6.7	26.7	62.7	83.3	146.0	15.8	0.7	16.5
	乳用種	18.0	7.2	25.2	64.7	76.4	141.1	13.5	0.7	14.2
豚	肥育豚	2.1	3.8	5.9	8.3	25.9	34.2	6.5	2.2	8.7
	繁殖豚	3.3	7.0	10.3	11.0	40.0	51.0	9.9	5.7	15.6
採卵鶏	雛	0.059	−	0.059	1.54	−	1.54	0.21	−	0.21
	成鶏	0.136	−	0.136	3.28	−	3.28	0.58	−	0.58
ブロイラー		0.130	−	0.130	2.62	−	2.62	0.29	−	0.29

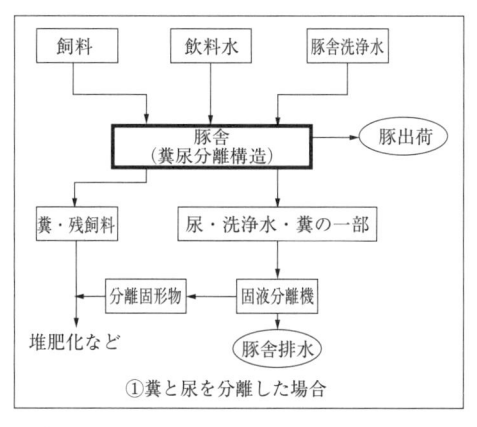

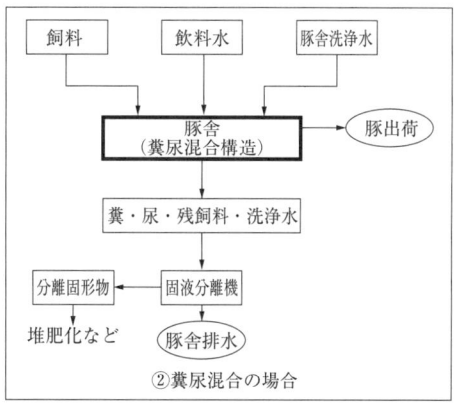

図10.3 養豚の工程と豚舎排水の発生源[3]

のほうにあるため，あらかじめ糞と尿を分離することで畜舎排水の汚濁負荷量を低減できるからである．固形物の大部分を堆肥化することによって，排水処理施設を小規模で低コストな施設にすることができる．

豚舎排水は尿に糞の一部が混入し，それに豚舎洗浄水が加わったものであるから，図10.3に示すような豚舎構造の違いや，糞の分離・除去方式，洗浄水の使い方によってその成分組成および水質は大きく変動する可能性がある．また，同じ糞尿分離でも，豚舎構造や糞の分離の仕方がいろいろある．たとえば，豚舎の床の構造は，平床式とスノコ式・ケージ式の二つに大別される[5]．平床式は，糞と尿の全量を水で流したり，糞や敷料を除去した後に水洗する方式である．汚水中にかなりの糞が混入する．また，洗浄水を多量に使用するため排水量は多くなる．これに対して，スノコ式・ケージ式では糞と尿との分

離率は高く，洗浄水の使用量は少ない．したがって，排水量は少ないが汚濁物質濃度は高くなる．また，豚の場合，BODやSSは糞のほうに多く，窒素は尿のほうに多く，リンは糞のほうに多い特徴がある（表10.3）．以上から，スノコ式・ケージ式では糞の混入が少ないので，BODに対する窒素の割合が高い濃い排水に，平床式では糞の混入によるBODとリンの割合が高く水量の多い排水になる傾向がみられる[5]．

糞を十分に分離・除去し，汚濁負荷量の少ない畜舎排水とすることが，畜産では勧められている．さらに，前処理としてスクリーン，振動篩，最初沈殿槽などにより固液分離を十分に行ったのち，浄化処理施設に流入させる．このような考え方から，浄化処理施設の規模算定に用いる豚と牛の汚水量，BOD量，SS量に関する設計諸元数値は表10.4のように定められている[2]．

表10.4 浄化処理施設の規模算定に用いる設計諸元数値[2]

畜種	尿汚水量 (l/頭・日)	BOD (g/頭・日)	SS (g/頭・日)
肥育豚	15	50	80
搾乳牛	60	350	350

10.2.3 生物処理法

a. 活性汚泥法

生物反応を利用した排水の浄化処理法には，活性汚泥法，回転円板法，散水ろ床法などがあり，なかでも活性汚泥法が最も多く採用されている．活性汚泥法には多くの変法があるが，畜舎排水に適用例が多いのは，オキシデーションディッチ（酸化溝）法（図10.4），二段曝気法（図10.5），曝気式ラグーン（図10.6）のほか，長時間曝気法，回分式活性汚泥法などである．また，運転方法としては回分式が多用されている傾向がある[4]．

オキシデーションディッチ法（図10.4）は，主に小規模の養豚農家に対応する，簡便で低コストな方式となっている．オキシデーションディッチの特徴である簡便さを活かし，回分式で自動運転とすることで，養豚家にも維持管理しやすい方式となっている．おおむね，BOD容積負荷は 0.35 kg/m^3・日，曝気槽の滞留時間は3日間で設計される．

二段曝気法（図10.5）は，連続式の標準活性汚泥法が直列二段につながった方式である．一段目の曝気槽は高BOD容積負荷で，二段目の曝気槽は低負荷で運転される．畜舎排水の汚濁物質濃度が高濃度で変動が大きいことに対応した方式といえる．

曝気式ラグーン（図10.6）は，曝気槽を池（ラグーン）のように大型化し，BOD容積負荷を低く（0.2 kg/m^3・日以下），滞留時間を長時間（数十日間）とって運転する活性汚泥法である．回分式を採用しているため沈殿槽や返送汚泥装置がなく，構造が簡単で維持管理が容易で，安定した性能が得られる．ただし，曝気槽の容積が大きいだけ，広い敷地面積を必要とする．曝気式ラグーンでは，間欠曝気方式を採用している場合も多く，窒素やリンの除去率が高い．窒素では90%以上の除去率を上げている例もみられる．また，低負荷で運転するため，余剰汚泥の生成量も少なめである．

b. メタン発酵法（嫌気性消化法）

畜舎排水のメタン発酵処理の特徴は，燃料となるメタンガス（バイオガス）が得られることや，代表

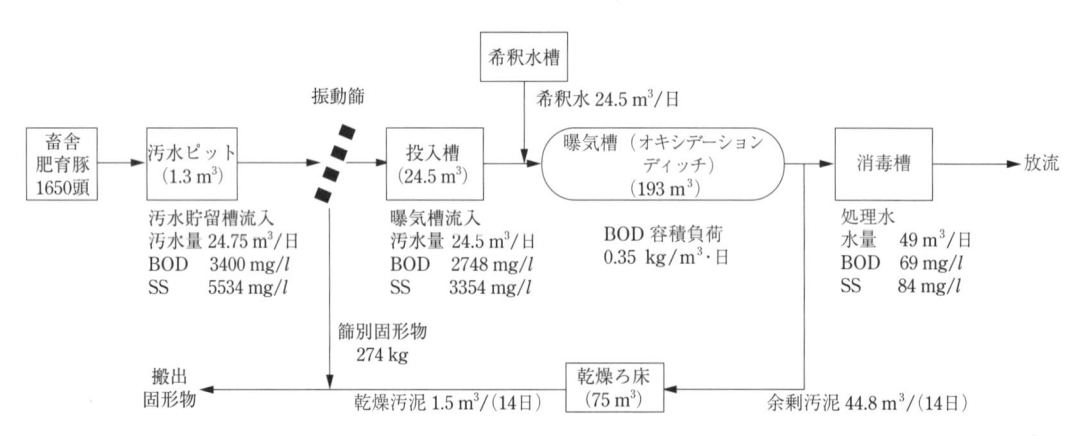

図10.4 オキシデーションディッチ法（回分式）のフローダイアグラムの例[2]

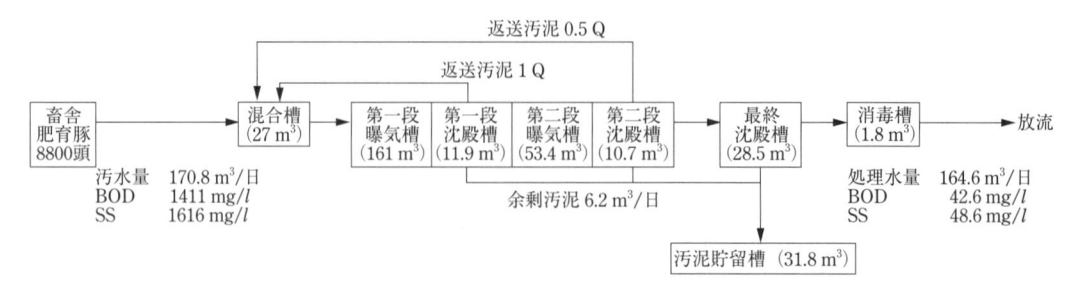

図10.5 二段曝気法（連続式）の曝気槽のフローダイアグラムの例[2]

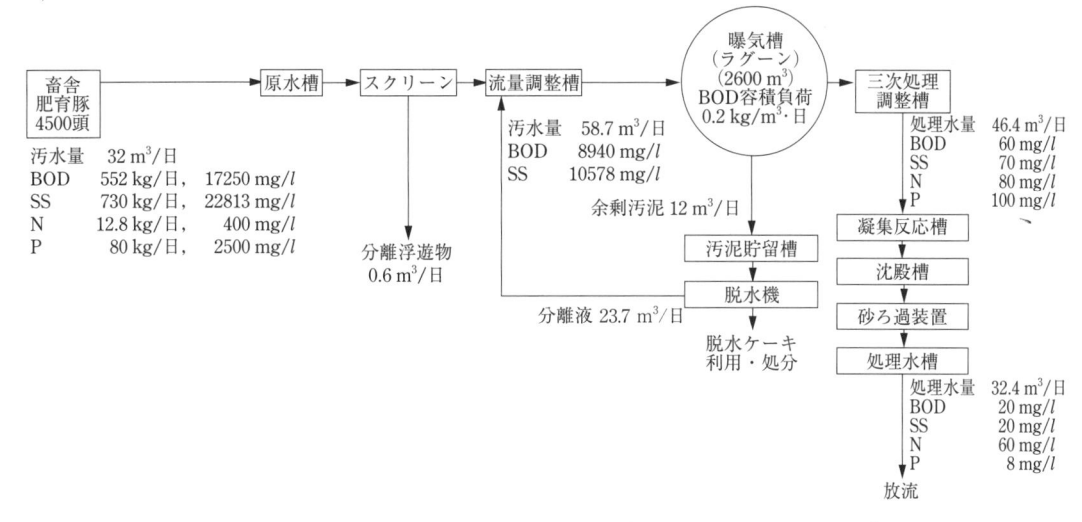

図10.6 曝気式ラグーン（回分式・間欠曝気運転）のフローダイアグラムの例[3]

的な悪臭物質である揮発性脂肪酸が分解するために発酵処理液（消化液，脱離液）の悪臭が低減されることである．バイオマス資源利用の一環として，メタン発酵法が注目を集めている[6]．しかし，メタン発酵法は浄化効率が低いことや，窒素が処理できないことなどの課題もある．したがって，発酵処理液を河川などへそのまま放流することはできず，放流するためにはさらに活性汚泥法などの浄化処理が必要である．また，発酵処理液のBOD：Nの比率は低下しているため，浄化処理がやりにくくなる．

メタン発酵処理液の液肥利用，およびバイオガスのエネルギー源利用についての条件が整った場合に，メタン発酵法は適切な家畜糞尿処理法といえよう[6]．最近，安い維持管理費で，BOD除去やメタンガス生産の向上を目的とした，上向流嫌気性汚泥床法（UASB）の畜舎排水への適用が検討されている[7]．

10.2.4 窒素，リンの除去

窒素の除去には，硝化・脱窒反応を応用した生物処理法が主に使われている．脱窒の炭素源として薬品を使用すると経費がかさむため，畜舎排水では原水中のBODを利用する制限曝気法[8]や間欠曝気法[9]（図10.7）がよく使われる．曝気式ラグーンに間欠曝気方式を採用した例では，窒素の除去率が90％に上ることがある．

リンについては，間欠曝気処理によってかなり除去されるが[9]，このような生物処理だけでは放流基

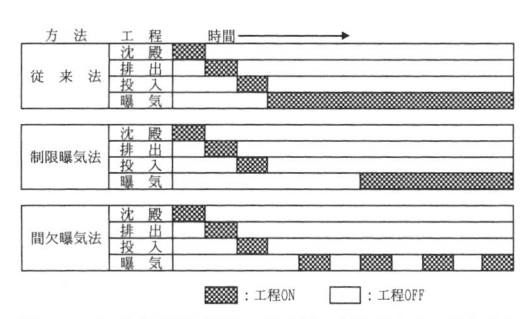

図10.7 回分式活性汚泥法の従来法，制限曝気法，間欠曝気法のタイムチャート[3]

準に到達することが難しい．したがって，従来から使われている凝集剤（図10.6）のほか，MAP（リン酸マグネシウムアンモニウム）法[10]や，吸着法[11]などが利用される．

10.2.5 維持管理

曝気槽の維持管理に関して次に示す5項目が重要である[12]．

第一に，曝気槽の処理能力を越えないBOD容積負荷に配慮する必要がある．メーカーの方式によってさまざまなBOD容積負荷が設定されるが，おおむね0.5 kg/m³·日以下とする．また，家畜飼養頭数の規模拡大によって処理施設の能力が不足することのないように留意する必要がある．

第二に，活性汚泥濃度（MLSS）を適正に保つことが重要である．畜舎排水の原水には不活性なSSが多く含まれているため，MLSSは少し高めの

5000 mg/l 以上の濃度を維持するほうがよい．余剰汚泥の引き抜き，返送汚泥の適正化などに留意する．MLSS と活性汚泥沈殿率（SV）との間には一定の関係があることから，日常的な維持管理の中では SV による簡易推定が行われる．

第三に，曝気槽に十分な酸素を送る必要がある．十分な酸素が供給できるように設計計算するとともに，通気装置の能力不足，老朽化などにも注意する．稼働している施設では，曝気槽内の溶存酸素（DO）のモニタリングが有効である．硝化が可能な DO を考えると，2 mg/l くらいの DO が達成できる能力が必要である．

第四に，流入汚水の滞留時間（HRT）を十分にとる必要がある．畜舎排水は回分式が多いため，長時間の HRT の装置が多い．メーカーの方式によってさまざまな HRT が設定されるが，1 日～数十日間の幅がある．

第五に，放流水の水質を日常的にチェックする必要がある．日常的な維持管理の中では，透視度計の測定値によって，BOD や SS を簡易に推定する．これは，畜舎排水は原水のときは濁っていて透視度が低いが，浄化処理が進んで水質がよくなるほど透明となり透視度が向上する性質を利用したものである．透視度の測定値を元にして，放流水の BOD や SS の濃度をすぐに換算できる簡易推定尺も開発されている[13]．

〔羽賀清典〕

文献

1) 押田敏雄, 柿市徳英, 羽賀清典編 (1998)：畜産環境保全論, pp.1-233, 養賢堂.
2) 畜産環境整備機構 (1998)：家畜ふん尿処理・利用の手引き, pp.1-202, 畜産環境整備機構.
3) 羽賀清典 (2002)：第1章 畜産農業．小規模事業場排水処理対策全科（環境省水環境部閉鎖性海域対策室監修), pp.121-140, 環境コミュニケーションズ.
4) 羽賀清典 (2001)：家畜ふん尿処理技術の現状と今後の取組み．用水と廃水, 43：300-305.
5) 羽賀清典, 長田 隆, 原田靖生 (1989)：豚舎排水の実態調査と窒素・リン対策．環境情報科学, 18 (1)：57-60.
6) 羽賀清典 (2003)：バイオガス化の基礎知識．月刊廃棄物, 29 (339)：37-43.
7) 田中康男 (2001)：畜産農業分野における汚水浄化技術の研究開発の動向―嫌気性処理技術および高度処理技術を中心として．日本畜産学会報, 72：J509-523.
8) 長田 隆, 羽賀清典, 原田靖生 (1989)：制限曝気式回分活性汚泥法による豚舎汚水中の窒素の除去．水質汚濁研究, 12：122-130.
9) Osada T, Haga K and Harada Y (1991): Removal of nitrogen and phosphorus from swine wastewater by the activated sludge units with the intermittent aeration process. *Water Res*, 25：1377-1388.
10) Suzuki K, Tanaka T, Osada T and Waki M (2002): Removal of phosphate, magnesium and calcium from swine wastewater through crystallization enhanced by aeration. *Water Res*, 36：2991-2998.
11) 新農業機械実用化促進 (2003)：緊プロ型畜舎排水浄化処理システムのガイドブック, pp.1-17, 新農業機械実用化促進.
12) 羽賀清典 (2004)：尿汚水処理（浄化処理）の原理と方法．畜産環境対策大事典 第2版, pp.72-77, 農山漁村文化協会.
13) 岩渕 功, 青木 茂, 陰山 潔, 松本敦子, 田島敏夫, 小野康予 (1997)：養豚場浄化槽用水質推定尺の開発と応用．畜産の研究, 51：295-299.

10.3 水産養殖業による排水対策

魚類（給餌）養殖場（fish farms）における自家汚染（hypereutrophication caused by intensive aquaculture itself）は，過剰給餌（excessive feeding）からの残餌（feed remnants）と魚類の排泄物（糞，尿）（excrement）による環境負荷が過大となり，水域の自浄能力（self-purification capacity）の範囲を超えることに起因する．網生簀や流水式により飼育水を環境へ直接排水する「開放式」養殖（対象魚種：マダイ，ハマチ，サケ・マス類，コイなど）だけでなく，飼育水を未処理のまま，あるいは処理しながら循環し，一部換（排）水を伴う「循環式」養殖（対象魚種：ヒラメ，ウナギ，ペヘレイなど）においても環境に対する負荷低減対策は万全とはいいがたい状況である．

10.3.1 魚類養殖における窒素とリンの負荷量

a. 海面養殖 (mariculture)

日本全体の海域中に占める海面養殖負荷量の割合は，投与飼餌料の種類により異なるが，窒素では2%前後，リンでは4%弱である[1]．ただし，海面養殖漁場に適している瀬戸内海においては魚類養殖系が窒素で約8%，リンで約10%を占め，2倍以上に増加しており，他の海域（東京湾，伊勢湾）に比

較して多いことが特徴的である.

b. 内水面養殖（fresh water aquaculture）

日本全体における内水面養殖（生産量をすべてコイと仮定）からの窒素およびリンの海域への流出負荷量の割合は，わずか1％程度であるため，削減したとしても，その効果は低いといえる[1]．ただし，霞ヶ浦のような日本の代表的コイ養殖場では，海域への窒素・リンの流出負荷を防ぐうえで，その削減効果は重要であることが指摘されている[1]．

10.3.2 有機物（窒素・リン）負荷削減対策
a.「持続的養殖生産確保法」の制定

1999年養殖業の発展と水産物の安定供給に資することを目的に「持続的養殖生産確保法（the Law to Ensure Sustainable Aquaculture Production）」が制定され，本法により「持続的養殖生産を確保するための基本方針」が規定された．この基本方針の中には，漁業者自ら（漁協）が養殖漁場改善（improvement of aquaculture grounds）を図るために必要な適正放養密度の設定（establishment of optimum stocking densities），養殖施設の適正配置（suitable location for aquaculture facilities），および飼餌料の適正な使用（efficient use of fresh bait and compound feed）などの諸措置が挙げられている．このことから，本法律の制定は第5次水質総量規制の導入に伴い小規模事業場の窒素・リン排水処理対策を効率的・効果的に推進していくうえできわめてタイムリーであったといえよう．

1）適正放養密度の設定および養殖施設の適正配置 養殖漁場の改善目標に関する環境指標（ただし，魚病発生に関連した飼育生物の状況は除く）のうち（表10.5），硫化物量（AVS：acid volatile sulphide，酸揮発性硫化物量）は，汚濁有機物のたまり場としての底質環境の把握に不可欠な指標であるばかりでなく，適正放養密度の設定に有効である．また，測定方法（検知管法）が簡便なため漁業者にとって実用的な指標である．この硫化物量の基準値の決定（表10.5）には，「大森・武岡理論（the Omori-Takeoka theory）」[3]に基づく方法が採用されている．すなわち，海底での酸素消費速度（benthic oxygen uptake rate）が最大となる硫化物量（主に残餌と糞から成る養殖由来有機物量）を限度とし，それ以下では養殖漁場生態系における物質循環（自然浄化）が正常に機能していることから，漁場に余分な負担をかけない適正な養殖が行われて

表10.5「持続的養殖生産確保法」の基本方針により規定された養殖漁場の改善目標に関する環境指標（ただし，飼育生物を除く）および基準[2]

海面魚介類養殖

	指標	基準	観測条件
水質	溶存酸素量（DO）	4.0 ml/l（5.7 mg/l）を上回っていること【2.5 ml/l（3.6 mg/l）を下回っていること】	成層期末期（おおむね9月）の小潮の最干潮時，給餌前における生簀などの施設内の水中における観測値
底質	硫化物量（AVS）	硫化物量が，酸素消費速度が最大となる硫化物量を下回っていること【2.5 mg/g乾泥を上回っていること】	成層期末期（おおむね9月）の小潮の最干潮時，生簀などの施設直下の水底における観測値
底質	底生生物	多毛類（ゴカイ）などの目視で確認可能な底生生物が生息していること【上記生物が半年以上生息していないこと】	成層期末期（おおむね9月）の生簀などの施設直下の水底における観測

内水面（淡水）魚介類養殖

	指標	基準	観測条件
水質	溶存酸素量（DO）	3.0 ml/l（4.3 mg/l）を上回っていること【2.0 ml/l（2.9 mg/l）を下回っていること】	おおむね8月の生簀などの施設内の水中における観測値
底質	硫化物量（AVS）	硫化物量が，酸素消費速度が最大となる硫化物量を下回っていること【2.5 mg/g乾泥を上回っていること】	おおむね8月の生簀などの施設直下の水底における観測値
底質	底生生物	貧毛類（イトミミズ）などの目視で確認可能な底生生物が生息していること【上記生物が半年以上生息していないこと】	おおむね8月の生簀などの施設直下の水底における観測

【　】内は状態が著しく悪化している養殖漁場の基準を示す．

いるものと判断する理論である（図10.8）．しかしながら，この理論では，現場の溶存酸素収支が定常状態であることが前提となっていることから，海況変化（海水交換など）の大きい漁場では酸素消費速度の最大値を検出することが著しく困難である[5]．そのため，基準値決定に不可欠である酸素消費速度の最大値が現場調査から求められた確実な事例はほとんど見当たらない．他方，底生生物（マクロベントス）の群集型を用いた環境評価手法の開発[6]や，Omoriら[7]に従った鉛直一次元モデルに代わり三

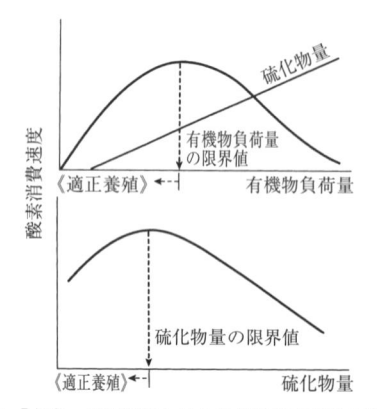

図 10.8 「大森・武岡理論」による適正養殖基準の設定方法
（文献 4 を改変）
横軸は有機物負荷量（上図）と硫化物量（下図），縦軸はいずれも酸素消費速度を示す．

次元数値モデルを用いた"堆積物の酸素消費速度に基づく養殖環境基準"の運用により[8]，適正養殖量および養殖漁場の適正配置を推定できる可能性が報告されている．

2）飼餌料の適正な使用 汚濁負荷の大きい生餌（fresh bait）から汚濁負荷の小さい配合餌料（compound feed），特にドライペレット（なかでもエクストルーダー〈EP〉飼料）への転換は自家汚染防止に有効であることから[1,9]，本基本方針では「漁場への有機物負荷を低減するため，給餌量の制限に努めるとともに，モイストペレットや固形配合飼料等有機物負荷の比較的少ない飼餌料の使用を促進すること」と明記されている．特に，リン負荷軽減を考慮した魚粉代替飼料（植物タンパク質）原料の適切な利用が重要である[10,11]．また，残餌を最小限に抑えるための自発摂餌式給餌システム（self-feeder）（魚の自発的な食欲行動に基づく新しい給餌方法）の実用化試験も進められている[12]．

b．循環型養殖システムの導入

1）閉鎖循環式養殖（closed recirculating aquaculture system） 閉鎖循環式とは，環境への負荷汚染の軽減を目的として飼育期間中に飼育水の入れ替えや定常的な給排水を伴わずに飼育水を循環再利用する方法である．

最近の国内外における閉鎖循環式養殖システムの現状および循環ろ過養魚のための水処理・水質管理技術がおのおの丸山・鈴木[13]，菊池[14] により紹介され，高密度循環型養殖および負荷削減の可能性，さらに経済的合理性の確保の面から今後いっそうの開発が求められている．吉野ら[15] によって開発された閉鎖循環式養殖システム（図 10.9）では，硝化・脱窒作用により換水せずペヘレイを 1 年間飼育することに成功している．

2）複合養殖（polyculture） 養殖漁場において養魚（動物）と海藻（植物）が微生物を介してバランスよく共存し，適正に機能すれば，「飼育由来物質から水中に溶・排出された窒素・リン等の栄養塩は養魚から放出された二酸化炭素とともに海藻によって吸収され，生育した海藻は収穫されて，養魚の餌の一部としても利用される」といった一連の物質循環が円滑に進行することになる．このような考え方に基づき，自然生態系の維持機構を巧みに利用した環境調和（生態系保全）型養殖システムが注目されている．

藻類に加え，ベントス（底生生物）などを組み合わせたこの養殖形態は，「持続的養殖生産確保法」の基本方針に基づく漁場改善手法との併用により，

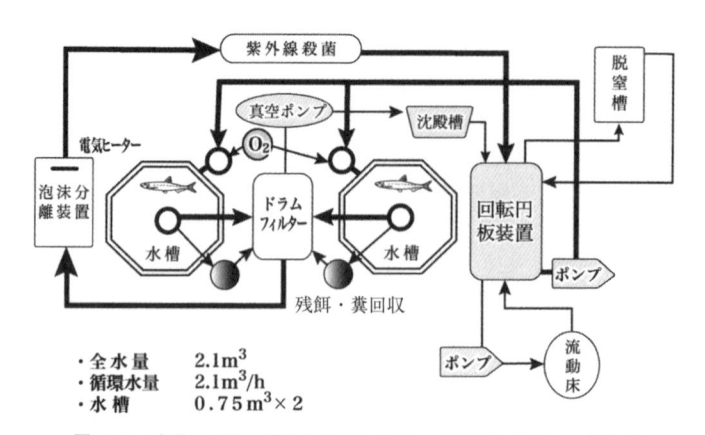

- 全水量　　2.1 m³
- 循環水量　2.1 m³/h
- 水槽　　　0.75 m³ × 2

図 10.9 実験用の閉鎖循環式養殖システムの概略図（文献 16 を改変）

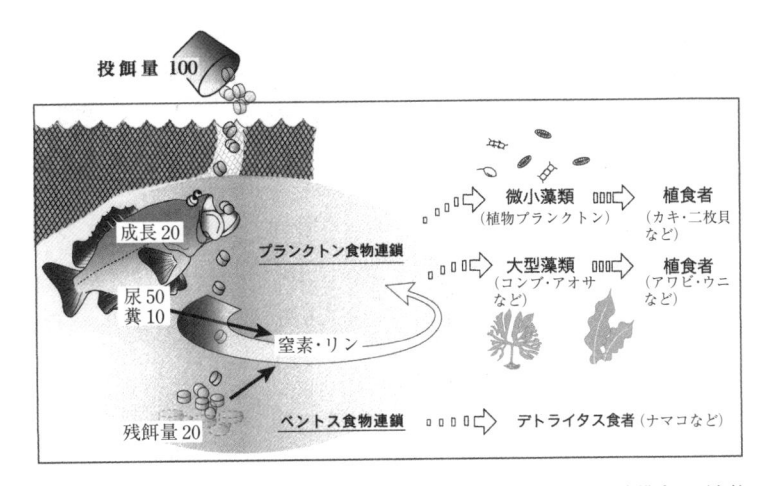

図10.10 マダイ養殖を中心にした複合養殖システム・モデルの仕組みと機能を示す模式図（文献17を改変）
マダイでは投餌量（タンパク質）のうち，20％が成長（増重量）に回され，残り80％（残餌：20％，排泄物：60％）が環境に放出されるといわれている．

自然浄化機能の範囲を越えた（すなわち，プランクトン―ベントス食物連鎖に取り込まれなかった）負荷物質（窒素・リン）を除去するうえでいっそう意義がある（図10.10）．その結果，漁場環境が悪化（貧酸素化や硫化水素発生など）することなく，魚の健全な生育に適した条件に保たれる．また，上記の閉鎖循環式養殖システムと比べ低コストな養殖方法でもある．しかしながら，動物と植物の複合養殖は同時，同所で同調的に実施しなければ，養殖漁場生態系の保全には寄与しないことを忘れてはならない．

たとえば，夏・秋季に養殖活動が盛期となるマダイと夏季の高水温期に繁茂し，生長の速い不稔性（成熟しなくなった）アオサをバイオフィルターとして組み合わせた海水浄化型養殖システムの開発が試みられている[18,19]．また，魚類―藻類（微小・大型藻類）に，さらにカキ・アワビなどの無給餌養殖生物（cultured organisms not requiring special feeding）あるいは残餌・糞などを直接摂取するナマコなど（デトライタス食者）を組み合わせた複合養殖システム（図10.10）を確立するためのモデル研究開発が企画，その一部はすでに実施されている[20,21]．

おわりに

「環境の世紀」ともいわれる21世紀に入り，「ゼロエミッション」を核とした循環型社会の構築が求められている．現在，究極の方法として養殖排水（環境負荷）を全く外部に出さない閉鎖循環式高密度養殖システムの開発・普及が進められている．同時に，適正放養密度算定手法の確立，環境負荷低減型配合飼料および自発摂餌式給餌システムの開発，さらに無給餌養殖と給餌養殖とを組み合わせた複合養殖システムの積極的導入などによる資源浪費・環境消耗型から資源節約・環境調和（保全）型への養殖技術の転換も大いに期待される． 〔平川和正〕

文 献

1) 竹内俊郎，秋山敏男，山形陽一（2002）：海面養殖漁場における負荷削減対策の高度化動向．資源環境対策，**38**（8）：801-810.
2) 水産庁資源生産推進部栽培養殖課（1999）：持続的養殖生産確保法執務参考資料．p.90，水産庁．
3) 武岡秀隆，大森浩二（1996）：底質の酸素消費速度に基づく適正養殖基準の決定法．水産海洋研究，**60**（1）：45-53.
4) 大森浩二（1990）：養殖漁場における有機物負荷制限値の推定方法について．平成元年度宇和島湾浅海養殖漁場環境調査報告書，pp.50-62，遊子漁業協同組合．
5) 横山 寿，坂見知子（2002）：五ヶ所湾魚類養殖場における環境基準としての酸素消費速度の検討．日本水産学会誌，**68**（1）：15-23.
6) 横山 寿，西村昭史，井上美佐（2002）：マクロベントスの群集型を用いた魚類養殖場環境の評価．水産海洋研究，**66**（3）：142-147.
7) Omori K, Hirano T and Takeoka H（1994）：The limitations to organic loading on a bottom of a coastal ecosystem. *Mar Pollut Bull*, **28**（2）：73-80.
8) 阿保勝之，横山 寿（2003）：三次元モデルによる「堆積物の酸素消費速度に基づく養殖環境基準」の検証と養殖許容量推定の試み．水産海洋研究，**67**（2）：99-110.
9) 平川和正（2001）：水産養殖業による水質汚濁の現状と富栄養化防止対策への新たな取組み．資源環境対策，**37**（10）：1041-1046.

10) 益本俊郎（2002）：環境への負荷軽減を考えた代替タンパク質の利用．養殖，**9**：68-71．
11) Jahan P, Watanabe T, Kiron V and Satoh S (2003)：Improved carp diets based on plant protein sources reduce environmental phosphorus loading. *Fish Sci*, **69** (2)：219-225．
12) 田畑満生（2005）：自発摂餌へのとりくみ―十年の歩み―．水産振興，**39** (5)：1-47．
13) 丸山俊朗，鈴木祥広（1998）：養殖排水の現状と水域への負荷―クローズド化への展望―（総説）．日本水産学会誌，**64** (2)：216-226．
14) 菊池弘太郎（1998）：循環ろ過養魚のための水処理技術（総説）．日本水産学会誌，**64** (2)：227-234．
15) 吉野博之，Gruenberg DE，渡部 勇，宮島克己，佐藤 修（1999）：ペヘレイの閉鎖循環式養殖による水質変化と浄化機構．水産増殖，**47** (2)：289-297．
16) 吉野博之（2001）：閉鎖循環式養殖システムのメリットと開発課題．アクアネット，**4** (10)：28-33．
17) 伊藤克彦（1994）：環境にやさしい増養殖．水産と環境（清水 誠編），水産学シリーズ104．pp.19-28，恒星社厚生閣．
18) 平田八郎（1994）：環境調和型養殖システムの必要性―その理論と実際．養殖，**31** (11)：60-64．
19) 山内達也，松田宗之，山崎繁久，平田八郎（1994）：マダイとアナアオサ変異種の還元給餌型養殖．養殖，**31** (12)：68-71．
20) Neori A and Shpigel M (1999)：Using algae to treat effluents and feed invertebrates in sustainable integrated mariculture. *World Aquaculture*, **30** (2)：46-49．
21) 門脇秀策（2001）：環境保全型養殖をめざした21世紀の海づくり，魚づくり，人づくり．第16回海洋工学シンポジウム，pp.1-6，日本造船学会．

10.4 農地からの窒素負荷削減対策

地球は現世代の人間だけのものではなく，次世代さらにその後に続く世代の人達の地球でもある．祖先から引き継いだ緑豊かな地球を健全な形で永続するものとして次世代に渡すことがわたしたちの責務である．しかし，現在，地球環境が大きな問題となっているなかで，特に，農業地域では，水質汚染にかかわる種々の問題：河川や湖沼の水質悪化，灌漑用水や工場排水の汚染，下水処理や畜産排泄物，そして農地からの化学物質の流出などが生じている．こうした地域では，人間活動の活発化に伴い，農地，工場，市街地などから流出した汚染物質を含んだ灌漑用水が使用されている．

その汚染水は大量の硝酸態窒素を含んでいることが多い．硝酸による汚染水は飲用水として，メトヘモグロビン血症や中毒の原因となる．他方，肥料はこうした窒素でできており，作物は肥料で与えられた窒素を吸収して育つので，窒素は農業には必要不可欠の物質である．しかし，多すぎると農業だけでなく人間生活にも悪影響を及ぼす．農村のなかで窒素を効率よく活用すること，農村のなかで窒素をうまく循環させることが重要である[1]．

本節では，農地農村での水質保全および水質改善対策について述べるとともに，窒素を中心とした水質に関する種々の現象を説明し，わが国のような水田農業主体の農業地域での水田を活用した窒素負荷削減対策について述べる．

10.4.1 農村における地下水の硝酸汚染

a. 森林と農地

1992年にブラジル・リオネジャネイロで開かれた国連環境会議（地球サミット）を契機として，健康な地球を次の世代に継承するための条約や行動計画が各国で討議されている．二酸化炭素など温室効果ガスによる地球温暖化，熱帯林の消失などに伴う固有生物種の絶滅，酸性雨とそれによる森林破壊，猛烈な勢いで進行する砂漠化，食糧不足と人口問題など，地球規模で取り組まなければならない問題が山積している．しかし，現実には国境があり，解決に向けて，深刻な利害関係の対立が生じている．

その典型的な例が森林保全である．地球環境保全の立場からすれば，これ以上の森林面積の減少は，極力食い止めなければならない．しかし，途上国にすれば，農地開発や森林資源利用への拘束となる．1997年のブラジルの森林面積は約65％，インドネシア61％，マレーシア47％，米国23％，イタリア22％，オランダ9％である[2]．先進国は早々に森林を伐採し，農地に変えてきたわけであるが，近年，途上国に森林伐採を抑制するよう要望する一方で，先進国，特にEU諸国では森林増大が進められている．それは主として，水質保全の立場からである．森林が農地に変わると，農地で使用される農薬や肥料，特に肥料の主成分である窒素が地中に浸透して地下水を汚染する．その結果，飲用水源が汚染されるので，飲用水源地帯では農薬だけでなく肥料の規制や森林伐採防止が行われ，さらに農地から森林へ

10.4 農地からの窒素負荷削減対策

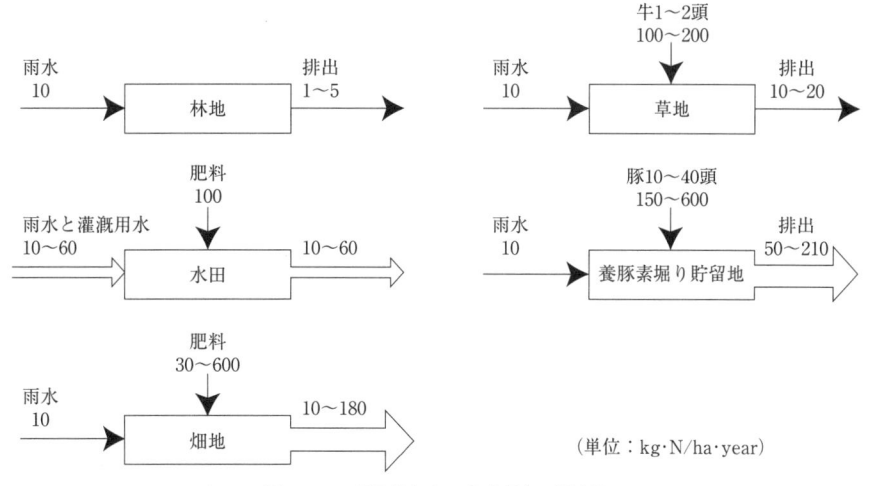

```
雨水              排出              雨水      牛1～2頭        排出
10    → [林地] → 1～5           10      100～200      10～20
                                       ↓
                                → [草地] →

         肥料                              豚10～40頭
         100                               150～600
雨水と灌漑用水 ↓                   雨水       ↓         排出
10～60  → [水田] → 10～60         10   → [養豚素堀り貯留地] → 50～210

         肥料
         30～600
雨水      ↓
10   → [畑地] → 10～180
```
(単位：kg·N/ha·year)

図10.11 農林地からの窒素収支の概略値

b. 欧米諸国の対策

農地に施肥された化学肥料中の窒素は，畑地では酸化的条件なので硝酸に変化する．堆肥や畜産排泄物中の窒素も分解されて，最終的には硝酸に変わる．硝酸は陰イオンなので土壌には吸着されにくく，雨水や灌漑用水に溶解して地下へ浸透しやすい性質を有している．そのため，作物や生物が吸収利用する以上の多量の窒素を畑地に供給すると，硝酸による地下水汚染が生じる．

欧米諸国では農業集水域での地下水の水質汚染，特に硝酸汚染による被害は甚大であるため，農業と環境に関連したさまざまな施策が実行されている．米国では農業における環境保護措置の拡大，強化を行っている．危険な農薬を使用した場合の記帳義務や農薬・肥料の使用削減を盛り込んだ水質保全奨励計画がある[3]．そして湿地の保全が強く打ち出されている．米国の農業地域では湿地が農地への転換などによって急激に減少しているが，それを自然環境の保全，治水，そして水質保全の立場から強力に保持していくために「湿地罰則」という制度を設け，湿地を減少させると国からの財政援助が受けられなくなるペナルティが課せられるようになっている[3]．

EU諸国の農業地域，特に山地や森林の少ない地域での硝酸汚染は深刻である．その典型的な例がオランダである．山地がほとんどない平坦な国土，そして世界有数の畜産，さらに国土を流下する代表河川であるライン川の窒素濃度も上流諸国の排水が原因で異常に高い．このような悪条件のなかで，オランダ政府が畜産排泄物の管理や施用について厳格な規制を始めている[4]．ドイツでも畜産排泄物に起因する広大な地域の地下水が硝酸に汚染されているが，飲用水源を地下水に依存している地域では，農薬や肥料の規制が進められている[4]．また，EU各国では一般的に減農薬，減肥料の粗放農業や有機農業が推奨され，そのための補助金が出されている[4]．

c. 日本の農村での硝酸汚染

近年，広大な農耕地帯で飲用水源を地下水に依存している地域や集水域に都市や農耕地帯が多い湖沼，貯水池，また，森林面積の少ない地域，畜産場あるいは多肥の野菜畑や果樹園，茶園などが集中している地域では部分的に高い濃度の硝酸態窒素が出現している．そうした地域の地下水や地表流出水の硝酸汚染には十分な注意が必要である．

硝酸汚染の原因となる窒素の移動について述べる（図10.11）[5]．現在，雨水には大気汚染が原因で，窒素がかなり含まれている．雨水に含まれる窒素は土地面積1haあたり年間約10kgになる[6]．以下では，これを10kg·N/ha·yearと表記する．ところが，林地から流出される窒素は1～5kg·N/ha·yearという値である[7]．もちろん10とか5とか，非常におおまかな値で，調査すると細かく異なってくるが，林地からはこのように10kg·N/ha·yearが1～5kg·N/ha·yearになって減少して流出する．つまり，林地は窒素について浄化能力を有していることになる．このことが日本の山地の河川水を非常にきれいに保っている．ただし，豪雨の際には，山

地からの土壌流出に伴い，土壌中に吸着あるいは保持されている窒素が河川に多く流出することがあるので，年変動には注意が必要である[8]．

他方，畑地では肥料を投入するので，雨水の 10 kg・N/ha・year だけではなく，作物や生物に吸収利用されなかった肥料中の窒素も流出される．さらに，畑作物によって施肥量もまったく違うので，窒素の流出量もさまざまである[9-16]．このなかで問題になるのは野菜畑である．野菜畑は多肥で，水田の5～6倍くらいの施肥量である．特に，高原地帯のセロリ畑では，600 kg・N/ha・year という大きな値になる．溶脱量の施肥量に対する割合を「溶脱率」というが，日本の畑地土壌における硝酸態窒素の溶脱率は 20～30% である[5]といわれているので，たとえば，多肥の畑地の年間窒素施肥量を 500 kg・N/ha・year とし，その 30% が硝酸態窒素として溶脱したとすれば，溶脱量は 150 kg・N/ha・year になる．その地域の降雨や灌漑による年間浸透水量（年降水量から年蒸発散量と年地表流出水量を引いた水量）を 1000 mm とすると，その水量は土地面積1 ha あたり 10000 m³ になる．この水量に 150 kg の溶脱量が溶解したとすれば，硝酸態窒素の年平均濃度は 15 mg/l となる．これは硝酸態窒素濃度の環境基準値約 10 mg/l を超える値である．これより，多肥の畑地や樹園地では，農村地域全体の窒素負荷量を考慮した栽培計画や施肥計画が必要であることがわかる．一方で，台地上に畜産場のある地域での地下水の硝酸態窒素濃度が 50～100 mg/l という大きな値になっていた所もある[17]．多頭飼育によって排出された畜産排泄物を畜産農家の所有農地への堆肥として使用しきれなくなり，その余剰分の畜産排泄物を野積みしたり，あるいは地面を掘って作られた素掘り貯留池に貯留した結果，地下に浸透した畜産排泄物中のアンモニア態窒素が硝酸態窒素に変化し，地下水に流入したためである．この場合，作物による吸収がないため，地下水の硝酸態窒素濃度が畑地よりも高い傾向にある．そして，地下水へ流入後，低地へ流出し河川を流下していくことになる．

EU諸国の農業地域において硝酸汚染が非常に深刻である理由は，日本と比べると林地が少なく，もちろん水田もほとんどない．大部分が畑地で，さらに畜産が加わったためである．つまり，多肥でしかも畜産の多い地域であるため，地下水の硝酸汚染が起きたわけである．

10.4.2 水田機能を活用した窒素負荷削減対策
a. 水田からの窒素の流入と排出

水田は畑地や畜産とは本質的に異なる．それは雨水のほかに人工的な灌漑用水が大量に投入されるからである．日本の年平均降雨量は約 1800 mm であり，それに加えて水田は年 2000 mm を超える水量が灌漑によって供給されるが，一方で，排水（地表排水と地下への浸透水）もその分多いことになる．このように大量の水が動くので，水田から窒素がかなり出ているのではないかと，当初は疑われていた．そこで，灌漑期での水田の窒素量を精密に測定し，そして日本全国の調査結果をまとめた結果，灌漑用水と雨水によって供給された窒素の量（流入負荷量）と排水された窒素の量（排出負荷量）ともに，10～60 kg・N/ha・year の値を示した（図10.11）[5]．調べる水田によって結果が異なっていたのである．

図10.12は，1作期の水田の流入負荷量を横軸にとり，排出負荷量を縦軸にとったものである[5]．日本各地の実測した値は，広く散らばっているが，全体的に比例的な関係があり，1：1の斜線の周囲に集まっている．これは，流入負荷量が増加すれば，排出負荷量も増加するということである．つまり，大量に灌漑用水を消費する水田は，流入負荷量が大きくなるが，同時に，排水量も大きくなるので排出負荷量も増える．干拓地の水田がこれに属する．また，節水や循環灌漑をしている水田は灌漑用水量も排水量も小さくなるので，窒素量も小さくなり，図10.12では原点に近い場所に位置する．

水田の環境への影響を評価する場合，排出負荷量だけで評価するのは適当ではなく，排出負荷量と流入負荷量との差で評価を行う．この差を「差し引き排出負荷量」という．流入負荷量が排出負荷量よりも大きい場合，つまり差し引き排出負荷量がマイナ

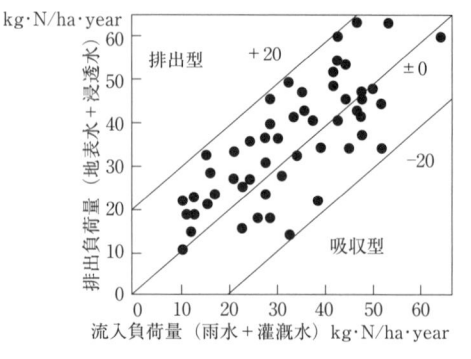

図10.12 水田における窒素の流入と排出

スの場合には，水田が流入した窒素を減少させていることになり，この水田を「吸収型」という．これは窒素が水田を通過する間に吸収除去されたことを示し，水田が浄化していることになる．逆に，排出負荷量が流入負荷量よりも大きい場合，差し引き排出負荷量がプラスの場合には，水田が窒素を排出していることになり，このような水田を「排出型」という．図10.12の1：1の斜線よりも右下の点は，差し引き排出負荷量がマイナスの水田，吸収型である．同様に，左上の点がプラスの水田，排出型である．吸収型には，都市近郊で汚濁水を灌漑用水に使っている水田が多く，排出型には扇状地や台地上などにある浸透が大きい水田，そして大量に取水する水田が属する．図10.12からわかるように，差し引き排出負荷量は±20 kg/haの範囲に水田が収まっている．水田の数としては吸収型と排出型がほぼ半々である．したがって，水田に関しては，ある水田は浄化側に回っているし，またある水田は逆に汚染側に回っているということになる．排出型の水田を吸収型に変えるにはどうしたらよいだろうか．

b．水田からの窒素排出を防止するための水管理と施肥管理の方法

水管理と施肥管理の視点から，水田での窒素排出を防止する方法は4つある．

（1）地表からの窒素流出を極力防止する．特に，元肥などの施肥直後に落水しないこと，掛け流しをしないことである．田越し灌漑を行っている水田では，最末端の水田からの流出をできる限り少なくするために節水する．また，代かき後に，濁った水田表面水を地表排水させないことである．代かき後，数日間の水田表面水には懸濁水として作土が多く含まれており，その土粒子には窒素やリンなどの栄養塩が吸着されているからである．

（2）施肥方法を改善する．元肥後の田面水濃度を低く保つために土層に施肥するか，一度に施肥をするのではなく何回かに分けて施肥する．しかし，施肥の手間がかかるので，緩効性肥料の使用が期待されている[18-21]．近年，田植機に肥料アプリケータを付けて，移植と同時に土中に施肥する施肥田植機が考案され，肥料の損失と施肥の労働時間を少なくするなどの効果を上げている．また，緩効性肥料を育苗箱内に全量施肥する方法も有効である．なお，緩効性肥料には多くの種類があるが，そのひとつが被覆肥料である．肥料は硫黄や樹脂で被覆されているが，被覆表面には内部へ通じる小さい穴が空いており，その穴から肥料成分がゆっくりと溶解していく．

（3）浸透流出を防止する．畦塗りや代かき，突き固めや客土が有効である[22]．作土が砂質土あるいは集積した団粒土壌の場合には，代かきでは効果がない．この場合，客土あるいは突き固めが採用される．このうち，客土については，客土に用いる土壌である河川の沖積土あるいは安山岩が対象水田の近くになければ，運土のコストが高くなり，一般的に困難である．したがって，多くの場合，比較的コストの低い突き固めによる耕盤の造成が有効である．なお，畦が突き固め工法による強固な構造で造成されていれば，畦浸透はほとんど起こらないので畦塗りは必要ない．

（4）水田群における流出を防止する．これは地域全体の水田群としての対策である．排水を下流の水田で再び灌漑用水として利用する反復利水や地区全体に再利用する循環灌漑を行う[23]．過度の灌漑用水量は必ず大量の排水となり，肥料の流出に結びつきやすいので節水も必要である．しかし，前述したように，灌漑用水が汚濁している地区では浄化の役割を果たすことがあるので，灌漑用水量が大きいことを非難するわけにはいかない．その点，循環灌漑は，排水路へ流出した窒素を再び水田へ戻すことにもなるので，節水の面だけでなく水質保全の面からも大きな効果がある．

こうした水管理や施肥方法の改善と浸透防止策によって水田の排出負荷量をかなり減らすことができ，排出型を吸収型に変えることも可能である．

最後に，付け加えると，このような改善策を行わない排出型の水田でもせいぜい50～60 kg・N/ha・year程度しか窒素は出ない．それに対して多肥の野菜畑は180 kg・N/ha・year程度の窒素が出てくるので，その点でも水田と畑地は異なる．日本では水田は広い面積で存在し，森林～畑～水田という三者で構成されている土地利用構造を有している．しかも，水田は地形上低位部に位置し，高位部には畑地があるという所が多い．その地域では高位部で発生した窒素を低位部の水田で除去している．こうした自然の地形連鎖によって窒素が除去されている．

1）水田による窒素除去の働き　イネは肥料で与えられた窒素を吸収して大きく育つ．この窒素の形態は主にアンモニアである．アンモニアは作土中の粘土に吸着され，徐々にイネに吸収利用される．一部のアンモニアは，表面水中にいる水草類や藻類

に吸収されるか，または表面水中や土壌表層に生息する硝化菌によって酸化され硝酸になる（硝化作用）．硝化菌とは十分に酸素がある条件下でアンモニアを酸化することによって，エネルギーを得ている微生物である．通常，日中では水草類や藻類が光合成によって酸素を放出しているので表面水中の酸素は過飽和になっている．さらに，硝酸は作土層を通過（移流または拡散）する過程でイネに吸収されるか，または還元層内で脱窒菌に酸素をとられ，窒素ガスとなり空気中に放出される（脱窒作用）．

このように，表面水中ではアンモニアの獲得をめぐって，植物と硝化菌は競争関係にある．しかし，一般には，植物によるアンモニア吸収能の方が硝化作用に優るので，施肥されたアンモニアは硝酸に変化しにくい．また，アンモニアと硝酸が共存する場合，植物はまずアンモニアを吸収し，これがほぼ消失した時点で，硝酸を吸収し始める[24]．いずれにしても，普通にみられる水田はこうしたシステムが作用する条件が整っているので，硝酸やアンモニアは地下水帯に到達しない．

硝酸やアンモニアが地下水に到達する水田とはどういう水田であろうか．その一つは漏水田である．植物による吸収速度あるいは脱窒菌による脱窒速度よりも速い速度で地下水まで水が浸透してしまう場合である．もう一つは地下水位が低く，下層土が水で飽和されずに不飽和浸透が行われている，畑地に近い水田である．

水田では，水深が浅く，太陽光が水底まで届くため，底質に付着する形で，アオミドロなどの糸状性藻類が生育する．また，イネやその他の水草類などの茎や葉が生長する過程で，表面水との接触面積を増やし，水中の茎や葉に絡まる形で糸状性藻類などの量も増えていく．この糸状性藻類などは浮遊している物質を捕捉しているので，水田の水質浄化能力はさらに向上する．

2）水田に期待される窒素除去の方法　水田の水質浄化作用にかかわる個々の作用の強さは，流入する窒素成分の形態は何か，浮遊物質が多いか少ないかなどによって異なる．また，水深や滞留時間，浸透強度，土壌中のバイオマス量によっても異なる．さらには，水温や日射などの気象条件によって，季節的に，かつ，1日の間でも昼夜によって異なる[25]．

水田の窒素除去方法を大きく2つに分けると，表面滞留中に浄化する表面流方式と根茎部を通過させて浄化する浸透流方式がある．多くの水田ではこの両者が働いている．しかし，谷地田のような低地に位置する水田には鉛直方向に浸透がないので，表面滞留方式のみとなる．

谷地田とは，台地に入り込んでいる浅い谷や沢に作られた水田である．谷津田ともいう．つまり，丘陵地帯や台地からしみこんだ雨水が再び出てくる低い所に位置する水田のことをいう．この地域の農村では，台地上に野菜畑や畜産が集中し，低地には水田という所が多い．30 mg/l 前後の高い硝酸態窒素濃度が年間にわたって谷地から湧出され，それが水田のなかに流入された所もある[26]．一方で，谷地田が水田として機能していれば，その汚染水は水田の浄化作用でかなりきれいにすることができる．その実態を精密に調べた結果が図 10.13 である[27]．

調査地域は，台地が 57.1 ha と谷地田 9.7 ha からなり，台地上には林地 33.7 ha と畑地 20.7 ha がある．台地から谷地田の栽培水田に流出される窒素量が年間 2840 kg であり，谷地田を通過後，年間 2380 kg になっていた．すなわち，1年間で減少したのは 580 kg である．これを栽培水田 1 ha あたりに直すと，419 kg 流入し，339 kg 流出されたので，80 kg 減少したことになった．しかも，その 88% は夏の灌漑期に除去された量であった．通常の水稲作に使用する窒素施肥量は 100 kg/ha·year であるので，栽培水田の減少量が 80 kg·N/ha·year ということは，施肥量に匹敵する量が減少したことになる．実際，この栽培水田には窒素肥料は施用されていない．施用すればイネの丈が大きくなり，倒伏しやすくなるからである．

谷地田は道路も整備されていない，区画も小さい，機械も使えないという条件の悪い所にある．農家は幾代にもわたって谷地田を築き守ってきたが，現在，こうした水田が休耕または放棄されて荒れていっている．水質保全を自然に行っている水田が放棄されている．水田が荒廃し放棄されれば，治水機能を損なって洪水を起こす，水資源涵養を損なう，さらに水質の悪化を引き起こす．そして地下水と湖沼の汚染となってあらわれ，結局は都市の方にも被害が及ぶわけである．わたしたちは谷地田こそ水質保全地域，水質保全田として評価し，保護し，整備していく必要がある．

c. 水田の窒素除去機能を最大限に活用する方法

水田の窒素除去機能を最大限に活用する方法として，3つの考え方がある．

一つめは，収量はどうなっても構わないという考

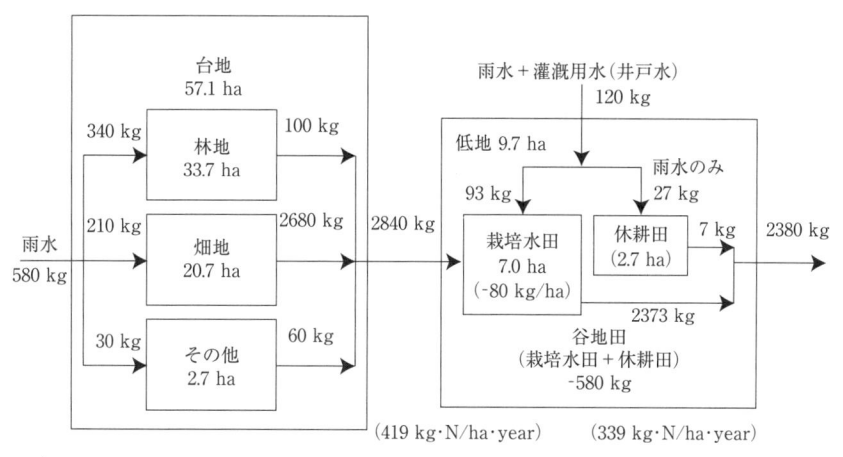

10.4 農地からの窒素負荷削減対策

図10.13 小集水域における窒素の流れの一例

え方である．前述したように水田では年間100kg·N/ha·year程度の除去は可能である．しかし，営農を考慮すれば，実現することは困難であろう．

二つめは，休耕田の利用である．現在，谷地田では休耕田が増加して荒地化し，湛水される水田の面積は減少していく一方である．こうした休耕田を湛水させて，水生の花卉植物，たとえばカキツバタなどやその他の有用植物，たとえば飼料イネ（モミと茎葉を分けずにホールクロップとして乳牛や肉用牛のエサにするイネ），クレソンやイグサなどを栽培すれば，農家に経済的利益をもたらすことができる．湛水しているので，農家はいつでも普通の稲作に復帰できるというわけである．実際，高い濃度の硝酸態窒素を含んだ畑地からの湧水を灌漑した谷地田の休耕田で，年間で800 kg·N/ha·yearの窒素除去ができたという事例もある[28]．さらに，窒素除去量が硝酸態窒素濃度に比例することが明らか[29]となり，それにもとづく解析も行われている[30,31]．また一方で，市町村が休耕田を農家から一括買い上げて，共同営農のようなことをやるとか，谷地田を活用した自然公園を作ったという事例もある[32]．

三つめは，汎用農地の水田利用である．汎用農地とは，水田の多面的利用の基本条件として，隣接する農地に影響を与えることなく，農地の水を自由に制御でき，地下水位も自由に操作し，作付け農作物も農家が自由選択の権利を獲得している農地構造を有した農地である．耕地組織が一体化しており，営農するうえで理想的な農地でもある．汎用農地を水田として利用する場合，その農地を汎用化水田といい．次に，汎用化水田を利用した水質浄化試験[33]について紹介する．

1）汎用化水田を利用した水質浄化試験 この試験は，実際に水稲栽培を行っている汎用化水田で，地表排水をまったく行わずに暗渠施設を活用することで，灌漑用水が強制的に土層内を通過する状況を作り，汚れた湖沼を水源とする灌漑用水が水田土層中を通過する過程での水質浄化機能について検討したものである．暗渠とは，田面や作土中の水を排水路に流れやすくし，水田内の地下水位を速やかに低下させるために，深さ1m程度の土中に埋められた土管や塩ビ管である．この試験水田では，暗渠位深からの浸透量と畦からの浸透量がほぼゼロであったので，水田系外には暗渠のみからすべて排水されることとなった．

その結果，灌漑期間にわたって，暗渠排水の全窒素濃度は大きな変動はなく，灌漑用水よりも低い濃度であった．水田での窒素収支は，灌漑用水から33 kg·N/ha·year，雨水から2 kg·N/ha·year，肥料から51 kg·N/ha·year流入し，水稲へ81 kg·N/ha·year吸収され，暗渠から19 kg·N/ha·year流出した．水稲吸収量に比べて施肥量が少なく，全体の収支としては14 kg·N/ha·yearの持ち出しであった．一方，雨水と灌漑用水を合わせた流入負荷量が35 kg·N/ha·yearで，排出負荷量が19 kg·N/ha·yearであり，差し引き排出負荷量は−16 kg·N/ha·yearとなった．暗渠浸透による窒素の減少量は46％であった．他方，土壌に存在するFeなどの金属が暗渠から溶脱した．全鉄の流入負荷量は12 kg/ha·yearに対して，排出負荷量は303 kg/ha·yearであった．

また，この年の水稲収量は 5460 kg/ha で，前年よりも 300 kg/ha 増であった．気象などによる差とも考えられるので，単純に比較はできないが，市全体のその年の平均収量は 4920 kg/ha であり，前年よりも 260 kg/ha 増であるので，少なくとも本方式による収量悪化はないと考えられる．したがって，汎用化水田において，灌漑期間でかつ施肥後 1 週間以外の期間に暗渠を開け，20 mm/day 程度の浸透水量になるように調節することで，ある程度の水質浄化と収量増が期待できることが明らかとなった．他方，代かき後に田面水の窒素濃度が高くなる元肥施肥期間中（施肥後 1 週間）においては，水稲生育に悪影響を与えず，同時に水質環境の保全にも貢献できる浸透強度は，約 10 mm/day であることを室内実験から試算した[34]．

2) 暗渠水利用法　水田からの暗渠排水をウシの飲用水に供給しはじめてから，ウシの受胎率が良好になったという事例を岩手県江刺市在住の篤農家が報告している[35]．

前述した通り，暗渠排水中には多くの鉄分が含まれている．ウシは 1 日に 30〜40 l の水を飲むが，家畜も人間と同様に鉄分の補給が必要だと思いつき，暗渠の地下水を利用することにしたという．この水を飲んだ家畜は，人工授精の受胎率はきわめて良好で，一回で種つけが成功するほどであった．当初，8 頭の繁殖牛を飼育していたが，毎年，8 頭の子ウシに恵まれているという．

水田排水中には残留農薬の影響が懸念されるが，暗渠排水の水は水田の土層でろ過されている水である．水田湛水の表面水とは異なる．安心してウシに供給できるし，水も無料である．しかも家畜用水への給水労働時間がかからない．水田とは，素晴らしい土の構造体ともいえる．

おわりに

環境について強調すると，「いっそのこと日本の農地を森林に回帰すればよい」といわれることがある．確かに環境上は有効である．しかし，人類には食料を農地から得るという大前提がある．食料は外国から輸入すればよいという意見もあるが，食料生産と環境保全を両立させる農業という至難の仕事を他国に押し付けて，大量の食料を永遠に輸入し続けていられるだろうか．経済面だけでなく，道義的にも難しいだろう．やはり，わたしたちは国内で食料を安定的に生産しながら，かつ環境にやさしい農地，さらには環境にプラスになる農地を確保しておかなくてはならない．水田はそのような理想的な農地になる資格を十分に備えている．

他方，農地とはそもそも作付けが自由な土地である．しかし，米価の相対的優位性もあるが，農地土壌の漏水量が過大となる「土壌内に卓越する根成孔隙（植物の根が作った太い毛管間隙）の存在[36]」，灌漑用水のかけ引きが自由にできない「水管理の未整備[37]」および，作付け農作物によるブロック化ができない「農地の区画整理・集団化の不徹底[38]」といった農地条件の制約が，作付け農作物を規定しているのが現状である[39]．こうした制約が克服されているのが汎用農地であるが，今後，汎用農地において，施肥量を制限せずにどんな作物を栽培しようと，農地一筆単位での窒素の排出負荷量を削減する方法，さらにその排出負荷量を「森林からの自然負荷量程度」にする方法の確立が望まれる．森林からの流出水には河川水を希釈する効果がある[40,41]ので，汎用農地からの窒素の流出水濃度が森林からの流出水濃度と同程度になれば，さらに大きな希釈効果が期待できる．加えて，農薬の使用を軽減しても安定した収量を得ることができる農法を確立しなければならない．農家が永遠に自立できる農業を実践できる農地こそが，水と緑，土壌を守り，人の健康を守ることになるからである．　　〔石川雅也〕

文献

1) Ishikawa M and Tabuchi T (1998): Practical approach to water quality improvement in agricultural areas 〜 soil and water engineering with practical application (1). *Agricultural Mechanization in Asia, Africa and Latin America*, **29** (4): 43-52, p.55.
2) FAO Production Yearbook, Vol.54, (2000).
3) 勝山達郎 (2001): アメリカ合衆国における農村環境整備，2. 地域政策と環境政策．農業と環境の調和をめざして―欧米の農村環境整備―, pp.154-162, 農業土木学会．
4) 佐藤洋平 (2001): 統合的管理をめざす農村環境整備．農業と環境の調和をめざして―欧米の農村環境整備―, pp.2-12, 農業土木学会．
5) 田渕俊雄, 高村義親 (1985): 集水域からの窒素・リンの流出, pp.38-129, 東大出版会．
6) 田渕俊雄, 高村義親, 鈴木誠治 (1979): 雨と雪の中の窒素とリン．水温の研究, **23** (1): 13-22.
7) 黒田久雄, 田渕俊雄, 菊池英樹, 鈴木正道 (1991): 森林小集水域における流出水の濃度と流出負荷．農業土木学会論文集, **154**: 25-36.
8) 國松孝男, 須戸幹 (1993): 山地河川の窒素・リン・COD の濃度とその変動特性．農業土木学会論文集, **166**: 35-44.
9) 桜井善雄 (1975): 農地排水による河川および地下水の汚染．農業土木学会誌, 43: 14-20.
10) 小川吉雄, 吉原貢 (1979): 畑地からの窒素の流出に

関する研究．茨城農試特別研究報告，4号：1-71．

11) 長谷川清善，奥村茂雄，小林正幸，中村　稔（1985）：茶園・水田連鎖地形における富栄養化成分の行動．滋賀県農試研報，**26**：34-41．

12) 日高　伸，伊藤　信（1987）：荒川扇状地における地下水水質の実態解析と調査法．埼玉農試研報，**42**：61-84．

13) 福島忠男，河村宜親（1989）：急傾斜樹園地における栄養塩類の流出特性に関する調査研究．農業土木学会論文集，**142**：75-83．

14) 竹内　誠（1997）：農耕地からの窒素・リンの流出．土肥誌，**68**：708-715．

15) 中曽根英雄，山下　泉，黒田久雄，加藤　亮（2000）：茶園地帯の過剰窒素施肥がため池の水質に及ぼす影響．水環境学会誌，**23**（6）：374-377．

16) 武田育郎，國松孝男，木原康孝，森也寸志（2002）：茶園小流域からの窒素，リン，COD の排出負荷量の推定．水環境学会誌，**25**（9）：565-570．

17) 志村もと子，田渕俊雄（1996）：養豚飼養頭数密度と河川水窒素濃度との関係．農業土木学会論文集，**181**：17-24．

18) 尾崎保夫（1990）：農耕地からの窒素負荷の削減．用水と廃水，**32**（10）：27-35．

19) 早瀬達郎（1991）：肥料窒素の溶脱と緩効性肥料（1）．農業および園芸，**66**（4）：505-508．

20) 早瀬達郎（1991）：肥料窒素の溶脱と緩効性肥料（2）．農業および園芸，**66**（5）：615-622．

21) 早瀬達郎（1991）：肥料窒素の溶脱と緩効性肥料（3）．農業および園芸，**66**（6）：737-740．

22) Inoue H and Tokunaga K（1995）：Soil and water management. Paddy Fields in the World（Tabuchi T and Hasegawa S eds），pp.303-325, JSIDRE.

23) 久保田治夫，田渕俊雄，高村義規，鈴木誠治（1979）：湖岸水田の水収支と物質（N, P）収支．農業土木学会論文集，**84**：22-28．

24) 端　憲二，串田　薫，諸岡　稔（1987）：土水路とコンクリート水路の水質浄化能．農業土木学会大会講演会講演要旨集，434-435．

25) 端　憲二，石川雅也，鈴木光剛（1996）：湿地における窒素除去機能〜湿地模型を用いた浄化試験．農業土木学会誌，**64**（4）：21-26．

26) 黒田清一郎，田渕俊雄（1996）：野菜畑地からの硝酸態窒素流出特性に関する研究（1）．農業土木学会論文集，**181**：31-38．

27) 田渕俊雄，黒田久雄（1991）：台地と谷津田の農業集水域の窒素流出構造．農業土木学会論文集，**154**：65-72．

28) 田渕俊雄，篠田鎮嗣，黒田久雄（1993）：休耕田を活用した窒素除去の試み．農業土木学会誌，**61**（12）：19-24．

29) 田渕俊雄，末正奈緒希，高梨めぐみ（1987）：水田湛水による硝酸態窒素の除去試験．農業土木学会誌，**55**（8）：53-58．

30) 田渕俊雄（1998）：水田除去機能付き窒素流出モデル—農業集水域の窒素流出解析に関する研究（1）—．土壌の物理性，No.78：11-18．

31) 田渕俊雄，黒田久雄，志村もと子，黒田清一郎（1998）：窒素流出モデルの農業集水域への適用と問題点—農業集水域の窒素流出解析に関する研究（2）—．土壌の物理性，No.78：19-24．

32) 田渕俊雄（1999）：世界の水田 日本の水田，山崎農業研究所，pp.202-205，農文協．

33) 石川雅也，田渕俊雄，山路永司，中島　淳（1992）：暗渠浸透による水田の水質浄化試験—水田土層の水質浄化機能に関する研究（Ⅰ）—．農業土木学会論文集，**159**：81-89．

34) Ishikawa M, Tabuchi T and Yamaji E（2003）：Clarification of adsorption and movement by predicting ammonia nitrogen concentrations in paddy percolation water. *Paddy Water Environ*, **1**（1）：27-33.

35) 石川武男編（1994）：検証　平成コメ凶作，pp.126-127，家の光協会．

36) Tokunaga K（1988）：X-ray streoradiographs using new contrast media on soil macropores. *Soil Sci*, **146**, (3)：199-207.

37) 竹中　肇（1978）：畑地転換の意義．農業土木学会誌，**44**（12）：5-8．

38) 新沢嘉芽統，小出　進（1963）：耕地の区画整理，168-190，岩波書店．

39) Ishikawa M（1998）：Consolidation to Sustainable Farmland, pp.1-131, Bogor Agricultural University Press, Bogor, Indonesia.

40) 田渕俊雄（2003）：霞ヶ浦の水質保全と森林の重要性．用水と廃水，**45**（11）：39-46．

41) 田渕俊雄（2005）：湖の水質保全を考える—霞ヶ浦からの発信—，pp.101-111，技報堂．

11 用水処理

11.1 水環境保全を考慮した用水処理の考え方

11.1.1 用水水質と処理技術

各種産業で使用する用水への要求水質は業種により異なるため、種々の水処理技術が適用されている。また、使用水量によっても適用技術を考慮する必要がある。11.2節では代表的な産業分野で要求されている用水水質について紹介し、11.3節では用水処理で使用される代表的な技術を処理目的ごとに記載する。

用水処理技術の多くは排水処理や浄水処理と共通のものが多いが、現時点では用水処理特有といえる技術もある。かつては用水処理・浄水処理特有の技術であったものが排水処理へ応用されている場合や、逆に排水処理技術として発展してきた技術が用水処理に適用される場合もあることから、水に関与する技術として広く認識しておく必要がある。用水処理技術として主として使用されていた膜利用技術やイオン交換樹脂が、今では排水処理や浄水処理で広く使用され始めていることが、この一例といえる。

用水として要求される水質としては、以前は水の純度を上げることが主体であったが、現在では用途に応じて特定成分の処理を行う場合や、水の機能面に着目した用水の利用が増えてきている。11.3節に記載している、不純物を除去した純水に水素ガスを溶解して還元性をもたせた水を、洗浄対象物表面の微粒子除去に利用していることが、この一例となる。

なお、本章では用水と一言で表現をしているが、飲料製造用水のように直接的に製品として使用される場合、クーリングタワー用水のように直接製品に触れることなく完全に間接的に利用される場合、半導体製造用水のように製品の洗浄水として間接的に使用される場合など、さまざまな使用形態を包括的に含んで用水と記載している。

11.1.2 水環境保全を考慮した用水処理

産業用水として求められる水質を経済的に得ることができる技術を適用することが第一義であるが、昨今、用途に応じた水質を得るための適用技術の選定にも水環境保全の考え方が強く入ってきている。11.3節に記載している連続電気脱イオン装置では、従来のイオン交換樹脂法での純水製造で必要であった再生用薬品類の使用を実質的にゼロ化するとともに、排水への塩類の排出量を低減することが特長となっている。

本章では割愛しているが、産業用水を得る手段として、排水回収による水の再利用が重要な役割を担っている。排水の回収再利用の方法も、比較的純度の高い排水を未処理のまま他の工程で再利用する場合、排水回収のための水処理を行ってから再利用する場合とさまざまである。排水回収は、用水取水量の低減ひいては排水排出量の低減に大きく寄与するため、水環境保全が強く謳われる今日では広く実施されている。業種によっては排水回収率が90％程度となっている例もある。

本章で紹介する用水処理技術や産業分野で要求されている用水水質例は、ごく限られた範囲のものではあるが、紹介例に限らず、産業用水処理と産業排水処理は別の切り離されたものではなく、事業所全体での水の総合マネージメントの中で有機的な関連づけをもってとらえるべきものであることを念頭に置く必要がある。

〔明賀春樹〕

11.2 各種産業用水に求められる特性

11.2.1 クーリングタワー用水

クーリングタワー用水は，水道水（上水），工業用水および地下水を原水として供給・補給する．表11.1に散布水，循環水，補給水の基準値を示す．循環水は大気と遮断され密閉系統となっているため，使用中の水質が表11.1の基準値内であれば年1回程度の入れ替えでよい．散布水は蒸発による濃縮サイクルが短く大気との接触などにより水質が悪化しやすいため，水質基準値内で運転するようにするとともに，薬剤投入やブローダウンなどで対処する．

11.2.2 飲料製造用水

飲料製造用水は図11.1に示すように，原水を凝集・沈殿，ろ過して懸濁物を除去したうえで，塩素殺菌して貯留する．さらに，活性炭ろ過で臭気・塩素・有機物などを除去し，最終ろ過で微粒子を除去して飲料の製造プラントへ送水している．凝集・沈殿で必要に応じてアルカリ度の調整を行い，飲料の基準を満足する水を造り出している．

近年では原水中に，トリハロメタンなどの有機塩素化合物，クリプトスポリジウムなどの原生微生物が存在する可能性が高くなってきたため，その対策が必要になってきた．一方では，製品の多品種化に対応するため，製造用水にさらに高度な基準を要求されるようになってきた．

このような要求から，従来の凝集・沈殿，ろ過の代わりに，いわゆる膜処理を導入してきている．図11.2に膜処理を導入した処理フローを示す．RO膜処理では，原水中のトリハロメタンなどの有機塩素化合物，クリプトスポリジウムなどの原生微生物を除去するろ過機能があり，またアルカリ度などを除去する脱塩作用もあるため，高度な要求基準にも対応可能である．これによりすべて製品の製造用水として対応でき，あわせてメンテナンスの容易さ，薬

表11.1 冷却水の水質基準（日本冷凍空調工業会，1994）

項　目	冷却水系		閉回路循環水系	
	散布水	補給水	循環水 (20℃を超え60℃以下)	補給水
pH〔25℃〕	6.5〜8.2	6.0〜8.0	7.0〜8.0	7.0〜8.0
電気伝導率〔25℃〕	80以下	30以下	30以下	30以下
塩化物イオン（mgCl$^-$/l）	200以下	50以下	50以下	50以下
硫酸イオン（SO$_4^{2-}$/l）	200以下	50以下	50以下	50以下
酸消費量〔pH4.8〕（mgCaCO$_3$/l）	100以下	50以下	50以下	50以下
全硬度（mgCaCO$_3$/l）	200以下	70以下	70以下	70以下
カルシウム硬度（mgCaCO$_3$/l）	150以下	50以下	50以下	50以下
イオン状シリカ（mgSiO$_2$/l）	50以下	30以下	30以下	30以下

図11.1 処理フローの例

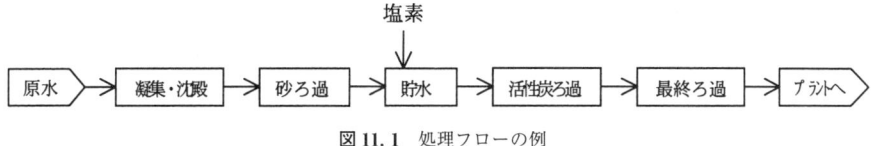

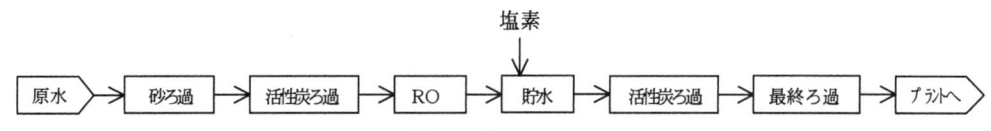

図11.2 膜処理を導入した処理フローの例

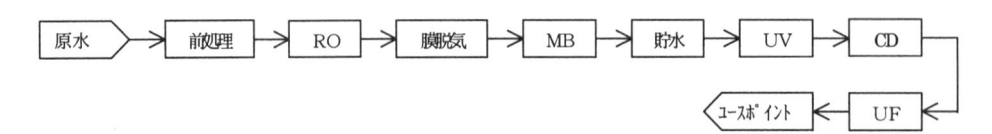

原水 → 前処理 → RO → 脱気 → MB → 貯水 → UV → CD → UF → ユースポイント

図 11.3 処理フローの例[4]

表 11.2 用途別工業用水要望標準水質

業　種	用途別	濁度 (ppm)	pH	アルカリ度 (ppm)	硬度 (ppm)	蒸発残留物 (ppm)	塩素イオン (ppm)	鉄 (ppm)	マンガン (ppm)
パルプ・紙・紙加工品製造業	冷却用	10	7.5	50	100	150	30	0.05	0.02
	洗浄用	5	7.5	30	30	100	10	0.05	0.02
	原料用	5	7	50	80	80	30	0.05	0.02
	温室調整用	2	7	50	50	100	10	0.05	0.02
	製品処置用	5	7.5	40	50	100	50	0.05	0.02

品の使用量低減も実現している．

11.2.3 半導体製造用水

半導体製造用水は，超 LSI の洗浄用水として使用されるため，あらゆる不純物を極限まで除去した水，いわゆる超純水が要求される．不純物としては，無機・重金属イオンはもちろんのこと，それ以外の水中に溶解ないし分散している微粒子，全有機体炭素（TOC），バクテリア，シリカなどがあり，さらに溶存酸素（DO）もウェハの酸化膜形成に影響を与えるため不純物となる．除去レベルとして，無機・重金属イオンは ppt（ng/l），微粒子は粒径 $0.03\,\mu m$，TOC および DO は ppb（$\mu g/l$）のレベルまで要求される．

超純水製造装置は，前処理装置，一次純水装置およびサブシステムから構成されており，図 11.3 に処理フローの一例を示す．近年では前処理装置には，除濁用の限外ろ過膜（UF）などが使用され，微粒子やコロイダル物質が効果的に除去されるようになった．一次純水装置は RO 装置，イオン交換装置，脱気装置，TOC 分解用紫外線酸化装置（UV）などで構成され，超純水に準ずる水質まで処理される．サブシステムは UV，非再生形イオン交換樹脂（CD），UF などから構成され，一次純水をさらに要求される超純水水質にまで高めてユースポイントに送水している．

11.2.4 紙・パルプ用水[1]

紙・パルプ工業は典型的な用水型工業で，他の産業が回収水の使用量が多いのと比べて新水の使用量が多く，また，用途別使用量でも，他の産業が冷却用水・温調用水が多いのと比べると，製品処理用水・洗浄用水の使用量が多いのが特徴である．さらに，紙・パルプ工業は地表水と伏流水をいちばん多く使用しており，全産業の半分以上を使用している．

紙・パルプ用水の水質基準として表 11.2 に示す「用途別工業用水要望水質」がある．用水の水質によっては製品に障害を与える．濁度は紙の白色度を低下させ，色度の高い用水は着色のため晒パルプや白色紙の製造に適さない．鉄・マンガンはパルプに強く吸着され，パルプや紙を変色させる．炭酸水素や水酸化物は，抄紙工程で使用される硫酸バンドと反応してアルミフロックを形成して紙の強度に悪影響を及ぼす．

紙・パルプ用水は，凝集・沈殿処理が一般的で，スラリー循環型凝集沈殿槽，スラッジブランケット型凝集沈殿槽，超高速凝集沈殿槽などが使用されている．凝集・沈殿処理のほかには，ろ過装置，イオン交換装置，脱気装置などが目的に応じて使用されている．

11.2.5 ボイラ用水

発電用ボイラおよびボイラの水質は，日本工業規格 JIS B 8223「ボイラの給水およびボイラ水の水質」に定められており，最高使用圧力により補給水の種類も（丸ボイラの一部を除き）軟化水およびイオン交換水と定められている．「軟化水は原水を軟化装置（陽イオン交換樹脂を充てんした）で処理した水または原水を逆浸透装置で処理した水」と定義され，

11.2 各種産業用水に求められる特性

表 11.3 ボイラ用水の代表的な処理方式[4]

方式	処理フロー	特徴
軟化装置	→ SC(Na) →	原水中の硬度成分（Ca, Mg）をナトリウム（Na）と交換する.
2床3塔式 (2B3T)	→ SC → Dg → SA →	最も一般的に用いられる．シリカの保証値により SA は I 型または II 型が用いられる．電気導電率 0.5 mS/m，シリカ 0.1 mg/l 程度
複床 2B3T 式	→ WC → SC → Dg → WA → SA →	原水中の塩類濃度が大きい場合に用いられていたが，近年では再生薬品の低減のため，一般的に用いられるようになった．電気導電率 0.1 mS/m，シリカ 0.02 mg/l 程度
混床式 (MB)(MBP)	→ SC + SA →	純度は高いが，処理量が小さいため，原水の通水量が小さい場合に用いられる 2B3T 出口にポリシャー塔として用いることが多い

SC（Na）：Na 型強酸性陽イオン交換樹脂，SC：H 型強酸性陽イオン交換樹脂，Dg：脱炭酸塔，SA：OH 型強塩基性アニオン交換樹脂，WC：H 型弱酸性陽イオン交換樹脂，WA：OH 型弱塩基性アニオン交換樹脂.

イオン交換水は「強酸性陽イオン交換樹脂と強塩基性陰イオン交換樹脂とを用いたイオン交換装置で精製した水」と定義されている．イオン交換装置，いわゆる純水装置の技術は，ボイラ用水の分野で発展し効率のよい再生方式が，イオン交換樹脂の発展とともに開発されてきた．表 11.3 に代表的な処理方式を示す．

当初の再生方式は，原水を通水と同じ方向に再生薬品を通薬する「並流式」再生方式であったが，通水と逆方向に再生薬品を通薬する「向流式」再生方式が開発され，再生薬品の低減に寄与してきた．さらに，近年では「向流式」再生方式に加えて，再生しにくいがイオン交換能力の優れた強酸性（強塩基性）イオン交換樹脂と再生しやすいがイオン交換能力の劣る弱酸性（弱塩基性）イオン交換樹脂を組み合わせた「複床式」が採用されるようになり，再生薬品量の 90% に相当する原水中のイオンの交換も実現している．

11.2.6 水産用水[2]

水産用水の水質は，水生生物保護のための環境の水質基準を決めたもので，水産用水基準と名づけられている．この基準は，自然水域に生育する水産動植物の正常な生息および繁殖を維持し，その水域における漁業が支障なく行われ，かつ，その漁獲物の経済価値を損なわぬための自然の環境条件を示したものである．したがって，自然水域に存在する物質の条件を十分検討し，適正な水産動植物を選定して漁獲，増養殖することとなる．水産用水は，原水から必要な水質の用水を造り出す水処理とは概念が異なり，あくまで自然水域を対象とすることに留意する必要がある．表 11.4 に水産用水基準を示す．

11.2.7 水族館飼育用水[3]

水族館の水処理は取水処理設備，展示飼育水処理設備，排水処理設備からなる．

展示水槽飼育水処理設備は，水族（魚類，海獣類など）の残餌や浮遊懸濁物を除去し，また飼育生物が排泄するアンモニアを微生物により分解することで展示水槽内の水を清浄にし，かつ，高い透明度を維持して健全な水族の生態を鑑賞させる重要な働きを担っている．展示水槽の水は図 11.4 に示すように，ろ過器による循環ろ過方式で浄化されており，さらに水温調整用の熱交換装置，水槽の溶存酸素を維持するための曝気装置，藻類や雑菌を除去するオゾン殺菌装置などで構成されている．ろ過器は砂ろ過が一般的で，次の役割がある．

残餌や飼育生物から排泄する浮遊物は，ろ過器の

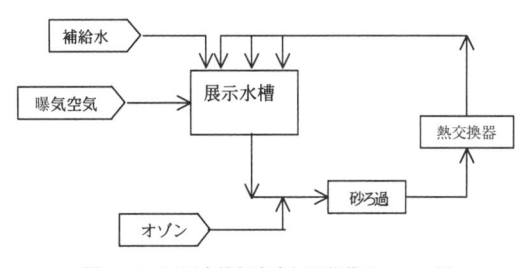

図 11.4 展示水槽飼育水処理設備フローの例

11. 用水処理

表 11.4 水産用水の水質基準

項目 \ 水域		淡水域		海 域
		河 川	湖 沼	
有機物	自然繁殖の条件	BOD 3 mg/l 以下 (サケ・マス・アユ 2 mg/l 以下)	COD$_{Mn}$ (酸性法) 4 mg/l 以下 (サケ・マス・アユ 2 mg/l 以下)	COD$_{OH}$ (アルカリ性法) 1 mg/l 以下 (ノリ養殖場 2 mg/l 以下)
	生育の条件	BOD 5 mg/l 以下 (サケ・マス・アユ 3 mg/l 以下)	COD$_{Mn}$ (酸性法) 5 mg/l 以下 (サケ・マス・アユ 3 mg/l 以下)	
全リン, 全窒素		全リン 0.1 mg/l 以下 全窒素 1 mg/l 以下	コイ・フナ 　全窒素　　1 mg/l 以下 　全リン　0.1 mg/l 以下 ワカサギ 　全窒素　0.6 mg/l 以下 　全リン　0.05 mg/l 以下 サケ科・アユ 　全窒素　0.2 mg/l 以下 　全リン　0.01 mg/l 以下	水産 1 種 (全窒素 < 0.3 mg/l, 　全リン < 0.03 mg/l) 水産 2 種 (全窒素 < 0.6 mg/l, 　全リン < 0.05 mg/l) 水産 3 種 (全窒素 < 1.0 mg/l, 　全リン < 0.09 mg/l)
溶存酸素 (DO)		6 mg/l 以上 (サケ・マス・アユ 7 mg/l 以上)		6 mg/l 以上 (内湾漁場の夏季底層 3 ml/l (4.3 mg/l))
pH		6.7〜7.5		7.8〜8.4
		・生息する生物に悪影響を及ぼすほど pH の急激な変化がないこと		
懸濁物質 (SS)		25 mg/l 以下 人為的に加えられるもの 5 mg/l 以下 ・嫌忌行動などの反応を起こす原因とならないこと ・日光の透過を妨げ, 水生植物の繁殖, 生長に影響を及ぼさないこと	貧栄養湖で, サケ・マス・アユなどの生産に適する湖沼[1)] 透明度 4.5 m 以上 懸濁物質 1.4 mg/l 以下 温水性魚類の生産に適する湖沼[1)] 透明度 1.0 m 以上 懸濁物質 3.0 mg/l 以下	人為的に加えられた懸濁物質 2 mg/l 以下 ・藻類の繁殖水位において, 必要な光度が保持され, その繁殖, 生長に影響を及ぼさないこと
着 色		・光合成に必要な光の透過が妨げられないこと ・忌避行動の原因とならないこと		
水 温		・水産生物に影響を及ぼすほどの水温の変化がないこと		
大腸菌群		大腸菌群数 1000/100 ml 以下 (生食用のカキの飼育 70/100 ml 以下)		
油 分		・水中には油分が含まれないこと ・水面には油膜が認められないこと		
有毒物質		・水中には農薬, 重金属, シアン, 化学物質などが, 有害な程度に含まれないこと		
底 質		・有機物などにより汚泥床, ミズワタなどの発生を起こさないこと		(乾泥として) COD$_{OH}$ 20 mg/g 以下 硫化物 0.2 mg/g 以下 ノルマルヘキサン抽出物 0.1% 以下
		・微細な懸濁物が岩面, または礫, 砂利などに付着し, 種苗の着生, 発生あるいはその発育を妨げないこと ・溶出して, 有害性を示す成分を含まないこと		

(注) 1) 自然繁殖および生育に支障のない条件.

ろ材層で物理的にろ過される. 高い透明度を維持するためには, 濁質や浮遊物の除去が重要であり, 少なくとも濁度を 1 度以下にする必要がある.

水族が発生する窒素化合物は, ほとんどが NH_4^+-N の形で水中に存在する. 水中の NH_4^+-N は好気性状態で硝化菌の働きにより亜硝酸へ移行し, その後, 硝酸へと変化する. アンモニアの存在は魚類にとっては致命的であるが, 硝酸は相当量許容されるようである. 水族館では通常この硝化作用は, 十分な溶存酸素により硝化菌が繁殖したろ過器のろ材層によって行われている.　　　　〔小山一行〕

文　献
1) 紙パルプ技術協会 (1992): 紙パルプ技術便覧, p.666.
2) (社)日本水産資源保護協会 (1995): 水産用水基準, p.1.
3) 山口勝信 (2002): 化学工学, **66** (4): 199.
4) (財)造水促進センター (1993): 造水技術ハンドブック, p.124, 541.

11.3 用水処理における単位操作技術

11.3.1 有機物除去技術
a. 活性炭吸着

活性炭は，比表面積が広大で吸着量の大きな疎水性の吸着剤である．水中の有機物，色，においなどを除去する活性炭吸着法は，用水処理においては，トリハロメタンの除去，フミン質の除去などを目的として広く使われている．一般に，水に対する溶解度の小さい成分を選択的に吸着する傾向が大きい．

活性炭の原料には石炭，ピート，ヤシ殻，木質材料などがあり，原料の種類，賦活（活性化）条件などによってできあがる物性が違ってくる．一般的な賦活条件で製造した活性炭の場合，ヤシ殻系活性炭では細孔の直径が数～十数 nm 程度の比較的狭い範囲に集中しており，トリハロメタンなど低分子量の物質を吸着除去する場合に適している．石炭系活性炭の細孔分布は，直径十数～数十 nm の比較的広い範囲にわたっており，分子量の大きな物質の吸着に適している．

水処理用の活性炭は，その形状から粉末炭と粒状炭に分類される．粉末炭は，攪拌槽と固液分離槽があれば使えるが，基本的に一過式の使い捨てタイプであり，再生・再使用することはない．一般に粉末炭は，凝集沈殿処理において凝集剤とともに添加し，凝集汚泥とともに沈殿分離するという方法で使用されている．一方の粒状炭は，使用に際して吸着塔を設置することが必要である．

活性炭吸着装置には，長時間の通水処理に必要な活性炭量を充填して，所定量通水後の活性炭を一度に取り替える固定床式（下降流）・膨張層式（上向流）と，吸着帯の長さ以上の活性炭量を充填し飽和吸着した活性炭を一部ずつ抜き出して補充する多段流動層式，移動層式がある．表 11.5 に活性炭吸着塔の形式別特徴を示す[1]．

b. 化学酸化

水中に含まれる有機物は，酸化処理により無害化することができる．

1) オゾン酸化 オゾンは天然物の中ではフッ素に次いで酸化力が強く，従来の酸化剤では分解で

表 11.5 活性炭吸着塔の形式別特徴

	①固定床式	②膨張層式	③多段流動層式	④移動層式
概略フロー				
適用対象	低濃度排水	低濃度排水	中～高濃度排水	中～高濃度排水
塔数 通水 LV	2～3塔 下向流 5～10	1塔 上向流 10～20	1塔 上向流 10～30	1塔 上向流/下向流 10～20
使用活性炭	粒径大 充填量大	粒径大 充填量大	粒径小 充填量小	粒径大 充填量小
配管・弁類	メリーゴーラウンド 切替配管多い	メリーゴーラウンド 切替配管多い	少ない	少ない
運転・管理性	通水運転簡単 取替作業あり	通水運転簡単 取替作業あり	装置が複雑 （自動運転可）	装置が複雑 （自動運転可）
設置面積	大きい	大きい	小さい	小さい

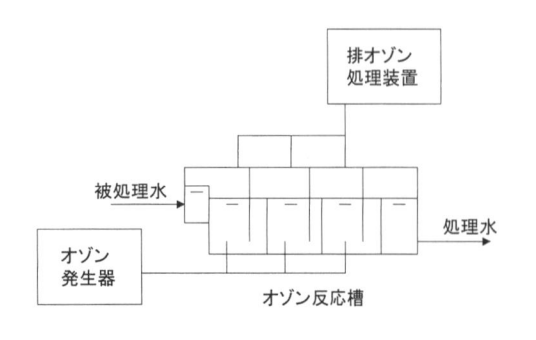

図11.5 オゾン処理設備の構成

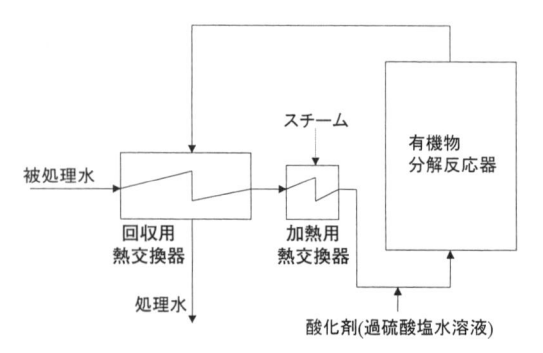

図11.6 過硫酸塩を用いた有機物分解装置

きなかった成分をも容易に分解できる利点をもっている．オゾン分子 O_3 は酸素分子 O_2 に1個の酸素原子が付加された形であり，比較的不安定で，分解して酸素分子と反応性に富む酸素原子に分かれる．発生器で作られるオゾンガスが反応槽に吹き込まれて被処理水に溶け，溶存する有機物を酸化する．図11.5にオゾン処理設備の構成を示す．オゾンは必要に応じて任意の量をオンサイトで製造可能なので輸送・貯蔵の必要がない，注入率制御が簡単に行える，反応終了後は酸素に還元されるため水中に異臭を残さない，といった他の酸化剤にはない特徴を有す．

水中に溶解したオゾンによる酸化反応には，目的物質がオゾンと反応する直接反応と，オゾンが分解して生じるOHラジカルと反応する間接反応がある．特にオゾンと有機物の反応では，不飽和結合の開裂がよく知られている．オゾンは不飽和結合に選択的に作用してオゾニドを形成し，次いで水との反応あるいは還元により容易にアルデヒドやケトンを生成して結合を開裂させる．オゾンの脱色効果が高いのは，不飽和結合が発色の原因となっている物質が多いためである．

オゾンの酸化処理は，被処理水の性状にもよるが，CODで30～70%の除去が期待できる．しかしTOCの除去率はあまり高くない．これはオゾン酸化によって有機物は低分子化するもののすべて無機体（CO_2）にまで分解されるのではなく，完全除去には後段処理を設ける必要があることを示している．なお，実用化されているオゾン発生方式には，無声放電法，電気分解法，紫外線法がある．工業的に大量のオゾンを効率よく製造するには無声放電法が優れており，実績も多い．

2）過硫酸塩による酸化　過硫酸塩とは $M_2S_2O_8$ と表せる白色の粉末で，ナトリウム塩，カリウム塩，アンモニウム塩が市販されている．水に可溶で水溶液は中性～弱酸性を呈す．熱または光（紫外線）により容易に分解され遊離ラジカルを生成し，強力な酸化作用を示す．水中に含まれる有機物を二酸化炭素と水にまで完全に酸化分解することが可能である．図11.6に過硫酸塩を用いた有機物分解装置の構成を示す[2]．用水処理のほか，半導体用ウェハや液晶用ガラス基板の洗浄工程から排出される有機物含有排水を処理し，回収するための技術として活用されている．

$Na_2S_2O_8$ を100 ppm添加した耐圧容器で130℃，3分間の反応によって，1.5 ppm（mg/l）のイソプロピルアルコール（IPA）を6 ppb（μg/l）以下まで低減できる．IPA以外の有機溶剤や界面活性剤，水道水中に含まれる雑多な有機物も同様に，99%以上分解除去できることが確認されている[2]．

反応後に残る酸化剤由来の硫酸成分を処理する脱塩装置などと組み合わせることで，有機物濃度の低い純水を容易に作ることができる．原水の加熱に回収型熱交換器を使う（高温の処理水で常温の原水を加熱する．処理水は常温付近まで冷却される）ことで，3℃程度の放熱ロス分の熱を与えるだけで130℃の反応が可能となっている．

UV照射を併用した過硫酸酸化で，水中の有機物をほぼ完全に分解できる．それに伴って生成する二酸化炭素量を測定することで，試料水中の全有機炭素（TOC）濃度を求める分析装置も市販されている．

11.3.2　イオン類の除去技術
a. イオン交換樹脂

1）イオン交換樹脂の種類，選択性　　イオン交

換樹脂は三次元的な網目構造をもった高分子母体に官能基（イオン交換基）を導入した，直径が通常0.4～0.7 mm 程度の球状合成樹脂である．イオン交換樹脂の母体としては，スチレン・ジビニルベンゼンの共重合体が最も一般的であり，そのほかにはアクリル酸系やメタクリル酸系のものなどがある．

イオン交換樹脂は，まず再生形（H形もしくはOH形）の場合の官能基が酸性を示す陽イオン交換樹脂と，塩基性を示す陰イオン交換樹脂に大別される．導入されるイオン交換基の種類によって，強酸性陽イオン交換樹脂，弱酸性陽イオン交換樹脂，強塩基性陰イオン交換樹脂，弱塩基性陰イオン交換樹脂に，さらには重金属イオンなどに選択的吸着性を有するキレート樹脂に分類される．

イオン交換樹脂の母体である共重合体の構造は，イオン交換反応の選択性・物理強度など実用面にさまざまな影響を及ぼす．ゲル型とポーラス型に分類される．ゲル型はイオン交換容量が大きい点，ポーラス型は物理強度の大きさと耐有機汚染性に優れている点などが特徴である．

一般的にイオン価数が大きいものほど，イオン価数が同じ場合には原子番号が大きいものほど，イオン交換樹脂のイオン選択性は大きくなる傾向にある．

$Ca^{2+} > Mg^{2+} > K^+ > Na^+ \quad SO_4^{2-} > Cl^- > F^-$

2）イオン交換樹脂のイオン交換過程　溶液中のAイオンがBイオン形のイオン交換樹脂とイオン交換する過程は，以下のように考えられる．図11.7にイオン交換過程の概念図を示す．

・溶液中のAイオンが，拡散によって溶液と樹脂の境界面付近にある境膜内を移動して樹脂表面に達する．
・さらにAイオンは樹脂相の網目構造内を拡散していく．

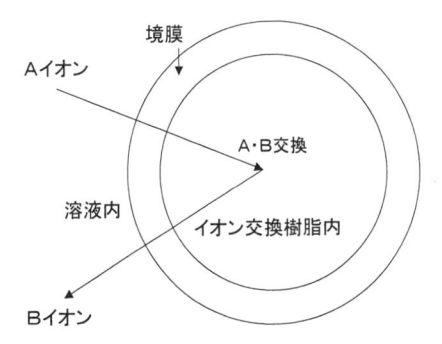

図11.7　イオン交換過程の概念図

・イオン交換点に達したAイオンと樹脂中のBイオンの交換反応が起こる．
・イオン交換サイトから離れたBイオンは，樹脂相内を拡散していき樹脂表面に達し，境膜内拡散の後，溶液相に移行する．

一般に，化学的なイオン交換反応は拡散に比べてかなり早いので，イオン交換樹脂における交換速度を決めるのは，境膜拡散および粒子内拡散となる．

3）イオン交換樹脂による水処理の例（軟化と2床3塔型装置による純水製造）　天然水中に多く含まれているイオンの代表的なものは，Ca^{2+}，Mg^{2+}，Na^+，HCO_3^-，SO_4^{2-}，Cl^-，$SiO_2(HSiO_3^-)$ などである．食塩水でNa形に調整した強酸性陽イオン交換樹脂を充填した塔（軟化装置）に天然水を通すと，原水中の硬度成分（Ca^{2+}，Mg^{2+}）は樹脂のNa^+と交換して軟水が得られる．

軟化装置以上に一般的なイオン交換樹脂の用途が，純水装置への適用である．純水装置として最も基本的なものは，2床3塔型である．陽イオン交換塔，脱炭酸塔，陰イオン交換塔の3塔により構成されている．図11.8に2床3塔型純水装置の概念図を示す[3]．

①陽イオン交換塔：HClまたはH_2SO_4のような強酸で処理（再生）したH形強酸性陽イオン交換樹脂に水を通すと，原水中の陽イオンは樹脂のH^+と交換される．天然水が原水の場合，この処理水はpH 2～3の酸性を呈する水となる．

②脱炭酸塔：陽イオン交換塔の処理により酸性となった水の中では，H_2CO_3（炭酸）はイオンに解離していないCO_2（溶存ガス）として多く存在している．これを水滴化などによって比表面積を大きくするとともに，減圧または曝気を施すことでCO_2の大部分を空気中に放出させることができる．後段の陰イオン交換塔へのイオン負荷を簡単に減らす方法として活用されている．

③陰イオン交換塔：陽イオン交換塔，脱炭酸塔を経た酸性の処理水をNaOHなどの強アルカリで再生したOH形強塩基性陰イオン交換樹脂充填塔に通すと，陰イオンがOH^-と交換される．

これらの組み合わせによって，イオンをほとんど含まない純水が得られる．2床3塔型の他に，陽イオン交換樹脂と陰イオン交換樹脂を混合して用いる混床式イオン交換装置も広く使われている．

4）イオン交換樹脂の再生　イオン交換樹脂は，捕捉したイオンをH^+，OH^-と交換させる再生処理

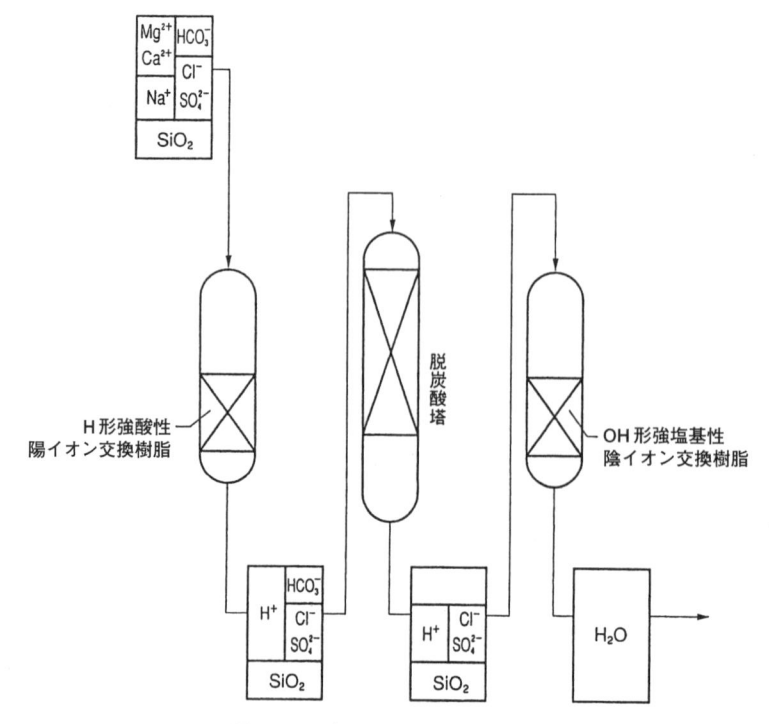

図11.8 2床3塔型純水装置の概念図

を行うことで,繰り返し使うことができる.数%の塩酸や水酸化ナトリウム水溶液などが再生剤として使われている.従来は再生も通水同様に下降流で行われる並流再生方式が一般的であった.これに対し,通水の方向と再生の方向が逆になる向流再生方式の適用が進み,並流再生に比較して再生効率が大幅に改善され,高純度の水質が得られるようになった.

並流再生の場合は,再生後でも樹脂塔底部に未再生のイオン形,たとえばNa形の樹脂が若干残存している.これが通水工程に入ると,樹脂塔上部で原水中のイオンと交換されて出てくるH^+と交換し漏出することになる.一方,下降流通水・上向流再生の向流再生方式の場合は,再生後に塔下部に残存する未再生イオンはほとんどないため,通水工程に入った直後から高純度の処理水が得られる.上向流通水,下降流再生の向流タイプも実用化されている.

b. 連続電気脱イオン装置

1) 装置の構成 近年,従来のイオン交換装置に代わり,薬液による再生が必要ない連続電気脱イオン装置が用いられることが多くなっている.これは電気透析法を応用したもので,脱塩室・濃縮室・電極室により構成されている.図11.9に連続電気脱イオン装置のセル構成を示す[4].脱塩室・濃縮室

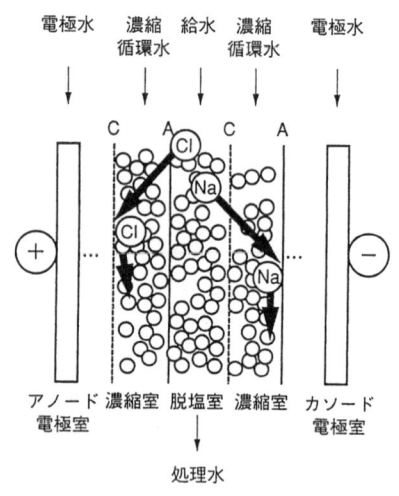

図11.9 連続電気脱イオン装置のセル構成

がイオン交換膜を介して区分され,脱塩室・濃縮室・脱塩室・濃縮室と連続して積層され,両端にアノード(陽)電極室,カソード(陰)電極室が配置される.電気透析法との大きな違いは,脱塩室,濃縮室に混床式のイオン交換樹脂が充填されていることである.

2) 強電解質の除去 脱塩室では,原水に含ま

れる Ca^{2+} や Na^+ などの陽イオンは，陽極と陰極の電位差により，陽イオン導体である陽イオン交換樹脂表面を経路として陰極方向に移動する．さらに陽イオン交換膜を透過した後，濃縮室に到達する．その後も陰極方向への移動は続くが，陽イオンが透過できない陰イオン交換膜で阻止されるため，濃縮水中にとどまり排出される．同様に SO_4^{2-} や Cl^- などの陰イオンは，陰イオン交換樹脂表面を伝わり陽極方向に移動し，陰イオン交換膜を経て濃縮室に至り，陽イオン交換膜で移動を阻まれ排出される．こうして，強電解質の陽・陰両イオンの多くが除去される．ここだけをみれば，原理はイオン交換樹脂を導体として利用した電気透析である．

電気透析法との大きな違いは，充填されているイオン交換樹脂により，各室内でのイオン移動速度が著しく大きくなることである．脱塩室ではより速く濃縮室にイオンを追いやることができ，濃縮室ではイオン交換膜近傍のイオンを膜面からすみやかに引き離すことで，逆拡散による処理水の純度低下を回避することができる．

3）弱電解質の除去　前述のイオン類を除去しただけでは，高度な純水を得ることはできない．なぜなら，給水中には通常，Na^+ や Cl^- などの強電解質のほかに二酸化炭素（CO_2）やシリカ（SiO_2）などの弱電解質が溶存するからである．これらを取り除くためには，そのイオン化が必須条件となる．

給水入り口から遠くなる脱塩室の出口側ほど水中のイオン濃度が低下するため，電流維持に必要なイオン量が足りなくなってくる．このような状態では電荷不足を補おうとする力が働き，二極界面（陽イオン交換膜と陰イオン交換樹脂，陰イオン交換膜と陽イオン交換樹脂，陰・陽イオン交換樹脂それぞれの接触界面）近傍で水分子のイオン解離が起こる．二酸化炭素やシリカはこれにより生じた OH^- との反応によってイオン化（$CO_2 \rightarrow HCO_3^-$，$SiO_2 \rightarrow HSiO_3^-$）され，以後は強電解質と同じ原理で除去される．

c. 逆浸透法

1）膜分離による水処理の概要　水溶液中の低分子物質，目に見えないレベルの微粒子や菌体・ウイルスなどを対象とした分離・濃縮・精製の単位操作として，各種膜分離の適用が図られ，産業用途に欠かせない技術となっている．精密ろ過（MF：micro filtration）はおおむね 0.1〜10 μm の物質を阻止し，限外ろ過（UF：ultra filtration）では 1〜100 nm（0.1 μm）の物質を阻止する．逆浸透法（RO：reverse osmosis）では，微粒子や低分子の溶質のみならず，イオンを含む溶液を分離・濃縮することができる．

RO は，1960 年代の酢酸セルロース系非対称膜の発明を契機として発展したもので，脱塩を主目的とする水処理に適した RO 膜モジュールの開発から始められた．圧力を駆動力として水溶液中の溶質成分を除去する分離技術として，電子工業用超純水製造を始め，かん水の脱塩，海水の淡水化など，幅広い分野での利用が進んでいる．

2）膜分離操作と RO による水処理　膜分離操作には，全量ろ過およびクロスフローろ過という2種の方式がある．図 11.10 に全量ろ過とクロスフローろ過の概念図を示す[5]．すべての阻止可能な溶質や懸濁成分が膜面上で捕捉される全量ろ過では，積算ろ過量の増加に伴うケーキ（ゲル層）抵抗の増大により，膜差圧が上昇し，経時的にろ過流束（単位時間あたりの透過水量）が減少していく．一方のクロスフローろ過では，原水を膜面と平行に高流速で流す．これにより，ケーキ抵抗や濃度分極（膜表面近くの溶質濃度上昇）を最小限にすることができるので，透過流束を長時間維持できる特徴がある．RO による処理には，クロスフローろ過が用いられる．

RO による水処理においては，膜分離を効率よく安定に保つために，除濁，殺菌，pH 調節やスケール防止剤の注入，脱塩素（酸化剤の除去）などの前処理設備が必須条件となる．RO 装置の運転は，通

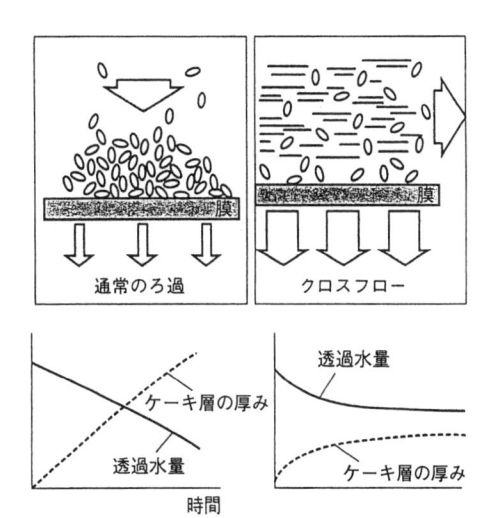

図 11.10　全量ろ過とクロスフローろ過の概念図

常の膜では 3 MPa，低圧膜では 1.5 MPa，海水淡水化用の膜では 6 MPa 程度の圧力をかけて行われる．

3）逆浸透の原理　水は透過するが溶質は透過しない半透膜を介して溶液と水を置くと，溶質を薄めようとする正浸透現象により水のみが溶液側に移動し，水位が下がって，あるレベルで止まる．この水位差を浸透圧と呼ぶ．

これに対し，溶液側に浸透圧以上の圧力をかけると，水は溶液側から水側に移動する．この現象が逆浸透である．図 11.11 に逆浸透の概念図を示す[5]．水を溶液側から絞り出すためには，浸透圧以上の高い圧力が必要となる．逆浸透法では，この浸透圧が濃縮限界を決定する重要な因子となる．図 11.12 に，RO 膜をスパイラル状に巻いて使用するモジュールの構成を示す[5]．

RO 膜がイオンに比べ水を優先的に通すメカニズムとして，「溶解・拡散説」が提案されている．溶媒（水）および溶質（イオン）が，いったん膜の中に溶解し，次いで化学ポテンシャルの差によって膜の一方から他方に向かって拡散する．膜への溶解，膜中での拡散のしやすさが選択性となって表れ，水とイオンの分離がなされるとする説である．これ以外に，選択性は水素結合を生じる水と生じない溶質の差に起因すると考える「ホールと配列拡散説」や「選択吸着細孔流水説」がある．

d. 蒸留

溶液から溶質を蒸発分離することにより，溶質の濃縮または蒸発成分の回収を図る操作が蒸留操作である．

古くからある蒸留技術を応用して，純水を製造する装置が商品化されている．実用上のポイントとなるエネルギーロスを極力減らすよう，一段目の蒸気で二段目を加熱し，二段目の蒸気で三段目を過熱する三重効用タイプの蒸発器が使われている．金属イオンの溶出を抑制するため，ステンレス製容器の接液面は電解複合研磨が施されている．純度低下の原因となる飛沫同伴を防ぐ効率のよい気液分離器を使い，水質向上を果たしている．

各種の分離膜やイオン交換樹脂を適用した一般的な純水システムに比べ，到達水質は劣るため，最先端の電子産業用水処理設備として運用することは難しいが，

・高温処理による滅菌が同時にできる
・不揮発性溶存物質の分離効率が高くシリカ除去に適する
・加熱脱気を応用でき，溶存酸素 < 1 ppb が可能

といったメリットがある．

11.3.3　滅菌技術

a. 紫外線

太陽光に殺菌効果があることは，昔から経験的に知られていた．この殺菌効果は紫外線（UV）によるものである．紫外線は X 線と可視光線の間に挟まれた 100〜400 nm の波長域にある電磁波の総称

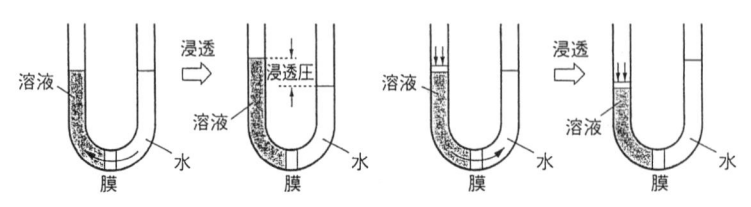

図 11.11　逆浸透の概念図

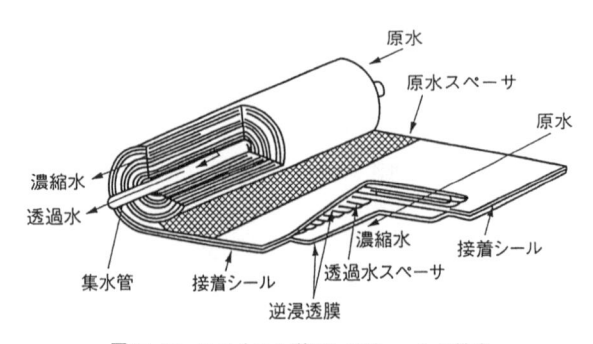

図 11.12　スパイラル型 RO モジュールの構成

である.

200〜290 nm の UV は，生菌やウイルスの細胞膜を透過し，生命の遺伝現象と生物機能をつかさどる核酸 DNA に損傷を与え，増殖能力を失わせることにより殺菌するとされている．特に DNA は 250〜260 nm の UV に対して極大吸収傾向をもつので，この領域の UV が最も効果的である．

化学酸化に基づく塩素やオゾンによる殺菌と異なり，UV 殺菌は処理水に対して何ら変化を及ぼさない特徴を有する．

b．オゾン

細菌細胞の構造は，中央部に遺伝情報をつかさどる染色体があり，その外側にタンパク質と脂質からなる軟らかい細胞膜があり，さらに外側にタンパク質，多糖，脂質からなる細胞壁が取り巻いている．これらの膜，壁の厚さは約 10 nm である．水に溶かしたオゾンによる殺菌作用機構は，オゾンが直接，あるいはオゾンの分解に伴って発生する OH ラジカルが，細菌の細胞壁を酸化破壊することから開始される．

このようにオゾンを利用した殺菌は，溶菌と呼ばれる細菌の細胞壁の破壊や分解によるものといわれ，塩素が細胞壁，細胞膜を透過して酵素を破壊する機構とは全く異なる．大腸菌の生存率と殺菌剤濃度の関係をみると，塩素は濃度の増加に伴って殺菌力が増すのに対し，オゾンはある一定の濃度に到達して急激にきわめて強い殺菌力を示す特徴がある．

c．パイロジェン除去

パイロジェンとは，体温を上昇させるような生物活性を有する物質の総称で，細菌，かび，酵母，ウイルスなどによって産生されるものであり，単一の化学物質ではない．しかし，一般的には，パイロジェンをグラム陰性菌の内毒素（エンドトキシン）のことと考えても大きな問題はない．エンドトキシンとはグラム陰性菌の外膜の構築物質であり，化学的にはリポ多糖類である．その分子量分布は幅広いが，最小 5000〜9000 のサブユニットが二量化して存在するため，10000〜20000 程度であり，分子量が大きいものほど発熱活性が高いといわれている．

パイロジェンの除害法としては，洗浄，蒸留，ろ過，吸着による除去や，加熱や化学処理による不活性化がある．医療分野においては MF 膜による除菌操作が一般的に行われているが，パイロジェンの影響やその主体がエンドトキシンであることが明らかになるにつれ，MF より孔径の小さい UF や RO による脱パイロジェンの重要性が認識されるようになった．熱水殺菌可能なタイプの UF 膜モジュールでは，エンドトキシン阻止性能として 1/10000 以下の低減率を実現している．

11.3.4 水の機能化技術

近年，純水に，特定のガスやごく微量の薬液を溶かしたり，電気エネルギーなどを与えることで洗浄や殺菌などに役立つ機能を付与する技術が広まってきた．こうして作られる水は，一般的に機能水と総称されている．大別すると酸化性の水，還元性の水に分類できる．

a．酸化性水

1）オゾン水　　数〜数十 ppm のオゾンを溶解させたオゾン水は，半導体用シリコンウェハや液晶用ガラス基板など，高度な清浄化を必要とする電子材料の洗浄に活用されている．強い酸化力により，電子材料表面に付着した有機物を分解除去する効果がある．銅など一部の金属汚染をイオン化して除去することもできる．

オゾン発生器と溶解器を組み合わせて使い，水にオゾンガスを溶解させることでオゾン水が得られる．オゾン発生には，酸素ガスを原料とする放電式と，水を原料とする電解式の 2 通りの方式がある．それぞれ，オゾン濃度が 10〜15％程度（残りは酸素）のガスを得ることができる．溶解にはガス透過性中空糸タイプの膜を内蔵したモジュールが広く使われている．図 11.13 にオゾン水製造装置の基本構成を示す．オゾンと接する材質としては，その強い酸化力にも耐えるフッ素樹脂や表面処理を施した金属材料を使う必要がある．

オゾン水はさまざまな用途に役立つことが知られているが，水に溶けたオゾンは分解しやすく，濃度の維持が困難であるという，オゾン固有の問題を抱えている．このため，オゾン水は使用場所のできるだけ近くで作り，濃度が落ちないうちに使うことが必要とされていた．これに対し，100 m 以上の長距

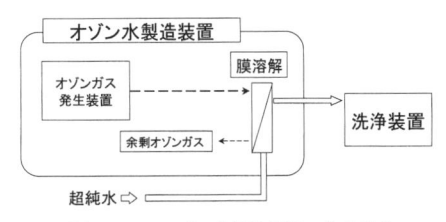

図 11.13　オゾン水製造装置の基本構成

離供給でも所定の濃度を維持できる新しい供給方式が開発され[6]，液晶工場などで使われるようになってきた．この新方式では，オゾンガスとオゾン水が混合状態で同じ配管を通して使用場所まで送られる．溶存オゾンに比べてはるかに安定な気泡中のオゾンが，配管の中で水に溶けつつ進むことで，濃度の低下を抑制している．使用場所近傍に設置する気液分離器から気泡を含まないオゾン水が取り出され，洗浄などに用いられる．

2) 電解陽極水 電解して得られる陽極（アノード）水も，酸化性の機能水として洗浄や殺菌などに適用されている．水が分解して発生する酸素を多く含む水であるが，食塩などの塩化物を原水に溶解してから電解すると，陽極側は塩酸酸性になるだけでなく，次亜塩素酸などの塩素酸化物が生成する．これが強い酸化力の源になっている．電解条件によってはオゾンも発生するため，オゾン水と近似の陽極水を得ることもできる．

b. 還元性水

1) 水素水 近年，純水に水素ガスを溶解した還元性の水を超音波洗浄に適用すると，被洗浄物表面の微粒子を非常に効果的に除去できることが明らかになった．図 11.14 に水素水を用いた超音波洗浄の微粒子除去効果の一例を示す[7, 8]．シリコンウェハやガラス基板の洗浄への適用が進んでいる．

水に超音波を照射すると，水分子の一部が分解して H ラジカルと OH ラジカルが生成する．通常これらは，瞬時に再結合して水に戻る．しかし水素水では，OH ラジカルが溶存水素分子とも反応して H ラジカルが余った状態になり，これが被洗浄物表面と微粒子の接点などに作用することで，脱離を促していると考えられる．アンモニアなどのアルカリを微量加えて pH 9 以上に調整すると，基板と異物の表面電位を同極性に整えて再付着を起こしにくくする効果が加わり，さらに微粒子除去効果が高まる．ウェハ洗浄で広く使われている％オーダーの薬液（アンモニア水，過酸化水素水の混合液など）や，ガラス基板洗浄で用いられている洗剤などの代替洗浄水として期待されている．

オゾン水と同様に，水素水製造の場合もガス透過性の高い中空糸膜を内蔵したモジュールがガスの溶解に用いられている．水素の飽和濃度は，室温・大気圧下では約 1.6 ppm である．飽和濃度に近い水素水を作るには，前処理として脱気処理を施してから水素ガスを溶解用膜モジュールに供給する方法が望ましい．水素はオゾンと違い接ガス・接液材質にダメージを与えないので，材質選定上の制限がない．

2) 電解陰極水 陽極水の対として電解装置の陰極側から取り出せる陰極水も，微粒子除去に効果的であることが認められている．陰極水には，水の電気分解で発生した水素ガスが溶解しており，実質的に上述の水素水と同一の水と考えられる．処理水を汚染しないよう，溶出性の低い電極材質が使われている．装置の水素ガス発生部が溶解部を兼ねるシンプルな構造が特徴である．

〔森田博志〕

文 献

1) 吉村二三隆（2002）：活性炭吸着法．これでわかる水処理技術，p.153，工業調査会．
2) Morita H, *et al* (1996): Proceedings of 1996 Semi-conductor Pure Water and Chemicals Conference, pp.53–67.
3) 吉村二三隆（2002）：イオン交換装置．これでわかる水処理技術，p.44，工業調査会．
4) 吉村二三隆（2002）：連続式イオン交換装置．これでわかる水処理技術，p.64，工業調査会．
5) 吉村二三隆（2002）：膜装置．これでわかる水処理技術，pp.51–55，工業調査会．
6) Ota O, *et al* (2000): Proceedings of 2000 Semi-conductor Pure Water and Chemicals Conference, pp.51–60.
7) Morita H, *et al* (1998): Proceedings of UCPSS (Ultra Clean Processing of Silicon Surface)'98, pp.7–10.
8) 森田博志（2003）：ウェット洗浄用機能水（水素水・オゾン水）環境保全とコスト削減両立のために．クリーンテクノロジー，13（8）：63–68．

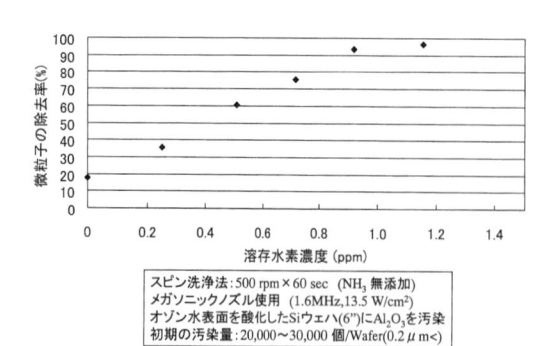

図 11.14 水素水による超音波洗浄の微粒子除去効果

スピン洗浄法：500 rpm × 60 sec（NH₃ 無添加）
メガソニックノズル使用（1.6 MHz, 13.5 W/cm²）
オゾン水表面を酸化した Si ウェハ(6")に Al₂O₃ を汚染
初期の汚染量：20,000～30,000 個/Wafer(0.2 μm<)

12
直接浄化

12.1 直接浄化の基本的事項

12.1.1 直接浄化の基本的事項

　汚濁した河川の浄化には，従来から底泥の浚渫やきれいな河川水の導入などが行われてきた．しかし，高度成長に伴う都市化が進行する中で，下水道などの生活排水処理施設普及の遅れにより，生活雑排水による都市内河川の汚濁が進行したため，水域内に直接，浄化施設を設置し水質浄化を図る試みが実施された．これを河川直接浄化という．代表的なものに礫間接触酸化施設や水生植物を利用した植生浄化施設などがあるが，日本で初めて礫間接触酸化法を用いた河川浄化施設が，1983（昭和58）年に多摩川支流の野川に設置された．

　すなわち河川の直接浄化とは，「川が本来持っている自浄能力の原理を活かし，礫などを敷き詰めた施設を水路付近に設置し，汚濁した水を通すことにより集中的に浄化を行う施設」であり，礫間接触酸化施設は，河原などにある礫を接触材として用い，礫の表面に自然に付着する好気性微生物の働きにより，通過する河川水中の有機物を効率よく分解する施設であるといえる．

　単位操作の組み合わせとしては，沈殿・ろ過に加えて微生物や植物の働きを単独にまたは組み合わせて，河川水を浄化するフローとなっており，河川取水点と放流点の水頭差を流れのエネルギーにして，無動力で運転するのが一般的であるが，礫間曝気をする場合には，ブロワーで送気することになり電気エネルギーが必要となる．

12.1.2 直接浄化の除去対象物質

　河川直接浄化施設が普及し始めた当初の除去対象物質は，SS・BODなど生活雑排水がもたらす有機物であった．この場合には，遅れている下水道の普及率が上昇するまでの期限つきで機能を果たせばよいと考えられるが，実際には親水利用などで河川水質に対する要求は高くなり，一方では下水処理率の向上と河川水質の改善が必ずしも一致しない事態が散見され，直接浄化施設は色度の除去（たとえば渡良瀬川河川事務所の袋川浄化施設）や，ダム湖などのカビ臭発生防止，また植物による栄養塩除去（たとえば霞ヶ浦浄化のための土浦ビオパーク）などと，除去対象物質も広がりをみせており，現在ではさまざまな直接浄化施設が設置・運転され，河川・湖沼の浄化に貢献している．

12.1.3 直接浄化の今日的役割

　汚濁した都市内中小河川の主要な汚濁要因は，生活雑排水であるので，下水道の普及とともに河川水質は大幅に改善したが，湖沼・海域などの公共用水域では，水質改善が予測されたほど順調には進んでいないのが現実である．この原因としては，水質汚濁源は必ずしも生活雑排水だけではなく，農業などの一次産業由来や染色などの規制対象外の産業排水や生活排水処理水（下水処理水など：栄養塩や色度成分），また面源汚濁として非特定汚濁負荷（降雨時の雨水など）などの寄与率が高く，生活排水の二次処理だけでは必ずしも十分ではないことが認識されつつある．

　たとえば筆者は利根川上流部の群馬県で水質汚濁調査を実施しているが，群馬県西部の森林地帯から流出する清流水（鏑川水系）には，人為的な汚濁がないにもかかわらず硝酸態窒素が1～2 mgN/l と著しく高い濃度が検出される[1]が，同地域の降雨を

通年測定すると無機態窒素濃度加重平均値は2.7 mgN/l にも達することから，大気汚染物質の広域移動によりもたらされる窒素成分が，河川水質に大きく影響している[2]ことが明らかになった．

また，鏑川水系の水質調査を継続的に実施すると，最上流部から高い窒素濃度は流下とともにさらに上昇し，利根川合流点では3〜5 mgN/l にも達する[1]（霞ヶ浦の10倍以上高い）が，梅雨前の5月には流下に伴う窒素濃度の上昇は観察されず，河床には大量の緑藻類や支川には水生植物が観察されることから，植物による吸収が窒素濃度の上昇を防いでいる[1]こともわかった．

これらのことから，河川中の植物による栄養塩除去は，大きく水質に影響を与えることがわかり，直接浄化はさまざまな部分で河川水質の浄化に貢献できると思われる．

河川水質の健全な維持には，水質という視点からの流域管理が重要[3]であり，全体を見通しながら，直接浄化施設の役割を明確にして整備を進める必要性が求められる．以下に，礫間接触酸化法，貯留水の気泡による循環混合法，直接浄化に利用できる植物の特性について，順に説明する． 〔青井 透〕

文 献
1) 池田正芳，阿部 聡，青井 透（2002）：窒素濃度の高い利根川支流鏑川での自然植生による浄化効果．土木学会第39回環境工学研究フォーラム講演集，pp.19-21．
2) 青井 透（2003）：利根川上流域の高い窒素濃度と首都圏より飛来する大気汚染物質との関係1．水，6月号：26-33．
3) 丹保憲仁（2003）：水文人循環と地域水代謝，pp.3-23，技報堂出版．

12.2 礫間接触酸化法

▷ 1.3 河川の水質の変化

12.2.1 浄化原理

河川には瀬，淵，堰や河床の砂礫や底泥が存在し，図12.1に示すような自然の浄化作用（自浄作用，self-purification）がある．瀬は水深が浅くて水流の急なところで，ここでは大気から水質浄化に必要となる酸素を吸収したり，河床の礫や砂に河川水中の汚濁物質を吸着したり，また河床に付着する微生物により酸化分解されることによって水質が浄化される．淵は川の中で淀んだ深い場所を示し，ここでは河川の流速が低下するに伴って浮遊物質が沈殿することにより河川水の清澄化が図られたり，また堆積した汚泥の中で汚濁物の分解が起こっている．さらに，河床に浸透した河川水はろ過されることにより水質の浄化が図られている．また，降雨などの原因により河川の水量が増大すると（出水現象），瀬に沈殿した堆積物を流出させたり，河床の砂礫などに付着した生物膜の剥離更新が起こり，浄化機能の回復が図られる．

水質浄化のメカニズムは図12.2に示すように接触沈殿（contact sedimentation），吸着（adsorption），酸化分解（oxidization decomposition）から成る．接触沈殿とは水中の汚濁成分が充填材である礫と接触することによって水の流速が低下し浮遊物質が沈殿する現象である．吸着とは水中の汚濁成分が電気的な性質や礫表面に付着した生物膜の粘性により吸着除去される現象である．酸化分解とは，礫表面に付着した微生物が沈殿したり吸着した汚濁物質をえ

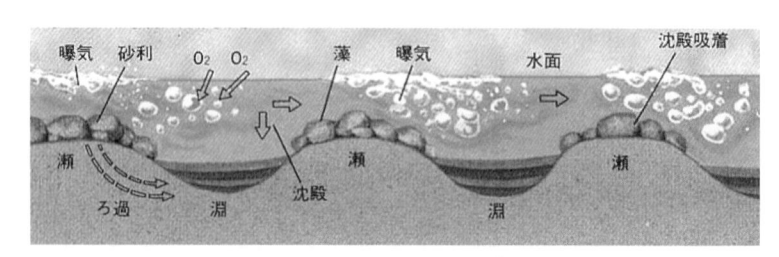

図12.1 河川の自浄作用[1]

12.2 礫間接触酸化法

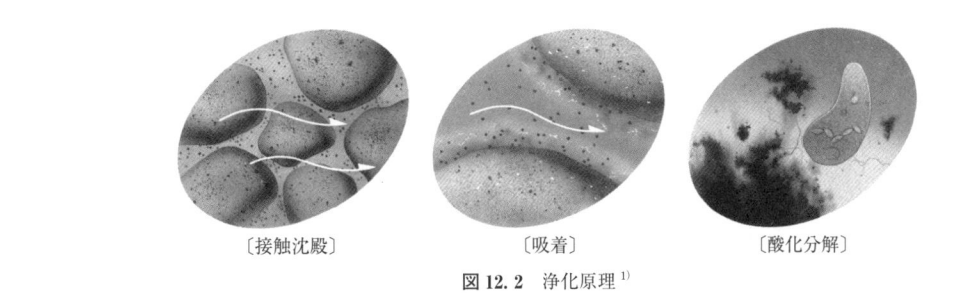

〔接触沈殿〕　〔吸着〕　〔酸化分解〕

図 12.2　浄化原理[1]

図 12.3　礫間接触酸化法の概要（曝気つきタイプ）[2]

図 12.4　礫槽と枝管(有孔管)[1]

さとして食べ，最終的に水と炭酸ガスの状態まで分解する現象である．礫間接触酸化法はこれら河川の瀬，淵および河床で行われてきた自然の自浄作用を集積して活用したものである．

12.2.2　礫間接触酸化浄化施設の構造

浄化対象となる河川の汚濁レベルに応じて浄化時間や曝気設備の有無が異なるものの，一般的には礫間接触酸化法（stones contact oxidization）の構造は図 12.3 に示すように河川敷などの比較的広い敷地の地下に重層的に積み重ねられた直径 10〜15 cm 程度の礫（図 12.4）を充填した水槽を設置し，その中に汚濁した河川水を通過させる非常にシンプルな構造となっている．日本の河川は流路延長が短く河床勾配が急で，かつ温帯モンスーン気候に属し降水量が多いため，河川の流れも急となり，下流域の河岸には広い高水敷が存在し，比較的大きな礫が堆積している．礫間接触酸化法はこの河岸に存在する礫を有効利用するところから発案されたものである．

河川水質浄化施設の設置場所としては河川敷（高水敷）の地下，河川区域外（提内地），河床の地下空間，河川の上部空間が存在する．礫間接触酸化施設の場合には内部に礫を充填するので施設重量が重く，また容積や面積の大きな施設が多いことから河川敷に設置されるのが一般的である．礫間接触酸化施設は規模的に本川のような大量の水を浄化するには広大な敷地面積を必要とするため，本川に流入する水質の悪い支川を対象として水質浄化を行う例が多い．そのため汚濁している支川の河川水を本川に流入する直前の位置で取水し，面積を要する浄化施設本体を本川の河川敷の地下に設置し，本川に放流する方法が一般的な配置となっている．また，浄化施設への取水方法としては，ゴム堰を起立させ河川敷地下の浄化施設へ自然流下させる方法とポンプを使用して汲み上げる方法の 2 通りがある．ゴム堰による取水方法のメリットは取水に動力を必要としな

い点であるが，逆にデメリットとしてゴム堰上流部に湛水域を生じるために水質悪化や景観を悪化させる点がある．一方，ポンプ取水方法は維持管理費が割高となるが，取水場所から離れた位置への設置ができ，河川水位に影響されず高低的に浄化施設を自由に設置することが可能で，また水量コントロールが容易であるなどのメリットがある．

対象とする河川水の汚濁レベルに応じて浄化施設の設計条件が異なる．高濃度と低濃度の河川水の明確な閾値は存在しないが，おおむね対象河川の汚濁水質として BOD 20 mg/l 以下を低濃度，20 mg/l 以上を高濃度と呼んでいる．高濃度タイプと低濃度タイプ[3]の礫間接触酸化法の設計条件を表 12.1 に示す．高濃度タイプの河川浄化施設の設計条件は浄化対象とする汚濁水質と処理後の水質から施設設計条件が決まるために一般的な数値が存在するわけではない．このため，表 12.1 の高濃度タイプの設計条件は代表例である古ヶ崎浄化施設（国土交通省関東地方整備局）の設計条件を記述した．

12.2.3 実績と浄化性能

礫間接触酸化法は多摩川本川の水質改善を計る事業の一環として進められ，国土交通省関東地方整備局京浜工事事務所管轄内で，1974（昭和 49）年から水質浄化実験を重ね，1983（昭和 58）年 7 月に新二子橋上流（東京都世田谷区鎌田地先）の河川敷内において全国に先駆け野川浄化施設が完成し稼働を始めた．さらに野川浄化施設の対岸に当たる神奈川県川崎市高津区二子地先に，1987（昭和 62）年 7 月に一部稼働を開始し，1990（平成 2）年 7 月に全系列を完成稼働させている．野川浄化施設および平瀬川浄化施設の計画諸元や施設諸元[4]を表 12.2 に

表 12.1 礫間接触酸化法の設計条件

	項目	低濃度タイプ	高濃度タイプ
水質	浄化対象 BOD 処理水 BOD	20 mg/l 以下 5 mg/l 前後	23 mg/l 5.7 mg/l
滞留時間	実滞留時間 空塔時滞留時間	1.3 時間 3.7 時間	2 時間（除去率により設定） 約 6 時間（同上）
施設	曝気機能 深さ 流下距離 汚泥溜容量	なし 3 m 10～20 m 浄化容量の 20%	あり 3 m 約 20～30 m 滞留時間として 0.5 時間分
礫形状	礫径 空隙率	10～15 cm 35%	10～15 cm 35%
排泥	排泥方法 排泥実施間隔	なし 3～4 か月	曝気排泥 年間 1, 2 回程度
その他	DO 回復	放流部に 40 cm 前後の落差工	礫槽内に曝気設備を配置．必要に応じて放流部に曝気設備を配置

表 12.2 野川浄化施設および平瀬川浄化施設の計画諸元や施設諸元

	項目	野川浄化施設		平瀬川浄化施設	
計画水量	対象水量 浄化水量 魚道水量	1.15 m³/s 1.00 m³/s 0.15 m³/s		2.10 m³/s 1.80 m³/s 0.30 m³/s	
計画水質	流入 BOD SS	1.3 mg/l 16 mg/l		20 mg/l 20 mg/l	
	放流 BOD SS	3.25 mg/l 2.40 mg/l		5.0 mg/l 5.0 mg/l	
浄化方式		礫間接触酸化法	地下構造式	礫間接触酸化法	地下構造式
目標除去率	BOD SS	75% 85%	滞留時間 1.25 h 流下距離 17.5 m	75% 85%	滞留時間 1.25 h 流下距離 17.5 m
取水方式		ゴム引布製起伏堰による自然流下方式		ゴム引布製起伏堰による自然流下方式	
堰倒伏河川流量		野川低水量の 2 倍流量		3.3 m³/s．平瀬川の豊水量相当	
浄化施設形状	有効水深 槽長 総数 全槽形状 全総面積 礫形状 空隙率 礫容量	1.5 m（礫槽厚 1.6 m） 18.5 m × 8 槽 8 槽 92 m × 18.5 m × 8 槽 13600 m² 20～120 mm 約 35% 21600 m³	浄化施設 1 か所	1.5～1.6 m 1 か所 18.5 m × 6 槽 6 槽 × 6 = 36 槽 20～60 m × 18.5 m × 6 槽 28800 m² 20～150 mm 約 35% 45800 m³	浄化施設 6 か所

12.2 礫間接触酸化法

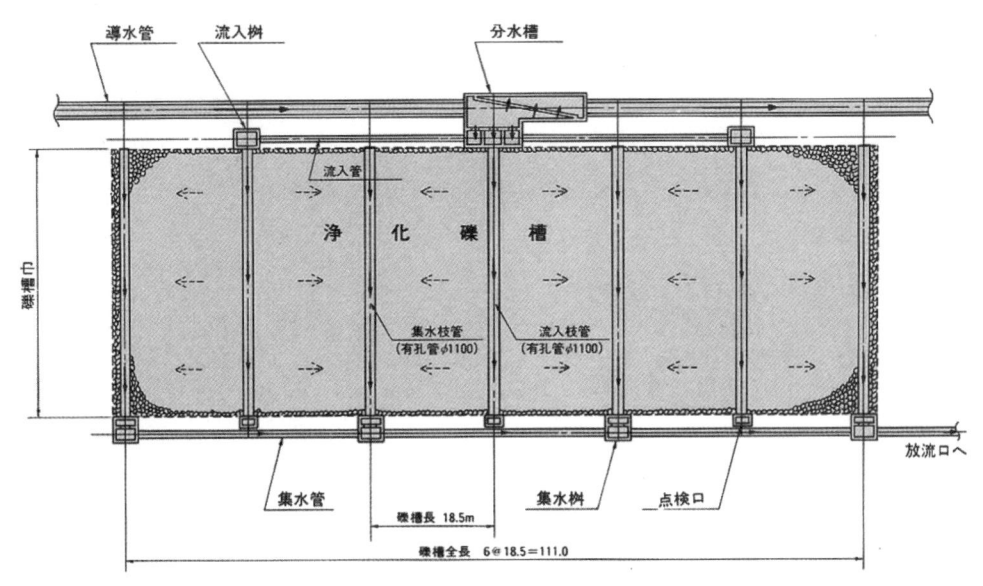

図12.5 平瀬川浄化施設の平面図[1]

示す．また，平瀬川浄化施設の施設平面図を図12.5に示す．

その後，高濃度タイプの曝気つき礫間接触酸化法をも含めて，国土交通省および地方自治体が全国の河川に対してさまざまな浄化規模で実施[5]しており，その正確な数は判明しにくいが，いくつかの文献[6,7]に示されている実績を表12.3に示す．

礫間接触酸化法の実績は各地方整備局や自治体で実施されているため，水質浄化成績に関する文献は少ないものの，久保田[4]，島谷[7]，渡辺[8]から報告事例がある．野川や平瀬川の浄化施設の稼働率は設置してから1993（平成5）年度までの実績でおよそ55％となっている．野川のBODは設置当初の23.4 mg/lから5.4 mg/lまで改善が進んでいるが，期間全体における浄化施設流入部BOD濃度10.9 mg/lに対して流出部BOD濃度4.1 mg/lとBOD除去率は62％となっている．一方，平瀬川では流入部BOD濃度が平均8.5 mg/lに対して放流口2か

表12.3 礫間接触酸化法の実績例

No.	対象河川	実施機関	設置時期	水量 (m³/日)	浄化対象BOD濃度 (mg/l)	曝気の有無
1	野川	京浜工事事務所	1981年	90000	13	
2	桑納川	千葉県	1982年	70000	20	
3	大堀川	千葉県	1982年	100000	25	
4	久出川	西宮市	1984年	40000	30	
5	甲陽池流入河川	西宮市	1985年	1000	30	
6	御笠川	福岡県	1986年	15000	16	
7	大和川	大和川工事事務所	1986年	500	19	
8	高良川（筑後川）	筑後川工事事務所	1987年	30000	16	
9	平瀬川（多摩川）	京浜工事事務所	1987年	160000	20	
10	みちのく公園水路	みちのく公園	1987年	9500	2	
11	建花寺川（遠賀川）	遠賀川工事事務所	1988年	35000	14	
12	坂川（江戸川）	江戸川工事事務所	1988年	210000	23	曝気あり
13	荒川	荒川上流工事事務所	1988年	260000	15	曝気あり
14	下了削川（筑後川）	筑後川工事事務所	1989年	17000	16	
15	谷地川（多摩川）	京浜工事事務所	1989年	40000	15	
16	根川（多摩川）	京浜工事事務所	1993年	86400	11	

所のBODは3.4 mg/l，3.1 mg/lとなり，BOD除去率はそれぞれ66.9%，71.7%と報告されている．

12.2.4 礫間接触酸化法の課題

礫間接触酸化法の利点を整理すると以下のとおりである．

① 河床にある礫を利用し，地中に素堀断面で設置できる場合には施設自体を安価にできる．

② 施設を埋設設置することができるので上部を公園利用することができる．

③ ある程度のSSやBODの除去効果を得ることができる．

④ 水温，水質および水量の変化に強く，メンテナンスフリーの運転が可能である．

⑤ 浄化槽内に汚泥を長期間堆積させることにより，汚泥の減容化を図ることができる．

一方で，欠点として下記の点が挙げられる．

① 流入する汚濁レベルが高い場合には曝気手段が必要になる．

② 礫は空隙が小さいために大容量の浄化容積が必要になる．

③ 比較的目詰まりしやすく，礫の入れ替えや洗浄がしにくい．

④ 溶存している窒素やリンはあまり除去できない．

現在，礫間接触酸化法の欠点を補うために，さまざまな接触材を用いた直接浄化技術が開発されており[7,9]，国土交通省では1992～94年度に「河川などの公共用水域における高効率直接浄化システムの開発」として建設技術評価制度に基づき技術評価を実施して9工法が評価を受けた[10]．その後，国土交通省の外郭団体である㈶土木研究センター，㈶先端建設技術センターおよび㈶下水道新技術推進機構から技術審査証明制度により，13工法が技術の認定を受けている[11-13]．　　　　〔野村和弘〕

文　献

1) 国土交通省関東地方整備局京浜工事事務所：平瀬川浄化施設パンフレット

2) 国土交通省関東地方整備局江戸川工事事務所：古ヶ崎浄化施設パンフレット

3) ㈳国際建設技術協会（2000年4月）：河川・湖沼などの再生と保全．

4) 久保田勝（1994）：水系全般にわたる水質浄化対策―多摩川を例にとり―．河川，No.574：20-30.

5) 松宮洋介（1994）：河川および水路での直接浄化事業の現状．ヘドロ，No.62：10-13.

6) 衛藤俊司（1993）：河川浄化と礫間接触酸化技術について．河川・湖沼・水辺の水質浄化，生態系保全と景観設計，pp.88-100，工業技術会．

7) 島谷幸宏（1998）：直接浄化を中心とした河川水質の改善手法の開発動向と今後の課題．用水と排水，**40**(1)：22-26.

8) 渡辺吉男（1998）：汚濁河川，水路の直接浄化技術．用水と排水，**40**(10)：58-63.

9) 大道　等（1994）：効率の高い河川浄化技術の開発．河川，No.574：53-66.

10) 建設大臣（1994）：河川等の公共用水域における高効率直接浄化システム評価書（建技評第93301号～第93309号）．

11) ㈶土木研究センター：民間開発建設技術の技術審査・証明事業認定規定に基づく土木系材料技術・技術審査証明報告書（技審証第0804号，第0805号，第0806号，第0909号，第0812号，第0813号，第0814号，第0908号，第1016号）．

12) ㈶先端建設技術センター（2000年12月）：先端建設技術・技術審査証明報告書（技審証　第1206号）．

13) ㈶下水道新技術推進機構（2000年3月）：下水道技術・審査証明報告書（技審証　第1206号）．

12.3　植生浄化法

12.3.1　閉鎖性水域の物質循環における植生浄化の位置づけ

閉鎖性水域に対して集水域から供給される窒素・リンは，排水の放流基準が順次強化され，排水からの除去技術が改善されるにつれて今後減少すると期待できるが，人の感性で水がきれいだと感じられるレベルにまで閉鎖性水域を浄化するためには，窒素・リンが閉鎖性水域に滞留する現状を改変して，窒素・リンが陸域に循環する仕組みを作る必要がある．閉鎖性水域では，汚濁が進む以前に行われていた漁業や水草の刈り取りなど，栄養塩を水から持ち出す人間活動が廃れている．植生浄化は，植物が栄養塩を水や底泥から能動的に吸収して成長することから，漁業や水草の刈り取り利用に相当する栄養塩回収技術として，富栄養状態の解消に対する貢献が期待されている．ただし植物を浄化に使用するには，植物の生育条件を整える必要があり，成長した植物

などを収穫して持ち出さなければ，吸収した栄養塩が水に回帰してしまうなどの問題がある．

12.3.2　植生浄化の適応条件

植物は浄化原水の COD や BOD が高いと根茎が窒息して枯れてしまうことから，植生浄化はこれらが比較的低濃度である河川湖沼水の直接浄化に主に使用され，排水処理システムの最終段階にも応用されつつある．植生浄化は窒素・リンの吸収を期待されるが，富栄養化した湖沼の水は，水耕栽培に使われている各種の液肥と比較すると，窒素・リン濃度がはるかに低く，植物の成長に必要な他の微量成分濃度も低い．浮き草やホテイアオイなどの浮漂植物を除くほとんどの植物にとって，富栄養化した河川湖沼の水から直接窒素・リンや微量成分を吸収して成長することは困難である．したがって植生浄化では窒素・リンや微量成分を含む泥を植栽基盤に入れておくか，浄化に伴って発生する汚泥を植栽基盤にためてそこから植物が窒素・リンや微量成分を吸収できるようにする必要がある．このため，水処理の過程で，植生浄化の前に有機物の酸化分解や砂ろ過などによる除去を徹底し，植生浄化に窒素・リンの吸収だけを行わせようとすると，植生浄化施設の浄化成績が悪く，植物の生育も停滞する結果になることが多い．

12.3.3　植生浄化法の分類

植生浄化法には多くの異なるタイプが研究開発されているが，日本で大規模に実践されつつある技術は造成湿地，植栽浮島，ビオパークの3種類である．それぞれに利点と欠点をもっているので概説し，筆者が開発したビオパーク方式について別途詳しく述べる．

a.　造成湿地

1）システムの原理，特徴　河川の氾濫原や遊水池などのヨシ原を活かして給・排水施設と導水堤などを建設する方式と，水深 30 cm 程度の浅く広い池を造成してヨシやガマなどの植物を植栽して浄化原水を導入する方式があり，植生の茎に生じる生物膜による有機物の捕捉分解と，SS の沈殿，植物の栄養塩吸収などによって水を浄化し，放流するシステムである．在来のヨシ原を活用する場合には，比較的簡単で安価な造成工事によって水の透明化を実現でき，給排水の電気代とポンプのメンテナンスなどに要する維持管理の費用も安い．単位面積あたり1日に浄化できる水量，除去できる汚濁物質の量などは，後で述べるビオパーク方式に比べると少ないので，水系の物質収支を改変するのに必要な湿地面積が広大になってしまう欠点がある．水底に蓄積する泥や成長した植物の持ち出しを行わずに浄化を続けていると，富栄養化の原因である窒素・リンを除去できなくなる[1]．

2）事例　図12.6に示すように，国土交通省が栃木県南部の渡良瀬貯水池の水質を改善するために，渡良瀬遊水地のヨシ原を堤防で区切り，導水路と排水路などを造って貯水池の水をアシ原に流し，再び貯水池に戻す施設を 40 ha 建設し，供用している．順次建設された初期の区画では，当初，年平均で窒素27％，リン6％，クロロフィル a 57％の除去率を得たが，2年目以降窒素・リンの除去がほとんど行われなくなった．他の施設の規模は 4 ha 以下であり，汚濁が問題となっている川や湖に対して建設されている[2]．

b.　植栽浮島

1）システムの原理，特徴　フロートで水面からわずかに出るように浮かせたスポンジなどの植栽基盤に植物を定植し，流れが常に緩やかなクリークや，湖沼の波が高くならない場所に配置して，植物の成長に伴う窒素・リンの吸収によって栄養塩を水から除去し，水面下の根茎表面に発達する生物膜によって水中に浮遊する有機物粒子の補足分解を行い，日光の遮断によって植物プランクトンの増殖を抑制しようとする技術である．

水生植物や湿性植物の多くは，水面上の葉の気孔などから水面下の根茎に酸素を送る能力をもっているので，水中有機物の酸化分解を促進させることもできる．陸地を占有する必要がなく，必要に応じて

図 12.6　渡良瀬遊水池のヨシ原

移動することができるなどの利点もある．欠点としては，植物の成長に伴って植栽全体が沈下してしまうこと，成長した植物の収穫持ち出しや維持管理に船が必要で，船上から浮き植栽に踏み込んだ不安定な状況で植物の刈り取りなどの作業をする必要があること，植物体のうち，植栽基盤にからんでいる根茎と基盤の下に伸びた根茎を間引くことや，すべてを回収することが困難であること，などが挙げられる．こうした欠点を克服した方式として，植栽基盤を籠に入れてフロート枠にはめ込み，植物が成長した段階で籠をはずして全草を回収することができるようにし，その周りを別個の浮き桟橋状作業木道が取り囲む形式の植栽浮島が印旛沼で開発され，数か所に応用されつつある．

造成湿地やビオパークでは原水と処理水の差から浄化成績が簡単に把握できるが，浮き植栽で浄化成績を検討するには，植物現存量の増加を計測し，サンプルを採って栄養塩の含有量を分析し，計算によって栄養塩の除去量を概算するしかなく，原水濃度と除去速度の相関など，物質収支予測に必要なデータが少ないために浄化の予測がたてにくい[3]．

2）事例　国土交通省が渡瀬調整池の水質を改善するために，渡良瀬貯水池の堤防で区切られた一角に合計 18800 m^2 の浮き植栽を設置している．図 12.7 に示すように，霞ヶ浦の土浦港周辺や消波堤の内側などにも国土交通省の大規模な浮島が設置されている．そのほか秋田県八郎潟，千葉県の印旛沼，佐賀平野のクリークなどで実験や実践が行われている[4]．

c．ビオパーク方式

1）システムの原理，特徴　ビオパーク方式は，浄化方法として水耕生物ろ過法を使う浄化システムである．水耕生物ろ過法は 1〜0.5% の傾斜をもち，幅 1 m 以上長さ 20 m 程度のコンクリートなど，根と水を通さない資材で造った浅く広い水路に，水生植物または湿生植物を配置し，1 日 1 m^2 あたり 3 m^3 程度の処理原水を流し，SS や窒素・リンなどを除去する技術である．植物の栽培床を特に設けず，植物自身が根茎をマット状に発達させて栽培床を造るように，また根茎マット内を水が横に流れるように環境を設定し，根茎マットを形成する根茎の表面で生物膜によるろ過を行う．生物膜を付けるろ材が水耕植物であることから，水耕生物ろ過法と呼ばれる．

ビオパーク方式は，水耕生物ろ過法を永続的に実

図 12.7　ヨシに覆われた浮島

施するための仕組みを備えたシステムである．たとえば成長した植物は収穫によって持ち出さなければ浄化にならないので，栽培する植物はクレソンなどの長期にわたって収穫できる常緑野菜や，カラーなど花卉として収穫販売もできる植物を選び，収穫した物が廃棄物にならず消費されるようにしている．根茎マット内に蓄積する汚泥の処理は，いくつかに分かれた給水区画で個別に給水を停止し，植物による水の吸収・蒸散で汚泥から水を抜いて乾燥し，雨よけの下に積んで高温発酵させて堆肥化するのだが，肥効が高いとして積極的に利用されている．施設が一般市民の支持を得て永続できるように，公園的に楽しめるデザインにして人を引きつけたり，クレソンなど収穫しても素早く再生する野菜を一般市民に自由に収穫させるなどの仕組みを備えている．後で述べるように，1 m^2 あたり除去できる窒素・リンおよび汚濁物質の量が多く，景観形成などの副次的利点も多いが，陸上に比較的広い建設用地が必要で，浄化能力を維持するために原水を安定的に供給し，年に 1 回またはそれ以上の泥除去と日常の維持管理を行う必要があり，造成湿地に比べてランニングコストがかかることなどが欠点といえる[5]．

2）事例　国土交通省が茨城県土浦市の土浦港湖岸に設置した，水路面積 3400 m^2 の土浦ビオパーク（図 12.8）を最大の例として，15 か所で河川湖沼水を対象に野菜を主体とするビオパークが供用され，5 か所で下水処理の最終段階としてのビオパークが主に花を栽培する形式で供用されている[6,7]．河川湖沼水の浄化施設では，近年シジミの増殖と成長によって，シジミ採りが栄養塩持ち出しの新たな要素となっている．

12.3.4　ビオパークの詳細と浄化能力

a．栽培植物

栽培する植物は常緑多年生で平面的な群落を形成

12.3 植生浄化法

図12.8 土浦ビオパーク

図12.9 クレソン

する水生または湿生植物が主体で，需要や景観形成などの目的に応じて直立性の植物や，冬落葉する多年生の植物を平面群落形成常緑植物と混植することがある．図12.9に示すクレソンは富栄養化した河川湖沼水の浄化に通年適応でき，最も高い浄化能力を示し，野菜としての需要が多く，外来植物だが生育条件が限られているので雑草化の問題が生じないなど，ビオパークの栽培植物として最も優れている．図12.10に示すクウシンサイは初夏から秋にかけてしか栽培できないが，夏の浄化能力が高い．図12.11に示すカラーは地下水や下水処理水などの浄化で，水に植物にとって必要な微量成分が少ない場合の浄化に適する．他にミント，ワスレナグサ，ポンテデリア，ルイジアナアヤメ，シキザキカキツバタなどもビオパーク浄化に使うが，増殖が遅いために浄化能力が低い，需要が少ないなどの欠点がある．

b. 浄化生態系

ビオパーク方式の水質浄化は，植物の根茎表面に微生物が形成した生物膜によって行われるが，図12.12に示すサカマキガイなどの小動物が生物膜を食べて間引き，生物膜のもつ汚濁由来の栄養塩を糞の形で根茎の間に落とす（図12.12はクウシンサイの根茎に乗って，生物膜を食べているサカマキガイ）．巻き貝を食べるヒル，ヒルを食べるザリガニなど多様な動物が生態系を造り，これらの糞や死骸が汚泥となって植物の根の間にたまり，ミズムシや水生ミミズなど腐食性の食物連鎖を構成する動物も現れ，栄養塩の濃縮と汚泥の減容を進め，栄養塩を無機化して植物が吸収できる形にする．新規施設の供用開始にあたっては，これら生態系を構成する動物の付着した苗を配置することが重要である．

図12.10 クウシンサイ

図12.11 下水処理場で栽培中のカラー

c. 浄化成績

ビオパークの中で，通年の浄化成績に関するデータを取ってきた大規模実用施設は，前出の土浦ビオパークと，石川県が建設した小松市の木場潟西湖岸にある水路面積約800 m^{2}の木場潟ビオパークである（図12.13）．土浦ビオパークは土浦港の既設のコンクリート面を水路に利用し，給水施設や木道を設けて浄化施設としたものであり，木場潟ビオパークは基礎から作り上げ，水質浄化に加えて景観性を

技 12. 直接浄化

図12.12 サカマキガイ

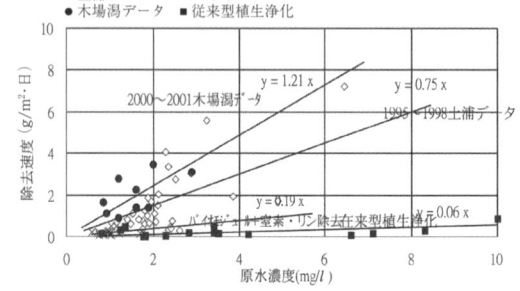

図12.13 木場潟ビオパーク

表12.4 仮設施設土浦ビオパークと恒久施設木場潟ビオパークの年間平均浄化成績

分析項目	施設	原水(mg/l)	処理水(mg/l)	除去率(%)	除去速度(g/日·m²)
COD	土浦	9.6	8.3	14	4.3
	木場潟	8.2	5.6	32	7.8
SS	土浦	20.9	9.6	54	50.0
	木場潟	16.0	3.3	79	38.1
T-N	土浦	3.7	3.1	15	1.9
	木場潟	1.7	1.1	36	1.8
T-P	土浦	0.12	0.09	27	0.16
	木場潟	0.13	0.07	47	0.18

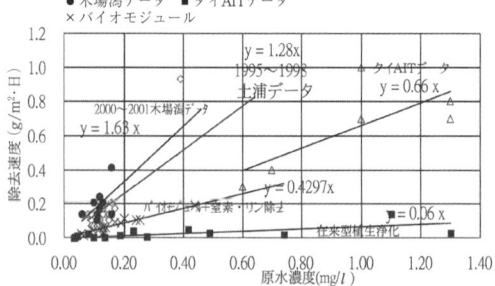

図12.14 ビオパークシステムにおける窒素，リンの除去能
在来型植生浄化データは河川環境総合研究所資料「植生浄化施設の現状と事例」による．

求めた施設である．土浦ビオパークは11年間，木場潟ビオパークは7年間の実績があり，表12.4に示す年平均値が得られている．

d．浄化能力およびコスト比較

異なった条件の下で実施される浄化技術の効率を比較するのは困難だが，水系の汚濁物質収支に影響を与える能力を比べるには除去速度（1日1m²あたり除去できる汚濁物質量）の比較が有効である．除去速度は処理原水濃度に比例するので，各技術の原水濃度除去速度相関直線を同一の図上に表示すると浄化効率が明確に比較でき，各技術で特定の濃度の原水を処理した場合に得られる除去速度がわかる．富栄養化した湖沼水を浄化し，窒素・リンなどを除去できる実用段階のシステムは少なく，比較可能なデータを詳しく公表しているのは，バイオモジュールに脱窒とリン除去の装置を組み合わせた方式と，造成湿地である．ビオパークは土浦と木場潟のデータを比較に使用するが，リンについてはタイで実験中の施設で得られたデータを加えて図12.14に示す．ビオパーク方式は他の方式に比べてこの濃度範囲では除去効率が高いことがわかる．コストの比較では，バイオモジュール+脱窒+リン除去システムの大規模な実用施設データが公表されていないので，試設計で見積もられる費用を木場潟ビオパークの実績と比較した．汚濁物質1日1g除去能力あたりの施設設置費用は，バイオモジュールが平均12倍，汚濁物質1g除去あたりに使われる電気代は，バイオモジュールが平均10倍の高コストであ

った．図12.14のデータのばらつきからわかるように，ビオパーク方式は処理水の水質保証を求められる事例や，高い除去率のみを求められる事例にも向かないが，水からできるだけ多くの汚濁物質を除去するように求められる場合に適している．

〔中里広幸〕

文献

1) 田中周平，藤井滋穂，山田 淳，市木敦之 (2001)：ヨシ生育に及ぼす水位および地盤変化の影響．水環境学会誌，**24** (10)：667-672．
2) ㈶河川環境管理財団河川環境総合研究所 (2000)：植生浄化施設の現状と事例．河川環境総合研究所資料第三号．
3) 中村圭吾，島谷幸宏 (1999)：人工浮島の機能と技術の現状．土木技術資料，**41** (7)：26-31．
4) 大島秀則，唐沢 潔，中村圭吾 (2001)：人工浮島による水質浄化実験．第35回日本水環境学会年会講演集，p.146．
5) 中里広幸 (1998)：ビオパーク方式による作物生産を通じた浄化．用水と廃水，**40** (10)：867-873．
6) 相崎守弘，中里広幸，皆川忠三郎，朴 済哲，大橋広明 (1995)：水耕生物ろ過法と酸化池の組み合わせによる下水処理水の高度処理．用水と廃水，**37** (11)：892-899．
7) 長野県喬木村環境水道課，日本農業集落排水協会農村水質工学研究所 (1998)：農集排処理水を活用した花き水耕栽培の試み．月刊生活排水，Aug：30-35．

12.4 貯留水の気泡による循環混合法

▷ 2.2 湖沼における物理過程

12.4.1 貯留水循環・混合の意義

a. 貯留水の成層と水質の悪化

貯留水は春〜秋の間，図12.15のような3層構造を形成する[1]．すなわち暖かくて軽い表層水と低温で重い底層水，それから両層の間に中間温度の流入水層とである．

これらの3層は水質的にも大差がある．たとえば表層には藻類が増殖して緑色を呈し，しばしばカビ臭を発する．また，溶存酸素は過飽和（200％）に達し，pHは10を越えることも珍しくない．

これに反して底層水は低温で重く表層より枯死沈降する藻類などの分解に消費されて溶存酸素は欠乏または消失し，発生する炭酸ガスにより酸性となる．

さらに無酸素になると藻体や湖底泥より，鉄・マンガン・アンモニア・リン酸イオンなどが溶出するので利水上，各種障害の原因となる．

これら2層の間には常時流入水によって新陳涵養される良質の貯留水層が形成される．また表層と中層との間には水温の大差が生じやすく，いわゆる水温躍層を形成する．

上記の3層構造は強固で風雨によっても簡単に解

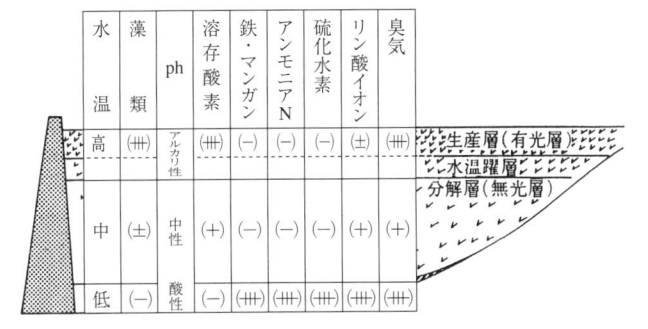

水温	藻類	ph	溶存酸素	鉄・マンガン	アンモニアN	硫化水素	リン酸イオン	臭気	
高	(卅)	アルカリ性	(卅)	(−)	(−)	(−)	(±)	(卅)	生産層(有光層)
									水温躍層
									分解層(無光層)
中	(±)	中性	(+)	(−)	(−)	(+)	(+)		
低	(−)	酸性	(−)	(卅)	(卅)	(卅)	(卅)		

図12.15 成層期における湖水水質の垂直分布[1]
(卅) はなはだ多い，(+) 多い，(+) 少ない，(±) はなはだ少ない，(−) ない，✓ 藻類．

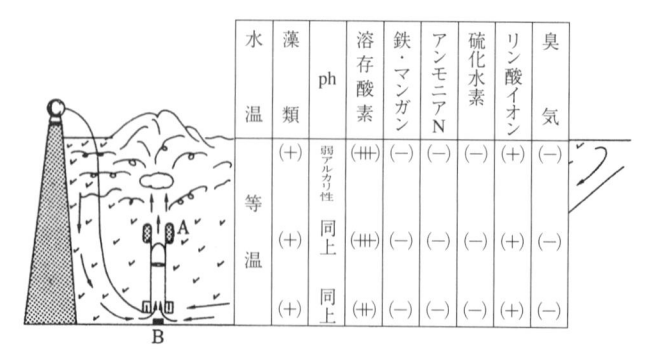

12. 直接浄化

水温	藻類	ph	溶存酸素	鉄・マンガン	アンモニアN	硫化水素	リン酸イオン	臭気
等温	(+)	弱アルカリ性	(卌)	(−)	(−)	(−)	(+)	(−)
等温	(+)	同上	(卌)	(−)	(−)	(−)	(+)	(−)
等温	(+)	同上	(卌)	(−)	(−)	(−)	(+)	(−)

図 12.16 人工循環後の湖水水質の垂直分布[1]
(卌) はなはだ多い，(卄) 多い，(+) 少ない，(±) はなはだ少ない，(−) ない，✓ 藻類.

消することはないが，秋冷に伴う表層水温の低下や洪水などによって自然解消し，冬の到来とともに全層循環状態に移行する．

b. 循環混合の意義

夏季に湖水が循環混合するということは自然界では起こりえないことである．したがって，夏季，人為的に全層または表～中層を混合循環すると自然界ではみられない次のような現象が起こる[1]．

まず底層の無酸素水は揚水され表層の酸素過飽和水と置換または混合されるので好気性状態となる．すると鉄・マンガンは酸化沈殿し，アンモニアは藻類に吸収されて消失する（図12.16）．

以上の物理・化学的変化は予想どおりに起こるが，問題は生物（藻類）である．一般の湖沼では秋に湖水が循環混合すると藻類の大増殖（ブルーム）が起こるのが原則である．理由は夏季に低層に蓄積された栄養塩が表層に回帰するためと考えられている[2]．しかし人工的循環ではブルームは全く起きないばかりか，反対に藻類の著しい減少がみられる．真にこれは人類が初めて経験した珍奇な現象である[3]．

この実態および機構については後述するが，いずれにしても夏季・湖水を循環することによって多くの利水上の利得を収められることは意義のあることである．

12.4.2 湖水を循環混合する方法

a. 大気泡間欠揚水法

これはイギリスで開発され，日本で改良された方法で，現在わが国で最も広く用いられている湖水循環法である[4]．その外観および構造は図12.17のとおりである．この装置の上端にブイを，下端に重り

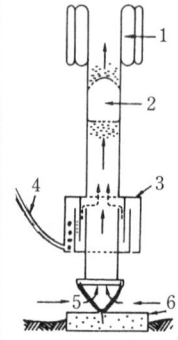

図 12.17 間欠空気揚水筒の外観と構造図
上左：小型外観，上右：構造図，下：大型外観.

1. ブイ
2. 気泡
3. 空気室
4. 給気管
5. 吸水口
6. 重り

を結んで湖に投入すれば筒は垂直に自立する．この装置で特に工夫してあるのは空気室である．内部にU字状の逆サイフォンが組み込まれており，この働きによって連続的に吹き込まれた空気が間欠的に吹き出すようになっている．本装置には小型（径 0.5 m）と大型（径 0.5 m×4本）とがあり，それぞれ 7.5 kW および 22 kW のコンプレッサーによって送気される．管の長さは水深によって決定されるが，渇水を考慮して長・短を取り混ぜて設置することが多い．

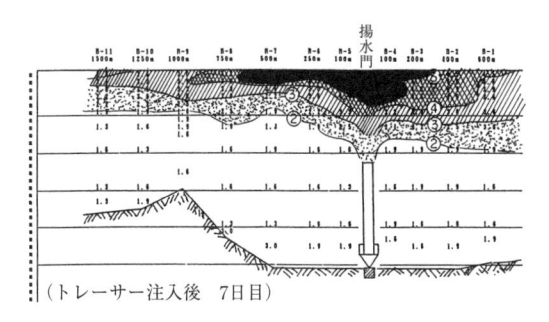

図 12.18 湖水流動のトレーサー実験結果[7]
（間欠空気揚水筒，釜房ダム，1989 に著者加筆）

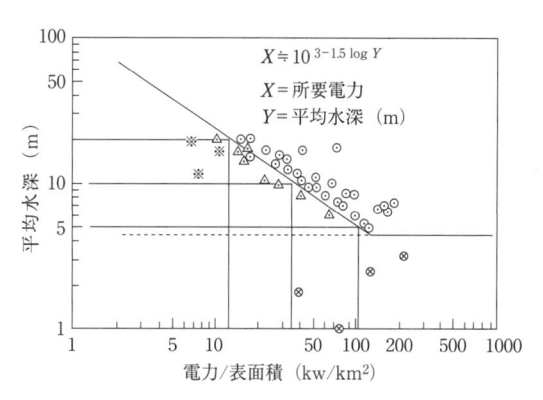

図 12.19 平均水深と必要電力との関係

さて上記の装置を用いて湖水を循環するには，まず陸上に設置したコンプレッサーから筒の外周に設けられた空気室に空気を送り込むのである．この空気は徐々に室内に貯まり，やがて U 字サイフォンの下端まで達するとサイフォンが働いて一挙に，この空気が筒内に噴出し，砲弾状の大気泡となって円筒内を上昇する．やがて筒を離れた気泡は水圧の減少に伴ってしだいにドーナツ状に膨張しながら筒内の水と上昇進路の周辺にあった水とを伴って水面上に噴き上がる．

このようにして揚水された底層水は，高温で酸素過飽和の表層水と混合するので，酸素を与えられると同時に水温も上がって軽くなる．そこで，再び底層に戻ることなく水平方向に流動拡散する（図 12.18）[5]．

ここで重要なことは暖かくて軽い表層水と冷たくて重い底層水とをいかによく混合するかであるが，本装置では大気泡の破裂によって，これが達成されることは図によって明らかである．大気泡は 10～20 秒間隔で間欠的に噴出するが，これは失われた表層水が再び周辺より移動補給されるのを待つためである．このようにして底層水の上昇→表層水との混合→水平方向への拡散が繰り返し起きるので，ついには全層の水が混合状態となる．

このために必要な動力（電力）は図 12.19 によって求めることができる．この図は藻類制御（カビ臭対策）を目的とした実際の応用例から割り出されたものである．すなわち実施例を平均水深と使用電力量とを両軸にとり，成否別にプロットすると図 12.19 のような関係が成り立つことがわかった[4]．

ここで重要なことは，湖の平均水深が 5 m を割るといかに激しく撹拌しても藻類の増殖を抑えることができないということである．これは藻類生理にとって撹拌混合より，さらに重要な限界要因がある

ことを示しているが，このことについては後で述べる．

b．小気泡連続揚水法

この方法は多孔管または単管の先端より小気泡を連続的に噴出し湖水を混合することによって底層水温の上昇や水質の改善を図ることを目的としたものである．その方法装置には多種多様なものが考案実用されているが，わが国では近年まであまり用いられなかった．ところが最近，ダムの放流ゲートの深度付近を曝気することによって，その深さに強固な水温躍層を形成させ，中・小洪水を躍層上を流下させて下流に放流してしまう方法（ダム湖水の水質環境創造システム）が発明されて急速に普及されようとしている（図 12.20）[6,7]．

この方式では深層の酸欠を防ぐ目的で後述の深層曝気が併用される．本方式においても循環層の深さが 5 m より浅くなると，藻類制御は困難になる．

c．深層曝気法

本法は夏季の成層を破壊することなく底層に酸素豊富な冷水を貯留するために用いられる．その目的は元来底層にマスなどの冷水魚を飼い，フィッシングを楽しむためであった．

一方，このような水は夏季における水道用水としても工業用冷却用水としても理想的なものである．このために用いられる装置の 2 例を示すと図 12.21 のとおりである[8]．両者とも，小気泡連続曝気法を用いるが，上層の成層破壊を避けるために小気泡を集めてパイプで水面まで導いて放出するのが原則である．ただし前述のダム水質システムでは所望深度で水中に放出し浅層水の循環混合を助けている．また，深層曝気に使われた小気胞を集めて大気泡を作り，間欠的に噴出して上層の循環動力として再利用する方式もある（図 12.21）[9]．

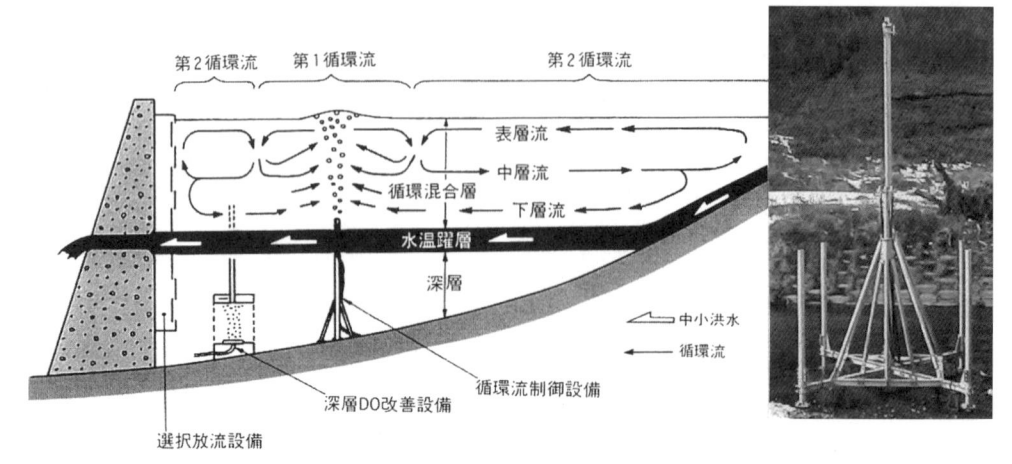

図 12.20 流動性制御の模式図（左）と小気泡曝気装置（右）[7]（写真は電業社提供）

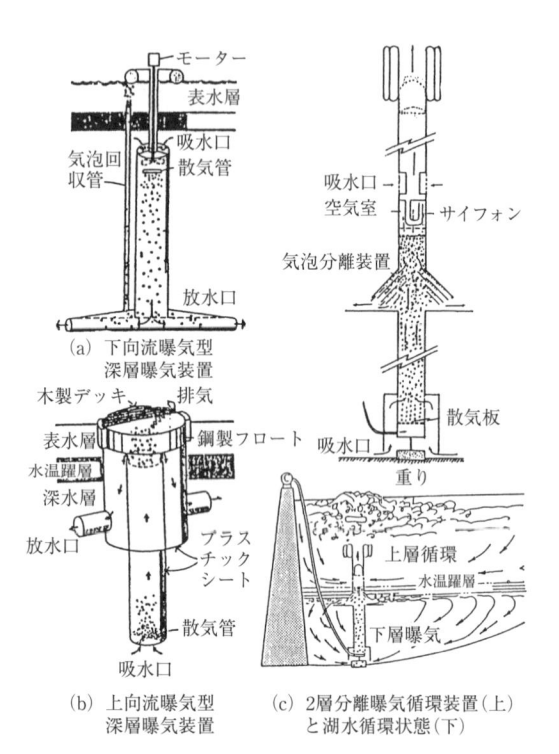

図 12.21 深層曝気装置の 3 タイプ[8,9]

(a) 下向流曝気型深層曝気装置
(b) 上向流曝気型深層曝気装置
(c) 2 層分離曝気循環装置（上）と湖水循環状態（下）

12.4.3 湖水循環混合の効果とそのメカニズム

湖水を循環混合すると湖水の理化学的性状成分は予想どおりの合理的変化をすることは，すでに述べたとおりである．ところが藻類は予想に反して激減するが，この理由については十分に理解されていない．その原因として従来考えられたのが，水温低下，希釈，底層リンの不溶出化などであった．しかし実地にあたって詳しく検討してみると，いずれも事実と合わない．

たとえば春から混合循環していると，夏の底層水温は上がるが表層水温はほとんど下がらない[10]．次に希釈であるが，通常のダムでは表層と循環層との水量比は数倍程度であるのに，混合循環すると藻類量が 1 桁も 2 桁も減ることは説明できない[10]．最後に底層水が好気性になるので底泥よりのリン溶出がなくなるためとの説があるが，ダム湖におけるリンの溶出量は年間流入全リン負荷量の数%にすぎないという実測値を知れば，これが藻類生産量を激減させるとはとうてい考えられない．

それでは何が原因かというと，それは遮光効果である．藻類の光に対する生理特性を知れば容易に納得できるであろう．図 12.22 は遮光が藻類の光合成活性に及ぼす影響を示した実験結果図である．これによると藻類プランクトンを暗所にある期間保存したのち明所に戻すと，保存場所が暗ければ暗いほど，また保存期間が長ければ長いほど，光合成活性が劣化することを示している[11]．つまり湖水循環によって暗い深層に入るたびに活性を失い，衰退脱落して数を減らすことになる．暗所に入ると光合成が一時止まるという理由では生産速度が一時落ちる説明はできても総量としては漸増を続けなければならない．実際には総量が急減するのである．

ところが平均水深が 5 m 以浅になると，底層まで光が届き暗い水域がなくなるので，遮光による抑制効果が全く得られなくなるのである．そこで，このような場合には水面の一部を覆って局部的に暗所を造り，ここに湖水を繰り返し送り込めば深湖と同

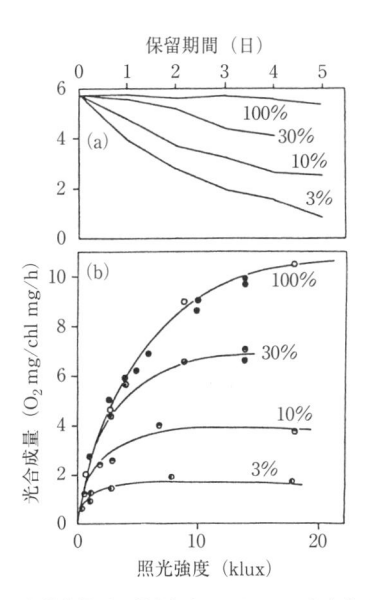

図 12.22　各種光量下に保存した Plankton の光合成パターン[11]
(a) 曲線上の数字は直射日光に対する％を示す．試料は手賀沼の表面水より採取．
(b) 光合成カーブは保存4日後のもので採取時の値は○印で示す．

図 12.23　スクリュー型湖水循環装置

様に藻類の抑制効果が得られることになる．これが浅湖の部分遮光制藻法である．そして後述のように，遮光制藻法が実証されたという事実こそ湖水循環による藻類制御のメカニズムは遮光であることを示す証拠でもある．

12.4.4　関連する周辺技術

気泡は用いないが，上述の方法と同じ原理を用い同じ目的を達成する方法が考案，実用化されているので，ここにその2例を紹介する．

a. スクリュー循環法[2]

本法はスクリューを用いて表層の水を直接深層へ送り込んで，アオコなどの藻類を制御する方法である（図12.23）．

この方法によれば，表層水を深層水で混合希釈することなく直接底層に移送するので，確実かつ効率的で，移送水量の計算も簡単である．ただし本法では，圧入水の再浮上を防ぐために深層水と確実に混合する必要があるが，実用の結果によれば，注入された表層水は躍層以深に留まることが確認されている．

水中における水の移送はスクリュー法が最も経済的だといわれているので，気泡循環法と比べて有利かと思われる．ただし，本法では装置本体を湖面上に設置するので，暴風雨に対しては十分な配慮が必要であろう．

本法を用いても，平均水深が5mより浅い湖沼におけるアオコ制御は不可能であることはいうまでもない．

b. 局部遮光法

すでに述べたように，平均水深が5m以下の湖沼に対してはいかに曝気しても，またスクリューで表層水を底層に押し込んでも，藻類を制御することは不可能である．その理由は，湖中に暗い水域が十分ないからである．そこで湖面の一部を覆って暗所を造り，そこへ湖水を導けば深湖と同様に藻類の遮光制御ができるはずである．幸い湖水は風による吹送流や日射による密度流などによって絶えず流動しているので，放っておいてもかなりの遮光効果が期待できるであろう．

図 12.24　水道水源貯水池に応用した局部遮光法
表面積 = 22500 m^2，フロート面積 = 1700 m^2 × 4（30％）．

この考えに基づいて，灌漑用水池（ファームポンド）で4年間実験した結果，必要遮光面積は安全率を考えると30%であることが確かめられた[13]．次いで，本装置を実用中の水道用ダム湖（表面積22500 m^2）に遮光フロート4基（1700 m^2×4）を浮かべ，湖面の約30%を覆ったところ，アオコ発生を防止し，殺藻剤が不要となり，浄水処理薬品が半減し，しかもろ過障害が解消するなどの効果が確認された（図12.24）[14]．

本法の将来課題は遮光面積の縮小，遮光板（膜）を多目的，たとえばソーラー発電や蒸発防止などと併用するための工夫をすることであろう．

〔小島貞男〕

図12.25　下水膜分離処理水を原水とした植物栽培池概観（12槽直列）

文献

1) 小島貞男（1988）：理科の教育，**37**(433)：14-18．
2) 吉村信吉（1976）：湖沼学（増補版），427 pp，生産技術センター．
3) 小島貞男：人工的なばっ気循環．富栄養と対策総合資料集，pp.173-183，サイエンスフォーラム．
4) 小島貞男（1988）：日本水処理生物学会誌，**24**(1)：9-23．
5) 越前文夫ら（1991）：第95回建設省技術研究会報告，pp.840-846．
6) 丹羽薫ら（1992）：ダム技術，No.75：37-46．
7) 丹羽薫ら（1995）：土木技術資料，**37**(6)：26-31．
8) Lorenzen MW, *et al* (1977): A Guide to Aeration/Circulation Technique for Management Reservoir. EPA 600/3-77-004；p.126．
9) 小島貞男（1986）：化学工学，**50**(2)：50-54．
10) ㈳日本水道協会（1994）：房総導水路水質など対策検討委員会報告，221pp．
11) Ichimura S (1960): *The Bot Mag Tokyo*, **73**(869/870): 458-467．
12) 城野清治（2004）：㈱海洋開発資料，8 pp．
13) 小島貞男ら（2000）：用水と廃水，**42**(5)：5-12．
14) 小島貞男ら（2003）：第54回全国水道研究発表会講演集，pp.524-525．
15) 小島貞男（2004）：自治のかけはし，No.19：8-11．

12.5　直接浄化に利用できる植物の特性

直接浄化に用いられる技術には，微生物を利用してSS・BODを低減させる（たとえば礫間接触酸化）方法や，物理的な方法（気泡による貯留水の循環混合）などがあるが，植物を利用した直接浄化方法は，省エネルギーで生態系保全にも有効であることから，今後より重要度が増すものと思われる．ところが植物浄化そのものに対する情報は必ずしも十分とはいえず，植物利用の計画にはいまだに「ホテイアオイ」が取り上げられることでもわかるように，植物浄化に関連する知見はとても不足しており，せっかく立てられた計画が植物選定の間違いにより無に帰することもありうるので，本節では利用できる水生植物の特性についてまとめた．

植物による処理は，「よりまし」技術（ないよりはまし）といわれることが多いが，その言葉どおりであり，うまく利用すると有効な手段であるが，放置すると効果がないばかりか，害悪にもなりうる（最近ではウォーターレタスの冬季越冬の問題が熊本市江津湖（湧水）や沖縄の農業用ため池（亜熱帯）で発生している）危険性も認識する必要がある．

12.3節で紹介された植生浄化法やヨシ原浄化などに利用される水生植物としては，熱帯性および温帯性の水生植物（浮標性または抽水性）が用いられることが多いが，これらの植物に要求される条件としては，成長が早いこと・回収植物体の有効利用が可能なこと・自然植生に対して影響を与えないことなどが挙げられている．

浄化に利用される植物としては，在来種の抽水性植物として，セリ，ヨシ，ガマ，ヒシ，マコモ，アサザ，ハナショウブなどが用いられ，温帯性帰化植物としてはクレソン（オランダガラシ），ミント，カラー，クウシンサイ，オオフサモなどが，また熱

表 12.5　連続通水水耕栽培試験による各植物の無機態窒素除去効率・除去速度と試験時の条件

植物種	除去速度		除去効率	栽培密度		原水	処理水	栽培水温	栽培水深	測定日	設置場所など
	(mg/l·h)	(mg/l·日)	(g/日·m²)	乾(kg/m²)	湿(kg/m²)	(mg/l)	(mg/l)	(℃)	(cm)		
オオフサモ1	0.72	17.4	1.72	1.2	10.8	8.4	1.6	19.5	13	00-9-30	浄化槽横
オオフサモ2	0.67	16.2	1.60			14.1	4.9	22.7	13	00-10-5	浄化槽横
ケナフ	0.56	13.3	0.56	2.4		1.7	1.2	24.4	5	00年7～9月平均	校内ため池
レタス1	0.25	6.0	0.88	0.7	14.5	9.1	0.9	25.0	22	00-9/19	浄化槽ハウス
レタス2	0.47	11.2	1.63	0.8	15.9	16.5	0.1	21.9	22	00-10/4	浄化槽ハウス
レタス3	0.35	8.5	1.17			6.9	1.6	24.4	12.4	02-8/20	城南膜処理
レタス4	0.24	5.7	0.78	1.8	36.4	4.8	1.2	23.2	12.4	02-9/20	城南膜処理
セリ1	0.18	4.3	0.59	1.1		4.8	1.0	21.6	12.4	03-7/10	城南膜処理
セリ2	0.25	6.0	0.83	0.9		5.0	0.4	26.9	12.4	03-8/1	城南膜処理
セリ3	0.13	3.1	0.43	0.8		4.8	2.7	22.2	12.4	03-10/9	城南膜処理

注記：これらの実験は，すべて群馬高専において実施した．使用した原水は，合併浄化槽処理水，ため池流入農業排水，下水膜処理水である．除去速度は，連続運転水槽前半部の濃度の高い部分の傾きから計算した最大除去速度であり，この値を換算して日除去速度を計上した．

表 12.6　連続通水水耕栽培試験によるリン酸態リン除去効率と除去速度

植物種	除去速度		除去効率	栽培密度		原水	処理水	備考
	(mg/l·h)	(mg/l·日)	(g/日·m²)	乾(kg/m²)	湿(kg/m²)	(mg/l)	(mg/l)	
オオフサモ1	0.07	1.7	0.17	1.2	10.8	0.84	0.02	
オオフサモ2	0.10	2.3	0.23			1.06	0.02	
ケナフ	0.06	1.4	0.06	2.4		0.13	0.08	
レタス1	0.03	0.7	0.10	0.7	14.5	0.70	0.01	
レタス2	0.05	1.1	0.16	0.8	15.9	0.99	0.03	
レタス3	0.05	1.2	0.16			0.69	0.05	
レタス4	0.05	1.3	0.14	1.8	36.4	1.22	0.42	
セリ1	0.014	0.33	0.05	1.1		0.76	0.61	
セリ2	0.015	0.36	0.05	0.9		1.03	1.01	
セリ3	0.004	0.11	0.01	0.8		0.09	0.01	流入濃度低い

帯性帰化植物としては，浮漂性のホテイアオイ，ウォーターレタス（ボタンウキクサ）や抽水性のケナフ，パピルスなどが挙げられている．熱帯性の水生植物は夏季に著しい成長を遂げるので，栄養塩の吸収固定という意味では，非常に効率的であるが，個体が大きくなりすぎて水面からの回収が困難になると，冬季に枯死して景観を劣化されたり，腐敗して水環境を悪化させたり，栄養塩が再溶出してしまう弊害が発生するので注意を要する．ホテイアオイはその代表例であるが，成長すると枝分かれして巨大な株になり，人力では水面から回収ができず，水分が多いために有効な利用方法も見当たらない現状では，管理された処理施設などに限定して利用する必要がある．

12.5.1　浄化によく利用される植物の栄養塩除去性能

浄化に利用される植物は，成長が早く栄養塩を吸収して自分の個体増殖に利用するか，成長はそれほどでもないが，根圏がネット状に発達して，SSのろ過沈殿除去能力が大きいかのどちらかの性能が必要である．筆者の所属する高専は北関東に位置するが，幸いに校内に農業用ため池があり，また自前の合併処理浄化槽などがあるので，これらの処理水を浅い複数の水槽（プランターまたはブルーシートの浅い池）に連続的に掛け流して，各種の水生植物を対象に水耕栽培試験を継続してきた[1-5]．これらの試験結果を整理し，それぞれの無機態窒素除去速度，除去効率（1日水面1m²あたりの栄養塩除去量）をまとめた結果を表12.5に示した．また表12.6には，同様にリン酸態リンの除去効率などを示した．表12.5には，原水と処理水の濃度，植物の栽培密度（湿重量と含水率から計算），栽培時の水温，水深，測定の季節も示した．試験に用いた植物は，オオフサモ，ケナフ，ウォーターレタス，セリである．

ケナフは熱帯性1年生草本であるが，幹が木質でセルロースが主成分であり，木材と同様の利用が可能な特徴があり，植物体の窒素，リン含有率は低いが栽培密度が高いので，水耕栽培にも利用可能であ

る[3]．オオフサモは，栽培密度が高く栽培水深が浅い水槽で試験したので，とても高い除去効率を示したが，冬季にも水中部の茎が生き残ることによりきわめて旺盛な繁殖力を示し，他の植物を排除してしまうので注意が必要である．ウォーターレタスはホテイアオイよりも旺盛な繁殖力（比増殖速度の最大値は0.25/日にも達した）を示すので，優れた溶存栄養塩の吸収除去性能を示した[4]．この植物は関東地方では冬季凍結により枯死するが，湧水のある所では越冬する可能性もあるために，管理された場所での利用が必要である．セリは在来種の代表であり，食用にもなるので好都合であるが，成長速度が遅いにもかかわらず比較的良好な除去効率を示した[5]．

表12.6ではセリのリン酸態リンに対する除去効率が低い値を示しているが，これは下水処理施設で同時凝集と循環脱窒素を組み込んだ，膜分離活性汚泥法の処理水を使用しているために，流入水中のリン濃度が低いことに原因している．

12.5.2 回収植物体の組成と有効利用

浄化に用いる植物は，その植物体が有効利用できると，資源の循環利用が可能となり好都合である．本高専での水耕栽培で回収した，各植物の灰分・肥効分の成分比較を表12.7に示した．ケナフは草本では唯一木質の幹が回収できるので，菌床キノコ培地への利用などが可能である[6]．また，セリ，クレソンは食用になるので便利であるが，水耕栽培では種々の重金属類を植物が吸収する可能性があるので，注意が必要である（phyto-remediation）．ウォーターレタスは窒素とほぼ同量のカリ（K_2O）を蓄積するので，下水汚泥と混合すると繊維質とカリを補って良質のコンポストが製造できる可能性がある．カラーはきれいな白い花が咲くので価値があり，

表12.7 関東地方で成育できる各水生植物の肥効成分比較

水生植物名	成育条件	Ash (%)	N (%)	P_2O_5 (%)	K_2O (%)
ケナフ幹	ため池水耕	6.3	0.3	0.1	0.8
ケナフ皮	ため池水耕	3.2	0.6	0.1	1.1
ウォーターレタス	ため池水耕	17.3	2.7	1.6	1.0
ホテイアオイ	ため池水耕	17.1	3.4	2.3	5.9
セリ	ため池水耕	14.8	4.2	1.4	5.5
クレソン	ため池水耕	10.6	3.7	2.1	1.3
セリ	浄化槽水耕	14.6	4.2	1.6	4.4
クレソン	浄化槽水耕	17.6	5.4	1.7	4.2
ウォーターレタスa	浄化槽水耕	15.2	3.3	1.8	5.2
ウォーターレタスb	浄化槽水耕	20.0	3.3	1.6	3.3

注記：植物試料は1998年秋に採取した/各数値は乾燥重量ベース．

表12.8 各濃度条件で連続通水栽培した植物体の肥効成分濃度の相違

RUN	培養液T-N濃度	N (%)	P_2O_5 (%)	K_2O (%)
No. 1	0.5 mg/l	1.84	0.66	3.09
No. 2	1 mg/l	2.82	0.91	3.56
No. 3	2 mg/l	2.63	0.77	3.13
No. 4	5 mg/l	4.39	1.45	3.67
No. 5	10 mg/l	4.41	1.47	3.73
No. 6	30 mg/l	5.05	3.19	2.84

注記：植物としてウォーターレタスを使用し，室内で栽培した．

ミントはハーブとして利用できる．

12.5.3 成育条件による肥効成分の変化と気象条件

水生植物の窒素リン含有量は，水耕栽培の培養液（流入水）中の栄養塩濃度に影響されるといわれているので，液体培養液（タケダ園芸・花工場）の希釈濃度を各段階に変化させて掛け流し，室内で連続水耕栽培を実施し，植物体の栄養塩組成を測定した結果を表12.8に示した．対象植物としてウォーターレタスを用いたが，培養液の無機態窒素濃度（$NH_4-N + NO_3-N$）が上昇するほど，植物体の窒素・リン濃度は上昇し，窒素濃度は1.84％から5.05％まで変化し，植物体の栄養塩濃度が培地の水質に依存することが確認できた．水耕栽培の栄養塩濃度が高い場合には，植物体に窒素が硝酸塩として蓄積する可能性があるために，注意を要する．

植物による浄化を，関東地方の屋外で冬季実施する場合には，寒さに対する適性を確認する必要がある．本高専のため池は，冬季間からっ風にさらされ凍結することがあるが，寒さに最も強い植物はクレソンであり，次にセリであったが，凍結を繰り返す場所ではクレソンしか生息できない場合がある．しかし，クレソンは春に開花した後に枯れてしまうので，クレソンとセリをうまく並行して成育させる必要がある．夏の暑さには，ミント，セリ，クレソンの順に強いので，真夏にはミントが繁殖できるように工夫をすれば，おおむねこの3種類の植物で通年の通水が可能である．　　　　　〔青井　透〕

文　献

1) 青井　透（2000）：上流域における水生植物による水環境の浄化．環境施設，No.82：74-78．
2) 大島秀則，唐沢　潔，坂之井和之，青井　透，大森美香子，平野景子（2001）：渡良瀬貯水池池水を用いたケナフの栄養塩除去特性と回収幹から製造した活性炭能力の評価．土木学会環境工学論文集，38：43-50．

3) 青井 透, 鈴木 学 (2001)：木質系熱帯性草本ケナフの水質浄化能力と成育特性. 土木学会環境工学論文集, **38**：31-42.
4) 住谷敬太, 青井 透 (2003)：脱窒素膜分離活性汚泥法および植物栽培池システムと放流先河川の栄養塩濃度の比較. 土木学会第40回環境工学研究フォーラム講演集, pp.10-12.
5) 住谷敬太, 田中祐介, 安田大介, 青井 透 (2004)：膜分離活性汚泥法および植物栽培池システム処理水と放流先河川のN, P濃度通年比較. 第41回下水道研究発表会講演集, pp.585-587.
6) 青井 透 (2003)：ケナフの資源利用のための前処理破砕方法の検討と破砕全茎からのキノコ生産. 非木材紙普及協会, 第6回ケナフ栽培・利用研究発表会要旨集, pp.12-15.

III. 物

　地球上に人類が誕生して「物」を作り始めたのは，180万年前のことである．それ以来，多くの「物」を作り出しかつそれらを使用して人類の生活に貢献してきた．しかし，産業革命以降の17世紀になると，人間活動に伴う環境への影響が現れ始めた．すなわち，産業の発達によってもたらされた大気汚染がヨーロッパで観測されるようになった．一方，19世紀にはコレラ菌によって代表される感染性の病原細菌が大流行し，その防止対策が重要な課題となった．これを解決するために，上下水道の整備や公衆衛生の啓蒙および普及に取り組むこととなった．1890年代には足尾銅山より流出した鉱毒によって災害を受けた農民による反対運動が発生し，これがわが国で始めてもたらされた公害問題として注目された．

　20世紀に入り，人間がよりよい生活を求め経済成長を続ける中で「物」の大量使用，大量消費の結果として廃棄物の増加，環境汚染および生態系の破壊が生ずることとなった．また，化学物質による環境汚染として，1950年代からは水俣病で代表される水銀汚染，カドミウムによるイタイイタイ病など重金属による環境汚染および人体影響が問題視されてきた．わが国においても第二次世界大戦後の高度経済成長に伴

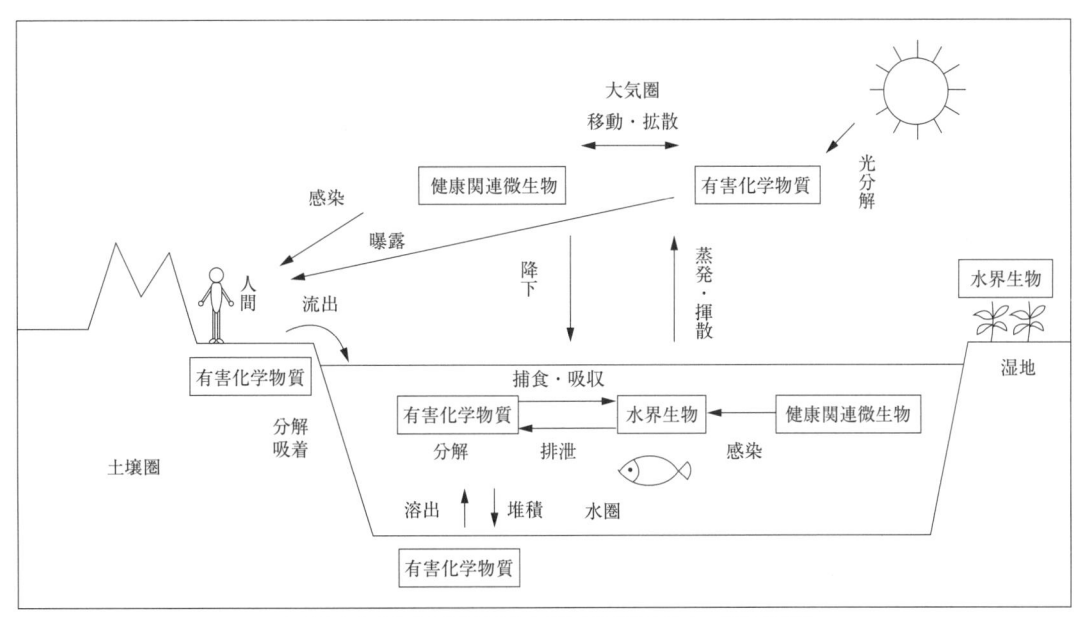

●「有害化学物質」「水界生物」「健康関連微生物」の関連模式図

物

って，大気汚染や水質汚濁などの公害が各地で多発したが，その後各種の法規制や対策技術によって今日では大幅な改善がみられるに至った．一方，1980年代から1990年代にかけては，ダイオキシン類，内分泌攪乱化学物質などにみられるように，微量であっても次世代に影響を及ぼすおそれがある化学物質による水系汚染および生態系に与える影響が明らかになり，それらの化学物質を含めて水道水質基準，水質環境基準，排水基準などの設定がなされた．また，1990年代に入って病原性大腸菌や受水槽汚染などによるクリプトスポリジウムによる集団感染，冷却塔や水環境システムを介したレジオネラの飛沫感染などが社会問題となった．

このような歴史的な変遷の過程で「物」の中の「有害化学物質」や「水界生物」および「健康関連微生物」が人間社会と相まって種々かかわりをもってきた（図）．

本編においては「有害化学物質」，「水界生物」および「健康関連微生物」の3章から構成されている．そのうち「有害化学物質」に該当する化学物質は多くある中で，水銀，カドミウム，ヒ素，セレン，硝酸性窒素，低沸点有機塩素化合物，農薬，ダイオキシン類，PCB，ビスフェノールAおよびアルキルフェノール類と特に社会的に注目されてきた化学物質に限って解説することとした． 〔伏脇裕一〕

13
有害化学物質

13.1 有害化学物質とは

▷ 5.5 土壌・地下水汚染のメカニズム
▷ 7.1 水道における浄水処理と最近の動向
▷ 16.1 環境微量分析とは

われわれの身の回りには，膨大な数の化学物質が存在している．人類が天然物質から単離・精製したものや新たに合成した化学物質は，現在までにChemical Abstractsのデータベースに登録されているものだけでも2000万種を超えており，さらに毎年数十万ずつ増加している．当然，これらの物質は，たとえば身の回りの衣食住にかかわる合成繊維，農薬，医薬品，合板，建材などの形で有効利用されており，何らかの形でわれわれの社会生活や家庭生活の中で重要な役割を担っている．このように身の回りのものは，何をとっても化学物質から作り出されている．すなわち，われわれはこれらの化学物質の恩恵を受けて生活をしているわけである．しかし，これら化学物質は，ヒトをはじめ地球上の生物に対して強弱はあるが何らかの形で有害性を有することも周知の事実である．

現在まで築き上げてきた人類の繁栄において，これらの化学物質のリスクといかに上手に付き合っていくかが今強く求められている．わが国の水質汚濁の歴史をたどるとき，公害病の原因となった化学物質としての水銀，カドミウム，ヒ素の名前がまず挙がる．水俣湾沿岸住民に起こったメチル水銀による水俣病，富山県神通川流域におけるカドミウムによるイタイイタイ病，宮崎県高千穂町で起こった慢性ヒ素中毒などの事例が脳裏に浮かぶ．これらはいずれも産業の発展が最優先にされた時代に生じた．すなわち，これら時代においては化学物質のリスク管理が現在のような形でなされていなかった時代であり，これら有害化学物質が適切に管理されなかったために，環境汚染を通じてヒトの健康や生態系にさまざまな悪影響を及ぼした典型的な事例である．最近では，化学物質による環境汚染を特定地域のヒトの健康や生態系への影響に限定しては到底解決のできない地球規模の環境破壊問題に対する防止策を考える観点から環境化学物質のリスクをみる必要がある．ここで問題になっている地球の温暖化，オゾン層の破壊，酸性雨，海洋汚染，野生生物の種の保存，熱帯雨林の破壊，砂漠化などの地球環境問題は，生態系を地球規模で考え，また，ヒトへの影響を人類という集団で考える重要性を提起している．21世紀は，このようにグローバルな視点から，化学物質の生態系およびヒトへの影響を考え直すことが重要課題になってきている．

本章においては，天然由来および人為的に合成された化学物質を「物」としてとらえ，無機物質として，歴史的にも，また現在再び社会的にも重要な水銀，カドミウム，ヒ素，セレン，亜硝酸性・硝酸性窒素を取り上げる．また，有機物質としては，地下水汚染や水道の塩素消毒副生成物として話題になった低沸点有機塩素化合物およびトリハロメタン，人口増加と食糧増産と関連のある農薬，水域環境における環境ホルモン問題を考えるとき重要なビスフェノールAおよびアルキルフェノールや地球環境問題の視点からみても難分解性，蓄積性，慢性毒性の点で最も問題な物質の一つであるPCB，ダイオキシン類を取り上げる．

ここで取り上げる無機物質および有機物質について，21世紀の新たな時代の環境化学物質のリスク管理のために必要と考えられる，①用途および生産量，②分析方法，③汚染状況，④毒性および曝露経路，⑤海外の状況などの基礎的情報についてまとめる．

〔中室克彦〕

13.2 無機物質

▷ 5.5 土壌・地下水汚染のメカニズム
▷ 5.6 土壌・地下水汚染の対策と管理
▷ 7.1 水道における浄水処理の最近の動向
▷ 17.2 生態毒性
▷ 17.3 遺伝子障害性試験
▷ 20.3 リスク評価
▷ 21.3 水環境モニタリング計画

13.2.1 無機・有機水銀[1,2]

水銀はアマルガム，電池，温度計，蛍光灯などさまざまな用途に幅広く利用されている．わが国では水俣病の原因物質がメチル水銀であることが判明して以来，水銀の環境への排出が厳しく規制されている．環境中の水銀は単体の金属水銀（Hg^0），無機イオン型水銀（Hg^{2+}）または有機水銀（ほとんどがメチル水銀）として存在する．金属水銀は加熱によって水銀蒸気となり経気道的に高率に吸収される．体内に吸収された後はカタラーゼ等の作用によって2価の無機水銀として，特に腎臓に蓄積される．しかし，酸化されるまでのしばらくの間は，水銀蒸気のままで血液中に存在している．この原子状水銀は電荷がないので容易に血液-脳関門を通過し中枢神経に移行する．高濃度曝露では化学性肺臓炎，それより低い濃度では中枢神経症状を主とする水銀中毒を呈する．また，長期の曝露では歯齦炎，口内炎，無気力，不眠，手指の震せん，腎障害などの慢性中毒が現れる．無機イオン型水銀の腸管からの吸収率はおおむね数％程度であるが，グラム単位の無機イオン型水銀を多量摂取した場合には，重度の腎尿細管障害と消化管粘膜の壊死から乏尿，無尿，腎不全を起こして死亡する例がみられる．環境汚染で最も問題になるのはメチル水銀であり，一般の日本人における水銀の取り込みはほとんどが魚介類摂取によるものである．無機水銀の腸管吸収率がせいぜい数％であるのに対し有機水銀のほとんどを占めるメチル水銀の吸収率は95～100％と高い．それは，摂取されたメチル水銀がシステインと結合してアミノ酸の輸送系に依存して容易に吸収されるためと考えられる．人為的な汚染に加え，自然界レベルでのメチル水銀でも食物連鎖の頂点にあるクジラ類やカジキ類にはメチル水銀が高濃度に蓄積される．

a. 汚染状況

人類による水銀の利用は数千年の歴史を有し，その利用は現在も続いている．水銀汚染とそれに伴う健康被害も繰り返されてきた．1960年代以降に報告された主な水銀汚染は，次のとおりである．加えて，最近は火山活動などの自然界レベルでの汚染のヒトへの健康影響も注目を浴びてきている．

① 1960年代に入って，スウェーデンでは水銀系農薬により野鳥の数が激減し，1960年代中ごろには魚などの食品がメチル水銀に汚染されていることが報告された．さらに，1969（昭和44）年には養魚池などの底泥中で無機水銀がメチル化することが判明して，無機水銀による環境汚染が改めて注目されるようになった．

② 1950～60年代にわが国では公害の原点といわれる水系環境汚染によるヒトの健康障害である水俣病が熊本県水俣湾周辺と新潟県阿賀野川流域で2度も発生し合計3000人近くが水俣病患者と認定された．これらの地域では胎児性水俣病発症もみられている（トピックで詳しく説明）．

③ 1971（昭和46）年暮れに，イラクで大規模なメチル水銀中毒事件が発生し，わずか2か月で犠牲者は6530人（うち，459人死亡）に上った．メチル水銀で消毒した種子小麦を誤って食したために起きた事件である．

④ アマゾン河流域では，金採掘活動に使用した金属水銀の環境への放出，同流域の魚類などのメチル水銀汚染などが1990年初頭に顕在化し，世界的な関心を呼んだ．同様の汚染は，タンザニア，フィリピン，インドネシア，ベトナム，中国でも問題になっている．水銀分析技術の改良によって，今日，これまで検知できなかった地球上の広範な水銀汚染の実態が明らかになりつつある．

⑤ 米国においては，発電所や工場排煙中の水銀蒸気による五大湖などの内水面の汚染が懸念されており，そこに生息する淡水魚の摂取を規制している州もある．

⑥ 人為的な環境汚染に加えて火山活動などで海洋中に放出された水銀は水環境中でメチル化され，食物連鎖に乗ってプランクトン，小魚，大型の魚へと蓄積されるメチル水銀濃度は高くなっており，クジラをはじめ魚食量の多いフェロー諸島やセイシェル諸島で現在もこれらの魚類等に由来するメチル水銀の胎児期影響についての検討が行われており，魚介類摂取量の多い日本での研究も始まっている．

表 13.1 水銀の環境基準

排水基準	総水銀：0.005 mg/l，メチル水銀：検出されないこと（定量限界 0.0005 mg/l）
環境基準 一般水域	総水銀：0.0005 mg/l 以下，メチル水銀：検出されないこと（定量限界 0.0005 mg/l）
底質の暫定除去基準	水銀を含む底質の暫定除去基準として総水銀 25 mg/kg（乾重量）
魚介類の暫定規制値	湿重量で総水銀 0.4 mg/kg 以下，メチル水銀 0.3 mg/kg 以下

表 13.2 人体における発症閾値を示す種々の指標（最も感受性の高い成人に最初の神経症状が現れる値）

一日平均摂取量	$3〜7\ \mu g/kg$
体内蓄積量	$15〜30\ mg$（体重 50 kg として）
血中総水銀濃度	$20〜50\ \mu g/100\ ml$
頭髪総水銀濃度	$50〜125\ \mu g/g$

b. 日本の環境基準など[1]

ここでは，日本における水銀の環境基準などの法的規制について述べる．ここでいう環境基準は，環境汚染による健康被害発生の抑止を保証するものではなく，達成することが望まれる値である．水質環境基準に関しては，健康項目として 1971（昭和 46）年に初めて経済企画庁から総水銀およびアルキル水銀の基準が告示された．この基準では，当時の総水銀の分析方法はジチゾン比色法が一般的であったことから，排水基準，環境基準ともこの方法の定量限界の 0.02 mg/l 以下を"検出されないこと"と定め，アルキル水銀については，分析方法をガスクロマトグラフ法と薄層クロマトグラフ分離-ジチゾン比色法の両者を併用することとし，ガスクロマトグラフ法の定量限界の 0.001 mg/l をもって"検出されないこと"と定められていたが，1975（昭和 50）年改正では，その後の分析技術の進展に伴い総水銀の分析に原子吸光光度法が指定され，排水基準が 0.005 mg/l，環境基準もその定量下限である 0.0005 mg/l に変更された．一方，アルキル水銀の分析には，ベンゼン抽出-ガスクロマトグラフ法およびベンゼン抽出-薄層クロマトグラフ分離-原子吸光光度法が指定され，排水基準，環境基準とも"検出されないこと"（0.0005 mg/l 以下）となっている（表 13.1）．

メチル水銀のヒトへの生体影響を考える場合には，その主たる標的器官が脳であることから，脳中メチル水銀濃度を反映する理想的な生体指標が必要となってくる．血液中のメチル水銀はメチル水銀-システイン抱合体として中性アミノ酸輸送系に依存して脳内に容易に移行する．そして，ある一定量のメチル水銀を摂取し続けると血液-脳の水銀濃度比は一定値となることが動物実験で示されており，血液中の水銀濃度は脳中水銀濃度を知るためのよい指標とされる．一方，毛髪中水銀濃度も毛髪形成時の血液中のメチル水銀濃度を反映し，サンプリングの簡便性および非侵襲性，サンプル保存性のよさなどの理由から，メチル水銀曝露の指標としてよく使われている．しかし，毛髪中水銀濃度に関しては外部からの汚染やパーマなどの毛髪処理あるいは採取部位などの影響が指摘されている．

WHO，IPCS クライテリア 101（1990）はこれらに他の知見もふまえて，最も感受性の高い成人に最初の神経症状が現れる値（発症閾値）を種々の指標で表 13.2 のようにまとめている．

c. 測定法[3-10]

水銀による汚染の実態を正しく把握し評価するために，正しいモニタリング手法に基づく，信頼性のある分析データを得ることが重要である．そのためには，①適切な試料の選択，②適切な試料の採取，③採取した試料の輸送と保管，④試料の分析の前処理，⑤試料に適合した測定方法/手順，⑥経験豊富な熟練したスタッフが要求され，分析を実施するにあたっては日常から実験室の清掃，使用する器具，容器などの洗浄に努めるなど極力外部からの汚染防止に細心の注意が必要である．その他に，十分な換気設備と化学物質取り扱い用備品を含む，個々の防御用の装備が必要である．

総水銀の測定法としては，吸光光度法（ジチゾン比色法），フレームレス原子吸光光度法，放射化分析法などがある．吸光光度法はジチゾンが金属イオンとキレートを生成し有機溶媒中で一定の色調を呈することから，これを比色定量する方法である．この方法は操作が簡便なため古くは主流を占め広く用いられていたが，1960 年代末に高感度の原子吸光光度法が導入され，以来あまり使われなくなった．原子吸光光度法は金属水銀が容易に気化し原子状の水銀蒸気を発生する性質を利用し，この水銀蒸気を光吸収セルに導入して 253.7 nm の吸光度を測定し定量する方法である．放射化分析法は原子炉の熱中性子を照射し，生成した ^{197}Hg の γ 線を測定し標準試料と比較定量する方法である．放射化分析法は濃縮操作など前処理もなく感度も高いが，原子炉という特殊な装置と高レベルの放射線物質の取り扱いなど特殊なテクニックを要し，測定機器も高価であ

■トピックス：水俣病

　わが国は過去に不知火海（水俣湾）沿岸および阿賀野川流域で2回にわたるメチル水銀による広域な水環境汚染を経験し，不幸にも多数の中毒患者を出した．現在までの水俣病認定患者は熊本県，鹿児島県，新潟県を合わせて約3000人に及んでいる．水俣病は，メチル水銀化合物による中毒性の中枢神経系疾患であり，水俣市や阿賀野川上流のアセトアルデヒド製造工程で副生されたメチル水銀化合物が工場廃水とともに排出され，海洋や河川の水環境を汚染し，直接鰓からまたは食物連鎖を通じて魚介類にメチル水銀が濃縮され，これらの魚介類を地域住民が多食することにより生じた．環境への配慮を欠いた産業活動がもたらした，わが国における公害問題の原点となっている．

　水俣病の病像は中枢神経を中心とする神経系が障害されるメチル水銀による中毒性疾患である．主要な臨床症状は，四肢末端の感覚障害，小脳性運動失調，求心性視野狭窄，中枢性眼球運動障害，中枢性聴力障害，中枢性平行機能障害などである．また，母親が妊娠中にメチル水銀の曝露を受けたことにより，脳性小児麻痺様の障害をきたす胎児性の水俣病も発生し，メチル水銀汚染の恐ろしさを世界に知らしめた．

　日本の水俣では1955（昭和30）年以後に生まれて，水俣病と認定された患者を胎児性とすると，典型例も合わせて50名以上の胎児および小児性水俣病患者が発生した計算になる．汚染の最も激しかった1955～59（昭和30～34）年に23名の重度の脳症状を呈する典型的胎児性水俣病患者が発生しているが，その母親たちは軽症もしくは全く無症状であった．日本における事例で量-反応関係を求めるのは成人の場合と同様に困難であった．最近の報告に汚染の激しかった当時，水俣市全体の男児の出生比が低下していたという報告[13]もあり，いかに広域で高濃度な汚染があったかを再認識させた．

ることから汎用性の点で問題がある．フレームレス原子吸光光度法は，従来のフレーム中に直接，試料溶液を噴霧して水銀を測定する原子吸光光度法に比べてきわめて感度が高く，簡易な水銀ランプを装着したUV分光光度計を用いても測定できるなどの利点がある．試料に強酸-スズによる還元気化法と試料を直接燃焼して金属水銀を得る加熱気化法がある．

　一方，有機水銀の測定にはメチル水銀その他の有機水銀化合物を選択的に分析するECD（電子捕捉型検出器）-ガスクロマトグラフ法が用いられている．この方法は，その優れた分離性と迅速性もさることながら，有機水銀のハロゲン化物に対して卓越した感度を示すことから，各種生物・環境試料中のメチル水銀の定量法として，従来から広く用いられている．すなわち，試料中のメチル水銀をハロゲン化物として有機溶媒で抽出し，システインまたはグルタチオン溶液に転溶後有機溶媒に再抽出し，ECD（電子捕捉型検出器）-ガスクロマトグラフ法により測定する方法である．また，変法として同様なメチル水銀分離法により得られた試験溶液を加熱して水銀蒸気を生成させ，フレームレス原子吸光光度法により測定しメチル水銀として定量する方法もある．最近，各種生物試料中メチル水銀の定量法として，ジチゾン抽出-ガスクロマトグラフ法による高精度な方法と，毛髪中メチル水銀についての塩酸溶出-トルエン抽出-ガスクロマトグラフ法による簡便で迅速な方法が報告されている．

d．海外の状況[10-12]

　アマゾン川流域では，金採掘活動に使用した金属水銀の環境への放出，同流域の魚類などのメチル水銀汚染などが1990年代に顕在化し，世界的な関心を呼んだ．同様の汚染は，タンザニア，フィリピン，インドネシア，ベトナム，中国でも問題になっている．米国においては，発電所や工場排煙中の水銀蒸気による五大湖などの内水面の汚染が懸念されており，川魚の摂取を規制している州もある．人為的な環境汚染に加えて火山活動などで海洋中に放出された水銀は水環境中でメチル化され，食物連鎖に乗ってプランクトン，小魚，大型の魚と蓄積されるメチル水銀濃度は高くなっており，クジラをはじめ魚食量の多いフェロー諸島やセイシェル諸島で現在もこれらの魚類などを介して摂取されるメチル水銀の胎児期影響についての検討が行われている．フェロー諸島[11]での調査では妊娠中に頻繁に鯨肉や他の魚介類を食べた母親の水銀曝露量（母親の幾何平均毛髪水銀濃度：4.27 ppm）と917名の児が7歳になった時点に行われたいくつかの発達や神経心理学テストの成績との間に統計学的に有意な負の相関を認めている．また，10 ppm以上の母親の毛髪水銀値を示す例を除いてもこれらの相関は残っており，10 ppm以下の水銀濃度でも影響が出る可能性を示唆

している．一方，魚介類を多食するセイシェル諸島でも同様な研究[12]が行われたが，全体として，出生前あるいは出生後のメチル水銀曝露指標と関連を示すテスト結果は得られておらず，逆にいくつかのテストでは水銀値の高い群でわずかながらよい成績をもたらす結果もあった．現在，ブラジルや日本での調査結果が期待されている．

〔坂本峰至・赤木洋勝〕

文 献

1) World Health Organization, eds（1991）：IPCS. Environmental Health Criteria 118. Inorganic mercury, World Health Organization, Geneva.
2) World Health Organization, eds（1990）：IPCS. Environmental Health Criteria 101. Methylmercury, World Health Organization, Geneva.
3) 環境省水銀分析マニュアル委員会（鈴木継美編）（2004）：水銀分析マニュアル．
4) 日本薬学会偏（1890）：衛生試験法・注解．
5) 日本化学会水銀小委員会編（1977）：水銀，丸善．
6) 環境庁告示第64号（昭和49年9月31日）．
7) 神奈川県公害センター監修（1974）：公害関係の分析法と解説，第3版，水銀，丸善．
8) 環境庁水質保全局水質管理課編（1975）：底質調査方法とその解説，p. 10，日本環境測定分析協会．
9) Akagi H and Nishimura H（1991）：Mercury speciation in the environment. Advances in Mercury Toxicology (Suzuki T, Imura N and Clarkson TW, eds), pp. 53-76, Plenum Press.
10) Akagi H, Malm O, Branches FJP, Kinjo Y, Kashima Y, Guimaraes JRD, Oliveria RB, Pfiffer WC, Takizawa Y and Kato H（1995）：Human exposure to mercury due to gold mining in the Tapajos River Basin, Amazon, Brazil：Speciation of mercury in human hair, blood and urine. *Water, Air And Soil Pollution*, **80**：85-94, Kluwer Academic Publishers.
11) Grandjean P, Weihe P and White RF, *et al*（1997）：Congnitive deficit in 7-year-old children with prenatal exposure to methylmercury. *Neurotoxicol Teratol*, **19**：417-428.
12) Myers GJ, Davidson PW and Cox C, *et al*（2003）：Prenatal methylmercury exposure from ocean fish consumption in the Seychelles child development study. *Lancet*, **361**：1689-1692.
13) Sakamoto M, Nakano A and Akagi H（2001）：Declining Minamata male birth ratio associated with increased male fetal death due to heavy methylmercury pollution. *Env Res Section* A, **87**：92-98.

13.2.2 カドミウム

a. 環境基準など

① 公共用水域（河川，湖沼，海域など）の水質汚濁に係る環境基準

（人の健康の保護に関する環境基準値）：全公共用水域中の濃度 0.01 mg/l 以下．

② 地下水の水質汚濁に係る環境基準：すべての地下水中の濃度 0.01 mg/l 以下

③ 有害物質に係る排水基準：0.1 mg/l 以下

④ 土壌の汚染に係る環境基準：規定の方法で調製された検液 1 l につき 0.01 mg 以下であり，かつ，農用地においては，米 1 kg につき 1 mg 未満であること．

⑤ 作業環境評価基準：作業環境管理濃度 0.05 mg/m^3．

⑥ 水道水質基準：水道により供給される水中の濃度 0.01 mg/l 以下．

⑦ 食品衛生法の規格および基準：

清涼飲料水の成分規格：検出されないこと

粉末清涼飲料の成分規格：検出されないこと

清涼飲料水の製造基準：原水中濃度 0.01 mg/l 以下

ミネラルウォーター類の製造基準：原水中濃度 0.01 mg/l 以下

穀類の成分規格：玄米中濃度 1.0 ppm 以下（精白米は 0.9 ppm 以下）

食品衛生法では 1 ppm 以上のカドミウムを含む玄米の販売を禁止しているが，食糧庁が 0.4 ppm 以上 1 ppm 未満の玄米を買い上げて非食用の用途（糊など）に利用しているため，実際に流通している玄米のカドミウム濃度は 0.4 ppm 未満である．

b. 測定法

以下に記す前処理した溶液中のカドミウム濃度を，原子吸光光度法，フレームレス-原子吸光光度法，誘導結合プラズマ発光分光分析（ICP）法または誘導結合プラズマ質量分析（ICP-MS）法によって測定する．

1) 試料の前処理

i) 液体試料の場合

①直接法：比較的高濃度にカドミウムを含む試料や妨害物質をほとんど含まない検体に用いる．検水 100 ml をビーカーにとり，HNO$_3$ 4 ml を加えて約 70 ml になるまで煮沸し，冷却後，水を加えて 100 ml として測定用溶液とする．検体中のカドミウム濃度が低い場合には煮沸時に 10 ml 程度になるまで濃縮してもよい．

②溶媒抽出法：妨害物質などを含む検体に用いる．検体 50 ml に 25％クエン酸二アンモニウム溶液 10 ml および 0.1％ブロムチモールブルー試液 2 滴を加え，液の色が黄色から緑色になるまでアンモニア水で中和し，これに 40％硫酸アンモニウム溶

液 10 ml および水を加えて 100 ml とする．ここにキレート剤として 10%ジエチルジチオカルバミン酸ナトリウム（DDTC）溶液 10 ml を加えて混和し，DDTC とカドミウムのキレートを生成させる．メチルイソブチルケトン（MIBK）20 ml をここに加え，激しく振り混ぜることによってキレートを MIBK 層に移行させる．静置後，MIBK 層を分取して測定用溶液とする．

ii) 固形試料の場合

①湿式灰化法：検体 100 g を採り，水浴上で加温し，蒸発濃縮してシロップ状とする．これを水約 10 ml を用いて分解フラスコに移し，硫酸 8 ml および硝酸 10 ml を加えて溶かした後，加熱しながら硝酸 1～2 ml を補充し，溶液がほとんど無色または淡黄色となるまで加熱を続ける．いったん冷却した後，水 15 ml および飽和シュウ酸アンモニウム溶液 10 ml を加え，フラスコの頸部に白霧が現れるまで加熱する．冷却後，水を加えて全量を 50 ml とし，これを測定用溶液とする．なお，検体を試験管に入れてホットプレートで加熱してもよい．

②乾式灰化法：検体 50 g をとり，赤外線ランプ下または乾燥器中で乾燥後，450～500℃でほとんど白色の灰分が得られるまで加熱する．冷却後，塩酸 (1 → 2) 5 ml を静かに加えて溶かした後，水浴上で蒸発乾固する．冷却後，1 N 塩酸に溶かして全量を 25 ml とし，これを測定用溶液とする．

c. 汚染状況

カドミウムの年間生産量は全世界で 18500 t であり，そのうちの約 14%がわが国で生産されている（世界第 1 位，1995 年）．これらの多くは日本で産出されたものではなく，輸入鉱石の精錬などによって得られたものである．カドミウムは顔料，電池（ニッケル・カドミウム電池），合金，メッキ，蛍光体などに用いられ，その一部が環境中に排出されていると考えられる．しかし，わが国ではカドミウムによる環境汚染が進行しているとの報告はほとんどない．古くから，わが国には土壌中カドミウム濃度の高い農地が存在し，これら地域で収穫される米などに比較的高濃度のカドミウムが検出された．現在は農用地土壌汚染防止法に基づく対策がとられており，産出される米中のカドミウム濃度が 1 ppm 以上であると認められる地域およびそのような米を産出するおそれがある地域では，灌漑配水施設の新設や客土などによる汚染の防止および除去を行い，汚染農用地を復元するための所要の対策が講じられている．その結果 2001 年までに，全国の対象地域 6626 ha 中の 5581 ha（84.2%）で対策事業が完了している．また，土壌の pH が中性（pH 7）以上だとカドミウムの稲への吸収が顕著に抑制されることから，農林水産省ではアルカリ性肥料の使用と適切な水管理による対策技術の普及にも努めている．

d. 有害性・曝露経路

一般人における主要なカドミウム曝露源は食物である．特に日本人が多食する米中には比較的高い濃度のカドミウムが含まれており，全カドミウム摂取量の約 50%は米を介したものである．日本人の 1 日カドミウム摂取量（体重 1 kg あたり）は約 0.6 μg であり，これは国連食糧農業機関（FAO）/世界保健機関（WHO）合同食品添加物専門家会合が定めたカドミウムの暫定耐容摂取量（体重 1 kg あたり 1 日 1 μg まで）の 6 割に相当する．消化管（胃腸）からのカドミウムの吸収率は約 5～8%であり，体重 50 kg の人が 1 日に摂取するカドミウム量は約 30 μg であるので，毎日 1.5～2.4 μg のカドミウムが食品を介して体内に取り込まれていることになる．一方，呼吸器（肺）からのカドミウム吸収率は消化管よりも高く，15～30%である．1 本のタバコには 1～2 μg のカドミウムが含まれており，そのうちの約 10%が喫煙によって肺に吸入される．したがって，一日に 20 本タバコを吸う人は 0.3～1.2 μg のカドミウムを体内に毎日取り入れていることになる．

体内に吸収されたカドミウムの多くは肝臓と腎臓に蓄積する．日本人（41～60 歳）の肝臓および腎臓（皮質）中カドミウム濃度はそれぞれ 1.9 および 69.8 μg/g（12 例の平均値）であり，濃度としては圧倒的に腎臓が高い．体内に蓄積したカドミウムの半減期は 30～40 年と想定されており，一度体内に吸収されたカドミウムはその多くが排泄されることなくそのまま体内に蓄積し続ける．したがって，加齢とともに体内カドミウム濃度は上昇する．肝臓や腎臓中のカドミウムの多くは金属結合タンパク質メタロチオネインと結合している．メタロチオネインはカドミウムによってその合成が促進されるので，メタロチオネイン濃度もカドミウムの蓄積に伴って加齢とともに上昇する．メタロチオネインはカドミウムと強固に結合するため，メタロチオネインに結合したカドミウムは毒性を発揮しがたいが，メタロチオネイン合成能力を超えてカドミウムが蓄積した場合にはカドミウムによる毒性が生じると考えられ

> ■トピックス：イタイイタイ病
>
> イタイイタイ病は富山県神通川流域で主に更年期以後の女性に多発した病気であり，腎臓障害を伴う骨軟化症および骨粗鬆症を主症状とする．骨軟化症の病態としては，レントゲン写真上に骨改変層の出現が特徴的に認められ，病理的には類骨の異常増加が観察される．イタイイタイ病はカドミウムによる環境汚染が引き起こした病気であり，亜鉛生産の副産物であるカドミウムの一部が亜鉛鉱山（神岡鉱山）から神通川上流に排出され，これが農業用水などを介して水田土壌を汚染したため，この地で収穫された米やダイズなどを常食としていた住民にイタイイタイ病が発症した．この病気の発症機構には不明な点もあるが，比較的高濃度のカドミウムを長期間にわたって摂取し続けたことにより近位尿細管でのリンおよびカルシウムの再吸収障害が生じ，尿中へのリンおよびカルシウム排泄が増加することによって骨から血液へのリンおよびカルシウムの移動が起こり，その結果として骨軟化症や骨粗鬆症が発症したと考えられている．

る．

カドミウムの慢性毒性は主に腎臓に現れ，近位尿細管の機能が障害を受ける．カドミウムによる尿細管障害が起こると，まずカドミウムの尿中排泄量の増加が観察され，次いで低分子量タンパク質が尿中に排泄されるようになる．この際に尿中に排泄される低分子量タンパク質には β_2-ミクログロブリン，メタロチオネイン，レチノール結合タンパク質などがある．特に尿中 β_2-ミクログロブリン量の上昇はカドミウムによる近位尿細管障害のよい指標とされている．なお，マウスなどの動物を用いたカドミウムの急性毒性実験では腎臓ではなく肝臓に障害が認められる．大量に投与されたカドミウムの多くは肝臓に特異的に蓄積し，そこで毒性を発揮するが，肝臓中のカドミウムは徐々に腎臓に移行するため，腎臓中カドミウム濃度がゆっくりと増加していく．さらに，マウスやラットではカドミウムによる急性毒性として睾丸の血液滞留を伴う萎縮が認められることもよく知られている．

e. 海外の状況

わが国では，かつて，カドミウム汚染地域住民でその地域で採れた穀類や野菜などを主に摂取していた人々に腎尿細管障害が認められた．人間が食品を介して摂取しうる量のカドミウムでも，その食品中のカドミウム濃度や摂取状況によっては，人に腎尿細管障害が生じることは間違いない．最近のスウェーデンでの調査では日常のカドミウム摂取量が比較的低レベルの人々においても，尿中カドミウム濃度が高い人ほど腎機能の低下が認められるとの結果が得られており，世界的に詳細な調査の必要性が示されている．

〔永沼　章〕

13.2.3　ヒ　素
a. 環境での挙動

ヒ素（As）は，原子番号33の元素または，原子価+5，+3，0，-3を有する化合物があり，金属と非金属の性質をもっている．地殻中に1.8 mg/kg存在するが，天然に遊離して存在することはまれで，多くは雄黄（石黄 As_2S_3），鶏冠石（AsS），硫ヒ鉄鋼（FeAsS）などの硫化物の鉱物として，銅，鉛，亜鉛，鉄などの金属と一緒に産出することが多い．

鉱石中では3価の原子価状態で存在している場合が多いが，土壌中や水中では酸化されて5価の原子価状態で存在している．

環境中のヒ素は，火山性温泉や鉱山廃水，精錬廃水に由来して多量に含まれることもあるが，わが国の場合は染料，製革，塗料などの工場からの排水や農薬などが汚染の原因となることがある．水中では主にヒ酸として存在しているが，深井戸などのような還元的条件のもとでは亜ヒ酸が主になる．表流水中のヒ素は，凝集沈殿，急速ろ過によってほぼ完全に除去できる．また，地下水の場合は，消毒のみで給水する場合が多いので，原水中に含まれるヒ素がそのまま給水栓水中に含まれる例もあり，原水にヒ素を含む水道では，いずれの場合にも十分な注意を払わなければならない．

ヒ素の環境中での濃度は，大気中で0.02～0.11 mg/m^3，土壌で0.1～40 mg/kg，雨水中で0.55～12.0 $\mu g/l$，海水中で0.15～5.0 $\mu g/l$，河川水中で0.9～1.3 $\mu g/l$である．

ヒ素の生物中濃度は，一般に海洋生物では高く，陸上の動植物では低い傾向にある．食品中では，野菜に0.01～0.13 $\mu g/g$，牛肉などに0.01～0.10 $\mu g/g$含まれるのに対し，魚介類は1.5～17.5 $\mu g/g$，海藻類には25～40 $\mu g/g$と比較的多量で，なかにはクル

マエビに 174 μg/g という報告もある．人体も例外ではなく，毛髪に 0.02〜0.7 μg/g，爪に 0.04〜1.4 μg/g，尿中に 0.03〜0.1 ng/ml 含まれている．

b．健康影響[1]

1）ヒトへの曝露　ヒトに対するヒ素曝露経路としては大気，水，食品がある．しかし，大気および水中のヒ素含有量は比較的少ないので，ヒ素摂取量の占める割合は少なく，ほとんどは食品からのものであり，一般的な日本人のヒ素摂取量は 0.126 mg/日と計算されている．

多くの開発途上国では，人口増加に始まる貧困，食糧不足が大きな課題で，その対策の一つとしていろいろな形で土地利用による食糧確保や社会経済的自立の可能性を求められ，その方策の一つとして，地下水の汲み上げによる灌漑によって広大な農耕地確保の方策が採られ，収穫量の増加により地域社会の経済の発展を目指して短期的な社会経済問題を優先したが，その結果大きな課題を次世代あるいは自然環境や地域環境に多大な影響を残している．その典型的な問題が，中国，モンゴル，タイ，チリ，インドネシア，インドあるいはバングラデシュと世界で有数の人口密集地域の開発途上国で生じている．すなわち，地下水汲み上げによる重金属汚染に伴う周辺環境の汚染とヒトへの影響である．地下水汲み上げによるヒ素の自然環境汚染・破壊あるいはヒトへの健康影響が，社会経済問題も複雑に絡み合って深刻な状況となっている．

2）ヒトの健康影響　ヒ素による健康被害の実例としてのヒ素ミルク中毒事件は，1955（昭和 30）年に岡山，広島を中心とする西日本一帯で起きた森永粉乳ヒ素中毒であり，粉乳の安定剤として使用される第二リン酸ソーダ中に亜ヒ酸が混入していたことが原因であった．環境汚染の例としては宮崎県土呂久鉱害，島根県笹ケ谷地区ヒ素汚染などが知られている．青森県では，0.9 mg/l の井戸水を 1 か月飲用して中毒症状を起こした例もあった．また，最近では茨城県において旧日本軍の毒ガス化学兵器の廃棄に伴う地下水汚染（トリフェニルアルシン）の例がある．

ヒ素の毒性は，化合物の種類によって異なり，アルシン（水素化ヒ素）＞ヒ素（3 価）（亜ヒ酸）（致死量は 1.5 mg/kg）＞ヒ素（5 価）（ヒ酸）＞有機ヒ素（致死量は 500 mg〈ジメチルアルシン酸：DMAA〉/kg）の順で無機ヒ素化合物で強い[2]．急性中毒の症状は，腹痛，コレラ様嘔吐，下痢，溶血性貧血などの感覚異常，四肢および筋肉痛，刺痛，筋肉の痙攣，紅斑性皮疹などが 2 週間後に現れる[3]．さらに，四肢の感覚異常，角化症，手爪のミーズ線，運動と感覚の不調が 1 か月で現れる[3-5]．1.2 および 21.0 mg/l のヒ素を含む井戸水の摂取と急性毒性の発現とに関連性があるとの報告がある[6,7]．

エビ，カニ，貝など，海産物中に普遍的にみられる有機ヒ素化合物のアルセノベタイン〔$(CH_3)_3AsCH_2COO^-$〕やジメチルアルソン酸（DMAA）〔$(CH_3)_2AsO(OH)$〕の摂取の場合は，体内で反応することなくすみやかに排泄され，無毒性あるいは低毒性のものが多い．ヒ素の毒性は，こうした化学形態の違いのほかに，同時に摂取する食物の質や量，共存する他の金属などとの相互作用や紫外線照射の強弱などで異なる．

慢性毒性の症状としては，台湾における井戸水中のヒ素含有量と皮膚病変の発生頻度，烏脚症，末梢血管病変，皮膚癌の発症の間に，濃度に依存する相関が認められている[8]．また，汚染井戸水中のヒ素含有量と膀胱，腎臓，皮膚，肺臓の癌の年齢別割合および男性での前立腺癌，肝臓癌の割合にも，濃度依存的な相関が認められた[9,10]．

3）動物などによる毒性

ⅰ）急性毒性：　経口投与によるヒ素の LD_{50} 値は，ラットで亜ヒ酸が 15 mg As/kg，ヒ酸 293 mg As/kg，他の実験動物ではそれぞれ 11〜150 mg/kg であるため，亜ヒ酸の毒性がヒ酸の約 10 倍高い．一方，有機ヒ素化合物であるアルセノベタインのマウスに対する LD_{50} 値は 10 g As/kg 以上であることから，DMAA の LD_{50} は亜ヒ酸の 1/100 倍以下である．

ⅱ）慢性毒性：　ラットの酸化ヒ素（Ⅲ）の 1.5〜7.6 mg As/kg で 30 日間の経口投与では，高用量群で毛並みが悪くなり，皮膚に潰瘍，痂皮を伴う湿疹がみられ，組織検査の結果，角化症およびアカントーシスの所見がみられた．また，ラット（18 か月）あるいはウサギ（10 か月）に 3 価ヒ素を飲料水（50 mg/l）で投与した実験では，心拍出量が減少したが，同量の 5 価のヒ素ではその変化はみられなかった[11]．

ⅲ）生殖毒性，催奇形性：　ニワトリ，ハムスター，マウスにおいて催奇形性が報告されている．妊娠中のハムスターに，ヒ酸塩を 4〜7 日間皮下注投与した結果，仔に催奇形性が観察され[12]，その血液中濃度の閾値は 4.3 μmol/kg であった[13]．

マウス，ハムスターでは，3価，5価に比べてモノメチルアルソン酸（MMAA），DMAAの催奇形性はかなり低い．

iv）**遺伝毒性など**： Ames試験では陰性である．哺乳動物細胞試験では，濃度依存的に染色体異常，姉妹染色分体交換を誘発している[14,15]．この誘発作用はヒ素（V）よりもヒ素（Ⅲ）のほうが強い[14]．

v）**発癌性**： 肝臓を部分切除したラットを用いて，ヒ素の3価，5価および有機化合物のMMAA，DMAAによる発癌プロモーター作用，イニシエーター作用を調べたが，結果はおおむね陰性であった．160 mg/lの3価のヒ素を25週間飲水投与したラットでわずかに腎臓癌の発生が増加して，弱いプロモーター作用があることが示唆された．雄のラットにジエチルニトロソアミンを30 mg/kg濃度で腹腔内投与後，7日目から最大許容量（160 mg/l）の3価のヒ素を含む飲料水を25週間投与した結果，腎腫瘍の発生頻度が有意に増加した[16]．

IARCでは3価の無機ヒ素をグループ1に区分している．

4）吸収・分布・排泄　金属ヒ素はほとんど吸収されないが，水溶性のヒ素化合物（3価，5価）の腸管からの吸収はすみやかで[17]，酸化ヒ素で80％以上，ヒトでは3価および5価の無機ヒ素化合物ともに95％と報告されている．吸収されたヒ素は，主として血液中のヘモグロビンに結合し，24時間後には肝臓，腎臓，脾臓，皮膚に分布するが，ヒ素の蓄積組織は皮膚，骨および筋肉である[18]．ヒトでは，無機ヒ素化合物は血液-脳関門を通過しないが，胎盤は通過する．3価のヒ酸は，投与後12時間で90％が尿中に3価および5価の無機ヒ素として排泄される．一部は体内でメチル化され，MMAA，DMAAとなり，投与5時間後から排泄が始まる[19,20]．無機ヒ素の生物学的半減期は2～40日以上である[21]．

c．基準およびガイドライン値

1）水質基準と経緯　1958（昭和33）年の水質基準に関する省令（厚生省令第23号）では，基準値を0.05 ppmとした．

しかし，1992（平成4）年に水質基準に関する省令が改正（厚生省令第69号）され，下記WHO飲料水ガイドラインを基に基準値を「0.01 mg/l以下であること」と改正した．

2）WHOガイドライン値[1]　台湾の住民で認められた井戸水中のヒ素濃度と皮膚癌罹患率の関係に基づき，多段階モデルを採用し，生涯の皮膚癌の危険率を10^{-4}，10^{-5}，10^{-6}として飲料水中のヒ素濃度を計算すると，それぞれ1.7，0.17および0.017 μg/lであった．さらにFAO/WHO合同食品添加物委員会では，飲料水の寄与率を20％と仮定して，無機ヒ素の暫定最大一日耐用摂取量2 μg/kg体重に基づいて，13 μg/lの値を導いた．暫定的ガイドライン値として，飲料水のヒ素濃度をできるだけ下げる見地から0.01 mg/lが勧告されている．この濃度における皮膚癌の予想生涯危険度は6×10^{-4}である．

その他，諸外国の水質基準としてEU（1997）では0.01 mg/l，米国EPA（1997）ではMCLとして0.05 mg/lを設定している．

d．試験方法

1958（昭和33）年の水質基準に関する省令（厚生省令第23号）でグッツァイト法による検査方法が採用されたが，1966（昭和41）年の水質基準に関する省令（厚生省令第11号）の検査方法では，ジエチルジチオカルバミン酸銀法（DDTC銀法）が採用された．

1993（平成5）年には，厚生省令法として水素化物発生-原子吸光光度法（加熱吸収セル方式およびフレーム方式），フレームレス-原子吸光光度法を採用した．水素化物発生-原子吸光光度法は，還元剤でヒ素をアルシンとして加熱吸収セルまたはフレーム中に導入する方法で，加熱吸収セル方式での定量下限値は0.0005 mg/l（CV10％）であり，フレーム方式での定量下限は0.001 mg/l（CV10％）である．

フレームレス-原子吸光光度法の定量下限値は0.002 mg/l（CV10％）であるが，カルシウム（500 mg/l），ナトリウム（500 mg/l），鉄（50 mg/l）で正の影響を受けるので，硝酸パラジウムや硝酸ニッケルなどのマトリックス修飾剤で妨害を除去するか，標準添加法で補正する必要がある．

2000（平成12）年には，新たに誘導結合プラズマ-質量分析法および水素化物発生-誘導結合プラズマ発光分光分析法が追記された．前者の定量下限値は0.00006 mg/l（CV10％）である．後者の定量下限値は0.0006 mg/l（CV10％）である．

〔安藤正典〕

文献

1) WHO (1996): Guideline for Drinking-Water Quality, 2nd ed, Vol 2.
2) Buchet JP and Lauwerys RR (1982): Cahiers de

3) Murphy MJ, *et al* (1981): *J Neurol, Neurosurgery Psychiatry*, **44**: 896-900.
4) Wesbey G and Kunis A (1981): *Illinois Med J*, **150**: 396-398.
5) Fennell JS and Stacy WK (1981): *Irish J Med Sci*, **150**: 338-339.
6) Wagner SL, *et al* (1979): *Archives Dermatol*, **115**: 1205-1207.
7) Feringlass EJ (1973): *New England J Medicine*, **288**: 828-830.
8) Tseng WP (1977): *Envir Health Perspect*, **19**: 109-119.
9) Wu MM, *et al* (1989): *Am J Epidemiol*, **130**: 1123-1132.
10) Chen CJ and Wang CJ (1990): *Cancer Res*, **50**: 5470-5474.
11) Carmignani M, *et al* (1985): *Archives Toxicol*, **8** (Suppl): 452-455.
12) Ferm VH and Hanlon DP (1985): *Environ Res*, **37**: 425-432.
13) Hanlon DP and Ferm VH (1986): *Environ Res*, **40**: 372-379.
14) Risk Assessment Forum (1988): Special report on ingested inorganic arsenic, Skin cancer; nutritional essetiality, US Environmental Protection Agency, EPA-625/3-87/013.
15) Jacobson-Kram D and Montalbano D (1985): *Environ Mutagen*, **7**: 787-804.
16) Shirachi DY, *et al* (1986): Carcinogenic potential of arsenic compounds in drinking water, EPA-600/S1-86/003.
17) Hindmarsh JT and McCurdy RF (1986): *Critical Rev Clin Laboratory Sci*, **23**: 315-347.
18) Ishinishi N, *et al* (1986): Handbook on the Toxicology of Metals, 2nd ed, Vol II, pp. 43-73.
19) Lovell MA and Farmer JG (1985): *Human Toxicol*, **4**: 203-214.
20) Buchet JP and Lauwerys R (1985): *Archives Toxicol*, **57**: 125-129.
21) Pomroy C, *et al* (1980): *Toxicol Appl Pharmacol*, **53**: 550-556.

13.2.4　セレン

a. 概論

セレン（selenium，セレニウム，原子番号34，元素記号Se）は，元素周期表で硫黄（S）の下にあり，金属と非金属の中間の性質を示す類金属である．-2，0，$+4$，$+6$価の酸化状態を取りうる．無機セレンとして，亜セレン酸（SeO_3^{2-}），セレン酸（SeO_4^{2-}），二酸化セレン（SeO_2）などがある．有機セレンには，メチオニンやシステインの硫黄原子がセレン原子に置き換わったセレノメチオニン，セレノシステインなどのセレノアミノ酸がある．生体内に取り込まれたセレンは還元されてセレナイド（Se^{2-}）になり，さまざまな生体反応に関与する．セレン化水素（H_2Se）は気体である．

金属セレンは，シリコンやゲルマニウムと同様，半導体の性質を示す．また，光による電気伝導度の変化が大きいという特徴をもつ．そのため，整流器，複写機の感光体，カメラの露光計，光センサー，追記式光ディスクなど，セレンは工業的にさまざまな用途に用いられており，その利用範囲は今後ますます拡大するものと予測される．また，金属セレンおよび無機セレン塩は，ガラス工業において赤色やブロンズ色の発色剤，あるいは不純物の色を吸収する脱色剤としても用いられる．

栄養学的には，セレンは生体にとって欠くことのできない必須の微量元素であり，セレンの欠乏はさまざまな疾患の原因となる．しかし，セレンは毒性の強い元素でもある．北米のサウスダコタ州を中心とする地域では土壌中のセレン濃度が高く，家畜にアルカリ病や暈倒病と呼ばれるセレン中毒症が古くから報告されていた．また，中国の湖北省では，土壌中セレン濃度が著しく高い地域があり，人間にセレン中毒症が発生している．セレンは必須な栄養素でもあり，かつ毒性の強い元素でもあるため，セレンが人間の健康に及ぼす影響は複雑なものとなっている[1]．

b. 環境基準

表13.3に「セレンおよびその化合物」に関するさまざまな環境基準，あるいは排水基準を示した．元来，水道法や水質汚濁防止法に基づいて定められた水質基準の項目にセレンは含まれていなかった．しかし，表13.3に示したように，1992～93（平成4～5）年以降，セレンは有害金属として水環境中の挙動が監視・規制されるようになった．この背景には，半導体などを扱うさまざまな電子工業や，金属関連産業の工場周辺，あるいは跡地において，金属洗浄剤として使われたトリクロロエチレンやテトラクロロエチレンなどの有機溶剤，あるいは鉛などの有害金属で土壌および地下水が汚染される事例が相次いだことが強く影響している．セレンも多くの半導体工業，電子工業，ガラス工業，金属精錬所で使用される，あるいは汚染物質として発生する金属である．

1992年に，まず水道水の水質基準にセレンが新しい項目として付け加えられ，水源へのセレンの混入を監視できるようになった（2003（平成15）年の水質基準改正により項目名が「セレン」から「セレンおよびその化合物」に変更された）．また，

1993年に，公共下水道への排水基準，環境中への排水基準，公共水域における水質基準（健康項目）にもセレンが追加され，事業所排水から環境中へのセレンの流入に規制が加えられた．本来，水質汚濁防止法による排水基準は全国一律の値が設定されるはずであるが，一部のセレン関連事業所（セレン化合物製造業，およびセレン製造工程を有する銅第1次精錬・精製業）では，排水中のセレン濃度を基準以下にすることが著しく困難であると認められたため，一般排水基準（0.1 mg/l）とは別に，1994年にこれらの事業所のみを対象にした暫定基準値（セレン化合物製造業は 4 mg/l，銅第1次精錬・精製業は 20 mg/l）が設定された．しかし，排水からのセレン除去技術が進んできたため，暫定基準は徐々に低い値に変更され，2003年から2009年までの6年間はセレン化合物製造業のみを対象に 0.3 mg/l という暫定基準になった．

一方，河川・湖沼や海域の水質汚染については法的な規制が進められてきたものの，土壌汚染，およびそれに伴う地下水汚染については明確な法規制がなかったため十分な行政的対応がとられてこなかった．そこで，1997年に地下水の水質基準が定められた．また，工場跡地を住宅地として再開発する際に，土壌汚染を原因とするトラブルが頻発したことや，事業所周辺土壌の汚染の実態が徐々に明らかになってきたことを受け，2002年に土壌汚染対策法が制定され，2003年から施行された．2003年3月に土壌汚染対策法に基づく汚染物質の溶出基準も定められ，セレンについても表13.3のような基準値が設定された．

c. 測定法

セレンの測定方法には，蛍光光度法，原子吸光光度法，中性子放射化分析法，誘導プラズマ（ICP）発光分光分析法，ICP発光分光光度-マススペクトロメトリー（ICP-MS）法などがある．原子吸光光度法には，炭素炉フレームレス法と，セレンを水素化物にしてから導入する水素化物法がある．水質基準と比較するためのセレンの測定は，日本工業規格の工場排水試験方法（K0102）の67.2（水素化物発生原子吸光光度法）あるいは67.3（水素化物発生ICP発光分光光度法）に基づいて行うよう定められている．

いずれの測定法の場合も，試料の前処理には，硫酸（1+1）による湿式灰化を行う．加熱によって試料水を乾固し，塩酸（1+1）に溶解後，セレン化水素発生装置に試料を入れる．テトラヒドロホウ酸ナトリウム溶液を加えてセレン化水素を発生させ，連結してある原子吸光光度装置，あるいはICP発光分光光度装置に導入する．原子吸光光度法の場合，水素-アルゴンフレームに導入し，196.0 nmの波長における吸光光度を測定する．ICP発光分光光度法の場合，アルゴンガスとともにICP発光分光光度装置に導入し，波長196.0 nmにおける発光強度を測定する．

d. 汚染状況

わが国において，セレンによる環境汚染が起こる可能性があるのは，電子工業や金属精錬工業の事業所での土壌汚染と，それに伴う地下水への浸透汚染である．しかし，これまで健康被害が生じるようなセレンによる環境汚染の事例は報告されていない．

表13.3 セレンおよびその化合物の水質に関する基準値

対象	法律	基準	濃度*	備考
上水道	水道法	水道水に係る水質基準	0.01 mg/l 以下	1992年からセレンを追加
公共用水域	環境基本法	人の健康の保護に関する環境基準	0.01 mg/l 以下	1993年からセレンを追加
事業所から環境への排水	水質汚濁防止法	人の健康に係る排水基準	0.1 mg/l 以下	1993年からセレンを追加
			0.3 mg/l 以下	セレン化合物製造業のみを対象にした暫定排水基準（2009年1月まで）
事業所から下水道への排水	下水道法	公共下水道への流入水の水質基準	0.1 mg/l 以下	1993年からセレンを追加
地下水	環境基本法	地下水の水質汚濁に係る水質基準	0.01 mg/l 以下	1997年環境省告示
土壌からの溶出	土壌汚染対策法	溶出量基準	0.01 mg/l 以下	2003年環境省告示
		含有量基準	150 mg/kg 以下	

*：すべてセレンとしての濃度．

実際，2002年度の全国の水質検査の結果によると，公共用水域のセレン濃度が基準を超過した例は3594か所中ゼロであり，また，地下水のセレン濃度も基準を超過した例は2650か所中ゼロであった[2]．しかし，2000年度の環境省の土壌汚染調査によると，土壌からのセレン溶出濃度が基準を超過していた例が24例あった[3]．鉛（基準超過事例170）やヒ素（143例），トリクロロエチレン（178例），テトラクロロエチレン（152例）に比べれば少ないものの，無視できない状況である．実際，銅精錬あるいはガラス製造の際に生じる汚泥には高濃度のセレンが含まれており，これらの事業所，あるいはその跡地の土壌から基準値を超えるセレンが検出されたとの報告がある．実際，大阪市北区の銅精錬所跡地に作られた大阪アメニティパーク（OAP）において，土壌および地下水に基準の1000倍以上のセレンが検出されて問題になっている．今後も，セレンによる土壌汚染と地下水への浸透の監視が必要である．

e. 有害性・曝露経路

1）動物における毒性と中毒例　金属セレンの毒性は低いが，水溶性の無機セレン化合物は強毒性物質である．動物実験によると，亜セレン酸ナトリウムやセレン酸ナトリウムのLD_{50}値はおおよそ3～7 mg/kgである[4]．水銀化合物のマウス，ラットに対するLD_{50}値は10 mg/kg以上であるので，無機セレン化合物の急性毒性は水銀化合物より強いことがわかる．無機セレン化合物に比べると，有機セレン化合物は毒性が弱い．

家畜におけるセレン中毒の事例が，米国のサウスダコタ州を中心に報告されている[1]．慢性中毒はアルカリ病と呼ばれ，成長障害，蹄の亀裂，脱毛，繁殖力低下，奇形，肝臓障害などが報告されている．セレンの急性中毒である暈倒病はblind staggersと呼ばれ，視力障害と歩行障害により家畜が壁に激突するような症状を示す．水俣病の原因が不明だった時期に，その症状が水俣地域のネコの症状と類似していたため，水俣病セレン原因説が唱えられたこともある．

2）ヒトにおける中毒例　中国において，ヒトのセレン中毒症が発生している[5]．湖北省の恩施市周辺地域は石炭が地表面からも産出される土地であるが，石炭中に高濃度のセレンが含まれているため，周辺の土壌がセレンで汚染され，飲料水，作物を介してセレン中毒症が発生した．症状として，爪の変色，脱落，脱毛，嘔吐，吐き気，神経症状などがあ

る．

一方，欧米諸国では，セレンを含有する錠剤がサプリメントとして販売されているが，この錠剤中に誤って200倍ものセレンが含まれる事故が起こった．錠剤を飲み続けたヒトに，脱毛，爪の変色と脱落，神経症状，嘔吐，吐き気など，中国の環境汚染地域で観察されたのとほぼ同様の症状が現れた[6]．その後も同様の事故が繰り返されており，濃度管理の徹底されていないサプリメントによるセレン中毒に注意する必要が生じている．

3）安全な摂取量の評価　中国のセレン中毒発生地域において，爪の変化を指標に追跡調査を行った疫学データによって，セレンの最小毒性量は約800～900 μg/日（約13.3 μg/kg体重・日）であると考えられている[7]．この値を参考に，2005年版日本人の食事摂取基準においては，食事からのセレン摂取の上限値を450 μg/日（18～69歳）と設定している．一方，WHOは飲料水のガイドラインを作成するにあたり，セレンの最小無作用量を4 μg/kg体重・日と見積もっており，日本人の平均体重50 kgに換算すると200 μg/日となる．わが国の水道水の水質基準は0.01 mg/lであるから，この濃度の水を1日に2 l飲むとすると，飲料水からのセレン摂取は最小無作用量の10％になると評価される．

f. 海外の状況

中国にはセレン欠乏症（克山病）とセレン中毒症の両方が存在するので，セレンがヒトの健康に及ぼす影響に関するデータの多くは中国の事例から得られている．国際的にセレン摂取レベルを比較すると大きな差がある．中国のセレン欠乏症患者のセレン摂取量は約11 μg/日と非常に少ないが，多くの国の平均的セレン摂取レベルは50～200 μg/日である．中国のセレン中毒症発生地域では800 μg/日以上のセレンを摂取していた．フィンランドやニュージーランドの土壌中セレン濃度も低く，それを反映してフィンランド人の血清セレン濃度は他の国より低い値を示す．

日本人のセレン摂取レベルは，複数の栄養調査により，約100 μg/日であると見積もられている[1]．2005年版日本人の食事摂取基準において，成人のセレン推奨量は，男性で30～35 μg/日，女性で25 μg/日とされているので，通常の食生活をしている日本人がセレン欠乏になる可能性はきわめて低い．また，食事から摂取するセレンによってセレン中毒

■トピックス：必須元素セレン

　セレンは毒性の強い元素であるが，不足すると欠乏症を起こす必須微量元素でもある．生体内におけるセレンの役割として最も重要なのは活性酸素ストレスに対する防御作用である．人体に存在するセレン含有タンパク質は25種類存在するとされているが，そのうちの主な酵素7種類（グルタチオンペルオキシダーゼの4つのアイソザイム，チオレドキシン還元酵素，セレノプロテインP，セレノプロテインW）が活性酸素消去に関与している．セレンの必須性は，中国の土壌中セレン濃度の低い地域にセレン欠乏症（克山病）が実際に起こったことからも証明されている．克山病は，心肥大，心筋の壊死，ミトコンドリアの崩壊を特徴とする致死率の高い心筋症であるが，食卓塩に添加した亜セレン酸の摂取によって死亡率，発症率ともに改善された．セレン欠乏によって活性酸素を消去する能力が低下することが，この疾患の原因であると考えられている．実は，わが国においてもセレン欠乏症が存在する．医療の進歩により，食事をほとんど取れなくなった患者に対しても，経静脈栄養や，鼻からチューブを胃内に導入する経管栄養を施すことにより，栄養補給が行えるようになった．しかし，そこで用いられる栄養液にセレンなどの微量元素が含まれていないため，長年にわたって経静脈・経管栄養を行っている患者にセレン欠乏症が起こっている．しかし，通常の食事をしている日本人にセレン欠乏症が起こる心配はほとんどない．最近，活性酸素ストレスに対する防御因子となる物質をサプリメントとして積極的に摂取しようという傾向があるが，セレンについては，通常の食事で十分必要量を摂取できていること，セレンは本来毒性の強い元素であること，などを考慮し，安易なサプリメントの摂取は控えたほうが安全であろう．

を起こす可能性もほとんどない．

〔姫野誠一郎〕

文献
1) 姫野誠一郎（1996）：セレン．健康と元素（千葉百子，鈴木和夫編），pp.72-79，南山堂．
2) 環境省（2004）：平成16年版環境白書．
3) 環境省（2002）：平成12年度土壌汚染調査・対策事例および対応状況に関する調査結果の概要．
4) 後藤 稠，池田正之，原 一郎編（1994）：産業中毒便覧増補版．
5) Yang G, et al (1983): Endemic selenium intoxications of humans in China. *Am J Clin Nutr*, **37**：872-881.
6) News from CDC. *Morbid Mortal Weekly Rep*, **33**：157-158（1984）
7) Yang G, et al (1994): Further observations on the human maximum safe dietary selenium intake in a seleniferous area of China. *J Trace Elements Electrolytes Health Dis*, **8**：159-165.

13.2.5　硝酸性・亜硝酸性窒素

　窒素はタンパク質を構成する主要な元素であり，人間も含め生物には不可欠な元素で，自然界を循環している．この循環の過程で，窒素は有機物，アンモニウムイオン，亜硝酸イオン，硝酸イオン，亜酸化窒素ガス，窒素ガスなどの形態で存在するとともに，各種反応により形態を変化させる[1]．植物にとって，硝酸イオン（nitrate）は，アンモニウムイオンとともに重要な栄養塩である．この栄養塩である窒素が過剰に流入すると，富栄養化を招き，湖沼や沿岸海域などの閉鎖性水域では，依然として解決できない大きな環境問題となっている．また，最近は地下水における硝酸性窒素（nitrate-nitrogen）および亜硝酸性窒素（nitrite-nitrogen）による汚染問題が，全国的に顕在化し，大きく取り上げられるようになり，早急な対応策が求められている．なお，ここでは硝酸，硝酸イオン，硝酸塩，硝酸化合物，硝酸性窒素，硝酸態窒素を厳密に使い分けておらず，アンモニア，亜硝酸についても同様であることを断っておく．ただし，基準値などでは硝酸イオンと硝酸性窒素では，数値が異なってくるので明確に区別して記載してある．

　このように大きな問題となってきている最大の理由は，人間活動により環境へ排出される窒素量が環境が許容できる量をはるかに上回ってきているためである．主な負荷源としては，農業の生産活動に伴う肥料（主に化学肥料であるが有機肥料も）や家畜排泄物，われわれの通常の生活から発生する生活排水（家庭からの雑排水やトイレ排水（し尿））が挙げられているが，酸性雨（窒素酸化物）や自然由来のものも存在する（図13.1）．長年の農業活動の結果としての蓄積もあるが，近年の多肥集約型の茶や野菜・果樹栽培地などで大きな問題となっている．また，輸入飼料穀物による畜産地域では，排出される窒素量が地域で還元できる量をはるかに超過しているような状況も存在している．

a. 規制と基準

　窒素は生命にとって必須の元素であるが，その形

13. 有害化学物質

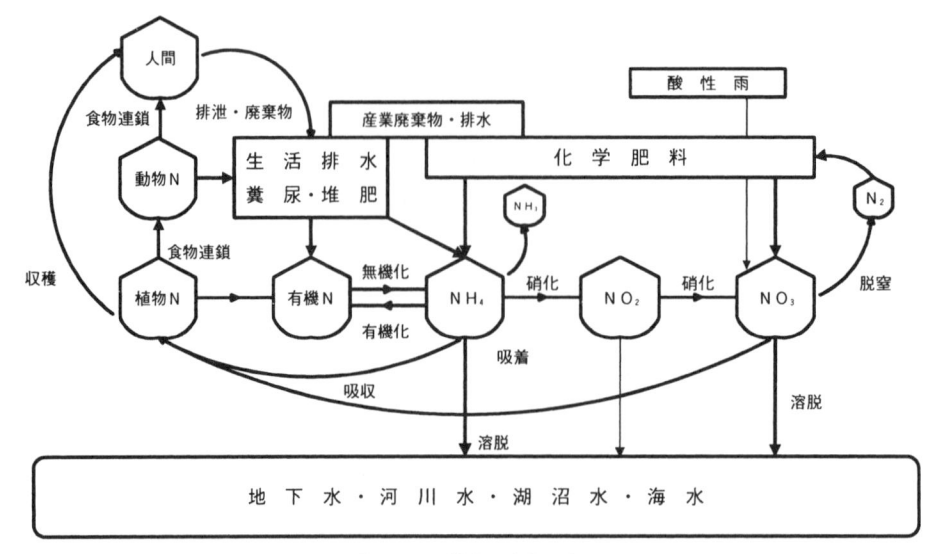

図 13.1 環境中の窒素の流れ

態と量によっては，ヒトの健康に害を及ぼしたり，環境に悪影響を引き起こしたりするため，規制や基準が定められている[2]．

水道法水質基準（2004〈平成 16〉年 4 月 1 日，施行）では 50 の基準項目の 1 つとして，硝酸性および亜硝酸性窒素が 10.0 mg/l と定められている．なお，水道法改正により，新たに設けられた水質管理目標設定項目の一つとして，亜硝酸性窒素が 0.05 mg/l に設定された．

「維持することが望ましい基準」で，公共用水域における行政上の政策目標となっている水質環境基準には，「人の健康の保護に関する基準」（全国一律）と「生活環境の保全に関する基準」（水域指定，水域類型指定により設定）があり，前者では硝酸性窒素および亜硝酸性窒素が 10.0 mg/l 以下と定められている．後者では，海域と湖沼の栄養塩として，その利用目的に応じて 4 あるいは 5 段階で全窒素の値が定められており，いちばん緩い基準が 1 mg/l である[2]．1999（平成 11）年には地下水の水質の汚濁に係る環境基準として，硝酸性窒素および亜硝酸性窒素が 10.0 mg/l 以下と定められた[3]．

水質汚濁防止法による一般排水基準では，「アンモニア，アンモニウム化合物，亜硝酸化合物及び硝酸化合物」にかかわる許容限度としてアンモニア性窒素の量に 0.4 を乗じたものと亜硝酸性窒素および硝酸性窒素の合計値で 100 mg/l と定められている（2001 年 6 月改正）．

国際的な基準として，WHO 飲料水質ガイドラインの中の健康影響に関するガイドラインでは硝酸イオンが 50 mg/l（硝酸性窒素では 11.3 mg/l に相当），また暫定値であるが亜硝酸イオンが 3 mg/l（長期的な曝露については暫定値として 0.2 mg/l）と設定されている（http://www.who.int/water_sanitation_health/GDWQ/Updating/draftguid.htm）．

米国では環境保護庁（USEPA）が最大許容濃度（MCL：maximum contamination level）として硝酸性窒素を 10 mg/l，亜硝酸性窒素を 1 mg/l と設定している（http://www.epa.gov/safewater/dwh/c-ioc/nitrates.html）．また，EU は飲料水指令（Drinking Water Directive）により硝酸イオン 25 mg/l をガイドライン，50 mg/l を最大許容濃度と設定している（http://europa.eu.int/comm/environment/enlarg/handbook/water.pdf）．

b. 測定法

窒素はいろいろな形態で環境中に存在しており，発生源やその場の条件により採取した試料に含まれる窒素の形態，組成，濃度が影響される．どのような形態の窒素を測定対象とするかにより，採水時の前処理，そして分析方法が決まってくる．

上水試験方法[4]や JIS 工場排水試験方法（JIS K0102，日本工業標準調査会の HP, http://www.jisc.go.jp/にて閲覧可能）により，硝酸性窒素，亜硝酸性窒素，アンモニア性窒素あるいは全窒素などの分析法が定められており，環境基準値などは基本的に分析方法が規定されている．たとえば，上水試験方法では硝酸性窒素はイオンクロマトグラフ法か吸光

光度法により分析することになっている．分析手順などについては上記の試験法，マニュアルや水質分析法の教科書[5]を参照していただきたい．

研究レベルでは，公定法に準じた方法や，それ以外の方法で分析が行われることもある．なお，公定法でなく，精度も落ちるが，簡易な試験紙による分析は，現場で大まかな濃度を推定でき，しかも安価であるので，予備調査や概要調査などに有効である．また，教材としても活用できる．

窒素の動態を明らかにするために安定同位体の利用が盛んになってきている[6]．自然界での存在濃度（比）を測定するためには，同位体比測定用の質量分析計が必要であるが，日本でも多くの機関で測定できるようになってきている．

同位体を含め窒素の測定法の概要，長所短所，注意点などについては，木方の報告[7]が参考となる．

c. 汚染状況

湖沼や海域などの閉鎖性水域では，窒素とリンが増加すると富栄養化が進行し，藻類の増殖（アオコや赤潮），透明度の低下，浄水障害，異臭などの問題が生じる．諏訪湖，霞ヶ浦，手賀沼，瀬戸内海など多くの水域で問題となってきた[2]．

2004年度の公共用水域での健康項目としての硝酸性窒素および亜硝酸性窒素の超過地点数は4274地点中4点で，未達成率はわずかに0.09%である．この4点は河川であるが，集約的農業が大規模に行われている流域や都市排水河川では，高濃度の硝酸イオンやアンモニウムイオンが検出される場合がある．また，全窒素については対象となる34湖沼の中で基準を達成しているのはわずか3水域，8.3%と非常に低く，有効な対策がないのが現状である．海域については152水域のうち126水域で達成されている（2004年度 http://www.env.go.jp/water/index.html）．

水道水質基準を超える硝酸性窒素が大きな問題となっているのは，地下水である[8,9]．硝酸性窒素による地下水汚染は1970年代にすでに深刻な状況にあったが，1990年代に入り社会的な関心が高まり，硝酸性窒素および亜硝酸性窒素が1993年に要監視項目，1999年には環境基準項目に指定された．都道府県が実施し，環境省がとりまとめた概況調査結果[8]を表13.4に示したが，超過率は6%程度で，汚染が広域に広がっていることを示している．

概況調査は，各自治体がそれぞれの計画で実施しているので，実態を反映していない面もあるが，公表された2000〜2003（平成12〜15）年度の結果では，群馬，茨城，埼玉，千葉，愛媛，長崎など畑地の割合が高い地域で9%を越える超過率となっている．個別的な事例については多くの報告[10,11]があるが，田渕が日本の代表的な事例である沖縄県宮古島（サトウキビ），岐阜県各務原（ニンジン），静岡県牧之原大地（茶）などを挙げ，問題点，対策などを含めて紹介している[12]．

d. 有害性・曝露経路

硝酸塩・亜硝酸塩は，野菜など食事から摂取される量が多いが，水とともに摂取される量が問題視されてきた[13]．特に乳幼児にとっては粉ミルクを溶かす水に多量の硝酸塩が含まれているとチアノーゼを起こすメトヘモグロビン血症（ブルーベビー症候群）を発症し，死亡するケースも報告されている．これは，胃酸が減少するとバクテリアにより硝酸塩が亜硝酸塩に還元されやすくなり，生成した亜硝酸塩がヘモグロビンと反応してメトヘモグロビンを形成し，血液中の酸素を運搬する能力を減少させるためである[13,14]．水道水基準は，このメトヘモグロビン血症を発症しないように定められた基準である[13,14]．また，亜硝酸は体内でアミンやアミドと反応して，発癌性が疑われているニトロソアミンを生成することも報告されている[13,14]．

e. 海外の状況

海外においても硝酸性窒素による水系の汚染は大きな問題で，日本よりも深刻な状況にある国も多い．

ヨーロッパの農業地帯では，90%近くの井戸がガイドライン（25 mg/l）を越え，20%以上が最大許容濃度（硝酸イオン：50 mg/l）を超えている状況

表13.4 地下水質概況調査結果—硝酸性窒素および亜硝酸性窒素—[5]

年度	1994年	1995年	1996年	1997年	1998年	1999年	2000年	2001年	2002年	2003年	2004年	合計
調査数（本）	1685	1945	1918	2654	3897	3374	4167	4017	4207	4288	4260	36412
超過数（本）	47	98	97	173	244	173	253	231	247	280	235	2075
超過率（%）	2.8	5.0	4.9	6.5	6.3	5.1	6.1	5.8	5.9	6.5	5.5	5.7

（注）1994年度から1998年度までは要監視項目として行われた測定結果をまとめたもので，超過数は現在の環境基準値を超過した井戸の数である．

である．EUは1991年に硝酸塩指令により，農業起源の硝酸性窒素汚染の軽減・防止のための対策（脆弱地帯の指定，厩肥の最大施用量の規定など）を各国に通告している．

MullerとHelselによると，米国でも硝酸性窒素による地下水汚染は深刻で，農業地帯での家庭用井戸の12％が最大許容値の10 mg/lを超過しており，北東部，中西部，西海岸に非常に高い地域が存在する[15]．河川など表流水中の硝酸イオンが農業地域や都市域で高い場合が認められるが，飲料水基準を超過することはほとんどみられない．

その他，世界的な状況は熊澤の解説[16]やSampat[17]なども参照していただきたい．なお，地下水汚染に関する最近の情報は拙文[18]を参考にされたい．

〔田瀬則雄〕

文献

1) 武田育郎（2001）：水と水質環境の基礎知識，198 pp，オーム社．
2) 日本水環境学会編（1999）：日本の水環境行政，284 pp，ぎょうせい．
3) 環境省水環境部地下水・地盤環境室監修（2002）：硝酸性窒素による地下水汚染対策の手引，p. 359，公害研究対策センター．
4) 厚生省生活衛生局水道環境部監修（2001）：上水試験方法 2001年版，日本水道協会．
5) 日本分析化学会北海道支部（1994）：水の分析，第4版，493 pp，化学同人．
6) 田瀬則雄（1996）：地下水中の硝酸性窒素濃度と窒素安定同位体存在比—汚染源の同定は可能か—．水，**38**（8）：70-78．
7) 木方展治（1996）：硝酸性窒素の分析法．土壌・地下水汚染と対策（平田健正編著），pp. 163-179，日本環境分析協会．
8) 環境省環境管理局水環境部（2005）：平成15年度地下水質測定結果について．44 pp．
9) 小川吉雄（2000）：地下水の硝酸汚染と農法転換，200 pp，農文協．
10) 平田健正編著（1996）：「土壌・地下水汚染と対策」，304 pp，日本環境分析協会．
11) 廣畑昌章，小笹康人，松崎達哉，藤田一城，松岡良三，渡辺征紀（1999）：熊本県U町の硝酸性窒素による地下水汚染機構．地下水学会誌，**41**（4）：291-306．
12) 田淵俊雄（1999）：地下水の硝酸汚染と対策．農業土木学会誌，**67**（1）：59-66．
13) 日本環境管理学会編（2004）：水道水質基準ガイドブック，改訂3版．198 pp，丸善．
14) 土屋悦輝，中室克彦，酒井康之編（1998）：水のリスクマネジメント実務指針，673 pp，サイエンスフォーラム．
15) Muller DK and Helsel DR（1996）：Nutrients in the nation's waters–Too much of a good thing? U.S. Geological Survery Circular 1136, 24pp, USGS.（http://water.usgs.gov/nawqa/CIRC-1136.html でHP版閲覧可能）
16) 熊澤喜久雄（1999）：地下水の硝酸態窒素汚染の現状．日本土壌肥料学雑誌，**70**（2）：207-213．
17) Sampat P（2000）：Deep Trouble The Hidden Threat of Groundwater Pollution. Worldwatch Paper, 154, 55 pp, Worldwatch Institute.
18) 田瀬則雄（2006）：硝酸性窒素による地下水汚染．地下水技術，**48**（1）：31-44．

13.3 有機物質

▷ 5.5 土壌・地下水汚染のメカニズム
▷ 5.6 土壌・地下水汚染の対策と管理
▷ 7.1 水道における浄水処理の最近の動向
▷ 7.5 高度浄水処理
▷ 16.4 液体クロマトグラフ質料分析法による環境微量分析
▷ 16.5 揮発性有機化合物の多成分分析
▷ 16.6 ダイオキシン類の分析技術
▷ 17.2 生態毒性
▷ 17.3 遺伝子障害性試験
▷ 20.3 リスク評価
▷ 21.3 水環境モニタリング計画

13.3.1 低沸点有機塩素化合物およびトリハロメタン

低沸点有機塩素化合物であるトリクロロエチレン（TCE），テトラクロロエチレン（PCE）および1,1,1-トリクロロエタン（MC）は，ドライクリーニング溶剤，メッキの金属脱脂洗浄剤などに有用な溶剤として使用されていたが，1974年に東京都の工場周辺の浅層地下水から高頻度に検出されたことを契機として[1]，これら低沸点有機塩素化合物の地下水調査が行われ始めた．また，これら溶剤と同時に検出されたcis-1,2-ジクロロエチレン（DCE）は[2,3]，TCEやPCEが微生物により分解され生成することがわかってきた[4,5]．1982年，各地の水道水源用の地下水からこれらの化合物が検出され，環境庁が主要都市地下水の実態調査を行った結果，汚染が全国的に広がっていることが判明した．これら低沸点有機塩素化合物の毒性評価や水質汚濁防止法に基づく地下水の常時監視測定の開始，水道水質基準，環境基準設定などの動きから現在に至っている[6]．

1972年オランダで，塩素消毒処理によるクロロホルムの生成が確認され[7]，消毒副生成物の存在が明らかになり，日本でも1974年に東京都の水道水からクロロホルムが検出された[1]．癌死亡率の疫学調査などの結果を踏まえて[8]，1979年米国環境保護庁（EPA）が総THM（クロロホルム，ブロモジ

クロロメタン，ジブロモクロロメタン，ブロモホルムの総称）を塩素処理副生成物の管理指標物質とした．日本では，1981年水道水中の総THMについて暫定水質管理目標値が示された．その後WHO飲料水水質ガイドラインの改正に対応して1992年に改正された水道水質基準において，個々のTHMに関する基準値が設定され監視項目にハロ酢酸類やジクロロアセトニトリルの指針値が示された．さらに2003年に水道水質基準が改正され現在に至っている．

a. 低沸点有機塩素化合物の規制

現在，TCEおよびPCEは，「化学物質の審査及び製造等の規制に関する法律（化審法）」において第二種特定化学物質に指定されている．MCは，「特定物質の規制等によるオゾン層の保護に関する法律（オゾン層保護法）」により発展途上国向け輸出，原料用途，試薬用途を除き1995年末に生産消費が禁止された．1999年の「特定化学物質の環境への排出量の把握等および管理の改善の促進に関する法律」に基づく化学物質排出移動量届出制度（PRTR：Pollutant Release and Transfer Register）により，対象事業者は対象化学物質の環境への排出量および廃棄物に含まれての移動量を把握し，都道府県を経由して国に届け出ることとなった．2003年に初の集計結果が公表され，TCE，PCEおよびMCの公共用水域への排出量や下水道への移動量を把握できるようになった[9]．

b. 低沸点有機塩素化合物および消毒副生成物に関する水質基準

TCE，PCE，MCおよびそれらの分解生成物などの水質基準は，水道水は水道水質基準，公共用水域および地下水は環境基準（健康項目），公共用水域に流入する排水については水質汚濁防止法の排水基準や下水道法などにより規定されている（表13.5）．

消毒副生成物については，水道法の規定に基づく水質基準に関する省令（2003年5月30日公示，2004年4月1日施行）により，水質基準項目でTHMおよびハロ酢酸，水質管理目標設定項目でジクロロアセトニトリル，抱水クロラールの暫定目標値が設定されている（表13.6）．さらに要検討項目では，毒性評価が定まらない，または水道水中での検出実態が明らかでないなど，今後必要な情報・知見の収集に努めていくべき項目として，ブロモクロロ酢酸類，ブロモ酢酸類，トリクロロアセトニトリル，ブロモクロロアセトニトリル，ブロモアセトニトリルが設定されている．

c. 低沸点有機塩素化合物の分解経路

PCEは嫌気的条件下で微生物により，TCEを経てジクロロエチレン類（1,1-DCE，cis-1,2-DCE，$trans$-1,2-DCE）に分解され，さらに塩化ビニル（VC）を経て最終的に二酸化炭素に分解される．

表13.5 低沸点有機塩素化合物の水質基準（mg/l 以下）

項目	水道法 水道基準に関する省令	環境基準 水質汚濁に係る環境基準	環境基準 地下水の水質汚濁に係る環境基準	排水基準 水質汚濁防止法による基準（特定施設対象）	下水道法
トリクロロエチレン	0.03	0.03	0.03	0.3	0.3
テトラクロロエチレン	0.01	0.01	0.01	0.1	0.1
1,1,1-トリクロロエタン	0.3 *	1	1	3	3
1,1-ジクロロエチレン	0.02	0.02	0.02	0.2	0.2
cis-1,2-ジクロロエチレン	0.04	0.04	0.04	0.4	0.4

*水質管理目標設定項目

表13.6 消毒副生成物の水道水質基準

水質基準項目	基準値（mg/l 以下）	水質管理目標設定項目	目標値（mg/l 以下）	要検討項目	目標値（mg/l 以下）
クロロホルム	0.06	ジクロロアセトニトリル	0.04（暫定）	ブロモクロロ酢酸	
ジブロモクロロメタン	0.1	抱水クロラール	0.03（暫定）	ブロモジクロロ酢酸	
ブロモジクロロメタン	0.03			ジブロモクロロ酢酸	
ブロモホルム	0.09			ブロモ酢酸	
総トリハロメタン	0.1			トリブロモ酢酸	
クロロ酢酸	0.02			トリクロロアセトニトリル	
ジクロロ酢酸	0.04			ブロモクロロアセトニトリル	
トリクロロ酢酸	0.2			ジブロモアセトニトリル	0.06

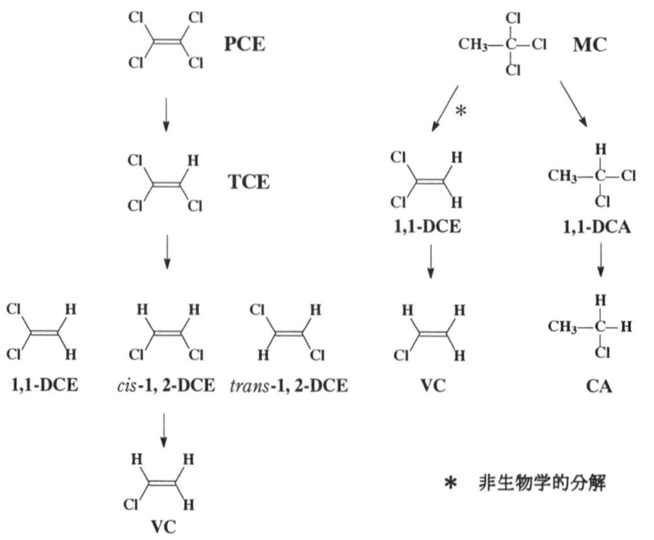

図 13.2 PCE, TCE, MC の微生物による分解経路[10]

TCE 汚染地下水では，DCE 類のうち主として cis-1,2-DCE が検出され，同時に比較的高濃度の VC が検出されることがある．MC は微生物により 1,1-ジクロロエタン（1,1-DCA）を経てクロロエタン（CA）に分解する経路と，非微生物分解により 1,1-DCE が生成され，さらに微生物的に VC に分解する経路が考えられている．MC 汚染地下水では，1,1-DCA と 1,1-DCE が同時に検出される場合が多いが，馴化されていない一般土壌による分解実験では，MC の分解量に相当する 1,1-DCA と CA が生成し，非生物学的に生成する 1,1-DCE, VC は確認されていない（図 13.2）[10]．

d. THM を生成する前駆物質

し尿，下水処理水やパルプ工場廃液などの有機物を含んだ水や自然界に存在するフミン質を含んだ原水を塩素処理することにより，トリハロメタン（THM）を主な生成物とした塩素消毒副生成物が生成される．水道水の THM は，浄水工程中で原水に含まれるフミン質などと消毒剤の塩素が反応して生成される．湖沼水を原水として利用している場合には，植物性プランクトンなどが THM 前駆物質となることがある．生成機構の検討として，フルボ酸分解生成物の一つであるレゾルシノールを塩素化することによりクロロホルム，ハロ酢酸類が生成することや[11]，中室らは，アミノ酸の塩素処理によりハロアセトニトリル，クロロホルムおよび抱水クロラールが生成することを確認している[12]．

e. 低沸点有機塩素化合物の生体内運命[13]

TCE は経口，経気道あるいは経皮から吸収され，すみやかに血中に入り血漿中タンパク質と結合し，脂肪組織，肝臓，肺，副腎などに分布する．蓄積性は低く各組織から再び血中に入り肝臓で代謝を受ける．吸収されたものは主にチトクロム P-450（CYP-450）によりエポキシド中間体が生成され，最終的にトリクロロ酢酸あるいはトリクロロエタノール，トリクロロエタノール抱合体として尿中に排泄される．PCE は動物実験で経口投与および吸入曝露のいずれの場合も大量の PCE が呼気中に排泄される．ヒトへの曝露では，尿中にトリクロロエタノール，トリクロロエタノールのグルクロン酸抱合体，トリクロロ酢酸が排泄される．TCE と比較すると，反復曝露により明らかに体内蓄積傾向を示す．MC は，吸入，経皮および経口曝露ですみやかに吸収され全身に分布する．吸収された MC は大部分が未変化のまま呼気中に排泄されるが，一部トリクロロエタノールに代謝された後そのグルクロン酸抱合体として尿中排泄される．あるいはさらにトリクロロ酢酸へ代謝されて尿中に排泄される．

PCE および TCE の微生物分解生成物のうち，DCE 類では，1,1-DCE は生体内で 1,1-ジクロロエチレンオキシド，クロロアセチルクロライドやグルタチオンとの結合による代謝産物がみられる．1,2-DCE の cis 体および trans 体は，二重結合のエポキシ化を経てクロロ酢酸へ代謝される経路，ある

いはエポキシ化の後ジクロロアセトアルデヒドを経てジクロロエタノールまたはジクロロ酢酸に代謝される経路が考えられている．DCE 類は経口や経皮から吸収され，肝臓や腎臓に蓄積する．塩化ビニルは CYP-450 に代謝され，エポキシ中間体からクロロエタノールを経てクロロアセトアルデヒドに代謝される．

f. THM の生体内運命[14]

クロロホルムは消化管や肺から吸収され脂肪組織および肝臓に分布されやすく，トリクロロメタノールからホスゲンとなり水と反応して二酸化炭素を生成する．臭素化 THM のジブロモクロロメタン，ブロモジクロロメタンおよびブロモホルムは胃腸からよく吸収される．それぞれ肝臓で代謝され，ジブロモクロロメタンはジブロモカルボニル，ジブロモクロロラジカル（ブロモジクロロラジカル），ブロモラジカルまたはクロロラジカルに，ブロモジクロロメタンはブロモクロロカルボニル，ブロモジクロロラジカル，ブロモラジカルまたはクロロラジカルに，またブロモホルムはジブロモカルボニル，トリブロモラジカルまたはブロモラジカルとなり，それぞれ生体成分と反応して毒性を発現すると推定されている．

g. 低沸点有機塩素化合物および消毒副生成物の測定方法

これら化合物の分析法として，水道水質基準では 2003（平成 15）年の厚生労働省告示第 261 号，環境基本法では日本工業規格（JIS），下水道法では下水試験方法において，各成分について試験方法が示されている．パージ・トラップ法あるいはヘッドスペース法によって水中から対象化合物を捕集後，ガスクロマトグラフに導入しカラムで分離後，質量分析計，電子捕獲検出器あるいは水素炎イオン化検出器などを用いて測定し，得られたピーク面積から濃度を求める．

h. 低沸点有機塩素化合物の汚染状況

水質汚濁防止法第 15 条に基づき，1989 年から，都道府県知事は地下水の水質汚濁状況を常時監視するため水質の測定を行い，結果を環境省が取りまとめ公表している[15]．1997 年には地下水の水質汚濁に係る環境基準が設置され，低沸点有機塩素化合物では TCE，PCE，MC，1,1-DCE および，cis-1,2-DCE について，概況調査，汚染井戸周辺地区調査および定期モニタリング調査が毎年行われている（図 13.3）．基準値が異なるため PCE と TCE は

◆：トリクロロエチレン，■：テトラクロロエチレン，▲：1,1,1-トリクロロエタン，×：1,1-ジクロロエチレン，○：シス-1,2-ジクロロエチレン

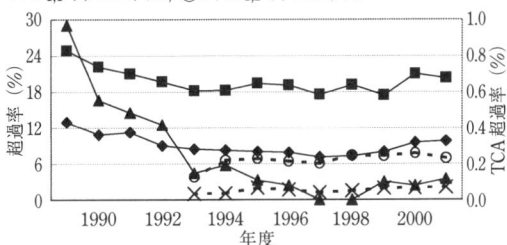

図 13.3 定期モニタリング調査における基準超過率の経年変化

MC より基準超過率が高い．概況調査では PCE および TCE の基準超過率は漸減傾向あるいは横ばいで推移し，MC の超過数は 0.0 % 以下である．汚染が確認された井戸の監視を目的とする定期モニタリング調査の結果，PCE，TCE および MC の 1993 年度以降の基準超過率はほぼ定常であるが，分解生成物の 1,1-DCE および cis-1,2-DCE の超過率はやや増加傾向がみられる．いったん汚染された地下水について自然浄化を期待することが難しいことを示唆している．

海外では，1992 年から 1999 年にわたる米国の家庭用井水および公共用井水の調査では，PCE は 3 件（0.2%），TCE は 1 件（0.1%）の家庭用井水が USEPA の飲料水勧告値を超過した[16]．1985 年から 1997 年にわたる北イタリアの地下水中の TCE，PCE および MC 濃度の調査では，PCE および TCE は変化がないが MC は着実に減少している[17]．

i. THM の検出状況

飲料水中の THM は，過マンガン酸カリウム消費量が多い原水を処理した場合や水温および pH 値が高い場合生成量が増加する．また，塩素との接触時間とともに生成量が増加するため，浄水場の濃度と末端給水栓の濃度では異なることがある．水道事業体が行っている各浄水系統別の消毒副生成物に関する水質検査結果では，一般的に THM のうちクロロホルムとブロモジクロロメタンの構成比が高く，ジブロモクロロホルム，ブロモホルムの検出濃度は低い．しかし原水が，地下水を利用している場合や写真工業，食品工業の排水あるいは海水の影響を受けている場合には，含臭素 THM の生成量が多くなる[18]．消毒副生成物として THM 以外にハロ酢酸，ハロアセトニトリル，抱水クロラールなどの有機ハロゲン化合物が生成するが，総 THM が約 70%，次いでハロ酢酸 20%，ハロアセトニトリル 10%，

表 13.7 IARC および USEPA による発癌性評価

化合物	IARC	USEPA
低沸点有機塩素化合物		
トリクロロエチレン	2A	B2
テトラクロロエチレン	2A	―＊
1,1,1-トリクロロエタン	3	D
1,1-ジクロロエチレン	3	S
cis-1,2-ジクロロエチレン	―	D
trans-1,2-ジクロロエチレン	―	D
塩化ビニル	1	H
消毒副生成物		
クロロホルム	2B	L/N
ブロモジクロロメタン	2B	L
ジブロモクロロメタン	3	S
ブロモホルム	3	L
ジクロロ酢酸	2B	L
トリクロロ酢酸	3	S
ジクロロアセトニトリル	3	―
ジブロモアセトニトリル	3	―
トリクロロアセトニトリル	3	―
抱水クロラール	3	―

IARC (International Agancy for Research on Cancer)
　グループ 1　ヒトに対して発癌性がある
　グループ 2A　ヒトに対しておそらく発癌性がある
　グループ 2B　ヒトに対して発癌性の可能性がある
　グループ 3　ヒトに対する発癌性に関して分類できない
　グループ 4　ヒトに対する発癌性がおそらくない
USEPA (United States Environmental Protection Agency)
　Cancer Classification
　　(2005EPA 発癌性物質リスク評価ガイドラインあるいは 1996 および 1999 のガイドライン草案により評価された物質．新ガイドラインにより評価を終了していない場合，Cancer Descriptor の欄には 1986 年ガイドラインによる評価を表示する．)
　　H　ヒトに対して発癌性がある
　　L　ヒトに対して発癌性がありそうである
　　L/N 一定量以上では発癌性がありそうであるが，それ以下では腫瘍形成の鍵となる事象が起こらないため，それ以下では発癌性がありそうでない
　　S　発癌性の可能性を示唆する証拠がある
　　I　発癌性の可能性を評価する情報が不十分である
　　N　ヒトに対する発癌性はなさそうである
　Cancer Group
　　(新ガイドラインでは未評価の物質．US EPA1986 ガイドラインによる)
　　A　ヒト発癌性物質
　　B　おそらくヒト発癌性物質
　　　B1　限られたヒトでの証拠がある
　　　B2　動物実験では十分な証拠があるが，ヒトでは不十分または証拠がない
　　C　ヒト発癌性物質である可能性がある
　　D　ヒト発癌性に関して分類できない
　　E　ヒトに対して発癌性がない証拠がある
＊　検討中

抱水クロラール 1％と，THM の占める割合が高い．

j. 低沸点有機塩素化合物および消毒副生成物の毒性[19]

1) 急性毒性　ラットやマウスを用いた経口的な半数致死量（LD_{50} 値）の比較では，TCE，PCE，MC よりそれらの分解生成物である DCE 類および VC の急性毒性が強いことが明らかである．

2) 亜急性および慢性毒性　慢性毒性に関して吸入や経口曝露で TCE および PCE による肝障害および腎障害の発生が認められているが，MC は体重増加抑制が認められる程度である．1,1-DCE，trans-1,2-DCE の吸入や経口・経気道からの投与で，肝臓に対する影響がみられている．

3) 発癌性　低沸点有機塩素化合物の TCE および PCE は，ラットやマウスを使用した実験動物に対して明らかに発癌性を示す．TCE および PCE の微生物分解生成物である VC は，IARC（国際癌研究機関）[20] および USEPA（米国環境庁）[21] により，ヒトに対して発癌性を示す証拠があるグループに分類されている（表 13.7）．消毒副生成物では，クロロホルムおよびブロモクロロホルムは動物実験により発癌性が確認されている．ハロ酢酸類はマウスで肝細胞癌の発生率が有意に上昇した．

4) 変異原性　TCE，PCE および MC の変異原性は明確には認められず，代謝活性化を行った場合に認められることがある．TCE あるいは PCE の分解生成物の 1,1-DCE，VC は代謝活性化されて変異原性を示す．消毒副生成物では，クロロホルムは大腸菌あるいは酵母を用いた試験で変異原性を示す．ブロモジクロロホルム，ジブロモクロロホルムは姉妹染色分体交換試験で陽性である．ハロ酢酸類のうちトリクロロ酢酸はマウスの in vivo の数種の試験で陽性を示した．ジクロロアセトニトリル，トリクロロアセトニトリルで催奇形性が認められた報告がある．

〔大橋則雄〕

文 献

1) 森田昌敏（1974）：塩素化脂肪族炭化水素による環境汚染．東京衛研年報，**25**：339-403．
2) 加藤竜夫（1977）：水道水中の発ガン性有機塩素化合物の全国調査．横浜国立大学環境科学研究センター紀要，**3**：11-20．
3) 大橋則雄（1982）：GC-FID 法による塩素系炭化水素の分析．東京衛研年報，**33**：280-282．
4) Kleopher RD (1985): Anaerobic degradation of trichloroethylene in soil. *Environ Sci Technol.*, **19**(3): 277-280.
5) Mergler-Volkl R (1988): A Contribution to the bio-

■トピックス：微生物を利用した地下水中低沸点有機塩素化合物の低減化技術
　現在，低沸点有機塩素化合物による地下水汚染対策として地下水の揚水，曝気，活性炭処理，土壌ガスの真空抽出処理などの物理化学的な処理が用いられている．しかし，低濃度汚染では効果が低くコストもかかるため，汚染地下水に分解菌，栄養塩類，電子受容体あるいは供与体を添加し微生物により汚染物質を分解する環境修復技術（バイオレメディエーション bioremediation）の研究が進んでいる．トリクロロエチレン（TCE）に汚染された現場の実証試験では，観測井戸の TCE 濃度は 7 mg/l から飲料水基準の 0.03 mg/l 以下となり浄化効果が確認されている．一方，TCE の場合，ジクロロ酢酸，トリクロロ酢酸などの分解生成物が非意図的に生成し残存する可能性，生態系への影響や利用する分解微生物の安全性などについて議論されている．

degradation of volatile chlorinated hydrocarbons in groundwater and sewage. *Contamin Soil*, **2**, 1159-1162.
6) 油本幸夫（1997）：汚染地下水に係る水質汚濁防止法の改正．用水と廃水，**39**(19), 909-914.
7) Rook JJ（1972）：Production of potable water from a highly polluted river. *Water Treatment Examin*, **21**(3), 259 pp.
8) Harris RH（1974）：Is the water safe to drink ? Cosumer Reports, 436 pp.
9) 経済産業省製造産業局化学物質管理課，環境省総合政策局環境保健部環境安全課（2003）：平成13年度 PRTR データの概要～化学物質の排出量・移動量の集計結果～．
10) 横浜市環境科学研究所（2000）：地下水汚染に関する調査研究報告書，9-45.
11) Rook JJ（1977）：Chlorination reaction of fulvic acids in natural waters. *Environ Sci Technol*., **11**(5)：478-482.
12) 中室克彦（1984）：水中含窒素化合物の塩素化反応によるクロロピクリンの生成．衛生化学，**30**(5)：295-300.
13) 化学物質評価研究機構公開データ（2004）：化学物質安全性（ハザード）評価シート．
14) WHO（1996）：Guidelines for Drinking-Water Quality 2nd ed, Vol.2.
15) 環境省環境管理局水環境部（2002）：平成13年度地下水質測定結果について．
16) Altissimo L（2002）：Time trends of 1,1,1-trichloroethane, trichloroethylene, and perchloroethylene in confined and unconfined aquifers of a groundwater system in northern Italy. *Ann Chim*, **92**(1-2)：61-71.
17) Squillace PJ（2002）：VOCs, pesticides, nitrate, and their mixtures in groundwater used for drinking water in the United States. *Environ Sci Technol*., **36**(9)：1923-1930.
18) 日本水道協会（2001）：上水試験方法解説編2001年版，633-634, 671-674.
19) 中室克彦（1998）：揮発性有機塩素化合物によるリスク評価．水のリスクマネージメント実務指針，pp.269-276, サイエンスホーラム．
20) IARC（2006）：IRAC Monographs on the Evaluation of Carcinogenic Risks to Humans（2006.1更新）.
21) USEPA（2006）：2006 Edition of the Drinking Water Standards and Health Adovisories.

13.3.2　農　薬

　農薬は生理活性をもつ薬剤を環境中に投入して効果を期待するもので，農産物に対してのみならず環境管理，保健衛生，家庭用品，建築，漁業・船舶など広範な分野で使用されていることから，必然的に人や生態系への悪影響に対する懸念も大きい．したがって，毒性と暴露量を低減させることによって安全性を確保しようとする農薬のリスク管理の重要性はいうまでもない．しかし，多経路からの暴露を前提にする必要があり，内分泌撹乱（環境ホルモン作用）作用や複合影響など，科学的には未解明であるものの無視できない潜在的影響もあって，農薬を巡るリスクの種類と管理の方法はますます多様なものとなっている．このようななか，戦略的な環境モニタリングで汚染の実態を適確に把握し，その成果をリスク管理に反映させることの重要性が指摘されている[1]．この点に着目しながら，ここではわが国の農薬のリスク管理の根幹である農薬登録制度の最近の動向にふれて，農薬の多面的利用にともなう水汚染の一端を述べる．また，予防的措置を導入して国際的な視野で農薬のリスクを削減しようとする「残留性有機汚染物質に関するストックホルム条約」（POPs条約）を取り上げ，わが国の汚染の現状を紹介する．

a．農薬の多面的利用と汚染の現状
1) 農薬取締法によるリスク管理と登録農薬数
　農薬取締法（農取法）は，農薬の製造・輸入から販売，使用の全般を規制する法律であり，製造・輸入時の登録申請の審査と使用基準の遵守で安全性の確保をねらったもので，2003年に無登録農薬の使用規制の強化，2005年には水産動植物の影響に関して登録保留基準が設定されるなど，適宜法改正によってリスク管理の拡充が行われている．特に，登録保留基準の改定は生態系の保全を視野に入れたリスク管理の一歩と位置づけられ，今後の段階的な充実が課題となっている．
　農取法による登録農薬数は2004年9月現在で約

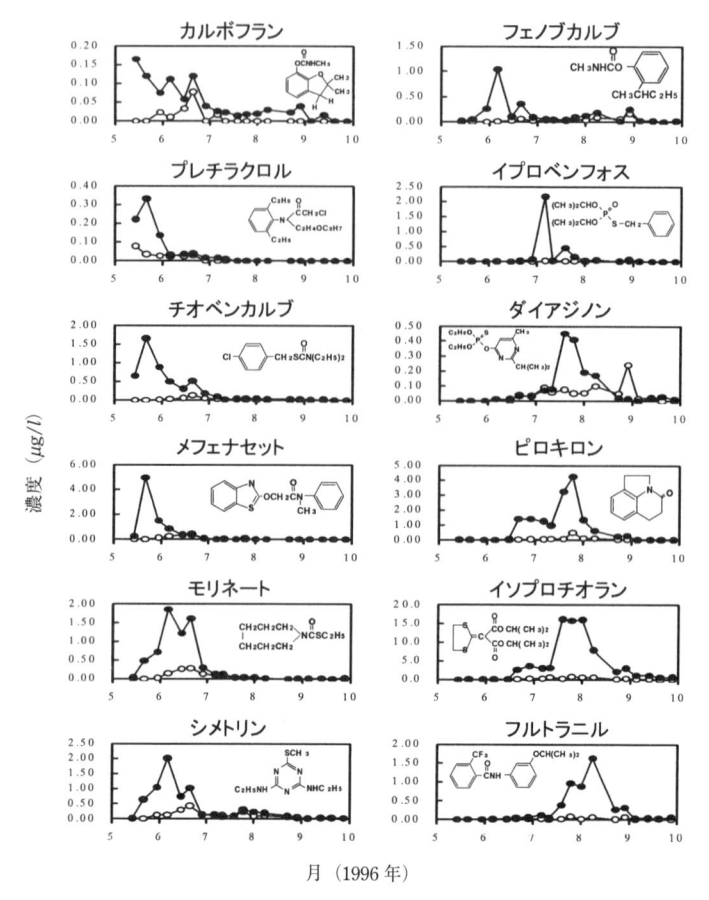

図 13.4 河川水中における農薬濃度の変動（琵琶湖・淀川水系）
●：上流域，○：下流域．

5000品目である[2]．有効成分でみると492物質となり，大部分が有機合成農薬である．用途別では，殺虫剤が166物質，殺菌剤が122物質，除草剤が140物質，植物成長調整剤が34物質，殺そ剤が6物質，その他（誘引剤，忌避剤，展着剤など）が24物質である．この中で174物質が環境基本法や水質汚濁防止法，水道法，化学物質排出把握管理促進法（PRTR法）などの対象物質となっており，健康の保護にかかわる基準値や指針値などが設定された物質が92種，環境ホルモン被疑物質としてリストアップされたもの19物質を含んでいる．

2) 環境水中の農薬の分析法　多様な農薬を効果的に測定するため，環境水中の農薬の分析は一般に多成分一斉分析法が利用される．農薬を水中から固相または溶媒抽出法によって抽出し，必要に応じてカラムクロマトグラフ法などによって抽出液の精製を行ったのち，ガスクロマトグラフ/質量分析計（GC/MS）を用いて検出・同定・定量する方法である．また，分析機器として液体クロマトグラフ/質量分析計（LC/MS）の利用も増えている．定量は，安定同位体標識標準物質を利用した内標準法によることが多く，試料水 $1 l$ の供試で $0.01\sim0.1\ \mu l/l$ オーダーを定量下限とした測定が可能となっている．

3) 公共用水域における農薬検出の一般的傾向
農薬の使用は，適用病害虫の範囲や使用時期，量，場所などを定めた使用基準に従わなければならない．また，現在の登録農薬では，土壌中の半減期が1か月を超える農薬は少ない．したがって，農薬の水系への流出は散布直後の一過的な傾向をたどることが一般的である（図13.4）．流出率は，畑地や果樹園施用に比べて，田面水によって表面流出する水田施用農薬が明らかに高く，その流出は降雨によって助長される[3,4]．

一方，集水域の土地利用形態が多様化するにつれ，

13.3 有機物質

表 13.8 POPs 条約と有機塩素系農薬の使用実績

POPs 条約規制[注1)]	農薬名または一般名［CAS No.］《主要残留成分》	農薬登録期間	1特指定年[注2)]	累積生産・輸入量, t（期間）	用途	備考
●	アルドリン［309-00-2］	1954～1975	1981	2500 (1958～71)	殺虫剤, 防虫剤	・クロルデンの備考を参照
●	エンドリン［72-20-8］	1954～1975	1981	1500 (1958～72)	殺虫剤, 防虫剤	
●	クロルデン［57-74-9］《trans-クロルデン［5103-74-2］, cis-クロルデン［5103-71-9］, trans-ナノクロル［39765-80-5］, cis-ナノクロル［5103-73-1］, γ-クロルディーン［3734-48-3］, オキシクロルデン［27304-13-8］》	1950～1968	1986	250 (1950～68)	殺虫剤, 防虫剤, 殺ダニ剤, 食毒, 接触毒性残留型薬剤	・1979～86年, ヘプタクロル, アルドリンとの合量で1138～2205 t/年の輸入. 用途はシロアリ駆除, 木材防虫処理などと推定
●	DDT［50-74-9］《o,p'-DDE［3424-82-6］, p,p'-DDE［72-55-9］, o,p'-DDD［63-19-0］, p,p'-DDD［72-54-8］, o,p'-DDT［789-02-6］, p,p'-DDT［50-29-3］》	1948～1971	1981	48500 (1958～72)	殺虫剤, 防虫剤	
●	ディルドリン［60-57-1］	1951～1975	1981	680 (1958～72)	殺虫剤, 防虫剤	
●	トキサフェン（カンフェクロル）［8001-35-2］《Parlar #26 (B8-1413), Parlar #50 (B9-1679), Parlar #62 (B9-1025)》	未登録	2002	0		・国内使用実績なし
●	ヘキサクロロベンゼン（HCB）［118-74-1］	未登録	1979	不明	殺菌剤, 防かび剤, 防汚剤, 合成中間体	・主に, PCP など農薬合成中間体として利用. 最大 4000 t/年程度と推定 ・その他農薬中の不純物, テトラクロロエチレンなど溶媒製造副産物として生成
●	ヘプタクロル［76-44-8］《ヘプタクロル［76-44-8］, ヘプタクロルエポキサイド［1024-57-3］》	1957～1975	1986	1500 (1958～72)	殺虫剤, 防虫剤	・クロルデンの備考を参照
●	マイレックス［2385-85-5］	未登録	2002	0	殺虫剤, 防虫剤, 難燃剤	・国内使用実績なし
－	ヘキサクロロシクロヘキサン（HCH）［608-73-1］《α-HCH［319-84-6］, β-HCH［319-85-7］, γ-HCH（リンデン）［58-89-9］, δ-HCH［319-86-8］》	1949～1971		400000 (1948～71)	殺虫剤, 防虫剤	

注1) POPs 条約の規制対象を●で表示. これらに加え工業用化学物質の PCB, 非意図的生成物質の PCDD と PCDF の計 12 物質が規制対象. 規制対象外であるが, HCH はわが国で最も多量に使用された殺虫剤であり, 残留性や長距離移動では規制対象の POPs に匹敵する.
注2) 化学物質審査規制法（化審法）に基づく第 1 種特定化学物質への指定年を示す. この指定により, 農薬以外の用途が実質的に使用禁止となる.

検出される農薬が増える傾向があり, なかには一過的な濃度変動をたどらない農薬に遭遇することがある. このような農薬の検出は, 公園・緑地や住環境での散布に起因しており, 特に衛生害虫や木材用防除剤が起源であれば, 不規則な濃度変動を伴いながら通年検出される. 代表例が有機リン系殺虫剤のフェニトロチオンやベノミルとチオファネートメチルの分解産物で知られるカルベンダジムであり, カーバメイト系のカルバリル, フェノブカルブ, プロポクス, ピレスロイド系のペルメトリン, エトフェンプロックスなどもその可能性がある. また, 魚網や船底に付着する汚損生物の防除に用いる防汚剤がある. この使用に起因すると想定されるチアベンダゾール, ディウロン, イルガロールは港湾域などの沿岸域で検出されており, おそらく年間を通じて存在しているものと推察される[5,6]. さらに, 環境ホルモン作用をもつとされるアミトロールは, 除草剤の用途があるが, 有機薬品原料や樹脂の硬化剤などに使われ, 工業的用途を反映して比較的高い頻度で検出される[7]. このように, 農薬の農業分野以外での

b. POPs条約への対応

1) POPs条約の概要と農薬に対する取り組み
POPs (Persistent Organic Pollutants) 条約は，環境残留性，生物濃縮性，長距離移動性および有害性を併せもつ化学物質を，予防的措置 (precautionary approach) の観点から，国際協調の下で地球上から段階的に全廃することを目的としたもので，アルドリン，ディルドリン，エンドリン，クロルデン，ヘプタクロル，DDT, ヘキサクロロベンゼン (HCB), マイレックス，トキサフェン，ポリ塩化ビフェニル (PCBs), ポリ塩化ジベンゾ-p-ジオキシン (PCDDs), ポリ塩化ジベンゾフラン (PCDFs) の12物質を規制対象に選定して2004年5月に発効した．有害性の懸念は，発癌や生殖系，神経系，免疫系などへの影響，いわゆる環境ホルモン作用にあり，因果関係には不確実性があるが，それを理由に潜在する危機の回避策を遅らせてはならないとする考えが予防的措置である．条約の発効により，第1回締約国会議が2005年5月にウルグアイで開催され，また2年以内に具体的な削減計画などを示した国内実施計画を締約国会議に提出する義務を負っている．表13.8のとおり，わが国では，使用実績のある有機塩素系農薬6種は1975年までに登録が失効し，販売禁止・制限の措置がとられている．しかし，この措置に際し残余の農薬を地中埋設して処分するよう行政指導した経緯がある．POPs条約はその製造・使用の規制のみならず，在庫や廃棄物を特定して環境上適正に管理・処理することも求めている．そのため，地中埋設農薬や使用残農薬を特定し，回収，保管，無害化処理などの実施が新たな課題となっている．また，POPs条約は，環境の状況把握や対策の有効性を評価するための基礎データを環境モニタリングに求め，環境濃度レベルとその傾向，環境移動，運命などに関する研究を奨励している．これらの求めに応えるために，環境省は2002年から新たに「POPs汚染実態解析調査」(POPsモニタリング調査) を始めた．

2) 調査手法 測定結果が"検出せず"では，汚染実態の把握や対策効果の有効性評価に使えない．そのため，調査の実施に先立ち，同位体希釈法を用いた超高感度分析法の開発検討が行われ，シリカゲル，フロリジルクロマトグラフィー，GPCなどに精製，高分解能 GC/MS による検出・同定・定量を骨子とする方法が確立されている．2002年の調査では，大気34地点，水質38地点，底質63地点，生物24地点においてPCBs, HCB, アルドリン，ディルドリン，エンドリン，DDTs, クロルデン，ヘプタクロルおよびHCHsの調査が行われた．登録実績のないマイレックスとトキサフェンは，2003年から対象に加えられ，GC/MSの化学イオン化負イオン検出による定量法を開発し，実態調査が進められている．

3) POPs汚染の現状[8] 大気，水質，底質および生物のPOPs濃度を最高，最低，中央値および四分位偏差で図13.5にまとめた．HCHは規制対象物質ではないが，POPsと類似した性質をもち，わが国で最も大量に使用された有機塩素系殺虫剤であ

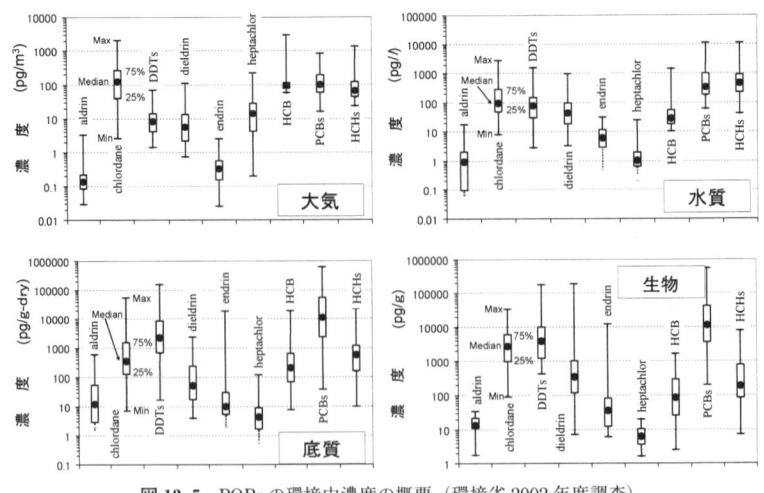

図 13.5 POPsの環境中濃度の概要（環境省2002年度調査）

る．そのため，POPsに準じた対策が必要との判断から調査対象となった．また，クロルデン，DDT，ヘプタクロルおよびHCHは，異性体または同族体の混合物として存在するので，図13.5の濃度範囲は表13.8の主要残留成分の合計濃度で示している．水中濃度の単位はpg/lである．通常の農薬分析の1万～10万倍の感度で検出していることに注意が必要であるが，POPs条約の規制対象とその関連物質を可能なかぎり個別に，かつ高感度に検出することを目指したこともあって，かなり高い頻度でPOPsが検出され，濃度レベルが明らかとなった．水質の中央値で比較すると，PCBsとHCHsが100～1000 pg/lの範囲にあり，クロルデン，DDTsが100 pg/lレベルでそれに次いでいる．生物と水質間の濃度はHCHの10^3からDDTの10^6の差異があり，DDTの生物濃縮性の大きさが確かめられた．新たなPOPsモニタリング調査は，多成分高感度分析法の適用で，極低濃度域のPOPsの存在状況をはじめて明らかにしたが，図13.5が示すように個々のPOPs濃度は地点によって大きな差があり，特に高濃度を検出した地点では生起原因の追究が課題となってきた． 〔福嶋　実〕

文　献

1) 農薬環境懇談会（2002）：農薬環境懇談会報告書，環境省環境管理局水環境部，平成14年12月．
2) 農水省植物防疫課監修（2004）：農薬要覧―2004―（平成15農薬年度），日本植物防疫協会．
3) 永井迪夫，福島　実（1998）：琵琶湖・淀川水系における農薬消長の機構解明―木津川流域における農薬の使用実態と河川水中濃度の関係―．1996日本河川水質年鑑（建設省河川局監修，日本河川協会編），山海堂．
4) 福島　実（2000）：4.2.1 農薬汚染（1）淀川水系，日本の水環境（5）近畿編（日本水環境学会編），pp.143-153，技報堂出版．
5) 千田哲也ら（2004）：船底塗料用防汚物質の海水中挙動の解明．環境保全研究成果集，**2002**(3)：62. 1-62. 13．
6) 岡村秀雄（2004）：有機スズ代替防汚剤と沿岸海洋環境．日本海水学会誌，**58**(4)：361-366．
7) 上堀美知子（2003）：有害化学物質 第1編 LC/MSの環境化学分析への応用 LC/MS/MSによる環境水中のアミトロールの分析．全国環境研会誌，**28**(4)：222-228．
8) 環境省環境安全課（2004）：平成15年度（2003年度）版「化学物質と環境」平成16年3月．

13.3.3 ダイオキシン類

広範囲のダイオキシン類曝露の例として，セベソ地域住民への曝露，ビンガムトンのPCB電気設備の火災事故があった．高濃度曝露の例は，事故によ

表13.9　ダイオキシン類による大気の汚染，水質の汚濁および土壌の汚染にかかわる環境基準

媒体	基準値	測定方法
大気	0.6 pg-TEQ/m^3以下	ポリウレタンフォームを装着した採取筒をろ紙後段に取り付けたエアサンプラーにより採取した試料を高分解能ガスクロマトグラフ質量分析計により測定する方法
水質	1 pg-TEQ/l 以下	日本工業規格 K0312 に定める方法
底質	150 pg-TEQ/g 以下	水底の底質中に含まれるダイオキシン類をソックスレー抽出し，高分解能ガスクロマトグラフ質量分析計により測定する方法
土壌	1000 pg-TEQ/g 以下	土壌中に含まれるダイオキシン類をソックスレー抽出し，高分解能ガスクロマトグラフ質量分析計により測定する方法

備　考
1. 基準値は，2,3,7,8-四塩化ジベンゾ-パラ-ジオキシンの毒性に換算した値とする．
2. 大気および水質（水底の底質を除く）の基準値は，年間平均値とする．
3. 土壌にあっては，環境基準が達成されている場合であって，土壌中のダイオキシン類の量が250 pg-TEQ/g以上の場合には，必要な調査を実施することとする．

る汚染食品摂取，油症Yusho（日本），Yu-Cheng（台湾）などの食用油汚染があった．ダイオキシン類の毒性から国民の健康保護を目的とし，ダイオキシン類による環境汚染防止および除去などのため，環境基準とともに，必要な規制などを定めた「ダイオキシン類対策特別措置法」が制定された．

a. 環境基準と測定法

ダイオキシン類による大気の汚染，水質の汚濁（水底の底質の汚染を含む）および土壌の汚染にかかわる環境基準を表13.9に示す．「ダイオキシン類に関する科学的な知見が向上した場合，基準値を適宜見直す」としている．

b. 環境汚染

環境中のダイオキシン類による曝露状況を把握するために，環境省や自治体の行った2000年度における環境試料調査結果によると，一般環境中でのダイオキシン類の存在状況は，大気：0.0073～0.76 pg-TEQ/m^3（n = 707，算術平均値0.14 pg-TEQ/m^3），土壌：0～280 pg-TEQ/g（n = 1947，算術平均値4.6 pg-TEQ/g），底質：0.0011～1400 pg-TEQ/g（n = 1838，算術平均値9.6 pg-TEQ/g），

水質：0.012～48 pg-TEQ/l（n = 2128，算術平均値 0.31 pg-TEQ/l），地下水：0.00081～0.89 pg-TEQ/l（n = 1479，算術平均値 0.097 pg-TEQ/l）であった．

食事については，厚生労働省が実施した 2000 年度トータルダイエットスタディの報告を中心に基礎データを整理した．曝露量としては 0.84～2.01 pg-TEQ/kg・日（n = 16，算術平均値 1.45 pg-TEQ/kg・日）の範囲であった．

c. ダイオキシン曝露経路：ヒトの経路別曝露量の推計

環境省は，ダイオキシン類の食事，大気，土壌由来の曝露量を推計し，個人総曝露量は 1.50 pg-TEQ/kg/日，食事からの摂取が約 9 割を占めること，魚介類からの曝露量が食事全体の 5～7 割を占めることを示した．

ダイオキシン類の人体への取り込みは，そのほとんどが食品由来とされており，厚生労働省は，食品別の汚染実態調査，トータルダイエット方式による標準的な食事から摂取されるダイオキシン類の調査を実施している．2002 年度における食品からのダイオキシン類の一日摂取量は，1.49 ± 0.65 pg-TEQ/kgbw/日（0.57～3.40 pg-TEQ/kgbw/日）と推定され，耐容一日摂取量（TDI）4 pg-TEQ/kgbw/日より低く，一部の食品を過度に摂取するのではなく，バランスのとれた食生活が重要であることを報告している．

d. 食品中のダイオキシン汚染

曝露経路 廃棄物焼却や特定の農薬または化学薬品の製造といった，TCDD および関連化合物が非意図的に生成する排出源も，ヒトへの曝露の原因となる．発生源由来の環境曝露，①食品摂取，②大気経由，③汚染土壌経由は，あらゆる人々に影響する．ヒトへのダイオキシン曝露の 90 % 以上が食品によるもので，その他の経路が摂取量全体の 10 % 未満となっている．食品の寄与の約 90 % が動物性食品で，食品汚染は，多様な発生源からのダイオキシン排出に伴う食物連鎖を通して，脂肪とともに蓄積されることが原因となっている．1999 年にベルギーで発生した PCB 汚染飼料による食品ダイオキシン汚染は，そのほとんどがコプラナー PCB による寄与であった．

ヒトへのダイオキシン関連化合物の曝露は，国際的に注目されてきた．PCDD/PCDF の食事経由の平均曝露量は，成人 1 日あたりで 0.4～1.5 pg-I-TEQ/kgbw と試算されている．1970 年代と 1980 年代の食品分析調査では，試算摂取量は高く，1 日あたり 1.7～5.2 pg-I-TEQ/kgbw であった．イギリスとオランダからのデータでは，摂取量の 95 パーセンタイル値は平均摂取量の 2 倍から 3 倍となっている．食事経由のダイオキシン・PCB 曝露量を調査した研究では，ダイオキシン様 PCB の TEQ 寄与は，PCDD/PCDF の TEQ 寄与と同レベルと試算されている．

e. 臭素系ダイオキシン汚染

世界保健機関（WHO）の国際化学物質安全性計画（IPCS）の環境保健クライテリア 205 で，臭素系ダイオキシン類の生成，排出が報告されている．環境省は，2002 年度の臭素系ダイオキシン類の排出実態などの調査で，難燃性プラスチック製造工場，家電リサイクル工場の排出ガス，排出水，建屋内および発生源周辺の環境大気，降下煤塵，公共用水域水質および底質から，臭素系ダイオキシン類が検出されたことを報告している．

北米で生体試料中 PBDE（ポリ臭素化ジフェニルエーテル）レベルが急速に増加していることと合わせて，難燃剤由来の環境・生体汚染に関心が集まっている．

ダイオキシン類がヒトの生命および健康に重大な影響を与えるおそれがある物質であることにかんがみ，ダイオキシン類による環境の汚染の防止およびその除去を行うため，ダイオキシン類に関する施策の基本とすべき基準を定めるとともに，必要な規制，汚染土壌にかかわる措置などを定めることにより，国民の健康の保護を図ることを目的として制定された．　　　　　　　　　　　　　　　〔中野　武〕

13.3.4 PCB

PCB（polychlorinated biphenyl，ポリ塩化ビフェニル）は，環境汚染物質の代表として 1970 年代以降世間で騒がれ，今また，環境ホルモンのひとつとして注目されている．

その化学構造は，図 13.6 のように，ビフェニル骨格に塩素が結合した形になっている．PCB は，

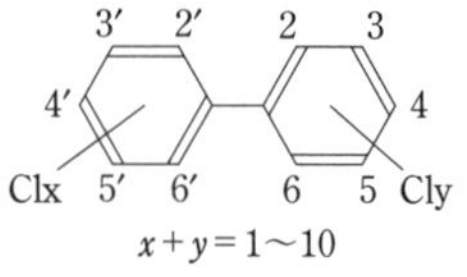

図 13.6　PCB の構造式

13.3 有機物質

表13.10 PCB製品の特徴と用途

特徴	不燃性で，しかも加熱・冷却しても性質が変わらない 絶縁性，電気的特性にすぐれている 化学的に安定で，酸・アルカリに侵されない 水に溶けないが有機溶媒によく溶ける 粘着性にすぐれている
用途	トランスやコンデンサー・電線の絶縁油 食品・製紙・化学工業における熱媒体 潤滑油，可塑剤，難燃剤，船舶塗料 インクやノンカーボン紙などの溶媒など

表13.12 PCBの急性毒性

PCB製品	動物		投与方法	LD_{50} (g/kg)
カネクロール300	ラット	雄	経口	1.2
		雌	経口	1.1
	ウサギ	雄	経口	0.6
カネクロール400	マウス	雄	経口	1.9
		雌	経口	1.6
	ラット	雄	経口	1.3
		雌	経口	1.4
Aroclor 1254	マウス	雄	腹腔	2.8
		雄	経口	1.3

表13.11 PCBに関する主な経緯

西暦(年)	事 例
1881	ドイツのシュミット，シュルツがPCB合成に成功
1929	米国スワン社（後にモンサント社に合併）工業生産開始
1954	国内にて製造開始（鐘淵化学工業．三菱モンサント（現，三菱化学）は，1969年製造開始）
1966	ストックホルム大学がオジロワシ体内中にPCB確認
1968	カネミ油症事件発生
1972	行政指導により製造中止，回収の指示（保管の義務）
1973	(財)電機ピーシービー処理協会（現(財)電機絶縁物処理協会）が設立 化審法制定．翌年以降PCB製造・輸入・使用の原則禁止
1976	廃棄物処理法改正（PCB関係廃棄物の処理基準設定：高温焼却規定） 電気事業法の省令改正．PCB使用機械器具の電路への施設禁止
1984	通商産業省「PCB使用電気機器の取扱について」を通達 (保有状況に変化があった場合の報告先を明確化)
1985	環境庁が鐘淵化学工業(株)高砂事業所の熱分解処理装置を用いて液状廃PCBを試験焼却
1987～1989	鐘淵化学工業(株)高砂事業所において，液状廃PCB (5500 t) の高温熱分解処理を実施
1992	廃棄物処理法改正施行（廃PCB等及びPCB汚染物を特別管理産業廃棄物に，PCBを含む家電製品を特別管理一般廃棄物に指定）
1993	厚生省がPCB使用機器保管状況調査結果を公表
1997	廃掃法施行後改正（PCB処理物を特別管理産業廃棄物に指定，処分方法としてPCBを分解する方法を新たに指定)
1998	廃掃法の省令等改正（PCB関連廃棄物の処理基準設定）
1999	住友電工PCB自家処理開始
2000	荏原製作所，日本曹達，三菱重工PCB自家処理開始
2001	ポリ塩化ビフェニル（PCB）廃棄物の適正な処理の推進に関する特別措置法公布・施行 環境事業法改正：環境事業団による処理施設の整備，処理業務の実施の仕組み 東京電力PCB自家処理開始
2002	廃棄物処理法の処理基準にプラズマ分解法を追加

塩素の数が1～10個，塩素が水素の代わりに結合する位置がビフェニルブリッジから数えて2～6位と2'～6'位にあって，理論的に全部で209種類の可能性のあるクロロビフェニル（chlorobiphenyl, CBと略）の混合物から成り立っている．

その中でも，PCDD（ポリ塩化ジベンゾ-p-ダイオキシン）やPCDF（ポリ塩化ジベンゾフラン）とともに，ダイオキシン類の仲間に加えられるCo-PCB（コプラナーPCB）が重要である．

世界各国で製造，販売されたPCB製品の主なものとしては，アロクロール（米国），フェノクロール（フランス），クロフェン（ドイツ），カネクロール（日本）などが知られている．わが国ではカネクロール（KC-）が一般的に使用された（表13.10）．これらの各製品は，いずれも多数のPCB異性体および同属体の混合物であり，通常塩素含量の差で製品の種類を区別している．PCBに関するこれまでの経緯を表13.11に示した．

a. PCB製品の毒性

PCB製品の実験動物における急性毒性値（LD_{50}）は表13.12に示すように0.6～2.8 g/kgである．塩素数の少ないもののほうが急性毒性は強いが，逆に，慢性毒性は塩素数の多いものほど生体内代謝を受けにくく，体内に残留する傾向が強いことから蓄積性が高い傾向にある．したがって，生体に蓄積しているPCBは，摂取されたときのPCBに比べ，塩素数

表13.13 クロロビフェニル（またはPCB）の毒性情報

対象としたCB，PCBその他	評価方法	結果	文献
3,3′,4,4′,5-PeCB（#126） 3,3′,4,4′,5,5′-HxCB（#169） 3,3′,4,4′-TeCB（#77） 2,3,3′,4,4′,5′-HxCB（#157） 2,3,3′,4,4′-PeCB（#105） 2,3,4,4′,5-PeCB（#114） Aroclor 1221 Aroclor 1232 Aroclor 1248 Aroclor 1254 Aroclor 1260	MCF-7（ヒト乳癌細胞）を用い17β-エストラジオールが誘導したprocathepsin D（Ahレセプターはこのタンパク質の分泌阻害に関与）の阻害効果を調べ，抗エストロゲン作用強度の指標としている （参考） PeCBの30 nM = 9.7 ppb HxCBの180 nM = 64 ppb TeCBの170 nM = 49 ppb	#126 > #169～#77 > #157, #105, #114 Aroclors 1221, 1232, 1248, 1254, 1260は最高濃度10^{-6} Mで活性なし 　Approximate EC_{50} value　(nM) 　2,3,7,8-TCDD　　　　8.6 　1,2,3,7,8-PeCDD　　 69 　2,3,7,8-TCDF　　　　31 　#126　　　　　　　 30 　#169　　　　　　　180 　#77　　　　　　　 170 　#157　　　　　　 >1000 　#105　　　　　　 >1000 　#114　　　　　　 >1000 　Aroclors　　　　 inactive	1
3,3′,4,4′,5,5′-HxCB（#169） 3,3′,4,4′-TeCB（#77）	Wistarラットの①妊娠1日に#169：0.2, 0.6, 1.8 mg/kg b.w.を1回投与，あるいは②妊娠1日に#169を0.6 mg/kg b.w.投与後#77を1 mg/kg b.w.・日を妊娠2～18日に投与	①で母体と新生児での血漿中サイロキシンレベルが用量依存的に減少．胎児と新生児の脳でのthyroxine 5′-deiodinase（5′ D-II）活性増加とそれに伴うサイロキシンレベル低下． PCBsによる発生神経毒性のメカニズムの1つとして考慮される	2
Aroclor 1254 mirex	ニジマスに添加飼料を6か月間摂取させ，17β-エストラジオールで誘導されるビテロゲニンの減少をみる	Aroclor 1254：3, 30, 300 ppm, mirex：0.05, 5, 50 ppm, またはAroclor 30 ppm + mirex 5 ppm（飼料） いずれの投与群も（+）	3
2,3,7,8-TCDD 3,3′,4,4′,5-PeCB（#126） 2,3,3′,4,4′,5-HxCB（#156）	SDラット雌（7週齢）に添加飼料を13週間摂取させて，酵素（T4UGT）活性と甲状腺ホルモン（T4）量をみる	2,3,7,8-TCDD：0.2～20 ppm, #126：7～180 ppbまたは#156：1.2～12 ppm (diet) いずれも用量相関のあるT4UGT活性増加とT4の減少あり．P450 1A1（CYP1A1）とUGT 1A1の増加は，TCDDやPCBがAhレセプターを介して作用することを示唆	4
3,3′,4,4′,5,5′-HxCB（#169） 3,3′,4,4′-TeCB（#77）	ラットの①妊娠1日に#169を0, 0.2, 0.6, 1.8 mg/kg b.w. 1回投与および②妊娠1日に#169を1.8 mg/kg b.w.投与後#77を1 mg/kg b.w.・日を妊娠2～18日に投与	① 1.8 mg/kg投与と②投与群で出生児数と出生児体重の減少あり．出生児の雌雄と無処置雌雄間の交配で妊娠率の低下あり． ① 1.8 mg/kg単独投与でのドーパミン量の増加が認められた	5
Aroclor 1242 3,3′,4,4′-TeCB（#77） 2,2′,5,5′-TeCB（#52）	SDラット雌（20日齢）に腹腔内投与し，子宮重量とトリチウムサイミジンの取込量の変化をみる	Aroclor 1242：80または320 μg, #77：160 μg, OHPCB：250 μg, #52：640 μgを2日間投与またはAroclor 1242：0.64, 2.56, 8.0 mg/ratを1回投与したところ，#77以外で，子宮重量とトリチウムサイミジンの取込が増加．#77はエストラジオールの子宮重量増加を減弱した．下垂体細胞培養でAroclor 1242は性腺放出ホルモンに対する性腺刺激ホルモンの反応を増強．PCBsがエストロゲン様あるいは抗エストロゲン様作用をもつことを示唆	6
3,3′,4,4′-TeCB（#77） 3,3′,4,4′,5-PeCB（#126） 2,3,7,8-TCDD	SDラットの妊娠10～16日に，#77：2, 8 mg/kg・日，#126：0.25, 1.00 μg/kg・日，2,3,7,8-TCDD：0.025, 0.10 μg/kg・日を経口投与し，出生児の異常の有無，離乳児の甲状腺ホルモン量を測定した	出生児の生殖，発生の変化は認められず．#77とTCDD高用量群の雌で血漿中T4の抑制がみられた．UDP-GT活性はすべての高用量群で増加, T3およびTSHに変化なし．肝ミクロゾームのethoxyresorufin-o-deethylase（EROD）は，すべての群で著しく誘導された	7
Aroclor 1254	Holtzmanラットの出生後1, 3, 5, 7, 9日（授乳期）の母体にAroclor 1254：0, 8, 32, 64 mg/kg・日を経口投与後，雄の子供の130日齢を無処置の雌と交配させた	用量に関連した着床数，生児数の減少および2～4, 1～4分割受精卵の減少を認めた	8

の多いPCB組成になっている．

　ヒトにおける急性毒性は頭痛，しびれ，発熱，クロルアクネ（塩素挫創）などである．慢性毒性としては，皮膚の黒褐色化，肝肥大，肝機能障害，免疫機能抑制などが知られている．また，肝ミクロゾームにおける薬物代謝酵素誘導能の活性化はきわめて顕著であり，それに伴いステロイドホルモンの分解促進を促しホルモンバランスが乱れる．その他の毒性情報は表13.13に示した．

　代　謝　　生体内に取り込まれたPCBは，肝ミクロソームに存在する薬物代謝酵素により酸化を受け，水酸化体，ジヒドロジオール体が形成されるが，塩素置換数やその位置により代謝速度などが異なる．すなわち，低塩素化（四塩素化）PCBは，ほとんどすべてモノフェノール体に代謝される．一方，五および六塩素化PCBのあるものは，モノフェノール体に酸化されるが，その速度は遅く，七塩素化以上の高塩素化PCBは，ほとんど代謝されない．これら代謝物には，元のPCBよりも毒性が高い物もある．また，一部のフェノール性代謝物でホルモン様活性が議論されている．フェノール性代謝物以外に，水酸化反応と異なる含硫黄代謝産物のメチルスルホンもある．

　しかし，PCBはその高い脂溶性や，有機塩素化合物という動物にとって未経験の生体異物であるため，一般にはきわめて代謝排泄されにくい物質である[8]．したがって急性致死毒性というよりも慢性毒性や致死毒性以外のさまざまな毒性に主眼が置かれている．

　最近，PCBの中で特定の化学構造をもつコプラナーPCB（Co-PCB：12種）が注目されている．本PCBは12種類あり，微量でダイオキシン様の毒性を示す．12種のCo-PCBは，ダイオキシンと同様にTEF（toxic equivalency factor：毒性等価係数）（表13.14）が設定されている．最も毒性の強い2, 3, 7, 8-TCDDに比べて0.1～0.00003倍にすぎないが，環境中での分布濃度が高く，毒性（総TEQ（toxic equivalents，毒性等価））に大きく寄与する場合がある．

b．環境基準

　PCBは，その化学的安定性，電気絶縁性，非水溶性などの利点から，当時夢の工業化学製品と思われたが，生物蓄積性や慢性毒性などの理由で，1970年代初期に生産や使用が厳しく規制ないしは禁止された．それまで世界中で生産され，累積生産高は約

表13.14　PCBの毒性等価係数（TEF）（WHO，2005，ヒト/哺乳類）

化合物	TEF
Non-ortho PCB	
3, 4, 4′, 5-TCB（#81）	0.0003
3, 3′, 4, 4′-TeCB（#77）	0.0001
3, 3′, 4, 4′, 5-PeCB（#126）	0.1
3, 3′, 4, 4′, 5, 5′-HxCB（#169）	0.03
Mono-ortho PCB	
2, 3, 3′, 4, 4′-PeCB（#105）	0.00003
2, 3, 4, 4′, 5-PeCB（#114）	0.00003
2, 3′, 4, 4′, 5-PeCB（#118）	0.00003
2′, 3, 4, 4′, 5-PeCB（#123）	0.00003
2, 3, 3′, 4, 4′, 5-HxCB（#156）	0.00003
2, 3, 3′, 4, 4′, 5′-HxCB（#157）	0.00003
2, 3′, 4, 4′, 5, 5′-HxCB（#167）	0.00003
2, 3, 3′, 4, 4′, 5, 5′-HpCB（#189）	0.00003

＃：IUPAC No.

100万tに達するであろうといわれている．しかし環境汚染が明らかとなり，動物への影響を懸念する論文が多数発表された．表13.15にわが国における環境基準および食品基準を示した．

c．分析法

　PCBの分析法は，基本的にはアルカリ分解からスタートする．試料（環境，人体，食品など）を1N前後のKOHエタノール溶液に入れ，冷却管を着けて沸騰水浴上で約1時間加熱還流すれば，PCB以外の試料成分はほとんどすべて鹸化され水溶性の物質に変化する．一方，PCBはまったく変化しない．このエタノール溶液試料全部を分液ロートに移し，ここにエタノールと同量以上の水（あらかじめn-ヘキサンで洗浄した水）を加え，さらにn-ヘキサンを加えて激しく振とうするとPCBはn-ヘキサンに転溶される．n-ヘキサン溶液を水洗，脱水，濃縮した後，フロリジル，シリカゲル，またはアルミナカラムに負荷しクリンナップをすればガスクロマトグラフ（GC）の検液となる．これをGCに注入することにより，PCBを定量することができる[9]．

　すなわち，ECD（^{63}Ni装着の電子捕獲型検出器）または質量分析計（MS）を装着したGCにより分析する．定量計算は，PCBを26個のピークに分離してその全量を定量する場合は，OV-1パックドカラムを用いた最もオーソドックスな数値化法[10]で行う（本方法は，Kanechlor 300, 400, 500, 600を1：1：1：1に混合した標準を用い，ピークごとの正確な濃度が算出できる方法）．さらに最近，キャピラリーカラムにより209成分のPCB異性体

13. 有害化学物質

表 13.15 日本および諸外国における環境基準および食品基準

		日本	米国	ドイツ
環境	大気			
	水質	不検出（0.5 μg/l に相当）	0.5 μg/l（飲料水：EPA），0.04 μg/l（淡水）*，0.03 μg/l（海水）*	PCB 28, 52, 101, 138, 153, 180 が，それぞれ 0.1 μg/l 以下，合計で 0.5 μg/l 以下（飲料水）
	土壌	不検出（0.005 μg/g に相当）		
	排水基準	3 μg/l		
	廃棄物溶出基準	3 μg/l		
	底質中の PCB 除去基準	10 μg/g		
	大気中の環境基準	0.5 mg/m^3	300 ng/m^3（室内空気：ガイドライン，EPA）	
	排ガス中の排出基準	0.25 mg/m^3（平均 0.15 mg/m^3）		
食品	食品	規制値		
	遠洋沖合い魚介類（可食部）	0.5 μg/g		
	内湾内海魚介類（可食部）	3 μg/g	2 μg/g（EPA）	
	牛乳（全乳中）	0.1 μg/g	1.5 μg/g（EPA）	
	乳製品（全量中）	1.0 μg/g		
	育児用粉乳（全量中）	0.2 μg/g		
	肉類（全量中）	0.5 μg/g	3 μg/g（FDA）	
	家禽		3 μg/g（EPA）	
	卵類（全量中）	0.2 μg/g	0.3 μg/g（EPA）	
	容器包装	5.0 μg/g	10.0 μg/g（EPA）	

PCB の一日許容摂取量（ADI）：5 μg/kg・日　　　　　　　　*：National Recommended Water Quality Criteria；1998

表 13.16 環境に関する PCB 分析法

公表年月日	分析法名称		定量法
1975.2.3	環境庁告示第 3 号（水質汚濁に係わる環境基準についての一部改正）ガスクロマトグラフ法	パックドカラム–GC/ECD	数値化法
1982.3.27	環境庁告示第 41 号（水質汚濁に係わる環境基準についての一部改正）	パックドカラム–GC/ECD	数値化法
2000.3.29	水質汚濁に係わる環境基準について（平成 12 年 3 月 29 日現在）	パックドカラム–GC/ECD	数値化法
2001.3.1	底質調査方法 6.4 PCB 6.4.1 パックドカラム–ガスクロマトグラフ（ECD）法	パックドカラム–GC/ECD	数値化法
2001.3.1	底質調査方法 6.4 PCB 6.4.2 キャピラリーカラム–ガスクロマトグラフ（ECD）法	キャピラリーカラム–GC/ECD	数値化法
2001.3.1	底質調査方法 6.4 PCB 6.4.3 キャピラリーカラム–ガスクロマトグラフ四重極型質量分析法	キャピラリーカラム–GC/四重極型質量分析計	内部標準法（異性体分析）
2001.3.1	底質調査方法 6.4 PCB 6.4.4 キャピラリーカラム–ガスクロマトグラフ高分解能型質量分析法	キャピラリーカラム–GC/高分解能型質量分析計	内部標準法（異性体分析）

をほぼ完全に分離する方法[11]）が注目されている．現在，環境に関する PCB 分析法は表 13.16 に示すものがある．

試料からの抽出・精製法は，いずれの方法も，①ヘキサン注出，②アルカリ分解（+濃硫酸処理），シリカゲルカラムクロマトグラフィーである．

PCB の分離および定量分法は，①パックドカラム/電子捕獲型検出器（ECD）付ガスクロマトグラフ（GC–ECD）法，②キャピラリーカラム/電子捕獲型検出器（ECD）付ガスクロマトグラフ，③キャピラリーカラム/四重極質量分析計法，④キャピラリーカラム/高分解能質量分析計法などがある．図 13.7 にキャピラリーカラム/四重極質量分析計法の概略を示した．

d．汚染状況

底質および動物性食品中の PCB の汚染実態についてまとめた結果を表 13.17，13.18 に示した．動物性食品中の PCB の検出濃度は 0.001 以下～0.179

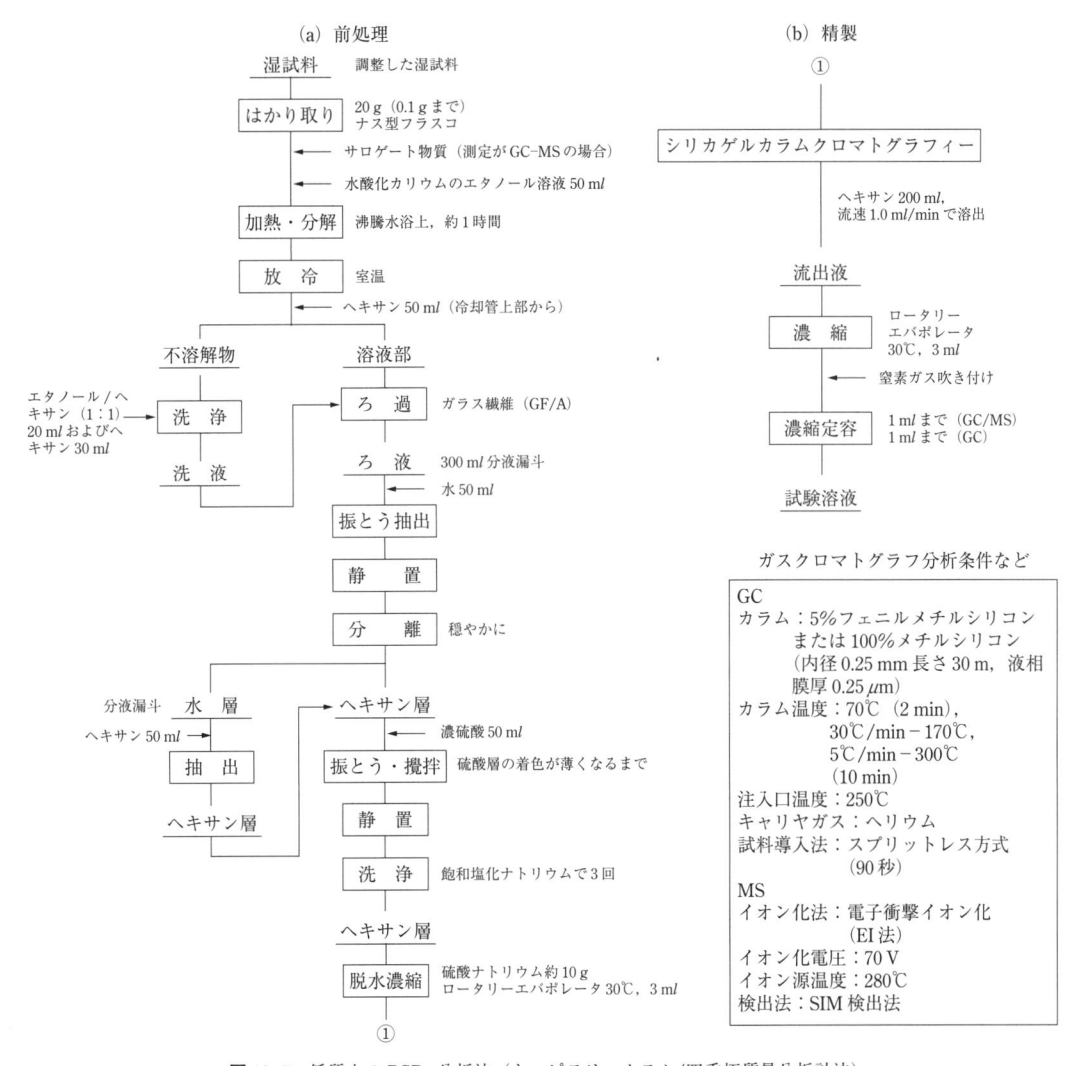

図 13.7 低質中のPCBs分析法（キャピラリーカラム/四重極質量分析計法）

ppmであり，海に生息する魚に比較的高濃度検出される．また，海棲哺乳動物であるクジラ類および母乳中のPCBの調査結果を表13.19，図13.8に示した．母乳中PCB濃度は25年間で1/5に減少した．

e. 曝露経路

難分解性の有害物質が水→プランクトン→魚→人間といった食物連鎖を通じて，人体に摂取される過程で，食物連鎖の上位に進むにしたがって有害物質が高濃度で生物体内に蓄積される．

たとえば，東京湾や大阪湾に棲息する魚介類中のPCB濃度調査によれば，すべての魚からPCBが検出されたほか，食物連鎖で上位にあるものほどその濃度が高いという，いわゆる生体濃縮の傾向がうかがわれる．

食物連鎖上，人間は常に最上位にあることを考えれば，当初は環境中に広くばらまかれていた蓄積性有害物質が食物連鎖を通じて次第に人体に高濃度で蓄積されていくことが懸念される．

難分解性の有害物質は，ほとんど自然の浄化能力に期待することができず，一度環境中に排出されれば，かつての清浄な環境を回復することはきわめて難しく，また複雑なメカニズムを経て人体に蓄積する．

〔堀　伸二郎〕

13. 有害化学物質

表13.17 底質（東京都）中のPCBs濃度

採取場所		底質中のPCBs濃度 (ng/g；乾燥固形物当たり)		
		1998年	2001年	2002年
河川	荒川 堀切橋	14.9	223	78.6
	中川 飯塚橋	16.2	33.3	
	中川 平井小橋	19.2	109.1	21.9
	隅田川 両国橋	201.4	217.3	418.3
	新河岸川 志茂橋	8.7	16.2	7.2
	石神井川 豊石橋	39.7	1.1	
	神田川 一休橋	8.4	8.4	8.4
	目黒川 太鼓橋	22.4	69.9	168.2
	柳瀬川 清瀬橋	0.9	2.5	
	鶴見川 麻生橋	4.1	4.9	2.6
	谷地川 新旭橋	3.5	3	2.4
	成木川 両郡橋	0.4	3.6	
	平井川 多西橋	1.4	1.8	
	多摩川 和田橋	0.2	2.8	
海域	荒川河口沖	118	423.1	216.9
	隅田川河口沖	138.8	661.2	104.6
	多摩川河口	62.1	127.8	98.4

東京都調査

表13.18 動物性食品中のPCB濃度

種別 項目	検体数	PCB (ppm) 範囲	検出率 (%)
牛肉	14	<0.001	0
豚肉	23	<0.001	0
鶏肉	5	<0.001	0
乳製品	30	nd〜0.002	37
鶏卵	31	nd〜0.003	29
牛乳	90	<0.001	0
魚介類	46	nd〜0.179	83
淡水魚介類	30	0.001〜0.013	87
輸入魚介類	31	—	—
国産魚介類	28	—	—

大阪府立公衆衛生研究所調査

表13.19 クジラ類中のPCBs濃度

部位	検体数	PCBs (ppm)	
		検出濃度	平均値
ツチクジラ 筋肉	5	0.07〜0.24	0.14
脂皮	5	5.0〜11	7.1
バンドウイルカ 筋肉	5	0.05〜1.2	0.65
脂皮	5	0.83〜47	2.1
イシイルカ 筋肉	4	0.02〜0.66	0.26
脂皮	4	2.9〜6.6	5.2
コビレゴンドウ 筋肉	4	0.09〜1.6	0.74
脂皮	4	0.27〜25	8.0
ミンククジラ 筋肉	3	0.00008〜0.0003	0.0002
脂皮	3	0.023〜0.11	0.058
ミンククジラ 筋肉	4	0.005〜0.06	0.03
脂皮	17	0.29〜4.9	1.8
ニタリクジラ 筋肉	3	0.001〜0.02	0.01
脂皮	3	0.003〜0.21	0.10
マッコウクジラ 筋肉	3	0.02〜0.15	0.08
脂皮	3	1.1〜2.0	1.7

平成13年度厚生科学特別研究

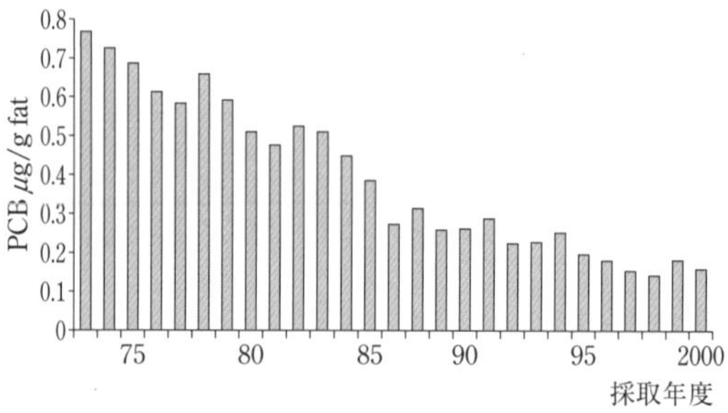

図13.8 大阪母乳中PCB濃度の経年変化（大阪府立公衆衛生研究所調査）

文献

1) Krishnan V, et al (1993)：*Toxicol. Appl. Pharmacol.*, **120**：55.
2) Morse DC, et al (1993)：*Toxicol. Appl. Pharmacol.*, **122**：27.
3) Chen TT, et al (1986)：*Can J Fish Aquant Sci*, **43**：169.
4) Van Birgelen AP, et al (1995)：*Eur J Pharmacol*, **293**：77.
5) Jansen HT, et al (1993)：*Reprod Toxicol*, **7**：237.
6) Seo BW, et al (1995)：*Toxicol. Lett*, **78**：253.
7) Sager DB, et al (1987)：*Bull Environ Contam Toxicol*, **38**：946.
8) 吉村英敏 (1976)：化学と生物, **14**：70.
9) Kuwabara K, et al (1978)：*Int Arch Occup Environ Hlth*, **41**：189.
10) 鵜川昌弘ほか (1973)：食衛誌, **14**：415.
11) Matsumura T, et al (1999)：*Organohalogen Compounds*, **35**：141.

13.3.5 ビスフェノールAおよびアルキルフェノール類

a. ビスフェノールA（BPA）

1）用途および生産量　BPAは主にポリカーボネート原料，エポキシ樹脂原料，およびその他各種樹脂原料として用いられている．BPAの2000（平成12）年における国内生産量および輸入量はそれぞれ約42万tであり緩やかな増加傾向にある[1]．BPAの環境中濃度に関する規制は特に設けられていないが，化学物質管理促進法における第一種指定

化学物質として指定されており，食品衛生法においては含有量基準および溶出濃度基準が指定されている．

2) 分析手法 BPAの分析手法に関しては日々開発および改善が行われているが，標準的な手法については環境庁（現環境省）がとりまとめた調査マニュアル類[2,3]が参照可能である．水試料中のBPA分析はろ過済試料を，酸性条件下でのジクロロメタンなどによる抽出および脱水・濃縮，あるいは固相抽出，ジクロロメタン溶出および脱水・濃縮のうえ，トリメチルシリル（TMS）化を行いGC/MS分析に供するのが一般的である．懸濁物および底質などの固形試料については，酸性条件下アセトン抽出，塩化ナトリウム共存下でのジクロロメタン抽出および脱水・濃縮後，固相カラムによる精製のうえTMS化されGC/MS分析に供される．生体試料の場合はメタノール抽出後にメタノール/ヘキサン分配により脂質除去後，ジクロロメタン抽出および固相カラム精製されたうえ，TMS化され分析に供される．上述の手法による目標検出限界値は水質試料で10 ng/l および固形試料で5 ng/g であるが，エチル誘導体化により水質試料で2 ng/l および固形試料で0.2 ng/g 程度にまで検出限界値を下げることが可能である．

3) 汚染状況 BPAの環境中濃度については，「環境ホルモン戦略計画SPEED'98」[1]の中で水質，底質，大気，水生生物，および野生生物などを対象とした網羅的な環境実態調査が行われている．1998（平成10）年度の水質調査では約7割の検体（130検体中88検体）において検出され，最大で0.94 μg/l の水質濃度が報告されたが，2001（平成13）年度の水質調査では，検出検体率が約5割（171検体中86検体）および最大濃度が0.56 μg/l と，いずれも減少する傾向にあることが示された．同様の傾向は国土交通省の一斉調査[4]においても報告されている．2001年度の水質調査において，湖沼および海域からはそれぞれ6検体中4検体および17検体中9検体に検出されたが，地下水からは24検体中6検体と検出率が低いことが明らかにされた．一方，河川水からは124検体中67検体に検出されたが，大都市圏の8都府県において35検体中27検体と高頻度で検出された．また底質からは，1999〜2001年度にかけてそれぞれ25，14，24検体から検出（いずれも48検体中）され，最大濃度はそれぞれ，270，47，120 μg/kg となっており，検出率および最大濃度ともばらつきが大きいことが報告されている．その他，野生生物の実態調査の結果，2000年度から2001年度にかけて，カワウおよび猛禽類の最大検出濃度が1/10以下に減少していることが示された．

4) 毒性・曝露経路 各種化学物質の生態毒性について環境省がまとめた調査報告[5]によると，急性毒性影響としては，藻類72時間生長阻害試験による半数影響濃度（EC_{50}）が2.8 mg/l，ミジンコ48時間急性遊泳阻害試験によるEC_{50} が13 mg/l，および魚類96時間急性毒性試験による半数致死濃度（LC_{50}）が8.0 mg/l と報告されている．これらの急性毒性値を基に，OECDの急性毒性分類に基づいて分類した場合，BPAはランクII（4段階の上から2番目）に位置づけられる．また慢性毒性影響としては，藻類72時間生長阻害試験による無影響濃度（NOEC）が0.32 mg/l，ミジンコ21日間繁殖阻害試験によるEC_{50} が7.5 mg/l，および同試験によるNOECが4.6 mg/l と報告されている．BPAの内分泌攪乱作用に関する試験管内試験についての各種報告は国立環境研究所WEBサイトで公開されている環境ホルモンデータベース[6]にて参照可能である．ヒトMCF-7細胞増殖にかかわる最小影響濃度（LOEC）が5.7 μg/l，ヒトエストロゲン受容体（ER）を用いた相対結合活性は17β-エストラジオール（E2）の1/10000，および同転写活性がE2の0.4〜0.5倍などの女性ホルモン様作用が確認されているほか，男性ホルモン様作用も報告されている．内分泌攪乱作用に関する生体内試験については，環境省総合環境局が2002年に各種報告のとりまとめを行っており[1]，BPAの曝露による成熟淡水巻貝雌の外観異常および生殖異常（産卵容積，産卵数の高値），魚類雌の外観異常，雄の生殖異常（陰茎長，精嚢中に精子を有する個体の低値），血中雌特異的タンパクの検出および濃度上昇などの作用が報告されている．

BPAは化審法およびOECDの修正Sturm試験において難分解性と評価されている一方で，馴化された生物系がBPA分解能を有すること[7]およびBPA分解能は環境中に普遍的に存在していること[8]などが報告されている．また，下水処理場においては分解および汚泥への吸着により，流入BPAの96%が除去されることが報告されている[9]．曝露経路については，物性値から多媒体における化学物質の存在状況を推定するフガシティモデル（レベルI：

平衡，定常，移流なしの条件下）を用いたBPAの環境分布推定が行われており[10]，底泥および土壌中の推定濃度が1.2～2.3 μg/kgと最も高く，次いで水生生物（0.65 μg/kg），水質（0.038 μg/l）の順に分配されることが推測された．一般的な曝露媒体として底質は重要でないこと，および土壌直接摂食量の設定値は大人100 mg/日，子供200 mg/日[11]とされており，経皮吸収を含めても摂取量はごく少ないことを考慮すると，BPAのヒトへの主要な曝露経路は水生生物経路であることが推測される．

5）海外の状況 米国およびEUにおけるBPAの一日許容吸収量は0.05 mg/kg・日および0.01 mg/kg・日とされている．また，EUでは食品中許容濃度として3 mg/kgとの規定もある．欧州委員会は，EUのBPAのリスク評価報告をふまえ，労働安全レベルにおいてはリスク削減に向けて現状の対策を検討する必要があるが，消費者レベルにおいては現状以上の情報収集およびリスク削減策について講じる必要がない，との判断[12]を下している．

b．アルキルフェノール類（APs）

1）用途および生産量 APsの大部分は非イオン界面活性剤の一種であるアルキルフェノールエトキシレート（APE）の原料として利用されており，その他，油溶性フェノール樹脂の原料およびゴム助剤などとして用いられる．またAPEsの生分解によりAPsが生成することも知られている．APEsの生産量のうちアルキル基がノニル基（C9）であるノニルフェノールエトキシレートが8割，オクチル基（C8）であるオクチルフェノールエトキシレートが残りの2割を占めている．現状においてはAPsの環境中濃度に関する規制値は設定されていないが，化学物質管理促進法における第一種指定化学物質および海洋汚染防止法における有害液体物質（A物質）として指定されている．

2）分析手法 環境試料中のAPの分析については，種々の方法が検討されている[3,13]．水試料からのAPsの抽出の際には，ろ過をしたうえで酸性条件下でのジクロロメタンなどによる抽出および脱水・濃縮，あるいはODS，XAD樹脂などによる固相抽出，酢酸メチルによる溶出および脱水後，分析に供するのが一般的である．また底質，生体などの固形試料については，酸性条件下でのアセトン抽出および塩化ナトリウム共存下でのジクロロメタン抽出，あるいは凍結乾燥後にソックスレー抽出を行うのが一般的となっている．抽出試料はカラムクロマトグラフィーおよびゲルろ過クロマトグラフィーにより精製されたうえ，GC/MSによる分析に供される．上述の手法における目標検出限界値は水質試料で10 ng/l（ノニルフェノール（NP）のみ100 ng/l）および固形試料で1.0 ng/g（NPのみ10 ng/g）である．APsは極性が低く誘導体化などの処理を必要としないことおよび感度，選択性の観点からもGC/MS分析が最適であると考えられるが，APEを含めた関連物質を一括して検出する際にはLC/MSによる分析が適している．

3）汚染状況 各種APsの環境中濃度についてはSPEED'98の調査報告[1]において詳細が示されている．2001年度調査において，4-n-ペンチルフェノール（PP）は水質から171検体中1検体に検出されたが底質からは未検出であった．4-t-ブチルフェノール（BP）は水質から171検体中30検体に検出されたが，底質からは48検体中2検体のみ検出された．NPおよび4-t-オクチルフェノール（OP）は，水質調査において171検体中それぞれ53検体および38検体から検出されており，最大濃度はそれぞれ5.9 μg/lおよび0.85 μg/lであった．水域における検出のうち，河川水がそれぞれ45検体および31検体と高い割合を占めていた．底質調査においてもNPおよび4-t-OPは48検体中それぞれ34検体および25検体といずれも高頻度で検出され，最大濃度はそれぞれ3700 μg/kgおよび46 μg/kgと高く，等重量あたりの底質中濃度は水質に比べて2～3オーダー高いことが示された．各APsの汚染状況の差異については，使用量および使用状況に加え各物質の物性値の違いが大きく影響していると考えられる．

4）毒性・曝露経路 APsの生態影響についても環境省が各種結果をとりまとめており[5]，4-OP，4-PPおよびNPの急性毒性影響について，藻類72時間生長阻害試験によるEC_{50}，ミジンコ48時間急性遊泳阻害試験によるEC_{50}，および魚類96時間急性毒性試験によるLC_{50}を用いてOECDの急性毒性分類に基づいて分類した場合，いずれもランクI（4段階の1番目）であることが示された．また，4-OPの藻類72時間生長阻害試験によるNOECが0.050 mg/l，およびNPのミジンコ21日間繁殖阻害試験によるNOECが0.089 mg/lなどの高い慢性毒性影響が報告されている．NPおよびOPについては試験管内試験による内分泌撹乱作用が確認されている[6]．NPはヒトMCF-7細胞を用いたアッセ

イによりE2の1/10000〜1/100000に匹敵する細胞増殖促進作用，1/1000〜1/10000のER結合活性，0.3〜0.6倍のER転写活性などの女性ホルモン様作用が報告されている．また，アンドロゲン受容体転写活性化に関するLOECが約220 $\mu g/l$ であるなど男性ホルモン様作用についても示されている．4-OPはヒトMCF-7細胞アッセイにより約20 $\mu g/l$ において増殖活性化を示すこと，およびE2の1/1000程度のER結合活性，0.6倍程度のER転写活性を有することが報告されている．また，生体内試験によるAPsの内分泌攪乱作用についても，8.2 $\mu g/l$ の4-NPに孵化後104日間曝露されたメダカ雑種第一世代雄に精巣卵が確認されたことなど，NPの魚類に対する内分泌攪乱作用が強く推測されたほか，4.8 $\mu g/l$ の4-t-OPに3週間曝露された雄ニジマス血漿からのビテロジェニンの検出，さらには32 $\mu g/l$ の4-t-PPに3か月間曝露された雄コイ生殖腺指数・精小葉直径減少などの作用が報告されている[1]．

APsは疎水性が高く，水中では一定量（多いときには半数濃度以上）が懸濁物質態で存在していることが報告されている[14,15]．また，底質からの高APs濃度が検出されたこともその化学的性質と一致している．フガシティモデル（レベルI）による推定[10]においても，懸濁物質および底泥中濃度が最も高くなること（相対濃度で放出量の約0.15%/kg）が示されている．一般的な曝露媒体のうち，NPは土壌（約0.08%/kg），水生生物（約0.01%/kg）の順，また4-t-OPは水生生物（約0.1%/kg），土壌（約0.07%/kg）の順に環境中濃度が高く，いずれも水質中濃度はさらに2オーダー程度低いと推定され，土壌摂取の可能性を考慮すると両物質とも水生生物経路での曝露の可能性が推測された．また，分解，懸濁物吸着および前駆物質（NPE）からの生成を組み込んだ挙動モデルにより，手賀沼の検証区間を対象にNPの挙動解析が行われ[10]，7〜8割が水中に溶存態として存在し，1〜2割が溶存態として分解ないし揮発すること，および底質への吸着や漁獲による減少量は微量であり，最終的には流入NPの6〜7割が流出することが推測された．

5) 海外の状況　わが国ではAPEsは主に産業用として用いられてきたが，欧米諸国では過去に家庭用洗剤としてAPEsが使用されてきた経緯もあり1980年代よりAPの毒性に関する懸念が高く，また環境モニタリングに関する報告が多数なされてきた．河川水中でのAP濃度はスイス，イギリスなどでは数十〜数百 $\mu g/l$ で検出される[13]などその汚染が深刻であることが示されており，総じて欧州諸国のほうが高いことからAPEの使用を削減もしくは禁止する方向で進められている国が多い[16]．欧州委員会によるNPのヒトへのリスク評価の結果，（予測無毒性量×安全係数）/予測曝露量が2500となり，ヒトへの実質的リスクはない，と評価されている．一方，生態へのリスク評価においては予測環境濃度が予測無影響濃度を上回り，水環境におけるリスク対策が求められると指摘されている[17]．カナダ環境省および厚生労働省によるNPのリスク評価においては，最小影響量/予測曝露量が約700となり，また河川水などで予測無影響濃度を上回る予測環境濃度が算出されることなどから，国内法における有毒カテゴリーに相当すると報告している[17]．一方，米国では環境水中におけるAPs濃度は欧州各国に比べて低い[10]ことが報告されており，そのためAPEs使用に関する規制も現状では行われていない．

〔石垣智基〕

文　献

1) 環境省総合環境政策局（2002）：平成13年度内分泌攪乱化学物質における環境実態調査結果のまとめ．
2) 環境庁保健環境部（2000）：平成9年版化学物質と環境．
3) 環境庁水質保全局（2000）：外因性内分泌攪乱化学物質調査暫定マニュアル．
4) 国土交通省河川局（2002）：平成13年度水環境における内分泌攪乱物質に関する実態調査結果について．
5) 環境省環境保健部（2002）：化学物質の環境リスク評価関連の調査研究等，化学物質の環境リスク評価，第1巻．
6) 環境ホルモンデータベース，http://w-edcdb.nies.go.jp
7) Dorn PB, Chou CS and Gentempo JJ (1987): Degradation of bisphenol A in natural waters. *Chemosphere*, **16**: 1501-1507.
8) Ike M, Jin CS and Fujita M (1999): Biodegradation of bisphenol A in aquatic environment. Proceedings of the third IWA specialized conference on hazard assessment and control of environmental contaminants, pp.41-48.
9) 国土交通省都市地域整備局（2001）：下水道における内分泌攪乱物質に関する調査報告書．
10) 平成12年度環境負荷量について，平成13年度第二回内分泌攪乱化学物質問題検討会資料，2001.
11) 土壌の含有量リスク評価検討会（2001）：土壌の直接摂取によるリスク評価について．
12) Scientific committee on toxicity, ecotoxicity and the environment, European commission, Bisphenol A human health report, BisphA HH22052002, 2002.
13) 日本水環境学会水環境と洗剤研究委員会編（2000）：非イオン界面活性剤と水環境，技報堂出版．
14) Naylor CG (1995): Environmental fate and safety of nonylphenol ethoxylates. *Textile Chemist Colorist*, **27**:

29-33.
15) 厚生省生活衛生局 (1993)：上水試験方法解説, pp.404-409.
16) Renner R (1997)：European bans on surfactant trigger transatlantic debate. *Environ Sci Technol*, **31**：316-320.
17) 環境省総合環境政策局 (2001)：ノニルフェノールが魚類に与える内分泌撹乱作用の試験結果に関する報告.

14
水界生物

14.1 水界生物とは

　水界に生息する生物は水の物理的化学的環境に大きく影響を受ける．そのため，水環境が変化するとそれに伴って生物群集が大きく変化することになる．一方で，生物群集の変化は水環境を変える．たとえば，湖沼での植物プランクトンの著しい増加は，水中での光の透過度を下げ，pHを上げる．したがって，生物群集と水環境は互いに強いつながりをもっているといえる．そのつながりを理解するためには，生物群集の構造を調べ，生態系における生物たちの役割を知る必要がある．

　われわれの生活に最も身近な存在となっている水域は，川や湖などの淡水域であろう．淡水域の生物群集の構成種は，水が流れている川とよどんでいる湖で大きく異なる．

　川の主要な一次生産者は付着藻類であり，二次生産者としての働きは主に水生昆虫が担っている．分解者のバクテリアを含め，これら遊泳能力に乏しい生き物たちは，底質に潜ったり石などにしがみついて流されないようにしている．すなわち，水が流れる川では底生生物が中心の世界なのである．一方，水がよどむ湖ではプランクトンが中心となる．一次生産者である藻類，二次生産者であるミジンコ類やワムシ類，そして分解者のバクテリアもプランクトンとして存在している．ただし，湖底には底生動物が生息しており，彼らもまた湖沼生態系で重要な役割を果たしている．また，魚はどちらの水域にも生息し，川と湖を行き来している種も少なくない．魚は捕食者として，底生生物群集やプランクトン群集に大きな影響を与える存在である．

　水域を考える際には海も忘れてはならない．海の生態系は湖と同様にプランクトンが中心であるが，その中の主要な生物グループは両者の間で必ずしも同じではない．たとえば，海の動物プランクトン群集では湖よりもカイアシ類の優占度が高く，湖にはほとんど生息しないクラゲも重要な構成員だ．一方，海は湖よりもはるかに深いため，海洋生態系における底生生物の寄与率は一般には湖のそれよりも小さい．ところが浅い沿岸域はそれにはあたらず，底生生物が大きな役割を果たしている．また，そこに生息する魚も多様だ．沿岸域は海の中でも特に人間生活とのかかわりが強い水域であるため，海域については沿岸域の生物群集についてまとめることにした．

　本章では各水域の代表的な生物群の生態を紹介し，それぞれの水域での物質循環にかかわる生物の働きについて解説しながら，水環境と生物群集との関係について考える．

〔花里孝幸〕

14.2 河川の生物

▷ 17.2　生態毒性

14.2.1　魚　類

　日本には15目，35科，96属に属する211（亜）種の淡水魚が生息し，これらの多くは，コイ科（29％），ハゼ科（21％），サケ科（10％）およびカ

ジカ科（8%）に属し，日本の固有（亜）種数は88を数える．なお，これまでに固有種3種類の絶滅が知られている．淡水魚は，その生活環から純淡水魚（一生を淡水域で過ごす），通し回遊魚（淡水と海水にまたがって生活）および周縁性淡水魚（不定期・一時期に淡水域を利用）に分けられる[1]．これらの魚類は，河川のほかに，湖沼や水田，そして河川と水田を連結する灌漑用水路といった環境に生息している．ここでは河川にすむいわゆる河川性魚類と河川の物理生息環境の関係に焦点をあてて解説する．

a. 河川性魚類

河川生物群集のなかでも魚類は，古くは流域住民の食生活を支える水産資源として，現代ではアユやアマゴに代表される遊漁資源として重要な位置を占めている．サケ・マスなどの通し回遊魚を含む淡水魚類は年間12万t近くが水揚げされており（1998年度），このうち47%が主に河川に生息する野生魚（養殖魚ではない）である（農水省統計，1999）．これらは，海から河川に入ったサケ類（33%），アユ（21%），コイ（8%），ゲンゴロウブナ（7%），ウグイ（5%）および河川性サケ科魚類であるイワナやマス類（5%）である．なかでも遊漁資源としてよく利用されるアユは両側回遊魚であり，成魚は河川中流部から下流部へと降り産卵し，そこで孵化した稚魚は降海した後，沿岸部で過ごし，餌である珪藻を食べるために河川に遡上する．また，そのほとんどの種が純淡水魚であるコイ科魚類を除き，サケ科（イワナ属およびサケ属），ハゼ科，カジカ科およびウナギ科の魚類についてもアユと同様に海と連結している生息環境に依存する生活史をもつことから，ダムなどによって「連続性」が絶たれることなく良好に維持されていることが，これらの魚類にとって不可欠であるといえる．

b. 河川の物理生息環境

1) 研　究　わが国における主な淡水魚の生態に関する研究は河川性魚類群集の記載的研究に始まり，1950〜1960年代には生物地理，生活史，生息場所利用および行動生態に関する数多くの優れた研究成果が発表された．特に，アユの縄張りや本種の個体群動態に及ぼす影響に関する研究[2]，ハゼ科のヨシノボリ類やカワヨシノボリに関する研究例[3]を挙げることができる．Mizunoら[4]は魚道を欠いた河川においてその上流側（ダム湖）と下流側で魚類相を比較した．その結果，複数のコイ科魚種でダム湖の環境にうまく適応し個体群を増大させた一方で，ダム湖下流側では流量の減少による生息場所改変により個体群が著しく減少したコイ科魚類およびハゼ科魚類が認められた．

1980年代には，特に河川性サケ科魚類が遊漁資源としての重要性から注目を集めるとともに，九州や本州中部でヤマメ（サクラマス）やイワナの産卵床の構造や立地条件，個体群密度と河川形態の関係に関する研究が盛んに行われた．たとえば，石川県手取川水系では道路建設に伴う土砂の河川流入後，減少したイワナ個体群の回復を目的とした遊漁禁止の効果に関する研究などが知られる[5]．

北海道ではサケ科魚類の個体数密度を規定するさまざまな物理環境要因を解明しようとする多くの研究が行われてきている．たとえば，ヤマメ幼魚の個体群密度は，河畔林が豊富で河川水温が低く抑えられ，天敵から身を隠すことができるカバー構造物（倒木，落枝）が多く供給される河川で高い[6]．他のサケ科魚類においても，河畔林から供給される沈倒木が魚類の環境収容力を増大する河川内の物理環境を作り出している[7]．したがって，河川改修に伴い河畔林が伐採された区間ではサケ科魚類の生息密度は大きく減少することになる．また，サクラマスが産卵に利用する河床条件に見合う微生息場所（microhabitat）も河川改修の大きな影響を受ける[8]．

2) 生態系の保全と修復　両側回遊するサケ科魚類では流程上に回遊を妨げる堰堤などがないこと，産卵床の立地要求条件を満たすために河川の蛇行が非常に重要である[9]．すでに改修工事が行われた河川において生息環境を修復することに対して河川性魚類群集はどのように反応するのだろうか？北海道北部の天塩川水系では三面張護岸によって河床の自然底質が失われた区間を再改修し，瀬・淵の連続構造を復元し，水深などの物理生息環境をより複雑にした（図14.1）[10]．この結果，非改修区（自然区）と比較して低い密度で生息していたサクラマスの個体群密度が著しく増大し，ほとんど生息していなかったハナカジカとエゾウグイが多数生息するようになった（図14.2）．

他生成有機物（allochthonous input）の供給が河川生態系の維持に重要であることが近年指摘されてきたが，実際にこれを実証した研究例は数少ない．他生成有機物は河川生態系の重要なエネルギー基盤である河畔林を起源とする落葉・落枝のほか，河川性サケ科魚類の餌となる陸生無脊椎動物を含む．特に，後者が個体群密度，魚類群集およびさらに下位

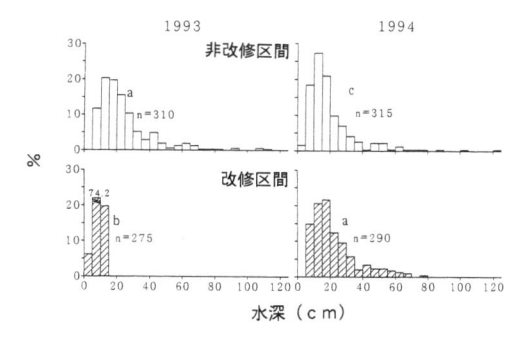

図14.1 非改修区間と改修区間における修復前（1993）と修復後（1994）の水深の頻度分布（文献10を一部改変）

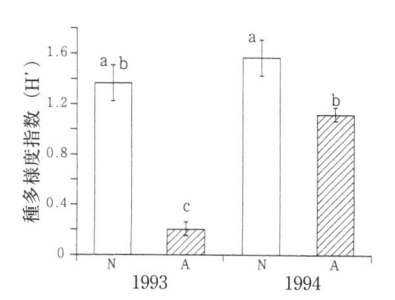

図14.2 非改修区間（N）と改修区間（A）における修復前（1993）と修復後（1994）の魚種の多様度指数（文献10を一部改変）

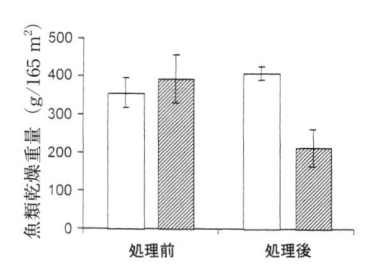

図14.3 河道上にビニールハウスを張り河畔林からの陸生無脊椎動物の供給を抑制する前（処理前）と抑制した後（処理後）の魚類バイオマス（乾燥重量で表示）（文献13を一部改変）（白抜きは対照区，斜線は実験区を示す）

の栄養段階（trophic levels）にもたらす影響を評価した結果，陸生無脊椎動物の供給量は河畔林に覆われた区間でそうでない区間よりも著しく多かった．さらに，陸生無脊椎動物は，河川性サケ科魚類が1年間に消費する餌資源量の実に50%を占めることもわかった[11]．河畔林がもつそのような重要性は，野外実験によって実証されており，数百mの河川区間をビニールハウスで覆って陸生餌資源の供給を遮断した実験の結果，魚類が餌を河床の水生無脊椎動物（ベントス）に変更したり[12]，バイオマスにしておよそ50%の魚類が処理区間外に移出した（図14.3）[13]．

3）生態系の攪乱　上述した河川の物理環境の保全や修復の問題のほかに，わが国に現在確認されている44種の外来淡水魚種による生態系の攪乱の問題が挙げられる．北米産のブルーギルおよびブラックバスといったバス科魚類はすでにすべての都道府県に生息域を拡大しているほか，近縁種で両種よりも冷水域を好み流水環境に適応したコクチバスの分布域も急速に拡大している．宮城県の伊豆沼内沼ではブラックバス個体群増大とともにゼニタナゴなどのコイ科魚類が姿を消している．これらの魚類が河川性魚類群集に及ぼす影響についてはよくわかっていない部分も多いが，本州の中規模河川の中下流部にかけて数多く築造されている堰堤などの上流側に滞留する水域では多数のバス科魚類が繁殖していることから，在来魚類群集に負の影響を与えている可能性が高い．また，北海道の河川では北米原産のニジマスや欧州原産のブラウントラウトが1980年代後半の釣りブームとともに急速に分布域を拡大してきた．ある小河川では秋産卵の在来サケ科魚類の卵が孵化する前に同じ流程においてニジマスが産卵し，掘り返しによって在来魚類の卵稚仔が流出する可能性が指摘されている[14]．

おわりに

河川改修などによって河畔林をはじめとする本来の生息環境が損なわれた場合においても，河畔林を復元したり流路の物理的環境を複雑かつ多様にするような再操作を加え，魚類に好適な生息場所を造成することにより，多くの種の個体群が回復する可能性がある．また，「ゲームフィッシュ」の名のもとに繰り広げられる外来サケ科魚種の無秩序な放流は，世界各地で進行しつつある「生物的均質化（biotic homogenization）」を日本においてもいっそう加速させる危険性をはらんでおり，河川性魚類群集の保全のために今後外来種被害防止法の適用対象に含め，積極的に規制する必要がある．

〔谷口義則〕

文　献
1) 後藤　晃（1987）：淡水魚―生活環からみたグループ分けと分布域形成．日本の淡水魚類．その分布，変異，種分化をめぐって（水野，後藤編），東海大学出版会．
2) Kawanabe H, Miyadi D, Mori S, Harada E, Mizuhara H

and Ohgushi R (1956): Ecology of natural stocks of ayu, *Plecoglossus altivelis*. *Physiol and Ecology, Kyoto Univ*, **79**: 3-36.
3) Mizuno N (1963): Distribution of two gobiid species, *Rhinogobius brunneus* and *Tukugobius flumineus*. I. Distribution of them in and near stagnant waters. *Jpn J Ecology*, **13**: 242-247.
4) Mizuno N, Nagoshi M and Mori S (1964): Fishes of Sarutani Reservoir in Nara Prefecture, Japan. II. An outline of their abundance in the reservoir. *Jpn J Ecology*, **14**: 61-65.
5) Nakamura T, Maruyama T and Nozaki E (1994): Seasonal abundance and the reestablishment of iwana charr *Salvelinus leucomaenis f. pluvius* after excessive sediment loading by road construction in the Hakusan National Park, central Japan. *Environ Biol Fish*, **39**: 97-107.
6) Inoue M and Nakano S (1998): Effects of woody debris on the habitat of juvenile masu salman (*Oncorhynchus masou*) in northern Japanese streams. *Freshwater Biol*, **40**: 1-16.
7) Urabe H and Nakano S (1999): Linking microhabitat availability and local density of rainbow trout in low-gradient Japanese streams. *Ecological Res*, **14**: 341-349.
8) Yanai S, Nagata M and Shakotan River Joint Research Group (1996): Influence of channel alteration on spawning habitat of masu salmon *Oncorhynchus masou* (Brevoort) in central Hokkaido, northern Japan. *J Jpn Soc Erosion Control Engin*, **49**: 15-21.
9) Fukushima M (2001): Salmonid habitat-geomorphology relationships in lowgradient streams. *Ecology*, **82**: 1238-1246.
10) 豊島照雄, 中野 繁, 井上幹生, 小野有五, 倉茂好匡 (1996): コンクリート化された河川流路における生息場所の再造成に対する魚類個体群の反応. 日本生態学会誌, **46**: 9-20.
11) Kawaguchi Y and Nakano S (2001): Contribution of terrestrial invertebrates to the annual resource budget for salmonids in forest grassland reaches of a headwater stream. *Freshwater Biol*, **46**: 303-316.
12) Nakano S, Miyasaka H and Kuhara N (1999): Terrestrial-aquatic linkages: riparian arthropod inputs alter trophic cascades in a stream food web. *Ecology*, **80**: 2435-2441.
13) Kawaguchi Y, Taniguchi Y and Nakano S (2003): Terrestrial invertebrate inputs determine the local abundance of stream fishes in a forested stream. *Ecology*, **84**: 701-708.
14) Taniguchi Y, Miyake Y, Saito T, Urabe H and Nakano S (2000): Redd superimposition by introduced rainbow trout, *Oncorhynchus mykiss*, on native charrs in a Japanese stream. *Ichthyological Res*, **47**: 149-156.

14.2.2 水生昆虫とは
a. 水生昆虫

水生昆虫とは, 特定の昆虫分類群を指す述語ではない. 生活史の一部あるいはその全部の発育段階を水中や水面, 時には水際で過ごす昆虫をまとめた生態的グループの総称である. しかし, 水際や湿性環境など, 境界環境にすむ昆虫も多く, それらは土壌昆虫としても取り扱われることもある. いずれにしても, 水生昆虫は, 昆虫の多くの分類群でみられる. 甲虫類のゾウムシ類のように, ごく一部の種が水生昆虫になるもの, 種より上位の属や科単位でまとまって水生昆虫になっているものなど, 陸上から水中への進出は種から目までの多様な分類階級で起きている. また, 海洋, 湖沼, 池沼, 河川, 地下水といった生息場所で, 水生昆虫の構成は大きく異なっている. ただ, 海洋にすむ水生昆虫は少なく, ユスリカ類[1]やアメンボ類などに限られている. 湖沼などの止水系と河川などの流水系を比較すると, 共通性があるものの, 目といった上位分類群での異質性も目に付く. 止水系には, トンボ類, 甲虫類, 半翅類が多いが, 流水系ではこれらのグループは相対的に少なくなる. 河川において卓越している水生昆虫は, カゲロウ類, カワゲラ類, トビケラ類で, これらの目レベルの構成員は, ごくわずかの例外を除いて水生昆虫となり, 大部分が河川などの流水系に生息する[2]. トンボ類は河川にも多く, 種数では止水域のほうが多い. ただし, サナエトンボ科などには河川性種が多い. これらの水生昆虫の目にも例外的に水生昆虫でない種もいるが, ムカシヤンマや陸生トビケラ[3]は, いったん水生昆虫になってから再度上陸した種である.

上記以外の水生昆虫で, 特に河川に多いグループには, 次のようなものがある. カメムシ類（半翅目）のアメンボや, ヘビトンボ類（広翅目）のヘビトンボやセンブリ, チョウ類（鱗翅目）のミズメイガ, 甲虫類（鞘翅目）のゲンゴロウ（これは科レベルでも多くのグループがある）, ヒメドロムシ類, ホタル（ゲンジボタル）, ミズスマシがある. 昆虫で最も大きなグループの1つであるハエ類（双翅目）では, アミカ類（科）, ブユ類（科）, ユスリカ類（科）, カ類（科）など多くの科が水生になっている. 特に, 河川ではユスリカ類の多様性が高く, 生態的にも重要性が高い. それ以外のハエ目では, ガガンボ科に河川にすむ種が多い.

河川にすむ水生昆虫は, 河川昆虫あるいは通称として「川虫」とも呼ばれる. 河川昆虫と他の水生昆虫との境界も, はっきりしているわけではない. 河川の緩流部や止水域には, 池沼性の昆虫も生息しているし, 河川と池沼にともに生息する種も多い. また, 琵琶湖などの大きな湖沼の沿岸部には, ヒラタ

カゲロウ類，ヒラタドロムシ類など，河川昆虫が多産することも知られている[4]．これは，波浪が大きく，流水的な環境がみられることによるとされているが，それだけでは説明しきれない部分もある．

b. 水界への適応

水中生活をするためには，いくつかの生理的あるいは形態的な適応が必要になる．まずは，水中での呼吸ができるようにならなければならない．水生の幼虫や蛹には，体表面積を拡大するように枝状，葉状，指状などの気管鰓や肛門鰓をもつ種類や，体表の一部の表面積を拡大するような昆虫もいるが，何ら特別の器官を発達させず，気管や体表面でのガス交換だけで呼吸している種類も多い．一方，筒巣を作るトビケラ幼虫では，身体を波動運動させることで，巣内に水流を起こして酸素の呼吸効率を上げている[5]．砂泥底に巣管を作るカゲロウ類幼虫も，同様の波動運動で巣管内に水流を作る．開放水中に生息するカワゲラ類などでも，水中酸素濃度が低下すると，肢を屈伸させる（腕立て伏せ）運動をする．

呼吸と並んで生理的な適応が必要なことは，淡水中に生息するために，体内の塩分濃度を一定に保つための浸透圧調節である．淡水とともに体外に排出される塩分の再吸収が必要となる．カゲロウ類，カワゲラ類などは塩類細胞で，エグリトビケラ類などのトビケラ幼虫[5]，それにアブなどのハエ類幼虫では，腹部体表にある塩類上皮で再吸収を行う．中腸と後腸との間にあるマルピーギ管は，排泄と浸透圧調節に大きな役割を果たしている．肛門乳頭突起を浸透圧調節に利用する水生昆虫には，ハエ類幼虫やトビケラ類幼虫がある．

河川昆虫，特に流れの早いところに生息する種には，形態的，行動的に流れに対する適応や，流水を利用した摂食方法が進化している．体型の変化には，扁平化，小型化があり，これらの典型はヒラタカゲロウ類，ヒラタドロムシ類，コカゲロウ類にみられる．いずれも，基質表面の境界層の低流速部を利用することで，高流速の生息場にもすめるようになった．このような体型は，石礫の腹面や河床の石礫間隙といった狭い空間を利用するのにも適している．

身体を変形させることで高流速にさらされても流されないようになっている河川昆虫も多い．背腹に扁平になるヒラタカゲロウは，上記のような機能もあるが，鰓葉と頭部さらに身体全体が，吸盤のような機能をもつ．激流にすむウエノヒラタカゲロウなどでは，腹部第1節の鰓葉が拡大し，腹部鰓葉全体が，吸盤状になっている．ヒラタドロムシ類（甲虫）では，腹胸部と腹部が側方に伸展し，丸皿を伏せたように，これも身体全体として吸盤状になっている．アミカ類やアミカモドキ類では，個々の体節の腹面に完全な吸盤をもっていて，基質に強く吸着することができる．ブユ幼虫も，腹部の末端に吸盤をもっていて，高流速域でも身体を立てて定着することができる．

絹糸状物質などを分泌して，身体や巣を基質に固着させる方法は，多くの河川昆虫の幼虫や蛹に採用されている．トビケラ類の幼虫は，流されるときに糸の一端を基質に固着し，吐いた糸を登山ザイルのように使って元の場所に戻る[6]．造網性トビケラは捕獲網だけでなく，固着性の巣室を絹糸状物質で作る．筒巣（可携巣）を作るトビケラや裸幼虫のトビケラも，蛹になるときには蛹室などを固着させる．やや間接的な方法ではあるが，筒巣を作るトビケラの中には，砂粒が主材の巣に翼石といった大きめの砂粒を付加することや，木の枝が主材の巣に砂粒を付加する種がいる．これらは，流されにくくするための重りの効果があるという．

c. 食物連鎖の中で

河川昆虫の摂食生態的特性には，さまざまなものがある．陸上昆虫に比べて顕著な特性は，生植物を利用するものが少なく，有機物粒子を含む植物遺体あるいは動物遺体を利用するものが多いことだろう．また，雑食性あるいは汎食性の昆虫が多いのも河川昆虫の特徴である．河川昆虫は，「摂食機能群」として採餌法を基準に分類されることが多い．プリデーター（捕食者），コレクター（収集者），シュレッダー（破砕食者）とスクレーパー（はぎ取り食者）に大別されている[7]．

プリデーターは，他の昆虫などを捕食する肉食者だが，動物遺体やその破片も餌とすることも多い．大型カワゲラ類，ヘビトンボ類，トンボ類などが典型的なプリデーターだが，やや特殊な流下動物プリデーターとして，日本の河川にはアミメシマトビケラ類やキタガミトビケラ類がいる．水中を流れてくる小昆虫などを，捕獲網あるいは前肢の捕獲棘（突起）で捕食する．コレクターには，有機堆積物を餌にする堆積物コレクターと，流下有機物粒子を餌にするろ過（流下物）コレクターがある．河川の重要な餌資源である有機物粒子を主要な餌とする点で，機能的にも重要であり，個体数や生体量の卓越することの多い機能群である．カゲロウ類，ユスリカ類

など，多く河川昆虫が含まれ，ほとんどの分類群に普通にみられる機能群である．シュレッダーは，落葉などの大型の有機物粒子を破砕して餌にする．栄養的には，それらの表面に増殖する微生物（カビやバクテリア）が重要だという[7]．落葉供給の多い森林内河川で個体数が多くなる．カクツツトビケラ類，エグリトビケラ類の一部が，日本の河川では重要なグループである．スクレーパーは，付着藻類など基質表面に生えた植物をはぎ取り，あるいは刈り取って餌にする．ヤマトビケラ類，ニンギョウトビケラ類，アツバエグリトビケラ類，ヒラタカゲロウ類などが，日本の河川では重要なグループである．

河川昆虫は，多くの河川性魚類にとっても重要な餌となっている．藻類食のアユであっても，生活史のある段階や洪水攪乱後には昆虫を餌とする．ヤマメやイワナなどの肉食性のサケマス類や，オイカワやカワムツなど雑食性の浮き魚は，流下する昆虫や川底の昆虫を餌にする．ヨシノボリ類やカジカなどは，川底でユスリカ類などの小昆虫を探索して捕食する．プランクトンのほとんど生息しない河川においては，微細有機物や付着藻類といった基礎資源と魚類をつなぐ食物連鎖のリンクとして，水生昆虫類はきわめて重要な生態的機能を果たしている．

d．河川と陸上とのリンク

河川昆虫は，羽化することで水中から陸上へ，産卵や落下することで陸上から水中へ物質やエネルギーを運ぶ．河畔に生息する造網性クモ類の主要な餌は羽化昆虫であり，羽化の集中期にはツバメ，セキレイ類などは，水面羽化するユスリカ類やカゲロウ類などの河川昆虫を集中的に採餌する．岸辺や水際部で蛹化，羽化する昆虫は，チドリ類や徘徊性クモ類の餌となる．羽化した河川昆虫のかなりの部分は，産卵のために河川に戻り，それは再び魚類も含む河川内の食物連鎖に入っていく．クロカワゲラ類やエグリトビケラ類のように長い成虫期間を陸上で過ごす河川昆虫においては，羽化生体量より回帰生体量のほうが多くなることもあるかもしれない．

上流から下流へと一方向の流れの卓越する河川では，下流から上流への生物的ポンプである遡上は，量的には少ないながらも生態的な意義は予想以上に大きい．サケマス類などの産卵遡上は，海からの栄養塩が河川に回帰するだけではなく，森林へも大きな影響を与えているという[8]．河川昆虫についても，成虫の遡上飛行が多くの種類[9]について知られている．河川昆虫成虫の遡上飛行は，幼虫時代に流された個体群の上流方向への回帰・回復（colonization cycle）の機能をもつだけでなく，物質やエネルギーの回帰機能もある．日本の河川では，ヒゲナガカワトビケラ成虫の遡上飛行が有名でよく研究されているが，それ以外にオオヤマカワゲラ，シマトビケラ類，アメリカカクスイトビケラなどやカゲロウ類についても，成虫の遡上飛行[6]が確認されている．

〔谷田一三〕

文　献

1) 橋本　碩（1985）：ユスリカ科．日本産水生昆虫検索図説（川合禎次編），pp.336-357，東海大学出版会．
2) 川合禎次，谷田一三編（2005）：日本産水生昆虫：科・属・種への検索，東海大学出版会．
3) Nishimoto, H. (1997): Discovery of the genus Manophylax (Trichoptera, Apataniidae) from Japan with descriptions of two new species. Jpn J systematic Entomology, 3：1-14.
4) Tanida, K. M. Nishino and M. Uenishi (1999): Trichoptera of Lake Biwa： a check-list and the zoogeographical prospect. Proceedings of the 9th international Sympoium on Trichoptera：389-410. Faculty of Science, University of Chaing Mai, Thailand.
5) Wiggins, G. B. (1996): Larvae of the North ametican Caddisfly Genera (Trichoptera), 2nd ed, University of Toronto Press, Toronto, Buffalo, London.
6) 谷田一三，野崎隆夫，田代忠之，田代法之（1991）：CADDIS トビケラとフライフィッシング，廣済堂出版．
7) Cummins, K. W. (1973): Trophic relations of aquatic insects. An Rev Entomology, 18：183-206.
8) 谷田一三（1999）：生態学的視点による河川の自然復元：生態的循環と連続性について．応用生態工学, 2：37-45.
9) 西村　登（1987）：ヒゲナガカワトビケラ．日本の昆虫9, 文一総合出版．

14.2.3　藻　類

a．河川物質循環系の中での機能

湖の一次生産（primary production）を担う生物として浮遊藻類（planktonic algae）が重要視されてきたのに対して，河川の物質循環系の中での藻類の役割は，比較的小さなものであると考えられてきたようである．1970年代に，河川生態系の理解を大きく変えることになった「河川連続体仮説」（"River Continuum Concept"）[1]は，河川への主な有機物供給源は，落葉・落枝など河川の外の陸域からもたらされるものが主であり，河川の中での水草や藻類の生産の寄与は限定的なものであることを明らかにした．実際，樹冠に覆われた渓流部での多量の落葉や，河口域での広大なヨシ帯などに由来するデトリタス（detritus）が，食物連鎖系で重要な役

割を果たすことについては，多くの報告が発表されてきた[2,3]．

一方，光条件がよく，礫などの藻類の付着基盤が安定している中流域では，河川内での一次生産も無視できないことは当然である[4]．また，従来，わが国では，河川の石礫や水草に付着する藻類のみが注目されてきたが，泥，砂の河床にも藻類は生育しているし，また特殊な河川環境や限定された季節には，浮遊藻類の発生もみられることもある．河川の生態系の解明や，水質変動の解析にあたっては，河川棲の藻類の種類組成，現存量，および生産速度についての理解が不可欠であろう．

b. 河川棲の藻類の生活

流水環境では，藻類は柄やゼラチン質の分泌物により，基盤に付着する生活型の種類が主となる．Round[5]は，付着藻類（attached algae，periphyton）を，その付着基盤により，石礫付着（epilithic），砂粒付着（epipsammic），植物付着（epiphytic），動物付着（epizoic）の4型に細分している．石礫付着藻類は，河川水中で最もよく知られている一次生産者である．釣人のいうアユの「食み痕」は，付着藻類がアユに喰われて，礫の地色が柳葉状に現れたものである．水草や棒杭の表面には，植物付着藻類が着くが，礫付着の藻類とよく似た種類組成であることが多い．砂粒付着藻類は，基盤が不安定であるために，藻類皮膜が厚く発達することはなく，遷移段階の初期に現れる小型の移動力をもたない藻類が優占する．動物付着藻類は，亀の甲羅や，貝の殻に付着するものをいう．特に糸状の藻類が付いた亀は「蓑亀」と呼ばれ，瑞兆とされることもある．

水際や干潟の泥上にも，藻類は生育している．泥上の藻類は，epipelic algae と呼ばれ，移動能力をもつ種類が多い．干潮時に干潟の泥が，金色～褐色にみえる（潟の華）のはこのような藻類が表面に移動してきたためである．

流れの緩い河川では，浮遊藻類が発生することもある．流水中で増殖する藻類を河川棲浮遊藻類（potamoplankton）と呼ぶ[6]．大陸の大河川では普通にみられるが[7]，日本でも夏の渇水期に河川水の滞留日数が長期化する時期に発生することもある[8]．

c. 河川棲の藻類の種類

日本の淡水藻類は，14綱（class）に属する約3800種類が知られているが[9]，河川の石礫付着群集でしばしばみられるものは，藍藻綱，珪藻綱，緑藻綱の3分類群に属する種類である．いずれの分類群の藻類も，単細胞であるか，または糸状，マット状の群体となり，礫などの基盤に付着する．河川棲の浮遊藻類群集では，珪藻綱の，特に小型の中心珪藻類（centric diatom）が優占することが多い．

紅藻綱は，肉眼で認められるほどの大型の糸状体となる種類もあり，オキチモヅク（*Nemalionopsis tortuosa*）やチスジノリ（*Thorea okadai*）など絶滅危惧種として天然記念物に指定されている種類もある．輪藻綱に属するシャジクモ属（*Chara*）やフラスコモ属（*Nitella*）も絶滅危惧種に指定されている種が多い．

d. 河川棲の藻類群集の研究法

種類組成については，廣瀬・山岸[9]により，ある程度知ることができるが，珪藻綱を欠いている．珪藻については，Krammer と Lange-Bertalot[10]やRound ら[11]がよく使われている．付着藻類の現存量は，コドラード（quadrat）とブラシを用い定量的に採集し，クロロフィル量や有機物量，また簡単に沈殿量として表示することが多い[12]．河川の浮遊，付着藻類群集の生産速度の観測例は，いずれも少ない．小容器に付着藻類を入れ酸素の生産を測定するか[13]，または河川水中の酸素濃度の日変化から推定されることが多い[14]．

e. 人の生活とのかかわり

海産の藻類と異なり，淡水藻の利用はごく限られており，スイゼンジノリ（*Aphanothece sacrum*，藍藻綱），オキチモヅク（紅藻綱）などわずかの種類が，かつては食用にされていたにすぎない．

糸状の藻類，たとえばシオグサ属（*Cladophora*，緑藻綱）が多量に発生すると用水の取水口を詰まらせることもある．アユ漁が盛んな河川では，糸状の藍藻や緑藻の発生は，アユの良質の餌となる珪藻の生育を妨げると考えられており，釣師に嫌われる．

珪藻類は，種の同定が他の分類群に比べて容易であり生態的な嗜好もよく知られているために，河川の水質汚濁の生物指標として，行政の河川監視に利用されている[15,16]．

河川浮遊藻類の発生は，堰や頭首工などの河川横断的な構築物の建設により促進される．ダム湖での浮遊藻類の発生とその被害についての報告は多いが，貯水機能を欠く堰・頭首工の上流の緩流域での藻類発生もまた深刻な水質問題を生じることもある．建設の是非が広く議論された長良川河口堰では，浮遊藻類の発生に起因する底質の変化や，底層酸素不足が報告されている[17]．　　　〔村上哲生〕

文献

1) Vannote RL, Minshall GW, Cummins KW, Sedell JR and Cushing CE (1980): River continuum concept. *Can J Fish Aquat Sci*, **37**: 130-137.
2) Cummins KW, Petersen RC, Howard FO, Wuycheck JC and Holt V (1973): The utilization of leaf litter by stream detritivores. *Ecology*, **54**: 336-345.
3) Stanne SP, Panetta RG and Forist BE (1996): The Hudson, 209 pp, Rutger University Press.
4) Wetzel RG and Ward AK (1992): Primary Production. The River Handbook (Calow P and Petts GE eds), pp.354-369, Blackwell.
5) Round FE (1973): The Biology of Algae, 278 pp, Arnold.
6) Zacharias O (1898): Das Potamoplankton. *Zoologischer Anzeiger*, **21**: 41-48.
7) Behning A (1928): Das Leben der Volga, pp. 34-60, E. Schweizerbart'sche Verlag.
8) Murakami T, Isaji C, Kuroda N, Yoshida K, Haga H, Watanabe Y and Saijo Y (1994): Development of potamoplanktonic diatoms in down reaches of Japanese rivers. *Jpn J Limnol*, **55**: 13-21.
9) 廣瀬弘幸, 山岸高旺編 (1977): 日本淡水藻図鑑, 933 pp, 内田老鶴圃新社.
10) Krammer K and Lange-Bertalot H (1986-1991): Bacillariophyceae 1-4, Teil. Gustav Fischer Verlag.
11) Round FE, Crawford RM and Mann DG (1990): The Diatoms, 747 pp, Cambridge University Press.
12) 渡辺仁治 (1974): 奈良県吉野川の瀬における付着藻類の生産と植生. 金沢大学理学部年報, **11**: 107-120.
13) Thomas NA and O'Connell RL (1966): A method for measuring primary production by stream benthos. *Limnol Oceanogr*, **11**: 386-392.
14) Bott TL (1996): Primary productivity ad community respiration. Methods in Stream Ecology (Hauer FR and Lamberti GA. eds), pp. 533-556, Academic Press.
15) 小林 弘, 真山茂樹 (1981): 強腐水域でのケイ藻による水質判定法の検討. 用水と廃水, **23**: 1189-1198.
16) 渡辺仁治, 浅井一視 (1990): 陸水有機汚濁の生物学的数量判定. 関西外国語大学研究論集, (**52**): 99-139.
17) 村上哲生, 西條八束, 奥田節夫 (2000): 河口堰, 188 pp, 講談社.

14.2.4 付着微生物

上流から下流に向けて水が流れる河床の石面には固着した付着層が形成される．この付着層は1905年 Seligo A によって Aufwuchs として認識された．河床付着層には藻類や原生動物，細菌のような微生物，昆虫の卵塊・幼虫，ミジンコ・ワムシなどの後生動物が生息している．付着層における生物の生活は，生産者である光合成藻類に負うところが大きい．

河床付着層は，時にはアユのような川魚の餌となる．川魚は付着層の構成メンバーを区別して食べるわけではない．食み痕は転々として岩石表面をのぞくことができる．また，付着層は限りなく厚くなるわけではなく，一定の量になると剥離する．日本の河川では年に数回，平水位を大きく上回る洪水が起こり，特に上流域では河床の岩石はゴロゴロ動く．すると，付着層はすべて剥がれて石面は新しい裸地となる．川魚の餌になったり，洪水で流されたり，それがなくとも一定量になると剥離したり，付着層の生き物は運命共同体をなしている．

a. 光合成微細藻類

河床では珪藻・藍藻・緑藻などの付着性微細藻類が太陽光をエネルギー源として光合成を行っている．一般に微細藻類量はクロロフィル量として概算される．河川の上流域ではクロロフィル量は付着層の乾燥重量と平行して変動し，現存量の主要部分を占める[3]．下流に行くに従って流れは緩やかになり，粘土粒子や他生的な堆積物が河床の石面に残され，乾燥重量の変動とクロロフィル量の変動は一致しなくなる．

水界においては水の深さによって太陽光の照度や波長が異なるため，河床の微細藻類の分布には瀬や淵で微妙な差が生じる．それを反映して，河床の石には明らかに構成藻類種が異なると思われるような付着層の色の違いがみられる．また，河川は上流から下流にかけて水質環境が変化し，水質を反映した微細藻類の種類構成は生物指標として確立している[4]．水質が清涼な上流域では珪藻が優占しており，多摩

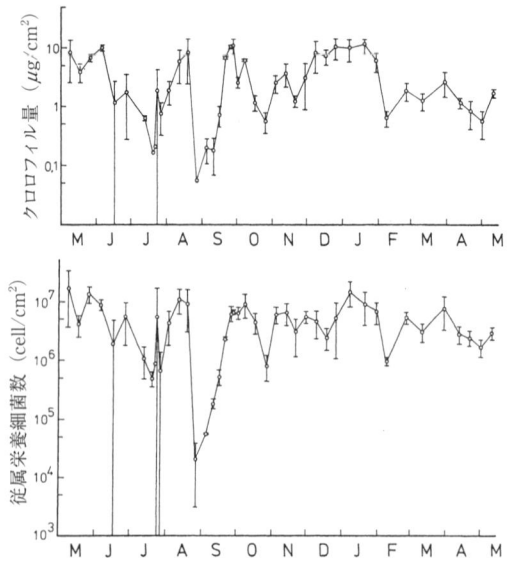

図 14.4 多摩川上流域における河床石面付着層のクロロフィル量（上）と従属栄養細菌数の経年変化（下）

川においては *Navicula*, *Cymbella*, *Nitzschia*, *Achnanthes*, *Synedra*, *Gomphonema* などの属が確認されている．流れが速いところで形成される付着層には糸状珪藻 *Melosira* が見いだされ，付着層の構造を維持していると考えられる．中流域でみられる微細藻類は同一属でも上流域と種は異なり，糸状緑藻も多く緑色を呈する石が点在する．このように流速の違いにより付着層の微生物が作る立体構造は異なる．

微細藻類は光合成によって自身の細胞を増加させると同時に，光合成産物を細胞外へ排出する．これが付着層の従属栄養細菌や原生動物の栄養源となる．上流域では排出物は河川水に洗われ，付着層内で近接して存在する微生物のみがこれを利用できる．このような環境では藻類と細菌は密接な関係を保ち，単一藻類を無菌化しようとしても物理的に取り除くことができない細菌群集が存在する．

b. 従属栄養細菌

上流域における河床付着層の従属栄養細菌の数は，クロロフィル量と高い相関関係をもって変動する（図14.4）．従属栄養細菌の栄養源は，微細藻類の排出物と付着層内に生息した生物の遺体に限定される．付着層に生息する光合成微細藻類が排出する有機化合物を直接利用吸収する細菌が生息している．16s-rDNAの塩基配列の解析から，これらの一つに *Sphingomonas* 属が同定されている．このような代謝を行う細菌以外に微細藻類やその他の活性が落ちた生物を酵素を用いて分解利用している従属栄養細菌も生息しており，これらには *Pseudomonas* 属が同定されている[6]．

中流域における従属栄養細菌の数の変動は，河川水中のDOC量との相関が高く[5]，付着層の従属栄養細菌は河川水から直接有機物を得ており，付着層内における近接した藻類と細菌の相互関係は覆われてしまう．近年の分子生物学の進展で，細菌株の塩基配列の比較が可能になった．現在のところ上流域と中流域に生息している細菌に同一種が存在するか否かのデータはない．平板に形成されるコロニーから判断すると，地点により違いがみられる細菌株と同一のものが混在している．細菌は形態が小さく，付着層では $1\,cm^2$ に $10^{6\sim 7}$ 細胞が生息している．これを非常に狭い面積で採取してみると，細菌群集の分布は不均一であることが示されており[8]，付着層の細菌種の決定には分子生物学的解析を含めた検討が必要とされる．

細菌の計数は，一般に核染色剤であるアクリジンオレンジやDAPIを用いた染色性粒子数が用いられている．これと比較してコロニー形成に基づく平板法を用いた細菌の計数値は河床の細菌群集では多くても10%前後である．最近，平板培地にピルビン酸ナトリウムを添加するとこの平板法の計数値が上がることが明らかにされた[7]．それらの細菌コロニーには継代不能の株が多く，それが平板という環境に対する問題なのか，培養そのものによる問題なのかは明らかにされていない．

c. 独立栄養細菌

付着層の従属栄養細菌に対して，独立栄養細菌に関する情報は多くない．河床の堆積物に関してはメタン生成や硫酸還元に関与する細菌の研究が行われている．特にヘドロがたまった河口域における還元的な環境では，このような独立栄養細菌の働きは大きい．しかし，上流域の石面付着層に生息する細菌群集に関する独立栄養細菌の研究は見当たらない．溶存酸素濃度が100%を超える河床の石面付着層は好気的条件下にある．このような付着層環境では還元作用は発揮されにくいだろう．

d. 原生動物

原生動物の生態は活性汚泥のような有機物量が豊富な環境で研究されており，河床付着層における研究例は少ない．堀ら[1]は付着層の原生動物の経年変化を追跡した．その結果，運命共同体をなしている河床付着層の構成微生物の中で，移動できる原生動物はやや異なる挙動を示すことが明らかにされた．特に洪水後，付着層量が対数増殖的に増えている時期に原生動物は先んじて減少に転じた．また，上流域で観測された従属栄養細菌数の経年変動[3]で，冬季に細菌数が一定レベルで維持されているにも原生動物の影響が考えられた．原生動物は細菌を餌としており，付着層量の調節に積極的に関与しているとみられる．また，原生動物はシストを作る種があることと，低温で増殖できるという特徴をもつ付着層構成メンバーである．これらはある密度以上になると水中に泳ぎ出し付着層構造を壊す．この力が付着層剥離の引き金になっているのだろう．

河床で最もよく観察される原生動物は鞭毛虫 *Bodo* sp.であり，これには光合成器官をもったものも含まれるので河床における動態は複雑である．また，堆積物中には多数の原生動物が検出される．活性の落ちた藻類が付着層から剥離して淵の部分に堆積し，その中で原生動物は盛んに増殖する．典型

的な原生動物である繊毛虫や肉質虫は，その形態は大きいが付着層に生息する個体数は多くない[2]．

e. 付着層の形成

洪水後の裸地に初めて入ってくるのはどのような生き物であろうか．それを明らかにするには，磨いた岩石や新しい人工基層を河川水に浸漬して経過を観察する．最初の移入者は基層表面のコンディショニングを行う．多くの場合，簡単に水に溶け去らないのり状のポリマーが排出される．そこに河川水を流れてきた細菌が付着して，とどまったものが増殖を始める．

一地点の河川水の水質は年間を通して変動が少なく，一種のケモスタットをなしている．この事実は，その地点の河川水の水質が付着層内に生息している生物に物理・化学的な影響を与える可能性を示している．河川水が流れていることで恒常的な河床環境が維持され，これによって栄養面でも構造面でも河床付着層の生物の生活が支えられている．

〔森川和子〕

文献

1) 堀麻衣子，森川和子 (2000)：秋川西青木平における河床石面付着層の原生動物の季節変動．陸水学雑誌, **61** (3)：223-231.
2) 小島貞男，須藤隆一，千原光雄編 (1997)：環境微生物図鑑，講談社．
3) 森川和子 (1984)：多摩川上流域における好気性従属栄養細菌数の季節変動とその環境要因との関係について．陸水学雑誌, **45** (1)：69-78.
4) 日本生態学会環境問題専門委員会編 (1979)：環境と生物指標2—水界編—，共立出版．
5) 森川和子 (1993)：多摩川中流域における細菌数の季節変動とその環境要因との関係について．陸水学雑誌, **54** (4)：317-327.
6) K. Morikawa, A. Yamashiro, Y. Naguchi, H. Toda, K. Kikuchi and T. Suzuki (2005)：Characteristics of bacteria co-isolated with diatoms from a river epilithon. *Verh Internat Verein Limnol*, **29**：760-763.
7) 杉立年弘，森川和子 (1999)：Sodium pyruvate 添加培地での河川細菌群集の計数値の増加. *Microbes Environ*, **14** (2)：85-87.
8) 戸田博之，森川和子 (2003)：河床石付着層における細菌群集を解析する際の採取面積．陸水学雑誌, **64** (1)：27-33.

14.2.5 河川生態系における物質循環

山地に雨が降り，地表水や地下水として森林地帯を通り渓流に湧出し，川となって平地や湖を経て河口に至る水の流れと流域を，水循環の空間的な単位として水系（watershed もしくは catchment）と呼ぶ[1]．河川生態系は湖沼の部分を除いた水系に存在する生物群集とそれらがよって立つ無機環境の総体をいう．健全な河川生態系の保全は，恒常的な物質循環（material recycling）によって支えられ，生物活動はその系内の物質循環をなめらかに駆動させる役割を担っている[2]．物質循環（生物の生存・活動の基礎となるエネルギーとしての物質が，生態系内をどのように循環しているか）と食物連鎖（food chain；食う・食われるの関係）は，ともに生態系内に存在する個体群間でのエネルギーの交換を意味し，食物連鎖の概念は物質循環の線上にあるともいえ，ここでは両者をまとめて物質循環として扱う．このことから，河川における物質循環の維持は河川生態系および生物多様性の保全を行ううえできわめて重要であるといえる．本項では河川生態系における水生生物相が，どのように物質を蓄積し変換しながら，生態系内部の各構成区分の間で物質を移動させるかについて概説する．

a. 独立栄養生物と従属栄養生物

河川生態系の物質循環において基本となるエネルギーは大きく分けて太陽光線と落葉・落枝（litter）である[3]．太陽光線の入射により，河川の一次生産者（primary producer；独立栄養生物 = autotrophs）である付着藻類，大型水生植物および植物プランクトンが光合成を行う．それぞれ，水中の栄養塩を利用し，光合成によって炭素化合物を作り，一次消費者（primary consumer；従属栄養生物 = heterotrophs）であるユスリカやカゲロウなどの水生昆虫（aquatic insects）の幼虫に消費される．これら一次消費者は二次消費者の大型の昆虫や甲殻類などに消費され，さらに，二次消費者は，魚類を代表とする三次消費者に消費される．これらの生産者（植物），消費者（動物）は，それぞれの上位の栄養段階グループに利用され生態系に還元している．一方，これらの生物が死ぬと，バクテリアなどの分解者が有機物を分解し，栄養塩として水中に還元する．

このように，河川生物群集は，独立栄養生物と従属栄養生物の混合体であり，いずれが卓越するかは光と栄養塩（nutrients）の条件に依存する．また，河川生態系では水の動きは河川勾配に沿って縦断的であり，したがって，栄養塩も河川の連続性に沿って循環されている（河川連続体概念 = river continuum concept[4]）．河川上流部では狭い河道上に河畔林が覆いかぶさることによって日光が遮られ，系内の藻類などによる光合成は著しく制限される．この

ような環境では，生物群集は陸域生態系から供給される落葉落枝起源の栄養塩に対する依存度が高く，トビケラ，カゲロウの幼虫に代表される多様な水生の底生無脊椎動物種（benthic invertebrates）がさまざまな方法で落葉落枝を繰り返し利用することによって徐々に小型化される．また，落葉落枝は微生物分解され水中に窒素やリンなどの無機塩類を供給し，付着藻類や大型水生植物などによって利用される．このように河川源流部では生物の呼吸量が光合成量を上回るため従属栄養的になる．しかし，河川中流部では川幅の増大と河畔林の減少により直達する日射量が増大し，植物による光合成が盛んになり，河川内生物群集による呼吸量が光合成量を下回るために独立栄養的になる．さらに河川下流部では高濁度により光合成が制限され，河川内の呼吸量は光合成量を上回り，再び従属栄養的になる．なお，森林から移入した落葉落枝は，一般的には粗粒状有機物（CPOM = coarse particulate organic matter；直径1 mm以上の有機物）として河床に堆積する．CPOMは，生物的あるいは物理的な過程により破砕され，微粒状有機物（FPOM = fine particulate organic matter；直径1 mm以下，0.5 μm以上）や溶存態有機物（DOM = dissolved organic matter；直径0.5 μm以下）に変化する．ただし，陸上の林床や土壌から表流水とともに河川に流れ込むものもかなりの量に達することが指摘されている[3]．

b. 栄養塩循環

さて，他の生物同様に，河川にすむ生物の主構成元素は水素，炭素，窒素，酸素などであり，生物体のほとんどは水が占め，さらに残りのほとんど（95%以上）は炭素化合物が占める．エネルギーはこの炭素化合物の形で蓄積され貯蔵されており，最終的に生物の体組織の代謝活動，あるいはその生物を分解する分解者の代謝活動によって，エネルギーは炭素化合物が二酸化炭素へと酸化されると同時に失われる[5]．二酸化炭素となった炭素は，再び光合成に利用されうる．炭素と他のすべての栄養塩類（リンや窒素など）は，水中で溶存態イオン（硝酸，リン酸，カリウムイオンなど）の形で存在すれば，水生植物によって利用される．さらに，生物体内部の複雑な炭素化合物の中に組み込まれたのち，二酸化炭素へと代謝され，無機栄養塩は単純な無機化合物の形で放出される．こうして栄養塩の1つの原子は，食物連鎖を次々に通過しながら繰り返し利用されていく．このように，河川生態系において栄養塩が河川水の中の無機態から生物体の中の有機態へと変化し，再び河川水の中の無機態へと戻っていくことを栄養塩循環と呼ぶ．この際，主に河床の基質の上に生育する細菌類，菌類，微細な藻類が，河川水から無機態栄養塩を取り込む働きを担っている[3]．無機態の栄養塩は，微生物を捕食する無脊椎動物を経て，食物網の中を移動していく．ある空間における栄養塩の滞留時間は，生物量が少なく流速が大きい環境では短いのに対し，生物量が大きく流速が低い環境では長くなる．換言すれば，速い流れの川であっても健全な水生昆虫群集が保たれていれば栄養塩の滞留時間は長くなり，豊かな河川生態系を維持することにもつながる[6]．

c. 開放系

上記のように，陸上生態系由来の植物遺骸（落葉・落枝，倒木など）や昆虫などが移入する河川生態系は「開放系」であるといえる．これら系外から移入する物質を他生性有機物（allochthonous input）と呼び，系内で生成する藻類などを自生性有機物（autochthonous input）と呼ぶ[7]．河川連続体概念はこれらの双方の相対的な重要度が流程上で変更されることを概念的に示すことに成功しているが，河川食物網の動態が自生性有機物と他生性有機物の移入から受ける複雑な影響には未解明な部分も多い．近年，河川源流部における生態系の動態を水界生態系と陸界生態系の境界域（河川エコトーン）において明らかにしようと試みた研究では，河川流路に偶発的に落下する陸生節足動物（魚類が直接利用可能な質の高い（C/N比が低い）餌資源）の供給量の多寡が食物網を通して河川の一次生産者にまで影響を及ぼす可能性を実験的に検証した[8]．すなわち，陸生節足動物の供給を実験的に抑制すると，植食性水生節足動物の生物量が魚類の捕食によって減少し，さらに付着藻類生物量の増加がもたらされたのである．

この研究は，「より生産性の高い生態系（提供者＝ドナー）から生産性の低い生態系（受取者＝レシピエント）へのエネルギーと生物体の供給は，レシピエント側の群集維持に貢献する」[9]という一般的な見解を実証したが，さらに，森林と河川のように隣接する生息場所間で生産性の高低が季節により逆転し，エネルギー移動の方向が変化する場合，それぞれの生息場所の生物群集が相互に影響を受けることも実験的に示されている[10]．森林と河川の間でみられるエネルギーの移動が，温帯地域では季節的

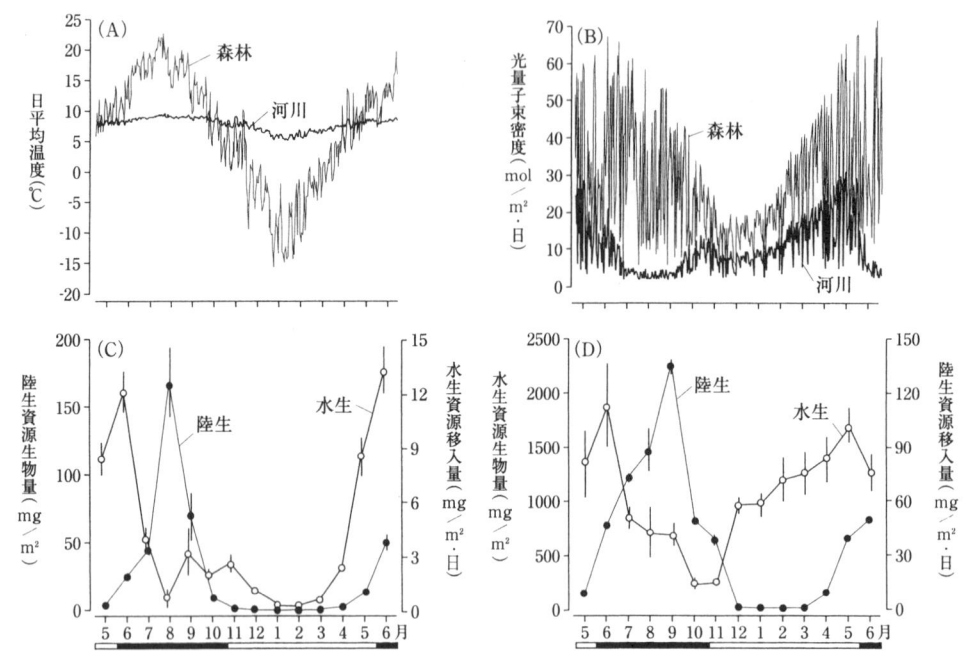

図 14.5 森林と河川における物理環境，および無脊椎動物の季節動態の比較（文献 10 を改変）

に逆転するため，陸上植物の生産性は夏季にピークを示し，その後，冬に向かって気温の低下に伴い下がる．対照的に，河川の水温は通年にわたり比較的安定していることにより，生産性の変動パターンのずれが生じ，陸域と水域の捕食者に対する相互の補償効果が生じるという（図 14.5）．

おわりに

わが国では過去数十年にわたり，河畔林の伐採や河川沿いの道路の敷設，河道の直線化などの人為的な河川流路の破壊が行われ，その結果，河川連続体は「不連続体」となり，また河川生態系がその機能を発揮するために十分な「自然状態の」物質循環が妨げられてきた．上述したように，河川は開放系であるために陸域との境界上で起こる物質のフラックスが非常に大きく，物質の下流への運搬は河川のもつ重要な役割である．河川は，また，その大きさや河畔植生，そして系内および系外の生物群集の違いによって，有機物の移入の重要性が河川によって異なる．河川の一つ一つの特徴に応じた水環境の保全が重要である．　　　　　　　　　〔谷口義則〕

文　献

1) 坂口　豊，高橋　裕，大森博雄 (1995)：日本の川，岩波書店．
2) 和田英太郎 (2002)：地球生態学，岩波書店．
3) Allan JD (1995)：Stream Ecology：Structure and Function of Running Waters, Kluwer Academic Publishers.
4) Vannote RL, Minshall GW and Cummins KW (1980)：The river continuum concept. *Can J Fish Aquat Sci*, **37**：130-137.
5) Begon M, Harper JL and Townsend CR：Ecology：Individuals, Populations and Communities, Blackwell Sciences.
6) 竹門康弘，谷田一三，玉置昭夫，向井　宏，川端善一朗 (1995)：棲み場所の生態学，平凡社．
7) Naiman RJ and Decamps H (1997)：The ecology of interfaces：riparian zones. *Ann Rev Ecology System*, **28**：621-658.
8) Nakano S, Miyasaka H and Kuhara N (1999)：Terrestrial-aquatic linkages：riparian arthropod inputs alter trophic cascades in a stream food web. *Ecology*, **80**：2435-2411.
9) Polis GA and Hurd SD (1996)：Linking marine and terrestrial food web：allochthonous input from the ocean supports high secondary productivity on small island and coastal land communities. *Am Nat*, **147**：396-423.
10) Nakano S and Murakami M (2001)：Reciprocal subsidies：dynamic interdependence between terrestrial and aquatic food webs. *Proc Nat Acad Sci USA*, **98**：166-170.

14.3 湖沼の生物

▷ 17.2 生態毒性

14.3.1 魚 類

湖沼の生態系において，魚類は体サイズの大きな水生動物である．小型種の代表格といえる全長数cm程度のメダカでも，動物プランクトンや大多数の水生昆虫類よりはるかに大きい．かたや，1m以上に成長する大型種も，数多くの科でみられる．日本では在来種のコイ，イトウ，オオウナギ，ビワコオオナマズなどに加え，外来種のソウギョやハクレンなどが「大物」としてよく知られている．湖沼に生息する魚類で最大のものは，ユーラシアおよび北アメリカに分布するチョウザメ類で，全長5mを超える記録もある．

大型であると同時に遊泳能力を備えている魚類は，湖沼にすむ多様な生物の中で際だって高い移動性をもつ．餌を求めて沖帯を広範囲に回遊する魚種は多くの湖沼に生息し，昼夜で深底層と表・中層との間を鉛直に移動する行動は，琵琶湖（滋賀県）固有種のイサザなどでみられる．沿岸帯に生息する魚種は沖帯のものほど顕著ではないが，時間的・季節的に生息環境を変えるのが普通である．このような湖沼内における魚類の移動の適応的意義は，餌の確保のほか，捕食者からの逃避，不適な水質条件の回避などに求められている．湖沼に生息する魚種は，一般に河川中・下流の緩流域や氾濫原などを本来の生息環境としていたもので，湖沼環境に進出した後も，繁殖の場を沿岸帯や内湾，あるいは流入河川に依存する性向を残すものが多い．こうした繁殖のための移動が加わることで，湖沼における各魚種の生息環境の利用様式は，より複雑なものとなっている．逆に，アフリカのタンガニイカ湖のカワスズメ科魚類の中には，繁殖個体が同一地点に何年にもわたって生息し続ける例が報告されている．この湖では環境条件の季節変化が小さく餌生物の生産が通年高い一方で，育仔を行うカワスズメ科魚類は繁殖活動のために特別な底質環境を必要とすることが，繁殖個体の定住性を促進していると考えられる．

魚類の中には，湖沼とつながる河川や海との間を往来（＝通し回遊）するものも少なくない．宍道湖（島根県）など海水が出入りする汽水湖では，水温や塩分濃度の勾配にしたがって，淡水魚・汽水魚・海水魚が生息場所を季節的に変化させるが，現在では霞ヶ浦（茨城県）でみられるように湖水を淡水化するため，魚が海との間を自由に往来できなくなっている水域が多い．また，生活史の段階に応じて湖沼と河川との間で通し回遊を行う魚種もある．サケ科魚類のなかには，ベニザケのように河川から湖沼に下った幼魚が，そこを海とみなして成長し，再び河川に遡上する生活史をもつ湖沼陸封型の個体群（ヒメマス）を生じるものがある．このような現象は，自然湖沼だけでなく新規に建造されたダム湖でも出現する．コアユと呼ばれる琵琶湖水系で独自の生活史を発達させたアユも，湖沼陸封型の個体群の典型例である．移殖あるいは水路の建設によって侵入した先の湖沼水系でも，コアユ型の個体群が定着する場合のあることが確認されている．

高い移動能力をもつとはいえ，水中から離れることができない魚類は，自然水系を越えての自力による移動・分散は不可能である．すなわち，地形的・地史的な事情で魚類が生息していない水域も珍しくない．主に中部地方より北側に分布する日本の湖沼では，カルデラ湖や火口湖，堰止め湖など，火山性の起源をもつものの割合が高い．そのため，噴火活動の破壊的影響やその後に生じた急峻な地形による障壁のため，魚類がまったく生息していないか，生息していてもきわめて限定的である湖沼も数多く存在する．このような湖沼の中には，中禅寺湖（栃木県）や十和田湖（青森県・秋田県）など，有用魚種が積極的に導入された歴史をもつ水域も多い．

湖沼で魚類が餌として利用する生物は，植物プランクトンから魚類まで多岐にわたるが，魚種別にみても，動物質あるいは植物質に偏りながらも多くの種類の餌生物を利用するのが一般的である．河川の緩流域や氾濫原といった環境変動の著しい水域にも共通して生息する魚種は，この雑食性の傾向が強い．典型的な魚食魚とされるオオクチバスも，餌生物の生息状況によっては水生昆虫類をほぼ専食する．一方，固有種が種分化するほど長期間にわたって湖独自の環境が安定して維持されてきた湖沼（＝古代湖）においては，固有種が適応進化する過程で，利用する餌生物を専門化させる傾向がある．琵琶湖では，

14. 水界生物

ホンモロコやニゴロブナ・ゲンゴロウブナ・イワトコナマズなどの固有種は，想定される祖先種が雑食性であるのに対して，特定の餌生物に食性を特化させている．アフリカのタンガニイカ湖，マラウィ湖（ニアサ湖），ヴィクトリア湖のカワスズメ科魚類では，各魚種の利用する餌生物の種類やその食べ方の特殊化がいっそう著しく，典型的な適応放散の例としてよく知られている．これら三つの湖は，魚の体表からウロコをはぎ取って食べるという特別な食性をもつ魚種が独立して進化するなど，進化における収斂現象の好例も提供してくれる．タンガニイカ湖のカワスズメ科魚類の研究では，類似した種類の餌生物を利用しながら採餌方法が微妙に異なる複数の種類が近接して存在することが，互いの採餌効率を高める効果をもち，近縁種間において競争的な排除よりもむしろ片利・相利共生的な共存を促進する可能性が指摘されている．

湖沼の周辺地域の住民にとって，魚類は湖沼が提供する最も重要な生物資源である．湖沼の魚類を効果的に捕獲するために，古来よりさまざまな工夫をこらした漁業が営まれ，生活に根ざした食文化が育まれてきた．たとえば，鮒寿司に代表されるなれずしは，春から夏にかけての産卵時期に身近なところで一時に大量に捕獲できる魚を，腐敗しやすい夏場を越して冬の不漁期まで保存し続けるための知恵を盛り込んだ食文化といえよう．しかし，漁業は一方で魚類の現存量に対して直接的に大きな影響を与えかねない営みでもある．地域在来の伝統的漁法には資源魚種の持続的利用を支えてきたさまざまな制約が含まれていたが，近代的な捕獲技術や社会・経済制度が急速に浸透したことで，漁獲圧が過剰となり資源魚種の枯渇を招いている水域もある．

19世紀後半以降，水産上有用な特定の魚種への評価が高まり，飼育や運搬の技術が発達するにつれ，新しい漁業資源の開発のために，世界各地の湖沼へも本来生息していない有用魚種が積極的に導入されるようになった．冷水魚のニジマスと温水魚のコイはその双璧で，導入が試みられた国・地域の数はともに百を超えている．最近では，熱帯地方を中心にカワスズメ（モザンビークティラピア）の移殖事例が増えている．新たな魚種を導入したり，減少傾向にある魚種の添加が技術的に可能となったことは，湖沼の恵みとして魚類の利用を願う地域にとっては大きな福音であったことは間違いない．

しかし，新しい魚種が侵入・定着することによって，湖沼の生態系や生物群集が大きな打撃を受ける可能性のあることが，いくつもの悲劇的な事例の蓄積によって次第に明らかになってきた．最も著名な事例は，アフリカのヴィクトリア湖において導入された巨大な魚食魚・ナイルパーチが引き起こした激変であろう．1950年代末に密かに持ち込まれたナイルパーチは，1980年代後半に爆発的に増加し，500種とも推測される固有のカワスズメ科魚類のうち200種を絶滅に追いやったとされている．また，それまでカワスズメ科魚類に抑えられていた表層性のコイ科魚類や小型のエビ類が激増したために，ナイルパーチには新たな餌資源が供給されることになった．湖の周辺地域では，ナイルパーチを加熱処理するための燃料を得るべく森林伐採が進行し，それが湖内への土壌の流入を加速した．植物プランクトン食のカワスズメの減少も重なって，湖水はさらなる富栄養化が急速に進んでいる．国内に目を転じると，琵琶湖でも，1974年に初確認されたオオクチバスが1980年代後半に激増したのを境に，それまでにも環境改変などによって存続基盤を脅かされていた多くの沿岸性の在来魚種が激減・消失した．1990年代になって，オオクチバスが減少に転じたのと置き換わるようにブルーギルが急増してきた．1999年からは滋賀県による外来魚の駆除事業が強化されている．既存の資源魚種に対する添加放流を行う際にも，水系外からの種苗の導入をなるべく控え，種苗増殖においても遺伝的特性の均質化を防ぐなど，資源魚種の持続性確保の障害となりかねない遺伝的特性の攪乱にかかわる諸事情に対して，十分な配慮と対策が必要である．

水中の食物連鎖の上位末端は，体サイズの大きな魚種で占められることが多い．そのため，魚類の捕食の影響が食物段階の下位の生物にまで伝播するカスケード効果の重要性も，湖沼生態系で明らかになりつつある．つまり，特定の魚種の現存量が増減することで，食物連鎖を通じて生態系全体に大きな影響が及ぶことが想定されるのだ．人為的な生息環境の改変・劣化が進むことにより，各魚種が本来もっている行動様式が歪められ，現存量が縮減している魚種もあれば，過剰な漁獲圧が同様の影響をもたらしている場合もある．意図的であれ非意図的であれ，人為的な経緯で侵入した外来魚がバランスを崩して増加する事例も続出している．このように，湖沼に生息する魚類は，現在さまざまな人為的影響を受けて増減を余儀なくさせられており，生態系を構成す

る他の生物にもさまざまな生態的影響が波及しているものと推測される．しかし，魚類は稚魚から成魚にいたるまで体サイズの変異が著しく大きく，その過程で食性が大きく変化するうえ，生活史や季節によって生息場所利用を大きく変えるなど，湖沼生態系のシステム内での挙動を理解するには，さまざまな困難がつきまとう．そのため，特定の魚種の増減が生態系や生物群集にどのような影響を波及させるのかは，まだ十分には明らかにされていない．一方で，こうした食物段階の上位から下位への捕食効果の伝播を積極的に利用して，生態系を構成する生物の現存量を人為的に操作するバイオマニピュレーションも試みられている．たとえば，魚食性の魚種の現存量を変化させて動物プランクトン食の魚種を増減させ，その影響を動物プランクトン，さらに植物プランクトンの現存量へと波及させることで，最終的には水質改善の効果を期待できるというわけである．しかし，バイオマニピュレーションでは，既存の魚種の現存量を操作するだけでなく，新たな魚種の導入が試みられる場合もあり，実施にあたっては慎重な結果予測と適切なモニタリングが不可欠である．生態系は不確実性の高い複雑系であるために，不測の事態が起こりかねないこと，およびそうした事態からの回復がきわめて困難であることを忘れてはならない．　　　　　　　　　　　〔中井克樹〕

14.3.2　動物プランクトン

湖沼の動物プランクトンにはさまざまな分類群に属する生物が含まれ，その中の主要なグループには，原生動物，ワムシ類，枝角類（ミジンコ類），カイアシ類，アミ類，そして昆虫類がある．

原生動物は単細胞生物で微生物として扱われることが多い．一方，ワムシ類はそれだけで輪形動物門ワムシ綱という大きな分類群を形成しており，体長がおよそ 0.1～0.5 mm の小型の動物プランクトンである（図 14.6）．頭部の輪盤にある繊毛を用いて水流を作り，植物プランクトンや原生動物，バクテリアを口に運んで食べている．普段は単為生殖を行い，雌個体が交尾をせずに卵をもち，その卵から雌個体が生まれる．餌不足や低温など，環境条件が悪化したときに卵から雄個体が現れ，雌と交尾をして耐久卵（休眠卵）を産み，その卵で不適な環境を耐えしのぐ．一時的に干からびる池沼や水田などでも水がたまるとワムシが現れるが，これは乾燥期に生き残った耐久卵から増えたものである．湖沼中のワムシ

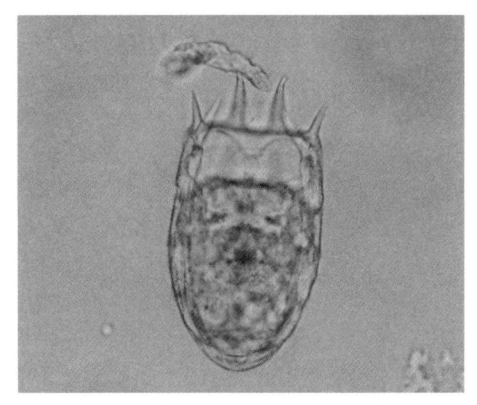

図 14.6　湖でよくみられるカメノコウワムシ
体長は約 0.1 mm．

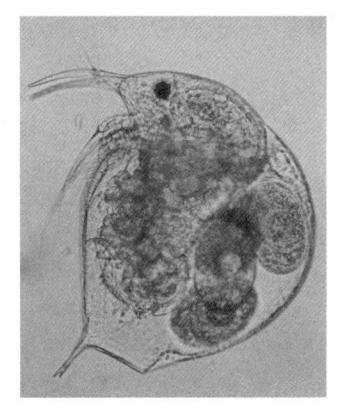

図 14.7　ニセゾウミジンコ
日本の富栄養湖に多い．体長 0.2～0.5 mm．

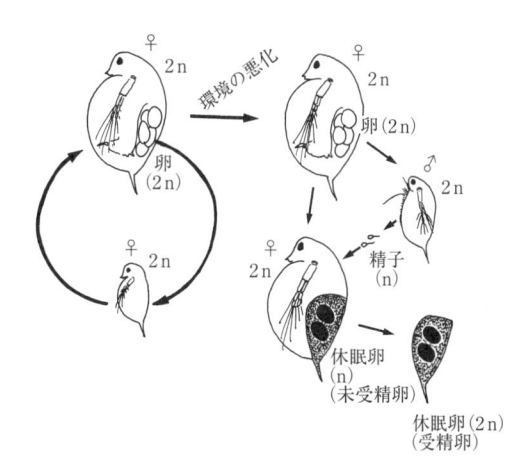

図 14.8　ミジンコの生活環[1]

の密度は，生物の多い富栄養湖では1000個体/l を超える．

ミジンコ類（枝角類）は甲殻類の一グループで，体長はおよそ0.2～4mmの範囲にある（図14.7）．多くは植食性で，細かい毛（ろ過肢毛）の生えた胸部の脚を使って水中の植物プランクトンやバクテリアなどを濾し集めて食べている．生活史はワムシと同様に単為生殖を行い，悪環境にさらされたときに雄が生まれる（図14.8）．単為生殖のために増殖速度は速い．水温が20℃では生まれてから4～6日で抱卵する．大型のミジンコでは1回に20～40個ほどの卵を産み，2日に1回の頻度で産卵を繰り返す．

ミジンコのほかにカイアシ類と呼ばれる甲殻類の一グループがある．それにはケンミジンコ類（キクロプス類）とヒゲナガケンミジンコ類（カラヌス類）が含まれる．彼らは幼生で6齢までのステージがあり，そこで変態をしてコペポディドとなり，5回脱皮をしてコペポディド期の6齢で成体になる．幼生の体長は1mmをはるかに下回り，成体で1～2mm程度にまで成長する．ミジンコと同じ甲殻類でも，こちらは常に雄と雌が存在し，交尾をして卵を作る．

アミ類の多くは海洋性であるが，汽水湖や淡水湖に生息する種もいる．体長は1～2cmで，動物プランクトンの中では高い遊泳能力をもっている．日本の湖沼には3種のアミ（イサザアミ，クロイサザアミ，ニホンアミ）が生息し，それらは捕食性で，他の動物プランクトンを餌としている．

動物プランクトンとして生活している昆虫類は少ない．しかし，その中でフサカの幼虫はよくみられる．双翅目昆虫で成虫はカに似ており，それが水面上に卵塊を産む．そこから孵った幼虫が動物プランクトンとして水中で生活する．幼虫は4齢までであり，終齢で体長が約1cmに達する．捕食性で，ワムシや小型枝角類，カイアシ類を餌とする．

植食性動物プランクトンの多くは共通の餌資源（植物プランクトン，原生動物，バクテリア）に依存しているため，彼らの間には餌を介した競争関係が存在している．概して，大型の動物プランクトンのほうが小型のものよりも競争に強い．特に，大型ミジンコのダフニアは競争で卓越している．それには，ダフニアがもつ次の三つの能力がかかわっていると考えられている．①大きなろ過器をもち，効率よく餌を集めることができる．②小型の動物プラン

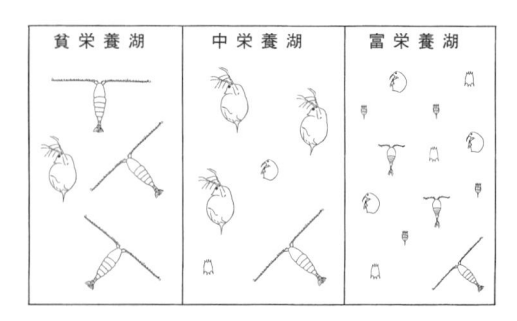

図14.9 貧栄養湖，中栄養湖，富栄養湖の動物プランクトン群集組成の特徴[2]

クトンよりエネルギー効率が高く，飢餓に強い．③植食性動物プランクトンは，基本的に餌のサイズに依存した摂食をしているが，ダフニアは他の種より食べることのできる餌のサイズ範囲が広い．このことは，ダフニアが餌とする植物プランクトンの種類が他種よりも多く，より多くの生物を餌とすることができることを意味している．

動物プランクトンの個体群動態に影響を与える要因として，餌だけでなく捕食も重要である．動物プランクトンにとっての捕食者は，脊椎捕食者（魚，サンショウウオなど）と無脊椎捕食者（捕食性のワムシ，ミジンコ，カイアシ類，フサカ幼虫，ヤゴなど）に分けられる．脊椎捕食者は動物プランクトンに比べて体のサイズがはるかに大きく，目で餌生物を探し，より大型の生物をとらえて丸のまま飲み込む．したがって，大型の動物プランクトン個体群に対して強い捕食影響を与えることになる．多くの湖で，魚の増加に伴って大型ミジンコのダフニアが姿を消すという現象が観察されている．一方，無脊椎捕食者は小型の動物プランクトンを専食するものが多い．彼らは，自身が動物プランクトンとして生活しており，体の大きさは餌生物と同じかその数倍程度であり，口器が相対的に小さいことから大型の動物プランクトンは食べられない．そのために対象となる餌生物が小型種になる．したがって，無脊椎捕食者は小型動物プランクトンの個体群動態にしばしば大きな影響を与えることになる．

湖では多くの動物プランクトン種が共存しているが，湖の富栄養度に応じて特徴的な群集が作られる（図14.9）．貧栄養湖ではカイアシ類の中のヒゲナガケンミジンコ類が優占することが多い．ヒゲナガケンミジンコは長く伸ばした触角に化学センサーがあり，それで餌となる植物プランクトンのにおい物

質をかぎ分ける．近くに餌があれば水流を作ってそれをおびき寄せ，餌をつかむようにして口に運ぶ．したがって，餌の少ない環境では，効率よく餌を集めることができる．一方，ミジンコは植物プランクトンをろ過肢毛で濾し集めて食べるが，この方法では，貧栄養湖ではわずかな餌を得るためにろ過に多大なエネルギーを使わなければならなくなり，効率が悪い．そのために，貧栄養湖ではミジンコが少ないと考えられている．餌の量が多くなる中栄養湖では，ろ過肢毛を用いて一度に多くの餌を集められるミジンコのほうが有利になる．その結果，大型ミジンコのダフニアが優占するようになる．ここで小型のミジンコ類が優占できないのは，餌を介した競争でダフニアに負けるからと考えられる．ところが，もっと餌量が多い富栄養湖では，ダフニアがほとんどみられなくなり，小型ミジンコ種やワムシ類が優占するようになる．これには魚が重要な役割を果たしている．一般に湖が富栄養化すると魚の現存量が増え，それに伴って魚の捕食圧が高まる．その結果，魚が好む大型のダフニアが専食されて姿を消し，それまでダフニアに競争で抑えられてきた小型動物プランクトンが増えるのである．ただし，ある程度深い湖では，魚に捕食されやすいダフニアは，昼間に魚から逃れて暗い深水層に降りるため，ある程度の現存量を維持することができる．したがって，動物プランクトン群集の種組成には，湖の形状も影響を与えることになる．

競争に強いダフニアは，殺虫剤などの有害化学物質に対して高い感受性をもっている．一方，競争に弱い多くの小型ミジンコやワムシ類の感受性はダフニアよりも低い．したがって，湖沼が有害化学物質に汚染されたときには，ダフニアが減って小型の動物プランクトンが優占する群集が作られると考えられる．さらに，ダフニアは動物プランクトンの中でも高温に弱く，水温が25℃を超えると死亡率が上がることが知られている．すると，温暖化によって夏の水温が上昇すると，やはりダフニアが減って小型動物プランクトンの優占する動物プランクトン群集が作られるだろう．このように，さまざまな環境ストレスを受けた動物プランクトン群集は，富栄養湖でみられる群集に似る傾向があるといえるだろう．

ダフニアが優占するか否かで湖沼生態系の食物連鎖が大きく変わることになる．ダフニアが優占するところでは，多くの植物プランクトンがダフニアに摂食され，ダフニアは魚に捕食される．一方，ダフニアが少なく小型動物プランクトン種が優占する湖では，一部の植物プランクトンが植食動物の餌となり，その動物は無脊椎捕食者に食われる．そしてその捕食者が，次に魚に捕食されることになる．すなわち，植物プランクトンから魚までの食物連鎖は，前者では「植物プランクトン→ダフニア→魚」と3段階であるのに対して，後者では「植物プランクトン→小型動物プランクトン→無脊椎捕食者→魚」と4段階になる．このことから，環境ストレスを受けた湖沼生態系では，ダフニアが減って食物連鎖が長くなるといえるだろう． 〔花里孝幸〕

文 献

1) 花里孝幸（2004）：生態影響試験ハンドブック，p.63, 朝倉書店．
2) 花里孝幸（1998）：ミジンコ―その生態と湖沼環境問題，p.46, 名古屋大学出版会．

14.3.3 植物プランクトン

植物プランクトン（phytoplankton）は単細胞または群体性の藻類から成り，湖沼や池，もしくは流れの緩やかな河川の水中で浮遊して生活する．光合成色素を有し，太陽エネルギーを利用し，水中の溶存無機炭素（H_2CO_3，HCO_3^-）・窒素（NH_4^+，NO_3^-，$CO(NH_2)_2$）・リン（PO_4^{3-}）・ケイ素（珪藻のみ必須）および鉄・マグネシウムなどの微量金属を吸収して，自身の体（有機物）を作る一次生産者である．動物プランクトンや植食性魚類の餌となり，細菌性プランクトンのエネルギー源となる溶存態有機物を排出する．また，沈降後は底生動物の餌となる．

淡水域の植物プランクトン群集は多様な分類群に属する藻類から構成されている．シアノバクテリア（cyanobacteria）は核をもたない仲間で，また分子系統学からみると細菌類の仲間になる．光合成色素としてクロロフィル a，補助色素としてフィコシアニン，フィコエリトリン，アロフィコシアニンを含む．有性生殖は知られていない．富栄養化した水域で優占することが多く，アオコ（青粉，water bloom）の原因生物となるミクロキスティス，アナベナ，アファニゾメノン，プランクトスリックスなどを含む．アオコを形成する種は，細胞内にガス胞（gas vacuole）をもって水の表面に浮くことができる．アナベナやアファニゾメノンは異質細胞（ヘテロキスト heterocyst）をもち空中の分子状の窒素を

固定することができる．そのため，これらの属は窒素塩の欠乏した水域や，湖水の窒素対リン比が低い水域で有利に増殖するといわれている．シアノバクテリアは，他の分類群の藻類と比較すると不飽和脂肪酸（$\omega 3$-polyunsaturated fatty acids）の含有量が低くミジンコの餌としての栄養価は低いとされる[1]．そのため，一次生産量は高くても高次の食物連鎖へエネルギー転換されにくい．さらにアオコを形成する種類の多くには，動物プランクトンや哺乳類に毒性のあるものが知られている[2]．その他にも，アオコが発生すると悪臭やカビ臭がする，景観が悪い，分解時の酸素消費で魚介類が死ぬなど，このグループの藻類は水質管理上やっかいな種類を多く含む．

黄金色藻綱（Chrysophyceae）はクロロフィル a と c をもつ．形態から2つの群に分けられる．オクロモナス群は前後2本の鞭毛をもち，光合成を行う一方で，細菌などの捕食もする混合栄養（mixotrophy）生物を多数含む．淡水赤潮の原因生物であるウログレナはこのグループである．ウログレナによる赤潮は琵琶湖や中禅寺湖など比較的水質の良好な湖で問題になった．シヌラ群は2本の平行した鞭毛をもち，細胞表面は珪酸を主成分とする鱗片に覆われている．

珪藻綱（Bacillariophyceae）はクロロフィル a と c をもつ．珪酸質の細胞壁で覆われる．栄養細胞は鞭毛をもたない．植物プランクトンとして出現する種類は，中心珪藻と羽状珪藻の中の無縦溝類に属する種類が主である．

ハプト植物門（Haptophyta）はクロロフィル a と c をもつ．2本の鞭毛の間にハプトネマと呼ばれる付着や食作用のある細胞器官をもつ．海洋のナノプランクトン（2～20 μm）の主な構成種であるが，霞ヶ浦ではクリソクロムリナが冬に優占することがあった．

渦鞭毛植物門（Dinophyta）はクロロフィル a と c をもつ．補助色素として渦鞭毛藻にのみみられる特徴的なキサントフィルであるペリディニンをもつ．異なる2本の鞭毛をもつ．一般の真核生物の核と異なった渦鞭毛藻核をもつ．ダム湖で赤潮の原因となるペリディニウムなどの種類を含む．

クリプト植物門（Cryptophyta）は長さの異なる2本の鞭毛をもち，クロロフィル a と c，補助色素としてフィコシアニン，フィコエリトリンをもつ．湖沼・池などに普通にみられる．

ユーグレナ植物門（Euglenophyta）はクロロフィル a と b をもつ．代かき後の水田の表面に膜を作ることがある．

プラシノ藻綱（Prasinophyceae）はクロロフィル a と b をもつ．原始的な緑色植物の一群で細胞膜の外側は有機質鱗片で覆われている．

緑藻綱（Chlorophyceae）はクロロフィル a と b をもつ．イカダモ，クンショウモなどの和名でも親しまれ，小さな池に普通にいる植物プランクトン種を多く含む．特に優占することはないがどのような水域にも必ずいる．

植物プランクトンの総量はクロロフィル a 濃度として表される．多くの湖沼のデータから，それぞれ対数変換した値で水中のクロロフィル a 量（Y）は全リン量（X）の一次関数で表すことができる[3]．そのため，湖沼は海域と異なりリン制限であると考えられている（ボトムアップ効果）．また，大型の枝角類が多い水域では，その摂食活動により，そうでない水域に比べて一次関数の Y 切片が下がる（トップダウン効果）[4]．

湖沼では優占する植物プランクトン種が季節的に大きく変化する．これは植物プランクトンの回転速度が速いことや水が4℃で最大密度になるという物理特性に付随して起きる水環境の変化（たとえば循環期に起こる栄養塩の回帰）による．優占種を決める要因は，水流，水温，光の量と質（植物プランクトンは各分類群が固有の補助色素をもち，利用できる光の波長が異なる），窒素，リン，ケイ酸，鉄などの栄養塩濃度とその供給比[5]，pH，腐植物質，動物プランクトンや植食魚の摂食特性，水生植物群落の他感作用（アレロパシー）などが考えられる．湖沼の水を汲んで顕微鏡下で観察すると，10種以上の植物プランクトンを簡単に見つけることができる．Hutchinsonは，このように，一見単純な環境で，多種類のプランクトン藻類が共存していることをプランクトンの逆説（the paradox of the plankton）[6]と呼び，時間的に変わりやすい水域環境の結果として共存が助長されると説明した．それに加えて，おのおのの植物プランクトン種の生活要求が，種ごとにかなり異なっているためとも考えられるだろう．年間を通した湖沼の植物プランクトンの総出現種数は植物プランクトンの一次生産量を横軸にとると一山型になり，30～50 gC/m^2・年程度の貧～中栄養湖で最も大きいとの報告がある[7]．

植物プランクトンのサイズは生理生態学的に大き

な意味をもつ．一般に，小型種は表面積を体積で割った値が大きいため，単位体積あたりの栄養塩の吸収速度が高く，その分増殖速度を速くできると考えられている．小型種ほど浮いていやすく沈みにくい．ところが，ミジンコなどのろ過食の動物プランクトンに食べられやすい．大型種はこの逆である．群体を作る種類は，生理的には小型種の利点をもち，かつ，動物プランクトンに食べられにくいという大型種の利点を併せ持つ植物プランクトンといえる．

自然のプランクトン群集を対象とした研究では，一定の孔径の布やフィルターにより分けるという手法がよく用いられる．最近では以下のサイズで分けることが多くなった．マクロプランクトン（macroplankton）：径が $200\,\mu m$ 以上のプランクトンで主に大型動物プランクトン．ミクロプランクトン（microplankton）：径が $20\sim200\,\mu m$ のプランクトンで大型植物プランクトンと小型動物プランクトン．ナノプランクトン（nanoplankton）：径が $2\sim20\,\mu m$ のプランクトンで主に小型の植物プランクトン．ピコプランクトン（picoplankton）：径が $0.2\sim2\,\mu m$ のプランクトンで細菌性プランクトンとピコ植物プランクトンが含まれる．

ピコ植物プランクトンの存在は蛍光顕微鏡の発達に伴い，湖水中に $10^3\sim10^5$ 細胞/ml の密度で普通に存在することが明らかになった．ほとんどが $0.6\sim1.5\,\mu m$ の球あるいは楕円体のシアノバクテリアである．琵琶湖では1989年と1990年に 10^6 細胞/ml の密度で大発生し，同時期にアユが大量に死んだ[8]．量が少ないが $1.5\,\mu m$ 程度の緑藻クロロコックム目の藻類もよくみられる．これは，真核性ピコプランクトン（eucaryotic picoplankton）と呼ばれる．

植物プランクトン種の数は，従来から1mlあたりの水中に含まれる細胞数として表されてきた．しかし，植物プランクトン種は細胞のサイズ幅が大きいため，細胞数では植物プランクトン種の量を示すことにならない．そのため，個々の細胞を球や楕円体などにみたてて種ごとに体積換算して表すのがよりよい方法である[9]．

貧～中栄養湖では，セストン（seston）の大半は植物プランクトンが占めるため，セストンが植物プランクトン群集の生理状態を反映する場合が多い．植物プランクトンは，その資源となる窒素やリンが豊富なときに短期間に細胞内に貯めこむ．植物プランクトンの成長速度（μ：/日）は細胞内の栄養塩量（q：炭素含量あたりの窒素またはリンの量）の逆数（$1/q$）の一次関数（Droop式）として表せる．そのため，セストンの生元素（C：N：P）比は，その栄養状態を表すよい指標となる．特に，外洋でのセストンの生元素（C：N：P）比は106：16：1（原子比）でRedfield（レッドフィールド）比と呼ばれる．培養した植物プランクトン種を用いた実験から，十分な光と栄養塩の供給があれば，その元素比はRedfield比に近くなることがわかっている．そのため，外洋の植物プランクトンの生産速度は少なくとも窒素やリンの供給には律速されていないと考えられている．一方，湖沼でのセストンの生元素（C：N：P）比は湖ごと，また季節ごとに変動する．湖沼セストンのN：C比は重量比にしておおよそ $0.060\sim0.250$，P：C比は $0.005\sim0.080$ の範囲であることが多く，N：C比が0.080以下，P：C比が0.010以下では，それぞれのセストンが窒素またはリン欠乏である可能性を示唆する[10]．

〔高村典子〕

文　献

1) Müller-Navarra DC, Brett MT, Park S, Chandra S, Ballantyne AP, Zorita E and Goldman CR (2004): Unsaturated fatty acid content in seston and trophodynamic coupling in lakes. *Nature*, **427**：69-72.
2) Jang MH, Ha K, Joo GJ and Takamura N (2003): Toxin production of cyanobacteria is increased by exposure to zooplankton. *Freshwater Biol*, **48**：1540-1550.
3) Sakamoto M (1966): Primary production of phytoplankton community in some Japanese lakesand its dependence on lake depth. *Arch Hydrobiologie*, **62**, 1-28.
4) Mazumder A and Havens K (1998): Nutrient-chlorophyll-Secchi relationships under contrasting grazer communities of temperate versus subtropical lakes. *Can J Fish Aquat Sci*, **55**: 1652-1662.
5) Tilman D (1982): Resource Competition and Community Structure, 296 pp, Princeton Univ. Press.
6) Hutchinson GE (1961): The paradox of the plankton. *Am Nat*, **95**：137-145.
7) Dodson SI, Arnott SE and Cottingham KL (2000): The relationship in lake communities between primary productivity and species richness. *Ecology*, **81**：2662-2679.
8) Maeda H, Kawai A and Tilzer MM (1992): The waterbloom of cyanobacterial picoplankton in Lake Biwa. *Hydrobiologia*, **248**：93-103.
9) Wetzel RG and Likens GE (1991): Limnological Analyses, 2nd ed, Springer Verlag.
10) 占部城太郎（1993）：湖沼の栄養バランスと動物プランクトンの生産性．用水と廃水，**35**：37-44.

14.3.4　底生動物

a.　底生動物の分類

底生動物（zoobenthos）は生活環の一部またはす

べてを河川・湖沼の底質中または底質付近で過ごす生物を指す．分類学的には水生無脊椎動物に属することから底生無脊椎動物（benthic invertebrates）と同義である．原生生物界に属する原生動物および動物界（後生動物）の海綿動物門，刺胞動物門（ヒドラ類），扁形動物門（渦虫類），輪形動物門（ワムシ類），線形動物門（線虫類，糸片虫類），類線形動物門（ハリガネムシ類），軟体動物門（マキガイ類，ニマイガイ類），環形動物門（貧毛類，ヒル類），緩歩動物門（クマムシ類），節足動物門，苔虫動物門など，非常に多岐の分類群にわたる．節足動物門は非常に大きな分類群で，ミズダニ類および甲殻類（ミジンコ類，カイアシ類，貝虫類，エビ類，等脚類，ヨコエビ類，昆虫）が属している．底生動物の多くのグループは分類学的に整備されておらず，最新の分類情報が一般の人に入手しにくいという問題点があるが，水生昆虫（aquatic insects）については比較的分類が進んでいる[1,2]．カゲロウ目，トンボ目，カワゲラ目，トビケラ目，コウチュウ目，ハエ目（ユスリカ科，カ科，フサカ科など）など，水生昆虫の多くは幼虫期あるいは幼虫期と蛹期を水中で過ごす．昆虫類は成虫が水系外に飛翔・移動し産卵することで分布域を広げ，洪水や渇水などによる生息場所の撹乱が起きた後でも再度定着することができる．また，ある発育段階で昆虫に寄生するミズダニ類やハリガネムシ類，幼生期に魚類のえらに寄生するイシガイ科の仲間は，宿主の移動とともに分布域を広げることができる．

底生動物を体サイズによって，大型底生動物（macrozoobenthos, 0.2〜0.5 mm のメッシュに残る大きさ），中型底生動物（meiozoobenthos, 0.04〜0.2 mm のメッシュに残る大きさ），小型底生動物（microzoobenthos, 0.04 mm 以下）に分ける方法もよく使われる．底生動物を研究するためには底質からの選別作業が必要であるが，大型底生動物は肉眼で底質から識別できることと，比較的分類が容易であることから，多くの場合このサイズの動物が調査・研究対象とされている．マキガイ類，ニマイガイ類，貧毛類，昆虫類は普遍的に出現する重要な大型底生動物である．

b. 摂食生態

底生動物を摂食機能により分類すると水域生態系の中での位置づけが明らかになる．この方法[1]では，底生動物を付着藻類を食べるスクレーパー（剥ぎ取り食者），藻類や懸濁有機物を食べるろ過（流下物）コレクター，デトリタスを食べる堆積物コレクター，落葉などの植物遺体・組織を食べるシュレッダー（破砕食者），およびプレデター（捕食者）に分けている．シュレッダーやろ過（流下物）コレクターの多くは条件的捕食者であり，また多くの捕食者は動物以外に藻類なども餌にする雑食（omnivory）を示すことが多い．

湖の生態系の中では底生動物はしばしば分解者として位置づけられるが，実際には上記のようにさまざまな摂食様式をもつ生物が食物網を形成している．また，底生動物のそれぞれの分類群の中には分解者，消費者，肉食者などさまざまな摂食様式・生活様式をもつ生物が存在することから，特定の生物分類群を分解者，消費者，肉食者として位置づけることは適当ではない．たとえば昆虫のユスリカ類のグループ内だけでも，種によっては藻類食（herbivory），大型水生植物食，デトリタス食（detritivory），肉食（carnivory），そして寄生など，その摂食様式は多様である[3]．エビ類，等脚類，ヨコエビ類などは雑食性であるが，ヨコエビ類のある種類は分解酵素によりセルロースなどを効率よく消化することができる．マキガイ類は水生植物などに付着した藻類やデトリタスを摂食するが（剥ぎ取り食，採集摂食），水生植物そのものを摂食（破砕食）する種類もいる．ニマイガイ類はろ過摂食により水中の藻類を消化する．

底生動物の年間の世代数は，水生昆虫では年間数世代から数年で 1 世代まで，貧毛類で年 1 世代から数年で 1 世代まで，ニマイガイ類では年間数世代から 10 年以上で 1 世代までと種類により大きく異なるが，一般に年平均水温の上昇によって年間の世代数は増加する．

c. 分　布

一般に底生動物はランダム分布ないしは均一分布をすることはまれで，集中分布をする．新世代個体が前世代個体の分布や卵塊に依存し増殖することや，個体が定着する際に特定の基質に集中して分布することなどによる．たとえばニマイガイ類は砂質を好み，オオユスリカのように泥中に潜るユスリカ類は泥質に分布するなど，底質の粒度組成が底生生物の分布の決定要因の一つとなる．基質の有機物の組成や底生藻類の分布も底生動物の分布に影響する．たとえば原生動物はバイオフィルム上に集中して増殖し，沿岸帯の水生大型植物には多種類の生物が付着して生活する．底生動物の分布調査に際して

は，湖盆形状，底質，水生大型植物の分布状況の把握を行っておく必要がある．

ある種類のユスリカや貧毛類が夏季に数十cmまで潜ることもあるが，多くの底生動物は底質表層の約10cmの間に分布する．したがって砂質，泥質の底質ではエクマン・バージ採泥器やスミス・マッキンタイヤ採泥器などによる定量採集が可能である．岩礁帯ではこれらの採泥装置が使えないため，潜水による採取や，コドラートによる定量調査が行われる．沿岸帯の水生大型植物に付着した生物の採集では，植物体からの動物の分離が必要になる．水生昆虫相は，水面に設置した羽化トラップによる成虫採集で定量的に，湖岸に設置したライトトラップなどによる成虫採集で定性的に把握することができる[4]．

d. 生産量と環境要因

60℃以上の高温に耐性のある線虫類などが報告されているが，多くの底生動物の生息可能水温は0〜35℃の範囲で，適温域はさらに狭くなる．一般にそれぞれの底生動物種の成長速度は水温に対して単峰型の反応を示す．単位体重あたりの呼吸速度は水温の増加に対して指数的に増加し，体重の約 $-1/4$ 乗に比例して減少する．年間の二次生産量（secondary production, P，同化量から呼吸量を差し引いた量，$g/m^2 \cdot$ 年）と年平均現存量（annual mean biomass, B，g/m^2）の比（P/B比，P/B ratio，/年）は水温の上昇に伴い増加する．湖沼には，それぞれの生息場所の水温範囲に適応した底生動物が分布している．一般的に湖沼の富栄養化の進行とともに深底帯の底生動物の現存量は増加する．植食性ないしはデトリタス食性の底生動物と動物プランクトンの合計の年二次生産は湖の年一次生産量の約10%である[5]．しかし極端に富栄養化が進行するとプランクトンの呼吸や有機物分解に伴う酸素の消費で湖底の酸素が欠乏し，底生動物の現存量と二次生産量は減少する．デトリタス食のユスリカ，マキガイ類，雑食のザリガニなどでは年二次生産量が20〜40 $g/m^2 \cdot$ 年に達する．肉食性の底生動物の二次生産量は非肉食性の底生動物の二次生産量の20%を超えることが報告されており，非肉食性の底生動物に対して，魚類の捕食に匹敵する影響を与えているようである[6]．底生動物はさまざまな魚類の捕食を受けるが，沿岸帯では水生大型植物が存在する場合，捕食圧が低下する．

溶存酸素濃度も底生動物の分布，群集構成そして成長を支配する要因である．したがって，酸素の欠乏を起こしやすい湖底付近では，湖水の鉛直混合の頻度が酸素の供給量を支配し，底生動物の組成および現存量に影響する．貧毛類，ユスリカ類のある種類，マキガイ類やニマイガイ類は貧酸素に適応できる．近年これらの生物について，グリコーゲンなどを利用する嫌気的代謝機構が明らかにされてきている[6]．

底生動物の分布と群集組成は溶存酸素濃度，pH，水質，汚染物質濃度など物理化学要因に影響されることから，水質汚濁の指標生物（indicator organism）として利用されてきた．種数や種組成を指標にする場合には，同じ地点から採集されたサンプルでもその中に含まれる種数は，採集された生物の総個体数に大きく依存することに注意しなくてはならない．また，底生動物を環境指標生物として利用する場合には，同時に物理化学要因の計測を行う必要があるため，副次的な利用にとどまる．

e. 底生動物による栄養塩回帰

底生動物は生産活動に伴い湖水中に窒素（N）やリン（P）を回帰させる役割を果たしていることが知られている．動物からのNとPの回帰量は，餌のC：N比，C：P比と動物の必要とするC：N比，C：P比とによって決まり，N要求量の低いないしはP要求量の低い動物からは餌の中の比率に比べてよりNないしはPを多く回帰させることが，最近の研究で明らかにされてきた[7]．また一般的に小型で成長速度の速い動物ほど体内のリン量が多い[8]ことから，同じ餌を食べた場合，大型の底生動物ほど多くのリンを回帰させることが予測される．

〔岩熊敏夫〕

文 献

1) Merritt RW and Cummins KW eds. (1996): An introduction to the Aquatic Insects of North America, 3rd ed, 862 pp., Kendall/Hunt Publ.
2) 川合禎次，谷田一三編（2005）：日本産水生昆虫—科・属・種への検索，東海大学出版会．
3) Berg MB (1995): Larval food and feeding behaviour. The Chironomidae : The Biology and Ecology of Non-biting Midges (Armitage P, Cranston PS and Pinder LCV eds), pp. 136-168, Chapman & Hall.
4) 岩熊敏夫（2003）：底生動物．地球環境調査事典—調査・計測・測定・分析—陸上編（竹内均監修），pp. 216-220，フジテクノシステム．
5) 岩熊敏夫（1986）：陸水における二次生産，特に底生動物の生産と富栄養化の関係について．日本生態学会誌，**36**：169-187.
6) Wetzel RG (2001): Limnology : Lake and River

Ecosystems, 3rd ed., 1006 p, John Wiley.
7) Hillebrand H, de Montpellier G and Liess A (2004): Effects of macrograzers and light on periphyton stoichiometry. *Oikos*, **106**：93-104.
8) Elser JJ, Acharya K, Kyle M, Cotner J, Makino W, Markow T, Watts T, Hobbie S, Fagan W, Schade J, Hood J and Sterner RW (2003): Growth rate-stoichiometry couplings in diverse biota. *Ecol Lett*, **6**：936-943.

14.3.5 微生物

微生物学の教科書として有名な"The microbial world"（Stanier RY）によれば，微生物とは直径 1 mm またはそれ以下のサイズの生物の総称であり，一部の後生動物，原生生物，多くの藻類と真菌，細菌，ウイルスが含まれる．このため，湖沼においては動物プランクトンと植物プランクトン（藻類）も微生物に該当するが，これらの生物についてはすでに前の項で説明済みなので，本項ではふれない．また，原生生物の中でも光合成を行う独立栄養のものは植物プランクトンとして扱われるため，これについても本項では言及しない．さらに，湖沼のプランクトンにおいて真菌の現存量は他の生物に比べて無視できるほど低いので，真菌についても本項では扱わない．本項では，主に細菌，従属栄養原生生物そしてウイルスについて述べ，さらにプランクトン生物間の食物網関係（図 14.10）について説明する．

a. 細菌

従来，細菌の細胞数測定には，寒天培地などの人工培地を用いる方法が広く使われてきた．しかし，この方法で計数できるのは，培養条件下で増殖できる細菌のみに限られている．一般に，培養可能な細菌は，全細菌のごく一部（< 1%）にしかすぎない．また，フクシンやメチレンブルーなどの色素で細菌を染色し直接検鏡して計数する方法もあったが，細菌とその他の非生物粒子とを区別することが困難であった．1970年代後半になって，DNA特異性が高い蛍光色素で自然界の細菌を染色し，染色された細菌を蛍光顕微鏡で観察することにより，非生物粒子と区別して細菌だけを計数することが可能となった．これにより，従来寒天培地などで増殖できる細菌のみを対象としていた生菌数ではなく，水中の全細菌の計数が可能となった．現在では，世界のさまざまな湖沼のデータを総合すると，細菌の現存量

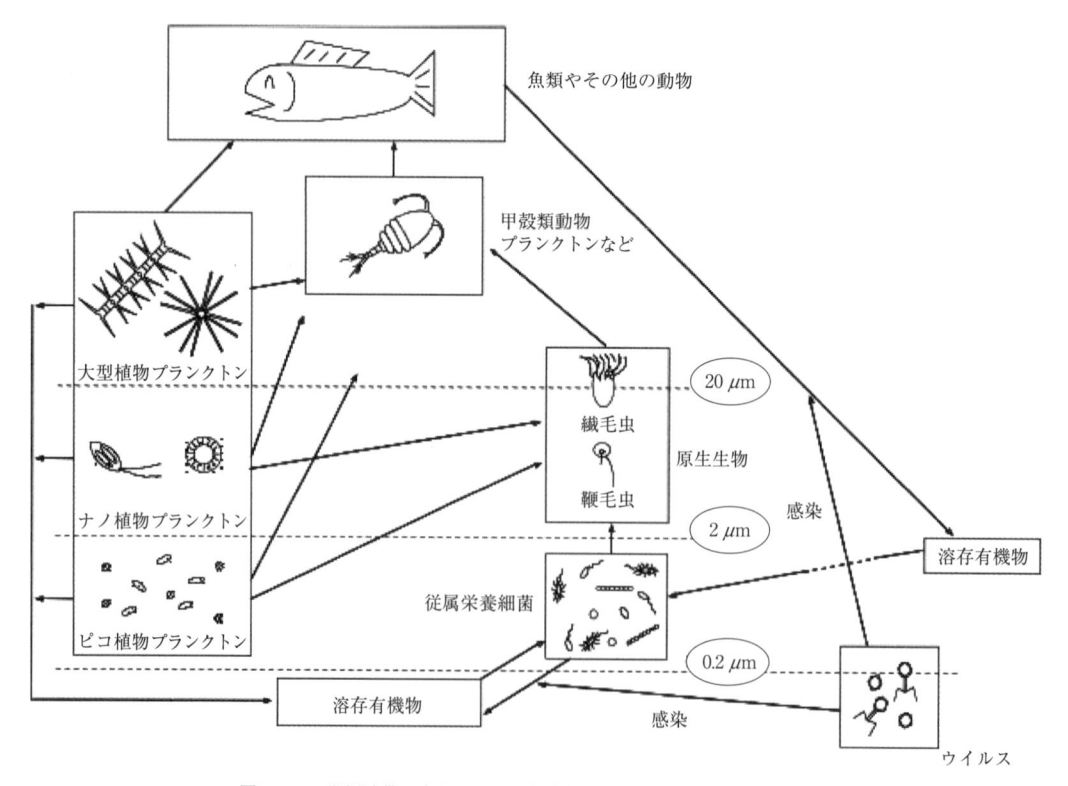

図 14.10 湖沼沖帯の水中における食物網の概略図（文献4を一部改変）

（単位体積の水あたりの細胞数．通常は，cells/m*l* で表される）は $10^5 \sim 10^9$ cells/m*l* のレベルであり，たとえば琵琶湖では $10^6 \sim 10^7$ cells/m*l* のレベルである．湖沼沖帯の水中に存在する細菌は，ほとんどが単独の細胞として浮遊している．これら細菌のサイズは，琵琶湖で $0.56 \sim 0.72 \, \mu m$，コンスタンツ湖（ドイツ）で $0.38 \sim 0.58 \, \mu m$，ミシガン湖（米国）で $0.30 \sim 0.52 \, \mu m$ と微小である．

さまざまな淡水域のデータを集計すると，細菌の現存量は植物プランクトンの現存量の指標であるクロロフィル濃度と正の相関を示す．また，細菌の生産速度（単位体積の水あたり，単位時間あたりに，増殖により増加する細菌の生物量．通常，炭素量として表す）は，植物プランクトンの一次生産速度と有意な正の相関を示す．これらの知見は，細菌の主要な栄養基質が，植物プランクトンが放出する溶存態有機物（dissolved organic matter：DOM）であることと関係がある（図 14.10）．植物プランクトンによる DOM の放出については，多くの研究が行われてきた．植物プランクトン由来の DOM には，細菌が利用しやすい（labile）DOM もあれば，細菌が利用しにくい（refractory）DOM を多く含む場合もある．細菌の現存量や生産速度の季節変化は，しばしば植物プランクトンによる DOM 放出の活発化，あるいは植物プランクトンブルームの崩壊に伴っている．さらに，細菌の群集組成もこういった植物プランクトン由来の DOM の化学組成変化に対して反応している．

細菌は，有機物を分解する．この過程で，リン酸やアンモニウムが生成される．細菌によるこれらの栄養塩類の放出は，その栄養基質の質に依存すると考えられており，栄養基質中の炭素に対する窒素あるいはリンの量が高ければ細菌はアンモニウムあるいはリン酸を放出し，逆に低ければ放出は低下する．細菌は，栄養塩類を放出するが，同時に自らの増殖のために栄養塩類の取り込みも行う．一般に細胞体積に対する細胞表面積の比（S/V 比）が高い生物ほど，より低い濃度の栄養塩類を取り込む能力が優れていると考えられている．細菌は植物プランクトンよりも高い S/V 比を有しているため，より低濃度の栄養塩類を利用できると考えられている．以上のことから，貧栄養湖沼では細菌は植物プランクトンの栄養再生者（植物プランクトンへの栄養供給者）の役割を果たしていないと考えられる．栄養塩類のレベルが高い富栄養湖沼における細菌の栄養再生者としての役割は，いまだ十分に解明されていない．

湖沼のプランクトンの中で細菌を摂食できる生物は，原生生物（鞭毛虫，繊毛虫），ワムシ類，枝角類の動物プランクトンである（図 14.10）．細菌は，プランクトン従属栄養生物の中では比較的大きなバイオマスを有しているため，細菌を利用できる生物にとっては豊富な餌資源なのかもしれない．しかし，上記の細菌摂食生物はどの細菌も同じように摂食するのではなく，その摂食はサイズ選択的であり，比較的大型の細菌が多く摂食される．

b. 従属栄養の原生生物

初期の水界の食物連鎖研究において，原生生物はほとんど注目されていなかった．たとえば，かつて原生生物の採集方法はプランクトンネットを使用しており，淡水では $64 \, \mu m$ メッシュサイズのものが用いられていた．このような方法であると，ほとんどの原生生物はプランクトンネットを通過してしまうだけでなく，ネット通過時に原生生物の細胞が破壊されるため，実際の現存量をかなり低く評価することになる．また，原生生物サンプルの固定剤は，以前はホルマリンやアルコールを用いていたが，これらの固定剤は細胞が柔らかい原生生物を破壊してしまう．原生生物の細胞数を計数するためには，Bouin 液，ルゴール液，グルタールアルデヒド，塩化水銀などの固定剤が有効である．サイズが小さい（$< 20 \, \mu m$）無色の従属栄養鞭毛虫の計数には，グルタールアルデヒドなどでサンプルを固定後，適当な蛍光色素（FITC，プリムリンなど）によって染色し，蛍光顕微鏡による観察が必要である．しかし，原生生物の種や属の同定には，固定剤を用いず，生きている原生生物を生で検鏡するべきである．この際に，原生生物の動きが速いことが大きな問題となるが，メチルセルロースなどを用いてサンプル水の粘性を高め，原生生物の動きを鈍らせると有効である．以上の工夫の結果，さまざまな水域の原生生物の現存量や種組成が明らかにされ，今日原生生物が水界食物連鎖において重要な役割を果たしていることが，多くの研究によって解明されてきた．

古くは，原生生物（protists）から非運動性の多核生物，群体形成生物および独立栄養光合成生物を除いたものが原生動物（protozoa）とされていた．ここでは，原生生物の呼び名を用い，その中でも比較的現存量が高い鞭毛虫と繊毛虫について説明する．

鞭毛虫（flagellates）は，原生生物では最も小型

（数 μm〜数十 μm）で，1〜8本の鞭毛をもち，浮遊または基質に付着する．湖沼では，2本ないし4本の鞭毛をもつものが多くみられる．細菌，有機デトリタス，微細藻類などを摂食する（図14.10）が，葉緑体を有して光合成により栄養摂取するものもある．よく観察されるのは，襟鞭毛虫類，*Bodo* 属，*Paraphysomonas* 属，*Monosiga* 属などである．多くの水域では，鞭毛虫は 10^2〜10^6 cells/ml の細胞密度で生息している．鞭毛虫のサイズは，湖沼では中栄養の琵琶湖で 2.6〜4.6 μm，富栄養のリモフ貯水池（チェコ）で 3.3〜6.9 μm，過栄養の古池で 4.2〜6.3 μm，湖沼の栄養レベルに伴い大型の鞭毛虫が優占する傾向にある．しかし，さまざまな湖沼における鞭毛虫のサイズについてはいまだ情報が不足している．

プランクトン食物網において，鞭毛虫による摂食は細菌の損失要因として最も重要であると考えられている（図14.10）．しかし，貧栄養湖沼における鞭毛虫による細菌の摂食は，細菌の損失要因として重要ではあるが，細菌現存量に大きな影響を与えるものではない．たとえば貧栄養のポール湖とチューズデェイ湖（いずれも米国）では，1 ml の湖沼水中で1日あたり鞭毛虫の摂食によって死滅する細菌数の全細菌数に対する割合（Turnover rate, %/日）は，ポール湖で 0.8〜2.3%，チューズデェイ湖で 0.2〜5.9% である．一方，DOM の供給が大きい富栄養湖沼での Turnover rate は，ドイツのグロッサービネンガー湖では 5〜90%，愛媛県松山市の農業用溜池である古池では 6〜103% と高い値を示し，変動も大きい．

繊毛虫（ciliates）は，大きさ 10 μm（*Cyclidium* 属など）から 1 μm（*Bursaria* 属など）で，原生生物の中では比較的大型である．細胞表面に数多く存在する運動性の繊維状小器官（繊毛）を用いて，虫体運動と栄養摂取を行う．浮遊生活をするもの，棘毛（毛状突起ともいう．繊毛が束状に配列したもの）をもち匍匐・走行運動を行うものや，柄を形成して基質に付着する種類もある．また，共生生物をもつ種類もある．湖沼では，温・冷や好気・嫌気を問わない多くの環境で出現する．繊毛虫の細胞密度は鞭毛虫ほど高くはなく，一般的に 10^0〜10^2 cells/ml のオーダーであるが，過栄養湖沼において細胞密度が 10^3 cells/ml をこえることもある．一般に，貧栄養湖沼ではナノ植物プランクトン（大きさ 2〜20 μm，図14.10）を摂食する小毛類などの大型（40〜50 μm）の繊毛虫が優占するが，富栄養湖沼ではどの種類の繊毛虫も現存量が高くなり，また富栄養化するに従って小型（20〜30 μm）の細菌食繊毛虫が優占するようになることが知られている．

繊毛虫には，有機デトリタス，細菌，微細藻類，原生生物，ワムシなどを捕食したり，弱った・傷ついた甲殻類や魚類などに取り付いて栄養摂取するものもある．繊毛虫による細菌の摂食は，鞭毛虫による摂食に匹敵するかあるいは上回ることもある．共生生物を有する繊毛虫は，その共生生物からも何らかの栄養物質を得る．捕食性の繊毛虫では，繊毛により水流を起こして餌粒子を集めたり，毒胞のように餌生物に毒胞の管を突き刺して餌生物を麻痺あるいは死亡させるといった高度な狩猟を行うものもある．

鞭毛虫と繊毛虫は，いずれも栄養塩類を放出する．これらの原生生物による栄養塩類の放出は，細菌による栄養塩類の放出と同様，その餌の質に依存すると考えられており，餌に含まれる炭素に対する窒素あるいはリンの量が高ければ細菌はアンモニウムあるいはリン酸を放出し，逆に低ければ放出も低下する．これらの原生生物による栄養塩類排出は，貧栄養湖沼では細菌による栄養塩類の排出が小さいことから，植物プランクトンへの栄養塩類供給として重要であると考えられている．

鞭毛虫と繊毛虫は，より大型の原生生物，ワムシ，甲殻類動物プランクトン（カイアシ類，枝角類）に捕食される（図14.10）．鞭毛虫に対する捕食の研究はまだあまり多く行われておらず，今後の研究の発展が待たれる．繊毛虫に対する捕食については鞭毛虫に比べて多くの研究例が報告されており，大型の繊毛虫ほど動物プランクトンに捕食されにくいこと，ある種の繊毛虫は捕食回避に有効な跳躍行動をとるなどが解明されている．

c. ウイルス

湖沼における浮遊ウイルス粒子の密度は，海洋に比べてやや高いとされている．全細菌密度に対してウイルスに感染された細菌の密度は，ノルウェーのカランズバネット湖では 2〜16%，ドナウ川では 1〜4%，ドイツのプルス湖では 0.7〜9% で存在するとの報告がある．さらに，ウイルスによる細菌の死滅が細菌生産の何%に相当するかについては，ドナウ川では 16〜30%，プルス湖では 7.7〜28% であると報告された．これらのことから，ウイルスによる感染も細菌の死滅過程において重要であると考えら

れるが，データの蓄積は少ない．先のプルス湖の研究では，本湖における細菌の主要な死滅要因は，好気的な表水層では鞭毛虫による摂食であったのに対し，深水層では嫌気的であるためウイルスによる感染が重要であったと報告している．

ウイルスによる細菌の死は，細菌の溶解を伴うので，死んだ細菌からDOMが放出されると考えられる（図14.10）．このことにより，細菌―ウイルス―DOMという物質循環経路の存在も指摘されている（図14.10）．ウイルスについての生態学的な研究は，まだデータの蓄積が小さいものの，海洋と湖沼において現在急速な勢いで進展している．細菌―ウイルスの相互作用に加えて，特に海洋の植物プランクトンとウイルスとの相互作用についても，よく研究がなされるようになった．湖沼においても，ピコ植物プランクトンのSynechococcusに感染するウイルスの研究がある．ウイルスが湖沼生態系においてどのような役割を果たしているのか，さらなる研究が求められている．

d. 微生物ループ

プランクトン食物網において，微生物ループと呼ばれる食物連鎖が沖帯生態系の物質循環に重要な機能を担っていることが，今日明らかになっている（図14.10）．かつてPomeroy（1974）は，"The ocean's web, a changing paradigm"の中で海洋生態系の物質循環における細菌と原生生物が果たす役割の重要性について強調した．それまで海洋中に生息する微生物の生態に関する知見が十分ではなかったが，彼の論文を一つのきっかけに水圏の浮遊微生物の生態学的研究が世界各地で行われるようになった．その後，蛍光技術・高感度画像解析・放射トレーサー技術の発達とその自然水界への適用が進み，微生物（主に細菌）の現存量や生産速度が湖沼や海洋において正確に測定されるようになってきた．その結果，彼の考えが大筋において支持されるようになり，Azamら（1983）が微生物ループ（microbial loop）の概念を提唱するに至った．これは，植物プランクトンが光合成中間代謝物や自己分解物として排出するDOMを細菌が栄養基質として利用し，細菌を原生生物が捕食し，さらに原生生物が甲殻類などの大型動物プランクトンに捕食されることによって生食連鎖につながるとする考えである（図14.10）．つまり，これまで単に分解者として位置づけられていた細菌や原生生物は，実は微生物ループを介して動物プランクトンの餌資源として貢献しうると考えられるようになったのである．

一方，DOM→細菌→原生生物という伝達に伴い，有機物の一部は無機化される．したがって，微生物ループの働きには，高次の動物へ物質を供給する機能（link）と有機物を分解する機能（sink）という2つの側面がある（図14.10）．原生生物は，微生物ループがこれらどちらの機能として働くのかを決定づけるキャスティング・ボートの役割を果たしているといえるだろう．

〔中野伸一〕

文 献

1) 岩熊敏夫（1994）：湖を読む，岩波書店．
2) 沖野外輝夫（2002）：湖沼の生態学，共立出版．
3) 永田 俊（1997）：海洋における微生物食物連鎖の構造と機能．日本生態学会誌，**47**：63-69．
4) 中野伸一（2000）：湖沼有機物動態における微生物ループでの原生動物の役割．日本生態学会誌，**50**：41-54．
5) 中野伸一（2003）：湖沼・海洋の微生物食物網における摂食者・被食者としての鞭毛虫．月間海洋，海洋微生物II：基礎，応用研究とその利用，号外**35**：83-93．

14.3.6 水 草

a. 水草の定義

水草は，「植物の発芽は水中か，水が主な基質となっている場所で起こり，生活環のある期間は少なくとも完全に水中か抽水の状態で過ごすもの」[1]，「水中または水辺に生育し，植物体のすべて，または大部分が水中にある大型の高等植物」[2]，あるいは「恒常的にあるいは毎年少なくとも数ヶ月は光合成器官が沈水状態や水面を浮遊している状態となる水生維管束植物（aquatic vascular plant）」[3] などと定義される植物群であり，維管束系の発達した顕花植物（種子植物）とシダ植物が多数を占める．水草は，水生大型植物（aquatic macrophyte）あるいは単に水生植物（hydrophyte）とも呼ばれ，顕微鏡的な植物プランクトンや，いわゆる藻類は含まないが，水生のコケ植物，そして緑藻類の一部である車軸藻類を便宜的に水草の仲間とすることが多い．

通常の状態において水中で生活する植物群だけを水草と呼び（狭義の水草），湿生植物まで含めた場合（広義の水草）と区別することもある．地球上には25万種から50万種の被子植物（angiosperm）が存在するといわれており，このうちの2～3%（種数にすると4700種から7500種）が狭義の水草と考えられている[4]．日本には狭義の水草として200種ほど，湿生植物や水田雑草を含む広義の水草として400種から500種が分布している[2,5]．

14. 水界生物

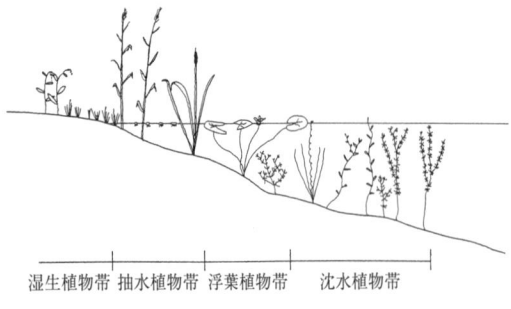

図 14.11 水深に応じた水草の生活形（國井秀伸原図）

湿生植物帯　抽水植物帯　浮葉植物帯　沈水植物帯

図 14.12 水草の帯状分布（松江市内にて國井秀伸撮影）

b. 水草の生活形

分類学上の種の区分とは別に，植物は生活様式を反映している形態を元にして，いくつかのグループに分けることができる．これは植物の「生活形 (life form)」あるいは「生育形 (growth form)」と呼ばれ，水草では図 14.11 のように類型化され，自然の湖沼沿岸帯においては相観的にこれらの生活形が帯状に分布している（図 14.12）．

「抽水植物 (emergent plant)」は，湖沼や河川の辺縁部に生育し，植物体の一部が水中にあるが，大部分は空気中に出ている植物のグループで，ヨシ，マコモ，ヒメガマなどが代表である．抽水植物は浅水域に生育しているので，水位変動のために湿生植物との明瞭な区別が困難になることもしばしばである．抽水植物は，底泥表層や水中から直接的に栄養塩を吸収するほか，有機物の分解や栄養塩の吸収を行う細菌類，付着藻類，原生動物，巻貝などに増殖の基盤を提供し，波浪や流れをやわらげて水中懸濁物質を沈殿させる．また，抽水植物の生える場所は魚類，甲殻類，両生類あるいは水生昆虫や鳥類が産卵場所，ねぐらあるいは隠れ場所として利用しており，生物の多様性にも富んでいる．

「浮葉植物 (floating-leaved plant)」は，葉と花を水面に浮かべるが，茎や葉柄などの器官は水中にある植物で，ヒシ，オニバス，ヒツジグサ，ジュンサイ，ガガブタなどが含まれる．葉の裏面は水面と接するため，浮葉の気孔 (stomata) は葉の表面にあるのが普通である．浮葉は水面を広く覆い植物プランクトンや沈水植物を被陰するが，浮葉植物の下に沈水植物が群落を形成することも珍しくない．

「沈水植物 (submerged plant)」は，植物体の大部分が水中にあるもので，クロモ，マツモ，エビモ，ホザキノフサモなどが含まれる．沈水植物帯の下限が沿岸帯の下限とされるが，その深さは相対照度の約 1% といわれる植物プランクトンの補償深度より

表 14.1 湖岸の植物群落のさまざまな機能（文献 6 を一部修正）

	働き	水辺林群落	湿生植物群落	抽水植物群落	浮葉植物群落	沈水植物群落
動物のすみ場	魚類などの産卵と稚仔魚のすみ場			○	○	○
	野鳥の営巣・育雛・隠れ場	○	○	○	+	
	野鳥への餌の供給	○	○	○		
	昆虫類・両生類へのすみ場と餌の供給	○	○	○		
	底生生物や貝類への餌の供給	+	+	○	○	○
	付着生物の着生基盤			○	○	○
水質の浄化	土砂や汚濁物質の流入阻止	○	○	○		+
	有機物の分解		○	○	○	○
	湖水と底泥から栄養塩の吸収			○	○	○
	植物プランクトンの抑制			○	○	+
湖岸の保護	密生した根茎による侵食防止	○	○	○		
	密生群落による波消しとしぶき防止	○	○	○	+	+
資源の供給	人間の食べもの	○	○	○	○	○
	生活用品の材料	○	○	○	+	+
	家畜の餌と農地の肥料	○	○	○		○
穏やかな水辺景観の形成		○	○	○	○	+

も浅く，多くの沈水植物では透明度とほぼ同じ水深（相対照度で 10〜20% 程度）と考えてよい．沈水植物には，ホザキノフサモ，クロモ，オオカナダモなど，光合成のための炭素源を炭酸水素（HCO_3^-）の形で水中から取り込むことのできる種が多い．

以上の生活形に属する植物はいずれも水底に根を張って固着生活を営むが，4 番目の生活形となるウキクサ類を代表とする「浮漂（または浮遊）植物（floating plant）」は，その名のとおり根を水中に垂らして水面を漂って生活する植物群である．広い湖や河川では自由に漂うが，ため池や小河川では風や波の影響で岸近くに吹き寄せられていることが多い．ホテイアオイやボタンウキクサ，水生シダのアカウキクサ，あるいはタヌキモの仲間が浮漂植物である．

c. 水中の生活に適応した水草

水草の生育場所は，止水域である湖沼，ため池，水田，湿原，そして流水域である河川，農業用水路，あるいはアマモを代表とする海草の生える沿岸海洋域など，実にさまざまある．水草は，もともと陸上生活をしていた異なる分類群の植物あるいは異なる生態的な背景をもった植物が，長い進化の過程で，再び水域の生活へと適応していったものである．そのため，藻類と違って水草には葉・茎・根の区別があり維管束系が発達しているなど，体制上は陸上植物と何ら変わるところがない．

しかし，水中では陸上に比べて光が弱く，二酸化炭素や底泥中の酸素濃度が低いといった環境条件下にあるため，水草はこれら水中での環境に適した形態と構造をもつ[1,7]．たとえば，水中の葉はきわめて薄く，糸状，リボン状あるいは細裂した形態のものが多いことや，植物体のあらゆる場所に通気組織（aerenchyma）と呼ばれる空隙が網目状につらなっていることなどはよく知られている．不規則な水位変動に対応して，気中葉，浮葉，沈水葉といった異なる形態の葉（異形葉）を形成する植物も多く（異葉性（heterophylly）と呼ぶ），ミズユキノシタやキクモ，タチモなど，水中の生活と空気中の生活にすばやく対応できる植物を特に両生植物（amphibious plant）と分類することもある[8,9]．この形態的な可塑性は，有性繁殖に比べて栄養繁殖の割合が高いこと，水媒による受粉を行うこと，水によって繁殖子を移動させることなどとともに，水草の生態的特徴の一つに挙げられる．

d. 水草のもつ多面的な生態的機能と現状

表 14.1 は，水辺林を含めた湖岸の植物群落のさまざまな機能を定性的にまとめたものである[6]．水質浄化，生物多様性，景観など，湖の沿岸帯の広範な生態的機能の担い手は，これまでに述べた多様な水草群落であることがよくわかる．しかしながら，湖沼の埋立や湖岸や河岸の改修，水質汚濁，そして日本で最も大きな面積を占めるウェットランド環境である水田における除草剤の使用や乾田化，ため池の埋立や管理不足，あるいは灌漑用排水路のコンクリート化など，種々さまざまな要因により，今や日本産の狭義の水草の半数近く（90 種）が絶滅危惧植物となっている[10]．

〔國井秀伸〕

文　献

1) 生嶋　功（1972）：水界植物群落の物質生産―水生植物，98 + 4 pp，共立出版．
2) 大滝末男（1974）：水草の観察と研究，139 pp，ニュー・サイエンス社．
3) Cook CDK (1990): Aquatic Plant Book, 228 pp, SPB Academic Publishing.
4) Cronk JK and Fennessy MS (2001): Wetland Plants, 462 pp, Lewis Publishers.
5) 角野康郎（1994）：日本水草図鑑，179 pp，文一総合出版．
6) 桜井善雄（1992）：自然湖岸の生態と復元．自然環境復元の技術（杉山恵一，進士五十八編），pp.104-118，朝倉書店．
7) 浜島繁隆（1979）：池沼植物の生態と観察，110 pp，ニュー・サイエンス社．
8) Sculthorpe CD (1967): The Biology of Aquatic Vascular Plants, 610 pp, Edward Arnold.
9) Hutchinson GE (1975): A Treatise on Limnology. Vol 3. Limnological Botany, 660 pp, John Wiley.
10) 環境庁編（2000）：改訂・日本の絶滅のおそれのある野生生物．植物 I（維管束植物），660 pp，㈶自然環境研究センター．

14.3.7　湖沼生態系における物質循環

Forbes[1] と Forel[2] が発想した「湖は一つの小宇宙」は，その後 Tansley[3] により提唱された生態系の概念と一致するものである．生態系とは，環境と生物群集が一つのシステムとして構成され，そのシステムは物質系として成り立っているという概念である．Forbes と Forel の時代には生態系という概念はいまだ提案されていなかったが，湖沼を総体として理解するには物質系としての認識と，その物質系における生物群集の機能的役割を解明することが重要であると両者は指摘している．

Forel は『淡水の生物学概論』の中で，湖の閉鎖系的性格を元にして，湖内の環境と生物群集によっ

て構成されているシステムが物質の循環により維持され，その関係をつなぐものは生物の生理作用であると解説した．そこでForelは湖内の物質循環にとって重要な生理作用は三つの過程であると指摘している．その一は物質の有機物化，すなわち植物による光合成過程であり，その二は物質の植物，動物相互間の移動，つまり食物関係であり，最後の過程は物質の生物体からの解放，つまり生物体の分解過程である．これらは現在の生態学上の用語でいえば，生産過程，消費過程，分解過程に相当し，生態系の物質循環機能において基本的な物質移動過程と考えられているものである．

Forelのもう一つの提言は湖沼の開放的性格に基づくものである．湖沼は閉鎖的性格が強いとはいえ，流入，流出水の存在，それに付随する物質の流入，流出を考えれば開放的性格も有している．結果として，湖沼の性格はその集水域の状況に大きく左右されることになる．つまり，湖沼は湖沼だけで存在しているのではなく，その集水域と物質的につながり，湖沼の性格は集水域に大きく依存していることになる，という指摘である．この性格が現在の人間活動の活発化による湖沼の水質汚濁と富栄養化現象を招くことになり，その防止対策には湖沼を含む集水域生態系の物質系としての認識が必要となっている．

Tansleyによる生態系の概念を受けて，湖沼での物質系を初めて量的に明らかにしたのはLindemann[4]による泥炭湖（米国，ミネソタ州の泥炭地の小湖）での研究である．湖内の植物群集を生物群集全体の基礎生産者として位置づけ，「食う―食われる」の関係で植物食動物，動物食動物，大型動物食動物の各現存量を上位へと積み上げるとピラミッド状になることから，これを生態ピラミッドと呼び，ピラミッドの各段を栄養段階と称した．その後，Juday[5]をはじめとする各地湖沼での研究により生態ピラミッド各段の利用効率は10～20%程度であることが確認された．

わが国での湖沼生態系の物質循環研究は宝月ら[6]による諏訪湖で行われた「内水面の生産および物質循環に関する基礎的研究」である．この研究はLindemannと同様に諏訪湖を一つの生態系としてとらえ，湖内の物質循環を主軸として，生産者，消費者といった各栄養段階に所属する生物群集の現存量を把握し，その現存量が季節的にどのように変化するか，植物プランクトンによる基礎生産力が年間にどの程度かを実測している．当時の諏訪湖では1年間に太陽から到達する輻射エネルギーの0.24%が植物プランクトンによって固定され，炭素量にして，1年間に1 m^2 あたり260 gの基礎生産力となることが報告された．しかし，他の栄養段階の動物群集については現存量の測定のみで，生産力測定にまでは至らなかった．

1968年から始まった国際共同研究「生物学事業計画」では湖沼生態系での生物生産力測定が主要な課題として採り上げられ，湖沼での物質循環研究が本格的に始動した．しかし，生態系内の食物網が複雑に入り組んでいることから，ここでも生物群集を栄養段階で区分けする域を出ることはなかった．採り上げられた物質は主要な生体構成元素である炭素，窒素，リンであり，乾燥重量といった生体の総体からは一歩踏み込んだ元素レベルでの循環に焦点が当てられている．湖内の栄養塩類としては特に窒素とリンが採り上げられ，研究の初期には窒素，リンと植物プランクトンによる基礎生産力の関係を数量的につなぐきわめて単純な湖内循環系から，さらに消費者，分解者をつなぐ食物連鎖系を含めたより複雑な物質循環系へと模式化されていった．

湖沼生態系を一つの物質系として詳細に模式化しようとする試みは，1950年代から世界各地の湖沼で進行し始めた富栄養化現象の機構解析を目的として行われ，同時に進行していたコンピュータの開発により加速されていくことになる．DiToroら[7]はエリー湖の富栄養化現象解析に栄養塩とプランクトンを結ぶ生態系モデルを提案し，ChenとOrlob[8]も同様な解析を行い，非生物物質の物質収支の一般式を提示した．このモデル式を利用して，ワシントン湖の富栄養化防止には集水域からの栄養塩類の負荷を削減し，処理水はバイパス的に湖沼から流出する下流河川に放流することが必要なことを物質循環の面から提言し，富栄養化防止に成功している．それらの結果により，湖沼生態系内の物質循環系が湖外からの栄養塩負荷により基礎生産力を増進することが湖内生態系の物質循環をゆがめ，水の華現象を引き起こす原因となっていることを物質循環の視点から明らかにしていった．湖外からの負荷と湖内の生態系との関係は，前述したようにForelがすでに指摘していた湖沼の開放的性格に起因するものであるが，集水域での人間活動が物質負荷を通して湖内生態系に影響を与えうることを数量的に証明するまでには100年にわたる湖内の物質循環に関する基礎研究の積み重ねがあってこそ，初めて手を着けるこ

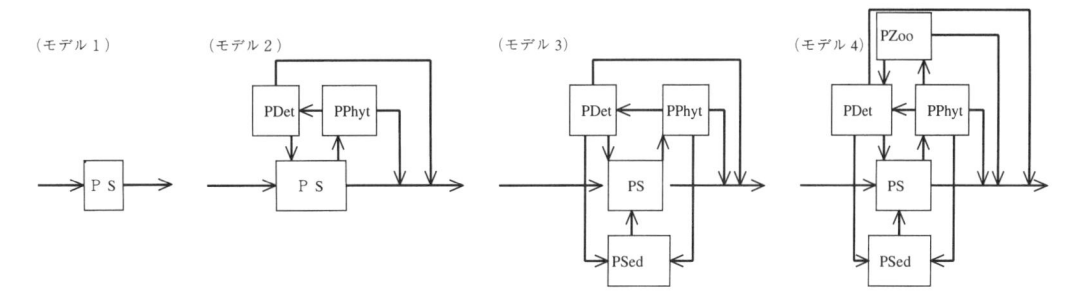

図 14.13 Salomonsen[10] により示されたリン（P）を中心物質とする 4 段階の湖沼内物質循環系のモデル図
PS：溶存態リン，PDet：デトライタスリン，PPhyt：植物プランクトンリン，PSed：沈降物リン，PZoo：動物プランクトンリン．

とが可能になったわけである．

わが国でも 1960 年代から湖沼の富栄養化現象が各地で社会問題となるにつれて湖沼生態系の物質循環に注目が集まり，湖沼生態系のモデル化の試みが行われるようになった．その最初が池田[9] により土木学会で報告された琵琶湖モデルである．琵琶湖は貧栄養湖であり，京都，大阪地方の上水源でもある．その琵琶湖の南湖が富栄養化し，水道水にカビ臭の発生が頻発したことが発端である．琵琶湖モデルは湖沼の富栄養化防止対策に湖沼生態系の物質循環モデルを適用したわが国最初のモデルとして意味のあるものである．内容は栄養塩類―生態系モデルで，Ditoro らのモデルと大きく変わることはない．このモデルは湖沼の形態的構造と生態系としての構成を意識したモデルで，以後の物質循環を基礎とした湖沼生態系モデルの基本となり，負荷栄養塩類の回転率（平均対流時間）を基礎としたボーレンバイダー・モデルとともに湖沼の富栄養化防止対策に実用的な役割を果たしている．

Salomonsen[10] は湖沼生態系での物質循環と湖外からの負荷との関係を，栄養塩と植物プランクトンという二つのパラメーターで結ぶ単純なモデルから，生態系を構成する生物群集全体を含めた複雑なモデルへと展開させる図を示している（図 14.13）．この図は無機物から光合成によって有機物が合成され，その有機物が生物群集内の食物連鎖系に乗って，やがて分解され，無機物に還元されるという，いわゆる生食連鎖系によって構成されている．しかし，人間影響の強い外来性有機物の流入が多い現在の湖沼では，負荷された有機物の分解を基点とする細菌類や原生動物を経ての腐食連鎖系が，湖内の物質循環系にとって量的にも質的にも重要な要因となっている場合が多く認められている．本来，湖沼生態系には生食連鎖系と腐食連鎖系が共存しており，外来性の有機物負荷が少ない場合には生食連鎖系が主体となった物質循環系が優占し，外来性の有機物や湖内基礎生産力が高くなるとしだいに腐食連鎖系が量的に拡大し，両者のバランスが逆転するようになると考えられる．このような微生物ループと呼ばれる物質循環系が湖沼生態系を維持するうえで重要な役割を担っているとする理解が Azam ら[11] の提案をきっかけとして受け入れられるようになった．

物質循環系の解析の基礎となる食物連鎖系の研究は古くから行われてきた．その方法は行動観察や消化管内容物の分析によるものである．その結果，それぞれの生物は「食う―食われる」の関係で結ばれ，その関係が網目状になることを示してきたが，量的には栄養段階でまとめて，重ねる方法で行われてきた．吉岡ら[12] はこの食物関係をそれぞれの生物の炭素と窒素の安定同位体比を測定することで追跡し，現実の富栄養化した湖沼（諏訪湖）での食物連鎖系の季節的な変遷を明らかにすることに成功している．

以上の湖沼での物質循環系の研究の多くは，比較的均質な生物群集を擁している沖合のプランクトンを主体とする生態系について行われてきた．しかし，湖沼生態系はもともと沿岸域に多様な生物群集を抱えており，沖合の均質な生物群集と沿岸域の生物群集とが物質的にもつながる複合生態系として理解することが重要であるという認識がもたれるようになった．そのきっかけは湖沼沿岸域が人為的に利用されることが多く，湖沼の水質回復にとっても沿岸域の破壊が障害となってきたことを挙げることができる．湖沼沿岸域の破壊の原因の一つは，沿岸域の生態学的な研究の遅れにより，科学的な評価に遅

れをきたしていたことにもある.沿岸域が陸域と水域を結ぶエコトーン,緩衝域として生態学的に重要であるとは指摘されても,その数量的評価には至らず,沿岸域の保全に歯止めをかけられないという現状を打開することも含めて,沿岸域生態系の物質循環面からの研究が進められるようになったのは,1990年前後からのことでしかない.

沿岸域の生態系の生物群集の主体は水生植物である.しかし,水生植物と動物群集との間での食物連鎖的なつながりはあまりなく,動物群集の生活場としての質的な機能が強調されてきた.しかし,水生植物の存在は付着藻類をはじめとする微生物群集を通して物質的にもつながっていることがしだいに明らかにされ,腐食連鎖系をも考えればさらに物質的につながりのある系であることが理解されるようになっている.日本水産資源保護協会[13]が中心で進められた沿岸域の物質循環系に関係する諏訪湖の研究結果では,エビモを中心とする沈水植物群落が優占する沿岸域での単位面積あたりの物質移動速度は沖合の移動速度に比べて,炭素では1.6倍,窒素では1.4倍,リンでは2.6倍高いと算出されている.これは個々のデータを組み合わせた沿岸域生態系モデルのうえでの数値実験の結果である.

また,分解の場としても沖合と沿岸では異なった役割をもち,その場の特性に合わせて物質の循環を円滑に行い,湖沼全体の安定化に寄与していることが示唆されている.たとえば,滝井,福井[14]は,諏訪湖と手賀沼で沖合と沿岸での脱窒活性を比較し,両湖ともに沿岸域のほうが脱窒活性が高いこと,逆に沖合はメタン生成活性が沿岸より高いことを報告している.このように一つの湖の中でも物質によって主となる移動地域と反応過程は異なり,湖全体として物質循環が環境特性に合わせて行われていることが理解できよう.現実の沿岸および沖合の生態系内での物質の循環系はさらに複雑な経路が機能しており,その複雑な物質循環系が湖沼生態系のシステム全体の安定化に大きく寄与していると考える必要があろう.

湖沼生態系での物質循環研究は均質な系として単純化が可能な沖合の栄養塩―プランクトンモデルから始まり,生食連鎖系と腐食連鎖系の複合循環系としての認識に発展し,物質循環系としての機能解析が進められてきた.近年はさらに湖沼の構造的な面から,これまで未着手であった不均一な生物群集を抱える沿岸域の生態系解析に取り組み,沖合の物質系と沿岸域生態系との複合的生態系として,湖沼全体を一つ物質系とする生態系解析へと研究が進展しつつある段階にある. 〔沖野外輝夫〕

文献

1) Forbes SA (1887): The lake as a microcosm. *Bull Peoria Sci Assoc Bull*, 1887 (State Illinois Nat Hist Surv Bull, 15, art. 9 : 1-10, Urbana, 111)
2) Forel FA (1891): Freshwater biology. (Die Tier-und Pflanzenwelt des Susswassers. Einfuhrung in das Studium derselben. 2 Bde. Leipzig, Verlag, JJ Weber. ed. by Zacharias, O750 SS)
3) Tansley AG (1935): The use and abuse of vegetational concepts and terms. *Ecology*, **16** : 284-307.
4) Lindemann RL (1942): The trophic-dynamic aspect of ecology. *Ecology*, **23** : 399-418.
5) Juday C (1942): The summer standing crop of plants and animals in four Wisconsin lakes. Trans. *Wisconsin Acad Sci*, **34** : 103-135.
6) 宝月欣二,北沢右三,倉沢秀夫,白石芳一,市村俊英 (1952):内水面の生産および物質循環に関する基礎的研究.水産研究会報,**4** : 41-127.
7) DiToro DM, et al (1975): Phytoplankton-zooplankton-nutrient interaction model for Western Lake Erie. System Analysis and Simulation in Ecology, Vol III (Patten BC ed), pp.424-475, Academic Press.
8) Chen CW and Orlob GT (1975): Ecological simulation for aquatic environments. System Analysis and Simulation in Ecology, Vol III (Patten BC, ed), pp.476-588, Academic Press.
9) 池田三郎 (1976):水質汚濁および水系の富栄養化のモデリングとシミュレーション.環境技術,**5** : 519-531.
10) Salomonsen J (1994): A lake modelling software. Fundamentals of Ecological Modelling (Jorgensen SE, ed), 589-593, Elsvire.
11) Azam F, et al (1983): The role of water-column microbes in the sea. *Marine Ecol Progress Series*, **10** : 257-263.
12) Yoshioka T, Wda E and Hayashi H (1994): A stable isotope study on seasonal food web dynamics in s eutrophic lake. *Ecology*, **75** (3) : 835-846.
13) 日本水産資源保護協会 (1995):湖沼沿岸帯浄化機能改善技術開発.平成6年度赤潮対策技術開発試験報告書,140 pp.
14) 滝井 進,福井 学 (1988):沿岸帯底泥における有機物分解活性.環境科学研究報告書B-341-R02-2,「閉鎖性水域の浄化容量」,38-65.

14.4 沿岸の生物

▷ 17.2　生態毒性

14.4.1　魚類

沖合・外洋域と比べると，沿岸域は陸域の影響を強く受け，地形は変化に富み環境は時空間的に大きく変動する．ヒラメやマダイなどの水産重要種を含めて沿岸魚類の多くは，水深200 m以浅の沿岸域で生活史を完結する．沿岸域で特に特徴的な水域は，水深20 m以浅波打ち際までのごく浅海である．この狭い海域で生活史を完結する魚種は多くはないが，多数の沿岸魚類がごく浅海域を成育場としており，沿岸魚類の資源生産にきわめて重要な役割を果たしている．沿岸域の環境は，河口域，砂泥域，砂浜域，岩礁域などに分けられる．一般に沿岸魚類はやや沖合で産卵し，卵・仔魚は浮遊生活を通して拡散しながら浅海域へ輸送され，成育場において仔魚期の後半から稚魚期を過ごす（孵化から全鰭条数の確定までを仔魚（larva），その後幼期の形態的特徴を残すステージを稚魚（juvenile）と呼ぶ）．成育場の最も重要な条件は，餌生物が豊富であること，捕食者が少ないこと，物理化学的な環境が好適であることの3点である．

産卵場から好適な成育場への輸送は，その魚種の資源水準を決定する主要因の一つとなる．輸送過程には，海流による受動的輸送（卵・仔魚期），鉛直移動などにより上げ潮などの向岸琉を選択的に利用する半能動的輸送（仔稚魚期），塩分濃度などの環境勾配を感知した能動的移動（稚魚期以降）などが，発育段階や水域の特性と複雑に関連しながら機能する．海流による輸送では産卵場の位置が鍵となる．後に紹介するイシガレイの例や，マガレイ[1]，ニホンウナギ[2]など，目標となる好適な成育場にうまく到達するように，親魚は巧妙に上流の産卵場を選択している実態が明らかにされつつある．また，鉛直移動を利用した岸向きの移動は，選択的潮汐輸送（selective tidal transport）と呼ばれ，上げ潮時には表層へ移動し，下げ潮時には海底近くにとどまるこ

とにより，効率的に水平方向へ移動することができる．しかし，このような行動を制御する環境条件や生物体内のメカニズムはよくわかっていない．

河口汽水域は生産力の高い海域であり，プランクトンやベントスのバイオマスも大きい[3]．海産魚類の成育場としての河口汽水域の役割について，仙台湾におけるイシガレイを例に紹介したい．イシガレイは，仙台湾では12月から1月にかけて産卵する．産卵期が近づくと，仙台湾以南の宮城県から福島県沿岸域に広く分布していた親魚が，北上して上流にあたる松島湾湾口沖の水深20〜40 mの海域に集中し[4]，主産卵場が形成される．卵と初期の浮遊期仔魚は鉛直方向にほぼ均一に分布するが，卓越する北西風によるエクマン流の作用で，20 m以浅の個体は南西へ，それより深い水深では北へ輸送された．成育場もきれいに対応しており，それぞれ，仙台湾西岸域と石巻湾に主成育場が形成された．また，沿岸に近づき変態を開始するステージから，仔魚は選択的潮汐輸送を利用することもわかった．浅海域に輸送された仔稚魚は，外海に面した砂浜海岸から河口やそれに付属する汽水潟湖まで15 m以浅の広い水域に着底する．しかし，稚魚の摂餌率，成長速度，生残率は，河口汽水域を成育場とした個体のほうが外海砂浜域よりも明瞭に高く，河口汽水域は外海域よりも捕食者が少なく餌生物が多いことが示された．イシガレイ稚魚は，夏から秋にかけて全長10 cm前後に達すると成育場を離れ沖合へ移動する．耳石中のSrとCaの比をマーカーとして，沖合で漁獲された1，2歳魚の成育場を分析したところ，イシガレイ資源の約半分が河口汽水域で生産されたことが明らかになった．河口汽水域は，仙台湾内の全イシガレイ成育場の数%の面積しかないので，この水域の生産力がいかに高く，また成育場として重要かがよくわかる．河口域における稚魚は，大量に生息するイソシジミという二枚貝の水管を主食とする．イソシジミは水管を摂餌されても死ぬことなく水管を再生することから，餌生物を殺さずにその果実だけを利用するという生産力の合理的な利用形態も注目に値する[5]．河口域と河口から離れた沿岸域の両方に分布する魚種としては，有明海のスズキ稚魚でも比較研究が進められている．イシガレイ同様，スズキ稚魚でも河川遡上個体のほうが沿岸域滞留個体よりも成長がよく，河口域の稚魚生産力の高さを示している[6]．

河口域は，沿岸域の中では最も環境変動の激しい

水域である．潮汐により河川水と海水が短時間に入れ替わる日周変動と，上流域での雨量の変化や雪解け水などの影響を受ける季節変動により，水温，塩分，水量，濁度などが，めまぐるしく変化する．河口域に生息する魚類のうち，スズキなどの遊泳性の魚は水塊と一緒に移動し周囲の環境を比較的安定させているが，イシガレイ稚魚は移動することなく最低低潮位以深の浅所にとどまって生活することから，急激な環境変動にさらされている．ストレスの指標とされるコーチゾル濃度は，環境の安定した外海砂浜域に生息する本種稚魚の約4倍であった．これは，めまぐるしく変動する外部環境に対して体内環境の恒常性を維持するために，軽度の生理的ストレス下にあることを示唆している．しかし，河口汽水域の稚魚密度が外海砂浜域の5倍から10倍であることや高い成長速度は，河口汽水域の豊かな生物環境（豊富な餌生物と少ない捕食者）が，この程度のストレスをはるかに上回る利点をもたらすことを示している．

砂浜海岸の水深1m以浅の波打ち際（汀線域）が，アユ，クロダイ，ヘダイ，シロギス，ヒラメ・カレイ類など多くの沿岸魚類の重要な成育場となっていることがわかってきた[7]．この水域を成育場とする時期は後期仔魚期から前期稚魚期に限られており，多くの魚種は入れ替わりやってきて短期間利用したのち次の成育場へ移動する．汀線域は水深が浅いために大型の捕食者が入りにくいという利点がある．また，汀線域では仔稚魚の摂餌状態も良好であるが，汀線域に餌生物が特に多いという報告はなく，汀線域での水の動きが餌生物との遭遇確率を高める可能性が推察されている．汀線域より深い砂浜域には，汀線域までは入り込まないカタクチイワシ，マイワシ，ウルメイワシ，キビナゴなどのニシン目，マダイ亜科，スズキ類や上述の汀線域を往復する仔稚魚が多く生息している．砂浜域には近底層性のカイアシ類，アミ類，コエビ類などの餌生物が豊富に分布するが，汀線域と比較すると大型魚類，イカ類，エビジャコ類やカニ類などの肉食性甲殻類が多く出現し，必ずしも安全な成育場とはいえない．

岩礁域には西日本ではカジメやガラモ類，北日本ではアラメやコンブなどを主体とした藻場が形成される．また，亜熱帯水域では珊瑚礁が魚類の生活と不可分に関係している．藻場には，匍匐性カイアシ類，ワレカラ類などの小型甲殻類が，また，岩礁に付着するムラサキイガイ，マガキなどの間には多毛類や端脚類などが多数生息し，カサゴ，メバル，クロソイなどのカサゴ目，ハタ科，テンジクダイ科，ベラ科などの生息場となる．湾奥のアマモ場にも出現するメバル，クロソイなどを除くと，砂浜海岸や河口域を成育場とする魚種とはかなり異なる魚類群集をみることができる．

特異な生活史をもつ魚種として，川と海の間を移動する通し回遊（diadromous migration）魚があり，わが国では100種を越える種が報告されている[2]．通し回遊は，海で成育し産卵のために川へ上る遡河回遊（anadromous migration），川で成育し産卵のために海へ下る降河回遊（catadromous migration），産卵とは直接関係しない両側回遊（amphidromous migration）に分けられる．両側回遊は，川で産卵し海を仔稚魚期の成育場として利用したのち川へ移動する淡水性両側回遊と，その逆の海水性両側回遊に分けられる．遡河回遊魚にはサケ，サクラマス，アメマスなどサケ科魚類，ワカサギ，ハゼ科のシロウオ，降河回遊魚にはニホンウナギやカジカ科のアユカケ，ヤマノカミ，淡水性両側回遊魚にはアユ，ハゼ科のトウヨシノボリなどがよく知られている．海で産卵するスズキ，ボラ，シラウオなどでは，稚魚期に淡水域まで侵入する個体があり，これらは海水性両側回遊といえるかもしれない．通し回遊魚はサケやニホンウナギのように遠く北洋やフィリピン海へ回遊する種から，河口域をうろうろする種まで多様であるが，沿岸域，河口域がすべての通し回遊魚の通り道となっていることは重要なポイントである．

波打ち際から水深20m前後までの浅海域は陸から海への移行帯であり，河口域は川から海への移行帯である．このような移行帯はエコトーン（ecotone）と呼ばれ，ユニットごとの生態系が相互に連環して，トータルなエコシステムとして機能するうえで，生態系間の境界領域としてきわめて重要な役割を果たしている．しかし，近年，沿岸域の埋立，河川改修，河口域の改変，人工構造物の建設，垂直護岸などによりエコトーンが消失し，生態系の連環が分断されている．さらに，河川を遮断するダムと堰により生物の移動が阻害され，また，陸域からの土砂の供給が絶たれることにより砂浜海岸が消失しつつある．沿岸自然環境の破壊は，生活史のごく短期間でもここを利用する魚類の生活環を断ち切り，種の滅亡にもつながる．エコトーンの荒廃と生態系循環機構の分断は，地球環境問題の病巣の一つとい

うことができる.　　　　　　　　〔山下　洋〕

文　献

1) Nakata N, Fujihara M, Suenaga Y, Nagasawa T and Fujii T (2000): Effect of wind blows on the transport and settlement of brown sole (*Pleuronectes herzensteini*) larvae in an shelf region of the Sea of Japan: numerical experiments with an Euler-Lagrangian model. *J Sea Res*, 44: 91-100.
2) 後藤　晃，塚本勝巳，前川光司編 (1994): 川と海を回遊する淡水魚, 279 pp, 東海大学出版会.
3) 栗原　康 (1988): 河口・沿岸域の生態学とエコテクノロジー, 335 pp, 東海大学出版会.
4) 高橋正典 (1971): 仙台湾におけるイシガレイ *Kareius bicoloratus* (Basilewsky) 個体群の再生産に関する研究. 42 pp, 東北大学農学研究科修士論文.
5) Sasaki K, Kudo M and Ito K (1999): Structure of the siphons of the bivale *Nuttallia olivacea* (tellinacea, psammobiidae) and changes of their states under extended conditions. *Fish Sci*, 65 (6): 839-843.
6) 太田太郎 (2004): 耳石情報による有明海産スズキの淡水遡上生態に関する研究. 126 pp, 京都大学博士論文.
7) 千田哲資，木下　泉編 (1998): 砂浜海岸における仔稚魚の生物学, 136 pp, 恒星社厚生閣.

14.4.2　動物プランクトン

　一般に従属栄養を行うプランクトンを動物プランクトン (zooplankton) と呼び，大きさは数 μm の原生動物 (Protozoa) から数十 cm のクラゲ類に至るまできわめて幅広い.生活史の一部をプランクトンとして過ごす分類群を入れると，海洋動物のほぼすべての分類群が含まれるほど動物プランクトンは多種多様な群集である.動物プランクトンは海洋生態系の主要な二次生産者となっているが，動物プランクトン群集内だけでも数段階の栄養階層を含んでおり，食う一食われるの関係は単純ではない.海洋動物プランクトンを3つ（微小，中・大型，巨大）のサイズグループに分け，各グループに属する代表的分類群について，それらの生態的特性などを以下に述べる.

a. 微小動物プランクトン

　定義上では大きさは20～200 μm であるが，通常のプランクトンネットの目合いを抜ける動物プランクトンを総称して微小動物プランクトン (microzooplankton) と呼ぶ.一部の多細胞動物の幼生なども含まれるが，微小動物プランクトンは主として単細胞の原生動物 (Protozoa) により構成され，そのうち最も主要な分類群が鞭毛虫類 (Mastigophora) と繊毛虫類 (Ciliata) である（図14.14）.前者は鞭毛により摂餌水流を起こして主としてピコサイズ

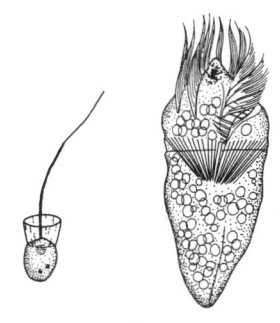

図14.14　代表的な微小動物プランクトン
左側から鞭毛虫類（細胞長径：約10 μm），繊毛虫類（細胞長径：約30 μm）（日本産海洋プランクトン検索図説，東海大学出版会より）．

(0.2～2.0 μm) の細菌や植物プランクトンを摂餌する．後者は繊毛を使って主としてナノサイズ（2～20 μm）の粒子を摂餌する．瀬戸内海などの沿岸域では海水1 l あたり微小動物プランクトンは平均密度 10^5～10^6 細胞，炭素現存量では 10^0～10^1 μg のオーダーで出現する[1,2]．これらは無性的な二分裂により増殖し，好適条件下では鞭毛虫類は1日間に3回も分裂するが，繊毛虫類は通常1回の分裂を行う．微小動物プランクトンの細菌や植物プランクトンに対する摂餌速度はそれらの生産速度に匹敵するほど高いことがある．

b. 中・大型動物プランクトン

　定義上の大きさは中型動物プランクトン (mesozooplankton) では200～2000 μm，大型動物プランクトン (macrozooplankton) では2000～20000 μm であるが，一般にプランクトンネットで採集されることからネットプランクトンとも呼ばれる．本プランクトンの中ではカイアシ類 (Copepoda, 図14.15) と呼ばれる体長数 mm の小型甲殻類が現存量の平均70～80%を占める．わが国の内湾域で優占する代表的カイアシ類は *Acartia*，*Calanus*，*Microsetella*，*Oithona*，*Paracalanus* 属などであり，それらの個体群は水温変動に伴い季節的に大きく変動する．種によってはプランクトンから完全に姿を消し，その期間を海底の泥の中で休眠卵として経過している．小型甲殻類の枝角類 (Cladocera, 図14.15) が時にカイアシ類を凌駕するほど優占することがあるが，これは本グループに特異的な単性（処女）生殖により爆発的に個体群を増加させるためである．一部の典型的肉食性グループを除くほとんどの甲殻類プランクトンは，ナノ・ミクロサイズ（2～200 μm）の植物プランクトン，微小動物プラ

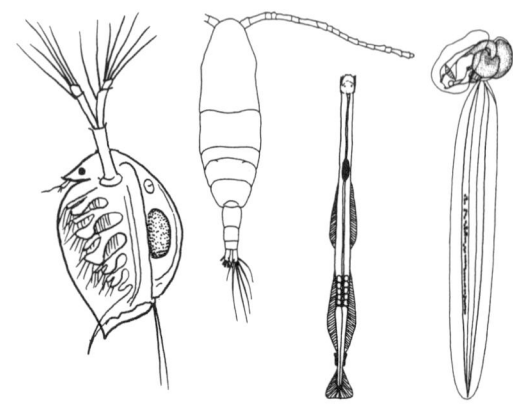

図 14.15 代表的な中・大型動物プランクトン
左側から枝角類（体長：約 1 mm），カイアシ類（体長：約 1 mm，第 1 触角と又肢刺毛の左側は省略），毛顎類（体長：約 2 cm），尾虫類（体躯長：約 1 mm）（日本産海洋プランクトン検索図説，東海大学出版会より）．

ンクトン，デトライタスなどを雑食する．カイアシ類に次いで 2 番目に現存量が多い分類群が，体型がダーツに似ていて体長数 cm になる毛顎類（Chaetognatha，図 14.15）である．口の周辺にある顎毛と呼ばれる鋭い刺でカイアシ類などを捕獲して丸のみする肉食性動物プランクトンである．また，オタマジャクシ様の体型をした尾虫類（Larvacea，図 14.15）は自ら分泌したゼラチン質のハウスの中で摂餌水流を起こし，ハウス内に入ってくるピコ・ナノサイズの懸濁粒子を摂餌している．さらに夏季を中心に多毛類，貝類などのベントスの幼生が一時性プランクトンとして多量に出現することがある．瀬戸内海における中・大型動物プランクトンの 1 l あたりの平均炭素現存量は 10^1 μg のオーダーである[3]．彼らの世代時間は水温の影響を強く受け，数日から数か月の範囲にある．中・大型動物プランクトンはプランクトン食性魚類などの主要な餌となっている．

c. 巨大動物プランクトン

船上から肉眼でもみることのできる 2 cm 以上のクラゲ類（刺胞動物 Cnidaria），クシクラゲ類（有櫛動物 Ctenophora），サルパ類（Thaliacea）などが巨大動物プランクトン（megazooplankton）である．これらは浮遊適応のために体がゼラチン質で構成されている共通点がある．クラゲ類，クシクラゲ類は典型的な肉食者であり，その中でもミズクラゲ，カブトクラゲはわが国の沿岸域で最も現存量が多い．瀬戸内海ではミズクラゲは初春に幼クラゲとして出現し，成長して夏に最大となり，秋には消失するの

が一般的である．カブトクラゲは主として夏に多量に出現する．一方，サルパ類は植物プランクトンなどの懸濁粒子をろ過摂餌する．無性的な出芽などにより増殖するので，サルパ類は巨大動物プランクトンの中では最も成長速度が高く，植物プランクトンの摂餌圧も強大である．これらの巨大動物プランクトンが大量出現すると漁網を塞ぐなどの被害をもたらすことがある． 〔上 真一〕

文 献

1) Uye S, Iwamoto N, Ueda T, Tamaki H and Nakahira K (1999): Geographical variations in the trophic structure of the plankton community along a eutrophic-mesotrophic-oligotrophic transect. *Fish Oceanogr*, **8**: 227-237.
2) Uye S, Nagano N and Tamaki H (1996): Geographical and seasonal variations in abundance, biomass and estimated production rates of microzooplankton in the Inland Sea of Japan. *J Oceanogr*, **52**: 689-703.
3) Uye S and Shimazu T (1997): Geographical and seasonal variations in abundance, biomass and estimated production rates of meso- and macrozooplankton in the Inland Sea of Japan. *J Oceanogr*, **53**: 529-538.

14.4.3 植物プランクトン

植物プランクトン（phytoplankton）は，クロロフィル，カロチノイド，フィコビリンなどの色素によって光エネルギーを利用し，光合成（photosynthesis）を行う浮遊性の微細藻類（microalgae）であり，多くは観察に顕微鏡を必要とする微生物（microorganisms）である．藻類は系統的に単一でなく人為的に取りまとめられた生物群であり，強いて定義するならば「光合成の過程で酸素を発生する生物の中から，コケ植物，シダ植物，および種子植物を除いたもの」となる．藻類の門は，光合成色素の組成および光合成産物である貯蔵物資を主たる基準とし，これらに生殖細胞や鞭毛，分子系統研究の成果などを勘案して，現在 10 門に分類されている（表 14.2）[1,2]．表 14.2 からも明らかなように，藻類は原核生物と真核生物の両方にまたがっており，きわめて多様な生物群といえる．細胞の微細構造研究や分子系統学研究の発展により，藻類は起源の異なる多様な生物の集合（共生体）であることがわかってきた[2]．この共生説によれば，真核藻類の葉緑体（chloroplast）の起源は酸素発生型光合成を行う原核生物であるという．さらにこの共生体である真核微細藻類が他の従属栄養（heterotrophy）の真核生物に取り込まれ，葉緑体として定着して（真核共生）さらに多様な真核藻類が生まれることになった．

表 14.2 藻類の分類

原核植物類（Prokaryophyta）
 藍色植物門（Cyanophyta）
  藍藻綱（Cyanophyceae）
真核植物類（Eukaryophyta）
 灰色植物門（Glaucophyta）
  灰色藻綱（Glaucophyceae）
 紅色植物門（Rhodophyta）
  紅藻綱（Rhodophyceae）
 クリプト植物門（Cryptophyta）
  クリプト藻綱（Cryptophyceae）
 渦鞭毛植物門（Dinophyta）
  渦鞭毛藻綱（Dinophyceae）
 黄色植物門（Chromophyta）
  ＝不等毛植物門（Heterokontophyta），オクロ植物門（Ochrophyta）
  黄金色藻綱（Chrysophyceae）
  ラフィド藻綱（Raphidophyceae）
   ＝緑色鞭毛藻綱（Chloromonadophyceae）
  珪藻綱（Bacillariophyceae）
  褐藻綱（Phaeophyceae = Fucophyceae）
  黄緑色藻綱（Xanthophyceae = Tribophyceae）
  真正眼点藻綱（Eustigmatophyceae）
  ディクティオカ藻綱（Dictyochophyceae）
  ペラゴ藻綱（Pelagophyceae）
  ピングイオ藻綱（Pinguiophyceae）
  ボリド藻綱（Bolidophyceae）
  クリソメリス藻綱（Chrysomerophyceae）
 ハプト植物門（Haptophyta）
  ＝プリムネシウム植物門（Prymnesiophyta）
  ハプト藻綱（Haptophyceae）
   ＝プリムネシウム藻綱（Prymnesiophyceae）
 クロララクニオン植物門（Chlorarachniophyta）
  クロララクニオン藻綱（Chlorarachniophyceae）
 ユーグレナ植物門（Euglenophyta）＝ミドリムシ植物門
  ユーグレナ藻綱（Euglenophyceae）＝ミドリムシ藻綱
 緑色植物門（Chlorophyta）
  プラシノ藻綱（Prasinophyceae）
  緑藻綱（Chlorophyceae）
  アオサ藻綱（Ulvophyceae）
  トレボキシア藻綱（Trebouxiophyceae）
  シャジクモ藻綱（Charophyceae）

（文献1と文献2を参考に作成した）

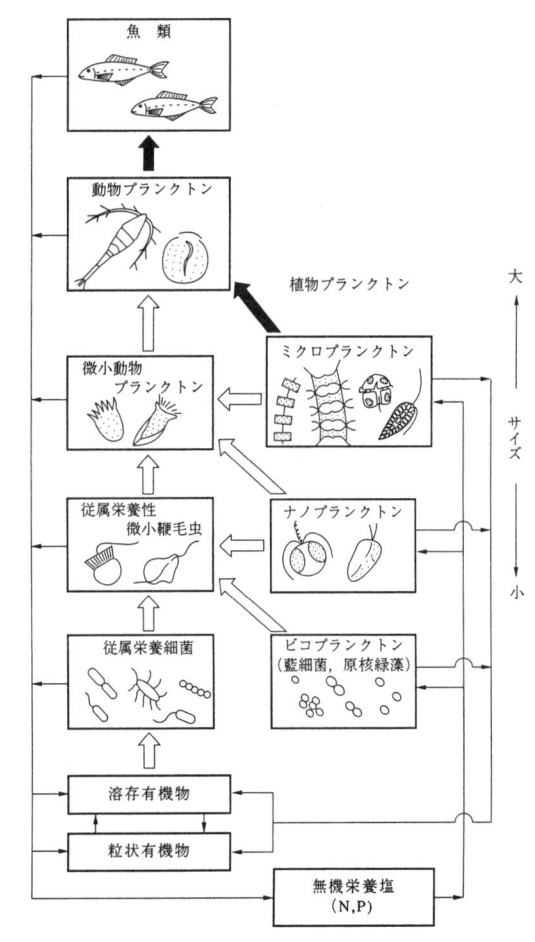

図 14.16 海洋の生物生産過程における、種々のサイズの植物プランクトンを考慮した食物網の概略図 [3,4]
植物性ミクロプランクトン→動物プランクトン→魚類の連鎖は従来の生食連鎖を表す.

海産微細藻の仲間は、従属栄養種と光合成種が単系統を形成している場合が多く、また鞭毛による遊泳能力を有し、光合成を行い、餌生物を摂食するという混合栄養（mixotrophy）の種も少なからず存在している. 以上から植物プランクトンを、単純に光合成を行う海の単細胞植物というとらえ方をするのは妥当でなく、他の単細胞性の従属栄養を営む原生生物と併せてその生理生態を考慮する必要がある.

植物プランクトンの分類や栄養形態が複雑であるとはいえ、植物プランクトンが海の生物生産過程における基礎生産者（primary producer）として基本的に重要な役割を演じていることに変わりはない. 植物プランクトンはサイズによって、ミクロ（20～200 μm），ナノ（2～20 μm），ピコプランクトン（2 μm 以下）におおむね分けられる. 海洋の生物生産過程における、種々のサイズの植物プランクトンを考慮した食物網（food web）の概略図を図 14.16 に示した [3,4]. 最もサイズの小さい植物性ピコプランクトン（picoplankton）は、従属栄養細菌（heterotrophic bacteria）と併せて従属栄養性微小鞭毛虫類（heterotrophic nanoflagellates）に捕食され、植物性ナノプランクトン（nanoplankton）は従属栄養性微小鞭毛虫類と併せて微小動物プランクトン（microzooplankton）に捕食される. 植物性ミクロ

14. 水界生物

表14.3 種々の有害有毒藻類ブルームのタイプ[6]（文献7を参考に作成）

1. 大量増殖赤潮（バイオマスブルーム）：基本的には無害であるが，高密度に達した場合には溶存酸素の欠乏などを引き起こして魚介類をへい死させる
   原因生物：*Gonyaulax polygramma, Noctiluca scintillans, Trichodesmium erythraeum, Scrippsiella trochoidea, Prorocentrum micans, Ceratium furca* など

2. 有毒ブルーム：強力な毒を産生し，食物連鎖を通じて人間に害を与えるもの．海水が着色しない低密度の場合でも毒化現象（特に二枚貝）がしばしば起こる
   原因生物
   麻痺性貝毒：*Alexandrium tamarense, A. catenella. Gymnodinium catenatum* など
   下痢性貝毒：*Dinophysis fortii, D. acuminata, Prorocentrum lima* など
   記憶喪失性貝毒：*Pseudo-nitzschia multiseries, P. australis* など
   神経性貝毒：*Karenia brevis*
   シガテラ毒：*Gambierdiscus toxicus*

3. 有害赤潮：人間には無害であるが養殖魚介類を中心に大量へい死被害を与えるもの
   原因生物：*Chattonella antiqua, C. marina, C. ovata, C. verruculosa, Heterosigma akashiwo, Heterocapsa circularisquama, Karenia mikimotoi, Cochlodinium polykrikoides, Chrysochromulina polylepis* など

4. 珪藻赤潮：通常は海域の基礎生産者として重要な珪藻類が，海苔養殖の時期に増殖して海水中の栄養塩類を消費し，色落ちによる海苔の品質低下を引き起こして漁業被害を与えるもの
   原因生物：*Eucampia zodiacus, Coscinodiscus wailesii, Skeletonema costatum, Rhizosolenia imbricata, Chaetoceros* spp.など

プランクトン（microplankton）は微小動物プランクトンや動物プランクトンに捕食され，最終的には上位の魚介類の生産につながり人間のために必要な有用水産生物の生産を支えている．この食物網の中で重要な点は，植物プランクトンが捕食される際，同様のサイズの従属栄養生物と併せて上位の捕食者に捕食されることである．すなわち，食段階が上がっていくにつれてより大きいサイズの生物に変換されていくとみなすことができる．したがって，サイズの大きい植物プランクトンが基礎生産者である生態系（湧昇域や沿岸域）では，生食連鎖（grazing food chain）は，高次の生物への食段階数が比較的少なくなり，効率のよい生物生産が実現される傾向がある．逆に，植物プランクトンのサイズが小さい場合（外洋域や貧栄養的な水域）は，大型の生物に至るまでに数多くの食段階が必要となり，生産効率の低い生物生産となってしまう．

前述のように，植物プランクトンには混合栄養性の種類が多く存在しており，サイズの小さいものはもちろん，自身と同じ程度のサイズの生物（植物プランクトンや従属栄養生物）を捕食している．また渦鞭毛藻の仲間には，従属栄養性の種が多く存在し，さまざまな摂食様式で植物プランクトンや微小動物プランクトンなどを摂食している．これらのことは，基礎生産（primary production）を含む低次生物生産物が単純に上位の生物へと効率よく転送されていくわけではないことを示している．また近年，藻類ウイルス（viruses）が植物プランクトンへ感染し殺滅することが示されたことから[5]，基礎生産について見直しが必要となっている．

海域における植物プランクトンの生産は，主要な栄養塩である窒素の起源によって，再生生産（regenerated production）と新生産（new production）に大別される．前者は有光層内（euphotic zone）で生物の排泄や細菌（bacteria）による有機物の分解の結果再生されたアンモニア態や尿素態の窒素に基づく生産，後者は有光層下から鉛直混合や湧昇（upwelling）によって供給された硝酸態窒素，あるいは流入河川水や降雨に由来する窒素，または固定窒素に基づく生産をいう．持続可能な漁獲は新生産に基本的に依存しており，漁獲が再生生産に食い込むとその海域から窒素の総量が減少して生産量が縮小することになる．富栄養化（eutrophication）した沿岸域の基礎生産は新生産による割合が高い．

海域における基礎生産は，基本的には図14.16に示した生物生産過程を通じて呼吸などの無機化を経ながら有機物が高次生物へと転送される．東京湾，三河湾，伊勢湾，瀬戸内海，博多湾などの富栄養化した水域においては，季節や環境条件が好適な場合，植物プランクトンが大量に増殖して海水を着色させるような赤潮（red tides）が発生する．赤潮は新生産に起因し，捕食などを通じて食物連鎖に参入しな

かった過剰な基礎生産とみなすことができる．また，増殖した有毒な植物プランクトンが食物連鎖を通じて二枚貝類に蓄積された場合には，貝毒（shellfish poisoning）の問題が生じる．赤潮や貝毒の原因となる植物プランクトンの増殖は有害有毒藻類ブルーム（harmful algal bloom）と総称されている（表14.3）[6,7]．有害赤潮は養殖魚介類の大量へい死を通じて大規模な漁業被害を引き起こし，たとえば1972年夏季の赤潮被害によって播磨灘赤潮訴訟が起こるなど社会問題にもなっている．有毒ブルームは貝毒の発生を通じて人間に健康被害を与えるだけでなく，付随する出荷停止による経済的被害も大きい．珪藻赤潮はノリ養殖を行う秋～春季に養殖海域で発生した場合に，栄養塩（特に窒素）を枯渇させて海苔の色落ち被害を引き起こしており，その被害は有明海や播磨灘などで深刻な状況にある．大量増殖赤潮は基本的には無害であるが，高密度になった後の分解過程で溶存酸素の欠乏などを引き起こし，魚介類をへい死させることで漁業被害が生じる．

閉鎖性水域において，植物プランクトンの増殖（基礎生産）を通じて有機物が生産されることは，有機物量増大の観点から内部生産と呼ばれる．図14.16に示した生物生産過程が正常に作動している場合は，基礎生産は豊かな漁業生産を支える基本として重要かつ有用である．しかしながら，赤潮の発生などによって短期間で大量に過剰な基礎生産が生じると動物プランクトンなどに消費されずに沈降し，海底付近で有機物が分解され酸素が消費されて，生物が生息できない貧酸素水塊が形成される．この貧酸素水塊が気象海象条件によって沿岸域に湧昇すると青潮が引き起こされ，アサリなどの生物の大量へい死の原因となる．このように赤潮が発生すると，貧酸素水塊が発生しやすくなるといった悪循環が形成されるといえよう．　　　　　　　〔今井一郎〕

文　献
1) 今井一郎，吉永郁生（1998）：海洋微生物の分類．沿岸の環境圏（平野敏行編），pp.134-138，フジ・テクノシステム．
2) 井上　勲（2006）：藻類30億年の自然史，472 p．，東海大学出版会．
3) 今井一郎（1989）：沿岸域における微生物の生態．沿岸海洋研究ノート，**27**：85-101．
4) 今井一郎（1998）：海洋生態系における海洋微生物の位置づけと役割．沿岸の環境圏（平野敏行編），pp.128-133，フジ・テクノシステム．
5) 長崎慶三（2000）：水圏環境中の真核藻類とウイルスの相互関係．月刊海洋号外，No.23：197-201．
6) 今井一郎（2001）：沿岸海洋の富栄養化と赤潮の拡大．海と環境—海が変わると地球が変わる，日本海洋学会編，pp.203-211，講談社サイエンティフィク．
7) Hallegraeff GM（1993）：A review of harmful algal blooms and their apparent global increase. *Phycologia*, **32**：79-99.

14.4.4　底生生物

ベントス（benthos：底生生物）は，文字どおり海底を生活の場としている生物群集の総称であり，一般には水中で遊泳したり（nekton：ネクトン），漂ったり（plankton：プランクトン）している生物群集との対比で用いられる概念である．

その類別は，体長などのサイズによるものが一般的だが，もともとは砂泥域に生息しているベントス群集を篩い分けすることによって採取するときに用いられたものである．現在は，岩礁などに生息するものも含めて，サイズによって区分する方法が採られている．

サイズの小さいほうから，マイクロベントス（microbenthos），メイオベントス（meiobenthos），マクロベントス（macrobenthos），メガベントス（megabenthos）と分けられている．

マイクロベントスには，明確なサイズ規格がないが，このカテゴリーに含まれる生物は，バクテリアや藍藻などの原核生物および単細胞の原生動物や微少藻類などが含まれる．まれに，このマイクロベントスを，細菌などのピコベントス（picobenthos）と微細藻類や原生動物などが含まれるナノベントス（nanobenthos）の2画分にさらに分ける研究者もいる．

メイオベントスは，成体の大部分が0.5 mmないし1.0 mm目合いの篩を通過する小型の多細胞動物をいう．しばしば見つかるのは，ソコミジンコなどの甲殻類や自由生活線虫類，棘皮虫類，小型の渦虫類などである．なお，サイズによる分類なので，マクロベントスの幼稚体などもこのカテゴリーに含まれる．

マクロベントスは，その成体や幼稚体の大部分が，0.5 mmないし1.0 mm目の篩上に残るサイズのものをいう．このサイズカテゴリーは，ほとんどの二枚貝や巻き貝などの腹足類，ゴカイなどの多毛類，ウミグモなどの節足動物，ヨコエビや底生コペポーダなどの甲殻類など多彩である．

メガベントスはcmサイズ以上の大型海藻類やアマモなどの維管束をもつ海草類，魚介類などが含ま

れる.

0.5 mm 以上のものをすべてマクロベントスと一括して呼ぶこともある.

このようなサイズによる分け方ではなく, 独立栄養生物（植物・藻類）と従属栄養生物（動物）に分ける方法もあり, それぞれ benthic fauna, benthic floura と呼ばれている. また, 生活様式によって海底表面で生息するものを表在性ベントス（epibenthos）, 砂泥堆積物中や岩礁の内部に住んでいる内在性ベントス（endobenthos）と区分することもある.

また, ベントス：底生生物はきわめて多様な生物群集から構成されていることが知られており, 地球上に生息する 34 動物門のうち, 実に 31 門が底生生物として出現することが確認されている. このようなことからも, ベントスの食性はきわめて多様であり, マクロベントスを例にとってみても, 懸濁物食者（suspension feeder）, 微小藻類食者（microalgal grazer）, 植物食者（hervivore）, 堆積物食者（deposit feeder）, 肉食者（carnivore）, 腐肉食者（scavenger）の 6 つの大きなグループに分けられている.

これらのベントスは海底近傍における物質循環に大きく関与している. 懸濁物食者は懸濁物を能動的に体内に取り込み, 同化できなかった部分を糞や偽糞として堆積物表面に排泄する（biodeposition）ことが知られている. このことにより堆積物表層は有機物濃度が高まると同時に, 流動性も増すことになる. これらの機能に優れる二枚貝などが, 水質の浄化者として評価されるのは, 水中懸濁物をろ過捕食することにより, 水中の有機物濃度を減少させる効果が大きいことによる. さらに, 巣穴や棲管を形成して生活するタイプの内在性ベントスは, 表層の堆積物の物理構造を変化させることにより, 粒子の再懸濁などに影響を与えるとともに, 直上海水が入り込むことにより還元的な堆積物中で一部が酸化的な環境となり, 微生物活性や生化学過程を変質させることにつながる.

ベントス試料の採取方法はさまざまに工夫されているが, 砂泥堆積物ではグラブ式の採泥器を用いるのが一般的である. 15 cm 四方あるいは 20 cm 四方の方形式のエクマンバージ型採泥器が沿岸域の調査では多用されるが, それより少し大きめの方形をもつスミスマッキンタイヤー型採泥器も使用される. 深海域の採取では 40 cm 方形のボックスコアラー

などが多用される. 大型藻類や海草類などの採取には, 50 cm や 1 m の方形枠（コードラート）を用いて枠取りして, 枠内の全生物を採取することもある. サイズによって分画することは前述したが, 任意の目合いをもつ篩を用いて目的のベントスを分別し, 直ちにタンパク色素であるローズメンガル入りの中性ホルマリン溶液で固定し, 実験室まで持ち帰り後の作業に備える.

ベントス群集の生物量は $1 m^2$ あたりの量で評価することが多いが, 沿岸域の堆積物中のマクロベントス生物量は, 0.1 g 程度から 1 kg を越す量まで報告されており, きわめて量的な変動幅が大きい. ベントス群集の生産量を正確に見積もることは難度が高く, 情報の蓄積は十分ではない. 多くの報告では現存量（瞬間的な生物量）に P/B 比（生産量/現存量比）を掛け合わせることにより, 近似的な値を得ている. P/B 比は, 大型生物の 1 程度から, 小型の生物にみられる 10 以上の値まで大きな相違がみられる.

〔門谷　茂〕

14.4.5 微生物
a. 微生物とは—その種類と分布

海洋環境に生息する生物のうち, 肉眼ではみえないほど微小でしかも単細胞の生物のことを総称して「微生物」と呼ぶ. したがって, 植物プランクトンも「微生物」の一種である. しかしながら, 光合成により独立栄養を営む植物プランクトンについては, 一般的に認識されている「微生物」の概念とはやや異なるうえ, 本章でも別項目で詳しく述べられていることから, ここでは主として従属栄養性の微生物について記述することにする.

従属栄養性の海洋微生物には, 原核生物の細菌類のほかに真核生物の原生動物・カビ・放線菌・酵母などが含まれる. このうち細菌類と原生動物は, その分布密度および役割の面からも, 海水中に存在する微生物の中でも最も重要な生物群であり, これまで多数の研究者によって多くの知見が蓄積されてきている.

細菌類の分布密度を知るための計数法には, 大きく分けて, 栄養分を含んだ寒天平板上に試水を塗抹して一定期間培養後に生じた細菌集落（コロニー）数を計数するいわゆる平板培養計数法と, 細菌類を DAPI などの蛍光色素で染色したあと落射蛍光顕微鏡で計数する直接計数法の 2 種類がある. 前者により得られた計数値を生菌数, 後者による計数値を総

菌数と呼ぶ．しかしながら，水圏に生息する細菌類のほとんどはこのような寒天平板培地には増殖せず，コロニーを形成しないことがわかっており，生菌数が総菌数の0.1%に満たない場合もしばしば観察される．直接計数法による細菌密度は，沿岸海域で，1 ml あたりおよそ $10^6 \sim 10^7$ cells の範囲で季節変動しており，植物プランクトンのブルームの直後などに増加することがわかっている．この値は一般的には，沿岸から沖合に向かうにつれて，あるいは水深が深くなるにつれて減少し，10^5 cells/ml くらいまで低下する．しかもこれらの海水中に分布する細菌類のほとんどは浮遊性の細菌（bacterioplankton）であり，生物遺骸などの縣濁粒子に付着している細菌群（付着性細菌）は，沿岸海域で10%程度，外洋域ではせいぜい1%程度であることがわかっている[1]．

一方，従属栄養性微小鞭毛虫（HNF：heterotrophic nanoflagellate）は，主に細菌類を捕食している原生動物プランクトンの一種で，1 ml あたりおよそ 10^3 cells/ml 程度の分布密度を示す[2]．さらに大型の原生動物プランクトンである繊毛虫は1 l あたり 10^3 cells 程度の分布密度であることが知られている．これらは，後述のように，海洋生態系の中でいわゆる微生物食物連鎖（微生物ループ：microbial loop）[3]を形成する生物群であり，物質循環にきわめて重要な役割を演じている．

b. 細菌類の役割―有機物の"転換者"

従来の古典的な食物連鎖の概念では，無機栄養塩を利用して植物プランクトンが有機物を生産し（生産者），動物プランクトンがそれらを消費し（消費者），しだいに大型の消費者によって捕食されて高次の栄養段階に進んでいく．一方，消費者の生物は死滅した後，生物遺骸に付着した微生物により分解され（分解者），無機栄養塩が再生されるといった図式が考えられてきた．このようなエネルギーの流れを捕食食物連鎖（grazing food chain）と呼んでいる．すなわち，水圏の生態系において，従属栄養性の細菌は一般的には「分解者」と位置づけられている．それに対し，近年，細菌を有機物の分解者としてのみとらえるのではなく，粒状有機物の生産者としての役割に注目する考え方が提案されている[4]．

植物プランクトンは光合成により生産した有機物のかなりの部分（場合によっては半分近く）を体外に溶存態有機物として排出していることが明らかになっており，その有機物を体外排出有機物（EOM：extracellular released organic matter）と呼んでいる．海水中の有機物は，夏季の沿岸・内湾域などごくわずかな例外を除けば，その大部分が溶存態の形で存在していることが知られている．そしてそのかなりの部分が，植物プランクトンのEOM由来といわれている．このような溶存態有機物は，通常，動物プランクトンのような高次の消費者にとっては効率よく利用できないため，いわば食物連鎖の系外へ"捨てられたエネルギー"であると考えられてきた．一方，海水中に生息する細菌の大部分を占めている浮遊性細菌（bacterioplankton）はEOMを特に好適な増殖基質としており，それらを取り込んで自らの菌体生産を行っていることが明らかとなってきた．すなわち，細菌は他の真核生物がうまく利用できない溶存態の有機物を利用して増殖し，自ら菌体生産することで溶存態有機物を粒子化している．いいかえれば，細菌はEOMなどの溶存有機物を利用した粒状有機物（菌体）の生産者とみなすことができる．つまり従来の食物連鎖の上での"捨てられたエネルギー"を再び「消費者」に利用可能な形態（粒子状有機物）に転換しているのである．

溶存態有機物が細菌によって粒子状有機物に転換されたとしても，一般に海洋細菌は非常に小さく，せいぜい $0.5 \sim 1.0\ \mu m$ 程度の大きさのため，通常の捕食者にとっては効率よく摂食することができない．ところが前述のような従属栄養性の微小な鞭毛虫（HNF）が広く水中に生息していることが発見され，さらにそれらが細菌を主要な餌料としていることが，ここ20年ほどの間に数多くの研究者によって指摘されてきた[5]．これまでの研究から，植物プランクトンのEOMを利用して増殖した細菌の大部分はHNFによって直ちに捕食・消費されていることが明らかになっている[2]．細菌を捕食することで増殖したHNFはさらに繊毛虫などの大型の生物により消費され，ついには捕食食物連鎖へ戻る[6]．このように，植物プランクトンのEOMのような"捨てられたエネルギー"が微生物群集の働きにより元の捕食食物連鎖に戻るエネルギーの流れは，微生物食物連鎖もしくは微生物ループ（microbial loop）と呼ばれている[3]．

微生物食物連鎖の発見によって，従来の概念では単に有機物の「分解者」とされていた細菌類は菌体生産という形で有機物の質的変換を図っており，「分解者」でもなければ「生産者」でもなく，有機物の"転換者（transformer）"と呼ぶほうが適切か

もしれない[7].

　植物プランクトンにより生産された有機物のエネルギーが，主に捕食食物連鎖に入るのか，それとも微生物食物連鎖に入っていくかは，優占する植物プランクトンの種類やさまざまな環境要因によって左右されるため，海域や季節などによって異なると考えられる．

c. 栄養塩の真の再生者—原生動物プランクトン

　従来の古典的な捕食食物連鎖では，有機物を分解して栄養塩を再生するのは主として従属栄養性細菌とされていた．しかしながらアンモニア態窒素やリン酸塩の再生には細菌よりも動物プランクトン，特に細菌捕食性の鞭毛虫（HNF）や繊毛虫のような原生動物プランクトンのほうがより大きな寄与をしているのではないかという指摘が1960年代半ばになされた．その後の多くの研究結果から，海水中の細菌の大部分を占める浮遊性細菌（bacterioplankton）が溶存態有機物を分解することで再生される無機栄養塩の量は比較的小さく，むしろ栄養塩をめぐって細菌と植物プランクトンは競合関係にあること，HNFなどの原生動物プランクトンが，溶存態有機物を利用して増殖した細菌を捕食することにより，栄養塩の再生速度が大きく促進されることが明らかになってきた．このことは，微生物食物連鎖により海洋生態系における物質循環がより加速されることを示唆している．

　単一種の原生動物プランクトンについて室内実験で得られた上記と同様の結果は，現場海域においても観察されている．土佐湾の沿岸フロントや紀伊半島沖の黒潮フロントの周辺海域ではしばしば細菌やHNF，NH_4^+やクロロフィル a の濃度が分布極大を示す．そして細菌とHNFの分布は微妙にずれており，NH_4^+の分布極大は細菌の分布極大ではなく，むしろHNFの分布と一致する場合がしばしば観察されている[8]．このことは，有機物の分解とそれに伴うNH_4^+の再生が，細菌よりも主としてHNFにより行われていることを示唆するものである．

　また，栄養塩の再生者（栄養塩回帰者）としての役割についてHNFおよび細菌を比較するために以下のような実験が行われた[9]．内湾の海水試料を孔径3 μm，0.7 μmおよび0.22 μmの各フィルターで順次ろ過し，それぞれHNFと細菌が混在した「HNF混在区」，浮遊細菌のみが存在する「細菌区」および除菌した「無菌区」とした．これら3つの海水試料を一定時間培養し，経時的に有機態窒素，NH_4^+，NO_2^-，NO_3^-の各濃度および細菌数とHNF数を計数した．その結果，「無菌区」では栄養塩濃度の変化は全くみられず，「HNF混在区」ではわずかながらもNH_4^+濃度の増加がみられたのに対し，「細菌区」ではむしろNH_4^+濃度が減少していくのが観察された．そこで有機態窒素としてグルタミン酸を異なる濃度で人為的に添加し，同様の実験を行ったところ，添加したグルタミン酸濃度が低い場合にはNH_4^+の再生速度（グルタミン酸の分解速度）は「細菌区」より「HNF混在区」のほうが高く，50 μM以上の添加で初めて「細菌区」のほうで「HNF混在区」より高いNH_4^+生成速度が得られることがわかった[9]．これらの実験結果は，環境中の有機態窒素濃度が低い場合には，NH_4^+の再生を主に行っているのは，浮遊細菌というよりは細菌を捕食したHNFであり，有機態窒素濃度が高くなるにつれて細菌の栄養塩の再生に対する寄与が相対的に高くなることを示唆するものである．

　このように沿岸生態系では，微生物群集の中でも細菌類と原生動物プランクトンの役割が重要である．これに対し，カビや酵母などの他の従属栄養性微生物の生態学的な研究についてはきわめて知見が乏しいのが現状である．　　　　　　〔深見公雄〕

文　献

1) 深見公雄（1988）：海洋生態系における付着細菌と浮遊細菌．海洋科学，**20**：85-90.
2) Fukami K, Meier B and Overbeck J (1991): Vertical and temporal changes in bacterial production and its consumption by heterotrophic nanoflagellates in a north German eutrophic lake. *Arch Hydrobiol*, **122**: 129-145.
3) Azam F, Fenchel T, Field JG, Gray JS, Meyer-Reil LA and Thingstad F (1983): The ecological role of water-column microbes in the sea. *Mar Ecol Prog Ser*, **10**: 257-263.
4) 深見公雄（2000）：海洋細菌を捕食する微生物．月刊海洋，号外**23**：99-106.
5) Fukami K, Murata N, Morio Y and Nishijima T (1996): Distribution of heterotrophic nanoflagellates and their importance as the bacterial consumer in a eutrophic seawater. *J Oceanogr*, **52**: 399-407.
6) Fukami K, Watanabe A, Fujita S, Yamaoka K and Nishijima T (1999): Predation on naked protozoan microzooplankton by fish larvae. *Mar Ecol Prog Ser*, **185**: 285-291.
7) 鈴木 款編（1997）：海洋生物と炭素循環，193 pp，東京大学出版会．
8) 深見公雄，宇野 潔（1995）：土佐湾の沿岸フロントおよび黒潮フロント海域における細菌ならびに細菌捕食性鞭毛虫の分布と変動．沿岸海洋研究，**33**：29-38.
9) 深見公雄（1999）：従属栄養性鞭毛虫の細菌捕食とその生態的役割．日本プランクトン学会報，**46**：50-59.

14.4.6 沿岸域生態系における物質循環

植物プランクトンや海藻などの独立栄養生物は窒素，リンなどの栄養塩と二酸化炭素から有機物の生産を行う．この有機物生産は食物連鎖の基礎となるので基礎生産とも呼ばれる．図 14.17 に示すように，植物プランクトンは植食性動物プランクトンに摂食され，植食性動物プランクトンはさらに肉食性動物プランクトンに捕食されることにより，有機物はより高次の栄養階層に転送される．このように植物プランクトンが直接摂食されることにより起源を発する食物連鎖を生食食物連鎖（grazing food chain）と呼ぶ．また，有機物の一部は溶存態として生物から排泄され，それを利用して細菌が増殖し，細菌はナノ鞭毛虫類などに捕食され，それらはさらに微小動物プランクトンなどに捕食される．このように細菌を根幹とする食物連鎖を微生物食物連鎖（microbial food chain）と呼ぶ．各栄養階層間での有機物の転送がスムーズに行われ，水域内での有機物の生産と分解がバランスしていれば，そこの生態系は健全である．しかし，陸上からの過剰な栄養塩の負荷，有機物の分解場所としての干潟の減少，海底付近に酸素供給を行う機能を有する藻場の喪失などにより，現在わが国の多くの内湾域で有機物の生産と分解のアンバランスを生じさせ，有機物の高次栄養階層への転送効率の低下をもたらしている．

富栄養化に伴う最も典型的な現象は，植物プランクトンが異常増殖した赤潮の発生である．赤潮植物プランクトンの中には有毒物質を細胞中に産生し，動物プランクトンに摂食されないように適応した種類が存在する．その場合には生食食物連鎖の切断が起こる．いずれ植物プランクトンは枯死し，分解のために水中の酸素を消費して海底付近を貧酸素状態にしてしまう．分解した有機物は溶存態となって細菌の増殖を促し，微生物食物連鎖を相対的に肥大させることにつながる．図 14.17 でも明らかなように，微生物食物連鎖では魚類に有機物が転送されるまでに少なくとも 4～5 つの栄養階層を経由しなければならない．各栄養階層間の転送効率を 20% と仮定すると，細菌生産量のわずか 0.16～0.03% が魚類生産に転送されるにすぎない．微生物食物連鎖に入り込んだ有機物は，細菌，ナノ鞭毛虫類などの微小単細胞生物の呼吸，排泄による無機化によって栄養塩として水中に放出され，この栄養塩は再び植物プランクトンの生産に利用されるから，このような系では物質循環は下位の栄養階層の間で行われる袋小路となる．

東京湾や大阪湾の湾奥から湾口にかけて動物プランクトンの現存量の調査をした結果，富栄養化した湾奥部では明らかに植物プランクトンの現存量は高いのにカイアシ類などの中・大型動物プランクトン

生食食物連鎖

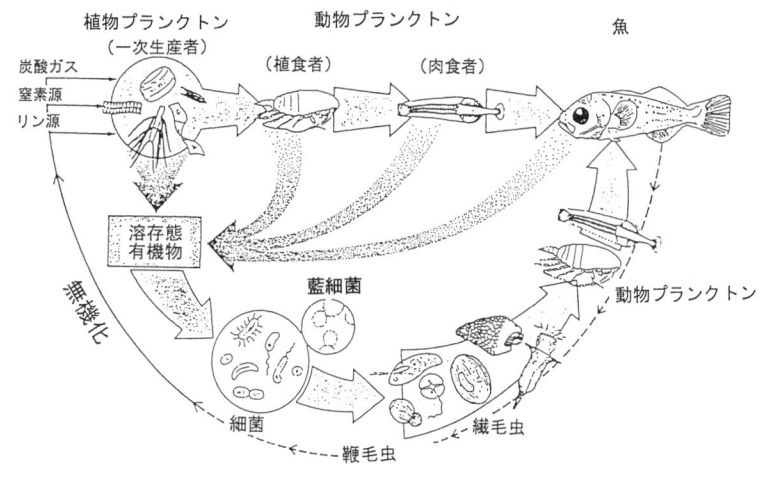

植物プランクトン　動物プランクトン　魚
（一次生産者）　（植食者）　（肉食者）

炭酸ガス
窒素源
リン源

溶存態有機物

藍細菌

無機化

細菌　鞭毛虫　繊毛虫　動物プランクトン

微生物食物連鎖

図 14.17 海洋の食物連鎖を示す概念図[2]
上側の植物プランクトンから魚類に至る食物連鎖が「生食食物連鎖」，下側の細菌から魚類に至る食物連鎖が「微生物食物連鎖」．

の現存量は逆に低くなっていた[1]．その原因の一つとして，湾奥部では海底が貧酸素化して，自由放卵された動物プランクトンの卵が海底で死亡して個体群の再生産につながらないことが考えられた．一方，小型カイアシ類の*Oithona davisae*は孵化まで卵を卵囊中に保有するので，海底の貧酸素の影響を受けることがなく，湾奥部にほぼ独占的に出現していた．また，微小動物プランクトンの繊毛虫類は中・大型動物プランクトンをはるかに凌駕する現存量で出現していた．このように，海域の富栄養化の進行に伴い，動物プランクトン群集のサイズ組成は小型化する傾向がある．

魚類は沿岸域で生活史を繰り返す種類のほかに，索餌，産卵などのために沿岸に回遊する種類もある．水産学的にはある程度の富栄養化は魚類生産の向上のためには好ましいものと考えられているが，程度を超える水質悪化は回遊魚の接近を妨げるし，貧酸素水塊の発生は魚類の生息空間を狭めることとなり，魚類生産にはマイナスである．プランクトン食性魚類の主要な餌はカイアシ類などの中・大型動物プランクトンであるが，魚類は目を使って視覚的に捕食するので，一般に大型の餌を選択捕食する．しかし，巨大動物プランクトンのクラゲ類，クシクラゲ類は目を欠いており，刺胞と粘液により動物プランクトンを捕食するので，餌の現存量さえ確保されれば餌の小型化はエネルギー摂取に不利になることはないようである．また，魚類に対する人間の選択漁獲の圧力が強大化して，魚類資源は乱獲気味である．そうなればこれまで魚類が占めていた生態的地位をクラゲ類，クシクラゲ類がしだいに侵略していくこととなる．

以上のように，栄養塩の過剰負荷による海域の富栄養化は，植物プランクトンの基礎生産量の増大をもたらすが，植食性中・大型動物プランクトンの二次生産量の増加へと直結しない．生食食物連鎖から締め出された有機物は微生物食物連鎖へと流れるが，有機物のほとんどは無機化を経て再び基礎生産に戻り，高次栄養階層に転送される有機物はわずかである．しかもこの食物連鎖の最上位に存在するのは魚類ではなくてクラゲ類，クシクラゲ類の可能性がある．
〔上　真一〕

文　献

1) Uye S (1994) : Replacement of large copepods by small ones with eutrophication of embayments : cause and consequence. *Hydrobiologia*, **292/293** : 513-519.
2) Eppley RW (1986) : Plankton Dynamics of the Southern California Bight, 373 pp, Springer-Verlag.

15 健康関連微生物

15.1 健康関連微生物とは

▷ 7.1 水道における浄水処理と最近の動向
▷ 7.6 消毒
▷ 20.3 リスク評価

　河川水，湖沼水，地下水などの環境水は水道水製造のための原料として使用される．瓶詰め水の多くは水質保全の良好な地下水である．また，河川や湖沼は直接，レクリエーションの用にも供される．これらの環境水が病原微生物によって汚染されると，用途や利用の方法によっては，人々の健康に大きな被害を及ぼしかねない．実際，本章の各節で示すように，水道水や環境水が病原微生物の伝播経路となって多数の感染者をもたらした事例は少なくない．環境水の微生物汚染は結果として人々の健康に悪影響をもたらす．

　安全な飲料水が得られない人々は，水環境の保全や衛生施設の整備が十分になされていないアジア，アフリカを中心に世界で11億人，適切な衛生設備が利用できない人々は24億人を超える．衛生設備がないか，あったとしても非常に不備なところでは，環境水を介して病原微生物が地域住民の中で循環し，風土病的に蔓延していることも珍しくない．先進国でも，汚染した生食野菜による病原大腸菌の集団感染，浄水処理の不備や受水槽汚染を原因とするクリプトスポリジウムの水系集団感染，冷却塔や局所的水循環システムを介したレジオネラの飛沫感染など，いわゆる新興再興感染症が発生している．それらの中で，クリプトスポリジウム問題は塩素消毒の効かない感染性微生物の出現によるものであり，先人たちが明治時代から営々と築いてきた水道の安全性を大きく揺るがすものであった．不幸にして多くの死者を出したレジオネラの飛沫感染問題は，水資源の有効利用を意図して人為的に構築した水循環システムが，結果として病原微生物の増殖の場の提供につながったものであった．また，近年の食中毒統計によると，食中毒の最大発生原因となっている微生物はノロウイルスであるが，これは生息環境中のウイルスを高度に濃縮したカキなどの二枚貝を生食したことによると考えられており，その汚染源として下水処理水が疑われている．このように，直接，間接に水環境を介した感染症が多発しており，開発途上国のみならず，先進工業国においても，水の微生物汚染は今も解決すべき重要な問題であり，水循環システム，特に地域の水循環システムを考えるときに欠くことのできない重要な視点の一つである．本章でいう健康関連微生物とは，こういった人々の健康に直接・間接に影響を及ぼす微生物の総称であり，ヒトに対して病原性を示す微生物のみならず，糞便や病原微生物による汚染の可能性を指標するための指標微生物も健康関連微生物に含まれる．

　水を汚染して健康に悪影響を及ぼす病原微生物には多数の種類がある．その多くは通常，患者や保菌者から糞便とともに体外に排泄され，病原微生物を含む汚水などは下水処理場や浄化槽などを経て水環境に排出される．病原微生物はその種類によって大きさ，性状，環境における生残性，水処理における除去性や消毒剤耐性などが大きく異なり，特に，消毒剤耐性の微生物間の差異がきわめて著しい．このため，病原微生物の挙動は種類や株によって異なり，水に関係する病原微生物のすべてを代表できるような共通指標は存在しない．従来，水環境の病原微生物汚染の指標として大腸菌群が使用されてきたが，大腸菌群の指標性はきわめて限定的である．単一の指標で広範な病原微生物に対する指標とする考え方そのものに本質的に無理がある．しかし，各種の病原微生物のすべてを個別具体に検査することはあま

りにも多大の費用と労力を要し，感染症が流行しているときや流行のおそれが高いときを除いて，現実的でない．それゆえ，病原微生物の種々の特性に基づいて群分けを行ってそれぞれの群の特性を代表できるような指標を導入するなど，新たな展開を模索しなければならない．そのためには，水系感染のおそれのある病原微生物の諸特性をよく知っておかなければならない．

そこで本章の 15.2, 15.3, 15.4 節では，水系感染の危険性のある病原微生物を細菌，ウイルス，原虫・寄生虫の 3 群に分け，それぞれのグループに属する各種病原微生物の種類と性状，各種環境水の汚染状況，ヒトへの感染力，消毒剤耐性などについて記述する．また，15.5 節では，微生物群の特性を代表する汚染指標について言及する．〔平田　強〕

15.2　細　菌

▷ 7.1　水道における浄水処理と最近の動向
▷ 7.6　消毒
▷ 20.3　リスク評価

ここでは，主として水を媒介として広がり，ヒトに感染して疾病を引き起こす可能性のある細菌を取り上げる．なお，指標細菌（大腸菌，大腸菌群，一般細菌，従属栄養細菌など）については，15.5.2 項で取り上げる．

15.2.1　種類と性状[1-6]

a.　コレラ菌および非 O1 コレラ菌

コレラ菌（*Vibrio cholerae*）は，*Vibrio* 属に含まれ，通性嫌気性，グラム陰性のコンマ状桿菌である．GC ％は 47～49％である．大きさは長径 1.5～2.0 μm，短径 0.5 μm で，1 本の鞭毛を有し，運動性がある．芽胞および莢膜は形成しない．

V. cholerae の抗原には，O（菌体）および H（鞭毛）抗原があるが，H 抗原は共通である．現在，*V. cholerae* は 100 種類以上の血清型に分けられるが，このうち，O1 および O139 がコレラの原因となり，その他のものは *V. cholerare* non-O1 と呼ばれる．また，non-O1 のうち，白糖非分解性のものは *V. minicus* と命名されている．

コレラは代表的な経口感染症の一つで，コレラ菌で汚染された水や食物を摂取することで始まる．胃の酸性環境で死滅しなかったコレラ菌は，小腸でコレラ毒素を産生し，毒素が腸粘膜上皮細胞に侵入することにより，激しい水溶性の下痢がもたらされる．潜伏期は 1～3 日である．非 O1 コレラ菌（non-O1 *Vibrio cholerae*）の主な症状もコレラ様下痢であり，O1 コレラ菌と非 O1 コレラ菌の病原性に本質的な相違はない．

現在までにコレラの世界的流行は 7 回にわたって記録されている．第 6 次世界大流行までは，すべてインドのベンガル地方から世界中に広がり，原因菌は O1 血清型の古典コレラ菌であったとされている．しかし，1961 年にインドネシアに端を発した第 7 次世界大流行は，O1 血清型のエルトールコレラ菌である．この流行が現在も世界中に広がっている．

コレラは水を媒介として広がることが知られており，最も典型的な水系感染症の一つである．しかし，わが国では，少なくとも 1982 年以降，水を原因とした集団発生は知られていない．従来，わが国におけるコレラは，その多くが輸入感染症とされてきた．東南アジアやインドからの帰国者にその典型をみることができた．しかし，近年，海外渡航歴のない者にも発生している．これは，わが国の種々の水環境からコレラ菌が検出されていることからも裏づけられる．国内における水の直接飲用による感染は報告されていなくとも，その伝播に水が関与していることは，ほぼ，確かなことであろう．

b.　サルモネラ

サルモネラ（*Salmonella* spp.）は一般に大きさ 2 × 0.5 μm の無芽胞グラム陰性短桿菌で，多くは運動性があり，通性嫌気性である．*Salmonella* 属の細菌のうち，チフス菌およびパラチフス菌は臨床症状が明確に異なるため，別個に記述されることが多い．カタラーゼ陽性，オキシダーゼ陰性である．糖を発酵的に分解し，ガスを産生する（チフス菌は非産生）．

従来，サルモネラ属は血清型が菌種名として国際的に広く用いられていた．現在，サルモネラ属は 2 菌種，6 亜種に分類されている．これらの菌種または亜種は生化学的性状により分類される．血清学的には，菌体抗原（O 抗原）および鞭毛抗原（H 抗原）が用いられる．

サルモネラ症の症状には，急性胃腸炎，サルモネラ菌血症，病巣感染，チフス症がある．急性胃腸炎の潜伏期間は6～48時間である．悪寒，嘔吐に始まり，腹痛や下痢を生じる．サルモネラ菌血症はサルモネラが急性胃腸炎患者の血液中に存在するもので，子供に多くみられる．病巣感染では，局所組織への感染が生じる．チフス症はチフス菌・パラチフス菌以外でも生じることがあるが，通常，軽症である．

2001（平成13）年に，サルモネラ属菌を原因とする食中毒は361件（4949人）であった．これは，件数でカンピロバクターに次いで2位であり，また，患者数でも小型球形ウイルスに次いで2位である．サルモネラは自然界に広く生息しており，乾燥にも強いとされている．サルモネラはわが国の食中毒原因微生物としてでは最も重要なものの一つである．

一方，わが国における水を原因とするサルモネラ感染症の集団発生は1982～1996年の15年間で2件でしかない．これは，サルモネラを原因とする多くの食中毒の発生とは矛盾するように思われる．理由は今のところ定かではないが，感染力や水環境中での生残性などが関与しているかもしれない．2件のうち，1件は1994年に生じた山小屋におけるものであり，もう1件は1989年に生じた水道を原因とするもので680名の患者が発生した．

c. チフス菌，パラチフスA菌

チフス菌（*Salmonella typhi*），パラチフスA菌（*Salmonella paratyphi* A）は，チフスまたはパラチフスの原因菌であり，サルモネラの一般性状をもつ．しかしながらチフス菌およびパラチフスA菌は，他のサルモネラとは多少の異なる性状をもつ．たとえば，チフス菌はブドウ糖からガスを産生しないし，パラチフス菌はリシンデカルボキシラーゼを産生しないなどが挙げられる．

腸チフス・パラチフスは一般のサルモネラ感染症とは区別され，チフス菌・パラチフスA菌の網内系マクロファージ内増殖に伴う菌血症および腸管の局所の病変が特徴である．腸チフスは，通常，1～2週間の潜伏期の後，38℃以上の発熱から発症する．チフス菌は小腸からリンパ組織に入り，やがて血流中に入る．血流中のチフス菌は増殖を続け，宿主体内の各種臓器に侵入し，各種障害をもたらす．パラチフスも同様の症状であるが，症状は軽いことが多い．

チフスおよびパラチフスは，ヒトの糞便により汚染された食物や水が媒介する．わが国では，チフスおよびパラチフスは，昭和20年代に非常に多くの患者がいた．しかし，感染源がヒトに限られているため，近年，わが国では衛生水準の向上とともに減少した．現在，報告されるチフス症の多くが輸入感染症である．2000（平成12）年および2001年の，チフスまたはパラチフス菌を原因とする食中毒は0件であった．

わが国における水を原因とするサルモネラ感染症の集団発生は1982～1996年の15年間1件ある．これは1983年に簡易水道を原因として15名の患者が発生したものであった．

d. 赤痢菌

赤痢菌（*Shigella* spp.）は細菌性赤痢の原因菌である．赤痢菌は腸内細菌科に属している．生化学的性状は大腸菌に近似しており，両者は単一の遺伝学的菌種に属する．大きさは，$2 \times 0.5 \mu m$ のグラム陰性桿菌で，非運動性，好気性および通性嫌気性である．カタラーゼ陽性であるが，重要な例外がある．オキシダーゼ陰性である．糖を発酵的に分解するが，ガス非産生である（一部，例外がある）．クエン酸塩陰性で，KCN陰性，リシンデカルボキシラーゼ陰性である[1]．

*Shigella*属はマンニット非発酵性の *S. dysenteriae* と，マンニット発酵性の *S. flexneri*, *S. boydii*, *S. sonnei* の3種，計4種に分類される．さらに，*Shigella* は鞭毛をもたず，O抗原により血清型に分けられる．

赤痢菌はヒトの病原菌である．実験用動物のサルにも感染するが，野生の状態では感染はないとされている．経口摂取された赤痢菌は大腸上皮細胞に侵入し，上皮細胞の壊死，脱落が起こり，倦怠感，悪寒，発熱，腹痛，嘔吐，血性下痢症状となる．潜伏期は数時間～3日である．近年，重症例は減少しており，数回の下痢や軽度の発熱で経過する事例が増加した．

細菌性赤痢は世界中でみられる感染症であり，衛生状態の悪い発展途上国に多くみられる．細菌性赤痢は患者や保菌者の糞便に汚染されたものを介して感染する．水もこれを媒介する典型的なものであり，水系感染は大規模な集団発生を起こすことがある．わが国の赤痢患者数は，戦後しばらく10万人を超え，2万人近くもの死者をみた．しかし，衛生環境の改善とともに減少し，1960年代半ば以降激減した．近年は，途上国からの輸入例が多くを占めてい

る．

 わが国では，1982～1996年までの15年間に少なくとも9件の水を原因とする赤痢の集団発生が報告されている．1982年には，簡易水道を原因として40名の患者の発生があった．また，同年，93名が一般家庭にて水系感染したこともある．1986年には，3件の集団発生が報告されている．1件は S. sonnei を原因菌とし，井戸水を原因に37名の患者が発生した．残り2件はいずれも S. flexneri が原因菌であり，それぞれ，46名および11名の患者が生じた．なお，前者は湧水が原因とされた．1989年には，S. boydii により井戸水が汚染され，18名の患者が生じた．1990年にも井戸水が S. sonnei に汚染され，3名の患者が生じた．筆者の文献調査では，水を原因とする赤痢の集団発生は，大腸菌，カンピロバクターに次いで多く，わが国における水系感染症における赤痢の重要性が強調される．

e．病原大腸菌 (enteropathogenic Escherchia coli)

　大腸菌（Escherichia coli）は腸内細菌科，Escherichia 属で，$1.1～1.5 × 2.0～6.0\,\mu m$ の大きさのグラム陰性桿菌である．しばしば運動性がある．好気性および通性嫌気性であり，カタラーゼ陽性，オキシダーゼ陰性である．糖を発酵的に分解する．通常，ガス産生で，また，通常，クエン酸塩陰性である．大腸菌の抗原はO抗原（耐熱性菌体多糖質抗原），H抗原（易熱性の鞭毛タンパク抗原），K抗原（O抗原表層を覆う多糖質抗原）およびF抗原（繊毛を構成するタンパク抗原）の4種類がある．大腸菌の血清型は，上述4種の抗原のうち，O，KおよびH抗原（またはOおよびH抗原）の組み合わせで表記される．

　大腸菌は通常ヒト糞便中に高濃度で存在し，糞便汚染の指標として使用されている．近年，わが国でも水道水質基準に大腸菌が採用された．大腸菌の多くはヒトに疾病を引き起こすものではないが，一部に，下痢などを生じさせるものがある．以下では，ヒトに下痢を引き起こすことで知られる大腸菌を，その病原性の基づき，4種類に分類して説明する．なお，これらの大腸菌の潜伏期間は半日～3日である．

1）腸管侵入性大腸菌　腸管侵入性大腸菌（enteroinvasive E. coli：EIEC）は赤痢菌と同様な病原性をもち，主として，3～5歳以上の年齢層から検出される．EIEC は赤痢と感染機構，発生機構などが同一であり，大腸上皮細胞に侵入し，上皮細胞の壊死，脱落が起こり，倦怠感，悪寒，発熱，腹痛，嘔吐，血性下痢症状となる．血清型は，O7，O28ac，O29，O112ac，O124，O136，O143，O144，O152，O159，O164，O173などがある．

2）毒素原性大腸菌　毒素原性大腸菌（enterotoxigenic E. coli：ETEC）はエンテロトキシン（腸管毒）を産生する．ETEC のエンテロトキシンには易熱性エンテロトキシン（LT）と耐熱性エンテロトキシン（ST）の2種類があり，ETEC の片方もしくは双方を産生する．LT のうち，LT-1はコレラ菌の再生する毒素に類似したタンパク毒素で，小腸内に激しい下痢をもたらす．血清型は，O6，O8，O11，O15，O20，O27，O63，O73，O78，O148，O159などがある．

3）腸管病原性大腸菌　腸管病原性大腸菌（enteropathogenic E. coli：EPEC）は全年齢層に胃腸炎をもたらす．EPEC はエンテロトキシンの産生や細胞侵入性はない．胃腸において組織変化を引き起こすことは解剖学的に確かめられているが，原因の詳細は現在においても不明である．血清型は，O26，O44，O55，O111，O114，O119，O125，O126，O127a，O128，O146，O158などがある．

4）腸管出血性大腸菌　腸管出血性大腸菌（enterohemorrhagic E. coli：EHEC）は全年齢層に腹痛と出血性下痢を引き起こす．1982年に米国でハンバーガーを原因とする出血性大腸炎が集団発生し，大腸菌 O157 が下痢の原因菌として分離された．幼児や老人では，下痢の回復後，溶血性尿毒症候群（HUS）または脳症などの重症な合併症が発症する．HUS を発症した患者の致死率は1～5％とされている．EHEC の産生する Vero 毒素は培養細胞の一種である Vero 細胞に対して致死的に作用する．EHEC が産生する毒素の中には，Shigella dysenteriae 1の産生する志賀毒素にほぼ一致するものがある．ヒトの EHEC として，血清型 O157：H7 が有名であるが，他にも O26，O111 などを含む多くの血清型が分離されている．O157 は他の血清型や一般の大腸菌とは異なり，ソルビトール非分解である．また，β-D-glucuronidase（MUG テスト）陰性である．

　2001（平成13）年に，腸管出血性大腸菌を原因物質とする食中毒は24件（378人），その他の病原大腸菌を原因とするものは199件（2293人）であった．1996年に堺市で起きた腸管出血性大腸菌を原因物質とする集団食中毒事件はよく知られてお

り，有症状者数は14153名であった．1997年以降，食中毒の集団発生は減少した．しかし，散発事例における患者数はまだ多いようである．

わが国における水を原因とする病原大腸菌感染症の集団発生は1982～1996年の15年間で少なくとも44件ある．筆者の調査では，病原大腸菌は水を原因とする感染症の集団発生において，全発生件数の約半数を占めている．1992～1996年の5年間に限っても，1992年に井戸水を原因に234名，1993年には，保育園のプールを原因にEHEC患者が40名（うち2名が死亡）発生した．1994年には井戸水を原因として438名のETEC患者が，1993年には結婚式場の井戸水を原因として1126名の患者の集団発生が報告されている．また，同1993年に飲食店の井戸水を原因として191名のETEC患者が発生した．EHECは他の病原大腸菌と比較して死亡率が高いため，ややもするとEHEC（特にO157）のみが取り上げられがちである．しかし，1990年代の一部を除くと，病原大腸菌による感染症の集団発生は，ETECが多くを占めており，水環境における病原大腸菌制御の対象としてETECは重要な細菌である．

f. カンピロバクター・ジェジュニ/コリ

カンピロバクター・ジェジュニ/コリ（Campylobacter jejuni/coli）はカンピロバクター腸炎の原因菌である．カンピロバクターは大きさ0.5～5×0.2～0.8 μm の細いらせん状または湾曲したグラム陰性桿菌である．極短毛による活発な運動性を示す．空気に曝露されると球菌状になる．発育至適酸素濃度は5～10％である．通常，空気中または絶対嫌気条件では発育しない．好二酸化炭素性，オキシダーゼ陽性，インドール非産生である．糖を分解しない．

潜伏時間は一般に2～5日間とやや長く，症状は下痢，腹痛，発熱，悪心，嘔吐，頭痛，悪寒，倦怠感などがある．下痢は1～3日間続き，重症例では大量の水様性下痢のために急速に脱水症状を呈する．近年，本菌の後感染性疾患としてGuillain-Barré症候群（GBS）との関連性が注目を浴びている．

2001（平成13）年のカンピロバクターによる食中毒は，428件と報告されている．これは2001年の食中毒発生件数の中で1位であった．また，患者数は1880人と報告されており，細菌では，サルモネラ，腸炎ビブリオ，病原大腸菌に次いで4位である．

わが国における水を原因とするカンピロバクター感染症の集団発生は1982～1996年の15年間で少なくとも23件ある．1982年に大規模小売店で生じた集団発生では，7751人の患者を出した．これは井戸の構造欠陥と消毒の失敗が原因となったものである．また，1985年にも，水道の漏水を原因として3010人の患者が発生したことがある．他にも，1995年に簡易水道において118人の患者が，1991年には井戸水を原因として105人の患者が生じたことがある．以上のように，わが国における水を原因とするC. jejuni/coli感染症の集団発生は多数存在し，水系感染症の制御において，C. jejuni/coliは重要な対象であろう．

g. レジオネラ

レジオネラ（Legionenlla spp.）[7]は，レジオネラ科レジオネラ属の細菌で，大きさは2.0×0.5 μm，多形性のグラム陰性桿菌である．1本または複数の鞭毛を有し，通常，運動性がある．発育にL-システインおよび鉄塩を要求する．好気性であるが，2～5％ CO_2 条件下で80～90％の湿度を好む．カタラーゼ陽性で，糖非分解性である．現在，レジオネラ属には多数の菌種が知られるが，レジオネラ・ニューモフィラ（Legionella pneumophila）はその代表的なものである．

1976年，フィラデルフィアにおいて在郷軍人大会の出席者に対して呼吸器感染症を集団発生し，高度の死亡率を示したことで知られる．症状には，劇症型の肺炎と一過性のポンティアック熱がある．レジオネラ肺炎の潜伏期は2～10日である．その症状は，他の細菌性肺炎の症状と類似しており，区別は困難である．ポンティアック熱は潜伏期間が1～2日である．ポンティアック熱は，突然の発熱，悪寒，筋肉痛で始まり，一過性で治癒する．

わが国では，1994年に冷却塔に由来するポンティアック熱の集団発生例がある．また，1996年には病院の加湿器を原因として3名の患者が発生した．入浴施設では，たとえば，2000年に2件の集団発生があり，それぞれ，患者数23人（死亡2人）および45人（死亡3人）であった．その後も加湿器や温泉施設を原因とする集団発生が次々と報告されている．

レジオネラは，本来，環境中の常在菌である．24時間循環方式の風呂（温泉を含む）や冷却塔など，水を循環させて利用する環境において増殖し，検出

されやすい．遠藤ら[7]によると，循環式浴槽では浴槽水の70%からレジオネラが検出された．また，冷却塔水からはレジオネラの宿主となるアメーバの検出率が90%とする報告もある．さらに，給湯施設においてレジオネラ検出率が55%であったという報告もある．

h．エルシニア

エルシニア（*Yerinia* spp.）は，グラム陰性桿菌で，運動性または非運動性である（温度依存性がある）．通性嫌気性であり，カタラーゼ陽性，オキシダーゼ陰性である．糖を発酵的に分解し，時にガスを産生する．

ヒトに病原性をもつエルシニアには*Yersinia pestis*（ペスト菌），*Y. pseudotuberculosis*（仮性結核菌），および*Y. enterocolitica*の病原株がある．エルシニアは，経口摂取されると，小腸で増殖し，腸炎を起こしたり，血中に流出して敗血症を引き起こす．

わが国における*Y. pseudotuberculosis*の集団発生例には，汚染された井戸水や飲料水を用いたことによるものがある．たとえば，1982年には，山間部の河川水を原因として260人の患者が派生しており，また，1988年には，野外において泉水が原因で18人の患者が発生した．わが国における*Y. enterocolitica*の集団発生で水が原因とされたものもまた存在する．1994年に宿泊施設において，泉水を原因として42人の患者が発生した．しかしながら，これらの集団発生はいずれも動物またはヒトにより水が汚染されたことによるものであろう．

i．腸炎ビブリオ

腸炎ビブリオ（*Vibrio parahaemolyticus*）はビブリオ科に属している．腸炎ビブリオは，大きさ0.4〜0.6×1〜3 μm のグラム陰性桿菌で，多方性を示すことがある．コレラ菌は同属であり，その性状は類似している．腸炎ビブリオはO抗原とK抗原により分類される．

腸炎ビブリオの病原因子としては，神奈川現象と呼ばれる溶血性に関連する耐熱性溶血毒がある．他にも各種の毒素が証明されているが，その作用機序の詳細は不明である．腸炎ビブリオの臨床症状は，急性胃腸炎が主で，潜伏期間は3〜40時間である．

腸炎ビブリオの生態は水環境中の病原細菌としては，きわめて珍しいことに，詳細に解明されている．腸炎ビブリオは沿岸域の海水中に多く存在することは古くから知られている．その消長には，水温の高い夏季にピークを迎え，水温が低下する冬季に向けて低下する周期性がある．

これまでのところ，わが国において，腸炎ビブリオにより汚染された水が直接の原因で生じた腸炎ビブリオ集団発生の報告はない．しかし，腸炎ビブリオは魚介類中に取り込まれ，日本人の習慣である魚介類の生食により食中毒が生じる．これは海水中の腸炎ビブリオが増加する夏季に多く発生する．腸炎ビブリオは海水中に存在し，海洋環境中ではきわめて注目すべき存在である．

15.2.2 汚染状況[6]

水環境中の健康関連微生物のうち，指標微生物に関しては，政府・自治体・大学・民間を含め，多くの主体が調査してきており，特に，水道原水や浄水に関しては，詳細な調査結果が公表されつつあるようである．

一方，水環境中の病原細菌に関しても，わが国の一部の自治体などにより調査されてきたようである．しかし，現在，それらの結果は，ほとんど公開されていない．1997年以前は，これら自治体の調査結果が病原微生物検出情報（月報）に掲載されていたが，詳細な情報は，以後，公開されなくなった．これは，主として，1996年7月に堺市で起きた大規模な食中毒事件に伴い，いじめ・差別などの問題が生じ，個人情報を保護する必要が生じたためである．また，1997年以前に公開された情報も，水中の病原細菌を定性的に評価することが主眼となっていたようであり，血清型までは調査されているが，検水量も明示されてはおらず，定量的に水中濃度を報告したものはほとんどないようである．これは，調査が主として疫学・微生物学関連部署で行われており，疫学・微生物学的に重要な情報のみを求め，リスク評価を念頭においているわけではないことも原因であろう．また，水環境中の病原微生物濃度は，一般に，きわめて低く，その定量は困難であることも原因として挙げられよう．

ここでは，病原微生物検出情報（月報）1990年3月〜1997年9月号に掲載された環境汚染調査情報をもとに，下水，河川水，湖沼水，地下水，海域などの水系別に，検出された細菌種・血清型，検体数に対する細菌株数などの情報を例示する．なお，表の見方における全般的な注意として，検出率は正確には求まらない（1検体から複数株出たかもしれない），全体の汚染状況を示しているとは限らないこ

表15.1 下水・下水汚泥における病原細菌汚染状況

検体数,検査箇所数	検出病原菌種（菌株数）
2	*Salmonella* O4 *S. Tyhphimurium*（2）
2	*Salmonella* O7 *S. Thompson*（1）
2	*Salmonella* O9 *S. Enteritidis*（1）（1）（1）（1）
1	EPEC O114（1）
4	*V. cholerae* non−O1（1）下水汚泥
4	*V. cholerae* non−O1（1）
2	*Salmonella* O4（1），O7（1），O13（1），*C. jejuni*（1）
12	*Salmonella* O7（2），*V. mimicus*（2）

表15.2 河川水における病原細菌汚染状況

検体数,検査箇所数	検出病原菌種（菌株数）
15	*Vibrio parahemolyticus*（1），*Salmonella* O8 *S. Hadar*（1）
15	*Vibrio parahemolyticus*（1），*Salmonella* O4 *S. Agona*（1）
15	*Vibrio Mimicus*（3）
15	*Vibrio cholerae* non−O1（1）
15	*Vibrio parahaemolyticus*（2）
11	*Salmonella* O4 *S. paratyphi*
10	*V. Chlorearae* non−O1（5），*Salmonella* O8（1）
4	EPEC O6（1），O28ac（1）
449	*E. coli* O124（2），O126（1），O166（1）
5	*Salmonella* spp.（2），*E. coli* O8：H12（1），*V. cholerae* non−O1（2），*Yershinia enterocolitica*（4）
1	*Yershinia enterocolitica* O9（1）
54	*Salmonella* O4（5），O7（2），O3，10（1），O1，3，19（1）
95	*Salmonella* 多数
53	*Salmonella* spp.（5）
53	*Salmonella* spp.（7）
53	*Salmonella* spp.（8）

表15.3 地下水中における病原細菌汚染状況

検体数,検査箇所数	検出病原菌種（菌株数）
56	*E. coli* O124：H7（1）
26	*E. coli* O26：H42（1）
110	*E. coli* O18：H7（1），O63：H6（1），O125：H−（1）
32	*E. coli* O128：H34（1）
57	*E. coli* O148（1）
44	*E. coli* O159（1）
48	*E. coli* O18（1）

表15.4 海域（沿岸海域）における病原細菌汚染状況

検体数,検査箇所数	検出病原菌種（菌株数）
9	EHEC/VTEC O26：H11 VT1（1），O128：H2 VT1（1）
1	*Vibrio parahaemolyticus* KUT（1），K58（1）
24	*V. parahaemolyticus*（3）
94	*V. parahaemolyticus*（89）
20	*V. parahaemolyticus*（1）
76	*V. parahaemolyticus*（36）

と（試料が少数の場合は検出されそうな汚染の進んだ地点を選んで実施した可能性がある），多数実施した場合も食中毒発生により調査された可能性があり，陽性は食中毒関連かもしれないことなどがある．

a. 下水（処理水，再利用水を含む）

表15.1に下水・下水汚泥における病原細菌汚染状況を示した．サルモネラ，病原大腸菌，非O1コレラ菌，カンピロバクターなど，わが国の食中毒において重要な細菌が検出されている．検体数が少ないうえに検査水量が不明のため，必ずしも確かではないが，病原細菌の検出率は，河川水と比較して高いようである．

b. 河川

表15.2に河川水における病原細菌汚染状況を示した．サルモネラ，病原大腸菌，非O1コレラ菌，腸炎ビブリオ，*Yershinia enterocolitica*，パラチフス菌などが検出されている．検体数が少ないうえに検

査水量が不明のため，必ずしも確かではないが，病原細菌の検出率は，下水と比較して低いようである．

c. 地下水

表15.3に地下水における病原細菌汚染状況を示した．特定の自治体による病原大腸菌汚染のスクリーニング的調査が行われたのか，病原大腸菌のデータが多く見つかった．検体数が少ないうえに検査水量が不明のため，必ずしも確かではないが，病原細菌の検出率は，下水ばかりか河川水と比較しても低いようである．

d. 海域（沿岸海域）

表15.4に海域（沿岸海域）における病原細菌汚染状況を示した．対象が海域のため，腸炎ビブリオの調査データが多数存在した．腸炎ビブリオの検出数が異なるのは，調査した季節が異なるためである．また，病原大腸菌の検出例は注目に値するかもしれない．

e. 湖沼

湖沼水のデータは，文献上には見当たらなかった．これは，湖沼水を直接飲料水などとして用いることが少ないことなどが原因として考えられる．

15.2.3 感染力と消毒剤耐性

a. 感染力

細菌の感染しやすさが感染力である．わが国で水を原因とする感染症を生じたことが知られている細

15. 健康関連微生物

表 15.5 細菌の感染力

菌　種	感染力（経口摂取の感染量）
Vibrio cholerae, serogroup O1, serogroup O139 (Bengal)	$10^6 \sim 10^{11}$ 個（健康なヒト） 胃の酸度により変動する
Salmonella choleraesuis	1000 個より大きい $10^6 \sim 10^{10}$ 個（動物）
Salmonella paratyphi	1000 個より大きい（通常） 胃の酸度が中和されると低下する
Salmonella spp.（*S. typhi*, *S. choleraesuis* および *S. paratyphi* を除く）	100～1000 個 種々の条件により変動する
Salmonella typhi	100000 個 胃の酸度や媒体摂取量により変動する
Shigella spp.	10～200 個
腸管出血性大腸菌	10 個 最小感染量は小さく，*Shigella* spp と同程度と思われる
腸管侵入性大腸菌	10 個 最小感染量は小さく，*Shigella* spp と同程度と思われる
腸管病原性大腸菌	$10^8 \sim 10^{10}$ 個（成人） なお，幼児には感染力がきわめて強いが定量的には不明
毒素原性大腸菌	$10^8 \sim 10^{10}$ 個
Campylobacter jejuni, *C. coli*, *C. fetus* subsp. *Jejuni*	500 個以下
Pseudomonas spp.（*B. mallei*, および *B. pseudomallei* を除く）	感染経路により異なる
Legionella pneumophila	不明
Staphylococcus aureus	株により感染力は大きく異なる
Clostridium perfringens	10^5 個/g-食品
Yersinia enterocolitica, *Y. pseudotuberculosis*	10^6 個

（文献 8 の記載内容を元に筆者が作成）

菌を中心に，その感染力を一覧表にして示した（表 15.5）．細菌の感染力の評価に用いられるものとして感染量（infectious dose）がある．感染量とは感染を成立させるために必要な生物数である．また，感染量は種々の条件により変動し，一定の値とはならない．たとえば，胃の酸度，媒体摂取量，年齢，細菌株などが影響する．何桁もの間で変動するものもあり，使用にあたっては注意が必要である．

b. 消毒剤耐性[9]

細菌の消毒剤耐性は，消毒剤の種類，消毒剤の濃度，水温，pH，接触時間，対象水の消毒剤消費量（紫外線の場合は紫外線吸収率）などの消毒条件の影響を受ける．これらの条件を統一したうえで，多種にわたる水中の健康関連細菌を並行して消毒し，相互の耐性を同一条件で比較した研究例はこれまでのところない．複数の細菌を同一条件で並行して消毒した結果の報告は存在するが，その対象は，研究者の興味の範囲に限られた数種から多くても 10 種類を超えない程度である．また，上述した消毒条件は研究者ごとに異なっており，相互の比較を困難にしている．実際のところ，多種にわたる水中の健康関連細菌を同一条件で消毒し，相互の耐性を同一条件で比較可能とするには，多くの実験が必要である．標準化された実験方法と評価方法を確立したうえで，多数の研究者によるプロジェクトとして実施しなければならないため，このようなまとまった報告が存在しないものと思われる．

ここでは，これらの条件を併記しながら，2 log (99%) の不活化に要する各種消毒剤ごとの接触量（化学消毒剤では濃度時間積（Ct 値），紫外線では照射線量）を細菌種ごとにまとめたものを表 15.6 ～10 に示す．原表のデータにおいて，消毒剤濃度，接触時間および不活化率が示されていたものは，Ct 値が ND となっていても計算結果を表に示した．このような場合は，表中の Ct 値は必ずしも正しい値ではない可能性がある．なお，計算にあたって，不活化曲線では Chick-Watson の法則が成立すること（すなわち，不活化曲線が一次反応式に従うこと，不活化の遅滞や進行停止が生じないこと）を仮定した．

化学物質の反応速度は温度の影響を受け，通常，温度が高いと反応速度も大きい．消毒においても，これは例外ではなく，酸化剤による消毒では，水温が高くなるにつれて反応速度が増し，消毒力が高まる．なお，紫外線消毒は，通常の水処理で用いられる水温では，あまり温度の影響を受けない．

不活化速度の消毒剤濃度への依存性は，消毒対象とする水によって種々の場合が考えられる．典型的なものとして，アンモニア性窒素を含む水に対する不連続点塩素処理の場合が挙げられる．また，不活化速度が消毒剤濃度に比例せず，低濃度では不活化速度がきわめて小さい場合も多く観察される．これは，消毒剤が水中の物質によって消費されてしま

表 15.6　細菌の 2 log(99％)の不活化に要する遊離塩素接触量（濃度時間積）

細菌種	実験水	水温 (℃)	pH	Ct (mg・min/l)
Escherichia coli	BDF	25	7.0	1.3～1.4
E. coli	BDF + N − organics	25	7.0	1.2～1.5
E. coli	BDF	23	10	1.2
E. coli	BDF + 0.1M KNO$_3$	23	7.0	0.30
E. coli	CDF	4	?	1.7
Campylobacter jejuni	BDF	4	8.0	6.6～8.4
Legionella pneumophila	水道水	20	7.7～7.8	15
L. pneumophila	水道水	20	7.7～7.8	約 1.1
L. pneumophila	水道水	25	?	10
Mycobacterium chelonei	BDF	25	7.0	≧ 540
Mycobacterium chelonei	BDF	25	7.0	28
Mycobacterium chelonei	BDF	?	7.0	約 110
Mycobacterium intracellulare	BDF	?	7.0	≧ 1800

（文献 9 を元に筆者が再計算して作成）

表 15.7　細菌の 2 log(99％)の不活化に要するクロラミン接触量（濃度時間積）

細菌種	実験水	水温 (℃)	pH	Ct (mg・min/l)
Escherichia coli	BDF	5	9.0	113
E. coli	BDF	22	6.0	5～8
E. coli	BDF	22	8.0	29～46
Klebsiella pneumoniae	BDF	22	8.0	8.5～22
Salmonella typhimurium	BDF	22	8.0	12～24
大腸菌群，S. tyohimurium, S. sonnei	水道水 + 1%下水	20	6.0	17
大腸菌群，S. tyohimurium, S. sonnei	水道水 + 1%下水	20	8.0	80
Mycobacterium fortuitum	BDF	20	7.0	5334
Mycobacterium fortuitum	BDF	17	7.0	696
Mycobacterium avium	BDF	17	7.0	7920
Mycobacterium intracellulare	BDF	17	7.0	3960

（文献 9 を元に筆者が再計算して作成）

表 15.8　細菌の 2 log(99％)の不活化に要する二酸化塩素接触量（濃度時間積）

細菌種	実験水	水温 (℃)	pH	Ct (mg・min/l)
Escherichia coli	BDF	5	7.0	0.48
E. coli	PBS	?	7.0	＜ 0.8～1.6
糞便性大腸菌群	下水処理水	?	?	12
糞便性連鎖球菌	下水処理水	?	?	17
Klebsiella pneumoniae	BDF	23	?	1.4～1.7

BDF：塩素要求量のない緩衝液．
（文献 9 を元に筆者が再計算して作成）

表 15.9　細菌の 2 log(99％)の不活化に要するオゾン接触量（濃度時間積）

細菌種	実験水	水温 (℃)	pH	Ct (mg・min/l)
Escherichia coli	?	1	7.2	0.006～0.02
大腸菌群	下水処理水	12.6	7.1	61
糞便性連鎖球菌	下水処理水	12.6	7.1	90
E. coli	下水処理水	24	7.4	0.11～0.13
Salmonella typhimurium	下水処理水	24	7.4	0.06～0.08
Mycobacterium fortuitum	下水処理水	24	7.4	0.03～0.05
Mycobacterium fortuitum	BDF	24	7.0	0.53

BDF：塩素要求量のない緩衝液．
（文献 9 を元に筆者が再計算して作成）

表 15.10 細菌の 2 log(99%)の不活化に要する紫外線接触量（照射線量）

細　菌	照射線量（mW·s/cm²）
Bacillus anthracis（炭疽菌）	9.0
Bacillus anthracis（炭疽菌）芽胞	109
Bacillus subtilus（枯草菌）芽胞	24.0
Clostridium Tetani（破傷風菌）	24.0
Corynebacterium diptheriae（ジフテリア菌）	6.8
Escherichia coli（大腸菌）	6.4
Legionella pneumophila（レジオネラ）	2.0
Micrococcus radiodurans（ミクロコッカス）	41.0
Mycobacterium tuberculosis（結核菌）	12
Pseudomonas aeruginosa（緑膿菌）	11
Salmonella enteritidis	8.0
Salmonella paratyphi（パラチフス菌）	6.4
Salmonella typhi（チフス菌）	4.2
Salmonella typhimurium（ネズミチフス菌）	16
Shigella dysenteriae（赤痢菌）	4.4
Staphylococcus aureus（ブドウ球菌）	10
Streptococcus faecalis（ストレプトコッカス）	8.8
Streptococcus pyogenes（化膿連鎖球菌）	4.4
Vubrio comma（コレラ菌）	13

（文献9を元に筆者が再計算して作成）

った場合と，細菌の不活化の開始に，ある程度の消毒剤濃度が必要である場合が考えられる．

〔土佐光司〕

文　献

1) 坂崎利一監訳（1993）：医学細菌同定の手びき第3版，近代出版．
2) 坂崎利一編（2000）：新訂食水系感染症と細菌性食中毒，中央法規出版．
3) 総合食品安全事典編集委員会編（1999）：食中毒微生物，産調出版．
4) 金子光美編著（1996）：水質衛生学，技報堂出版．
5) 厚生労働省：食中毒情報．
6) 国立予防衛生研究所・厚生省保健医療局（1999）：病原微生物検出情報月報，Vol. 3-18．
7) 遠藤卓郎ら（2000）：レジオネラ汚染とその対策．環境技術，**32**（6）：29-33．
8) Office of Laboratory Security, Population and Public Health Branch, Canada ： Material Safety Data Sheets (http://www.hc-sc.gc.ca/pphb-dgspsp/msds-ftss/index.html)
9) 金子光美（1997）：水の消毒，㈶日本環境整備教育センター．

15.3 ウイルス

▷ 7.1　水道における浄水処理と最近の動向
▷ 7.6　消毒
▷ 20.3　リスク評価

15.3.1　種類と性状

水系から検出されるウイルスの種類は，ウイルス感染者の糞便に由来する腸管系ウイルスがほとんどである．これら腸管系ウイルスの分類上の位置づけを表15.11～13に示した．すなわち，科のレベルでは，ピコルナウイルス科，カリシウイルス科，レオウイルス科，アストロウイルス科，アデノウイルス科およびヘペウイルス科の6科に分類されている．さらに，属のレベルでは，エンテロウイルス属をはじめとして9属，血清型（遺伝子型も含めて）は175種類に分類されている．それぞれの形態的特徴（表15.11），病原性（表15.14：発症した場合の臨床症状）およびこれらのウイルスが原因と思われる疾患の発生状況（表15.15）についてまとめた．

a. ピコルナウイルス科

ピコルナウイルスとは，小さい（pico）RNAウイルスという意味がある．ウイルス粒子はエンベロープがなく，一本鎖のRNAで構成されている．エーテルには耐性で，粒子の大きさは20～30 nmレベルである．

1) エンテロウイルス属　エンテロウイルス属のウイルスは，直径24～30 nmの球状ウイルスである．エーテル，クロロホルム，デソキシコール酸に耐性，熱（50℃）に対して安定，酸（pH 3.0）に対して耐性である．エンテロウイルス属は，遺伝子レベルの特性によりさらに群に分類されている．遺伝子レベルから分類された群別は，表15.12に示したとおり，ポリオウイルスとエンテロウイルスA～D群に分かれており，A～D群にはコクサッキーウイルス，エコーウイルスおよびエンテロウイルスの各血清型が異なる群に分類されている．

ウイルスの感染経路は，糞口および飛沫感染であり，胃液や胆汁酸にも不活化されることなく腸管に侵入してそこで増殖する．増殖したウイルスは，血

表15.11 水系感染する可能性があるウイルスの種類

科	属	種類	血清型数	サイズ	エンベロープ	核酸
ピコルナウイルス	エンテロウイルス	ポリオウイルス	3	24～30 nm	無	一本鎖RNA
		コクサッキーウイルスA群	22			
		コクサッキーウイルスB群	6			
		エコーウイルス	29			
		エンテロウイルス	4			
	ヘパトウイルス	A型肝炎ウイルス	1	27～34 nm		
	コブウイルス	アイチウイルス	1	27 nm		
カリシウイルス	ノロウイルス	遺伝子群I 　ノーウォークウイルス 　サザンプトンウイルス 　デザートシールウイルス	遺伝子型 15種類	25～30 nm	無	一本鎖RNA
		遺伝子群II 　ハワイウイルス 　スノーマウンテンウイルス 　トロントウイルス　など	遺伝子型 18種類			
	サポウイルス	サッポロウイルス	遺伝子型 4種類	30～38 nm		
レオウイルス	ロタウイルス	A群ロタウイルス	1	65～75 nm	無	二本鎖RNA
		B群ロタウイルス	1			
		C群ロタウイルス	1			
ヘペウイルス	ママストロウイルス	ヒトアストロウイルス	8	28～30 nm	無	一本鎖RNA
アストロウイルス	マストアデノウイルス	アデノウイルス	51	60～85 nm	無	二本鎖RNA
アデノウイルス	ヘペウイルス	E型肝炎ウイルス	1	27～37 nm	無	一本鎖RNA

表15.12 エンテロウイルスの群別分類

群別	ウイルスの血清型
ポリオウイルス	ポリオウイルス1型～3型
エンテロウイルスA群	コクサッキーウイルスA2～A8, A10, A12, A14, A16
	エンテロウイルス71
エンテロウイルスB群	コクサッキーウイルスA9, コクサッキーウイルスB1～B6
	エコーウイルス1～7, 9, 11～21, 24～27, 29～33
	エンテロウイルス69
エンテロウイルスC群	コクサッキーウイルスA1, A11, A13, A15, A17～A22, A24
エンテロウイルスD群	エンテロウイルス68, 70

表15.13 アデノウイルスの群別分類

群別	ウイルスの血清型
アデノウイルスA群	アデノウイルス12, 18, 31
アデノウイルスB群	B1:アデノウイルス3, 7, 11, 16, 21
	B2:アデノウイルス14, 34, 35, 51
アデノウイルスC群	アデノウイルス1, 2, 5, 6
アデノウイルスD群	アデノウイルス8～10, 13, 15, 17, 19, 20, 22～30, 32, 33, 36～39, 42～49, 50
アデノウイルスE群	アデノウイルス4
アデノウイルスF群	アデノウイルス40, 41

流に入ってウイルス血症を起こして全身に広がり，その結果として多彩な臨床症状を示す（表15.14）．しかし，この属のウイルスは，感染しても臨床症状が現れない不顕性感染が多く，発症しても軽いカゼ症候群で終わることが多い．糞便からは，数週間にわたり多量のウイルスが検出される．

ⅰ）ポリオウイルス： ポリオウイルス感染は，特に不顕性感染が多い．潜伏期間3～21日（通常7～12日）を経て発症しても，発熱，倦怠感，頭痛，筋肉痛などのカゼ症状あるいは嘔吐などの胃腸炎症状を呈する程度である．しかし，重症化すると急性灰白髄炎を起こし，四肢の麻痺などの後遺症を残すことで知られている．日本においては1981年以降麻痺患者からの野性ポリオウイルス（強毒株）は分類されておらず，野生株はすでに制圧されている状態である．しかし，ごくまれであるがワクチン株（弱毒株）による麻痺患者の報告はある．下水からは，生ワクチンの投与によりヒトの腸管で増殖した

表 15.14 水系感染する可能性があるウイルスの病原性

ウイルス	潜伏期	臨床症状
ポリオウイルス	3〜21 日	急性灰白髄炎
コクサッキーウイルス A 群	2〜7 日	手足口病，ヘルパンギーナなど
コクサッキーウイルス B 群	2〜7 日	無菌性髄膜炎，夏カゼ，熱性疾患，流行性胸膜痛など
エコーウイルス	2〜7 日	無菌性髄膜炎，心筋炎，流行性筋痛症など
エンテロウイルス 71	3〜7 日	手足口病
A 型肝炎ウイルス	平均 30 日	肝炎，黄疸，肝腫大など
ノーウォークウイルス	6〜40 時間	下痢，嘔吐，腹痛など
サッポロウイルス	36〜40 時間	下痢，嘔吐，腹痛など
A 群ロタウイルス	48〜72 時間	水溶性下痢，嘔吐など
C 群ロタウイルス	48〜72 時間	水溶性下痢，嘔吐など
ヒトアストロウイルス	1〜3 日	軽度の下痢
アデノウイルス	5〜10 日	上気道炎，結膜炎，下痢
E 型肝炎ウイルス	平均 40 日	肝炎

表 15.15 水系感染する可能性があるウイルスによる感染症発生動向

ウイルス	わが国でのウイルス検出数				備考*
	2002 年	'3 年	'4 年	'5 年	
ポリオウイルス	103	106	86	116	日本では 1981 年以降，野生株の検出はない
コクサッキーウイルス A 群	896	964	869	984	'2 年 = CA16 (47.5 %)，'3 年 = CA10 (39.6 %)，'4 年 = CA4 (44.6 %)，'5 年 = CA16 (27.6 %)
コクサッキーウイルス B 群	564	394	579	386	'2 年 = CB2 (47.9 %)，'3 年 = CB1 (36.0 %)，'4 年 = CB1 (38.0 %)，'5 年 = CB3 (61.1 %)
エコーウイルス	2952	1337	711	388	'2 年 = E13 (71.3 %)，'3 年 = E6 (37.2 %)，'4 年 = E6 (30.5 %)，'5 年 = E9 (26.0 %)
エンテロウイルス 71	21	659	59	54	
A 型肝炎ウイルス	1	−	1	−	
アイチウイルス	−	−	1	−	
ノロウイルス G I 群	52	104	146	−	
ノロウイルス G II 群	917	1172	1565	2926	2002 年以降，G II − 4 型が主流
サポウイルス	12	71	60	130	2004 年 = G I 群 (2)，G II 群 (1)　2005 年 = G I 群 (6)，G II 群 (2)
アストロウイルス	14	46	33	45	
ロタウイルス A 群	593	693	551	738	1〜4 型が主流
ロタウイルス C 群	2	27	2	8	
アデノウイルス 未群	164	145	189	214	
アデノウイルス A 群	2	3	2	4	2002〜2004 年 = AD31；100 %，2005 年 = AD31 (75.0 %)，AD12 (25.0 %)
アデノウイルス B1 群	376	1043	1006	694	AD3 = '2 年 (95.5 %)，'3 年 (95.2 %)，'4 年 (97.4 %)，'5 年 (97.3 %)
アデノウイルス C 群	846	792	793	892	AD2 = '2 年 (52.0 %)，'3 年 (51.5 %)，'4 年 (53.0 %)，'5 年 (52.9 %)
アデノウイルス D 群	116	166	129	182	AD37 = '2 年 (53.4 %)，'3 年 (74.7 %)，'4 年 (51.2 %)，AD8 = '5 年 (61.0 %)
アデノウイルス E 群	28	39	59	26	
アデノウイルス F 群	67	66	88	81	AD40/41，AD41 = '2 年 (4.5 %)，'3 年 (6.1 %)，'4 年 (34.1 %)，'5 年 (29.6 %)
E 型肝炎ウイルス	−	−	−	4	

国立感染症研究所感染症情報センター；病原微生物検出情報より改編
*：各年次における検出率のもっとも高かったウイルス（% = 型別検出数/各年次の総検出数）

ワクチン株が長期間（1 か月以上に及ぶこともある）にわたって検出される[1]．

諸外国でも長年にわたるポリオワクチンの接種により，欧州西部，中近東，北アフリカ，東アジア，北米および南米ではポリオ患者の発生がない．

ii）コクサッキーウイルス： コクサッキーウイルスは，直径 28 nm の一本鎖 RNA ウイルスで A 群と B 群に分かれる．いずれも潜伏期間は 2〜7 日で，発症するとコクサッキー A 群ウイルスは手足口病，ヘルパンギーナ，無菌性髄膜炎などを，B 群ウイルスは流行性胸膜痛や無菌性髄膜炎などを引き起こす．国内でのコクサッキーウイルス検出数は，ここ数年間は 500〜1000 件で推移している（表 15.15）．

iii）エコーウイルス： エコーウイルスは，Enteric cytopathogenic human orphan virus の頭文字をとって命名（Echo virus）されたウイルスである．感染して発症すると，無菌性髄膜炎，麻痺性疾患，脳炎，発疹，結膜炎などの中枢神経系疾患から皮膚疾患まで多彩な臨床症状を示す．国内におけるエコーウイルスの検出数（表 15.15）は，2002 年

に3000件と多くなっている.

ⅳ）エンテロウイルス： 1969年以降，新たに分離されたエンテロウイルス属に入るウイルスは，エンテロウイルスの名称で通し番号が付される．感染発症した場合の臨床症状としては，エンテロウイルス70型は出血性結膜炎，71型は手足口病を引き起こすことが知られている．なかでも出血性結膜炎は潜伏期間が24時間と短く，主として充血，眼脂，流涙，眼瞼腫脹を起こし，両眼性のろ胞性結膜炎で結膜下出血を伴うことを特徴とする（表15.14）．

2）ヘパトウイルス属

ⅰ）A型肝炎ウイルス： A型肝炎ウイルスは，発見当初エンテロウイルス属に分類され，エンテロウイルス72と称されていたが，現在ではヘパトウイルス属に分類されている．ピコルナウイルス科ヘパトウイルス属唯一のウイルスである．直径27～34 nmのエンベロープのない正二十面体の一本鎖のRNAを有しているウイルス粒子である．酸耐性であり熱，乾燥などにも強い．60℃で10時間でも不活化は困難であるが85℃では瞬時に不活化される．エーテルなどの脂溶性物質，界面活性剤，タンパク分解酵素などにも耐性であるが高圧滅菌，紫外線照射，ホルマリン処理，塩素処理などで不活化する.

臨床的には，2～6週間（平均30日）の潜伏期間後，下痢，発熱，嘔吐，倦怠感などのカゼに似た症状が続き，黄疸が数週間みられ，急性肝炎を引き起こすが，予後は比較的良好である．

典型的な流行例は，1988年にA型肝炎が流行した地域の下水が流入する湾内で養殖されたアサリの喫食によって中国の上海で30万人の患者が出た事例がある[2]．2001年12月には，中国から日本に輸入されたウチムラサキガイ（通称，大アサリ）を喫食したグループが，急性胃腸炎と肝炎を発症した事例がある[3]．また，アジア地域から輸入された生鮮魚介類（ハマグリ，ウチムラサキガイなど）からA型肝炎ウイルスが検出された報告もある[4].

3）コブウイルス属

ⅰ）アイチウイルス： アイチウイルスは，1989年に愛知県で発生した生カキの喫食による集団食中毒事例の患者から検出されたウイルスである[5]．その後の血清疫学調査により，ウイルスは広く世界に分布していることが明らかになっているが，有症患者の発生頻度は低い．

b．カリシウイルス科

カリシウイルス科は，エンベロープをもたない直径25～38 nmの正二十面体粒子で一本鎖RNAからなるウイルスである．電子顕微鏡で粒子表面に32個のカップ（ラテン語でcalix）様の窪みが観察されるのでこの名称が付けられた．わが国で冬季に多発する食中毒の多くは，カリシウイルス科に属するウイルスによって起こる[3].

1）ノロウイルス属　電子顕微鏡で観察される形態学的分類でSRSVやノーウォーク様ウイルスと呼ばれてきたウイルスであるが，2002年国際ウイルス命名委員会によって，ノロウイルスと名称が決定された．ノロウイルス属のウイルスは，組織培養細胞や動物実験により培養することができないため，ウイルスの分類は遺伝子情報に基づいて行われている．GenogroupⅠ（GⅠ）とGenogroupⅡ（GⅡ）の二つの遺伝子群に分類され，さらに細かく15と18の遺伝子型（genotype）に分類される．

ノロウイルスはヒトの体外でも安定であるため，食物に付着すると食中毒の原因ともなる．ウイルスに汚染された食物や水を摂取してから12～48時間後に発症し，嘔気，嘔吐，下痢，腹痛などの症状が12～60時間持続するが，通常は2～3日で回復する．米国や日本で発生するノロウイルスによる胃腸炎の集団発生は二枚貝類（特に，カキ）の生食と関連しているといわれている．

米国CDC（米国疾病管理センター）の報告では，1996～2000年に米国で発生したノロウイルスによる集団胃腸炎の発生事例は348事例あり，そのうちウイルスに汚染された食品に由来するものが39%，ウイルスに汚染された水によるものが3%，ヒトからヒトへの感染によるものが12%などとされている[6]．また，1998年にリゾートホテルで集団発生した胃腸炎の原因は，トイレの排水がホテルの飲用雨水タンクに流入したことによると，報告されている[7].

ⅰ）ノーウォークウイルス： 1968年米国オハイオ州ノーウォークの小学校で発生した集団胃腸炎患者の糞便から検出され，1972年に免疫電子顕微鏡下でその形態が明らかとなった．エンベロープをもたない直径25～30 nmの一本鎖RNAウイルスであり，粒子表面には細かい突起が多数みられる．

ノーウォークウイルスに関しては井戸水や表流水からの検出例，リゾート施設のシャワー水や飲料水が原因となった胃腸炎の発生報告もある[8-12].

2）サポウイルス属

ⅰ）サッポロウイルス： サッポロウイルスは，

「ダビデの星」と称される特徴的な形態をもつ．乳幼児に集団感染することが多く，冬季に多発する．臨床的には，ノーウォークウイルスやロタウイルスほど重症な経過はたどらない．ウイルス検出数もノーウォークウイルスほど多くない（表15.15）．

c. レオウイルス科

レオウイルスのレオは，Respiratory enteric orphan virus の頭文字を並べた造語（Reo）である．大きさは65～75 nm，エンベロープをもたない正二十面体の粒子である．二本鎖のマイナスRNAで構成され，10～11本の分節を有する．

1）ロタウイルス ロタウイルスは，直径65～75 nmの二十面体で二重構造をとり，電子顕微鏡でみると車輪（ラテン語；rota）のような形にみえることから，この名前が付けられた．群特異抗原によりA～Gの7群に分類される．ヒトに感染するウイルスはA～Cの3群である．

ロタウイルスは，48～72時間の潜伏期を経て，5～8日間程度の嘔吐，下痢，発熱，脱水症状などを起こす乳児嘔吐下痢症の病因ウイルスである．便の性状は一般的に白色あるいは灰白色から黄緑色を呈するのが特徴である．季節的には，日本を含む温帯地域では11～2月の冬季に集中して発生する．熱帯地域では季節性は低いものの，乾燥期で低温の時期に多発する．

ⅰ）A群ロタウイルス： 冬季にみられる乳幼児下痢症の80％はA群ロタウイルスが原因ともいわれている．生後4か月から2歳までの乳幼児に多発し，突然の嘔吐から始まり水様性の下痢がみられる[13]．経過は1週間程度で予後はよいが，脱水症状になりやすい．A群ロタウイルスによる下痢症は全世界で発生しているが，栄養状態の悪い熱帯地方の発展途上国では乳幼児死亡の重要な原因となっている．中国では1982～1983年に12000人の成人がA群ロタウイルスによる急性胃腸炎を引き起こしたとの報告もある[14]．このウイルスは，わが国でも毎年数百件レベルで検出されている（表15.15）．

ⅱ）B群ロタウイルス： 日本において発生報告はない．

ⅲ）C群ロタウイルス： 3歳以上の年長児や成人にみられ，春から初夏にかけて流行することが多い．A群ほど大流行することはない．

d. アストロウイルス科

1）ママストロウイルス属

ⅰ）ヒトアストロウイルス： ヒトアストロウイルスは，直径約28～30 nmの球状，一本鎖RNAで構成され，5～6個の先端をもつ星状（astro）構造を有する．現在までに8種類の血清型が報告されている．

ヒトアストロウイルスは，小児急性胃腸炎の原因の一つであるが，ロタウイルスやノロウイルスほど主要な原因ウイルスではない．しかし，時に大規模な食中毒様の集団発生を引き起こすため公衆衛生上重要なウイルスである．非ロタウイルス，非アデノウイルスによる小児胃腸炎起因ウイルスとして注目されつつある[15]．

e. アデノウイルス科

アデノウイルス科に属するウイルスには，哺乳動物に感染するマストアデノウイルス属と鳥類に感染するアヴィアデノウイルス属がある．直径60～85 nmの正二十面体粒子でエンベロープをもたない二本鎖のDNAウイルスである．正二十面体の各頂点にペントンファイバーと呼ばれる細い突起がついている．

1）マストアデノウイルス属

ⅰ）ヒトアデノウイルス： ヒトアデノウイルスは，エーテルに対する抵抗性はあるが，熱には弱く56℃30分で不活化される．

臨床的には，咽頭炎，扁桃炎，肺炎などの呼吸器疾患，咽頭結膜熱や流行性角結膜炎などの眼疾患，胃腸炎などの消化器疾患，出血性膀胱炎などの泌尿器疾患をはじめ，肝炎，膵炎，脳炎に至るまで多彩な症状を呈する．ヒトアデノウイルスには51種の血清型があり，これらは生物学的特徴，造腫瘍性やDNAホモロジーなどの指標によりA～Fの6群に分類されている（表15.13）．A群は造腫瘍性が高く，B群とE群は上気道炎と角結膜炎，C群は上気道炎，D群は角結膜炎，F群は胃腸炎を起こす．特に，B群に分類される3型および7型は，「プール熱」と呼ばれる咽頭結膜熱を，D群8型は流行性角結膜炎を，F群40型および41型は胃腸炎を引き起こすことが知られている．わが国におけるウイルス検出数は，C群が最も多い（表15.15）．

f. ヘペウイルス科

1）ヘペウイルス属

ⅰ）E型肝炎ウイルス： E型肝炎ウイルスは，1970年代後半から1980年前半にかけて発見され

た[16]．発見当初は，その臨床症状および疫学的特徴からA型肝炎ウイルスと混同されていた[17,18]．2002年の国際ウイルス命名委員会で一時的に「E型肝炎様ウイルス属（"Hepatitis E-like viruses"）」に分類されたが，その後の研究により，他の肝炎ウイルスと異なることが明らかにされ，現在はヘペウイルス科ヘペウイルス属という単一ウイルス属に分類された．血清型は1つと考えられているが，遺伝子型では現在I～IVの4つの型に分類された．E型肝炎ウイルスは，直径27～37 nmのエンベロープをもたない正二十面体の一本鎖RNAウイルスである．ヒトへの感染経路は，糞口感染が中心であるが，時には水や食品を介した流行を起こすことが知られている．めったに合併症を起こさないA型肝炎とは異なり，E型肝炎は顕著な胆汁分泌停止を起こす．妊婦に感染するとまれに劇症肝炎を起こし，死亡率が20～40％と高いことが知られている[22]．

E型肝炎の流行は，アフガニスタン，中国，インド，ミャンマー，ネパール，パキスタン，メキシコなどで報告されている[18,19]．この疾患は風土病的要素が高く，インドの一部とアフリカでは成人の急性肝炎を引き起こす常在因子となっている．下水で汚染された飲料水による大規模な感染事例としては，1954年インドのデリー市で4万人，1986～1988年にかけて中国親疆ウイグル地区で10万人以上，1991年インドのカブール地区で79000人の患者発生が報告されている[20]．南アフリカ，英国，南北アメリカ，中央ヨーロッパでの流行例は少なく，これらの国々で発生したときは輸入感染症例として扱われる[18,21]．

E型肝炎ウイルスは，家畜（ウシ，ヤギ，ブタなど）からも検出されており[22]，ヒトへの感染経路としては動物の排泄物などで汚染された水源が考えられている[23,24]．　　　　　　　〔吉田靖子〕

文　献

1) Donaldson KA, et al (2002): Detection, quantitation and identification of enteroviruses from surface waters and sponge tissue from the Florida Keys using realtim RT-PCR. *Water RES*, 36 (10): 2505-2514.
2) Halliday ML, et al (1991): An epidemic of hepatitis A attributable to the ingestion of raw clams in Shanghai, China. *J Infect Dis*, 164: 852-859.
3) 古田敏彦他（2002）：大アサリの喫食を原因とするノーウォーク様ウイルスとA型肝炎ウイルスによる食中毒事件．病原微生物検出情報，23：119-120.
4) 戸塚敦子（2002）：輸入生鮮魚介類からのA型肝炎ウイルス検出状況．病原微生物検出情報，23：119-120.
5) Sasaki J, et al (2001): Construction of an infectious cDNA clone of Aichi virus (a new member of the *Family Picornaviridae*) and mutational analysis of a stem-loop structure at the 5' end of the genome. *J Virol*, 175: 8021-8030.
6) MMWR J, et al (2001): "Norwalk-like Viruses" Public Health Consequencces and Outbreak Management. 50: 1-17.
7) Brown CM, et al (2001): Outbreak of Norwalk virus in a Calibbean island resort: application of molecular diagnostics to ascertain the vehicle of infection. *Epidemiol Infect*, 126: 425-432.
8) Anderson AD, et al (2003): A waterborne outbreak of Norwalk-like virus among snowmobilers-Wyoming, 2001. *J Infect Dis*, 187 (2): 303-306.
9) Kukkula M, et al (1997): Waterborne outbreakof viral gastroenteritis. *Scand J Infect Dis*, 29 (2): 415-418.
10) Reuter G, et al (2001): Outbreak of human calicivirus infection in a hospital department. *Orv Hetil*, 142 (9): 459-463.
11) Miettinen IT, et al (2001): Waterborne epidemics in Finland in 1998-1999. *Water Sci Technol*, 43 (12): 67-71.
12) Kukkula M, et al (1997): Waterborne outbreak of viral gastroenteritis. *Scand J Infect Dis*, 29 (4): 415-418.
13) Ansari SA, et al (1991): Survival and vehicular spread of human rotaviruses: possible relation to seasonality of outbreak. *Rev Infect Dis*, 13 (3): 448-461.
14) Hung T, et al (1984): Waterborne outbreak of rotavirus diarrhoea in adults in China caused by a novel rotavirus. *Lancet*, 26: 1 (8387): 1139-1142.
15) 大瀬戸光明他（1996）：愛媛県におけるアストロウイルス検出状況．愛媛県衛研年報，58：14-18.
16) Wong DC, et al (1980): Epidemic and endemic hepatitis in India: evidence for non-A/non-B hepatitis virus aetiology. *Lancet*, ii: 876-878.
17) Grabow WOK, et al (1994): Hepatitis E seroprevalence in selected individuals in South Africa. *J Med Virol*, 44: 384-388.
18) Grabow WOK, Taylor MB and Webber LM (1996): Hepatitis E virus in South Africa. *South Africa J Sci*, 92: 178-180.
19) Grabow WOK, et al (1994): Hepatitis E in selected individuals in South Africa. *J Med Virol*, 44: 384-388.
20) Scharschmidt BF (1995): Hepatitis E: a virus in waiting. *Lancet*, 346: 519-520.
21) Craske J (1992): Hepatitis C and non-A non-B hepatitis revisited: Hepatitis E, F and G. *J Infect*, 25: 243-250.
22) Clayson ET, et al (1996): Evidence that the hepatitis E virus (HEV) is a zoonotic virus: detection of natural infection among swine, rats, and chickens in an area endemic for human disease. Enterically-transmitted Hepatitis Viruses (Buisson Y, Voursaget P, Kane M, eds), pp. 329-335, La Simarre.
23) Kabrane-Lazizi Y, et al (1999): Evidence for widespread infection of wild rats with hepatitis E virus in the United States. *Am J Tropical Med Hygiene*, 6: 331-335.
24) Wu J-C, et al (2000): Clinical and epidemiological implications of swine hepatitis E virus infection. *J Med Virol*, 60: 166-171.

15.3.2 汚染状況

本項では，さまざまな環境水を対象として，さまざまな研究機関・研究者によって行われたウイルス汚染実態調査を元に，検出ウイルスの種類，ウイルス濃度（検出率），調査地域（国），発表年次などについて情報整理を行った．環境水に関するウイルス汚染の調査は，諸外国を中心に1970～1980年代にかけて精力的に行われた実績があるが，近年のデータは非常に少ない[1,2]．

生下水を除く環境水中のウイルスは，概してその濃度が希薄であるため，ウイルス検出の前処理として試料水の濃縮処理が必要な場合が多い．水中ウイルスの濃縮方法については，1970年代に精力的に検討された．大別すると，綿タンポンを水流に浸漬しておきウイルスを含む浮遊物をタンポンに吸着させる方法，さまざまなフィルターを使用してフィルター上にウイルスを捕捉する方法，グラスファイバーなどのウイルス吸着担体を利用した方法などがある[3,4]．

ほとんどの調査事例が，培養細胞を使用したウイルス分離試験であることから，分離されるウイルスは，エンテロウイルス属，アデノウイルス属，レオウイルス属に属するウイルスであり，「細胞変性ウイルス」と総称される．細胞変性ウイルスの特徴は，

表15.16 生下水からのウイルス検出状況

供試水量	検出ウイルス	ウイルス量	国・地域	発表年次
定性[*1]	細胞変性[*2]	—[*3]	ニューヨーク	1957
定性	細胞変性	11.6%	ミシガン	1959
200 ml	細胞変性	—	フィンランド	1963
定性	細胞変性	80%	シカゴ	1964
定性	細胞変性	—	ニューハンプシャー	1968
250 ml	細胞変性	0～1 TCID/ml	デンマーク	1969
定性	細胞変性	—	スウェーデン	1973
定性	細胞変性	—	チェコスロバキア	1974
2～20 l	細胞変性	27～19000/l	ハワイ	1977
定性	細胞変性	—	イスラエル	1977
50 gal.	細胞変性	—	カリフォルニア	1978
25 l	エンテロ	18～440 MPN/l	フランス	1979
定性	細胞変性	2.7～1106 MPN/l	スペイン	1979
100～200 ml	CB5	—	デンマーク	1980
定性	細胞変性	54.2%	ルーマニア	1980
定性	細胞変性	100～1400 IU/l	オーストラリア	1981
2 l	ロタ	25%	ドイツ	1981
定性	細胞変性	2000 PFU/l	イギリス	1982
20 l	ロタ	＞3000000/l	フランス	1983
5 l	細胞変性	＜50 PFU/l	カナダ	1983
1～5 l	細胞変性	＜1～3300 PFU/ml	ブラジル	1983
20 l	A型肝炎	61%	スペイン	1990
定性	細胞変性	202/549 (36.8%)	長野市	1977
1 l	細胞変性	28/32 (87.5%)	北九州	1977
約500 ml	細胞変性	12/12 (100%)	枚方市	1978
約500 ml	細胞変性	12/12 (100%)	吹田市	1978
約500 ml	細胞変性	11/12 (91.7%)	高石市	1978
定性	細胞変性	93/95 (97.9%)	名古屋市	1980
0.4 ml	細胞変性	1832/2255 (81.2%)	東京	1993
定性	SRSV[*4]	14/14 (100%)	北海道	1999
定性	SRSV	5/12 (41.7%)	秋田	1999
定性	SRSV	9/13 (69.2%)	静岡	1999
定性	SRSV	9/12 (75.0%)	福井	1999
定性	SRSV	16/26 (61.5%)	愛媛	1999
定性	SRSV	44/44 (100%)	沖縄	1999
定性	アストロ	7/24 (29.2%)	千葉市	2001

*1 定性：供試水量が明示されていないもの．
*2 細胞変性：コクサッキー，エコーなど，細胞培養法で分離されたウイルス．
*3 —：不明または記載がないもの．
*4 SRSV：小型球形ウイルス（ノロウイルスを含む）．

表 15.17 下水処理水（放流水）からのウイルス検出状況

供試水量	検出ウイルス	ウイルス量	国・地域	発表年次
1 gal.	細胞変性	60〜820 PFU/gal.	ヒューストン	1970
16 l	細胞変性	3.5〜23.1/gal.	ヒューストン	1974
2〜20 l	細胞変性	25〜34 PFU/l	ハワイ	1977
6 l	細胞変性	0〜88 MPN/l	オタワ	1979
25 l	細胞変性	0〜9.6 MPN/l	フランス	1979
2〜10 l	細胞変性	20.6%	カナダ	1980
2 l	細胞変性	0〜82000/l	イスラエル	1980
100〜200 ml	細胞変性	—	デンマーク	1980
—	細胞変性	3〜353 PFU/l	ニュージーランド	1983
—	レオ	0.099 MPN/gal.	カリフォルニア	1983
—	細胞変性	100〜1000 PFU/l	ギリシャ	1984
1 l	細胞変性	6/11 (54.5%)	北九州市	1977
—	細胞変性	7/63 (11.1%)	長野市	1978
1.6 l	細胞変性	18/169 (10.7%)	東京	1993
1.6 l	細胞変性	50/489 (10.2%)	東京	1993
—	SRSV	9/14 (63.4%)	札幌市	2000
—	SRSV	6/14 (42.9%)	秋田県	2000
—	SRSV	8/13 (61.5%)	静岡県	2000
—	SRSV	3/6 (50%)	福井県	2000
—	SRSV	3/15 (20.0%)	大阪府	2000
定性	アストロ	6/24 (25.0%)	千葉市	2001

凡例は表 15.16 と同様．

感染性を保持したウイルスであることである．一方，肝炎ウイルス，ロタウイルス，小型球形ウイルス（カリシウイルス科やアストロウイルス科に属する小型で球形をしたウイルスの総称）などは，培養細胞による分離培養が困難であるため，抗原抗体反応を利用した検出法や遺伝子レベルでの検出法が多用されている．すなわち，感染性を保持しているか否かの判定ができない欠点がある．

検出ウイルス量は，同じ国や地域からの報告であっても当該環境水の状況によって大きく異なる．すなわち，個々の試料水によって汚染実態が異なり，一つの報告事例が当該地域を代表するものではない．

a. 下 水

生下水からのウイルス検出状況を表 15.16 に，下水処理水（放流水）からの検出状況を表 15.17 にまとめた[2,5-7]．ウイルス量については，調査に用いた試験方法や結果の表記方法が調査事例によって異なるので同一レベルでの評価はしにくいが，諸外国において検出される生下水からのウイルス量（検出率）には大きな変動が認められた．検出ウイルス量が表記されている事例からウイルス量を推測すると，生下水 1 ml あたり 0〜3000 PFU と推定できる．最大ウイルス量が認められた報告事例はフランスとブラジルである．一方，わが国の報告事例をみると，すべてが検出率での表記であり，一部の地域で 40%レベルの検出率もあるが，総じて 70%以上で安定している．2001 年に千葉市から報告されているアストロウイルスは，アストロウイルスのみを対象とした遺伝子レベルでの検出である．

生下水から検出されるウイルスの種類と量は，下水排出区域内の住民におけるウイルス感染実態を反映しており，地域特性，当該地域に居住する住民の年齢構成，調査季節，調査年次などによって大きく変動することがわかっている[8]．

下水処理水（放流水）からのウイルス検出状況（表 15.17）をみると，諸外国とわが国では，供試水量が大きく異なるので検出状況の比較は困難であるが，報告事例を総体的にみると諸外国はもちろん，わが国においても検出ウイルス量（検出率）は，生下水に比較して低くなっていると推測できる．

水環境のウイルス汚染状況を評価するにあたっては，ウイルス量を考慮した解析を行う必要があるが，残念ながら，正確なウイルス量を記載している事例が少ない．しかし，調査したほとんどの国や地域において，感染性を保持したウイルスが環境水中に排出されていることは確実である．

b. 河川水

河川水中のウイルス汚染実態については，細胞変性ウイルスを中心として世界各地から報告されてい

15. 健康関連微生物

表 15.18 河川水からのウイルス検出状況

供試水量	検出ウイルス	ウイルス量	国・地域	発表年次
50 gal.	細胞変性	0～6.7 PFU/gal.	米国	1978
40 l	細胞変性	0.3～13.7 MPN/10 l	オタワ	1979
40 l	細胞変性	0.02～1.7 IU/l	オタワ	1980
100～300 l	細胞変性	15.7%	ルーマニア	1981
500 l	細胞変性	2～4980 PFU/500 l	フランス	1982
10 l	細胞変性	0.6～52 MPN/l	ドイツ	1982
25 l	細胞変性	0.67 MPN/10 l	スペイン	1982
21 l	細胞変性	0.15～4.5 MPN/l	フランス	1983
0.5～100 l	細胞変性	0～22 PFU/l	ニュージーランド	1984
7～148 l	細胞変性	0～3491 IU/100 l	メキシコ	1984
10 l	細胞変性	90%(平均 7.5 MPN/l)	オーストリア	1990
20 l	A型肝炎	61%	スペイン	1990
定性	A型肝炎	35.3%	南アフリカ	2001
—	細胞変性	14/17 (82.4%)	大阪市	1978
—	細胞変性	109/212 (51.4%)	名古屋市	1982
50 ml	細胞変性	173/197 (87.8%)	横浜市	1982
—	細胞変性	40/44 (91%)	奈良市	1983
1.6 l	細胞変性	36/66 (54.5%)	東京	1985
0.7～1 l	細胞変性	93/148 (62.8%)	富山市	1985
1.2 l	細胞変性	24/72 (33.3%)	静岡市	1990
10 l	細胞変性	0/4 (0%)	北九州市	1990
—	細胞変性	46/105 (43.8%)	鳥取市	1996
—	SRSV	0/18 (0%)	青森	2000
20 l	SRSV	8/24 (33.3%)	東京	2000
—	SRSV	0/25 (0%)	大阪	2000

凡例は表 15.16 と同様.

表 15.19 湖沼水からのウイルス検出状況

供試水量	検出ウイルス	ウイルス量	国・地域	発表年次
389 l	細胞変性	6.5 PFU/gal.	アイスランド	1979
定性	細胞変性	45%	ルーマニア	1981
10 l	細胞変性	9/9 (100%)	中国	1983
50～100 gal.	細胞変性	220 PFU/gal.	カリフォルニア	1983
70～330 l	細胞変性	0～0.2 PFU/l	ニュージーランド	1984
147～1153 l	細胞変性	0～42 MPN/100 l	アリゾナ	1984

凡例は表 15.16 と同様.

表 15.20 地下水からのウイルス検出状況

供試水量	検出ウイルス	ウイルス量	国・地域	発表年次
10 l	細胞変性	—	ミシガン	1974
40 l	細胞変性	3.0 TCID50/l	イタリア	1974
5～500 l	細胞変性	0～83 PFU/l	ブリタニカ	1977
10 l	細胞変性	5～14 MPN/10 l	ドイツ	1977
5～500 l	細胞変性	0～2.7 PFU/l	ブリタニカ	1978
—	細胞変性	0～3/100 l	イスラエル	1979
—	細胞変性	5/30 (16.7%)	イスラエル	1984
1000 gal.	細胞変性	—	カリフォルニア	1984
定性	A型肝炎	1/25 (4.0%)	ウイスコンシン	2000

凡例は表 15.16 と同様.

る（表 15.18）[2,9]．わが国でも，青森と大阪で報告された SRSV「不検出」を除いて，いずれの報告もウイルスが検出されている．しかし，供試水量が大きく異なることから，事例ごとのウイルス量の比較

15.3 ウイルス

表15.21 海域からのウイルス検出状況

供試水量	検出ウイルス	ウイルス量	国・地域	発表年次
116～214 l	細胞変性	0.2～3.3/gal.	ヒューストン	1974
5 l	細胞変性	0.2～16 TCID50/100 ml	イタリア	1975
20 l	細胞変性	0.5～22 MPN/l	フランス	1979
194～389 l	細胞変性	0～2.5 PFU/gal.	アイスランド	1979
25 l	細胞変性	0～17.2 MPN/10 l	スペイン	1980
10 l	細胞変性	1～8 PFU/10 l	コスタリカ	1982
—	細胞変性	1～1000 PFU/10 l	イギリス	1982
25 l	細胞変性	0.12～1.6 MPN/l	スペイン	1982
—	細胞変性	1～85/l	イスラエル	1983
40 l	細胞変性	2～54 PFU/40 l	ブラジル	1983
20 l	A型肝炎	94%	スペイン	1990
定性	アデノ	4/12 (33.3%)	カリフォルニア	2001
定性	ノロ	29.2%	広島県	1999
定性	アストロ	14/120 (11.7%)	千葉市	2001
定性	ノロ	0/45 (0%)	福岡市	2002

凡例は表15.16と同様.

などは困難である．概括的にみると，諸外国の事例のほうが供試水量が多いにもかかわらず，相対的にウイルス量（検出率）が少ない傾向にある．わが国の報告事例は，都市部を流れる河川の河口部の調査事例が多いことから，ウイルス検出率は高い傾向にあると推測する[10]．A型肝炎ウイルスとSRSVは，遺伝子レベルでの検出であることから，感染性を保持したウイルスか否かの判別はできない．

c. 湖沼水

湖沼水のウイルス汚染実態については，表15.19に示したとおり外国からの報告のみである[2]．ウイルス量は，中国とカリフォルニアの調査事例で多い．他の報告事例は供試水量が多いにもかかわらず検出ウイルス量はわずかである．

d. 地下水

地下水からのウイルス検出状況を表15.20にまとめた[1,2,11]．定性試験の結果とウイルス量の表記がない事例を除いて，試料水1 lあたりのウイルス量を推定するとブリタニカでは83 PFU程度の汚染であるが，その他の事例では0から数PFUとなっている．

e. 海域

海域からのウイルス検出状況を表15.21に示した[1,2,12-15]．ウイルス量は，報告事例によって異なる．検出ウイルス量が多いと推定される調査事例は，イタリア，イギリス，イスラエルの事例であり，多い場合は試料水1 lあたり100 PFU程度と推測される．一方，ウイルス量が少ないと推定される事例は，ヒューストン，コスタリカ，ブラジル，スペインなどの事例である．

わが国の事例は，下痢症の原因となるカリシウイルスやアストロウイルスの遺伝子検索を行ったものであり，報告事例によって検出率も大きく異なる．広島県の事例ではノロウイルスが29.2%の検出率で検出されているが，福岡市では全く検出されていない．この差は，ウイルスの汚染実態を反映していると考えるのが妥当であると思われるが，試験方法の違いによる可能性もある．　　〔矢野一好〕

文　献

個々のデータに関する文献リストは膨大な量になるため，ある程度集約された総説などの文献を記載した．

1) 矢野一好（1993）：水中ウイルスの衛生学的問題点と検出法. 衛生化学，**39**：381-394.
2) USEPA（1985）：Survey of virus isolation date from environmental samples.
3) 矢野一好，市川久浩，吉田靖子（1997）：指標微生物測定技術の現状と問題. 水環境学会誌，**20**：145-149.
4) Yano K, Yoshida Y, Shinkai T and Kaneko M（1993）：A practical method for the concentration of viruses from water using fibriform DEAE-cellulose and organic coagulant. *Wat Sci Tech*, **27**：17-21.
5) 山崎謙治，大津啓二（1978）：下水からのウイルス分離—その季節消長について—. 大阪府立公衛研所報，**16**：9-18.
6) 西沢修一，中村和幸（1980）：下水からの腸内ウイルス分離. 衛生検査，**29**：836-840.
7) 梨田　実，下原悦子，杉島伸禄（1988）：下水処理場からのウイルス分離—活性汚泥中ウイルスの季節消長—. 用水と廃水，**30**：448-453.
8) Yano K, Yoshida Y, Kamiko N, Omura T and Ohgaki S（1996）：Detection of enteroviruses from environmental samples in Japan 1985-1995. Health-Related Water Microbiology 1996, p.123, Spain.
9) Taylor MB, Cox N, Vrey MA and Grabow WOK（2001）：The occurrence of hepatitis A and astroviruses in selected river and dam waters in South Africa.*Water*

10) 矢野一好（2006）：水環境におけるウイルス汚染の実態．水環境学会誌，**29**：2-17.
11) Borchardt MA, Bertz PD and Spencer SK, *et al*（2000）：Incidence of enteric viruses in ground water from private household wells. *AWWA*, **5-2**：2716-2722.
12) 宮代　守，和佐野ちなみ，樋脇　弘，馬場純一（2002）：環境水のウイルス汚染実態調査について．福岡市保健環境研究所報，**27**：181-182.
13) Jiang S and Chu W（2001）：Human adenoviruses and coliphages in urban runoff-impacted coastal waters of southen California. *Appl Environ Microbiol*, **67**：179-184.
14) Vantarakis AC and Papapetropoulou M（1998）：Detection of enteroviruses and adenoviruses in coastal waters of SW Greece by nested polymerase chain reaction. *Water Res*, **32**：2365-2372.
15) 坂本征則，福田伸治，高尾信一，徳本静代（1999）：カキ養殖海域における小型球形ウイルスの分布に関する研究．下痢症ウイルスの検出法，予防法，汚染指標および疫学に関する研究報告書，平成9-11年度厚生科学研究費補助金，pp.54-58.

15.3.3 感染力と消毒剤耐性
a. 感染力

水中に混入しているウイルスのうち，検出・同定が可能なウイルスはごく一部である．そのうち，ヒトに対する病原性が確認され，その用量-反応関係が明確であるウイルスは，きわめて少数にすぎない．表15.22には，用量-反応関係が明確になっている6種類のウイルス（ポリオウイルス，コクサッキーウイルス，エコーウイルス，A型肝炎ウイルス（HAV），アデノウイルス，ロタウイルス）に関して，経口感染による半数感染量（ID_{50}）を示した[1-5]．また，表15.22には，各ウイルスの1％および0.1％最小感染単位もそれぞれ記載した．ID_{50}ならびに最小感染単位の算定には，ウイルスの摂取量と感染確率の間の関数である用量-反応モデル（dose-response model）を使用するが，同一種類のウイルスに対して複数のモデルが提案されている場合がしばしばあり，どのモデルを採用するか判断することは一般に困難である．表15.22では，そのようなウイルスについては，ID_{50}および最小感染単位を一意に定めず，範囲で示した．

ウイルスのID_{50}および最小感染単位はウイルスの種類によって異なるものの，概して細菌に比較して微量であり，ウイルスの感染力はきわめて強いことがわかる．最も感染力が強いと考えられるアデノウイルス4型のID_{50}は，わずか1.7単位にすぎない（HAVのID_{50}は1.3でさらに微小であるが，このウイルスの用量（dose）は糞便量で定義されており正確なウイルス量は不明なため，ここではアデノウイルス4型の感染力を最大とした）．すなわち，1個か2個のアデノウイルス4型を経口摂取しただけで，半数の人間が感染してしまうことになる．同様にアデノウイルス4型は，0.024単位というごく微量のウイルス量であっても，1％の確率で感染を引き起こすことができる．その他のウイルスについても，ポリオウイルス1型を除いて1％最小感染単位は数個以下であり，水中のウイルスによる感染リスクを適正に管理するためには，きわめて低い濃度でのウイルス制御が必要となる．

b. 消毒剤耐性
1）塩素系消毒剤によるウイルスの不活化　　塩素によるウイルスの不活化機構について，Alvarez

表15.22　主な水中ウイルスの半数感染量（ID_{50}）と最小感染単位（文献1～5に掲載されている用量-反応モデル*により計算した）

ウイルスの種類	半数感染量 ID_{50}	最小感染単位		文献
		1% dose	0.1% dose	
ポリオウイルス1型（Minor's data）	47～76	0.67～25	0.067～15	1,2,3
ポリオウイルス1型（Lepow's data）	$6.8×10^4～8.4×10^5$	15～150	1.5～14	1,2,3
ポリオウイルス3型	2.7～3.8	$4.5×10^{-3}～0.039$	$1.5×10^{-4}～3.9×10^{-3}$	1,2,3
コクサッキーウイルスB4型およびA21型	48	0.69	0.069	4
エコーウイルス12型	$53～1.0×10^3$	0.40～5.1	0.033～0.56	1,2,3
A型肝炎ウイルス**	1.3	0.018	$1.8×10^{-3}$	4
アデノウイルス4型	1.7	0.024	$2.4×10^{-3}$	4
ロタウイルス	4.7～6.2	0.011～0.017	$1.1×10^{-3}～1.7×10^{-3}$	4,5

＊指数モデル，ベータ分布感染確率モデル，対数正規モデルを用いた．
＊＊A型肝炎ウイルスの用量（dose）だけは，糞便量で定義されている．

とO'Brien は，遊離塩素の濃度が 0.8 mg/l を超えるときはポリオウイルスのカプシドタンパク質とRNA の両方が破壊されるが，0.8 mg/l 以下ではウイルスの構造は変化せずに RNA のみが不活化されると報告している[6]．一方，ロタウイルスの不活化においては，主にカプシドタンパク質が破壊されるという報告[7]もあり，不活化機構は塩素濃度だけでなくウイルスの種類によっても異なる．

表 15.23 に，塩素系消毒剤（遊離塩素，クロラミン，二酸化塩素）について，ウイルスの不活化に必要な Ct 値を示した[8-10]．一般に，ウイルスの塩素耐性は細菌よりも強く，原虫よりも弱い．遊離塩素による消毒効果は，水中の次亜塩素酸（HClO）と次亜塩素酸イオン（OCl$^-$）の平衡によって決まるため，溶液の pH および温度の影響を受ける．pH が低いほど消毒効果の高い HClO の割合が増えるため，ウイルス不活化効果は上昇する．たとえば，Grabow らは，25℃の塩素消費のない緩衝液（buffered demand-free：BDF）中における HAV の 99.99％不活化に要する Ct 値として，pH 6 で 3.0 mg/l・min，pH 10 で 5.5 mg/l・min という値をそれぞれ報告している[11]．また，同様の実験を水温 5℃の BDF 中で実施した場合[12]には，HAV の 99.99％不活化に要する Ct 値は pH 6 で 1.8 mg/l・min，pH 10 で 12.3 mg/l・min という結果が得られており，高 pH，高水温で塩素消毒の効果は低下した．

水中のウイルスの存在形態も，塩素による不活化効果に影響を与える．Berman と Hoff は，BDF 中（5℃，pH10）におけるロタウイルス SA11 株（サルに病原性を示す株）の塩素による不活化効果を，ウイルスとその培養細胞との共存状態と，精製処理によりウイルスを水中に分散させた状態で，比較した[13]．その結果，塩素が効率的にウイルスと接触できる分散状態では，99％不活化に要する Ct 値は 0.63 mg/l・min であり，これは培養細胞との共存状態における Ct 値（1.8 mg/l・min）の約 1/3 であった．また，水中のウイルスは集塊化することが多く，集塊化したウイルスは単一のウイルス粒子よりも高い消毒剤耐性を示すようになる．

下水処理水のように塩素と反応する物質が水中に存在している場合には，BDF 中に比べてウイルス不活化効果が大幅に低下し，下水処理水中のロタウイルスの 40％不活化に要する Ct 値として，15 mg/l・min を超える高い値が得られている[14]．逆に水中に存在する物質によってウイルス不活化が促進される場合もあり，Berg ら[15]によると，水中に 526 mg/l あるいは 1262 mg/l の KCl が存在する場合，遊離塩素によるポリオウイルスの不活化速度がそれぞれ 7 倍，13 倍に向上し，ホウ酸緩衝液中では精製水中の 3 倍の不活化速度が得られた．その他にも，種々のイオンの存在が遊離塩素によるポリオウイルスの不活化を促進することが報告されている[16]が，その機構はいまだ明らかになっていない．

クロラミンは遊離塩素に比べて殺菌力が弱いため，消毒に必要な Ct 値は大きくなる（表 15.23）．たとえば，5℃の BDF 中の HAV を 99.99％不活化するために必要な Ct 値は，遊離塩素では約 1.8 mg/l・min（pH 6.0）から約 12.3 mg/l・min（pH 10.0）であるのに対して，クロラミンでは約 592 mg/l・min（pH 8.0）と明らかに大きな値となる[13]．水中に塩素を消費する物質が存在する場合にはさらに不活化効果が低下し，水道水に 10％の下水処理水を加えた溶液中（24℃，pH 7.0〜8.2）では，残留塩素濃度 0.30〜0.35 mg/l（初期濃度 0.5 mg/l）のもとで 30 分間処理してもポリオウイルス 1 型の不活化は確認されなかった[17]．

二酸化塩素は，遊離塩素のようにアンモニアと結合して殺菌力の弱いクロラミンを形成したり，トリハロメタンが発生したりしない点から，遊離塩素に代わる消毒剤として注目されている．二酸化塩素は特に pH が高い場合に不活化効果が高く，Chen と Vaughn によるロタウイルスに対する不活化実験[18]では，二酸化塩素による不活化効果は，pH 6〜7 では遊離塩素やオゾンに劣っているものの，pH 8 では遊離塩素よりも優れておりオゾンに匹敵した．また，pH 7 におけるポリオウイルス（野生株）の 99％不活化に要する Ct 値（20℃で 5 mg/l・min）は，他の株の Ct 値（15℃で 0.83 mg/l・min，5℃で 2 mg/l・min）よりも明らかに大きい[10]．このウイルスの株による消毒剤耐性の違いは，二酸化塩素に限らず，消毒効果を議論するうえで注意しなければならない．

近年問題視されているノロウイルス（NV，以前は小型球形ウイルス，ノーウォーク様ウイルスとも呼ばれていた）の消毒耐性については，NV の培養細胞がなく不活化を検証することが困難なため，報告例は非常に少ない．Keswick らは，ボランティアに対する曝露実験を行い血清中の抗体を調べることで NV の不活化を検証した．その結果，NV はロタ

15. 健康関連微生物

表 15.23 塩素系消毒剤によるウイルスの不活化 [8-10]

消毒剤	ウイルスの種類	不活化率 (%)	Ct 値 (mg/l・min)	実験条件 溶液	温度	pH
遊離塩素	ロタウイルス SA11 株	99	0.63	BDF[†], 分散状態[††]	5	10
	ロタウイルス SA11 株	99	1.8	BDF, 細胞付着[††]	5	10
	ロタウイルス Wa 株	94.3	ND	Treated[‡]	22	8.3~8.6
	ロタウイルス*	40	≫15	下水処理水	15	7.2
	ロタウイルス*	60	≫15	下水処理水	15	7.2
	ロタウイルス SA11 株	99.9	0.03	BDF	4	8
	ロタウイルス Wa 株	99.9	0.03	BDF	4	8
	ロタウイルス SA11 株	99.99	約 4	BDF	25	10
	A 型肝炎ウイルス	99.99	約 3	BDF	25	6
	A 型肝炎ウイルス	99.99	約 5.5	BDF	25	10
	A 型肝炎ウイルス	99.99	約 1.8	BDF	5	6
	A 型肝炎ウイルス	99.99	約 12.3	BDF	5	10
	ポリオウイルス 1 型	99	1.7	BDW[‡‡]	5	6
	パルボウイルス H-1 株	99.9	0.53	PBS**	20	7
	パルボウイルス H-1 株	99.9	0.85	PBS	10	7
クロラミン	ポリオウイルス 1 型	99	1420	BDF	5	9
	ポリオウイルス 1 型	99	約 345	下水処理水	25	7.5
	ポリオウイルス 1 型	50	ND	水道水	24	7.0~8.2
	ポリオウイルス 1 型	0	ND	水道水 + 10%処理水	24	7.0~8.2
	ポリオウイルス 1 型	99.7	ND	水道水 + 10%処理水	24	7.0~8.2
	ロタウイルス SA11 株	99	4034	BDF, 分散状態	5	8
	ロタウイルス SA11 株	99	6124	BDF, 細胞付着	5	8
	A 型肝炎ウイルス	99.99	約 592	BDF	5	8
二酸化塩素	ポリオウイルス 1 型	99~99.96	ND	BDF	5	7.2
	ポリオウイルス 1 型	99	0.2~6.7	BDF	5	7
	ポリオウイルス 1 型	99.9~99.97	ND	PBS	?	7
	ポリオウイルス 1 型	99.4	ND	下水処理水	?	?
	ポリオウイルス	99	0.83	?	15	7
	ポリオウイルス	99	2	?	5	7
	ポリオウイルス（野生株）	99	5	?	20	7
	ロタウイルス SA11 株	99	0.2~0.3	BDF, 分散状態	5	6
	ロタウイルス SA11 株	99	1.0~2.1	BDF, 細胞付着	5	6
	ロタウイルス SA11 株	99	0.16~0.2	BDF, 細胞付着	5	10
	ロタウイルス SA11 株	99	0.25	?	5	6
	ロタウイルス SA11 株	99	8.3	?, 細胞付着	5	9.5
	A 型肝炎ウイルス	99	1.7	BDF	5	6
	A 型肝炎ウイルス	>99.9	<0.04	BDF	5	9
	コクサッキーウイルス A9 型	99	0.2	?	15	7

*ヒトに病原性を示す株.
**リン酸緩衝液.
†消毒剤を消費しない緩衝液.
††「分散状態」とは，ウイルス精製処理により，水中にウイルスが分散して存在している状態であり，「細胞付着」とは，ウイルス精製処理を行わず，ウイルスが培養細胞に付着している状態を指す.
‡通常の浄水処理方法で処理した表流水.
‡‡滅菌処理した緩衝液.

ウイルスよりも高い塩素耐性を示すと考察している[19]．また，定量 RT-PCR を用いて核酸の損傷から NV の不活化を検証した研究[20]では，NV はポリオウイルス 1 型よりもモノクロラミンに感受性が高いとの結果が得られた．

2) オゾンによるウイルスの不活化 表 15.24 にオゾンによるウイルス不活化効果を示した[8, 21]．

水温 4~5℃のオゾンを消費しないバッファー（BDF）中での 99%不活化に必要な Ct 値は，ロタウイルス SA11 株で 0.019~0.064 mg/l・min（pH 6~8）であるのに対して，ポリオウイルス 1 型では 0.2 mg/l・min（pH 7.2）と，ポリオウイルスのほうがオゾン消毒に対して強い耐性を示すことがわかる．また，同種のウイルスでも株によってオゾン耐

表15.24 オゾンによるウイルスの不活化[8,21]

ウイルス	不活化率 (%)	Ct値 (mg/l・min)	溶液	温度（℃）	pH	オゾン濃度
ポリオウイルス1型	68	3.9	下水	15	7.2	一定
ポリオウイルス1型	90	ND	滅菌水	20	—	減衰
ポリオウイルス1型	99.7	1.3	PBS	25	7	一定
ポリオウイルス1型	99.8	0.92	滅菌水	—	—	減衰
ポリオウイルス1型	99.9	0.42	PBS	20	7.2	一定
ポリオウイルス1型	99.97	>0.48	PBS	5	7.2	減衰
ポリオウイルス1型	99.99	0.0002	PBS	20	7.2	一定
ポリオウイルス2型	99.999	1.3	PBS	25	7	一定
ポリオウイルス3型	99.8	1.3	PBS	25	7	一定
ポリオウイルス1型	99	0.2	BDF	5	7.2	?
ポリオウイルス2型	99	0.72	BDF	25	7.2	?
ポリオウイルス1型	99.5	ND	下水処理水	24	7.4	?
ポリオウイルス1型	97	?	下水処理水 + HCO_3	20	7	?
ポリオウイルス1型	80	?	下水処理水	20	7	?
ロタウイルス SA11株	99	0.019〜0.064	BDF	4	6.0〜8.0	?
ロタウイルス*	?**	0.006〜0.036	BDF	4	6.0〜9.0	?
ロタウイルス SA11株	96	ND	下水処理水	15	7.2	?
ロタウイルス*	40	ND	下水処理水	15	7.2	?
ロタウイルス*	99.99	ND	下水処理水	15	7.2	?

＊ヒトに病原性を示す株．
＊＊文献8にはこのケースの不活化率は記載されていない．

性が異なることも知られており，Vaughnらはロタウイルスに対する不活化実験から，ヒトに病原性を示す株がサルに病原性を示す株よりもオゾン消毒（4℃，pH 6〜9）に弱いと報告している[22]．

オゾンの一部は水中で加水分解してOHラジカルになる．オゾン分子，OHラジカルともに強力な酸化剤であるが，HarakehとButlerはオゾン分子のほうがウイルス不活化効果は高いと考察している[23]．オゾン分子の加水分解は，pHが高いほど促進され，溶液中に炭酸イオンや重炭酸イオンが存在すると妨害される．彼らは，pHが低い（オゾン分子の割合が高い）ほどポリオウイルス1型の不活化効果が高かったことや，下水処理水に0.5 Mの重炭酸ナトリウムを加えたときに（pHにかかわらず）ウイルスの感受性が約10倍上昇したことを上記の考察の根拠としている[23]．また，水中に懸濁物質（無機物，有機物にかかわらず）が存在する場合には，オゾンによるウイルス不活化効果は低下する[24]．塩素消毒によるウイルスの不活化過程では懸濁物質（カオリン）の存在により，消毒剤注入後に不活化効果が得られない「遅滞期」がみられたが，オゾンの場合には同様の遅滞期はみられず[24]，懸濁物質がウイルス不活化を低下させるメカニズムは異なることが予想される．

3) 紫外線によるウイルスの不活化 紫外線は，ウイルス遺伝子にダメージを与えて複製機能を失わせることで不活化を引き起こす．したがって，紫外線に対する抵抗力はウイルスの遺伝子構造と関係があり，一般に，遺伝子が一本鎖のウイルスは二本鎖のウイルスよりも不活化されやすい[25]．また，DNAウイルスはRNAウイルスよりも抵抗力が大きく，同様の遺伝子構造を有している場合には，核酸の分子量が大きいほどUV感受性は大きくなる[25]．表15.25には，紫外線によるウイルス不活化効果

表15.25 紫外線によるウイルスの不活化[26]

ウイルスの種類	不活化に要する紫外線量 (mWs/cm²)	
	90%	99.9%
アデノウイルス 40型	30.0	90.0
アデノウイルス 41型	23.6	80.0
コクサッキーウイルス B1型	15.6	46.8
コクサッキーウイルス B5型	11.9	25
コクサッキーウイルス A9型	—	35.7
エコーウイルス 1型	10.8	32.5
エコーウイルス 11型	12.1	36.4
A型肝炎ウイルス	3.7〜7.3	15〜21.9
ポリオウイルス 1型	5.0〜11.0	23.1〜33.0
ポリオウイルス 2型	12.0	36.1
ポリオウイルス 3型	10.3	30.9
レオウイルス 1型	15.4	45〜46.3
ロタウイルス SA11株	8.0〜9.9	25〜30

これらの値は，UV消毒に最適な水質条件（例：低吸光度，低濁度，ろ過によりウイルスの集塊を最小化）のもとで観測された値である．

を示した[26]．不活化に必要な紫外線量はウイルスの種類によって異なり，最も不活化されやすいHAVでは90％不活化に3.7〜7.3 mWs/cm^2，99.9％不活化に15〜21.9 mWs/cm^{2}の紫外線量を必要とし，最もUVに耐性を示すアデノウイルスについては23.6〜30.0 mWs/cm^2（90％不活化）および80.0〜90.0 mWs/cm^2（99.9％不活化）である．USEPAでは，紫外線によるウイルスの不活化の目安として，HAVの99％不活化に21 mWs/cm^2，99.9％不活化に31 mWs/cm^{2}をそれぞれ与えている（安全係数3を考慮している）[27]．表15.25をみると，この照射量は一部のウイルスの不活化には十分とはいえない．光回復は紫外線消毒において非常に重要な問題であるが，光回復は酵素反応であるため，酵素を自ら合成できないウイルスについては光回復は起こらないと言われている．

〔渡部　徹〕

文献

1) Haas CN (1983)：Estimation of Risk due to Low Dose of Micro-Organisms：Comparison of Alternative Methodologies. *Journal of Epidemiology*, **118** (4)：573-582.
2) Regli S, Rose JB, Haas CN and Gerba CP (1991)：Modeling the risk from giardia and viruses in drinking water. *Journal AWWA*, **83** (11)：76-84.
3) 土田武志，福士謙介，田中宏明，大村達夫 (1999)：環境水における病原微生物数の確率分布を考慮したリスク評価モデル．土木学会論文集，**615**：61-68.
4) Charles NH, Joan BR and Charles PG (1999)：Quantitative Microbial Risk Assessment. pp. 435, John Wiley & Sons.
5) Rose JB and Gerba CP (1991)：Use of risk assessment for development of microbial standards. *Water Science and Technology*, **24** (2)：29-34.
6) Maria EA and O'Brien RT (1982)：Effects of chlorine concentration on the structure of poliovirus. *Applied and Environmental Microbiology*, **43** (1)：237-239.
7) James M and James FN (1991)：Virus inactivation by disinfectants. Modeling the Environmental Fate of Microorganisms, Christon JH ed, pp. 217-241, American Society for Microbiology.
8) Mark DS (1989)：Inactivation of health-related microorganisms in water by disinfection processes. *Water Science and Technology*, **21** (3)：179-195.
9) Charles PG (2000)：Disinfection. Environmental Microbiology (Raina MM, Ian LP and Charles PG, eds), pp. 543-556, Academic Press.
10) Dernat M and Pouillot M (1992)：Theoretical and practical approach to the disinfection of municipal waste water using chlorine dioxide. *Water Sci Technol*, **25** (12)：145-154.
11) Grabow WOK, Gauss-Muller V, Prozesky OW and Deinhardt F (1983)：Inactivation of hepatitis a virus and indicator organisms in water by free chlorine residuals. *Appl Environ Microbiol*, **46** (3)：619-624.
12) Sobsey MD, Fuji T and Shields PA (1988)：Inactivation of hepatitis A virus and model viruses in water by free chlorine and monochloramine. Proceedings of the International Conference for Water and Wastewater Microbiology (IAWPRC), Pergamon Press.
13) Berman D and Hoff JC (1984)：Inactivation of simian rotavirus SA11 by chlorine, chlorine dioxide and monochloramine. *Appl Environ Microbiol*, **48** (2)：317-323.
14) Harekeh M and Butler M (1984)：Inactivation of human rotavirus, SA11 and other enteric viruses in effluent by disinfectants. *J Hygine Cambridge*, **93**：157-163.
15) Berg G, Sanjaghsaz H and Wangwongwatana S (1990)：KCl Potentiation of the Virucidal Effectiveness of Free Chlorine at pH 9.0. *Appl Environ Microbiol*, **56** (6)：1571-1575.
16) Berg G and Sanjaghsaz H (1995)：KCl potentiated inactivation of poliovirus 1 by free chlorine at pH 4.5. *J Virological Methods*, **53**：113-119.
17) Keswick BH, Fujioka RS, Burbank NC, Jr. and Loh PC (1982)：Comparative disinfection of poliovirus by bromine chloride and chlorine in a model contact chamber. *Water Res*, **16**：89-94.
18) Chen Y-S and Vaughn JM (1990)：Inactivation of human and simian rotaviruses by chlorine dioxide. *Appl Environl Microbiol*, **56** (5)：1363-1366.
19) Bruce HK, Satterwhite TK, Johnson P C, DuPont HL, Secor SL, Bitsura JA, Gray GW and Hoff JC (1985)：Inactivation of Norwalk virus in drinking water by chlorine. *Appl Environ Microbiol*, **50** (2)：261-264.
20) Shin G-A and Sobsey MD (1998)：Reduction of norwalk virus, poliovirus 1 and coliphage MS2 by monochloramin disinfection of water. *Water Sci Technol*, **38** (12)：151-154.
21) Finch GR and Fairbairn N (1991)：Comparative inactivation of poliovirus type 3 and MS2 coliphage in demand-free phosphate buffer by using ozone. *Appl Environ Microbiol*, **57** (11)：3121-3126.
22) Vaughn JM, Chen YS, Lindburg K and Morales D (1987)：Inactivation of human and simian rotaviruses by ozone. *Appl Environ Microbiol*, **53** (9)：2218-2221.
23) Harakeh M S and Butler M (1985)：Factors influencing the ozone inactivation of enteric viruses in effluent. *Ozone：Sci Engin*, **6**：235-243.
24) Kaneko M (1989)：Effect of suspended solids on inactivation of poliovirus and T2-phage by ozone. *Water Sci Technol*, **21** (3)：215-219.
25) Von Brodorotti HS and Mahnel H (1982)：Comparative studies on susceptibility of viruses to ultraviolet rays. *Zentralbl Veterinaermed Reihe* B, **29**：129-136.
26) Roessler PF and Severin BF (1996)：Ultraviolet light disinfection of water and wastewater. Modeling Diseases Transmission and Its Prevention by Disinfection, Hurst C J, ed, pp. 313-368, Cambridge University Press.
27) 金子光美 (1994)：消毒 (27)．月刊浄化槽，**220**：35-41.

15.4 原虫・寄生虫

▷ 7.1 水道における浄水処理と最近の動向
▷ 7.6 消毒
▷ 20.3 リスク評価

15.4.1 種類と性状

寄生虫学の分野で扱う病原体は原虫類と寄生蠕虫類に分けられる．いずれもヒトや動物の感染症として普遍的なもので，これらの病原体が衛生面や経済に与える影響は少なくない．その中で腸管寄生性の原虫類は水系汚染にかかわるものとして重要で，それぞれ固有の生活環を営み，耐久型のシスト／オーシストを形成する．シスト／オーシストは宿主の糞便中に排出されて水系を汚染する．一方，寄生蠕虫類の卵や感染仔虫が水を介して伝播する可能性は否定できないが，虫卵などは原虫類のシスト／オーシストに比べはるかに大きいことから，一連の浄水処理（凝集－沈殿－ろ過）による効率的な除去が期待できる．

a. 原虫類

水系汚染にかかわる原虫類としては特にクリプトスポリジウムやジアルジアが重要であるが，その他にサイクロスポラやミクロスポリジアなど多様である．病原微生物に関する疫学情報や水処理工程における挙動あるいは，消毒剤に対する感受性など不明な点が少なくない．他方，糞便汚染によらず環境中に生息する微生物の中にも病原性を有するものが知られている．その例として，*Naegleria fowleri* や *Acanthamoeba* spp. などの病原性を有する自由生活性アメーバ類が挙げられる．原虫による水道水汚染は工業先進国および開発途上国のいずれにおいても認められ，飲料水の安全性確保のうえで大きな課題となっている．原虫類のシスト／オーシストは塩素などの消毒に対してきわめて強い抵抗性を示すことから，いったん混入すると対策に苦慮するところとなる．これらの対策としては膜ろ過による除去が最も確実とされているが，近年では紫外線照射による不活化効果が評価されつつある．

1) クリプトスポリジウム　クリプトスポリジウム（*Cryptosporidium*）は胞子虫類に分類される原虫で，単一の宿主内で生活環を完結する．本原虫の生活環は複雑で，増殖は無性生殖および有性生殖を繰り返す．有性生殖の結果，直径4～6 μm 程度の環境抵抗型のオーシストが形成され，糞便中に排出される．オーシスト内には排出された時点ですでに4個のスポロゾイトが発育しており，感染性を有している．現在，クリプトスポリジウム属には10を超す種が報告されているが，遺伝子解析が進むにつれて流動的となっている[1,2]．その中で，ヒトへの感染は主に *C. parvum* によるが，近年では健常人においても *C. parvum* 以外の種の寄生例が報告されている．HIV/AIDS などの免疫不全患者ではさらに多様な動物由来種の感染がみられる．これまでにヒトからは *C. parvum*, *C. felis*, *C. meleagridis*, *C. canis*, *C. muris* 等々が分離されている[3]．

クリプトスポリジウムはヒトや動物の腸管上皮に寄生して下痢などの消化器症状を引き起こすが，通常1～2週間で自然治癒する．臨床所見は水様性の下痢を主徴として腹痛，吐き気，嘔吐および発熱をみる．成人よりも小児で，また，初感染において症状が重いとされる．治療薬が開発されていないことから，自然治癒が望めない HIV/AIDS 患者などの免疫不全患者では慢性，消耗性の下痢を呈し，時として致死的となる．ボランティアによる感染実験で，オーシストを飲んだうちの半数が感染するのに要したオーシスト数（ID_{50}）は，132個と算出されている[4]．他の実験によれば ID_{50} は9～1042個と大きな差があり[5]，株によって感染性に違いがあることが示されている．ちなみに，急性期の患者が1日に排出するオーシストの数は 10^9 個，患畜ではさらにその10倍といわれている．

クリプトスポリジウム症の水系感染としては1993年に発生した米国ミルウォーキーの集団感染がよく知られるところであるが，この事例では推定患者が40万3000人に及んだとされる[6]．わが国でもこれまでに平塚，越生および，北海道で大規模集団感染を経験している．また，クリプトスポリジウムの集団感染は飲料水のみならず，水泳プールなどのレクリエーション水を介しても起きる．

2) ランブル鞭毛虫　ランブル鞭毛虫（*Giardia lamblia*）は鞭毛虫綱に属する原虫で，*Giardia* 属にはヒトに寄生する本種以外に *G. muris*, *Giardia agilis*, *G. ardeae* および *G. psittaci* の4形態種が知られている．ランブル鞭毛虫は *G. intestinalis* あるいは *G. duodenalis* と表記されることがある．命名

規約上は G. intestinalis に優先性があるとされているが，わが国では現在も G. lamblia が用いられることが多い．本原虫の分類は遺伝子解析が進むにつれてクリプトスポリジウム同様に流動的となっている．また，ヒトへの感染はランブル鞭毛虫の中でも特定の遺伝子群に属するものに限られることが明らかとなっている[7]．

ランブル鞭毛虫は世界中に分布しているが，特に熱帯から亜熱帯にかけての衛生状態の悪い地域で多くの患者がみられる．アジア，アフリカおよびラテンアメリカにおいて2億人が罹患しており，毎年50万人の患者が新たに発生しているとされている[8]．工業先進国においても水道水やレクリエーション施設を介した集団下痢症あるいは，保育所などでの集団感染が報告されており[9]，再興感染症の一つに数えられている．わが国でも毎年患者の発生がみられるが，その大半は海外で感染したもので，渡航者下痢症としての意味合いが強い[10]．

本原虫の生活環は単純で，栄養体とシストの2形態からなる．栄養体は $6\sim10\,\mu m \times 10\sim15\,\mu m$，洋梨形で，常時2核で4対の鞭毛をもち，腹部体前方から中央にかけて大きな吸着円盤により消化管内壁に付着・寄生する．増殖はもっぱら栄養体の2分裂による．有性生殖は知られていない．シストはラグビーボール型で $5\sim8\times8\sim12\,\mu m$，内部に鞭毛，曲刺などの細胞小器官が観察される．また，被囊後に核分裂が進行することから，成熟したシストは4核となる．シストは糞便中に排出された段階で感染性を有している．

ランブル鞭毛虫症はシストの経口摂取により感染し，十二指腸から小腸上部に寄生するが，胆道から胆囊に及ぶこともある．成人での感染は不顕性となることが多いとされる．本症の症状は，下痢と腹部痙攣であるが，小児における重度の症例では小腸の吸収阻害による栄養失調に至ることがある．本原虫の伝播経路としてはシストで汚染された飲料水や食品などの経口摂取と接触感染が知られている．また，レクリエーション水を介した感染も注目されるところとなっている[11]．シストは塩素耐性を示し，通常の浄水処理で用いられる塩素濃度では不活化は難しい[12]．米国の集団感染事例をみると，もっぱら表流水を水源とする浄水場を介して起きており，さらにろ過処理を行っていない施設やろ過などに不具合が生じた場合に限られている[13]．近年では，クリプトスポリジウム対策とあわせて紫外線による不活化が評価されつつある[14]．

3) 赤痢アメーバ　赤痢アメーバ（Entamoeba histolytica）は寄生性のアメーバで，アメーバ性赤痢の病原体である．生活史は単純で栄養体とシストからなり，増殖は栄養体の2分裂による．有性生殖は知られていない．栄養体は長径 $10\sim50\,\mu m$ で，運動性に富み，赤血球を捕食した像が観察される．環境耐性型のシストは直径 $10\sim20\,\mu m$，球形で，堅牢なシスト壁により囲まれる．シスト内の内容として4つの核と類染色質体などが観察される．

世界の人口の約10％程度が感染しているものと推定されており，特に熱帯から亜熱帯の衛生状態の悪い地域で多くの患者がみられる．赤痢アメーバの感染者の大半（85〜95％）は不顕性感染とされるが，腸管の病巣は栄養体の組織侵入性に起因する．感染者のおよそ10％に赤痢，大腸炎あるいはアメーバ性肉芽腫がみられる．また，有症者の80％以上で腸管内に病変があり腹部痙攣，軽度の腹痛および血性で粘液性の下痢を呈する．急性に経過し，致死率の高い劇症型大腸炎もまれにみられる．血行性に肝臓，肺あるいは脳などの組織へ浸潤して膿瘍を形成することがある．患者の便中にシストが排出され，外界を汚染する．感染はシストで汚染された水や食品の摂取による．また，性感染症としてもよく知られ，特に男性同性愛者がハイリスクグループとなっている．

国内では男性同性愛者間および知的障害者らの施設において多くの感染例がみられ，侵淫地からの輸入感染例はむしろ少ない傾向にある．感染症法に基づくアメーバ赤痢患者の届出によると，2000年から2002年の年間の報告数は377, 434, 457で，わずかながら増加傾向が認められる[15]．ただし，わが国では形態的同種で非病原種 E. dispar（和名なし）との鑑別診断が行われていないのが現状である．

赤痢アメーバは人獣共通感染症とされているが，ヒトが主要な宿主であることから生活廃水を汚染源として飲料水へのシストの混入が指摘される[16]．シストは外界において増殖することはないが，水環境中で3か月程度生存するものと考えられている．一方，乾燥や熱には弱いことが知られている．塩素消毒には抵抗性を示すものと考えられている[17]．

4) サイクロスポラ　サイクロスポラ（Cyclospora cayetanensis）は胞子虫類に属する原虫であるが，1993年に原虫であることが確認される

までCyanobacteria-like bodies (CLB) などの別の名称で呼ばれていた[18]．*C. cayetanensis* はヒトが唯一の固有宿主とされるが，類人猿からの検出報告もある．腸管上皮細胞に寄生し，無性生殖，次いで有性生殖により増殖する．やがてオーシストが形成されて糞便中に排出されるが，排出直後のオーシストは未成熟で，感染性を獲得するまでに10日間程度の発育期間が必要である．排出直後のオーシストは球形で直径8～10 μm，内部は多数の顆粒で満たされる．オーシスト壁は蛍光顕微鏡下（UV励起）でネオンブルーの自家蛍光を発する．

本原虫の感染はオーシストの経口摂取による．腸管上皮細胞に寄生し，水様性下痢，腹部痙攣，体重減少，食欲不振，筋痛症などの症状を引き起こし，しばしば再発がみられるとされる．まれには嘔吐や発熱をみることがある．また，無症状で経過することもある．

オーシストの消毒耐性は強く，塩素消毒が施された飲料水を介して集団感染が発生している[19]．主な流行地は熱帯・亜熱帯地方と考えられている．本症流行の特徴は地域ごとに強い季節変動が認められる点で，ペルーでは12～7月の間，ネパールでは5～8月に多くの患者が発生している．また，米国では輸入食品を介した集団感染が春先から夏にかけて集中していた[13]．サイクロスポラのオーシストは外界での発育が必要なことから，ヒトからヒトへの直接的な伝播はない．農作物の汚染には灌漑用水の利用が原因となっているものと推測されている．サイクロスポラの水系集団感染は今日までに2件知られているにすぎない[20]．最初の事例は1990年にシカゴの病院で発生したもので，病院職員が罹患した．第2例はネパールの英国軍駐屯地で起きており，公共水道水と河川水の混合水を用いた飲料水を介して12名が罹患した．

5）ミクロスポリジア　　ミクロスポリジア（Microsporidia）とは微胞子虫綱に属する原虫類の総称で，*Enterocytozoon* 属や *Encephalitozoon* 属，*Nosema* 属など多数の種類が含まれる．本原虫類は真核生物の中で最も小型で，すべて偏性細胞寄生性である．本原虫は単細胞の直径1～4.5 μm程度の胞子（spore）を形成し，極帽と極糸を備えた単核か2核を含有する．微胞子虫は脊椎動物無脊椎動物のいずれにも寄生する．ヒトへ感染する微胞子虫は複数知られているが，ブタなどの動物を固有宿主としているものと思われる．

本原虫がヒトの病原体として確認されたのは近年のことで[21]，公衆衛生上の重要性が増しつつある．感染はHIV/AIDSなどの免疫不全患者に多くみられる．種類によって寄生部位が異なるが，*Enterocytozoon* の寄生は腸管および輸胆管に限定される．*Encephalitozoon* は広い感染スペクトルを有し，多くの哺乳動物において上皮細胞および内皮細胞，線維芽細胞，腎小管細胞，マクロファージおよびその他の細胞への寄生がみられる．また，角・結膜炎，筋肉炎あるいは肝炎を発症することもある．

ヒトへの感染経路は不明である．腸管寄生性のミクロスポリジアの胞子は主に糞便中に排出されるが，尿や気管支分泌物中からも検出される．胞子の検出方法が確立されていないことから，下水や飲料水の汚染状況に関する情報は乏しい．水環境中では4か月程度は生存するものと考えられる．糞便や尿で汚染された水や食品を介して胞子の摂取が主な感染経路と考えられるが，空気中に飛散した胞子の吸引による感染も考えられている．*Encephalitozoon* に関しては母体から胎児への垂直感染が示唆されている．胞子の感染力についてのデータはないが，近縁のミクロスポリジアの胞子からの類推では，感染力は強いものと考えられる．1995年の夏にフランスのリヨンで本症の水系感染を示唆する報告がなされている[22]．

実験データはきわめて限られるが，近年の報告では，塩素消毒による4 log程度の不活化に必要なCt値が16程度と計算されている[23]．また，紫外線による照射実験では，照射量6～19 mJ/cm^2 で3.2 log程度の不活化が得られるとの報告がある[24]．米国CDCおよびNIHはミクロスポリジアを重要な新興感染症の病原体として位置づけている．

6）トキソプラズマ　　トキソプラズマ（*Toxoplasma gondii*）はネコ科の動物を固有宿主とする胞子虫類で，自然界における生活史は無性生殖の場としてのげっ歯類と固有宿主であるネコとの間を行き来することで成立している．また，ヒトを含め多くの哺乳動物，鳥類に感染することでも知られる．無性生殖期に2形が知られており，急性期の原虫をタキゾイト（tachyzoite），慢性期の原虫をブラディゾイト（bradyzoite）と呼ぶ．後者は組織内でシスト形成に及ぶ．有性生殖はネコの腸管上皮細胞において行われ，形成されたオーシストは糞便中に排出される．オーシスト壁は蛍光顕微鏡下（UV励起）でネオンブルーの自家蛍光を発する．オーシス

トは外界で 1〜5 日間の発育期間が必要で，その後に感染性を獲得する．ヒトへの感染はオーシストあるいは豚肉など食肉内のシストの経口摂取による．

トキソプラズマ症は，オーシスト摂取後 5〜23 日に鼻カゼ様，あるいはリンパ節炎，肝脾腫を呈するが，成人では不顕性に推移することが多い．ただし，組織内に形成されたシストは，宿主の免疫状態の低下により活性化されて播種性に広がり，中枢神経系や肺において重大な症状を惹起することがある．このため，免疫不全者において致死的となる．先天性感染では脈絡網膜炎，脳内石灰化，水頭症，重度の血小板減少症，痙攣あるいは，突発性流産や死産に至ることもある．本症は世界各地にみられ，オーシストを排出しているネコはおよそ 1% と推測されている．ヒトでの感染率は地域により大きな差があり，1980 年代の末に行われた調査によるとわが国における 30 歳代の抗体陽性率はおよそ 20% とされるが，フランスでは同年齢の抗体陽性率は 80% に近い値を示している[25]．本症の水系感染も知られており，1995 年のカナダにおける集団感染事例ではネコの糞便混入が原因と推測されている[26]．また，1997 年から 1999 年にかけてのブラジルにおける血清疫学調査から，トキソプラズマに対する抗体陽転のリスク因子にろ過なしの水道水が挙げられている[27]．オーシストによる水系汚染に関しては上水，下水とも情報に乏しい．また，水環境中での生存期間や存在様式などに関する情報もない．水処理・消毒の過程でオーシストがどのような挙動を示すのか不明であるが，上述の疫学データに基づけばろ過による除去が期待できるものと解釈できる．一方，オーシストは強い塩素耐性を示すものと考えられている．また，紫外線照射にもある程度の抵抗性を示すことが知られている．

7) 病原性を有する自由生活性アメーバ類 本来は自由生活をしているアメーバの中に，ヒトに対して病原性を有するものが知られている[28]．代表的にはネグレリアおよびアカンソアメーバなどで，前者は原発性アメーバ性髄膜脳炎の病原体として，後者はアメーバ性角膜炎の病原微生物としてよく知られている．これらのアメーバの混入は糞便汚染と無関係で，条件が整えば水道配管系内での増殖もありうる．

Naegleria fowleri は 10〜20 μm の小型のアメーバで，活発に仮足を伸ばして運動する．栄養体のほかに鞭毛型とシスト (7〜15 μm) の 3 形をとる．本原虫による脳炎はほとんどの場合致死的である．感染は，主に天然の湖沼を含む親水施設での水との接触によるもので，アメーバは鼻腔から嗅神経に沿って中枢神経系に侵入する．経口感染は考えられない．ヒトからヒトへの感染，あるいは動物を介した感染も知られていない．オーストラリアではシャワーによる曝露の可能性が指摘されている[29]．

アカンソアメーバは広く環境に生息するアメーバで，角膜炎や HIV/AIDS 感染者での脳炎の病原体として知られる．これまでに多数の形態種が記載されているが，真の分類は今後の分子生物学的な研究結果に待つべきである[30]．アカンソアメーバは栄養体とシストの 2 形をとる．シストは温度 (−20〜50℃)，消毒あるいは乾燥に対してきわめて強い抵抗性を示す．アカンソアメーバ性角膜炎は強い痛みを伴った角膜の感染症で，視力障害，失明，眼球摘出に及ぶこともある．コンタクトレンズ装用者を中心に患者がみられる．水道水との関連では，汚染された水道水によるレンズ洗浄が原因するのではないかとの指摘があるが，必ずしも定かではない．免疫不全者では肉芽腫性脳炎に至ることが知られており，まれな疾病ではあるが致死的である．その際には皮膚の潰瘍，肝臓疾患，間質性肺炎，腎不全および咽頭炎などを伴うことがある．

アメーバ本来の病原性とは異なるが，自由生活性アメーバ類はレジオネラの宿主となっており，レジオネラによる水系汚染に深くかかわっている．

b. 寄生蠕虫類

1) 多包性エキノコックス (多包条虫) わが国におけるエキノコックス症は北海道の多包性エキノコックス症に限定される．自然界ではキタキツネを固有宿主とし，野ネズミを中間宿主として生活環が形成されている．虫卵は糞便中に排出され，野外を汚染する．ヒトへの感染は虫卵を経口摂取することによる．摂取後に虫卵から幼虫が遊出し，腸壁に侵入，血行性に身体各所に運ばれて定着・増殖する．本症の症状は寄生部位により異なる．主な寄生部位は肝臓で，幼虫が外生出芽によって連続した腫瘤を形成する．進行すると肝腫大，腹痛，黄疸，肝機能障害などが現れ，さらに進行すると胆道，脈管などの他臓器に浸潤し，閉塞性黄疸，病巣の中心壊死，病巣感染をきたして重篤となる．人体内における発育はきわめて緩慢で，自覚症状を訴えるまでには数年から 10 年ほどを要する．ヒトへの感染経路は虫卵による水系汚染，ひいては水系感染が考えられる

ところであるが[31]，虫卵は直径 30～40 μm 程度と比較的大きく，一連の浄水処理が有効と考えられている．　　　　　　　　　　　　　　〔遠藤卓郎〕

文　献

1) Leav BA, Mackay M and Ward HD (2003): *Cryptosporidium* species : new insight and old challenges. *Clin Infect Dis*, **36** : 903-908.
2) Xiao L, Fayer R, Ryan U and Upton SJ (2004) : *Cryptosporidium* taxonomy : Recent advances and implications for public health. *Clin Microbiol Rev*, **17** (1) : 72-97.
3) Xiao L, Morgan UM, Fayer R., Thompson RCA and Lala AA (2000): *Cryptosporidium* systematics and implications for public health. *Parasitol Today*, **6** (7) : 287-292.
4) Dupont H, Chappell C, Sterling C, Okhuysen P, Rose J and Jakubowski W (1995): The infectivity of *Cryptosporidium parvum* in healthy volunteers. *New England J Med*, **308** : 1252-1257.
5) Okhuysen PC, Chappell CL, Crabb JH, Sterling CR and DuPont HL (1999): Virulence of three distinct Cryptosporidium parvum isolates for healthy adults. *J Infect Dis*, **180** (4) : 1275-1281.
6) MacKenzie WR, Schell WL, Blair KA, Addiss DG, Peterson DE, Hoxie NJ, Kazmierczak JJ and Davis JP (1995) : Massive outbreak of waterborne cryptosporidium infection in Milwaukee, Wisconsin : recurrence of illness and risk of secondary transmission. *Clin Infect Dis*, **121** (1) : 57-62.
7) Thompson RCA (2000): Giardiasis as a re-emerging infectious disease and its zoonotic potential. *Internat J Parasitol*, **30** : 1259-1267.
8) World Health Organization (1996): The World Health Report.
9) Rauch AM, Van R, Bartlett AV and Pickering LK (1990): Longitudinal study of Giardia lamblia infection in a day care center population. *Pediatr Infect Dis J*, **9** (3) : 186-189.
10) 病原微生物検出情報（IASR）(2001)：クリプトスポリジウム症およびジアルジア症，**22** (7) : 159-160.
11) CDC recreational waterborne disease working group (2001) : Prevalence of parasites in fecal material from chlorinated swimming pools-United States (1999). *MMWR*, **50** : 410-412.
12) 飲料水中の微生物による感染症対策に関する研究 厚生科学研究 平成12年度報告書, 2001.
13) WHO (2002): Guidelines for Drinking-water Quality, 2nd edition, Addendum Microbiological agents in drinking water. World Health Organization, Geneva.
14) 原虫類対策を目的とした浄水処理技術の開発に関する研究厚生科学研究 平成13年度報告書, 2002.
15) 病原微生物検出情報（IASR）(2003)：アメーバ赤痢 1999年4月～2002年12月. *IASR* **24** (4) : 79-80.
16) WHO (1996): Guidelines for Drinking-water Quality, 2nd edition, Vol. 2 : Health criteria and other supporting information. World Health Organization, Geneva.
17) Hoff JC (1979): Disinfection resistance of *Giardia* cysts : origins of current concepts and research in progress. Waterborne Transmission of Giardiasis (Jakubowski W, Hoff JC, eds), pp.231-239, US Environmental Protection Agency.
18) Ortega YR, Gilman RH and Sterling CR (1994): A new coccidian parasite (Apicomplexa : Eimeriidae) from humans. *J Parasitol*, **80** : 625-629.
19) Rabold JG, Hoge CW, Shlim DR, Kefford C, Rajah R and Echeverri'a P (1994): Cyclospora outbreak associated with chlorinated drinking water. *Lancet*, **344** : 1360-1361.
20) Center for Disease Control (1991): Epidemiologic notes and reports outbreaks of diarrheal illness associated with cyanobacteria (blue-green algae)-like bodies-Chicago and Nepal, 1989 and 1990. *MMWR*, **40** (19) : 325-327.
21) Joynson DHM (1999): Emerging parasitic infections in man. *Infect Dis Rev*, **1** : 131-134.
22) Cotte L, Rabodonirina M, Chapuis F, Bailly F, Bissuel F, Raynal C, Gelas P, Persat F, Piens MA and Trepo C (1999): Waterborne outbreak of intestinal microsporidiosis in persons with and without human immunodeficiency virus infection. *J Infect Dis*, December, **180** : 2003-2008.
23) Johnson CH, Marshall MM, DeMaria LA, Moffet JM and Korich DG (2003): Chlorine inactivation of spores of Encephalitozoon spp. *Appli Environ Microbiol*, **69** (2) : 1325-1326.
24) Marshall MM, Hayes S, Moffett J, Sterling CR and Nicholson WL (2003): Comparison of UV inactivation of spores of three Encephalitozoon species with that of spores of two DNA repair-deficient bacillus subtilis Niodosimetry strains. *Appl Environ Microbiol*, **69** (1) : 683-685.
25) 小林昭夫 (1989)：トキソプラズマ症．最新医学，**44** (4) : 744-751.
26) Bowie WR, King AS, Werker DH, Isaac-Renton J, Bell AA, Eng SB and Marion S (1997): Outbreak of toxoplasmosis associated with municipal drinking water. *Lancet*, **350** : 173-177.
27) Bahia-Oliveira LMG, Jones JL, Azevedo-Silva J, Alves CF, Oréfice F and Addiss DG (2003): Highly endemic, waterborne toxoplasmosis in North Rio de Janeiro State, Brazil. *Emerging Infect Dis*, **9** : 55-62.
28) Visvesvara GS, Martinez AJ (1999): Protozoa : Free-Living Amebae. Infectious Diseases (Armstrong D and Cohen J, eds), Vol 2. Mosby.
29) Australian Guidelines (2003) : Fact Sheet : Naegleria fowleri. Australian Drinking Water Guidelines : National Water Quality Management Strategy. National Health and Medical Research Council.
30) Yagita K, Endo T and De Jonckheere JF (1999): Clustering of Acanthamoeba isolates from human eye infections by means of mitochondrial DNA digestion patterns. *Parasitology Res*, **85** : 284-289.
31) Yamamoto N, Kishi R, Katakura Y and Miyake H (2001) : Risk factors for human alveolar echinococcosis : a case-control study in Hokkaido, Japan. *Annal Tropical Med Parasitol*, **95** : 689-696.

15.4.2 汚染状況
a. クリプトスポリジウムおよびジアルジア

1) 下水等　原虫類などの寄生虫は糞便によって宿主体内から環境中に排出される．宿主外の環境に排出された糞便は多くのルートを経て水環境中に流入し，糞便とともに外界に放出された原虫類などを水環境中に運び込むことになる．クリプトスポリジウム（*Cryptosporidium parvum*）やジアルジア（*Giardia lamblia*）は人畜共通感染症の病原体であり，野生動物が汚染源と考えられる例[1,2]もある．しかし，ヒトや家畜による人為的排出の影響が水環境への汚染負荷量として遙かに大きいことはいうまでもない．実際，畜産排水の流入の影響を受ける地点[3,4]や下水処理場放流水の流入後の地点[3,6]では原虫濃度の増大が観察されている．したがって，流入下水や下水処理水（以下，下水等という）における原虫類の存在状況のデータは水環境の汚染を考えるためにはきわめて重要である．しかしながら，わが国の下水や畜産排水などにおける原虫の存在量に関して公表されているデータは現在でも少ない．

表 15.26 にわが国の下水や下水処理水（放流水）における原虫類測定結果を示す．これらの結果を総合すると，流入下水中にはクリプトスポリジウムが $10^2 \sim 10^3$ 個・$20\,l^{-1}$，ジアルジアが $10^3 \sim 10^5$ 個・$20\,l^{-1}$ のレベルで，また下水処理水中にはクリプトスポリジウムが $10^1 \sim 10^2$ 個・$20\,l^{-1}$，ジアルジアが $10^2 \sim 10^3$ 個・$20\,l^{-1}$ のレベルで含まれると考えられる．このように，下水やその処理水にはクリプトスポリジウムよりもジアルジアの方が 1 桁ないし 2 桁程度多く含まれ，下水による汚染の影響はジアルジアで大きいものと考えられる．こうしたわが国の下水における原虫の存在量は，クリプトスポリジウムについては諸外国での下水に関する調査結果に比べてかなり小さい[11]．一方，ジアルジアについては流入下水では米国，カナダ，ケニアなどでの結果と同様であり，また下水処理水では英国やフランス，カナダにおける調査結果よりは少なく，米国 11 州 11 か所の下水処理場での結果と同レベルであり，アリゾナ州の 3 か所の下水処理場での結果よりは多かった[11]．

畜産排水における原虫濃度の測定例としては橋本ら[4]が養豚場排水処理水の測定値を報告している（表 15.26）．この結果によれば，養豚排水処理水における原虫類の濃度レベルは下水処理水よりもクリプトスポリジウムで 10^3 程度，ジアルジアで 10^2 程度も高く，放流先の水環境への影響が著しいと推察される．しかし，これ以外には養豚場や牛舎，あるいは家畜の放牧地などから流出する畜産排水中の原虫類のデータはまったくといっていいほど公表されていない．したがって水環境への畜産排水による汚染負荷の実態はいまだに明らかでなく，水道水源の原虫汚染実体解明や微生物的安全性確保のための対策の障害となっている．

2) 下水再生水　水資源の有効活用のため，下水処理水再生水の工業用水，雑用水あるいは環境維持用水としての利用が進められている．下水処理水の再生利用のためには，二次処理水をさらに砂ろ過など「高度」処理して使用される．しかし，こうした下水処理水の再生利用が広まることは下水処理水とヒトとの接触の機会が増すことを意味し，感染症発生防止のための水質管理が必要である．

下水再生水中の原虫の存在量については現状では情報にきわめて乏しく，測定例は限られているが，それらの測定例を表 15.27 に示す．これらの結果は，下水処理水を再生水として再利用しようとする場合，砂ろ過のみでは処理水中に原虫類が残存する可能性が高く，原虫類に関して下水再生水の安全性を確保するためには，さらにオゾン処理や膜ろ過などの付加的な処理が必要なことを示している．

3) 河川　水源河川などにおけるクリプトスポリジウムやジアルジアの汚染状況などの情報は，安全な水環境とそこから取水する水道原水，ひいては安全な水道水の確保のうえで必要不可欠である．また河川は流下に伴ってその水質が大きく変化するため，流域全体にわたる状況を把握しておく必要がある．

i) 相模川水系：　神奈川県の主要水源である相模川水系の 11 地点において 1997 年 4 月～12 月まで，延べ 77 試料について，最大水量 $100\,l$ で原虫類の調査が行われた[4]（表 15.28）．この調査においてクリプトスポリジウムは 11 地点中 10 地点，77 試料中 51 試料で検出された．検出数の範囲は畜産排水の影響で特異的に高い小鮎川片原橋地点を除いて $0.2 \sim 100$ 個・$20\,l^{-1}$ であり，相模川本川では $0.2 \sim 26$ 個・$20\,l^{-1}$ であった．ジアルジアは 11 地点すべてから検出され，77 試料中 51 試料が陽性であった．検出数の範囲は特異的な 1 地点を除いて $0.2 \sim 26$ 個・$20\,l^{-1}$ であり，相模川本川でも $0.2 \sim 26$ 個・$20\,l^{-1}$ であった．流入河川の小鮎川の片原地点では，その直上流に養豚場排水が流入しているため，両原

15.4 原虫・寄生虫

表 15.26 下水等における原虫検出状況[*1]

	クリプトスポリジウム (個・$20 l^{-1}$)	ジアルジア (個・$20 l^{-1}$)	出典
流入下水	5.6×10^2	$2.6 \times 10^3 \sim 1.1 \times 10^5$	文献7
	$1.6 \times 10^2 \sim 1.0 \times 10^3$	—	文献8
	8.0×10^2	8.0×10^4	文献9
	最高 4.0×10^3	—	文献10
(検出範囲)	($10^2 \sim 10^3$)	($10^3 \sim 10^5$)	
下水処理水 (二次処理水 または放流水)	ND [*2]	$1.2 \times 10^2 \sim 1.5 \times 10^3$	文献7
	3.0×10^0	5.0×10^2	文献9
	1.0×10^1	$1.4 \times 10^2 \sim 4.1 \times 10^2$	文献5
	最高 1.2×10^2	—	文献10
(検出範囲)	($10^1 \sim 10^2$)	($10^2 \sim 10^3$)	
養豚場排水処理水	$2.0 \times 10^4 \sim 2.0 \times 10^5$	$2.0 \times 10^4 \sim 6.0 \times 10^5$	文献4

[*1] 各出典文献のデータを元に一部改変して作成. 値は原虫類が検出された試料における測定値.
[*2] 検出限界 0.9〜8 個・l^{-1}

表 15.27 下水再生水における原虫検出状況[*1]

二次処理水からの再生処理方法	クリプトスポリジウム (個・$20 l^{-1}$)	ジアルジア (個・$20 l^{-1}$)	出典
二次処理のみ,砂ろ過, 膜ろ過など	1〜32	—	文献8
砂ろ過	最高 9	—	文献10
凝集剤添加・砂ろ過	最高 3		
生物膜ろ過	ND [*2]	1.1	文献9
オゾン処理	ND [*2]	ND [*2]	
逆浸透膜ろ過	ND [*3]	ND [*3]	文献12

[*1] 出典文献のデータを元に一部改変して作成.
[*2] 検出限界 1 個・l^{-1}
[*3] 検出限界 1 個・$60 l^{-1}$

虫とも高濃度に検出されている(クリプトスポリジウム 38〜2200 個・$20 l^{-1}$,ジアルジア 2.8〜4000 個・$20 l^{-1}$).

ⅱ)多摩川: 多摩川本川の全域8地点において1999年9月〜2000年1月の3回(試料水量 $20 l$)並びに2000年11月と2001年1月の2回(試料水量 $100 l$),計5回にわたり原虫類等の調査を行ったデータがある[13](表15.29).クリプトスポリジウムは拝島原水補給点から下流の4地点から検出され,2000年1月以降,のべ37試料中7試料に検出された.特に下水処理場放流水の混入率が高い下流域の3地点で2001年1月に126〜220個・$20 l^{-1}$ときわめて多数検出された.ジアルジアは下流域の3地点では毎回検出され,クリプトスポリジウムの場合と同様,2001年1月の調査では下流域で240〜300個・$20 l^{-1}$ときわめて高濃度で検出された.さらに最上流地点の昭和橋や和田橋でも 3.8〜0.2 個・$20 l^{-1}$ が検出された.多摩川下流域では2000年2月〜3月にも30〜340個・$20 l^{-1}$のジアルジアが検出されており[5],1999年10月以降,多摩川下流ではジアルジアの濃度が恒常的に高い状況にあり,さらに2001年1月にクリプトスポリジウムとともにその濃度が著しく上昇する現象が加わったものと推察される.また多摩川水系上流域の山間部の秋川からクリプトスポリジウムとジアルジアが検出されている[2].両原虫ともに21試料中3試料に検出され,検出数はすべて1個・$20 l^{-1}$(検水量 $20 l$)であった.周囲の状況から自然由来の汚染と考えられた.

ⅲ)利根川水系: 2000年11月と2001年2月に利根川水系(利根川,江戸川,渡良瀬川,その他)の広範囲にわたる調査が行われている[14](表15.30).この調査での検査水量は $10 l$ と少なく,1個・$10 l^{-1}$ 以下の汚染状況については把握できないが,2回の

15. 健康関連微生物

表15.28 相模川水系における原虫類検出状況*

河川	地点		クリプトスポリジウム	ジアルジア
相模川	桂橋	平均	0.6	5.6
		検出割合	1/1	1/1
	相模湖	平均	0.6	1.0
		範囲	0.2〜4.4	0.4〜2.6
		検出割合	4/6	3/6
	昭和橋	平均	0.4	0.4
		範囲	0.2〜1.6	0.2〜0.6
		検出割合	3/5	4/5
	厚木市金田	平均	1.4	4.0
		範囲	—	0.6〜26
		検出割合	1/5	2/5
	厚木市東町	平均	4.0	1.6
		範囲	1.8〜26	0.4〜3.8
		検出割合	4/5	3/5
	寒川町宮山	平均	1.8	0.8
		範囲	0.2〜13.4	0.2〜3.6
		検出割合	15/18	14/18
小鮎川	片原橋	平均	422	108
		範囲	38〜2200	2.8〜4000
		検出割合	9/9	8/9
	厚木市元町	平均	4.6	1.8
		範囲	1.2〜20	0.4〜7.2
		検出割合	5/5	5/5
中津川	愛川町半原	平均	—	0.2
		検出割合	0/9	1/9
	才戸橋	平均	1.2	2.2
		範囲	0.4〜4.6	0.4〜8.8
		検出割合	5/9	8/9
	鮎津橋	平均	6.6	0.4
		範囲	0.6〜100	0.4〜0.4
		検出割合	4/5	2/5
相模川水系全体		平均	4.8	2.4
		範囲	0.2 (〜100) 〜2200	0.2 (〜26) 〜4000
		検出割合	51/77	51/77

*：文献4のデータに基づいて作成．
平均：幾何平均値（個・$20\,l^{-1}$）
範囲：検出数の最小値〜最大値（個・$20\,l^{-1}$）
検出割合：陽性試料数/試料総数

調査を通じて16地点すべてから原虫類が検出された．本川（利根川，江戸川，渡良瀬川）各地点で検出されたクリプトスポリジウムとジアルジアの数はおおむね2〜20個・$20\,l^{-1}$であった．しかし，クリプトスポリジウムは汚濁した流入河川を加えると水系全体では2〜186個・$20\,l^{-1}$となり，また2000年11月よりも2001年1月に，検出地点，検出数とも多くなった．

iv）淀川水系： 近畿の重要な水道水源である淀川水系28地点において，2000年7月と2001年1月に調査が実施された[6]（表15.31）．この調査でも検査水量は$10\,l$と少なく，1個・$10\,l^{-1}$以下の汚染状況については把握できないが，淀川水系本川（木津川，宇治川および桂川と，この3川が合流した淀川）16か所の調査地点では，クリプトスポリジウムは2〜54個・$20\,l^{-1}$，ジアルジアは2〜158個・$20\,l^{-1}$であった．両原虫とも流入河川で本川よりも高い値がみられ，水系全体の検出数範囲はクリプトスポリジウムで2〜64個・$20\,l^{-1}$，ジアルジアで2〜760個・$20\,l^{-1}$であった．また両原虫とも2000年7月よりも2001年1月に，検出地点，検出数とも多かった．原虫類が0（検出限界1個・$10\,l^{-1}$未満）とされた地点における汚染の有無についてはより多い水量による評価が必要である．しかし利根川・江戸川水系と同様，わが国の主要な水源である淀川水系のほぼ全域にわずか$10\,l$の水量で検出できるほど原虫類汚染があることが明らかとなった．

v）その他の主要な調査事例： 水系全体の調査ではないものの，水源として重要な地点に関する調査事例をあげておく．

1996年の越生町での集団感染発生を受けて，厚生省（当時）が1997年3月〜7月にかけて，水道原水取水地点を中心に全国の河川や湖沼など94水系282地点で原虫類の調査を行った[15]．この調査ではほとんどの場合で実質的な検査水量が$5\,l$と少ないことや検査を委託された民間検査機関の検査能力の差など，検出感度や検査精度の問題が指摘される[3]ものの，6水系8地点からクリプトスポリジウムが，16水系24地点からジアルジアが検出され，原虫汚染の遍在が示された（表15.32）．検出された濃度レベルは米国や英国，カナダなどの河川等から報告されている結果[11]に比べて，クリプトスポリジウムでは小さく，ジアルジアでは大差なかった．

表15.33は，利根川・荒川水系の主要取水点における1996年6月から1998年3月までのクリプトスポリジウム調査結果である[8,16]．利根大堰，新葛飾橋，秋ヶ瀬堰で1〜3回検出され，濃度範囲は1〜2個・$20\,l^{-1}$だった．これらの河川は1997年の厚生省調査では原虫類が不検出となっていた水域であり，東京・埼玉・千葉都の首都圏の大規模水道の取水地点におけるクリプトスポリジウムの存在が明らかになった．なお，越辺川では越生町で集団感染が発生していた時期に1度だけ64個・$20\,l^{-1}$と高い値が検出されたが，それ以外の時期には不検出だ

15.4 原虫・寄生虫

表15.29 多摩川における原虫類調査結果[*1]

		調査期間	クリプトスポリジウム 検出割合[*2]	範囲[*3]	ジアルジア 検出割合[*2]	範囲[*3]
上流域	昭和橋	Sep. '99～Jan. '00	0/3	0	0/3	0
		Nov. '00～Jan. '01	0/2	0	1/2	3.8
	和田橋	Sep. '99～Jan. '00	0/3	0	0/3	0
		Nov. '00～Jan. '01	0/2	0	1/2	0.2
	東秋川橋（秋川）	Sep. '99～Jan. '00	—	—	—	—
		Nov. '00～Jan. '01	0/2	0	0/2	0
	羽村堰	Sep. '99～Jan. '00	0/3	0	0/3	0
		Nov. '00～Jan. '01	0/2	0	0/2	0
	拝島原水補給点	Sep. '99～Jan. '00	0/3	0	0/3	0
		Nov. '00～Jan. '01	1/2	0.2	1/2	1
下流域	多摩川原橋	Sep. '99～Jan. '00	0/3	0	3/3	1～24
		Nov. '00～Jan. '01	2/2	3.6～126	2/2	54～300
	砧下取水点	Sep. '99～Jan. '00	0/3	0	3/3	1～8
		Nov. '00～Jan. '01	2/2	0.4～162	2/2	11.2～280
	田園調布堰上	Sep. '99～Jan. '00	1/3	2	3/3	2～16
		Nov. '00～Jan. '01	1/2	220	2/2	7.2～240

[*1] 文献13のデータに基づいて作成.
[*2] 検出割合：陽性試料数/試料総数
[*3] 範囲：検出数の最小値～最大値（個・$20 l^{-1}$）

表15.30 利根川・江戸川水系における原虫類検出状況[*]

河川	地点	クリプトスポリジウム（個・$20 l^{-1}$） Nov. '00	Jan. '01	ジアルジア（個・$20 l^{-1}$） Nov. '00	Jan. '01
利根川	坂東大橋	—	2	—	16
	刀水橋	—	6	—	20
	利根大堰	0	6	6	8
	新利根川橋	—	16	—	8
渡良瀬川	三国橋	0	24	6	2
江戸川	関宿橋	2	12	0	2
	金野井大橋	2	—	4	—
	野田橋	—	6	—	10
	上花輪	2	—	4	—
	流山橋	2	12	6	12
	北千葉取水口	2	12	2	6
	三郷取水庭	0	4	2	12
流入河川	座生川	0	16	0	2
	利根運河	2	28	20	0
	谷口取水口	4	186	18	20
	主水大橋	4	14	4	8

[*] 文献14のデータに基づいて作成.
元データは検水量10 l での調査結果のため，2倍して表示.

った．

4) 湖 沼 原虫汚染は表流水であれば河川に限らず湖沼でも起こりうるが，わが国ではダム湖である相模湖の例（表15.28）を除いて湖沼に関する汚染状況は報告されていない．しかし，米国ミルウォーキーで40万人を越える感染者を出した1993年のクリプトスポリジウム集団感染事件の水源はミシガン湖であり，翌年1994年のラスベガスの集団感染でもメド湖を水源とし，いずれも汚染された湖水を通常処理した浄水で発生している[17]．ジアルジ

表 15.31　淀川水系における原虫類検出状況*

河川	地点	クリプトスポリジウム (個・20 l^{-1}) Jul. '00	Jan. '01	ジアルジア (個・20 l^{-1}) Jul. '00	Jan. '01
木津川	恭仁大橋	0	8	0	0
(山田川)	(木津川合流直前)	(0)	(4)	(0)	(6)
木津川	玉水橋	0	2	0	4
(大谷川)	(八幡排水機場)	(0)	(0)	(0)	(0)
木津川	御幸橋	0	2	0	2
宇治川	宇治橋	0	0	0	0
(山科川)	(宇治川合流直前)	(0)	(10)	(24)	(680)
宇治川	宇治大橋左岸	0	0	6	20
	宇治大橋右岸	0	0	2	12
(大内川)	(久御山排水機場)	(0)	(64)	(0)	(46)
宇治川	御幸橋左岸	0	6	4	86
	御幸橋流心	0	4	4	20
	御幸橋右岸	0	0	2	16
桂川	渡月橋	0	4	0	2
	久世橋	0	4	0	2
	久我橋	2	54	8	132
(鴨川)	(西高瀬川合流直前)	(2)	(0)	(0)	(2)
(西高瀬川)	(鴨川合流直前)	(6)	(32)	(56)	(760)
桂川	宮前橋	0	26	12	158
(船橋川)	(淀川合流直前)	—	(2)	—	(0)
(穂谷川)	(淀川合流直前)	(0)	(2)	(0)	(40)
(利根川)	(淀川合流直前)	(0)	(10)	(2)	(168)
(黒田川)	(淀川合流直前)	(0)	(0)	(0)	(0)
(天野川)	(淀川合流直前)	(0)	(30)	(0)	(10)
(安居川)	(淀川合流直前)	(0)	(8)	(12)	(2)
淀川	枚方大橋左岸	0	8	4	32
	枚方大橋流心	0	0	2	2
	枚方大橋右岸	0	6	0	24

＊文献6のデータに基づいて作成.
( ) は流入河川の地点およびその測定値.
元データは検水量 10 l での調査結果のため，2倍して表示.

アについても数十人から数百人の大規模集団感染事件が湖水を水源とした水道で度々発生している[17]．Rose et al.[18] は米国17州における257件の調査結果の報告のなかで，汚染のある湖水からクリプトスポリジウムとジアルジアをそれぞれ平均103個・100 l^{-1} および平均6.5個・100 l^{-1}，汚染のない湖水からそれぞれ平均9.3個・100 l^{-1} および平均0.5個・100 l^{-1} 検出し，汚染湖水での最大値はそれぞれ7200個・100 l^{-1} と156個・100 l^{-1} であったと報告している．また英国テムズ川上流のFarmoor貯水池ではクリプトスポリジウムが最大14.4個・l^{-1} 検出された[19]．一方オランダBiesbosch貯水池群のPetrusplaat貯水池流出水ではクリプトスポリジウムとジアルジアの検出範囲はそれぞれ0.0005～0.001個・l^{-1} および0.0005～0.0075個・l^{-1} と小さかった[20]．わが国でも水源となっている湖沼や貯水池は非常に多くあり，早急な汚染実態の調査が必要である．

5) 地下水　地下水は表流水に比べて水質的に良好で安全と思われがちであるが，実際には表流水や下水の侵入による微生物汚染が頻繁にある．事実，ジアルジア，クリプトスポリジウムとも，その最初の水系集団感染事例の感染源は地下水（井戸水，湧水）であった[17]．その後も地下水を原水とする水道水によるクリプトスポリジウムやジアルジアの集団感染が繰り返し発生している[17]．北米での調査ではRose et al.[18] は泉水と地下水から平均4個・100 l^{-1} および0.3個・100 l^{-1} のクリプトスポリジウムを検出している．また伏流水の50%，横型井戸の45%，立型井戸の5%がクリプトスポリジウム陽性で平均濃度19個・100 l^{-1}，またジアルジアは伏流水の25%，横型井戸の6%，立型井戸の1%が

表15.32 厚生省（当時）調査による水源河川の原虫類検出結果*

都県名	河川名	クリプトスポリジウム (個・20l^{-1})			ジアルジア (個・20l^{-1})		
		地点①	地点②	地点③	地点①	地点②	地点③
青森	馬渕川	0	0	0	4	8	0
岩手	北上川	0	0	0	4	0	0
秋田	雄物川	0	4	0	4	4	0
山形	最上川	0	8	0	0	0	0
福島	阿賀川	0	0	0	0	4	0
栃木	鬼怒川	0	0	4	0	0	0
群馬	烏川	4	8	0	8	12	0
東京	多摩川	0	0	0	4	0	8
新潟	阿賀野川	0	0	0	0	2	0
島根	飯梨川	0	0	0	0	4	0
島根	忌部川	0	0	0	0	6	0
岡山	高梁川	0	0	0	0	0	4
広島	二級貯水池	0	0	0	2	2	2
佐賀	玉島川	0	0	0	0	4	0
長崎	大井出川	0	0	0	4	0	46
熊本	水俣川	0	4	0	0	0	0
大分	大分川	0	0	0	0	0	4
鹿児島	万之瀬川	0	0	0	4	0	0
沖縄	天願川	2	4	0	16	28	0

＊文献15から抜粋して作成．
調査期間：1997年3月～7月

表15.33 利根川・荒川水系の主要取水点におけるクリプトスポリジウム調査結果[*1]

	越辺川 取水口付近	荒川 秋ケ瀬堰	利根川 利根大堰	多摩川 羽村堰	江戸川 新葛飾橋	利根川 水郷大橋
	1996年6月～1998年3月			1996年8月～1998年3月		
検出割合[*2]	1/20	3/20	1/12	0/12	2/12	0/12
検出数範囲[*3]	64	10～12	2	—	10～12	—

＊1 文献16のデータを元に抜粋して作成．
＊2 検出割合：検出件数/総件数
＊3 検出数範囲：個・20l^{-1}

陽性で平均濃度8個・100l^{-1}との報告もある[21]．さらに英国での調査では，大腸菌群陽性の井戸水の5.8％がクリプトスポリジウム陽性であり，検出数範囲は0.004～0.922個・l^{-1}であった[22]．わが国では越生町での事件以後，いくつもの水道で原虫が検出されたために給水停止に至っている（表15.34）．それらの多くが塩素消毒のみで給水している簡易水道（水道法で規定される水道事業のうち給水人口5000人以下のものをいう．「簡便な水道」の意味ではない）であり，水源は井戸などの地下水である．また，検出数範囲はクリプトスポリジウムで1.3～100個・20l^{-1}，ジアルジアで0.7～5個・20l^{-1}であり，河川水における検出レベルとなんら変わらない．これらの事例では汚染源の特定はなされていないが，河川表流水の影響を受ける伏流水はもとより，井戸水や湧水であっても，水源周辺での廃棄物の投棄や下水道施設・浄化槽などからの漏洩，あるいは井戸ケーシングなどの間隙を伝わった表流水の帯水層への侵入など，さまざまな理由によって突発的に表流水と同レベルにまで原虫汚染を受ける危険があり，大腸菌群などの指標細菌によって糞便汚染の兆候を常に監視する必要がある．

6）**海 域** 沿岸海域は下水処理水が直接，あるいは河川を通じて間接的に放流されるため，原虫類が持ち込まれる可能性が高いが，わが国では測定例がない．ハワイの沿岸域の調査[23]では，下水の一次処理排水が沖合2マイルに放流されている放流地点底層水中にはクリプトスポリジウム15～22個・100l^{-1}とジアルジア20～44個・100l^{-1}が検出された．この付近の真珠湾やワイキキビーチ，クィーンズビーチではジアルジアが0.5～1個・100l^{-1}が，またワイキキビーチではクリプトスポリジウム

表 15.34 原虫類検出による水道の給水停止事例[*1]

年	県名	水道事業名等	原虫類検出状況 原水	原虫類検出状況 浄水
1997	鳥取	三山口簡易水道[*2]	クリプトスポリジウム 8個・10 l^{-1} ジアルジア 2個・10 l^{-1}	—
	岡山	哲多簡易水道[*2]	クリプトスポリジウム 1個・10 l^{-1}	—
1998	福井	永平寺町 志比地区簡易水道[*2]	ジアルジア 2〜4個・10 l^{-1}	ジアルジア 2個・20 l^{-1}
	兵庫	立船野簡易水道[*2]	クリプトスポリジウム 2個・10 l^{-1}	—
1999	山形	朝日村上水道[*2]	—	クリプトスポリジウム 4個・60 l^{-1} ジアルジア 2〜3個・60 l^{-1}
2000	青森	三戸町 蛇沼地区簡易水道[*2]	ジアルジア 5個・20 l^{-1}	
	岩手	平泉町 戸河内簡易水道[*2]	ジアルジア (検出数不詳)	
2001	愛媛	今治市上水道[*2]	クリプトスポリジウム 2個・20 l^{-1}	
	兵庫	山崎町 川戸簡易水道[*2]	クリプトスポリジウム 50個・10 l^{-1}	
	鹿児島	財部町 七村第二水源[*2]	クリプトスポリジウム 6個・20 l^{-1}	
2002	愛媛	北条市上水道[*3]	—	クリプトスポリジウム 1個・40 l^{-1}
	山形	新庄市 萩野簡易水道[*2]	ジアルジア (検出数不詳)	

[*1] 越生町での事件以降で新聞報道等による発表があった事例のみ．検出状況等については新聞報道以外からの情報も加えて作成．
[*2] 塩素消毒のみ（推定を含む）．
[*3] 急速ろ過処理．

も 1 個・100 l^{-1} が検出されている．一方，アラモアナビーチ，ダイヤモンドヘッド，ハナウマベイでは不検出だった．香港の海水浴場 64 か所におけるジアルジア調査では，最も水質のよい区分にある海水で検出率 10% 以下だったが，これ以下の水質の区分では 50〜85% の検出率だった．ジアルジア濃度は多くの試料で 10 個・l^{-1} であったという[24]．

海水中の原虫類による健康リスクは，海岸での遊泳中の経口摂取による直接曝露がおもに問題となる．しかし，カキの養殖場となっている海域に原虫類が検出される場合には，生あるいは生に近い状態でのカキの摂食を介した曝露も考える必要があろう．単に海水浴場に限定せず，カキのように内臓部分も生食する貝類の養殖海域を含めたわが国沿岸海域における原虫類の存在状況とともに，摂餌活動で取り込まれた原虫類がカキなどの消化管内で生残するのかどうか，また一度消化管に取り込まれた後に，清浄海水中での蓄養などでどの程度排出されるのかなど，今後のデータの蓄積が待たれる．

b. 赤痢アメーバ

赤痢アメーバ（*Entamoeba histolytica*）は動物にも感染するが，基本的な感染源はヒトであり，アメーバ赤痢の流行原因の多くは飲料水の下水汚染である．しかしながら，下水中の赤痢アメーバのシストの定量的なデータは見あたらない．ここでは汚染状況を推察する参考として，下水が汚染源となって発生したいくつかの感染事例を示す．

米国では 1920 年から 1994 年までにアメーバ赤痢の水系感染が 8 件発生し計 1495 人の患者が出ている[17]が，これらの患者の大部分は 1940 年以前の

2件の大きな流行で発生した．このうち，1933年にシカゴのホテルで起きた流行は水道管と下水管の誤接合が原因だった[25]．第2次大戦後から1970年までには5件発生し，うち4件は私営水道が原因であった．このなかで，1953年の流行はある工場に給水している私営水道が下水で汚染されたもので，少なくとも750人の感染者と30人の患者，4人の死者を出した[25]．また，戦後間もない1947年には，東京の"Mantetsu-apartment-building"で，配水施設の不備から飲料水が下水で汚染され，赤痢アメーバの流行が発生したという[25]．

衛生環境の整備された現在では，先進国でのアメーバ赤痢の水系感染はきわめて少ない．しかし，1986年にスウェーデンのスキー場で，配水池の下水汚染によって1480人にジアルジア集団感染が発生した際，同時に106人が赤痢アメーバにも感染していた[26]．また1994年に米国テネシー州で水道管と下水管の誤接合により304人のジアルジア集団感染が発生したが，このとき患者の糞便試料424検体のうち42検体（9.9%）に赤痢アメーバが検出されている[27]．

わが国では赤痢アメーバによる水の汚染を示すデータはない．しかし，アメーバ赤痢の届出件数でみると1960年の年間160件から1970年代には年間10件程度にまで減少していたものが，1980年代に入って届出数が一転して急増し，年間110件程度に増加し[28]，2000年から2002年の年間報告数はそれぞれ377件，434件，457件とさらに増加する傾向にある[29]．届出数の増加の裏には，これをはるかに上回る潜在患者数の増加があり，これらの患者から排泄される赤痢アメーバのシストによってわが国の水環境が汚染されていることがうかがい知れる．

c. サイクロスポラ

サイクロスポラ（*Cyclospora cayetanensis*）感染症で，明らかに飲料水を原因とする集団水系感染はこれまで2例（米国とネパール）が報告されており，飲料水以外の水による感染の報告もある．しかし，これらの事例では疫学調査から感染源を推定しており，あるいはサイクロスポラを検出したとあっても定量的なデータは示されていない．したがって，サイクロスポラによる水環境の汚染状況については，その可能性は度々指摘される[17,30]ものの，その実態は現在でも不明であり，わが国においてもまったく調査されていない．ここでは汚染状況を推察する参考として，上記の水系感染事例を紹介する．

飲料水が原因となったサイクロスポラの最初の感染事例は1990年に米国シカゴの病院で発生し，21人が下痢を訴え，このうちの11人から当時cyanobacterium-like body（CLB）と呼ばれていたサイクロスポラが検出された．水からCLB（＝サイクロスポラ）は検出されなかったが，疫学調査の結果，病院の水道ポンプの修理後に貯水槽の水が攪乱されたことが原因と考えられた[31]．2例目は1994年にネパールのポカラで英軍の兵士ら12人に集団下痢が発生した事件であり，飲料水貯水槽の水2lからサイクロスポラのオーシストが検出された．飲料水は塩素処理された市水と河川水を混合したものであり，遊離残留塩素濃度は下痢症流行の前から発生中にかけて0.3～0.8 mg/lを保っていた[31,32]．

飲料水以外の水環境の汚染を示す例としては，ミシガン湖で泳いだ8歳の少年が1週間後に発症し，患者と湖水からCLBが検出された例[33]，あるいはユタ州のある男性の自宅に滲み込んできた下水が原因と考えられる感染例，ペルーで水路の水を飲んだ家族4人が感染した例などが報告されている[31]．なお，わが国では1996年に初めてサイクロスポラの感染患者が確認されたが，この患者は東南アジアからの帰国者であった[34]．東南アジアとの人的交流が盛んな現在，わが国にもサイクロスポラがすでに入り込んでいると考えるべきであり，水環境汚染の監視が必要であろう．

d. 自由生活性アメーバ類

自然の湖沼や水たまりなどで生活している自由生活性のアメーバ類のいくつかはヒトに対する病原性をもつものがあり，その代表的なものが*Naegleria*（ネグレリア）属と*Acanthamoeba*（アカンタメーバ）属のものである．*Naegleria fowleri*は急性の原発性アメーバ性髄膜脳炎を，*Acanthamoeba culbertsoni*はアメーバ性肉芽腫性脳炎を引き起こす．また*Acanthamoeba castellanii*や*A. polyphaga*は，眼球に感染してアメーバ性角膜炎を引き起こす．これらの自由生活性アメーバ類は，クリプトスポリジウムのような腸管寄生性の原虫類とは異なり，糞便汚染とは関係なく，もともと自然の水環境に存在する．しかし，通常の環境調査における微生物分析では，アメーバ類の分類同定はほとんど行われないので，湖沼や河川，下水等の汚染状況は不明である．一方，自由生活性アメーバ類にはレジオネラ属菌の宿主となるものがあるため，レジオネラ属菌による生活環境中の水の汚染に関連した調査の一環として，温泉

水や循環式浴槽水などにおける分布が調査されることがある．温泉施設12か所の30浴槽の調査では47％の浴槽水から*Naegleria*属が，また10％の浴槽水から*Acanthamoeba*属が検出されている．その他の自由生活性アメーバを合わせると73％の浴槽水にアメーバが存在していた[35]．家庭用循環浴槽水43試料の調査では，*Naegleria*属を含むVahlkampfiidae（ヴァールカンピア科）のアメーバが28％から，*Acanthamoeba*属が2.3％から検出され，その他のアメーバを合わせると，温泉浴槽の場合と同様に74％の浴槽水でアメーバが検出された[36]．こうした浴槽施設でアメーバが繁殖する原因の一つに循環ろ過方式の浄化装置がある．浴槽水から*Acanthamoeba*属が不検出でも循環ろ過装置のろ材からは36％の検出率があり，全体のアメーバ量も多く，循環ろ過装置がアメーバの定着と増殖の場となっていることが明らかである[36]．こうした生活用水を感染原因とするアメーバ感染事例はまだ知られていないが，生活環境中の水の微生物汚染として監視していく必要があろう．

e．その他の原虫類

*Encepharitozoon*や*Enterocystozoon*などのミクロスポリジアやトキソプラズマ（*Toxoplasma gondii*），イソスポーラ（*Isospora belli*）あるいは大腸バランチジウム（*Balantidium coli*）などは，水系感染の可能性はあるものの，水からの検出や存在を示すデータはなく，水環境の汚染状況は不明である．

f．蠕虫類

蠕虫とは系統分類学上の名称ではなく，単細胞の原生動物（原虫）に対して多細胞の袋形動物や扁形動物に属する寄生虫を総称したものである．

水の飲用あるいは水との接触で感染する蠕虫類で重要なものは，袋形動物線虫類のメジナ虫（*Dracunculus medinensis*），扁形動物吸虫類の日本住血吸虫（*Schistosoma japnicum*）および条虫類のエキノコックス（単包条虫*Echinococcus granulosus*と多包条虫*E. ultilocularis*）である．

メジナ虫はおもにインドから中東の砂漠地帯に分布し，中間宿主である甲殻類のカイアシ類Copepodaを経口摂取することで幼虫に感染し，幼虫は皮下に移動して成虫となる．日本住血吸虫はわが国の一部地域と中国，フィリピンなどに分布し，中間宿主であるミヤイリガイから泳ぎ出たセルカリアcercariaが水中のヒトの皮膚から浸入して幼虫となる．幼虫は血流によって門脈系の血管内で成虫に

なる．前者はわが国には分布せず，後者はわが国ではほぼ制圧されていることもあって，水環境における調査データがない．エキノコックスについてのみ，わずかに調査事例がある．エキノコックスは終宿主であるキツネやイヌなどの糞便中に排泄される虫卵を経口摂取することでヒトに感染し，おもに肝臓に，時には肺や脳に寄生して包虫と呼ばれる大きな嚢腫を形成する．手指や食品，水などが感染経路とされるが，北海道のキタキツネの生息密度が高いと考えられている地区の緩速ろ過浄水場の調査では，原水$60\ m^3$中にエキノコックス虫卵は検出されなかった．また$2 \times 10^3/l$の猫条虫卵とろ過速度$4\ m/$日のカラムろ過槽とを用いたモデル実験で，ろ過水から虫卵は検出されなかった[37]．　　〔保坂三継〕

文献

1) Hibler CP and Hancock CM (1990): Waterborne Giardiasis. Drinking Water Microbiology (McFeters G. A. ed), pp.271-293, Springer-Verlag.
2) 猪又明子，田中勇三，高瀬和弥，本多尚美 (2002)：秋川・盆堀川上流域におけるクリプトスポリジウム汚染源調査．水道協会雑誌，**71**（9）：31-38．
3) 北澤弘美，国包章一，眞柄泰基 (1999)：水道水源におけるクリプトスポリジウムおよびジアルジア実態調査結果の解析．水道協会雑誌，**68**（4）：22-31．
4) 橋本　温，河井健作，西崎　綾，松本かおり，平田　強 (1999)：相模川水系のクリプトスポリジウムおよびジアルジア汚染とその汚染指標の検討．水環境学会誌，**22**：282-287．
5) 平松順子，佐藤誠一，宮島裕子 (2000)：多摩川中流・下流域における原虫の実態調査．平成12年度日本水道協会関東地方支部研究発表講演集，13-15．
6) 中西正治，向井聖二，保尊とし子，田中一成，山本　稔，谷　雅章 (2001)：淀川におけるクリプトスポリジウムおよびジアルジアの水源調査．第52回全国水道研究発表会講演集，558-559．
7) 橋本　温，平田　強，土佐光司，眞柄泰基，大垣眞一郎 (1997)：下水中の*Giardia*シストおよび*Cryptosporidium*オーシスト濃度と下水処理における除去性．水環境学会誌，**20**：404-410．
8) 諏訪　守，鈴木　穣 (1998)：下水処理場等におけるクリプトスポリジウムの検出方法の検討および実態調査．土木研究所資料第3533号．
9) 川村吉晴，五藤久貴 (1999)：再生水の衛生学的安全性確保技術の開発に関する調査その3．平成11年度東京都下水道局技術調査年報：165-173．
10) 山下洋正，斎野孝幸，中島英一郎 (2003)：下水処理水の*Cryptosporidium*に関する定量的リスク評価．第37回日本水環境学会年会講演集：381．
11) 保坂三継 (1998)：原虫による汚染実態．水のリスクマネジメント実務指針（土屋悦輝，中室克彦，酒井康行編），pp.356-364，サイエンスフォーラム．
12) 保坂三継，落合由嗣，勝田千恵子，眞木俊夫 (2002)：浄水場原水・浄水等における原虫類並びに指標細菌類調査結果（平成13年度）．東京都立衛生研究所年報，**53**：223-228．

13) 保坂三継, 落合由嗣, 矢野一好, 眞木俊夫 (2002):多摩川におけるクリプトスポリジウムオーシストとジアルジアシストの汚染実態. 用水と廃水, **44**:295-303.
14) 五十嵐公文, 小西道生, 木村直広, 井上真紀 (2001):利根川・江戸川水系における原虫類共同調査. 平成13年度日本水道協会関東地方支部水質研究発表会講演集, 16-18.
15) (財)水道技術研究センター (1997):クリプトスポリジウム等の水道水源における動態に関する研究報告書.
16) 諏訪 守, 鈴木 穣 (1998):下水等におけるクリプトスポリジウムの実態. 第1回日本水環境学会シンポジウム講演集, 123-124.
17) 保坂三継 (1998):水系原虫感染症—原因物と流行発生—. 用水と廃水, **40**:119-132.
18) Rose JB, Gerba CP and Jakubowski W (1991):Survey of potable water supplies for *Cryptosporidium* and *Giardia*. Environ Sci Tech, **25** (8):1393-1400.
19) Poulton MJ, Colbourne JS and Dennis PJ (1991):Thames water's experiences with *Cryptosporidium*. Wat Sci Tech, **24** (2):21-26.
20) Ketelaars HAM, Medema G, van Breemen LWCA, van der Kooij D, Nobel PJ and Nuhn P (1995):Occurrence of *Cryptosporidium* oocysts and *Giardia* cysts in the river meuse and removal in the biesbosch reservoirs. J Water SRT-Aqua, **44**, Suppl.1:108-111.
21) Rose JB and Yates MV (1998):Microbial risk assessment application for groundwater. Microbial Pathogens Within Aquifers:Principles and Protocols (Pillai S. D. ed.), pp.113-131, Springer-Verlag.
22) Lisle JT and Rose JB (1995):*Cryptosporidium* contamination of water in the USA and UK:A mini-review. J Water SRT-Aqua, **44** (3):103-117.
23) Johnson DC, Reynolds KA, Gerba CP, Pepper IL and Rose JB (1995):Detection of *Giardia* and *Cryptosporidium* in marine waters. Wat Sci Tech, **31** (5-6):439-442.
24) Ho BSW and Tam T-Y (1998):Occurrences of *Giardia* cysts in beach water. Wat Sci Tech, **38** (12):73-76.
25) Safe Drinking Water Committee (1977):Microbiology of drinking water. Drinking Water and Health (National Research Council ed.), pp.63-134, National Academy of Sciences.
26) Andersson Y and de Jong B (1989):An outbreak of giardiasis and amoebiasis at a ski resort in Sweden. Wat Sci Tech, **21** (3):143-146
27) Kramer MH, Herwaldt BL, Craun GF, Calderon RL and Juranek DD (1996):Waterborne disease:1993 and 1994. J AWWA, **88** (3):66-80.
28) 吉田幸雄 (1997):図説人体寄生虫学, 第5版, pp.18-19, 南山堂.
29) 国立感染症研究所感染症情報センター (2003):病原微生物検出情報 月報, **24** (4):1-2.
30) WHO (2004):Protozoan pathogens. Guidelines for Drinking-water Quality, 3rd ed., Vol. 1, Recommendations, pp. 259-274, World Health Organization.
31) Soave R (1996):Cyclospora:An overview. Clin Infect Dis, **23**:429-437.
32) Rabold JG, Hoge CW and Shlim DR (1994):*Cyclospora* outbreak associated with chlorinated drinking water. Lancet, **344**:1360-1361.
33) Sterling CR (1995):Emerging pathogens:*Cyclospora*, the Microspora, and how many more? Spec Pub R Soc Chem, **168**:243-245.
34) 井関基弘 (1996):サイクロスポーラ症の本邦第1例. 病原微生物検出情報, **17** (10):241-242.
35) 黒木俊郎, 八木田健司, 藪内英子, 縣 邦雄, 石間智生, 勝部泰次, 遠藤卓郎 (1998):神奈川県下の温泉浴槽水中における *Legionella* 属菌と自由生活性アメーバの調査. 感染症学雑誌, **72** (10):1050-1055.
36) 八木田健司, 泉山信司, 遠藤卓郎 (2003):レジオネラ属菌の水系汚染—宿主アメーバの果たす役割. 水環境学会誌, **26**:14-19.
37) 丹保憲仁, 亀井 翼, 関口敦子 (1987):エキノコックス虫卵の除去に関する調査. 第38回全国水道研究発表会講演集, 534-536.

15.4.3 消毒剤耐性

クリプトスポリジウムやジアルジアをはじめとする病原性原虫による水を介した集団感染は, 衛生施設の整った先進国でも発生しており, 水道における深刻な微生物衛生上の問題となっている. そこで本節では水系感染が危惧されており, WHOの飲料水水質ガイドライン (第3版) でも塩素耐性が高いとされている原虫類の各種消毒剤 (線) 耐性について, これまでに得られている知見をまとめる.

a. クリプトスポリジウム

Cryptosporidium parvum (以下, クリプトスポリジウム) は環境中では周囲が殻で覆われたオーシストの形態をとるため, 化学消毒剤に対して強い抵抗性を示す. オーシストは4℃の水中で6～9か月間生育活性が残存し, 1年後でも感染力を有すると報告されている[1].

塩素のクリプトスポリジウムオーシスト不活化力をマウス感染試験で評価した実験から, $2\log_{10}$ (99%) 不活化するために必要な濃度時間積 (以下, CT値) は遊離塩素濃度80 mg/l, pH 7.0, 水温25℃のとき7200 mg・min/l であると報告されている[2]. また, 水道で使用される塩素濃度に近い遊離塩素濃度1.0 mg/l, pH 7.0, 水温20℃の条件で実験したときのCT値は1600 mg・min/l であった[3]. 一部の従属栄養細菌や芽胞を除いた細菌類の多くが1 mg・min/l 以下で $2\log_{10}$ 以上不活化されることから, クリプトスポリジウムオーシストの塩素耐性は細菌類に比べ高いといえよう.

二酸化塩素の $2\log_{10}$ 不活化CT値は, マウス感染試験の結果から次亜塩素酸の1/10程度であるとみられる[2,4]. クリプトスポリジウムオーシストの耐性は次亜塩素酸の場合と同様に多くの細菌類に比べて高い.

オゾンの酸化力は非常に強く，また，分解過程で強い酸化力を有する水酸化ラジカルを生成するため，水中の微生物を効率よく不活化できる．オゾンのクリプトスポリジウムオーシスト不活化力をマウス感染試験で評価した実験の結果をとりまとめると，$2 \log_{10}$ 不活化 CT 値は水温が 20〜22°C のとき 2〜4 mg・min/l 程度となる[5-7]．したがって，カビ臭の分解除去などを目的として導入されているオゾン処理施設の CT 値（3〜10 mg・min/l 程度）でもクリプトスポリジウム対策をしていることになる．しかし，オゾン消毒は温度依存性が高く，水温が 10°C 減少した場合に，同一の不活化効果を得るために必要な CT 値は約 3〜4 倍となると報告されている[6,7]．したがって，クリプトスポリジウム対策として低水温地域へオゾン消毒を適用することは困難であろう．クリプトスポリジウムオーシストのオゾン耐性は，同一水温で比較した場合，他の細菌やウイルスに比べ，数倍から数十倍高いようである．

紫外線は清澄な水中における透過性が高く，有害な副生成物の発生が非常に少ない，維持管理が容易である，イニシャルおよびランニングコストが安価であるなどのすぐれた特徴を有する消毒線である．殺菌用の紫外線ランプとしては実質上 254 nm の単色光を発光する低圧水銀ランプと，約 220 nm から可視光領域に至る幅広い波長領域の連続光（主波長は 365 nm）を発光する中圧（高圧）水銀ランプが主流であるが，最近になって強力なパルス紫外光を発光するパルスキセノンランプに関する研究も進められている．これまでに行われた生育活性試験（脱嚢試験）の結果から，クリプトスポリジウムオーシストを $2 \log_{10}$ 不活化するためには 100 mJ/cm^2 以上の線量を照射する必要があるとされていた[8]．しかし，紫外線の不活化力をマウス感染試験や培養細胞感染試験で評価した場合の $3 \log_{10}$ 不活化照射線量は，10 mJ/cm^2 以下と低い値であることが明らかにされた[9-13]．この結果から，低線量の紫外線に曝露されたオーシストは DNA に損傷を受けることによって感染性を失うが，生育活性の低下につながるタンパク質変性などの損傷はより高い線量の照射で引き起こされるのではないかと推測される．したがって，感染性という観点からは耐性が低く，生育活性という観点からは耐性が高いといえよう．生物は紫外線によって受けた DNA 損傷を修復する機構を有しており，耐性を評価するうえでは，この修復機構を考慮する必要がある．大腸菌や赤痢菌など多くの細菌類で損傷した DNA の修復機構による増殖能の回復が認められている．クリプトスポリジウムについてはマウス感染試験や培養細胞感染試験の結果から，感染性が回復しないことが確認されている[13,14]．したがって，感染性で評価した場合はクリプトスポリジウムオーシストの紫外線耐性は低いといえよう．

放射線は紫外線と同様に微生物の不活化が期待される消毒線であり，クリプトスポリジウム不活化に適用可能な放射線の種類としては，物質中における透過性が非常に高い γ 線と，透過性は γ 線に劣るものの高い線量率が得られ操作性にすぐれる電子線（β 線）が有望である．細菌やウイルスの $2 \log_{10}$ 不活化線量は，γ 線で数百から数万 Gy（Gy；吸収線量の単位，1 Gy = 1 J/kg）と報告されており[15]，高等生物の致死線量（哺乳類の場合おおむね数 Gy）と比較して放射線耐性はきわめて高い．コバルト-60 が放出する約 1 MeV の γ 線と加速電圧 3 MeV の電子線のクリプトスポリジウムオーシスト不活化力を脱嚢法で評価したところ，$2 \log_{10}$ 不活化線量はそれぞれ 13000 Gy および 12000 Gy となり，他の微生物と同等かむしろ高い耐性を示したが，マウス感染試験で評価した $2 \log_{10}$ 不活化線量は，いずれの放射線を照射した場合でもわずか 90 Gy 程度であった[16]．また，放射線を照射したクリプトスポリジウムの感染性は回復しないことがマウス感染試験で確認されている[16]．以上の結果から，感染性という観点からはクリプトスポリジウムオーシストの放射線耐性は低いといえよう．放射線照射した食品は毒性学的に問題がないという勧告が WHO や FAO から出されているが，わが国では放射線に対するアレルギーが非常に強いため，食品の放射線による消毒は他国に比べ普及していない．水処理へ放射線照射を適用するためには公衆認知（PA：public acceptance）を得るためのステップが必要になるものと考えられる．

b．ジアルジア

Giardia lamblia（*Giardia intestinalis* も同義，以下，ジアルジア）もクリプトスポリジウムと同様に環境中では周囲がシスト壁で覆われるため，化学消毒剤に対して抵抗性を示す．ジアルジアシストは 8°C で 2〜3 か月，10°C 以下の水中で少なくとも 77 日間生残する[17]．

ジアルジアシストに対する遊離塩素の $2 \log_{10}$ 不活化 CT 値は 5°C のとき約 50〜200 mg・min/l [18]，

25℃のとき 15 mg・min/l 以下[19] と報告されている．げっ歯類に寄生する G. muris のシストの場合も同程度とされており[20]，ジアルジアシストの塩素耐性はクリプトスポリジウムオーシストよりもはるかに低い．また，二酸化塩素の G. muris に対する 2 $\log_{10}$ 不活化 CT 値は数 mg・min/l と報告されており[21]，次亜塩素酸の 10 倍程度の不活化力を示している．

オゾンのジアルジアシストに対する 2 $\log_{10}$ 不活化 CT 値は 0.53 mg・min/l，G. muris に対しては 1.94 mg・min/l と報告されており[22,23]，耐性はポリオウイルスと同程度である．

ジアルジアシストの紫外線不活化に関する論文はこれまでほとんどなかったが，最近になって数件報告されている．ジアルジアシストの紫外線耐性はクリプトスポリジウムオーシストと同等かいくらか低いレベルであり，低線量の紫外線照射で，その増殖能が喪失するようである[24,25]．ジアルジアシストは光回復しないという実験結果が報告されている[24]一方で，G. muris シストは暗回復したという報告もある[26]．クリプトスポリジウムとジアルジアでは回復能が異なる可能性がある．

c. サイクロスポーラ

Cyclospora cayetanensis（以下，サイクロスポーラ）の消毒剤耐性に関する情報は見当たらない．しかし，残留塩素濃度が 0.3～0.8 mg/l あり，大腸菌群が検出されなかった飲料水でサイクロスポーラによる集団感染が発生していることから[27]，塩素耐性はあるものと考えられる．

d. ミクロスポリジア

Microsporidia（以下，ミクロスポリジア）に属する Encephalitozoon bieneusi, E. intestinalis も水系感染症の原因になると疑われている．塩素の E. intestinalis 芽胞に対する不活化力を培養細胞感染試験で評価した実験から，3 $\log_{10}$ 不活化するためには遊離塩素濃度 2 mg/l，水温 25℃のとき 16 分間の接触が必要であると報告されている[28]．E. intestinalis 芽胞の塩素耐性は他の原虫のオーシストあるいはシストに比べて低く，水道の塩素濃度レベルでも不活化できるものと考えられる．

Encephalitozoon 属（E. intestinalis, E. cuniculi, E. hellem）芽胞の紫外線による不活化については培養細胞感染法で評価されており，6～19 mJ/cm^2 の照射線量で 3.2 $\log_{10}$ 不活化されたと報告されている[29]．ミクロスポリジアの紫外線耐性は低いよう

である．

e. トキソプラズマ

Toxoplasma gondii（トキソプラズマ）は環境中でも数か月間生存することができ，化学消毒剤に対する耐性はきわめて強いと考えられている．紫外線耐性を有するという報告もあるが[30]，定量的なデータは示されていない．

f. 赤痢アメーバ

Entamoeba histolytica（以下，赤痢アメーバ）に感染することにより発症するアメーバ赤痢の集団感染は，近年，先進国からはほとんど報告されていない．WHO の飲料水水質ガイドライン（第3版）では塩素耐性が高いとされている．

塩素耐性に関する定量的な実験結果はないようであるが，シストを 30 分で破壊するために必要な遊離塩素濃度は約 10 mg/l 程度であるという報告がある[31]．

また，オゾンでは 0.5 mg/l で栓水中の赤痢アメーバのシストを 1.5～2 $\log_{10}$ 以上不活化することができると報告されており[32]，耐性はクリプトスポリジウムオーシストに比べ低いと考えられる．しかし，CT 値などは明らかにされていない．

g. 自由生活性アメーバ類

水系感染が危惧される自由生活性アメーバとしてはネグレリア属とアカントアメーバ属が挙げられる．ネグレリア属の Naegleria fowleri は温水中に存在することから風呂水やプール水などのレクリエーション水を介して感染することが多いが，水道を介した集団感染の報告はオーストラリアにおける 1 件のみである[33]．また，アカントアメーバ属は水道水，ボトル水，エアコンのベンチレーション水などさまざまな水から検出されている[32]．

初期遊離塩素濃度 0.5 mg/l，水温 25℃のとき N. fowleri シストは 1 時間で培養性が陰性になり，また，N. fowleri と同じ属で非病原性の N. gruberi のシストは 3 時間で陰性となった[34]．二酸化塩素による 2 $\log_{10}$ 不活化 CT 値は二酸化塩素濃度が 0.35～1.26 mg/l，水温 25℃のとき 5.2 mg・min/l と報告されている[35]．したがって，ネグレリア属のシストの塩素耐性はクリプトスポリジウムオーシストやジアルジアシストよりも低いと考えられる．これに対し，アカントアメーバ属のシストでは初期遊離塩素濃度 8.0 mg/l，水温 25℃のとき 24 時間で培養性が陰性になったと報告されていることから[34]，ネグレリア属のシストよりも塩素耐性が高いようで

ある．

残留オゾン濃度 0.4 mg/l，25℃で CT 値 1.6 mg・min/l のときのネグレリア属およびアカントアメーバ属のシストに対する不活化力はともに 1.96 $\log_{10}$ 以上である[36]．両者のオゾン耐性はクリプトスポリジウムオーシストと同程度であると考えられる．

〔森田重光〕

文献

1) Fayer R and Ungar BLP (1986)：*Cryptosporidium* spp. and cryptosporidiosis. *Microbiol Rev*, **50** (4)：458-483.
2) Korich DG, Mead JR, Madore MS, Sinclair NA and Stering CR (1990)：Effects of ozone, chlorine dioxide, chlorine, and monochloramine on Cryptosporidium parvum oocysts viability. *Appl Environ Microbiol*, **56** (5)：1423-1428.
3) 志村有通，竹馬大介，森田重光，平田 強 (2001)：塩素の *Cryptosporidium parvum* オーシスト不活化効果とその濃度依存性．水道協会雑誌, **70** (1)：26-32.
4) Lalith RJ (1997)：Effect of aqueous chlorine and oxychlorine compounds on *Cryptosporidium parvum* oocysts. *Environ Sci Technol*, **31** (7)：1992-1994.
5) Finch GR, Black EK, Gyurek L and Belosevic M (1993)：Ozone inactivation of *Cryptosporidium parvum* in demand-free phosphate buffer determined by *in vitro* excystation and animal infectivity. *Appl Environ Microbiol*, **59** (12)：4203-4210.
6) Joret JC, Baron J, Langlais B and Perrine D (1993)：Inactivation of *Cryptosporidium* sp. oocysts by ozone evaluated by animal infectivity. *Int Ozone Conf*, **59**：4203-4210.
7) Hirata T, Shimura A, Morita S, Kimura S, Motoyama N and Hoshikawa H (2001)：The effect of temperature on the efficacy of ozonation for inactivating *Cryptosporidium parvum* oocysts. *Wat Sci Technol*, **43**：163-166.
8) Ransome ME, Whitmore TN and Carrington EG (1993)：Effects of disinfectants on the viability of *Cryptosporidium parvum*. *Wat Suppl*, **11**：75-89.
9) Landis HE, Thompson JE, Robinson JP and Blatchley III ER (2000)：Inactivation responses of *Cryptosporidium parvum* to UV radiation and gamma radiation. *Proc AWWA WQTC*, 1247-1265.
10) Craik SA, Weldon D, Finch GR, Bolton JR and Belosevic M (2001)：Inactivation of *Cryptosporidium parvum* oocysts using medium-and low-pressure ultraviolet radiation. *Wat Res*, **35** (6)：1387-1398.
11) Shin GA, Linden KG, Arrowood MJ and Sobsey MD (2001)：Low-pressure UV inactivation and DNA repair potential of *Cryptosporidium parvum* oocysts. *Appl Environ Microbiol*, **67** (7)：3029-3032.
12) Clancy JL, Bukhari Z, Hargy TM, Bolton JR, Dussert BW and Marshall MM (2000)：Using UV to inactivate *Cryptosporidium*. *J Am Water Works Assoc*, **92** (9)：97-104.
13) Morita S, Namikoshi A, Hirata T, Oguma K, Katayama H, Ohgaki S, Motoyama N and Fujiwara M (2002)：Efficacy of UV irradiation in inactivating *Cryptosporidium parvum* oocysts. *Appl Environ Microbiol*, **68** (11)：3029-3032.
14) Zimmer JL, Slawson RM and Huck PM (2003)：Inactivation and potential repair of *Cryptosporidium parvum* following low- and medium-pressure ultraviolet irradiation. *Wat Res*, **37**：3517-3523.
15) Pribil W, Sommer R, Appelt S, Gehringer P, Eschweiler H, Cabaj HLA and Haider T (2000)：Inactivation of indicator bacteria and indicator viruses by ionizing radiation. Proceedings of 1 st World Water Congress of IWA.
16) 森田重光，平田 強 (2006)：γ線および電子照射による *Cryptosporidium parvum* オーシストの不活化効果．水環境学会誌, **29** (2)：79-85
17) WHO (1996)：Guidelines for Drinking-water Quality. 2nd ed., Health criteria and other supporting information.
18) Hibler CP, Hancock CM, Perger LM, Wegrzn JG and Swabby KD (1987)：Inactivation of *Giardia cysts* with chlorine at 0.5 to 5.0℃. AWWA Res. Foundation.
19) Jarrol EL, Bingham AK and Meyer EA (1981)：Effect of chlorine on *Giardia lamblia* cysts viability. *Appl Environ Microbiol*, **41**：483-487.
20) Leahy JG, Rubin AJ and Sproul OJ (1987)：Inactivation of *Giardia muris* cysts by free chlorine. *Appl Environ Microbiol*, **53**：1448-1453.
21) Rubin AJ (1988)：Factors affecting the inactivation of Giardia cysts by monochloramine and comparison with other disinfectants. Proceedings of Conference on Current Research in Drinking Water Treatment, U. S. EPA, EPA/600/9-88/004, 224-229.
22) Wickramanayake GB, Rubin AJ and Sproul OJ (1984)：Inactivation of *Naegleria* and *Giardia* cysts in water by ozonation. *J Wat Pollut Control Fed*, **56**：983.
23) Wickramanayake GB, Rubin AJ and Sproul OJ (1985)：Effects of ozone and storage temperature on Giardia cysts. *J AWWA*, **77**：74-77.
24) Izumiyama S, Yagita K, Hirata T, Fujiwara M and Endo T (2002)：Inactivation of *Giardia lamblia* cysys by ultraviolet irradiation. *Proceedings of the 1st Asia Regional Conference on Ultraviolet Technologies for Water, Wastewater and Environmental Applications*, in CD-R.
25) Mofidi AA, Meyer EA, Wallis PM, Chou CI, Meyer BP, Ramalingam S and Coffey BM (2002)：The effect of UV light on the inactivation of *Giardia lamblia* and *Giardia muris* cysts as determined by animal infectivity assay (P-2951-01). *Wat Res*, **36**：2098-2108.
26) Belosevic M, Craik SA, Stafford JL, Neumann NF, Kruithof J and Smith DW (2001)：Studies on the resistance/reactivation of *Giardia muris* cysts and *Cryptosporidium parvum* oocysts exposed to medium-pressure ultraviolet radiation. *FEMS Microbiol Lett*, **204**：197-203.
27) Rabold JG, Hoge CW and Shlim DR (1994)：*Cyclospora* outbreak associated with chlorinated drinking water. *Lancet*, **344**：1360-1361.
28) Wolk DM, Johnson CH, Rice EW, Marshall MM, Grahn KF, Plummer CB and Sterling CR (2000)：A spore counting method and cell culture model for chlorine disinfection studies of *Encephalitozoon* syn. *Septata intestinalis*. *Appl Environ Microbiol*, **66** (4)：1266-1273.
29) Marshall MM, Hayes S, Moffett J, Sterling CR and Nicholson WL (2003)：Comparison of UV inactivation of spores of three *Encephalitozoon* species with that of

spores of two DNA repair-deficient *Bacillus subtilis* biodosimetry strains. *Appl Environ Microbiol*, **69**（1）：683-685.
30) 厚生労働省厚生科学審議会議事録（2003）．
31) Snow WB（1956）：Recommended chlorine residuals for military water supplies. *J AWWA*, **48**（12）：1510-1514.
32) Safe Drinking Water Committee（1977）：Microbiology of drinking water. In Drinking Water and Health（National Research Council ed）, pp.63-134, National Academy of Sciences.
33) Marshall MM, Naumovitz D, Ortega Y and Sterling CR（1997）：Waterborne protozoan pathogens. *Clinical Microbiol Rev,* Jan：67-85.
34) De Jonckheere J and Van De Voorde H（1976）：Differences in destruction of cysts of pathogenic and non-pathogenic *Naegleria* and *Acanthamoeba* by chlorine. *Appl Environ Microbiol*, Feb：294-297.
35) Chen YSR, Sproul OJ and Rubin AJ（1985）：Inactivation of *Naegleria gruberi* cysts by chlorine dioxide. *Wat Res*, **18**：195-203.
36) Langlais B and Perrine D（1986）：Action of ozone on trophozoites and free amoeba cysts, whether pathogenic or not. *Ozone*：*Sci Engin*, **8**：187-198.

15.5 微生物汚染の評価指標

▷ 7.1 水道における浄水処理と最近の動向
▷ 7.6 消毒
▷ 20.3 リスク評価

15.5.1 評価指標とはどういうものか

　水に含まれているものは多種多様で，一見してその水を飲んで安全かどうかを知ることはできない．そのため水の用途に応じて，その水を安全に用いることができるかどうかを判定，評価する手段が必要になる．有害化学物質の場合にはそれぞれの有害物質ごとに濃度の上限が定められ，その値を上回らなければ基準に合致したこととなり，基準が定めた用途に安全に使用できると判断される．一方，環境基準生活環境項目の BOD や COD のように，その物質がどのようなものかわからなくても，ある定まった測定方法によりある種の「化合物群」を測定することにより，その水の評価を行って判定することも可能である．
　感染性微生物の場合は，そのような水中化学物質の評価方法，すなわち単一物質あるいは化合物群検

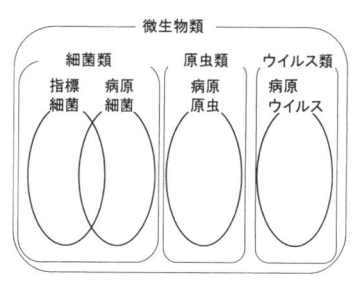

図15.1 微生物類の分類と病原微生物，評価指標の関係

出のどちらとも異なる「評価指標」を用いた基準が定められ，水を評価・判定することが行われている．評価指標とは，必ずしも直接的に感染性・有害性を示すとは限らないが，その水中での存在や濃度が病原微生物の存在や濃度と一定の関係をもつ，と判断される性質をもつ測定項目のことである．具体的には，大腸菌，大腸菌群，糞便性大腸菌群，また一般細菌などがこのような性質をもち，それらを指標細菌と呼ぶ．図15.1に，微生物類の分類と，病原微生物および指標細菌の関係を示す．
　それらに加え，実務レベルでは必ずしも導入されていないが，研究レベルにおいては指標性が期待される微生物についての検討がなされている．それは，病原ウイルス，病原原虫のように，過去より用いられてきた「評価指標」が種々の理由から必ずしも対応できていないと考えられる新たな感染性微生物に対し，安全性を簡便にあるいは合理的に評価・判定することが必要であるからである．また，評価指標による管理を補う新たな管理手法も提案されるようになってきている．
　本節においては，それら現行の，さらには新しい「評価指標」について述べ，それに加え新たな管理方法の概略を述べることを目的とする．

15.5.2 現行の水の衛生学的評価指標

　水の衛生学的評価指標は，それが項目として採択されている各種「基準」が前提としている水の由来と用途に関連している．まずは，飲用を前提としている水道水の基準がある．さらに，定められた浄水プロセスを経て水道水として供給できるようになることを前提とし，あるいは環境保全の目標として，河川水・湖沼水における環境基準がある．
　それらの基準においては，迅速に測定結果が出ることが重視され，定められた検出手法によって検出することのできる細菌類が指標となっている．す

わち，測定法によって定義される細菌類のグループである指標細菌が現行の評価指標として用いられている．これは，大腸菌という指標を除いては細菌の属や種を問わないことになるのできめ細かな水質を表すことには必ずしもならないし，人への有害性を直接示すわけではない．しかし，永年にわたって衛生状態を改善し保全してこれたのはそれら指標細菌による管理の功績であるし，測定の簡便性による大量のデータ取得や，過去からの蓄積されたデータとの比較に資することになっている．

a. 大腸菌群

グラム陰性，無芽胞の桿菌で，乳糖を分解して酸とガスを生ずる好気性または通性嫌気性の菌をいう[1]．温血動物の腸管内に存在し糞便とともに体外へ排出されることで糞便汚染を表すこととなる．しかし一方で，土壌中にも糞便に由来しない大腸菌群が存在することや，下水や環境水中で増殖する可能性があることが示されており，指標としての有効性に限界があるとされている[1]．

b. 糞便性大腸菌群

大腸菌群で検出される細菌の一部がここに含まれる．すなわち，温血動物体内起因の大腸菌群構成細菌は大腸菌群の培養に用いられる37℃より高い44.5℃においても生育できるが，土壌中に起因するものは生育できないと考えられており，この方法で設定された培養温度である44.5℃では温血動物起因のもののみを検出できる．大腸菌群よりも糞便汚染をより的確に示すものとして用いられている．

c. 一般細菌

環境中には非常に多くの目にみえない大きさの微生物などが存在しているが，それらは必ずしも直接的に病原性を示すとは限らない．一般細菌は標準寒天培地上で36 ± 1℃，24 ± 2時間の培養でコロニーを作ることで検出されるため，非常に多くの従属栄養型細菌がこれに含まれることになり，衛生学的指標という意味ではあまり重要でないといえる．しかし，一般細菌は大腸菌群などよりも多くの菌種を含むことから検出感度が高くなることが考えられ，結果として消毒効果が十分であったかどうかを判定する目安になると考えられる．

d. 大腸菌

2004（平成16）年4月1日より施行された新しい水道水質基準で，大腸菌群に代わって用いられるようになったのが大腸菌である．これは，大腸菌だけを短時間で検出できる特定酵素基質培地法が開発されたことで採用された，より妥当性の高い評価指標ということになる．

大腸菌はヒト糞便中の大腸菌群の90％を占めるほか温血動物の腸管に存在し，広範囲に存在する大腸菌群を構成する細菌群よりも，糞便汚染を示す根拠として妥当であると考えられた[2]．また，水道水質基準の場合，基準値は「検出されないこと」であるが，水質基準に関する省令の規定に基づき厚生労働大臣が定める方法（平成15年7月22日厚生労働省告示第261号）によれば検水を100 ml 用いることになるため，現在は100 ml に検出されてはならない，ということになる．

e. 従属栄養細菌

従属栄養細菌とは，一般細菌よりも有機物濃度が低い寒天培地を用い，中温付近（20〜28℃）で1週間以上の比較的長期間の培養でコロニーを形成する細菌を指す．通常は一般細菌よりも多くの菌数が検出されるが，一般細菌が検出されない場合，衛生上の問題となる病原微生物汚染はほとんどないと考えられる[1]．

一方，従属栄養細菌により，配水管のスライム形成，原生動物の出現，レジオネラの増殖などの可能性の判定が可能であるが，培養時間が一般細菌に比べて長いこと，培養温度や培養時間により結果が異なり一般細菌よりも培養技術として確立されていないとの判断から，水道水質基準項目としては採用されていない[2]．

f. 糞便性連鎖球菌

糞便性連鎖球菌とは，温血動物の腸管内に常在し，糞便中に存在する連鎖球菌の一部である．環境中で増殖しにくいと考えられ，温血動物の糞便汚染を疑う手がかりとなる．

ヒト糞便から検出される量は大腸菌群よりも1〜2オーダー少ないが，水環境における生残性や消毒耐性が大腸菌群よりも大きいため，衛生学的指標としての有用性が議論されている．特に，糞便性大腸菌群数と糞便性連鎖球菌の濃度比がヒトと家畜により大きく異なることから，汚染がヒト由来かヒト以外の温血動物由来であるかを，限定された条件において明らかにできる可能性が指摘されている[1]．

15.5.3 現行の評価指標の限界と問題点

現行の評価指標は，今日の衛生状態を考えると，十分なものであるといえそうである．しかし，前述のように指標細菌による衛生状態の管理が，今後も

十分に有効であると考えられるかどうか，考慮すべき点は多い．問題となるのは，①新たに認識されるようになった病原微生物，②多様な消毒手法を含む新たな水処理手法への要請，③水循環の変化，の3点である．

a. 新たに認識されるようになった病原微生物

ウイルス類のように，病原性が認識されていたにもかかわらず環境中での濃度が検出限界よりも低くて水系感染の立証が難しかったものや，病原微生物であると明らかになったのが比較的新しいクリプトスポリジウムなどは，次に述べる理由により必ずしも指標細菌による汚染の評価が妥当とならない場合がある．それは，病原ウイルス，病原原虫，塩素耐性をもつ細菌の存在である．それらの増殖様式，大きさ，排出源，具体的な例，そのグループに属す指標あるいは指標性が期待されるサブグループを，表15.35にまとめた．

1) 病原ウイルス 検出・測定技術の進歩により，病原ウイルスに関して検討がなされるようになった．すなわち，A型肝炎，E型肝炎，ノーウォークウイルスによる胃腸炎など，従来は因果関係や検出方法が不十分であったために顕在化しなかった水系感染の例が報告されるようになってきている．それらの原因微生物はウイルスであり，塩素などの消毒剤への耐性が指標細菌よりも大きい可能性があることが知られている．そのため，従来の指標細菌で消毒効果を評価した場合に，ウイルスに対しても十分な消毒効果が得られているかどうかは必ずしも明らかでないといえる．すなわち，現行の評価指標で病原ウイルス起因のリスクを判定できるかどうかは不明であり，情報の蓄積が求められている．

2) 病原原虫 水環境に存在する可能性があり，環境に存在する形態での塩素耐性が非常に大きい感染性病原体として注目されているのが，病原原虫である．クリプトスポリジウム，ランブル鞭毛虫が代表的なものとして挙げられる．膜ろ過や良好に管理された砂ろ過などで除去されると考えられるが，水の衛生学的安全性を保証するための従来の評価指標が原虫汚染にどの程度対応できているかは，必ずしも明らかでない．少なくとも，水が塩素のみで処理される場合に指標細菌が十分に不活化されていたとしても，原水中に病原原虫が存在していた場合に原虫の生残の可能性は高いことになる．

3) 塩素耐性をもつ細菌 浄水処理が十分になされた水においても，給水栓において塩素耐性をもつ細菌類が検出されることがあるとの報告がある．これらの細菌が同時に病原性をもつかどうかは必ずしも明らかではないが，病原原虫同様，注意することが必要であると考えられる．

b. 新たな水処理手法

従来の評価指標は，特に水道水の評価に用いられる際には，標準的な浄水方法である緩速あるいは急速ろ過，および塩素消毒を前提として，衛生状態の管理に有用であると考えられる．新たな水処理手法の導入という変化に対して指標細菌による衛生学的評価が対応しているかどうか，明らかにすべき点は多い．

1) 代替消毒法 塩素消毒は永年安全な水を供給するのに非常に大きく貢献してきた消毒手法であるが，原水水質の悪化とそれに伴う消毒副生成物の問題や，おいしい水道水への要請，下水処理放流水の生態系への配慮などにより，何らかの見直しが必要ではないかとの議論がある．

そのため，塩素の代替消毒手法として，オゾン消毒や紫外線消毒が用いられるようになってきている．しかしそこで問題となるのが，従来の評価指標

表15.35 新たに認識されるようになった病原微生物の特徴

	増殖様式の特徴	衛生学的に問題となるものの例	大きさ	排出源	指標あるいは指標性の期待されるサブグループ
塩素耐性をもつ細菌	有機物などの基質を用い二分裂型で増殖	マイコバクテリウムなど	1 μm前後	温血動物の糞便のほか大気中や土壌中にも存在	大腸菌群，一般細菌などの通常の評価指標
病原ウイルス	ヒト，動物などへの完全寄生増殖	A型肝炎ウイルス，ノーウォークウイルスなど	0.02〜0.5 μm程度	温血動物などの糞便など	バクテリオファージなど
病原原虫	ヒト，動物などへの寄生増殖	クリプトスポリジウムのオーシスト（嚢胞体），ランブル鞭毛虫のシスト（嚢子）など	3〜10 μm程度	哺乳動物の糞便	なし

である指標細菌の新しい消毒方法への耐性である．消毒方法が異なれば，各病原微生物の耐性がそれぞれ異なることから，塩素消毒を前提としていた指標細菌の浄水や処理水中での濃度がどの程度衛生状態を表しているのか，曖昧なものとなる可能性がある．

　2）**膜処理**　凝集沈殿と急速砂ろ過や，緩速ろ過のように従来から浄水工程で用いられてきた処理方法に新たに膜ろ過が加わったことで，さらに病原ウイルスを考慮する必要性が増してきていると考えられる．それは，膜ろ過が，それぞれの孔径をもつ膜による水中物質の物理的除去を主たる除去機構としているため，その孔径によっては病原ウイルスを直接阻止できない可能性があるためである．実際には，水中ウイルスの多くが濁質と結合しているために排除可能と考えられること，ウイルスが膜面へ吸着する可能性があること，膜ろ過が進行するにしたがって膜面に堆積するケーク層によりウイルスが阻止される場合がある，などの報告があるが，確定的な結論が得られるには至っていない．

c. 水循環の変化

　有害化学物質の一部の排水基準が水道水質基準や環境基準の10倍の値であることからもわかるように，排水が自然環境で希釈されることや河川などの自浄能力による浄化が各種基準においては期待されている．病原微生物あるいは従来の評価指標においても同様で，環境への放流後の指標細菌の濃度では水道原水として用いるのは必ずしも適当でなく，希釈や自浄作用による濃度減少があることを前提としている．水利用の高度化が進行した場合には，河川において下水処理水などの比率が高くなることで，河川水中の評価指標の値，すなわち指標細菌の濃度が大きくなる可能性がある．また，建物内や地域において行われている例があるように，下水処理水の再利用の促進により，従来の希釈や浄化を必ずしも期待できないケースが多くなってくることも予想される．

15.5.4　新たな病原微生物に対して期待される評価指標

　先に述べた新たな病原微生物を従来の評価指標によっては必ずしも評価することができないことから，新たな評価指標となる微生物群を見つけようという努力がなされている．いくつかの例を述べる．

a. 指標が満たすべき要件

　現行の指標が水の衛生学的評価指標として機能してきた理由は，それらの指標細菌が下に示す評価指標の要件をおおむね満たしていると考えられるからである．

・水中に容易に検出できるレベルで存在し，かつ検出法があり，病原微生物が存在するときには検出され，存在しないときには検出されない性質があること．

・消毒剤耐性が，対象となる病原微生物と同等かあるいは大きく，生残性が高いと判断されること．

・それ自体に病原性がなく，測定者の健康を害するおそれが少ないこと．

・検出，測定に時間，費用，手間がかからず，通常の水質分析室レベルの実験室で測定可能なこと．

　ここに挙げたすべてを満たすと社会的に判断される評価指標を新たに探すことは非常に難しいといわざるをえないことに加え，単一の評価指標あるいは複数の指標群でさえすべての場合に適切なものはおそらくない[3]とされていることからも，評価指標の果たす役割は必ずしも万全なものでなく，限定された条件下でしか有用でないということが再認識されるべきである．

b. バクテリオファージ

　病原性がなく，測定が容易なウイルスの代表が，細菌に感染するバクテリオファージである．大腸菌に感染し増殖するバクテリオファージ（大腸菌ファージ）の中で，宿主を溶菌し測定が容易なものが，病原ウイルスに対応する指標としての有用性が高いのではないかと考えられている．確かに大腸菌ファージは下排水中での濃度が他のウイルスより高く，特に遺伝子としてRNAをもつFRNAファージという一群は病原ウイルスとサイズ的に近いこと，温血動物から排出された直後という条件以外では増殖しにくいと考えられることなどにより，ウイルスを想定した衛生状態の評価指標として妥当性が比較的高いと考えられる．

c. 嫌気性芽胞菌

　衛生管理が重要となる水は通常，汚染の排出源から比較的遠く，病原微生物の代謝や増殖活性が低い水である．そこで，原虫類のように塩素耐性の大きい形態を生活環にもち，検出と測定が比較的容易な芽胞形成菌が，塩素耐性微生物や病原原虫の指標として有効であろうとの意見がある．

15.5.5 「評価指標」システムそのものの限界

評価指標とは検査方法と基準値から成る評価・管理手法であるが，そもそも病原微生物を検出するわけではないため，衛生状態を評価できることの根拠は，想定している病原体，病原体の排出から水利用への処理を含む経路など，さまざまな前提を必要としていると考えられる．衛生状態が上下水道普及により格段によくなっている現在においては，病原微生物，特に病原ウイルスと病原原虫の環境への排出や環境における存在は日常的なものではなく散発的なものになっていると考えられ，常にそれに対応して何らかの評価指標の値が増減するとは考えにくい．評価指標は確かに有用なものではあるが，散発的な汚染の出現に管理方法として対応できない可能性が高い．

15.5.6 「評価指標」を補う新たな評価・管理方法

従来評価指標に期待されていた役割は水が衛生的に安全かどうかを判定することであったが，病原微生物や水処理手法の多様化をふまえ，評価すべき水の衛生学的汚染をその原因により，少なくとも3つに分けて考える必要がある．すなわち，①水源の悪化や水循環の変化などのように比較的長い時間にわたる汚染状態の変化，②水処理システムの不適切な管理などある程度継続するがごくまれな汚染の放出，③患者や感染した家畜からの病原体の散発的な排出，である．それら三者を評価指標のような単一の手法で管理することは困難であると考えられ，新たな管理戦略を付加することで，評価指標を補えるのではないかと考えられる．

従来の評価指標は，上記汚染原因の①と②に主に対応し，③に関してもし排出があったとしてもそれを常に排除できていることが期待できた．新たな病原微生物と新たな水処理，水循環を考慮すると，評価指標をうまく定められたとして，主に②，部分的に①を評価・管理できることが期待できよう．それを補う方法として，考えられるものの例を以下に述べる．

a. 病原微生物の直接検出

遺伝学的手法の進歩により，病原微生物を直接的に検出できる可能性が出てきた．病原性をコードした遺伝子をターゲットにしてプライマーを設計し，PCR法を用いて検出をすれば，従来の検出時間を大幅に短縮できるだけでなく，その水の病原性を直接判定することが可能となる．

しかし，遺伝子を検出するということはその微生物の生死を判定するわけではないため，感染性を検出できるとは限らず誤陽性の問題がある．また，一度にすべての病原微生物を検出しようとしてすべての病原微生物に対応するプライマーを用いて実験をすることは不可能である．類似の病原微生物，たとえば一部の腸管系ウイルスに共通する遺伝子部分を検出できるプライマーや，細菌などにおける毒素産生の遺伝子部位を検出するプライマーが検討されてはいるが，現段階では広く用いられるには至っていない．

衛生状態の評価・管理に適用しようとする場合，この方法は実際に使用する水を測定するわけでない点は指標的であるが，検出結果が直接病原性の可能性を表す点がすぐれている．検出感度が向上し，より安価で簡易な方法になれば，消毒前原水の日常的な衛生管理，すなわち①の目的に用いられることが期待できる．また，散発的な排出③へも，対象を選び疑わしい水に関しては，適用可能性はあると考えられる．

b. 処理システムを規定することによる安全性の確保[3)]

ハサップ（HACCP）と呼ばれる手法を，水道水などの水の安全性を管理する手法として用いることが話題となっている．これは，簡単には，重要管理点における管理基準を維持する手法である．すなわち，汚染を排除するバリアである処理システムを重要管理点として設定し，その管理点が所定の限界内で機能している場合には汚染を管理できている，とする考え方である．問題となるレベルの病原微生物汚染は測定が難しい低いレベルであり，リアルタイムで測定はできないため，この方法は現実的で重要性の高い考え方である．病原微生物がたとえ散発的に流入したとしても，消毒などの処理システムが汚染を引き起こさない十分な処理効率をもっているとこの管理方法で保証できるならば，汚染原因③に対応できることになる．

まとめ

大腸菌群に代表される水の評価指標について論じてきたが，新たに生じてきているさまざまな病原微生物に対応し，評価指標としての要件を満たす単一の指標あるいは指標群を見つけ出すことは困難であると考えられることから，他の管理方法との組み合

わせが最も現実的であると考えざるをえない．しかし，今後の検出，測定技術の進歩により，簡便でないとの理由から評価指標として採用されなかったものが有効に活用できるようになる可能性もある．逆に，水の処理レベルを十分に強化することで水の安全性を保証する論理とその実効性が確かなものとなれば，評価指標は今ほどの重要性を示さなくなる可能性もある．

　現段階では，衛生学的水の安全性をより高めるために，従来の指標細菌による評価，大腸菌への切り替えのような指標細菌の見直し，クリプトスポリジウム暫定指針にみられるように浄水処理方法を規定するなど，単独の指標によらない，複合的な管理手法への変化がみられるようになってきている．水の安全性を増し，より安心して水を使うようになるためには，そのような日々の変化に柔軟に対応することが肝要であり，今後もその動向には注目していく必要があると考えられる．　　　　　〔神子直之〕

文　献
1) 金子光美編著（1996）：水質衛生学，技報堂出版．
2) 日本環境管理学会編（2004）：改訂3版　水道水質基準ガイドブック，丸善．
3) 金子光美，平田　強監訳（2003）：水系感染症リスクのアセスメントとマネジメント，技報堂出版．

IV. 知

　本編「知」とは，水環境の知の体系という意味ではない．
　場，技，物で示された水環境の種類，浄化技術，物質群それぞれの場面で必要となるのは，はたしてこの水の中身は何だ？ということである．水環境の保全も開発も親水も規制もすべて水質を知るところから始まる．
　そういう意味での「知」である．
　だからここには，分析技術と規制技術が掲載されている．分析技術は，一般的な項目はすべて省くことにした．それらは，他の試験方法をみていただければよい．本編では最新の技術を解説することにした．それは21世紀初頭の水環境の深刻な問題を反映している．また，分析技術の進展は今まで私たちが知りえなかった物質群の存在をも浮き彫りにしてきた．そういう見知らぬ物質群へのアプローチを書き込んだ．
　化学分析は，マススペクトル分析を中心に，生物影響や生体影響を視野に入れたバイオアッセイもわが国ではなかなか定着はしないが，研究上の普及はしてきた．実環境への応用方法のコンセンサスが得られれば普及の日は遠くはなかろう．分子生物学の分野での測定法の成果はPCRはいうに及ばず，さまざまな方法が提案されている．

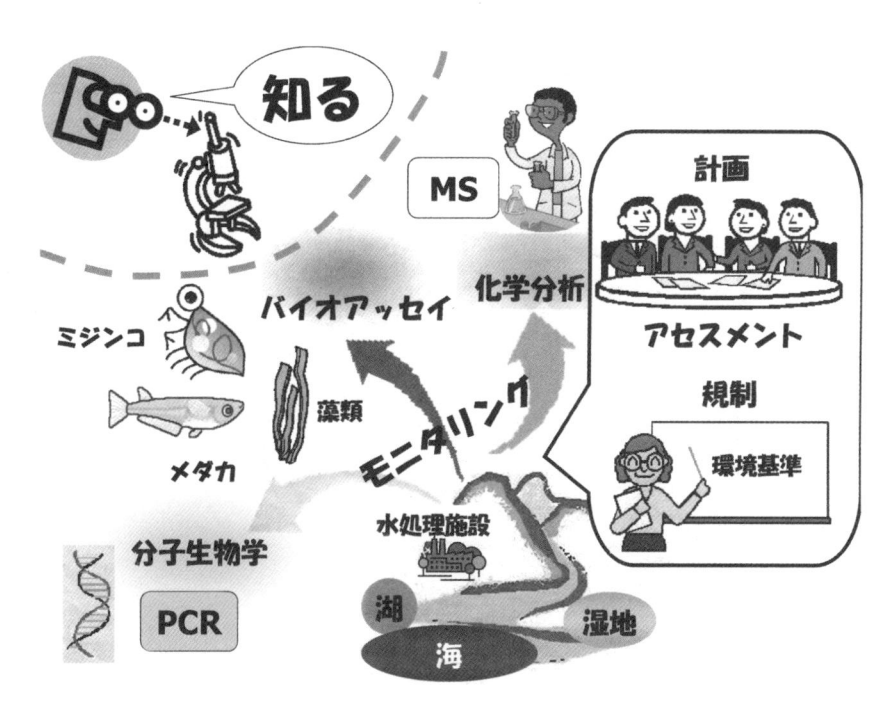

知

　水環境中の雑多な生物現象を遺伝子工学的に読み解く魅力，その方法の究極はキット化と低廉化によって成り立つだろう．

　こうした現象を解読するツールの解説に合わせ，本編では，規制技術とでもいうべき水環境の評価方法を示している．環境基準はどうやって計算されるのか，環境アセスメントの手続きは何か，LCAの算定方法はどうするのか，など入門編としてここから始めていただければ，わが国の規制基準の概念を理解できるようになっている．また，こうした規制とともに，環境計画・政策の体系を紹介している．水環境の保全・モニタリング・化学物質管理・生態系保全・水資源がそれである．

　そして，水環境にかかわる教育の課題を教育者と市民科学の視点から提示した．

　知は進化を遂げるものである．ここに示したテーマは，やがて更新されるべきものである．水環境の知の技術が更新されていってこそ，水環境の向上が期待できる．また，本編は，性格上他の編と密接にリンクしている．非常に関係が深いところをリンクさせたが，実は全編にわたり関連する．ここから読んでもよいし，ここを最後に読んでもよい．

〔小野芳朗〕

16 環境微量分析

16.1 環境微量分析とは

近年，ダイオキシン類，環境ホルモンなどによる汚染が問題になるとともに，化学物質の分析は，従来以上に極微量存在する化学物質を精度よく分析することが求められている．しかしながら，高感度で高精度な分析を行うためには，複雑な前処理を必要とし，分析に要する時間と労力の増加を招いている．一方，環境汚染の複雑化は，従来以上に数多くの化学物質を迅速かつ効率的に分析できることが求められるようになり，多成分分析法の必要性も増加している．さらに，分析需要の増大化は，分析操作の簡略化・迅速化も必要としており，簡易分析法の開発や分析の自動化も求められている．

本章では，化学物質の環境微量分析の現状と将来を展望することを主眼に，環境微量分析で用いられている各種前処理手法の現状と将来，微量分析を支える測定技術と分析精度の維持・向上を図るための精度管理技術，今後の化学物質分析の主流となると考えられる液体クロマトグラフ質量分析法（LC/MS）の現状と展望，揮発性有機化合物（VOC）の多成分分析，そして，極微量分析が最も求められているダイオキシン類の分析技術について述べる．

〔劔持堅志〕

16.2 環境微量分析のための前処理技術

環境中に存在する極微量の化学物質を高精度に分析するためには，測定機器の高感度化ばかりでなく，妨害成分を効率的に分離し，目的成分を高度に濃縮できる前処理操作が必要となる．しかし，極微量分析法の前処理法は，しばしば複雑な方法となる場合が多く，分析の迅速化の要求とは相容れない場合が多い．また，分析法は，分析技術者の技量に依存しない安定した分析法であることが求められ，このためには，できるだけ簡易で迅速な分析法とする必要がある．

このような要求を満たす分析法を確立するためには，分析法に用いられる基礎的な前処理技術の特性を十分に把握しておく必要がある．本節では，微量化学物質分析にしばしば使用されている各種前処理技術の特性と効果について述べる．

16.2.1 前処理とは

前処理とは，試料中に極微量含まれる目的物質を抽出・分離した後，測定において妨害となる成分を精製・除去（クリーンアップ）し，GC/MS，LC/MS，HPLCなどで測定可能な状態にするまでの操作を指す．

前処理操作は，分析対象となる化学物質の性質に応じてさまざまな手法が用いられるが，必要な検出感度によっても前処理操作の内容が大きく異なってくる．特に，極微量分析では，大量の試料を用いた

高濃縮分析が行われるため，複雑な前処理操作を必要とし，また，前処理操作の過程で生じる目的物質の損失と外部からの汚染（コンタミネーション）に十分に留意する必要が生じる．

目的物質の損失の有無は，事前に添加回収実験を行うことである程度把握できるが，実試料において損失が生じているか否かは確認できない．このため，最近では安定同位体でラベル化した標準品（サロゲート物質）を試料に添加して前処理を行い，前処理過程における目的物質の損失と測定時の誤差を補正する方法（同位体希釈法）が普及し，特に，ダイオキシン類，揮発性成分の分析などでは必須の操作法となっている．

コンタミネーションを防止するためには，純度のよい試薬の選択，有機溶媒と接する可能性のあるガラス器具などを使用直前に分析に用いる有機溶媒で十分に洗浄するなどの配慮が欠かせないが，フタル酸エステル類，揮発性有機化合物（VOC）などの極微量分析では室内環境からの汚染にも留意する必要がある．

16.2.2 抽出方法

試料に存在している目的物質を抽出・分離する方法である．抽出方法は，難揮発性成分と揮発性成分で異なる手法が用いられる．難揮発性成分の抽出には，水質試料では液々抽出法と固相抽出法が用いられ，底質，土壌などの固体試料では液固抽出法が使用される．揮発性成分については，16.5節に記述するが，中揮発性物質の分析では蒸留法による抽出・濃縮が効果的な場合がある．また，簡易で迅速な分析方法として固相マイクロ抽出（SPME）法があり，難揮発性および揮発性成分の測定に適用されている．

a. 液々抽出法

液々抽出（溶媒抽出）法は，古くから用いられてきた方法であるが，試料量（一般に 500 ml～1 l）に比較して比較的多量の抽出溶媒（通常 100 ml 程度）を用いることから，分配係数に従った完全な平衡関係が成立すること，また，抽出溶媒の容積が大きいことから抽出効率が夾雑物の影響を受けにくく個人的な技量の差が出にくい特徴をもつ．

表 16.1 に可塑剤である有機リン酸トリエステル類（OPEs）を溶媒抽出した例[1]を示したが，無極性溶媒であるヘキサン，ベンゼンなどで抽出が困難な tris(2-butoxyethyl)phosphate は，極性溶媒である酢酸エチル，酢酸メチルなどでは抽出できる．一般に，ヘキサンは無極性物質の抽出に，ベンゼン，トルエンなどは芳香族系化合物，酢酸エチル，エーテルなどはやや極性の大きい含酸素化合物の抽出に適している．ジクロロメタンは，無極性から極性物質まで広い範囲の抽出に適用でき，多成分分析を目的とする場合に適しているが，ベンゼンと同様に発癌性が指摘され，両者の溶媒は，現在では使用を控える方向にある．抽出溶媒を選定する際には，オク

表 16.1 有機リン酸トリエステル類（OPEs）の各種有機溶媒による抽出率（塩析剤無添加，容積比 1：10）

物質名	Log P_{ow}	ヘキサン	ベンゼン	ジクロロメタン	酢酸エチル	酢酸メチル	エチルエーテル
trimethyl phosphate (TMP)		0	0	1	0	2	0
triethyl phosphate (TEP)	0.09	1	15	69	28	28	9
triallyl phosphate (TAP)		8	60	96	85	72	62
tributyl phosphate (TBP)	4.00	58	75	88	96	104	84
tris(2-chloroethyl) phosphate (TCEP)	1.70	2	39	67	97	106	29
tris(chloropropyl) phosphate (TCPP)	2.75	27	79	90	98	101	69
tri-n-amyl phosphate (TNAP)		61	82	87	96	85	74
tris(1,3-dichloro-2-propyl) phosphate (CRP)	3.76	57	80	91	102	87	78
triphenyl phosphate (TPP)	4.63	82	76	94	98	100	86
2-ethylhexyl diphenyl phosphate (ODP)	5.73	77	71	84	95	83	73
tris(2-butoxyethyl) phosphate (TBXP)	3.65	1	6	25	111	119	5
tris(2-ethylhexyl) phosphate (TOP)	4.23	43	44	52	91	76	62
cresyl diphenyl phosphate (CDP)	4.51	80	73	90	95	97	78
diphenyl cresyl phosphate (DCP)		86	79	88	100	89	82
tricresyl phosphate (TCP)	5.10	80	71	87	89	89	80
tris(isopropylphenyl) phosphate (TIPP)		88	69	79	104	91	79
trixylenyl phosphate (TXP)	5.63	97	71	79	104	128	86
tris(2,3-dibromopropyl) phosphate (TDBP)		29	54	73	92	100	64
tris(4-tert-butylphenyl) phosphate (TBPP)		46	43	49	90	80	55

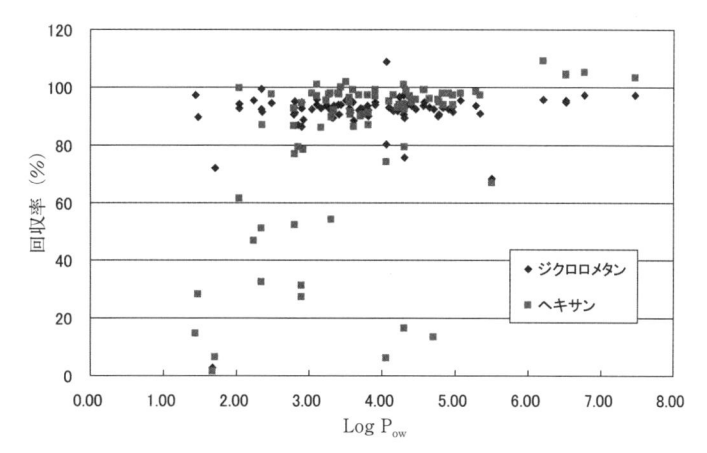

図 16.1 農薬類の Log P_{ow} と液々抽出率の関係

タノール/水分配係数（Log P_{ow}）が参考になる．図16.1に農薬類90成分の抽出率と Log P_{ow} の関係を示したが，ジクロロメタンが安定した抽出率を示すのに対し，ヘキサンは Log P_{ow} が3以下になると著しく抽出率が低下する[2]．

液々抽出法では，塩化ナトリウム，硫酸ナトリウムなどの塩析剤を添加すると抽出率が向上し，抽出時のエマルジョン生成の防止にも有効である．また，酸性物質，塩基性物質などではpHを変化させることで抽出率の向上を図ることができるが，酢酸エチルなどのエステル系溶媒は塩基性下で加水分解するので注意を要する．また，非極性溶媒で抽出が困難な物質については，ヘキサンなどの非極性溶媒で洗浄した後，pHを変化させたり，塩析剤を添加した後に，極性溶媒を用いて抽出する方法がクリーンアップ操作を兼ねて用いられる場合が多い．

溶媒抽出法で全く抽出できない物質については，水中で目的物質を誘導体化して疎水性物質に変化させて抽出する方法（アルデヒド類の分析）[3]，直接試料水を濃縮する方法，イオンペアー試薬を用いてイオン対を生成して抽出する方法も用いられる．

b. 固相抽出法

固相抽出法は，カートリッジ形固相抽出材を用いる方法とディスク形固相抽出材を用いる方法がある．

カートリッジ形では，カートリッジに加圧または減圧により試料水を通水して目的物質をカートリッジ内の固相材に保持させた後，溶出溶媒を用いて目的物質を溶出させる．ディスク形では，ろ紙状に成型した固相材を減圧ろ過装置に装着し，試料水を減圧ろ過し，目的物質を固相材に保持させた後，溶出溶媒を用いて目的物質を溶出させる．

固相材に用いられる素材としては，シリカゲルにオクタデシル（C_{18}）基などを化学結合させた化学結合型シリカゲル系（オクチル基：C_8，エチル基：C_2 など）のほか，ポリスチレンゲル系の固相材（PS2，オアシス，XC，XD など）などの無極性型吸着材が主に用いられているが，極性物質の抽出を目的とする場合には，シアノプロピル基，アミノプロピル基などをシリカゲルに化学結合させた固相材やイオン交換樹脂なども用いられる．

溶媒抽出法と同様に，固相抽出においても塩析剤の添加，pHの変更，誘導体化後の抽出，イオン対の生成などの方法が適用できるが，特に化学結合型シリカゲルの場合は，使用できるpHの範囲に制限があることに留意する必要がある．

固相抽出法では，抽出操作の前に固相材のコンディショニングを行う必要がある．コンディショニングは，固相材を活性化し抽出効率を向上させる目的と固相材に含まれる妨害物質やブランクを低下させることを目的とする．特に C_{18}，C_8 などの固相材はオクタデシル基などを水相に延伸させることが必要となるため，あらかじめ親水性溶媒であるメタノール，アセトニトリルなどで洗浄する必要がある．一般にコンディショニングは，溶出に使用する溶媒で洗浄した後に，メタノール，アセトニトリルなど親水性溶媒で洗浄し，さらに少量の精製水を通水して，溶媒の除去を行ってから抽出を行う．

固相抽出法は，固相材の選択，試料水の通水速度および溶離溶媒の選択と溶媒量が，回収率に大きく影響するため，あらかじめ十分な検討を行っておく必要がある．また，固相抽出法は，固相材の容積が

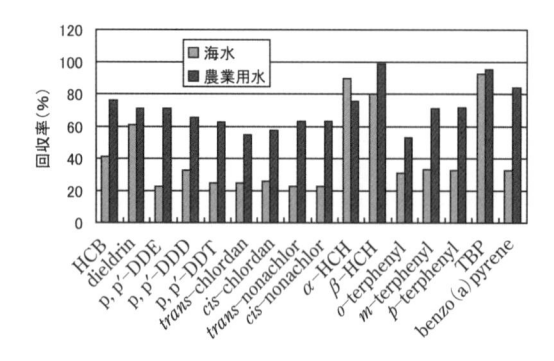

図 16.2 カートリッジ形固相抽出法における疎水性物質の回収率

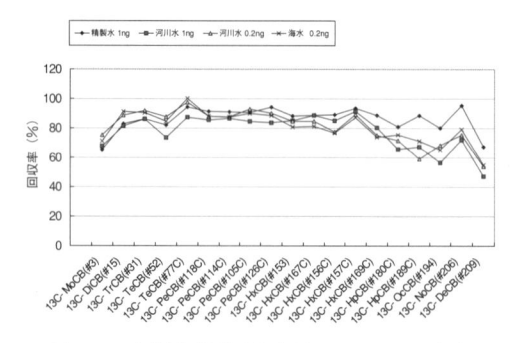

図 16.3 大容量固相抽出法を用いた PCBs の回収率

きわめて小さいことから，試料中の夾雑物質の影響を受けて固相材の吸着能が飽和して目的物質の回収率が低下する場合があるなど，個人的な技量の差が出やすい欠点がある．このため，同位体希釈法を採用するなどの対策をとって，分析値の品質管理に十分留意する必要がある．

カートリッジ形固相抽出材は，固相材の実効厚さがディスク形固相材に比較してきわめて大きいため，ディスク形固相材よりも吸着能力が高く，極性物質の抽出に適している．しかし，懸濁物質（SS）に吸着する傾向を示す疎水性物質では，SS 成分を分別し，別途抽出する必要がある．また，HCB，DDT 類などの疎水性物質は，図 16.2 に示すように化学物質が溶解しにくい海水試料，精製水などでは，回収率が著しく低下する場合がある．このような現象は，添加物質が試料水中の有機物に溶解しやすい農業用水では認められないことから，添加した目的物質が試料水に完全に溶解していないことが原因して，固相との相互作用なしに通過する現象（チャネル現象），固相抽出装置の配管などへの吸着が生じているものと考えられる．一方，ディスク形では，このような現象が生じる場合は少なく，また，SS 成分と水溶性成分を個別に定量することも可能で，抽出時間も短縮できる利点があるが，カートリッジ形に比較して固相材の厚みが小さいことから極性物質の回収率が低下する傾向がある．しかし，ディスク形は，疎水的な物質の回収率が高いことから，断面積の大きな固相材を使用すると 5〜30 l 程度の大容量の試料水を短時間に通水できるため，最近では高感度分析が必要とされる水質中のダイオキシン類[5,6]，ポリ塩化ビフェニル（PCBs）[7] などの大容量抽出法として採用されている（図 16.3）．

液々抽出法と固相抽出法を比較した場合，固相抽出法が極性物質の抽出率が高い傾向を示す．固相抽出法の抽出率は，固相材のもつ吸着能と目的物質の Log P_{ow} に依存するが，吸着が行われても溶出できない場合も生じるため，溶離条件の検討も重要である．化学結合型の固相材では，アルキル基の鎖長の長い C_{18} が C_8 および C_2 よりも高い吸着能を示す．また，ポリスチレンゲル系の固相材（PS2，XC，XD など）は C_{18} よりも高い吸着能を示す傾向にある．一方，これらの固相材で抽出できない水溶性成分に対しては活性炭が有効であり，ジオキサン，アセフェート，DEP などの抽出に使用されている．

固相材から溶出する際は，脱水操作をまず行い，次に溶出を行うが，この際に目的物質が溶出しない溶媒で洗浄を行うと，クリーンアップを兼ねた溶出を行うことができる．また，強極性物質の抽出を行う場合には，目的物質を吸着しない固相材を連結し，妨害物質を除去しながら，目的物質のみを抽出する方法も有効である．

c．液固抽出法

底質，生物試料などの抽出は，一般に溶媒（液固）抽出法が用いられている．ポリ塩化ビフェニル類（PCBs），ダイオキシン類などでは，風乾試料を抽出する場合があるが，化学物質の中には風乾によって損失したり，酸化する可能性があることから，底質を湿泥状態で，アセトン，アセトニトリル，メタノールなどの親水性溶媒を用いて振とう抽出または超音波抽出した後，遠心分離またはろ過操作により抽出・分離する方法が一般的となっている．また，最近では高速溶媒抽出（ASE）装置を用いて抽出時間の短縮と自動化を行う例が増えている．

抽出方法の適否は，添加回収実験の回収率により評価される場合が多い．しかし，実際の化学物質汚染は，長期間の汚染により底質，生物などに取り込

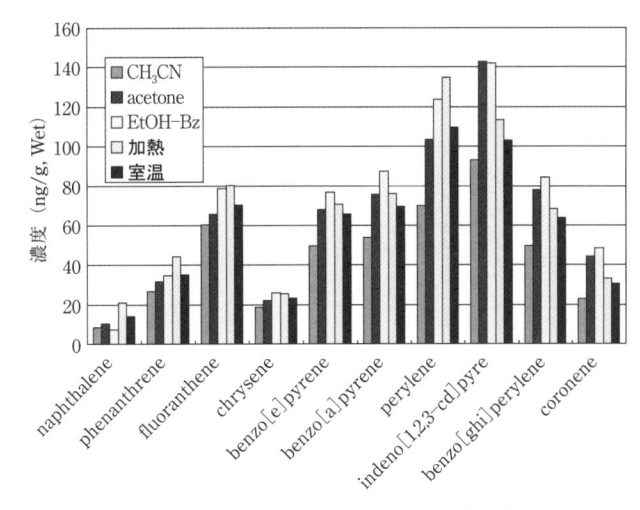

図 16.4　各種抽出法を用いた底質（東京湾）試料中の多環芳香族炭化水素類の定量値

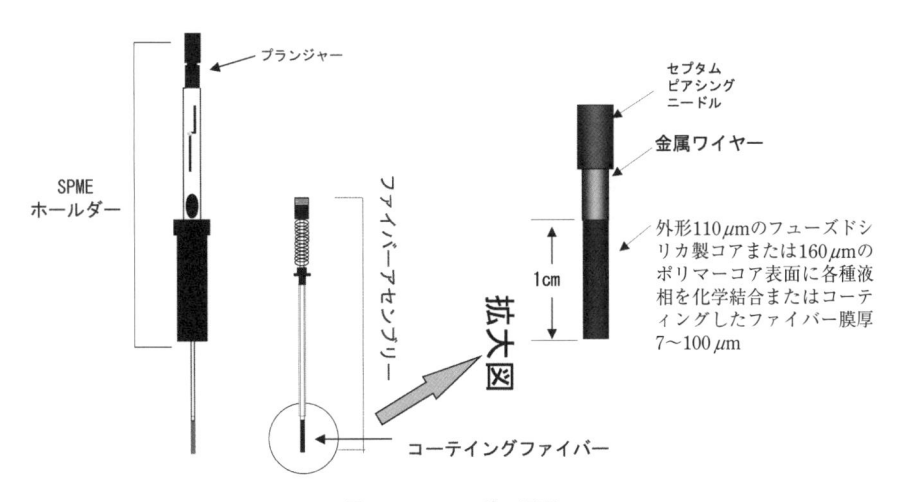

図 16.5　SPME 法の原理

まれており，その存在状態が添加回収実験の場合と大きく異なる可能性がある．このため，抽出方法の選択に際しては，添加回収実験のほかに，実際の環境試料や汚染濃度が明らかになっている標準試料を分析して，適切な抽出効率が得られているか否かを評価する必要がある．図 16.4 に示した例[8]では，5種類の抽出方法（アセトニトリル，アセトン，エタノール/ベンゼン混液，加熱アルカリ分解法および室温アルカリ分解法）を用いて東京湾底質中の多環芳香族炭化水素類（PAHs）濃度を評価したが，添加回収実験では同等の回収率を示した5種類の抽出法による定量値は，物質により大きく異なっていた．アセトニトリル抽出法は，夾雑物質が抽出されにくいが，環数が大きく疎水的な PAHs の抽出効率は低く，低い定量値を与える．一方，アセトン抽出は，全般に高い定量値を与えるが，夾雑物質の抽出量も多く，クリーンアップが困難になる場合がある．ダイオキシン類の分析では，トルエンを用いたソックスレー抽出が採用[9]されている．トルエンはアセトンなどに比較して抽出力が弱いが，芳香族化合物を選択的に抽出できること，また，夾雑物質の抽出量も少ない特徴があるが，ソックスレー抽出を用いた場合は抽出に長時間を要する．

d．固相マイクロ抽出（SPME）法

固相マイクロ抽出（SPME）法は，図 16.5 に示すように，細いニードルに結合された固相（ファイバーという）に試料中の化学物質を吸着させ，吸着後，ニードルを GC または GC/MS の注入口に挿入

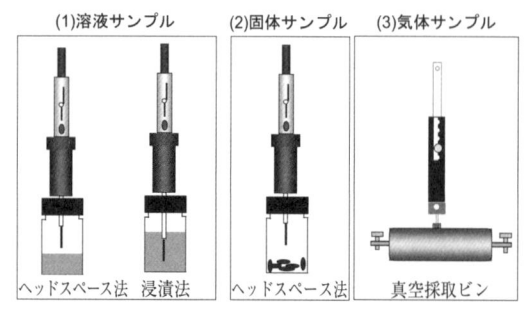

図 16.6 SPME法を用いたサンプリング方法

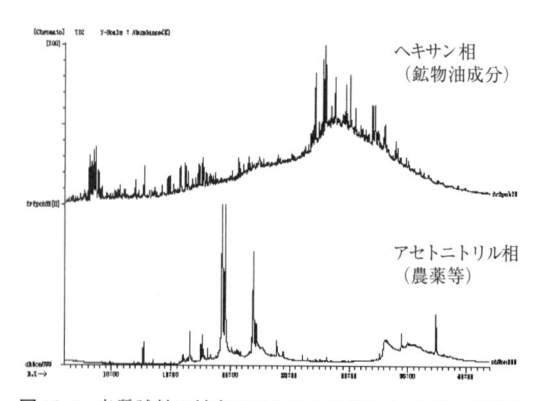

図 16.7 底質試料に対するアセトニトリル/ヘキサン分配の効果

して化学物質を加熱脱着させることにより測定を行う方法であり，最近ではHPLCでも使用可能なインターフェースも開発されている．

SPME法では，試料の前処理は試料からのファイバーへの吸着操作のみであるため，きわめて少量の試料を用いて短時間に測定を開始することができること，また，通常のスプリット・スプリットレス注入口を用いて測定が可能なため特殊な注入装置を必要としないこと，汚濁の著しい試料を分析してもキャピラリーカラムを損傷しにくいなどの長所がある．一方，欠点としては，定量性が低いため必ず内標準物質の添加が必要なこと，一般に強極性化合物の感度が低くなること，水中に共存する夾雑物の影響を受けやすいことがある．しかし，SPME法は他の分析法に比較して短時間で分析が可能なこと，また，図16.6に示すように溶液，固体および気体サンプルに対しても適用できることから，迅速な定性・定量分析が必要な場合にきわめて有効な方法である．

16.2.3 濃縮方法

前処理操作では，試料液を濃縮する操作が必要となり，各種の濃縮装置が使用される．濃縮には，通常ロータリーエバポレーター，クデルナダニッシュ(KD)濃縮機などの減圧濃縮器が使用されるが，最近では濃縮操作が自動化可能な自動濃縮器（ターボバップなど）が使用される場合もある．また，小容量の溶媒の濃縮では，窒素ガス吹きつけを用いた濃縮が簡便で，特に低沸点物質の損失が少ない特長をもつ．

濃縮時に溶媒を乾固すると，目的物質が損失する場合が多い．損失を防止する目的で，ノナン，ジエチレングリコールなどの高沸点溶媒（キーパー）を小容量添加して濃縮を行うと，乾固しても目的物質の損失を防止できる場合が多いが，使用するキーパーによっては，濃縮後のクリーンアップ操作や測定操作を妨害する場合があるので注意を要する．

16.2.4 クリーンアップ方法

クリーンアップ操作は，試料液の中に含まれる夾雑成分の量と質によって，適用すべき方法が異なってくる．一般に，水質試料のように夾雑成分が少ない場合には，カートリッジ形カラムを用いた簡易なクリーンアップのみでよいが，生体成分に富む生物試料では多種類のクリーンアップ方法を組み合わせる必要が生じる．

クリーンアップの方法は，液々分配により試料液中に存在する夾雑物質を粗クリーンアップする方法と，クロマトグラフィーを用いて目的成分と夾雑物を相互に分離する方法に大別できる．

a. 液々分配を用いたクリーンアップ方法

底質，生体試料からの抽出液は，多量の夾雑物質を含むことから，液々分配などの操作により，夾雑物質の大部分を除去する必要がある．

1) アセトニトリル/ヘキサン分配，メタノール/ヘキサン分配，酸塩基分配など 生体中に含まれる脂肪分や底質中に含まれる鉱物油成分などの疎水性成分を除去する操作として，アセトニトリル/ヘキサン分配[10,11]，メタノール/ヘキサン分配[11,12]およびジメチルスルホキシド（DMSO)/ヘキサン分配[13,14]が利用されている．この操作により，図16.7に示すように，底質中の鉱物油成分や生物試料中の脂肪分の大部分をヘキサン相に除去することができる．この分配操作は，単独の前処理法としても使用できるが，試料からの抽出をアセトニトリルまたはメタノールで行った場合には，試料抽出液を

少量のヘキサンで洗浄することにより，同等のクリーンアップ効果を得ることができる[10]．目的物質のアセトニトリルなどの極性溶媒相への転用率は，極性溶媒相の含水率を調整することにより制御することができ，また，必要な回収率を得るために必要な分配回数を理論的に予測できる．一般に，疎水的なPCBs，ポリ塩化ナフタレン（PCNs）などの極性溶媒相（アセトニトリルなど）への転用率は低く，また，フタル酸2-エチルヘキシル，トリオクチルホスフェートなどの長鎖のアルキル基を有する物質の転用率も低い傾向を示す．なお，メタノールを極性溶媒相とした場合には，メタノール層を5%程度含水させないと，メタノール層に多量のヘキサンが溶解するため，メタノール層への疎水性成分の移行率が高くなり，クリーンアップ効果が低下するので注意が必要である．これらの分配操作を行った場合には，極性溶媒相（アセトニトリルなど）を水に希釈して，ヘキサン，ジクロロメタンなどを用いて再抽出する必要があるが，アセトニトリルはジクロロメタンによりほぼ全量が抽出されるため抽出液の濃縮が困難になり，また，アセトニトリルが残存するとカラムクロマトグラフィーの分離に悪影響を及ぼす欠点がある．このため，ジクロロメタン抽出を必要とする農薬などの分析では，ジクロロメタン相に抽出されない性質があるメタノール/ヘキサン分配が使用される場合が多い．

一方，フェノール，アミンなどの酸塩基性成分の分析では，酸・塩基性下における逆抽出，洗浄操作などもきわめて有効な粗クリーンアップ法となり，フェノール類，ピリジンなどの分析に用いられている．

2) アルカリ分解法　アルカリ分解法は，脂肪，タンパク質，エステル類などの成分を効率的に分解・除去できる方法であり，PCBs[14-16]，ダイオキシン類[17]，多環芳香族炭化水素類[18]などの分析で使用されている．特に生体試料では，ホモジナイズ試料に直接アルカリ溶液（通常エタノールまたはメタノール溶液）を添加して，試料の分解・可溶化と抽出を同時に行える利点がある．また，酸性化合物をほぼ完全に除去できること，底質中に多量に含まれる単体硫黄も分解除去できる利点がある．

アルカリ分解法には加熱分解法と室温分解法があるが，ダイオキシン類[17]などでは，加熱により脱塩素化が生じるため室温分解法が採用されている．図16.8にPCBsの例を示すが，加熱アルカリ分解

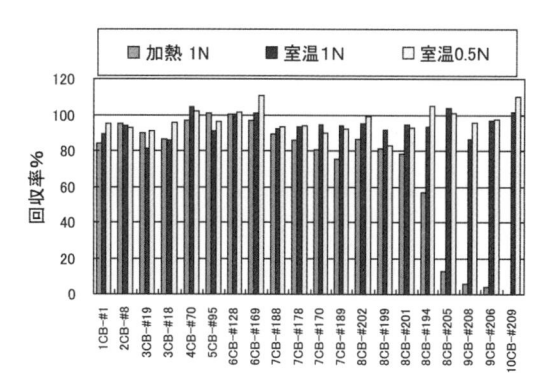

図 16.8　PCBsのPCBsのアルカリ分解と脱ハロゲン化
（分解時間：1時間，エタノール溶液）

を行うと，8塩素以上の高塩素化PCBsが顕著に分解し，特に10塩素化物は完全に分解した[7]．このような脱塩素化は，アルカリ濃度の低下，分解時間の短縮，分解温度の低下などの処置により防止できる．

3) 硫酸洗浄　ダイオキシン類[9]，PCBs[7]などの有機塩素系化合物のクリーンアップでは，硫酸洗浄が使用される場合が多い．硫酸洗浄は試料液（通常ヘキサン）中に存在する着色成分や不溶性成分の除去法としてきわめて効果的な方法であるが，アルカリ分解と同様に硫酸洗浄が適用できる化学物質の種類は，PCBs，PCNs，ダイオキシン類などの安定性のよい化学物質に限定される．また，表16.2に示すように，PAHsの大部分は硫酸洗浄により除去できないが，環数の多いPAHsの一部（benzo[a]pyrene, perylene, アントラセン類など）は硫酸相に抽出される．このような現象は，フタル酸エステル類（PAEs），OPEsなどでも生じることから，硫酸相に抽出後，水に希釈後，再抽出してクリーンアップする場合もある．

なお，硫酸を含水させた場合には，硫酸相への移行量が増加する物質もあるため，使用する硫酸の含水率，試料液の含水量には注意を要する．

b. クロマトグラフィーを用いたクリーンアップ方法

クロマトグラフィーを用いたクリーンアップ法には，シリカゲル，フロリジルなどを順相カラムクロマトグラフィー，化学結合型シリカゲルなどを用いた逆相カラムクロマトグラフィー，活性炭などを用いた吸着クロマトグラフィー，イオン交換型カラムクロマトグラフィーなどがある．また，ダイオキシン類の分析では，多層シリカゲルクロマトグラフィ

16. 環境微量分析

表16.2 PAHs の硫酸洗浄における分配（回収率%）

物質名	硫酸洗浄		物質名	硫酸洗浄	
	硫酸相	ヘキサン相		硫酸相	ヘキサン相
naphthalene	1	75	anthracene	70	13
biphenyl	1	99	o-terphenyl	1	97
2,6-dimethylnaphthalene	1	97	anthraquinone	96	3
2,2′-dimethylbiphenyl	0	100	9-methylanthracene	66	1
diphenylmethane	1	101	fluoranthene	1	92
1-methoxynaphthalene	72	4	pyrene	10	49
acenaphthylene	0	9	reten	1	92
acenaphthene	0	40	9-phenylanthracene	75	9
3-methylbiphenyl	1	98	benzo[a]anthracene	5	84
dibenzofuran	1	96	triphenylene+chrysene	0	84
dibenzo-p-dioxin	0	93	benzo[b+J+k]fluoranthene	1	77
fluorene	1	100	benzo[e]pyrene	1	88
benzophenone	102	0	benzo[a]pyrene	77	0
2,7-diisopropylphthalene	1	96	perylene	77	0
dibenzothiophene	1	96	7-methylbenzo[a]pyrene	73	0
phenanthrene	1	95	coronene	0	73

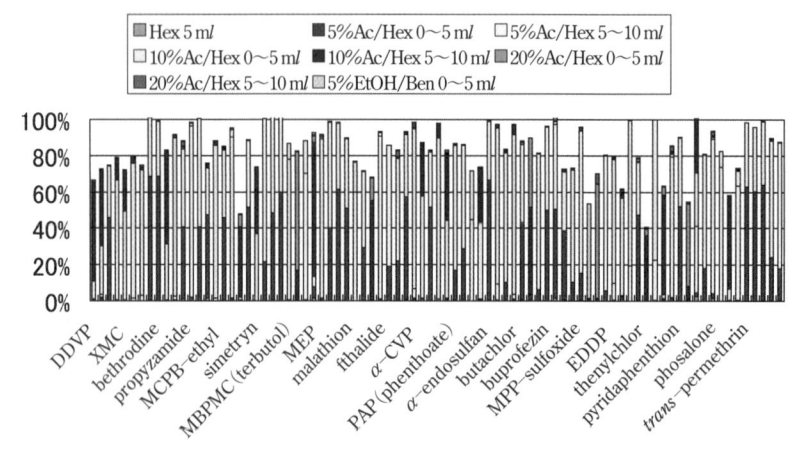

注）1/10量の硫酸で3回洗浄後，硫酸相を50倍量の水に希釈後，ヘキサンで抽出．

図16.9 農薬類90成分のシリカゲルカラムクロマトグラフィーにおける溶離状況（シリカゲル量：1g，10 mmϕ）

ーが使用されている．さらに，ゲル浸透クロマトグラフィー（gel permeation chromatography : GPC）は，分子量分布によって分画できるため，目的成分と夾雑成分を正確に分離できる特長がある．

逆相カラムクロマトグラフィーおよびイオン交換型カラムクロマトグラフィーは，主として強極性物質のクリーンアップに適しており，順相および吸着型は，無極性から中極性成分のクリーンアップに適している．

一般に水質などの夾雑成分の少ない試料ではカートリッジ形のカラムが使用できるが，底質，生物試料などでは夾雑成分の負荷量が大きくできるオープンカラムが主に用いられている．

1）順相カラムクロマトグラフィー 環境分析では，フロリジルまたはシリカゲルを用いた順相クロマトグラフィーが多用されている．フロリジルは生体中の脂肪分の保持能力が高い利点をもつが，強極性成分を溶離しにくい傾向がある．一方，シリカゲルは底質中の夾雑成分の分離に適しているが，生体成分の保持能力が劣る欠点をもっている．

順相カラムクロマトグラフィーでは，試料液を疎水性溶媒でカラムに負荷させた後，溶離液の極性を高めながら目的物質を溶離する（図16.9）．しかし，溶離液の極性を高めても，強極性成分が担体に不可逆吸着して溶離しない場合がある．これを防止する目的で担体を含水させる方法[10,11]が有効であるが，

16.2 環境微量分析のための前処理技術

表 16.3 活性炭系カラムにおける環境ホルモン関連農薬類の溶出パターン（ENVI-Carb, 250 mg）

物質名	hexane		50% acetone/hexane		Bz：Ac：Hex（3：3：4）		benzene
	0〜5 ml	5〜10 ml	0〜5 ml	5〜10 ml	0〜5 ml	5〜10 ml	10 ml
trifluralin	104	1	1	1	1	2	0
simazine	0	1	111	1	0	0	0
atrazine	25	28	17	0	0	0	1
carbaryl	2	0	113	6	2	2	1
metribuzin	89	0	1	0	0	1	0
vinclozolin	104	0	0	0	0	1	1
malathion	108	2	1	2	0	3	0
parathion	101	7	9	4	2	2	4
cis-permethrin	103	3	0	0	0	0	0
trans-permethrin	101	2	0	0	0	0	0
cypermethrin	95	10	1	1	0	2	2
fenvalerate	64	29	5	1	1	1	1
esfenvalerate	50	32	2	0	0	1	0

注）Bz：Ac：Hex = benzene：acetone：hexane（3：3：4），単位：％．

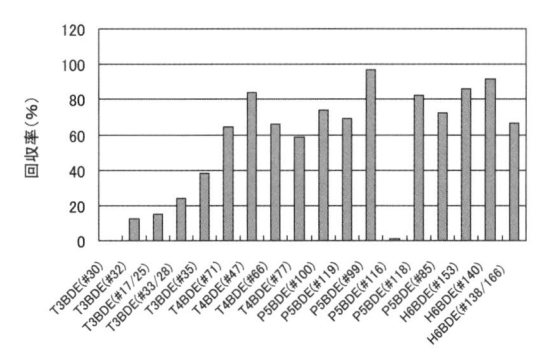

図 16.10 ポリ臭素化ジフェニルエーテル類の多層シリカゲルクロマトグラフィーにおける回収率

20％以上のアセトンを含む溶離溶媒を使用した場合には担体中の水分が溶脱するため，アセトンに換えてエタノールなどの極性溶媒を使用する必要がある．

2）活性炭系カラムクロマトグラフィー 活性炭やグラファイトカーボンを用いたカラムクロマトグラフィーは，活性炭などの担体と溶媒間の相互作用に依存した分離特性を示すことから，順相カラムクロマトグラフィーとは異なった分離挙動を示す．また，化学物質の立体構造が分離に強く影響し，芳香族性の強い化合物やコプラナー（平面）構造をもった物質は強く保持されることから，たとえば，コプラナーPCBの分析[5, 9, 17]では，非コプラナー性PCBsとコプラナーPCBの分離に利用されている．活性炭系カラムからの溶出は，最初，ヘキサン，アセトンなどのアルキル系溶媒を用いて溶離し，次にベンゼン，トルエンなど芳香族系溶媒を使用して活性炭に強く吸着した芳香族化合物を溶離する方法が一般的である．なお，活性炭は不純物を多量に含む場合があることから，使用前にトルエンなどの芳香族系溶媒で洗浄した後，ヘキサンに溶離液を置換してから使用する場合が多い．シリカゲルカラムなどでは，農薬は底質中の着色成分とともに溶離する場合が多いが，表 16.3 に示すように，活性炭系カラムでは農薬類は着色成分が溶離しないヘキサン，アセトンなどのフラクションに溶離するため，底質中の着色成分の除去に有効である．また，底質中の鉱物油成分は，ヘキサンフラクションに溶出し，この分画にはPCBs，PCNsなどは溶出しないことから，シリカゲルカラムなどで分離の困難な鉱物油成分の除去にも有効である．

3）多層シリカゲルクロマトグラフィー ダイオキシン類の分析では多層シリカゲルクロマトグラフィー（以下，多層シリカという）が用いられている[5, 9, 17]．多層シリカは，硝酸銀，硫酸，水酸化カリウムを含浸させたシリカゲルを重層してあることから，硫黄成分，塩基性成分，酸性成分を同時に除去できる特長をもち，16.2.4項aのアルカリ分解および硫酸洗浄の代わりに使用できる．このため，芳香族有機塩素系化合物のクリーンアップに使用されることが多いが，図 16.10 に示すポリ臭素化ジフェニルエーテル類（PBDEs）では，低臭素化物の回収率が低くなる傾向を示し，また，回収率が比較的よい5臭素化物（P5BDE）でも特定の異性体（#116）の回収率が低くなる現象が生じた．この原因は硝酸銀の影響と推定されたが，すべての異性体の標準品が入手できない物質の場合は注意を要する．

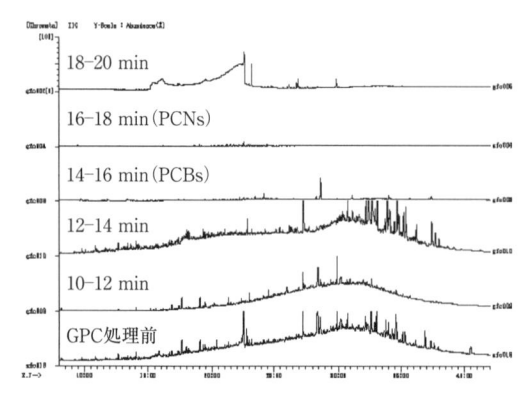

図 16.11 東京湾底質の GPC 分画
カラム：Shodex GLNpak PAE-2000（20 mmφ × 300 mm）．
溶離液：アセトン 4 ml/min，40℃．

PCNs（16〜18分）のフラクションには少量のビフェニルおよびナフタレン誘導体のみが溶出し，妨害成分の大部分を除去することができた．また，魚介類においても，生体成分に由来する妨害成分の大部分は，10〜14分のフラクションに溶出した[7]．

GPCでは，図16.12に示すように目的物質をきわめて狭い分画範囲（通常 8 ml）に溶離できることから濃縮時間の短縮が可能になり，また，妨害成分を効率的に分離・除去できることから，最終のクリーンアップ法として簡便なカートリッジ形カラムを使用できる利点がある．GPCは，表16.4に示すように多様な有害化学物質を相互に分離・回収できること，また，HPLCで操作できるため自動化が可能であり，将来的にはLC/MSなどと直結して，前処理と測定の自動化も可能と考えられる．

16.2.5 分析法の検証

分析法の開発では，添加回収実験を行い，分析法を評価する場合が多い．しかしながら，実際に環境試料をモニタリングした場合に，使用する分析法の違いや，分析者の技量の差が影響して，異なる分析結果が得られる場合がある．こうした事態を防止するためには，各成分濃度が確定した標準試料があれば，この標準試料を分析し，保証値と実測値とを比較することによって，用いた分析法の正確度を知ることができる．現在，このような目的で，保証値が示された環境標準試料がいくつか市販[20]されるようになっている．図16.13に抽出方法が異なる分

4) ゲル浸透クロマトグラフィー ゲル浸透クロマトグラフィー（GPC）は，高速液体クロマトグラフ（HPLC）を用いて，分子量分布に依存して目的物質を分画できる．従来，GPCは食品中の残留農薬クリーンアップ法としてシクロヘキサンなどの疎水性溶媒を用いた方法が行われてきたが，最近では環境中のフタル酸エステル類の分析で親水性溶媒（アセトニトリル，アセトンなど）を用いた方法[12]が開発されている．

図16.11に底質試料をGPC処理した例を示したが，PCBsなどの分析の妨害となる鉱物油成分の大部分は10〜14分に，単体硫黄は18〜20分のフラクションに溶出し，PCBs（14〜16分）および

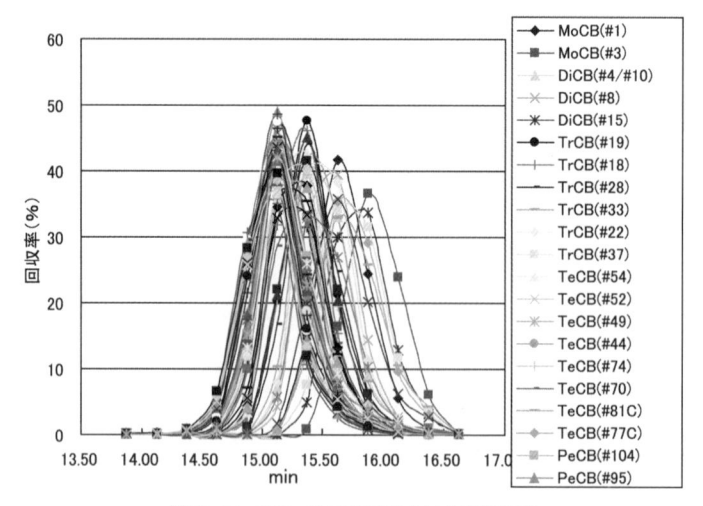

図 16.12 PCBs の GPC 法における分離状況
カラム：Shodex GLNpak PAE-2000（20 mmφ × 300 mm）
溶離条件：5％シクロヘキサンアセトン 4 ml/min，40℃．

表 16.4 代表的な環境汚染物質の GPC における分離状況

Rt	Compounds
10 min ～	n-paraffin（＞C17），CPs（40% Cl），di（2-ethylhexyl）adipate
12 min ～	n-paraffin（＜C17），CPs（70% Cl），α-endsulfan，diisopropylnaphthalene tetraphenylethylene，tetraphenyltin TBP，TCPP-2,3，TNAP，CRP，ODP，TBXP，TOP，TCP，TBPP（OPEs） di-i-BP，di-n-BP，dipent-P，BPBG，dihexyl-P，benzyl butyl-P，di（2-butoxy）phthalate dicyclo-P，dihepP，DEHP，diphnyl-P，dinonyl-P，di-n-octyl phthalate，pesticides
14 min ～	PCBs，biphenyl，PCTs，terphenyl，4-nitrotoluene，HCHs，chlordene，heptachlor aldrin，octachlorostylene，oxychlordane，heptachlor-epoxi，chlordane，nonachlor DDTs，NIP，dieldrin，endrin，β-endsulfon，endsulfan sulfate，methoxychlor mirex，stylene-dimers & trimers，dimethylnaphthalen，benzophenone，1-phenynaphthalene triphenylmethane，reten，4-benzylbiphenyl，tetraphenylene，p-quaterphenyl TEP，TAP，TCEP，TCPP-1，TPP，TDBP（OPEs），DMP，dimethyl tere-phthalate DEP，diethyl tere-P，di-iso-propyl-P，di-n-propyl-P，diallyl phthalate，pesticides
16 min ～	PCNs，naphthalene，1-naphthol，2,4,8-TCDF，dibenzofuran，dibenzo-p-dioxin，PBDEs stylene-dimers & trimers，HCB，acenaphthene，fluorene，dibenzothiophene，phenanthrene anthracene，fluoranthene，2,3-benzofluorene，NAC，fthalide，MPP-sulfoxide
18 min ～	kepone，benzo［c］cinnoline，anthraquinone，pyrene，benzo［a］anthracene，chrysene triphenylene，naphthacene，benzo［b＋j＋k］fluoranthene，3-methylcholanthrene dibenzo［a, h］anthracene
20 min ～	benzo［a］pyrene，benzo［e］pyrene，perylene，indeno［1,2,3-cd］pyrene，benzanthrone
22 min ～	benzo［ghi］perylene，anthanthrene，naphtho［2,3-a］pyrene

注）溶離液：アセトン（4 ml/min，40℃）

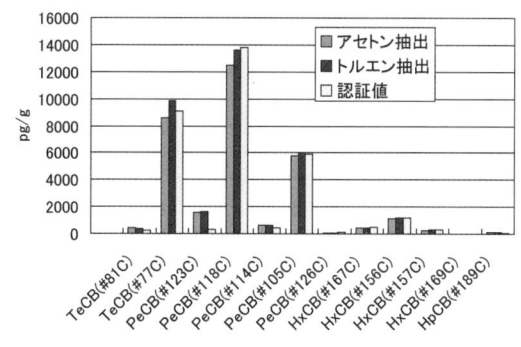

図 16.13 抽出方法が異なる分析法による環境標準試料中のコプラナー PCB の定量結果（日本分析化学会ダイオキシン類およびポリ塩化ビフェニル同族体分析用河川底質の例）

析法を用いた標準底質中のコプラナー PCB の検証例を示したが，定量値に対する抽出方法の影響は認められなかった．

16.2.6 分析の自動化

環境汚染の多様化・複雑化は分析需要の増大を招き，分析操作の自動化のニーズが高まっている．自動化を行うためには，試料の採取から前処理および測定をオンラインで連続して行えることが望ましい．図 16.14 にオンライン固相抽出装置と高速液体クロマトグラフ質量分析計（LC/MS）を組み合わせたシステムの例を示したが，LC/MS を高感度な MS/MS モードにした場合には，水質試料中の農薬を前処理なしで 1 ng/l レベルまで測定できた．

このように，LC/MS などの測定装置の高感度化と自動前処理装置の開発の進展は，今後の分析を変革する可能性がある．

16.2.7 前処理技術の今後

微量化学物質分析において使用されている各種抽出法およびクリーンアップ方法の特性とその効果について述べた．

分析法の開発では，分析目的物質の性質を十分に把握し，それに対応したクリーンアップ方法を適用することが重要であった．特に，シリカゲルなどの順相カラムクロマトグラフィー，活性炭カラムクロマトグラフィー，GPC 処理などの性質の異なるクリーンアップ法を組み合わせることは，クリーンア

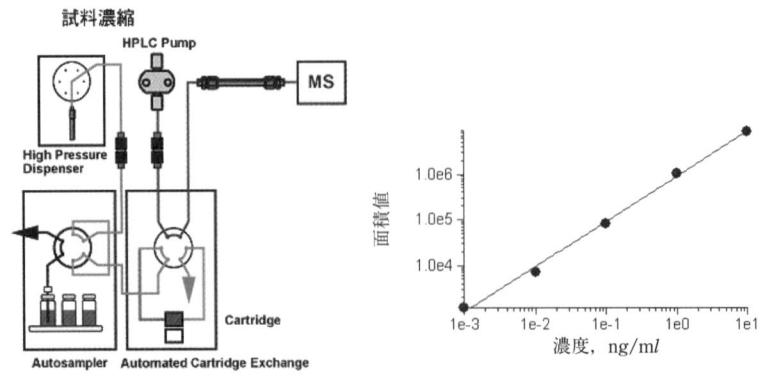

図 16.14 オンライン固相抽出装置と LC/MS を組み合わせた自動分析装置

ップ効果の高い分析法を作るうえで効果的であった．

　化学物質による汚染は，今後，現在以上に複雑化し，また，高感度で精度のよい分析が求められると考えられる．このためには，LC/MS などの新たな測定技術[21]を活用するとともに，新たな前処理技術の開発と分析の自動化を進めていく必要があると考える．　　　　　　　　　　　　〔劒持堅志〕

文献

1) 環境庁環境安全課（2000）：平成10年度化学物質分析法開発調査報告書（その 2）（有機リン酸トリエステル類（OPEs）；岡山県環境保健センター），pp.71-114．
2) 環境省環境安全課（2004）：平成15年度化学物質分析法開発調査報告書（ピリダフェンチオン；岡山県環境保健センター），pp.127-152．
3) 環境庁環境安全課（1995）：平成 6 年度化学物質分析法開発調査報告書（その 2）（アセトアルデヒド他）；広島県保健環境センター），pp.1-14．
4) 環境省環境安全課（2004）：平成15年度化学物質分析法開発調査報告書（パーフルオロオクタンスルホン酸塩：日本食品分析センター），pp.205-227．
5) 日本工業規格（JIS）（1999）：K0312（工業用水・工場排水中のダイオキシン類およびコプラナー PCB の測定方法），日本規格協会．
6) 環境省環境安全課（2004）：モニタリング調査マニュアル．
7) 環境省環境安全課（2003）：平成14年度化学物質分析法開発調査報告書（ポリ塩化ナフタレンおよびポリ塩化ビフェニル；岡山県環境保健センター），pp.48-171．
8) 環境庁環境安全課（1999）：平成10年度化学物質分析法開発調査報告書（その 2）（多環芳香族炭化水素類（PAHs）；岡山県環境保健センター），pp.1-70．
9) 環境庁水質保全局水質管理課（2000）：ダイオキシン類にかかわる底質調査マニュアル．
10) 劒持堅志他（1993）：水質，底質モニタリング調査の分析方法．環境化学，**3**：279-293．
11) 環境庁水質保全局（1999）：水質，底質および生物の内分泌撹乱化学物質（環境ホルモン）の分析法．
12) 環境庁保健調査室（1984）：平成 5 年度化学物質分析法開発調査報告書（ニトロフェノール類；岡山県環境保健センター），pp.102-142．
13) 高菅卓三，井上　毅，大井悦雅（1995）：各種クリーンアップ法と HRGC/HRMS を用いたポリ塩化ビフェニル（PCBs）の全異性体詳細分析法．環境化学，**5**：667-675．
14) 廃棄物処理振興財団（1999）：PCB 処理技術ガイドブック，pp.198-211，ぎょうせい．
15) 日本工業規格（JIS）（1998）：K0093（ポリ塩素化ビフェニル），日本規格協会．
16) 日本薬学会（2000）：衛生試験法・注解，pp.467-477．
17) 厚生省化学物質安全対策室（2000）：血液中のダイオキシン類測定暫定マニュアル．
18) 環境庁環境安全課（1998）：平成 9 年度化学物質分析法開発調査報告書（ベンゾチオフェン，ジベンゾチオフェンおよび多環芳香族炭化水素類；岡山県環境保健センター），pp.176-227．
19) 環境省環境安全課（2004）：平成15年度化学物質分析法開発調査報告書（ペンタブロモジフェニルエーテル；岡山県環境保健センター），pp.153-178．
20) 岡本研作，安原昭夫，村山真理子，中野　武，劒持堅志，太田荘一，八木孝夫，鶴田　暁，松村　徹，竹内正博，木田孝文，松本保軸，柿田和俊，小野昭紘，坂田　衛（2003）：ダイオキシン類およびポリ塩化ビフェニル同族体分析用河川底質標準物質の開発．分析化学，**52**：61-66．
21) 環境庁環境安全課（1999）：LC/MS を用いた化学物質分析法マニュアル．

16.3 環境微量分析のための測定技術と精度管理

▷ 1.3.1 水質変化機構
▷ 2.3 湖沼水質
▷ 4.4.4 水質・底質の有害化学物質による汚染
▷ 5.2.4 地下水と地質

前処理で得られた試験液は分析機器で測定し，定性・定量を行う．環境微量分析の分野で使われる分析機器の種類は多岐に渡るが，可能な限り低濃度まで定量したい，多成分を一斉に分析することで効率化を図りかつ成分間の相関関係などの情報を総合的に解析したい，異性体・同族体，あるいは存在・化学形態を識別したいなどの要望から，クロマトグラフィーと質量分析計を一体化させた"複合分析機器"の利用が主流となっている．具体的には，ガスクロマトグラフ/質量分析計（GC/MS），液体クロマトグラフ/質量分析計（LC/MS），液体クロマトグラフ/誘導結合プラズマ質量分析計（HPLC/ICP-MS）などである．とくにGC/MSは，地下水の揮発性有機物質（VOC）汚染，ゴルフ場農薬汚染，環境基準の拡大強化，ダイオキシン類汚染対策，内分泌攪乱化学物質（環境ホルモン）問題，残留性有機汚染物質（POPs）対策など，水環境保全上の諸課題への取り組みとともに大きく発展してきた経緯があり，この間最も普及し定着した装置である[1]．LC/MSは当初GC/MSを補完する位置づけであったが，現在では適用範囲が大幅に拡大しており，詳細は次項のとおりである．GC/MSやLC/MSに比べて普及の度合いは低いが，注目の装置にHPLC/ICP-MSがあり，化学形態により環境挙動や毒性が異なる無機元素・金属類の化学種別分析に使われている[1,2]．

ここでは，有機と無機系の"複合分析機器"としてGC/MSおよびHPLC/ICP-MSを取り上げ，装置概要と利用状況の一端にふれて，質量分析における定性・定量法についてまとめる．また，精度管理の手順を辿りながら，取得すべきデータの意味や方法について述べる．上述でも明らかなように，環境微量分析は環境上の諸問題の発掘や解決と深くかかわる場合が多く，データは各種規制や環境リスク削減対策などの基盤となる．そのため，適切な精度管理によるデータの信頼性の確保は近年その重要性がますます高まっている．

16.3.1 GC/MSの装置概要と利用状況

図16.15はGC/MSの基本構成である．GC/MSへ注入した試料成分は，加熱気化されカラム内を移動する間に液相との相互作用で分離が生じ，MSのイオン源に導かれてイオン化される．生成した正または負のイオンは，質量分離部に入り，磁場や電場などによって質量/電荷比（m/z）に応じて分離される．これを順次検出して記録し，マススペクトルや各種クロマトグラムにより定性・定量分析を行う[3]．

環境微量分析に利用されるGC/MSは，キャピラリーカラムGCと二重収束磁場型，四重極型あるいはイオントラップ型MSの複合装置である．なかでも，操作性，機能性，設置環境，維持管理，大きさ，価格などに優位性をもつ四重極型とイオントラップ型の利用頻度が高く，農薬や工業用薬品などのさまざまな化学物質の定性・定量に用いられている．ダイオキシン類，PCBsなどの残留性有機汚染物質（POPs）やある種の内分泌攪乱化学物質など，

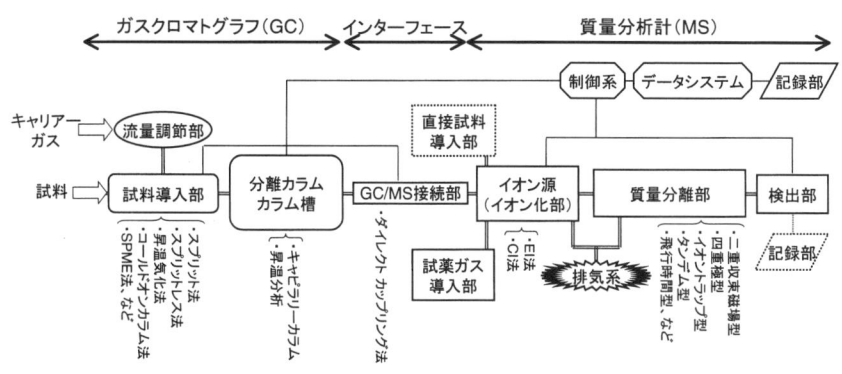

図16.15 GC/MSの構成の一例（文献3に筆者加筆）

超微量高分解能測定が必要な分析では，二重収束磁場型を用い，ミリマスユニットの分解能で1pgレベルかそれ以下の定量が行われる．タンデム（MS/MS）型MSは，イオン化と質量分離を2段階で行うもので，磁場型，ハイブリッド型，三連四重極型，イオントラップ型（三次元四重極型）などがあり，二重収束磁場型の代替など高感度装置として利用される．

また，微量を測定するためにはハード面ではGCの試料注入方式とMSのイオン化法が重要となる．試料が液体の場合は，試料注入は非分割方式の中から通常スプリットレス方式を選ぶが，熱分解を避ける，あるいは大量注入したいなど必要に応じてコールドオンカラム方式や温度プログラム気化方式などを用いる．イオン化は一般には電子イオン化（EI）法で定性，定量を行うことができる．しかし，EI法では複雑なフラグメントイオンが生成するため分子量の情報が得られない，あるいは定量に必要な感度が得られないことがある．この場合は，化学イオン化（CI）法によるイオン化を検討する．メタンあるいはイソブタンを反応ガスとしたイオン化では，試料成分を5eV未満のエネルギーでイオン化することによって，たとえばプロトン移動反応でプロトン化分子イオン$(M+H)^+$が生成し，分子量の情報を得ることができる．また，化学イオン化負イオン検出（NCI）は含ハロゲン化合物に特異的に高い検出感度をもつ．POPsのアルドリン，エンドリン，ディルドリン，トキサフェンの環境モニタリングではGC/MS-NCI法が採用されている[4]．

16.3.2 HPLC/ICP-MSの装置概要と利用状況

HPLC/ICP-MSは，分離にHPLC，イオン源にICPを用いる以外は，基本的にはGC/MSと同じ構成である．HPLCは有機溶媒系の移動相も含め標準的な操作条件でICP-MSに結合することができ，分離カラムは目的に応じて逆相系，イオン交換系，サイズ排除系などが使われる．分離カラムからの溶出液はネブライザーで噴霧してICPに導く．ICPは，大気圧下で誘導コイルに高周波を印加してアルゴンガスを電離させ，連鎖的なアルゴンガスとの衝突でプラズマ炎を発生させたものである．プラズマ中心部は5500～7000Kの高温であり，ほとんどの元素が80％以上の効率でイオン化される．生成したイオンはインターフェースを介して真空系のMSに導かれ，m/zごとに分離して二次電子増倍管によって検出さる．MSは四重極型が多いが，イオントラップ型の装置もみられる．質量の測定範囲は，対象が元素のため2～260と狭く設定されている[5]．

HPLC/ICP-MSは，生体や環境試料中の金属を含む成分の化学形態別分析の有力な手段となっている[1,2]．金属などの元素は，価数が異なったり，有機置換基や高分子有機物と結合したり，錯体，抱合体など，さまざまな化学形態で存在することから，生理・毒性作用や環境動態を理解するためには化学形態分析が不可欠である．この認識から，河川水や土壌・地下水，生物などの環境試料ではバナジウム，ヒ素，セレン，スズ，アンチモン，プラチナ，水銀，鉛などについて化学形態別分析が行われている．特に，ヒ素は無機から有機態まで多様な形態をとり，しかも旧日本軍が毒ガスとして使用するために製造した物質に由来するとみられる汚染も判明したことから関心が高い[6,7]．HPLC/ICP-MSによる毒ガス関連物質の分析では，陰イオン交換と逆相分配を働かせた分離モードで無機ヒ素（3，5価），メチルアルソン酸，ジメチルアルシン酸，フェニルアルソン酸，フェニルメチルアルシン酸，ジフェニルアルシン酸などの同時定量が可能となっている[6,8]．HPLCのもつ多様な分離技術がそのまま使えること，感度の高さと直線性の広さに加え，干渉などへの堅牢性もかなり改善されていることから，化学形態別分析へのHPLC/ICP-MSの利用はさらに拡大するとみられる．一方で，四重極型あるいはイオントラップ型MSのもつ分解能の限界から，対象物質イオンのm/zと同じm/zをもつ原子または分子イオンの重なりで生じるスペクトル干渉に注意を払う必要がある．スペクトル干渉には，共存する元素の同重体，同位体，多原子（分子），希土類元素の酸化物によるものがある．これらは，使用する機器，操作条件（周波数，高周波出力，各種ガス流量），インターフェースの材質や消耗度，ネブライザーの種類などに依存する．また，高感度であるがゆえに，試薬や資材などからの汚染，特定の元素が装置内に残存し測定に影響を及ぼすメモリー効果，試料導入系や検出器の汚れなどについても，思わぬ干渉や性能低下の原因になり，注意を払う．

16.3.3 質量測定と定性，定量法
a. 質量測定（イオンの検出）

GC/MSによる測定は，全イオン検出（TIM：total ion monitoring）法と選択イオン検出（SIM：

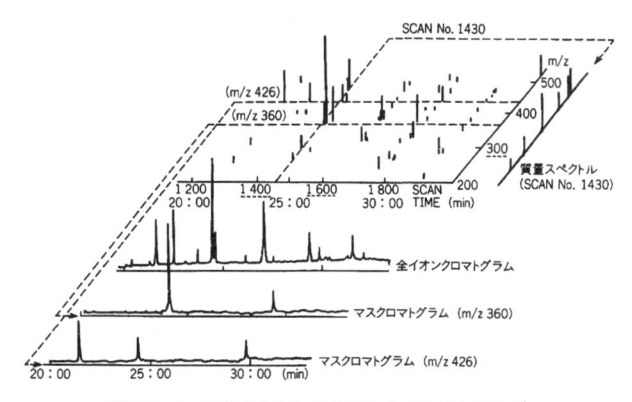

16.3 環境微量分析のための測定技術と精度管理

図16.16 測定（イオンの検出）システムの概念[3]

selected ion monitoring）法に大別される．

GC/MS の TIM 法はスキャン（SCAN）法とも呼ばれ，設定した質量範囲を，設定した走査（スキャン）速度（通常 0.1～数 s/scan）ですべてのイオンを順次検出し，イオン質量とイオン電流との関係を記録する．磁場型や四重極型では検出感度は SIM に比較して 1/数～1/数十劣るが，分子情報のマススペクトルが得られる．また，特定の質量範囲の全イオン電流量を積算した全イオンクロマトグラム（TIC）は，特定イオンの電流量の時間変化であるマスクロマトグラムを取り出すことができ定性・定量分析に利用される．

SIM は，ある特定の質量数のイオンを選択して，設定した分解能，設定したサンプリング時間で不連続走査（ステップ走査）を繰り返し，イオン電流の時間経過を記録する．TIM に比べて質量数あたりのデータ取得時間を長く設定できるため，より高感度で高選択的に検出でき，主に定量分析に利用される．同定の確実性を高めるために，対象物質ごとに設定するモニターイオンは定量用と確認用の 2 つ以上とし，分子量情報をもつイオンや強度の高いイオンを含める．また，ピークの形状を正確に得るために，各ピークに対して少なくとも 10 点以上のサンプリング数を確保する必要がある．通常，同時に測定できるイオンの数は 10～20 であるが，この限度以上に設定が必要であれば GC の保持時間により設定イオンを変更するグルーピング法を用いる．限度内であっても，設定数が増加すると感度の低下がみられるので，グルーピングによってこれを回避する．

MS/MS 測定では，SIM 法に相当するものに MRM（multiple reaction monitoring）法がある．1 台目の MS で，対象物質に特徴的な前駆イオンを選択し，そのイオンに由来するある特定のプロダクトイオンを 2 台目の MS に設定して，そのイオン電流量の変化を連続的に記録する．きわめて高い選択性をもち，定量分析に最適である．MRM は SRM（selected reaction monitoring）の呼称もある．一方スキャン法では，特定の前駆イオンを設定し，そのイオンの分解で生じたすべてのプロダクトイオンをスキャンすることで，プロダクトイオンのマススペクトルを得ることができる．イオントラップ型を除く MS/MS では，2 台目の MS で特定のプロダクトイオンのみを検出できるよう設定しておき，そのイオンを生成するすべての前駆イオンを 1 台目の MS でスキャンすることで前駆イオンのマススペクトルが測定できる．また，1 台目と 2 台目の MS をある特定の中性分子の質量に相当する値に保って同時にスキャンすると，その中性分子を脱離するすべての前駆イオンを検出することができ，中性フラグメント脱離スペクトル（constant neutral loss scan）が得られる．これらのマススペクトルは物質同定の有用な情報となる．

原子スペクトル分析の応用である ICP-MS は，すべての化合物を原子レベルに分解してイオン化するのでマススペクトルのような分子情報は得られない．しかし，スキャンによって多元素を同時に検出し，かつ同位体の組成を測ることができ，定性・半定量情報として使われる．SIM 法と同じように，定量は特定の元素を選択に検出することで行い，HPLC/ICP-MS では SIM クロマトグラムと類似の情報が得られる．

b．定性分析

定性分析は，物質の確認および未知物質の同定が主目的となり，クロマトグラムとマススペクトルを用いる．

保持値は試料の導入から検出までの時間に相当するが，保持時間はGCの操作条件で変化するので，基準物質で補正した保持指標を定性に用いる．キャピラリーカラムを用いて昇温条件で測定した場合の保持指標にPTRI（programmed temperature retention index）があり，n-アルカンを基準物質として次式で算出される．

$$PTRI = 100Z + 100\frac{T_x - T_z}{T_{z+1} - T_z}$$

ここで，Zはn-アルカンC_zの炭素数，T_xは対象物質の保持時間，T_zはn-アルカンC_zの保持時間，T_{z+1}はn-アルカンC_{z+1}の保持時間であり，T_xは$T_z \leq T_x \leq T_{z+1}$の範囲にあるものとする．

PTRIは，分離カラムの液相に依存し，キャリアーガス流速やカラム恒温槽の昇温条件には影響されないので物質固有の物性情報となる．

一方，マススペクトルによる同定は，ライブラリー検索やマニュアル解析で行う．通常，GC/MSのデータシステムはマススペクトルデータベースによる化合物検索機能を備えており，未知物質のマススペクトルに対して，類似度の高いリファレンススペクトルを容易に検索することができる．また，マニュアル解析では，分子量関連イオン，同位体イオン，フラグメントイオンなどに着目して分子構造を推定する．高分解能マススペクトルの場合は，精密質量からイオンのもつ元素組成（分子式）を推定できる．マススペクトルと保持指標でかなり高い精度で同定が期待できるが，可能な限り該当の物質の標準物質などを準備し，GC/MSデータを取得したうえで確定することが重要である．

c．定量分析

TIMやSIMで得られるクロマトグラムで定量を行う．対象物質と対応する標準物質の保持値が一致し，かつ定量と確認イオンの強度比も一致するクロマトグラム上のピークについて強度（面積または高さ）を求め，検量線から濃度を算出する．

検量線は既知濃度の標準液を段階的に調製し，その標準系列を測定して濃度と強度の関係線を作成したもので，検量線には絶対検量線法，標準添加法および内標準法がある．絶対検量線法は，試料の測定前後あるいは間に標準系列を測定し，それを基準にして試料中の濃度を求める方法である．共存物質の影響で応答性が試料と標準液で異なったり，検量線が直線にならないような場合は，標準添加法または内標準法で定量する．標準添加法は，試験液を数点調製し，それぞれに段階的に標準液を添加して，無添加の試験液とともに測定を行い，検量線を作成する．検量線の応答がゼロとなる点を外挿して濃度を求めることで定量を行う．

内標準法は，標準系列にその一定量を添加して測定し，横軸に濃度比（対象物質/内標準物質），縦軸にピーク強度（応答値）比（対象物質/内標準物質）をプロットして相対検量線を作成し，相対感度係数（RRF：relative response factor）を求める．RRFは最小二乗法で求めた一次回帰式の傾き，または濃度段階ごとに次式で求めたRRFの平均値が相当する．

$$RRF = \frac{C_{is}}{C_s} \times \frac{A_s}{A_{is}}$$

ここで，C_{is}：標準液中の内標準物質の濃度，C_s：標準液中の対象物質の濃度，A_s：標準液中の対象物質の応答値，A_{is}：標準液中の内標準物質の応答値である．

試験液にも標準液と同量の内標準物質を添加して，同一条件で測定し，得られるピーク強度比（対象物質/内標準物質）とRRFから濃度を算出する方法である．予測される対象物質の濃度や試料中の共存物質などを考慮して，分析精度が確保される方法で定量することになるが，質量分析ではその特性を生かすことができる内標準法が推奨される．

なお，分析条件に変更がなければ，RRFは一定とみなせるので，あらかじめ基準となるRRFを求めておき，日常的には検量線の直線範囲の中央付近の濃度で感度変動を確認することで，基準のRRFを定量に用いることができる．

d．内標準物質の選択と利用

内標準法は，対象物質と内標準物質の測定値の比をとることにより，分析機器への注入誤差などを相殺する方法である．したがって，内標準物質の選定がきわめて重要となり，分析過程での分解・消失がなく安定であること，試料マトリックス中に存在していないか無視できる程度に小さいこと，含有成分も含め対象物質の測定を妨害しないこと，物理化学的性質など物質特性が対象物質と似ていること，保持値が近いなどクロマトグラフィー上の挙動が似ていることなどの条件を満たす必要がある．基本的には，対象物質の異性体や同属体，あるいは基本骨格が同じ物質が選定対象となり，既往の分析データを検索して選ぶことも有効である．たとえば，ベンゼンなど揮発性物質の測定ではp-ブロモフルオロベ

ンゼンが内標準物質として使われている．また，選定条件をより満足するものに，分子内の炭素（^{12}C）あるいは水素（^{1}H）などをそれぞれの安定同位体である炭素13（^{13}C），重水素（^{2}H, D）などに置換した安定同位体標識物質がある．いうまでもなく，同位体は質量数のみが違って相互の化学的性質は非常に似通っており，安定同位体標識物質を内標準物質として利用できることは質量分析の大きな特徴であり利点である．疎水性・中揮発性農薬などを対象としたGC/MSによる多成分一斉分析では，ビフェニール-d_{10}やナフタレン-d_8，フルオランテン-d_{10}などの安定同位体標識芳香族炭化水素化合物が内標準物質として利用されている．これらを試験液と標準系列に添加し測定することで，試料注入誤差や分析装置の変動が補正できる．

e. サロゲート法

サロゲート（surrogate）には"代理"の意味があり，サロゲート法は代理物質，すなわちサロゲート物質を内標準物質とした定量法である．サロゲート物質として対象物質自身を安定同位体で標識したものを利用することが多い．したがって，対象物質の同位体が内標準物質となることから，サロゲート法は同位体希釈法ともいわれる．前述の内標準法と同様に，標準系列に一定量のサロゲート物質を添加して検量線を作成しRRFを求める．一方で，試料に既知量のサロゲート化合物を添加して，十分に均一混合した後に，所定の抽出，精製などの前処理を行い，試験液を分析装置に注入して測定し，対象物質のサロゲート物質に対するピーク強度比とRRFから対象物質の濃度を求める．

サロゲート法（同位体希釈法）は，原理的には試料の前処理，注入，測定の変動を補正することができる非常に精度が高い定量法である．しかし，サロゲート物質の調製濃度と添加量の正確さが直接的に定量値に影響することに留意する必要がある．また，安定同位体標識物質は，その純度や同位体効果，同位体交換の現象に留意する．すなわち，安定同位体標識標準物質は不純物として未標識体を含み，サロゲート法では不純物の含有量によっては測定値に正の誤差を与える可能性がある．また，重水素標識体はその標識数が増えると，同位体効果のために未標識と標識体の物理化学的性質に差異が生じ，未標識に比べて標識体のGCの保持値は短いほうへシフトする．さらに，重水素標識体はその標識位置によって試料中の水分や試薬などとの間で同位体交換が起こって内標準としての効果を失うことがある．

16.3.4 精度管理
a. 信頼性の確保と精度管理

いくら慎重に，また科学的に操作したとしても，測定値はいくばくかの誤差を含み，ばらつく．特に，環境微量分析は，測定濃度の低さ，存在状況の不均一さ，対象外物質による干渉や妨害など，特有の不確かさがあるため，信頼性の確保は不可欠な要件である．分析の信頼性は誤差やばらつきが許容範囲にあることで評価され，これを科学的に立証するために試料採取から運搬・保管，前処理，測定，データ解析・評価に至るまでの全工程を通して適切な精度管理が必要となる．すなわち，分析精度の管理は常に一定の真度（正確度）と精度（精密度）を保持したデータが得られるよう，すべての操作を管理することである．

過去のデータとの比較や統計学的解析を含めたさまざまな手法で，分析における誤差の種類とその大きさを把握して，許容できるか否かを判断し，許容できなければ原因を解明して分析工程から除いて精度を改善するか，より精度の高い技術を導入するなどの改善策を検討すること，併せてこれらの手順を文書化し記録を保管するといった一連の作業を伴う．最終的には，分析依頼者または第三者に科学的立証が確保されていることを説明する必要があり，これを信頼性の保証という．

b. 内部精度管理と外部精度管理

精度管理には内部精度管理と外部精度管理がある．図16.17は内部精度管理の一例であり，一般的な分析手順に対応させて，各環境測定分析機関の自らが実施すべき管理内容をまとめた．わが国の公定法などでは，「試験実施適正基準」（GLP：Good Laboratory Practice）の考え方が基本となっている．各機関は，管理的事項として分析に関与する組織およびシステム，役割分担と責任の所在，資質と技能などについて明らかにし文書化する．技術的事項として，分析の目的を明確にし，計画を立案したうえで，①標準作業手順書（SOPs：Standard Operating Procedures）の作成と遵守，②器具，装置の性能評価と維持管理，③測定の信頼性の評価，④データの管理および評価を通してデータの確からしさを立証する．いわば，"誰が，何時，何のために，どのような操作を行い，その責任者は誰であったのか，どのような装置が使用され，どのような結

16. 環境微量分析

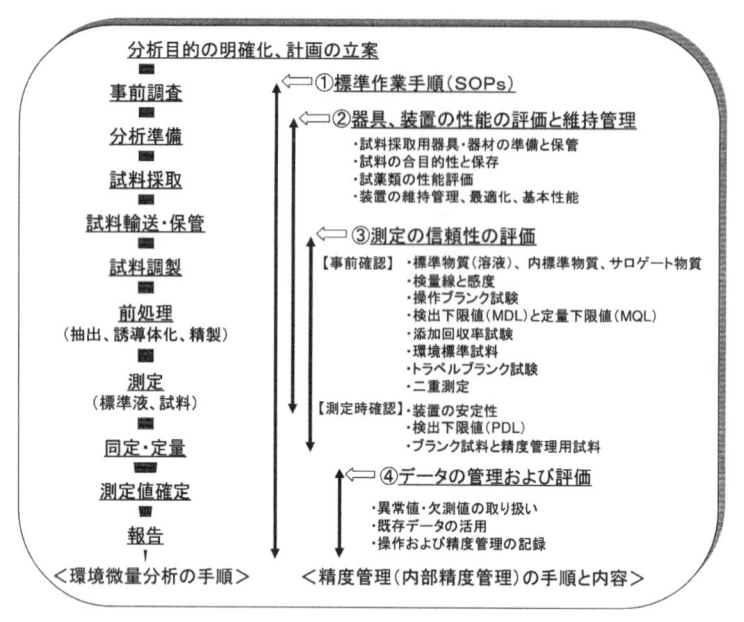

図 16.17 環境微量分析と分析精度管理の一般的手順と概要

```
＜環境微量分析の手順＞          ＜精度管理（内部精度管理）の手順と内容＞

分析目的の明確化、計画の立案
事前調査          ←①標準作業手順（SOPs）
分析準備          ←②器具、装置の性能の評価と維持管理
                    ・試料採取用器具・器材の準備と保管
試料採取            ・試料の合目的性と保存
                    ・試薬類の性能評価
試料輸送・保管      ・装置の維持管理、最適化、基本性能
試料調製          ←③測定の信頼性の評価
前処理            【事前確認】・標準物質（溶液）、内標準物質、サロゲート物質
（抽出、誘導体化、精製）  ・検量線と感度
                    ・操作ブランク試験
測定                ・検出下限値（MDL）と定量下限値（MQL）
（標準液、試料）    ・添加回収率試験
                    ・環境標準試料
同定・定量          ・トラベルブランク試験
                    ・二重測定
測定値確定        【測定時確認】・装置の安定性
                    ・検出下限値（PDL）
報告                ・ブランク試料と精度管理用試料
                  ←④データの管理および評価
                    ・異常値・欠測値の取り扱い
                    ・既存データの活用
                    ・操作および精度管理の記録
```

果が得られ，どのような問題が生じ，それはどのように解決されたのか"，を明確にすることにほかならない．

外部精度管理は，共同分析（クロスチェック），持ち回り試験（ラウンドロビンテスト），技能試験への参加などを通じて，自機関の結果を他所と比較して分析能力を確認すること，必要に応じてその差異を究明し，分析精度の向上を図ることをねらうものである．代表的な外部精度管理に環境省の分析統一精度管理調査がある．手法はクロスチェックであり，均一に調製した環境試料や模擬試料を環境省の提示法で参加機関が測定し，得られた結果を統計的手法で解析・検討し公表する仕組みをとっている．

上述のように精度管理にかかわる一連の作業は多岐にわたるため，ここでは内部精度管理の中から，③測定の信頼性の評価を中心に，②〜④の要点を以下に述べる．

c. 器具，装置性能の評価と維持管理

1) 器具・機材，試薬類 分析の目的に適った適切な試料を採取し，その特性を保持したまま，分析に供することが重要であり，これを可能とする手法や留意事項をまとめておかなければならない．

たとえば，試料中の対象物質の存在量に影響する要因として，試料間の相互干渉（クロスコンタミネーション），試料中からの損失（蒸・発散，分解）と二次的生成，器具・機材，試薬類，装置類，実験室内環境からの対象物質または妨害物質の混入（コンタミネーション），あるいは器具への吸着などが想定される．したがって，これらの要因を最小に止めるための，器具・機材，試薬類の適切な選択，あるいは洗浄や精製が必要となり，実際に用いた製品は製造メーカ，ロット，使用履歴など，対処・保管・管理法と実施内容を記録に残す．

2) 装置の維持管理と調整，最適化 特に，分析装置については所期の性能・機能を維持するために必要な管理項目と方法を定め，定期的かつ日常的な維持管理を行い，その記録を残す．日常的には，装置内の汚れ，リーク，部品の劣化，故障などに適切に対処し，分析法が要求する感度で実試料の測定ができるよう調整する．この際，感度，選択性，直線性，安定性などのほか，誤差の原因となる干渉やマトリックス効果などの有無を確認し，補正または回避が可能かどうかを検討し，最適化を図る．

3) 装置の基本性能のチェック 測定に用いる装置が，分析法が目標あるいは要求する検出下限値を満足するか否かは，装置検出下限値（IDL：instrument detection limit）で推定する．IDLは，一般には検量線作成用標準液の最低濃度（定量下限値付近）の併行測定に基づき，後述する分析法の検出下限値のとおり算出する．

また，対象物質の濃度（量）と測定値の間に直線関係を与える能力，およびその上限と下限濃度の間

隔である直線性と範囲は，広いことが望ましく，試験液の最終濃度はこの範囲に調製しなければならない．通常，予想される濃度範囲の 0.5〜1.5 倍の範囲内で 6 点以上の濃度の標準液を測定して直線性を求める．濃度と強度信号の間に直線関係が認められる範囲において回帰直線を描く．回帰直線の y 切片は原点付近でなければならない．もし，y 切片が原点から大きく離れている場合，それが誤差の要因とならないことを証明する必要がある．

d．測定の信頼性の評価

実試料の分析に際して，事前に採用する分析法の性能特性と限界，ならびに特性に影響する因子とその程度を明らかにして，分析の目的に適う分析法であることを検証しなければならない．また，公定法やそれに準じた方法など，検証試験で基本性能がすでに確認されている分析法については，分析条件や環境が異なっても規定の性能を維持していることを検証する．具体的には，選択性，精度，真度，直線性，範囲，検出下限，定量下限などの分析能パラメータに関連した精度管理データを取得して，分析法の合目的性を立証する．併せて，立証の根拠，あるいは許容範囲を明確にしておくことが重要である．ここで示す許容範囲は，最終の測定値の誤差を 30％以内に管理する．

1）事前確認事項

i）標準物質（溶液），内標準物質，サロゲート標準物質： 標準物質（溶液）は各種化学分析において，定量的な物差しの役割だけでなく，装置や分析法の操作条件の違いなどを補正する役割をもつ．環境微量分析にとって不可欠な相互比較が可能なデータの導出は，適切な標準物質を正しく使用することに始まり，トレーサビリティの確保された標準物質の利用が望まれる．標準物質から標準液を調製する際には，高純度の定量用または同等の品質の試薬を用い，規格化した方法で行う．また，内標準物質は，「16.3.3 d．内標準物質の選択と利用」に示した条件が必須となる．各標準液は，製造メーカ，ロット，供給元，調製方法と日時，使用日時と用途などの記録を適切に行い，調製濃度を定期的に確認し，有効期限を明確にしておく．

ii）検量線の作成と感度： 直線範囲で 5 段階以上の標準系列を調製し，内標準法の場合は，それぞれを 3 回以上繰り返し測定して，相対検量線を作成し，「16.3.3 c．定量分析」のとおり RRF を求める．この RRF は実試料測定時の装置感度や定量値算出の基準となる．絶対検量線法の場合は，実試料と併行して測定し検量線を作成する．一次回帰した直線の傾きが感度を示し，装置感度の変動の指標にする．

iii）操作ブランク試験： 操作ブランク試験（空試験）は，試験液の調製または装置への導入操作などに起因する汚染を確認し，試料の測定に支障がない環境に設定することが目的である．試料マトリックスを用いずに所定の前処理を経た試験液について，対象成分が検出されるか否か，検出されればその濃度を，併せて他の妨害成分の有無を把握しておき，必要に応じてその値を提示できるようにしておく．操作ブランク値が大きいと検出下限・定量下限が高くなるばかりでなく，人為的な原因による異常値が出現する可能性が高くなる．したがって，測定値に影響がないよう極力低減を図る必要がある．試験頻度は 10 試料ごとに 1 回，または試薬や資材の製造メーカやロットが変わるなど，操作条件に変更があれば実施する．

iv）分析法の検出下限値（MDL）および定量下限値（MQL）[9-14]**：** 分析の全操作を通した検出下限値である．通常ブランク試料またはそれに一定量スパイクして定量下限付近の濃度に調製した試料を用いて，所定の抽出，前処理を行い，試験液を測定して，試料濃度に換算する．この操作を 7 回以上繰り返して，試料換算濃度の標準偏差から次式により MDL（method detection limit）を求める．

$$\mathrm{MDL} = t(n-1, 0.05) \times 2\sigma$$

ここで，MDL は分析法の検出下限値，$t(n-1, 0.05)$ は危険率 5％，自由度 $n-1$ の t 値（片側），σ は標準偏差である．

MDL は分析法の精度が高いほど低い値となることがわかる．精度は，使用する装置やその操作条件により異なるため，これらに変更があったときなど必要に応じて MDL を再検討する．また，対象物質の濃度が高すぎたり低すぎる試料を用いると適切な MDL が算出できないことに留意する．

ところで，検出下限値は"試料中に検出されうる最少濃度（量）"であるが，"妥当な統計的不確かさをもって測定される最少濃度（量）"と定義され，"検出"と"不検出"の区別は統計学的な誤りの確率で決められる．すなわち，ブランク試料と低濃度試料の繰り返し測定によって得られる測定値の確率分布は，ともに偶然誤差のみが発生して等しい標準偏差の広がりをもつと仮定して，ブランクであるに

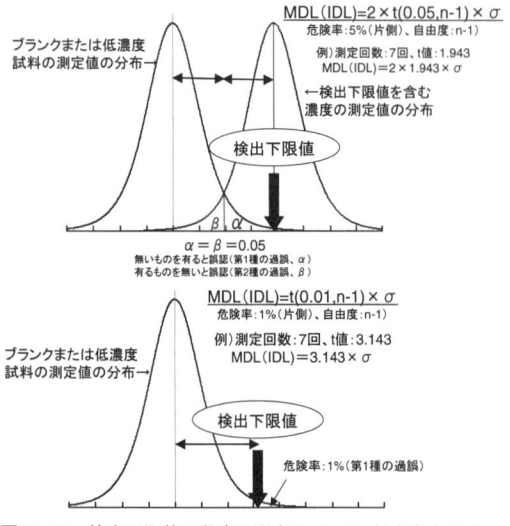

図 16.18 検出下限値の設定に関する Currie（上図）と Kaiser（下図）の考え方

もかかわらず検出と誤認される確率 α（第一種の誤り），一方検出したにもかかわらずブランクと誤認される確率 β（第二種の誤り）に同じ数値を設定する（図 16.18）．一般には，誤りの確率は 5%，つまり $\alpha = \beta = 0.05$ とすることが多い．換言すると，検出下限は"95% の確率（誤りの確率［危険率］5%）でブランク信号と区別できる応答を与える対象物質の濃度（量）"とすることができ，確率分布は student の t 分布とみなせるので，上式のように標準偏差 σ の 2 倍値に t 分布の 95% 値（片側）を乗じて検出下限値を求める．デフォルト的に用いられる "MDL = 3σ" は，20 回以上の測定を前提としたものである．また，検出下限値に不確かさを考慮せずに，ブランク応答の確率分布に一定の有意水準を設定し，それ以上を検出とする考え方がある（図 16.18）．一般には 99% 上限（片側）を検出下限値としている．つまり，β の誤認の危険率を 1% に設定して，標準偏差 σ に t 分布の 99% 値（片側）を乗じた値を検出下限値としている．

統計学的な誤りの導入は同様であるが，ブランクと試料の応答の確率分布が同じとする仮定に疑義があれば，検出下限付近の濃度域で検量線を作成し，回帰直線の残差または回帰直線から推定した濃度ゼロでの応答から標準偏差 σ を求めて検出下限値を算出する方法がある．また，クロマトグラフィーではバックグラウンドノイズから標準偏差 σ を求めて算出する方法もある．検出下限値を算出する方法はさまざまであるので，規定に従うか，その定義と算出過程などの根拠を明確にしておくことが重要である．

定量下限値（MQL：method quantification limit）は，"試料中から必要とされる精度と真度で定量できる最少濃度（量）"，あるいは"一定の条件下での試験で，容認される併行精度と正確さで測定されうる最低の濃度（量）"と定義される．しかし，MQL の算出は MDL に比べてかなり曖昧である．環境微量分析の分野では，最終的な測定値の誤差を 30% 以内にとどめることを目標としていることから，定義にある"必要とされる"あるいは"容認される"を変動係数 10% と解釈し，標準偏差 σ の 10 倍を MQL とすることが多い．標準偏差 σ は MDL と同様にブランクまたは低濃度試料の繰り返し測定で求める．また，バックグラウンドノイズや濃度と変動の関係図から求める方法もある．

ここで，測定値の大小など定量的な取り扱いができるのは MQL 以上の測定値であることに注意すべきである．一方，"痕跡"と表示される MDL 以上 MQL 未満の半定量的な値および MDL 未満の"不検出"も重要な環境情報となる．

v）添加回収率試験：試料に対象の標準物質を一定量加え，添加した量が正確に定量されるかどうかを調べるもので，分析法の確かさ，すなわち真値あるいは認証値と測定値の近さが評価できる．通常，試験液中の濃度が定量下限値の 10 倍程度となるよう標準液を試料に添加して，分析法の全操作を行い，添加量と測定値から回収率 % を算出する．回収率は併行分析で評価され，平均回収率の許容範囲は 70～120% が目安である．これを逸脱する場合は，その原因を究明した後，再分析となる．

vi）環境標準試料：環境標準試料とは，複数の方法で確定した特定成分の濃度を認証値（保証値，特性値）として示した試料である．複雑な組成をもつ環境試料中の対象物質の濃度を正確に測定できるかどうかを検証するためには，標準液やそれを添加した試料の分析に加え，実試料の組成に似た標準試料を実際に分析し，測定値と認証値を比較することが，直接かつ有効な方法である．

vii）トラベルブランク試験：トラベルブランク試験は，試料採取器材の準備から採取，輸送，保管の間のコンタミネーションを確認するものである．トラベルブランク試料は，実試料の採取器材と同様に扱って現地に持ち込み，試料を採取せずに持ち帰って試料と同じ前処理，測定を行う．この試験は，

一連の試料採取において試料数の10%程度の頻度で，少なくとも3試料以上行い平均値を求めて，操作ブランク値や試料の測定値との比較で評価する．トラベルブランク値が操作ブランク値以下であれば，器材の移送中のコンタミネーションは無視できる．しかし，逆にトラベルブランク値が試料の測定値より大きければ，信頼性に乏しく，通常は欠測扱いとなる．

viii) 二重測定： 試料採取から測定に至る総合的な信頼性を確保するために，同一条件で採取した2つ以上の試料について同様に分析する．頻度は10試料ごとに1回が目安であり，定量下限値以上の濃度の対象物質に対して2つ以上の測定値の差が平均値に比べて30%以下であることを確認する．測定値の差が大きい場合は，その原因を精査して取り除き，再測定する．

2) 測定時の確認　実試料を順次分析し測定する段階では，分析法と装置が一貫して所期の性能を維持していることを確認しなければならないが，確認すべき事項と方法，許容範囲をあらかじめ設定しておくことが重要である．ここでは，GC/MSの利用を想定し要点を述べる．

i) 装置の安定性： 装置感度は1日に1回以上定期的に検量線の中程度の濃度の標準液を測定して変動を調べる．また，測定中はピーク形状（テーリング，リーディング，フラットトップ，ピーク割れ，ピーク幅），ゴーストピークまたはキャリーオーバー，マトリックス効果，ベースラインとそのノイズ，保持時間，分解能などについて監視する．異常が発生した場合，その原因を見出して必要な対応策をとらなければならない．あらかじめ設定した許容範囲を超えたり，測定値に及ぼす影響が無視できない場合は，前処理法の再検討も含めた再測定などが必要となる．ちなみに，感度変動に対しては，RRFが検量線作成時に比較して±20%の範囲を超えることが再測定の目安である．

ii) 試料測定時の検出下限値： ベースラインのノイズやドリフトのために，検出が不検出と判定される可能性がある．これを見極めるために，ピークが検出されなかった試料について，ノイズ幅から試料測定時の検出下限値（PDL：practice detection limit）を推定し，MDLと同程度であることを確認する．一般に，PDLは該当する保持時間近傍のノイズ幅の3倍の高さに相当するピークの面積を推定し，検量線からその量を算出して求める．PDLとMDLの乖離が大きく，分析の目的を満足しない場合は前処理操作，測定などに問題があったか否かを確認し，必要に応じ再測定を行う．

iii) ブランク試料と精度管理用試料： 一連の実試料分析において，10%程度の頻度でブランク試料と精度管理試料を含め併行分析を実施して精度の確認を行うことが望ましい．精度管理試料は環境標準試料も含むが，ここでは各機関で独自に値付けした標準試料あるいはあらかじめ余分に採取した試料を精度管理用として均質化したものを用いてもよい．

e．データの管理および評価

得られた各測定値について，その確からしさ，矛盾がないことを確認し，試料採取から測定値確定に至る操作が客観的に説明できるよう各種記録の整理・保管が必要となる．

1) 異常値，欠測値の取り扱い　同定，計算，転記などにかかわる不注意ミスの解消は最低限の努めである．

そのうえで，各種精度管理データとの整合性を検討する．添加回収率が許容範囲を逸脱している，操作ブランク値が大きい，二重測定の結果が大きく異なる，トラベルブランク値が大きいなど，精度管理上の基準を満たさない場合は，測定値の信頼性に問題があると考えられるため，欠測扱いとして再測定を行う．再測定には，多大な労力，時間，コストがかかるだけでなく，試料の採取時期が異なることが解析上の支障となり，調査全体の評価に影響することになる．したがって，事前のチェックを十分に行い，異常値や欠測値を出さないように注意する．また，異常値や欠測値が出現した経緯を十分に検討し，記録に残して，以後の再発防止に役立てることが重要である．

2) 既存データの活用　新たに測定した値を，分析の目的が似た既存データと活用することで，測定値の妥当性を判断し評価することができる．具体的には，特定地域あるいは媒体における濃度の時系列解析である．また，相対濃度は絶対濃度に比べてバラツキが小さい傾向を利用して，特に異性体・同族体で構成される物質ついては，相互の組成が異常値識別の有用な情報となる．図16.19は有機塩素系殺虫剤クロルデンの主成分であるトランス-およびシス-クロルデンの環境中濃度（大気，水，底質，生物）の相関関係である[15]．両対数プロットの一次回帰線上から大きく外れる値については，操作上の問題点の有無などを再確認する対象となる．一方

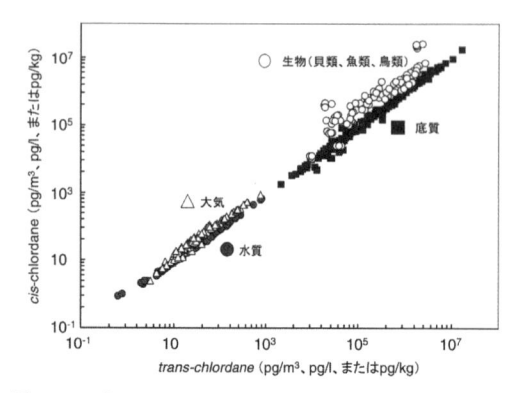

図 16.19 トランス-およびシス-クロルデンの環境中濃度の関係（測定データは文献 15 による）

で，外れることが妥当な場合も想定されるので，試料のもつ地域や媒体の特性，履歴など総合的な解析も欠かせない．

3）操作および精度管理の記録 試料採取・運搬から試料調製，抽出，測定に至る全工程の操作記録を整理・保管しておき，要請があれば提出しなければならない．また，添加回収試験の結果や検出下限値の算出根拠など精度管理に関する諸データも同様である．

〔福嶋 実〕

文 献

1) 田尾博明，福島 実（2003）：水環境分析技術の今後の展望．水環境学会誌，24：484-493．
2) B'Hymer C and Caruso JA（2004）Arsenic and its speciation analysis using high-performance liquid chromatography and inductively coupled plasma mass spectrometry. *J Chromatogr A*, **1042**（1/2）：1-13.
3) JIS K0123（1995）：ガスクロマトグラフ質量分析通則
4) 環境省（2005）：平成 16 年度版「化学物質と環境」．
5) JISK0133（2000）：高周波プラズマ質量分析通則
6) 環境省（2005）：茨城県神栖町における汚染メカニズム解明のための調査中間報告書，平成 17 年 6 月．
7) 日本学術会議（2005）：老朽・遺棄化学兵器のリスク評価と安全な高度廃棄処理技術の開発，平成 17 年 3 月 23 日．
8) 今井志保ら（2005）：高速液体クロマトグラフ-ICP 質量分析計を用いた水試料中のジフェニルアルシン酸およびフェニルアルソン酸の定量．第 14 回環境化学討論会講演要旨集，pp.226-227，大阪．
9) Currie LA（1999）：Detection and quantification limits：origins and historical overview. *Anal Chim Act*, **391**：127-134.
10) 尾関 徹（2001）：検出限界と定量限界．ぶんせき 2001.2, 56-61.
11) JIS K0124（2002）：高速液体クロマトグラフィー通則
12) EPA（2003）：Technical Support Document for the Assessment of Detection and Quantitation Approaches. EPA-821-R-03-005, Feb. 2003.
13) EPA（2004）：Revised Assessment of Detection and Quantitation Approaches. EPA-821-B-04-005, Oct. 2004.
14) 環境省（2005）：Ⅱ．分析精度管理．要調査項目等調査マニュアル（水質，底質，水生生物），平成 17 年 3 月．
15) 環境省（2004）：平成 15 年度版「化学物質と環境」．

16.4 液体クロマトグラフ質量分析法（LC/MS）による環境微量分析

▷ 13.3.5 ビスフェノール A およびアルキルフェノール類

LC/MS による環境分析は，近年急速な進歩を続けている．2 種類の高感度な大気圧イオン化（API）法（APCI および ESI）が開発され，微量分析が求められる環境化学物質においても GC/MS では困難であった難揮発性化学物質の分析を比較的容易に行える基盤ができたことに起因している．わが国における LC/MS による環境化学物質分析の組織的な取り組みは，環境庁環境安全課（当時）が地方環境研究機関に委託して 1996 年から始まった「LC/MS による環境化学物質分析法検討調査」（LC/MS 検討調査）であろう．この調査の主な目的は，「化学物質環境調査」（黒本調査）に活用できる水準の LC/MS の環境分析技術を検討・開発することにあり，1999 年にはその成果の一つとして，「LC/MS を用いた化学物質分析マニュアル」を公表した（http://www.env.go.jp/chemi/anzen/lcms/index.html）．その一部は，このハンドブックに引用している．LC/MS 検討調査は現在も進められており，LC/MS は「化学物質環境調査」の主要な技術になっている．これまでに開発された主な分析法はマネブ・ジネブ[1]，アミトロール[2]，極性農薬と代謝物[3-5]，高分子量フタル酸エステル[6]，ビスフェノール A[7]，アルキルフェノール[7]，クロロフェノール[7]，トリフェニルボラン化合物[8]，ジンクピリチオン[9]，ニトロアレン化合物[10]，臭素系難燃化剤[11]，パーフルオロオクタンスルフォネート（PFOS）[12,13]，非イオン界面活性剤[14]，陰イオン界面活性剤[15]，塩素化パラフィン[16] などである．また，こうした公的機関の検討とは別に，民間分析機関，LC/MS 取り扱い企業などからも，ビスフェノール A[17]，

アルキルフェノール[17]，ニトロピレン[18]，ジニトロピレン[18]，ノニルフェノールエトキシカルボン酸[19]，マネブ系農薬[20]，界面活性剤[20,21]，ジクワット[22]，パラコート[22] などの分析法も公表され，環境化学物質の LC/MS 技術の進展は目覚ましい．また，環境化学物質への LC/MS 技術の進展に伴い，LC/MS で検出の難しい化学物質も明らかになり，そうした物質に対して新たな検出技術の開発も進みつつある．ここでは，LC/MS の基本事項の解説に加え，環境分析について GC/MS では配慮の必要がなかった事項，今後の LC/MS の課題などについて記述する．

16.4.1 LC/MS の主要なイオン化法
a. 主要なイオン化の装置と特徴

LC/MS が GC/MS と最も異なるのはイオン化である．イオン化の方法は過去数十年間にいくつかの方法が考案されてきたが，環境中の微量化学物質の分析には，現在普及している大気圧化学イオン化（APCI）法とエレクトロスプレーイオン化（ESI）法が一般的である．図 16.20[23] および図 16.21[24] にそれらのイオン化法の概要を示す．

APCI はカラムからの溶出液を大気圧下で数百℃に加熱されたプローブから噴霧して気化し，針電極と MS 入り口に当たるコーンとの間のコロナ放電によりイオンを生成させる．ESI は，溶出液を噴霧するノズルとコーン間に架かる電場により帯電した霧を生成し，それが乾燥する過程で電荷を受け取った物質がイオンとなる．生成したイオンは電場により MS に導かれ，電荷をもたない成分は大気とともに MS 入り口の差動排気により除去される．

一般に APCI と ESI ではイオン化しやすい物質は異なり，前者は噴霧されたガス中で電荷を受け取りやすい物質，後者は凝集相に電場を架けたときに電離しやすい物質と考えられる．図 16.22[23] は diquat について，ESI，APCI のスペクトルを比較したものである．装置により差違はあるが，APCI は ESI に比べいくぶん低感度であった．

b. 大気圧イオン化の原理

図 16.23 に APCI，ESI のイオン化機構の模式図を示す．いずれの場合も，最初にイオン化するのは溶媒分子で，それから電荷を受け取れる物質がイオンとなる．陽イオン生成を例にイオン化反応を説明する．

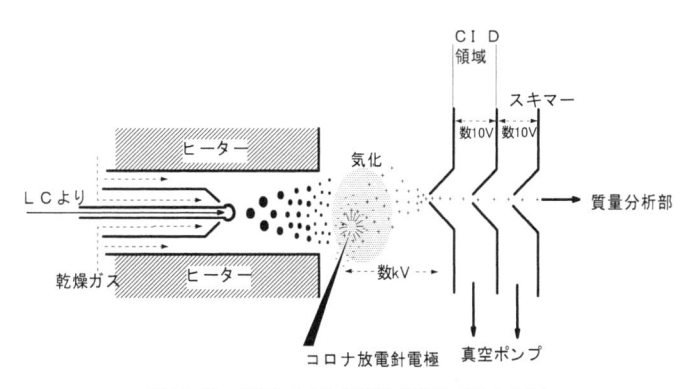

図 16.20 APCI イオン化装置の概要（正イオン）

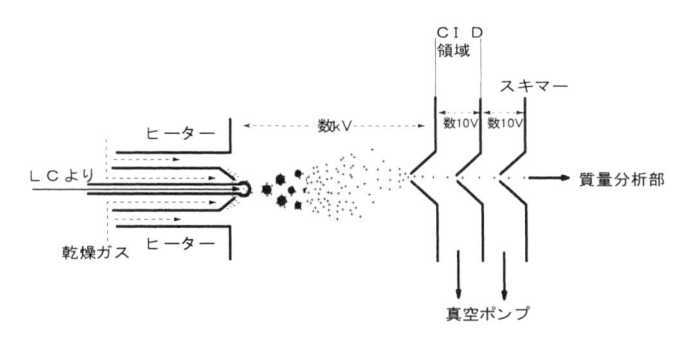

図 16.21 ESI イオン化装置の概要（正イオン）

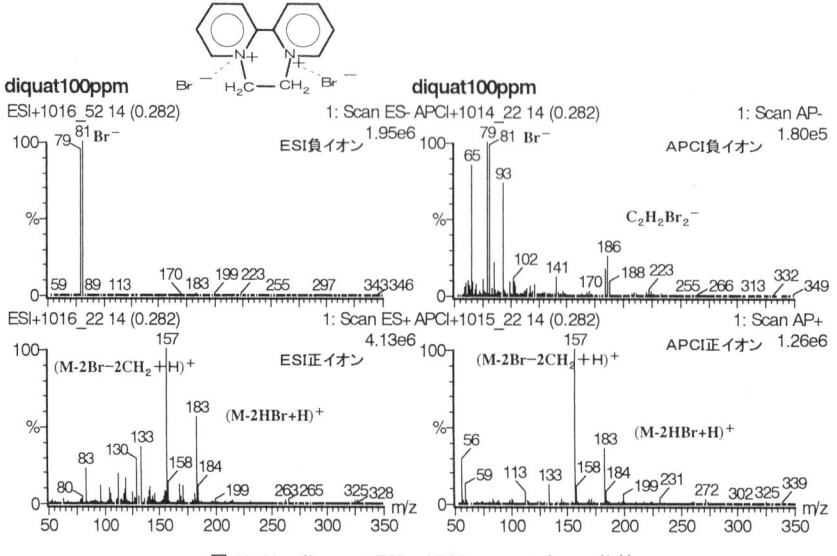

図 16.22　diquat の ESI, APCI のスペクトルの比較

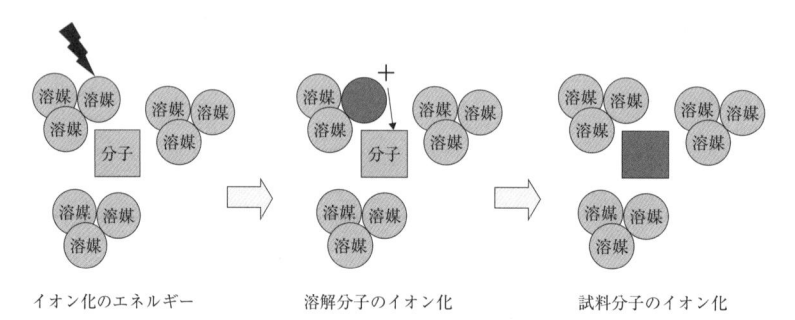

図 16.23　APCI, ESI のイオン化機構の模式図

$mS + \text{delta } H \longrightarrow S^+nS + (m-n-1)S + e^-$ 　(16.1a)

$mS + \text{delta } H \longrightarrow H^+nS + [S-H]^- \cdot (m-n-1)S$ 　(16.1b)

$S^+nS + M \longrightarrow (n+1)S + M^+$（M のプロトン親和力が高いと $[S-H] \cdot nS + MH^+$）　(16.2a)

$H^+nS + M \longrightarrow nS + MH^+$（M のプロトン親和力が低いと $nS + M^+ + 1/2 \cdot H_2$）　(16.2b)

delta H：$m=1$, $n=0$ のとき溶媒 S のイオン化エネルギー，$-$delta H：$m=1$, $n=0$ のとき溶媒 S のプロトン親和力，S：溶媒分子，M：試料分子．

はじめに起こる溶媒分子のイオン化の反応は，プロトン親和力が低い溶媒では，式（16.1a）のように $(n+1)$ 個の溶媒分子が電子 1 個を失った S^+nS イオンが生成し，プロトン親和力が高い溶媒では，式（16.1b）のように n 個の溶媒分子にプロトン 1 個が付加した H^+nS イオンが生成する．説明を簡単

にするため，$m=1$, $n=0$（単分子）の場合について考えると，反応（16.2a）あるいは（16.2b）は

$S^+ + M \longrightarrow S + M^+$（M のプロトン親和力が高いと $[S-H] + MH^+$）　(16.2a′)

$H^+ + M \longrightarrow MH^+$（M のプロトン親和力が高いと $M^+ + 1/2 \cdot H_2$）　(16.2b′)

となる．ここで，イオン化エネルギーが M ＜ S であるか，プロトン親和力が M ＞ S であれば試料 M は溶媒イオンから＋または H^+ を受け取ってイオン化される．

すなわち，試料分子がイオン化するには，試料分子 M のイオン化エネルギーが溶媒のそれより小さいか，M のプロトン親和力が溶媒のそれより大きい必要がある．

c. その他の最近のイオン化法

APCI，ESI はいわゆるソフトなイオン化法であるが，環境化学物質の中にはこれらのイオン化法で

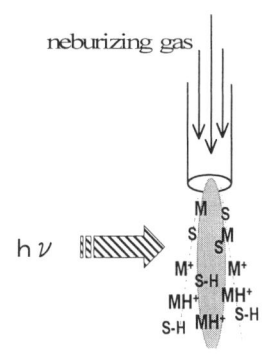

16.4 液体クロマトグラフ質量分析法（LC/MS）による環境微量分析

図 16.24 APPI イオン化法の概要

はイオン化が困難な化学物質も少なくない．それらの物質のイオン化に有効な方法は十分開発されてはいないが，いくつかの方法が提案されている．

大気圧光イオン化（APPI）法は Bruins ら[25]によって開発された方法で，図 16.24 にその概要を示す．APCI，ESI などと同様に LC の溶出液を大気圧下で噴霧し，これに 10 eV 程度の紫外線を照射してイオン化を行う．APCI，ESI などに比べイオン化に用いられるエネルギーが高く，APCI，ESI ではイオン化できない物質のイオン化を目的としているが，図 16.23 に示すように大気圧化では紫外線エネルギーの多くが溶媒に吸収されるため，紫外線照射だけではソフトなイオン化が主になる．そこで，溶媒にドーパントと呼ばれるトルエンなどのイオン化エネルギーが高く，プロトン親和力の低い物質を混ぜている．紫外線でイオン化したドーパントイオンは高いエネルギーをもつため，このイオン量を増やせば溶媒に吸収されずに試料に高いエネルギーを

与えるイオンが増加し，APCI，ESI ではイオン化できない物質のイオン化の確率が増加する．

インスプレーグロー放電イオン化（SGDI）法[26]も同様の目的で開発されている．図 16.25 にその概要を示す．APCI イオン源に霧化ガスとしてアルゴンなどの不活性ガスを使用し，不活性ガスと溶離液からなるスプレー中でグロー放電を起こし，多量の不活性ガスカチオンと励起ガスを発生させる．これらは高いエネルギー（アルゴンの場合，Ar^+：15.76 eV，Ar^*：11.55 eV と 11.72 eV）をもつため，この多量のイオンと励起原子が APCI，ESI ではイオン化できない物質のイオン化に寄与し，π電子を有する化合物を高感度で検出できる．

16.4.2 移動相とカラム

LC/MS の LC 分離方法は，基本的には HPLC の方法がすべて採用できるが，試料のイオン化とイオンの MS への導入に支障のある方法は制限される．それらの制限事項を考慮しつつ，ここでは LC/MS で使える HPLC の方法について解説する．

a. 分離カラム

カラムに関する LC/MS の制限は，移動相の流量との関係のみである．MS のインターフェースは，通常 1 ml/min 以下の移動相流量で有効に機能し，ESI では一部の装置を除いて 0.1〜0.2 ml/min 程度がイオン化の効率がよい．0.1〜0.2 ml/min 程度の移動相流量で使用するカラムは，内径 1〜2 mm 程度が分離上最適である．しかし，適当なカラム径が選択できない場合には，LC 分離を重視するか MS 感度を重視するかは目的に応じて選択するが，MS インターフェースでのイオン化効率を著しく損なわ

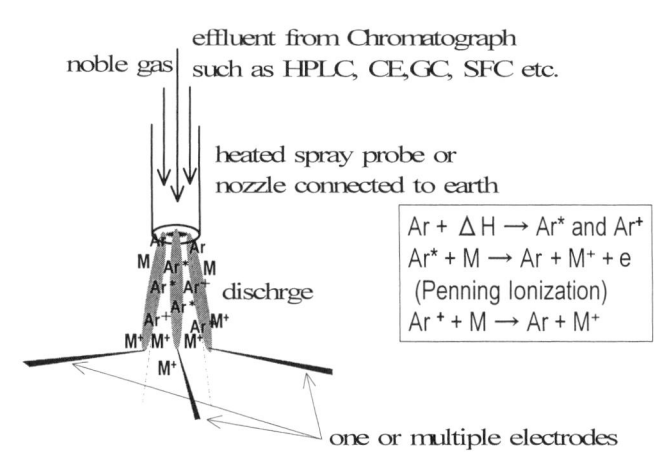

図 16.25 インスプレーグロー放電イオン化（SGDI）法の概要

ないよう必要に応じてスプリットなどにより溶出液の一部を導入する．0.1 mm 未満の細径カラムは，カラム負荷量が少なく，移動相流量の上限が数十 μl/min 以下という制限から，ナノスプレーなどと組み合わせて微量試料の高感度分析に用いられるが，GC と異なり異性体一斉分離などの高分離はできない．

固定相に関する LC/MS の制限はなく，順相，逆相，イオン交換，GPC（GFC）などすべてのカラムが使用できる．逆相系固定相は LC/MS においても最も多用され，シリカゲル，ポリマーゲルなどに C_4, C_8, C_{18}, C_{30} などのアルキル基を結合したカラムのほか，フェニル基，フッ化アルキル基などの極性基を結合したカラムがある．イオン交換型固定相では，シリカゲル，ポリマーゲルなどにスルホン酸，スルホアルキル，カルボキシアルキルなどを結合した陽イオン交換型のものと，4級アンモニウム，3級アミノアルキルを結合した陰イオン交換型のものがある．GPC（GFC）固定相では，ポリスチレンなどの疎水性ゲルとポリビニルアルコールゲルなどの親水性ゲルがある．

b．移動相

移動相についての LC/MS の制限は，前記の流量のほか，添加する成分についてイオン化効率，MS への導入について考慮が必要である．

イオン化効率に影響するのは，移動相の pH とイオンの電離抑制である．pH の影響は特に ESI で顕著で，陽イオンの分析では移動相溶液の pH が低いほど，陰イオン分析では pH が高いほど高感度である．電離抑制では，不揮発性のイオンペア試薬によるイオンの再結合である．酸性物質用イオンペア試薬ではアミン，アンモニウム系の試薬（トリヘキシルアミン，トリヘプチルアミン，トリ-n-オクチルアミン，水酸化テトラアンモニウム，水酸化テトラブチルアンモニウム，酢酸-di-n-ブチルアミン）は使用できるが，不揮発性のリン酸テトラブチルアンモニウムは使用できない．塩基性物質用試薬では，トリフルオロ酢酸，ペンタフルオロプロピオン酸，ヘプタフルオロ酪酸，ノナンフルオロ吉草酸が使用できるが，ナトリウム塩の使用は避ける．

なお，これらのイオンペアー試薬の使用は LC/MS 装置としては支障ないが，カラムや移動相の流路に吸着して長期間溶出を続けることがしばしばある．たとえばトリフルオロ酢酸（TFA）の［2M－H］⁻に相当する m/z-227 は，ビスフェノー

表 16.5 LC 分離モードと移動相溶媒の選択の目安[27]

分離モード	移動相溶媒
順 相	ヘキサン，ベンゼン，トルエン，四塩化炭素，二硫化炭素，シクロヘキサン，クロロホルム，ジクロロメタン
逆 相	メタノール，エタノール，プロパノール，イソプロパノール，アセトニトリル，酢酸エチル，ジオキサン，テトラヒドロフラン（THF），ジメチルスルホキシド（DMSO），水
イオン交換クロマトグラフィー	種々の無機塩を含む水溶液
GPC	メタノール，エタノール，アセトニトリル，THF，ジメチルホルムアミド（DMF），アセトン，クロロホルム，酢酸エチル，DMSO
イオン対クロマトグラフィー（IPC）	上記順相および逆相使用溶媒にイオン対試薬を添加

ル A の［2M－H］⁻と同じで，その定量分析の精度を低下させる．したがって，環境試料などの微量定量分析での使用にあたっては十分な検討が必要である．

LC 分離モードと移動相溶媒の選択の目安を表 16.5 [27] に示す．移動相の選択は，固定相や分析系に対する適否も考慮する．たとえば，シリカを基材とするカラムでは塩基性の移動相は使用できないし，PEEK（poly(ether ether ketone)）を使用した流路にはテトラヒドロフラン（THF）は使用できない．

移動相について LC/MS が HPLC 以上に注意すべきことに，移動相由来の分析系の汚染が挙げられる．HPLC の UV 検出器，蛍光検出器では顕著にならない汚染が MS では大きな妨害となることも少なくない．移動相に使用される水，溶媒，酢酸アンモニウムなどの塩，プラスチックの配管，バイアルなどから，ビスフェノール A，ノニルフェノール，フタル酸エステル，パーフルオロオクタン酸（PFOA）などの汚染がしばしば検出される．ノニルフェノールはラインやサンプルバイアルに残留する工業用洗剤の分解物，フタル酸エステルはサンプルバイアルのゴム栓などの可塑剤，PFOA はテフロン管の可塑剤が疑われ，ビスフェノール A は由来は不確定であるが，しばしば HPLC 装置の分析系から出てくる．対策は，活性炭カートリッジなどによる溶媒，試薬のろ過，溶媒供給ラインの溶媒および水による洗浄，サンプルバイアル，ゴム栓の洗浄，流路にあ

るフィルター，カラムのフィルターの溶媒による逆洗浄および器具類の洗浄であるが，汚染原因は多様であるため，洗浄効果を MS によって確認しながら進めることが有効である．

16.4.3 測定法
a．試料処理方法
LC/MS における試料処理方法のうち，抽出方法，精製方法は基本的に GC/MS と変わらない．しかし LC/MS では，極性物質，難揮発性物質を揮発性の誘導体に変えることなく測定できる．LC/MS における誘導体化は，主として高感度化，移動相への溶解度確保などのために行われる．以下に主な試料処理法を紹介する．

1) 水試料→固相吸着（→洗浄）→溶媒溶離（→濃縮） 化学物質の一般的試料処理方法である．固相に疎水性吸着剤を用いれば疎水性成分は捕集され，イオン性成分を捕集するには，疎水性成分を取り除いた溶離液をイオン交換型の捕集剤に通じる．捕集される化学物質の分画は，固相と移動相間の分配によるが，通常は大きな差違のある物質を分離する程度である．さらに分画を必要とするときは，オープンカラム，液–液分配などによる精製を行う．

2) 水試料→固相吸着→凍結乾燥（→洗浄）→溶媒溶離（→濃縮） 1) の方法で水溶性の高い有機物を有機溶媒に溶かすため，凍結乾燥を用いる方法である．農薬の一斉分析などで使われる．

3) 水試料→液々抽出（→硫酸洗浄）（→ GPC）→オープンカラム順相クロマト（→濃縮） 固相では負荷量が多すぎる試料で，共存有機物が多い場合に用いられる．液々抽出により多量の有機成分を抽出し，それを精製するため，GPC，オープンカラム順相クロマトなど求められる精製の程度に応じた分画を組み合わせる．測定対象物質がハロゲン化炭化水素など化学的に安定な場合，硫酸洗浄による極性有機物の分解，活性炭カラムなどによる極性不揮発成分の除去などが有効である．ハロゲン化アルキル，ハロゲン化フェニルなどの処理に使われる．

4) 水試料→ pH 調整→固相吸着（→洗浄）→溶媒溶離（→濃縮） pH 調整により固相に捕集できる極性有機物の試料処理方法である．酸性物質は酸性で，塩基性物質は塩基性で，それぞれ捕集される．捕集後，中性の溶離液で捕集成分を溶出するが，有機物に着いた極性成分が抽出を妨げることが予想される場合は，メタノール/水洗浄なども有効である．

5) 水試料→還元剤・EDTA 添加（→イオンペア剤添加）→液々抽出→誘導体化→液々抽出（→洗浄）（→濃縮） 水および有機溶媒に難溶な物質を溶媒可溶な物質に変えて抽出する方法で，有機金属農薬などに使用される．EDTA により金属部分をナトリウムと置換し，イオンペア剤により有機溶媒に抽出し，有機溶媒中でアルキル誘導体化する．誘導体化試薬は多量に使用されることが多く，ミニカラムなどの固相では負荷が大きくなるため通常は液々抽出が多い．

6) 底質，生物試料→液々抽出（→洗浄）→アセトニトリル/ヘキサン分配（→硫酸洗浄）（→ GPC）→オープンカラム順相クロマト（→濃縮） 底質，生物などマトリクスの多い試料中の疎水性の難分解性有機物の処理方法である．多量のマトリクスを含む対象物質を液々抽出し，通常は水洗浄した後，アセトニトリル/ヘキサン分配により油脂分を除去する．その後は 3) のような処理を行う．

b．定量法
LC/MS での定量は，GC/MS と同様，特定の m/z のクロマトグラムを用いる．しかし，LC/MS は GC/MS と移動相中の分子の状態やイオン化法が異なるため，新たに定量分析で留意することがある．以下にそれらについて述べる．

1) 内標準法について GC/MS が電子イオン化（EI）でマトリクスによるイオン化の影響が少ないのに対し，LC/MS は化学イオン化であるためマトリクスの影響を受けやすい．そのため，内標準と測定対象物質の感度が異なる場合がある．一般に LC/MS で内標準として使用する物質は，炭素13 標識体を除いて，イオン化にマトリクスの影響がないことを確認する必要がある．測定対象物質も同様で，マトリクスの影響がないよう，試料処理や HPLC 分離を行うことが GC/MS に比べいっそう重要である．

2) 定量イオンの選択法について（移動相の種類，流量） LC/MS では使用する移動相の種類，流量が生成イオンの強度に大きく影響を及ぼす．たとえば 4 環以上の多環芳香族炭化水素（PAH）は，APCI でプラスのイオンを生じるが，移動相によって生じるイオンおよび強度が異なる場合がある．アセトニトリル/水系の移動相では，PAH は電子1つを失った M^+ がベースピークになり，メタノール/水系の移動相ではプロトンが付加した $[M+H]^+$

がベースピークになる．アセトニトリル/水系では，$CH_3C=N^{+\cdot}$ が，メタノール/水系では $CH_3OH_2^+$ が，それぞれ以下のような反応でイオン化に寄与するためと考えられる．

$$M + CH_3C=N^{+\cdot} \longrightarrow M^{+\cdot} + CH_3CN \quad (16.3)$$
$$M + CH_3OH_2^+ \longrightarrow [M+H]^+ + CH_3OH \quad (16.4)$$

したがって，定量イオンの選択にあたっては，実際に測定するときの移動相の種類，流量で行うことが望ましい．

3) 定量イオンの選択法について（カラムの有無）
LC/MSでは，測定対象物質は周辺の分子，イオンなどとの相互作用があるため，カラムを通した場合と通さない場合で，MSスペクトルが著しく異なることがしばしばある．図16.26はフローインジェクションとカラムを通したときのフタル酸ジイソノニル（DINP）の $[M+H]^+$ と $[M+CH_3CN+Na]^+$ のイオン強度を比較した例である．フローインジェクションでは，プロトン化イオン（前者）はナトリウムと移動相アセトニトリルが付加したイオンの数%にすぎないが，カラムを通すと前者は後者の2倍の強度を示した．したがって，選択イオン検出（SIM）でモニターイオンを決定する場合も，カラムを通した状態で確認する必要がある．

LC/MSでは，MS/MSによる定量もしばしば必要である．LC/MSのMSスペクトルは，ソフトなイオン化で得られるためフラグメントイオンが少なく，SIMでは十分な選択性をもたない場合が少なくない．このような場合，MS/MSによる選択反応検出（SRM：selected reaction monitoring, MRMと呼ばれることもあるが，日本質量分析学会では前者を採用している）は，第1 MSで選択されたイオン（前駆イオン）をアルゴン，窒素などと衝突誘起解離（CID：collision induced ionization）させ生成したイオン（プロダクトイオン）を第2 MSで分離検出するいわば2次元のSIMであるため，十分な選択性が得られることが多い．最近は，四重極MSやイオントラップMSを用いてMS/MS/MSやMS^n などの3〜n 次元MSを用いる方法も進歩しつつある．

c. 定性法
LC/MSによる環境化学物質の定性は，現在のところきわめて困難である．GC/MSでは電子イオン化による質量スペクトルが，装置や分析条件にあまり影響を受けず，一つの物質について一つのMSスペクトルが対応する．そのことによってGC/MSでは，さまざまな装置で測定した質量スペクトルを共通のデータベースとして，これを未知物質の質量スペクトルのパターンと比較し，その物質を定性，推定する方法が開発されている．

他方，LC/MSはそうではない．LC/MSのイオン化は大気圧下であるため，生成したイオンは質量分析計に導入されるまでに，周囲のイオンや分子と多数回衝突する．このため検出されるイオンは，周囲の環境（イオン化条件）の影響を受け易く，スペクトルパターンやイオン強度も変化し易い．実際，わが国で取り扱われている6社のLC/MS装置を比較すると，大半はベースピークが一致するもののス

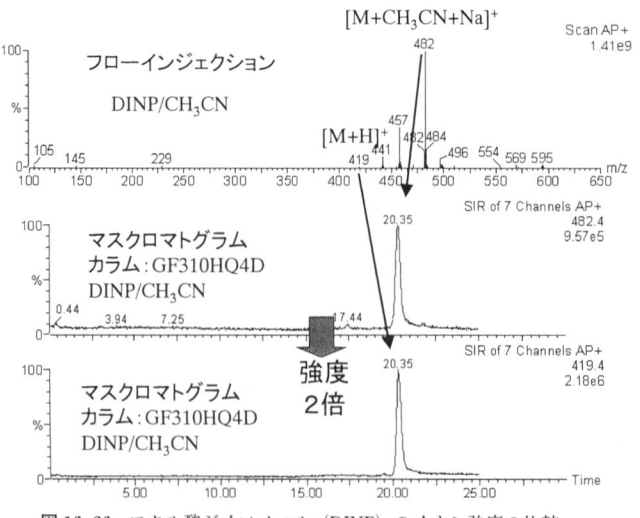

図16.26 フタル酸ジイソノニル（DINP）のイオン強度の比較

ペクトル強度は類似しない[28]．LC/MS で未知物質を推定する方法に関する方向性は明らかでないが，スペクトルから定性を行うには，スペクトルには測定条件として MS の条件に加え溶媒など共存するマトリクスの情報を活用し，さらに HPLC のカラム，分析条件，保持容量を付加したデータベースが必要であろう．しかし，それだけでは定性の情報は乏しい．MS の側でさらに情報を得ることは不可欠であろう．たとえば，MS/MS，MS^n などによるフラグメントイオンと開列の解析，TOF-MS（飛行時間型質量分析計：time of flight mass spectrometer）による精密質量情報から得られる元素組成情報などが定性に有効と考えられる．

LC/MS による定性は必ずしも悲観的ではない．すでに薬物合成，代謝などの分野では出発物質の情報と LC/MS/MS の解析を組み合わせることで，未知物質を推定する手法が提案されている．環境化学物質では出発物質などの情報は得られないが，分画情報など未知物質の絞り込みを補助する情報を明らかにし，それらを定性に向けて組み合わせる論理を構築することで，環境化学物質の定性方法の実現可能性がみえてくるものと思われる． 〔鈴木 茂〕

文 献

1) Hanada Y, Tanizaki T, Koga M, Shiraishi H and Soma M (2002)：*Anal Sci*, **18**：441-444.
2) 上堀美知子（2003）：LC/MS による環境水中のアミトロールの分析．第 20 回環境科学セミナー LC/MS 講演会要旨集，pp.15-19.
3) 田辺顕子（2003）：環境水中の農薬類分析の基礎的検討(3)．第 20 回環境科学セミナー LC/MS 講演会要旨集，pp.12-14.
4) 近藤秀治（2002）：環境水中の農薬一斉分析．第 19 回環境科学セミナー LC/MS 講演会要旨集，pp.38-39.
5) 小澤秀明（2001）：カルバメート系農薬の分析法の検討とその応用．第 18 回環境科学セミナー LC/MS 講演会要旨集，pp.25-27.
6) 長谷川敦子（2003）：分析化学，**52**：15-20.
7) 浦木陽子（2003）：アルキルフェノール類．第 20 回環境科学セミナー LC/MS 講演会要旨集，pp.40-45.
8) Hanada Y, Tanizaki T, Koga M, Shiraishi H and Soma M (2002)：*Anal Sci*, **18**：445-448.
9) 森脇 洋，張野宏也，山口之彦，福島 実（2000）：ジンクピリチオンとカッパーピリチオン．平成 11 年度化学物質分析法開発調査報告書（その 1），環境庁環境保健部環境安全課．
10) 上堀美知子（2001）：ニトロアレン化合物の分析．第 18 回環境科学セミナー LC/MS 講演会要旨集，pp.15-18.
11) 長谷川敦子（2002）：臭素系難燃剤の分析．第 19 回環境科学セミナー LC/MS 講演会要旨集，pp.32-37.
12) 佐々木和明（2002）：固相抽出濃縮法を用いた環境水中の Perfluorooctane Sulfonate の LC-MS 分析．第 19 回環境科学セミナー LC/MS 講演会要旨集，pp.20-22.
13) 佐々木和明（2003）：LC/MS による環境中の Perfluorooctane Sulfonate（PFOS）の分析―底質および生物中の PFOS 分析―．第 20 回環境科学セミナー LC/MS 講演会要旨集，pp.4-6.
14) 古武家善成（2001）：河川環境中の非イオン界面活性剤 APE の分析．第 18 回環境科学セミナー LC/MS 講演会要旨集，pp.20-23.
15) 古武家善成（2003）：LC/MS による陰イオン界面活性剤 LAS の分析．第 20 回環境科学セミナー LC/MS 講演会要旨集，pp.20-23.
16) 劔持堅志（2003）：塩素化パラフィン類（短鎖，中鎖および長鎖）の分析法．第 20 回環境科学セミナー LC/MS 講演会要旨集，pp.20-23.
17) 滝埜昌彦，代島茂樹，山口憲治（1999）：分析化学，**48**：563-570.
18) 川中洋平，尹 順子（2001）：環境化学，**11**：267-272.
19) 吉田寧子，木村義孝，村上雅志，蛭子 聡，竹田菊男，加藤元彦（2002）：LC/MS を用いたノニルフェノールエトキシカルボン酸の分析法検討．第 36 回水環境学会年会講演要旨集，p.432.
20) 米久保淳，花田喜文（2001）：LC/MS による環境汚染物質の分析条件の検討―マネブ系農薬，界面活性剤の分析―，pp.9-10，北九州市．
21) 山岸彦彦，橋本伸哉，大槻 晃，金井みち子（1997）：分析化学，**46**：537-547.
22) Takino M, Daishima S and Yamaguchi K (2002)：*Anal Sci*, **18**：445-448.
23) 環境省環境安全課（1999）：LC/MS を用いた化学物質分析マニュアル，p.13.
24) 環境省環境安全課（1999）：LC/MS を用いた化学物質分析マニュアル，p.14.
25) Bruins AP, Covey TR and Henion JD (1987)：*Anal Chem*, **59**：2642-2646.
26) 鈴木 茂（2003）：環境分析における LC/MS と「新技術」―低感度物質検出技術―．第 20 回環境科学セミナー LC/MS 講演会要旨集，pp.1-3.
27) 環境省環境安全課（1999）：LC/MS を用いた化学物質分析マニュアル，p.29.
28) 森脇 洋，上堀美知子，古武家善成，鈴木 茂，田喜文（2003）：LC/MS データベースの構築について．環境と測定技術，**30**：2642-2646.

16.5 揮発性有機化合物（VOC）の多成分分析

▷ 13.3.1 低沸点有機塩素化合物およびトリハロメタン
▷ 13.3.2 農薬

16.5.1 VOC 分析の特徴

常温で気体の化合物や，液体や固体であってもおおむね沸点が 260℃ 以下で揮発性が高いためその一

部が気体として存在する化合物を揮発性有機化合物（VOC）という．わが国では環境基準項目としてベンゼンなど 11 項目が，要監視項目としてトルエンなど 6 項目が指定されているほか，要調査項目として塩化アリル（アリルクロライド）など約 50 項目がリストされている．

水試料中の VOC は，揮発性という性質を利用して，水中の濃度を直接測定するのではなく，その一部または全量を気体として計測機器に導入することにより測定できる．水試料中の VOC を測定機器に導入する方法として，ヘッドスペース法，パージトラップ法，SPME 法などがある．計測機器としては GC または GC/MS が用いられるが，精度よく多成分の同時分析が可能なことから，現在では GC/MS が多用されている．

なお，水試料中の VOC 分析の公定法として，JIS K 0125，厚生労働省の水質基準に関する省令，環境省の告示（排水基準に係る検査方法，水質汚濁に係る環境基準）および通知（環境基準および要監視項目の測定方法について）などで示された方法があり，パージトラップ GC/MS 法，パージトラップ GC（ECD および FID）法，ヘッドスペース GC/MS 法，ヘッドスペース GC（ECD および FID）法および溶媒抽出 GC（ECD）法が示されている．これらのうち，最も多くの VOC に適用できる方法はパージトラップ GC/MS 法である．

底質や生物試料中の VOC は，まず水溶性の有機溶媒で抽出し，その一部を精製水に溶かすことにより，水試料と同様に測定できる．

a. ヘッドスペース法

容器（バイアル）に水試料をとり，密閉して振盪後，放置すると，VOC は試料（液相）と試料液面上に生ずる容器内の気相（ヘッドスペース）との間に分配して存在する．一定の温度では，平衡状態において低濃度の VOC が両相の間に分配する割合は化合物により一定であり，気相中の濃度は水相中の濃度に比例する（Henry の法則）．この原理を利用して気相の一部を計測装置に導入し，気相中の VOC 濃度を測定することにより，液相中の VOC 濃度を知る方法がヘッドスペース法である．気相の計測機器への導入は，ガスタイトシリンジなどを用いて手動で行うこともできるが，自動導入できる装置が普及している．

ヘッドスペース法は気相のみを計測機器に導入するため，機器が汚染を受けにくく，簡便に分析が可能である．しかし，計測機器に導入されるのは気相の一部に過ぎないため，パージトラップ法に比べて感度が悪い．ヘッドスペース法において感度を上げるためには，気相中の対象化合物濃度を上げる必要がある．その方法として，平衡時の温度を上げたり，気相の割合を下げたり，塩析剤（塩化ナトリウムなど）を添加するなどの方法がとられている．また，計測機器に導入するヘッドスペースガス量を増加させる方法もある．

b. パージトラップ法

パージトラップ法は，試料に不活性ガスを吹き込むことにより，試料中の化合物を追い出し（パージ），追い出された化合物を吸着剤などで捕集（トラップ）後，加熱により脱離させて計測機器に導入する方法である．加熱脱離後，さらに冷却凝縮装置などで再濃縮後，加熱して計測機器に導入する（クライオフォーカス）ことにより対象化合物の分離を改善する方法も併用されている．当初は手作りの装置が用いられていたが，汚染を受けやすく，また再現性の点で問題がある場合が多かった．現在では全操作を自動化した装置が市販されている．

特徴：パージトラップ法はヘッドスペース法に比べて操作が煩雑で，汚染を受けやすいが，より高感度で計測できる．特に要調査項目など $0.01\,\mu g/l$ 程度の低濃度まで測定することが求められている場合，パージトラップ法を用いる必要がある．

c. SPME 法

固相マイクロ抽出（SPME）法は，図 16.27 に示すように，細いニードルに結合された固相（ファイ

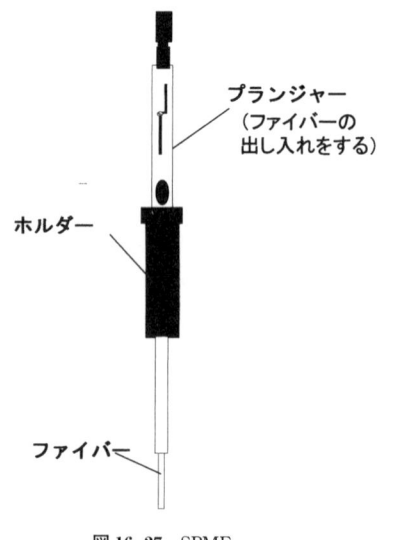

図 16.27 SPME

バー）に水相または気相中の対象化合物を吸着させた後，ニードルをGC/MSの注入口に挿入することにより化合物を加熱脱離させて測定する方法である．

SPME法は操作が簡便で比較的短時間で分析が可能であり，特に気相中の対象化合物を吸着させる場合は汚染を受けにくい利点がある．しかし，定量性が低いため内標準として安定同位体を添加する必要があること，水中に共存する夾雑物の影響を受けやすいなどの欠点がある．

d. 分析の留意点

VOCは揮発しやすいので，試料採取時から分析まで，揮散しないように注意する必要がある．そこで，安定同位体をサロゲートとして用いる同位体希釈法が望ましい．一般に，サロゲートを試料調製時に分取した試料に加える場合が多いが，VOC分析では，サロゲートをサンプリング時に加えることにより，試料採取・運搬・保存から分析までを管理できる．

VOCのうち，トルエンやジクロロメタンなど，実験室内に存在する化合物は試料採取容器の洗浄・乾燥・保存時，採取した試料の保存時，分析時などに汚染しないように注意する必要がある．特に，トルエンやキシレン類などはガソリンや自動車排ガス中にも含まれているので，試料採取時や運搬時に排ガスの影響を受けないように留意する必要がある．また，使用する水や試薬についても汚染されていないものを使用する必要がある．なお，試料採取時からの汚染の有無を確認するためにトラベルブランクについても確認する必要がある．さらに同一条件で採取した2つ以上の試料について同様に分析（二重測定）を行うことにより，分析の信頼性を確保することが望ましい．二重測定はおおむね10試料ごとに1回行う．

16.5.2 対象化合物

ここで対象とする化合物を表16.6に示す．この中には「13.3.1 低沸点有機塩素化合物」で既述されているトリクロロエチレン，テトラクロロエチレンおよび1,1,1-トリクロロエタン，トリハロメタン類，環境基準項目，要監視項目，要調査項目などが含まれている．分析条件を選べばこれらの対象化合物を一括して分析可能である．なお，ここでは，最も普及しているヘッドスペース法（図16.28）およびパージトラップ法（図16.29）について紹介する．

16.5.3 試薬，器具

a. 試薬

用いる試薬（メタノール，塩化ナトリウム），標準品，サロゲートおよび内標準については対象化合物の分析に影響のない純度のものを用いる．サロゲートおよび内標準を表16.7に例示する．塩化ナトリウムは試薬特級品を約105～200℃の電気乾燥器内で3～6時間程度放置し，汚染のない場所で冷却したものを用いる．

検量線作成やブランク操作，底質，生物試料の測定に用いる精製水は，後述のように作成するか，市販の揮発性有機物質試験用の水を用いる．なお，市販のミネラルウォーターを用いてもよいが，パージトラップ法の場合は，装置の経路にアルカリ土類金属塩などが析出することがあるので注意する．いずれの水も使用前に空試験を行い，使用の適否を確認する．

精製水の作成は以下のように行う．蒸留水またはイオン交換水1～3 l を三角フラスコに採り，これをガスコンロなどで強く加熱して，液量が約1/3になるまで煮沸する．直ちに環境からの汚染がない場所に静置して冷却する．なお，炭素系吸着剤を充填したカラムに蒸留水またはイオン交換水を通して精製してもよい．

b. 標準溶液，サロゲート溶液および内標準溶液の調整

1) 標準溶液 メタノールを30～50 ml 入れた100 ml メスフラスコに，対象化合物の標準品各100 mgを精秤し，メタノールで100 ml とし標準混合原液（1000 μg/ml）とする．常温で気体の化合物はメタノール・ドライアイスで冷却しながら操作する．市販の溶液を用いてもよい．

標準原液は使用時に調製する．ただし，調製した標準品を直ちに液体窒素で冷却し，液体窒素またはメタノール・ドライアイスなどの冷媒を用いた冷却条件下でアンプルに移し，溶封して冷暗所に保存すれば1～3か月は保存できる．それ以上の期間を経過したものは純度を確認してから使用する．なお，使用する装置の感度などに合わせて各化合物の濃度比を変えてもよい．

2) サロゲート溶液および内標準溶液 メタノールを50～90 ml 入れた100 ml メスフラスコに，サロゲート各10 mgを秤量し，メタノールで100

16. 環境微量分析

表 16.6 対象化合物

化合物名			測定イオン例				化合物名			測定イオン例			
arylchloride	*3		76	41	78	39	dicyclopentadiene	*3		66	132		
benzene	*1	*4	78	77			1,2-dietylbenzene	*3		105	119	134	
benzyl chloride	*3		91	126			1,3-dietylbenzene	*3		105	119	134	
bromobenzene	*3		156	77			1,4-dietylbenzene	*3		105	119	134	
bromodichloromethane	*3	*4	83	85			epichlorohydrin	*3		49	57		
bromomethane	*3		96	94			ethylacrylate	*3		55	73	99	
1-bromopropane	*3		122	43	124	39	ethylchloroacetate	*3		49	77		
2-bromopropane	*3		122	43	124	39	n-hexane	*3		86	57		
1,3-butadiene	*3		54	53	39		isoprene	*3		53	67	68	
butylacrylate	*3		55	73	85		p-isopropyltoluene	*3		119	134		
n-butylbenzene	*3		91	134			methylacrylate	*3		55	85		
sec-butylbenzene	*3		105	134			methyl t-butyl ether	*3		73	79	57	
tert-butylbenzene	*3		134	119			α-metylstyrene	*3		103	117	118	
carbon disulfide	*3		44	76	78		nitrobenzene	*3		77	123		
chloroethane	*3		64	66			1-octene	*3		55	70	83	112
chloromethane	*3		50	52			pentachloroethane	*3		117	119	165	167
m-clorotoluene	*3						n-propylbenzene	*3		91	120		
p-clorotoluene	*3		91	126			propyleneoxide	*3		57	58		
cyclopentane	*3		70	55	42		stylene	*3		104	78		
dibromochloromethane	*3	*4	129	127			tetrachloroethene	*1	*4	166	164		
1,2-dibromo-3-chloropropane	*3		75	157			tetrachloromethane	*1	*4	117	119		
1,2-dibromoethane	*1	*4	107	109			toluene	*2	*5	92	91		
dibromomethane	*3		93	95			tribromomethane	*3	*4	173	171		
1,4-dichlorobenzene	*2	*5	146	148			1,1,1-trichloroethane	*1	*4	97	99		
1,2-dichloroethane	*3		62	64			1,1,2-trichloroethane	*1	*4	83	97		
1,1-dichloroethane	*1	*4	61	96			trichloroethene	*1	*4	95	130		
cis-1,2-dichloroethene	*1	*4	96	98			trichloromethane	*2	*4	83	85		
trans-1,2-dichloroethene	*2	*5	61	96			1,2,3-trichloropropane	*3		110	112	39	77
dichloromethane	*1	*4	84	86			1,2,4-trimethylbenzene	*3		105	120		
1,2-dichloropropane	*2	*5	63	62			1,3,5-trimethylbenzene	*3		105	120		
1,3-dichloropropane	*3		76	78			vinylacetate	*3		43	86		
2,2-dichloropropane	*3		77	79			vinylchloride	*3		62	64		
1,1-dichloropropene	*3		75	110			m-xylene	*2	*5	91	106		
cis-1,3-dichloropropene	*1	*4	75	110			o-xylene	*2	*5	91	106		
trans-1,3-dichloropropene	*1	*4	75	110			p-xylene	*2	*5	91	106		

*1 環境基準項目, *2 要監視項目, *3 要調査項目, *4 水道水質基準項目, *5 監視項目.

水質試料

```
水質試料 ─── バイアル ─── ヘッドスペース GC/MS
サロゲート添加    NaCl、内標準添加    密栓、振り混ぜ、加温
```

底質試料

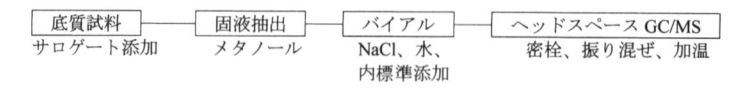

```
底質試料 ─── 固液抽出 ─── バイアル ─── ヘッドスペース GC/MS
サロゲート添加   メタノール   NaCl、水、    密栓、振り混ぜ、加温
                            内標準添加
```

生物試料

```
生物試料 ─── 固液抽出 ─── バイアル ─── ヘッドスペース GC/MS
サロゲート添加   メタノール   NaCl、水、    密栓、振り混ぜ、加温
                            内標準添加
```

図 16.28 ヘッドスペース法の概要

水質試料

水質試料 ─ パージ容器 ─ パージトラップ GC/MS
サロゲート添加　内標準添加

底質試料

底質試料 ─ 固液抽出 ─ パージ容器 ─ パージトラップ GC/MS
サロゲート添加　メタノール　水、内標準添加

生物試料

生物試料 ─ 固液抽出 ─ パージ容器 ─ パージトラップ GC/MS
サロゲート添加　メタノール　水、内標準添加

図 16.29　パージトラップ法の概要

表 16.7　サロゲートおよび内標準の例

サロゲートの例	測定イオン例			サロゲートの例	測定イオン例		
benzene - d_6	84			isoprene - d_8	76	58	
benzyl chloride - d_7	98	133		p - chlorotoluene - d_4	95	130	
bromobenzene - d_5	161			nitrobenzene - d_5	82	128	
1 - bromopropane - d_7	129			1 - octene - 1, 1 - d_2	114		
1, 3 - butadiene - d_6	60	58	42	1, 2 - propylene - d_6 oxide	64		
chloroethane - d_5	69	71		stylene - d_8	112		
chloromethane - d_3	53	55		tetrachloroethylene - $^{13}C_2$	174		
$^{13}C_6$ - p - clorotoluene	97	132		toluene - d_8	100		
1, 2 - dibromoethane - d_4	111			1, 1, 1 - trichloroethane - 2, 2, 2 - d_3	100	102	
1, 4 - dichlorobenzene - d_4	152	154		1, 2, 3 - trichloropropane - $^{13}C_3$	113		
1, 2 - dichloroethane - d_4	65			$^{13}C_2$ - vinylacetate	88		
dichloromethane - d_2	90			vinylchloride - d_3	65	67	
1, 2 - dichloropropane - d_6	69			1, 3 - dimethyl - $^{13}C_2$ - benzene	108		
cis - 1, 3 - dichloropropene - d_4	114			1, 2 - dimethyl - $^{13}C_2$ - benzene	108		
$trans$ - 1, 3 - dichloropropene - d_4	114			1, 4 - dimethyl - $^{13}C_2$ - benzene	108		
epichlorohydrin - d_5	62			fluorbenzene [*1]	96		
n - hexane - d_{14}	66	64	100	4 - bromofluorobenzene [*1]	174	176	

[*1]　内標準

ml とし，サロゲート原液（100 μg/ml）とする．メタノールを 50〜80 ml 程度入れた 100 ml メスフラスコに，サロゲート原液 1 ml を採り，メタノールで 100 ml とし，サロゲート溶液（1 μg/ml）とする．内標準原液および内標準溶液もサロゲートの場合と同様に作成する．なお，サロゲート溶液や内標準溶液の濃度は対象化合物濃度や試験操作条件などに応じて適切な濃度となるように調製してもよい．

サロゲート原液および内標準原液は，標準原液と同様にアンプルに封入し，冷暗所に保存すれば 1〜3 か月は保存できる．それ以上の期間を経過したものは純度を確認してから使用する．

試料に添加する単位体積（または重量）あたりのサロゲートの量は，試料の前処理において添加する単位体積（または重量）あたりの内標準の量と同程度を目安とする．

c. 器　具

1) 試料採取容器　試料採取容器はガラス製共栓つき褐色ガラス瓶，または，四フッ化エチレン樹脂張りシリコーンゴム栓つきスクリューキャップ用ネジ口褐色ガラス瓶などを用いる．容量は 100〜300 ml 程度のものが使いやすい．底質試料用には広口のものを用いる．洗剤で洗浄後，水でよくすすぎ，さらに精製水ですすいでから乾燥する．使用直前に 100〜105 ℃で一度加熱後，汚染のない場所で放冷し，キャップを堅く締めておく．

2) バイアル　試料（10〜100 ml）を入れたときに，試料量の 10〜30％の空間が残る容量のガラス製容器で，その上部の口に四フッ化エチレン樹脂フィルム，シリコーンゴム栓，アルミニウムキャッ

プなどで固定し，加熱，冷却しても容器の機密性が保たれるものを用いる．装置により専用のものが市販されている．試料採取容器と同様に洗浄，乾燥，冷却して使用する．なお，バイアルによっては，多少の誤差があるので，測定結果に影響が考えられる場合は，使用前に容量を確認し，誤差が大きいものは使用しない．

3）パージ容器　試料 $5\sim50$ ml 程度のパージが可能なガラス製容器またはそれに試料導入部を有するもので，試験操作中に加温，冷却しても容器の機密性が十分保たれるものを用いる．装置により専用のものが市販されている．試料採取容器と同様に洗浄・乾燥してから使用する．

4）その他の器具　遠心管は容量 50 ml 程度の共栓つきガラス製のものを用いる．メスフラスコはガラス製で容量 50 ml のものを，ホールピペットはガラス製で容量 $1\sim100$ ml のものを適宜使用する．いずれも洗剤で洗浄後，水でよくすすぎ，さらに精製水ですすいでから汚染のない場所で乾燥して使用する．

16.5.4　試料採取

水試料の採取時には，試料採取容器を採取試料で数回共洗いしてから，試料を泡立たないように静かに採取容器に満たし，マイクロシリンジでサロゲート溶液を添加し，直ちにキャップをする．このとき，瓶内に空気層を残さないよう注意する．

底質試料は採泥器で採取後，採泥器内で水切りをし，小石，貝類，動植物片などの固形物を含まないよう混和し，すみやかに試料採取容器に移し入れ，空隙が残らないように直ちに密栓する．試料を運搬する場合には，汚染のない運搬用容器を用いて遮光・冷蔵する．試験操作は試料採取後直ちに行う．試料はフルイを通さず，容器内の表層の水を捨て，表層部をかき取った下層とし，固形物を含まないものを試験する．

試料を運搬する場合には，汚染のない運搬用容器を用いて遮光・冷蔵する．前処理操作は試料採取後直ちに行う．

16.5.5　試料の保存

試料採取後，直ちに分析を行えない場合には，試料を汚染のない冷暗所（4℃以下）で凍結しないように保存する．底質については保存中における試料体積の変動に伴い汚染されることがあるので，試料採取容器をチャックつきポリエチレン製袋などに入れて密封し，試料採取容器の口を下にした状態で保存する．しかし，VOC は揮発しやすいので可能なかぎりすみやかに測定する必要がある．

16.5.6　分析条件の最適化

ヘッドスペース法およびパージトラップ法ともに，一連の操作を自動化した装置が市販されている．こうした装置を用いなくとも濃縮操作は可能ではあるが，市販の装置を使用することにより，汚染を受けたり対象化合物が揮散したりすることなく再現性よく測定することができる．装置により細部が異なる場合が多いので，原理を理解したうえで使用する必要がある．こうした装置を用いる場合，使用する装置の分析条件をあらかじめ最適化する必要がある．さらに，装置の経路内を十分洗浄し，分析の支障となる妨害などがないことを確認してから使用する．

a. ヘッドスペース法

ヘッドスペース法では，気液平衡状態にするためのバイアルの加温温度，加温時間，バイアル中の塩濃度などを検討する必要がある．バイアル温度は $20\sim70$℃ 程度が一般的であるが，高温ほど気相中の濃度が上昇するので高感度となる一方，GC/MS 測定時に水分の影響を受けやすくなったり，化合物によっては分解しやすくなったりするものもある．塩濃度は高いほど高感度となる．なお，試料中の塩濃度は一定にする必要がある．

b. パージトラップ法

パージトラップの最適条件は使用する試料量，吸着剤の種類や量などによって異なるため，あらかじめ十分な回収結果の得られる条件を求めておく．パージトラップ法における検討事項として，パージ温度，パージ時間，トラップ用捕集剤の選定，トラップ時間，加熱脱離温度・時間などある．

パージ条件はトラップ管の破過容量を超えないよう注意する．トラップ管の例として，ポリマー（Tenax TA など）を充填したもの，ポリマーに加えて，グラファイトカーボンを配合したポリマー（Tenax GR など）または活性炭系吸着剤を 2 層に充填したもの，さらにシリカゲルを充填して 3 層としたものなどがある．一般に，沸点の低い化合物は吸着力の強い活性炭系吸着剤を用いる．一方，沸点の高い化合物はポリマーに吸着させる．その理由は，高沸点の化合物を活性炭から回収するためには高温

で加熱する必要があり，良好な回収結果が得られない場合があるからである．そこで，トラップする場合は，パージされた化合物を，まず吸着力の弱い充填剤で捕集し，次に吸着力の強い充填剤で捕集する．加熱脱離の場合は，トラップ時と逆方向に不活性ガスを流す（バックフラッシュ）ことにより，脱離を容易にできる．

c. GC/MS

GC/MS 測定においては，SIM 測定が一般的であるが，十分な感度が得られれば SIM 測定の代わりにスキャン測定などでもよい．使用する装置は，目標とする検出下限値や定量下限値まで試料の測定が可能になるようあらかじめ測定条件を設定し調整する．この際，感度とその直線性，安定性などのほか，測定の誤差となる干渉の有無や大きさ，その補正機能など，十分信頼できる分析が可能かどうかを確認しておく．また，装置の感度は変動することがあるので，1 日に 1 回以上，または 10 試料に 1 回以上の割合で定期的に感度の変動をチェックする．感度チェックとして，検量線の中間程度の標準液を測定し，装置感度が検量線作成時に比べて ± 20% 以内であることを確認する．もし変動がそれ以上の場合には，その原因を究明して取り除く必要がある．

16.5.7 ヘッドスペース法による分析

a. 水質試料

試料量に対し一定（30%程度）となるように塩化ナトリウムをバイアルに入れる．試料 10～100 ml の適量を静かに泡立てないようにバイアルにホールピペットで入れ，内標準溶液を添加する．四フッ化エチレン樹脂フィルム，シリコーンゴム栓およびアルミシールなどで直ちに密栓して振り交ぜ，測定用試料とする．

b. 底質試料

試料 20 g を遠心管に採り，3000 rpm で 20 分間遠心分離し，上澄みは捨てる．試料にサロゲート溶液を添加し，メタノール 10 ml を加え，10 分間超音波抽出を行う．3000 rpm で 10 分間遠心分離し，液層を全量フラスコに入れる．残渣にメタノール 10 ml を加え，10 分間超音波抽出を行う．3000 rpm で 10 分間遠心分離し，液層を全量フラスコに加え，定容（25～50 ml）とし，試料液とする．

塩化ナトリウムをバイアルに入れる．塩化ナトリウムの量は試料量に対し，濃度が 30% 程度となる量とする．バイアルに，水 9.4 ml に対して試料液 0.6 ml の割合となるように，水 9.4～94 ml および試料液 0.6～6 ml を静かに泡立てないように入れ，内標準溶液を添加し，以下，水試料の場合と同様に操作して測定用試料とする．

c. 生物試料

試料 20 g にサロゲート溶液を添加し，メタノール 10 ml を加え，3 分間ホモジナイズする．3000 rpm で 10 分間遠心分離し，液層を全量フラスコに入れる．残渣にメタノール 10 ml を加え，10 分間超音波抽出を行う．3000 rpm で 10 分間遠心分離し，液層を全量フラスコに加え，定容（25～50 ml）とし，試料液とする．以下，底質試料の場合と同様に操作して測定用試料とする．

d. 測　定

測定用試料を 20～70℃の範囲の一定温度で，20～120 分の範囲の一定時間放置する．ヘッドスペースガスの一定量を採取し，GC/MS に導入して測定する．測定条件を以下に例示する．

1) ヘッドスペース測定条件の例
- 注入圧：10 psi
- ループ温度：140℃
- トランスファーライン温度：150℃
- ループ充填時間：0.01 min
- ループ平衡時間：0.05 min
- 注入時間：0.1 min

2) GC/MS 測定条件の例

① GC 条件
- カラム：フェニルメチルシリコン化学結合型（内径 0.2～0.75 mm，長さ 25～120 m，膜厚 0.1～3.0 μm 程度）カラムまたは同等以上の分離性能をもつもの（VOCOL，Aquatic，DB-624，DB-WAX，DB-1301 など）
- カラム温度：40℃（1 min）→ 3℃/min → 80℃ → 10℃/min → 200℃（15 min）
- キャリアガス：ヘリウム（線速度 40 cm/s）

② MS 条件
- イオン化法：EI
- イオン化エネルギー：70 eV
- イオン化電流：300 μA
- イオン源温度：210℃

16.5.8 パージトラップ法による分析

a. 水質試料

試料 5～50 ml の適量を静かに泡立てないようにパージ容器にホールピペットで入れ，内標準溶液を

添加し，測定用試料とする．パージトラップ装置によってはバイアルを用いる．この場合は，試料を泡立たないように静かにバイアルに満たし，内標準溶液を添加後，直ちにキャップをし，測定用試料とする．このとき，バイアル内に空気層を残さないよう注意する．なお，試料に塩化ナトリウムなどを添加することによりパージの効率を上げることができるが，塩類を加える場合は装置の経路などに不具合が生じる場合があるので注意する．

b. 底質試料

ヘッドスペース法の場合と同様に抽出操作をして試料液を得る．パージ容器に水 9.8 ml に対して試料液 0.2 ml の割合となるように，水 4.9～49 ml および試料液 0.1～1 ml を静かに泡立てないように入れ，内標準溶液を添加し，測定用試料とする．装置によっては，水 9.8 ml に対して試料液 0.2 ml の割合となるように静かにバイアルに満たし，内標準溶液を添加後，直ちにキャップをし，測定用試料とする．このとき，バイアル内に空気層を残さないよう注意する．

c. 生物試料

ヘッドスペース法の場合と同様に抽出操作をして試料液を得る．以下，底質試料の場合と同様に操作して測定用試料とする．

d. 測　定

測定用試料をパージトラップ装置のトラップ部に接続する．パージガスを一定量通気して対象化合物を気相中に移動させてトラップ管に捕集し，次にトラップ管を加熱し対象化合物を脱着して，冷却凝縮装置でクライオフォーカスさせ，GC/MS に導入して測定する．なお，クライオフォーカスを行わない場合は，対象化合物をトラップ管に捕集後，トラップ管を加熱して直接 GC/MS へ導入する．パージトラップ測定条件を以下に例示する．

パージトラップ測定条件の例
- パージ時間：8 min
- パージ温度：40℃
- ドライパージ時間：3 min
- トラップ温度：室温
- トラップ管加熱時間：2 min
- トラップ管加熱温度：200℃
- 注入時間：6 min
- トラップ管焼きだし時間：20 min
- トラップ管焼きだし温度：210℃

GC/MS 条件は 16.5.7 項 d を参照．

16.5.9 空（ブランク）試験

水質試料については，試料と同量の水を用いて，また，底質および生物試料については，試料と同量の水およびメタノールを用いて，16.5.7 または 16.5.8 項に従って試料と同様の操作をして得たものを空試料とする．空試験値については，用いる試薬，器具，装置などをチェックして可能なかぎり空試験値の低減化を図る．

16.5.10 同定，定量および計算

a. 検量線

16.5.7 または 16.5.8 項に従って，水質試料の場合は試料と同量の水に，また，底質および生物試料の場合は試料液と同量の水およびメタノールに，おのおの，標準溶液，サロゲートおよび内標準を添加して検量線用標準を作成する．標準の濃度範囲は，ヘッドスペース法では 0.01～10 μg/l 程度，パージトラップ法では 0.001～1 μg/l 程度とし，複数の濃度のものを作成する．また，内標準の添加量は試料と同量とする．なお，ヘッドスペース法では，試料と同濃度となるように塩化ナトリウムを添加する．作成した標準は，16.5.7 または 16.5.8 項に従って測定する．サロゲートまたは内標準と対象化合物の面積比を求め，検量線を作成する．

b. 同　定

対象化合物，サロゲートおよび内標準について，定量イオンおよび確認イオンが，検量線作成に用いた標準物質などの保持時間の±5 秒以内に出現し，定量イオンと確認イオンの強度比が検量線作成に用いた標準物質などの強度比の±20％以下であれば，対象化合物などが存在しているとみなす．なお，測定用試料中に夾雑物が多い場合には，保持時間が変わることがある．この場合は測定用試料に標準溶液などを加えて測定し，検量線を作成するとよい．

c. 定量および計算

測定用試料および空試料について，サロゲートと対象化合物の面積比から，対象化合物の検出量を求める．次式で試料中の各対象化合物濃度を計算する．なお，空試料の検出値が空試験に用いた水に由来する場合は，空試料の検出量は差し引かない．また，通常，底質の試料量は乾燥試料量とする．

水質：濃度（μg/l）＝（検出量(ng)－空試料の検出量(ng)）/試料量（ml）

底質：濃度（μg/kg）＝（検出量(ng)－空試料の検出量(ng)）×試料液量(ml)/パージ容器への

分取量（ml）/試料量（g）

生物：濃度（μg/kg）＝（検出量（ng）－空試料の検出量（ng））×試料液量（ml）/パージ容器への分取量（ml）/試料量（g）

内標準とサロゲートの面積比から，サロゲートの検出量を求めれば，サロゲートの回収率が求められる．

サロゲートの回収率（%）＝サロゲートの検出量（ng）/サロゲートの添加量（ng）×100

サロゲートの回収率は50%以上であることが望ましい．また，二重測定を行った場合は，定量下限値以上の濃度の対象化合物について，平均値に対する測定値の差が30%以下であることを確認する．測定値の差が大きい場合は，その原因を精査して取り除き，再測定する． 〔川田邦明〕

文　献

1) 環境庁水質保全局水質規制課（1993）：環境水質分析マニュアル，環境化学研究会．
2) 環境庁水質保全局水質規制課（1994）：新しい排水基準とその分析，環境化学研究会．
3) 日本規格協会（1996）：JIS K 0125．
4) EPA：Method 524.2, US EPA.
5) EPA：Method 624, US EPA.
6) 城山二郎，松浦洋文（1996）：環境化学，**6**：583．
7) 田辺篤子，川田邦明，水戸部英子，坂井正昭（1997）：環境化学，**7**：69．
8) 環境庁環境保健部環境安全課（1997）：平成8年度　化学物質分析法開発調査報告書，p.1．
9) 環境庁環境保健部環境安全課（1997）：平成8年度　化学物質分析法開発調査報告書，p.22．
10) 環境庁水質保全局水質管理課（1998）：外因性内分泌攪乱化学物質調査暫定マニュアル（水質，底質，水生生物），p.VI－1．
11) 環境庁水質保全局水質管理課（1999）：要調査項目など調査マニュアル（水質，底質，水生生物），p.2．
12) 川田邦明（1999）：環境ホルモンのモニタリング技術（森田昌俊監修），p.97，シーエムシー．
13) 環境庁水質保全局水質管理課（2000）：要調査項目など調査マニュアル（水質，底質，水生生物），p.49．
14) 日野隆信（2001）：化学物質の最新計測技術（宮崎　章監修），p.215，リアライズ社．
15) A. Tanabe, Y. Tsuchida, T. Ibaraki, K. Kawata, A. Yasuhara and T. Shibamoto（2005）：*J. Chromatogr. A*, **1006**：159．

16.6　ダイオキシン類の分析技術

▷ 13.3.3　ダイオキシン類
▷ 13.3.4　PCB

ダイオキシン類は，強い毒性をもつことから，国際的には早い時期から注目されてきた有害化学物質である．わが国でも，1970年代後半に都市ごみ焼却場の灰からダイオキシン類が検出されたのを機に一般に知られるようになった．さらに，1990年代ころからマスコミ報道によりダイオキシン類による汚染問題が大きく取り上げられ，2000年1月にはダイオキシン類による環境汚染の防止と国民の健康を保護することを目的とした「ダイオキシン類対策特別措置法」が施行されるに至った．

このダイオキシン類とは，「ポリ塩化ジベンゾ-p-ジオキシン（polychlorinated dibenzo-p-dioxins：PCDDs）」，「ポリ塩化ジベンゾフラン（polychlorinated dibenzofurans：PCDFs）」および「コプラナーポリ塩化ビフェニル（coplanar polychlorinated biphenyls：Co-PCBs）」の3種の化合物群の総称である（図16.30）．これらダイオキシン類は，塩素の置換数や位置により多くの異性体をもち，その毒性の強さは大きく異なる．このような化合物群であるダイオキシン類の濃度や毒性の評価には，最も毒性の強い2378-四塩化ジベンゾ-p-ジオキシン（2378-TeCDD）の濃度に換算した「毒性当量（toxicity equivalency quantity：TEQ）」が一般的に用いられる．このTEQを算出するため，各異性体には「毒性等価係数（toxic equivalency factor：TEF）」が設定されている（表16.8）．1988年にNATO/CCMS[1]は，2，3，7，8位にすべて塩素が置換する四塩素化以上のPCDDsとPCDFsの異性体について，国際的なTEF（I-TEF）を設定し，1993年には世界保健機関（WHO）[2]が，オルソ位に塩素をもたない3種の異性体（non-ortho PCBs）と同位に塩素を1つもつ8種の異性体（mono-ortho PCBs），同じく塩素を2つもつ2種の異性体（di-ortho PCBs）の合計13種のPCBs異性体について，新たにTEFを設定した．そして，

16. 環境微量分析

PCDDs
ポリ塩化ジベンゾ-*p*-ジオキシン
(polychlorinated dibenzo-*p*-dioxins)

PCDFs
ポリ塩化ジベンゾフラン
(polychlorinated dibenzofurans)

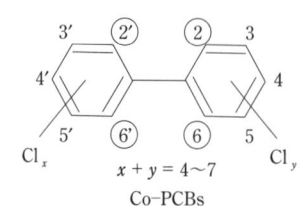

$m + n = 1 \sim 8$

Co-PCBs
コプラナーポリ塩化ビフェニル
(coplanar polychlorinated biphenyls)

$x + y = 4 \sim 7$

non-ortho PCBs：Ortho位（○の位置）に塩素置換なし
mono-ortho PCBs：Ortho位（○の位置）に1個塩素が置換

図 16.30 ダイオキシン類の構造

1998年にHWO/ICPS[3]がダイオキシン類の毒性評価を見直し、7種のPCDDsと10種のPCDFs、12種のCo-PCBsについて、人間や野生生物のためのTEFを再設定した。さらに2005年には、最新の知見を加えて再検討し、この中の人と野生ほ乳類にかかわるTEFの一部を変更している[4]。わが国の「ダイオキシン類対策特別措置法」では、現在のところ1998年に提案されたTEFを採用しているが、いずれ最新のTEFへの改定作業が進められるであろう。

「ダイオキシン類対策特別措置法」では、人が生涯にわたってダイオキシン類へ摂取し続けても健康に影響を及ぼさないための曝露量として、「耐容一日摂取量（TDI；tolerable daily intake)」を4 pg-TEQ/kg-体重/日以下に設定することが定められた。また、大気、水質および土壌について人の健康を維持するうえで望ましい基準として"環境基準"の設定と常時監視が義務づけられている。さらに、環境基準を維持するためにダイオキシン類の発生源施設における排ガスや排水または廃液に対して"排出基準"の設定と、事業者に年1回以上の測定義務を課した。このような社会的背景の中でさまざまな場面でのダイオキシン類測定が必要となり、ダイオキシン類分析に関するマニュアルや日本工業規格（JIS）が整備されるようになった（表16.9）。本節では、水環境に関する水質、底質、水生生物のダイオキシン類の分析法を中心に解説し、今後のダイオキシン類分析の方向性について述べたい。

16.6.1 ダイオキシン類の分析方法

ダイオキシン類の分析方法は、a. 試料の採取、b. 試料の前処理および抽出、c. 精製、d. 測定、の大きく4つの工程に分けられる。前半の2工程（a, b）は、対象媒体により異なった方法が採られるが、後半（c, d）はほぼ同じ方法が採用されている。各分析工程で用いられる方法について以下に説明する。

a. 試料の採取

ダイオキシン類の試料採取においては、どのような目的で調査を行うのかが非常に重要である。ここでは、一般的なダイオキシン類の環境調査に用いる方法について説明する。

常時監視における水質調査では、採水日前において比較的晴天が続き水質が安定している日に、ダイオキシン類が吸着しにくい金属製もしくはテフロンコーティングされた採水器を用いて、表層水をガラス製容器に採水する[5]。

底質の調査では、エクマンバージ（Ekmanbirge grab sampler）型採泥器などを用いて表層10 cm程度の表層底質を採取する[6]。また、過去の汚染状況を復元するための調査では、コアサンプラーを用いて鉛直方向に柱状試料が採取される。

表 16.8 ダイオキシン類の毒性等価係数(TEF)

	WHO/IPCS (2005)[4]	WHO (1998)[3]			ECEH-WHO /IPCS (1993)[2]	I-TEF (1988)[1]
	人・ほ乳類	人・ほ乳類	魚類	鳥類		
PCDDs						
2378-TeCDD	1	1	1	1	−	1
12378-PeCDD	1	1	1	1	−	0.5
123478-HxCDD	0.1	0.1	0.5	0.05	−	0.1
123678-HxCDD	0.1	0.1	0.01	0.01	−	0.1
123789-HxCDD	0.1	0.1	0.01	0.1	−	0.1
1234678-HpCDD	0.01	0.01	0.001	< 0.001	−	0.01
OCDD	0.0003	0.0001	< 0.0001	0.0001	−	0.001
PCDFs						
2378-TeCDF	0.1	0.1	0.05	1	−	0.1
12378-PeCDF	0.03	0.05	0.05	0.1	−	0.05
23478-PeCDF	0.3	0.5	0.5	1	−	0.5
123478-HxCDF	0.1	0.1	0.1	0.1	−	0.1
123678-HxCDF	0.1	0.1	0.1	0.1	−	0.1
123789-HxCDF	0.1	0.1	0.1	0.1	−	0.1
234678-HxCDF	0.1	0.1	0.1	0.1	−	0.1
1234678-HpCDF	0.01	0.01	0.01	0.01	−	0.01
1234789-HpCDF	0.01	0.01	0.01	0.01	−	0.01
OCDF	0.0003	0.0001	< 0.0001	0.0001	−	0.001
Co-PCBs						
non-ortho PCBs						
33' 44'-TeCB (#77)	0.0001	0.0001	0.0001	0.05	0.0005	−
344' 5-TeCB (#81)	0.0003	0.0001	0.0005	0.1	−	−
33' 44' 5-PeCB (#126)	0.1	0.1	0.005	0.1	0.1	−
33' 44' 55'-HxCB (#169)	0.03	0.01	0.00005	0.001	0.01	−
mono-ortho PCBs						
233' 44'-PeCB (#105)	0.00003	0.0001	< 0.000005	0.0001	0.0001	−
2344' 5-PeCB (#114)	0.00003	0.0005	< 0.000005	0.0001	0.0005	−
23' 44' 5-PeCB (#118)	0.00003	0.0001	< 0.000005	0.00001	0.0001	−
2' 344' 5-PeCB (#123)	0.00003	0.0001	< 0.000005	0.00001	0.0001	−
233' 44' 5-HxCB (#156)	0.00003	0.0005	< 0.000005	0.0001	0.0005	−
233' 44' 5'-HxCB (#157)	0.00003	0.0005	< 0.000005	0.0001	0.0005	−
23' 44' 55'-HxCB (#167)	0.00003	0.00001	< 0.000005	0.00001	0.00001	−
233' 44' 55'-HpCB (#189)	0.00003	0.0001	< 0.000005	0.00001	0.0001	−
di-ortho PCBs						
22' 33' 44' 5-HpCB (#170)	−	−	−	−	0.00001	
22' 344' 55'-HpCB (#180)	−	−	−	−	0.0001	

水生生物の調査における対象生物は，目的に応じて多岐にわたる．環境省が行う調査などでは，原則として淡水魚6種（コイなど），海水魚5種（スズキなど），甲殻類4種（アメリカザリガニ，ガザミなど），貝類5種（カワニナ，ムラサキイガイなど），頭足類2種（マダコなど）の中から調査対象が選定される[7]．分析部位は，魚類および頭足類で筋肉部，甲殻類および貝類で軟体部とされる場合が多い．また，底生性の貝類（アサリなど）は，消化管内の底質を排泄させておく必要がある．なお，研究目的での調査においては，分析対象部位もこのかぎりではない．たとえば，魚の体内負荷量の調査では，内臓や頭など個体丸ごとを分析対象とする場合もある[8]．

b. 試料の前処理および抽出

各媒体のダイオキシン類分析において，採用されている主な前処理および抽出法の概要を図16.31に示す．ダイオキシン類の分析は，処理工程が多いうえに高精度のデータが要求されるため，いずれの方法でも抽出を行う直前に試料に内標準物質（クリーンアップスパイク）として安定同位体（^{13}C または ^{37}Cl）でラベルした数種類のダイオキシン類の標準物質を加える．これは同位体希釈法と呼ばれ，分析操作の過程で損失したダイオキシン類を補正して定量することができる．また，最終濃縮液にシリンジスパイクとして加える別の種類のラベル化したダイオキシン類によりクリーンアップスパイクの回収

16. 環境微量分析

表16.9 ダイオキシン類分析に関する主なマニュアルと精度管理指針の一覧

	対象	マニュアル名	所管	発行年
発生源	廃棄物（排ガス，灰，排水）	廃棄物処理におけるダイオキシン類標準測定分析マニュアル	厚生省生活衛生局水道環境部環境整備課	1997年 2月
	排ガス	排ガス中のダイオキシン類の測定方法 (JIS K0311：2005)	経済産業省	2005年 6月
	排ガス・灰	ダイオキシン類に係る生物検定法マニュアル（排出ガス，ばいじん及び燃え殻）	環境省環境管理局総務課ダイオキシン対策室	2005年 9月
環境	水質（排水含む）	工業用水・工場排水中のダイオキシン類の測定方法 (JIS K0312：2005)	経済産業省	2005年 6月
	底質	ダイオキシン類に係る底質調査マニュアル	環境庁水質保全局水質規制課	2000年 3月
	土壌	ダイオキシン類に係る土壌調査マニュアル	環境庁水質保全局土壌農薬課	2000年 1月
	大気	ダイオキシン類に係る大気調査マニュアル	環境省水・大気環境局総務課ダイオキシン対策室，大気環境課	2006年 2月
	大気降下物	大気降下物中のダイオキシン類測定分析指針	環境庁	1998年 8月
生物	野生生物	野生生物のダイオキシン類蓄積状況等調査マニュアル	環境省環境保健部環境安全課リスク評価室	2002年 9月
	水生生物	ダイオキシン類に係る水生生物調査暫定マニュアル	環境庁水質保全局水質管理課	1998年 8月
人体	母乳	血液中のダイオキシン類測定暫定マニュアル	厚生労働省	2000年12月
	血液	母乳中のダイオキシン類調査マニュアル	厚生労働省	2000年12月
	臍帯	臍帯のダイオキシン類分析に関する暫定マニュアル	環境庁環境保健部環境安全課リスク評価室	2002年10月
食餌	食品	食品中のダイオキシン類及びコプラナーPCBの測定方法暫定ガイドライン	厚生省生活衛生局食品保健課	1999年 9月
	水道水	水道原水及び浄水中のダイオキシン類調査マニュアル	厚生省水道環境部環境整備課	1999年 9月
その他	臭素化ダイオキシン類	ポリブロモジベンゾ-p-ジオキシン及びポリブロモジベンゾフランの暫定調査方法	環境省環境管理局総務課ダイオキシン対策室	2002年10月
精度管理		ダイオキシン類の環境測定に係る精度管理指針	環境省	2005年11月
		ダイオキシン類の環境測定を外部に委託する場合の信頼性確保に関する指針	環境省	2001年 3月

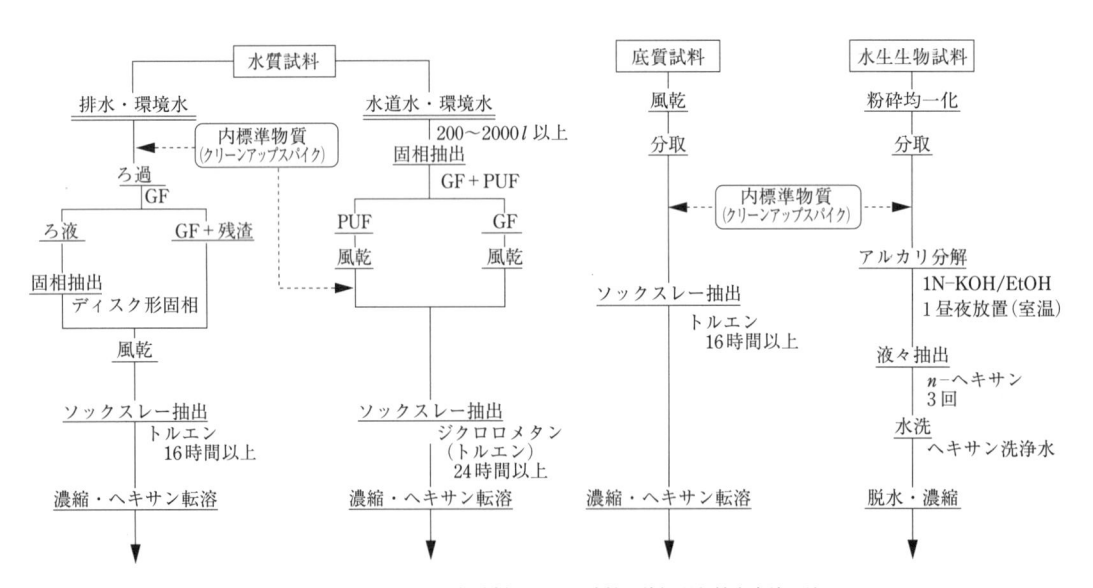

図16.31 ダイオキシン類分析における試料の前処理と抽出方法の流れ

率が計算され，ダイオキシン類の全分析操作の精度を同時に評価することもできる．JISやマニュアルでは，一定の分析精度が保証できる回収率の範囲を50〜120％と規定しているが，これは諸外国の公定法の規定より厳しい[9,12]．

水質の調査では，高感度の測定が要求されることから，大量の試料から抽出する必要がある．比較的高濃度の試料ではトルエンやジクロロメタンでの液々抽出法が適応可能であるが，一般的な水質試料の測定では固相抽出法が用いられる．水質の常時監

16.6 ダイオキシン類の分析技術

視や排水の調査では，試料をオクタデシル（ODS）の入ったディスク形固相により固相抽出する[9]．この方法では，市販のディスク形固相（90 mm 径）を用いることで 1 枚あたり 25 l 程度の試料からダイオキシン類を抽出することができる[10]．さらにダイオキシン類濃度が低く，大量の試料からの抽出を必要とするような環境水や水道水などの調査では，大口径（約 300 mmφ）のガラス繊維ろ紙（GF）と通水性のよいポリウレタンフォーム（PUF）を固相に用いた方法が用いられる[9, 11]．この組み合わせで 200～2000 l 以上の試料からダイオキシン類を固相抽出することができる[11]．これらで用いた GF や固相に吸着させたダイオキシン類は，トルエンやジクロロメタンにより，ソックスレー（Soxhlet）抽出する[9, 11]．このソックスレー抽出時に試料の水分除去が不十分な場合には，ダイオキシン類の抽出効率の低下が起こる．しかし，完全な水分の除去のために長時間の風乾を行うとダイオキシン類の揮散や二次汚染の危険性は高くなる．この場合には，不十分な乾燥状態で親水性溶媒（アセトンなど）による抽出の併用や US EPA Method 1613 で採用されているソックスレー/ディーンスターク（Soxhlet/Dean-Stark）抽出器の利用も推奨されている[12, 13]．

底質の分析では，試料を風乾後，孔径 2 mm でふるい分けて，トルエンでソックスレー抽出する方法が一般的である[6]．底質や土壌のような固形試料からのダイオキシン類の抽出には，一般的にソックスレー抽出法が抽出効率がよく，安定した方法として採用されている．このほか，水生生物の分析法[7]を応用した「湿泥-ヘキサン抽出法」と廃棄物の分析法[13]を応用した「湿泥-ソックスレー抽出法」などもあるが，あまり一般的ではない．また，一般にソックスレー抽出法は，大量の溶媒を加熱して使用するため火災などの危険性があり，抽出にも時間がかかるといった欠点があることから，高速溶媒抽出（ASE）法[14]のような新しい抽出法の提案もされている．

水生生物試料のダイオキシン類分析では，「アルカリ分解-ヘキサン抽出法」がよく用いられる[7]．この方法では，水生生物試料のように水分のほかに脂肪やタンパク質など多くの有機成分を含む生体組織をブレインダーなどで粉砕均一化し，1 N-水酸化カリウム（KOH）/エタノール（EtOH）溶液を加えてアルカリ分解（鹸化）を行い，ヘキサンでダイオキシン類を液々抽出する．このとき，抽出前のアルカリ分解が不十分であると試料が十分分解できず，ヘキサンでの抽出効率が低下する．しかし，加熱や長時間の放置など，過度のアルカリ分解はダイオキシン類の脱塩素化反応を引き起こし，高塩素化成分が低回収率の原因となる．大高ら[15]や松田ら[16]は，この問題の回避方法として，ピロガロール水溶液を抗酸化剤として使用し，加熱アルカリ分解を行う方法を提案している．

c. 試料の精製

上記の方法で得られたダイオキシン類抽出液の精製には，硫酸処理と数種類のカラムクロマトグラフィーを組み合わせて用いる[6, 7, 9, 11-13]．

硫酸処理では，濃縮してヘキサンに転溶した抽出液に濃硫酸を加えて振盪することで，大部分の不要な有機物や着色成分が分解除去される．この方法では，硫酸層に着色がみられなくなるまで繰り返し処理を行うことで，夾雑物の存在量に合わせた効率的な処理が行える．しかし，多検体を並行して処理することは難しいのがこの方法の欠点である．また，硫酸処理した試料は，シリカゲルカラムクロマトグラフィーによる強極性物質の除去が必要である．

これら硫酸処理とシリカゲルカラムクロマトグラフィーの代わりに多層シリカゲルカラムクロマトグラフィーを用いることもできる．多層シリカゲルカラムクロマトグラフィーでは，シリカゲルと硝酸銀や硫酸，水酸化カリウムを含浸させたシリカゲルを順にカラムクロマト管に積層充填したものを用いる．この方法により，硫酸処理とシリカゲルカラムクロマトグラフィーによる精製のほか，硝酸銀による含硫黄成分や DDE，脂肪族炭化水素類の除去や，水酸化カリウムによるフェノール類などの酸性成分の除去が同時に行える．特に底質試料のように硫黄成分を多く含む可能性のある試料では，硝酸銀含浸シリカゲルによる含硫黄成分の除去が重要となる．この処理を行わないと測定溶液に硫黄成分が多量に存在し，キャピラリーカラムの劣化や測定の妨害の原因となる．もし，硝酸銀による処理を行わない場合には，試料溶液中に溶解している硫黄成分と還元銅を反応させて，黒色の硫化銅として除去する方法の追加が必要となる．このほか，多層シリカゲルクロマトグラフィーには，並行して多検体を一斉に処理できる利点もある．しかし，再現性のよいカラムの充填には熟練を要し，充填できる洗浄試薬の量が限られるため処理許容量には限界があるため，過負荷があった場合には再処理に時間と手間もかかるの

が欠点である．

上記のいずれかの処理を施した試料は，活性アルミナや活性炭含有シリカゲルを用いたカラムクロマトグラフィーの組み合わせにより，さらに分画・精製される．

アルミナカラムクロマトグラフィーでは，低極性物質の除去が可能である．また，展開溶媒の混合比を微妙に変えることで，低極性物質の除去や，PCDDs や PCDFs と PCBs などの極性が近い化合物との分画により，測定対象成分のみの分取が可能となる．しかし，アルミナの活性度の変化や夾雑物の状況により分画条件が変化しやすい問題点があり，ダイオキシン類の起源を示すうえで重要となる成分組成の変化（特に 1368-TeCDD や 1379-TeCDD の損失）を引き起こす可能性があるので，十分注意が必要である．活性アルミナと同じような効果が期待できるものにフロリジルがあるが，ダイオキシン類を溶出させるのに大量の溶媒を必要とするため，現在ではあまり用いられない．

活性炭含有シリカゲルカラムクロマトグラフィーは，活性炭が平面構造を有する化合物を選択的に吸着する構造選択的な吸着性を利用して，分画する．ダイオキシン類のように平面構造を有する化合物を，シリカゲル中に均一に含有される活性炭に吸着させ，25％ジクロロメタン/ヘキサンで展開させることにより，非平面構造をもつ多くの妨害成分を除去する．そして，トルエンによりダイオキシン類を回収するが，活性炭の吸着力が強すぎるため，溶出させるのに大量のトルエンが必要となる．Matsumura ら[17]は，この方法を改良し，市販の活性炭カートリッジを用いた迅速で効率のよい精製方法を提案している．

このほか，再現性のよい分画が可能となる高速液体クロマトグラフィー（HPLC）を用いた精製方法などもあるが，カラムや流路を共用するため，試料間での汚染（クロスコンタミネーション）に注意が必要である．

現在の JIS や廃棄物におけるダイオキシン類の分析[9,12,13]では，活性アルミナによる精製が必須であり，必要に応じて活性炭含有シリカゲルや HPLC による精製を追加することとなっている．一方，底質や水生生物などの環境省のマニュアル[6,7,11]では，アルミナクロマトグラフィーの代わりに他の精製法も選択できることとなっている．

d. 測　定

一般的にダイオキシン類は，環境中には微量でしか存在しておらず，類似化合物が数オーダー高濃度で共存する．また，その強い毒性により微量でも重大な生態影響を引き起こす可能性があることから，ダイオキシン類の測定には高い選択性と非常に高感度な分析技術が要求される．このことからダイオキシン類の測定には，キャピラリーカラムを装着したガスクロマトグラフ（HRGC）と高分解能質量分析計（HRMS）を組み合わせた装置が使用される．

HRGC では，毒性の異なるダイオキシン類異性体の分離が行われる．TEQ の正確な算出のため，特に TEQ 評価にかかわる TEF をもつ異性体の単離が重要となる．よって，使用するキャピラリーカラムは，各異性体の溶出位置（相対保持時間）が明確になっており，TEF をもつ異性体が他の異性体と可能なかぎり分離できるものを選択する必要がある．PCDDs や PCDFs の 4～6 塩素化物には多くの異性体が存在するため，一般的に異性体分離のよい強極性カラムが用いられ，高沸点で比較的異性体が少ない PCDDs と PCDFs の 7，8 塩素化物や Co-PCBs の測定には微極性カラムが用いられる．一般的に使用される強極性のカラムとしては，SP-2331（スペルコ社製），Sil-88（クロムパック社製），DB-Dioxin（J & W 社製）などがある．また，微極性カラムとしては，DB-5，DB-5MS（J & W 社製），HP-5，Ultra-2（アジレントテクノロジー社製），HT-8（SGE 社製）がよく使われる．これらのカラムのうち，1 種類のカラムだけでは，すべての TEF をもつ異性体の単離はできない（表 16.10）．そのため，DB-17（J & W 社製）などのカラムでの測定を組み合わせた方法が採られる場合もある．このことから最近では，よりダイオキシン類異性体の分離がよいカラムの開発や使用例も報告されている[18,19]．

HRMS は，高感度で定量範囲の広い二重収束型 MS を分解能 10000 以上に設定して使用する．分解能を高く設定することで，精製行程や HRGC で分離できなかった夾雑成分の影響を排除できる．また，高感度を必要とされるダイオキシン類の測定では，分解能を高く設定した場合の感度低下に十分注意する必要がある．

ダイオキシン類の同定は，他の GC/MS 分析と同様に GC での保持時間と MS での選択イオンの強度比を標準物質や理論値と比較することにより行う．

16.6 ダイオキシン類の分析技術

表 16.10　異性体組成による特異データ判定基準

【一次判定基準】
- 1368-TeCDD > 1379-TeCDD の関係があるか？（エビは除く）
- 12478-HxCDD < 123678-HxCDD の関係があるか？
- Co-PCB の #118 が検出されているか？
- #118 > #105 > #77 > #126 > #169 の関係があるか？（生物試料以外）

【二次判定基準】
< PCDDs >
- 2378-TeCDD が ΣTeCDDs の 5% 以下か？
- 12378-PeCDD が ΣPeCDDs の 10% 以下か？
- 123478-HxCDD が ΣHxCDDs の 10% 以下か？
- 123678-HxCDD が ΣHxCDDs の 10% 以下か？
- 123789-HxCDD が ΣHxCDDs の 10% 以下か？
- 1234678-HpCDD が ΣHpCDDs の 30〜65% の範囲にあるか？
（PCP 汚染の影響が大きい場合はあてはまらない）

< PCDFs >
- 2378-TeCDF が ΣTeCDFs の 10% 以下か？
- 12378-PeCDF が ΣPeCDFs の 10% 以下か？
- 23478-PeCDF が ΣPeCDFs の 10% 以下か？
- 12378-PeCDF が 23478-PeCDF の 50〜200 % の範囲にあるか？
- 123478-HxCDF が ΣHxCDFs の 15% 以下か？
- 123678-HxCDF が ΣHxCDFs の 15% 以下か？
- 123789-HxCDF が ΣHxCDFs の 5% 以下か？
- 234678-HxCDF が ΣHxCDFs の 20% 以下か？
- 1234789-HpCDF が ΣHpCDFs の 15% 以下か？
- 1234678-HpCDF > 1234789-HpCDF の関係があるか？
- 1234789-HpCDF が 1234678-HpCDF の 40% 以下か？

< Co-PCBs >
- Co-PCBs で #118 が最大、#105 が 2 番目の異性体か？
- #156 > #157 > #169 の関係があるか？
- #126 が #77 の 25% 以下か？
- #169 が #126 の 20% 以下か？
（燃焼系発生源の影響が大きい場合にはあてはまらない）
- #81 が #77 の 20% 以下か？
- #105 が #118 の 60% 以下か？
- #123 が #105 の 20% 以下か？
- #157 が #156 の 50% 以下か？
- #169 が #157 の 15% 以下か？
（燃焼系発生源の影響が大きい場合にはあてはまらない）

ダイオキシン類であると同定されたピークは，あらかじめ内標準物質と標準物質の強度比と濃度比から作成した検量線により定量する．

16.6.2　ダイオキシン類の精度管理と分析上の注意点

ダイオキシン類の分析手順は非常に複雑で時間がかかり，多くの人の手を介する場合が多いが，データには高い信頼性が求められる．JIS やマニュアル類には，多くの精度管理規定が設けられ，環境省からは精度管理に関する指針[20,21]が出されている．

また，2001 年 6 月の計量法改正に伴い，民間分析機関（計量証明事業所）においては，このような精度管理システムを含めたダイオキシン類の測定能力について特定計量証明事業者（MLAP）の認定制度が始まった．対象は，大気（排ガス含む），水（排水，底質含む），土壌中のダイオキシン類の濃度測定についてであり，測定機関は信頼性の高いデータを出すとともにそれを証明するための資料の提示が求められることとなった．

このような精度管理を行っていてもすべてのミスがなくなるわけではなく，時には誤ったダイオキシン類データが提出される場合もありうる．測定を依頼した場合，測定機関は内部精度管理を行ったダイオキシン類の測定結果についてマニュアル類に記載された形式に従って報告する．そして，それらの測定結果の信頼性を証明するために，精度管理報告書として定量下限値や回収率，GC クロマトグラムなどの資料が提出される．依頼者は，外部精度管理として，これらの資料を元にデータの信頼性を再度確認することとなるが，大規模な調査の場合，測定結果ごとに詳しく資料を点検することは困難である．よって，測定結果表から特異的な結果を抽出する簡便な方法が必要と考えられる．以前，われわれは，環境庁の 1998（平成 10）年度ダイオキシン類全国一斉調査のデータを精査する機会に用いた外部精度管理の方法[22,23]と，そこで確認されたダイオキシン類分析上の問題点の一部について紹介する．

われわれは，精度管理すべきデータがすでに分析が終了しており，その数が膨大であることから，限られた数の特異データを抽出し，そのデータについて提出された精度管理報告書を参考に重点的に精度管理を行った．まず，同種の調査データがまとまって存在する場合には，統計処理により，媒体ごとの平均濃度や組成から特異的なデータの抽出が可能である[23]．ここでは，データの TEQ および各化合物（PCDDs，PCDFs，Co-PCBs）の実測濃度の分布と総実測濃度に対する各化合物の濃度割合がすべてのデータを用いた平均から一定の範囲内にあるか否かなどを特異データ抽出のための一つの判定基準とした[23]．

さらにわれわれは，いずれの調査においても試料中のダイオキシン類組成が，一定の組成を示す傾向があることに着目し，特異データの検索に利用した[22]．ダイオキシン類は，発生源により特徴的な異性体組成を示すことが知られている．わが国で存

521

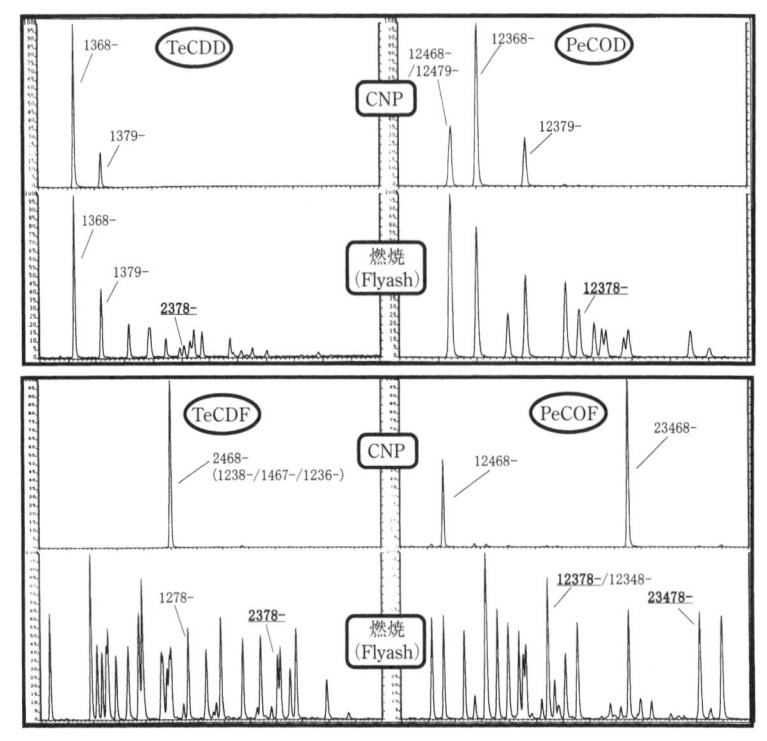

図 16.32 発生源による PCDDs および PCDFs の成分組成の違い（燃焼と農薬 CNP）

在が確認され，異性体組成も判明しているダイオキシン類の給源としては，PCDDs と PCDFs で燃焼系[24]，農薬（CNP，PCP，245-T など）[25,26]，塩素漂白[27,28]など，Co-PCBs では燃焼系と PCB 製剤（カネクロールなど）[29]が挙げられる．これらのダイオキシン類の組成は特徴的であり，クロマトグラムをみるとその差は明らかである（図 16.32，16.33）．

燃焼系発生源では，ダイオキシン類が複雑な経路で生成されるため，PCDDs と PCDFs の全異性体が存在する複雑な異性体組成を示す．また，これらの発生源試料を強極性カラムで測定した場合には，PCDDs は各塩素化物（同族体）で GC 保持時間の短い異性体ほど濃度が高く右下がりのクロマトグラム，PCDFs は同族体ごとに保持時間に関係なく同じ程度の高さのピークが多数存在するクロマトグラムを形成する．

農薬に不純物として含まれるダイオキシン類は，限られた化学物質が存在する製造段階での副反応により生成されるため，比較的限られた異性体が特徴的な割合で存在する．たとえば，CNP（クロロニトロフェン）では 246-三塩化フェノール（246-TrCP）と p-塩化ニトロフェノールを原料としているため，246-TrCP およびその不純物から生成する 1368-TeCDD と 1379-TeCDD が主成分となり，3～4：1 の割合で存在する[25,26]．そして，同位に塩素置換した他の PCDDs 異性体が各同族体内で優先的に存在する傾向を示す．また，PCDFs では 2468-TeCDF と関連異性体が優先的に存在する特徴を示す．一方，農薬 PCP（ペンタクロロフェノール）は，PCP およびその不純物である他のフェノール類の縮合反応によりダイオキシン類が生成されるため，OCDD など高塩素化 PCCDs および PCDFs が優先的となる[26]．また，各同族体内での異性体組成は，PCP の製法（フェノールの塩素化，ヘキサクロロベンゼンの水酸化）により異なるようであるが，おおむね七塩化 PCDDs（HpCDDs）では 2378 位塩素置換異性体のほうが優先的となり，七塩化 PCDFs（HpCDFs）では 1234689-HpCDF，1234678-HpCDF の順で優先的に存在する傾向にある[26]．ベトナムの枯れ葉剤として知られる 246-T は，原料の 246-TrCP の縮合反応から生成する 2378-TeCDD が不純物として含まれるダイオキシン類の主成分となるため，ベトナムでのダイオキシン類被害を拡大したとされている．

紙パルプ工業などの塩素処理工程で生成するダイ

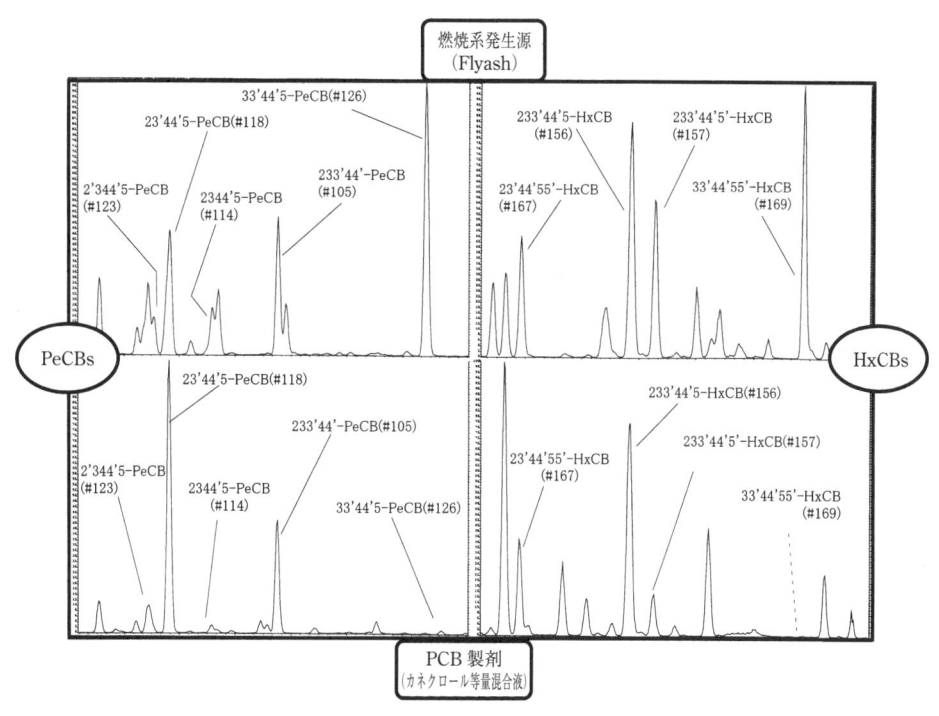

図 16.33 発生源による Co-PCBs の成分組成の違い（燃焼と PCB 製品）

オキシン類は，各同族体において 2378 位と 1278 位に塩素置換のある PCDDs および PCDFs が主成分となる[27,28]．原水中に含まれるリグニンから生成した骨格物質に塩素が置換する過程で，2 位→7 および 8 位→1 および 3 位の順に塩素が置換していくからである．よって，低塩素化物の存在割合が高くなる傾向もある．

Co-PCB は，燃焼系発生源で非意図的に生成することが確認されている．この場合の組成は，各同族体において GC 保持時間が長い non-ortho PCBs の存在割合が大きくなる[29]．また，Co-PCB は過去に大量に使用された PCB 製品の成分の一部でもある．PCB 製品に含まれる Co-PCBs の組成は，製品により異なるが，おおむね mono-ortho PCBs が主で，non-ortho PCBs はマイナーとなる傾向がある[29]．

環境中では，これらの発生源から放出されたダイオキシン類が混在する．過去から現在に至るダイオキシン類の排出実態や環境挙動から推定すると，一般的な非生物環境試料における PCDDs と PCDFs の組成は燃焼系と農薬（CNP，PCP），Co-PCBs の組成は PCB 製剤に類似したものになると予想される．一方，生物ではダイオキシン類成分の選択的な蓄積が起こるため，非生物のように給源の組成をそのまま示さない[27]．よって，非生物試料に比べ，異性体組成を一般化することは困難である．しかし，おおむね貝や軟体生物（イカ・タコなど）などの代謝機能が弱い（ない）水生生物試料では，非生物試料と同様の組成を示し，魚など代謝機能をもつ生物では，PCDDs と PCDFs の各同族体において 2378 位塩素置換異性体が主成分となると考えられる．

クロマトグラムを確認するとこれらの組成が視覚的に確認できる可能性が高いが，すべての試料について作業を行うのは時間的にも困難である．よって，われわれは，報告される限られた異性体から全体の成分組成を推定し検索するシステムを構築するため，前述した仮定に基づき表 16.10 のような判定基準を設定[22]し，特異データの抽出に活用した．

このような判定方法で抽出された特異データについて，試料採取法，分析法，標準試料，GC インジェクションリスト，GC カラム分離，ロックマス変動，装置絶対感度，分解能，感度変動，回収率，ブランク，検量線，カラム分画試験，同位体比，クロマトグラム形状などの資料を元にデータの精査を行った．また，再測定や分析施設への立ち入り検査などを行った結果，一部の試料については試料採取ま

表 16.11 ダイオキシン類のデータ精査で確認された問題点およびその原因の例

1. 前処理～精製	
・二次汚染（コンタミネーション）	→窒素パージ用ノズルの汚染，高濃度試料の混入（クロスコンタミネーション）
・回収率の低下，特異的な異性体組成	→カラム分画ミス（極性溶媒の混入，試料の過負荷）
2. 測定	
・定量用クロマトグラム上の異常	
ピーク分離が不十分	→キャピラリーカラム劣化
ベースライン上昇	→分解能不足
妨害ピークの出現	→不適切なモニターイオン
・ロックマスの変動	→装置異常，試料精製不足
・ピークの飽和（頭打ち）	→測定レンジの確認不足，試料量調製ミス
3. 定量/計算	
・ピークアサイン（同定）ミス	
・計算ミス	
・データ（数値）入力ミス	→再確認不足
・転記ミス	
・希釈（分取）率の間違い	

たは分析過程での二次汚染（コンタミネーション），不適な分析操作およびGC/MS測定などの問題が確認された．この作業を通じて確認された問題点およびその原因の一例を表16.11にまとめた．

このように実際のダイオキシン分析においてデータの信頼性を確保するためには，従来の精度管理規定と併せて，測定結果についても異性体組成などを再度見直すなどの注意が必要である．そして，測定をしない第三者によるデータの精査も非常に重要だといえる．こうした流れは，国土交通省の「河川，湖沼などにおけるダイオキシン類常時監視マニュアル（案）」[30]にも受け継がれており，このような精度管理の努力により，信頼性の高い測定値に基づいた適切なダイオキシン類汚染対策への提言が期待できるものと考えられる．

16.6.3 ダイオキシン類分析の今後

現在行われているダイオキシン類の調査は，大きく二つに分けられる．一つは，各媒体におけるダイオキシン類濃度が基準値や規制値を達成しているかどうかを判定するための調査であり，TEFをもつ異性体の実測濃度と毒性当量（toxicity equivalency quantity：TEQ）のみが重要視される場合が多い．もう一方の調査は，調査対象媒体中に存在するダイオキシン類の起源や環境中でのそれらダイオキシン類の挙動を明らかにし，効果的な発生源対策や将来の状況を予測するための調査である．この場合には，各媒体中に存在するダイオキシン類の詳細な異性体組成情報が必要となる．このように調査の目的は異なっても，マニュアルに記載された同じ分析方法が用いられているのが現状である．

このような状況の中，前者のTEQを目的とする調査においては，ダイオキシン類の簡易分析法の開発が望まれている．本来，日常管理的に測定が行われるのが望ましいと考えられるようなダイオキシン類発生源施設でも，現在使用されている分析法では，分析経費は高く，最低限の義務の範囲での測定しか行われていないのが現状である．また，汚染が判明した地域の対策での汚染防止対策などの範囲確定においても，時間と費用が問題となる．このような状況において，簡易型MS（四重極型MS，イオントラップ型MS/MSなど）を用いた手法[31,32]，ダイオキシンの指標物質（塩化ベンゼン，塩化フェノール，一部のダイオキシン類成分など）を測定する手法[33,34]，バイオアッセイ（生物検定）法を用いる手法[35,36]など，いくつかの簡易分析方法が提案されている．また，サンプリング法や抽出法，精製法などの簡略化の研究[17]も数多くなされており，今後，さらに精度よく，素早く，多くの測定値が得られるような簡易分析法の開発が進められる方向にある．そして，環境省では2005年に「ダイオキシン類対策特別措置施行規則」の一部を改正し，廃棄物焼却炉の排ガスや灰に含まれるダイオキシン類の測定方法として，生物検定法による簡易分析法の追加が行われた[37]．

もう一方の将来的な対策提言まで視野においた調査では，マニュアルにある分析方法が活用できるものの，本来測定対象とされていない成分についても精度のよい測定が要求される．そのためには，測定対象とすべき成分に関する情報も重要となる．筆者ら[25]は，環境中ダイオキシン類の起源として重要と考えられる農薬CNPに関して，一般的に用いられるGCカラムであるSP-2331を用いて，1～8塩化物まですべてのPCDDsおよびPCDFs異性体の濃度を明らかにした．また，環境試料において三塩化物以下のPCDDsおよびPCDFsの異性体組成を解析することにより，試料中のダイオキシン類の起源を推定できることを示唆した[38]．さらに，PCBsについても，Co-PCBs以外の成分を測定することにより，新たなPCBs供給源が存在する可能性を明らかにした[39]．

このほか，最近では塩素系ダイオキシン類以外にも臭素が置換した臭素系ダイオキシン類による汚染

についても注目されている．「ダイオキシン類対策特別措置法」の附則第2条には，臭素系ダイオキシン類の調査研究を推進し，その結果に基づいた措置を講ずることが明記されている．これを受け，環境省[40]は2000（平成12）年度から臭素系ダイオキシン類の一般環境調査を行っており，全国的な汚染状況が把握されつつある．また，太田ら[41]は，底質中の臭素系ダイオキシン類とその前駆物質と考えられるポリ臭素化ジフェニルエーテル（PBDEs）などの難燃剤の汚染状況を調査し，その因果関係について検討を行っている．これら臭素系ダイオキシン類は，成分数が多く，十分に成分組成まで把握するための分析法[42]は確立されていないものの，これらの物質とその関連物質をモニタリングすることは，ダイオキシン類の環境挙動を把握するうえでも重要であると考えられる．

このように，効率的なダイオキシン類対策のためには，多くのダイオキシン類や関連物質の測定が必要となってくる．そして，これらの調査においてマニュアルにある分析方法を活用するうえでは，より的確な分析上の注意が必要だと考えられる．

以上のように，ダイオキシン類分析の技術は新たな方向へと広がりをみせようとしている．また，ここで培われた高精度，高感度なダイオキシン類の分析技術は，これからの微量化学物質の分析方法を開発するにあたって，重要なノウハウになると期待される．　　　　　　　　　　　〔先山孝則・中野　武〕

文　献

1) Barnes DG, Kutz FW, Bottimore DP, Greim H, Grant DL and Wilson J（1988）： NATO/CCMS Report No.176 International Toxicity Equivalency Factor（I-TEF）Method of Risk Assessment for Complex Mixtures of Dioxins and Related Compounds.
2) Ahlborg UG, Becking GC, Birnbaum LS, et al（1994）： Toxic equivalency factors for dioxin-like PCBs-Report on a WHO-ECEH and IPCS consultation, December. Chemosphere, **28**： 1049-1067.
3) Van den Berg M, Birnbaum L, Bosveld ATC, et al（1998）： Toxic Equivalency Factors（TEFs）for PCBs, PCDDs, PCDFs for Humans and Wildlife. Environ Health Perspect, **106**（12）： 775-792.
4) World Health Organization（WHO）/The International Programme on Chemical Safety（IPCS）（2006）： Project for re-evaluation of human and mammalian toxic equivalency factors（TEFs）of dioxins and dioxin-like compounds. http://www.who.int/ipcs/assessment/tef_update/en/（2006年8月現在）
5) 環境庁水質保全局（1971）：水質調査方法（昭和46年9月30日付け環水管第30号）．
6) 環境庁水質保全局水質管理課（2000）：ダイオキシン類にかかわる底質調査マニュアル．
7) 環境庁水質保全局水質管理課（1998）：ダイオキシン類にかかわる水生生物調査暫定マニュアル．
8) 先山孝則，福嶋　実，池田久美子，山田　久，南　卓志（1997）：底層食物連鎖とダイオキシン類の蓄積傾向．第6環境化学討論会講演要旨集，pp.25-26．
9) 経済産業省（2005）：工業用水・工業排水中のダイオキシン類の測定方法（JIS K0312：2005）．
10) 渡辺　功，宮野啓一，小泉義彦，鵜川昌弘（1999）：C18ディスク型固相を用いた環境水中のダイオキシン類抽出法の検討，第8回環境化学討論会講演要旨集，pp.192-193．
11) 厚生省水道環境部環境整備課（1999）：水道原水および浄水中のダイオキシン類調査マニュアル．
12) 経済産業省（2005）：排ガス中のダイオキシン類の測定方法（JIS K0311：2005）．
13) 厚生省生活衛生局水道環境部環境整備課（1997）：廃棄物処理におけるダイオキシン類標準測定分析マニュアル．
14) 高菅卓三，井上　毅，梅津令士（1997）：高速溶媒抽出（ASE）法を用いたダイオキシン類分析への応用．第6回環境化学討論会講演要旨集，pp.107-108．
15) 大高広明，牧野和夫（2001）：生物試料のダイオキシン類分析における加熱アルカリ分解法の可否について，第10回環境化学討論会講演要旨集，pp.128-129．
16) 松田壮一，濱田典明，本田克久，脇本忠明（2003）：生物試料中のダイオキシン類の抽出法に関する検討．環境化学，**13**（1）： 133-142．
17) Matsumura C, Fujimori K and Nakano T（2000）： Pretreatment of dioxin anaysis in environmetanal samples. Organohalogen Compounds, **49S**： 1-4．
18) 松村千里，鶴川正寛，中野　武，江崎達哉，大橋　眞（2002）：キャピラリーカラム（HT8-PCB）によるPCB全209異性体の溶出順位，環境化学，**12**（4）： 855-865．
19) 松村　徹，関　好恵，増崎優子，社本博司，森田昌敏，伊藤裕康（2002）：新しい2種類のキャピラリーカラムによるPCDDs/PCDFsおよびPCBs全溶出順位．第11回環境化学討論会講演要旨集，pp.152-153．
20) 環境庁（2005）：ダイオキシン類の環境測定に係る精度管理指針．
21) 環境省（2001）：ダイオキシン類の環境測定を外部に委託する場合の信頼性の確保に関する指針．
22) 先山孝則，太田　壮，桜井healthy郎，鈴木規之，中野　武，橋本俊次，松枝隆彦，松田宗明，渡辺　功，興嶺清志，根津豊彦，亀田　洋（2000）：ダイオキシン分析上の注意点．第9回環境化学討論会講演要旨集，pp.234-235．
23) 亀田　洋，太田　壮，先山孝則，桜井健郎，鈴木規之，中野　武，橋本俊次，松枝隆彦，松田宗明，渡辺　功，興嶺清志，根津豊彦（2001）：ダイオキシン類特異データ検索システムについて．第10回環境化学討論会講演要旨集，pp.586-587．
24) Miyata H, Takayama K, Ogaki J and Kashimoto T（1988）： Formation of Polychlorinated Dibenzo-p-Dioxins（PCDDS）and Dibenzofurans（PCDFS）in Typical Urban Incinerators in Japan. Toxicol Environ Chem, **16**： 203-218.
25) Sakiyama T, Fukusima M and Nakano T（2001）： Isomerspecific Analysis of Diphenyl Ether Herbicide（CNP）for Mono- to Octa-CDD/Fs at Sub-ppb

Levels. *Organohalogen Compounds*, **50**: 103-107.
26) Masunaga S, Takasuga T and Nakanishi J (2001): Dioxin and dioxin-like PCB impurities in some Japanese agrochemical formulations. *Chemosphere*, **44**: 873-885.
27) 先山孝則, 松田宗明, 脇本忠明 (1994): 紙・パルプ工業由来のPCDDs/PCDFsの水圏生物への吸収・蓄積傾向. 環境化学, **4** (2): 536-537.
28) Matsuda M, Sakiyama T and Wakimoto T (1991): Distribution of PCDDs/PCDFs in Seto Inland sea, in relation to paper pulp mill effluents. *Anal Sci*, **7**: 1171-1174.
29) 高菅卓三, 井上 毅, 大井悦雅, 梅津令士, Ireland P, 武田信生 (1995): 熱プロセス過程で生成するPCBsのキャラクタリゼーション. 環境化学, **5** (2): 426-427.
30) 国土交通省河川局河川環境課 (2003): 河川, 湖沼などにおけるダイオキシン類常時監視マニュアル (案).
31) 先山孝則, 大澤卓也, 北口正文, 土永恒彌, 鶴保謙四郎 (2000): GC/MS/MSを用いた底質・土壌中ダイオキシン類の簡易分析. 第12回環境化学討論会講演要旨集, pp.360-361.
32) 永柳 行 (2001): 4重極GC/MSによるダイオキシン類の簡易測定技術. 資源環境対策, **37** (9): 921-925.
33) 加藤みか (1997): 焼却排ガス中ダイオキシン類の実態調査と削減技術開発のための簡易な測定・推算方法. 化学物質と環境 (エコケミストリー研究誌), **23**: 451-454.
34) 柴山 基, 林 篤宏, 井上 毅, 高菅卓三 (2003): 指標異性体を用いたダイオキシン類の迅速測定法. 環境化学, **13** (1): 17-29.
35) 小林康男, 山田隆生, 荻原克俊, 中西俊夫 (2001): Ahレセプターを利用したダイオキシンの簡易測定. 資源環境対策, **37** (9): 957-962.
36) 城 孝司 (2001): 抗原抗体反応による蛍光を利用したダイオキシン類の簡易測定. 資源環境対策, **37** (9): 967-969.
37) 環境省環境管理局総務課ダイオキシン対策室 (2005): ダイオキシン類に係る生物検定法マニュアル (排出ガス, ばいじん及び燃え殻).
38) Nakano T and Weber R (2000): Isomer specific analysis of mono-to trichlorinated dibenzofurans and dibenzodioxins-analysis of ambient air. *Organohalogen Compounds*, **46**: 558-561.
39) 中野 武, 松村千里, 角谷直哉, 山本耕司, 福島 実 (2001): PCB異性体3,3'-ジクロロビフェニル (# 11) 起源と分布. 第10回環境化学討論会講演要旨集, pp.574-575.
40) 環境省総合環境政策局環境保健部 (2002): 平成13年度 臭素系ダイオキシン類に関する調査結果について.
41) 太田壮一, 西村 肇, 奥村尚志, 中尾晃幸, 青笹 治, 宮田秀明 (2003): 瀬戸内海沿岸から採取した底質中の臭素化ダイオキシン類および臭素系難燃剤による汚染実態の解明. 第12回環境化学討論会講演要旨集, pp.266-267.
42) 環境省環境管理局総務課ダイオキシン対策室 (2002): ポリブロモジベンゾーパラージオキシンおよびポリブロモジベンゾフランの暫定調査方法.

17 バイオアッセイ

17.1 バイオアッセイとは

　水環境中には，天然由来，産業活動または生活環境から放出されて来る多種多様な化学物質が，大気や土壌を経て，または直接水環境中に流入している．これらの化学物質のうち，特定の有害環境汚染物質や大量に使用される化学物質については，化学物質排出把握管理促進法によるPRTR制度で放出量が把握できるようになってきた．これらの個々の化学物質に関しては，化学分析法や機器分析法により低濃度までの実態の把握ができ，既知の有害影響の情報から生態系に対する影響を推定することが可能となる．一方，自然環境中で生物や光などの作用により，または塩素消毒処理などさまざまな処理により，放出された化学物質が化学反応や代謝を受けて，異なった化学物質が生成することは多くの事例で知られている．たとえば，ダイオキシン類の生成や，界面活性剤からノニルフェノールなどの内分泌攪乱化学物質の生成など，これまでの研究で明らかとなった非意図的生成物がある．このように，水環境中に放出される化学物質の多様性を考えれば，未知の非意図的生成物も多数存在することは自明ともいえるであろう．これら未知の非意図的に生成する化学物質を含む多種多様な化学物質の存在実態を，化学分析や機器分析で把握することは労力，時間，経費の点で現実的には困難といわざるをえない．また，非意図的生成物の有害性に関する情報が整っているわけでもない．

　このような点を考えると，生物応答を指標とするバイオアッセイによる評価方法の有効性が認識される．バイオアッセイでは，水環境試料から調製された試料に含まれるすべての化学物質の影響を総括的に評価することができる．すなわち，同様の影響（エンドポイント）を示す複数の化学物質の複合的な相加・相乗作用を検出できる点が，実際の生態系への影響を評価する際に有効となるといえる．一方，「化学物質の審査および製造などの規制に関する法律（化審法）」に，藻類，甲殻類（ミジンコ）および魚類への急性毒性試験が加えられたことは，化学物質の事前審査においても生態系への影響を生物を用いて評価する重要性が認められたことによる．

　バイオアッセイを広義にとらえると，水環境の水質を継続的にモニタリングする手法として開発された方法が，ヨーロッパ諸国や米国の河川で実際に使用されている．たとえば，魚類，ミジンコ，貝類の行動や呼吸量を指標とした方法や，細菌や藻類の呼吸・代謝活性を指標とした方法などである．モニターの併用により，経時的な変動を24時間，遠隔観測することができる利点がある．また，突発的な汚染など，生態系に対して短期的で急性の有害影響を及ぼす可能性を感知する方法として実用化され，河川では感知された地点より下流の水域での対応策をとるために有効な方法として導入されている．日本においても多くの浄水場で，取水口近辺の水質や原水のモニタリングに実用化されている．

　一方，バイオアッセイとして，特定の化学物質の有害性をスクリーニングする手法と評価する手法がある．有害性を評価する手法は，実験動物を用いて，形態的，病理的な判定に基づいて検討する方法が従来とられている．この手法は，時間，労力，費用，施設，多くの実験動物の使用などが必要であるため，使用される事前に化学物質の有害性を審査するために用いられている．この方法に加え，特定の作用を観察することのできるスクリーニング法が開発さ

れ，実験動物を用いる手法に先立つ評価法として利用されている．環境影響評価の手法の多くは，このスクリーニング法を適用したものである．本項では明確なエンドポイントにより環境影響評価に適用されている方法を中心に，新しい技術について解説していただいた．

　水環境試料を評価するためには，前処理することなく評価できることは少なく，抽出・濃縮，クリーンアップの前処理が必要である．したがって，前処理の方法により試料中の成分は異なり，得られてくる結果も異なる可能性があることに留意しておかなければならない．また，スクリーニング法は，生理機能の"ある応答"であり，生体の応答の一部を観察することを念頭において，得られた結果を評価しなければならない．現在，バイオの領域では考え方や技術に大きな変革と進歩が起こっており，多くの情報とそこから導かれる結果が莫大な量として提供されるようになっている．これらのことは，今後，バイオアッセイの技術と適用の速度が加速度的に進むことを示唆している．それ由に，バイオアッセイにより環境有害負荷を評価するためには，結果を導くためのさまざまな条件の統一的な認識や評価基準の整備を至急とすることも必要となってくるであろう．とはいえ，現状においても，バイオアッセイの有用性は衆目の一致するものであることは確かである．これまで各自の基準で判定評価していたものが，徐々に統一的な認識のもとで適用されてきているのが現状と考えてよいであろう．

　バイオアッセイの長所として有害影響を総括的，複合的に評価ができることがある．しかし，有害影響が認められた場合においても，原因が不明なことも多く，影響に対する対処，影響軽減の方策の立案と実施に対しては有用な情報を得ることが難しいことがある．有害影響の情報に加え，機器分析およびバイオアッセイで得られた情報が補い合って初めて環境保全のための有用な情報となることを忘れず，どのようにバイオアッセイを利用していくかを考えることが今後よりいっそう重要なことである．

〔西村哲治〕

17.2　生態毒性

▷ 13.2　無機物質
▷ 13.3　有機物質
▷ 14.2　河川の生物
▷ 14.3　湖沼の生物
▷ 14.4　沿岸の生物

17.2.1　生態毒性とは

　生態系とは「ある地域の全生物（生物群集）と，これと相互に作用し合う物理的環境とを含み，その系におけるエネルギーの流れが明らかに周囲と区別される栄養構造・種組織・物質環境を成立させている単位」[1]である．つまり，分解者，生産者，捕食者から構成される「構造」と，その中でエネルギーと物質の循環という「機能」を有する．この両側面は不可分なものとして統一的に存在する．したがって，生態毒性とは生態系の機能と構造に影響を及ぼす毒性（悪影響）を指す．

　生態毒性学（ecotoxicology）は生態毒性を取り扱う学問である．さまざまな定義があるが，Truhautによると「生態系，動物（人間を含む），植生，微生物叢に対する自然または人工汚染物質による毒性影響を統一的な文脈でとらえる毒性学の一分野」と定義される[2]．対象となる生態系の範囲も分子レベルから生物圏までと階層性があり，各段階が非生物的環境条件と相互作用を受けている（図17.1）[2]．

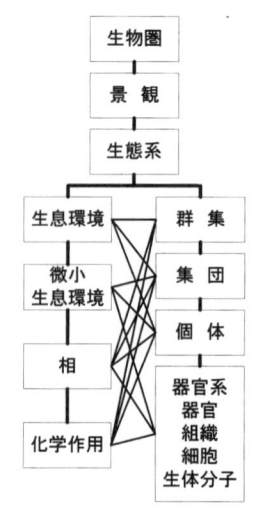

図17.1　生態毒性学で取り扱う課題の階層的構造

生態毒性学全般については，成書[2-4]を参照されたい．

17.2.2 生態毒性試験

化学物質や混合物（排水など）の生態毒性を質的・量的に評価することを目的とした試験法が生態毒性試験である．試験の構成要素としては，供試生物種，試験期間（曝露期間），影響判定点（エンドポイント），データ処理などがあり，試験目的に応じて選定する必要がある．

生態毒性評価にあたっては生態系の構造（群集・集団）と機能の両側面に対する影響を評価する試験法が理想的である．化学物質の生態影響評価を行うOECD化学品テストガイドラインでは，実験室内で行う簡単な試験から野外で実施する大規模な試験までを提唱し，有害性に応じて段階的に試験を実施することを推奨している（表17.1）[5]．

供試生物種の数で分類すると，「単一種生物試験」と複数の生物種を用いる「多種生物試験」に大別できる（図17.2）．多種生物試験は，生物個体への直接的影響と生物群集の機能・構造を通じた間接的影響を評価できるが，標準法が確立していない．単一種生物試験の場合は，標準法が確立している半面，直接的影響しか評価できず，本来の生態毒性評価としては不十分である．一方，多種生物試験といえども複雑な生態系の機能と構造の両者を実験室内で完全に再現することは不可能であるため，試験系としての再現性・安定性を確保するためには単純化した系を用いざるをえない．

現在，OECD化学品テストガイドラインには17種の単一種生態毒性試験が記載されており（表17.2），世界中で標準法として利用されている．水生生物以外に，土壌生物，陸生生物（昆虫，鳥類）まで含んでいる．わが国においても各種分析書などに生態毒性試験が記載されている（表17.3）[7-10]．これ以外にASTM（American Society for Testing and Materials），ISO（International Standardization Organization）などにも生態毒性試験ガイドライン

表17.1 化学物質の生態毒性評価試験

1種類の生物を用いた短期毒性試験
1種類の生物を用いた長期毒性試験
多種生物を用いた試験（マイクロコズム）
大規模野外実験（メソコズム）
生物組織を用いた試験

表17.2 OECD生態影響評価試験ガイドライン

藻類生長阻害試験	ミツバチ急性経口毒性試験
ミジンコ類急性遊泳阻害試験	ミツバチ急性摂食毒性試験
魚類急性毒性試験	魚類稚魚成長毒性試験
魚類延長毒性試験	土壌微生物窒素無機化試験
鳥類摂餌毒性試験	土壌微生物炭素無機化試験
鳥類繁殖試験	底質によるユスリカ試験
ミミズ急性毒性試験	水質によるユスリカ試験
陸生植物生長試験	ヒメミミズ科繁殖試験
活性汚泥呼吸阻害試験	ウキクサ生長阻害試験
魚類初期生活段階試験	ウズラに対する鳥類繁殖毒性試験
ミジンコ繁殖試験	ミミズに対する繁殖毒性試験
魚類の胚・仔魚期短期毒性試験	承認 22，ドラフト 7

2006.7現在のドラフトガイドライン．

表17.3 日本における公定法

上水試験方法[7]	変異原性試験（Ames試験，umu試験），魚類による常時監視法，緊急時試験
下水試験方法[8]	生物毒性試験（魚類急性毒性試験，甲殻類遊泳阻害・繁殖試験，繊毛虫類増殖阻害試験，藻類増殖阻害試験，細菌増殖阻害試験，細菌発光阻害試験，生物濃縮成試験，変異原性試験（Ames試験，umu試験，レックアッセイ），AGP試験（藻類生産力試験），生態系影響評価試験
JIS[9, 10]	ミジンコ遊泳阻害試験，魚類による急性毒試験

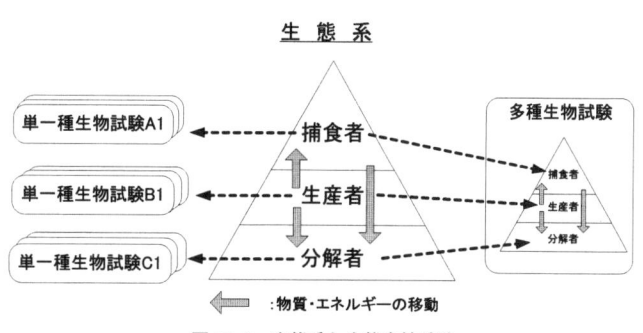

図17.2 生態系と生態毒性試験

図17.3 濃度-反応曲線

表17.4 群集・生態系レベルでのエンドポイント

構造	機能
種の豊富さ	バイオマス生産速度
種の多様さ	一次生産速度
類似性	呼吸速度
バイオマス	栄養塩摂取/再生速度
	分解速度
	ストレス後の回復速度

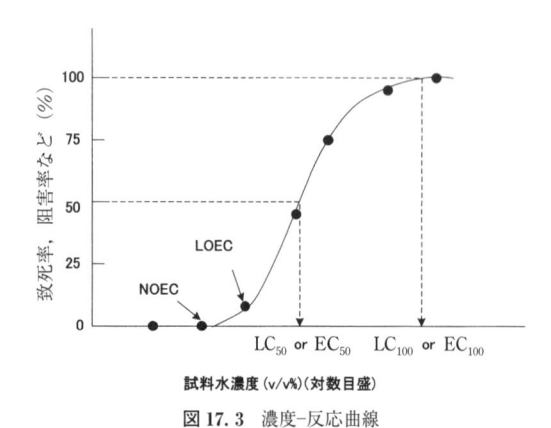

が整備されており、また、「生態影響試験ハンドブック」[11] が刊行されており参照されたい。

a. 毒性試験結果の評価

一般に、有害物質の投与量が増加すると影響を受ける個体の割合は増加する。こうした毒性影響は、通常、横軸に投与量（mg/kg）や曝露濃度（mg/l）、縦軸に一定期間曝露後の生物反応（致死、活性阻害など）をとった用量-反応曲線（dose-response curve）で表現される。水生生物の場合は、曝露濃度と生物反応の関連を示す濃度-反応曲線（concentration-response curve）となる。反応の生物反応は通常、対照群の活性を基準として阻害率や致死率を算出する。一般に、普通目盛のグラフでは濃度-反応曲線はシグモイド型（S字型）の曲線となる（図17.3）。通常、試験濃度を等比級数的に設定する。

致死を影響判定点とする急性毒性試験の場合は、LC_{50}（lethal concentration、半数致死濃度）を評価指標として用いる。LC_{50} とは一定の曝露期間後に供試生物の半数（50%）が死亡する供試物質の濃度である。致死に至る前の運動性・生理活性の阻害をエンドポイントとする亜致死試験の場合には、EC_{50}（effective concentration、半数影響濃度）、IC_{50}（inhibition concentration、半数阻害濃度）を評価指標として用いる。EC、LC の 50% の値自体に特別な生物学的意味があるわけでなく、推定誤差を考慮すると濃度-反応曲線の 50% 付近が最も誤差が小さいことから 50% 相当の濃度が汎用される[3]。

長期間曝露の影響を評価する慢性毒性試験の場合は、安全を保証する値として、NOEC（no observed effective concentration、最大無影響濃度）、LOEC（lowest observed effective concentration、最小影響濃度）などを用いる。試験濃度区のうち、NOEC は対照（コントロール）と比較して有意な影響の認められなかった最大の試験濃度であり、LOEC は有意な影響の認められた最小試験濃度である（図17.3）。また、閾値（これ以上の濃度で影響がみられる濃度、これ以下では影響がみられない濃度）に相当する MATC（maximum acceptable toxicant concentration、最大許容濃度）は、NOEC < MATC < LOEC の範囲にある。便宜的に、Chv（chronic value、慢性値）を MATC とみなすことが多い[3]。

$$Chv = \sqrt{NOEC \times LOEC} \quad (17.1)$$

以上のいずれの指標も値が小さいほど毒性の強度が強い。

EC_{50}、LC_{50} を求める手法としては、図解法、Litchfield–Wilcoxon 法、プロビット（probit）法、二項分布法、ロジット（logit）法、移動平均法、Sperman–Karber 法などがある[3,12]。NOEC、LOEC の算出は仮説検定を行う。以上の計算は SAS、SPSS など統計ソフトウェアや毒性試験用ソフトウェア[13] を活用すれば容易に実施できる。

b. 多種生物試験

多種生物試験は、捕食・競争関係を有する生物種を含み、生態系の機能と構造の一部を模倣した試験系である。試験法は、規模に応じて、フラスコ規模で実施するマイクロコズムから屋外の人工池で実施するメソコズムまで含む。評価のエンドポイントは、構造と機能の両面から行うことができる（表17.4）[3]。米国では潜在的有害性のあると考えられる農薬登録の生態影響評価のためにメソコズム試験が求められている。マイクロコズムは、小さい（micro）、宇宙（cosm）が語源で、従来、種の遷移、生物の相互作用など理論生態学の研究に用いられてきた。数種類の生物種を組み合わせるか、自然の生物群集を継代培養で繰り返し人工的に淘汰することにより安定なマイクロコズムが形成される。なかでも、各構成生物が分離培養可能で、実験時にマイク

17.2 生態毒性

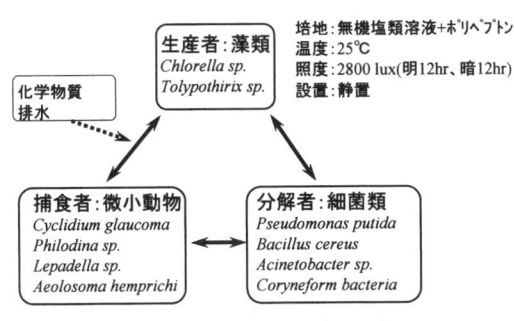

図 17.4 マイクロコズムの例

培地：無機塩類溶液＋ポリペプトン
温度：25℃
照度：2800 lux（明12hr，暗12hr）
設置：静置

生産者：藻類
- Chlorella sp.
- Tolypothrix sp.

捕食者：微小動物
- Cyclidium glaucoma
- Philodina sp.
- Lepadella sp.
- Aeolosoma hemprichi

分解者：細菌類
- Pseudomonas putida
- Bacillus cereus
- Acinetobacter sp.
- Coryneform bacteria

表 17.5 ミジンコ類急性遊泳阻害試験（TG202）

生物種	*Daphnia magna* 生後24時間未満，他種を用いることも可能
試験媒体	天然水または調整水，脱塩素水道水 pH6〜9，硬度140〜250 mg/l（CaCO$_3$）
試験期間	48時間
試験濃度	等比級数的に公比1.5〜2.2の範囲で3.2を超えない5段階の濃度を設定
連数	各濃度区4連
生物数	少なくとも20頭/各濃度区
助剤	有機溶剤，界面活性剤，分散剤でそれぞれ100 mg/lを超えない
試験温度	18〜22 ± 1℃
照明	16時間明，8時間暗を推奨，すべて暗条件でも可
観測または測定	行動，静止，異常行動および外見の変化も観察（24時間および48時間），対照区の水温，気温を少なくとも試験開始および終了時に測定．DO，水温，pH（試験前後），被試験物質濃度（少なくとも試験前後を推奨）
結果の算出	24時間と48時間での50%遊泳阻害濃度（EC$_{50}$）

ロコズムを再構成できる系は，同一条件で繰り返し実験可能であり，試料数の多い環境試料の生態毒性試験として有用である．

マイクロコズムの例として，藻類10種と原生動物・輪虫類・甲殻類など5種の微小動物からなる系[14]，生産者（藻類2種）―消費者（微小動物4種）―分解者（細菌4種）から構成される系（図17.4）[7]などがある．

影響評価法としては試験中の構成微生物の個体動態に着目して評価を行う．ATP活性や呼吸量の変化など機能面を指標とすることもできるが，個体群動態の変化とほぼ同レベルで影響が現れる．陰イオン界面活性剤（LAS）[15]や廃棄物埋立処分場浸出水の生態影響評価に適用されており，今後の活用が期待される．

c. 単一種生物試験

単一種生物試験は，生態系を構成する分解者，生産者，捕食者の中から，1種類の生物のみを用いて行う試験である（図17.2）．水界生態系を対象とする場合，生産者として単細胞緑藻類，捕食者から一次消費者として甲殻類（ミジンコ類），二次消費者として魚類のいわゆる「3点セット」が広範に利用されている[16]．

急性毒性試験は，通常，96時間以内の曝露時間中に供試生物種に生じる致死または行動阻害などの影響をエンドポイントとした試験である．これに対して，慢性毒性試験では，通常，96時間以上の曝露時間における繁殖，体重減少などのエンドポイントが用いられる．代表的試験の試験条件の例としてミジンコ遊泳阻害試験の例を表17.5に示す．生物の遺伝的系統，飼育・培養状況や水質（pH，硬度，水温，共存物質など）などが生物の感受性に影響を与える．実施にあたっては，由来（入手源，遺伝的系統）の明らかな生物を用い，ガイドラインに準拠

した試験条件で実施することが望ましい．データの信頼性を保障するためには，陽性対照物質を用いて定期的に感受性のチェックを行う必要がある．

用いる生物種によって化学物質に対する感受性は異なる．魚類の感受性の種差については，

・門や綱が異なる場合は感受性の相違は大きく，農薬では顕著な相違がみられる．

・同じ綱に属する生物でも化学物質によってはLC$_{50}$の生物種間の比が1000以上の場合もある．

・同じ科では感受性の差が小さくなるが，物質によってはLC$_{50}$の比が20近くになる．

などの知見が得られている[17]．このように化学物質に対する感受性の種差が存在するため，生態系を構成する生物中の感受性の高い生物種への影響を推定するために，複数の単一種生物試験を併用し最も感受性の高い結果（低いEC$_{50}$，LC$_{50}$）を採用し，さらに一定の係数で補正するという方法がとられる．

17.2.3 簡易バイオアッセイ

排水処理や廃棄物処理などの日常業務の一環として環境水の毒性評価（安全性評価）や野外調査にバイオアッセイを用いる場合，経験の乏しい技術者でも容易に実施できるバイオアッセイが必要である．また，わが国では生態毒性試験の供試生物を常時供

給できる体制がなく，生物種を自前で飼育する必要があり，設備が整った施設でしか実施できないのが現状である．

一方，日常的管理にバイオアッセイが用いられている欧米などでは，伝統的な生態毒性試験の代替法として小規模バイオアッセイ（microbiest あるいは small-scale biological test）あるいは簡易バイオアッセイが開発されてきた[11,18]．

特徴としては，①継代飼育の手間を省くために凍結乾燥菌体，耐久卵（シスト）などが利用されている点（Microtox，Toxkit など），②迅速に結果が得られるエンドポイントを用いている点（酵素反応阻害，摂食阻害など），③マイクロプレート・小試験管など小さな試験容器を用いており，小さなスペース・少量の試料で実施できる点，などが挙げられる．

17.2.4 連続モニタリング

水道水源への有害物質の流出などの突発的水質事故や排水処理施設への有害排水流入を監視するためには，連続モニタリングが必要である．不特定多数の有毒物質を対象とするため，従来の化学分析では対応できず生物反応に基づくモニタリング法が有効となる．

国際河川であるライン川では 1986 年の火災事故により深刻な水質汚濁問題が発生し，上流部で生態系への大きな被害を引き起こし，下流では上水道への取水停止などの事態を招いた．当時，化学物質のモニタリングが実施されていたが，この事態に対応できなかったため，1988 年以降，さまざまな生物種を用いた早期警戒システムが設置された．魚（*Leuciscus idus*）の走行性[19]，ミジンコの遊泳活動，細菌の呼吸活性や発光量，藻類（*Chlamydomonas*）の蛍光・遅延発光[20]，二枚貝ゼブラマッセル（*Dreissena polymorpha*）の開閉運動[21]などを指標としたシステムが開発され，感度比較，維持管理の問題点，警報発生の閾値の設定などについて検討されてきた．

わが国においてもすでにいくつかのシステムが商品化され，浄水場などへ導入されている．大阪府の村山浄水場では，コイの走行性と忌避反応を利用した原水監視システムが設置されている．異物が混入した場合は忌避行動により乱れた行動パターンを，ビデオカメラと画像処理装置で検出し，原水取水施設から離れた浄水場に警報を送る．

表 17.6 生物を用いた連続モニタリング法

生物応答	生物種
呼吸活性	硝化菌，生物膜，活性汚泥，魚類
活動電位	魚
運動量	魚，ミジンコ，水生昆虫
忌避・異常行動	魚，ヌカエビ
開閉運動	二枚貝
遅延発光	藻類
生物発光	発光性細菌

表 17.7 生態毒性試験の利用目的

<u>化学物質管理</u>—個別化学物質ごとの毒性評価
上市前評価：有害性・使用方法の判断
事後評価：生態リスク評価，有害性分類・表示
基準・目標値確立：毒性データ
<u>環境管理</u>—混合物総合的パラメータ
水域（河川，湖沼，海域など）監視
用水・排水管理
廃棄物管理
底質・土壌・大気質評価
製品評価

現在，利用されている連続モニタリングの事例を表 17.6 に示す．生物反応を利用した有害物質の検出部（センサ）と，反応の測定（定量）・解析を行う電子機器・コンピュータから構成されている．近年，画像処理技術の発達により，同じ行動パターンを複数の指標で解析することが可能となり，より信頼性のある判断ができるようになってきた．高感受性種の利用（農薬に対するヌカエビ（*Paratya compressa improvisa*）[22]など），細菌・藻類の連続供給，固定化（細菌，酵素），遺伝子組換え菌の利用などにより特徴のある連続モニタリングシステムの開発が期待される．

17.2.5 生態毒性試験結果の適用

生態毒性試験は，主に個別化学物質や環境試料（環境水，排水など）などの混合物の生態毒性評価に用いられる（表 17.7）．以下，毒性試験の具体的な適用例を紹介する．

a. 個別化学物質の管理

生態系保全のための化学物質対策を実施するためには化学物質ごとの生態毒性データが必要不可欠である．こうしたデータを利用して，化学物質の上市前，市後（事後）管理が行われる．

国際的には，化学物質の有害性に着目した分類システム，GHS（国際有害性分類システムと互換性のあるラベリングシステム）の整備や既存化学物質（高産量化学物質）の有害性スクリーニング評価が

取り組まれている[23,24]．前者は化学物質の有害性分類の国際的調和を図るためにOECDなどが担当して進めている．この中で，水系環境有害性の分類カテゴリーに，急性（影響）と慢性（影響）の二つが含まれ，藻類，魚類，甲殻類などの急性毒性値（LC_{50}またはEC_{50}）や慢性毒性値が分類のクライテリアとして利用されている．後者は，OECDが推進している，すでに市場に流通しているが十分な安全性評価がなされていない化学物質の有害性評価プロジェクトである．水系環境に関する評価は，魚類，甲殻類，藻類への急性毒性や利用可能な亜慢性・慢性（延長・長期）毒性に基づいて行われる．

一方，わが国の化学物質対策は，従来，人の健康保護のみを目標としていた．わずかに，農薬取締法での魚毒性分類基準（コイとミジンコ類のLC_{50}値に基づく）や海洋汚染防止法での油処理剤の要件（珪藻とメダカへの毒性）などが生態系を考慮した規制であった[4]．環境基本法（1993年）制定後，ようやく生態系保全のための化学物質対策が本格的に取り組まれるようになった．PRTR法（1997年）では，「動植物の生育若しくは支障を及ぼすおそれがあるもの」を自主管理の対象物質に含め，その判定基準に，水生生物（藻類，ミジンコ，魚類）を用いた急性毒性または慢性毒性試験の結果を用いている．急性毒性値LC_{50}が10 mg/l以下などの物質を生態毒性を有するとしている．また，1997年から環境省は既存化学物質の環境リスク評価の方法論確立を目的に，環境リスク初期評価を開始した[25]．まず，生物への慢性影響を与えない濃度，無影響濃度（predictied no effect concentration：PNEC）を算出するために，信頼性のある3種類の生物（藻類，ミジンコ，魚類）とその他の水生生物の毒性データを用いる．一方，実測データから求めた曝露濃度（predictied environmental concentration：PEC）と比較し，（PEC/PNEC）比の大きさにより化学物質を3段階に分類している．その結果，検討した121物質中，相対的にリスクの高い物質（PEC/PNEC $\geq$ 1）25物質が詳細評価の候補物質として抽出された．国際的にも，PNECの算出に，利用可能な毒性情報の不確実性を補い，急性毒性値から慢性毒性値への外挿を行うため，1〜1000のアセスメントファクター係数（安全係数）で補正するという手法が用いられている[4]．

また，上市前管理として，2003年5月に改正された化学物質審査規制法（化審法）では，従来の人の健康保護に加えて動植物への影響を考慮して，動植物への毒性に関する審査として生態毒性試験を導入した[4,26,27]．さらに，環境省は，1999年および2000年に検討会を設置し，2002年8月に報告書「水生生物保全にかかわる水質目標について」を公

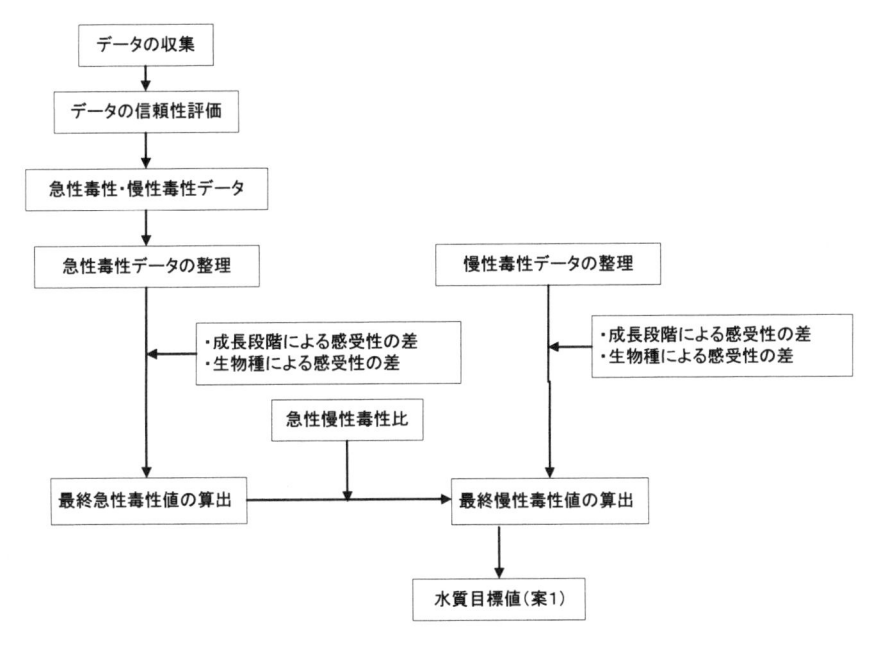

図17.5 主要魚介類による水質目標値導出手順

表した[28]．この中で水生生物を守るための目標値設定の必要性と設定手法などについての基本的考え方を提示した．優先的に目標値の導出を検討すべき物質として81物質を取り上げ，主要魚介類や餌生物への慢性影響から水質目標導出するための手順を定めた（図17.5）．

b. 環境管理への適用

排水・下水，埋立地浸出水などには多数の微量化学物質が含まれているため，従来の化学分析で主要成分すべてを分析することは困難である．このような未同定成分を含む環境試料の生態影響評価を行う場合，バイオアッセイが有力な評価手法となる（図17.6）．特に，①物質間の相互作用（相加作用，相乗作用など）を含む複合的影響の把握が可能，②化合物の生物利用可能性を考慮した評価，③未規制物質・非意図的生成物を評価可能，④水生生物を用いる場合には生態影響評価の意味が一般市民に理解を得やすい，などの特徴がある．

欧米では1960年代ころから生態毒性試験が水質管理に導入されている[29-33]．現在，米国とカナダ[30]，ドイツ[33]などでは積極的に排水基準として生態毒性が組み込まれている．

米国では，有害物質を含む排水の放流を禁じた水清浄法制定（1977年）後，その実施のために排水の排出認可手続きにバイオアッセイによる全排水毒性（whole effluent toxicity：WET）試験と個別化学物質規制の併用を盛り込んだ．その実施のために水生生物保護を目的とした表流水中の毒性物質規制のための統合的アプローチを提唱した（1989年，図17.7）[30,31]．感受性の種差があるため，最低3種類（魚類，甲殻類，植物）の生物試験を実施することを推奨している．また，WET基準を超過する排水の毒性を削減するための一連の手順が毒性削減評価（toxicity reduction evaluation：TRE）として定式化されている[32]．TREの中で毒性原因物質を探索する手法として毒性同定評価（toxicity identification evaluation：TIE）と呼ばれるバイオアッセイと物理化学的分画法を組み合わせたユニークな方法を用いている．

わが国においては生態毒性試験による法的基準はないが，さまざまな調査例が報告されている．産業排水[34]や紙パルプ工場総排水[35]などの生態毒性評価では，現行の排水基準を満たしていても一部の排水の強い急性毒性や多くの排水の慢性毒性が認められている．廃棄物管理では，都市ごみ焼却灰溶出液[36]や産業廃棄物埋立処分場浸出水の生態毒性評価[37]に適用されている．また，埋立処分場浸出水の環境リスクをさまざまなバイオアッセイを用いて評価し，早期警戒システムを構築する研究が取り組まれている[38]．河川水への適用例では，農薬類のヌカエビや緑藻への複合影響[39,40]，都内河川における有機リン系殺虫剤とミジンコ遊泳阻害の関連[41]などが報告されている．

おわりに

本節では生態毒性，試験方法および試験結果の応用について概括した．水生生物の基本的試験はすでに確立しているため，試験法の面では，今後，地域

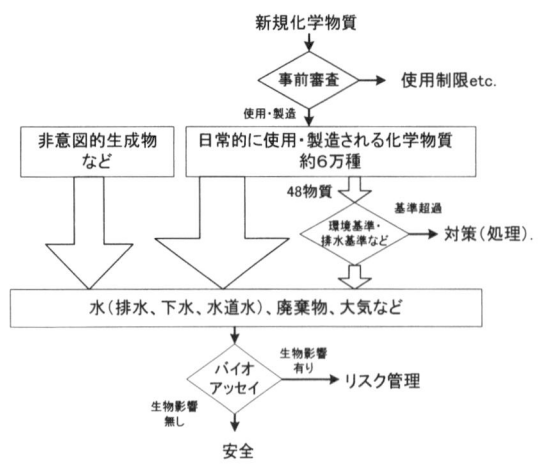

図17.6 化学物質のリスク管理とバイオアッセイ

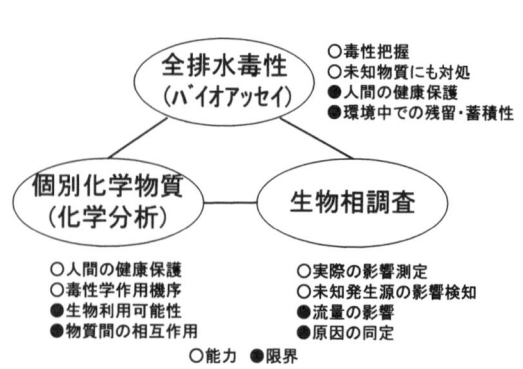

図17.7 有害物質制御のための統合的アプローチ

固有の生物を用いた試験方法,バイオマーカー試験,簡易・迅速試験などの開発や土壌・陸生生物試験の充実が求められている.化学物質のリスク評価については,本論で紹介した以外にもさまざまな方法論[42]が提案されており,生態リスクマネジメントに向けて充実が期待される.環境管理においては必要とする管理レベル(問題発見から基準確立まで)に応じて生態毒性試験が利用できる.以上を通じて自然との共生が進むことが期待される.

〔楠井隆史〕

文献

1) Odum EP (三島次郎訳) (1974): 生態学の基礎上, 390 pp, 培風館.
2) Newman MC (1998): Fundamentals of Ecotoxicology, 281 pp, Ann Arbor Press.
3) Rand GM ed (1995): Fundamentals of Aquatic Toxicology, 2nd ed, p.1125, Taylor & Francis.
4) 若林明子 (2003): 化学物質と生態毒性, 改訂版, 457 pp, 丸善.
5) OECD: OECD's Guidelines for Testing of Chemicals.
6) Persoone G and Jansen CR (1994): Field validation of predictions based on laboratory toxicity test. Freshwater Field Tests for Hazard Assessment of Chemicals (Hilla IR, et al, eds), pp.379-397, CRC.
7) 厚生省生活衛生局水道環境部 (1993): 上水試験方法 1993年版, 日本水道協会.
8) 建設省都市局下水道部・厚生省生活衛生局水道環境部 (1997): 下水試験方法 1997年版, 日本下水協会.
9) 日本工業標準調査会 (1992): 化学物質によるミジンコ類の遊泳阻害試験方法 - JIS K 0229, 日本規格協会.
10) 日本工業標準調査会 (1998): 魚類による急性毒性試験, 工場排水試験方法 - JIS K 0102, 日本規格協会.
11) 日本環境毒性学会編 (2003): 生態影響試験ハンドブック—化学物質の環境リスク評価—, 368 pp, 朝倉書店.
12) 吉岡義正 (1996): 試験データ処理と評価について. 生態影響評価に関するセミナー96講演要旨集, pp.33-45.
13) 日本環境毒性学会のHP (http://www.intio.or.jp/jset/) より専用プログラム (Ecotox-Statics) を入手可能.
14) 稲森悠平, 高松良江 (1996): マイクロコズムを利用する生態系影響評価試験. 第28回日本水環境学会セミナー「バイオアッセイと環境化学物質の安全性評価」講演資料集, pp.92-102.
15) 高松良江, 稲森悠平, 須藤隆一, 栗原康, 松村正利 (1997): マイクロコズムを用いた陰イオン界面活性剤の水圏生態系に及ぼす影響評価. 水環境学会誌, 20 (11): 710-715.
16) 斉藤穂高, 柏木由美子 (2003): 生態毒性試験とは何か—3点セットとその課題, GLP など. 水環境学会誌, 26 (4): 188-193.
17) 若林明子 (1998): 化学物質の毒性や濃縮性に影響を与える因子. 環境毒性学会誌, 1 (2): 27-40.
18) Wells PG, Lee K and Blaise C (1998): Microscale Testing in Aquatic Toxicology: Advances, Techniques and Practice, CRC.
19) Balk F, Okkerman PC, van Helmond CAM, Noppert F and van der Putte I (1994): Biological early warning systems for surface water and industrial effluents. Wat Sci Tech, 29 (3): 211-213.
20) Schmitz P, Krebs F and Irmer U (1994): Development testing and implementation of automated biotests for the monitoring of the river rhine, Demonstrated by Bacteria and Algae Tests. Wat Sci Tech, 29 (3): 215-221.
21) Borcherding J and Volpers M (1994): The "Dreissena-Monitor" — first results on the applicatin of this biological early warnig system in the continuous monitoring of water quality. Wat Sci Tech, 29 (3): 199-201.
22) 宮代 明, 馬場研二, 圓佛伊智朗, 原 直樹, 早稲田邦夫, 矢萩捷夫 (1996): 水質危機管理のための高感度バイオアッセイシステムの研究. EICA, 1 (2): 246-249.
23) 森下 哲 (2000): OECDにおける化学物質試験・評価・管理手法のハーモニゼーション. 水環境学会誌, 23 (7): 390-394.
24) 戸田栄作 (2003): OECD化学品プログラムの動向について. 水環境学会誌, 26 (4): 178-182.
25) 環境省健康保健部環境リスク評価室 (2002, 2003): 化学物質の環境リスク評価, 第1・2巻.
26) 若林明子 (2003): わが国での生態系保全に向けた新たな動き. 水環境学会誌, 26 (4): 183-187.
27) 環境省化学物質規制審査法ホームページ参照 (http://www.env.go.jp/chemi/kagaku/index.html)
28) 環境省水質保全局 (2000): 有害物質による水生生物影響など検討会中間報告「水生生物保全にかかわる水質目標について」.
29) 楠井隆史 (1999): バイオアッセイによる環境管理の可能性: 現状と課題. 第2回日本水環境学会シンポジウム講演集, pp.250-251.
30) 楠井隆史 (2000): 北米における水環境管理戦略. 水環境学会誌, 23 (7): 395-399.
31) U.S.EPA (1991): Technical Support Document for Water Quality-based Toxics Control, Washington, D.C. Office of Water, EPA/502/2-90-001.
32) デービス L・フォード編 (松井他訳) (1996): 環境毒性削減: 評価と制御, 環境技術研究協会.
33) 山田正人 (2000): ヨーロッパにおける水環境管理戦略. 水環境学会誌, 23 (7): 395-399.
34) 楠井隆史, Blaise C, 佐藤美和子, 清水宏裕, 多嶋美樹, 筒井孝治 (1996): 富山県内の産業排水の生態毒性評価. 環境工学研究論文集, 33: 215-226.
35) 鑪迫典久, 岸 克行, 渡辺亜希子, 大野美穂 (1999): バイオアッセイを用いたリスクアセスメントの実際と問題点. 第2回日本水環境学会シンポジウム講演集, p.249.
36) 細見正明, 金子栄廣 (1998): 急性毒性試験による廃棄物の有害性評価. 廃棄物学会誌, 9 (5): 384-393.
37) 岡村秀雄, 羅 栄, 青山 勲, Liu D, Persoone G (1998): 産業廃棄物埋立地浸出水の生態毒性評価および毒性のキャラクタリゼーション. 環境毒性学会誌, 1 (1): 43-50.
38) 井上雄三 (代表) (2002): 最終処分場管理における化学物質リスクの早期警戒システムの構築. 廃棄物処理など科学研究費補助金平成13年度研究報告書.
39) 畠山成久, 白石寛明, 浜田篤信 (1991): 霞ヶ浦水系河川のヌカエビ (Paratya compressa improvisa) 生物試験による農薬毒性の季節変動. 水質汚濁研究, 14 (7): 460-468.

40) 畠山成久 (1993)：セレナストラム・ヌカエビの生物試験による除草剤・殺虫剤の潜在的生態影響モニタリング．用水と廃水，**35** (4)：337-343.
41) 菊池幹夫, 若林明子 (1997)：オオミジンコによる河川水中の化学物質の有害性モニタリング．日本水産学会誌，**62**：627-633.
42) 中西準子, 蒲生昌志, 岸本充生, 宮本健一編 (2003)：環境リスクマネジメントハンドブック，584 pp，朝倉書店．

17.3　遺伝子障害性試験

▷ 13.2　無機物質
▷ 13.3　有機物質

17.3.1　細菌を用いた試験
a. umu（ウム）DNA 損傷性試験

1）umu 試験の意義と原理　umu 試験は，汚染物質が遺伝子（DNA）を傷つけ，人に発癌や奇形などを引き起こす可能性の程度を評価・管理する方法の一つである．その意義は，飲料水や排水のDNA 損傷性強度，および飲料水源となっている河川水やそこへ流入する排水などを浄水処理（塩素処理）した場合に生成する物質の DNA 損傷性強度（生成能）を総括的に評価・管理できることにある．

Shinagawa らは，*umuC* 遺伝子の下流にレポーター遺伝子を融合させた *umuC'-'lacZ* 遺伝子をもつプラスミド pSK1002 を作成した．Oda らは，このプラスミド pSK1002 を *Salmonella typhimurium* TA1535 株に導入した TA1535/pSK1002 を試験生物とする umu 試験を開発した．*Salmonella typhimurium* TA1535 株は GC/塩基対置換型の突然変異を検出する Ames 試験株で，化学物質の細胞膜透過性が高く，毒性を高感度に検出できる．

umu 試験は，遺伝子の DNA が損傷を受けると修復機構を担うために発現する約 20 種の SOS 遺伝子群のうちの，修復突然変異を誘発する *umuC* を含む SOS 遺伝子群の発現量を測定することで，DNA 損傷性の強さを評価する方法である．SOS 応答の概要を図 17.8 に示す．

細菌内で DNA の損傷が起こっていないときには，SOS 遺伝子群の発現は，*lexA* 遺伝子によって作られる LexA タンパク質によって抑制されている．DNA 損傷が起こると，*recA* 遺伝子が産み出す RecA タンパク質が損傷部位に結合して RecA タンパク質の活性化が起こる．この活性化した RecA タンパク質が SOS 遺伝子群の発現を抑制している LexA タンパク質を分解してしまうので，*umu* 遺伝子を含む SOS 遺伝子群の発現が起こる．*umuC'-'lacZ* を含む SOS 遺伝子群が発現すると β-ガラクトシダーゼ活性を有する UmuC'-'lacZ 融合タンパ

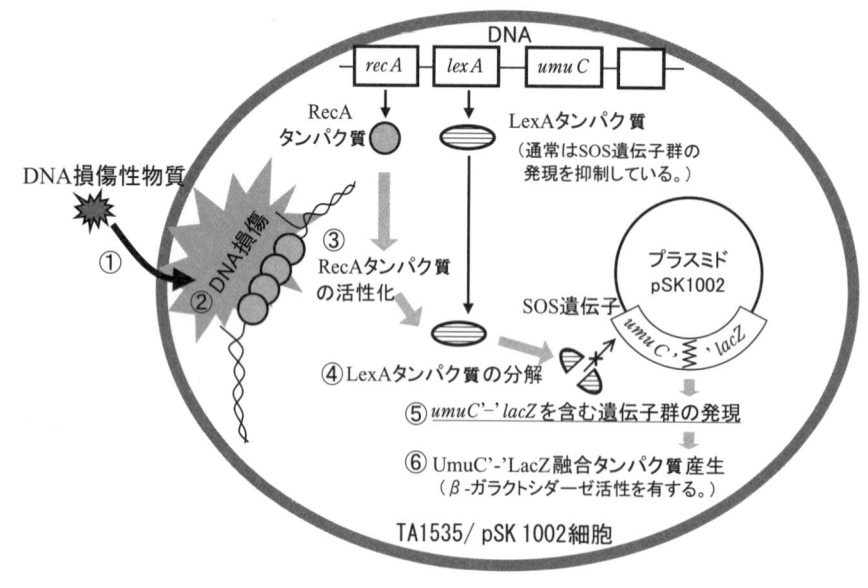

図 17.8　umu 試験の基本原理

ク質が産生する．これに ONPG（2-ニトロフェニル-β-D-ガラクトピラノシド）を添加すると発色するので，この吸光度を測定することで，DNA 損傷性強度を評価する．

この umu 試験は，1998 年に国際標準化機構（ISO：International Organization of Standardization）により排水の遺伝子毒性評価法として採用された[1]．また，上水試験方法[2]，下水試験方法[3]，ドイツ排水令にも記載され，環境試料に関しても排水や河川水の評価など，種々の報告例がある．

umu 試験は，このように国際規格化された DNA 損傷性試験法であり，① Ames 試験では 3 日間必要な凍結保存菌株培養後の試験期間が 6〜7 時間で済むこと，②試験菌が凍結保存され，かつ抗生物質耐性であるために，菌の維持管理や取り扱いが簡便であること，③マイクロプレートを用いるため試験操作も簡便で，一度に多数の試料を試験できること，④器具や試薬も比較的安価であることなどから，遺伝子からみた水質の安全性の迅速な評価・管理方法として非常に有効であると考えられる．また，⑤ Ames 試験が菌の特異性によって複数の菌株を必要とするのに対し，1 種類の菌株で評価でき，⑥ヒスチジンを含む試料でも試験可能であるなどの優位性も挙げられる．

Reifferscheid らは 486 物質について umu 試験と Ames 試験の試験結果を比較したところ，陽性物質の検出では 90％の一致がみられ，発癌性と umu 試験結果の一致は 65％であったと報告している[4]．このように，従来の発癌性のスクリーニングとの対応の点でも，umu 試験は水試料の毒性評価において有効な手法であるといえる．

しかし，umu 試験の ISO 規格では，試験方法と結果の整理方法は規格化されているものの，水試料からの検液の調製方法や結果の定量的な評価方法が示されていない．このため，前処理方法や試験結果の評価方法が各試験者の判断で行われ，試験データの相互比較や客観的な評価が困難な状況にある．

このため，浦野らは河川水や排水などの水試料の評価をするための試料（検液）の調製方法と試験結果の評価方法を以下のように提案している．

2）umu 試験のための試料調製方法　まず，多孔質ポリスチレン樹脂（たとえば Sep-Pak plus PS-2 または CSP800 や HP20SS など）を用いて，図 17.9 のような装置で樹脂体積の 2000 倍程度までの pH 2 に調整した試料水を約 50〜100 分で通水した

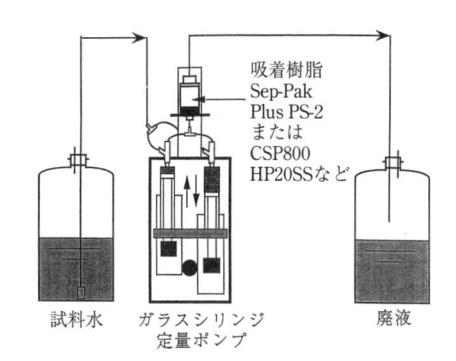

図 17.9 水試料の濃縮システムの例

のち，樹脂層内の水を注射筒で追い出し，DMSO を通液して樹脂体積の 2 倍量の脱離液を得れば，DNA 損傷性物質は 1000 倍に濃縮された検液として，ほぼ完全に回収される[5,6]．たとえば，試料水を 5 N 硫酸で pH 2 に調整後，1 本の多孔質ポリスチレン樹脂カートリッジ PS-2 に試料水 1.5 l を約 20 ml/min で通水して DNA 損傷性物質を吸着捕集する．樹脂層内の水を注射筒で追い出し，これに DMSO を 0.15 ml/min で通して脱離液を 1.5 ml（含水率約 20％）採取し，試験するまで冷凍保存する．この脱離液を試験時に解凍し，試験液と菌体の接触時の DMSO 濃度を一定にするために脱離液 0.6 ml あたり水 3.4 ml を加えて 12％の DMSO 溶液として検液とする．なお，ISO 試験法での検液 DMSO 濃度は 4.5％であるが，DMSO 濃度は約 14％まで阻害がないことが確認されているので，感度向上のため 12％とするのがよい[6]．

ここで，DNA 損傷性は人に対しても水生生物に対しても好ましくない．したがって，人に対する影響（飲料水への影響）と水生生物に対する影響の両者を考えて管理する必要がある．水生生物は，直接曝露されるので，水生生物保護のためには，河川水や排水の DNA 損傷性強度そのものを管理する必要がある．

一方，DNA 損傷性強度は，河川水などの原水そのままよりも塩素消毒後のほうがはるかに高くなることがわかっている．すなわち，汚染の進んだ水を塩素処理することによって DNA 損傷性物質が生成することがわかっている．このため，河川水などの環境水やそこに流入する排水について，浄水場とほぼ同じ条件で塩素処理した場合にどの程度の DNA 損傷性強度を示すようになるか（DNA 損傷性物質生成能：GFP と略記）を測定して評価，管理する

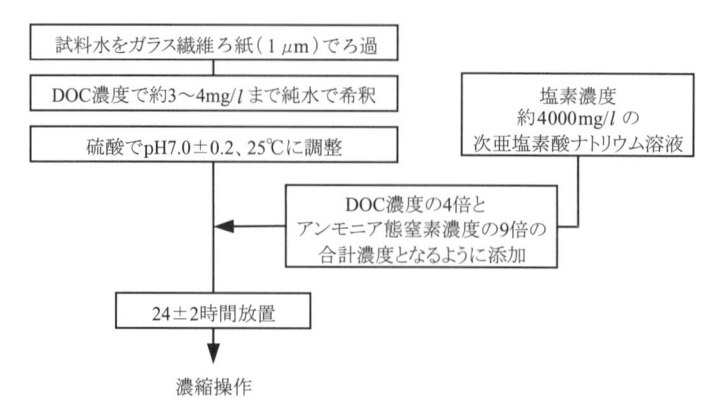

図17.10 DNA損傷性物質生成能測定のための塩素処理手順

必要がある[7]．このGFPの測定のための試料調製方法を図17.10に示す[7]．

環境水や排水を1μmのガラスフィルターでろ過した後，溶存有機炭素濃度（DOC）を測定し，4 mg/lを超える場合は，純水で3～4 mg/lに希釈して25℃に保ち，DOCの4倍とアンモニア態窒素濃度の9倍に相当する塩素を加え，24時間静置して反応させた後，上記の方法で濃縮する．

3）umu試験の試験方法と結果の評価方法

ISO規格の方法をそのまま用いると，凍結保存菌株 Salmonella typhimurium TA1535/pSK1002の培養条件が37℃，12時間以下（11～12時間）とされているため，たとえば午前9時に試験作業を開始するためには，前日の午後9時近くまで残業して培養を開始しなくてはならない．また，試験結果が＋と－で定性的に示されることが多く，試料のDNA損傷性強度を定量的に比較，評価できない．

そこで，村田，浦野らは30℃で夜間を利用した16～18時間（たとえば，午後5時ころから翌朝9～11時ころまで）振盪培養することで，通常の勤務時間内で試験できる方法を開発している．なお，30℃で16～18時間培養でも37℃で12時間培養した場合と試験結果に有意な差がないことが確かめられている[5]．

umu試験では，TA1535/pSK1002株を使用したマイクロプレート法を用い，陰性対照には純水を使用する．また，そのままの検液（－S9）で試験するほかに，生体内で代謝されてからDNA損傷性を示す物質を検出するために，酵素の混合液であるラット肝ホモジネートS9を加えて（＋S9）から試験する方法の2系列で試験することができる．なお，S9はフェノバルビタールと5,6-ベンゾフラボンで酵素誘導したラット肝ホモジネートS9を用いる．また，陽性対照試験は，－S9の場合には4-ニトロキノリン-N-オキシド（4NQO），＋S9の場合には2-アミノアントラセン（2AA）を用いることが多い．検液は12% DMSOでマイクロプレート上に4段階程度の希釈列を作製し，前培養した菌株と37℃で2時間接触させ，さらに37℃で2時間の培養でβ-ガラクトシダーゼを産生させ，ONPGを加え，28℃で0.5時間の発色反応の後，420±20 nmにおける吸光度を測定してβ-ガラクトシダーゼ産生量をみる．

試験結果は，まず，図17.11に例を示すように，「試料水換算の試験液添加量D $[l]$」と「溶媒対照に対する検液の菌体濃度あたりの吸光度の比IR $[-]$」との関係を描く．この関係の直線部分の傾き，すなわち，DNA損傷性強度$=(IR-1)/D$で求められる「試料水1lあたりに換算した正味のIR $[net\ IR/l]$」によってDNA損傷性強度が定量的に評価でき，試験日や試験者による違いも補正されて比較できる．

4）umu試験の応用例 東京都多摩川水系のGFP試験の結果の例として，試料水換算の添加量と応答（IR）の関係を図17.11に示した．いずれも直線近似できることが確かめられている．このような関係図の傾きから求めた多摩川水系のGFPの分布の例を図17.12に示す．最も高い地点と低い地点では10倍程度の差があること，および－S9と＋S9の結果に高い相関が得られ，迅速な評価・管理には－S9のみの試験でもよいことが示されている．また，DOCがほぼ等しい場合でもGFPが大きく異なる地点があり，DOCなどの測定だけではDNA損傷性は予測できないことが明らかになって

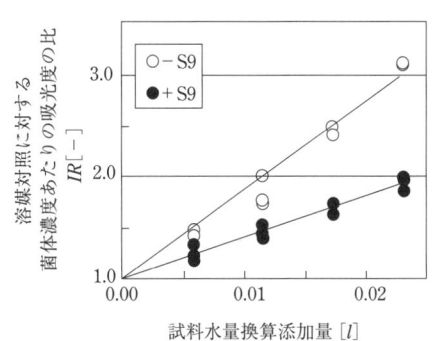

図 17.11　umu 試験の用量-反応関係の例

図 17.12　多摩川水系の DNA 損傷性物質生成能の例

No.	採水地点	GFP [net IR/l] -S9	GFP [net IR/l] +S9	No.	採水地点	GFP [net IR/l] -S9	GFP [net IR/l] +S9
①	和田橋	23	(8)	⑧	多摩川合流点前	130	48
②	多摩川橋	(18)	N.D.<7	⑨	新井橋	40	(14)
③	羽村堰	23	(13)	⑩	関戸橋	44	(14)
④	多西橋	22	(10)	⑪	報恩橋	55	N.D.<20
⑤	東秋川橋	21	(11)	⑫	北多摩1号下水処理場放流口(排水)	190	76
⑥	拝島橋	23	N.D.<7	⑬	多摩川原橋	86	40
⑦	日野橋	51	(16)	⑭	多摩水道橋	66	38

※括弧内の数値は検出限界以上、定量限界未満の値

いる[5,6]．なお，全国25地点の試験結果から，比較的良質の水道水では，-S9でのDNA損傷性強度が20 net IR/l 以下であったことから[8]，GFPが20 net IR/l 以上の値を示した場合には好ましくないといえよう．

また，DNA損傷性の高い排水の存在も明らかになってきており，今後は，umu試験を用いて水道水や排水のDNA損傷性の実態調査や監視を行い，他に比べて特に高いDNA損傷性が認められた場合には，その原因解明と改善を行うことが望まれる．

b．Ames（エームス）変異原性試験

1）Ames試験の意義と原理　Ames試験は，ヒトの発癌や奇形などにかかわる細胞に突然変異を起こす程度の評価・管理方法の一つである．その意義は，飲料水や排水の評価・管理および飲料水源となっている河川水やそこに流入する排水を浄水処理（塩素処理）した場合に生成する物質の変異原性強度（生成能）を総括的に評価・管理することができることにある．

Ames試験は，必須アミノ酸の一種であるヒスチジンの合成酵素遺伝子群が変異して，自力でヒスチジンを合成できないサルモネラ菌が，検液によって復帰突然変異（フレームシフト型または塩基対置換型など）を起こすと自力でヒスチジンを合成できるようになるため，ヒスチジンをほとんど含まない寒天平板培地上に突然変異を起こした菌がコロニーを形成するので，その数から突然変異の強度を測定する方法である．

使用菌株には，さまざまなものが提案されているが，フレームシフト型の突然変異を検出できるTA98株と塩基対置換型の突然変異を検出できるTA100株が最も多く用いられている．また，-S9のほか+S9の試験が行える．

ただし，水道水のように，塩素処理された水の中の変異原性物質は，大部分がTA100株でS9mixを加えないTA100-S9の条件で検出されるので，この条件のみで試験しても管理することができる[9]．

2）Ames試験のための試料調製方法　Ames試験は，Sep-Pak PS-2 または CSP800，HP20SSなどの吸着樹脂に1lまたは2lの水を通水して汚染物質を吸着した後，DMSOを1mlまたは2ml通液して脱離し，1000倍濃縮した液を用いる．

また，変異原性物質生成能（MFP）は，DNA損傷性物質生成能（GFP）試験と同じ塩素処理をした水について，試験を行う[7]．

3）Ames試験の試験方法と結果の評価方法

変異原性試験方法としては，旧労働省のガイドブックにプレインキュベーション法が定められ，一般にこの方法，または夜間作業をなくすために冷凍菌の前培養およびプレインキュベーションの温度を25℃にした図17.13に示すような方法が用いられている[10]．

菌株は，国立医薬品食品衛生研究所や国立保健医療科学院などから入手できる．

試験結果は，検液の試料水換算添加量と復帰コロニー数（rev.）の関係図の直線範囲の勾配から，試

料水1*l*あたりの復帰コロニー数を求め，正味の復帰コロニー数（net rev./*l*）で評価する．

4) Ames試験の応用例 水道水についてAmes試験を行った場合の試料水換算添加量と復帰コロニー数との関係の例を図17.14に示す[9]．いずれも直線近似できることが認められている．このような関係図の傾きから求めた全国各地の水道水の変異原性強度（TA100-S9）の測定例を図7.15に示す．地域によって10倍以上の差があることが認め

られている．また，活性炭処理などの高度浄水処理を行えば，変異原性強度が低くなることなども明らかにされている．

また，各種の排水について変異原性物質生成能（MFP）を測定した例を図17.16に示す[11]．これによると，通常の水道水の変異原性の1000倍程度のMFPを示す排水があり，これらが流入する下流で，浄水場の取水口があり，塩素消毒が行われると，水道水の変異原性が高くなるおそれがあることがわか

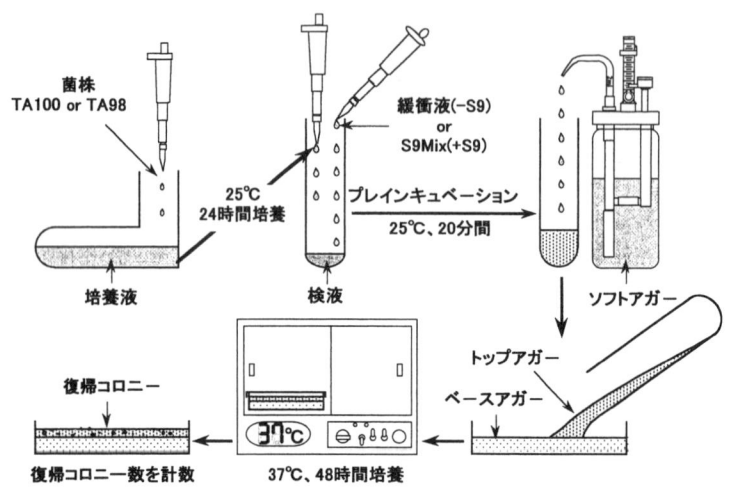

図17.13 Ames試験法の概略図

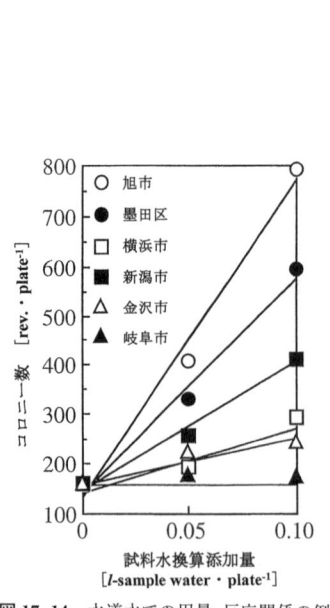

図17.14 水道水での用量-反応関係の例

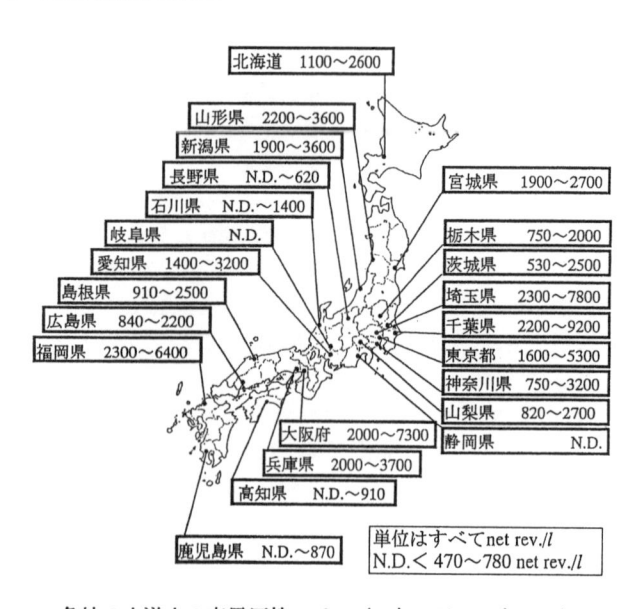

図17.15 水道水の変異原性強度の例

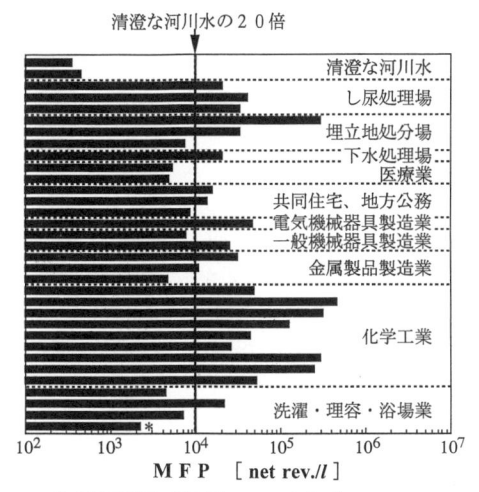

図17.16 各種排水の変異原性物質生成能の例

る．

なお，比較的良質の水道水では，TA100の-S9で1000 net rev./l以下であったことから[9]，Ames変異原性やMFPがこれよりもかなり高い値を示した場合には，好ましくないといえよう．

c. rec（レック）アッセイ

DNA損傷は，細胞の致死も引き起こす．DNA損傷の大部分はDNA修復機能によって修復されるが，修復機能を欠いた変異株はその生育が強く阻害され，野生株より化学物質などに感受性が高い．すなわち，変異原性物質や染色体異常誘発性物質は，DNA修復機能欠損株の生育を阻害する．定家，賀田ら[12]によって開発されたRecアッセイは，recE45遺伝子欠損株（rec-株）の枯草菌M45株を用いる方法であり，生存率比較法と増殖曲線比較法がある．生存率比較法は，Ames法と同じように試料と菌を接触させた後，栄養寒天培地の上に軟寒天とともに重層し，さらに，1層の軟寒天層を形成させて培養し，出現したコロニー数を野生株（rec+株）での同じ操作の場合と比較する方法である．

増殖曲線比較法は，対数増殖期の菌株と試料を接触させた後，液体ブロスを添加して振盪培養し，rec+の場合と増殖曲線を比較する方法である．対照群の650nmの吸光度（OD_{650}）が定常になった時点での処理群のOD_{650}から50%致死濃度を求め，rec-の50%致死濃度に対するrec+の50%致死濃度の比であるR50値で評価している．なお，松井ら[13]は，probit理論を用いたrec重量またはrec容量という評価指標を提案している．

この方法は，他の方法に比べて細胞毒性物質に対して影響を受けにくいので，汚染度の高い排水などの試験に適している．　　〔浦野紘平・久保　隆〕

文　献

1) International Organization for Standardization (ISO) (2000): Water quality-Determination of the genotoxicity of water and waste water using the umu-test, ISO 13829, ISO/TC 147/SC 5.
2) 日本水道協会（2001）：上水試験方法．
3) 建設省都市局下水道部，厚生省生活衛生局水道環境部監（1997）：下水試験方法1997年版，日本下水道協会．
4) Reifferscheid G and Heil J (1996): Validation of the SOS/umu test using test results of 486 chemicals and comparison with the Ames test and carcinogenicity data. *Mutation Res*, **369**: 129-145.
5) 村田尚子，亀屋隆志，浦野紘平（2003）：改良umu試験を用いた相模川水系の変異原性物質生成能の評価．第37回日本水環境学会年会講演集，p.530.
6) 久保　隆，村田尚子，亀屋隆志，浦野紘平（2004）：umu試験による水道水源の遺伝子毒性物質生成能評価のための水試料濃縮方法．第38回日本水環境学会年会講演集，p.99.
7) Takanashi H, Urano K, Hirata M, Hano T and Ohgaki S (2001): Method for measuring mutagen formation potential (MFP) on chlorination as a new water quality index. *Water Res*, **35**: 1627-1634.
8) 久保　隆，王　麗莎，胡　洪営，亀屋隆志，浦野紘平（2006）：umu試験による水道水のDNA損傷性強度の評価．第40回日本水環境学会年会講演集，p.550.
9) 浦野紘平，岡部文枝，高梨啓和，藤江幸一（1995）：水道水のAmes変異原性に関する研究 第3報日本の水道水の変異原性レベルの解析．水環境学会誌，**18**: 1001-1011.
10) 久保　隆，近貞幸治，亀屋隆志，浦野紘平（1999）：Ames変異原性試験の効率化と化学物質の変異原性解析．第33回日本水環境学会年会講演集，p.503.
11) 高梨啓和，浦野紘平，大垣眞一郎（2000）：排水の塩素処理における変異原性物質生成能の解析．水環境学会誌，**23**: 352-359.
12) Sadaie Y and Kada T (1976): Recombination-deficient mutants of *Bacillus subtilis*, *J Bacteriol*, **125**: 489-500.
13) Matsui S, Yamamoto R and Yamada H (1989): The *Bacillus subtilis*/microsome rec-assay the detection of DNA damaging substances which may occur in chlorinated and ozonated waters. *Water Sci Tech*, **21**: 875-887.

17.3.2　体細胞を用いた遺伝毒性試験

a. 小核試験

小核試験は，細胞の染色体異常を間接的に検定する方法で林らによって開発されたアクリジンオレンジを用いる蛍光染色法[1]により標本観察の精度が高まり，生体内における化学物質の遺伝毒性を探索・評価できる簡易試験法として広く利用されるよ

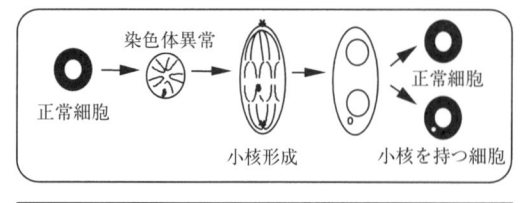

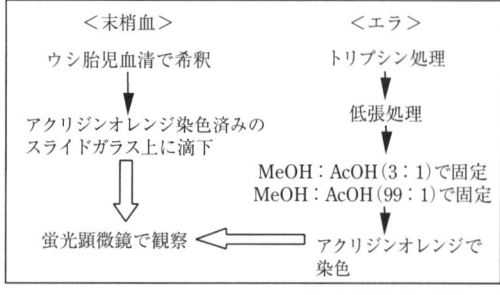

図 17.17 魚類の小核形成と小核試験の操作法

うになった．赤芽球が分裂増殖している最終段階で変異原物質が作用すると，分裂中期で染色体異常が観察される．細胞分裂後期で染色体は 2 つの染色分体に分かれ，動原体に付着した紡錘糸によって 2 つの異なる極に引っ張られる．しかし，染色体異常によって動原体をもたない染色体断片が形成された場合，染色分体が両極に移動できず，赤道板付近に取り残される．また，紡錘体など細胞分裂装置に障害を与えるような物質が作用した場合には，1〜数本の染色体が，いずれの極にも移動できず赤道板付近に取り残される．細胞分裂終期において両極に移動した染色分体の塊の周りに核膜が形成され，新しい 2 つの娘核ができる．同時に細胞質中に取り残された染色体の断片または染色体の周りにも娘核と同様に核膜が形成され，小核となる．その後，細胞質の分裂が起こって 2 つの新しい娘細胞となり細胞分裂は完了する．小核試験の特徴としては，①染色体の大きさや数に左右されず，どのような核型をもった生物でも実験材料にできる，②染色体異常試験や姉妹染色分体交換（SCE）試験に比べ，データのばらつきが小さく信頼性の高い判定ができる，③染色体異常試験に比べて異常細胞の検出可能時間が長いこと，などが挙げられる[2]．以下に魚類を用いる小核試験について述べる．

1）方　法（図 17.17）

i）末梢血：　試験水に一定期間（魚類では 3〜9 日間）曝露した魚類より，ヘパリン処理した 26G の注射針で尾部静脈から採血する．その末梢血 10 μl にウシ胎児血清 40 μl を加えて希釈する．アクリジンオレンジ・メタノール溶液（1 mg/ml）15 μl を均一に塗布したスライドガラス（76×26 mm）上に先の希釈液 7 μl を滴下し，カバーガラス（24×40 mm）をのせて気泡を除きながら固定する．4℃で数時間静置した後，2 日以内に，蛍光顕微鏡（×400〜×1000）を用いて B 励起波長で鏡検する．スライド 1 枚あたり，正常な幼若赤血球細胞 1000 個中に含まれる小核を有する細胞数を計測し，2 枚の平均値より小核誘発頻度（‰）を求める．

ii）エラ：　魚類よりエラ 3 枚（200〜300 mg）を採取し，PBS⁻で洗浄しゴミや血液を取り除く．新たな PBS⁻中でピンセットを用いてもみほぐし，エラ弓などの固まりを取り除いて，1000 rpm で 5 分間遠心分離する．上清を捨て 75 mM KCl 溶液 2 ml を加えて低張処理を行い，カルノア固定液（メタノール：酢酸＝3：1）を 0.1 ml，1 ml，1 ml と順に加えて攪拌し，1000 rpm で 5 分間遠心分離する．上清を捨て，カルノア固定液（3：1）5 ml を加えて攪拌し，1000 rpm で 5 分間遠心分離する．上清を捨て，カルノア固定液（99：1）5 ml を加えて攪拌し，1000 rpm で 5 分間遠心分離する．上清を捨てカルノア固定液（99：1）1 ml を加えて攪拌した後，カルノア固定液（99：1）（4℃）に浸したスライドガラス上に 2 滴滴下し，自然乾燥させる．観察時に 0.0025％アクリジンオレンジ水溶液 50 ml を用いてカバーガラスをかける．蛍光顕微鏡（×400〜×1000）を用いて B 励起波長で鏡検する．スライド 1 枚あたり，正常な幼若細胞 1000 個中に含まれる小核を有する細胞数を計測し，2 枚の平均値より小核誘発頻度（‰）を求める．

2）最近の動向

1980 年に MacGregor ら[3]は末梢血を用いた小核試験を紹介し，その後，林ら[1]により末梢血中の幼若網赤血球を用いるアクリジンオレンジ超生体染色体法が開発された．現在では魚類や貝類，両生類などの臓器を用いた小核試験や化学物質や水質の遺伝毒性の検定[4-10]に用いられている．

b．コメットアッセイ

コメットアッセイは Singh らによって開発されたもので，主に単一細胞を用いて DNA 鎖切断を測定する試験法である[11]．本法は，分離した単一細胞を界面活性剤と高濃度の塩を含むアルカリ溶液で溶解し，アルカリ条件下で DNA の巻き戻しと電気泳動を行い，中和した後エチジウムブロマイドで染色し，蛍光顕微鏡で DNA 損傷度を観察するもので

ある.また,DNA移動距離は損傷の大きさに比例して増加するものと考えられている.コメットアッセイの特徴としては,①DNAの検出感度が高い,②個々の細胞レベルでデータを採取することにより,細胞集団での平均的な反応では検出不可能な,統計解析が可能である,③非常に少ない細胞試料で,短時間(5～6時間)に試験ができる,④すべての有核細胞が解析対象となる,ことなどが挙げられる.それゆえ,現在最も関心をもたれている高感度な試験法として用いられている[12, 13].魚類の末梢血を用いたコメットアッセイについて述べる.

1) 方　法
末梢血:

①プレートの作製:スライドガラスにプレコーティングとして1%アガー溶液100 μl を滴下し,他のスライドガラスを用いてかぶせるように広げてアガーを広げてスライドガラスを静かに外し,一晩乾燥させる(第一層).次に,2%アガーと試料(末梢血1 μl に対してPBS⁻ 1000 μl で希釈したもの)を,マイクロチューブに100 μl ずつ混合し,第2層としてその75 μl を固化した第1層ゲルに重層し,直ちにスライドガラスをかぶせて固化させる.スライドガラス静かに外し第3層として,1%アガー75 μl を重層し同様に固化させる.

②核の溶解:作製したスライドガラスを細胞溶解液(2.5 M NaCl, 10 mM Tris, 100 mM EDTA·2Na, 1% (w/v) N-lauroyl sarcosine sodium salt, pH 10 10% (v/v) DMSO, 1% (v/v) Triton X-100)中に浸し,冷蔵庫(4℃)で1時間以上静置する.

③DNAの巻き戻しと電気泳動:水平型電気泳動層(ATTO AE-6110)の周囲をあらかじめ氷で冷却しておき,そこに細胞溶解液から取り出して水分を除いたスライドガラスを並べる.電気泳動用緩衝液(300 mM NaOH, 1 mM EDTA-2 Na, pH > 13(用時調製し,使用時まで3時間以上冷却))を,スライドガラスが完全に浸るまで加える.10分間静置してDNAの巻き戻しを行った後,25 V, 300 mA の条件で15分間電気泳動を行う.

④中和:電気泳動終了後,スライドガラスを取り出してバット上に置き,0.4 M Tris 緩衝溶液(pH 7.5)を1枚あたり2 ml ずつゆっくりと滴下し,5分間静置する.この操作を2回繰り返す.

⑤脱水:中和後すぐに観察を行わない場合は,エタノール中で10分間静置した後,暗所に保存する.

⑥染色,観察:20 $\mu g/ml$ のエチジウムブロマイド溶液30 μl をスライドガラス上に滴下し,カバーガラスをかぶせる.画像解析装置を取り付けた蛍光顕微鏡を用いて,G励起波長で観察(×200)し,Tail moment を計測する.スライド1枚あたり細胞50個について計測を行う(図17.18).

2) 最近の動向

1988年に Singh ら[11]によって開発された本法は,その後 Tice ら[13]によって細胞の可溶化,DNAの巻き戻し,電気泳動,中和,染色,DNA損傷性の評価法などの実験条件について詳細な検討がなされている.コメットアッセイは,環境中に存在している変異原性・発癌性物質の検索[14-16]や,水環境中に生息する水生生物の汚染状況を知る手段[17-20]として用いられている.

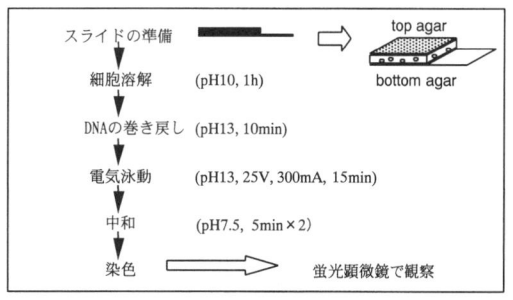

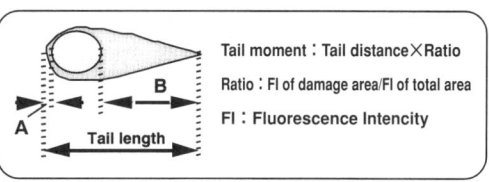

〔木苗直秀〕

図17.18 コメットアッセイの操作法とDNA損傷性の計測

文　献

1) Hayashi M, Sofuni T and Ishidate M Jr (1983): An application of acridine orange fluorescent staining to the micronucleus test. *Mutat Res*, **120** : 241-247.
2) 林　真(1999):小核試験―実験法からデータの評価まで(増補版),サイエンティスト社.
3) MacGregor JT, Wehr CM and Gould DH (1980): Clastogen-induced micronuclei in peripheral blood erythrocytes : the basis of an improved micronucleus test. *Environ Mutagen*, **2** (4): 509-514.
4) Al-Sabti K and Metcalfe CD (1995): Fish micronuclei for accessing genotoxicity in water. *Mutat Res*, **343** : 121-135.
5) Ayllon F and Garcia-Vazquez E (2001): Micronuclei and other nuclear lesions as genotoxicity indicators in rainbow trout Oncorhynchus mykiss. *Ecotoxicol Environ Saf*, **49** (3): 221-225.
6) Grisolia CK (2002): A comparison between mouse and fish micronucleus test using cyclophosphamide, mito-

mycin C and various pesticides. *Mutat Res*, 25. **518**（2）：145–150.

7) Gravato C and Santos MA（2002）: Juvenile sea bass liver biotransformation and erythrocytic genotoxic responses to pulp mill contaminants. *Ecotoxicol Environ Saf*, **53**（1）：104–112.

8) Wirz MV, Saldiva PH and Freire-Maia DV（2005）: Micronucleus test for monitoring genotoxicity of polluted river water in Rana catesbeiana tadpoles. *Bull Environ Contam Toxicol*, **75**：1220–1227.

9) Pavlica M, Klobucar GI, Vetma N, Erben R and Papes D（2006）: Detection of micronuclei in haemocytes of zebra mussel and great ramshorn snail exposed to pentachlorophenol. *Mutat Res*, **465**：145–150.

10) Pytharopoulou S, Kouvela EC, Sazakli E, Leotsinidis M and Kalpaxis DL（2006）: Evaluation of the global protein synthesis in *Mytilus galloprovincialis* in marine pollution monitoring: seasonal variability and correlations with other biomarkers. *Aquat Toxicol*, **80**：33–41.

11) Singh NP, McCoy MT, Tice RR and Schneider EL（1988）: A simple technique for quantitation of low levels of DNA damage in individual cells. *Exp Cell Res*, **175**（1）：184–191.

12) Cotelle S and Ferard JF（1999）: Comet assay in genetic ecotoxicology : a review. *Environ Mol Mutagen*, **34**：246–255.

13) Tice RR, Agurell E, Anderson D, Burlinson B, Hartmann A, Kobayashi H, Miyamae Y, Rojas E, Ryu JC and Sasaki YF（2000）: Single cell gel/comet assay : guidelines for in vitro and in vivo genetic toxicology testing. *Environ Mol Mutagen*, **35**（3）：206–221.

14) Abd-Allah GA, el-Fayoumi RI, Smith MJ, Heckmann RA and O'Neill KL（1999）: A comparative evaluation of aflatoxin B1 genotoxicity in fish models using the Comet assay. *Mutat Res*, **446**（2）：181–188.

15) Sumathi M, Kalaiselvi K, Palanivel M and Rajaguru P（2001）: Genotoxicity of textile dye effluent on fish（*Cyprinus carpio*）measured using the comet assay. *Bull Environ Contam Toxicol*, **66**（3）：407–414.

16) Lee RF and Steinert S（2003）: Use of the single cell gel electrophoresis/comet assay for detecting DNA damage in aquatic（marine and freshwater）animals. *Mutat Res*, **544**：43–64.

17) Bombail V, Aw D, Gordon E and Batty J（2001）: Application of the comet and micronucleus assays to butterfish（Pholis gunnellus）erythrocytes from the Firth of Forth, Scotland. *Chemosphere*, **44**（3）：383–392.

18) Akcha F, Vincent Hubert F and Pfhol-Leszkowicz A（2003）: Potential value of the comet assay and DNA adduct measurement in dab（Limanda limanda）for assessment of in situ exposure to genotoxic compounds. *Mutat Res*, **534**（1-2）：21–32.

19) Masuda S, Deguchi Y, Masuda Y, Watanabe T, Nukaya H, Terao Y, Takamura T, Wakabayashi K, Kinae N（2004）: Genotoxicity of 2-[2-(acetylamino)-4-[bis (2-hydroxyethyl) amino]-5-methoxyphenyl]-5-amino-7-bromo-4-chloro-2H-benzotriazole（PBTA-6）and 4-amino-3,3'-dichloro-5,4'-dinitro-biphenyl（ADDB）in goldfish. *Mutation Research*, **560**（1）：33–40.

20) Deguchi Y, Toyoizumi T, Masuda S, Yasuhara A, Mohri S, Yamada M, Inoue Y and Kinae N（2007）: Evaluation of mutagenic activities of leachates in landfill sites by micronucleus test and comet assay using goldfish. *Mutat Res*, **627**（2）：178-185.

17.4 内分泌攪乱化学物質のスクリーニング試験

▷ 13.2　無機物質
▷ 13.3　有機物質

17.4.1 研究の動向

近年，化学物質がヒトや環境中の生物の内分泌系を攪乱していることが懸念されており，内分泌攪乱化学物質の作用を検出する試験法（スクリーニング・確認試験法）の開発が経済協力開発機構（OECD）・米国環境庁（USEPA）を中心に精力的に取り組まれている[1]．スクリーニング・確認試験法とは，化学物質が有害性を有する可能性があるか否かをふるいにかけ（screening），さらに有害性の程度を確認する手法（testing）のことである．OECD では 1998 年に「内分泌攪乱化学物質の試験と評価（EDTA）に関するワーキンググループ」が設立され，内分泌攪乱化学物質のスクリーニング・確認試験法開発が新しい試験法の開発および既存の試験法の更新を中心に進められている（テストガイドラインプログラム）．哺乳類試験と環境毒性試験のおのおのの目的に合わせて，「妥当性評価管理グループ（VMG）」（哺乳類の妥当性評価グループ：VMG-Mammalian および生態系の妥当性評価グループ：VMG-eco）が設立され，2003 年より *in vitro*（生体外）および動物を用いない試験の妥当性評価を実施するための新しいグループ：VMG-non animal も活動を開始している．さらにテストガイドラインプログラムの下で，国際共同作業により 3 つの *in vivo* スクリーニング試験法のバリデーションスタディ（実証研究）を行い，その妥当性の検証が進められ，試験法ガイドライン化に向けた取組みがなされている．さらに，内分泌攪乱化学物質の評価に関する国際的フレームワークとして協力可能な領域を，①化学物質の分類と優先リスト確立，

17.4 内分泌攪乱化学物質のスクリーニング試験

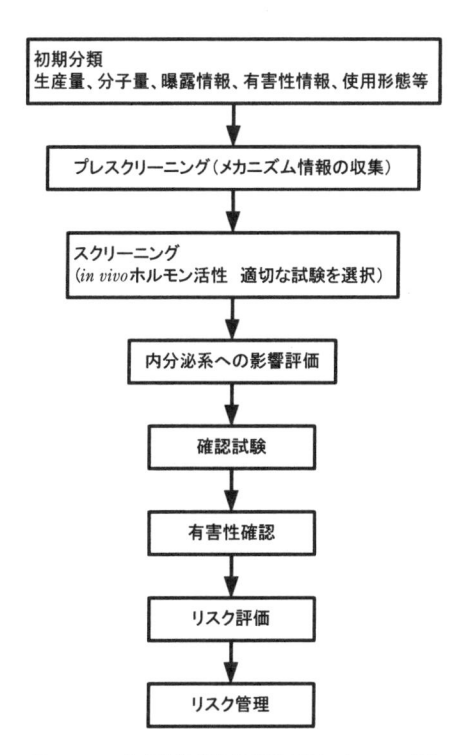

図 17.19 内分泌攪乱物質試験評価スキーム（案）

表 17.8 環境ホルモンのスクリーニング手法（EDSTAC による）

T1S	in vitro assays	ラット ER 平衡結合アッセイ ラット AR 平衡結合アッセイ MLVN アッセイ CV1 細胞アッセイ（AR 転写活性アッセイ） 雄ラットの精巣組織を用いたステロイド合成試験
T2T	in vivo assays	卵巣切除ラットの子宮肥大反応試験 去勢雄ラット反応試験 雌ラットの成熟試験 魚類生殖腺復帰試験 カエル変態試験 Crl：Cd Br 系雌ラットアッセイ Crl：Cd Br 系成熟雄ラットアッセイ Crl：Cd Br 系未成熟雄ラットアッセイ ラットによる二世代生殖毒性試験 哺乳類代替復帰試験 一世代哺乳類生殖試験 鳥類生殖毒性試験 魚類ライフサイクル毒性試験 アミ毒性試験 両性類生殖/成長毒性試験

②プレスクリーニング，③スクリーニング試験，④確定試験，⑤アセスメントに分類し検討が行われている．日本においても，OECD のスクリーニング試験法開発バリデーションスタディなどの国際的共同作業に参画しつつ，必要と考えられる各種試験・評価手法の開発を行ってきている．

一方，USEPA の内分泌攪乱化学物質評価試験法諮問委員会（EDSTAC）でも，膨大な既存化学物質の内分泌攪乱作用性を評価する手順として，最初に内分泌攪乱作用の主要メカニズムとして考えられているホルモン受容体への結合性などの in vitro スクリーニング試験法を行い（T1S），これらの試験で作用性が認められた化学物質を優先的に次の in vivo スクリーニング試験（T2T）さらには確定試験に進むスキームが提案（一部実施）されている（図 17.19）．

表 17.8 に環境ホルモンのスクリーニング手法として，EDSTAC の推奨している in vitro 試験手法および in vivo 試験手法を示す．EDSTAC では，化学物質の内分泌攪乱性を判定するための検査段階が提案されており，その中で，検査される化学物質の選定が行われる．優先的に検査される化学物質は Tier 1 スクリーニング試験（T1S）にかけられ，in vitro および in vivo 試験により内分泌系（エストロゲン，アンドロゲン，甲状腺ホルモン）との反応性（受容体結合など）が調べられる．T1S において活性が確認された化学物質については，次の Tier 2 確認試験（T2T）によりいくつかの in vivo 試験が行われる．T1S による結果により T2T における試験法や投与する化学物質の選定が行われ動物実験を通して，内分泌系の多様な影響（成長，成熟，生殖，次世代・多世代影響など）について評価される．

17.4.2 in silico 仮想スクリーニング試験（構造活性相関手法：3D‒QSAR）

ホルモン受容体三次元構造と化学物質の三次元構造をコンピュータ上で比較（in silico）し，結合性を予測するシステムであり，数多くの化学物質から内分泌攪乱作用を有するおそれのある化学物質を優先的に選定するために利用する．具体的には，ヒトエストロゲン受容体 α（hERα）およびヒトアンドロゲン受容体（hAR）と化学物質との結合性を予測するシステムを構築し，受容体結合試験およびレポーター遺伝子アッセイ結果により精度を高めていく．基本システムとして化学構造式を三次元化し，既存の受容体構造に対して自動ドッキングを行わせ，その際の自由エネルギー計算を行うプログラムを用いて ERα の 4 種類の構造に対する結合の自由

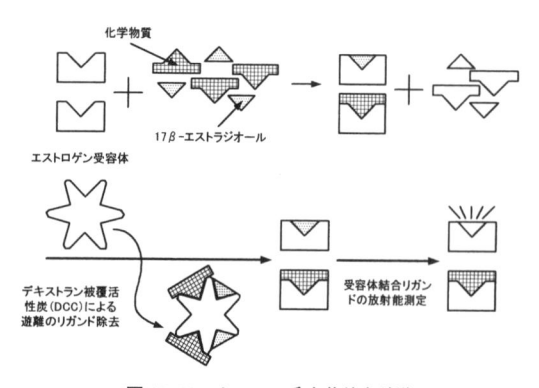

図17.20 ホルモン受容体結合試験
被験物質の結合性が強いほど受容体結合リガンドの放射能は低下．

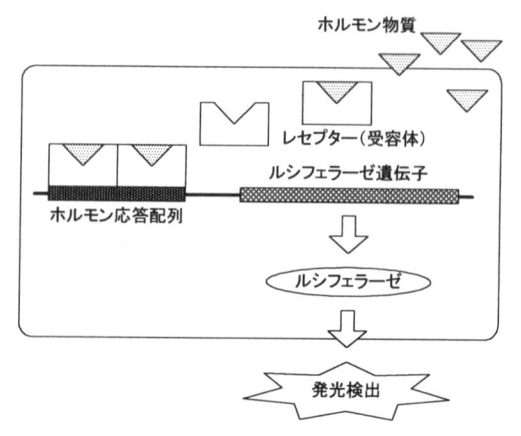

図17.21 ホルモン受容体結合応答性レポーター遺伝子アッセイ
被験物質の遺伝子転写活性が強いほど，発光強度が増加．

エネルギーを計算し，化学物質の受容体に対する親和性の強さをランキングする．500物質の受容体結合試験の実測結果と自由エネルギー推定値を比較検討した場合，化合物群によっては，受容体に結合する可能性が示唆されたにもかかわらず，実際には結合しない物質も存在することも知られてきている．現在，hERαに対する結合性については，構造分類，判別分析及び重回帰分析を行うことで定性的あるいは定量的に予測するシステムを構築し，外部データによる検証の結果，相対結合強度（RBA）が0.04％以上の結合性を有する物質については予測可能となっている．また，hARに対する結合性については，予測値と実測値の間の相関は弱いものの，RBAが0.1％以上の結合性を有する物質については予測可能である．しかしながら，予測の定量性が低いことなどからhARに対する結合性予測についてはさらに改良が行われている[2]．

17.4.3 in vitro スクリーニング試験法

化学物質による内分泌攪乱作用にはさまざまなメカニズムが考えられる．その中で，in vitro スクリーニング試験法は，化学物質がホルモン受容体へ結合して生体のホルモン（女性ホルモン，男性ホルモンなど）と類似の作用を模倣（アゴニスト活性）する，あるいは生体内ホルモンの作用を阻害（アンタゴニスト活性）するメカニズムに基づく作用を評価するものである．

a. ホルモン受容体結合試験（図17.20）

ホルモン作用の第一段階である化学物質と受容体との結合の可否を in vitro で検査する試験である．具体的には，エストロゲン，アンドロゲンおよび甲状腺ホルモンの各受容体（ER，AR，TR）に対する化学物質の結合能を放射性同位元素（RI）などで標識されたホルモンとの競合反応により，被験物質のホルモン受容体への結合強度を評価する[3]．ホルモン受容体へ結合する化学物質は，アゴニスト活性あるいはアンタゴニスト活性のどちらかを有することを示す．これまで，RI標識されたホルモンを用いる方法でヒト，ラット，メダカ，ニジマス，マミチョグ，コイのERα，ヒト，メダカ，コイERβ，ヒトAR，ヒト，メダカTRα，ヒトTRβの各生物種について評価系が確立されている．約500物質についてヒトERαに対する結合能を測定し，構造活性相関システムから得られた予測値との比較検討も行われている．

b. ホルモン受容体結合応答性レポーター遺伝子アッセイ（図17.21）

エストロゲンなどのホルモンは，細胞内でエストロゲン受容体と結合し，受容体二量体を形成する．この二量体がエストロゲン受容体標的遺伝子の上流にあるエストロゲン応答配列に結合し，その下流に存在する標的遺伝子を転写活性化することによってホルモン作用が発現する．本試験法は，ルシフェラーゼ遺伝子（発光タンパク遺伝子）などの指標となるレポーター遺伝子を用いて，化学物質のホルモン受容体との特異的な結合と，それに伴う遺伝子の転写活性化能を検出する試験がある[4]．具体的には，ER，AR，TRの各ホルモン受容体遺伝子を介する転写活性化能を評価する．ホルモン受容体結合試験では，化学物質の作用性がアゴニスト活性かアンタゴニスト活性かは不明だが，本アッセイ法では両者

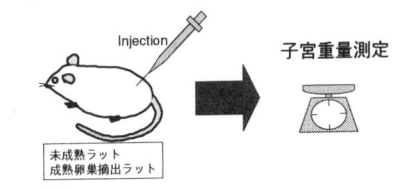

図17.22 子宮肥大試験
対照群と比較して子宮重量の増加がみられた場合，被験物質は女性ホルモン様作用ありと考えられる．

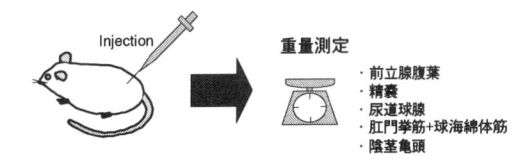

図17.23 前立腺肥大（ハーシュバーガー）試験
対照群と比較して重量の増加がみられた場合，被験物質は男性ホルモン様作用ありと考えられる．

を区別することができ，独自のプロモーターを用いることにより高感度な活性測定が可能となる．現在，わが国ではヒトERα，ラットERα，メダカERα，ヒトARなどのハイスループット（HTPS：自動処理ロボットを用いて短時間に多検体を試験するシステム）化が可能となっており，ヒトERαの系において約700物質のデータが蓄積されている．

17.4.4　in vivo スクリーニング試験

現在，ホルモン活性の検出を目的としてOECDテストガイドライン化に向けた取組みが行われている in vivo 試験には，①子宮肥大試験（エストロゲン活性），②前立腺肥大（ハーシュバーガーアッセイ：アンドロゲン活性），③改良28日間反復投与毒性試験（改良TG407：エストロゲン活性/アンドロゲン活性/甲状腺ホルモン活性）の3種がある．

a. 子宮肥大試験（図17.22）

幼若ラットや卵巣摘出成熟ラットの子宮が女性ホルモンの作用によって肥大することを利用して，エストロゲン作用あるいは抗エストロゲン作用を子宮重量の変動によりスクリーニングする試験である[5]．OECDバリデーションスタディは，フェーズ1として，強力なエストロゲン作用物質（17α-エチニルエストラジオール）と抗エストロゲン作用を有するとされる物質（ZM 189.154）を用い，フェーズ2として，弱いエストロゲン作用を有するとされる物質（メトキシクロル，ビスフェノールA，ゲニスタイン，o, p'-DDT，ノニルフェノールの5物質）とエストロゲン作用を示さないとされる物質（フタル酸ジブチル）を用いて，1用量または5用量で幼若または卵巣摘出成熟ラットを用いる各プロトコールの信頼性の検証，検出感度および試験機関間での再現性などが実施された（日本のほか7か国，21機関参加）．この結果，現在，以下の4種のOECDテストガイドラインが提案されている．

- プロトコールA（幼若ラットを用いる3日間経口投与）
- プロトコールB（幼若ラットを用いる3日間皮下投与）
- プロトコールC（卵巣摘出成熟ラットを用いる3日間皮下投与）
- プロトコールC'（卵巣摘出成熟ラットを用いる7日間皮下投与）

b. 前立腺肥大（ハーシュバーガー）試験（図17.23）

去勢ラットの前立腺などが男性ホルモンの作用によって肥大することを利用して，アンドロゲン作用あるいは抗アンドロゲン作用をスクリーニングする試験である．化学物質を去勢したラットに10日間の経口投与後，副生殖器官の重量を測定し，その変動によりホルモンの活性をスクリーニングする試験である[6]．去勢ラットを用いる試験にかかわる諸条件（使用動物の週齢および系統差，被験物質の投与期間，解剖時期）に注意する．OECDバリデーションスタディは，フェーズ1として強力なアンドロゲン作用物質（プロピオン酸テストステロン）と抗アンドロゲン作用を有するとされる物質（フルタミド）を用いて，フェーズ2は，弱いアンドロゲン作用を有するとされる物質（メチルテストステロンおよびトレンボロンの2物質）と弱い抗アンドロゲン作用を有するとされる物質（ビンクロゾリン，プロシミドン，リニュロン，p, p'-DDE，フィナステリドの5物質）を用いて，プロトコールの信頼性の検証，検出感度および試験機関間での再現性確認などを実施した．試験機関として，日本のほか6か国の16機関が参加した．

c. 改良28日間反復投与毒性試験（改訂TG407）

性ホルモン作用に加えて甲状腺ホルモン作用を検出するために従来のラットを用いた毒性試験法に内分泌攪乱作用を検出するための諸項目（ホルモン測

定,性周期,精子検査など)を加え,改良した試験である.受容体介在性の内分泌攪乱作用のみではなく,ホルモン中枢への影響など,受容体非介在性の内分泌攪乱作用も評価が可能と考えられる.子宮肥大アッセイ,ハーシュバーガーアッセイは,原理的に性ホルモン受容体介在性の内分泌攪乱化学物質しかスクリーニングできない可能性が高いが,実際には,甲状腺ホルモン受容体介在性および受容体非介在性のメカニズムを有する物質もあり,それらをスクリーニングするうえで,28日間反復投与毒性試験をスクリーニング試験系へ導入することは重要であると考えられる.改訂TG407で一般毒性を含めてみていくか,内分泌攪乱作用のみに特化した試験法に絞るか検討が必要であるが,EPAも改良TG407が一般毒性も合わせて物質を評価できることに意義があるとしている.OECDにおけるスクリーニング試験法開発バリデーションスタディはフェーズ1のバリデーションスタディとして,改訂TG407のプロトコールの信頼性検証が行われ,フェーズ2では,フェーズ1実施後に修正されたプロトコールの信頼性検証が実施された.このOECDバリデーションスタディに参加した試験機関は,日本のほか6か国13機関である.

現在の改訂TG407法でも,受容体非介在性の内分泌攪乱化学物質の評価を行ううえでは感度が低いことが指摘されているため,今後,より高感度なスクリーニング試験とするためにTG407のさらなる改良を検討していく必要があると考えられる.

d. 今後開発を検討している試験法

エストロゲン作用およびアンドロゲン作用のスクリーニング法に関しては子宮肥大アッセイやハーシュバーガーアッセイが開発されているが,甲状腺に対する影響をスクリーニングする試験についてはさらに検討する必要がある.そこで幼若ラットを用いて甲状腺に対する影響および性成熟過程に及ぼす影響をスクリーニング可能な方法であるラット思春期甲状腺アッセイについて検討している.

17.4.5 魚類を用いたスクリーニング試験

OECDではゼブラフィッシュ,ファットヘッドミノーおよびメダカを用いた内分泌攪乱化学物質のスクリーニングおよび試験法の開発が行われている[1].日本では,古くから発生や性分化の研究材料として用いられてきたメダカを内分泌攪乱化学物質の評価に応用する試みがなされている.その試験法の概略としては,メダカの in vitro エストロゲン受容体(ER)結合試験によりERへの結合性が検討され,さらに in vivo による肝臓中ビテロゲニン(VTG)産生試験[7],パーシャルおよびフルライフサイクル試験によって内分泌攪乱作用が評価されている.

ERやVTG以外に,エストロゲン誘導型卵膜タンパク質前駆物質(コリオゲニン:Chg)[7]や,テストステロンをエストラジオールへ変換するアロマターゼ(P450arom)[8],さらには近年,哺乳類以外の脊椎動物で初めて発見された性決定遺伝子[9]などについて解析が行われ,メダカ cDNA マイクロアレイの確立も実施されている.また,これら試験系へのメダカの適用に,体色の違いから性判別可能な dr-R 系統や,また受精後3日胚で白色色素の有無により遺伝子型の雌雄を判別できるFLF系統,さらには透明メダカにおいて,生殖細胞で特異的に発現することが知られているメダカ vasa 遺伝子のプロモーター領域にクラゲ緑色蛍光タンパク質(GFP)を組み込んだものを作製し,その蛍光により生殖細胞の分化から老化に至る時期や,卵母細胞が成熟する過程を同一の雌について継続的に観察できる系統などが開発されており[10],実用化が検討されている.

以下,魚類を用いたスクリーニング試験について実例を元にその応用[11, 12]について紹介する.

a. 魚類を用いた試験管内試験(in vitro 試験)

1) メダカエストロゲン受容体を用いた in vitro 試験 大腸菌を用いて発現したメダカおよびヒトエストロゲン受容体(α)リガンド結合ドメインに対するノニルフェノール(混合物),4-t-オクチルフェノール,4-t-ペンチルフェノール,4-t-ブチルフェノールの結合能が$[^3H]$ 17β-エストラジオールとの競争結合試験によって評価された.試験は$[^3H]$エストラジオールおよびメダカまたはヒトエストロゲン受容体(α)の混合溶液に,上記アルキルフェノールを添加した際に生じる$[^3H]$ 17β-エストラジオールのエストロゲン受容体(α)からの脱離度を,添加したアルキルフェノール濃度の増加に伴う脱離曲線として求め,各アルキルフェノールの結合強度を,エストロゲン受容体に結合している$[^3H]$ 17β-エストラジオールの1/2を脱離させるために必要な化合物濃度(IC_{50}値)として算出した.その結果,ノニルフェノール(混合物)および4-t-オクチルフェノールはいずれも濃度依存

17.4 内分泌攪乱化学物質のスクリーニング試験

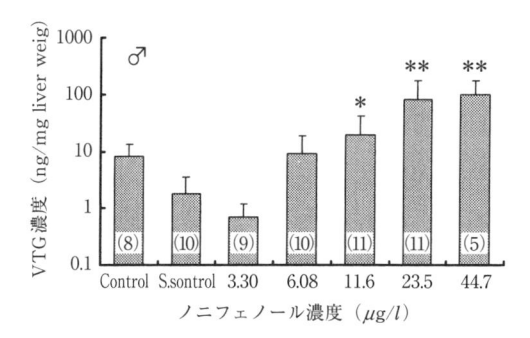

図 17.24 メダカパーシャルライフ試験
ノニフェノール曝露における孵化後 60 日齢の雄個体の肝臓中 VTG 濃度．
データは平均±標準偏差として示した．括弧内は個体数を示す．＊および＊＊はそれぞれ $p < 0.05$, $p < 0.01$ で有意であることを示す．

的にメダカエストロゲン受容体（α）との結合性を示し，その相対結合強度はそれぞれ 17β-エストラジオールの約 1/10, 1/5 であり，ヒトエストロゲン受容体（α）に対する強度（いずれも 17β-エストラジオールの約 1/2000〜1/3000 で，文献上も同様の結果が得られている）と比較して強い結合性が示唆された（図 17.24）．また，その他のアルキルフェノール類については，ヒトに比べると数百〜数千倍の結合性がみられるものの，最も結合性の強い 4-t-ペンチルフェノールでも 1/100, 4-t-ブチルフェノールで 1/500 であり，直鎖型のノルマル異性体ではいずれも数千分の 1 と弱い相対結合強度であった．なお，β受容体についても同様の試験を行った結果，17β-エストラジオールに比較して，ノニルフェノールは約 1/110 とヒトに比べて約 30 倍の相対結合強度を示した．

また，他魚種についても α および β 受容体についてノニルフェノールの受容体バインディングアッセイを行った．その結果，マミチョグ（汽水域に生息する米国産メダカ科の魚種）α 受容体（リガンド結合ドメイン）では約 1/200 の相対結合強度を示した．コイ α 受容体（リガンド結合ドメイン）では，約 1/1000 であり，アルキル鎖長の異なる種々の 4-アルキルフェノール類では直鎖型と比べて分岐型のほうがエストロゲン受容体への結合性は強く，この結合性は鎖長との間に関係が認められ，エストロゲン受容体結合において至適アルキル鎖長が存在することが判明した．

2）レポータージーンアッセイ ヒト子宮頸癌由来 HeLa 細胞を用いて，ノニルフェノールのレポーター遺伝子（ルシフェラーゼ）転写活性化能を測定した．その結果，17β-エストラジオールに対して数百倍の濃度で 17β-エストラジオールと同様の転写活性化能を示した．

b．メダカを用いた in vivo 試験

魚類へのエストロゲン様およびアンドロゲン様作用を評価する目的で，メダカをはじめゼブラフィッシュ，ファットヘッドミノーを用いたスクリーニング法が提案されている．

1）メダカビテロゲニンアッセイ ビテロゲニンとは肝臓で合成される卵黄タンパク前駆体である．通常は，繁殖期の雌成魚で特に産生されるが，女性ホルモンに曝露された雄の肝臓でも産生されるため，雄におけるビテロゲニン合成は，エストロゲン様物質の曝露に対する特異的なバイオマーカーとして用いられている．ビテロゲニン産生試験はメダカのビテロゲニン産生に対する化学物質の影響を調査することを目的としている．成熟したメダカを化学物質に 21 日間流水条件下で曝露し，曝露終了後に肝臓中のビテロゲニン濃度を測定する．

ノニルフェノール（混合物）および 4-t-オクチルフェノールのメダカビテロゲニン（卵黄タンパク前駆体）産生作用を評価するために，約 3 か月齢のメダカ（雌雄各 8 個体/濃度）を段階的なノニルフェノール濃度（7.40, 12.8, 22.5, 56.2 および 118 μg/l；平均測定濃度）および 4-t-オクチルフェノール濃度（12.7, 27.8, 64.1, 129 および 296 μg/l；平均測定濃度）の試験液の流水条件下で 21 日間曝露（エストロゲン陽性対照物質：17β-エストラジオール（100 ng/l））した．期間中は死亡および症状について毎日観察，曝露終了時に各個体の肝臓中のビテロゲニン濃度を測定した．

ノニルフェノールおよび 4-t-オクチルフェノールの両曝露試験とも曝露期間中，死亡および特段の症状は観察されなかったものの，雄個体の肝臓中ビテロゲニン濃度は曝露濃度の上昇とともに増加，ノニルフェノールでは 22.5 μg/l 以上，4-t-オクチルフェノールでは 64.1 μg/l 以上で統計学的に有意な上昇が認められた（表 17.9）．ノニルフェノールおよび 4-t-オクチルフェノールはいずれもそのエストロゲン様作用により雄のメダカ肝臓中においてビテロゲニンの産生を引き起こすことが示唆された．

2）メダカパーシャルライフサイクル試験 本試験はメダカの性分化に及ぼす化学物質の内分泌攪乱作用を評価するもので，メダカを受精卵から孵化

表 17.9　各種試験法におけるノニルフェノール（NP）および 4-t-オクチルフェノール（OP）のメダカに及ぼす最小作用濃度

試験方法	エンドポイント	最小作用濃度 (LOEC)($\mu g/l$)	
		NP	4-t-OP
エストロゲン受容体結合試験	受容体結合	8.1*	16*
ビテロゲニン（VTG）産生試験	VTG 誘導	22.5	64.1
パーシャルライフサイクル試験	二次性徴	22.5	—
	精巣卵形成	11.6	11.4
	VTG 誘導	11.6	11.4

*は 17β-エストラジオールを 100 とした場合の相対結合強度として示した．

後約 60 日齢まで化学物質に曝露，その間，胚発生，孵化，孵化後の死亡，成長，二次性徴，生殖腺異常およびビテロゲニン濃度を調べる（メダカはエストロゲンやアンドロゲンのホルモンで処理すると，両性生殖腺（精巣卵）を発達させることが知られている）．

メダカ（60 個体/濃度）を段階的なノニルフェノール（混合物）濃度（44.7，23.5，11.6，6.08 および 3.30 $\mu g/l$；平均測定濃度）および 4-t-オクチルフェノール濃度（94.0，48.1，23.7，11.4 および 6.94 $\mu g/l$；平均測定濃度）の試験液に受精卵から孵化後 60 日齢まで流水条件下で曝露，期間中の孵化，孵化後の死亡および症状について毎日観察を行った．曝露終了時（孵化後 60 日齢）に全生存個体の全長および体重を測定，外観的二次性徴から雌雄を判断した．また，各濃度区から無作為に抽出した 20 個体については生殖腺の組織学的観察を行うとともに肝臓中のビテロゲニン濃度を測定した．

ノニルフェノールおよび 4-t-オクチルフェノールの両試験とも，受精卵の孵化および孵化後の死亡については上記濃度範囲で特段の影響は観察されなかったが，ノニルフェノールの試験における孵化後 60 日齢の成長に関しては，44.7 $\mu g/l$ 区で全長および体重が，23.5 $\mu g/l$ 区で体重がそれぞれ有意に減少し，ノニルフェノールによる成長阻害が示唆された．孵化後 60 日齢における生存個体の外観的二次性徴から判定した性比は，ノニルフェノールの試験では 23.5 $\mu g/l$ 以上，4-t-オクチルフェノールの試験では 48.1 $\mu g/l$ 以上で有意に雌に偏っていた．さらに，生殖腺の組織学的観察結果からは，ノニルフェノールおよび 4-t-オクチルフェノール試験それぞれ 11.6 $\mu g/l$ および 11.4 $\mu g/l$ 以上で精巣中に卵母細胞が出現する精巣卵（以下，精巣卵とする）の個体が観察されている．雄個体の肝臓中ビテロゲニン濃度についても，ノニルフェノールおよび 4-t-オクチルフェノール試験それぞれ 11.6 $\mu g/l$ および 11.4 $\mu g/l$ 以上で統計学的に有意に上昇した（表 17.9）[7]．以上の結果から，ノニルフェノールおよび 4-t-オクチルフェノールはいずれもそのエストロゲン様作用により雄メダカの性分化に影響を及ぼし，外観的二次性徴を雌化させる最小作用濃度はノニルフェノールが 23.5 $\mu g/l$，4-t-オクチルフェノールが 48.1 $\mu g/l$ であり，精巣卵を出現させ，ビテロゲニン産生を引き起こす最小作用濃度はノニルフェノールが 11.6 $\mu g/l$，4-t-オクチルフェノールが 11.4 $\mu g/l$ であることが示唆された．

なお，内分泌攪乱作用に関する OECD のスクリーニング・試験法開発の一環として，魚類を用いたスクリーニング試験（ビテロゲニン産生試験）に関する国際的検証試験が，2003 年 3 月から開始され，日本はリードラボを務めている．

最後に

内分泌攪乱作用問題への対応のためには，内分泌攪乱作用を有するおそれのある化学物質を数多くの化学物質から選別し，選別された化学物質に対し内分泌攪乱作用によってもたらされる有害影響を評価していくことが必要である．このため，内分泌攪乱作用を有するおそれのある化学物質を効率的に選別するためのスクリーニング・確認試験法および内分泌攪乱作用によってもたらされる有害影響を評価するための確定毒性試験法の確立を早急に図ることが不可欠である．一方で，確定毒性試験法は時間と費用を要するため，多くの内分泌攪乱作用が疑われる物質を短期間で低いコストで評価していくためには，in silico，in vitro，in vivo の（プレ）スクリーニング試験法の精度を高めるとともに，どのような組み合わせや順序で試験を実施していくのか，また国際間のデータ共有をいかに有効に行うかが課題となってこよう．

〔有薗幸司〕

文献

1) 井口泰泉,鷲見 学,有薗幸司(2001):生活と環境.内分泌かく乱化学物質研究の最新動向,pp.11-19, CMC.
2) 経済産業省(2006):化学物質審議会管理部会・審査部会内分泌かく乱作用検討小委員会中間報告書.
3) Nakai M, Tabira Y, Asai D, Yakabe Y, Shinmyozu T, Noguchi M, Takatsuki M and Shimohigashi Y (1999): Binding characteristics of dialkyl phtahlates for the estrogen receptor. *Biochem Biophys Res Commun*, 254 : 311-314.
4) Yamasaki K, Takeyoshi M, Yakabe Y, Sawaki M, Imatanaka N and Takatsuki M (2002): Comparison of reporter gene assay and immature rat uterotrophic assay of twenty-three chemicals. *Toxicology*, 170 : 21-30.
5) Yamasaki K, Sawaki M and Takatsuki M (2000): Immature rat uterotrophic assay of bisphenol A. *Environ Health Perspect*, 108 : 1147-1150.
6) Yamasaki K, Sawaki M, Noda N and Takatsuki M (2002): Uterotrophic and Hershberger assays for n-butylbenzene in rats. *Arch Toxicol*, 75 : 703-706.
7) 原 彰彦(1999):内分泌かく乱物質の生態影響―魚類への影響―.廃棄物学会誌,10 : 278-287.
8) Scholz S and Gutzeit HO (2000): 17-alpha-ethinylestradiol affects reproduction, sexual differentiation and aromatase gene expression of the medaka (Oryzias latipes). *Aquatic Toxicol*, 50 (4): 363-373.
9) Matsuda M, Nagahama Y, Shinomiya A, Sato T, Matsuda C, Kobayashi T, Morrey CE, Shibata N, Asakawa S, Shimizu N, Hori H, Hamaguchi S and Sakaizumi M (2002): DMY is a Y-specific DM-domain gene required for male development in the medaka fish. *Nature*, 417 : 559-563.
10) Wakamatsu Y, Pristyazhnyuk S, Kinoshita M, Tanaka M and Ozato K (2001): The see-through medaka : A fish model that is transparent throughout life. *Proc Natl Acad Sci USA*, 98 : 10046-10050.
11) 石橋弘志,鑪迫典久,有薗幸司(2002):メダカを利用したモニタリング.エンバイオ,02 : 39-44.
12) 環境省(2001):ノニルフェノールが魚類に与える内分泌かく乱作用の試験結果に関する報告.

17.5 新 技 術

▷ 13.2 無機物質
▷ 13.3 有機物質

17.5.1 ダイオキシン類の検出を目的としたレポータージーンアッセイの現状と展望

近年"内分泌攪乱物質"あるいは"環境ホルモン"と呼ばれる化学物質群の環境汚染がクローズアップされている.これら環境汚染物質はその呼び名のとおり,ステロイドホルモン類と同様の細胞内動態を示し,その毒性を発現する.すなわち,すべてではないにしろその毒性発現機序のほとんどは,細胞内におけるリガンド依存型転写因子を介した遺伝子発現の制御,特に転写調節と直接的に関連している.したがって,分子生物学において転写活性化能を測定する手法として開発されたレポータージーンアッセイは内分泌攪乱物質のバイオアッセイ法として非常に有用な手法であると考えられる.ここでは最近バイオアッセイ法として注目されているレポータージーンアッセイについて,内分泌攪乱物質の中でもその毒性がきわめて強く,かつ深刻な環境汚染を示しているダイオキシン類の検出例を具体的に取り上げて解説する.

a. ダイオキシン

ダイオキシンとはポリ塩化ジベンゾ-P-ダイオキシン(PCDD)の通称であり,最近ではこれにポリ塩化ジベンゾフラン(PCDF)さらにはダイオキシン様PCB(Dioxin-like(DL-)-PCB)などを加えてダイオキシン類として扱うことが多い.PCDDは75種類の構造異性体があり,PCDFならびにDioxin-like(DL-)-PCBに関してはそれぞれ135種類および13種類の構造異性体が存在する.また,近年ではこれらに加え臭素化されたダイオキシン類も検出されており,ダイオキシン類に含まれる化学物質の数は今後も増加する可能性がある.ダイオキシン類の発生源の大部分は合成樹脂をはじめとする都市ごみの焼却ならびに病院廃棄物の焼却である.わが国における大気中のダイオキシン類の濃度は0.13 pg-TEQ/m^3(2001年度)と排出基準の強化により数年前に比較して大幅な減少がみられているが,ある特定地域では依然として排出基準に比較して明らかに高い値を示す[1].また,全国の河川などの底質(1836地点)の平均値は1 gあたり8.5 pg-TEQであり,環境基準となる150 pg-TEQを超えるものも14地点で観察された[1].日本におけるダイオキシン類の全摂取量の50%以上が食物からの摂取であり,その主な経路は魚介類である[2].したがって水域におけるダイオキシン類濃度のモニタリングがより重要となる.

b. ダイオキシン類の毒性およびその発現のメカニズム

ダイオキシン類には多くの化学物質が含まれる

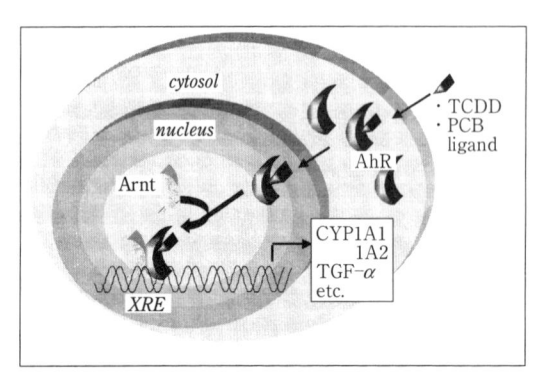

図17.25 Ah受容体の細胞内動態

表17.10 ダイオキシン類に対するマウスCALUX法の反応性

化合物	EC50
2,3,7,8-TCDD	0.02 nM
2,3,7,8-TCDF	0.05 nM
2,3,4,7,8-PCDF	2 nM
3,3′,4,4′,5-TCB	2 nM
3′,4,4′-PCB	100 nM

が，なかでも 2,3,7,8-四塩化ダイオキシン（TCDD）が最も強い生体影響力をもつ．その作用は多岐にわたり胸腺の萎縮，クロルアクネ，強力な体脂肪の減少，催奇形性，繁殖抑制，免疫抑制さらには発癌プロモーター作用を示す[3]．細胞内に侵入したダイオキシン類はその受容体である aryl hydrocarbon receptor（AhR）と結合する．AhRは basic helix-loop-helix（bHLH）構造ならびに PAS 構造をN末端側に含み，また転写活性化ドメインをC末端側に有する転写因子である[4-7]．したがってダイオキシン類の毒性発現には曝露された細胞の遺伝子発現の変化が強く関与しているものと推察されている．AhRノックアウトマウスはTCDDの毒性に対し耐性を示すことからTCDDをはじめとするダイオキシン類の毒性は，そのすべてではないにしろ，ほとんどがAhRを介して発現される[8]．

AhRはリガンド非存在下において Hsp90, p23 ならびに ARA9 などのタンパク質と複合体を形成し細胞質に存在するが，細胞内に侵入したダイオキシン類との結合により AhR は核内へ移行する．核内において AhR は Arnt と呼ばれる別の核タンパク質と二量体を形成する．この AhR/Arnt は遺伝子の転写制御領域に存在する xenobiotic responsive element（XRE）あるいは dioxin responsive element（DRE）と呼ばれるエンハンサー領域を認識してDNAに結合し，その下流の遺伝子発現を制御する（図17.25）[4-7, 9-11]．AhR/Arnt の標的遺伝子，すなわちダイオキシン類によってその発現が影響を受ける遺伝子として CYP1A1 をはじめとした多くの薬物代謝の関連因子，TGF-βなどの生理活性物質，p27 および Bax といった細胞周期およびアポトーシス関連因子などが挙げられる[4-7, 12, 13]．

c. ダイオキシン類の検出を目的としたレポータージーンアッセイの現状

上述したようにダイオキシン類の特異的受容体である AhR はダイオキシン類と結合した後，核内に移行しXREを認識してDNA上に結合する．そこでXREを含む転写調節領域をレポーター遺伝子上流に組み込み，ダイオキシン刺激によるレポーター活性の変化よりダイオキシン類を検出する系が開発されている．Postlind らはダイオキシン類により発現が誘導されるヒト CYP1A1 の転写調節領域ならびに CYP1A2 遺伝子の転写調節領域をルシフェラーゼ遺伝子上流につないだレポーター遺伝子（pL1A1 および pL1A2）をヒト肝癌由来細胞である HepG2 細胞に安定的に導入した[14]．これら細胞を100 nM TCDD により刺激したところ pL1A1 導入細胞ではコントロールの約400倍のルシフェラーゼ活性が誘導された．その一方で pL1A2 導入細胞ではルシフェラーゼ活性はほとんど誘導されなかった．その理由は明らかではないが CYP1A2 はダイオキシン刺激により in vivo 系では誘導されるものの，株化肝細胞においては誘導されない．したがって，レポーターとしても CYP1A2 の転写調節領域を用いるのは適切ではないであろう．

同様の方法で開発されたのが，現在広く使われている chemical-activated luciferase expression（CALUX）法である．この方法ではプロモーター部分に MMTV 由来の配列を用い，エンハンサーとしてマウス CYP1A1 遺伝子の転写調節領域より 484塩基対（-1301～-819）を挿入している．レポーターとしては上記と同様にルシフェラーゼを用いている[15]．この pGudLuc（グッドラック）ベクターと呼ばれるベクターをマウス，ラット，ハムスター，モルモットならびにヒト由来細胞に導入し一連の CALUX 系が開発された．マウス肝癌由来細胞を用いた場合，検出限界が 1 pM TCDD であり，また各ダイオキシン類に対する EC_{50} を表17.10に示す．TCDD 曝露後2時間でルシフェラーゼ活性はピークとなり，その後，約50％にまで活性は低下し，

曝露12時間以降はほぼ一定の値を示す．Murkらはラット CALUX 系を用いて底質およびその間隙水におけるダイオキシン類の測定を行った[16]．6 穴プレートを用いた実験で 1 穴あたり 450 mg の底質からの抽出物で検出可能であり，また間隙水の場合，250 μl の試料量で検出が可能である．底質サンプルに前処理を施さない状態で CALUX 系に用いた際には細胞死を招くことから，通常のヘキサン：アセトンによる抽出ならびにその後のクリーンアップの必要がある．それに対して間隙水を用いた際にはヘキサン抽出後，溶媒を除去し，DMSO に再溶解するだけで十分にアッセイに用いることができる．

ニジマス肝癌由来細胞を用いた CALUX 系により魚類に対するダイオキシン類の影響の検討が試みられている[17]．ニジマスも他の生物種と同様に多くのダイオキシン類に反応して CYP1A1 が誘導されるが，mono-ortho 置換 PCB に対しては反応を示さない．このニジマス CALUX 系においても同様で TCDD をはじめとして検討したダイオキシン類はルシフェラーゼ活性を誘導するが，mono-ortho 置換 PCB はルシフェラーゼ活性を誘導することができない．したがって少なくともこの点からみればニジマス CALUX 系は魚類としてのダイオキシン類への反応性を保持しているといえる．この系における哺乳類系細胞とのいちばんの違いはダイオキシン類に対する反応速度の違いである．先にも述べたように哺乳類細胞を用いた系では TCDD 曝露後，数時間でルシフェラーゼ活性は検出可能であり，その活性ピークもおよそ 24 時間以内である．それに対してニジマス肝癌由来細胞を用いた系では曝露後 5 日後に最大値を迎える．この理由は明らかではないが，哺乳類と魚類との毒性発現の違いからも興味深い知見である．

上述したルシフェラーゼ活性の測定には細胞の破壊が必要となる．したがってカイネティクスの測定においてかなりの細胞数およびスペースなどが必要となり，さらには各実験間における反応性の違いなどがしばしば問題となる．これらルシフェラーゼを用いた系の欠点を改善する目的でレポーターを変え，細胞を破壊することなしにレポーター活性を測定する系が開発されている．Nagy らは GudLuc ベクターと同じ CYP1A1 遺伝子由来のエンハンサーおよび MMTV プロモーターを転写調節領域にもち，レポーターとして green fluorescent protein (GFP) を挿入したベクターを開発した[18, 19]．これをマウス肝癌由来細胞（Hepa1c1c7 細胞）に導入し，ネオマイシン耐性を指標に安定導入細胞を樹立した．ダイオキシン類に反応して細胞内に産生される GFP に対して 485 nm の励起光を当て，放出される緑色の光（515 nm）をマイクロプレート用の蛍光光度計で検出するものである．この系における EC_{50}（20 pM）ならびに最小検出濃度（1 pM）はルシフェラーゼ系と変わらないが，GFP の放光量の強さのためアッセイを 96 穴プレートフォーマットで行うことができ，そのため検出できるダイオキシン類量は 0.03 pg/well ときわめて微量である．GFP の発光は温度感受性であり，30～33℃で最も強発光を生じる．事実 37℃で培養した場合，TCDD 曝露後 12 時間までは発光量の増加が認められるが，その後一定となる．それに対して 33℃で曝露およびその後の培養を行った場合，曝露後 48 時間までほぼ直線的な発光量の増加が認められる．また 1 nM TCDD に曝露した場合，約 6 時間で発光の検出が可能である．欠点としては 96 穴プレートを用いた場合"edge effect"があり，正確な測定を行うためには細かい条件設定が必要となる．

哺乳類細胞を用いた検討の他に酵母を用いた系での検討もなされている[20]．これは酵母内で AhR および Arnt を発現させ，同時に複数個の XRE 配列を β-ガラクトシダーゼの上流につなぎレポーターとして用いるものである．この系を用いて最近河川から検出された変異原性物質である多塩素化ビフェニルが AhR を活性化することが明らかにされた[21]．この系の欠点は通常，酵母用の培養液中には多量のトリプトファンが含まれるが，このトリプトファンからの誘導体が，AhR と結合するためバックグランド値が高めに検出されることである．

d．レポータージーンアッセイの利点と限界

環境中のダイオキシン測定は，「公定法」として高分解能ガスクロマトグラフ質量分析計（GC-MS）により行われている．しかしながら，公定法は高価な分析機器が必要なうえ，測定結果が出るまでに数週間かかり，測定費用も 1 検体あたり約 20 万円と高価であることから，ダイオキシン類の発生防止のための日常的なモニタリングや多検体測定が必要な土壌のダイオキシン汚染のスクリーニングには不向きである．これに対しレポータージーンアッセイの利点として迅速ならびに安価などが挙げられ，ハイスループットな測定が可能である．また，現在多くのレポーターの測定法がキット化されており，その

操作もきわめて簡易であるところが挙げられる．レポータージーンアッセイが開発される以前は，ダイオキシン類によって誘導される ethoxyresorufin O-deethylase (EROD) 活性すなわち CYP1A1 の酵素活性を指標にダイオキシン類の検出が試みられていた．しかしながら AhR のリガンドのいくつかは EROD タンパク質を誘導するとともに酵素活性の阻害を引き起こす．したがって，高濃度の曝露において EROD 活性は，そのタンパク質量の増加に反して，低い値を示す．それに対してリポーターとして用いられる酵素（ルシフェラーゼ，ガラクトシダーゼ）などはダイオキシン類によってその活性が阻害されず測定値に影響を受けない．

レポータージーンアッセイは当然のことながら化合物の個体内における分布，吸収，代謝および排泄などは反映しないため生体影響については情報を与えるものではない．事実，CALUX 法により算出した TEF あるいは EC_{50} と魚類の初期発生影響評価とでは，傾向的には類似しているものの，かなりの程度の違いを示す．また，含まれている化合物の同定は困難であり，その値から正確な絶対値として汚染の程度を表すことはできない．また，細胞毒性を示すあるいは代謝活性化，不活性化される化合物に対しては，その値が過小または過大評価されるおそれがあり，その評価には問題を残す．技術的な観点からみれば培養細胞を用いたレポータージーンアッセイでは試料の無菌化を行う必要がある．しかしながらダイオキシン類の多くはフィルターなどに吸着してしまい，その濃度に大きな誤差が生じる可能性がある．

おわりに

本文ではダイオキシン類の検出を目的としたレポータージーンアッセイを例にその現状と限界について考えてみた．このアッセイはその簡便性からさまざまな利点，特にハイスループットな解析が可能である点において今後さらに利用が増加すると思われる．その一方で，その値は絶対的なものではなく，その評価に正しい理解を持たなければならない．

〔榛葉繁紀・手塚雅勝〕

文　献

1) 環境省（2002）：平成13年度ダイオキシン類に係る環境調査結果．
2) 環境庁ダイオキシンリスク評価研究会（1997）：ダイオキシンのリスク評価, pp.87-104, 中央法規．
3) Poland A and Knutson JC (1982) : *Ann Rev Pharmacol Toxicol*, **22** : 517-554.
4) Gu Y-Z, Hogenesch JB and Bradfield CA (2000) : The PAS superfamily : Sensors of environmental and developmental signals. *Ann Rev Pharmacol Toxicol*, **40** : 519-561.
5) Hahn ME (1998) : The aryl hydrocarbon receptor : A comparative perspective. *Comp Biochem Physiol, Part C Pharmacol Toxicol Endocrinol*, **121** : 23-53.
6) Sogawa K and Fujii-Kuriyama Y (1997) : Ah receptor, a novel ligand-activated transcription factor. *J Biochem (Tokyo)*, **122** : 1075-1079.
7) Hankinson O (1995) : The aryl hydrocarbon receptor complex. *Ann Rev Pharmacol Toxicol*, **35** : 307-340.
8) Fernandez-Salguero PM, Hilbert DM, Rudikoff S, Ward JM and Gonzalez FJ (1996) : Aryl-hydrocarbon receptor-deficient mice are resistant to 2, 3, 7, 8-tetrachlorodibenzo-p-dioxin-induced toxicity. *Toxicol Appl Pharmacol*, **141** : 73-79.
9) Kumar MB, Tarpey RW and Perdew GH (1999) : Differential recruitment of coactivator RIP140 by Ah and estrogen receptors. Absence of a role for LXXLL motifs. *J Biol Chem*, **274** : 22155-22164.
10) Kumar MB and Perdew GH (1999) : Nuclear receptor coactivator SRC-1 interacts with the Q-rich subdomain of the AhR and modulates its transactivation potential. *Gene Expr*, **8** : 273-286.
11) Kobayashi A, Numayama-Tsuruta K, Sogawa K and Fujii-Kuriyama Y (1997) : CBP/p300 functions as a possible transcriptional coactivator of Ah receptor nuclear translocator (Arnt). *J Biochem*, **122** : 703-710.
12) Kolluri SK, Weiss C, Koff A and Gottlicher M (1999) : p27 (Kip1) induction and inhibition of proliferation by the intracellular Ah receptor in developing thymus and hepatoma cells. *Genes Dev*, **13** : 1742-1753.
13) Matikainen T, Perez GI, Jurisicova A, Pru JK, Schlezinger JJ, Ryu HY, Laine J, Sakai T, Korsmeyer SJ, Casper RF, Sherr DH and Tilly JL (2001) : Aromatic hydrocarbon receptor-driven Bax gene expression is required for premature ovarian failure caused by biohazardous environmental chemicals. *Nat Genet*, **28** : 355-360.
14) Postlind H, Vu TP, Tukey RH, Quattrochi LC (1993) : Response of human CYP1-luciferase plasmids to 2, 3, 7, 8-tetrachlorodibenzo-p-dioxin and polycyclic aromatic hydrocarbons. *Toxicol Appl Pharmacol*, **118** : 255-262.
15) Garrison PM, Tullis K, Aarts JM, Brouwer A, Giesy JP and Denison MS (1996) : Species-specific recombinant cell lines as bioassay systems for the detection of 2, 3, 7, 8-tetrachlorodibenzo-p-dioxin-like chemicals. *Fundam Appl Toxicol*, **30** : 194-203.
16) Murk AJ, Legler J, Denison MS, Giesy JP, van de Guchte C and Brouwer A (1996) : Chemical-activated luciferase gene expression (CALUX) : a novel in vitro bioassay for Ah receptor active compounds in sediments and pore water. *Fundam Appl Toxicol*, **33** : 149-160.
17) Richter CA, Tieber VL, Denison MS and Giesy JP (1997) : An in vitro rainbow trout cell bioassay for aryl hydrocarbon receptor-mediated toxins. *Environ Toxicol Chem*, **16** : 543-550.
18) Nagy SR, Sanborn JR, Hammock BD and Denison MS (2002) : Development of a green fluorescent protein-based cell bioassay for the rapid and inexpensive detec-

tion and characterization of ah receptor agonists. *Toxicol Sci*, **65** : 200-210.
19) Nagy SR, Liu G, Lam KS and Denison MS (2002) : Identification of novel Ah receptor agonists using a high-throughput green fluorescent protein-based recombinant cell bioassay. *Biochemistry*, **41** : 861-868.
20) Miller CA 3rd (1997) : Expression of the human aryl hydrocarbon receptor complex in yeast. Activation of transcription by indole compounds. *J Biol Chem*, **272** : 32824-32829.
21) Takamura-Enya T, Watanabe T, Tada A, Hirayama T, Nukaya H, Sugimura T and Wakabayashi K (2002) : Identification of a new mutagenic polychlorinated biphenyl derivative in the Waka River, Wakayama, Japan, showing activation of an aryl hydrocarbon receptor-dependent transcription. *Chem Res Toxicol*, **15** : 419-425.
22) Kennedy SW, Lorenzen A, James CA and Collins BT (1993) : Ethoxyresorufin-O-deethylase and porphyrin analysis in chicken embryo hepatocyte cultures with a fluorescence multiwell plate reader. *Anal Biochem*, **211** : 102-112.

17.5.2 DNAマイクロアレイ（DNAチップ）
a. DNAマイクロアレイ技術

DNAマイクロアレイとは，1枚数平方センチメートルのスライドグラス（2.5 cm × 8.5 cm）からなる基盤上に，数百から数千種類のDNAプローブを配置させたものである（http://cmgm.stanford.edu/pbrown/）．1つのスポットが1つの遺伝子に相当しており，数百から数千遺伝子の発現量を同時に評価することが可能である．一方，ジーンチップとは，オリゴヌクレオチドプローブを1つの遺伝子あたり16～20対デザインし，チップ上に，光リソグラフィー技術を用いて固相化学合成したものである（http://www.affymetrix.com/index.affx）．両者ともに遺伝子の発現解析など，特定遺伝子の定量に利用することができる．DNAチップという言葉は，DNAマイクロアレイとジーンチップの造語として扱われる場合と後者だけを指して使われる場合がある．

毒性のある化学物質は細胞に何らかの傷害を与える．この傷害が致死的な程度に至らなければ，必ず細胞はその傷害を修復しようと応答を行う．この応答は細胞の傷害に依存するため化学物質の毒性を反映した応答が期待できる．DNAマイクロアレイを用いると，この応答を遺伝子発現レベルで評価することが可能になる．したがって，これまでのバイオアッセイとは違い，化学物質の毒性を反映した大量の情報を入手することができる．現在，多種類の生物起源DNAマイクロアレイが市販されており，高価なものではあるが，入手が可能であり，実験法もマニュアル化されている[1]．

b. DNAマイクロアレイで得られる情報

DNAマイクロアレイを用いてどのような情報が得られ，どのように応用できるかについて，酵母細胞に対する焼却灰の影響評価を例にして紹介したい（http://kasumi.nibh.jp/~iwahashi/）．蛍光強度を数値化し，汚れや発現量が低いスポットを除くと，Excelの表として数値化される（表17.11）．これは，もちろん紙数の都合上一部であるが，酵母では6000行あるためA4紙に出力すると，約150ページに相当する．左の列から，遺伝子記号，誘導倍率，化学物質処理細胞由来の遺伝子発現量（蛍光強度の相対値），未処理細胞由来の遺伝子発現量，遺伝子名，各遺伝子の機能となっている．誘導倍率は，化学物質処理細胞由来の遺伝子発現量を未処理細胞由来の遺伝子発現量で割った値で，数値が大きいほど焼却灰処理により誘導されたことになる．このままExcelを用いて遺伝子発現量の高い順に並び替えれば，どの遺伝子が最も高く誘導されたのか容易に理

表 17.11 マイクロアレイ実験結果の一部

遺伝子記号	誘導率	蛍光強度		遺伝子名	遺伝子機能
		処理	未処理		
YAL001C	1.0	755	744	TFC3	TFIIIC (transcription initation factor) subunit, 138 kD
YAL002W	1.4	955	644	VPS8	vacuolar sorting protein, 134 kD
YAL003W	0.1	1982	21472	EFB1	translation elongation factor EF-1beta
YAL005C	0.3	12362	36101	SSA1	heat shock protein of HSP70 family, cytosolic
YAL007C	0.4	1095	2822	ERP2	p24 protein involved in mebrane trafficking
YAL008W	1.4	1702	1205	FUN14	protein of unknown function
YAL009W	0.5	367	699	SPO7	meiotic protein
YAL010C	0.8	849	1105	MDM10	involved in mitochondrial morphology and inheritance
YAL011W	0.6	173	312		protein of unknown function
YAL012W	0.3	529	1886	CYS3	cystathionine gamma-lyase

表17.12 焼却灰によって誘導される遺伝子の機能別分類

機能分類	%	誘導数/総数
エネルギー代謝関連遺伝子	44	(110 / 252)
機能不確実遺伝子	23	(27 / 115)
タンパク質活性制御遺伝子	23	(3 / 13)
細胞防御・修復関連遺伝子	21	(58 / 278)
代謝関連遺伝子	20	(218 / 1066)
環境応答関連遺伝子	19	(38 / 199)
タンパク質修飾関連遺伝子	19	(112 / 595)
細胞間情報伝達遺伝子	17	(10 / 59)
未同定タンパク質遺伝子	17	(406 / 2399)
細胞物質輸送関連遺伝子	16	(50 / 313)
細胞内局在性が明らかな遺伝子	15	(335 / 2258)
細胞小器官制御関連遺伝子	15	(31 / 209)
タンパク質輸送関連遺伝子	14	(71 / 495)
細胞の生死関連遺伝子	14	(59 / 427)
細胞周期とDNA修飾関連遺伝子	12	(75 / 628)
転写因子をコードする遺伝子	12	(89 / 771)
タンパク質合成関連遺伝子	8	(28 / 359)
外来DNA関連遺伝子	3	(4 / 116)
補酵素関連遺伝子	0	(0 / 4)

表17.13 焼却灰で誘導された遺伝子修復に関連する遺伝子

遺伝子記号	誘導率	遺伝子名	機能
YFL014W	231	HSP12	12 kDa heat shock protein
YGR144W	7.5	THI4	Thiazole precursor of thiamine
YOR386W	4.1	PHR1	Photolyase
YER162C	3.9	RAD4	Excision repair protein
YIL036W	3.6	CST6	Influence on chromosome stability
YFR023W	3.2	PES4	poly (A) binding protein
YJR035W	2.9	RAD26	DNA-dependent ATPase
YJR021C	2.7	REC107	Meiotic recombination protein
YMR072W	2.6	ABF2	HMG-1 homolog, mitochondrial
YIL143C	2.5	SSL2	DNA helicase homolog
YHL022C	2.5	SPO11	Meiosis-specific recombination functions
YBR088C	2.4	POL30	Profilerating cell nuclear antigen
YBR272C	2.3	HSM3	Mismatch repair protein
YDL200C	2.3	MGT1	6-O-methylguanine-DNA methylase
YJL026W	2.3	RNR2	Small subunit of ribonucleotide reductase
YGR231C	2.3	PHB2	Mitochondrial protein, prohibitin homolog
YGL087C	2.3	MMS2	Ubiquitin conjugating protein family
YBR114W	2.3	RAD16	Nucleotide excision repair protein
YDL059C	2.3	RAD59	Recombination and DNA repair protein
YDR369C	2.2	XRS2	DNA repair protein

解できる．しかしながら，並び替えて個々の遺伝子を検討するには，多大な労力と時間が必要となる．誘導される遺伝子群を理解するために，われわれのところでは，MIPS (http://mips.gsf.de/) というデータベース上の機能分類を利用している．表17.12に焼却灰で2倍以上に誘導された遺伝子の機能分類を示した．焼却灰によって「エネルギー代謝関連遺伝子」が強く誘導されていることが理解できる．MIPSでは，「エネルギー代謝関連遺伝子」をさらに詳細に分類しており，この分類を利用することで，どのエネルギー代謝（たとえば，TCA回路，解糖系）に関する遺伝子群が変動しているかを理解することができる．もちろん，個々の遺伝子についても，リストをみることでより詳細な解釈が可能になる．例として，「細胞周期とDNA修飾関連遺伝子」の分類の下層にある「DNA修飾関連遺伝子」に分類される遺伝子を表17.13に示した．このリストから，焼却灰の変異原性に関する情報を入手することが可能である．

マイクロアレイを用いて得られる各遺伝子の発現プロファイルは化学物質の毒性を反映するものと考えうる．この発現プロファイルを比較すれば，化学物質の毒性による分類が可能になる[2]．図17.26にその例を示した．計算方法の詳細は記述しないが，原理としては，各発現プロファイル間の相関係数を利用して近い関係のプロファイルを枝で結んでいる．生物種の系統樹のようなものと理解してほしい．

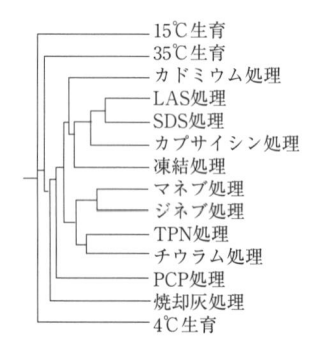

図17.26 発現プロファイルのクラスター解析

たとえば，LASとSDSはともに界面活性剤であり，生物に対する影響は近いものと理解できる．チウラム，マネブ，ジネブは，同類の殺菌剤であり，毒性が近いことは理解できる．計算手法やマイクロアレイデータの取り扱いは今後の検討項目であるが，生体影響をマイクロアレイで観察することにより，その原因物質を推定できる可能性を示している．

c. DNAマイクロアレイ技術の将来性と問題点

DNAマイクロアレイ周辺技術の進歩は目覚ましく，スライドグラス，スタンピング装置，スキャナ

ーなどの周辺技術が日々改良されている．また検出法についても高感度な手法が，いくつか検討されており，解析用のソフトも，進歩している．今後は，より少ないサンプル量，信頼性の高い手法が供給されてくると思われる．しかしながら，重要な視点が見落とされている．それは生物材料の再現性である．DNAマイクロアレイ技術は再現性が乏しいという意見はよく耳にする．実はこの原因の大半が，安定な生物材料を確保できていないという点にある．同じ試料（同じフラスコ由来）を，二つに分けてマイクロアレイ解析を行うと，その相関係数はかなり高い値になる．しかし，同じ条件（異なるフラスコ由来）とされる試料についてマイクロアレイ解析を行うと，その相関係数は明らかに低くなる．場合によっては，同じ条件とは考えられないような結果となる．DNAマイクロアレイがより信頼できる技術になるためには，実は，細胞，組織，個体をいかに安定に入手できるかという課題を解決しなければならないのである．

〔岩橋　均〕

文　献

1) 岩橋　均（2002）：マイクロアレイ，DNAチップ―これからの技術．環境技術, **31**：679-685.
2) Kitagawa E, Momose Y and Iwahashi H (2003): Correlation of the structures of agricultural fungicides to gene expression in *Saccharomyces cerevisiae* upon exposure to toxic doses. *Environ Sci Technol*, **15**：453-457.

18
分子生物学的手法

18.1 水環境研究のツールとしての分子生物学

　分子生物学は，生命現象を生物構成成分の分子レベルでの構造・機能から理解し，あるいは説明する学問であり，遺伝子本体であるDNA（デオキシリボ核酸）の二重らせん構造が解明された1950～60年代以降急速な発展を遂げ，現代のライフサイエンスやバイオテクノロジーの基礎となっている．かつては神秘的なものとしてとらえられてきた『いのち』の営みを分子間に生じる論理的な反応として解き明かすこの学問の概念と手法は，1980年代から徐々に水環境研究の分野にも取り入れられるようになったが，黎明期から約20年を経た現在では，ブラックボックスとして扱われる部分の多かった水環境や関連の水システムにおける複雑な生命現象を明確，かつ詳細に記述し，さらには合理的に管理・制御する戦略や技術を構築するための強力なツールとして，多くの研究者によって積極的に利用されるようになってきている．

　水環境研究における分子生物学的手法の活用は，今のところほとんどが微生物を対象としたものであるが，これまでに行われてきた主な研究課題はおよそ次のようなものである．

・バイオリスクの把握と制御を目的とした，衛生学上重要な微生物（病原菌，原虫，ウイルスなど），あるいは遺伝子組換え微生物を含む外来微生物の迅速，特異的，かつ高感度な検出，モニタリング．
・水環境，廃水/廃棄物処理系などにおける各種物質の循環・変換，あるいは汚染浄化のメカニズム解明のための関与微生物（群）（硝化菌，メタン生成菌，化学物質分解微生物など）の定性的・定量的解析と特殊微生物の純粋分離への応用．
・微生物群集の解析による水環境，廃水/廃棄物処理系などの複合微生物生態系の構造，機能に関する詳細な特徴づけ，および多元的視野からの診断・評価．
・有害化学物質分解，重金属摂取・無毒化などの環境浄化反応にかかわる遺伝子（群）のクローニングおよび解析による，浄化反応とその発現制御の分子レベルでの理解，ならびに遺伝子操作による有用な環境浄化微生物の育種．
・突然変異誘発，内分泌攪乱作用など外部ストレスに対する生物の遺伝学的応答を可視化するレポータージーンアッセイによる環境リスク評価・診断ツールの開発と適用（第17章参照）．

　水環境研究において分子生物学的手法を用いるメリットは，従来の微生物の分離・培養や表現型に基づいた生理活性の測定・評価などの手法ではとらえることのできない，あるいはとらえることが困難な未知の微生物や生命現象までを対象とし，定性的にも定量的にもより精緻なレベルで検討が行えることであり，また，従来法と比べて，一般的には時間，労力などを大幅に削減することができ，効率的に研究を進められることである．実際に分子生物学的手法の適用により，特に水環境，水システムにおける微生物および微生物生態系のダイナミズムに関する知識，情報は飛躍的に増大し，また深いレベルでの理解が進み，将来は水環境を健全に維持する管理戦略の構築，あるいは廃水/廃棄物処理プロセスやバイオレメディエーションの機能と効率を飛躍的に向上させる技術開発にも結びつくものと期待されている．一方，分子生物学的手法のほとんどは本分野での活用を目的として開発されたものではなく，いまだ比較的新しい手法が多いため，水環境研究のツー

ルとして完璧なものとはなっておらず，さまざまな制約，欠点を有する未確立のアプローチであることも確かである．したがって，水環境研究における分子生物学的手法の得失を十分に理解し，適正な活用法を確立していくことが重要な課題といえよう．

水環境関連の研究・技術者にとって分子生物学の知識はいまだ必ずしも一般的とはいえないことから，本章では，まずセントラルドグマを中心に分子生物学の基礎を概説したうえで，水環境研究にしばしば活用される手法を，①特定微生物の検出・定量，②微生物群集の構造解析，および③遺伝子解析とその応用（特に環境浄化に焦点を絞って）に大別し，解説する． 〔池 道彦〕

18.2 分子生物学の基礎

生命現象はすべて，核酸（通常はDNA）に刻まれた遺伝情報に端を発し，この設計図に基づいてタンパク質が合成され，生化学的反応を触媒することによって生じているというのが分子生物学の基本原理である．この過程では，核酸，アミノ酸，タンパク質を中心とした生体高分子が重要な働きを担っており，複製，転写，翻訳という一連の機構の中で，遺伝情報が子孫に伝えられ，多様な機能が発現される（セントラルドグマ）．

18.2.1 核酸・アミノ酸・タンパク質

a. 核酸（図18.1）

核酸には，DNAとRNA（リボ核酸）の2種類があるが，一部のウイルスを除いてDNAが遺伝情報の本体（遺伝子）であり，RNAは主として遺伝情報に基づいたタンパク質合成に関与している．核酸の化学構造は基本的には，5炭糖，核酸塩基とリン酸が結合したものである．5炭糖はデオキシリボースかリボースのいずれかであり，前者はDNA，後者はRNAの構成要素である．糖の1位炭素（1′炭素）に，アデニン（A），グアニン（G）（プリン塩基），シトシン（C），チミン（T）あるいはウラシル（U）（ピリミジン塩基）の5種類の核酸塩基が結合している．5炭糖と核酸塩基が結合したものをヌクレオシドという．ヌクレオシドの糖の5位炭素（5′炭素）にはリン酸が3つまで結合することができ，総称してヌクレオチドという（デオキシリボヌクレオチド，あるいはリボヌクレオチド）．核酸はヌクレオチドを基本単位としたものの重合体（ポリ

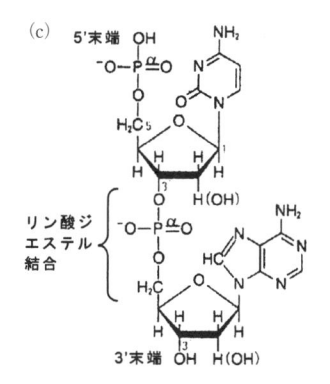

図18.1 核酸の構造と構成要素

a：核酸の構造．リン酸基は5′炭素に近いものから順に α, β, γ となる．
b：核酸塩基．A，G，CはDNA，RNAの両者に共通するが，TはDNA，UはRNAのみにみられる．
c：ポリヌクレオチドの構造．あるヌクレオチドの5′炭素に結合している α リン酸基が，別のヌクレオチドの3′炭素とリン酸ジエステル結合したものがつながっている．

ヌクレオチド）である．核酸中の核酸塩基のうち，AはTあるいはUと，GはCとの間で特異的に水素結合を形成することができ（相補性），この性質によって形成される核酸の高次構造や核酸間の相互作用が，遺伝情報の伝達や発現において重要な役割を果たしている．特にDNAは塩基間の水素結合によって生物細胞内で相補的な二本鎖を形成し，二重らせん構造をとっている．

b. アミノ酸・タンパク質（図18.2）

核酸に収められている遺伝情報は最終的には，それぞれ特有の機能を有するタンパク質として表現されることになる．タンパク質は基本単位であるアミノ酸が重合した鎖状分子であり，したがって核酸に刻まれた遺伝情報はアミノ酸情報であるともいうことができる．一般的にアミノ酸は，アミノ基（-NH$_2$）とカルボキシル基（-COOH）の2つの官能基をもつ化合物であるが，両官能基が同一の炭素原子（α炭素）に結合しているαアミノ酸が，タンパク質の構成要素となる．α炭素には，アミノ基とカルボキシル基のほかに，水素原子と，それぞれ固有の側鎖（-R）が結合しており，この側鎖の違いによってアミノ酸の種類が決まる．タンパク質分子の中には20種類のおのおの性質の異なるアミノ酸がある．2つのアミノ酸がアミノ基とカルボキシル基で脱水縮合してできる結合をペプチド結合といい，このペプチド結合によって多くのアミノ酸がつながったも

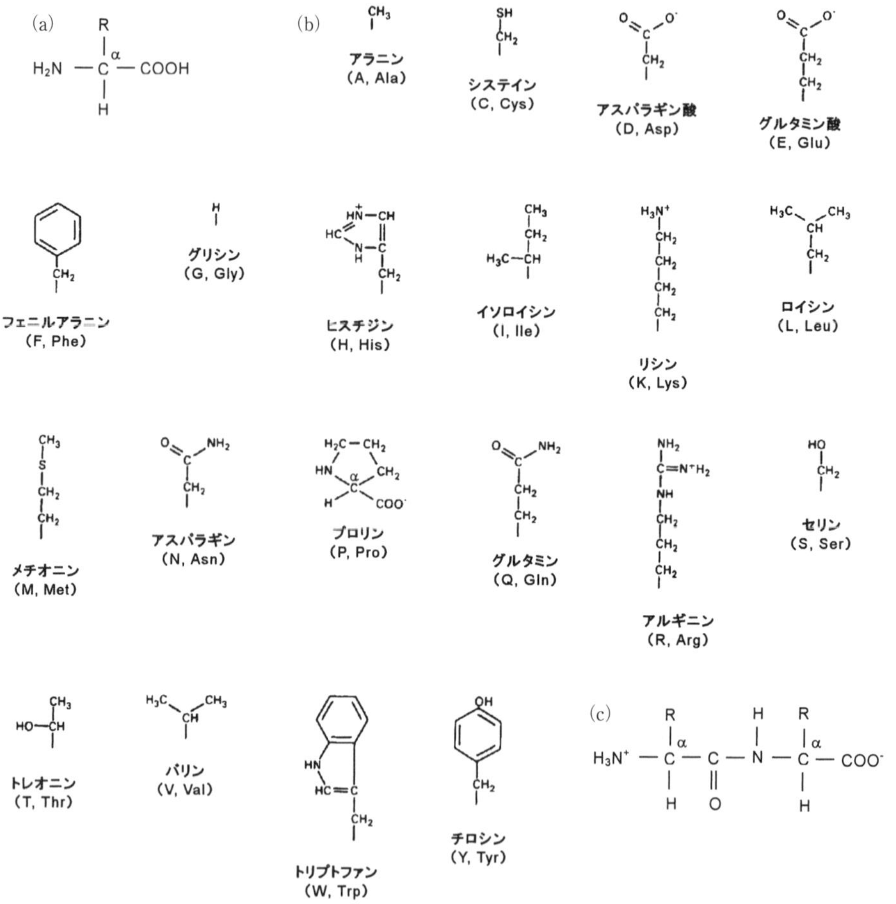

図18.2 アミノ酸とポリペプチドの構造
a：アミノ酸の構造．α炭素はグリシン（R＝H）を除いて不斉炭素原子となるので，2種類（D形とL形）の異なる立体構造をとりうる．既知の生物が作るタンパク質はすべてL形のアミノ酸からできている．
b：タンパク質を構成するアミノ酸の側鎖の構造．（　）内はアミノ酸の1文字および3文字略号を表す．
c：ポリペプチドの構造．遊離アミノ基側をN末端，遊離カルボキシル基側をC末端という．

18.2 分子生物学の基礎

18.2.2 セントラルドグマと遺伝子の発現制御
a. 複製（図18.3）

遺伝情報は核酸分子中の塩基配列として刻まれているが，これが子孫に伝えられる際には核酸から核酸へと伝達される．細胞分裂においては，2つの娘細胞（子孫）がそれぞれ親細胞の遺伝子情報をすべて受け継ぐことになるが，このことは，細胞分裂に際して，すべての遺伝子の完全なコピーが作られることを意味しており，複製と呼ばれる．DNA 分子の複製は，DNA が塩基対を形成していない場所（複製起点）から始まる．親分子の二重らせんが徐々にほどけていくのと同時に，親分子に沿って新たな DNA 分子が両方向へと合成されていく．親分子の塩基対がほどけて新たな DNA 分子が合成されている部分を複製フォークという．新たな DNA 分子を合成する酵素は，DNA ポリメラーゼといい，親分子の塩基配列に相補的な配列をもつ新しい DNA 分子を 5′ 方向から 3′ 方向にのみ半保存的複製により合成する．

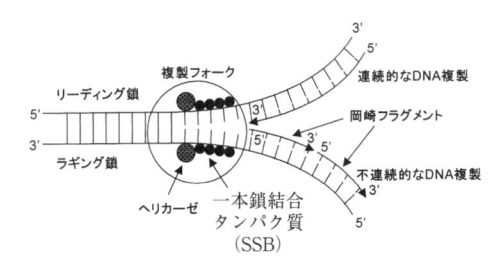

図 18.3　DNA 複製のメカニズム
DNA が複製される間は，親分子の塩基対がほどけた状態でなければならないが，ここでは，一本鎖結合タンパク質（SSB）と DNA ヘリカーゼが働いており，DNA ヘリカーゼの作用によってできた一本鎖 DNA に対して SSB が結合し，2本の鎖が直ちに再対合することを妨げている．このようにしてできた一本鎖 DNA のうち，5′ 方向から 3′ 方向への複製が連続的に行われるものをリーディング鎖という．他方の鎖については，DNA 合成が 3′ 方向から 5′ 方向へと進まなければならないため，連続的な合成ができず，部分的なフラグメント（岡崎フラグメント）として複製される．この鎖をラギング鎖といい，部分的に複製されたラギング鎖は最終的に DNA リガーゼにより一本の DNA 分子として合成される．

b. 転写（図18.4）

遺伝子がタンパク質として発現する過程は2つの段階から成る．第1段階となる転写においては，DNA を鋳型鎖として相補的な配列，すなわち，非鋳型鎖と同じ配列（ただし T の替わりに U が選択される）をもった RNA 分子（メッセンジャー RNA：mRNA）の合成が行われる．転写反応では，鋳型鎖の 3′ 側から 5′ 側へ向けて，リボヌクレオチドが 5′ 側から 3′ 側へとリン酸ジエステル結合によって重合されていく．この反応を行う酵素を RNA ポリメラーゼという．転写は，RNA ポリメラーゼが DNA 分子中の転写対象遺伝子のやや上流に結合することから始まり，この結合部位をプロモーターという．プロモーターは，RNA ポリメラーゼによって認識される短い部位であり，これによって，転写がランダムではなく転写対象遺伝子部分にのみ起

のがポリペプチド，すなわちタンパク質である．

タンパク質の構造には一次から四次までのレベルがあり，一次構造とはポリペプチドのアミノ酸配列そのものを指すが，これが高次の立体構造を決定し，さまざまな機能を発揮させることになる．二次構造はアミノ酸鎖の部分的な規則的繰り返し構造のことであり，最も重要な構造として，α ヘリックスと β シートが知られている．三次構造とは，二次構造が三次元的に折り重なって形成される立体構造のことをいい，さらに四次構造は複数のポリペプチドが集合体を形成してできる多量体構造のことをいう．同じポリペプチドが複数分子含まれることもあれば，全く異なるポリペプチドから形成される場合もあり，1個のタンパク質分子が複数のポリペプチドから形成されているとき，個々のポリペプチドのことをサブユニットという．

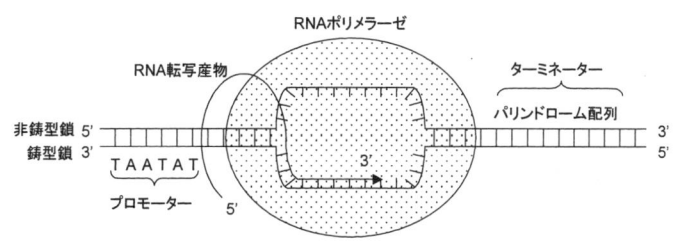

図 18.4　転写のメカニズム
複製とは異なり，鋳型鎖のみが転写の対象となる．また，通常，遺伝子の配列は，RNA 転写産物と同じになるよう，非鋳型鎖の配列で表示する．

こるようになっている．転写は，mRNA が鋳型鎖の DNA から離れることで終結する．その詳細なメカニズムは未知であるが，転写の終結部位にはターミネーターという終結シグナルが存在し，その配列は相補的なパリンドローム（回文）配列となっていることがわかっている．この部位では二本鎖 DNA は十字構造を，一本鎖 RNA ではステム-ループ構造をとり，これらの構造が，DNA の転写を終結に導いているものと考えられている．

c. 翻訳（図 18.5）

遺伝子発現の第 2 段階となる翻訳では，mRNA が，自身の遺伝情報に基づいて，特定のアミノ酸配列をもったポリペプチドの合成を指令し，アミノ酸が mRNA の 5′ 側から 3′ 側に向かって，N 末端から C 末端方向へとつなげられていく．この働きを担い，タンパク合成工場ともいわれるのがリボソームであり，原核生物では，23S および 5S の 2 種類のリボソーム RNA（rRNA）と 31 種のポリペプチドからなる大サブユニットと，16S rRNA と 21 種類のポリペプチドからなる小サブユニットから構成されている．翻訳は，リボソームが mRNA の 5′ 末端に結合することから始まる．結合したリボソームは 3′ 方向へと移動しながら，隣接する 3 つの塩基の並び方（トリプレット）を認識し，翻訳開始部位を見つけ出す．ここで，トリプレットは 20 種類あるアミノ酸のうち 1 種類を指定する遺伝暗号であり，これをコドンという（表 18.1）．翻訳開始を意味するコドン（開始コドン）は AUG であり，mRNA の最も 5′ 末端に近い AUG から 3 塩基ずつの読み枠（リーディングフレーム）のコドンにしたがって，合成すべきタンパク質のアミノ酸配列が決まる．実際に翻訳が行われるためには，コドンが指定するアミノ酸をリボソームへと運ぶ働きをするものが必要となるが，これを担うのがトランスファー RNA（tRNA）である．tRNA には，mRNA のコドンと相補的な配列部分（アンチコドン）があり，mRNA 上の対応コドンと結合することができる．tRNA は，それぞれのアンチコドンによって特有のアミノ酸のみと共有結合しており（アミノアシル tRNA），これによって遺伝暗号の特異的翻訳が保証される．tRNA によって運ばれたアミノ酸は順次ペプチド結合によってつながれていき，最終的に翻訳の終了を意味するコドン（終止コドン）までくると，これに対応するアミノアシル tRNA が存在しないため，合成されたポリペプチドがリボソームから外れ，リボソームも

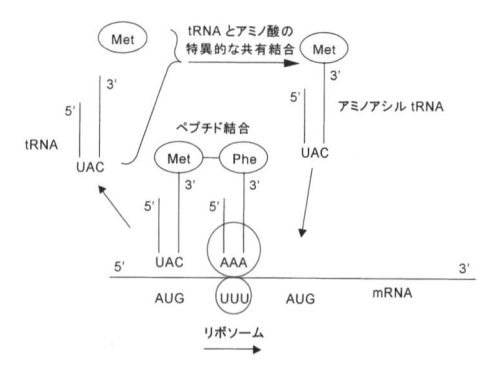

図 18.5 翻訳のメカニズム

ポリペプチド鎖の合成反応では，まず開始コドンに対応するメチオニンと結合した tRNA がリボソーム内で mRNA と相補的に結合し，続いて 2 番目のコドンに対応するアミノ酸と結合した tRNA が同様に mRNA と相補的に結合する．このときに，隣接するメチオニンと 2 番目に運ばれてきたアミノ酸がペプチド結合によってつながれ，リボソームがメチオニンと tRNA を切り離す．この反応が連続して起こることによって，ポリペプチド鎖が合成されていく．

また mRNA から外れる．これによって翻訳の過程が終了し，目的のタンパク質ができあがる．なお，rRNA および tRNA も mRNA 同様，DNA からの転写によって合成される．

d. 遺伝子の発現制御（図 18.6）

遺伝子の中には，常に転写・翻訳が行われ発現しているものもあるが，特定の条件下のみで発現するものも少なくない．言い換えると，生物はおかれた環境に応じて必要な遺伝子の発現をオンにし，不要な遺伝子の発現をオフにする能力をもっており，これを遺伝子の発現制御（調節）という．遺伝子の発現制御は，転写から翻訳に至る過程でさまざまな機構を通じて行われることが知られているが，多くの場合は転写の過程で行われる．この場合，大きく分けて正の調節と負の調節といわれる 2 種類の制御様式があり，正の調節とは，プロモーターにタンパク質や低分子，分子複合体など（イフェクター）が結合することによって活性化し，転写を開始させる制御様式であり，一方，負の調節とは，プロモーターに阻害体（リプレッサー）が結合し，転写が阻害されている制御様式である．負の調節においては，リプレッサーに抗阻害体（インデューサー）が結合すると，リプレッサーが DNA から外れて転写が開始される．このような遺伝子発現の制御は単一の遺伝子ばかりでなく，時として明白なクラスターを形成している一連の遺伝子群に対しても認められるが，プロモーターに隣接したオペレーター（転写を支配

表 18.1　コドン表

コドン	アミノ酸	コドン	アミノ酸	コドン	アミノ酸	コドン	アミノ酸
UUU UUC	} F, Phe	UCU UCC UCA UCG	} S, Ser	UAU UAC	} Y, Tyr	UGU UGC	} C, Cys
UUA UUG	} L, Leu			UAA UAG	} 終止	UGA UGG	終止 W, Trp
CUU CUC CUA CUG	} L, Leu	CCU CCC CCA CCG	} P, Pro	CAU CAC	} H, His	CGU CGC CGA CGG	} R, Arg
				CAA CAG	} Q, Gln		
AUU AUC AUA	} I, Ile	ACU ACC ACA ACG	} T, Thr	AAU AAC	} N, Asn	AGU AGC	} S, Ser
AUG	M, Met（開始）			AAA AAG	} K, Lys	AGA AGG	} R, Arg
GUU GUC GUA GUG	} V, Val	GCU GCC GCA GCG	} A, Ala	GAU GAC	} D, Asp	GGU GGC GGA GGG	} G, Gly
				GAA GAG	} E, Glu		

RNA は 4 種の塩基（A，U，G，C）を含むためトリプレットは $4^3 = 64$ 種類存在するが，実際にアミノ酸を指定するコドンは 61 種類である．61 種類のコドンが 20 種類のアミノ酸を指定するため，大部分のアミノ酸には複数種のコドンが対応していることになる．アミノ酸は，1 文字略号と 3 文字略号で表されている．

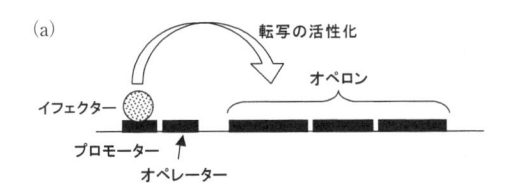

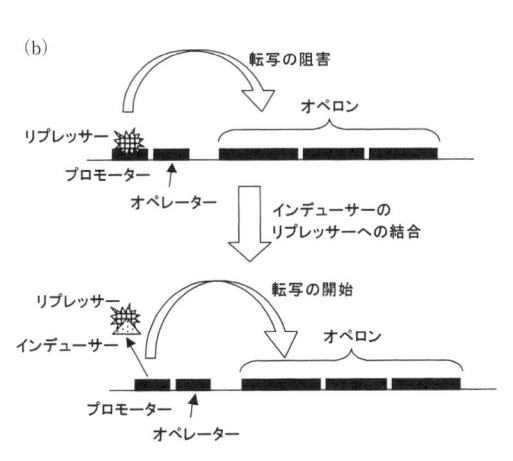

図 18.6　遺伝子の発現制御機構
a：正の調節．プロモーターにイフェクターが結合すると，転写が活性化される．
b：負の調節．プロモーターに結合しているリプレッサーにインデューサーが結合すると，リプレッサーがプロモーターから外れ，転写が開始される．

するリプレッサーの結合部位）によって，遺伝子群全体の転写が支配されるような機能的な転写単位のことをオペロンという．

〔藤田正憲・池　道彦・清　和成〕

18.3　特定微生物の検出・定量

▷ 15.2　細菌
▷ 15.3　ウイルス

　環境修復技術（たとえば，地下水のバイオレメディエーション）における微生物の利用に当たっては，汚染物質を分解する微生物は汚染サイトに存在するのか，分解能力はどの程度あるのか，汚染物質の除去とともにその微生物はどのような消長をたどるのかなどは，環境修復技術の確立のためには解決しなければならない重要な問題である．特定の分解微生物が存在しない場合は，分解微生物の増殖を促進させたり（バイオスティミュレーション）や意図的に

分解微生物を添加したり（バイオオーグメンテーション）する必要がある．このような場合，添加する微生物が周囲の生物（特に微生物）相に与える影響を最小限にとどめる必要があり，そのためにも，特定の微生物の環境中での動態を高精度・高感度にモニタリングする技術が必要となる．

特定微生物の検出・定量方法として，これまで主に選択培地を用いた平板培養法やMPN法などの表現型（Phenotype）に基づく手法が一般的に用いられてきた．しかし，環境中に生息する細菌の多く（90％以上）は未だ分離・培養できないといわれている．したがって，従来の培養に基づくMPN法や平板計数法では，正確な菌体数の測定が困難であるうえ，試験操作には多大な労力と時間を要する．このような背景のもとに，近年，微生物を培養に依存することなく，標的微生物に特有の遺伝子を指標として，同定・検出・定量する手法（分子生物学的手法）が急速に発展してきた．分子生物学的手法と一口にいっても，実際に何を標的として検出するかによっていくつかの種類に分けられる．一般的には，細菌を同定・検出する場合は，細菌の指紋とも呼べるタンパク質合成機関としてすべての生物が有する，リボゾームタンパク質の小サブユニット RNA（細菌の場合は 16S または 23S リボソーム RNA（rRNA））そのもの，もしくはそれをコードしている遺伝子（同様に細菌の場合は 16S または 23S rDNA）の塩基配列がよく用いられている．この 16S rDNA の塩基配列中には，すべての種類の細菌にほぼ共通して存在する保存領域と，特定の属や種に特異的な部分配列（可変領域）が存在する．この塩基配列の違いを利用して目的とする細菌の特異的検出・定量・モニタリングが可能となる．

また，たとえば，ある汚染物質の分解機能をもった細菌（群）を検出・定量・モニタリングするには，分解に直接関与するタンパク質（酵素）をコードする遺伝子を検出・モニタリングすることも可能であり，現在盛んに行われている．すなわち，分子生物学的手法を用いることにより，細菌が生きている「場」で，ある特定の機能を有する多様な細菌を網羅的に追跡・解析できる．特に，培養が困難な病原ウイルスや細菌の迅速かつ正確な検出・定量，およびその汚染源の特定などには，それぞれの病原毒素をコードする遺伝子をターゲットとした分子生物学的手法が用いられている．

特定微生物・遺伝子の検出・定量のための分子生物学的手法の基本的な流れは，まず多種多様な細菌が含まれている試料から全核酸（DNA および RNA）を抽出する．不純物を多く含む環境試料から純度の高い核酸を得ることは容易ではない．しかし，近年，土壌などからの核酸抽出キットなどが市販されており，簡便化・迅速化が図られるようになった．抽出された核酸は，目的とする特定細菌または遺伝子の検出・解析のため，多様な用途に用いられる．一般的に，環境試料中に目的とする細菌・遺伝子の存在比は小さいので，目的とする遺伝子に特異的なプライマーを用いてポリメラーゼ連鎖反応（polymerase chain reaction：PCR）により，目的の遺伝子のみを特異的に増幅し検出・定量する．PCR 増幅断片の塩基配列を解読するためには，PCR 反応液には多様な細菌由来の増幅断片が混在しているため，大腸菌を用いて直接クローニングする方法や変性剤濃度勾配ゲル電気泳動法（denaturing gradient gel electrophoresis：DGGE）などにより，個々の増幅遺伝子断片に分離されなければならない．その後，分離した増幅遺伝子断片の塩基配列を決定しライブラリーを作成する．蓄積された遺伝子データベースとインターネットを介して塩基配列の相同性を比較解析し，新たな PCR プライマーやオリゴヌクレオチドプローブ（約 20 塩基）を設計・作製することができる．このオリゴヌクレオチドプローブを蛍光色素で標識し，細菌やバイオフィルム切片などに対し直接ハイブリダイゼーションさせる Fluorescence *in situ* hybridization（FISH）法や，目的とする DNA や RNA をニトロセルロースなどのフィルター上に固定し，放射性または非放射性ヌクレオチドで標識された核酸プローブを用いたフィルターハイブリダイゼーション法などにより，目的とする微生物・遺伝子の特異的検出・定量が可能となる．本節では，特定遺伝子・微生物の検出・定量の基本となる，ハイブリダイゼーション法および PCR 法の原理とその応用研究例を中心に概説し，分子生物学的手法の重要性について述べる．

18.3.1　特定遺伝子・微生物の検出手法
a．ハイブリダイゼーション法
抽出した核酸試料中の特定の DNA（または RNA）配列（遺伝子）を定量的に検出する方法として，ハイブリダイゼーション法がある．この方法の原理は，生物がもつ 2 種類の核酸（DNA, RNA）が 4 つの塩基「DNA の場合は，G（グアニジン），C（シトシ

ン），A（アデニン），T（チミン），RNAの場合はT（チミン）の代わりにU（ウラシル）」の直線的な1次配列からなり，GとC，AとT（またはU）の間の相補的な水素結合により，特定の塩基配列をもつDNA（またはRNA）がこれに相補的な配列をもつDNA（またはRNA）とハイブリッド形成または分子雑種形成し，二本鎖核酸を形成する性質（これをハイブリダイゼーションと呼ぶ）に基づくものである．このハイブリダイゼーションには，用いる核酸の種類によって，DNA同士で二本鎖分子を形成するDNA–DNAハイブリダイゼーション，DNAとRNAで二本鎖分子を形成するDNA–RNAハイブリダイゼーション，RNA同士で二本鎖分子を形成するRNA–RNAハイブリダイゼーション，の3タイプのハイブリッド形成がある．構成核酸同士の相補性の程度が高いほど二本鎖核酸を形成する効率は高くなり，また安定性も増す．ただし，この安定性は構成一本鎖核酸のGC含量や反応液の塩濃度，反応温度に依存する．

ハイブリッドを形成する手法には，液相で反応させる溶液ハイブリダイゼーション，一本鎖核酸をメンブランフィルターにブロット（固定）し，標識プローブをハイブリダイズすることによって，特定の核酸配列をもつフラグメントの解析や遺伝子発現を解析するフィルターハイブリダイゼーション，微生物細胞あるいはバイオフィルムに直接標識プローブをハイブリダイズさせ，特定微生物を検出し局在を確かめる *in situ* ハイブリダイゼーションなどがある．メンブランフィルターにDNAを固定する方法をサザンハイブリダイゼーション，RNAを固定する方法をノーザンハイブリダイゼーションと呼んでいる．

例としてフィルターハイブリダイゼーションの手順について説明する（図18.7）．サザン・ノーザンハイブリダイゼーション法は，まず，アガロースゲル電気泳動でDNAフラグメントやRNAを分離し，分離した核酸をゲルからメンブランフィルターにブロッティング（固定化）する．メンブランフィルターへのブロッティング方法は，毛細管現象を利用したキャピラリー式ブロッティング，ポンプにより吸引するバキューム式ブロッティングが主に用いられている．次に，標識プローブとハイブリダイゼーションを行い，特定のバンドを化学発光や化学蛍光，ラジオアイソトープのシグナルとして検出・解析する．標識にはラジオアイソトープを用いる手法が一般的だったが，近年，ケミルミネッセンス（化学発光）・ケミフルオレッセンス（化学蛍光）法や検出機器の改良がすすみ，酵素やハプテンを標識したプローブによる非ラジオアイソトープ（Non–RI）法も用いられるようになった．プローブとしては，PCR増幅やクローニングで得られる二本鎖DNAフラグメントのほか，RNAポリメラーゼを用いて合成した一本鎖RNAも用いることができる．ハイブリダイゼーション時の温度やバッファー組成，検出方法はさまざまな変法があり，用途・目的によって使い分けられている．

通常，環境中の特定微生物・遺伝子の検出や動態解析においては，環境ゲノムDNAか，それを鋳型としたPCR産物に対して行われることが多い．メンブレンフィルターに試料をドット状に固定して行う，ドットハイブリダイゼーションや，細菌コロニーそのものをメンブレンに転写して行うコロニーハイブリダイゼーションがある．

b. 蛍光 *in situ* ハイブリダイゼーション（FISH）法

上記のフィルター上でのハイブリダイゼーション反応を細菌の細胞内で直接行う手法を，*in situ* ハイブリダイゼーション法という．プローブは蛍光色素によって標識されたものを用いる場合が多く，この方法は蛍光 *in situ* ハイブリダイゼーション（FISH）法と呼ばれる．このFISH法の解像度は比較的高く，複合系微生物集塊内で目的とする個々の細菌を細胞レベルで検出・同定が可能であるうえ，群集内での局在（空間的棲み分け）を把握することができる．この方法は，試料中の細菌をホルムアルデヒドなどで固定化後，特定遺伝子（基本的には16Sまたは

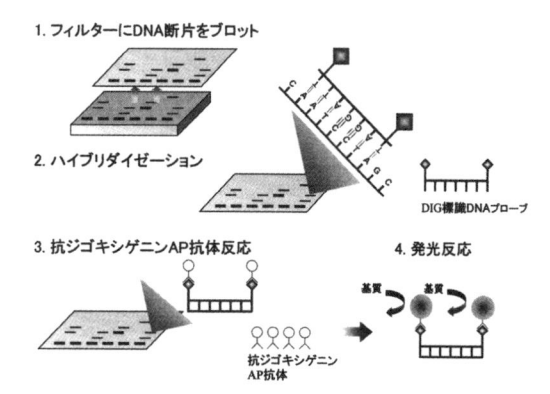

図18.7 DIG標識したDNAプローブ（化学発光）を用いたサザンハイブリダイゼーションの手順

23S リボソーム RNA 遺伝子が多用される）を標的とする蛍光標識した特異的オリゴヌクレオチドプローブ（20 塩基前後の短い DNA プローブ）を用いてハイブリダイズする．異なる色素で標識した複数のプローブを同時に用い，共焦点レーザー走査型顕微鏡などで蛍光シグナルを検出することにより，微生物群集（たとえばグラニュールやバイオフィルム）の生態学的構造を 3 次元的に把握することができる．問題点として，土壌や堆積物においてはバックグラウンドの自家蛍光が高く検出感度を低くする．また，細菌が活発に増殖していない場合は，細胞内の標的 rRNA のコピー数が代謝活性に依存するため，やはり感度が低下する．蛍光プローブの細胞膜透過性および使用するプローブ標的部位のリボソーム高次構造も検出感度に大きな影響を与える．しかしながら，FISH 法は，環境試料のような複合系微生物群集の生態学的構造を把握するために必要不可欠のきわめて強力なツールである．このように，FISH 法は培養に依存しないため，未だ分離培養されたことのない未知の細菌（しかし，16S rRNA 遺伝子の塩基配列のみ明らか）や増殖速度のきわめて遅い細菌をも，迅速，簡便に高感度で特異的に検出・定量できる．この手法を用いて水環境中の微生物群集解析が急テンポで行われ，驚くほどの微生物の多様性と多くの未だ分離培養されていない微生物の存在が報告されており，われわれの理解は確実に深まってきている．

c. ポリメラーゼ連鎖反応（PCR）法

PCR 法（polymerase chain reaction）は，1986 年 Kary Mullis らによって発明された方法である．この方法は，ハイブリダイゼーションよりもさらに感度よく，特定の DNA 配列（遺伝子）を検出する方法である．PCR 法は，DNA のクローニングを必要とせず，ごく微量の DNA 試料から目的遺伝子を数百万倍にも特異的に増幅することができるため，ラジオアイソトープを用いなくても，目的遺伝子の高感度検出が可能となった．その原理は生物のもつ DNA 複製機構を利用した単純なものであるが，きわめて強力な遺伝子操作技術として，今日のバイオテクノロジーのさまざまな分野で必要不可欠な技術となった．PCR 法の基本原理は，図 18.8 に示すように 3 段階からなる DNA の合成反応を繰り返し行うことである．

ステップ 1：増幅しようとする鋳型となる二本鎖 DNA を加熱して変性し，一本鎖に分離する（熱変性：94℃，30 秒〜1 分間），

ステップ 2：増幅したい DNA の特定部位の両端に，相補する 2 種類のプライマーおよび新しい DNA の材料となる物質（dATP，dCTP，dGTP，dTTP）を加えて温度を下げると，プライマーは DNA に結合する（アニーリング：50℃〜60℃，1〜2 分間），

ステップ 3：この状態で耐熱性 DNA ポリメラーゼ（Taq DNA polymerase）と呼ばれる DNA を合成する酵素を作用させると，一本鎖 DNA 上に結合したプライマーを足がかりとして鋳型 DNA の伸長反応が進行する（伸長反応：72℃，1〜2 分間）．これらの反応を 1 サイクルとして，反応サイクルを繰り返すことにより，目的とする DNA 領域は指数関数的に増幅される．理論的には 20 サイクルで約 100 万倍に増幅することが可能である．各ステップでの，反応温度，反応時間，および反応サイクルはサンプルや目的とする遺伝子の塩基配列により増幅の最大効率，特異性を得る条件が異なるので，設定条件を事前に検討する必要がある．これら一連の反応は，温度の時間的変化を正確にプログラムされた恒温装置（サーマルサイクラー：PCR 反応装置）によって実行される．一般的に，PCR 反応は 50〜100 μl の反応液中で行われる．最後に，アガロースゲルを用いた電気泳動などにより，増幅された DNA 断片のサイズを確認する．

このように，PCR 法はサンプル中に含まれる微量な DNA・RNA を高感度に検出できる方法として有用である．しかしながら，通常の PCR 法では，はじめはサイクルごとに対数的な増幅を示すが，DNA Polymerase の失活や基質・プライマーの枯渇などによりサイクル終盤では，PCR サイクル数を増やしても最終的には増幅しなくなる "プラトー効果" と呼ばれる現象が起こる．このため，PCR 増幅産物の量が必ずしも初期の鋳型 DNA 量を反映しないため，増幅産物量から初期の DNA 量を定量することは困難である．この問題を解決する方法として，競合（competitive）PCR 法や PCR 産物をリアルタイムで検出する Real-time PCR 法がある．いずれの方法も環境中の特定の細菌や遺伝子の定量的検出に用いられている．

18.3.2 特定遺伝子・微生物の定量手法

a. 競合 PCR 法

競合 PCR 法とは，目的の DNA を検出するため

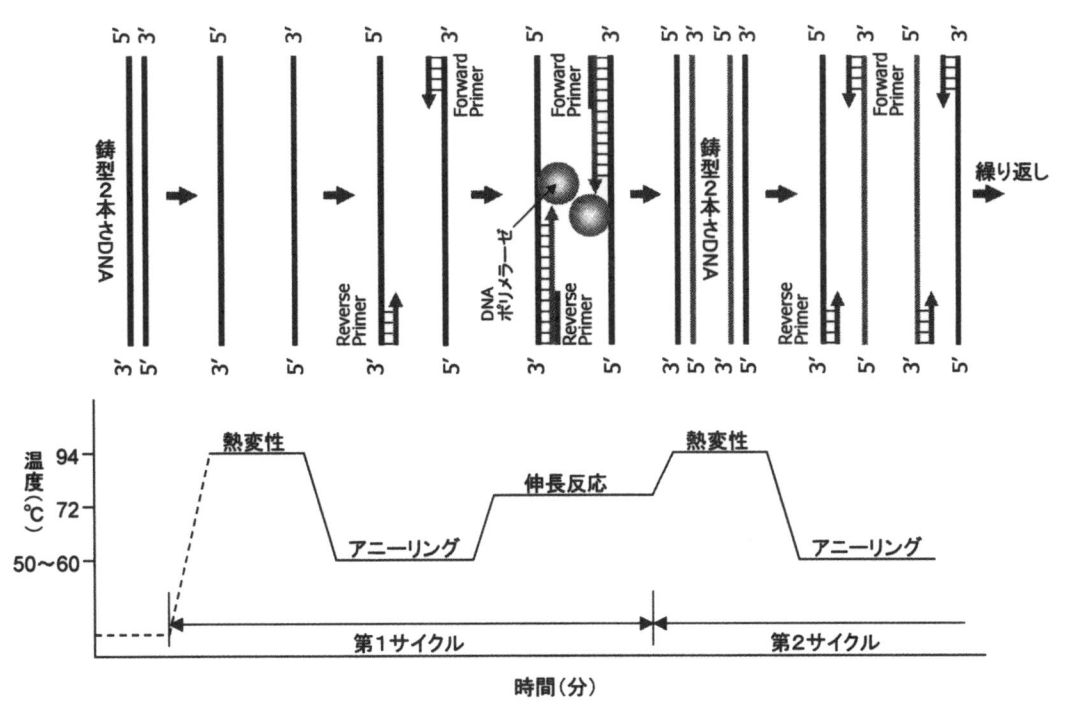

図 18.8　PCR 法の原理

のプライマーと同じ配列を有し，PCR 増幅した後で，増幅サイズあるいは制限酵素部位が目的の DNA と異なる既知量の競合鋳型 DNA を段階的に希釈したものを試料中に添加して PCR を行う．競合鋳型 DNA 量と目的 DNA 量が同じ場合は，両者の増幅産物量は同じになるので，生成した目的 DNA と希釈系列の競合鋳型 DNA 由来の増幅産物量を比較することによって，初期の目的 DNA を定量する方法である．PCR 増幅産物の比較は，アガロースゲル電気泳動したのちエチジウムブロミドなどで染色し，それぞれの PCR 増幅産物をデンシドメーターなどで定量する．この場合，両 PCR 増幅産物の絶対量を定量する必要はなく，相対的に増幅産物量が等しい希釈系列を見つければよい．PCR 増幅産物のサイズが異なる場合，電気泳動後のバンドの蛍光強度は，サイズが小さくなるにつれて弱くなる傾向があるので注意が必要である．また，"プラトー効果" のため，増幅産物の定量は対数増幅領域で行わなくてはならない．さらに，競合鋳型 DNA と目的 DNA の増幅効率が異なると正確な定量ができない．このような点を考慮して，具体的には鋳型 DNA および目的 DNA についてそれぞれ PCR を行い，サイクルごとの解析を行い，それぞれの PCR 反応の対数増幅領域，増幅効率の確認を する必要がある．

b. Real-Time PCR 法

Real-Time PCR 法は，サーマルサイクラーと分光蛍光光度計を一体化した装置を用いて，PCR での増幅産物の生成過程をリアルタイムでモニタリングし，増幅が指数関数的に起こる領域で増幅産物量を比較することで初期鋳型 DNA 量を推定する方法である．この技術開発により，定量に適切な鋳型量の範囲を設定でき，より正確な定量が可能となった．また，逆転写酵素（reverse transcriptase）を用いて全 RNA やメッセンジャー RNA（mRNA）から相補 DNA（complementary DNA：cDNA）を合成した後，PCR により目的の cDNA 領域を増幅する Reverse Transcription（RT）-PCR 法は，微量な RNA サンプルでも解析できる．Real-Time PCR に用いる蛍光検出法には，TaqMan や Molecular Beacom などの二重蛍光標識プローブ法，SYBR Green I などの二本鎖 DNA 結合色素を用いた方法，単一標識プライマーである LUX プライマー法などがある．これらは検出感度や特異性などが異なり，目的に応じて使い分けされている．

TaqMan ケミストリでは，目的とする配列を増幅させるための PCR プライマーと，その内側の配列に相補する TaqMan プローブを使用する．TaqMan

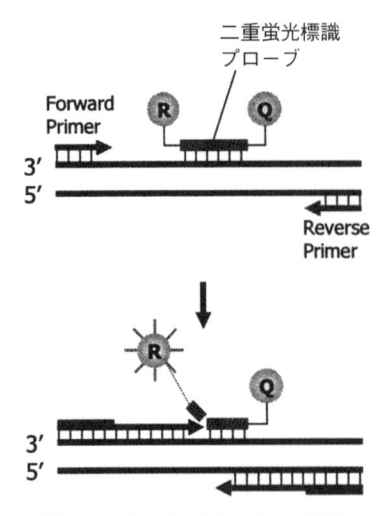

図 18.9 TaqMan ケミストリの概要

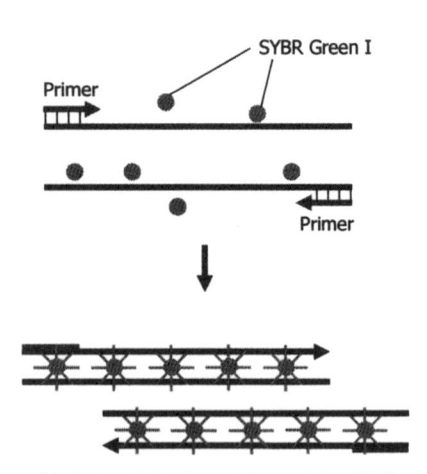

図 18.10 SYBR Green I ケミストリの概要

プローブは，5′末端に reporter（発光基），3′末端に quencher（消光基）の2つの蛍光色素をもったオリゴヌクレオチドプローブで，reporter の蛍光色素は quencher の働きにより発光しないようになっている．PCR 反応が進行すると *Taq* DNA Polymerase の 5′→3′エキソヌクレアーゼ活性により TaqMan プローブが分解される（図 18.9）．このとき quencher から離れた reporter は蛍光を発し，この蛍光値を検出することで定量を行う．また，PCR 反応において TaqMan プローブの分解が起こらなければ蛍光は検出されないことから，より特異的に目的遺伝子の有無を測定できる．SYBR Green ケミストリは SYBR Green I 色素が二本鎖 DNA に結合することで発光する性質を利用して（図 18.10），PCR 反応によって増幅された二本鎖 DNA へ結合した SYBR Green I 色素の発光値を検出することで定量を行う．SYBR Green I 色素は遊離の状態ではほとんど発光しない．SYBR Green I を用いた定量 PCR では，増幅配列内に相補する特別なプローブは使用せず，従来のプライマーが使用でき，コスト的にも安価である．しかし，SYBR Green I は非特異的な増幅やプライマー同士の結合なども検出する可能性がある．したがって，増幅自体に特異性が求められ，反応条件の検討が非常に重要となる．

Real-Time PCR 法に用いるプライマーおよびプローブは，Tm 値が高いことや末端の塩基の種類に制限があるなど，通常の PCR 用プライマーと比べて設計する条件が厳しい．したがって，目的とする細菌・遺伝子を特異的に検出・定量する場合，適切なプライマーおよびプローブを設計できるかがポイントとなる．Real-Time PCR 法を用いた環境試料中の特定細菌の検出・モニタリング事例として硝化細菌の検出に関する研究成果を以下に述べる．

c. Real-Time PCR 法による硝化細菌の定量

排水処理システムにおいて硝化反応は重要なプロセスの一つであるが，独立栄養細菌である硝化細菌は従属栄養細菌に比べて増殖速度が遅い，水温やpH などの環境条件の変動に弱いなどの問題がある．このため，リアクターのスタートアップに時間を要する，処理の安定性に欠けるという問題がある．したがって，プロセスの安定化，効率化を図るためには，硝化細菌群の多様性や優占種の特定のみならず，存在形態や空間的位置関係および菌体数などを総合的に評価することが不可欠となる．アンモニア酸化細菌の定量では最確値（MPN）法[1]や Fluorescent *In Situ* Hybridization（FISH）法[2]などが用いられてきた．しかしながら，培養に基づく MPN 法では培養困難な細菌の検出は難しく，ribosomal RNA（rRNA）を標的とする FISH 法では細菌の活性に大きく依存し，一般的に活性の低い細菌は蛍光強度が低いことや夾雑物の影響などを受けやすいため正確な定量が困難となる場合がある．また，これらの解析手法は多大な労力と時間を要する．

18.3 特定微生物の検出・定量

表18.2 硝化細菌の Real-Time PCR 用のプライマーおよびプローブ

標的	プライマーまたはプローブ	塩基配列（5′-3′）	ポジション（bp）	参考文献
ammonia-oxidizing bacterial 16S rDNA	CTO 189fA/B	GGAGRAAAGCAGGGGATCG	189-207	6
	CTO 189fC	GGAGGAAAGTAGGGGATCG	189-207	6
	RT1r	CGTCCTCTCAGACCARCTACTG	283-304	3
	TMP1 (5′-FAM and 3′-TAMRA)	CAACTAGCTAATCAGRCATCRGCCGTC	226-253	3
ammonia-oxidizing bacterial amo A	amoA-1F	GGGGTTTCTACTGGTGGT	332-349	7
	amoA-2R	CCCCTCKGSAAAGCCTTCTTC	802-822	7
Nitrospira spp. 16S rDNA	NSR1131f	CCTGCTTTCAGTTGCTACCG	1113-1132	8
	NSR1264r	GTTTGCAGCGCTTTGTACCG	1243-1262	8
	NSR1143Taq (5′-FAM and 3′-	AGCACTCTGAAAGGACTGCCCAGG	1142-1165	8
	NSR1143Beac (5′-FAM and 3′-	GCTGCACC--AGCACTCTGAAAGGACTGCCCAGG--GGTGCAGC	1142-1165	8
			1106-1124	9
	NTSPMf	CGCAACCCCTGCTTTCAGT	1152-1171	9
	NTSPMr	CGTTATCCTGGGCAGTCCTT	1127-1148	9
	NTSPMTaq (5′-FAM and 3′-	CCAACGGGTCATGCCGGGAACT		

そこで，Hermansson と Lindgren[3] や Harms ら[4] は，硝化細菌を Real-Time PCR 法を用いて定量した．これまでに適用された Real-Time PCR 用のプライマーおよびプローブセットを表18.2に示す．さらに Real-Time PCR 法では，排水処理システムで優占的であるが単離されていない亜硝酸酸化細菌の場合にも，その塩基配列が既知であるならば適切なプライマーの設計が可能であり定量できるという利点がある．また，細菌の存在量を求めるだけでは，生理活性を評価することはできないので，機能遺伝子を標的とする場合もある．たとえばアンモニアからヒドロキシルアミンへの酸化を担うアンモニアモノオキシゲナーゼをコードする遺伝子（amoA）から転写される amoA-mRNA の定量を行うことでアンモニア酸化細菌の活性を評価した研究例も報告されている[4]．さらに，アンモニア酸化細菌や亜硝酸酸化細菌とは異なり系統学的に多様な脱窒細菌の場合は，16S rRNA 遺伝子に基づく定量法ではすべての細菌を網羅的に把握することは困難であり，機能遺伝子である亜硝酸還元酵素遺伝子（nirS）を標的として定量的に解析されている[5]．

18.3.3 複合系バイオフィルム内における硝化細菌の定量

人工基質を用いて培養したバイオフィルム内におけるアンモニア酸化細菌および亜硝酸酸化細菌を，Real-Time PCR 法によって定量した研究例を紹介する．定量は，ABI PRISM 7000 Sequence Detection System（PE Applied Biosystems）を用い TaqMan Assay によって行った．アンモニア酸化細菌および亜硝酸酸化細菌の定量には，表18.2に示すプライマーおよびプローブを用いた．PCR の反応条件は 50℃（2分），95℃（10分），{95℃（15秒）+60℃（1分）} × 40 サイクルとした．検量線を作成するためのスタンダードとして，アンモニア酸化細菌に関しては純粋培養したアンモニア酸化細菌（Nitrosomonas europaea）の抽出 DNA を，亜硝酸酸化細菌（Nitrospira spp.）に関してはバイオフィルムから得られた亜硝酸酸化細菌の 16S rRNA 遺伝子配列（約 1500 bp）が挿入されたプラスミド DNA を用いた．なぜならば，この Nitrospira spp. は都市下水処理プロセス内で優占種であるが，未だ分離培養されていない未知の亜硝酸酸化細菌であるためである．

亜硝酸酸化細菌のプラスミド DNA の増殖曲線を図18.11に示す．各希釈系列において指数関数的に増幅される領域がみられ，閾値 0.37 に達するのに必要な各希釈系列のサイクル数（Ct 値）を求め，亜硝酸酸化細菌の検量線を作成した（図18.12）．亜硝酸酸化細菌の検量線は $5 \times 10^{-16} \sim 5 \times 10^{-11}$ g of DNA/well（$10^2 \sim 10^7$ copies/well）の6系列（6-log ダイナミックレンジ）から作成された．一方，アンモニア酸化細菌の検量線は $10^{-12} \sim 10^{-8}$ g-DNA/well（$10^3 \sim 10^7$ copies/well）の5系列（5-log ダイナミックレンジ）から作成された．本 Real-Time PCR 法の検出限界は，アンモニア酸化細菌は 10^3 copies（cells/well），亜硝酸酸化細菌は 10^2 copies（cells/well）であった．これらの検量線をもとに，複合系バイオフィルム内に存在する両硝化細菌を定量した結果，硝化反応が定常期に達した

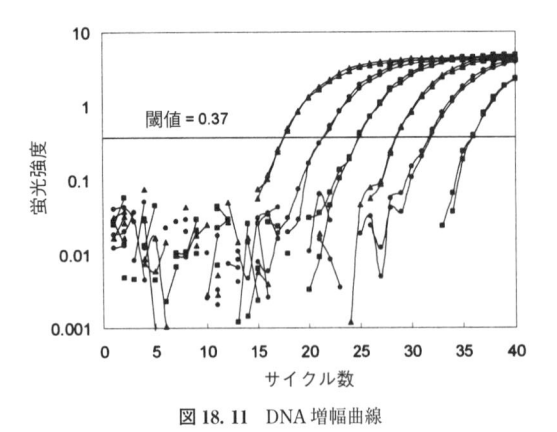

図 18.11　DNA 増幅曲線

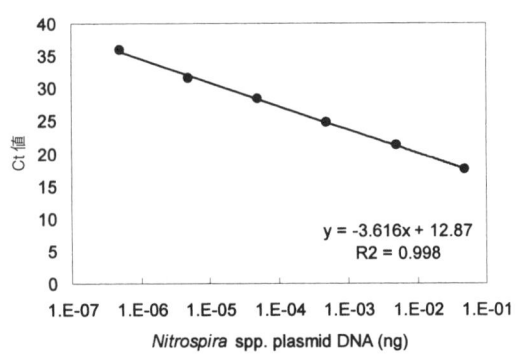

図 18.12　亜硝酸酸化細菌の検量線

後のアンモニア酸化細菌および亜硝酸酸化細菌の菌体密度は，それぞれ $5 \times 10^8 \mathrm{cells/cm^2}$，$1 \times 10^8 \mathrm{cells/cm^2}$ であった．これらの値は，回分培養系における Nitrosonomas europaea および Nitrospira moscoviensis の基質消費速度［mol/cell/h］から求めた両硝化細菌の菌体密度とおおむね一致し，Real-time PCR 法の妥当性が確認できた．

以上のことから，従来の培養に基づく手法では硝化細菌を正確に定量することが困難であるが，Real-Time PCR 法を用いることにより，迅速かつ簡便に硝化細菌を定量することが可能である．アンモニア酸化活性を直接評価するためには，機能遺伝子の amoA-mRNA を標的とし RT-PCR を経て mRNA の発現量を定量することも可能である[4]．しかしながら，Real-Time PCR 法は PCR に基づいているために，DNA の抽出効率や PCR プライマーの特異的増幅など PCR と同様のバイアスがかかる可能性がある．また，定量の際に属や種レベルではなく，それ以上の分類で定量しようとした場合，細菌ごとに 16S rRNA 遺伝子のコピー数が違うために，正確な菌数の定量が困難になる場合がある．これらの問題点があるにせよ，Real-Time PCR 法は，従来，培養が困難であった特定細菌や微量の遺伝子の定量にきわめて迅速・簡便な手法であることから，今後は on site でのモニタリングなどに威力を発揮するものと思われる．

18.3.4　病原性ウイルス・微生物の検出・定量

培養困難な病原ウイルスや微生物の同定・検査や感染源調査などには，従来の培養に基づく手法に比べて，迅速かつ確定的な結果が得られる遺伝子レベルの検出・定量法が威力を発揮している．

a. 病原性ウイルスの検出

水中ウイルスには，腸管系ウイルスといわれるポリオウイルス，コクサッキーウイルス，エコーウイルス，アディノウイルス，レオウイルス，ロタウイルス，A 型肝炎ウイルスおよび下痢症のウイルス（ノーウォークウイルス，カリシウイルス，アストロウイルス）が含まれる．これらの腸管系ウイルスは，下水，下水処理水，河川水，魚介類，水泳プールなどから検出され，ウイルスによる水系感染症の報告例が世界中でなされている．しかしながら，水中ウイルスの迅速かつ効率的な濃縮法の確立が不十分であること，環境中のウイルスの検出・定量自体が難しいなどの理由により，ウイルス汚染に対する水質基準は設定されていない．今後，下水処理水の再利用やレクリエーション用水のリスクアセスメントを行ううえで，ウイルスの迅速かつ簡便な濃縮法および検出・定量法の確立は必要不可欠である．そこで，現在一般的に用いられている，または研究が現在進められているウイルスの検出・定量法を紹介する．

1）水中ウイルスの濃縮法　水中に存在するウイルスは低濃度であるためウイルスの検出を行うには，通常，数十 l から数百 l の大量の試料を濃縮する必要がある．大量試料を濃縮するときは，メンブレンフィルター（陽荷電または陰電荷フィルター）に負に帯電したウイルスを水から吸着させ，タンパク質溶液や NaOH（pH 10.5〜11.5）で溶出させた後，さらに濃縮する方法が用いられる．陰電荷フィルターは Al^{3+} や Mg^{2+} などの多価陽イオンを含む場合や，pH が低い試料（約 pH 3.5 程度）に対して高い回収率を示す[10]．一方，陽電荷フィルターは広範囲な pH で効率よくウイルスを吸着することが

表 18.3　ヒトを宿主とするウイルスに特異的な Real-Time PCR 用のプライマーとプローブ

標的	プライマーの塩基配列（5′-3′）	アンプリコンおよび標的	参考文献
Panenterovirus	CCTCCGGCCCCTGAATG ACCGGATGGCCAATCCAA	196-bp highly conserved 5′ untranslated region	15
Taqprobe	TACTTTGGGTGTCCGTGTTTC		
Hepatitis A virus	CAGCACATCAGAAAGGTGAG CTCCAGAATCATCTCCAAC	192-bp VP 1 and VP2 capsid protein interphase	15
Taqprobe	TGCTCCTCTTTATCATGCTATG		
Norwark virus	CAAATTATGACAGAATCCTTC GAGAAATATGACATGGATTGC	260-bp viral polymerase	16

できるため，陽電荷フィルターに吸着させ肉エキス溶液で溶出させる方法が最もよく用いられる．しかしながら，フィルター濃縮法の問題点として，(1) 試料中の濁度成分でフィルターが目詰まりしウイルスの溶出を妨げる，(2) フミン酸のような有機酸がウイルスの吸着を妨害する可能性があげられる．また，肉エキス溶液中には PCR 阻害成分が含まれるので，濃縮後の洗浄が重要となる[11]．このように，ウイルスの回収効果は試料水の水質に大きく影響される．このような背景のもとに，水中のウイルスを高効率かつ実用的に濃縮する方法の開発が試みられている[12-14]．

2) ウイルスの検出・定量方法　一般的に，ウイルスを検出する方法は，細胞培養法と PCR 法の 2 種類があるが，目的とするウイルスのみが有する特異的なゲノム DNA 領域を増幅させ検出・定量する PCR が，ウイルスの迅速な検出・定量法として期待されている．上記にあげた水中ウイルスは RNA しか有さないので，はじめに逆転写酵素 (reverse transcriptase) を用いて RNA を鋳型とした相補 DNA (complementary DNA : cDNA) の合成反応（逆転写反応）をあらかじめ行い，その cDNA を改めて鋳型として PCR を行う RT-PCR 法を用いて検出を行う．RT-PCR 法は，各メーカーから RT-PCR 反応キットが販売されているが，逆転写反応と PCR 反応が同一チューブで行える One Step RT-PCR キット (Qiagen) などを用いると便利である．RT-PCR 用のプライマーは目的のヒトや動物を宿主とするウイルスに特異的なプライマーを用いて行う．その代表的なものを表 18.3 に示す．この手法の利点は，迅速にウイルスの検出が可能 (3～5 h)，変性効果を表さないウイルスの検出が可能，特異的なプライマーを選定することで水中に含まれるウイルス種の検出と同定が同時に行えるなどの点があげられる．

3) 最近の研究例　近年，サンプル中に含まれる微量な DNA・RNA を高感度に定量できる Real-Time PCR 法の開発により，RT-PCR 法と Real-Time PCR 法が組み合わせた Real-Time RT-PCR 法を用いた，ウイルスの検出および定量に関する研究例が報告されている[14]．この研究では，検量線は 1.3×10^{-1}～1.3×10^3 virus/μl の範囲 (4-log ダイナミックレンジ) で得られ，エンテロウイルスの海水試料からの平均回収率は 53% であった．また，調査した 15 の海水試料中 9 試料 (60%) から，ポリオウイルスおよびコクサッキーウイルスを含む病原ウイルスが検出された．検出されたウイルス濃度は，18～70 virus/ml であった．さらに他の研究において，6 つの異なる下水放流口付近の沿岸海域の調査を行った結果，クリプトスポリジウムおよびジアルジアの検出頻度はきわめて低かったにもかかわらず，そのうち 5 地点で採取した試料から，低濃度ではあるが細胞変性効果を有するエンテロウイルスが検出されている[18]．また，Real-Time RT-PCR 法と細胞変形効果による定量結果の比較から変形細胞 1 PFU あたりのウイルス数を求め，環境水のリスク評価が同時に試みられている[17, 18]．これらの調査結果は，下水由来の病原ウイルスによる沿岸海洋汚染は深刻化しており，早急に正確な実態調査とそのリスク評価および適切な対応策の検討の必要性を物語っている．

b. 病原細菌の検出

多くの病原細菌は幅広い種類の毒素を産生し，病原細菌による疾病の発現に深く関与している．病原細菌としてよく知られている *E. coli*, *Salmonella*, および *Shigella* は，腸内細菌科 (*Enterobacteriaceae*)

表 18.4　*Salmonella* spp.と病原大腸菌の特異的検出のための PCR プライマー

病原細菌	標的遺伝子 (Description)	プライマーの塩基配列 (5′-3′)	増幅産物の サイズ (bp)	参考 文献
Salmonella spp.	In (Vainvasion)	InvA 139-GTGAAATTATCGCCACGTTCGGGCAA InvA 141-TCATCGCACCGTCAAAGGAACC	284	22
	oriC	P1-TTATTAGGATCGCGCCAGGC P2-AAAGAATAACCGTTGTTCAC	163	23
	ompC	S18-ACCGCTAACGCTCGCCTGTAT S19-AGAGGTGGACGGGTTGCTGCCGTT	159	24
	Invasion plasmid Antigen B	ipaB-F-GGACTTTTTAAAAGCGGCGG ipaB-R-GCCTCTCCCAGAGCCGTCTGG	314	21
Escheruchua coli EPEC and EHEC	*eaeA* (*E.coli* attaching and effacing)	EAE-a-ATGCTTAGTGCTGGTTTAGG EAE-b-GCCTTCATCATCATTTCGCTTTC	248	25
ETEC (LT)	LT (heat-labile enteritoxin)	LT-1-AGCAGGTTTCCCACCGGATCACCA LT-2-GTGCTCAGATTCTGGGTCTC	132	26
ETEC (ST)	ST (heat-stable enteritoxin)	STa-F-GCTAATGTTGGCAATTTTTATTTCTGTA Sta-R-AGGATTACAACAAAGTTCACAGCAGTAA	190	26
EIEC	*vivrA* (virulence of plasmid)	virA-F-CTGCATTCTGGCAATCTCTTCACA virA-R-TGATGAGCTAACTTCGTAAGCCCTCC	215	27

に属し近縁であるため，16S rRNA 遺伝子（16S rDNA）による分類は困難である場合が多い．したがって，これらの病原細菌を PCR 法により検出・同定する場合，それぞれの毒素をコードする遺伝子をターゲットとした検出方法が一般的に用いられている．

1）*Salmonella* spp.　*Salmonella* spp.は腸内細菌科に属するグラム陰性細菌で，ウシ，ブタ，ニワトリなどの家畜に保有され，現在，血清学的に 2000 種類以上に分類されている．このうち大多数の *Salmonella* は，侵入性関連遺伝子 *invA, B, C, D*[19] などを保持しており，この遺伝子が腸管内上皮細胞に侵入し，細胞を破壊することにより疾病が引き起こされる．*Salmonella* spp.のさまざまな毒性遺伝子をターゲットとした研究例が報告されている[19-24]．

2）病原大腸菌　病原性を示す大腸菌としては次の4群の病因菌が知られている．①病原性大腸菌（enteropathogenic *E.coli*；EPEC）：乳幼児の下痢症の原因となり，特定の O 抗原をもつもの．②細胞侵入性大腸菌（enteroinvasive *E. coli*；EIEC）：サルモネラ属菌のように腸管上皮細胞内に侵入し細胞を破壊するもの．③毒素原性大腸菌（enterotoxigenic *E.colii*；ETEC）：小児や成人の下痢の原因となり，特に熱帯や亜熱帯地方での旅行者下痢症の原因菌となるもの．④腸管出血性大腸菌（enterohemorrhagic *E. colii*；EHEC）：ベロトキシン（verotoxin, VT）を産生，出血性大腸炎・溶血性尿毒症症候群を起こすもの．

これらの *Salmonella* spp.や病原大腸菌を迅速かつ正確に検出するために，表 18.4 に示すようなそれぞれの毒素遺伝子に特異的な PCR プライマーが用いられている．

3）新規糞便性汚染指標としての *Bacteroidales* の検出　現在，河川における大腸菌群数の環境基準達成率は全国平均で 50% 以下であり，他の項目に比べて非常に低い．これら河川や湖沼では，人間のし尿由来だけではなく，ウシやブタなど温血動物に由来する糞便性大腸菌および病原微生物による複合型汚染が考えられる．これらの汚染源・汚染度を迅速かつ正確に特定するためには，従来の培養法に代わり分子生物学手法を用いた遺伝子レベルでの検出・同定が必要不可欠となる．近年，腸内タンパク質分解細菌の最優占種であり，宿主動物ごとに特異的な種が存在するといわれている嫌気性細菌の *Bacteroides* に着目し，現行の糞便汚染指標である大腸菌（*E. coli*）に代わる新たな糞便性汚染指標の確立を試みる研究が行われている．この研究では，糞便汚染源の特定を行うため，*Bacteroidales* の 16S rRNA 遺伝子配列に基づいた宿主動物ごとの種の特定，Terminal restriction fragment length polymorphism（t-RFLP）法による糞便汚染の定量が試みられている．このように，遺伝子レベルで糞便性汚染起源（人間，ウシ，ブタなど）を特定すると同時に，Real-Time PCR により，汚染度を迅速かつ簡

便に定量・評価することができれば，安全で効率的な水域利用や具体的な汚染防止対策が可能となる．

まとめ

水環境中に存在する多様な微生物群集のなかで，従来の顕微鏡と人工培地を用いた培養に基づく方法のみによって，特定の微生物・遺伝子を迅速かつ正確に検出・定量・モニタリングすることは，困難である．しかしながら，いくつかの遺伝子に注目し解析すること，すなわち，分子生物学的手法を用いることにより，水環境にいる微生物の多様性と機能，およびある特定の微生物の挙動をより正確に把握することが可能となる．ここに紹介した解析技術以外にも多くの分子生物学的手法が，急速な勢いで進歩・開発されている．これらの解析手法を利用して，環境修復技術や水処理技術に関与する微生物や病原微生物の検出・追跡に関する研究が今後さらに積極的に行われるであろう．限定されたプロセス中の微生物の理解から，開放系である環境中での微生物の理解へと発展するためには，さらなる研究成果の蓄積が必要である． 〔岡部　聡〕

文献

1) Bruns MA, Stephen JR, Kowalchuk GA, Prosser JI and Paul EA (1999). Comparative diversity of ammonia oxidizer 16S rRNA gene sequences in native, tilled, and successional soils. *Appl Environ Microbiol*, **65**：2994-3000.
2) Okabe S, Satoh H and Watanabe Y (1999)：*In situ* analysis of nitrifying biofilms as determined by *in situ* hybridization and the use of microelectrodes. *Appl Environ Microbiol*, **65**：3182-3191.
3) Hermansson A and Lindgren P-E (2001)：Quantification of ammonia-oxidizing bacteria in arable soil by real-time PCR. *Appl Environ Microbiol*, **67**：972-976.
4) Harms G, Layton AC, Dionisi HM, Gregory IR, Garrett VM, Hawkins SA, Robinson KG and Sayler GS (2003)：Real-time PCR quantification of nitrifying bacteria in a municipal wastewater treatment plant. *Environ Sci Technol*, **37** (2)：343-351.
5) Braker G, Fesefeldt A and Witzel K-P (1998)：Development of PCR primer systems for amplification of nitrite reductase genes (*nirK* and *nirS*) to detect denitrifying bacteria in environmental samples. *Appl Environ Microbiol*, **64**：3769-3775.
6) Kowalchuk GA, Stephen JR, De Boer W, Prosser JI, Embley TM and Woldendorp JW (1997)：Analysis of ammonia-oxidizing bacteria of the β subdivision of the class *Proteobacteria* in coastal sand dunes by denaturing gradient gel electrophoresis and sequencing of PCR-amplified 16S ribosomal DNA fragments. *Appl Environ Microbiol*, **63**：1489-1497.
7) Rotthauwe J-H, Witzel K-P, and Liesack W (1997)：The ammonia monooxygenase structural gene *amoA* as a functional marker: molecular fine-scale analysis of natural ammonia-oxidizing populations. *Appl Environ Microbiol*, **63**：4704-4712.
8) Dionisi HM, Layton AC, Harms G, Gregory IR, Robinson KG and Sayler GS (2002)：Quantification of *Nitrosomonas oligotropha*-Like ammonia-oxidizing bacteria and *Nitrospira* spp. from full-scale wastewater treatment plants by competitive PCR. *Appl Environ Microbiol*, **68**：245-253.
9) Hall SJ, Hugenholtz P, Siyambalapitiya N, Keller J and Blackall LL (2002)：The development and use of real-time PCR for the quantification of nitrifiers in activated sludge. *Water Sci Technol*, **46** (1-2)：267-272.
10) Standard Method (1985). For the Examination of Water and Wastewater, p.948, American public Health Association.
11) Abbaszadegan M, Huber MS, Gerba CP and Pepper IL. (1993)：Detection of enteroviruses in groundwater with the polymerase chain reaction. *Appl Environ Microbiol*, **59**：1318-1324.
12) Katayama H, Shimasaki A and Ohgaki S (2002)：Development of a virus concentration method and its application to detection of enterovirus and norwalk virus from coastal seawater. *Appl Environ Microbiol*, **68**：1033-1039.
13) Paul JH, Jiang SC and Rose JB (1991)：Concentration of viruses and dissilved dna from aquatic environments by vortex flow filtration. *Appl Envir Microbiol*, **57**：2197-2204.
14) Donaldson KA, Griffin DW and Paul JH (2002)：Detection, quantitation and identification of enteroviruses from surface waters and sponge tissue from the Florida Keys using real-time RT-PCR. *Wat Res*, **36**：2505-2514.
15) Schwab KJ, De Leon R and Sobsey MD (1996)：Immunoaffinity concentration and purification of waterborne enteric viruses for detection by the PCR. *J Virol Methods*, **54**：51-66.
16) Schwab KJ, De Leon R and Sobsey MD (1995)：Concentration and purification of beef extract mock eluates from water samples for the detection of enteroviruses, hepatitis A virus, and Norwalk virus by reverse transcription-PCR. *Appl Environ Microbiol*, **61**：531-537.
17) Monpoeho S, Dehee A, Mignotte B and Schwartzbrod L (2000)：Quantification of enterovirus RNA in sludge sample using single tube real-time PCR. *Biotechniques*, **29**：88-93.
18) Lipp EK, Farrah SA and Rose JB (2000)：Assessment and impact of microbial fecal pollution and human enteric pathogens in coastal community. *Mar Pollut Bull*, **42**：286-293.
19) Galan JE and Curtiss III R (1991)：Distribution of the *invA,-B,-C* and *-D* Genes of *Salminella typhimurium* among other *Salmonella* serovars：*invA* mutants of *Salminella typhi* are deficient for entry into Mammalian Cells. *Infect. Immun*, **59**：2901-2908.
20) Malorny B, Hoorfar J, Bunge C and Helmuth R (2003)：Multicenter validation of the analytical accuracy of Salmonella PCR: towards an international standard. *Appl Environ Microbiol*, **69**：290-296.
21) Kong RYC, Lee SKY, Law TWF, Law SHW and Wu RSS (2002)：Rapid detection of six types of bacterial

pathogens in marine waters by multiplex PCR. *Water Res*, **36**: 2802-2812.
22) Rahn K, De Grandis SA, Clarke RC, McEwen SA, Galan JE, Ginocchio C, Curtiss R III and Gyles CL (1992): Amplification of an *invA* gene sequence of *Salmonella typhimurium* by polymerase chain reaction as a specific method of detection of *Salmonella*. *Mol Cell Probes*, **6**: 271-279.
23) Widjojoatmodjo MN, Fluit AC, Torensma R, Keller BH and Verhoef J (1991): Evaluation of the magnetic communo PCR assay for rapid detection of *Salmonella*. *Eir J Clin Microbiol Infect Dis*, **10**: 935-938.
24) Kwang J, Lottledike ET and Keen JE (1996): Use of polymerase chain reaction for *Salmonella* detection. *Lett Appl Microbiol*, **22**: 46-51.
25) Wang G, Clark CG and Rodgers FG (2002): Detection in *Escherichia coli* of the Genes encoding the major virulence factors, the genes defining the O157:H7 serotype, and components of the Type 2 Shiga toxin family by multiplex PCR. *J Clin Microbiol*, **40**: 3613-3619.
26) Franck SM, Bosworth BT and Moon HW (1998): Multiplex PCR for enterotoxigenic, attaching and effacing, and Shiga toxin-producing *Escherichia coli* strains from calves. *J Clin Microbiol*, **36**: 1795-1797.
27) Villalobo E and Torres A (1998): PCR for detection of *Shigella* spp. in mayonnaise. *Appl Environ Microbiol*, **64**: 1242-1245.

18.4 微生物群集の構造解析

▷ 15.2 細菌
▷ 15.3 ウイルス
▷ 15.5 微生物汚染の評価指標

自然環境や水処理プロセスにおける微生物の役割を知るためには、そこに存在する微生物の属種とその現存量を明らかにする、すなわち微生物群集構造を解析する必要がある。そのための方法として、これまで培養法が一般的に用いられてきた。すなわち肉眼では認識できない微生物を培養により増殖させ、固体培地上に生じるコロニーを計数・同定することにより、元の試料中の微生物量を測定し群集構造を解析する方法である。

1970年代末に微生物細胞を蛍光色素で標識し、蛍光顕微鏡下で直接観察する全菌数直接計測法が開発されて以来、われわれの身の周りには通常の方法では培養困難な微生物が数多く存在していることが明らかになってきた。たとえば河川水中の90％以上の細菌は、大腸菌などの標準菌株の培養に用いられる培地では培養が困難である。そこで環境中の細菌の培養に適したR2A培地などが開発され、広く用いられつつある。しかしながら、培養法のみでは水環境中の微生物の群集構造を解析するのに限界がある。

分子生物学的手法の発展や遺伝子データベースの充実とともに、1990年代以降、微生物のもつ遺伝子を標的として、培養することなく微生物群集の構造を解析するための手法が急速に普及しつつある。これらの手法には大きく分けて、細胞レベルで行うものと群集レベルで行うものがある。前者として個々の菌体内の特定遺伝子を蛍光標識する方法（FISH法など）が、後者として微生物細胞より抽出した遺伝子を増幅し電気泳動により行う方法（DGGE法、TGGE法、T-RFLP法など）が、環境中の微生物群集の構造解析のために広く用いられている。

ここでは、各手法の原理を説明するとともに、それらの手法を用いた研究の現状について概説する。

18.4.1 蛍光 *in situ* ハイブリダイゼーション法

リボソームRNA（rRNA）は、細胞内でタンパク質を合成するリボソームを構成するRNAである。rRNAにはすべての生物に共通な配列が保存されている領域と、微生物の科、属、種のレベルで特異的な配列が存在するため、系統分類および進化系統の指標分子として用いられている[1]。したがって、目的に応じたrRNA配列を標的とすることにより、科や属レベルでの特定微生物の検出が可能となる。そこで蛍光 *in situ* ハイブリダイゼーション（fluorescence *in situ* hybridization：FISH）法が1990年代はじめに開発された[2,3]。FISH法は検出対象とする微生物がもつ特異的なrRNA配列に相補的な配列（プローブ）を蛍光標識し、微生物細胞内のrRNAを標的としてハイブリダイゼーションを行うことにより特定の微生物をシングルセルレベルで検出する方法である（図18.13）。本方法の概略は以下のとおりである。まず試料中の微生物をエタノールまたはパラホルムアルデヒドで固定し、細胞壁・細胞膜を処理することにより、プローブや試薬を細胞内に入りやすくする。次に固定細胞をゼラチンでコーティングしたスライドガラス上に滴下する。検出対象に対して特異的な蛍光標識プローブを含むバッファーを用いて、固定した細胞に対するハイブリダイゼ

18.4 微生物群集の構造解析

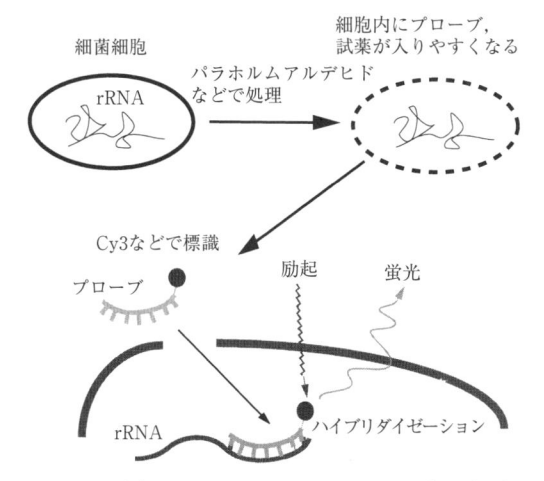

図 18.13 蛍光 in situ ハイブリダイゼーション（FISH）法の原理
検出対象となる微生物のみがもつ特徴的なリボソーム RNA（rRNA）配列に相補的な配列をプローブとし，その末端を Cy3 などの蛍光染色剤で標識する．この蛍光プローブを用いて菌体内でハイブリダイゼーションを行い，検出対象とする微生物のみが発する蛍光を検出する．

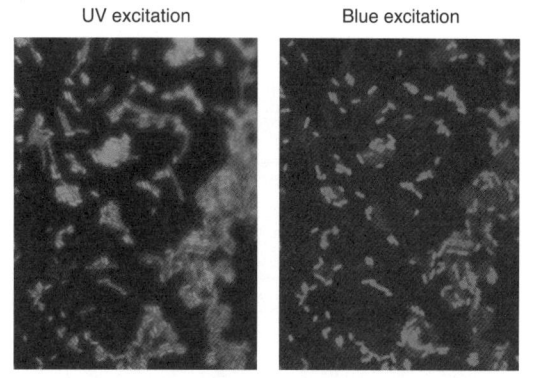

図 18.14 FISH 法による特定微生物の検出
試料：*Escherichia coli* と *Alcaligenes faecalis* の混合試料．
E. coli とハイブリダイズする ES プローブ（Cy2 で蛍光標識）で FISH 後に，DAPI により対比染色を行った．写真左：すべての細菌が紫外線励起下で DAPI に由来する青色の蛍光を発している．写真右：青色励起光下ではプローブとハイブリした *E. coli* のみが緑色の蛍光を発している．左右の写真は同一視野を励起光を変えて撮影した．

ーションを行った後，洗浄操作により非特異的に吸着・結合したプローブを除く．最後に対比染色を行い，観察する（図 18.14）．対象とする微生物を培養することなく，その属種レベルで数時間から 1 日以内に検出できることが特徴である．

微生物濃度の低い試料に対してはポリカーボネートフィルター上にいったん微生物を捕集した後，前述の FISH の操作を行う．丸山らは 0.01% のポリ-L-リジンで前処理したフィルター上に微生物を捕集し FISH を行う FISH-DC 法を報告している[4]．その利点として，①フィルター上の微生物が操作中に剥落しにくくなるために定量性が向上すること，②微生物を捕集したフィルターを −30℃ で凍結することにより 1 年以上試料を保存できることを挙げている．

FISH 法においてその精度に大きく影響するのが，①特異的なプローブの設計と②厳密なハイブリダイゼーションおよび洗浄条件の設定である．プローブの設計法の概略を図 18.15 に示した．プローブの候補となる配列の入手には DDBJ（http://www.ddbj.nig.ac.jp/Welcome-j.html）などのデータベースが便利である．得られた配列に対しマルチプルアライメントを行うには Clustal W や Clustal X，相同性検索を行うには BLAST などのソフトウェアが用いられ，これらは DDBJ をはじめとする

web サイトから使用可能である．プローブの長さは一般的に 18〜30 塩基のものが使用されている．プローブが短すぎると特異性が低くなり，長すぎると菌体内に入りにくくなる．蛍光標識プローブは通常は受託合成サービスを利用し購入するが，未標識プローブを購入し，独自に標識することも可能である．

ハイブリダイゼーションにおいては，バッファー中の陽イオン（Na^+ など）濃度とホルムアミド濃度を調節することにより，特異的な条件を設定する．陽イオンは DNA や RNA が二本鎖を形成する場合にリン酸基による電気的な反発を軽減する．したがって，陽イオン濃度が低いほどハイブリダイゼーションが起こりにくくなる．ホルムアミドは形成した二本鎖の熱安定性を下げるため，濃度が高いほどハ

検出対象とする微生物属種の決定
↓
核酸データベースから検出対象属種の遺伝子配列を抽出
↓
マルチプルアライメントにより，検出対象属種に特異的な配列を探す
↓
相同性検索により，その配列（プローブ）に対し検出対象属種のみが相同性をもっていることを確認する
↓
プローブを合成し，実験により特異性を確認する

図 18.15 プローブの設計法

イブリダイゼーションが起こりにくくなる.

ハイブリダイゼーション後に行う洗浄は，未反応のプローブを除去し，標的以外の配列にハイブリダイズしたプローブを解離するために行われる．したがって，ハイブリダイゼーションよりも厳しい条件で行う必要がある．

FISH 法では微生物細胞由来の蛍光強度が細胞内の rRNA 量に依存する．対数増殖期などの生理活性の高い状態にある細菌では rRNA は数千コピー存在するため，FISH 法により容易に検出できる．しかしながら，環境中の微生物の多くは生理活性の低い状態にあることから rRNA 含量が低く，また微小であることから通常の FISH 法では蛍光の認識が困難である場合が多い．そこで，①微弱な蛍光を検出できる高感度な冷却 CCD カメラの利用[5]，② Cy3 などのより蛍光強度の高い色素を用いたプローブの標識[6]により，検出感度の向上が図られている．プローブの標識に一般的に用いられる蛍光色素を表18.5 に示した．また，Lebaron[7] や Schonhuber[8] らは酵素反応を用いた蛍光増強法（tyramid signal amplification：TSA）を報告している．DeLong らは微生物細胞内において rRNA 相補鎖の伸長反応と蛍光標識を同時に行うことにより，環境中の微小な細菌も FISH により検出可能であると報告している[9]が，操作が複雑であり，ルーチンに用いるには手法の改良が必要である．

また，環境中には検出対象とする微生物の近縁種が存在することが考えられ，それらの微生物の検出を避け，FISH 法の特異性を上げることが重要である．そこで Wallner らはプローブの特異性向上のために competitor probe（競合プローブ）の併用を推奨している[10]．たとえば，検出対象となる微生物 A が① TAGGCTGGCCCATGGATG という配列をもち，対象外の微生物 B が② TAGGCTGGCTCATG-GATG という1塩基違いの配列をもつ場合に，①の配列に対する蛍光標識プローブ（ATCCGACCG-GGTACCTAC）のみを用いると A，B ともに蛍光標識プローブとハイブリダイズし，検出の特異性が低下する可能性がある．ここで，②の配列に対する非蛍光標識プローブ（ATCCGACCGAGTACCTAC）を同時に用いることにより，対象外の微生物 B は②の非蛍光標識プローブとハイブリダイズするため，①の配列をもつ微生物 A 由来の蛍光がより特異的になる．さらに，FISH の効率の向上も微生物群集構造をより正確に解析するために重要である．そこで Fuchs らは helper oligonucleotide の使用を試みている[11]．helper oligonucleotide は使用する蛍光プローブの隣接領域にハイブリダイズする非蛍光標識プローブであり，helper oligonucleotide がハイブリダイズすることにより rRNA の立体構造が変わり，蛍光プローブが標的配列に対して接近しやすくなる．その結果，FISH の効率が向上する．

FISH 法を用いて微生物群集構造を解析するにあたっては，通常は試料を小分けし，おのおののサブサンプルに対して異なるプローブを用いて FISH を行い，得られた結果を併せて考察する方法がとられる．しかしながら，プローブの配列と FISH の条件を検討することにより，1つの試料に対して複数の蛍光プローブを同時に使用するマルチカラー FISHが可能である．図 18.16 は *Escherichia coli*，*Alcaligenes faecalis*，*Staphylococcus epidermidis* をマルチカラー FISH 法により同時に検出した結果である．各細菌が赤色，緑色，青色の蛍光を発し，明確に区別できることがわかる．

FISH 法は微生物細胞内の rRNA を指標とする検出法であるため，本方法のみでは検出された微生物の生理状態を評価しにくい．そこで「生理活性を有する特定微生物」を検出するための FISH 法も検討されている．活性を有する微生物の検出法としては，①放射性同位元素で標識した基質を取り込んだ微生物をオートラジオグラフィーで検出するマイクロオートラジオグラフィー法，②試料に酵母エキスとキノロン系抗菌薬（微生物の細胞分裂を阻害する）を添加しインキュベートすることにより，伸長・肥大化した細胞を増殖能を有する微生物として計数する Direct Viable Count（DVC）法[12]などが挙げられる．そこで，これらの手法を FISH 法に併用した手法が考案されている．Lee らはマイクロオートラジオグラフィー法と FISH 法を組み合わせた方法を報

表 18.5　FISH 用プローブの標識に用いられる蛍光色素

蛍光色素	励起光（nm）	蛍光（nm）
Fluorescein-isothiocyanate（FITC）	494（Blue）	518（Green）
5(6)-carboxyfluorescein-N-hydroxysuccinimide-ester（FLUOS）	494（Blue）	518（Green）
Tetramethylrhodamine isothiocyanate（TRITC）	554（Green）	576（Orange）
Texas Red	596（Orange）	615（Red）
Cy2	489（Blue）	506（Green）
Cy3	543（Green）	570（Orange）
Cy5	649（Red）	670（FarRed）

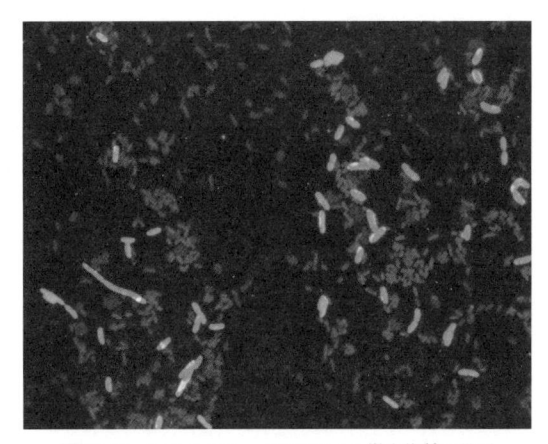

図 18.16 マルチカラー FISH による微生物種の識別
試料：*Escherichia coli*, *Alcaligenes faecalis*, *Staphylococcus epidermidis* の混合試料.
E. coli とハイブリダイズする GAM プローブ（Cy3 で蛍光標識）および *A. faecalis* とハイブリダイズする BET プローブ（Cy5 で蛍光標識）により FISH 後, DAPI により対比染色を行った. おのおののプローブとハイブリした *E. coli* は赤色, *A. faecalis* は緑色の蛍光を特異的に発し, 用いたプローブとハイブリしていない *S. epidermidis* は DAPI 由来の青色蛍光を発している.

告している[13]. また, DVC 処理をした細胞に対して FISH を行う DVC-FISH 法[14]により増殖能をもつ微生物の群集構造解析が可能である.

FISH 法は活性汚泥[15], 国内の都市近郊河川[16]や熱帯河川[17]などの微生物群集構造の解析に用いられている. 以下に, FISH 法および DVC-FISH 法によりマレーシアおよびタイの都市河川の微生物群集構造を解析した結果[18]を述べる.

東南アジア諸国では都市化・工業化が急速に進み, 生活排水による水質の悪化が深刻化している. 環境汚染に対して的確に対策を講じるためには, まず河川環境の現状を明らかにするとともに, 分解者として生態系の根幹部を支えている細菌群集について理解を深める必要がある. そこでマレーシアの Kelang 川およびタイの Chao Phraya 川に生息する細菌群集の構造を解析し, 大阪市近郊の河川で得られた結果と比較した（図 18.17）. まず全細菌に占める FISH 法により検出できた細菌の割合は, Kelang 川で 60～80％, Chao Phraya 川で 15～35％, 大阪の河川では 45～60％であった（図 18.17-a）. FISH 法における検出感度は菌体内の rRNA 量に依存することから, Kelang 川には rRNA 量が多い, すなわちタンパク質合成が盛んな細菌が多く, Chao Phraya 川ではこのような細菌が少ないことが

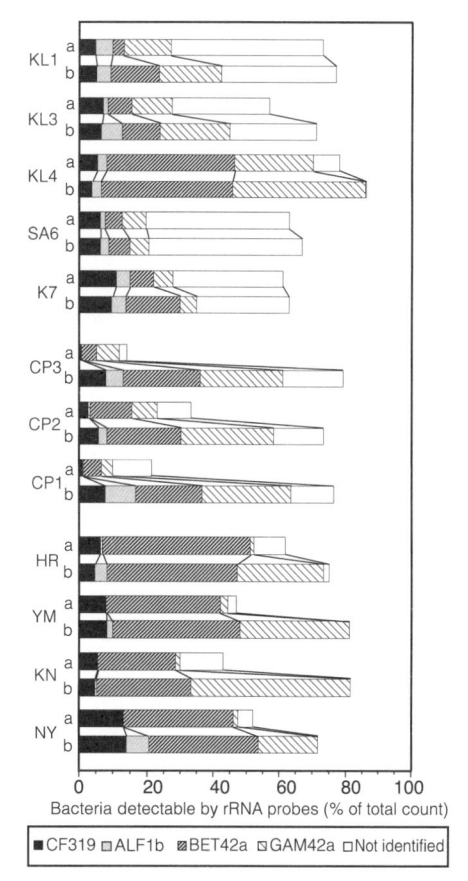

図 18.17 FISH 法および DVC-FISH 法によるアジア都市河川水中の細菌群集構造の解析結果
KL1, KL3, KL4, SA6, K7：Kelang 川, CP1, CP2, CP3：Chao Phraya 川；HR, YM, KN, NY：大阪市近郊の河川. a：FISH の結果, b：DVC-FISH の結果.
プローブの検出対象；CF319：*Cytophaga* および *Flavobacterium*, ALF1b：*Proteobacteria* αサブクラス, BET42a：*Proteobacteria* βサブクラス, GAM42a：*Proteobacteria* γサブクラス, Not identified：細菌検出用プローブとはハイブリダイズしたが, 上記の 4 プローブとはハイブリダイズしなかった細菌.

推察された. これらの試料に対して DVC-FISH を行ったところ, Kelang 川の試料では全細菌に占める検出可能な細菌の割合が大きく変化しなかったのに対し, Chao Phraya 川の試料では 75～80％, 大阪の試料では 70～80％に向上した（図 18.17-b）.

DVC-FISH 法における検出効率の増加は, DVC 法でのインキュベーション中にタンパク質合成が行われ, 菌体内の rRNA 量が増加したことを意味する. したがって, FISH 法では検出できず, DVC-FISH 法でのみ検出できた細菌, すなわち Chao Phraya 川の細菌の 40～60％, 大阪の河川の 10～40％を占

める細菌は，生理活性の低い状態で河川水中に存在しているものの，タンパク質合成能を保持していることがわかった．Kelang 川および Chao Phraya 川に生息する細菌の生理状態に違いがみられた理由として，Kelang 川では水量が少ないにもかかわらず，十分に処理されていない下水が流入していること，Chao Phraya 川では河川の水量が多いために，生活排水による影響を Kelang 川ほどには受けていないことが考えられる．細菌群集構造の結果から熱帯の河川では *Proteobacteria* β および γ サブクラスに属する細菌が多いことがわかり，β サブクラスが優占する冷温帯の河川との違いがみられた．

FISH 法はシングルセルレベルでの微生物群集構造解析法として広く検討されており，感度や特異性を向上するための検討も積極的に行われている．操作も簡便であることから，後述の省力化・自動化の技術の発展とともに，今後さらに普及していく技術であると考えられる．

18.4.2 *in situ* PCR‐FISH 法

細胞内の遺伝子のコピー数が少ない場合には，FISH 法では検出感度が不十分となることがある．そのような場合には，標的遺伝子を微生物細胞内で増幅する *in situ* PCR 法が有効である．*in situ* PCR 法の原理を図 18.18 に示した．本方法においては微生物細胞内に *Taq* DNA polymerase が入り，かつ PCR 産物が細胞外に漏出しないように試料を処理する必要がある．そのためには lysozyme や protainase K などの酵素が用いられる．

in situ PCR‐FISH 法は細胞内でリボソーム DNA (rDNA；rRNA を合成するときの鋳型となる DNA) の配列を増幅し，PCR 産物に対して FISH を行う方法であり[19]，FISH 法で用いられているさまざまな微生物属種に対する蛍光プローブを用いることにより，微生物群集構造の解析が可能となる．

in situ PCR 法は rRNA のコピー数の少ない微生物群集の構造解析法として有用であると考えられるが，世界的にも途上の技術である．本方法の問題点として，検出対象とする菌種により前処理条件が異なることが挙げられる．すなわち，微生物群集に対して一定の条件で前処理を行った場合，処理が不十分な菌種では DNA ポリメラーゼが菌体内に入りにくいために PCR が起こらず，一方，処理が過剰な菌種では PCR 産物が細胞外へ漏出することによりバックグラウンドが高くなり，検出精度が低くなる．

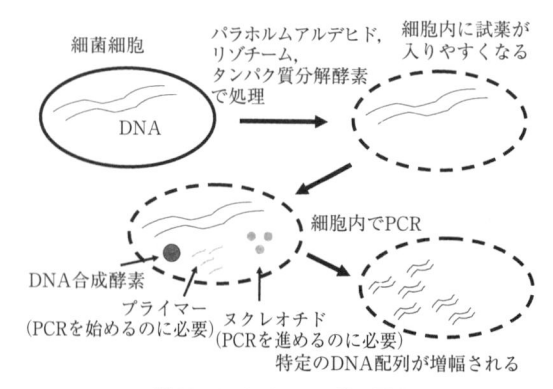

図 18.18 *in situ* PCR 法の原理
細胞壁の透過性を上げる処理を行った後，菌体内で PCR を行う．菌体内で増幅した標的 DNA に対して FISH を行うことにより，属種特異的な微生物の検出を行う．

また，PCR における加熱・冷却のサイクルにより細胞が変形し，一部の菌では溶菌することも問題となる．そこで LAMP（loop‐mediated isothermal amplification）法を用いて細胞内で遺伝子増幅を行う *in situ* LAMP 法を検討した[20]．LAMP 法の特徴として，①使用する DNA ポリメラーゼの分子量が PCR で使用する DNA ポリメラーゼよりも小さく細胞内へ入りやすいので前処理条件を標準化しやすい，②増幅産物の分子量が大きいために細胞外へ漏出しにくい，③等温反応であるために菌体が損傷を受けにくい，④細胞内に存在する遺伝子増幅阻害物質の影響を受けにくいこと，が挙げられる．*in situ* LAMP 法ならびに *in situ* PCR 法による菌体内のベロ毒素遺伝子の検出結果を図 18.19 に示した．大腸菌 O157 および大腸菌 K‐12 の混合試料に対し，*in situ* LAMP（図 18.19‐A，B，C）および *in situ* PCR（図 18.19‐D，E，F）により，菌体内のベロ毒素遺伝子を増幅した．さらに FITC 標識抗大腸菌 O157 抗体で染色後，DAPI により対比染色を行った．紫外線励起下ではすべての菌が蛍光を発している（図 18.19‐A，D）のに対し，緑色励起光下ではベロ毒素遺伝子を保有する大腸菌 O157 のみが蛍光を発している（図 18.19‐C，F）．また，*in situ* PCR 法では反応中に菌体が損傷を受け，抗大腸菌 O157 蛍光抗体と反応しにくくなっている（図 18.19‐E）のに対し，*in situ* LAMP 法では蛍光抗体の併用が可能であった（図 18.19‐B）．したがって，*in situ* LAMP 法では *in situ* PCR 法よりも高精度な検出が可能となることがわかった．

細胞内で特定の遺伝子を増幅する方法は，通常の

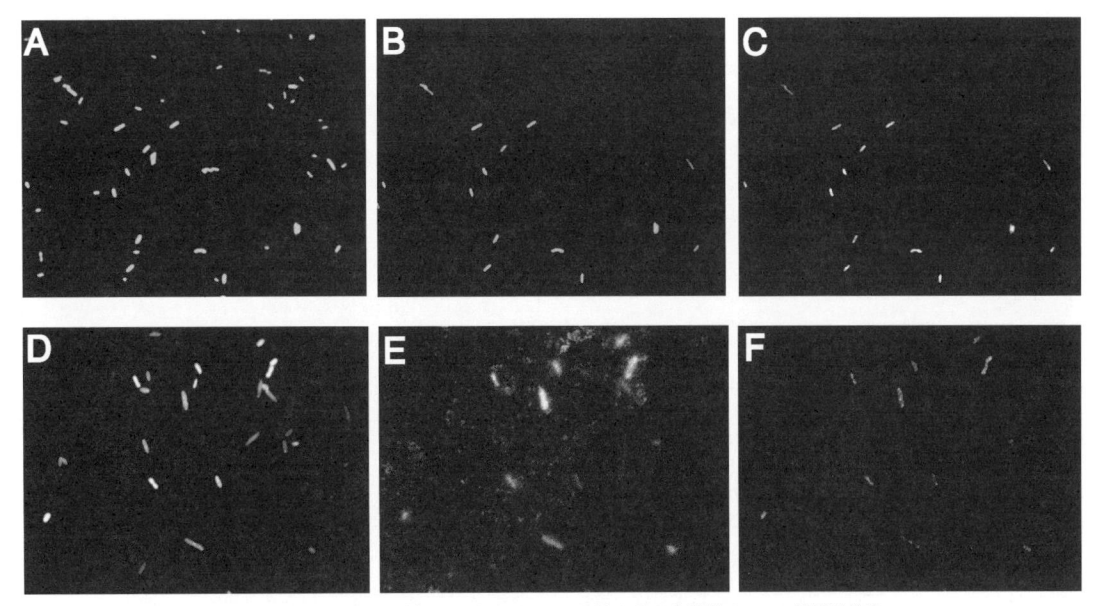

図 18.19 *in situ* PCR 法および *in situ* LAMP 法による大腸菌 O157 の特異的検出
試料：*Escherichia coli* O157：H7 と *Escherichia coli* K‑12 の混合試料.
各菌に対しベロ毒素に特異的なプライマーを用いて *in situ* LAMP（A, B, C）または *in situ* PCR 反応（D, E, F）を行った後，FITC 標識抗 *E. coli* O157：H7 抗体および DAPI により対比染色した．A～C および D～F は同一視野を励起光を変えて撮影した．
A, D：紫外線励起下．すべての細菌が DAPI 由来の蛍光を発している．
B, E：青色励起光下．大腸菌 O157 のみが FITC 標識抗体由来の蛍光を発するが，*in situ* PCR を行った試料ではバックグラウンドが高い（E）．
C, F：*in situ* LAMP（C）および *in situ* PCR（F）の結果．ベロ毒素遺伝子を保有する大腸菌 O157 のみが蛍光を発している．

FISH 法では検出できない微生物をもシングルセルレベルで検出できる方法として有用であり，今後の発展が期待される技術である．

18.4.3 DGGE 法，TGGE 法

遺伝子を指標とした自然環境中の細菌群集構造解析にあたっては，試料より直接抽出した 16S rDNA を PCR により増幅した後，クローンライブラリーを作成し，各クローンの塩基配列を決定するとともに系統樹を作成する方法が広く用いられている[21,22]．本方法により培養操作に依存することなく微生物群集の詳細な解析が可能となるが，多くの試料を解析する場合には多大な労力と時間を要する．そこでより簡便に細菌群集構造を解析するために，DGGE（denaturing gradient gel electrophoresis；変性剤濃度勾配ゲル電気泳動）法や TGGE（temperature gradient gel electrophoresis；温度勾配ゲル電気泳動）法，T‑RFLP 法が用いられている．

DNA はマイナスに荷電しているため，電解質溶液中に存在する DNA に対して電圧がかけられた場合に（＋）極側へと移動する．DNA がアガロースゲルやアクリルアミドゲルなどの網目構造をもつ物質の中を泳動する場合，DNA の移動度はそのサイズと相関関係をもつ．この原理を利用して DNA の分離を行う方法が電気泳動法である．

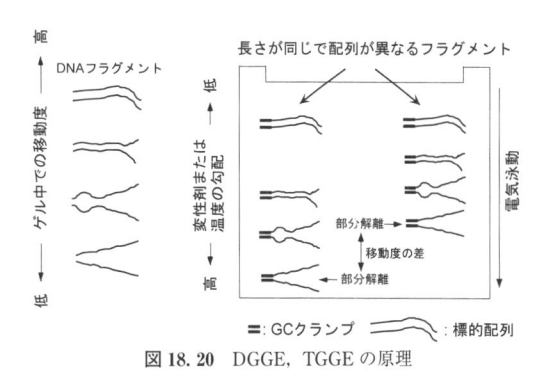

通常のゲル電気泳動が DNA 断片の長さに基づいて分離を行うのに対し，DGGE や TGGE では DNA 断片をその配列の違いに基づき分離する（図 18.20）．二本鎖 DNA は，部分的に解離し一本鎖になると，完全な二本鎖の状態に比べて電気泳動時の

図 18.20 DGGE，TGGE の原理

18. 分子生物学的手法

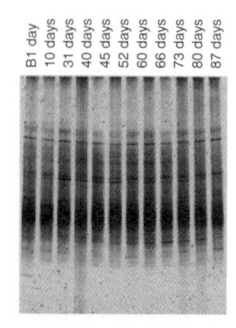

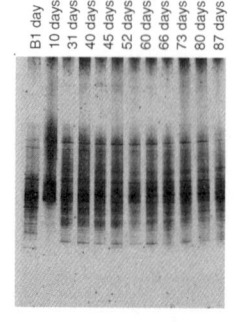

図 18.21 DGGE 法により求めた biostimulation 現場実証試験における地下水中の微生物群集構造の変化
control well：現場上流の井戸（biostimulation を行っていない），S2 well：biostimulation を行った井戸．B1 day：biostimulation 前日，10〜87 days：biostimulation 後の日数．

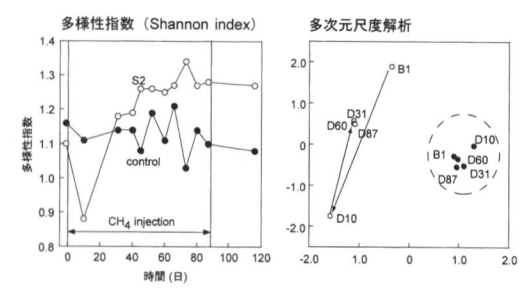

図 18.22 図 18.21 のゲルの各バンドを解析した結果
○：S2 well（biostimulation を行った井戸），●：control well（現場上流の井戸で biostimulation を行っていない）．control well に比べ S2 well では biostimulation 開始後に細菌群集構造が大きく変化したことがわかる．B1：開始 1 日前，D：開始後の日数．

ゲル中での移動速度が極端に遅くなる．二本鎖が変性剤（尿素，ホルムアミドなど）の濃度や温度により部分的に一本鎖に解離する条件は，DNA の塩基配列に依存する．したがって，長さが同じで塩基配列の異なる DNA 断片を変性剤濃度勾配あるいは温度勾配をもつゲル中で泳動すると塩基配列に応じて泳動が止まるため，それらを分離することが可能となる．DGGE ゲル，TGGE ゲル上の個々のバンドはそれぞれ異なる細菌種に由来し，各バンドの輝度は存在する微生物の量を反映する．したがって，バンドの数およびおのおのの輝度を調べることにより，試料中の微生物の群集構造解析が可能となる．

DGGE 法や TGGE 法による環境中の細菌群集構造の解析にあたっては，標的として rDNA が広く用いられている．多くの研究では rDNA 上の 500〜700 bp の長さをもち，属種間で配列が異なる領域が増幅の対象となっている．また，一方のプライマーの 5′末端に GC クランプと呼ばれる GC 配列に富んだ約 40bp の配列を付加させて用いる（図 18.20）．GC クランプの付いた PCR 産物を DGGE または TGGE により泳動すると，GC クランプの部分は解離しにくいのに対し，GC クランプ以外の部分がその配列に応じ変性剤濃度や温度の上昇により解離するため，一端が二本鎖を維持した構造になる．このように部分解離した状態になることにより，PCR 産物はゲル中での移動速度が遅くなり，配列に基づいた PCR 産物の分離を容易に行うことができる．

図 18.21 に千葉県君津市におけるバイオレメディエーション（biostimulation）の現場実証試験において，トリクロロエチレンにより汚染された地下水へのメタン投入に伴う微生物群集構造の変化を，DGGE 法によりモニタリングした結果を示した[23]．地下水中の細菌群集からの rDNA の抽出は，地下水中の全細菌をフィルター上に捕集し，バッファー中で凍結・融解を繰り返すことにより行った．得られた DNA の精製は一般的なフェノール・クロロホルム法を用いた．ゲルの撮影にあたっては蛍光輝度の高い SYBR Gold でゲルを染色し，レーザースキャナーを用いることにより，微弱なバンドも撮り込んだ．バンドパターンの解析においては多様性の変化を表すために Shannon index を算出し，同時に多次元尺度法（MDS 解析）を用いた類似性評価を行った（図 18.22）．その結果，今回のバイオレメディエーションにおいてはメタン投入開始後一時的に細菌群集構造が大きく攪乱された後，処理に伴って多様性が高くかつ安定した群集が形成されたこと，また MDS 解析により細菌群集の多様性の変化を質的・量的に解析可能であることがわかった．

医薬品製造用水における微生物汚染は製品の品質に大きな影響を与えるため，医薬品製造にあたっては製造用水の微生物モニタリングを的確に行う必要がある．そこで医薬品製造に用いられる精製水中に存在する微生物群集構造を DGGE 法により解析した[24]．なお解析にあたっては，優占種の生理状態および培養できるかどうかを明らかにするために，①精製水中の全細菌から抽出した細菌の 16S rDNA，②エステラーゼ活性を有する細菌の 16S rDNA（精製水中の全細菌を 6-carboxyfluorescein diacetate で染色後にセルソーターで分取[25]），③培地上に生じたコロニーから抽出した細菌の 16S rDNA のそれぞれを用いた．その結果，医薬品製造

用水中の微生物群集の多様性は一般的な水環境に比べてかなり低いことがわかった（図 18.23(a)；レーン 1 の Band 1）．これは精製水中には細菌の増殖源となる有機物がほとんど含まれておらず，生育できる微生物種が限られているためであると考えられた．図 18.23(a)のレーン 1 とレーン 2 の比較結果より，精製水中の優占種はエステラーゼ活性を有していることがわかった．また，レーン 1 とレーン 3～5 の比較より，Band 1 で表されている優占種は通常の培地上にはコロニーを生じないこと，したがって培養法ではこの細菌のモニタリングが難しいことがわかった．さらに DGGE ゲルより各バンドを切り出し（図 18.23(b)），シークエンスすることにより，優占種が *Proteobacteria α* サブクラスに属すること，通常の培地で培養できる細菌種は Band 1 で表される優占種の属種とは大きく異なることを明らかにした（図 18.24）．

DGGE や TGGE を行うにあたっては，専用の電気泳動装置が各社から販売されており，またそのノウハウも多く報告されてきている．また，本方法はゲルから特定のバンドを切り出し，そのシークエンスを解析することにより，対象とする微生物の属種を直接的に同定できるという特長をもつ．遺伝子を指標とした微生物群集構造解析法として，環境微生物学分野での普及が進んでいる．

18.4.4　T‐RFLP 法

制限酵素は DNA の特定の塩基配列部位を切断する性質をもつ酵素である．たとえば制限酵素の一種

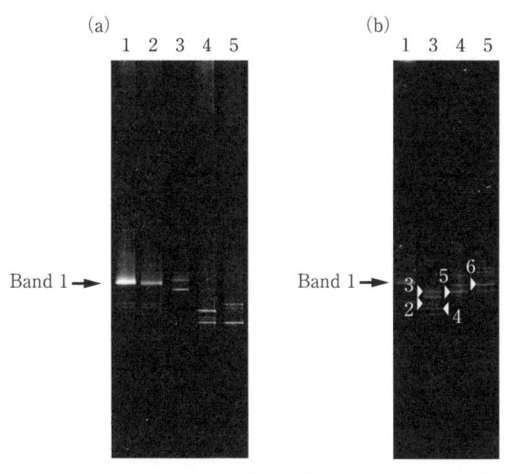

図 18.23　DGGE 法による医薬品製造用水中の微生物群集構造の解析結果
レーン 1：精製水中の全細菌から抽出した細菌の 16S rDNA,
レーン 2：エステラーゼ活性を有する細菌群集から抽出した 16S rDNA,
レーン 3：R2A 寒天培地上に生じた細菌コロニー群から抽出した 16S rDNA,
レーン 4：SCD 寒天培地上に生じた細菌コロニー群から抽出した 16S rDNA,
レーン 5：SCD 液体培地上に生じた細菌コロニー群から抽出した 16S rDNA.
b の各数字は，図 18.25 の系統樹作成にあたりゲルから切り出したバンドを示している．

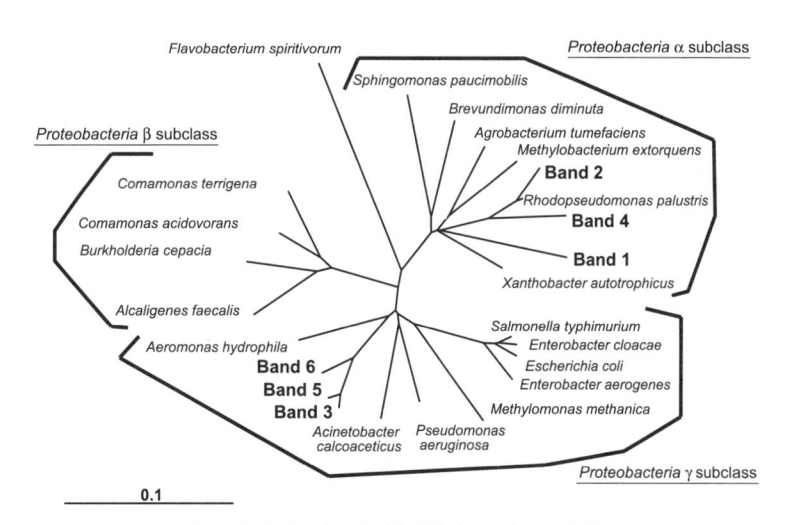

図 18.24　医薬品製造用水に存在する微生物の系統樹
Band 1：微生物群集中の優占種,
Band 2, 3, 4：R2A 寒天培地上にコロニーを生じた細菌,
Band 5：SCD 寒天培地上にコロニーを生じた細菌,
Band 6：SCD 液体培地上にコロニーを生じた細菌.

18. 分子生物学的手法

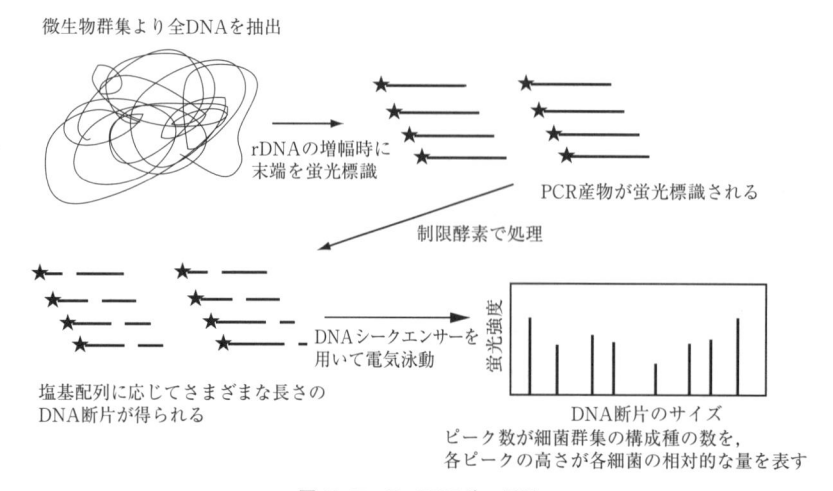

図 18.25 T-RFLP 法の原理

であるEcoRⅠはDNA上のGAATTCの部分を認識し，GとAの間で切断する．したがって，同じ長さで異なる塩基配列をもつ遺伝子を制限酵素により切断すると，異なる長さの断片となる．この原理を用いて微生物群集構造を解析する手法が，T-RFLP (terminal restriction fragment length polymorphism ; 末端標識制限酵素断片多型分析) 法である[26]．

その原理を図18.25に示した．試料中の微生物群集から全DNAを抽出しrDNAに対してPCRを行う．この際に蛍光標識したプライマーを使用することにより，生じるPCR産物の末端を蛍光標識する．PCR産物をHaeⅢやHhaⅠ，MspⅢなどの制限酵素で切断した後，キャピラリー電気泳動装置を用いて電気泳動し，蛍光標識された末端を含むPCR産物を検出する．そして検出されたDNA断片の数やおのおののDNA断片の蛍光強度を測定することにより，細菌の群集構造を解析する．

T-RFLP法では前述のDGGE法やTGGE法とは異なり，特定のPCR産物を直接切り出してそのシークエンスを解析することができず，使用する制限酵素の種類によって得られるピークのパターンが変化する．しかしながら多くの試料を一度に解析でき，キャピラリー電気泳動装置を用いるために電気泳動操作を自動化できる．また，DGGE法やTGGE法に比べて結果の再現性が高く，異なる泳動で得られた結果を容易に比較し考察できるという特徴をもつ．さらに電気泳動により求められる各ピークの位置を元に，微生物群集の構成種を推定でき，そのためのデータベースの構築も可能である．

DGGE法，TGGE法，T-RFLP法にはそれぞれ長所と短所があり，一概にどの方法がすぐれているとはいいがたい．おのおのの特徴をよく理解したうえで，研究目的に応じて使い分けることが重要である．また，電気泳動をベースとした微生物群集構造解析法の開発は盛んに行われており，RISA (rRNA intergenic spacer analysis) 法[27]などの新たな方法も報告されており，環境微生物学分野におけるトピックとなっている．

18.4.5 省力化・自動化

これまでに述べた手法を普及させ，環境微生物学分野，さらには他の微生物学分野で有効に利用していくためには，その迅速化・省力化，さらには自動化が重要である．

FISHを行った試料の観察には蛍光顕微鏡が一般的に用いられる．蛍光顕微鏡は操作が比較的容易であり，後述のフローサイトメーターと比べて，機器本体，メンテナンス費用が安価である．しかしながら，蛍光顕微鏡像を目視により観察する場合には，熟練者であっても一試料につき20～30分を要し，研究室以外での日常的な利用には限界がある．したがって，微生物計数の省力化と定量性の向上，測定者間に生じる計数誤差の軽減のために，画像解析システムの利用が検討されている．市販の画像解析ソフトの多くが画像の輝度・コントラスト調整や複数の画像の重ね合わせなどのすぐれた機能を有している．しかしながら，顕微鏡を用いた微生物の検出・計数・解析をルーチンに行うためには，機能を絞り操作性を高めたシステムの開発が重要であるといえる．そこで低倍率で画像を撮り込み，各粒子の色情

報を元に微生物細胞と夾雑物を区別し計数する画像解析モジュール"BACS (bacteria auto-counting system)"をC言語で作成した[28]．顕微鏡画像の取得には一般的には100倍の対物レンズが使用されるが，BACSでは40倍の対物レンズを使用するため，より少ない視野数で高精度な定量が可能となる．画像撮り込み後は，粒子抽出，菌体と夾雑物の判別，菌数測定までの一連の操作を自動的に行うため，顕微鏡観察に伴う時間と労力の軽減が可能である．また，BACSを用いてマルチカラー解析を行うためにBACS IIを作成し，モデル微生物系における微生物群集構造解析に利用している[29]．さらに企業との共同研究により簡易蛍光顕微鏡システムを開発している．本装置は試料をステージにセットした後，焦点合わせ→画像の撮り込み→計数などの操作を全自動で行うため，さらなる迅速化・省力化を図ることができる．

フローサイトメーター (FCM) は液中を高速で流れる個々の細胞にレーザー光を照射し，得られる散乱光や蛍光を解析する装置である．その特長としては，①数分間で数万個の細胞を測定できるので既存の方法と比較してはるかに多数の細胞についての情報が短時間に得られる，②客観性ならびに定量性が高い，③個々の細胞がもつ複数の生物学的特徴（細胞のサイズ，核酸含量，タンパク質含量など）を同時に測定できることが挙げられる．また，機種によっては特定のシグナルを発する細胞のみを分取（ソーティング）できるため，先述のように生理活性をもつ微生物や特定の属種の細菌のみを分取し解析することも可能である．これらの特長をいかし，都市河川水中の細菌群集の多様性[30]および生理活性の評価[31]，食品中の危害微生物の特異的検出[32]が可能である．Wallnerらは活性汚泥の細菌群集構造の解析にFCMを応用し，蛍光顕微鏡を用いて得られる結果との比較を行うとともに，優占種が*Proteobacteria* βサブクラスであることを報告している[10]．FCMを用いた微生物の検出・解析は現在も盛んに検討されており，微生物学分野における強力なツールとして注目されている[33,34]．これに伴い，より高感度，あるいは小型の機器の開発も行われ，微生物専用の機種も市販されている．

最後に

環境中には微生物のほか，土壌粒子や細胞屑などの夾雑物が混在している．また，存在する微生物の属種や生理状態も一様ではない．この点をふまえたうえで，微生物群集構造を定量的に解析しなければならない．

FISH法や *in situ* PCR法は個々の菌体を観察することにより細菌群集構造解析を直接的に行えるが，微生物の生理状態などにより検出効率が変化するため，群集全体の把握が難しい場合がある．一方，DGGE法やT-RFLP法は全体を把握するのに適した方法であり，まずPCR法により対象となる微生物群集のrDNAを増幅するため，rRNA量が少ないためにFISH法では検出が難しい微生物でも検出が可能である．しかしながら試料によってはPCRを阻害する物質を多く含んでいる場合があり，試料の前処理・精製が重要となる．また，試料に混入した微生物に由来するrDNAの増幅を避けるために，コンタミネーションに十分に注意する必要がある．細菌群集からrDNAを抽出するにあたっては，属種により抽出効率が大きく変わることがある．すなわち通常の操作では壊れにくい細胞壁構造をもつ微生物からはrDNAを回収しにくいために，それらが優占種であっても微生物群集構造の解析結果に反映されない可能性がある．また，微生物群集から抽出した核酸をPCRにより増幅する際に，存在比率の低い核酸は増幅されにくいため，その増幅産物が電気泳動時に現れにくくなる．したがって，存在比率の低い微生物は核酸の抽出効率が高くても，PCR後の電気泳動において検出しにくくなる．

以上述べたように，DGGE法やTGGE法，T-RFLP法においては，細菌群集からの核酸の抽出効率や遺伝子増幅時のバイアスが結果に影響を与え，得られた結果が実際の群集構造とかけ離れたものになってしまう場合がある．DGGE法などのPCRをベースとする手法で得られた結果の妥当性を証明するために，同じ試料をFISH法でも解析し，シングルセルレベルで得られた結果と比較することも行われる．FISH法を併用しても十分な考察ができない場合は，さらに培養法を用いて優占種の単離が試みられることもある．今回述べた細菌群集構造解析法を実際に研究に用いるにあたっては，これらの点も十分に考慮し，必要に応じて複数の方法を併用することが有効である．

本稿で述べた方法は標準株を用いた実験ではすでに手法が確立しつつあり，また水環境中の微生物群集構造解析に応用が進められている．また，試料に応じて手法を最適化することにより，土壌や複合微

生物系における微生物モニタリングへの応用も盛んに試みられている。環境試料からDNAやRNAを抽出するためのキットや、得られた核酸をPCR可能な状態に精製するためのキットも市販されており、より身近な手法となってきている。今後は環境微生物学分野のみならず、さまざまな微生物学分野に普及していくものと考えられる。

〔山口進康・那須正夫〕

文献

1) Woese CR (1987): Bacterial evolution. *Microbiol Rev*, **51**: 221-271.
2) DeLong EF, Wickham GS and Pace NR (1989): Phylogenetic stains: ribosomal RNA-based probes for the identification of single cells. *Science*, **243**: 1360-1363.
3) Amann RI, Krumholz L and Stahl DA (1990): Fluorescent-oligonucleotide probing of whole cells for determinative, phylogenetic, and environmental studies in microbiology. *J Bacteriol*, **172**: 762-770.
4) Maruyama A and Sunamura M (2000): Simultaneous direct counting of total and specific microbial cells in seawater, using a deep-sea microbe as target. *Appl Environ Microbiol*, **66**: 2211-2215.
5) Ramsing NB, Fossing H, Ferdelman TG, Andersen F and Thamdrup B (1996): Distribution of bacterial populations in a stratified fjord (Mariager Fjord, Denmark) quantified by in situ hybridization and related to chemical gradients in the water column. *Appl Environ Microbiol*, **62**: 1391-1404.
6) Alfreider A, Pernthaler J, Amann R, Sattler B, Glockner F, Wille A and Psenner R (1996): Community analysis of the bacterial assemblages in the winter cover and pelagic layers of a high mountain lake by in situ hybridization. *Appl Environ Microbiol*, **62**: 2138-2144.
7) Lebaron P, Catala P, Fajon C, Joux F, Baudart J and Bernard L (1997): A new sensitive, whole-cell hybridization technique for detection of bacteria involving a biotinylated oligonucleotide probe targeting rRNA and tyramide signal amplification. *Appl Environ Microbiol*, **63**: 3274-3278.
8) Schonhuber W, Fuchs B, Juretschko S and Amann R (1997): Improved sensitivity of whole-cell hybridization by the combination of horseradish peroxidase-labeled oligonucleotides and tyramide signal amplification. *Appl Environ Microbiol*, **63**: 3268-3273.
9) DeLong EF, Taylor LT, Marsh TL and Preston CM, (1999): Visualization and enumeration of marine planktonic archaea and bacteria by using polyribonucleotide probes and fluorescent in situ hybridization. *Appl Environ Microbiol*, **65**: 5554-5563.
10) Wallner G, Erhart R and Amann R (1995): Flow cytometric analysis of activated sludge with rRNA-targeted probes. *Appl Environ Microbiol*, **61**: 1859-1866.
11) Fuchs BM, Glockner FO, Wulf J and Amann R (2000): Unlabeled helper oligonucleotides increase the in situ accessibility to 16S rRNA of fluorescently labeled oligonucleotide probes. *Appl Environ Microbiol*, **66**: 3603-3607.
12) Kogure K, Simidu U and Taga N (1979): A tentative direct microscopic method for counting living marine bacteria. *Can J Microbiol*, **25**: 415-420.
13) Lee N, Nielsen PH, Andreasen KH, Juretschko S, Nielsen JL, Schleifer K-H and Wagner M (1999): Combination of fluorescent in situ hybridization and microautoradiography-a new tool for structure-function analyses in microbial ecology. *Appl Environ Microbiol*, **65**: 1289-1297.
14) Nishimura M, Kita-Tsukamoto K and Kogure K (1993): A new method to detect viable bacteria in natural seawater using 16S rRNA oligonucleotide probe. *J Oceanogr*, **49**: 51-56.
15) Yamaguchi N, Itoh Y, Masuhara M, Tani K and Nasu M (1999): In situ analysis of community structure in activated sludge with 2-hydroxy-3-naphthoic acid-2'-phenylanilide phosphate and Fast Red TR *in situ* hybridization. *Microb Environ*, **14**: 1-8.
16) Kenzaka T, Yamaguchi N, Tani K and Nasu M (1998): rRNA-targeted fluorescent in situ hybridization analysis of bacterial community structure in river water. *Microbiology*, **144**: 2085-2093.
17) 見崎武彦、山口進康、藤本一馬、田所 博、那須正夫 (1999): 熱帯の河川における細菌の活性および群集構造の解析。水環境学会誌, **22**: 1001-1004.
18) Kenzaka T, Yamaguchi N, Prapagdee B, Mikami E and Nasu M (2001): Bacterial community composition and activity in urban rivers in Thailand and Malaysia. *J Health Sci*, **47**: 353-361.
19) Tani K, Muneta M, Nakamura K, Shibuya K and Nasu M (2002): Monitoring of *Ralstonia eutropha* KT1 in groundwater in an experimental bioaugmentation field by in situ PCR. *Appl Environ Microbiol*, **68**: 412-416.
20) Maruyama F, Kenzaka T, Yamaguchi N, Tani K and Nasu M (2003): Detection of bacteria carrying the stx 2 gene by in situ loop-mediated isothermal amplification. *Appl Environ Microbiol*, **69**: 5023-5028.
21) Ward DM, Weller R and Bateson MM (1990): 16S ribosomal RNA sequences reveal numerous uncultured microorganisms in a natural community. *Nature*, **345**: 63-65.
22) Giovannoni SJ, Britschgi TB, Moyer CL and Field KG (1990): Genetic diversity in Sargasso Sea bacterioplankton. *Nature*, **345**: 60-63.
23) Iwamoto T, Tani K, Nakamura K, Suzuki Y, Kitagawa M, Eguchi M and Nasu M (2000): Monitoring impact of in situ biostimulation treatment on groundwater bacterial community by DGGE. *FEMS Microbiol Ecol*, **32**: 129-141.
24) Kawai M, Matsutera E, Kanda H, Yamaguchi N, Tani K and Nasu M (2002): 16S ribosomal DNA-based analysis of bacterial diversity in purified water used in pharmaceutical manufacturing processes by PCR and denaturing gradient gel electrophoresis. *Appl Environ Miclobiol*, **68**: 699-704.
25) Tanaka Y, Yamaguchi N and Nasu M (2000): Viability of *Escherichia coli* O157: H7 in natural river water determined by the use of flow cytometry. *J Appl Microbiol*, **88**: 228-236.
26) Liu W-T, Marsh T, Cheng H, Forney LJ (1997):

Characterization of microbial diversity by determining terminal restriction fragment length polymorphisms of genes encoding 16S rRNA. *Appl Environ Microbiol*, **63**：4516-4522.
27) Borneman J and Triplett EW (1997)：Molecular microbial diversity in soils from eastern Amazonia：evidence for unusual microorganisms and microbial population shifts associated with deforestation. *Appl Environ Microbiol*, **63**：2647-2653.
28) Ogawa M, Tani K, Yamaguchi N and Nasu M (2003)：Development of multicolor digital image analysis system to enumerate actively respiring bacteria in natural river water. *J Appl Microbiol*, **95**：120-128.
29) Yamaguchi N, Ichijo T, Ogawa M, Tani K and Nasu M (2004)：Multicolor excitation direct counting of bacteria by fluorescence microscopy with the automated digital image analysis software BACS II. *Bioimages*, **12**：1-7.
30) 那須正夫, 山口進康, 宮本和久, 近藤雅臣 (1993)：フローサイトメトリーによる環境中の細菌の解析. 環境科学会誌, **6**：321-328.
31) Yamaguchi N and Nasu M (1997)：Flow cytometric analysis of bacterial respiratory and enzymatic activity in the natural aquatic environment. *J Appl Microbiol*, **83**：43-52.
32) Yamaguchi N, Sasada M, Yamanaka M and Nasu M (2003)：Rapid detection of respiring *Escherichia coli* O157：H7 in apple juice, milk and ground beef by flow cytometry. *Cytometry*, **54A**：27-35.
33) Davey HM and Kell DB (1996)：Flow cytometry and cell sorting of heterogeneous microbial populations：the importance of single-cell analyses. *Microbiol Rev*, **60**：641-696.
34) Vives-Rego J, Lebaron P and Caron GB-V (2000)：Current and future applications of flow cytometry in aquatic microbiology. *FEMS Microbiol Rev*, **24**：429-448.

18.5　環境浄化にかかわる遺伝子群の解析とその応用

「環境浄化」は，これまで人間が環境に対してもたらしてきた負の遺産といえる環境汚染と，これからもたらすかもしれない環境への悪影響を，人間の責任において修復しまたは予防するための総合的な社会的取り組みである．環境浄化には，環境としての自然が備えている浄化能力の活用も含まれるが，何らかの人間による働き，すなわち浄化技術や浄化装置の導入によって，汚染環境の修復や環境汚染の防止を達成することを目的とする人為的環境浄化が有効に用いられている．そのために，「環境浄化」と「テクノロジー」との関係はきわめて大きいものがあり，特に新たに生起するタイプの環境汚染や環境問題の解決には，新たなテクノロジーの開発が必要とされる場合が多い．その新しい環境浄化技術の開発および実用化にとって重要な手法となるものの1つが，分子生物学的手法である．この節では，21世紀型の新しい環境浄化技術の開発にとってなくてはならない基礎科学としての分子生物学，およびそれを駆使して発見され解明される環境浄化にかかわる遺伝子群について述べるとともに，環境浄化に関与する遺伝子群の技術的応用について述べる．

「遺伝子」は，生物の基本単位である細胞が保有している細胞固有の遺伝的形質（細胞が潜在的能力として持ち合わせている親細胞から子細胞へと失われることなく伝達される形質）を記録した情報単位であり，その情報がmRNAに転写されタンパク質に翻訳される遺伝物質（DNAまたはRNA）の特定の領域である．環境浄化に関与する遺伝子は数多く存在する．そのような遺伝子を幅広い範疇でとらえれば，二酸化炭素を吸収し有機物を合成する光合成反応に関与する酵素タンパク質群の鋳型情報をコードする数多くの遺伝子も，地球環境の保全・維持と浄化に役立つ環境浄化遺伝子群といえる．また，汚染物質とされる特定の有機化合物や重金属などを無害なものに変換する（分解または合成する）特定の酵素タンパク質，輸送タンパク質，調節タンパク質なども環境浄化に関与する遺伝子である．

環境汚染，特に有害物質による環境汚染の浄化や防止に生物を利用して対処することはきわめて効果的であることが多い．水質汚染や地下水・土壌汚染などのうち，特に低濃度広域汚染を処理する方法として生物による浄化処理が有効であることが知られている．特定の微生物や植物などの生物にこのような汚染浄化機能を付与する要因となるものが遺伝子であり，それらの遺伝子を環境浄化遺伝子と総称することができる．しかし，従来型の環境汚染の生物処理技術では，遺伝子に関する研究をベースとして開発されてきたものは少ない．自然界に存在する生物個体あるいは生物細胞のもつ全機能を丸ごと環境浄化に利用する技術が主として開発されてきた．近年に至って，これまでの分子生物学やバイオテクノロジーの発展を基盤として，いくつかの環境浄化機

能遺伝子に注目した新しい方法論による生物処理技術の開発がなされるようになってきている．そして，これからの生物機能を利用する環境浄化技術は，環境浄化に必要でかつ有効に役立つ遺伝子機能の把握と，その具体的な利用技術の開発を新しい基本軸として進展すると考えられる．したがって，環境浄化に関与している遺伝子群の探索・解析は，今後の環境浄化技術の新規な開発にとってきわめて重要であるといえる．本節では，すでに開始されている分子生物学・遺伝子工学に基づく環境浄化遺伝子の解析例をいくつか示すが，それに先だって環境バイオテクノロジーの発展方向について述べることにする．

18.5.1 分子生物学と環境バイオテクノロジー

生命科学を構成する重要な学術分野である分子生物学がそれ以前の生物学の学術体系と決定的に異なる点は，従来の生物学という網羅記載的な学術体系から脱却して，生物細胞が持つ遺伝情報とそれに基づく細胞形質の発現という共通基礎原理から演繹的に組み立てられる学術体系をもつ点である．また，矛盾のない合理的な解析解を生物（生命）現象の解明に資する形で示し，かつそれを実験によって証明するという現代科学としての特徴を備えている点である．このため，分子生物学と遺伝子工学の方法論によって提示される研究の結論はきわめて明解である．このような現代科学としての特徴を備えた分子生物学が，人間社会に利用される新たな工学的技術を生み出すことに直結できることは，物理学や化学の発展が新しい産業技術を生み出したのと全く同じである．

この分子生物学を基礎科学として新たな産業技術分野が創出されてきている．それらを総称して「バイオテクノロジー」と呼んでいるが，バイオテクノロジーという用語は分子生物学や遺伝子工学を基礎サイエンスあるいは手法として研究開発がなされる以前から存在し使用されていたものである．しかし，バイオテクノロジーに対する一般的概念として，分子生物学や遺伝子工学およびそれらが用いている手法を何らかの形で応用して開発された技術分野と理解されるように変わりつつある．それはとりもなおさず，分子生物学や遺伝子工学が，今後重要となる新技術の開発においてなくてはならない学術的基軸としての役割を果たすと認識されるようになってきたためである．このようなバイオテクノロジーは，産業技術とのかかわりだけではなく，健康や医療および生態系の保全などといった多分野の技術の発展に重要なかかわりをもっている．バイオテクノロジーの適用分野としては下記のようなものが含まれる．

① 医療・医薬品の生産分野（遺伝子治療，遺伝子診断，病原・病態検査技術，酵素，抗生物質，インスリン，インターフェロン，ホルモン，モノクローナル抗体，クローン技術，再生医療技術など）
② 食料生産分野（組換え穀物，組換え野菜，組換え果実，栽培漁業（染色体操作），微生物農薬，食肉生産など）
③ 園芸・林産用の植物生産・栽培分野（花卉栽培技術，林業技術など）
④ 工業製品分野（発酵技術，酵素生産，生体触媒，核酸系化学物質，アミノ酸，糖類，アクリルアミド，石油関連物質，鉱物精錬技術など）
⑤ 新素材開発・生産分野（生分解性プラスチック，有機酸類，エポキシド，機能性タンパク質，機能性ポリマー，ナノ材料など）
⑥ エネルギー分野（バイオマス生産，エタノール発酵，水素発酵，メタン発酵，炭化水素生産など）
⑦ 環境保全分野（有害汚染物質分解・除去，汚染物質計測，廃棄物の再資源化，水質浄化，土壌浄化，大気浄化，クリーンエネルギー生産，砂漠緑化，二酸化炭素吸収，海洋汚染防止・浄化，クリーン素材生産，生態系保全，生物種保全，温暖化ガス発生抑制，衛生危機検出・管理，変異原評価など）
⑧ エレクトロニクス・IT分野（バイオエレクトロニクス，生体分子識別素子，バイオセンサー，バイオチップ，バイオコンピュータ，ニューロコンピュータなど）

上記のように，バイオテクノロジーの適用分野の1つとして環境保全分野を挙げることができる．また，この分野に適用されるバイオテクノロジーを「環境バイオテクノロジー」と称している．むろん，環境バイオテクノロジーは環境産業における産業技術としても今後の発展が注目される技術分野である．これまで，環境バイオテクノロジーは他の分野におけるバイオテクノロジーの発展に比較して遅れをとってきた．この理由としてさまざまなことが考えられるが，その根本的な原因の1つとして，人間社会における「環境」の価値についてこれまできわめて低い評価しか与えられてこなかったことを挙げることができる．しかし，清浄な水や空気そして危険な農薬などの有害物質によって汚染されていない

土壌とそこから生産される汚染されていない食糧が，決して価値の低いものではないことが広く認識されるようになってきたことを代表的な例として，清浄な「環境」の価値は正当に評価されるべきものとして社会システム・経済システムに受け入れられるようになってきている．このような変化は環境の世紀といわれる21世紀を通してさらに加速されようとしている．特に近年認識されるようになった環境汚染や地球環境の破壊の深刻化を克服するために，高コストであるが高付加価値を伴う高度テクノロジー型環境技術の開発と導入が必要とされる時代に入ろうとしている．

前世紀は，産業技術の未曾有の発展とエネルギー資源・物質資源の大量消費によって，人間の生活水準がきわめて大きな速度で向上した時代として後世に記録されることは間違いない．それと同時に，際限なく環境が破壊された時代としても記録されると考えられる．21世紀においては環境破壊という前世紀の負の遺産を克服するために，真に高度なレベルの環境技術が必要とされると考えられる．「真に高度なレベルの環境技術」とは一体どのような技術であるかについて限定して考えることはできない．しかし，この領域の科学技術を少なくとも人間およびその社会だけではなく「全生物，全地球にとって最善の均衡を保証する環境技術」と置き換えて解釈することは間違ってはいないと考えられる．そのために必要とされる環境保全のための開発技術の目標として，地域的な環境保全技術から地球全体の環境保全技術に至るまでさまざまな環境技術が視野に入れられているとともに，物理学・化学に基礎をおく技術から分子生物学に基礎をおくバイオテクノロジーまで，きわめて多様な技術を開発の対象にする必要があるといえる．同時に，上記の意味での「真に高度なレベルの技術」の実現を目標とするうえでバイオテクノロジーを視野に入れざるをえない．バイオテクノロジーは，環境という適用対象における技術としての適合性，広い意味での安全性と信頼性，資源やエネルギー消費における経済性などにおいて多くの利点を有すると考えられる．そして，バイオテクノロジーはこのような「真に高度なレベルの技術」の開発という目標に一番近い技術の創出を可能にすると考えられる．

上記の理由により，必要な環境バイオテクノロジーとはいったいどのような技術領域であるかについて知ってもらうために，箇条書的にその全容を記すと以下のとおりである．

①環境保全技術

・生態系保全技術

（河川，湖沼，森林，草原，湿原，沿岸，海域，農地，都市などに維持されてきた生態系の破壊を生物を利用して防止するための技術：きわめて広範囲の技術を含む）

・地球環境制御技術

（温暖化防止技術；CO_2の生物固定，廃棄物から発生する温室効果ガスの削減，発生ガスのエネルギー利用，バイオマスおよびクリーンエネルギーの生産など）

（酸性雨防止技術；化石燃料の生物脱硫・脱窒素，代替クリーンエネルギー生産など）

（砂漠化防止技術；土壌改良，定着植物の育種，水分保持生物の利用技術など）

（海洋汚染防止技術；石油分解細菌の育種，変異原物質分解微生物・重金属除去細菌の育種，利用技術の開発など）

・環境負荷削減技術

（生分解性プラスチック類の開発，化学リアクターのバイオリアクターへの変更，再利用のための生物変換（脱塩素）など）

②環境浄化技術

・水質浄化技術

（河川，湖沼，地下水，内湾，海洋，沿岸などの各種汚染の生物による直接浄化）

・大気浄化技術

（SO_x，NO_x，オキシダントなどの生物による吸収，吸収生物の育種，有害ガス成分の分解生物の育種と利用技術など）

・土壌浄化技術

（残留農薬，重金属，変異原物質の分解浄化，バイオレメディエーション，油汚染の浄化など）

・有害生物除去技術

（衛生学的病原体の発生防止・除去技術，赤潮・アオコなどの発生防止・除去技術，有害動植物の天敵生物による防除技術など）

③汚染処理技術

・水処理技術

（下水処理，浄水（上水）処理，工業廃水処理，地下水処理，再利用（高度）処理，濁質除去，鉱山排水処理，中和処理など）

・排ガス処理技術

（SO_x除去，NO_x除去，生物脱臭，有害ガス吸

収・生物分解除去など)
・廃棄物処理技術
　(ごみ処理(コンポスト,メタン発酵,キノコ栽培など),汚泥処理,農・畜産廃棄物処理,水産廃棄物処理,金属処理,廃油処理,難分解性有害物質処理など)
・土壌処理技術
　(土壌汚染物質バイオリーチング処理,ファイトレメディエーション処理など)
④計測・評価技術
・計測技術
　(汚染物質・環境ホルモンなどのバイオセンサー,DNAプローブ,抗体プローブ,指標生物,定量的PCR法などの開発と装置化)
・評価技術
　(病原性評価,毒性評価,生態系影響評価,モニタリング技術などの開発と,評価アルゴリズム,評価ソフトシステムなどの開発)
⑤その他の環境バイオ技術
　(ポストゲノム情報解析に基づく環境浄化遺伝子の網羅的探索,形質強化微生物の開発など)

18.5.2 難分解性/有害有機化合物分解遺伝子の解析と応用

　環境を汚染している難分解性で有害な有機化合物として知られているものに有機ハロゲン化合物がある.これらのうち,PCB,TCE,PCEやダイオキシンなどの有機塩素化合物による環境汚染は重大な社会問題を引き起こしている.当初これらの有機塩素化合物は,環境中では分解されずに長期間残留すると考えられてきた.実際,PCBやダイオキシンはほとんど分解されることなく海洋生物などの食物連鎖を通して大型魚類や海洋哺乳動物に濃縮され,それらを食料とすることによって発癌などの人間の健康にも影響を及ぼし重大な環境汚染問題の原因を作っている.特に分解が困難で安定な化合物としての特徴をもつために大量に生産され産業上利用されたPCBによる汚染は深刻なものがある.

　しかし,一方では,このようなPCBを分解できる微生物が見つけられている.最初にPCBを分解できる微生物として見つけ出されたものは,*Acromobacter*という好気性細菌で,この細菌は付加された塩素の数が少ないPCBを分解できる.その後も,PCBを分解できる細菌の探索が精力的になされ,*Pseudomonas, Burkholderia, Comamonas, Sphingomonas, Rasteria, Acinetobacter, Rhodococcus, Corynebacterium, Bacillus*など多くの属の細菌でPCBを分解できるものが発見されている.PCBを分解できる細菌は,PCBのフェニール環に同時に2つの酸素(分子状酸素)を導入するジオキシゲナーゼという酵素を共通にもっており,この酵素の作用がPCB分解の最初の糸口になっている.細菌のほかにもカビや酵母の中にPCBを部分的に分解できるものが存在する.また,白色腐朽菌(カビの一種)はリグニンペルオキシダーゼという酵素によって生産されるラジカル物質によってPCBを分解するといわれている.したがって,この場合はPCBを特異的に分解するというよりは,多くの有機物と同時にPCBを分解していると考えられる.

　PCBはきわめて難分解性であるために,これを特異的に分解するために生物がもっている酵素反応系はきわめて複雑である.それに伴って,その反応系の酵素群をコードする遺伝子の構成も複雑である.その全容を解明することは大変困難なことであったに違いないが,いくつかの細菌の遺伝子群がクローニングされ解析されている.これらの細菌では,PCBがビフェニール代謝経路の酵素を使って共代謝分解されるため,それらの遺伝子は*bph*遺伝子クラスターまたは*bph*オペロンと呼ばれる多数の遺伝子が連続して集まった大きな領域を構成している.また,それぞれのPCB分解遺伝子の発現によって分解できるPCBの種類は少しずつ異なっている.したがって,細菌の種類によって分解可能なPCBのタイプは少し異なる.解析がなされたPCB分解遺伝子クラスターの代表的な例として,*Pseudomonas pseudoalcaligenes* KF707株の*bph*オペロンとPCBの分解経路を図18.26に示す[1].これらのオペロンやクラスターは,細菌の染色体,プラスミドおよびそれらの中に入り込んだトランスポゾン上に存在しているといわれ,所在が多様である.また,このことがおそらくPCB分解微生物が次々に出現することになった理由と考えられる.プラスミドやトランスポゾンは,特定の条件がそろえば生物の種の壁を越えて比較的自由に伝播できるからである.

　このような微生物のPCB分解遺伝子およびそれによって発現するPCB分解能力を応用してPCBを分解し処理する技術がすでに提案されている.PCBは焼却処理や物理化学的処理によっても分解することができることが知られているが,1000℃以上の高

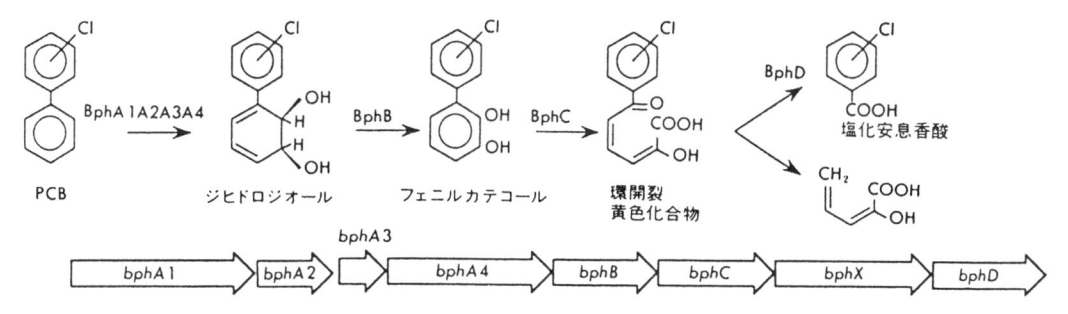

図18.26 細菌 Pseudomonas pseudoalcaligenes KF707 株の PCB 代謝遺伝子と分解経路（文献1より著者の許可を得て転載）

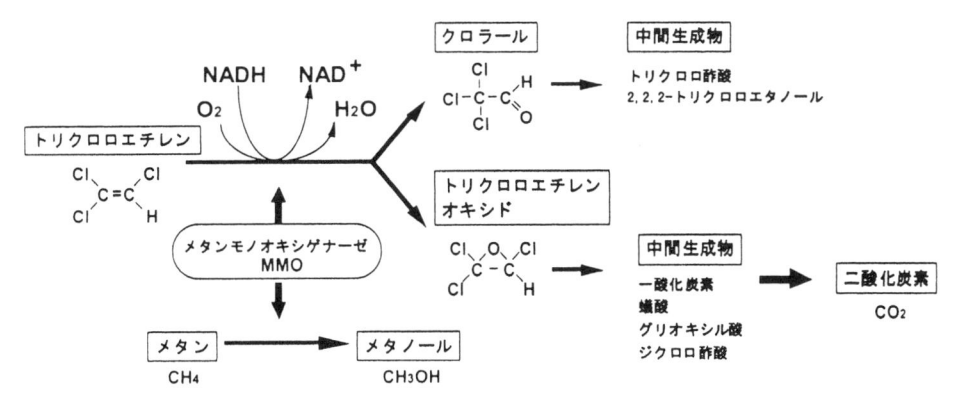

図18.27 Methylomonas sp. StrainM 株による TCE の好気的分解の経路（文献3より著者の許可を得て転載）

温での処理を必要とするため耐久炉の開発の問題や，副産物としてのダイオキシンの発生の問題などが残されており，実用的な技術としての社会的な容認（パブリックアクセプタンス＝PA）を得にくいといった問題を抱えている．したがって，微生物を利用して PCB を分解処理することの意義は大きいものがある．危険な副産物を生成することがなく，かつエネルギー消費を伴わず特別で高価な薬品の使用も必要としないからである．

微生物を用いる PCB 処理バイオテクノロジーの一例が，異なる bph オペロンを有する Comamonas testosteronie TK102 という細菌と Rhodococcus opacus TSP203 という細菌とを組み合わせて，連続する2つのバイオリアクターによって処理するプロセスの提案である[2]．このプロセスでは，高濃度でかつ多種類の PCB 混合物の処理を可能とするために，まず紫外線照射装置によって高度に塩素化された PCB 混合物をある程度まで脱塩素し，その後高濃度の残留 PCB を分解できる Comamonas testosteronie によって分解除去を行い，次いで低濃度の PCB の分解除去を得意とする Rhodococcus opacus によって処理するという方法によって，きわめて効率よく，かつほぼ完全な PCB の生物分解処理を行うことができる．

上記のほかにも，原油に含まれる難分解性で，かつ人間の健康に影響を与える PAH（多環性芳香族炭化水素），および有機塩素系農薬や TCE，トルエン，キシレン，フェノールなど分解しにくく，かつ環境中に存在すると有害な人工化合物を分解して浄化する微生物が見つけられており，それらがもっている遺伝子群についても明らかにされている（図18.27，18.28）[3]．TCE や γHCH（γBHC）による地下水や土壌の汚染に関しては，すでにそれらの分解に関与する遺伝子をもつ微生物を利用して，また遺伝子の発現を強化した微生物を用いて，バイオレディエーションによる浄化技術が開発されている．また，特に強い毒性は認められないものの，環境残留や廃棄が問題とされるポリエチレン，ポリエステル，ポリウレタンなどを分解できる微生物やその酵素およびそれらの酵素タンパク質をコードする分解遺伝子群の解明も進んできている．これらの微生物および遺伝子は，資源循環型社会の構築を行うため

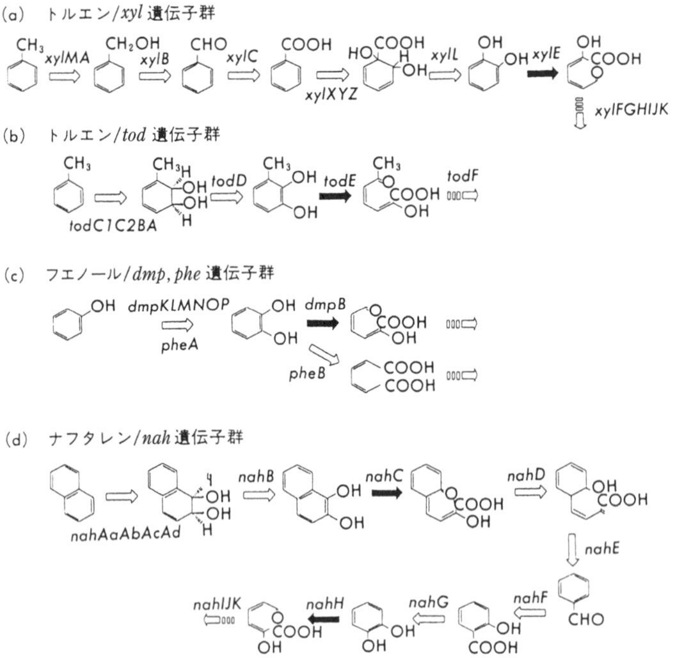
(a) トルエン/xyl 遺伝子群
xylMA
xylB
xylC
xylXYZ
xylL
xylE
xylFGHIJK
(b) トルエン/tod 遺伝子群
todC1C2BA
todD
todE
todF
(c) フエノール/dmp, phe 遺伝子群
dmpKLMNOP
pheA
dmpB
pheB
(d) ナフタレン/nah 遺伝子群
nahAaAbAcAd
nahB
nahC
nahD
nahE
nahF
nahG
nahH
nahIJK

図 18. 28 難分解性芳香族化合物の代謝遺伝子群と分解経路（文献 5 より著者の許可を得て転載）

に必要な廃プラスチックの再生利用を具体的に実現するうえでおおいに活用できるものと考えられ，さらに新規な分解遺伝子の探索と活用技術の開発を行うことが重要になってきている．

18. 5. 3 重金属耐性遺伝子の解析と応用

これまで水域，土壌，地下水などの重大な環境汚染問題を引き起こしてきた原因物質に重金属類が挙げられる．特に有害な重金属として知られているものに水銀，カドミウム，クロム，鉛，銀などがある．これらはいずれも金属元素としては生物に毒性を示すことはほとんどないが，いったん酸化されたりして重金属イオンになると強い毒性を示す．また，有機物と結合してメチル水銀やエチル鉛のようないわゆる有機化すると，生物細胞に進入し細胞質などに蓄積して毒性を発揮する．しかし，自然界には一般の生物にとってきわめて毒性の高い重金属に対しても，それを細胞から放出したり無毒な金属に変換したりして生きている微生物が存在している．このような微生物の重金属化合物変換能力や除去能力を活用することによって，廃水に含まれる重金属の除去を行ったり重金属によって汚染された環境を清浄な状態に修復することができる．

このような微生物の能力を利用して重金属汚染を浄化する技術を開発するために，まず微生物がどのようにして重金属による毒性に打ち勝っているか，すなわち重金属耐性になっているかを知ることが役立つ．耐性のメカニズムを理解することによって，微生物が行っている重金属の無毒化のための生物反応を応用した新しい環境中の有害な重金属の無毒化処理や除去処理技術の開発が可能になると考えられる．微生物が強い重金属耐性を獲得するためには，通常重金属耐性遺伝子といわれる特別な遺伝子群を適切に発現可能な状態で保有していることが必要である．また，重金属の種類およびそれらの化学種によって異なる遺伝子が必要とされている．通常，おのおのの遺伝子群は耐性遺伝子オペロンとしてクラスターになった状態で保有されている．これまで発見された細菌がもっているいくつかの重金属耐性オペロンについて以下に示す．

a. 水銀耐性オペロン（*mer* オペロン）[4]

水銀耐性細菌は水銀を細胞から除去するために水銀耐性オペロンと呼ばれる一連の遺伝子群からなる遺伝子クラスターをもっている．その遺伝子群は水銀が細胞に入ってくると一斉に発現するように仕組まれている．この水銀耐性オペロンの構成は微生物

18.5 環境浄化にかかわる遺伝子群の解析とその応用

Gram negative *mer* operons

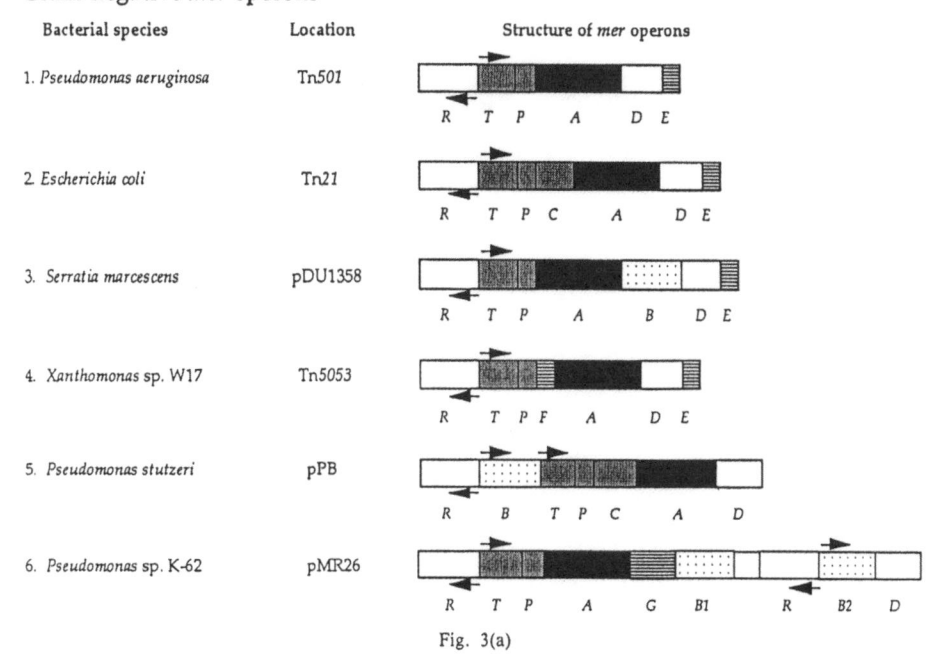

Bacterial species	Location	Structure of *mer* operons
1. *Pseudomonas aeruginosa*	Tn501	R T P A D E
2. *Escherichia coli*	Tn21	R T P C A D E
3. *Serratia marcescens*	pDU1358	R T P A B D E
4. *Xanthomonas sp.* W17	Tn5053	R T P F A D E
5. *Pseudomonas stutzeri*	pPB	R B T P C A D
6. *Pseudomonas sp.* K-62	pMR26	R T P A G B1 R B2 D

Fig. 3(a)

Gram positive *mer* operons

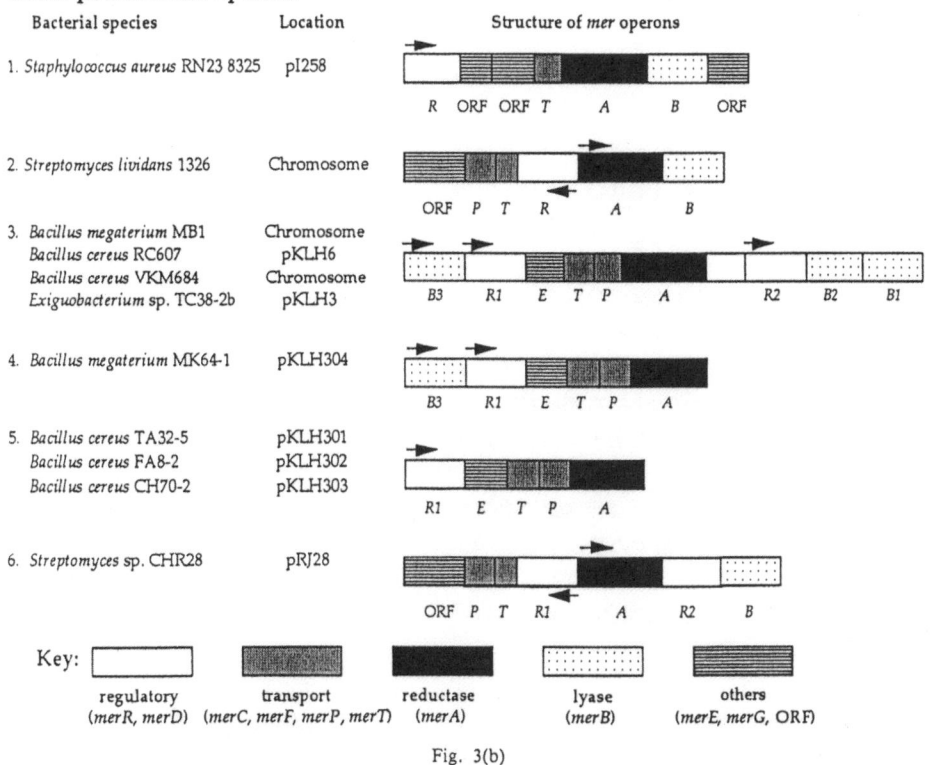

Bacterial species	Location	Structure of *mer* operons
1. *Staphylococcus aureus* RN23 8325	pI258	R ORF ORF T A B ORF
2. *Streptomyces lividans* 1326	Chromosome	ORF P T R A B
3. *Bacillus megaterium* MB1 *Bacillus cereus* RC607 *Bacillus cereus* VKM684 *Exiguobacterium sp.* TC38-2b	Chromosome pKLH6 Chromosome pKLH3	B3 R1 E T P A R2 B2 B1
4. *Bacillus megaterium* MK64-1	pKLH304	B3 R1 E T P A
5. *Bacillus cereus* TA32-5 *Bacillus cereus* FA8-2 *Bacillus cereus* CH70-2	pKLH301 pKLH302 pKLH303	R1 E T P A
6. *Streptomyces sp.* CHR28	pRJ28	ORF P T R1 A R2 B

Key:
- regulatory (merR, merD)
- transport (merC, merF, merP, merT)
- reductase (merA)
- lyase (merB)
- others (merE, merG, ORF)

Fig. 3(b)

図 18.29 これまで知られている細菌の水銀耐性遺伝子オペロンの構造（矢印は，オペレータ配列とその転写方向を示す）

知 18. 分子生物学的手法

Bacterial *cad* operons

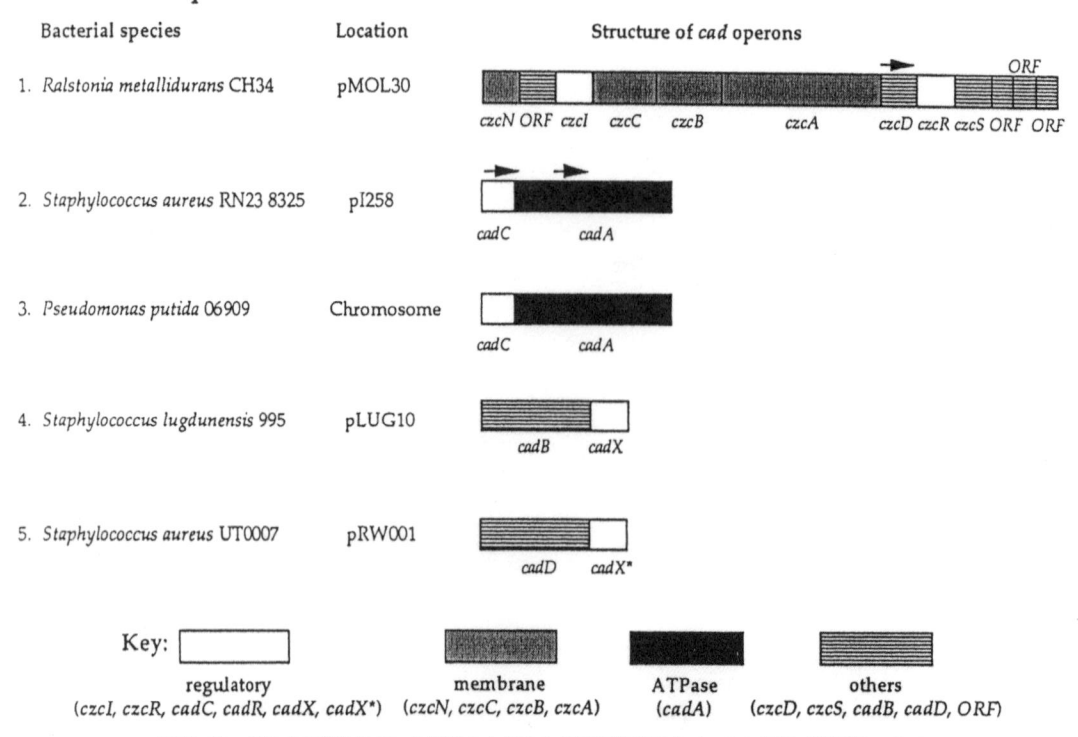

Bacterial species	Location	Structure of *cad* operons
1. *Ralstonia metallidurans* CH34	pMOL30	*czcN* ORF *czcI czcC czcB czcA* *czcD czcR czcS* ORF ORF
2. *Staphylococcus aureus* RN23 8325	pI258	*cadC cadA*
3. *Pseudomonas putida* 06909	Chromosome	*cadC cadA*
4. *Staphylococcus lugdunensis* 995	pLUG10	*cadB cadX*
5. *Staphylococcus aureus* UT0007	pRW001	*cadD cadX**

Key:
- regulatory (*czcI, czcR, cadC, cadR, cadX, cadX**)
- membrane (*czcN, czcC, czcB, czcA*)
- ATPase (*cadA*)
- others (*czcD, czcS, cadB, cadD*, ORF)

図18.30 これまで知られている細菌のカドミウム耐性遺伝子オペロンの構造(矢印は,オペレータ配列とその転写方向を示す)

の属や種によって異なる.これまで明らかにされた細菌がもっている水銀耐性オペロンの構造を図18.29に示す.まずこのオペロン全体の発現を調節している *merR* と呼ばれる遺伝子が存在する.また,水銀を積極的に細胞内に取り込むための膜輸送系の遺伝子群(*merT, merP, merE*)をもっている.細胞外の重金属(および重金属が結合した)イオンを特異的に細胞内に取り込む遺伝子は水銀以外では知られていない.なぜこのような輸送系遺伝子が存在するのかは明らかにされていない.そして細胞内に入ってきた水銀イオンを還元して金属水銀に変換する *merA* と呼ばれる水銀還元酵素の遺伝子をもっている.また,この遺伝子クラスターに特徴的なことは,メチル水銀などの有機水銀を分解するために *merB* という有機水銀分解遺伝子をコードしている場合が多いことである.

b. カドミウム耐性オペロン(*cad* オペロン)[4,5]

カドミウムによる環境汚染はこれまで水銀に次いで大きな社会問題を引き起こしてきた.食品中のカドミウムについて,世界保健機構(WHO)と世界食糧農業機構(FAO)が合同で新たに世界標準となる規制値を定めることを検討しているが,主要穀物中のカドミウム濃度が人間の健康に影響を与える濃度を超えているケースは多いと考えられる.農業土壌が広くカドミウムによって汚染されていることに基因してこのような問題が発生してきている.図18.30にこれまで明らかにされた細菌がもっているカドミウム耐性遺伝子オペロンの構成を示した.知られているカドミウム耐性オペロンには2つの型があり,ATPaseの機能をもつ細胞膜タンパク質であるカドミウム排出ポンプの遺伝子(*cadA* など)を構造遺伝子とするものと,化学浸透圧トランスポーター(アンチポーター)として機能する膜タンパク質の遺伝子(*czcA* など)を中核的構造遺伝子にするものとに分けられる.これらオペロンの発現を調節する遺伝子(*cadC, czcR* など)が存在する点は水銀耐性オペロンと同じである.

c. クロム耐性オペロン[4-6]

水銀やカドミウムのように単純に重金属を細胞の外に排出する機構だけでは汚染地域の生物修復(バイオレメディエーション)に役立つとは考えられないが,重金属化合物を変換して不溶性の塩に変えて

Bacterial ars operons

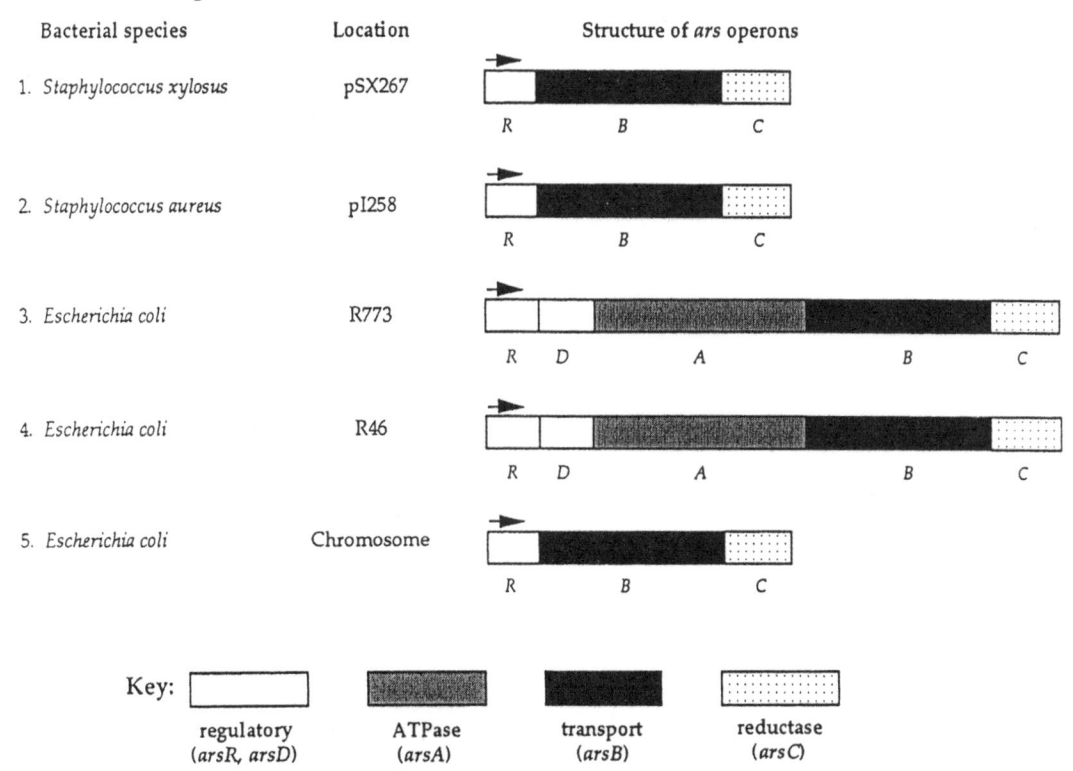

Bacterial species	Location	Structure of ars operons
1. Staphylococcus xylosus	pSX267	R B C
2. Staphylococcus aureus	pI258	R B C
3. Escherichia coli	R773	R D A B C
4. Escherichia coli	R46	R D A B C
5. Escherichia coli	Chromosome	R B C

Key:
- regulatory (arsR, arsD)
- ATPase (arsA)
- transport (arsB)
- reductase (arsC)

図18.31 これまで知られている細菌のヒ素耐性遺伝子オペロンの構造（矢印は，オペレータ配列とその転写方向を示す）

しまったり，微生物細胞の中に蓄積して閉じ込めてしまう微生物は汚染地域のバイオレメディエーションに役立つと考えられる．クロム耐性細菌として知られているものの中には，クロム（6価）酸イオンを3価のクロム化合物に還元するものがある．この微生物による還元反応によって生成された3価のクロムは，容易に水酸化クロムとして不溶性の沈殿物となり除去することができる．現在までに知られている細菌にクロム耐性を付与するオペロンとして，好気性細菌から発見されたchrオペロンがある．このオペロンに含まれる構造遺伝子の機能については現在解析が進められている．

d. ヒ素耐性オペロン（arsオペロン）[4]

重金属には含まれないが，類金属（メタロイド）として人間や生態系に大きな影響を及ぼすものにヒ素化合物がある．これまでよく知られている微生物のヒ素耐性オペロンは，細胞内に入ってきたヒ酸イオンを亜ヒ酸イオンに還元して細胞外に排出する機能をコードしたものである．このような微生物の機能に関与する遺伝子のクラスターがヒ素耐性オペロンと呼ばれるものである．解析がなされたヒ素耐性オペロンの例を図18.31に示した．

最近になって，亜ヒ酸イオンをヒ酸イオンに酸化する反応に関与する遺伝子が報告されたが，この遺伝子によって付与される機能として，微生物は毒性の高い亜ヒ酸を毒性の低いヒ酸に変換することから，ヒ素による環境汚染の緩和にこの微生物機能が役立つ可能性が出てきた．今後の研究の進展に期待したい．

e. その他の重金属耐性オペロン

上記以外の重金属に対しても，亜鉛，銀，銅，鉛，コバルト，ニッケルなどに耐性な微生物が知られている．重金属以外でも，セレン，テルルといった元素のきわめて毒性の強い化合物に耐性を示す微生物も発見されてきている．これらの毒性物質に対する微生物の耐性はさまざまな機構によることが明らかになっているが，いくつかの共通な耐性のメカニズムも存在する．セレン酸やテルル酸に対しては水銀と同様に還元して元素セレンや元素テルルに変えて無毒化できることが知られているが，これらの単体

元素は水銀のように気化しないので細胞内に蓄積されるといわれている．このような生物変換に関与する遺伝子を活用してバイオアキュミレーションによる汚染除去技術の開発が考えられている．

18.5.4 栄養塩除去にかかわる遺伝子の解析と応用

独立栄養生物の増殖にとって必要な無機化合物は一般に栄養塩と呼ばれ，環境を適正な状態に保つためになくてはならない物質成分である．必須栄養塩として特に重要なものは，窒素化合物塩とリン化合物塩である．生物環境の形成や維持に必須とされながら，もし窒素化合物やリン化合物が生態系に過剰に供給され，消費とのバランスを超えて蓄積されると，富栄養化現象といわれる環境汚染を引き起こす．閉鎖系水域において頻繁に発生している赤潮やアオコの異常発生がその典型的な例である．したがって，廃水や排水に含まれるこれらの栄養塩が河川や内湾などの公共用水域に排出される前に，一定レベル以下に除去する必要がある．窒素やリンを廃・排水から除去するための方法として，生物学的な窒素除去やリン除去技術が用いられることが多い．これまで開発されてきたこれら技術は，通常生物学的脱窒素法や生物脱リン法と呼ばれているが，これらの中核的役割を果たしている微生物の種類や機能については未知の部分が多く残されている．

上記の理由として，少し前までは生物学的脱窒素や生物脱リンに関与する遺伝子がほとんど解析されなかったことがあげられる．すなわちこれらを担っている特定の生物種とそれらの生物機能がほとんどブラックボックスとして扱われてきたことによって，リン除去や窒素除去という生物現象の解明の基礎となる分子生物学的研究に長い期間手がつけられてこなかったことが，これら重要な環境技術の発展を滞らせてきたといってよい．最近になって，これらの遺伝子の解明が分子微生物学者によってなされるようになり，ようやく生物学的脱窒素法や生物脱リン法の細胞生物学的あるいは分子生物学的特徴が明らかにされるようになってきている．これまでに解明された栄養塩類の除去に関与する遺伝子群について以下に示す．

a. 窒素除去遺伝子[7]

窒素化合物は有機態と無機態とに分類されるが，アンモニアを経て有機窒素化合物に変換され生物に同化される場合，および亜硝酸・硝酸に酸化される硝化とその後に一酸化窒素・亜酸化窒素を経て窒素ガスに還元される脱窒によって無機窒素として循環する場合とがある．生物に同化された窒素は，有機物の分解によって再びアンモニアに戻され，その後いずれかの経路で循環することになる．このような環境における窒素の循環がどこかで滞ると，富栄養化現象が引き起こされる．

自然界における窒素の循環，特に硝化反応と脱窒反応はそれぞれの反応に必要な酵素をもつ微生物によってなされる．したがって，それらの酵素に対応する遺伝子が存在することは理解されていたものの，実際にそれらの遺伝子がクローニングされ解析されるようになったのは1990年代に入ってからである．脱窒素反応に関与する酵素群は，一般に硝酸呼吸と呼ばれる反応経路に関与する酵素であることから，最終電子受容体を分子状酸素ではなく硝酸や亜硝酸などに置き換えて反応を行う酸化還元系酵素が主体となっている．また，硝化反応についても同様に酸化酵素群が関与しているが，これらの酵素は窒素化合物に特異的ないくつかの酸化酵素であり，そのいくつかが解明され遺伝子が同定されている．それらは，アンモニウムモノオキシゲナーゼ（amo）遺伝子，ヒドロキシルアミンオキシドレダクターゼ（hao）遺伝子および電子伝達系のチトクローム系遺伝子やユビキノン遺伝子などである．これらの遺伝子についてその存在が知られている例として，解析された Nitrosomonas sp. ENI-11 というアンモニア酸化細菌の染色体の amo 遺伝子群および hao 遺伝子群のコード状態を図18.32に示した．

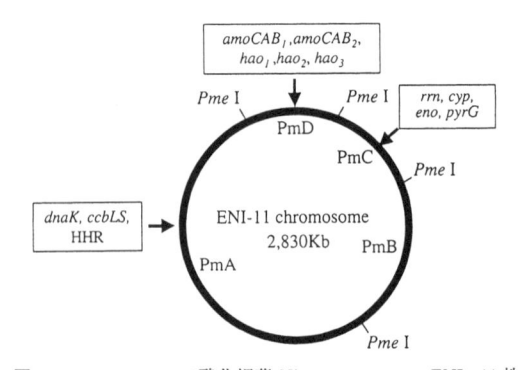

図18.32 アンモニア酸化細菌 Nitorosomonas sp. ENI-11 株の染色体上に存在するアンモニア酸化遺伝子群（文献7より転載）

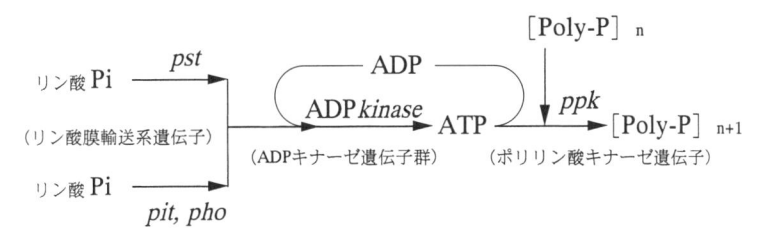

図 18.33 ポリリン酸の合成に関与する遺伝子群

b. リン酸除去遺伝子[8]

　リン酸はリン酸肥料・工業原材料・化学合成触媒などとしてなくてはならない化合物であるとともに，窒素化合物と同様に水域の富栄養化を引き起こす原因物質として環境保全上も管理されなければならない化学物質である．また，窒素化合物と異なる点として，リンが枯渇危惧資源としてその循環利用が求められるようになってきている資源であることがあげられる．排水などからリン酸を除去するために，最も経済的に有効な方法として生物学的脱リン法が用いられているが，この方法は細菌などの微生物がリン酸化合物を細胞に蓄積する現象を基礎として成り立つバイオ技術である．この生物学的脱リン法は排水からのリン資源回収技術としても注目される方法であり，富栄養化防止と資源循環利用の観点から今後の技術的活用が期待される．

　微生物細胞にリン酸化合物を蓄積させる方法として，以下のような2つの生物現象の利用が可能である．1つは，どの生物細胞でも共通して利用している，核酸やヌクレオチド，リン脂質などの細胞構成有機リン化合物として蓄積させることである．しかし，これらの基本構成物質による細胞のリン含量は細胞乾燥重量あたりたかだか2％程度にすぎないといわれている．したがって，通常の下水などの排水中に含まれるリンを満足できる程度まで除去するためには，膨大な微生物菌体（余剰汚泥）の発生があってはじめて可能になる．排水の有機汚濁物質の除去との関連および発生する余剰汚泥の処理処分の費用との関連で，このような原理を利用してのリン除去は技術的に採用できないことが多い．もう1つのリン酸化合物を蓄積させる方法は，特殊な微生物によって細胞内に生成される無機リン酸ポリマーであるポリリン酸として，リンを微生物細胞に蓄積させる方法である．この方法が一般に生物脱リン法と呼ばれている方法である．

　微生物細胞がポリリン酸を合成する反応に関与する酵素およびその酵素タンパク質の情報をコードする遺伝子について研究がなされてきた．ポリリン酸生成の鍵となる酵素はポリリン酸合成酵素といわれるキナーゼであるが，この遺伝情報をコードする *ppk* と命名された遺伝子が大腸菌および *Klebshiera* 属細菌からクローニングされ解析がなされている．細菌によるポリリン酸の合成には，*ppk* 以外にリン酸イオンを特異的に輸送するPSTおよびリン酸以外の陰イオンも同時に輸送するPITと呼ばれる2つの細胞膜輸送系チャネルタンパク質が存在し，それぞれをコードする遺伝子群が知られている．これら以外にも，ポリリン酸の合成材料となるリン酸の供給源としてATPが必要とされるが，ATPを合成するための一連の酵素遺伝子も結局ポリリン酸の合成に関与する遺伝子である．これまで明らかにされた細菌のポリリン酸合成のメカニズムについて，これに関与する遺伝子によって示せば図18.33のようになる．

おわりに

　この節では，環境浄化に関与すると考えられる代表的な遺伝子群の探索・解析の例を述べた．このような分子生物学的知識および遺伝子に関する知識は，新しく求められる環境浄化技術の開発のためにきわめて重要であるといえる．特に，水環境の保全にとってなくてはならない生物学的水処理の分野では，これまで分子生物学という基盤サイエンスなしにテクノロジーを開発してきたといってよい．そのため，水処理技術は経験的な職人芸のようなものとして開発がなされ用いられることが多かった．しかし，そのような技術の開発や利用は，技術の普遍化という点で早晩行き詰まるだけではなく，将来本当に必要とされる環境技術を開発するための知識の積み上げに貢献しない．生物学的水処理を含めて環境保全のためのバイオテクノロジーの開発では，それを構成する微生物の機能を分子生物学的に理解すること

が重要になってきている．また，遺伝子に注目して生物の機能を解明し，その遺伝子機能を環境の浄化・保全技術に広く役立てることも，なくてはならないものになってきている．

環境技術分野における生命科学や分子生物学の位置づけをさらに進展させて，たとえば利用しようとする微生物などの生物細胞を1セットの遺伝子群の入れ物とみなし，それらの遺伝子群の機能を発現するためのシステムと考えてみてはどうであろうか．そのシステムに含まれる遺伝子群はプラスミドやファージやトランスポゾンを介して絶えず変化しているし，それによって生物細胞がもっている機能も変化している．環境汚染物質を検知し，その毒性に抗してそれを分解し浄化する，あるいは，環境の破壊に結びつかないような原材料としての物質を生物細胞に生産してもらう，そのための機能をもつ遺伝子群の使い方を考えなければならない環境バイオテクノロジーの時代が到来している． 〔遠藤銀朗〕

文 献

1) 末永 光，渡邊崇人，藤原秀彦，西 哲人，古川謙介 (2002)：微生物によるポリ塩化ビフェニル (PCB) の分解；最近の遺伝生化学的研究．環境バイオテクノロジー学会誌, **2** (1)：1-12.
2) Hayakawa T, Kyotani T, Ushiogi T, Shimura M and Kimbara K (2002): Pilot scale study on PCB decomposition using a combination of photodechlorination and biodegradation. *J Environ Biotechnol*, **2** (2)：127-133.
3) 福田雅夫 (1995)：環境をまもるために進化する細菌たち，地球を守る小さな生き物たち，児玉 徹, 大竹久夫, 矢木修身, 編, pp. 41-47. 技報堂出版.
4) Endo G, Narita M, Huang C-C and Silver S (2002): Microbial heavy metal resistance transposons and plasmids : Potential use in Environmental Biotechnology. *J Environ Biotechnol*, **2** (2)：71-82.
5) Endo G, Ji G and Silver S (1996): Heavy metal resistance plasmids and use in bioremediation. Environmental Biotechnology : Principles and Application (Moo-Young M, Anderson WA, Chakrabarty AM, eds), pp. 47-62, Kluwer Academic Publishers.
6) 大竹久夫 (2002)：重金属の除去．微生物利用の大展開 (今中忠行監), pp. 812-823, エヌ・ティー・エス.
7) 廣田隆一, 加藤純一, 黒田章夫, 池田 宰, 滝口 昇, 大竹久夫 (2002)：アンモニア酸化細菌の分子生物学．環境バイオテクノロジー学会誌, **2** (2)：135-143.
8) Kato J, Yamada K, Muramatsu A, Hardoyo, and Ohtake H (1993): Genetic improvement of *Escherichia coli* for enhanced biological removal of phosphate from wastewater. *Appl Environ Microbiol*, **59** (11)：3744-3749.

19 教育

19.1 教育とは

19.1.1 水環境教育で理解しておきたいこと

開発途上国をはじめ世界各地で，水不足，水質汚染，洪水被害の増大などの水問題が発生しており，これに起因する食糧難，伝染病の発生などその影響はますます広がっている[1]．安全な水が得られないということは，共同で使う水道や井戸すら身近になく，衛生的に問題があるかもしれない川や湖の水，あるいは雨水を飲まなければいけないということである．また，そういう状況では生命維持に必要な水を得るために，家事労働の多くの時間を割かなければならないケースも多い．

水危機に対して，教育の観点からどのようにアプローチをすればよいのであろうか．

環境教育は環境と持続可能性のための教育であり，水環境に関する持続可能な社会の構築に主体的にかかわることのできる市民の教育を水環境教育とする．水環境教育でまず理解しておきたい概念を表19.1に示す．

水は不思議な物質

水は身近な物質であり，生命に欠くことのできない大切な資源である．しかし，その存在はあまりに身近すぎて，私たちは水に関心を向ける機会が少ないといえよう．川・湖沼・海，また雲や雨・雪など，水は日常にありふれた存在であるが，実は物質とし

表 19.1 水環境教育の基本概念

1.	液体の水が生命の源	地球上の生命は液体の水を基本とし，生きていくために水が必要である．多くの生き物がその生活のすべてを，あるいは一部を水中で過ごす．生物にとって水の質と量が重要であり，水が汚染されたり，水圏の生息環境が壊れると，種は絶滅する
2.	水は不思議な物質	水は地球上では固体，液体，気体の三態に変化する．水はさまざまな物質を溶かすことができる．水の性質が地球環境を特徴づけ，生物の生存を可能にしている
3.	すべての水は水循環の一環である	生物・無生物の多様なかかわりの中で，水は循環している
4.	水は有限	水は有限な資源である．特に，人が利用できる淡水は限られている．しかし，水は循環しているために，適切に利用すれば，持続的に使用することができる
5.	流域	流域は地形，地質，気候，植生により特徴づけられ，地域によって水環境は異なる．本来の流域に人為的な改変が加えられることもある
6.	人は大量の水を使用する	人は他の生物と同様に生命を維持するために水が必要である．生活に使うほかさらに食料生産，物の製造，発電などに多くの水を使う．人は水資源利用のために，他の生物に必要な水や水環境を奪うこともある
7.	汚染物質は水系内を移動する	水は汚染物質を発生場所から遠く離れたところまで移動させる
8.	社会の安定にとって水が重要	社会の安定にとって，生命を維持する水，生産活動のための水など，必要な水資源を持続的に利用できることが重要
9.	水の価値と利用方法は地域により異なる	水環境を守る方法はそれぞれの地域のなかで検討しなければならない．人を含むすべての生物の持続可能な水利用のために，市民として責任ある行動をとらなければならない

■知 19. 教 育

表 19.2 水は変わりもの

水は水素原子 2 個と酸素原子 1 個が結合した化合物
- 融点や沸点が高い（地球表面の温度と圧力のもとで，固体・液体・気体の三態に変化できる）
- 蒸発熱や融解熱がなみはずれて大きい
- 固体が液体よりも軽い（氷が水に浮く）
- 比熱容量が大きく，熱伝導率が大きい
- 凝集力が大きい
- さまざまな物質を溶かすことができる

てはたいへんユニークである（表 19.2）．

人類をはじめ地球に暮らす生き物にとって，液体の水が生命反応の基本となっている．
① 体に必要な栄養分や老廃物を運ぶ
② 栄養分を酸素と反応させて，エネルギーに変える働きを助ける
③ 生体高分子の形を決め，機能を発揮させる
④ 体温を調節する

細胞の内と外は細胞膜で区別されているが，外部との物質のやりとりができるのは，細胞の内と外に液体の水があるからである．水はいろいろな物質を溶かし運搬することができるため，体内では水に溶けたさまざまな物質を用いて，代謝と呼ばれる生体化学反応によって生命活動に必要なエネルギーや各種の物質を作り出し，不用になった物質を分解し，排泄している．

太陽系のなかで，星の表面に液体の水が存在するのは地球だけである．それは，地球と太陽の距離が水が液体となれる温度を保つ「ちょうどよい」距離にあるからである．地球上のすべての生き物は液体が頼りであり，水の不思議な性質をもとに地球の生態系が営まれている．

世界で偏在している淡水資源は気候変動によりますますその利用が限られ，急激な人口増加，さらに一人当たりの水使用量の増加や水の汚染など，世界の水問題は深刻な状況である．持続可能な社会の構築のために，水問題の解決に向けた教育の改善も重要な取組みであろう．

19.1.2 本章の内容

19.2 節では，教育理論の変遷を踏まえながら，環境教育，特に問題解決を志向する批判的環境教育について述べる．そして，「川に親しむ」プログラムの実例を報告し，環境教育の目指すものを明らかにする．

19.3 節は，市民として責任ある行動の一つとして水環境保全計画への市民参加の事例とその課題を紹介する．

19.4 節は地域の水環境保全を担う市民活動を支えてきた筆者が，これまで取り組んできた市民環境科学の推進を中心に，河川環境の新たな評価手法の提案と水環境の実態解明から保全・修復活動へ向かう市民の活動を紹介する．

19.5 節は環境研究のあり方，特に環境研究者の育成について言及する．環境研究者を志す人には，ぜひ読んでほしい．　　　　　　〔小川かほる〕

文　献
1) ロビン・クラーク，ジャネット・キング著，沖　大幹監訳（2006）：水の世界地図，丸善.

19.2　社会を変革する環境教育

環境の修復，保全のために，工学的および社会工学的な技術とともに教育が重要であると，多くの人が認めるようになってきた．この節では，問題解決に寄与する教育の特徴と理念について概説し，筆者の参画した事例を紹介する．

19.2.1　環境教育の教育論
a. 教育の方向性

教育は社会的な制度である．ほかの社会的な制度と同様に，教育もまた，社会の中で必要とされる機能を果たすように，その目的や目的達成のための内容が形作られてきた．

Kemmis らは，教育（カリキュラム）の方向性を，生徒に身につけさせようとする社会的な能力により「職業訓練的/新古典的」「リベラル/進歩的」「社会的/批判的」の 3 つに整理して説明している．表 19.3 に Stapp らが修正したものを示す[1]（同様の表はジョン・フィエンも作成している[2]）．

「職業訓練的/新古典的」方向性は，19 世紀以降整備された近代的な国民教育の制度の基本であり，国語，算数，理科，社会科など教科学習の内容と教

表 19.3 教育理念の3つの主要な方向性

	職業訓練的/新古典的	リベラル/進歩的	社会的/批判的
学校の目的	生徒に労働の倫理/技能を身につけさせて職業への準備をさせる	生徒に生活への準備をさせる	生徒を批判的な思考と行動にかかわらせる
カリキュラムの主眼	内容	プロセス	グループプロセスあるいは行動指向
意思決定主体	学科検討機関	全学校と教師集団	教師集団，生徒および地域社会
評価の頻度	コース設定の前	学習の進行途中	学習の進行途中
主要課題	学習要領	生徒の参加	生徒の行動
	教育のための資源，カリキュラムパッケージ，試験手順，課業	集団プロセス，集団管理	小集団プロセス，地域社会との連携
	勤勉で従順な生徒の育成	労り合い，協調的な雰囲気	社会に関する実際的な知識と批判的視点の育成
認識上の強調点	事実に基づく知識	事実に基づく知識	知識に関する知識（学び方を学ぶ）
	暗記学習	理解	相互作用

育方法を形作る基盤となっている．2番目の「リベラル/進歩的」方向性は，20世紀に入ってから米国の進歩主義的な教育者のグループにより始められ，現在の民主主義教育の基礎となっている理念である．最後の「社会的/批判的」方向性は，貧困，人権侵害，紛争，環境破壊などの現実に起こっている社会的な問題を解決できる力をもった人間を育てることを重視した教育の方向性である．この方向性は，第2の「リベラル/進歩的」な教育の実践の現場から発展したものである．特に第二次大戦後，経済的な発展により民主主義的な社会が達成されるという単純化された進歩主義的な開発モデルが，期待されていたような豊かで公正な世界をもたらさないことが明らかになり，これまでの理論を批判的に検証し解決策を探る中で可能性のある教育理念として取り上げられるようになった．実際，先進国から途上国に提供される開発教育や先進国の大都市の貧困地域の青少年教育，途上国の識字教育などから始まっている．1960年代後半から世界的に公害と資源枯渇による環境問題が社会問題となって，環境教育に導入されるようになったものである．

「職業訓練的/新古典的」と「リベラル/進歩的」方向性による教育の当事者は多くの場合，教育は（政治的に）中立である，と主張する．これに対して「社会的/批判的」方向性は「批判的」という態度自身が，社会の現状を変革すべきものとみていることを表明しており，自らの政治性を明瞭に認識している．そのうえで生徒に対して教師の主張に対しても批判的にみることを薦めるという点で，教育における「社会的/批判的」方向性は前2者の方向性に対して，単なる政治性の有無ではなく，社会的な存在としての自己の認識の違いが存在していることがわかる．

b. 知に関する理論

「社会的な存在としての自己の認識の違い」は，教育で提供する知をどのようにとらえるかの違いともつながっている．

表19.3の最後の項目「認識上の強調点」において，「職業的/新古典的」と「リベラル/進歩的」では「事実に基づく知識」が挙げられ，「社会的/批判的」では「知識に関する知識」が挙げられている．

「事実に基づく知識」とは現実をありのままに観察し分析することによって得られる客観的な知識である．現実の場に現れるものごとはそれぞれの固有の条件のもとで歴史性をもった固有の時間を伴っているが，ある量の類似の現象を比較してそれぞれの固有性を取り除くことによって共通の普遍的な本質を篩い分けることができるというのが自然科学の基本となっている認識の方法である．しかし「批判的」な認識の方法では，このような知のあり方を「批判的に」見つめ直すことを提起する．

ジョナサン・カラーは1960年代以降に起きた現象として，「人類学，美術史，映画研究，ジェンダー研究，言語学，哲学，政治理論，精神分析，科学研究，社会と知の歴史，社会学の著作」の中に表れたそれぞれの理論が，それぞれの分野の議論を基盤としながら，他の分野とも共通する認識の方法となったことを指摘し，これを「理論」と呼んでいる[3]．そして理論は「『常識』として自明視されているも

■知　19. 教　育

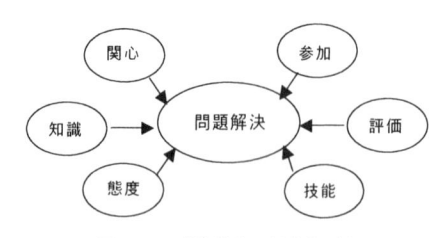

図 19.1　環境教育の目的と要素

のが実は歴史の中で作られたものであること，あたり前になりすぎてしまって，理論であることすら判別のつかないような特定の理論であることを示そうとする企て」であると述べている[4]．

「事実に基づく知識」は，その知が形成された認識の世界の中では客観的で普遍的な知である．これは一定の論理的な仮想的条件を設定したうえで実験を計画し，データを収集し解析する自然科学で前提とされてきた知のあり方であるが，人間の行動に関係する人文，社会科学や環境に関する諸科学のような実験室の外の現実の自然界（さらに人間が関与する相互作用の場）を対象とした研究では，理想的な条件を仮定することはできない．そのような研究では，認識された世界は研究対象が実際にもっている歴史的な背景をもった固有の社会的条件と切り離して想定することはできず，また研究のプロセスも固有の社会の中で育ってきた生身の人間の主観と結びついている．その結果，研究で得られたとされる客観的，普遍的な知識は固有の歴史性をもち，主観的にとらえられた知とならざるをえない．常識の自明性を，歴史的な文脈の中で自らがそのような常識の影響の下で育ってきたことに気づきながら，批判的に見直そうとする行為によってもたらされる知識が，表 19.3 の「社会的/批判的」の列にある「知識に関する知識」である．

c. 国連レベルでの批判的環境教育の展開

上に書いたような批判的な視点を明確にした環境教育は1975年にベオグラードで開かれた国連の環境教育専門家会議で文章化された．ベオグラード憲章は，環境教育の目標を「環境とそれにかかわる問題に気づき，関心を持つとともに，当面する問題の解決や新しい問題の発生を未然に防止するために，個人および集団として働くための知識，技能，態度，意欲，遂行力などを身につけた世界の人々をそだてることにある」としている[5]．ここで環境教育の目標は環境の問題解決の能力をもつ人材の育成とされ，関心・知識・態度・技能・評価・参加という6項目の要素が具体的に指摘された．

1977年のトビリシ会議では社会的公正がテーマとして加えられ，1987年のモスクワ会議では「ベオグラードとトビリシの会議を受け，環境教育において環境問題の原因を批判的な見方で把握することと価値観や行動への志向性を持つことが，改めて確認された」[6]．

その後，国際的な環境教育の活動は国連,ユネスコを中心に世界各地で進められた．1992年リオデジャネイロで開かれた国連環境開発会議（地球サミット）において「持続可能な開発」が重要な概念として取り上げられ，環境教育においても1990年代の後半から環境教育は人権教育，開発教育，平和教育，ジェンダー教育などの現代社会で特徴的に発生している社会問題に対応する教育の中の1つとみるべきだという議論が活発に交わされるようになり，1997年ギリシアのテサロニケで開かれた「環境と社会に関する国際会議：持続可能性のための教育とパブリック・アウェアネス」（テサロニキ会議）では，環境教育という呼び名からこれらを総称する持続可能性のための教育と言い換えることが提起された．

2002年ヨハネスブルグで開催された「持続可能な開発のための世界首脳会議（ヨハネスブルグサミット）」において，国連総会に対して「国連・持続可能な開発のための教育の10年」の実施を勧告することが採択され，現在では持続可能な開発のための教育（education for sustainable development：ESD）が多く使われるようになっている．しかし，ここでは持続可能な開発のための教育の中で，生徒たちに環境の問題を解決する能力を身につけさせるための理念や方法論の面を重視することから環境教育の名称を使うことにする．

19.2.2　批判的環境教育の骨格

前節で述べたような問題意識と，知のあり方に対して批判的に見直す視点をもった環境教育は以下に述べるような要素を骨格としている．

a. 批判的思考

「批判的」な思考は，あたり前だと思われること，つまり客観的な事実だといわれてきたことを改めて疑い，さかのぼって論理的に正しいかどうかを確かめてみる思考の態度である．ものごとを絶対視せず，別の角度からみることもできるのではないかと自分

と対象の双方を相対化して見直す視点が重要となる．これは従来の教育（特に学校教育）で強調されていた学ぶ態度とは大きく異なっている．従来の教育では，教師は生徒に（ただ一つの）真実を教えることができると考えられてきた．そこで生徒は教師が与える知識，考え方を正しいものとして受け入れることが要求される．しかし現代の社会的な問題に対しては，真実は唯一ではなく，人により場所によって決まるものだということを前提にして取り組む必要がある．教育は，生徒たちに問題を理解するための知識や問題を解決するための出来合いの方法を教えるのではなく，学習者が現実の問題に直面したときに，自立して行動できるように，知識を得る方法，問題解決の方法を作り出す方法を身につけさせることが目標となる．「知識」を学ぶのではなく「学び方」を学ぶのである．

b. 参　加

参加型の教育では，生徒が授業の内容，進行に積極的にかかわることが奨励され，教師は生徒の主体的な学習を補助，支援する役割を果たす．現実に行われる教育実践では学校運営，教師，生徒，生徒の家族を含む地域社会の協力を元にして，さまざまな形や深さの「参加」が考えられる．授業の形式では対話形式の授業，グループ学習，自分で課題を見つけて自主的に調べる形などがある．

図 19.2 の教壇型は従来の学校教育でよく採用されている授業の形式で，多くの場合教師から一方向的に知識が伝達され，生徒は教師の問いに答えるか，質問をするときだけ参加が認められる．グループ型指導者方式では，指導者である教師が授業を進めており，特定の作業を生徒たちがグループ内で対話をしながら行う．生徒は指示された作業の中で参加が認められる．グループ型ファシリテータ方式では，教師はファシリテータ（進行役）となり，生徒はグループを形成して，授業の進行の主体として参加する．これらのどのスタイルで教育を行うかは，その教育実践が置かれている状況により変わりうる．

批判的な教育において参加は，教育の形式としてだけでなく，教育の内容に深く関係している．「批判」という行為は自分の判断に対する責任を引き受けることであり，学習においても批判的参加が求められる．教育を企画し提供する場での教育の形式と内容に生徒がうまく参加することは教育実践の効果にとってきわめて重要である．さらに「当事者」は教師と生徒だけでなく，学校の運営者，生徒の家族，地域社会の人々なども，教育のプロセスに参加する当事者であることも指摘されている．しかし，このような人たちがどのように実際の教育に関与していくのかについては，まだ説得力のある事例は報告されていない．

c. 体　験

体験型教育や体験学習の用語はさまざまな意味で用いられているが，ここでは教室の中で抽象的な思考やあらかじめ設定された事例に基づいて学習するのではなく，ものごとが起こる現場へ出て行き，そこで具体的な問題に取り組みながら学習する方法としての意味を強調する．

Stapp らは，社会科学の方法論として開発されたアクションリサーチ（action research：AR）と地域社会の問題解決の手法である地域社会問題解決法（community problem solving：CPS）を組み合わせて ARCPS プログラムを提唱している[7]．ARCPS では，生徒の回りの現実の社会で起こっている問題（たとえば身近な環境問題）を教材として生徒自身に問題解決の実践を行わせ，その結果の評価までカリキュラムに組み込んでいる．

d. 協　働

批判的な思考方法，問題解決の能力は，必ずしも他の人との協力を必要とするわけではないが，環境問題などの社会的な問題の解決においては，他の人との関係を調整して実行することが重要となる．批判的な思考は，自己中心的な主観主義と他人への無前提な服従の双方を排除して，他者との関係を見極めながら自分の位置を確認する姿勢が要求されているが，問題解決の実践においては，思考だけでなく実際に他者と交渉して合意を得たうえで協力して作業を進める能力が必要となる．これは民主主義的な社会の一員としての市民を育てる教育と重なる主題である．

e. 問題解決

これまでに述べたように，批判的環境教育では生

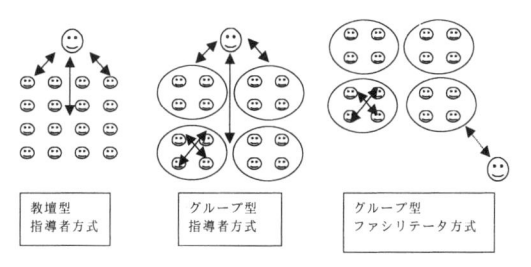

図 19.2　授業の形

図 19.3 問題解決の流れ

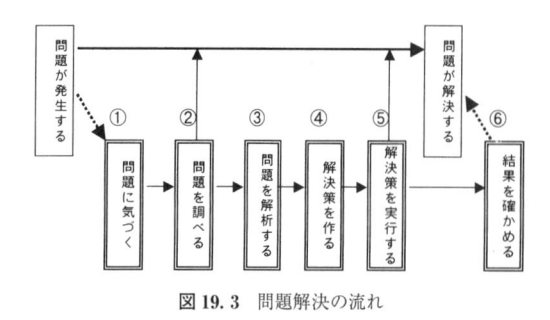

徒に現実に存在する問題を解決する能力を与えることを重視する．問題解決の流れや手順の解析は，生産現場や企業経営の合理化を研究する経営工学や品質工学の分野で開発されてきた．問題を解決する手順は一般的に図 19.3 に示すような要素の組み合わせで表現できる．問題をきちんと解決するためには，これらの要素のそれぞれを的確に実行するとともに，全体をバランスよく進行させることが必要となる．

1）気づき　まず，問題が発生したことに気づく能力が必要である．「問題が発生する」とはそれまで良好であったもの（状態）のどこかが悪くなることだが，悪化に気づくためにはそれまでのよい状態を知っていなければならない．問題は問題と認識する主体がなければ起こらない，あるいは，誰かが問題だと認識しなければ起こらないと言い換えることができる．

環境教育では従来から，子どものときに良好な自然にふれた経験が，問題の気づきに重要であることが強調されている．

2）調査　環境問題など現実社会で起こる問題を調べるためには自然科学的な手法だけでなく社会的な調査も必要となる．調査手法の原理を理解し，調査を実行するための知識や技術を習得しなければならない．

3）解析　調査によって得られた情報や記録，数値などを整理，解析して，問題を具体的に詳細に明らかにし全体像を把握する．データから何らかの判断を導くためにはデータを評価し，意味づけをしなければならない．そのためにはあらかじめ設定された判定の基準（COD 10 ppm 以上は「きたない」とするなど判定者の主観に基づく価値判断）が必要である．

問題解決の実践では，解析した結果を他の人に説明するために報告書が作られることが多い．報告書は文書だけでなく，口頭やポスター，音楽などの形式が考えられる．

教育の要素としては，解析の技術，判定の基準作りとその主観性の理解，報告書の作成と目的に合わせた表現形式の選択などが挙げられる．

4）解決策の策定　自然科学教育では報告書の作成が目標となることが多いが，問題解決型の教育では解決策の策定，解決策の実行，結果の評価までが含まれる．解決策は人材（能力と人数），資材，資金，時間，社会的な関係などを考慮して実行可能なものでなければならない．実行計画は全体の目標を設定したうえで，作業内容や時期にしたがって時間的な進行表（スケジュール）に合わせて一連の作業計画を立てる．実施可能な行動計画を立案する際には，事業実施に必要な知識，技術とともに調整，交渉などの能力が重要である．

従来の教育では，解決策の策定以降の流れはほとんど教育の課題とはみなされず，作業現場で就業する間に経験的に身につけさせていた内容である．

5）解決策の実行　問題を解決するための行動は，調査とは異なる能力とエネルギーを要する作業であり，多くの人たちの協力を得る必要がある．事前には予想できない技術的，経済的，政治的な問題や人間関係の問題に対処しなければならない場面もあり，事前の準備も結果の展望もみえない状態で対応しなければならない点で教師も生徒と同じ立場に立たされる．

6）結果の確認（振り返り）　英語では評価（evaluation）であるが，日本で教育の過程として使われるときには「振り返り」と呼ばれている．一連の活動は一定の期間（たとえば 1 年など）を経過した時点で，予定どおり進行しているかどうか確認される．最初に立てた計画どおり進行せず，目標が達成されなかった場合は，なぜ達成できなかったかを解析し，次に活動を計画するときの参考にする．振り返りは最終時点だけでなく，活動の過程の節目やスケジュール進行の 1/2 や 1/4 時点で行われることも多い．従来の教育では達成度試験や期末試験がこれにあたるが，問題解決のプロセスでは個人の能力評価のためではなく，計画設定が適切であったかを反省し，改善を行うことが重視される．

f. 改善のらせん

上述の問題解決の流れは，問題解決活動の結果を振り返ることにより次の問題解決の課題の発見につながり，この活動はさらに改善を求めて繰り返され

19.2 社会を変革する環境教育

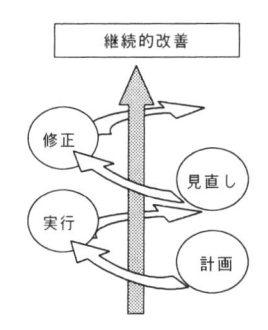

図 19.4 改善のらせん

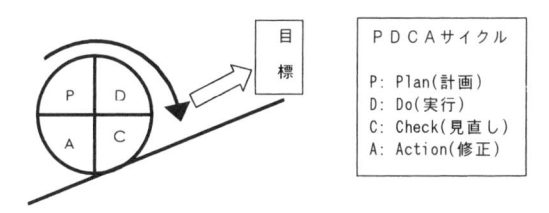

図 19.5 PDCA サイクル

ることになる．このような循環型の改良活動は品質工学で「改善のらせん」（図 19.4）として整理されている．

改善のらせんの「計画」「実行」「見直し」はそれぞれ，問題解決の流れの「解決策の策定」「解決策の実行」「結果の振り返り」に相当し，「修正」は振り返りの結果から修正計画を策定し実行することであり，図 19.5 のような PDCA サイクルとして表現されることもある．

改善のらせん，あるいは PDCA サイクルの発想の根底には，問題の解決や組織の欠陥の改善はある程度達成されるが完全なものではなく，継続して繰り返し修正し続ける性質のものだという認識がある．これは現実主義的な対応であるだけでなく，修正のために取られた働きかけの結果としてシステム内の要素の相互関係が変わることにより自分自身の位置も変わるために問題の構造もまた変化し，新し

い状況への対応が必要になるという相対的な認識論も反映している．

g. 環境教育の要素と問題解決の流れ

図 19.6 は図 19.1 に示した環境教育の要素を，問題解決の流れに当てはめて問題解決の各段階に必要な能力と関連づけたものである．ベオグラード憲章の文章だけでは抽象的だった関心（気づき），知識，態度，技能，参加，評価という教育の要素の意味は，自分にとって切実な具体的な問題を想定し，現実的な解決策を考え出し，それを実行することによって明瞭になってくるはずである．その意味で，次に筆者がかかわった事例を少し詳細に紹介する．

19.2.3 カリキュラム例「川に親しむ」

ここでは批判的教育の視点をもって企画された環境教育の実践例として，筆者が参画したプログラムのカリキュラム内容と実施結果を提示する．教育実践としての質はともかく，参加型教育のカリキュラム例と，このプログラムの進行自体から活動サイクルの事例として参考にしてほしい．

ここに挙げる実践例は，東京学芸大学が 1997 年から 2000 年まで行った環境データ観測・活用事業（EILNet，アイルネット）[8] の「川に親しむ」プログラムの参加校のために作成したもので，Stapp らが GREEN (Global Rivers Environmental Education Network) のプロジェクトのために作成した川の調査カリキュラム[9] を日本の状況に合うように改訂したものである．

a. 「川に親しむ」のプログラムの目的と構成

「川に親しむ」のプログラムの環境教育的な目標は，生徒に自分が生活している地域社会の環境問題を解決するために必要な態度，感性，知識，技能を身につけること，である．

この観点から中学校で地域の川を対象に 2 年間で進めることを念頭において参加型の環境教育のモデ

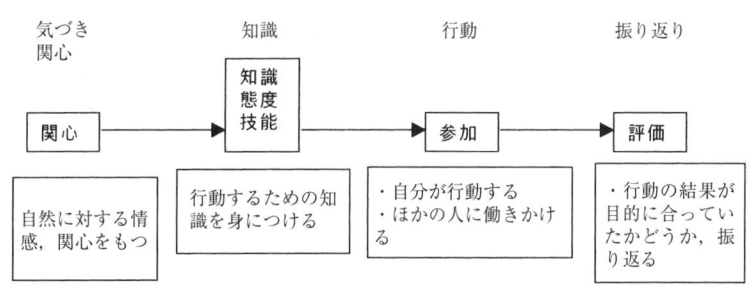

図 19.6 環境教育の要素と問題解決の流れの関係

ルプログラムを作成しアイルネットのホームページに掲載した．モデルプログラムの構成は次のようなものであった．

「川に親しむ」プログラムの構成
（1）川を知る
　　①地図で川筋をたどる
　　②調査地点を決める
（2）川をみる
　　①下調べ
　　②調査項目を決める（調査用紙を作る）
　　③踏査
　　④まとめ
（3）川を調べる
　　①水質調査
　　②生物調査
　　③社会調査（役所，資料，地域，家庭）
　　④問題点の抽出
　　⑤行動計画の作成
（4）川を伝える
　　①ホームページを使う
　　②レポートにまとめる
　　③伝える技術
　　④対話

1）川を知る（地図で川筋を確認し調査地点を決定する）　「川を知る」はプログラム開始の時点で行われる活動である．

まず，調査対象の川を選び，文献や聞き取りにより川の全体像を把握し，実際に調査を行う場所を選定する．調査地点の選定に対して次のような指針を示した．

---

①地図で川筋をたどる
　自分のいる場所が川のどの辺なのかを見つけて，水源と河口，そして支流をたどってマーカーで色をつけ，その川の「水系」を描きます．また「集水域」の境界線も印をつけ，その川の流域の自然や社会の状況を考えます．
②調査地点を決める
　自分たちが調査しやすく，また知りたいと思うことを知るのに適当と思われる調査地点を2，3か所選びます．実際に川に行って様子をみることが必要かもしれません．

2）川をみる（調査用紙を作って予備的に現地へ行ってみる）　調査対象の川と調査地点を選定したら，実際に川を見て流域を歩く．

---

①行く前に下調べをし，調査項目を整理して調査用紙を作っておきます．戻ったらまとめを行います．
②次は昔の川を見に行きましょう．でも私たちが今，昔の川をみることはできませんから「昔見たことのある」人に話を聞きに行くことにします．アンケート用紙を作って昔の川の様子を知っている人にインタビューをしてください．

3）川を調べる（水質，生物，社会調査などの実施と問題点の抽出．行動計画の作成）　川の現地観察や聞き取り調査とともに，水質調査，生物調査，社会調査などを行って川の状況に関するデータを集める．

水質調査については以下のような指針を与えた．

　調査地点で水を汲んで，水の中に溶けている物質を物理的，化学的な方法で調べます．
　調べる項目は，「溶存酸素（DO）」「pH」「水温」「濁度」「化学的酸素要求量（COD）」の5種類を基本とします．できない項目は抜かしてもかまいません．また，ほかの項目も調べられる学校はもちろんぜひ調べてください．調べる回数は春，夏，秋，冬の年4回とします．これももっとできる学校は増やしてください．

生物調査の指針は以下のようなものである．

　川底に住む水生昆虫の幼虫などによる生物による水質判定もやってみましょう．これは年に1回でよいです．
　川のまわりにいる生物の観察も大切です．水鳥，空を飛ぶトンボ，草むらで鳴く虫，光る虫（ホタル）などの動物，土手の植生や水中に揺らいでいる水草などの植物，そしてさまざまな目的でやってくる人間たち，などを月1回は観察してください．ホタルなどは状況に応じて集中的に調査する必要があるかもしれません．

社会調査の指針は以下のようなものである．

　地域社会はその川の水を汲み上げたり，排水したりしています．農業，工業，生活（飲料水の取

19.2 社会を変革する環境教育

水，下水の排水）などの状況を役所，事業所，土地改良区などに問い合わせてみましょう．漁業や観光の形で川を利用している地域もあるかもしれませんね．

　誰に何を，どんなふうに聞いたらよいかなど事前に準備して，記録をとり，あとで整理します．また，水の使い方を家庭で調べることも社会調査の一つです．

これらの調査で得られたデータから問題点を抽出し，改善策をまとめる．これの指針は以下のものである．

①問題点の抽出
　それぞれの調査の結果を整理してまとめたうえで，今その川はどのような状態なのかを話し合い，よい部分を残し，悪い部分を改善する方法を出し合います．その中で一番重要だと思われる問題を見つけ出して，自分たちの行動計画を作ってください．
②改善策の策定
　データを解析して川の現状について話し合いましょう．
　そしてその状況は望ましいのか，改善しなければならないのかを考え，保全策，解決策の行動計画を作成します．

EILNet と参加校の状況からこのプログラムでは行動計画を作成するところまでにとどめたが，可能な場合は改善策の実行も要請した．

　4) 川を伝える（ホームページ，レポート，伝達・対話の技術）　最後のパートは調査によって得られた情報をまとめて他の人に伝える活動である．学校でのインターネットの利用という EILNet の目的をふまえて，ホームページの活用を重視した．指針は以下のとおりである．

①ホームページを使う
　インターネット上のホームページを利用すれば，文章や絵や写真，グラフなどを離れたところにいる人に見せることができます．意見のやりとりもできます．
　この新しい技術の活用をみんなで工夫しましょう．
②レポートにまとめる
　このプログラムを通して記録を残して最後にレポート「報告書」を作りましょう．できた報告書を学校の中で見せてもよいし，印刷して地域に配ることもできますが，自分たち自身で何をやったのかを確認することが一番の目的です．形や量は自分たちの力量に合わせましょう．ホームページ上で作れば一石二鳥です．
③伝えたいことを伝える技術
　レポートは自分たちがやったことの記録ですが，もう一つ大切なのは，たくさんの発見の中で相手に知ってもらいたいことを効率よく伝えることがあります．
　「相手」とは誰なのか，一番伝えたいのは「何」か，「どのような」方法が最も有効かを考えて，ニュースレター，ポスター，展示，報告会，シンポジウム，イベントなどの手段を選びます．ほかの方法もあるでしょう．実施したあとで，その効果はどうだったかを話し合ってください．
④対話
　自分たちの主張に対する相手からの反応を受け止めることはとても重要なことです．みなさんの発表に対して，「賛成」「反対」「別の考え」「無関心」などの反応があるでしょう．特に，違う意見をよく聞いて，自分たちの主張の内容や主張の方法を再点検してください．

東京学芸大学の EILNet のホームページにプログラムの解説を載せたほか，年に1回連絡協議会を開催して，学校の担当者に対する講義と実習が行われた．

b. 実施状況

このプログラムの実施状況はどうだったろうか．
12校が観測・体験活動の考察やまとめを行い，10校が結果を公表した．学校内では授業の発表会，校内掲示，校内集会の方法でまとめを公開している．学校外への公表は7校がホームページを用い，そのほか1校が市の環境教育発表会で発表を行った[10]．各校の活動は東京学芸大学の EILNet のホームページ[8]のリンクから閲覧することができる．

1) 調査　EILNet 参加20校のうち15校が「川に親しむ」プログラムを実施した．実践内容は水質調査，水温調査，水生生物調査（水生昆虫，魚，プランクトンなど），野鳥調査，植物調査，景観調査，聞き取り調査（昔の川の様子をヒアリング）などの調査のほか，短歌の作成による表現活動，炭を活用した水質浄化の改善策の実施などであった．

川を上流から下流までの水系でとらえ，雨水が流入する集水域や河川の周囲の地形，自然環境まで視野を広げて観察したり，地域社会の歴史や利水治水の関係など社会科学的な調査を実施した学校がいくつかあった．また，調査結果から汚染原因を考察したり，水質浄化の技術の検討などの議論が行われた学校もあり，調査から問題の発見，解決策の検討まで発展する方向がみられた．

2) コミュニケーション　「川に親しむ」プログラムではコミュニケーションは3つのレベルで展開される．第1レベルは生徒と先生のチーム内のコミュニケーション，第2レベルは調査の成果をチームの外に発表する段階，第3レベルはEILNet内のコミュニケーションである．

第1レベルのコミュニケーションがどのように行われたかは，コーディネータの立場からはあまり知ることができなかった．これは学校とコーディネータとのコミュニケーションの第3レベルの課題とも関連している．

第2レベルでは，報告書の作成，学内での発表など通常の学校内の教育活動として取り組まれている．ホームページでの結果の公開も多くの学校で行われた．ホームページの様式にあったイラストを使用するなど，みる立場を考慮して作られたものもいくつかあった．

第3レベルの学校間のコミュニケーションは，それぞれの学校の活動がある程度進んだ第2年次の中盤以降ある程度行われるようになったが，全体としては低調であった．コーディネータの立場からすると，各学校では調査の技術や結果の解析，発表の内容や形式などについて専門家の助言を必要とする場面があったと思われるが，実際に助言を養成されることはまれだった．

c. 課　題

1) 調　査　化学的水質検査，水環境に生息する生物調査の調査技法は，いくつかの問題は残されているが，中学校で特殊な器具や熟練を必要としない方法はほぼ提供されていると思われる．

問題は結果の解析と評価の方法が確立されていない点である．先生が参考にできるような適切なマニュアルが必要である．

2) 表現の技術　報告書，掲示物，ニュースレターといった紙によるもの，また学校集会や文化祭などでの口頭発表などの従来の媒体（メディア）でも，ホームページなどの新しい媒体でも，相手の能力や受け止めの姿勢（興味をもって知りたがっている，特に関心がない，聞きたくないという拒絶の姿勢など）を考慮した効果的な表現方法を工夫する必要がある．また，表現の技術の重要性を先生と生徒に理解してもらうことも必要である．

19.2.4　環境教育の目指すもの

a. 変わる，変える

「改善のらせん」は，ある行動を実践する主体（つまり私たち）は常に変化し続けていくことを表しているとみることができる．「振り返り」のときに「よかった点」を探すことによって，現在は不完全であるけれども過去よりはいくぶんかよくなっている，よくなるように努力してきた，と評価することが可能になる．「悪かった点」から，次の行動に向けて現在の不完全さが改善される未来への希望が生まれる．未来はやって来るのではなく，自分たちが行動することによって作り変えていくものではないだろうか．問題解決能力を人々に与えようとする教育の重要な働きは，自分たちは状況をよい方向に変える力をもっていると前向きの希望と行動する勇気を与えることにあると私は確信している．

b. 認める

自分で一人で行動するのではなく，ほかの人たちと協力して行動しようとするときには，必ず一致しない部分が出てくる．学校や地域社会で共同行動を働きかける場合には，反対意見や否定的な考え方をもつ人と交渉しなければならないことはめずらしくない．自分が正しいと思うことが受け入れられない場合，どうしたらよいのか．

相手を説得するか，自分があきらめるかの両極端の間に，双方が歩み寄り，それぞれ自説のある部分を引っ込め，ある部分を通すことによって妥協できる可能性がある．

知に関する理論のところに書いたように，判断する人の社会的な立場や文化，信仰，経験などによって価値基準は異なることを前提にすれば，自分とは異なる「正しさ」の存在を理解することができる．お互いに，それぞれの「正しさ」をもっていることを認め合うことである．そのうえで，当事者間に交渉能力に応じた幅と深さの到達点（妥協点）が得られるだろう．

c. 環境教育を通して生徒に身につけてほしいこと

筆者は環境教育の目標として次のような能力を生

徒たちに身につけてほしいと考えている．

> 環境教育を通して生徒たちに身につけて
> ほしいこと
> ①自分（たち）の問題を自分（たち）で解決するために必要な技術と能力
> ②未来に希望をもって，あきらめないで行動する希望と勇気
> ③自分とは異なる考え方，価値観をもつ人たちといっしょに社会の中で生活する度量
> ④仲間たち（社会の中で同じような考え方，価値観をもつ人たち）と協力する友情

　①と②は，自分は苦境を変えることができるという自信にかかわることである．実際に変えることのできる力がなければ，意思だけでは達成できないが，力があっても意思がなければ，何も起こらないだろう．今，教育が子供たちに渡さなければならないのは，この2つではないだろうか．

　この力と意思をもって状況を変えようとするとき，周りの人たちに働きかけ，ともに取り組むことが大切である．働きかける力がなければ，社会は動かせない．そのとき，自分とは異なる人たちと共通の社会に生きていることを理解し，共存できることは，気の合う仲間と協力することよりはるかに難しいことである．仲間と力を合わせることはあえて学ばなくてもできるが，相容れない思想をもつ他人と平和に共存する知恵を身につけるには経験と学習が必要である．環境問題も含めて，現実に私たちが直面している大きな，しかし身近な問題を解決するためには，ここに挙げた変革のための能力と希望・勇気，理解できない他人と共存するための知恵，そして親しい者たちとの友情が不可欠だと私は確信している．　　　　　　　　　　　　　　　〔原田　泰〕

文　献
1) Stapp WB, Wals AEJ and Stancorb SL ed (1996): Environmental Education for Empowerment, p.15, Kendall/Hunt Publishing.
2) ジョン・フィエン（石川聡子他訳）(2001)：環境のための教育―批判的カリキュラム理論と環境教育―, p.42, 東信堂.
3) ジョナサン・カラー（荒木映子，富山太佳夫訳）(2003)：文学理論, p.5, 岩波書店.
4) 前掲書3), p.7.
5) 中山和彦 (1993)：世界の環境教育, p.19, 国土社
6) 前掲書2), p.94.
7) 前掲書1), p.3.
8) http://www.fsifee.u-gakugei.ac.jp/eilnet
9) Stapp WB, Cromwell MM, Schmidt DC and Alm AW (1996): Investigating Streams and Rivers, Kendall/Hunt Publishing.
10) EILNet事務局 (2000)：環境学習ネットワーク活動状況アンケート (2000.9.) まとめ. *EILNet News*, No.5.

19.3　水環境保全計画への市民参加

▷ 21.5　水環境リスク管理
▷ 21.6　水環境生態保全計画

　近年，地球規模での異常気象現象が多発しており，わが国でも各地で水害や土砂災害により多くの人命が失われ，多くの財産が被害を受けている．近年の被害の拡大は，人間社会に対して外力として働く自然現象そのものの異常とともに，人間・社会システムが災害に対して脆弱なことも大きな要因である．これまで地形・地理要因から災害に弱いと考えられてきた地域にも開発が進み，人口および資産の集中が局地的な災害に対しても極端に大きな被害の発生をもたらしている．

　自然現象と人間活動との関係を人間・環境システムとしてみると〈恵みと災い〉，〈働きかけと配慮〉の関係としてとらえることができる[1]．自然は人間に対して多くの恵みとともに災いをもたらし，それに対して人間は知恵と工夫を凝らし，ときには真っ向から対決し，ときにはその巨大さに畏怖の念をもって接してきた．また，恵みを活用するために努力するとともに，環境の有限性を認識し，その保全と活用とのバランスを保ってきた．近年の環境問題と市民の価値意識および行動規範を整理すると，生命の尊重を重視した時代から快適環境保全へと移行するとともに，市民の行動も，公的機関との対峙や働きかけから，連携と支援，協調・協働へと展開してきている（表19.4）．

19.3.1　水にかかわる計画と市民参加
a. 水環境と計画

　ここで対象とする〈水環境〉とは，水質を中心とした環境状態に限定せず，市民がかかわる〈水環境〉として，治水や利水を含めた総合的なものとしてと

19. 教 育

表 19.4 環境問題にみる環境価値の意識（文献 1 に筆者が加筆）

	環境問題事象 （問題は何か）	価値意識 （何を大切にするか）	市民の行動規範とかかわり方 （行動の原則と形態）	
自然災害 （1950 年代）	自然の脅威	人命の尊重 生命の保証	自らの生命保持	大規模自然災害への畏怖と公序への期待
公害激化 （1960 年代）	企業対生活者	命と生活の尊重	行政・企業との対立	対立：団体交渉と訴訟
開発保全問題 （1970 年代）	事業対自然	自然の保全	自然保全活動	宥和：情報交換・交流
生活環境悪化 （1980 年代）	集住（都市生活）の様態	快適環境の維持	行政への働きかけ	協力：近隣環境保全，まちづくり活動
地球環境問題 （1990 年代）	地球上の生命全体の存在危機	地球への責任と配慮	生活行動の見直し	協働：委員会への参加，まちづくりワークショップ
持続可能性問題 （2000 年代）	地球環境の持続可能性	地球生命系の一員	自己診断・自己改革	自立・展開：アジェンダ 21，NPO 活動

らえることとする．また，〈計画〉としては，一定の目標実現のための手段・方策を総合的に調整し，体系的にまとめた行政計画を対象とするが，さらに踏み込んで，「多様な関係者との対話の下で様々な利害を比較衡量して将来の行政目標を設定し，目標達成のための時間管理と多様な行政活動の統合方法を示す政策構想」[2]という定義に着目する．〈多様な関係者〉とは，行政のみならず，市民・事業者を含めた関係者が視野の中にあり，〈様々な利害を比較衡量〉とは，費用効果やリスクを含む利害を比較可能な方法で定量的に示すことであり，〈目標達成のための時間管理〉とは，計画実施段階で随時目標達成度を評価し，必要な改訂を実施することを含む．この 3 点を本節の中心的な論点に据える．

b．市民参加

次に，〈市民と住民〉，〈参加と参画〉という言葉の定義を明確にしておく．市民とは，「近代民主主義の社会における政治権力としての集団であり，確固たる意思と意見をもち，それを表明する用意がある者」，住民とは，「行政サービスの対象として地域に居住する人々」であり[3]，これまでの行政計画が住民を想定していたのに対し，協働のパートナーとなるのは市民である．また，参加が「目的を持った団体・組織などの一員と成り，行動を共にすること」，参画は「事業などの計画に加わること」であり，後者がより積極的で実務的な行動を示す．さらに，「市民および市民活動団体が市の施策の立案・実施および評価の各段階に自発的かつ自立的にかかわること並びに市民等がまちづくりのために協働すること」[4]を〈市民参画〉の定義として積極的に掲げる自治体もある．

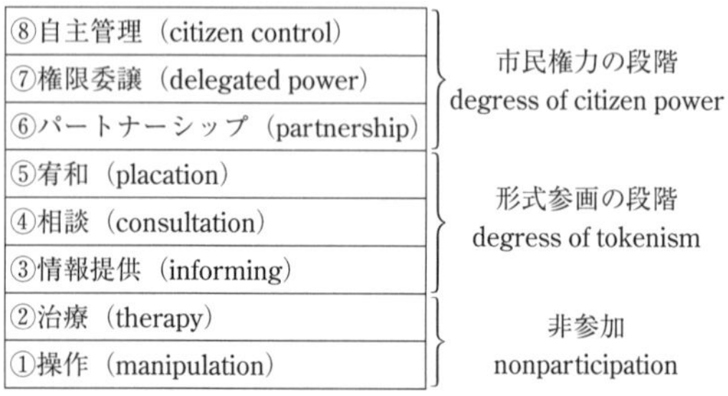

⑧自主管理（citizen control）	⎫ 市民権力の段階
⑦権限委譲（delegated power）	⎬ degress of citizen power
⑥パートナーシップ（partnership）	⎭
⑤宥和（placation）	⎫ 形式参画の段階
④相談（consultation）	⎬ degress of tokenism
③情報提供（informing）	⎭
②治療（therapy）	⎫ 非参加
①操作（manipulation）	⎬ nonparticipation

図 19.7 アーンスタインの市民参加のはしご[5]

市民参加の段階を模式的に示したものが図 19.7 である．この図式に照らし合わせると，現状での水環境にかかわる行政計画への市民参加は〈形式参画の段階〉の③ないしは④にとどまり，最終的な〈⑧自主管理〉までには大きな開きがある．行政計画の策定過程でよくみられる市民アンケートへの回答や縦覧資料に対する意見提出も図 19.7 の〈③情報提供〉のレベルであり，まだ双方向の情報交流とはいいがたい．ある都市では環境基本計画策定時に寄せられた市民意見のすべてに担当課が責任をもって回答文書を作成した．もちろん，すべての意見が計画内容に直接反映されたわけではないが，市民との情報共有の出発点としての意義は大きい．現状では，計画策定段階からの市民参加はようやく始まったところである．

19.3.2 水にかかわる計画における市民参加

a．行政主導の市民参加

1997 年に改正された河川法では，「必要に応じて関係住民の意見を反映させるための措置を講じる」ことが明記され，行政主導の河川管理に市民参加の

考え方が取り入れられた．この主旨を受け，これまでモデル事業として進められてきたダムサイトの斜面緑化と事後管理への周辺住民参加や河川空間整備に関する市民参加型ワークショップなど，市民ニーズを計画に反映させる試みが増えている[6]．また，環境基本計画の戦略的プロジェクト「健全な水循環の確保に向けた取組」では，流域における各主体の自主的取り組みの推進を基本的方向性とし[7]，市民・事業者・行政などの多様な主体が対等な立場で地域の課題に対応するために，おのおのが社会的役割と責任を担うことが重要視され，計画への積極的な市民参画を指向している．このような行政対応の変化には，これまで培われてきた市民活動の成功事例に負うところが大きい．

b. まちづくり計画への市民参加を契機とした事例

まちづくり活動から河川計画への市民参加として，鶴見川や吉野川[8]など多数の事例が挙げられる．これらの活動では，都市河川を対象とした比較的小規模の任意団体による河川清掃や河川との自主的なつきあい方を探る活動などを始点として，周辺地域の公園計画や雑木林管理，沿川まちづくり計画などへの参加を通して関係自治体との協力・協働の経験を重ね，最終的に行政計画への市民参画を実現させている．さらに，流域内で活動する他の市民団体との交流を経て，流域全体に及ぶネットワーク組織を形成し，上流域公有林の無償貸与契約による山林保全活動，市民からの寄付による水辺整備基金の創設，市民団体と企業が協働した広域的な河川管理活動，などの事業を展開している．このように行政などとの連携が進んだ要因のひとつは，これらの組織が，河川を含む周辺地域のまちづくりにおける市民参加を経験してきたことにある．まちづくりの分野では，1993年の都市計画法の改訂により，〈市民参加〉が規定され，その後，各地の活動を通してまちづくり計画において，より実質的な市民参画が進められてきた．

c. 水質保全活動における市民参加の事例

水域の環境評価への市民参加は，環境教育・環境学習の視点からの取り組みも多く，身近な水辺の現状と課題を探り出すために市民参加型のワークショップを開催し，水質の簡易分析や生物調査を行うなど，多くの事例が見られる[9]．しかし，現状分析にとどまる場合が多く，環境評価とその改善策の検討など，計画への市民参画に到達しているわけではない．

水源保全においては，距離が離れた水源地の環境保全に受益地の市民がどのように関与するかが課題となる．琵琶湖淀川水系では，上流側の琵琶湖周辺地域の環境保全事業に対して，下流側の関連自治体が協力して「琵琶湖総合開発」を支えてきた．しかし，税金として資金を負担した下流側流域住民と琵琶湖周辺の住民が情報を共有したり，交流・協働するわけではなかった．上下流域住民が交流を深め，情報を交流し，環境保全のためのお金や労力が目に見える形態で提供できるようなしくみ[10]が求められる．水道事業者による水源涵養林保全基金[11]はひとつの例であるが，支払い側市民が水道料金に上乗せされた基金を認識しにくく，直接顔がみえる形での参加とはいえない．一方で，上流側の山地荒廃が川や海の生態系に多大な影響を引き起こすことに気づいた漁業従事者が，漁場保全の立場から荒れた山地に植林する活動が全国各地で進められており[12]，このような上下流の住民交流を含めた地道な活動が市民参加の段階を進めるきっかけとなっている．

河川流域全体の水質保全活動の先進的な事例として，〈矢作川沿岸水質保全対策協議会〉の活動がある[13]．協議会は工場排水や侵食土砂などによる河川水質の悪化に対し，農業および沿岸漁業の被害に関する活動を目的として1969年に設立された．設立当初から行政・企業への対立姿勢をとらず，上下流域の住民交流推進などを図りながら環境アセスメントと環境モニタリングを事業者側に求める対話を続け，1980年には水質汚濁防止法を根拠として，大規模開発の許可条件として協議会の同意を事実上必要とする紳士協定が確立された．この協定に基づき大規模造成工事に伴う濁水や工場排水などの環境影響を専門的機関が監視し，そのデータが定期的に開催される公害防止連絡会議に報告され，開発主体と周辺住民との合意形成に役立てられている．このように観測データに基づいて具体的に市民と行政・事業者が対話して開発行為および排水放流にかかる協議を実施する形式は，市民による自主管理の段階に到達しているきわめてまれな事例といえる．

d. 洪水防止における市民参加

洪水を含めた防災計画に対する市民の関与は未だに受動的といわざるをえない．阪神・淡路大震災以降，多くの自治体で見直されてきた防災計画では，ライフラインの信頼性向上から危険個所の公開，食

19. 教 育

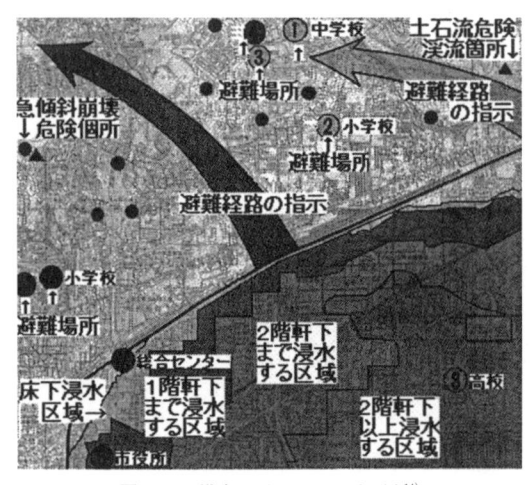

図 19.8 洪水ハザードマップの例[14]

表 19.5 洪水ハザードマップ公開自治体数と公開方法

地建名	開示市町村数	
	1999	2004
北海道開発局	6	34
東北地建	23	44
関東地建	6	50
北陸地建	3	27
中部地建	13	76
近畿地建	6	25
中国地建	6	43
四国地建	3	9
九州地建	4	27
総 計	70	335

入手方法	件数		構成比（％）	
	1999	2004	1999	2004
①閲覧	67	299	96	89
②ホームページ*	—	76	—	23
③手渡し	37	175	53	52
④郵送	12	44	17	13
その他（不明や要問合せ）	2	7	3	2
入手方法の組合せ ①～④の全方法*	—	9	—	3
閲覧＋手渡し＋郵送	10	—	14	—
閲覧＋手渡し	19	121	27	36
閲覧＋郵送	1	29	1	9
閲覧＋ホームページ*	—	35	—	10
閲覧のみ	33	105	47	31
手渡しのみ	4	11	6	3
他の組み合わせ	3	25	4	7

* 1999年はホームページによる閲覧についての情報が不明のため集計から省いている。

料備蓄や輸送体制確保などの施策が組み合わされている．しかし，防災計画は被災市民自らがどのように行動すべきかを細かく規定するものではない．

地域住民に対して河川氾濫にかかわる情報の開示と共有化を図るために作成されるのが洪水ハザードマップである[14]．その内容は，過去に起こった浸水区域を示す浸水実績図，おおむね100年に一度起こるような大雨が発生し，ある地点で堤防が決壊した場合のシミュレーションをもとに浸水する地域とその水深が描かれる洪水氾濫危険区域図，避難地・避難経路などから構成されており，市民自らが居住区域の安全性を評価し，かつ避難方法を検討する基本的な情報を得ることができる（図19.8）．洪水ハザードマップを作成・公開している市町村数は2004年時点で300を超え，近年急速に増加している．しかし，約30％が市役所などでの閲覧のみで，各戸配布を含めて窓口で配布している自治体は約半分，郵送可能としているところは13％にとどまっている（表19.5）．あるアンケート調査[15]によると，居住地でハザードマップが作成・公開されていることを認識している人は13％，実物を所有している人はわずかに4％，みたことがある人を含めても9％にとどまっている．

ハザードマップのように，より客観的で多くの情報が提供され始めているが，表現の工夫がかえって市民の誤解を招く危険性もある．洪水氾濫危険区域図では降雨規模や堤防決壊場所などを想定したひとつの条件下での浸水区域を示しており，浸水区域外の地域が必ず安全だというわけではない．解釈を誤ると避難行動を遅らせる要因ともなりかねない．情報発信者と受信者との間の相互理解には，まだまだ乖離がある．

最近では，防災から減災という視点から，公助と自助の組み合わせが重要視されている．公序としての防災計画に対し，公開されている情報をもとに居住地域の被災可能性を検討し，避難経路や家族の集合場所などを事前に決めるなど，住民自らの努力（自助）が求められている．地震や津波などの過去の被災経験に基づいて地域住民全体の安全を確保するための自主防災組織は自助のひとつの形態といえる．また，大都市部では震災時の帰宅経路上の休息場所や情報拠点などの有用情報を加えた地図が市販されており，多様な情報が入手可能となっている．市民自らが災害時の対応行動に関する情報を積極的に集め，その内容を吟味し，知恵を絞った災害対応策を自ら作成することが肝要であり，それを支援するしくみも求められている．

19.3.3 計画の費用と便益・効果の評価

いまや，公共事業も投入される費用に対して十分な便益あるいは効果が得られることが求められている．一般的に費用と便益（効果）の比較は，〔便益－費用〕あるいは，〔便益/費用〕の2種類の式で表され，前者では正の値，後者では1以上の値となれば便益が費用を上回り有益とみなされる[16]．現在，「行政機関が行う政策の評価に関する法律」[17]に基づき，さまざまな公共事業に関して費用と便益・効果の比較を含めた総合的な評価が行われ，事業の中止・廃止や継続の判定を含めた作業が進められている．たとえば，治水対策では，シミュレーションで求めた対策実施前後の浸水面積と現在の資産額などから被害額を算定し，対策実施により減少すると期待される被害額を整備期間内で足しあわせたものを総便益として総投資額と比較している[18]．このように費用と便益が明確に対応づけられる場合は決して多くなく，便益の及ぶ範囲の時間的・空間的な境界を厳密に設定することも困難である．また，便益・効果の計量方法は多種多様で計量結果に差異が生じること，用いるデータに科学的・統計的に不確実性が存在するなどの問題も残る．

さらに，複数の目的をもつ施設の効果を評価する場合に，どちらの目的を重視して施設の設計や操作を行うかという課題がある．通常，トレードオフと呼ばれ，目的間の重要性の評価が鍵となる．たとえば，多目的ダムでは洪水に備えてダム湖の貯留水量を減らす必要があるが，長期的な渇水対策としてはできるだけ貯留水量を確保しておく必要がある．また，親水性向上のために河川敷に遊歩道や公園をつくり，河道内に遊具などを設置すれば，洪水時に目的の流下能力を発揮できないこともありうるなど，さまざまな場面でトレードオフは発生する．図19.9の◆は施設の能力を2つの目的に一定量を配分した場合に得られるそれぞれの目的の相対的効果を概念的に示しており，目的Aへの配分を増やせば徐々に目的Bの効果は低減し，図の左上から右下に向かって◆の位置が変化する．目的Aの効果が増加するのに対して目的Bの効果が減少する割合は事象や対策手法によって異なるが，図19.9のように上に凸な曲線関係の場合には，2つの目的間の重みづけ総和である目的関数を表す線（図中点線）が接する地点が最適解と判定される．目的Aと目的Bの100%の効果が等しい価値であると仮定した場合，図19.9の点線と◆を結ぶ法絡線が接する点が最適な方法であると判定される．逆に下に凸な曲線関係の場合には，この施設をどちらかの目的に利用することが最適と判定される．

目的ごとの効果の見積りが金額などで同等に行える場合はよいが，治水と水質保全や生態系影響など性格の大きく異なる場合は，効果の算定方法や算定範囲の整合性がとりにくく，目的間の重要度を設定することも困難である．研究のうえでは，専門家や市民を対象としたアンケート調査などに基づいて目的間の重みづけを行い，目的関数を設定して科学的かつ合理的に最適解を導く方法が示されているが，実際には複数の関連主体間の合意形成が必要となり，現実問題としては困難な面が多い．そのためにも評価の段階のみならず計画段階から市民が参画し計画の中身を熟知したうえでの意思決定が行えるようにすべきである．さらに，客観的な評価が可能なように，できるだけ数値目標を設定するなど，目標が実際にどの程度達成されたのかを評価する基準や，それに基づく計画管理プロセスを明確にし，評価方法と評価結果の公開および公平な審査制度を整備することが必要である．近年，防災計画などでも，耐震性を向上させた住宅整備の達成年数や戸数などに関する数値目標が採用され，〈耐震性を向上させる〉といった定性的な施策目標に比べて具体性や実現可能性は高まりつつある．

19.3.4 計画への市民参画に向けて

現在多くの自治体で作成されつつある地球温暖化防止のための行動計画[19]では，すべての排出者の協働によってはじめて温室効果ガスの排出抑制効果がでるため，必ず市民・事業者・行政それぞれの役割が記述される．すべての主体の役割を行政主導で

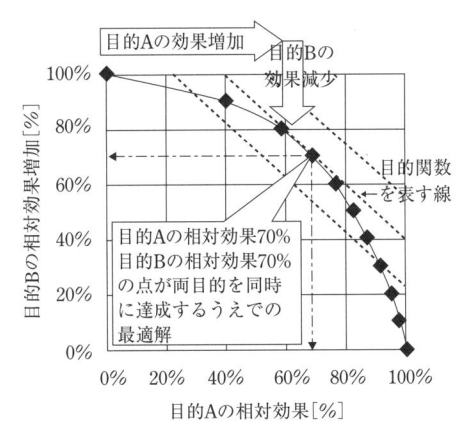

図 19.9 多目的間のトレードオフ関係

■知　19. 教　　育

作成する場合もあるが，行動計画策定段階から市民・事業者の代表が参画して自らの行動計画を立案し，目標を定め，行動の実践とその評価を継続的に行っていくしくみを含めた計画づくりが進んでいる[20]．これは先に示した図19.7における「⑥パートナーシップ」から「⑦権限委譲」に到達していると評価できる．CO_2排出量や削減効果の見積りなどに関して専門家による支援が不可欠であるが，基本的な目標設定や達成のための行動メニュー作りの多くが自主的におこなわれ，その後の運用・管理にも市民が関わる点は，従来の行政計画とは異なっている．

CO_2の排出削減と同様に家庭生活から発生する汚濁負荷の削減に市民参画が必要であるのは当然である．下水道が整備されている地域では，市民は施設の役割を理解し，食用油や固形物をできるだけ流さないなどの配慮が役割となる．さらに，路上や空き地でのごみのポイ捨てをやめ自宅周辺の側溝を清掃するなども行動メニューに加えられる．家庭や個人で取り組まれる環境配慮型行動については，①問題意識の減衰，②行動そのものの効果の定量化，③行動実践の継続性，④実行主体の拡大，などの課題がある．日常的な行動のチェックと効果の定量的評価[21]を自己診断することで計画・実行・評価・改善のサイクルを通して環境負荷の削減効果を高めていき，ライフスタイルの変更から自己改革へと発展を続けることが重要となる．さらに，このような行動実践の積み重ねを行政計画とリンクさせ，効果的に身近な環境改善に結びつけていくためにも，市民・行政・事業者の協力・協働が必要となる．もちろん，自己診断と自己改革のための計画から改善にいたるサイクルは行政や事業者が行動するうえでも共通のしくみとなる．

流域や都市圏といった大規模な空間を対象とした計画では，市民の役割はたしかにみえにくい．しかし，身近な地域での環境保全や防災・減災のための行動を基盤とし，水の循環を意識すれば，上流と下流の人と環境との関わりに気づき，行政や事業者との連携も発展することは事例とともに紹介した．現状の形式的な市民参加のレベルから，計画の立案・実施および評価・改善の段階まで市民が参画し，市民による自主管理が行われる分野が少しでも拡大することが期待される．

〔城戸由能〕

文　献
1) 末石冨太郎編著（1992）：環境計画論，森北出版．
2) 大橋洋一（2001）：行政法，p.292，有斐閣．
3) 末石冨太郎（1998）：市民参加とリスクコミュニケーションの視点から．日本リスク研究学会誌，10（1）：pp.31-38．
4) 下関市：下関市市民協働参画条例，http://www.city.shimonoseki.yamaguchi.jp/reiki/reiki_honbun/m4020819001.html．他にも小金井市・逗子市などが条例で定めている．
5) 織　朱實（2003）：環境政策における市民参加制度．環境情報科学，32（2）：pp.24-29．
6) 広島県芦田川水系の矢田原ダムにおけるギフチョウ保全対策で市民による保全林の管理事業がモデル事業として取り組まれている．また，河川空間整備に関しては，北九州市「撥川河川再生計画」，京都府「京の川再生事業」などが挙げられる．他にも事例は多い．
7) 環境省（2000）：第二次環境基本計画，第3部，第1章，第4節　環境保全上健全な水循環の確保に向けた取組．
8) 吉村伸一（2002）：河川の再生と市民参加．環境情報科学，31（4）：pp.50-53．中村英雄（2003）：吉野川を守る市民の協働．Civil Engineering Consultant，社団法人建設コンサルタンツ協会，Vol.220，pp.30-33．
9) 多摩川水系を中心とした「身近な川の一斉調査」は1989年から継続して行われ，調査結果をマップにまとめ，公表するなどの成果を挙げている．
10) 末石冨太郎，菅　範昭（1990）：コミュニケーション論からみた環境援助行動に関する研究．環境システム研究，18：1-6．
11) 厚生労働省健康局水道課ホームページ，水道水源の保全に関する取組み状況調査について，http://www.mhlw.go.jp/topics/bukyoku/kenkou/suido/jouhou/suisitu/o5.html．
12) 兵庫県城崎郡香住町にある『ふるさと香住塾』では，植林殖魚の考えに基づき，流入河川である矢田川流域に年間四百程度の植林活動を続けている．
13) 伊藤達雄，原　理史（2002）：流域論からみたローカルガバナンスに関する考察—矢作川を例として—．環境情報科学，31（4）：43-49．
14) 城戸由能（2000）：水環境を対象とした計画の課題と市民参加．月刊水情報，20（12）：7-12．
15) 社団法人日本損害保険協会（2003）：洪水ハザードマップに関する住民・自治体アンケートの結果，http://sonpo.or.jp/business/library/report/book_hazardanketokekka.html．
16) 費用便益分析，費用効果分析については，専門書：前掲書1]，植田和弘他（1991）：環境経済学，有斐閣，などを参照．
17) 総務省（2001）：行政機関が行う政策の評価に関する法律（平成13年法律第86号）．
18) 国土交通省（2004）：流域と一体となった総合治水対策に関するプログラム評価　評価書，p.26．
19) アジェンダと呼ばれ，1992年地球環境サミットで採択された地球温暖化防止のための行動計画であり，国をはじめ都道府県・市町村の地域レベルでの策定が進められている．
20) 箕面市地球環境保全行動計画（1999）では，市民・事業者・行政の三つの部会構成でそれぞれの行動目標や行動内容を検討し，さらに，計画策定後に計画推進のためのNPO組織を設立した．このような事例は近年多数見られる．

21) 盛岡 通 (1986)：身近な環境づくり，日本評論社.

19.4 地域の水環境保全を担う市民活動と市民環境科学

▷ 1.3 河川の水質の変化

水や物質循環を地域，さらに広域で考え，バランスのとれた社会システムを構築することの重要性が認識され，水環境の保全や修復のためのさまざまな活動が行われている．このような活動は身近なところに「春の小川」を取り戻し，「かけがえのない地球」を守ることにもつながり，大変意義のある試みである．

環境庁中央環境審議会の答申「これからの環境教育・環境学習」（平成11年12月）によると，実施にあたっての4つの視点として，「総合的であること」「目標を明確にすること」「体験を重視すること」「地域に根ざし，地域から広がるものであること」が指摘されている．さまざまな地域で実施されている市民による自然保護活動や水環境保全・修復活動はこれからの環境学習を担う重要な役割を果たしており，また水環境を保全・修復することにつながると考えられる．本節では，地域の水環境保全を担う市民活動と市民環境科学の意義について述べてみたい．

19.4.1 水や物質は循環する

水は地球上を絶えず循環し，源流の森から海へつながり，流域全体として水循環を考えることが重要である．森林が伐採され荒廃した山地では，大雨が降れば土砂が流出し，河川を通し下流まで運ばれ，沿岸域に堆積する．その結果，沿岸域の漁獲高は減少するが，山地に植林すると沿岸域への土砂の堆積は減少し，漁獲高は次第に回復する[1]．北海道や東北地方では，漁民が「森は海の恋人」というキャッチフレーズを掲げ，魚介類の生産を高めるために森林の育成に努めている[2]．このような「漁民の森」は全国に広がっている．

流域にはさまざまな場所に面源や点源の汚濁発生源がある．流域においてバランスのとれた物質循環を維持するために，それぞれの発生源で汚濁を削減し，流域全体で汚濁を総合的に制御することが重要である．下水道の整備や合併浄化槽の設置は水質の改善に効果的であるが，これらの未整備地域では，身近にできる台所での雑排水対策が有効である．これによりCOD，BODなどの発生負荷量の20～30%が削減される．たとえば東京湾流域の住民の2割の人たちが雑排水対策に協力すると，1日に約6tのCODが削減される．これは30～40万人の下水処理施設での処理効果に匹敵する有効な対策である[3]．台所で発生した汚れはやがて海まで達し，身近なところでの対策が地球規模の環境問題の一つである海洋の汚染を解決することにつながると期待される．

19.4.2 市民による河川の水質調査

現在，生活排水による河川の汚れや地球規模の環境問題でもある酸性雨に関心が集まっている．このような課題に対処するため市民による水質調査が行われてきた[4]．その際に利用されている簡易測定法の精度はあまり高くないが，標準分析法による結果とよい相関が得られている．したがって，精度管理を行った多くの測定値を解析すれば，意味のある成果が得られると期待される．

市民による川の汚れの実態や原因を明らかにするための調査が行われているが，そのきっかけは「浅川地区環境を守る婦人の会」（以下「婦人の会」）の活動であろう．1984年8月より八王子市の南浅川など20地点で毎月1回，簡易法による水質測定を行い，結果を水質汚染マップとしてまとめた．生活排水が川を汚している大きな原因であることに気づいた「婦人の会」では，木炭を用いた水質浄化を試みた[5]．その後，さまざまな地域で水質の調査が広がった．「日野市消費者運動連絡会」では1985年8月から浅川・豊田用水で，「北多摩二区・生活者ネットワーク」では1986年5月から矢川で水質調査を行った．1986年11月には「市民による浅川の環境調査連絡会」が結成され，浅川上流から下流まで30か所で水質の一斉調査が行われた．これらの調査は年に4回以上行われ，四季を通しての水質変化の様子が明らかにされ，結果は市民と行政との話し合いの場で有効に利用された．たとえば，市民側では家庭での雑排水対策や合併浄化槽の設置，行政側では下水道の整備をそれぞれ推進し，きれいな川を

取り戻す方法について話し合った．また，市民による日野市内の水質調査結果は「日野市の河川および水路等分析報告書」に毎年掲載され，活用された．

19.4.3 身近な川の一斉調査
a. 地域から広域のネットワークへ

浅川流域を中心として行われてきた水質調査の地域をさらに拡大し，広域での川の汚れを明らかにするために，1989年6月に野川や多摩川など18河川・118地点で市民による「身近な川の一斉調査」が行われ，結果が水質汚染マップとしてまとめられた．その後も毎年1回，環境月間である6月に水質の一斉調査が行われ，2006年には18回目の調査を実施した．一斉調査を実施する際には，実行委員会が作成した詳細な調査マニュアルに基づき，事前に説明会を開催し，精度の高い結果が得られるように努めた．また，得られた結果の検討会を開き，成果を報告書としてまとめている[6]．

身近な川の一斉調査は1991年には徳島市の河川，1995年には荒川水系，1996年には新河岸川水系にも広がった（図19.10）．特に新河岸川水系では2000年6月に5年目を迎え，28河川，218地点で測定が行われた[7]．その際，連絡会ではパックテストによる水質測定の際，注射器で一定量の試水をとり測定精度の向上を図り，また魚類の調査も実施し，地域の学校と連携した総合的学習プログラムの一環として発展させた．

「こどもエコクラブ」では，1997年夏季に全国の河川で水質調査を行った．全国1200地点からCODなどの測定結果が寄せられ，エコマップとしてまとめられた．小・中学生が自ら身近な川の様子を調べ，水質を測定することは，水の汚れの実態や汚れの原因を知り，その解決策を考えるきっかけとなり，環境学習として大変有意義な試みである．

さらに，身近な川の一斉調査ネットワークは中国杭州，韓国釜山にも広がった．1996年11月に杭州市西湖で地元高校生らを中心として24時間水質測定が実施された．その後も調査は継続され，2000年6月5日には杭州市内の水系で身近な川の一斉調査が行われ，その結果がインターネットを通し，筆者の研究室に送られてきた．

b. 河川環境の新たな評価手法の提案

河川の環境をCODなど水質だけではなく，川の生き物や周辺の状況も含めて総合的に評価するために新たな評価手法が提案されている．

大竹ら[8]は「身近な川の一斉調査」の結果を元に，川の水質とその周辺の様子（におい，色，濁りなど）を考慮した水質総合指標を提案した．簡易法による水質の測定結果と水辺の観察結果による総合指標値にはよい相関があることが明らかにされた．日本自然保護協会[9]では，「自然かんさつの日」を設け，全国一斉に川の調査を行った．川のまわりや流れの様子，川原の鳥，植物など7つの項目について観察が行われ，全国2082地点からの報告より川の自然度が総合的に評価され，全国自然度マップとしてまとめられた．「こどもエコクラブ」では，1997年夏季に全国河川でCODの測定を行ったほか，各地点の川の「今」と「昔」の状態をそれぞれ総合評価し6つのタイプに分けて表現した．小倉ら[10]は川の環境として，水質（COD），水の量，川の流れ方，まわりの土地利用，川でみられる生き物の5項目を選び，総合評価することを提案した（図19.11）．

人見[11]は水の「きれいさ」を実感するために130 cmまで透視度を測定できる装置（クリンメジャー）を製作し，多くの河川で透視度の測定が行われるようになった．クリンメジャーにより測定された透視度は浮遊物質量（SS）と比較的よい相関が認められ[12]，水質指標として有効である．

国土交通省では新しい河川水質指標として，におい，ごみ，河床の感覚，クリンメジャーによる透視度を選び，2001年度より全国河川で調査を実施するようになった．

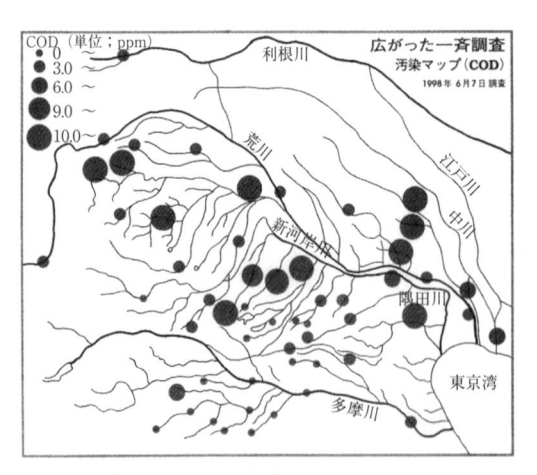

図19.10 身近な川の一斉調査により得られた水質マップ（COD）（身近な川の一斉調査実行委員会による1989-1998年のまとめパンフレットより）

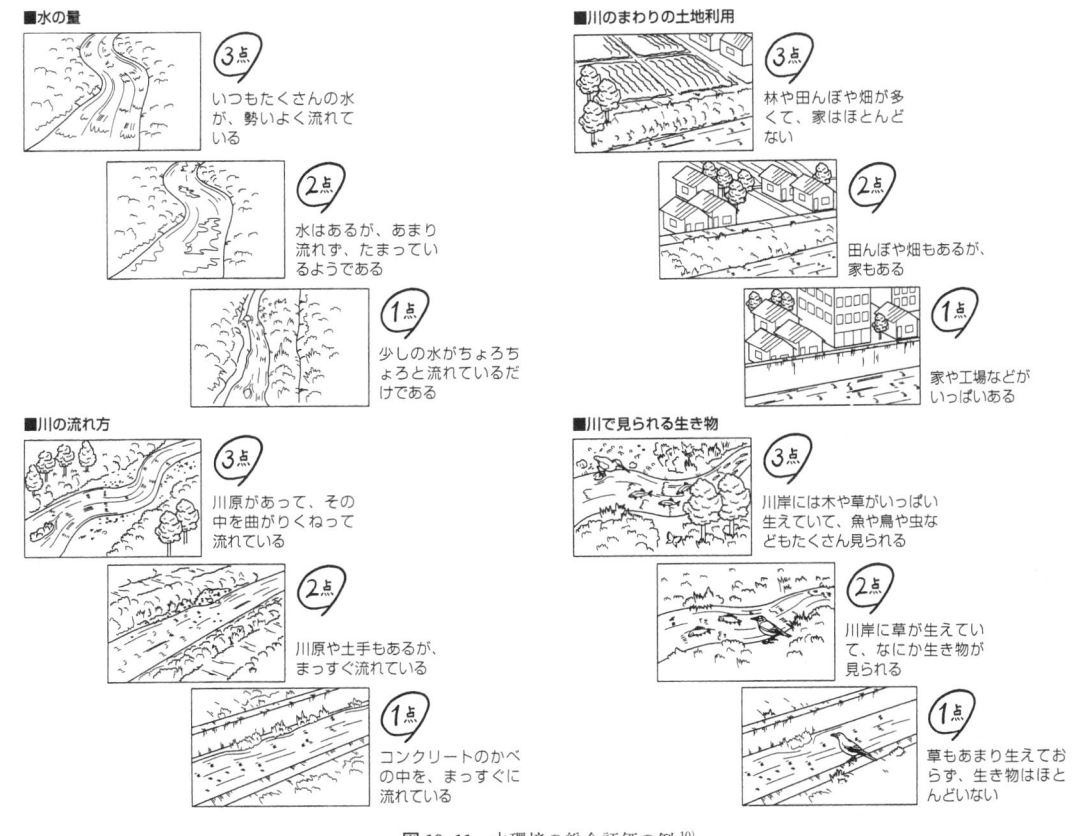

図 19.11 水環境の総合評価の例[10]

総合点 =（CODの点数）+（水の量の点数）+（川の流れ方の点数）+（川のまわりの土地利用の点数）+（川で見られる生き物の点数）
（CODの点数の例）0〜2 mg/l：4点，3〜5 mg/l：3点，6〜7 mg/l：2点，8 mg/l以上：1点．

c. 市民による水質調査 10 年の結果から学び，明らかになったこと

身近な川の一斉調査は1998年に10周年を迎えた．このような調査は多くの河川での水質を直接比較し，把握できることに意義がある．年1回の調査であり，当日の天候にも影響されたが，長期間継続することにより水質の変動傾向が明らかになった．市民が水質を直接測定し，結果を読み取り，その意義を評価できるようになったことは，市民活動のレベルを飛躍的に向上させた．また，河川の水質だけでなく，周辺の状況や地域社会の暮らし，文化，歴史などを考慮し，地域から広域，さらにアジアの水環境の調査にまで発展した．身近な川の一斉調査10年の結果から，それにかかわった市民はさまざまなことを学ぶことができた．

一方，次のような問題がみえてきて，今後これらの課題の解決が重要となってきた．

①水質は改善されたが，水温の上昇や水量の減少が起こり，水生生物への影響がみられた．

②微量な化学物質（内分泌攪乱化学物質）が検出され，生態系への影響が懸念された．

③市民と行政の協働による川づくりが進行したが，河川改修がまちづくりと必ずしも連動していない例も見受けられた．

④10年間調査を継続することの大切さと難しさが認識された．

19.4.4　市民環境科学の発展と推進
a. 市民環境科学とは

前述のように市民による水質測定が各地で行われ，そのネットワークが広がってきた．その理由の1つは，市民の熱意と専門家による適切な指導であった．たとえば，筆者は市民との話し合いの際に次のようなことを心がけた．

①話はわかりやすく，質問にはていねいに答える．

②環境調査の前にはその目的や意義などについて，調査後には得られた結果の解釈などについて説明する．
③参加者の意見を十分に聞き，その後の活動の参考にする．

ネットワークの広がったもう1つの理由として，簡易測定法の普及[13]とそれに貢献したメーカーの役割も大きい．このような試みは市民自ら水の汚れの実態と原因を知り，発生する汚染の削減対策を考え，実践するきっかけとなり，大きな意義をもっている．

筆者らは「市民環境科学」の重要性を指摘し，次のように定義した[14]：「市民が身近な環境を自ら調べ，得られた結果を整理し実態を明らかにする．それらの活動を通し，身近な環境から地球規模の環境まで広く考え，問題の解決のための実践活動に結びつけること」．

市民環境科学の意義として次のようなことが考えられる．
①身近な環境を自ら調べ，その実態を認識すること：肉眼による観察から実験器具などを用いた調査までさまざまな方法により実態を知る．
②環境を監視すること：多くの市民が参加することにより，面的な広がりのある有用な結果が得られ，限られている行政データを補完する意義をもつ．
③地域の環境から地球規模の環境を考え，よりよい環境とかけがえのない地球を守る意識をもつこと：台所から排出された排水は側溝・水路を経て河川に流れ込み，やがて海に到達する．身近な対策が海洋の保全につながるなど広い立場で考える．
④環境問題を広く考え，その解決のための実践活動に結びつけること：日常生活に伴い発生する汚染物質を足下から削減する活動を推進する．

b. 水環境の実態解明から保全・修復活動へ

「浅川地区環境を守る婦人の会」は南浅川などで水質測定を行った結果，生活排水が川を汚している大きな原因であることに気づき，木炭を用いた手づくりの水質浄化を試みた．木炭120 kgを網袋に入れ，汚れの大きい側溝に設置したところ，約1か月後には，アンモニア濃度が減少するなど水質浄化の効果が認められた[5]．このような主婦による一連の活動は大きな反響を呼び，さまざまな地域で水質の調査と木炭を用いた水質浄化の試みが広がり，行政も協力するようになった．木炭による水質浄化の効果は使用する木炭の量および設置する水路の水量と水質に影響される[15]ので，家庭など汚濁発生源からの負荷量をできるかぎり削減するなどの実践活動が水質浄化にも有効である．

また，水環境に関する大きな課題として，都市周辺の湧水や河川の水量の減少がある．その原因は都市化に伴い雨水の土壌浸透量が減少したことであり，身近な水量の回復策として雨水浸透升の設置が考えられる．小金井市では2006年12月現在で52643基（設置率：48.9%）の雨水浸透升が設置されており，行政と市民の協働により水循環を再生する努力がなされている．

c. 市民環境科学の発展のために

市民が環境を自ら調べ，考え，活動することと考えている市民環境科学の発展の条件として次のようなことが考えられる．
①精度の高い環境調査・測定を長期間，継続する．
②結果をわかりやすくまとめ，公表し，行政や他のグループの情報と共有する．
③熱意あるグループリーダーの育成と専門家の助言・協力が必要である．

特に，簡易測定法により得られた結果の精度を十分に管理・保障する体制を作っておき，間違ったデータが一人歩きしないように心がける．そのため専門家が市民活動に積極的に参加し，特に若いリーダーの育成に協力することが重要である．また，環境調査を長期間，継続することにより，市民が問題の本質に気づき，新たな活動へ発展させることができる．たとえば19.4.4b項で述べたように，都市河川では水量の減少が著しいため，水源である湧水の水量測定を行い，雨水浸透升の設置など湧水量を回復させるための活動を行っている．

19.4.5　市民が主体となる持続可能な社会の実現へ

水環境を保全・修復し，持続可能な社会を実現するためには市民，行政，事業者，専門家の協力と合意が必要であり，そのための「仕組み」を作ることが重要である．また，子供のころから環境に配慮した生活様式を身につけることが大切で，そのため環境教育の推進が大きな役割を果たすであろう．

水環境は季節や時間により変化しやすいので，長期間，継続して調査を行うことが大切である．このような活動は地域から地球規模の環境問題まで広く考えることにつながり，それらを解決するための実

践活動を行うきっかけにもなる．身近なところに，それぞれの地域にふさわしい「春の小川」を保全し，取り戻すためにも，一人一人が足元でできる具体的な実践活動を行うことが，今求められている．

〔小倉紀雄〕

文献

1) 東 三郎（1992）：北海道：森と水の話，北海道新聞社．
2) 畠山重篤（1992）：森は海の恋人，北斗出版．
3) 藤原正弘（1987）：生活排水と水質保全．用水と廃水，**29**：5-10．
4) 小倉紀雄（1987）：調べる・身近な水，講談社．
5) 加藤文江（1988）：浅川周辺住民の手づくりの河川浄化—木炭による浄化の実験から．水質汚濁研究，**11**：24-26．
6) 身近な川の一斉調査実行委員会（1996）：身近な川の一斉調査報告書，1993-1995．
7) 新河岸川水系水環境連絡会（2000）：身近な水の一斉調査報告書．
8) 大竹千代子（1993）：市民の手による水質合同調査—その方法と表現を考える．クオータリーかわさき，No.37：50-56．
9) 日本自然保護協会（1995）：川の自然度調べ（パンフレット）．
10) 小倉紀雄，梶井久美子，藤森真理子，山田和人（1999）：調べる・身近な環境，講談社．
11) 人見達雄（1999）：あなたのアイディアで地球を救う．陸水学研究100記念・身近な川の一斉調査まとめシンポジウム報告書，pp.7-14．
12) 風間真理，倉 宗司，小倉紀雄（2001）：手作り透視度計による水環境評価．用水と廃水，**42**：1067-1071．
13) 岡内完治（2000）：だれでもできるパックテストで環境しらべ，合同出版．
14) 小倉紀雄，倉 宗司（2001）：市民環境科学の実践：10年から学ぶこと．水環境学会誌，**24**：86-89．
15) 新舩智子他（1991）：木炭による水質浄化実験とその評価．用水と廃水，**33**：933-1001．

19.5 環境研究者の役割

19.5.1 環境研究者の2つの大きな役割

環境省中央環境審議会の答申「環境研究・環境技術開発の推進方策について（第1次答申）」[1]には，わが国における「環境研究・環境技術開発が果たす役割」として以下の6つが挙げられている．

① 環境政策の推進と発展への貢献
② 環境に関する情報の国民への提供
③ 各主体の環境保全にかかわる取り組みの支援
④ 国際貢献・国際交流
⑤ 環境産業の発展・雇用の創出
⑥ 知的財産の創造，科学技術の発展への貢献

これらは，国の立場から考えた「環境研究者」に期待される役割ともいえる．これらを基本的な視点からまとめると，「環境研究者」には，2つの大きな役割があるといえよう．一つは，上記の①，④，⑤，⑥にかかわる「環境のための科学技術の発展に対する貢献」であり，もう一つは，上記の①，②，③，④にかかわる「深刻な環境問題についての理解と改善行動の促進に対する貢献」である．

a．環境のための科学技術の発展に対する貢献

「環境のための科学技術の発展に対する貢献」について述べる前に，まず，「環境のための科学技術」とは何かを考えてみよう．

「環境のための科学技術」は，「人類を中心としてみた地球上の物理的，化学的，生物的な事象とその相互作用を解明し，それら（生態系）の健全な状態を持続するための方法を提示するための科学技術」といえる．すなわち，「環境研究者」が行うべき研究は，さまざまな生命体が存在する地球上に，人類が持続的に，健全に生存していくための「研究」であり，人類にとって最も重要な「研究」であるといえる．

しかし，これを広く解釈すると，ほとんどの研究が「環境のための科学技術」になり，ほとんどの研究者が「環境研究者」になってしまう．このため，「環境のための科学技術」と「環境に関連する科学技術」との違いを明確にしておく必要がある．「環境のための科学技術」を他の科学技術と区別するものは，「人類を中心とする地球上の生態系の健全さの持続に役立つ」という「明確な目的がある」ことである．言い換えると，上記のような目的が不明確な科学技術や主な目的が他にある科学技術は，「環境に関連がある科学技術」であっても，「環境のための科学技術」とはいわないように，区別して考える必要がある．たとえば，開発のための地質調査や原子力発電技術の研究などは，「環境に関連がある研究」ではあるが，「環境のための科学技術」ではなく，これらを研究している人たちは「環境研究者」とはいわないことをまず明確にしておく必要があ

る．

　それでは，「環境研究者」が貢献すべき「環境のための科学技術研究」の内容は，いったいどのようなものかを考えてみよう．わが国で当面必要と考えられる「環境のための科学技術研究」の内容と推進方策についても，上記の環境省中央環境審議会の答申が参考になる．この答申は，第1章環境研究・環境技術開発の目的，役割および方向性，第2章環境研究・環境技術開発のための体制整備，第3章重点化プログラムからなっている．この第3章の重点化プログラムは，現在の日本において社会的要請が大きい環境研究の分野であり，総合科学技術会議の分野別推進戦略における重点課題ともされたもので，次の6つが挙げられ，具体的な「ニーズ」と「問い」の形で内容が示されている．

　①地球温暖化プログラム：緊急性・重大性が高く，社会構造，国民生活，産業経済すべてに密接に関連する「温暖化」を取り上げることが必要であるとされている．

　地球温暖化の影響は，現在の科学技術から推計できるだけでもきわめて大きく，きわめて深刻なものになると考えられているため，この影響をさらに明確にするとともに，さまざまな視点から，地球温暖化を少しでも早く抑制するための画期的な科学技術の進歩が求められている．しかし，新しい科学技術の成果が，既存の技術に頼っている組織の目先の経済的利益やめんつに反するとして，普及が抑えられることも少なくない．このため，技術はもとより，社会科学的な視点からの実践的研究を大きく進歩させることが「環境研究者」の大きな役割になっている．

　②化学物質の環境リスク評価・管理プログラム：ダイオキシン，環境ホルモンなどが関心を集め，国民の安全・安心確保に対する要請の下で，緊急性・重大性の点から取り上げることが必要であるとされている．

　20世紀後半からの石炭化学と石油化学の進歩によって，35億年の生命の歴史上存在しなかったさまざまな合成化学物質が大量に生み出され，現在の人類をはじめとする生物は，T.Colborn博士がいう「合成化学物質の海を泳いでいる」ような状態になっている．しかし，数万種類に及ぶ市販化学物質の中で，十分な毒性情報がそろっているのは数％以下であり，大部分は毒性がわからないまま大量に使用されている．また，廃棄物焼却や塩素化合物の合成あるいは利用時などに副生するダイオキシン類，ディーゼル自動車や業務用自動車，暖房機器などから排出される多環芳香族炭化水素類（PAHs），水道の塩素消毒で生成するトリハロメタン類など，作りたくないのに人間活動に伴って生成してしまう有害な「非意図的生成物質」も少なくない．これらの有害化学物質が人や野生生物に与える悪影響を適切に評価し，効率的かつ予防的に管理するための技術と社会システム作りに関する科学技術を発展させることは21世紀の「環境研究者」の重要な役割になっている．

　③20世紀における環境上の負の遺産解消プログラム：前世紀から受け継いだ環境上の負の遺産を現世代の債務として精算する必要があり，重大性の点から取り上げることが必要であるとされている．

　PCBをはじめとする長期間分解せずに地球上を汚染してさまざまな生物の体内に濃縮されて毒性を示す残留性有機汚染物質（POPs）を含む製品の処理，ダイオキシン類を含む大量の埋立焼却飛灰の処理，地中に埋設されたり保管されている廃農薬の処理，トリクロロエチレンなどの有機塩素系溶剤や有害金属類によって汚染された土壌の処理，オゾン層を破棄し，地球温暖化にも大きく影響するフロン類の回収・処理，多くの建物などに使われてきたアスベストなど，20世紀後半に安易に大量生産，大量使用された有害化学物質が21世紀への大きな負の遺産になっている．これらを効率的に，かつ安全に無害化する技術と社会システム作りに対する貢献が「環境研究者」の差し迫った役割になっている．

　④循環型社会の創造プログラム：20世紀型の非循環型の経済社会構造から脱却し，最適生産・最適消費・最小廃棄型に変革するための手法を市民・産業界にわかりやすい形で提示することが必要であるとされている．また，

　⑤循環型社会を支える技術の開発プログラム：循環型の社会構築を推進するため，原材料の効率的な利用などによる廃棄物の発生抑制，再使用・再生利用率の向上，再生資源の利用の促進，不法投棄の排除，安全で安心できるごみ処理などの技術開発について，当面の（短期的な）対策技術と将来の（長期的な）技術それぞれへの支援措置が必要であるとされている．

　20世紀に入って，各種の資源，特に木材資源の大量消費による熱帯林の破壊や鉱物資源の大量消費による金属資源の枯渇が深刻化してきている．特に，

木材，原油，石炭，綿花，羊毛，鉄鉱石，およびテルル，アンチモン，カドミウム，コバルト，セレン，鉛等々の多くの非鉄金属類など，さまざまな資源を世界一大量に輸入し，消費している日本の「環境研究者」には，特に循環型社会の創造のための社会システムとそれを支える技術の発展に貢献することが世界の人々への責務となっている．

⑥自然共生型流域圏・都市再生プログラム：人間活動による生態系の攪乱により，自然環境の再生・保全が求められていることから，生物・水・土壌・大気を統合する視点，森林・農地・都市・沿岸域の生態系を統合する視点，人間活動と自然環境とのバランスを確保する視点から，「沿岸域を含む流域圏・都市」をフィールドとして，「自然との共生」のあり方を検討し，実現することが必要であるとされている．

河川流域から沿岸域の生態系の保全と都市のあり方を見直し，自然生態系に負荷の小さな新しい人間活動システムを構築することは「環境研究者」の重要な役割の一つである．

これらの重点化プログラムは，わが国で，当分の間，重点的に予算がつけられる重要な研究課題ではあるが，これら以外にも「環境研究者」に期待されている価値ある研究があることも忘れてはならない．特に，上記の中には，世界が求めている「地球レベルでの環境のための科学技術」という視点，および国民が求めている「市民レベルでの環境のための科学技術」という視点がやや不足している．

従来の日本の「環境研究」の多くは，悲惨な公害被害の経験から，地域の環境，特に人の健康保護のための研究が主であった．これをさらに進めることも必要ではあるが，現在は，地球環境の研究に対して日本が果たすべき役割が大きくなってきている．上記の①地球温暖化の防止や②の中の残留性有機汚染物質（POPs）対策，③の中のPCB対策やフロン対策，④⑤の資源循環型社会の創造についての研究は，日本の環境問題の研究であると同時に，地球環境問題としても多くの課題がある分野である．また，⑥をもっと広くとらえた世界的な生物多様性の保護のための研究など，政府関連機関だけでなくNGOとも連携し，「環境研究者」が国際的に協力して進めるべき科学技術がある．

また，これとは対照的であるが，一般の市民や児童・生徒が行える，安価で簡易な環境測定・評価技術および使用済み製品の再利用・再生利用のための技術と社会システム構築のための科学技術など，市民レベルの科学技術の発展に対する貢献も求められている．これらの科学技術については，従来型の研究者が多い学会などでの評価は高くはならないが，新しい創意工夫と総合的な技術力が必要な，ある意味での高度な科学技術であり，国民が「環境研究者」に強く求めている科学技術でもある．このような科学技術は，高価な機器や材料の使えない開発途上国の環境管理にも有効になるであろうし，また，工場などの現場での環境管理の効率化にもつながると考えられる重要な科学技術であり，今後，このような市民レベルの科学技術を発展させる「環境研究者」を行政や市民が支援する必要がある．

b. 環境問題への理解と改善行動の促進に対する貢献

環境監査・環境管理に関する国際標準化機構規格のISO14000シリーズ，2002年から施行された「特定化学物質の環境への排出量の把握等及び管理の改善の促進に関する法律（PRTR法または化学物質排出把握管理促進法）」，2004年に改正された大気汚染防止法による全揮発性有機化合物管理など，規制に頼るだけでなく，事業者の自主的取り組みを促す環境管理制度が急速に広まってきた．また，2003年に「環境の保全のための意欲の増進及び環境教育の推進に関する法律（環境保全活動・環境教育推進法）」が制定され，2004年から施行されたのを契機に，「環境研究者」には，いっそう環境問題への理解と環境保全のための行動の促進に対する貢献が求められている．

すなわち，「環境研究者」には，研究をするだけではなく，環境の現状と将来について，専門家としての正確な知識や情報を国民にわかりやすく伝えることも重要な役割として期待されてきている．

たとえば，地球温暖化や成層圏オゾン層破壊，熱帯林の破壊や砂漠化の拡大，生物種の絶滅・多様性の喪失，POPs汚染などの地球レベルの環境問題はもとより，周辺事業所からの有害化学物質の排出や農耕地での農薬の使用，自動車排ガスなどの地域レベルの環境問題，さらには合成洗剤やプラスチック添加剤，建材などの身近な生活の中の環境問題について，現状がどのような状況であり，このまま放置したらどのような深刻な事態になるのか，考えられる改善措置にはどのようなものがあり，どのような長所や短所，課題があるのか，あるいはある措置をした場合に将来どのようになると予想されるのかな

どをわかりやすく伝えることが求められている．また，さまざまな環境リスクについての利害関係者の間に立って，客観的に適切なリスクコミュニケーションを促す役割も期待されている．

上記のような期待に応えるためには，一般市民がもつ以下の例のような素朴な問に対して，「環境研究者」は専門家としてわかりやすく説明することが求められている．

① このままではなぜいけないのか．
② 地球環境の保全がなぜ必要なのか．
③ 環境生物をなぜ守らなければならないのか．
④ 研究者は十分な環境情報をもっているのか．
⑤ 与えられている環境情報は正確なのか．
⑥ 自分たちには，何ができるのか．

これらの素朴ではあるが，非常に本質的で難しい問いに対して，それぞれ1つずつの正解があるわけではない．環境問題には非常に多くの影響因子が複雑に絡み合っており，現在の科学技術では不明な点が多く，不確実性が大きいことも多い．しかし，「環境研究者」にはこれらの疑問に対して答えることが求められており，不確実性も含めて科学的根拠を挙げて，わかりやすく伝える役割がある．

「環境研究者」は，前述のように「人をはじめとする生物・生態系の維持や改善に役立つ」ことを目的としている．これは，医者が人の命と健康の維持や病の治療に役立つことを目的としているのとよく似ている．市民は，お腹が痛くなったとき，近くに医者がいれば，どのような分野の専門医かにかかわらず，どうしたらよいのかを訊ねるであろう．そのとき，私は泌尿器科で尿検査をしなければわかりませんとしかいえない医者であってはならないように，「環境研究者」には，環境問題全般についてのある程度の基礎知識と判断力をもっていることが期待されている．

さらに，土壌汚染の発見，事故による環境汚染，PRTR法による各事業所からの有害化学物質の排出量の公開，廃棄物処理施設や最終処分場（埋立地）の建設などをはじめとして，いくつかの環境問題について利害関係者のリスクコミュニケーションが重要になってきている．これらに際して「環境研究者」が客観的立場で対立的でない適切なリスクコミュニケーションを促進する役割を担うことが求められている．これは，かなりの経験と信頼が必要な難しいことではあるが，今後ますます重要な役割になると考えられる．

従来の日本の社会では，研究者は研究室にこもっているのがあたり前であり，学会活動以外の社会活動をしたり，行政やNGO，マスコミなどと協力して，社会のあり方について意見を述べると，研究者仲間や従来のシステムで利益を得ている人，新しい仕事が増えるのがめんどうと思っている行政官などから，自分の成果の宣伝行為や売名行為をしているとか，過激であるとかいう批判をされることが多かったので，研究者はあまり発言しなかった．しかし，これからの「環境研究者」には，研究成果を学会発表するだけでなく，批判をおそれず，かつ謙虚に社会に説明し，理解を求めて，社会の多くの意見や立場の異なる人々の間のリスクコミュニケーション[2,3]を促進する役割が求められている．

19.5.2 環境研究者育成の重要性

上記のように「環境研究者」の役割は非常に大きく，多様であり，他の研究者にはない難しい役割をもっている．しかし，社会の期待に応えられる本物の「環境研究者」は，研究費をばらまいても一朝一夕には育たない．社会にとって人の健康を守る医者が必要なように，21世紀には，環境の健全性を守る専門家としての本物の「環境研究者」を大幅に増やすことが不可欠である．国，地方公共団体，企業，市民団体などが大学などと協力して，すぐれた「環境研究者」を育成することが環境問題の改善にとって最も重要な課題になっている．人材がなければ何もうまく進まない．

本物の「環境研究者」の育成には，次のような視点での訓練が必要になる．なお，これらの視点は，「環境研究者」だけでなく，「環境関連行政担当者」および「環境指導員」や「環境教育担当教員」などにも共通するものである．

① 環境改善という大きな目的をしっかりもち，かつその目的と自分の当面の具体的な目標との関係を常にチェックする訓練
② 影響因子が多い複雑系を扱い，一般化し，実現する訓練
③ 社会的な使命感・責任感の醸成
④ 広い視野での総合的判断力を持つ訓練
⑤ 実行力とコミュニケーション能力の訓練

これらを基本的視点でまとめると，すぐれた環境研究者の育成には「しっかりとした目的をもって複雑系を一般化し，実用化する能力の訓練」と「責任感と広い視野をもって謙虚に行動し，明確に発言で

きる能力の訓練」の2つが求められるといえよう．

a. しっかりとした目的をもって複雑系を一般化し，実現する能力の訓練

あらゆる研究に求められることは「本質的な大きな目的をよく確認する」ことと，「ある幅の領域で一般化された成果を得る」ことである．ここで「環境研究」の本質的な目的は何かを考えてみると，前述したように「人類を中心とする生態系の健全な持続に役立つこと」であろう．しかし，1つの研究対象でもさまざまな影響因子があるため，過去と現在の全体像を明らかにして将来を予測し，改善の方向と方法を明らかにするためには，非常に多くの時間と労力と能力とが必要になる．一方，一人の研究者が短期間にできることは限られている．

したがって，各研究者が協力者を得ながら，上記のような「環境研究」の中で，地球レベル，または国ごと，地域ごと，あるいは時代や時期ごとに必要度の高い課題を見きわめて，先進的な研究を進めることが非常に重要になる．このことは，ニーズの先を読んだ研究テーマを選ぶということであり，時流に併せた研究予算を取れる課題を選ぶことではないことに注意する必要がある．

たとえば，水質や大気質を単に「測定，調査」したり，ある装置や材料を指定された条件で「試験」するだけではなく，これらが上記のような本質的な環境研究の目的にどうつながるのかを明確に説明でき，一般化した有益な結論が得られるか否かを繰り返し議論し，チェックする訓練が必要である．

また，新しい分析方法あるいは対策技術などを作る際には，それが単純系だけでなく，現実の複雑系に適用でき，現実的な適用条件や適用範囲が明らかにされているのか，さらに他の方法より特殊な機器や特殊な専門技術を必要とせずに，近い将来，経済的に広く普及できる方法になりうるのか否かを繰り返し議論し，チェックする訓練も必要である．

さらに，医者がさまざまな病気を減らし，治すためには，人工心臓や微細内視鏡等々の高度な技術から，さまざまな薬剤・機材，あるいは心理学的技術や社会制度までのきわめて幅広い分野のさまざまな技術や方法を駆使しているように，「環境研究者」にも，目的を達成するためには，広い視野や他分野の仲間をもって，あらゆる技術や方法を取り入れる柔軟さと貪欲さをもたせるような訓練が必要である．

すなわち，それぞれある範囲の専門（得意分野）をもっていても，常に大きな視点をもつことを心がけさせ，その中で「環境研究」の本質的な目的である「人類を中心とする生態系の健全な持続に役立つこと」をしっかりと意識させて，自分の研究の位置づけと目標を確認させ，あらゆる情報，物質，技術，社会制度を取り入れ，柔軟に修正，改善していく訓練を行うことが必要である．

いずれにしても，一見環境問題に関連ある研究をしているかのようにみえても，「いずれ」「誰かが」「環境問題に」役立ててくれる「かもしれない」「基礎研究」であるといったり，あるいは「研究費がもらえるから」「組織で決められた仕事だから」「自分が興味があるから」「これしかできないから」というような「環境研究者もどき」の人を育ててはならない．

b. 責任感と広い視野をもって謙虚に行動し，明確に発言できる能力の訓練

研究職の人，研究職を目指す人，あるいはその家族も，研究者を社会的に高級な職業の人であるかのように誤った思い込みをしてはいないだろうか．行政官や企業経営者からは，研究者には，ムダメシ食いの人が多いという発言をよく聞く．ハンバーガー屋の売り子さんは，接客態度をしっかりと訓練されて，時間を惜しまず，1時間，1時間を確実に客のため，店のために働いている．スーパーのレジ係も，建設現場の作業員も，それぞれ，その時間，時間で確実に役立つ仕事をしている．しかし，研究者は，社会（または会社）に大きく役に立つかもしれない一方で，独りよがりでそう思って，上記のようなさまざまな人々が汗水流して働いて得たお金と資材とエネルギーを使って，社会（または会社）にも環境にも負担をかけている人間になってしまいやすいことをしっかりと認識させることが必要である．すなわち，まず誤ったエリート意識を捨てさせることから始めることが必要である．心の中に謙虚さと社会的責任感（正しい「やりがい」）をもたないと成果の社会還元も難しいし，リスクコミュニケーションなどに貢献することもできない．

すなわち，「研究者」は，しっかりとした社会的責任感をもたなければ，社会的に寄生虫的な存在になってしまう「厳しい職業」である一方で，「環境研究者」は，よい研究成果が出せれば，多くの人に自らの研究成果を活用してもらえ，人類や他の生物の将来のために貢献でき，日本や世界をよりよい方向に変えられるチャンスが非常に多い「とてもやり

がいがある職業である」ことを，多くの例を挙げて自覚させる必要がある．

繰り返しになるが，社会的責任感と，強い好奇心，謙虚さと柔軟さ，そして「やりがい」をもたせることが「環境研究者」にとって最も重要な素質と訓練事項であるといえる．特に，異分野や他国の人がどのような立場や考え方で，どのような望みをもって，どのような発言や行動をするだろうか，異分野や他国の人からみた場合，自分たち環境研究者がどのように受け取られているのだろうか，自分たちが特殊な考え方や用語を使って話してはいないだろうかなどを考えさせる訓練が必要である．

具体的な例としては，以下のようなことを積極的に行わせる訓練メニューとそれを実現する組織作りが求められている．

①各自の専門分野の学会だけでなく，幅広い環境関連の学会や展示会，講演会などに参加させ，討論させる．

②環境関連の雑誌などの総説や解説，一般向けの本やパンフレットなどを読んで評価させたり，書かせたりする．

③国内外の環境関連インターネット情報の信頼性と有用性をチェックさせ，活用させる．

④国内外の環境関連ニュースを注意して聞いたり，見たりさせて評価させ，討論させる．

⑤地域にある環境NGOに参加させ，市民とともに話し合い，考え，行動させ，改善点を提案させる．

⑥行政，企業，学校，マスコミ，議会などの幅広い関係者との交流・討論の場に参加させ，改善点を提案させる．

⑦研究成果を元に実用された技術や社会システムの事例を挙げ，失敗事例との違いを調査させ，討論させる．

実際にこのような活動を行うことは容易なことではないし，どの程度の時間と労力をかけて行わせられるかは，研究者の経験，年齢，立場などによってさまざまであってよい．しかし，少なくともこのようなことが必要であることを強く自覚させ，自己の研究の位置づけやニーズを常に確認しながら，謙虚に，柔軟に行動し，発言できる「環境研究者」の育成が必要である．

幸い，若い人たちの中に「環境研究者」になることを夢見ている人が多くなっている．この若い人たちを，上記のような大きな社会的役割を果たせる本物の「環境研究者」に育てるためには，行政，企業，市民団体，一般市民などの幅広い人々が，厳しさと暖かさをもって協力と支援をすることが必要であり，それが日本だけでなく，世界の環境問題の改善にとってきわめて重要かつ有効なことになる．

なお，「環境研究者」でなくても環境問題の改善に役立っている人が数多くいることも忘れてはならない．
〔浦野紘平〕

文 献
1) 環境省中央環境審議会「環境研究・環境技術開発の推進方策について（第1次答申）」(http://www.env.go.jp/council/toshin/t021-h1404.pdf)
2) 浦野紘平編著 (2001)：化学物質のリスクコミュニケーションガイド，ぎょうせい．
3) エコケミストリー研究会 (http://env.safetyeng.bsk.ynu.ac.jp/ecochemi/)

20 アセスメント

20.1 評価について

　水環境の保全にあたっては，目的に応じた目標の設定，その実現のための方策，それを支える技術やシステム，そしてその達成状況の判定が必要となる．この判定に基づき，目的や目標を含め，方策，技術やシステムの見直しがなされる．「評価」はこれら各段階で種々の側面で行われ，フィードバックされることが重要である．すなわち，目的や目標設定のためのある物の影響評価や水質レベルの評価，方策の効果評価，技術やシステムの評価，達成状況の判定のための評価などであり，おのおのの側面に応じた適切な評価指標が用いられ，評価基準が設定される．このようにみると，評価は水環境保全の要と考えられる．

　目的や目標設定のためのある物の影響評価や水質レベルの評価では，まず NOEL などの影響評価概念，有毒性などの影響内容とその影響発現基準が重要となる．またその際にはリスク評価が重要となるが，これには化学物質や病原微生物によるリスク発生要因の明確化，リスク計算およびリスク評価の手順が含まれる．このようにして設定される基準には設定段階に応じてクライテリアから環境基準，排出基準など法律に基づく基準まで種々の基準がある．本章ではこれらの内容について記述する．

　また方策の効果評価の例として，環境影響評価および炭酸ガス排出計算が実施されている．本章ではこれらについても記述する．そして，新たな評価指標のトピックスとして，酸性雨による環境影響，難分解性有機物の残存指標，瀬戸内海資源の持続性指標，および生態系の評価指標についてもふれる．

　技術やシステムの評価が重要となり，種々試みようとされているが，ここで論述するような状況にはなっていない．今後重要な課題であろう．また，施策の達成状況の判定のための評価では，水質レベルのみでなくその実施状況，費用対効果，アウトカムなどの観点での評価も重要となる．これについても今後の重要な課題となろう．

〔津野　洋〕

20.2 影響評価と基準

　水環境の保全のための影響評価を行う場合には，健康保護と生活環境の保全の両面から考える．わが国では「環境基本法」のもとに，「人の健康の保護に関する環境基準」と「生活環境の保全に関する環境基準」が定められている．前者の面からは，公共用水域および地下水を対象としてカドミウム以下26種の化学物質について環境基準値が定められており，また，要監視項目としてクロロホルム以下22種の指針値が提示されている．また，後者の面からは，河川，湖沼，海域について，それぞれ利用目的に応じた水域類型ごとに，水素イオン濃度，生物学的酸素要求量または化学的酸素要求量，浮遊物質量，溶存酸素量および大腸菌群数などについて基準値が設定され，湖沼や閉鎖性海域については，さらに全窒素および全リンが，また海域については

n-ヘキサン抽出物質が加えられて環境基準値が設定されている．これらの値は制定時の最新の科学的知見をもとに定められており，新しい知見，あるいはより確実な科学的根拠が示されれば数値が変更されたり，指針値から環境基準に変更されたりすることが求められる．

本項では，これらの基準値あるいは指針値を設定する際にどのような評価指標が用いられ，どのような評価基準が用いられているかを解説する．

20.2.1 人の健康の保護からみた影響評価指標

健康影響を及ぼす代表的なものとして，上記環境基準や指針値は化学物質（重金属を含む）が対象となっている．その影響を評価するのは多くの場合，実験動物を用いた毒性試験であるが，人の疫学的データは，種差を考慮しなくてよいので，信頼しうる疫学データがある場合はこれを優先する．

a. 人の疫学的研究

疫学的研究は，疾病が発生したときの時間，場所，人についてその特徴を要約することによって，疾病の原因や流行の要因に関する検証可能な仮説を立てたりする記述疫学と，曝露と発生の関連性や因果関係の仮説を検証する方法としての分析疫学とがある．リスクを評価するためには，後者の方法が有用である．疫学的研究では，曝露集団と対照集団の適切な選別と評価，追跡調査の適正な期間と質，交絡要因の排除と偏りの適切な評価，対象疾患および死亡原因についての確定診断の信頼性，影響評価指標の検出力などによってその質が異なる点に注意が必要である．

化学物質の発癌に関する疫学調査は，労働者を対象としたものが多く，曝露評価の曖昧さ，高濃度から低濃度への外挿という不確実性は相変わらず残る．以下に代表的な研究デザインと，評価指標を簡単に述べる．

①症例対照研究：症例対照研究は，いわゆる後ろ向き研究で，発癌した症例とそうでない対照者が過去においてどのような危険因子に曝露されたかを調べるものである．いろいろな偏りが入りやすいので，通常は症例1に対して対照を複数選び，できるだけマッチング（性別，年齢，その他の因子を合わせる）を行い，地域住民をベースにしたサンプリングなどの工夫を行う．対象が比較的少人数で，費用がそれほどかからないという利点があるが，上述したような限界がある．

表 20.1 相対リスク (a), Odds 比 (b) 算出のための2×2表

(a) 相対リスク（行が群を構成する）

	疾病あり	疾病なし
曝露あり	a	b
曝露なし	c	d

(b) Odds 比（列が群を構成する）

	疾病あり（症例）	疾病なし（対照）
曝露あり	a	b
曝露なし	c	d

②コホート研究：コホート（集団）研究は，まず一定の対象集団を選択し，解析を現在から未来（前向き）に行い，ある危険因子に曝露されたものとそうでない者が将来どのような病気（たとえば癌）に罹患したり，死亡したりするかを研究するもので，疫学調査では最も信頼性が高い．症例対照研究では，一度に扱える因果関係の解明は一つであるが，コホート研究では複数の因子を同時に調査することができる．リスク比（後述）などを得ることができる，また研究開始前に対象者の選択のコントロール，測定項目などをコントロールできる長所があるが，結果が出るまでに時間がかかる，経費とマンパワーがかかるなどの欠点がある．

③評価指標：疫学的研究の評価指標としては相対危険度（relative risk：RR）と Odds（オッズ）比（Odds ratio：OR）がよく使用される．RR は，リスク比（risk ratio：RR）と呼ばれることもある．これらはいずれもある危険因子をもっている人が，それをもっていない人に比べてある結果（たとえば発癌）を起こす可能性がどのくらい高くなるかを示す指標である．RR はある結果を起こす確率が何倍になるかを示し，OR は Odds（それぞれの群の中で危険因子がある人とない人の比）の比を計算したもので，ともに大きい値のほうがその事象が起きやすいことを示している．前者はコホート研究の，後者は症例対照研究の評価指標として使用される．表 20.1 のような2×2表の場合の具体的な計算方法は以下のとおりである．

コホート研究では，曝露のある人と，ない人がそれぞれどのくらい発症しているかという発症割合を求めて，その比をとる相対危険度を求めることになるので，

$$RR = \frac{a/(a+b)}{c/(c+d)} \quad (20.1)$$

となる．

一方，症例対照研究では，2×2表の縦，すなわち列が群を作ることに注意する．そこでRRを求めることができないので発症Oddsは，発症確率を(p)，非発症確率を($1-p$)とするとOdds = $p/(1-p)$ で表される．

Odds比は曝露あり群の発症Oddsと曝露なし群の発症Oddsの比であるから，

$$\text{Odds比} = \frac{[a/(a+c)]/[c/(a+c)]}{[b/(b+d)]/[d/(b+d)]}$$
$$= \frac{a/c}{b/d} = \frac{ad}{bc} \quad (20.2)$$

となる．

ORやRR（以下ORと略）は1より大きければ，ある事象の起こる可能性が大きいことを表すのであるが，その値はあくまで平均値であって，点推定であるので，ある程度の誤差をもつ．したがって，1より大きいORが意味のある値であるのかを確認するために95％信頼区間（95% confidence interval：CI）を求める必要がある．結果に対して有意な影響を認めるということは，ORが1以上の値をとり，かつ95％信頼区間の下限が1より大きい値を示している場合である．

さらに注意すべきことは，ORやRRが有意な値を示したとしても，それは二つの因子の関連が偶然に起こりうる以上の確率で認められたことを示すものであり，原因と結果を明らかにしたものではない．その因果関係をさらに明らかにするためには，原因と思われる事象が結果よりも先に起こっていること，用量-反応関係（20.3項参照）が認められること，動物実験や試験管内試験によって，メカニズムや生物学的蓋然性が認められることなどから総合的に判断する必要がある．

最近はパソコンソフトで簡単にOR，RR，95％信頼区間が求まるが，さらに詳しい理論は疫学の専門書を参照していただきたい．ここでは疫学調査で得られた値の意味と，その解釈を行うときに数値を鵜呑みにしないで，この結果が意味のある値であるのかを注意深く読みとる必要があることを理解してほしい．

b. 動物を用いた一般毒性試験[1)]

一般毒性試験は影響評価の基本となる．一般的には急性，亜急性，慢性の3種類の実験結果を用いて評価することが通常行われる．

1) 急性毒性試験　急性毒性試験は，1回当該化学物質を投与し，観察期間は一般に14日間である．原則として実験動物の50％が死亡する50％致死量（LD_{50}）を求めるものであるが，その再現性の問題，動物愛護の面からも現在はおおよそのLD_{50}と，毒性症状の観察，反復投与毒性試験の用量設定を行う目安とすることを目的としている．観察期間中の一般状態や，体重の変化を記録し，経過中に死亡したもの，あるいは観察期間終了後には臓器重量，病理組織学的検査が行われる．

また毒劇物や毒劇薬の以下の判定基準に用いられる．

毒物，毒薬：経口投与でLD_{50}が30 mg/kg以下．
劇物，劇薬：経口投与でLD_{50}が30 mg/kgを越え300 mg/kg以下．

2) 亜急性毒性試験（短期の反復投与試験）　化学物質の反復投与を行い，28〜90日以内の観察を行うものを亜急性毒性試験，または亜慢性毒性試験と呼ぶ．急性毒性試験では認められない蓄積毒性，標的器官での変化，発癌性を含めた長期毒性や，後述する生殖・発生毒性試験などの用量設定の参考データを得ることを目的としている．用量-反応関係をみるためには，一般に3群以上の投与群と対照群が必要となる．

観察および測定は，体重，摂餌量，飲水量のチェック，血液検査，生化学検査，尿検査などが行われる．また，病理組織学的検査は必須である．回復性試験も毒性が可逆的か，不可逆的かを知るのに重要である．

3) 慢性毒性試験（長期の反復投与試験）　主として12か月以上の観察期間をとるものを慢性毒性試験という．

観察および測定項目は亜急性試験と原則的に変わりはない．また，反復投与によって，反応が周期的に変化する場合があるので，測定は経時的に行う必要がある場合もある．

c. 発癌性試験

化学物質の影響で最も重要なものは発癌性である．そのため，影響評価の指標としては発癌性の有無が最も重要視される．発癌性の有無を調べるためには，短期遺伝毒性試験，動物を用いた発癌試験，人の疫学的研究がある．

1) 短期遺伝毒性試験（遺伝子障害性試験）　点

突然変異，染色体異常，DNA損傷あるいは修復などの遺伝毒性試験が陽性であれば発癌性を示唆するとともに，発癌作用が遺伝子に直接作用するイニシエーター作用であるのか，単なるプロモーター作用であるのかを知る情報源となる．この情報は発癌作用の「閾値」の存在の有無を推定する際に有用な情報となる．

「遺伝毒性」という用語は毒性学では古くから使用されているが，リスク評価で用いる場合は，遺伝という語が一般の人には次世代に及ぼす影響という意味にとられがちなので，「遺伝子障害性」という場合もある．

2）実験動物を用いた長期投与試験 動物実験の発癌性試験法のガイドラインが決められている．動物種は2種（通常はラットとマウス）を用い，1群50匹以上とされている．投与経路は原則経口投与である．投与期間は，ラットでは24か月以上30か月以内である．曝露用量は通常3段階で，その他に対照群を置く．観察および測定項目は，定期的な体重および摂餌量測定のほか，試験期間中に死亡した動物，および試験期間を終了した場合には試験動物を速やかに解剖し，病理組織学的検査を行う．ほとんどすべての組織，臓器について，前癌病変，良性腫瘍，悪性腫瘍の発生率を記録する．

発癌性の判定は，標的臓器，あるいは組織において統計学的に有意な腫瘍発生率の増加が認められたかどうかが重要であるが，それに関連する多くの因子を含めて人に起こりうる発癌作用かどうかを判断することが重要で，米国EPA（環境保護庁）の発癌のガイドラインでは，これを"Weight of Evidence"（証拠の重み付け）と呼んでいる．

発癌作用にはまだ不明な点が多いが，大別して細胞の遺伝子に直接作用して発癌を引き起こす遺伝毒性発癌物質（genotoxic carcinogen，遺伝子障害性あり）と，遺伝子に直接作用しない非遺伝毒性発癌物質（non-genotoxic carcinogen，遺伝子障害性なし）とに分類される．前者は一次発癌物質，またはイニシエーターともいわれ，後者はさらに二次発癌物質とプロモーターに分かれる．

当初は発癌作用には，すべて「閾値（threshold）」がないとして評価してきたが，発癌メカニズムが明らかにプロモーター作用であるとわかった場合には，閾値があると考えてもよいと考えられるようになった．この考え方は，WHOはじめヨーロッパ各国で採用されており，わが国もこの考え方を採用している．米国EPAは，現在も発癌性物質は原則として閾値がないとの立場をとっている．

d．生殖毒性試験

生殖毒性試験の目的は1種またはそれ以上の活性物質の哺乳類の生殖に対する何らかの影響を明らかにすることにある．生殖毒性という用語には，成熟動物の生殖能力への影響のほかに，動物が成熟するまでに誘発される障害，すなわち胚または胎児期および出生後に誘発または発現した障害（発生毒性）なども含まれる．また，よく使用される一，二，三世代試験は被験物質が直接曝露される親動物の世代数によって定義される．動物種としては，齧歯動物（ラット）が最も利便性が高く，場合によってはウサギも使用される．評価指標としては出生児数の減少，奇形の誘発などがある．

20.2.2 生活環境の保全からみた影響評価指標

前述したように，生活環境の保全の面からは水域類型ごとに水素イオン濃度，生物学的酸素要求量または化学的酸素要求量，浮遊物質量，溶存酸素量および大腸菌群数などについて基準値が設定され，湖沼や閉鎖性海域については，さらに全窒素および全リンが，また海域についてはn-ヘキサン抽出物質が加えられて基準値が設定されているが，詳しくはそれぞれの項で説明されている．このうち大腸菌群数は水系伝染病の観点からの指標である．これは水系伝染病の病原微生物が排泄されるときには必ず一緒に排泄され，環境水中でこれらの病原微生物と同様の挙動を示すことなどから，人の糞便中の常在菌であり通常は無害な大腸菌群が選ばれたものである．大腸菌群は飲料水では検出されないこと，また水浴場では最確値（MPN）法で1000 MPN/100 ml以下であるべきとされている．またn-ヘキサン抽出物質は試水中の油分などの量を測定するもので，魚の異臭問題を生じさせない濃度閾値は0.01〜0.1 mg/lであるが，基準値は検出されないこととなっている．

〔内山巌雄〕

文 献

1) 林 裕造，大澤仲昭編（1990）：安全性評価の基礎と実際（毒性試験講座1），地人書館．

20.3 リスク評価

> ▷ 13.2 無機物質
> ▷ 13.3 有機物質
> ▷ 15.2 細菌
> ▷ 15.3 ウイルス
> ▷ 15.4 原虫・寄生虫
> ▷ 15.5 微生物汚染の評価指標
> ▷ 17.3 遺伝子障害性試験

20.3.1 リスク評価の必要性

今日では，化学物質のない社会は考えられない．現在約500物質が毎年新規に生産または輸入されており，工業生産に日常的に使用されている化学物質は4～5万種類といわれている．これらの化学物質の中には当然ヒトの健康や生態系に有害な影響を及ぼす物質が含まれており，特に発癌物質，あるいは発癌のおそれのある物質が，一般環境中にも見いだされるようになってきた．非発癌物質による影響は「閾値」があると考えて，その閾値に安全係数を考慮して基準を設定すればよかったのであるが，発癌物質の場合は，原則的に閾値がないと考えるべきである．その立場に立つと，発癌物質の使用を全面的に禁止しない限り発癌の可能性はなくならない．しかし，利便性を考慮するとすべての発癌物質の使用を禁止するのは現実的ではない．そこで導入されたのが「リスク」の概念である．リスクとは「望ましくない結果とそれの起こる予測頻度」と定義される．望ましくない結果を発癌の可能性と考えると，リスクの概念によって基準を策定するということは，ある発癌物質に曝露されることによって起こる発癌の確率を計算し，その確率が他のリスクと比較して十分に小さければ許容（耐容）せざるをえないということである．リスクはこれから起こる事象に対する予測であるから，これまでの公害のように健康被害が起こってから因果関係を明らかにし，補償をするという旧来のパターンから脱却し，未然防止と包括的管理を特徴とするものであり，リスクを定量化することによって，規制の優先順位を決定するのにも役立つ．リスクを定量的に評価することがリスクアセスメント（リスク評価）であり，リスク評価を元に管理を行うのがリスクマネジメント（リスク管理）である．

リスク評価は上述したように，当初は発癌物質を中心に行われたが，その後発癌のメカニズムが明らかになるにつれて遺伝子に直接作用して発癌を起こす物質（イニシエーター）と，遺伝子には直接作用しないいわゆるプロモーターがあることが明らかとなってきた．そこで後者は閾値のある発癌物質として，従来の無毒性量（NOAEL）を求めて基準を策定することとした．したがって，リスク評価の概念は現在では広義の意味で，発癌物質のみでなく，すべての化学物質のヒトへの影響や生態系への影響に関して，また化学物質以外の生物学的，物理学的影響の評価にも用いられるようになってきている．

20.3.2 発癌性物質のリスク評価の手順

リスク評価の手順は，現在，以下の4段階に分けて行うのが一般的である．

a. 有害性の同定（hazard identification）

既存の文献からヒトの疫学的研究，動物実験データを収集し，有害性の定性的評価を行う．特に発癌影響については証拠の重み付けを行って，発癌の可能性の高い順にグループ分けを行う．信頼性が高くよく利用される IARC（国際がん研究機関）の分類は発癌物質をグループ1～4に分類しており，グループ1に分類された物質はヒトに対して明らかな発癌物質である．ここで優先的に選択された物質について以下の定量的評価を行う．また，わが国では，発癌性物質とされた場合には次に遺伝子障害性の有無を判定する．これによって遺伝子に直接作用して発癌する物質は，閾値のない発癌性物質として以下の定量的評価を行う．

b. 用量-反応評価（dose-response assessment）

疫学データを優先し，それがない場合は動物実験データの値を用いて，用量（曝露濃度×期間）と反応関係を定量的に評価する．実験データや労働環境で得られた疫学データの用量は一般環境の濃度より高い場合が多いので，数学的モデルを用いて低濃度に外挿する．米国EPAでは低濃度で直線となる線形多段階モデルを推奨していたが，最近は図20.1のような方法を推奨している．ここで求めた用量-反応曲線からユニットリスク（$1/\mu g \cdot m^3$，または$1/\mu g \cdot l$）あるいはスロープファクター（$\mu g/kg$体重・日）を求めておけば，化学物質の発癌の強さを比較することができる．また，疫学データを使用する場合は，曝露濃度が不明確な場合，あるいは曝露濃度が一つの濃度しかない場合も多いので，この場合には相対的平均モデルを使用して直接ユニットリスクを求めることが行われている．これらの数式を

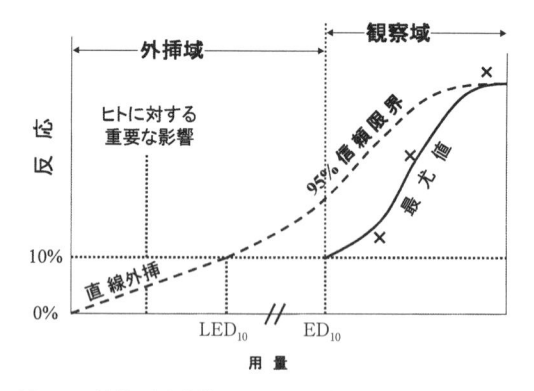

図 20.1 用量−反応曲線のシェーマと外挿法の例（米国 EPA, 2005）

用いて外挿した値は，(1) 数式モデルにおいて 95%信頼限界値を用いること，(2) 低濃度において直線に外挿すること，という二重の安全を見込んだ手法を用いているので，さらに不確実係数（安全係数）を考慮することはない．これらの数式モデルについては詳しくは他書を参照されたい．

   c. **曝露評価**（exposure assessment）

ある化学物質の有害性が大きくても，曝露量が小さければリスクは小さくなり，逆に有害性が小さくても，曝露量が大きければリスクは大きくなることもある．したがって，実際にわれわれがどの程度その有害物質に曝露されているかを評価することは，用量−反応評価と同様に重要な作業となる．一般的には，環境中の濃度が測定されることが多い．たとえば，水環境であれば河川，地下水，上下水道水中の濃度を測定し，大気環境であれば一般大気，室内空気中の濃度を測定する．曝露評価で重要なことは，測定する時間と空間をどこに設定するかである．発生源が特定されており，その周辺の状況を調査する「ターゲットモニタリング」，その地域の平均的濃度を代表すると考えられる場所で行う「地域モニタリング」などがある．さらに詳細な曝露評価のためには，個人サンプラーを用いた個人曝露評価，血液中や尿中の化学物質の濃度を直接測定する「生体モニタリング」があるが，後者になるほど，費用と労力がかかる．また，測定頻度，測定時期を適切に設定して年間の平均値として評価することもある．

   d. **リスクの判定**（risk characterization）

リスクの判定は，リスクの種類や影響の程度とその大きさを総合的に判定するものである．前述したようにリスクの大きさは，有害性と曝露量で決まる．わが国では大気環境基準や水道水質基準などは生涯過剰発癌リスクが 10^{-5}（10万人に1人あるいは，10万回に1回）以下となるように設定されている．言い換えれば，生涯過剰発癌リスクが 10^{-5} を越える場合は何らかの対策が必要とされる．このリスクレベルは 10^{-6} 以下がいわゆる無視しうるリスクレベルとされているが，わが国の大気環境基準の場合は，実現可能性などを考慮して当面 10^{-5} 以下とされたものである．これらの非自発的リスクの許容レベルは自動車事故や，レジャー事故に代表される自発的リスクと比較して 1/100〜1/1000 以下の小さな値でないと国民に受け入れられないことが心理学的調査で明らかとなっている．

20.3.3 発癌以外のリスク評価

発癌以外の健康リスクの評価における影響評価指標（critical end point）は前項で示したようにさまざまである．また，発癌物質でも遺伝子障害性が認められず，閾値のある発癌物質に分類された場合は，同様に以下の手法で基準値を策定する．この作業は上述の①の段階で同時に行うことができる．信頼できる評価指標それぞれにおいて，無毒性量（NOAEL），あるいは最小毒性量（LOAEL）を求める．その中で最も低い評価指標を決定する．この作業はいわば定性的評価であるが，最近は米国 EPA ではベンチマークドーズ法を用いて定量的に求めることを推めている．この手法によれば単なる NOAEL ではなく，用量−反応関係を考慮した ED_{10}（10%影響用量）を求めることができる．このモデル式は米国 EPA のホームページよりダウンロードすることができる．

求めた NOAEL を不確実係数（安全係数）で割ることによって基準値や耐容1日摂取量（TDI）を求めることができる．不確実係数は以下の4項目について 1〜10 の整数が用いられる．修正係数は，発癌が否定できない場合，影響が重篤な場合，実験の質・期間などが不十分な場合などに付け加えられる．一般的に不確実係数が 10^3 のオーダーを超える場合は基準値は策定すべきではないとされる．

LOAEL から NOAEL への転換	1〜10
動物から人への外挿	1〜10
個体差	1〜10
修正係数（modified factor）	1〜10

また，閾値のある発癌性物質とされた場合には，発癌を影響評価指標として上記と同様の方法で値を求め，求めたすべての値の中で最も低い値を基準値

表20.2 リスク評価に用いる基本的パラメータ

項目	区分	値
体重	(大人)	50 kg
	(子供)	15 kg
呼吸量	(大人)	15 m³
	(子供)	6.3 m³
飲水量	(大人)	2 l/日
	(子供)	—
食事量	(大人)	2 kg/日
	(子供)	—
土壌摂取量	(大人)	100 mg/日
	(子供)	200 mg/日
平均寿命		75歳
労働時間		8時間/日
労働日数		255日/年
最大労働期間		40年間

とすればよい.

20.3.4 曝露評価の各種パラメータ

上記の曝露評価で得られた数値を実際のリスク評価に使用するためには,いくつかのパラメータを用いる.体重や呼吸量など,外国で使用されているパラメータとわが国で用いられている日本人を標準としたパラメータは異なる数値のものが多いので注意が必要である.基本的パラメータを表20.2にまとめた.このうち土壌摂取量は,わが国独自のデータが不十分であるため,米国EPAの値を使用しているが,家の中で靴を脱ぐ習慣のある日本人は土壌の摂取量はもっと少ないのではないかと考えられる.

20.3.5 曝露経路別による曝露量の推計

有害化学物質の曝露経路は大きく経口摂取,経気道摂取,経皮摂取の3つが考えられる.経口摂取はさらに飲料水と食事に分けられる.したがって,曝露量の計算は,各経路ごとに摂取量を計算して合計し,リスクを評価する必要がある.たとえば土壌を汚染した有害化学物質がガス化して大気を汚染し,また地下水を汚染したとする.化学物質 C (mg/l) が含まれた地下水を20年間(1年365日),飲料水として使用した場合の生涯の平均1日摂取量 I は以下の式で求められる.ここで各パラメータの値(この例では飲水量)は前項の表20.2の値を用いる.

$$I = \frac{C(\mathrm{mg}/l) \times 2(l/\text{日}) \times 365(\text{日}/\text{年}) \times 20(\text{年})}{50(\mathrm{kg}) \times 75(\text{年}) \times 365(\text{日})}$$
$$= 0.016 C(\mathrm{mg/kg} \cdot \text{日}) \quad (20.3)$$

同様にして,大気中にガス化した濃度,土壌の摂取や経皮からの摂取を推計して,合計すればよい.

一方,ある有害化学物質の土壌や地下水の環境基準値は,土壌については地下水に溶出した水を毎日飲むと仮定し,地下水も毎日飲料水として使用すると仮定して水道水質基準に基づいて,水質環境基準(健康項目)が設定されている.これらの基準値を策定する場合の飲料水への割り当ては10%である.たとえば許容1日摂取量が I (mg/kg·日) の有害化学物質があった場合,その物質の飲料水の基準値 S (mg/l) は以下の式で求められる.

$$S(\mathrm{mg}/l) = \frac{I(\mathrm{mg/kg} \cdot \text{日}) \times 0.1 \times 50\,\mathrm{kg}}{2(l/\text{日})}$$
$$= 2.5 I(\mathrm{mg}/l) \quad (20.4)$$

〔内山巌雄〕

20.3.6 病原性微生物の水系感染リスク評価

微生物のリスクは危険性(一定の単位用量からの感染性,罹患性,致命性)と曝露量の関数である.リスクには,感染,罹患,死亡の異なる被害レベルがあるが,公衆衛生の視点からは,感染を最小限とすることが安全側であるので,感染に焦点を当てたリスク評価が行われる場合が多い.

a. 用量-反応モデル

感染性のある微生物が低用量で曝露される人の集団は,水などの環境媒体を通して必ず分布をもった用量を受ける.化学物質と違って,微生物の分布は水中ではランダムであるため,用量にもバラツキができるため,この現象を考慮する必要がある.また,ヒトの体内に侵入後,体内の標的器官で感染微生物が増殖するかどうかは,微生物とヒトとの間で相互の作用によって決まる.

したがって,感染には次の2つプロセスが続いて起こる確率を求める必要がある.

①ホストである人が,1以上の感染を起こす能力をもつ微生物を摂取する.

②摂取された微生物はヒトの体内の抵抗により,感染を起こすほど増殖することができず,死滅するか,あるいは一部の微生物が感染の始まる部位に到達し,感染を起こす.

①は,環境水や飲料水などの希薄な濃度環境に病原性微生物が含まれている場合,摂取する水量が一定でも微生物の摂取量はPoisson(ポアソン)分布することを仮定する.さらに②では微生物がヒトに

20. アセスメント

表20.3 病原性微生物の用量-反応モデルのパラメータ推定の例[1]

病原性微生物の種類	モデル	モデルのパラメータ		
		α	β	γ
Poliovirus 1	Beta	15	1000	
	Beta	0.5	1.14	
	指数			0.009102
	Beta	0.1097	1524	
	Beta	15	1000	
	Beta	0.119	200	
Poliovirus 3	Beta	0.409	0.788	
	Beta	0.5	1.14	
Echovirus 12	Beta	1.3	75	
	Beta	0.374	186.69	
Rotavirus	Beta	0.232	0.247	
	Beta	0.26	0.42	
Giardia lamblia	指数			0.0199
Cryptosporidium parvuum	指数			214
Campylobacter	Beta	0.039	55	
Salmonella	Beta	0.33	139.9	
Salmonella typhi	Beta	0.21	5531	
Shigella	Beta	0.16	155	
Shigella dynesteriae 1	Beta	0.5	100	
Shigella fleneti 2A	Beta	0.2	2000	
Vibrio cholera classical	Beta	0.097	13020	
Vibrio cholera El Tor	Beta	2.70E-05	1.33	
Entamoeba coli	Beta	0.17	1.32	
Entamoeba histolytica	Beta	13.3	39.7	

感染を引き起こす確率が，体内への摂取量に不変であると仮定すると，平均的な微生物数を含む1回の曝露による感染確率 P^* は次の数理モデルで与えられる．

$$P^* = 1 - \exp(-\gamma D) \quad (20.5)$$

ここに，D は用量，γ はパラメータであり，病原性微生物がヒトに感染する割合で，大きくなるほど感染力が高いことを示しており，指数（exponential）モデル（シングルヒットモデル）と呼ばれる．

もし②での仮定として摂取した微生物数で感染能力が異なり，相互関係がベータ分布で表されると仮定すると，P^* は近似的に次の数理モデルで表現される．

$$P^* = 1 - (1 + D/\beta)^{-\alpha} \quad (20.6)$$

ここで α，β はパラメータで，α が大きくなると，指数分布に近づく．

このほか対数正規（lognormal）モデルやロジステック（logistic）モデルなどもある．それぞれのモデルで使われるパラメータは，ヒトを使った感染実験が行われ，得られたデータに最もよく適合するパラメータが推定される．推定されたパラメータの例を表20.3に示すが，この結果からは *Giardia* や *Cryptosporidium* などの原虫は指数モデルが，腸管系ウイルスについてはベータモデルが実験データへの適合度が高いことが示されている．

b. 曝露評価

1回あたりの曝露で感染するリスク（single exposure risk）の評価には，直接摂取する水あるいは食物に含まれる病原性微生物濃度と水または食物の摂取量との積から用量を推定することが必要である．曝露される水に含まれる病原性微生物の濃度は，直接モニタリングされたデータから求めるか，定量できるデータを出発点とし，その後の処理プロセスの除去あるいは不活性化率や環境での減衰率を考慮して，曝露される水の病原性微生物を推定した濃度を元に推定する．曝露される水量は，設定される曝露シナリオによって異なり，飲料水利用ならば，1日に2 l，水泳では，100 ml などの設定を行い，1回の曝露による微生物の摂取量を推定する．

c. リスク判定

病原性微生物の感染リスクは，化学物質の長期曝露と異なり，曝露事象ごとに独立と考えられる．したがって，ある期間で感染が起こる確率は，その期間での曝露の回数 n を考慮して，次のように表現できる．

ある期間の感染リスク $= 1 - (1 - P^*)^n \quad (20.7)$

水系感染に関する許容リスクの考え方は必ずしも確立していないが，米国での水道水で想定されている年間許容感染リスクは，10^{-5} つまり，年間10万人に1人の感染が起こることは許容されると考えられ，対策がとられている．〔田中宏明〕

文 献

1) 田中宏明（1996）：病原性微生物によるリスク評価．水質衛生学（金子光美編），技報堂出版．

20.4 各種基準と設定根拠

▷ 16.6 ダイオキシン類の分析技術

ここでは，公共用水域の水質保全の目標となる環境基本法に基づく水域環境基準と，水質汚濁防止法

に基づく特定施設からの排水基準,さらにダイオキシン類対策特別措置法に基づくダイオキシン類の水質および底質基準についての設定の考え方について述べる.

20.4.1 水質環境基準

環境基本法に基づく水質汚濁に係る環境基準は,水質保全行政の目標として公共用水域の水質などについて達成し,維持することが望ましい基準を定めたものであり,「人の健康の保護に関する環境基準」(以下「健康項目」という)と「生活環境の保全に関する環境基準」(以下"生活環境項目"という)の二つがある.

a. 人の健康の保護に関する環境基準

健康項目は,公共用水域および地下水によらず,個々の項目ごとに全国一律に基準値が定められている.また,急性毒性として定められている全シアンは最大値であるが,その他の項目は,長期曝露の視点から年間平均値として基準値が定められている.

健康項目の基準値は,食品としての魚介類の安全を確保するために生物濃縮を考慮して基準を定める方式,あるいは人が飲用する水の安全を確保するために飲用由来の摂取を考慮して基準を定める方式のいずれかを根拠として数値が設定されてきた.なお,表20.4に,現在定められている健康項目の基準値と参考までに水道水質基準値をまとめている.

前者の項目は,水銀関係とPCBが挙げられるが,いずれも生物濃縮性が大きく,国民の食品摂取実態から魚介類を経由した摂取が多いため,食品としての許容上限値に基づき,生物濃縮を考慮して水質環境基準が定められている.水銀は,水中の水銀が食物連鎖などを通じて魚介類中に濃縮,蓄積されて,食品としての許容値を越えないように,環境基準値を定める必要がある.水銀については,生物体の元素濃度と環境水中の元素濃度の比を実態調査から求めた結果,総水銀の水中での濃度を0.0005 mg/lとすることで魚介類中の水銀含有量は暫定規制値(0.4 ppm)以下にとどめられること,アルキル水銀は,魚介類の濃縮を考慮するとできるだけ低いことが望ましく,検出されないこと(定量限界0.0005 mg/l)とすることが,基準として定められた.また,PCBについても魚介類の可食部濃度と環境水中濃度の比を考慮した場合,魚介類の暫定規制値(3 ppm以下)にとどめるため,環境水中のPCB濃度は,定量限界(0.0005 mg/l)を下回る

0.0003 mg/l以下とすることが必要であることから,検出されないこととされた.

一方,ヒ素など多くの健康項目は,後者の考え方に基づいて基準値が設定されており,水道水質基準のうち,これまで消毒副生成物を除いた人の健康にかかわる項目とほぼ一致して,同一の基準値が制定されてきた.水道水の基準値などのうち,人の健康にかかわる項目の設定の考え方は,WHOなどが行っている飲料水の水質基準設定方法を基本としている.食物,空気などの他の曝露源からの寄与を考慮した水道水の寄与率を与え,生涯にわたる連続的な摂取をしても人の健康に影響が生じない水準として評価するものである.

閾値があると考えられる場合の評価値の算出方法として,当該項目の有害性に関する各種の知見から,原則として動物または人に対して影響を起こさない最大の量(最大無毒性量 NOAEL)を求め,次のように不確実係数で割ることにより,耐容1日摂取量(TDI)を求める.

$$\text{TDI} = \frac{\text{NOALE}}{\text{不確実係数}} \qquad (20.8)$$

ここで,不確実係数には,種内差および種間差に対して100を用いるが,短期の毒性試験,最小毒性量(LOAEL)の使用,根拠となる毒性が重篤,毒性試験の質が不十分な場合などに対してそれぞれ最大10,また非遺伝子障害性の発癌性の場合には10を追加する.評価値は,TDIに基づいて,食物,空気など他の曝露源に対する飲料水の寄与率を考慮して定められる.この結果,基準値などは次の評価値以下となる.

$$\text{評価値} = \frac{\text{TDI} \times \text{体重}(50\,\text{kg}) \times \text{飲料水の寄与率}}{\text{1日に飲用する水の量}\,(2l)} \qquad (20.9)$$

なお,寄与率は一般的には飲料水からの摂取量をTDIの10%と想定される.一方,閾値がないと考えられる場合の評価値の算出方法は,飲料水を経由した当該項目の摂取による生涯を通じたリスク増分が10^{-5}となるリスクレベルを評価値とすることを基本とし,外挿法としては,線形多段多挿法が基本として用いられる.

水質環境基準の健康項目は,1970(昭和45)年に初めて設定されて以来,随時見直しが行われてきた.1992(平成4)年に行われた水道水質基準の見直しにより,1993(平成5)年にカドミウム,全シアンなど26項目が環境基準に定められるとともに,

20. アセスメント

表20.4 健康項目にかかわる公共用水域および地下水の環境基準値と排水基準値，地下浸透基準値，水道水質基準値

項目	公共用水域環境基準値 地下水環境基準値	一律排水基準値	地下水浸透基準値	水道水質基準値 （参考）
カドミウム（カドミウムおよびその化合物）	0.01 mg/l	0.1 mg/l	0.001 mg/l	0.01 mg/l
全シアン（シアン化合物）[4]	検出されないこと	1 mg/l	0.1 mg/l	0.01 mg/l
鉛（鉛およびその化合物）	0.01 mg/l	0.1 mg/l	0.005 mg/l	0.01 mg/l
六価クロム（六価クロム化合物）	0.05 mg/l	0.5 mg/l	0.04 mg/l	0.05 mg/l
ヒ素（ヒ素およびその化合物）	0.01 mg/l	0.1 mg/l	0.005 mg/l	0.01 mg/l
総水銀（水銀およびアルキル水銀その他の水銀化合物）	0.0005 mg/l	0.005 mg/l	0.0005 mg/l	0.0005 mg/l
アルキル水銀（アルキル水銀化合物）	検出されないこと	検出されないこと	0.0005 mg/l	
PCB	検出されないこと	0.003 mg/l	0.0005 mg/l	
ジクロロメタン	0.02 mg/l	0.2 mg/l	0.002 mg/l	0.02 mg/l
四塩化炭素	0.002 mg/l	0.02 mg/l	0.0002 mg/l	0.002 mg/l
1,2-ジクロロエタン	0.004 mg/l	0.04 mg/l	0.0004 mg/l	
1,1-ジクロロエチレン	0.02 mg/l	0.2 mg/l	0.002 mg/l	0.02 mg/l
シス-1,2-ジクロロエチレン	0.04 mg/l	0.4 mg/l	0.004 mg/l	0.04 mg/l
1,1,1-トリクロロエタン	1 mg/l	3 mg/l	0.0005 mg/l	
1,1,2-トリクロロエタン	0.006 mg/l	0.06 mg/l	0.0006 mg/l	
トリクロロエチレン	0.03 mg/l	0.3 mg/l	0.002 mg/l	0.03 mg/l
テトラクロロエチレン	0.01 mg/l	0.1 mg/l	0.0005 mg/l	0.01 mg/l
1,3-ジクロロプロペン	0.002 mg/l	0.02 mg/l	0.0002 mg/l	
チウラム	0.006 mg/l	0.06 mg/l	0.0006 mg/l	
シマジン	0.003 mg/l	0.03 mg/l	0.0003 mg/l	
チオベンカルブ	0.02 mg/l	0.2 mg/l	0.002 mg/l	
ベンゼン	0.01 mg/l	0.1 mg/l	0.001 mg/l	0.01 mg/l
セレン（セレンおよびその化合物）	0.01 mg/l	0.1 mg/l	0.002 mg/l	0.01 mg/l
硝酸性窒素および亜硝酸性窒素（アンモニア，アンモニウム化合物亜硝酸化合物および硝酸化合物）	10 mg/l	100 mg/l[3]	NH_3-N 0.7 mg/l NO_2-N 0.2 mg/l NO_3-N 0.2 mg/l	10 mg/l
フッ素（フッ素およびその化合物）	0.8 mg/l[2]	海域以外 8 mg/l 海域 15 mg/l	0.2 mg/l	0.8 mg/l
ホウ素（ホウ素およびその化合物）	1 mg/l[2]	海域以外 10 mg/l 海域 230 mg/l	0.2 mg/l	1 mg/l
有機リン化合物（パラチオン，メチルパラチオン，メチルジメトンおよびEPN）		1 mg/l	0.1 mg/l	

備考
1. 基準値は年間平均値とする．ただし，全シアンにかかわる基準値については，最高値とする．
2. 海域については，フッ素およびホウ素の基準値は適用しない．
3. アンモニア性窒素に0.4を乗じたもの，亜硝酸性窒素および硝酸性窒素の合計量．
4. 水道水質基準ではシアン化物イオンおよび塩化シアン．
5. （ ）は排水基準値，水道水質基準値の名称．

現時点では直ちに環境基準とせず，引き続き知見の集積に努めるべきものとして要監視項目22項目が設定された．2004（平成16）年4月に水道水質基準が見直され，水道水質基準から農薬類や揮発性有機物の一部が除外された．しかし，2004年2月に「水質汚濁に係る人の健康の保護に関する環境基準などの見直しについて」の答申がなされたが，現行の水質環境基準の健康項目については，現状のままの26項目とし，同じ基準値とすることとなったため，表20.4のように水道水質基準にはない項目が定められている．一方，要監視項目は，塩化ビニルモノマー，エピクロロヒドリン，1,4-ジオキサン，全マンガン，ウランの5項目を新たに追加した27項目になり，また既定の項目のうちp-ジクロロベ

ンゼン，アンチモン 2 項目については指針値が見直される予定である．

地下水質の総合的保全を推進するため，環境基本法第 16 条に基づき，1997（平成 9）年 3 月に，地下水の水質汚濁に係る環境基準が設定された．この環境基準はすべての地下水に適用され，人の健康保護のための基準として公共用水域の環境基準健康項目と同じ項目について同じ基準値が設定されて，現在 26 項目となっている．

b. 生活環境の保全に関する環境基準

生活環境項目は公共用水域の利用目的を考慮して，自然環境保全，水道，水産，工業用水，農業用水，環境保全などのさまざまな視点から各類型ごとに設定されている．水系は，河川，湖沼，海域の 3 つに区分され，それぞれの水域はさらに水利用に基づき複数の類型に区分される．水利用としては，水道，工業，農業，水産，水浴が想定されており，このほか自然環境および生活環境の保全を加えたものが利用用途として想定されている．生活環境項目は，1970（昭和 45）年に設定された当時，水産用水基準，水道水質基準，農業用水基準，工業用水基準として定められていた基準あるいは暫定基準が考慮され，河川については 6 分類，湖沼については 4 分類，海域については 3 分類された．後に，窒素とリンが，富栄養化対策のために湖沼と海域に新たに適用された．表 20.5～20.7 に河川，湖沼，海域での生活環境項目を基準値として設定された当時の根拠を示す．

2003（平成 15）年 6 月には，「水生生物の保全に係る環境基準の設定について」の答申がなされ，生活環境の概念の中心にある有用な水生生物およびその餌生物やそれらの生育環境の保全を目的として，「水生生物保全に係る環境基準」が生活環境項目に新たに位置づけられることとなった．環境基準値の設定の考え方は次のとおりである．水域区分（イワナ・サケマス域，コイ・フナ域，海域）ごとに，そこに生息する水生生物に関する毒性情報を魚介類とその餌生物（甲殻類，藻類）に分類し，魚介類に慢性影響を生じない「最終慢性毒性値（魚介類）」と餌生物が保全される「最終慢性毒性値（餌生物）」を比べ，小さい値を目標値とする．この際，信頼できる慢性毒性試験結果（急性試験しかない場合は魚類，甲殻類および藻類の信頼できる急性慢性毒性比を元に慢性毒性値を推定）を元に，毒性試験の生物種，信頼できる毒性試験の結果の数，試験結果のばらつき，対象物質の蓄積性などを総合的に勘案し，さらに試験生物と保全対象生物との感受性の差を「種比」として考慮して定めるとされている．なお，感受性の高い種を保全することを目的としていないため，安全係数は適用されない．この結果，全亜鉛が水質環境基準として初めて設定されたほか，要監視項目としてクロロホルム，フェノール，ホルムアルデヒドの 3 項目が新たに設定された．

20.4.2　排水規制

水質汚濁防止法では，公共用水域へ汚水を排出する施設（「特定施設」として政令で定められる）を設置する工場，事業場からの排出水に対して排水基準が「許容限度」として定められている．国が定める排水基準（一律基準）は，健康項目と生活環境項目のそれぞれごとに濃度で示されている．なお，閉鎖性海域（内湾や内海）については，総量規制制度が導入されている．

健康項目としてカドミウム，シアンなど，2001（平成 13）年 6 月にホウ素およびその化合物，フッ素およびその化合物，アンモニア・アンモニウム化合物・亜硝酸化合物および硝酸化合物が追加された結果，現在 27 項目が定められている．また，生活環境項目として 15 項目に関する基準値が設けられている．

表 20.4 のように，健康項目の排水規制項目には，1993（平成 5）年に環境基準項目から除外された有機リン化合物（パラチオン，メチルパラチオン，メチルジメトンおよび EPN）を除いたすべての水質環境基準項目が含まれている．また規制値は，かつて臭気防止の観点から環境基準より厳しい水道水質基準が定められていた 1, 1, 1-トリクロロエタンおよび海域では河川と異なる環境基準値が定められているフッ素およびその化合物，ホウ素およびその化合物を除いて，環境基準値の 10 倍となっており，これは河川での流量が特定施設からの排水量の少なくとも 10 倍は確保されるとの想定で定められたものである．ただし，硝酸性窒素，亜硝酸性窒素については，これらの 2 項目のほかアンモニア性窒素が硝酸性窒素の 0.4 倍程度生成すると見込んで，これら 3 項目の総和として規制されている．また，フッ素およびホウ素は，海水に多く含まれており，海域での環境基準は適用しないこととなっているため，海域へ放流する場合にあっては，自然状態の濃度を大幅に上回らない異なる規制値となっている．

表20.5 河川の生活環境項目設定値の根拠

	pH	BOD	SS	DO	大腸菌群数
浄水処理	上水処理で悪影響を出さない範囲としては6.5〜8.5が望ましい	一般の処理方法ではBOD3 mg/l 以上の水を処理することは困難、また管理能力の乏しい小規模水道においては安全性の面から1 mg/l 以下の水源が望ましい	緩速ろ過では濁度30度以下が理想的である．これをSS 30 mg/l 以下と考える		塩素により死滅させることのできる大腸菌群数の安全限界値は50 MPN/100 m*l*（厚生省生活環境審議会答申），浄水処理による大腸菌群の除去率は，緩速ろ過99%，急速ろ過95%，（通常管理98%）（高水準管理）これにより，水道2級では1000 MPN/100 m*l*，水道3級では2500〜5000 MPN/100 m*l* が水道原水としての安全限界である
水道取水	5000 m³/日以上取水した水道事業における表流水pHは7.0前後が多い（S 42厚生省調査）	BOD1 mg/l 以下の水源数が全体の40%，3 mg/l 以上は8%である			取水している表流水では1000 MPN/100 m*l* 以下のものが最も多く，5000 MPN/100 m*l* を超過するものは特異である（厚生省調査）
実河川の実態	通常日本の河川は感潮域以外では7.0前後である	1 mg/l 以下の河川は一般的にいって人為的汚染のない自然公園などの河川である	清浄な河川であっても自然汚濁により25 mg/l 程度になることは予想される	DOは比較的水質の良好な水域については7.5 mg/l 以上（資源調査会勧告）	
水浴	6.5〜8.5の範囲を逸脱すると目に対して刺激がある（アメリカ内務省調査）				水浴場の基準 1000 MPN/100 m*l* 以下（厚生省生活環境審議会答申）
水産	最も生産的な河川のpHは6.5〜8.5である（農水省資料）	ヤマメ・イワナなどは2 mg/l 以下，アユ・サケなどは3 mg/l 以下，コイ・フナなどは5mg/l 以下であることが必要	25 mg/l 以下で正常な生育環境が維持でき，50 mg/l 以下で魚類のへい死などの被害発生は防止できる（European Inland Fisheries Advisory Commission 資料）	サケ，マスの孵化の際の環境条件としてDO 7.0 mg/l 以上が適当で，他の一般水産生物の生育は6.0 mg/l 以上が適しているが，一方オハイオ川の水産用水基準は5.0 mg/l 以上	
農業取水	水稲の生育に適した範囲は6.0〜7.0である		土壌の透水性に対し厚さ3 cmの堆積が許容限度であり，これから100 mg/l 以下	5 mg/l 以下で根腐れなどが生じる	
環境保全		臭気限界からみて10 mg/l 以下が適当である	不快感を生じない限度として，ごみなどの浮遊が認められないことが必要	嫌気的腐敗を防止し，臭気が生じない限度として2 mg/l 以上	
基準値	AA〜C 6.5以上8.5以下 D, E 6.0以上8.5以下	AA 1 mg/l 以下 A 2 mg/l 以下 B 3 mg/l 以下 C 5 mg/l 以下 D 8 mg/l 以下 E 10 mg/l 以下	AA〜B 25 mg/l 以下 C 50 mg/l 以下 D 100 mg/l 以下 E ごみなどの浮遊が認められないこと	AA, A 7.5 mg/l 以上 B, C 5 mg/l 以上 D, E 2 mg/l 以上	AA 50 MPN/100 m*l* 以下 A 1000 MPN/100 m*l* 以下 B 5000 MPN/100 m*l* 以下 C〜E 基準なし

表 20.6　湖沼の生活環境項目設定値の根拠

	COD	SS	DO	窒素	リン
自然環境保全	1 mg/l 以下はほとんど人為的な汚染はなく自然景観に適する	透明度が 3 m 以上のとき，1 mg/l 以上といわれ，貧栄養湖の場合 5 m 以上，富栄養湖の場合透明度が 5 m 以下であり，自然景観からは 1 mg/l 以下が望ましい		透明度を美観上保つのにクロロフィル a を 1 μg/l 以下が望ましく，実際の湖沼での水質を勘案し，TN 0.1 mg/l 以下，TP 0.005 mg/l 以下	
浄水処理	水道水質基準は $KMnO_4$ 消費量 10 mg/l 以下で，COD 換算 2.5 mg/l 以下に相当			緩速ろ過でろ過障害を起こした湖沼と障害のない湖沼の水質を勘案し，TN 0.2 mg/l 以下，TP 0.01 mg/l 以下を水道 1 級の基準とした．源水中の藻類などの増殖による薬品使用量増加，急速ろ過池のろ過持続時間の短縮などの障害の発生した湖沼と発生していない湖沼の水質を勘案し，TN 0.4 mg/l 以下，TP 0.03 mg/l 以下を水道 2 級に設定．無機態窒素 0.3 mg/l 以上，無機態リン 0.006 mg/l 以上の水源湖沼では異臭味障害の発生率が高く（日本水道協会異臭味対策専門委員会），藍藻出現がみられる水源では無機態窒素 0.1 mg/l を超えるとかび臭が発生増加するので TN として 0.15 mg/l，TP として 0.009 mg/l に相当することから TN 0.2 mg/l，TP 0.01 mg/l が望ましい．異臭味の問題のない水道 3 級の特殊なものは急速ろ過に問題を起こさない TN 0.4 mg/l 以下，TP 0.03 mg/l 以下	
水道取水	水源湖沼のほとんどが 2.5 mg/l 以下　実態と処理過程の技術能力から AA, A を設定				
湖沼の実態			DO は比較的清浄な水域については 7.5 mg/l 以上		
水浴	3 mg/l 以下であれば特に問題を生じない			良好な水浴場として使われていた琵琶湖（北湖）水質を勘案し，TN 0.2 mg/l 以下，TP 0.01 mg/l 以下	
水産	ヒメマスなどが生息する場合は 1 mg/l 以下，アユなどが生息する場合は 3 mg/l 以下，コイフナが生息する場合は 5 mg/l 以下が適当	水産 1, 2, 3 級については当面適用しない	水産用水の基準ではアユ，サケなどには 7.5 mg/l，コイ，フナなどに対しては 6 mg/l 以上で，5 mg/l が限界 AA〜B	ヒメマス，アユなど水産 1 級基準として TN 0.2 mg/l 以下，TP 0.01 mg/l 以下，ワカサギは TN 0.6 mg/l 以下，TP 0.01 mg/l 以下，コイフナは TN 1 mg/l 以下，TP 0.1 mg/l 以下	
農業取水	COD が高いと土壌の還元促進などによりイネの活力低下や根腐れが発生，試験結果から 6 mg/l 以下であることが望ましい			水稲に被害が発生しないための望ましい農業用水の TN 基準として 1 mg/l 以下（農林水産省 S45）	
工業用水				工業用水利用に支障が出ていない主要な湖沼の水質を考慮し，TN 1.0 mg/l 以下，TP 0.1 mg/l 以下	
環境保全		不快感を生じない限度として，ごみなどの浮遊が認められないことが必要	嫌気的腐敗を防止，臭気が生じない限度として 2 mg/l 以上	日常生活で不快を生じない湖沼の実態から TN 1 mg/l 以下，TP 0.1 mg/l 以下	
基準値	AA　1 mg/l 以下 A　3 mg/l 以下 B　5 mg/l 以下 C　8 mg/l 以下	AA　1 mg/l 以下 A　5 mg/l 以下 B　15 mg/l 以下 C　ごみなどの浮遊が認められないこと	AA, A　7.5 mg/l 以上 B　5 mg/l 以上 C　2 mg/l 以上	I　0.1 mg/l 以下 II　0.2 mg/l 以下 III　0.4 mg/l 以下 IV　0.6 mg/l 以下 V　1 mg/l 以下	I　0.005 mg/l 以下 II　0.01 mg/l 以下 III　0.03 mg/l 以下 IV　0.05 mg/l 以下 V　0.1 mg/l 以下

なお，pH，大腸菌群数は河川水に準拠して設定された．
pH は AA〜C 6.5 以上 8.5 以下，大腸菌群数は AA　50 MPN/100 ml 以下，A　1000 MPN/100 ml 以下，B〜C 基準なし．

表 20.7 海域の生活環境項目設定値の根拠

	pH	COD	DO	大腸菌群数	ノルマルヘキサン抽出物質（油分など）	窒素	リン
海域の実態	河口など淡水が流入する箇所を除き 7.8〜8.3 である．A，B		塩素イオンの存在により河川，湖沼より低い人為的な汚染がない水域は実測値から 7.5 mg/l 以上			海中公園など水質の良好な水域では透明度 10 m 程度以上 日本周辺の外洋域も参考 表層 TN が 0.2 mg/l 以下，TP 0.02 mg/l 以下	
水浴				水浴場の基準 1000MPN/100 ml 以下（厚生省生活環境審議会答申）		既存の水浴上近傍での透明度は 6 m 程度以上でその水質と植物プランクトンによる障害発生の水質を考慮し，TN 0.3 mg/l 以下，TP 0.03 mg/l 以下	
生物生息環境保全						いくつかの底生生物は 4 ml/l (5.7 mg/l) 以下の DO で何らかの影響，2 ml/l (2.9 mg) 以下ではほとんどの種で影響．3 ml/l 以下では種の多様性が著しく低下の知見 最低限確保すべきレベルとして夏季でも DO 2 ml/l 以上であることを目標に TN 1.0 mg/l 以下，TP 0.09 mg/l 以下	
水産		赤潮の発生防止を一つの目安とし，珪藻 1000 細胞/ml 以下であれば防止でき，炭素量換算から 1 mg/l 以下．有機物の酸化分解後，魚類生息可能な溶存酸素が残されるためには 3 mg/l 以下．両者を勘案し A では 2 mg/l 以下 ノリ漁場は，アルカリ性法での芽傷みの発生限界，糸状菌の発生限度，ノリ漁場の実態から水産 2 級として 3 mg/l 以下	5.0 mg/l 以上で十分	生食用カキ養殖場である海域では，食品衛生法による厚生省告示で 70 MPN/100 ml 以下	石油系油分濃度と魚への着臭は，科学技術庁の研究報告から着臭限界は 0.2〜3 mg/l, 水産庁データは 0.002〜0.1 mg/l, JIS による検定法の定量限界検水量 10 l で 0.5 mg/l	既存知見，東京湾，大阪湾，広島湾での主要魚介類の漁獲量と水質の関係を検討し，富栄養化の進行に伴う漁獲量の増減が比較的明確にみられる水産生物を抽出し，水産にかかわる望ましい水質レベルが検討された 水産 1 級：底魚類（クロダイ，ハモなど），甲殻類（エビ類，カニ類），頭足類（タコ類，イカ類），貝類（ハマグリ，アカガイなど）などの底生魚介類が豊富 水産 2 級：イワシ類，コノシロ，スズキ，カレイ類の浮魚から底魚，シャコ，ナマコなどの魚類を中心とした水産生物が多獲．底層の貧酸素化の影響を受けやすい種類の漁獲は少ない 水産 3 級：イワシ類，コノシロ，スズキなどの魚類，アサリなど貝類の漁獲がみられるが特定種による漁獲が大部分．底生魚介類の漁獲はかなり減少．貧酸素水塊の発生がみられる	
工業取水		3 mg/l 以下であれば冷却水として利用可能				冷却，原料用水などでのろ過の目詰まりを生じない，現状の水質から勘案し，TN 1.0 mg/l 以下，TP 0.09 mg/l 以下で差し支えない	
環境保全	7.0〜8.3 なら問題ない	日常で不快が生じない，悪臭発生の限界として 8 mg/l 以下	嫌気的腐敗を防止し，臭気が生じない限度として 2 mg/l 以上				
基準値	A，B 7.8 以上 8.3 以下 C 7.0 以上 8.3 以下	A 2 mg/l 以下 B 3 mg/l 以下 C 8 mg/l 以下	A 7.5 mg/l 以上 B 5 mg/l 以上 C 2 mg/l 以上	A 1000 MPN/100 ml 以下 B, C 基準なし カキの利水点については 70 MPN/100 ml 以下	A, B 検出されないこと C 基準なし	I 0.2 mg/l 以下 II 0.3 mg/l 以下 III 0.6 mg/l 以下 IV 1 mg/l 以下	I 0.02 mg/l 以下 II 0.03 mg/l 以下 III 0.05 mg/l 以下 IV 0.09 mg/l 以下

生活環境項目に関する一律排水基準値では，BOD，COD，SSは，一般家庭下水を簡易な沈殿法と同程度の濃度まで処理することが，事業者の負うべき最低限の責務であるとの考え方に基づいている．窒素，リンの一律排水基準の考え方もこれに基づいている．また，大腸菌群数は，下水道法に基づき定められている下水処理場からの放流水質の基準に準じており，塩素消毒によって確保できる数字とされた．

汚濁発生源が集中する水域などにおいては，国が定める一律基準によって環境基準を達成することが困難になる水域については，都道府県が条例で一律基準よりも厳しい基準（上乗せ基準）を定めることができることになっており，上乗せ基準が定められたときは，その基準値によって水質汚濁防止法の規制が適用される．上乗せ基準は，全国都道府県においてその地域の実態に応じて定められている．

1989（平成元）年 6 月の水質汚濁防止法改正により，地下水汚染の未然防止を図るため，有害物質を含む水の地下浸透が禁止された．この結果，健康項目にかかわる有害物質について，浸透が禁止されるのは「有害物質が検出される」場合であるため，検出方法の定量限界での存在を確認できる濃度とならないよう基準値が設定されており，結果的に多くの規制対象物質は環境基準の 1/10 以下の厳しい規制がかけられている．排水規制と同様に有機リン化合物（パラチオン，メチルパラチオン，メチルジメトンおよび EPN）については環境基準にはないが地下水浸透基準には設定されている．

20.4.3 ダイオキシン類対策特別措置法に基づくダイオキシン類の水質・底質基準と排水基準

ダイオキシン類対策特別措置法に基づき，ダイオキシン類に関する水質環境基準が，公共用水域および地下水に，底質に関する環境基準が，公共用水域の水底の底質に適用されている．1999（平成 11）年 12 月に出された「ダイオキシン類対策特別措置法に基づく水質汚濁に係る環境基準について」の答申によると，生物濃縮の情報が不足していることなどから人の健康にかかわる水質環境基準と同様に，飲料水としての利用の視点から水質基準の設定方法が検討された．ダイオキシン類は飲料以外の経路での曝露量が多いことから，飲料としての経路の 1 日耐容摂取量（TDI）に対する寄与率は 1% が割り当てられ，ダイオキシン類の TDI 4 pg-TEQ/kg・日から水質としては水質環境基準については 1 pg-TEQ/l 以下が設定された．

また，底質の基準については，ダイオキシン類の生物濃縮に関する情報が不足していることなどから魚介類への取り込みによる方法ではなく，主に底質中のダイオキシン類が与える水への影響の視点から決定された．底質中のダイオキシン類と分配平衡が起こると想定される底泥中の間隙水濃度と，汚染底泥を用いた水への振盪実験の結果から，水中のダイオキシン類濃度 1 pg-TEQ/l となる水底の底質については 150 pg-TEQ/g 以下に設定された．

さらに，特定施設からの排水規制については，水質汚濁防止法の有害物質と同じ考え方で，水質環境基準の 10 倍である 10 pg-TEQ/l が一律排水基準値と定められている．

〔田中宏明〕

20.5 環境影響評価

環境影響評価（environmental impact assessment）は，1969 年に米国・国家環境政策法（NEPA：National Environment Policy Act）として制度化されて以来，世界各国で制度化が進展した．日本においても，1972 年の「各種公共事業に係る環境保全対策について」の閣議了解を初めとして条例や行政指導などで実施され，そして 1997 年に法制化された．現在では OECD 加盟 29 か国すべてが環境影響評価の手続きを規定する法制度をもっている．

さらに近年，事業計画策定の前の段階，すなわち政策や基本計画の検討段階から環境影響評価を行い，環境影響の累積などにも対応する必要性が高まり，戦略的環境アセスメント（strategic environmental assessment）を検討・導入する動きがでてきている．

本項では，個別事業を対象とした環境影響評価を中心として，その理念・意義，システム・制度および調査・予測・評価の考え方について概説する．

20.5.1 環境影響評価の理念と意義

環境影響評価(いわゆる環境アセスメント)とは,土地の形状の変更,工作物の新設その他これらに類する事業を行う事業者が,その事業の実施にあたりあらかじめその事業による環境への影響について自ら適正に調査,予測および評価を行い,その結果に基づいて環境保全措置を検討することなどにより,その事業計画を環境保全上より望ましいものとしていく仕組みである.

このような制度が必要となった背景には,1970年代までの各国における深刻な公害や自然破壊の経験から,環境問題が生じてから対応を考えるといった事後的な,あるいは対処療法的な対策だけでは,人の健康を保護し生活環境や自然環境を保全するには不十分であるという認識の高まりがあった.

このように環境影響評価は,一義的には環境問題発生の未然防止を目的とした予見的な環境政策のツールであるといえる一方で,以下に示すような環境政策の展開上きわめて重要な要素を含んでいる.

①予防と科学的知見のバランス:環境問題にまつわる不確実性や科学的知見の不足を環境対策の遅延の理由にしてはならないという「予防的アプローチ」と「科学的知見に基づいた対策実施」をいかにバランスよく進めるかは環境政策の展開上最も大きな課題の一つである.環境汚染などの未然防止を事業者のセルフコントロールのもとに進めようとする環境影響評価は,まさにこの二つの命題を内包しており,その時点で利用可能な最善の科学的知見を用いて事業に起因する将来の環境影響を再現性よく予測することが求められている.

②「枠組み規制」という新たな政策手法の導入:従来型の規制的手法では,複雑化・広域化・多様化しつつある環境問題への効率的な対処が困難な局面も多くなったことから,環境上の目標や達成のための枠組みを取り決めたうえで,環境対策の内容は事業者の自主性に任せるといった政策手法(枠組み規制)の導入が増えつつあるが,環境影響評価の導入はその先駆けであった.

③社会に開かれた意思決定プロセス:環境影響評価は,大規模な開発行為を巡り頻発する地域の紛争を回避し,さらには事業者と地域住民の関係を対立から協働に転換することを目指した社会的なプロセスと位置づけることができる.環境影響評価の社会への定着が,環境分野を含めた政策プロセス全体の情報公開や透明性を高め,住民とのコミュニケーション能力を向上させてきた.

20.5.2 環境影響評価のシステムと制度

上述したような環境影響評価,すなわちある事業の環境への影響を予測・評価したうえで適切な判断を行うための方法として,システム分析(systems analysis)[1]の手法が用いられる.システム分析とは,意思決定者の判断を支援すべく複数の代替案から最適な案を選択するための方法であり,問題の定式化,現状分析,代替案の作成,予測,評価,解釈,代替案の修正という一連の流れから構成される.

このような環境影響評価のシステムが実際どのように法制度化されているかをみるため,日本における環境影響評価法の手続きのフローを図20.2に示す.以下には,早期段階の手続きとして,この環境影響評価法で新たに導入された事項を中心に概説する.

まずこの制度では,必ず環境影響評価を行う一定規模以上の事業(第一種事業)を定めるとともに,第一種事業に準ずる規模を有する事業(第二種事業)を定め,環境影響評価の実施の必要性を事業や地域の違いをふまえながら個別に判定する仕組み(スクリーニング)が導入されている.

また,事業が環境に及ぼす影響は,個々の事業の具体的な内容(事業特性)や実施される地域の環境の状況(地域特性)に応じて異なることから,環境影響評価の項目および調査・予測・評価の手法を画一的に定めるのではなく,個別の案件ごとに項目・手法を絞り込んでいくための仕組みとして,スコーピングが導入されている.

事業者は,事業特性および地域特性の把握を進めるとともに,環境影響評価の項目および手法の案を記載した「環境影響評価方法書」を作成し,公告・縦覧して,都道府県知事・市町村長・住民などの意見を聴き,これらの意見や事業特性・地域特性の把握結果などをふまえ,具体的な環境影響評価の項目および手法を選定することになる.

さらに,住民などには地域的な限定はなく,環境の保全上の意見であれば誰でも意見を提出できる.事業計画の早期段階で環境保全の見地からの意見を聴くことにより,柔軟な計画変更も可能となった.

これらスクリーニングとスコーピングに続いて環境影響評価準備書と環境影響評価書の作成などが規定されており,これら文書の骨格をなす調査・予測・評価について次項に述べる.

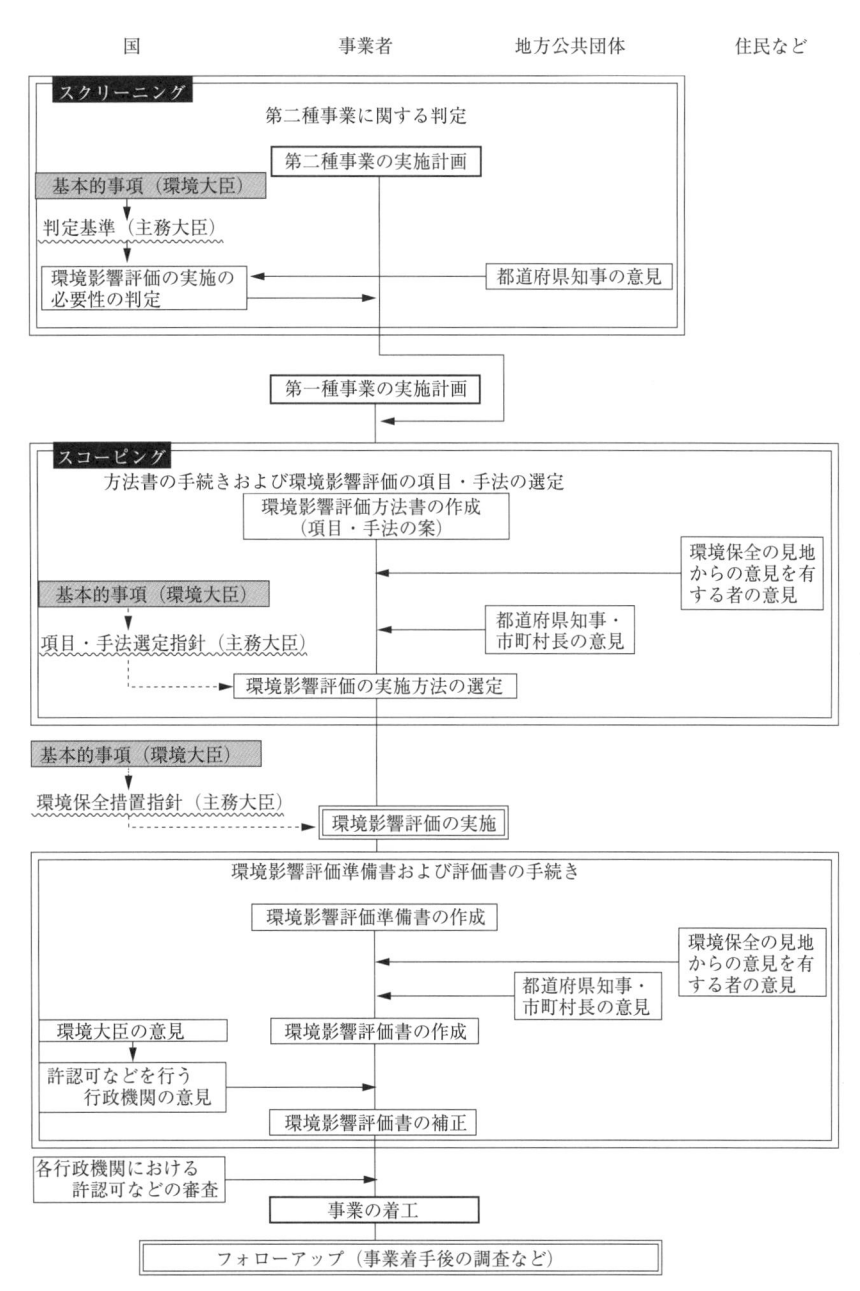

図20.2 環境影響評価法の手続きの流れ

20.5.3 調査・予測・評価の考え方

環境影響評価法では環境要素の区分ごとの調査・予測・評価の基本的考え方を表20.8のように整理している．ここではこの考え方をふまえつつ「評価の視点」と「環境保全措置の検討」の特徴を概説する．

a. 評価の視点

従来の環境影響評価制度では，環境基準などを環境保全のための目標として設定し，この目標を達成するかどうかを中心に評価してきた．しかし，この方法では，全国一律の固定的な基準や目標の達成に評価の視点が限定され，それぞれの対象地域においてよりよい環境配慮を追求していくための取り組みが行われない，また，自然環境などの分野では全国一律の客観的な目標を設定しにくい項目がある，という問題が指摘されてきた．

表20.8 調査・予測・評価の基本的考え方

環境要素の区分	基本的考え方
環境の自然的構成要素の良好な状態の保持	大気，水，土壌など環境要素に含まれる汚染物質の濃度などの指標により測られる環境要素の汚染の程度および広がりまたは環境要素の状態の変化の程度および広がりについて，これらが人の健康，生活環境および自然環境に及ぼす影響を把握する
生物の多様性の確保と自然環境の体系的保全	「植物」「動物」：陸生および水生の動植物に関し，生息・生育種および植生の調査を通じて抽出される重要種の分布，生息・生育状況および重要な群落の分布状況ならびに動物の集団繁殖地など注目すべき生息地の分布状況について調査し，これらに対する影響の程度を把握する 「生態系」：地域を特徴づける生態系に関し，動植物の調査結果などにより概括的に把握される生態系の特性に応じて，生態系の上位に位置するという上位性，当該生態系の特徴をよく現すという典型性および特殊な環境などを指標するという特殊性の視点から，注目される生物種などを複数選び，これらの生態，他の生物種との相互関係および生息・生育環境の状態を調査し，これらに対する影響の程度を把握する方法などによる
人と自然との豊かな触れ合い	「景観」：眺望景観および景観資源に関し，眺望される状態および景観資源の分布状況を調査し，これらに対する影響の程度を把握する 「触れ合い活動の場」：野外レクリエーションおよび地域住民などの日常的な自然との触れ合い活動に関し，それらの活動が一般的に行われる施設および場の状態を調査し，これらに対する影響の程度を把握する
環境への負荷	地球環境への影響のうち温室効果ガス排出量など環境負荷量を把握することが適当な項目または廃棄物などに関し，それらの発生量などを把握する

そこで環境影響評価法では，環境影響の緩和措置，いわゆるミティゲーション（mitigation）の考え方を導入し，環境基準などの達成だけでなく環境影響を回避・低減するための最善の努力がなされているかどうかについて，事業者自らの見解をとりまとめることによって評価を行うという考え方を導入した．なお，具体的な評価手法としては，複数の代替案の比較検討や実行可能なよりよい技術の導入の検討などによるとされている．

b. 環境保全措置の検討

調査・予測・評価を行う中で，環境影響の回避・低減，国などの環境保全の基準や目標の達成に努めることを目的として，環境保全措置の検討を行い，実行可能な範囲でよりよい環境配慮を検討していくことになる．環境保全措置の検討にあたっては，ミティゲーションの考え方を導入して，環境影響の回避・低減を優先し，どうしても影響が残る場合にのみ，代償措置の検討を行うのが基本である．また，事業の特性，対象地域の環境の特性に応じて適正な環境保全措置が適用される必要がある．

〔島田幸司〕

文 献

1) 原科幸彦（2000）：環境アセスメント，（財）放送大学教育振興会．

20.6 炭酸ガス排出計算

20.6.1 LCA（life cycle assessment）

a. LCAとは

LCAは，製品やサービスなどにかかわる，原料の調達から製造，流通，使用，廃棄，リサイクルに至るライフサイクル全体を対象として，各段階の資源・エネルギーの投入量とさまざまな排出物の量を定量的に把握し，これらによる環境影響や資源・エネルギーの枯渇への影響などを客観的に可能なかぎり定量化し，これらの分析・評価に基づいて環境改善などに向けた意思決定を支援するための科学的・客観的な根拠を与えうる手法である[1]．

LCAの大きな特徴は，製品やサービスにかかわる環境影響を包括的に扱うということである．つまり，環境負荷あるいは環境影響の評価を，特定のステージ（たとえば使用段階）に限定するのではなく，ライフサイクル全体を評価対象とすることである．それとともに，複数の環境影響を取り上げることにより，環境問題間のトレードオフ（いわゆるプロブ

レムシフト）を見逃さないことも特徴の一つといえる．

LCAの適用対象として，工業製品に限らず，一次産品，建築物，社会資本（インフラ），あるいはこれらによって成立する技術システム，社会システム，さらには市民生活（ライフスタイル）などにも適用されるようになっている．

b. LCAの目的

LCAは，意思決定を支援するためのツールであり，その適用自体が目的ではない．その利用主体はさまざまであり，利用目的も主体によって異なる．LCAに関連する国際基準ISO14040では，以下の4点を挙げている[1]．

・製品のライフサイクル中における環境改善余地の特定

・産業界，政府またはNGOにおける意思決定（戦略立案，優先順位の設定，製品や工程の設計または再設計など）

・環境パフォーマンスの適切な指標

・マーケティング（環境主張，環境ラベル，環境宣言など）

c. インフラを対象としたLCA

LCAの発想はもともとさまざまな消費財や工業製品を念頭に生まれたものであるが，その考え方や手法を，土木構造物や建築物などの施設，あるいはそうした施設の集合体としての一つの地域や都市に対して適用する試みが行われている．これを，製品LCA（PLCA：product life cycle assessment）に対して，ILCA（infrastructure life cycle assessment）と呼ぶこともある[2]．

インフラを対象とするILCAは，次のような特徴を有している．

①施設の寿命が20〜30年あるいはそれ以上と長いこと，②工場において製造される規格品と異なりオーダーメイドの面が大きいこと，③実際に発生する環境負荷およびそれによる環境影響の地属性（site-specific）が大きいこと，④構造物の整備によって他の社会システム（たとえば，交通システム，廃棄物処理システムなど）に影響を及ぼすこと，⑤代替案の間で得られる便益も異なるため機能単位の統一ができないことがほとんどであること，⑥環境影響評価（environmental impact assessment）という制度がすでにあり，それとの関係でLCAが議論されること．

インフラLCAと製品LCAとは性質を異にする面があるが，共通部分も多い．製品LCAによって蓄積されてきた成果を活用しつつ，土木構造物や都市整備に適用する場合の特殊性を考慮していくことが重要である．

20.6.2 計算手法

a. 目的および調査範囲の設定

LCAを何のために行うのか（目的），どの範囲で評価するのか（境界の設定）をまず設定する．調査の目的には，①意図する用途，②調査を実施する理由，③意図する伝達先を明らかにする必要がある[1]．調査範囲の設定に関しては，調査の目的を明確にすることで，調査の対象とすべき範囲と対象外とする範囲を明確にし，調査対象が際限なく広がることを防ぐ．

b. インベントリ分析

1）インベントリ分析の構成と手順　インベントリ分析（inventory analysis）の対象項目としては，大気汚染，水質汚濁，地球温暖化，オゾン層破壊，自然保護，自然資源の採取など多くのものがある．しかし，現在のところ，ILCAとして実行されている分析項目は，エネルギー消費（LCE）とそれに伴うCO_2発生量（LC-CO_2）が採用されることが多い．

2）原単位　国や地域に存在する社会資本の全体をみるマクロな分析レベルでは，産業連関分析による手法が有効であり，ここでは建設産業部門の分類に応じて，各部門の最終需要によって誘発される資源消費量や環境負荷発生量の分析が多く実行されている．ミクロレベルでは，工場における製造プロセスを細分化して，それぞれのプロセスに付随する環境負荷を積み上げる方法（「積み上げ法」）をとる例が多いが，産業連関法によるデータもかなり混合して使われているのが実情である．

土木構造物のような複合的な対象物については，ミクロなデータからの積み上げと産業連関分析などによるマクロデータの利用をミックスした分析を採用するのが現実的である．なお，産業連関分析と積み上げ法のミックスについては，「併用法」や「ハイブリッド法」と呼ばれることもある．

c. ライフサイクル影響評価

1）影響評価の手順　影響評価（impact assessment）の手法としては，すでにさまざまな方法が提案されているが，いずれにも問題点が指摘されており，確定的な手法が存在しているとはいえない．

特にインパクトカテゴリ（地球温暖化，酸性化など）の重要性を相対的に評価し，統合的な指標（カテゴリエンドポイント）を作成するための重み付け手法については，手法間で結果のばらつきが大きいのが現状である．ILCAにおいてこの段階まで踏み込む例は，これまでのところあまり多いとはいえない．

2）統合評価手法　重み付けの方法は，大きく4つに分けられる．

①目標値法：環境基準などの目標値までの隔たり（distance-to-target）を用いるものである．

②パネル法：専門家や消費者を対象としたアンケート調査などから把握した意識により，環境問題間の重みを抽出するものである．

③貨幣価値評価法：環境負荷または影響を，貨幣という共通の単位に換算することで，統合化しようとするものである．

④代理指標：異なる環境問題を取り上げることは避け，単一の指標に環境インパクトの大きさの表現を代理させる手法である．

なお，インフラ施設を対象とする場合，特別に考慮すべきことがあると思われる．まず，インフラ施設がsite-specificな存在であり，それによる環境問題の空間特性（地域-地球，住居地-非住居地，直接排出-間接排出など）を明確に反映できることである．また，建造物のライフサイクルが長いため，直ちに発生する影響と遠い将来発生する影響という環境負荷の時間特性についても関心がもたれている．

d．ライフサイクル解釈

インベントリ分析と影響評価の結果を総合的に評価・解釈し，どのように意思決定に適用するかを検討するフェーズである．代替案の発見・選択の根拠となるべきものといえる．

評価レベルに沿って考えると，同一機能を前提として，構造物の建設に伴う環境負荷を比較する第1段階のレベルでは，より環境負荷の小さい資材の種目や調達方法（再生品使用を含む），工法を検討・評価することとなる．類似の機能をもつ異なるシステムの建設と利用による環境負荷を比較する第2段階のレベルでは，その整備や運用によって加算される環境負荷と低減される負荷をトータルで評価する．また，構造物と連携して提供される社会システム的機能や，それによる便益まで含めて比較する必要がある第3段階のレベルでは，環境負荷のみならず，費用・便益まで含めた総合評価を行うことが必要となる．しかし，その考え方・手法において，まだ十分議論がなされているとはいえない．

20.6.3　水処理技術に関する計算例：下水道システムのLCA

a．評価対象

下水道システムは，大きく分けて管渠，ポンプ場，下水処理場，汚泥処理といったプロセスによって構成される．道路，橋，ダムといったインフラと異なり，建設のみならず運用のためにも多くのエネルギーを消費するという特徴がある．また，土木工事以外にも，建築，建築設備，機械，電気と多種多様な工事が関係していることも大きな特徴といえよう．

評価対象は福岡市において現在稼働しているシステムである．つまり，実際の1993年度までの工事実績データと，1993年度の運転実績データを用いて評価したものである．

ただし，施設の最終廃棄段階および処理場から発生する汚泥の処分に関するプロセスについては十分なデータ収集が行えず，ここでは評価対象としていない．

b．分析手法

具体的な構造物についての分析では，材料レベルでのミクロなデータに，個々の工法，運用などに関する施設固有のデータも加えて，それら全体を積み上げることが必要である．しかし，評価に必要な全データを材料や工法ごとに個々に得ることは実際上困難であり，部分的には，産業連関法で得られたマクロなデータを併用した．

なお，産業連関分析によって原単位を求める手法にもいくつかあるが，ここでは，輸入財を考慮しない $(I-A)^{-1}$ 型の計算結果を用いた．産業連関表としては，1985年の統合表183部門に建設部門分析用産業連関表46部門[3]を結合したものを基本とした．さらに，利用局面に応じて，統合表83部門による値も用いた．ただし，金額あたりの値（原単位）について異なる年度のデータを用いる場合には，総合卸売物価指数[4]によって1990年の値に補正した．

なお，分析ステージはインベントリ分析まで，指標はLCE（ライフサイクルエネルギー）とLC-CO_2とする．

c．プロセス別の評価方法および結果

1）管渠のLCE

ⅰ）管渠の建設：　管渠について，資材の製造お

20.6 炭酸ガス排出計算

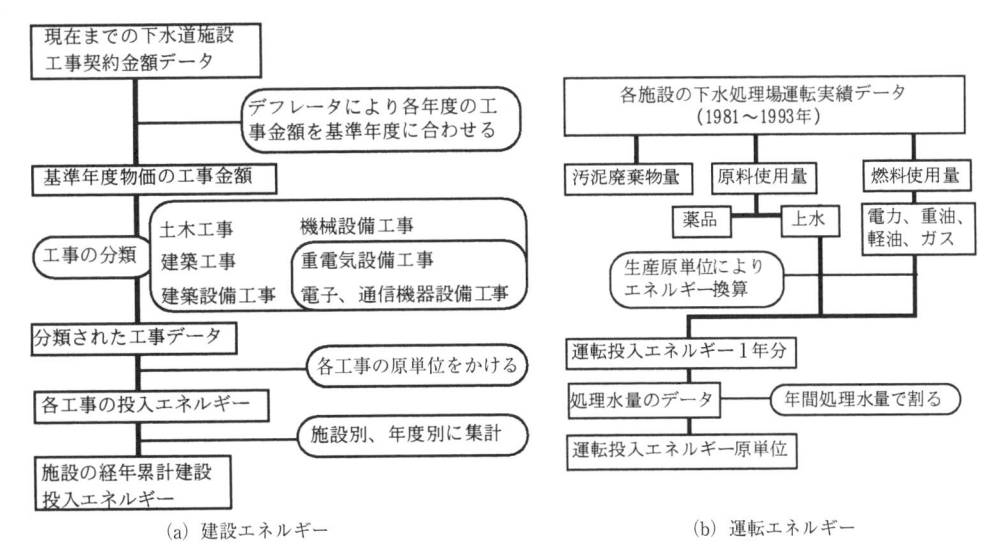

図 20.3 建設エネルギーと運転エネルギーの算出フロー
(a) 建設エネルギー　(b) 運転エネルギー

よび敷設工事を対象にその建設エネルギーを評価する．具体的には，以下の4項目に分けて建設エネルギー原単位を求める．

① 直接投入エネルギー：現場の建設機械などに使用される軽油や電力を対象とする．

② 間接投入エネルギー（建設機械など製造）：バックホウやダンプトラックなどの建設機械および矢板などの建設鋼材の製造に投入されるエネルギーを対象とする．ここで，建設機械の製造エネルギーは産業連関表（183部門中の鉱山・土木建設機械部門）の値から算出した．建設機械は繰り返し使用されるものであるので，建設機械など損料算定表[5]に基づき，損料に比例して減価償却されるものとして，次式により建設工事あたり（損料あたり）のエネルギー原単位とする．ただし，矢板，支保材については，耐用年数，使用回数が不明のため，製造エネルギーの値をそのまま採用した．

$$\varepsilon = (建設機械の製造エネルギー \times 運転1時間あたりの損料) / (建設機械の基礎価格) \quad (2.10)$$

③ 間接投入エネルギー（建設資材製造）：ヒューム管や砂利など，建設資材の製造によって誘発されるエネルギーを対象とする．ここでも，建設資材の製造エネルギー原単位は，資材の品目に応じて183部門産業連関統合表により求めた値を用いる[6]．

④ 労働力投入による負荷：現場で投入される労働力によって間接的に投入されるエネルギーを対象と

する．ここでは，国民1人1日あたりの家庭用エネルギー消費量によって，1人1日あたり労働のエネルギー投入原単位とした．積算基準書から人数，時間を算出し，人の生活による環境負荷のうち労働時間による環境負荷を算出した．

ⅱ）管渠の維持・管理：管渠の維持管理データ[7]を用いて，LCEを算出した．管渠の維持管理には，高圧洗浄車・揚泥車・給水車が使用されている．それぞれの運用データから管渠1mあたりの走行および運転に必要な燃料使用量を求め，これを直接原単位とした．また，産業連関分析によって，特殊産業機械部門のエネルギー原単位を求め，それぞれの機械の耐用年数で除すことで当該機械の製造についての年間あたり間接原単位とした．

また，この原単位に1993年度の年間運転距離を乗じ，ALCEを求めた．ここで，ALCEは年間あたりのライフサイクルエネルギー（annualized life-cycle energy）を意味する．

2）ポンプ場のLCE

ⅰ）ポンプ場の建設：ポンプ場（雨水ポンプ場を除く）についての契約工事データ[8]と，工事実績データ[9]により建設エネルギーを推定した．その計算手順を図20.3(a)に示す．

ⅱ）ポンプ場の運転：ポンプ場の運転に要するエネルギーを，各処理場の運転実績データ[10]を積み上げることによって求めた．薬品については，その値は小さいため無視した．また，上水については，

既存の研究報告書のLCE原単位を用い，それに年間使用水量を乗じて求めた．以上の手順を図20.3 (b)に示す．

3）処理場のLCE

ⅰ）処理場の建設： ポンプ場と同様の手順で，契約工事データと工事実績データにより工事分類別に建設エネルギーを推定した．

ところで，実際の処理場においては，新設後も不断に設備の補修や更新が行われている．施設の寿命は，鉄筋コンクリートの物理的耐用年数が50年，施設の建設期間がおおむね5年であることを考慮して運転開始後の寿命を45年とする．個々の設備の寿命は施設全体の寿命よりはかなり短いのが普通であり，処理場の建物の寿命を前述の理由から45年としても，内部の機械類は10年あるいは15年で新しいものに置換されていく．そこで，設備の補修や更新の将来推移を予測評価する必要がある．次いで，各処理場について，最終寿命までの累積投入エネルギーを求め，これを処理能力水量で除することによって単位処理能力あたりの建設エネルギーを求める．

ⅱ）処理場の運転： ポンプ場と同様の手順で，各処理場の運転実績データを積み上げることによって，福岡市処理場の年間運転エネルギーを算出した．福岡市の場合，消化槽で発生した消化ガスはエネルギーとして再利用されているため，エネルギー回収量としてマイナス値で計上することとする．

d．ALCE・ALC-CO_2によるシステム全体の評価

福岡市下水道システム全体の1993年度ALCE，ALC-CO_2を評価した結果が表20.9である．建設ALCEは，建設LCEを施設の耐用年数で除することによって算出した．LC-CO_2は，直接投入エネルギー，エネルギー源別の既存のCO_2排出強度値（T-C/TOE）[11]を乗じることによって，直接的に排出されるLC-CO_2（ライフサイクルCO_2）を算出した．また，間接的に排出されるLC-CO_2については，産業連関分析によって算出した原単位を利用して算出した．ALC-CO_2は，施設の耐用年数を除することによって求めた．

福岡市の下水道システムの場合，ALCEの内訳は，建設関連が55.5％，運転関連が44.5％となり，ALC-CO_2の内訳では，建設関連が56.4％，運転関連が43.6％となり，ともに前者の寄与が大きい．建設全体のうち，ALCEについては，管渠によるものが43.8％，処理場によるものが53.8％となる．ALC-CO_2については管渠によるものが38.4％，処理場によるものが58.8％となる．また，運転全体に占める処理場の割合は，ALCEで90.7％，ALC-CO_2で94％と大きくなっている．　　　　〔松本　亨〕

表20.9　下水道システム全体のLCEとLC-CO_2

		建設	運用	廃棄	合計
ALCE（TOE/y）		168034	134944	—	302978
	管渠	73580	1326		74906
	ポンプ場	4876	11256		16132
	下水処理場	89578	122362		211940
	汚泥処理	—	—		—
ALC-CO_2（t-C/y）		14186	10951	—	25137
	管渠	5447	101		5548
	ポンプ場	393	528		921
	下水処理場	8346	10322		18668
	汚泥処理	—	—		—

文　献

1) 石谷　久，赤井　誠監修（1999）：ISO14040/JIS Q 14040　ライフサイクルアセスメント　原則及び枠組み．
2) 井村秀文編著（2001）：建設のLCA，オーム社．
3) 建設省建設経済局調査情報課（1989）：昭和60年建設部門分析用産業連関表，建設物価調査会．
4) 通商産業省大臣官房調査統計部（1988, 1995）：通産統計ハンドブック，（社）通産統計協会．
5) 建設大臣官房技術調査室（1994）：土木工事積算基準マニュアル，建設物価調査会．
6) 池田秀昭，井村秀文（1993）：社会資本整備にともなう環境インパクトの定量化に関する研究．環境システム研究，**21**：192-199．
7) 福岡市：福岡市管渠維持管理データ（内部資料）．
8) 日本下水道協会（1994）：下水道統計―財政編，pp.122-245．
9) 福岡市下水道局：福岡市下水道工事データ．
10) 福岡市下水道局（1981-1993）：福岡市下水処理場運転実績データ．
11) EDMC（1994）：The Energy Data and Modeling Center, Energy Statistics.

20.7 アセスメントのための新たな指標

▷ 4.4 沿岸海域の汚濁現象
▷ 13.3 有機物質
▷ 17.2 生態毒性

20.7.1 酸性雨による影響指標

酸性雨に対する陸水の感受性を表す指標としてアルカリ度（酸中和容量，ANC）が用いられる．アルカリ度は主として炭酸イオン（CO_3^{2-}）および重炭酸イオン（HCO_3^-）に起因し，アルカリ度が50 μeq/l 以下であると，わずかな酸の添加によって pH が変動し，生息する生物に影響を与えるといわれている．アルカリ度を形成するイオンは底質および流域土壌から供給されるので，流域の土壌や植生の性質に依存してアルカリ度が異なる．また，流域から水系へ流入する酸の量も土壌や植生の性質によって変化する．

酸性雨として流域へ沈着した酸は土壌-植物系でさまざまな過程により消費，中和されて水系へと流出する．一方，流域の生態系内では，養分吸収，落葉，有機物としての固定・分解また土壌鉱物の風化など生物的，非生物的な過程によって物質が活発に循環（内部循環）しており，その際に酸が生成あるいは消費されている．内部循環による酸生成の大きな生態系ではそれを中和する機構も活発である．したがって，酸性雨による流域の酸性化を考えるには，内部循環による酸の収支と外部起源の酸（酸性雨）の寄与を評価することが必要である．Van Breemen ら[1]は，流域の物質循環調査に基づいて，上記の個々の内部循環過程による酸の生成量・消費量を推定するプロトン収支法を提案した．ヨーロッパを中心とする生態系では，外部起源の酸/内部起源の酸の比は 0.0 から 2.4 まで大きく異なるが，1 を超えるケースがかなりみられた．わが国を対象とした推定例は少ないが，7つの生態系で 0.05〜0.26 程度と外部起源の酸の寄与は相対的に小さく，特に植物による塩基の吸収による酸生成の寄与が大きい[2]．

酸性雨の原因物質として窒素化合物（窒素酸化物およびアンモニア）の寄与が増大しつつある．森林生態系では窒素は本来制限要因であり，沈着した窒素は植物や微生物に利用されるが，近年窒素が大量に渓流へ流出する現象（窒素飽和）が問題となっている（Aber[3] など）．窒素の生態系内への蓄積の形態や溶脱・流出の要因などについて研究が進められている．機構の解明には至っていないが，林床や土壌の C/N 比が流出と強い関係にあることが示され，過剰な窒素の継続的な負荷が有機態窒素の無機化などの内部循環を加速させる可能性が指摘されている．

〔新藤純子〕

文献

1) Van Breemen N, et al (1984): Acidic deposition and internal proton sources in acidification of soils and waters. *Nature*, **307**: 599-604.
2) 徳地直子，大手信人 (1998): 森林生態系における H^+ 収支．日本生態学会誌, **48**: 287-296.
3) Aber JD, et al (1998): Niatrogen saturation in temperate forest ecosystems. *BioScience*, **48**: 921-934.

20.7.2 残留性有機汚染物質の残存性指標

環境中での残留性が高い PCB，ダイオキシンなどの POPs（persistent organic pollutants, 残留性有機汚染物質）については，地球規模の環境汚染防止のため，国際的に協調して POPs の廃絶，削減などを行う必要から，2001 年 5 月，「残留性有機汚染物質に関するストックホルム条約」が採択された．

「残留性有機汚染物質から，人の健康の保護および環境の保全を図る」ため，(1) 製造，使用の原則禁止および制限 (DDT)，(2) 非意図的生成物質の排出の削減，(3) POPs を含有する廃棄物の適正管理および処理 (4) 国内実施計画の策定とともに，「新規 POPs の製造・使用を予防するための措置」「POPs に関する調査研究，モニタリング，情報公開，教育など」「途上国に対する技術・資金援助の実施」を求められている．

残留性有機汚染物質に関するストックホルム条約では，有効性評価などの目的で環境モニタリングの実施が求められ，POPs 12 物質（群）の国際的に相互比較可能なモニタリング手法の確立が要求されている．国内での対策の効果を評価するには，汚染状況の変動（低減や横ばいなど）を把握する必要があり，微量の環境濃度レベルを定量する，可能なかぎり高精度，高感度な分析法が望まれている．

環境省は，POPs 条約に定められた化学物質について，環境中の存在状況の監視および国内実施計画を策定するため，2002 年度から国際動向を視野に入れた POPs モニタリング調査を開始している[1]．

環境試料（大気，水質，底質，生物）について，PCB類（1～10塩素化体の全異性体），DDT類（o,p'-/p,p'-DDD, o,p'-/p,p'-DDE, o,p'-/p,p'-DDT），HCB，アルドリン，ディルドリン，エンドリン，クロルデン類（cis-/$trans$-chlordane, cis-/$trans$-nonachlor, oxychlordane），ヘプタクロル，ヘプタクロルエポキサイド，マイレックス，トキサフェン（Parlar 26およびParlar 50など）をモニタリングしている．また，POPs条約の対象物質ではないが類似の性質をもち国内使用実績も多いHCH類（α-/β-/γ-/δ-HCH）も対象としている．

環境中濃度の概要については，環境省のWebサイトから，入手可能である．より高感度の分析法の適用によって，起源や環境動態，経年変化に関してより詳細な情報を取得し，より効果的な対策実施に寄与するよう期待される．条約に求められる「地球規模の挙動」に関する基礎情報の取得，「地域，地球レベルの長距離移動」も視野にいれた監視，解析が求められる．　　　　　　　　　〔中野　武〕

文　献

1) Nakano T, et al（2004）：POPs monitoring in Japan-Fate and behavior of POPs. *Organohalogen Compounds*, **66**：1490-1496.

20.7.3　瀬戸内海資源の持続性指標

リオの地球サミットで「持続可能な開発（sustainable development：SD）」の重要性が提唱されて以来「持続性」は国の内外を問わず現代社会の最も有力なキーワードの一つとなっているが，わが国の代表的閉鎖性海域である瀬戸内海においても，生物資源の持続性の確保は，きわめて重要なテーマとなっている．しかし，従来，生物資源の持続性を評価するための具体的システム，特に持続性指標とその判定基準は全く整備されていなかった．ここでは㈳瀬戸内海環境保全協会が瀬戸内海研究会議の協力を得て広島湾を中心に進めた瀬戸内海の生物資源の持続性評価の考え方と将来展望について論述する．

持続性は循環と密接に関連した概念である．ごく単純化すれば，循環しない一方向性の物質の流れでは，常に上流側で枯渇や欠損，下流側で過剰な蓄積が起こりやすいため，持続性が保たれない．したがって，持続性の高いシステムは基本的に物質循環が円滑に進んでいるシステムということもできる．わが国では2000年に循環型社会形成推進基本法が制定されたが，これは戦後の高度経済成長時代の大量生産・大量消費・大量廃棄という一方向性の強いシステムに対する反省に基づいて，循環型社会の形成により持続性の強い社会を目指そうというものである．したがって，持続性の評価のある部分は循環システムの評価と表裏一体をなすものである．

広島湾の生物資源を生物相と生物生産構造からみると，広島湾の富栄養化が1960年代に著しく進行し，生物生産構造に大きな変化があったことが明らかになった．広島湾の生物資源の持続性を総合的に評価するための一つの手法として，生態系の①生産性，②物質循環効率，③安定性の3項目が取り上げられた．ここで①の生産性は漁業生産の大きさ，②の効率性はおおむね漁獲による流入栄養塩（N）の回収率で示される物質循環効率を示しており，③の安定性は生態系の生物多様性を示す指標である．したがって，評価手法としては生態系の①生産性，②循環効率，③安定性の3者がバランスよく高いシステムで，総合指標としての生物資源の持続性が高くなる形となっている．この観点から生物資源の持続性を評価した結果，広島湾の生態系では②の循環効率と③の安定性が1970年代から徐々に失われ，すなわち持続性指標を構成する3要素のうちの2要素が大きく阻害されたために，生物資源の持続性も大きく減退したことがわかった．

持続性に関連のある別のアプローチとして，「海の健康度」がおおむね「物質循環の円滑さ」と「生態系の安定性」で表現できることが提案されている．「海の健康度」と「生物資源の持続性」は本来的に相補性を保つべきものであるから，すなわち健康な海では持続性が高く，持続性の高い海は健康であるという関係が成り立つようにするためには，今後の展望として，物質循環系の指標と生物多様性などの生態系関連指標を総合的な一つの持続性指標として定量的に表現する試みが必要となろう．

広島湾の研究では持続性の評価に既往のデータが使用されたが，生物資源の持続性を最も的確に評価するためには，持続性評価のための指標，モニタリングシステムと得られたデータの規格化について今後十分な検討が必要である．将来どのようにして生物資源の持続性を高めることができるかを検討するためには，規格化されたデータによって生態系の数値モデルをより精度の高いものとする必要がある．規格化された指標項目の例としては「成層期の海底面上1 mの溶存酸素濃度」「海域表層栄養塩濃度」や「藻場・干潟の過去の最大面積に対する現存面積

の割合」などが挙げられている． 〔松田 治〕

20.7.4 生態系影響評価指標

生態系とは，生物群集と無機的環境から成る一つの物質系のことであり，生物群集の構成要素は生産者・消費者・分解者に，無機的環境の構成要素は大気・水・土壌・光などに分けられる．そして，これらの各構成要素は動的に結合されている．そのため，「生態系影響指標」といっても非常に複雑で評価が難しい．

一方，水生態系に影響を与える要因としては，水質，水域の構造変化や外来種の侵入がある．それらのうち一つでも変化することによってその水域の生態系は変化の程度に応じて影響を受ける．

これらのうち，水質変化として有機物質や窒素やリンによる汚染や化学物質による汚染が挙げられる．特に，化学物質による汚染は微量でも生態系を構成する生物に大きな影響を与えることがある．

特定の化学物質あるいは排水などの水生態系への影響を評価する際に，対象の水系の一部を切り取るあるいは類似の系を構築して試験を行い，生物種や数の変化を指標として影響を評価する場合もある．しかし，これらマイクロコズムやメソコズムと呼ばれる系での試験は複雑で人手や費用がかかるにもかかわらず再現性に乏しい手法であるため，実際には，生態系を構成する食物連鎖上重要な数種の生物に対する化学物質などの影響を調べる方法が多用されている．

経済協力開発機構（OECD）をはじめ各国で基準設定や化学物質の管理の際に用いている方法は後者の単一生物を用いる方法である．代表的な試験生物は，藻類，ミジンコ類および魚類である．藻類は栄養塩類を摂取して光合成を行うことによって生長・増殖する一次生産者であり，食物連鎖の底辺に位置している．動物プランクトンであるミジンコは植物食性であるため，一次生産者と高次の食肉生物や捕食動物を結ぶ食物連鎖の中間に位置する生物である．魚類は，水生態系では最上位に位置する生物種である．そのため，これら水生態系においてキーとなる生物種が死滅あるいは減少するなどの影響を受けた場合には，生態系の構造や機能が大きな影響を受けることになる．

現在，OECDでは加盟国の協力の下に化学物質の生態系への影響を評価するためのテストガイドラインを策定している．これらの試験で用いる生物種とそのエンドポイント（一定時間の曝露で半数が死亡する濃度や生長や死亡に影響を生じない濃度など）が影響評価指標となる．水生態系に関連する試験法は表20.10のとおりであるが，上記3生物群を用いたものがほとんどである．比較的有害性の強い物質の中には水に溶けにくく底泥に吸着するものが多いことから，底生生物のユスリカを用いた試験法も開発され採択されている． 〔若林明子〕

表20.10 水生態系に関連するOECDテストガイドライン

藻類成長阻害試験（2006年3月採択）
ミジンコ類急性遊泳阻害試験（2004年4月採択）
魚類急性毒性試験（1992年7月採択）
魚類延長毒性試験（1984年4月採択）
活性汚泥呼吸阻害試験（1984年4月採択）
魚類の初期生活段階毒性試験（1984年4月採択）
ミジンコ繁殖試験（1984年4月採択）
魚類の胚・仔魚期における短期毒性試験（1998年9月採択）
魚類稚魚成長毒性試験（1998年9月採択）
底質によるユスリカ毒性試験（2004年4月採択）
水質によるユスリカ毒性試験（2004年4月採択）
ウキクサ生長阻害試験（2006年3月採択）

文　献

1) 若林明子（2003）：化学物質と生態毒性，改訂版，丸善．

21 計画管理・政策

21.1 管理と政策とは

　水環境を健全な状態に維持していくことは，生態系を保全し，人類の持続的発展を支えていくうえで，欠かすことのできない要因である．水環境はさまざまな要素で構成されており，それぞれの状態について多様な側面から総合的に評価・管理していくことが必要となる．水そのものの状態は量的および質的の両面から評価・管理していく必要があるし，それを達成するには水を内包する生態系全体を保全していくことが必要となる．

　本章では，水環境を健全に維持していくための政策や法制度について解説する．水環境が多様な要素から構成されていることから，水環境を健全な状態に保全するための枠組みも多様な政策を組み合わせたものとなっている．そこで，最初に水環境保全政策の体系について解説する．2つ目は，問題の発見，対策の必要性の判定，対策効果の確認と，水環境の政策のあらゆる場面で基礎的な情報を提供するモニタリングの仕組みについて解説する．3つ目には，達成が困難で，状況の改善が芳しくない，閉鎖性水域の水質保全にかかわる取り組みについて解説する．4つ目は，水環境中の有害物質がもたらす人の健康や生態系のリスク管理の仕組みについて解説する．5つ目は，水環境に密接なかかわりをもつ生態系を保全するための枠組みについて解説する．最後に，水資源の利用を量的，質的に支える政策について解説する．

　水は地球表面の多くを占めており，その大部分は陸地から離れた外洋である．外洋は地球全体につながっており，その環境悪化は地球規模で影響を及ぼすおそれがある．このため，国際条約の下で多様な取り決めが行われており，わが国でも「海洋汚染等及び海上災害の防止に関する法律」を中心として国内法が制定され，各種対策が進められており，水環境の管理・政策としては一つの分野を占めているが，紙面の都合で割愛させていただいた．

　また，環境政策は新たな環境問題の出現や科学技術の進歩に伴って日々見直しが行われている．できるだけ最新の情報を盛り込んだつもりであるが，新たな政策の動きについては関連行政機関のホームページなどで確認していただきたい．〔中杉修身〕

21.2 水環境保全政策の体系

　　▷ 1.5　河川環境の管理と整備
　　▷ 2.3　湖沼水質
　　▷ 4.4　沿岸海域の汚濁現象
　　▷ 5.6　土壌・地下水汚染の対策と管理

　本節では主として水環境保全のための法体系の全体像について記述することとし，併せて最後の項で水質の現状についても概観する．

21.2.1 環境基準
a. 環境基準

　一般に環境基準（environmental quality standards）または環境の基準と呼ぶ場合は，排ガスや排水の状態ではなく，一般環境の空気や河川などの水質の保全したい水準としての目標値のことを指す．

　日本で狭義に環境基準といえば，環境基本法

(The Basic Environment Law) 第16条に基づき，健康保護および生活環境保全上維持されることが望ましい基準として大気，水質，土壌，騒音に関して政府が定めるものを指す．

水質に関する環境基準は，「水質汚濁に係る環境基準について（昭和46年12月28日環境庁告示第59号）」で定められている．水質環境基準は"人の健康保護に関する環境基準"と"生活環境の保全に関する環境基準"とに大別される．

b. 健康項目

健康項目は26項目が設定されている（表21.1）．地下水についても1997（平成9）年に環境基準が設定された．項目および基準値は公共用水域と同一である．

また，ダイオキシン類対策特別措置法（平成11年法律第105号）に基づく環境基準が1999（平成11）年に別途定められ（12月27日環境庁告示第68号），1 pg-TEQ/l 以下とされた（公共用水域および地下水に適用）．

c. 生活環境項目

河川，湖沼，海域に分けて設定されている．湖沼，海域については，一般的な項目と，富栄養化関連項目とに分かれている（表21.2）．

健康項目が全国一律に同一の値が適用されるのに対し（例外として，フッ素とホウ素の海域不適用がある），生活環境項目は類型に分けて設定し，水域ごとに類型指定を行って，その水域の基準を決める方式をとっている．類型指定（あてはめ）は，政令指定水域（県際水域）は政府が，それ以外は知事が行う（環境基本法第16条第2項）．

21.2.2 公共用水域の水質保全

a. 水質汚濁防止法（排水規制関連）

1）排出規制 水質汚濁防止法（Water Pollution Control Law）は第12条で「排出水を排出する者は，その汚染状態が当該特定事業場の排水口において排水基準に適合しない排出水を排出してはならない」と定めた．

違反した場合は6か月以下の懲役または50万円以下の罰則が定められている（第31条）．

2）特定事業場，排出水 「排出水」とは「特定施設を設置する工場又は事業場から公共用水域（Public Waters）に排出される水（第2条第5項）」であり，「特定施設（Special Facilities）」とは，健康や生活環境に有害な「汚水又は廃液を排出する施設で政令で定めるもの」である（第2項）．

これらを排出する可能性のある施設が「特定施設」ということになり，政令（水質汚濁防止法施行令）別表1で1から74番までの施設が列挙されている（令第1条）．

「公共用水域」とは，川，湖，海，水路など人が接するようなところ全部であるが，下水処理場をもつ下水道は該当しない（第2条）．

3）排水基準（National Effluent Standards） 排水基準は，排水基準を定める省令（昭和46年総理府令第35号：現在は環境省令）で定められている

表21.1 人の健康保護に関する環境基準

項　目	基準値（単位：mg/l）	項　目	基準値（単位：mg/l）
カドミウム	0.01 以下	1,1,1-トリクロロエタン	1 以下
全シアン	検出されないこと	1,1,2-トリクロロエタン	0.006 以下
鉛	0.01 以下	トリクロロエチレン	0.03 以下
六価クロム	0.05 以下	テトラクロロエチレン	0.01 以下
ヒ素	0.01 以下	1,3-ジクロロプロペン	0.002 以下
総水銀	0.0005 以下	チウラム	0.006 以下
アルキル水銀	検出されないこと	シマジン	0.003 以下
PCB	検出されないこと	チオベンカルブ	0.02 以下
ジクロロメタン	0.02 以下	ベンゼン	0.01 以下
四塩化炭素	0.002 以下	セレン	0.01 以下
1,2-ジクロロエタン	0.004 以下	硝酸性・亜硝酸性窒素	10 以下
1,1-ジクロロエチレン	0.02 以下	フッ素	0.8 以下
シス-1,2-ジクロロエチレン	0.04 以下	ホウ素	1 以下

1. 基準値は年間平均値．全シアンのみ最高値．
2. 「検出されないこと」とは，定められた測定方法で定量限界を下回ること．
 　定量限界は全シアン 0.1 mg/l，アルキル水銀およびPCBはともに 0.0005 mg/l．
3. フッ素およびホウ素の基準値は，海域には適用されない．

21. 計画管理・政策

表 21.2　生活環境の保全に関する環境基準（その1）（日間平均値）

水域	類型	水素イオン濃度（pH）	BOD（河川）COD（湖沼・海域）(mg/l)	浮遊物質量（SS）(mg/l)	溶存酸素量（DO）(mg/l)	大腸菌群数（MPN/100 ml）	n-ヘキサン抽出物質
河川	AA	6.5〜8.5	1 以下	25 以下	7.5 以上	50 以下	
	A	6.5〜8.5	2 以下	25 以下	7.5 以上	1000 以下	
	B	6.5〜8.5	3 以下	25 以下	5 以上	5000 以下	
	C	6.5〜8.5	5 以下	50 以下	5 以上		
	D	6.0〜8.5	8 以下	100 以下	2 以上		
	E	6.0〜8.5	10 以下	＊	2 以上		
湖沼	AA	6.5〜8.5	1 以下	1 以下	7.5 以上	50 以下	
	A	6.5〜8.5	3 以下	5 以下	7.5 以上	1000 以下	
	B	6.5〜8.5	5 以下	15 以下	5 以上		
	C	6.0〜8.5	8 以下	＊	2 以上		
海域	A	7.8〜8.3	2 以下		7.5 以上	1000 以下	＊＊
	B	7.8〜8.3	3 以下		5 以上		＊＊
	C	7.0〜8.3	8 以下		2 以上		

1. BOD：生物化学的酸素要求量，COD：化学的酸素要求量．
2. ＊：ごみなどの浮遊が認められないこと．
3. ＊＊：検出されないこと（定量限界 0.5 mg/l）．

生活環境の保全に関する環境基準（その2：富栄養化項目）（年間平均値）

類型	湖沼		海域	
	全窒素 (mg/l)	全リン (mg/l)	全窒素 (mg/l)	全リン (mg/l)
I	0.1 以下	0.005 以下	0.2 以下	0.02 以下
II	0.2 以下	0.01 以下	0.3 以下	0.03 以下
III	0.4 以下	0.03 以下	0.6 以下	0.05 以下
IV	0.6 以下	0.05 以下	1 以下	0.09 以下
V	1 以下	0.1 以下		

生活環境の保全に関する環境基準（その3）（年間平均値）

	全亜鉛（mg/l）	
	河川・湖沼	海域
生物 A	0.03 以下	0.02 以下
生物特 A	0.03 以下	0.01 以下
生物 B	0.03 以下	
生物特 B	0.03 以下	

（第3条第1項）．有害物質関係は別表第1に，その他は別表第2に基準がある（表21.3）．

別表第2備考欄に，「この表に掲げる排水基準は，1日あたりの平均的な排出水の量が 50 m^3 以上である工場又は事業場に係る排出水について適用する」と定められており，生活環境項目に関しては一定規模以上のものだけが基準の対象になる．

排水基準値および 50 m^3 のすそ切りについては，都道府県の上乗せ条例でより厳しい値が適用されることが多いので，具体的な適用に関しては各水域ごとの上乗せ基準（Prefectural Reinforced Effluent Standards）に注意が必要である．

4）特定施設の設置の届出（Report on the Installation of Special Facilities）　特定施設を設置しようとするときは，特定施設の種類，構造，使用方法，処理方法，排出水の汚染状態などを届け出なければならない（第5条）．

また，届出受理日から 60 日を経過した後でなければ特定施設を設置してはならない（第9条）．

5）計画変更命令（Order to Change the Plan）　都道府県知事は，「排水基準に適合しないと認めるとき」，すなわち届出内容からみて排水基準が守られないと判断したときは，特定施設の構造または使用方法または汚水処理方法に関する計画の変更を命ずることができる（第8条）．

計画変更命令ができるのは，「特定施設の構造」もしくは「特定施設の使用の方法」もしくは「汚水等の処理の方法」に関する計画の変更または「特定施設の設置」に関する計画の廃止である．

計画変更命令は水質汚濁の事前の防止に重要な役割をもつものであるから，この命令違反に対しては，水質汚濁防止法の罰則の中でも最も重い罰則がかかる（第30条）．

6）改善命令（Order for Improvement）　知事が施設についてチェックすべきなのは，設置の計画のときだけではない．操業の変動，排水処理装置の

表 21.3 排水基準（その 1：健康項目）

項目	許容限度 (mg/l)	項目	許容限度 (mg/l)
カドミウムおよびその化合物	0.1	1,1-ジクロロエチレン	0.2
シアン化合物	1	シス-1,2-ジクロロエチレン	0.4
有機リン化合物	1	1,1,1-トリクロロエタン	3
（パラチオン, メチルパラチオン, メチルジメトン, EPN）		1,1,2-トリクロロエタン	0.06
鉛およびその化合物	0.1	1,3-ジクロロプロペン	0.02
六価クロム化合物	0.5	チウラム	0.06
ヒ素およびその化合物	0.1	シマジン	0.03
総水銀（注1）	0.005	チオベンカルブ	0.2
アルキル水銀化合物	検出されないこと	ベンゼン	0.1
PCB（注2）	0.003	セレンおよびその化合物	0.1
トリクロロエチレン	0.3	ホウ素およびその化合物	海域以外 10
テトラクロロエチレン	0.1		海域 230
ジクロロメタン	0.2	フッ素およびその化合物	海域以外 8
四塩化炭素	0.02		海域 15
1,2-ジクロロエタン	0.04	硝酸・亜硝酸など（注3）	100（注3）

1. （注1）正確には「水銀およびアルキル水銀その他の水銀化合物」と表現してある.
2. 「検出されないこと」とは，定められた測定方法で定量限界を下回ること．アルキル水銀化合物の定量限界は 0.0005 mg/l.
3. （注2）正確には「ポリ塩化ビフェニル」と表現してある．
4. （注3）正確には「アンモニア，アンモニウム化合物，亜硝酸化合物および硝酸化合物」「アンモニア性窒素 × 0.4 + 亜硝酸性窒素 + 硝酸性窒素」と規定.

排水基準（その 2：生活環境項目）

項目	許容限度 (mg/l)	項目	許容限度 (mg/l)
水素イオン濃度	海域以外 5.8〜8.6	銅含有量	3
（単位：水素指数）	海域 5.0〜9.0	亜鉛含有量	5
生物化学的酸素要求量	160（日平均 120）	溶解性鉄含有量	10
化学的酸素要求量	160（日平均 120）	溶解性マンガン含有量	10
浮遊物質量	200（日平均 150）	クロム含有量	2
ノルマルヘキサン抽出物質含有量	5	大腸菌群数	
（鉱油類含有量）		（単位：個/cm^3)	日平均 3000
ノルマルヘキサン抽出物質含有量	30	窒素含有量	120（日平均 60）
（動植物油脂類含有量）			
フェノール類含有量	5	リン含有量	16（日平均 8）

1. この表の排水基準は日平均排水量 50 m^3 以上の工場・事業場排水に適用.
2. 窒素含有量およびリン含有量については，湖沼（海域）植物プランクトンの著しい増殖をもたらすおそれがあるとして環境大臣が定める湖沼（海域）に適用．
3. 生物化学的酸素要求量，化学的酸素要求量などについては，ほとんどの水域で都道府県による上乗せ規制が実施されている．

不十分な管理や老朽化など，操業中の施設で問題が起こることはいろいろ考えられる．

したがって，知事は，排水基準に適合しない排出水を排出するおそれがあると認めるときは，「期限を定めて特定施設の構造又は使用方法又は汚水処理方法の改善」または，「特定施設の使用又は排出水の排出の一時停止」を命ずることができる．これが改善命令である（第 13 条）．

「排出するおそれ」とは，特定施設の状況や汚水処理方法などからみて，将来にわたって排水基準に適合しない排出水を排出することが予見される場合である．現実に排水基準に違反していることは，発動要件ではない．

改善命令の内容は，①特定施設の構造上の欠陥に関するもの，②特定施設自体の欠陥ではなく使用方法に欠陥のあるもの，③汚水などの処理方法に問題があるもの，の三つである．これらの措置は単独で命ずることもできるし，合わせて命ずることもできる．

「特定施設の使用又は排出水の排出の一時停止」

は，改善命令とともに出すこともできるし，あるいは単独に出すこともできる．「特定施設の使用の停止」は改善命令より重い措置であり，「排出水の排出の一時停止」は，特定施設から排出される水だけに限らず，水の排出一切を停止することから，さらに重い措置であり，事実上操業停止の意味をもつ．

7）総量規制　人口や産業が集中する閉鎖的な水域は濃度規制のみでは対応できないため，1978（昭和53）年に総量規制制度（Areawide Total Pollutant Load Control）が導入された（第4条の2～第4条の5他）．

東京湾，伊勢湾，瀬戸内海が対象水域に指定され，環境大臣が総量削減基本方針を策定，知事が総量削減計画およびそれに基づく総量規制基準を定める．対象項目は，当初は「COD（化学的酸素要求量）」であったが，その後「窒素またはりんの含有量」が追加された．

b．湖沼水質保全特別措置法（Clean Lakes Law）

湖沼は河川と比べて水が滞留するという特性があるため，いったん汚れると回復が難しい．また，大規模な工場による汚染というよりは，生活系排水や畜産排水など汚染源が多岐にわたる．このため，特別法が作られた．

国が湖沼水質保全基本方針を定め，環境大臣が知事の申し出に基づき対象となる湖沼と地域を指定，知事が湖沼水質保全計画を作ることになる．

対策の柱の一つが計画に基づく下水道や浚渫事業の実施であり，国と地方公共団体が推進するべきことが規定されている（第5条および第6条）．

また，工場・事業場の新増設に伴う負荷を抑制するための新たな規制基準が導入された（第7条および第9条）．

湖沼水質保全計画は現在，霞ヶ浦，印旛沼，手賀沼，琵琶湖，児島湖，諏訪湖，釜房ダム貯水池，中海，宍道湖，野尻湖の10湖沼で作成されている．

c．瀬戸内海環境保全特別措置法（Law Cocerning Special Measures of Conservation of the Environment of the Seto Inland Sea）

瀬戸内海が，比類のない美しさを誇る景勝の地であり，また，貴重な漁業資源の宝庫であるとして，自然海浜の保全や富栄養化による被害の防止を主目的に制定された法律である（第1条および第3条）．

政府が瀬戸内海環境保全基本計画を策定し，それに基づき知事が府県計画を定める（第3条および第4条）．

水質保全面の特徴としては，特定施設の設置が水質汚濁防止法では届出制をとっているのに対し，瀬戸内法では許可制をとっている（第5条）ほか，船舶から排出される油による汚染対策，赤潮発生機構の解明などが掲げられている（第17～19条）．

また，海面埋立（公有水面埋立法の免許や承認）にあたり，瀬戸内海の特殊性について十分配慮すべきことが規定されている（第13条）．

d．水質汚濁防止法（生活排水対策）

生活排水対策を推進するため，水質汚濁防止法改正により，生活排水対策にかかわる行政および国民の責務の明確化および生活排水対策の計画的推進（重点地域の指定）などの規定が盛り込まれた（第14条の4～第14条の10）．

また，総量規制地域における規制対象拡大対策として指定地域特定施設が規定され，201人以上500人以下のし尿浄化槽が定められた（政令第3条の2）．

法に基づき，都道府県知事が重点地域の指定を行っており，2005（平成17）年3月31日現在，42都府県，209地域，418市町村が指定されている．

e．下水道法（Sewage Law）

下水道に排出する工場の排水は直接には水質汚濁防止法の排水基準は適用されない．ただし，下水道の終末処理場からの排水が水質汚濁防止法の排水基準を満たさなければならないので，下水道法で同様の規制がされており，下水処理でほとんど減りそうにないカドミウムなどの有害物質は水質汚濁防止法の排水基準（上乗せ条例がある場合はその基準）と同様の値以下で排出することが求められる．

BOD（生物化学的酸素要求量）やSS（浮遊物質量）のように処理が可能なものについては政令で放流水の水質の技術上の基準を定め，水質汚濁防止法や条例でより厳しい基準がある場合はそれに適合することとしている．

下水道の種類としては，市町村が設置・管理する公共下水道，都道府県が設置・管理する2以上の市町村にわたる流域下水道があり，これらは終末処理施設（下水処理場）につながっている．その他，市街地の雨水を排除する下水道で，処理場を有しない都市下水路がある．

下水道法の下で，届出その他の法的要求事項としては，特定施設の設置などの届出（第12条の3），排水設備の設置義務（第10条），公共下水道の使用

表 21.4 水道法水質基準

項 目	基準値 (mg/l)	項 目	基準値 (mg/l)
環境基準26健康項目のうち16項目 (全シアン, アルキル水銀, PCB, 1,2ジクロロエタン, 1,1,2-トリクロロエタン, 1,3-ジクロロプロペン, チウラム, シマジン, チオベンカルブ, 1,1,1-トリクロロエタン以外)	環境基準と同一値	総トリハロメタン	0.1以下
		亜鉛	1.0以下
		アルミニウム	0.2以下
		鉄	0.3以下
		銅	1.0以下
		ナトリウム	200以下
一般細菌	1 ml の検水で形成される集落数が100以下	マンガン	0.05以下
		塩化物イオン	200以下
		カルシウム, マグネシウム等 (硬度)	300以下
大腸菌	検出されないこと	蒸発残留物	500以下
シアン化物イオンおよび塩化シアン	0.01以下	陰イオン界面活性剤	0.2以下
1,4-ジオキサン	0.05以下	ジェオスミン	0.00001以下
クロロ酢酸	0.02以下	2-メチルイソボルネオール	0.00001以下
クロロホルム	0.06以下	非イオン界面活性剤	0.02以下
ジクロロ酢酸	0.04以下	フェノール類	0.005以下
ジブロモクロロメタン	0.1以下	有機物 (TOC)	5以下
臭素酸	0.01以下	pH値	5.8〜8.6
トリクロロ酢酸	0.2以下	味	異常でないこと
ブロモジクロロメタン	0.03以下	臭気	異常でないこと
ブロモホルム	0.09以下	色度	5度以下
ホルムアルデヒド	0.08以下	濁度	2度以下

の開始などの届出(第11条の2),水洗便所への改造義務(第11条の3)などがある.

f. 水道法 (Waterworks Law)

第4条で,水道により供給される水について,病原生物に汚染されていないこと,シアン,水銀その他の有害物質を含まないことなどの要件,すなわち水質基準が定められている.具体的な基準は厚生労働省令に委ねられている.

水質基準は,環境基準にある項目はほとんど同一であるが,農薬類が水質管理目標設定項目に移されたほか,総トリハロメタンのように水道固有の項目もある(表21.4).

g. 水道水源法・水道原水法

水道水源法(特定水道利水障害の防止のための水道水源水域の水質の保全に関する特別措置法)は水質汚濁防止法の特別法,水道原水法(水道原水水質保全事業の実施の促進に関する法律)は水道法の特別法的性格を有し,ともに水道水源の保護を目的とするものである.

前者がトリハロメタンを対象にしているのに対し,後者はそれに限定していないこと,および,前者が工場排水規制も手段に含めているのに対し,後者は事業の促進を手段としている点に違いがある.

21.2.3 地下水・土壌の環境保全

a. 水質汚濁防止法(地下水規制関連)

環境庁は1984(昭和59)年に「トリクロロエチレン等による地下水汚染(Ground Water Pollution)の防止等のための暫定指導指針」を出して企業の指導を行っていたが,1989(平成1)年に至って水質汚濁防止法の改正という形で地下水対策が法律に基づいてとられることになった.

この改正の最大の眼目は,有害物質を含む水の地下浸透の禁止である.また,それを担保するための諸規定,すなわち,届出義務,計画変更命令,改善命令,報告聴取および立入検査,常時監視などが整備された.これによって,やっと工場で使用されるトリクロロエチレンなどの有害物質が地下浸透によって土壌を通過し,地下水を汚染することの防止ができるようになった.しかし,すでに多くの地下水が長期にわたって汚染された後であった.

1996(平成8)年にはさらに改正されて,浄化措置命令ができるようになった.人の健康被害にかかわるものだけであるが,知事が汚染原因者である事業場設置者に対して浄化措置を命ずることができるという規定が加わった.現在の施設設置者が汚染原因者でない場合は,当時の汚染原因者に対して浄化措置を命ずることができる.

b. 農用地土壌汚染防止法 (Agriculultural Land Soil Pollution Prevention Law)

1970(昭和45)年に公害対策基本法が改正され，公害の定義の中に，新たに「土壌の汚染」が追加され，「農用地の土壌の汚染防止等に関する法律」が同年中に制定された．政府が「イタイイタイ病の本態は，カドミウムの慢性中毒によりまず腎障害を生じ，ついで・・・疾患を形成した」と公式見解を明らかにしたのが1968(昭和43)年であり，カドミウムに農地が汚染され，そこで収穫された米が汚染されていることが問題であった．

この法律は，土壌汚染そのものを問題にするというよりは，それによって農作物が育たなくなったり，有害な農作物ができることを防ごうとするものである．

内容的には土壌汚染が起きた後の事後対策のほうに重点が置かれている．また，農作物の生育阻害や有害農作物の生産のおそれがあるときは，水質汚濁防止法や大気汚染防止法の排出基準を決めたり改正したりせよとしている(第7条)ことに典型的に現れているように，原因の根本的な防止を他の法律に委ねている．

この法律の対象となるのは特定有害物質(第2条第3項)であり，政令第1条で，物質はカドミウム，銅，ヒ素となっている．農用地土壌汚染対策地域に指定する要件(法第3条)は，政令第2条で規定しており，玄米中のカドミウム濃度が1 mg/kg以上であると認められる地域およびその近傍でそのおそれが著しいと認められる地域，土壌中の銅濃度が125 mg/kg以上である地域(田に限る)，土壌中のヒ素濃度が15 mg/kg以上である地域(田に限る)となっている．

2004(平成16)年度末現在で，基準値以上が検出されたのが7327 ha，そのうち約87%の6357 haで対策事業が完了している．

c. ダイオキシン法 (Law Cocerning Special Measures against Dioxins)

ダイオキシンだけに特化した法律であるが，1999(平成11)年に制定されたダイオキシン類対策特別措置法は第5章(第29条～第32条)で汚染土壌に関する措置を規定している．

知事は土壌環境基準を満たさない地域であって，汚染の除去などをする必要があるものとして政令で定める要件に該当するものを対策地域として指定することができる．政令で定める要件とは，「人が立ち入ることができる地域(第5条)」である．ただし，工場事業場の敷地のうち従業員しか入れないところは除かれている．ダイオキシンの土壌環境基準は，1999(平成11)年12月に大気，水と同時に環境庁告示で決められており，土壌は1000 pg-TEQ/gである．

知事は対策地域を指定したときは，遅滞なく対策計画を定めなければならない．計画の内容は，汚染除去事業に関する事項(汚染土壌の掘削除去や原位置での浄化など)および健康被害防止措置(覆土や封じ込めなど)である．

d. 土壌汚染対策法 (The Soil Pollution Control Law)

2002(平成14)年5月に制定．本法はまず，土壌汚染状況調査，すなわち，汚染の可能性のある土地について一定の契機をとらえて調査を行うことから始まる．

その土地の所有者，管理者または占有者は，使用が廃止された有害物質使用特定施設にかかわる工場または事業場の敷地であった土地の調査を，環境大臣が指定する者にさせて，その結果を知事に報告しなければならない(第3条)．また，都道府県知事は土壌汚染により健康被害を生ずるおそれがあると認められる土地について土壌汚染の調査を命ずることができる(第4条)．

知事は土壌の汚染状態が基準に適合しない土地については，その区域を指定区域として指定・公示し，指定区域の台帳を調製し，閲覧に供する(第5条および第6条)．

第7条からは被害の防止措置で，第7条は汚染除去などの措置命令である．知事は土地の所有者等に対し，汚染の除去などを命ずることができる．

「その被害を防止するため必要な限度において，」などの条件は，地下水汚染防止のための水質汚濁防止法第14条の3の措置命令と類似の構造である．

異なるのは，地下水は特定施設からの地下浸透が問題となるので，対象が特定施設設置者であるのに対し，ここでは「当該土地の所有者等に対し，」となっていることである．

過去の汚染に対しては，水質汚濁防止法の措置命令が，浸透があったときにおいて当該特定事業場の設置者であった者に対しても措置命令ができるとしているのに対し，土壌汚染対策法では土地が所有物であることの制約を反映した規定になっている．過去の汚染者に措置命令が出せる点については地下水

と同様である．

また，知事の命令を受けて土地の所有者などが汚染の除去などの措置を講じたときに，汚染原因者に費用を請求できる規定がある（第8条）．

e. 廃棄物処理法（Waste Management and Public Cleansing Law）

「廃棄物の処理及び清掃に関する法律」．ここでは水質に関連する処分場などに限定して記述する．

1）処理施設などの設置許可　ごみ処理施設，し尿処理場，一般廃棄物の最終処分場を設置しようとする者は，知事の許可を得なければならない（第8条第1項）．

許可を受けるためには，処理する一般廃棄物の種類，処理能力その他の事項を記載して申請しなければならず（第8条第2項），知事の審査を受けた後でないと使用できない（第8条の2第5項）．また，知事は基準を満たしていないなどと認めるときには，許可を取り消すかまたは改善命令もしくは使用停止を命令することができる（第9条の2）．

ごみ処理施設の設置に関しては地元住民から反対が起こることも多く，訴訟になることもある．1997年の改正で，許可手続きの際に，周辺地域の生活環境に及ぼす影響の調査結果を書類に添付することが，設置許可の申請者に義務づけられた（第8条第3項）．

書類には，処理施設の設置に伴い生ずる大気汚染，水質汚濁，悪臭などに関し，予測される変化の程度，影響範囲および予測方法，影響の程度の分析結果などの事項を記載しなければならない（施行規則第3条の2）．

知事はそれらの書類を1か月間公開し，関係市町村長から生活環境の保全上の見地からの意見を聴かなければならない（第8条第4＆5項）．利害関係者は縦覧期間終了後2週間以内までに意見書を提出することができる（第8条第6項）．

2）処理施設の維持管理　処理施設の設置者は，環境省が定めた技術上の基準および設置者が作った維持管理の計画（第8条第2項第7号）に従って処理を行われなければならない（第8条の3）．

1997年改正で，処理施設の状態を記録し，その記録を閲覧できる制度が設けられた．処理施設の設置者は施設の維持管理に関連する事項を記録し，これを備え置き，生活環境の保全上利害を有する者から閲覧を求められると，閲覧させなければならない（第8条の4）．

以上は一般廃棄物に関する規定であるが，産業廃棄物も同様に規制されている．

21.2.4　水質の現状

a. 公共用水域（健康項目）

健康項目26項目のうちで環境基準超過がみられるのは鉛，ヒ素，フッ素など一部の項目で，ほとんどが河川である．休廃止鉱山など原因が明らかなところもあるが，原因不明な場合もある．

2004（平成16）年度の測定地点5703のうち，いずれかの項目で基準を超えた地点は42である．

b. 公共用水域（生活環境項目）

河川で環境基準類型指定されている2552水域中，BODの基準を達成しているのは2291水域（89.8％），湖沼のCODは169水域中86水域で達成（50.9％），海域のCODは592水域中447水域で達成（75.5％）である（2004年度）．

水交換が悪い閉鎖性の海域である東京湾（達成率63.2％），伊勢湾（達成率50.0％），瀬戸内海（達成率67.3％）は達成率が低く，湖沼とともに改善が難しいことを示している．

c. 地下水

2004（平成16）年度の概況調査では，調査井戸4955本中，1項目でも基準を超えた井戸は387本（7.8％）である．硝酸性窒素および亜硝酸性窒素が4260本中235本（5.5％），ヒ素3666本中74本（2.0％），フッ素3542本中19本（0.5％）の順で多くみられる．

2004年度末までの汚染判明事例をみると，総数4668本，うち現在超過井戸あり3120本である．項目別では，硝酸性窒素および亜硝酸性窒素1398本，テトラクロロエチレン632本，トリクロロエチレン480本の順である．最近の概況調査では超過事例が少なくなってきているトリクロロエチレンなどの項目が過去の汚染判明事例では多くを占めていることがわかる．

〔阿部　晶〕

〔環境基準および排水基準の規定上の正確な表記は，砒素，ふっ素，ほう素であるが，ここではヒ素，フッ素，ホウ素で統一した．〕

21.3 水環境モニタリング計画

▷ 16.6 ダイオキシン類の分析技術
▷ 20.4 各種基準と設定根拠

水環境のモニタリングには，公共用水域や地下水のモニタリングなど，法律などに基づいて国や地方自治体が広範囲で行うモニタリングがある．さらに，特定の湖沼や地域・水域などについて，水質管理や汚染対策効果の監視など，特定の目的で行われるものなどがある．ここでは，まず，水環境モニタリング計画の基礎を述べ，次に，法律などに基づくモニタリングとして，公共用水域，土壌・地下水，水道，ダイオキシンおよび未規制化学物質のモニタリングの特徴について紹介する．

21.3.1 モニタリング計画
a. 目的と測定地点の選定

水環境のモニタリングを計画する場合，その目的を明確にする必要がある．たとえば，河川，湖沼，海域，地下水などの水環境は，降雨などによる自然的要因と，土地利用や工場・生活系排水などの人為的要因により影響を受ける．したがって，自然由来の影響を把握する場合と，人為的影響を把握する場合とでは，計画そのものが異なると考えられる．また，公共用水域などにおける環境基準の適合性の調査や，地球環境監視システム／水質監視計画（GEMS/Water）など国際的モニタリングシステムのための計画などについては，おのおのの目的や条件にあった計画を行う必要がある．

モニタリングの目的により調査地点の選定基準は異なる．河川については，海や湖沼への負荷量を把握する場合には，最下流域の地点を選定する．支流から本川への影響を把握する場合には合流直前の地点を選定する．また，合流後の地点を選定する場合，支流からの水と本川の水とが十分混合している地点を選定する必要がある．河口部では運搬された土砂や浮遊物などが堆積しやすいので，底質調査の代表地点として選定できる．

河川では調査地点として，橋を選定することが多い．これは橋上から容易に試料採取できる場合が多いためである．特定の工場排水や火山などの影響をモニタリングする場合は，その排出地点・影響地点の直下や下流側とともに，上流側も測定地点に選定する．

湖沼では湖心などその湖沼の代表と考えられる地点を選定する．海域については，河川などからの影響を調査する場合には，海流にも留意して河口付近で調査地点を選定する．河川の影響範囲については，衛星画像などからも知ることができる．また，湖沼や海域において水質の面的な分布を調査する場合は，地形や水流などを考慮したうえでメッシュ状に調査地点を配置する．

土壌・地下水については，汚染源が明確な場合はその近傍や周辺を調査地点とする．面的な分布を調査する場合は，メッシュ状に調査地点を配置する．調査地点の選定にあたっては，調査地域の地形，地質・地層構造，地下水盆などについて文献や資料の調査を行う．こうした情報が十分得られない場合は地下ボーリング調査などを行う必要がある．地下水については既存の井戸を調査地点にすることが多い．このとき，地層構造などとともに，井戸の深さ，スクリーンの位置などについて調べ，目的とする帯水層の地下水を採水できる井戸を選定する．また，必要に応じて地下水位を測定するための井戸も選定する．地下水位測定用の井戸は，できるだけ未使用の井戸で，他の井戸における揚水の影響を受けないものを選定する．既存の井戸がない場合は新たに設置する．

b. 測定項目と調査時期・調査頻度

モニタリングの目的・測定項目に応じて，モニタリングを行う頻度や時期を決定する．長期的な変動をモニタリングする場合は，短期的な変動を十分把握したうえで計画をたてる必要がある．短期的な変動が不明の場合には，まず時間単位や日単位などで短期間における変動を調査する．短期間における変動を十分把握したうえで，この変動を補足できる程度の頻度や時刻で特定の時期や季節の調査をし，さらに長期の定期モニタリングを実施する．

人為的要因については，項目や地点などによるが，短期間で周期的な変化をする場合が多い．そこで，人為的な影響をモニタリングする場合は，経時変動や日変動など，短い周期の変動を調査する必要がある．そのうえで，月変動，経年変動など長期的なモニタリングを行う．自然的要因による変動などをモ

ニタリングする場合は，季節変動や経年変化を把握するとともに，晴天時や降雨時の調査なども必要となる．

特定の時期に環境中に排出される物質をモニタリングする場合は，その排出パターンを把握したうえで調査時期や頻度を決定する．たとえば，河川水中の農薬類は，農薬の使用時期に高濃度となるので，こうした時期を中心にモニタリングする必要がある．

c. 試料採取

河川や湖沼，海域における試料の採取は，降雨時の調査以外では，晴天が続いて水質が安定している場合や通常の状況にある場合に行う．こうした条件が満たされない場合，計画した日時を変更して試料採取を行うなどの対応が必要である．

試料採取は，河川では川の断面を考慮して，流心で採取する．河川の合流点の下流などで水の混合が十分でない場合は3点で採取し等量混合する．特に湖沼や海域については，地点によっては表層と深層とが混ざりにくいため，深さにより水質が異なる場合がある．また，信濃川など日本海側の河川では塩水くさび現象により，河口部で塩水と淡水の2層になる場合がある．こうした地点では，調査目的により，複数の深度で採取するなどの対応が必要である．

地下水については，スクリーンの範囲内で井戸内部の深度別の採水を行うことにより，鉛直分布を求めることができる．この場合は孔内採水器を用いる．一般的な調査ではポンプで揚水する場合が多い．この場合，一般に水温や電気伝導度などが安定するまで揚水してから採取する．しかし，汚染された井戸では揚水開始直後の地下水で汚染物質濃度が最も高い場合もあるので，あらかじめ，揚水量と汚染物質濃度などとの関係を調査する必要がある．

試料採取器具，試料採取容器，採取量などは測定項目により決定する．運搬時の破損や再分析などを考慮して，多めに採取するよう計画する．試料採取器具や採取容器の材質については，測定項目を汚染したり吸着したりしない材質のものを用意する．項目によっては，採取・運搬時に汚染されやすいので対策を講ずる必要がある．

21.3.2 公共用水域

a. 公共用水域の監視体制

公共用水域の水質を保全するために，水質汚濁防止法により，都道府県知事は公共用水域や地下水の水質を常時監視するように義務づけられている．そこで，毎年測定計画を作成し，環境基準の設定されている項目の測定を行うとともに，その状況を公表することになっている．測定計画では，測定事項，測定地点，測定方法などを定めることとなっている．

公共用水域の水質を監視するために，その利用目的や水質汚濁の状況，水質汚濁源となる工場の立地状況などを考慮して，水域類型の指定が行われている．公共用水域は，河川では6類型，湖沼では4類型，また，海域では3類型に分類されている．水域類型の指定は，政令で定める特定の水域については環境省大臣が行い，その他の水域については都道府県知事が行う．類型指定された水域は全国で3200以上ある．また，一部の湖沼や海域については，全窒素・全リンの環境基準が適用される．こうした水域は全国で100ある．

b. 測定地点

類型指定された水域については，環境基準が適用され，地方自治体や国により，水質モニタリングが行われる．公共用水域において水質測定が行われている測定地点は全国で約8800ある．測定地点のうち，その水域の水質を代表する地点で，環境基準の達成状況を把握するための測定点を環境基準地点という．環境基準地点は各水域に1地点以上設定されている．全国の環境基準地点は約7300である．環境基準地点では，原則として毎月1回以上の水質測定が実施される．

測定点のうち，環境基準地点以外の測定点を補助地点という．補助地点は，基準地点の測定において参考資料となる測定データを得ることを目的に設置される．環境基準地点については，地域を代表する地点であり，他の情報の収集などに適切で効果的な地点を設定する．さらに，水道用水などの取水地点や漁場など，水域利用の観点から重要な地点を選定する場合もある．

c. モニタリング計画の策定

1) 測定項目とモニタリングの頻度・時期　公共用水域における監視測定では，環境基準が設定されている健康項目と生活環境項目の測定が行われる．これ以外に，指針値が示されている要監視項目や水質評価指針の示されている農薬の調査を行う場合もある．さらに未規制物質の調査も行われる．

公共用水域では通常，毎月1回（年間12回）の

調査が行われる．地点や項目によっては月1回，年間に4～10回程度の調査が行われる．

採取日時についてはあらかじめ計画の中で決定されている場合が多い．しかし，天候や水量などによっては，採取日時を変更しなければならない．こうした場合でも，試料採取・運搬や分析などで対応できるように計画しておく必要がある．

2）採取方法　水質の測定は，pHや溶存酸素（DO）など，一部の測定項目については自動測定器を用いた常時監視が一部の地点で行われている．しかし，大部分については，試料を採取・運搬後，試験研究施設で分析されている．試料の採取では自動試料採取装置も用いられるが，人が採水器を用いて採取する場合が多い．

公共用水域の監視では，表層をモニタリングして調査地点で環境基準が達成されているかどうかを判断する．そこで，採取は，河川では流心部の表層水（水面から20cm）を採取する．試料の採取は，なるべく晴天が続いて水質が安定している日を選んで採取する．また，公共用水域が通常の状況（河川では低水量以上，湖沼では低水位以上）の場合に適宜行う．

21.3.3　土壌と地下水

a．地下水の常時監視

公共用水域と同様に，地下水の水質についても，水質汚濁防止法により，常時監視が義務づけられている．都道府県では水質測定計画を作成し，これに従って国や地方自治体がモニタリングを行っている．地下水の調査には，①概況調査，②汚染井戸周辺地区調査，および③定期モニタリング調査の3つがある．

1）概況調査　概況調査は，地域的な地下水の状況を把握するための調査で，地域の全体的な地下水質の状況を把握することを目的としている．原則として，前年度の概況調査で対象とした井戸とは異なる井戸を調査している．この調査は，地下水の全体的な汚染の状況を評価する際の基本的なデータとして取り扱われる．年間に全国約5000か所の地点で調査が行われている．

2）汚染井戸周辺地区調査　汚染井戸周辺地区調査は，概況調査などにより新たに汚染が発見された場合，その汚染の範囲などを確認するための調査である．年度により異なるが，年間に全国の1500～3500か所程度の地点で調査が行われている．

3）定期モニタリング調査　定期モニタリング調査は，汚染井戸周辺地区調査により確認された汚染の継続調査である．この調査では，井戸の継続的な監視などにより，経年的な汚染の推移を調べる．年間に全国の4000～5000か所程度の地点で調査が行われている．

b．土壌・地下水に係る調査・対策指針

土壌汚染と地下水汚染とは密接な関係があり，両者を一括して調査する場合が多い．土壌と地下水の保全については，環境省が「土壌・地下水汚染に係る調査・対策指針」を示している．この指針は，土壌や地下水の環境保全のために，汚染調査や対策が必要な土地において調査または対策の一般的な技術的手法を示したもので，調査や対策の参考として位置づけられている．ここでは，この指針に基づくモニタリング方法の概要を紹介する．

1）調査の契機と調査の進め方　調査は，「地下水汚染源推定調査」，「対象地資料等調査」，「対象地概況調査」および「対象地詳細調査」からなる．これらの調査の進め方は，その調査や対策を行うに至った契機によって異なっている．契機として「地下水汚染契機型」，「現況把握型」および「汚染発見型」の3つの場合が示されている（表21.5）．

「地下水汚染契機型」の場合は原則として「地下水汚染源推定調査」，「対象地資料等調査」，「対象地概況調査」および「対象地詳細調査」の順に調査を進める．「現況把握型」および「汚染発見型」の場合は「対象地資料等調査」，「対象地概況調査」および「対象地詳細調査」の順に調査を進める．

なお，重金属類汚染については，自然由来に起因する場合があること，土壌中の移動性は一般に小さいが，対象地の状況や共存物質の存在により汚染が広がるおそれがあることなどに十分留意して調査する必要がある．揮発性化合物については「対象概況調査」などにおいて簡易測定法を用いることができる．簡易分析法として，土壌ガス調査法などがある．

こうした一連の調査に基づいて恒久対策がとられるが，対策の実施中に周辺環境への影響を監視するため，対象地周辺の土壌，公共用水域，地下水および大気中の対象物質や二次的に生成される物質について定期的にモニタリングを行うこととされている．そして，その結果に応じて，さらに必要な対策をとることが求められている．

2）地下水汚染源推定調査　「地下水汚染源推定

表21.5 調査・対策の契機による場合分け

	地下水汚染契機型	現況把握型	汚染発見型
契機	常時監視などによる地下水汚染の判明	事業場の移転，跡地再利用などの土地改変の機会など	対象地内の土壌・地下水汚染の発見地域
汚染	汚染井戸が存在	未知	土壌または地下水汚染が存在
目的	地下水汚染源の究明および対策の実施	土壌・地下水の汚染状況（有無）の把握	汚染原因の究明および対策の実施
主体	都道府県など，またはその指導などを受けた事業者など	公有地等管理者または事業者など	汚染を発見した公有地などの管理者または事業者など
対応	関係地域を設定し，地下水汚染源推定を実施	基本的に対象地全体について対象地概況調査を実施し，汚染が判明した場合には都道府県などに連絡し所要の対策を実施	汚染を発見した旨を都道府県などに連絡し，発見した汚染の周辺を重点的に調査

調査」は，汚染源を推定するための調査で，「地下水汚染契機型」の調査の場合に行う．関係地域における対象物質の排出状況，水文地質状況，地下水汚染の現況などを把握するための資料調査や，地下水（井戸）調査などを行う．さらに必要に応じてアンケート調査，聞き取り調査などを行う．

3) 対象地資料等調査　「対象地資料等調査」は，調査対象地の概況を把握するための調査で，対象物質の排出状況，水文地質状況などについて資料調査を行う．また，必要に応じて聞き取り調査や現地踏査を行う．「対象地資料等調査」後，「対象地概況調査」および「対象地詳細調査」を行うが，「現況把握型」については，明らかに汚染のおそれがないと判断される場合には「対象地概況調査」などは行わない．また，「汚染発見型」については，「対象地資料等調査」でその対象地が汚染源の可能性がない場合には，他の地域について「地下水汚染源推定調査」を行う．

4) 対象地概況調査　「対象地概況調査」は，調査対象地における土壌・地下水の概況を把握するための調査で，表層土壌や地下水の汚染状況について調査を行う．地下水調査は既設井戸がある場合に行う．土壌・地下水の試料の測定は公定法によるが，汚染源の範囲を絞り込むことを目的とし，引き続き「対象地詳細調査」を行う予定がある場合は簡易測定法を用いてもよいとされている．

「地下水汚染契機型」や「現況把握型」の場合は，対象地の全域にわたり表層土壌調査を行うが，「対象地資料等調査」の結果，対象物質が浸透したおそれのある場所があれば，そこで重点的に表層土壌調査を行う．「汚染発見型」の場合は，汚染の平面的な広がりを把握するため，土壌・地下水汚染が発見された周辺と対象物質が浸透したおそれのある場所で表層土壌調査を重点的に行う．

5) 対象地詳細調査　「対象地詳細調査」は，対策の必要な土壌・地下水の範囲を設定するための調査で，「対象地概況調査」で表層土壌の汚染が判明した範囲などでボーリング調査を行い，深度別に土壌試料を採取し，汚染の状況を詳細に把握する．地下水の採取が可能であれば，同様に深度別調査をする．「地下水汚染契機型」や「現況把握型」の場合，「対象地詳細調査」などの結果から対策をとる土壌・地下水汚染の範囲を設定する．「汚染発見型」では，土壌汚染が判明している場合は対策をとる土壌汚染の範囲を設定する．地下水汚染源のおそれがあっても，「対象地詳細調査」の結果，土壌汚染が認められない場合には，対象地は地下水汚染源ではないと判断する．

21.3.4 水　道

a. 水道の水質管理

安全な水道水を供給するためには，水道の水質検査などの水質管理を行うことが重要である．水道の水質については，「水道水質に関する基準の制定について」などにより基準が設定されている．さらに，WHO飲料水水質ガイドラインの改訂や知見の集積などに対応して，基準項目の追加や見直しが行われている．そして，水質管理のために，水質監視の計画を策定することになっている．

b. 水質監視計画

水質監視計画は，各都道府県全域を対象とし，計画策定時より10〜15年後程度を目標年次としたもので，必要に応じて中間目標年次を設けることとなっている．計画には基本方針，水質検査に関する事項，水質監視に関する事項などについて定めることが求められている．水質監視については水質監視の

実施地点や水質監視の実施主体について明らかにし，体系的・組織的に監視が実施されるように関係機関と十分調整することとされている．

水質監視地点は大規模な取水が行われている主要水系ごとに必ず設定する必要がある．地下水については，取水量の多い地域を含むよう監視地点を設定する必要がある．監視地点については概略図で明らかにする必要があり，概略図には主要な水道水源，主要な取水地点，主要な浄水場，水質監視地点とともに，追加予定の監視地点も記するよう求められている．なお，水質監視は原則として原水について行う．また，トリハロメタンなど消毒副生成物については，浄水について行う．

21.3.5 ダイオキシン類などの汚染実態把握調査
a. モニタリングの背景

2000（平成12）年1月にダイオキシン類対策特別措置法が施行され，都道府県知事や政令市長は，大気，土壌とともに，水質・底質のダイオキシン類による汚染の状況を常時監視し，その結果を環境大臣に報告することとされた．これにより，法に基づく常時監視として，2000（平成12）年度から全国調査が実施されている．

b. モニタリング計画

公共用水域については，原則として水域を代表する地点であるとともに，ダイオキシン類の発生源や排出水の汚濁状況，利水状況などを考慮して，水域ごとに効果的な監視のできる地点がモニタリング地点として選定されている．底質についても，公共用水域の水質調査地点と同一地点であるとともに，水域を代表する地点が選定されている．地下水については，ダイオキシン類の発生源および地下水利水の状況などを考慮して，地域の地下水質の概況を把握できる地点が選定されている．

2003（平成15）年度における公共用水域の水質調査は，全国で2126地点（河川1615地点，湖沼99地点，海域412地点）で採取された2701検体について行われた．公共用水域の底質調査は，全国1825地点（河川1377地点，湖沼89地点，海域359地点）で採取された1958検体について行われた．また，地下水については，全国1200地点の1201検体について行われた．大部分の調査地点では年間に1回の調査が行われているが，一部の地点については，公共用水域では2〜4回，地下水では2回の調査が年間に行われている．

21.3.6 環境安全総点検調査
a. 環境安全総点検調査とリスク評価

環境安全総点検調査は，主に「化学物質の審査及び製造等の規制に関する法律」（化審法）による既存化学物質や審査済み新規化学物質を対象として，水質，底質，生物および大気について全国調査を行ってきた．その対象は，非意図的生成化学物質にも拡大した．

また，化学物質の環境リスク対策は「環境基本計画」において環境保全に関する基本的事項であるが，その対策に必要な曝露評価に関する情報を提供する調査として位置づけられてきた．さらに，化学物質排出移動量登録制度（PRTR）を含む化学物質排出把握管理促進法の施行や残留性有機汚染物質（POPs）条約の採択などに伴い，これらへの対応も求められている．

b. 調査体系と第1次・2次調査

膨大な数の既存化学物質の調査を系統的に進めるため，人に対する影響という点に着目して有害物質リストを作成し，その中から優先順位（プライオリティ）に配慮した調査を行うこととして開始された．調査は原則として年に1〜2回秋季および冬季に行われ，各調査地点で3試料の採取が行われる．

第1次化学物質環境安全性総点検調査は，約2000物質が掲載された「プライオリティリスト」に基づいて1979（昭和54）年度から1988（昭和63）年度まで実施された．この調査では調査を行う環境媒体と調査地区を固定し，毎年原則として異なる複数の対象物質について広範囲に調査を行った．調査は一般環境調査（水質・底質）と精密環境調査（水質・底質・生物）に分類されている．調査地点数は物質により異なるが，数地点〜50余地点であった．一般環境調査で検出された化学物質について，精密環境調査が実施された．

その後，プライオリティリストは改定され，新たに審査された新規化学物質や非意図的生成化学物質を含む1145物質が収載された．これに基づいて第2次総点検調査が実施された．第2次調査では各対象物質の特性に応じて環境媒体や調査地区を選定し，重点物質について調査が実施された．調査として化学物質環境汚染実態調査，指定化学物質等検討調査，水質・底質モニタリング，生物モニタリング，非意図的生成化学物質汚染実態追跡調査などが実施

された.

まず，化学物質環境汚染実態調査では，重点物質数種については全国約50地点で，その他の物質数種については全国5〜20地点程度で調査が実施された.対象試料は水質と底質で，物質によっては生物が加わった.指定化学物質等検討調査では，化審法の指定化学物質等を対象に水質，底質と大気について調査が行われた.水質・底質モニタリングではGC/MSを用いたモニタリングが行われたが，最終的には底質モニタリングのみが実施された.調査地点数は全国約20地点である.生物モニタリングでは，PCB，有機塩素系農薬類，有機スズ化合物などについて，鳥類，魚類，貝類について調査が行われた.非意図的生成化学物質汚染実態追跡調査では，ダイオキシン類，臭素化ダイオキシン類，PCB類などについて調査された.2001（平成13）年度の調査地点数は水質29地点，底質39地点，生物36地点であった.

c. 第3次調査

PRTRに伴う化学物質排出把握管理促進法の施行やPOPs条約の採択などに伴い，これらにも対応した調査対象物質の選定やモニタリングが必要となった.そこで，2002（平成14）年度から，初期環境調査，POPsモニタリング調査，底質モニタリング調査などからなる第3次調査が開始された.このうち，初期環境調査は，第2次調査の化学物質環境汚染実態調査に替わるもので，さらにPRTPの候補物質なども対象物質としている.POPsモニタリング調査では，大気，水質，底質および生物を対象としてPOPsの経年変化を評価することを目的としている.2004（平成16）年度には，初期環境調査として22物質（群）について，水質，底質，水生生物，大気で計95地点において調査が実施された.さらに，暴露量調査として，5物質について，水質，大気，食事，室内空気をそれぞれ41地点，21地点，10地区，4地域において，また，モニタリング調査として11物質（群）について，水質，底質，生物，大気で計162地点において調査が実施された.

〔川田邦明〕

文　献

1) 竹内　均監修（2003）：地球環境調査計測事典，第2巻陸水編，フジ・テクノシステム.
2) 半谷高久，高井　雄，小倉紀雄（1999）：水質調査ガイドブック，丸善.
3) 環境省（2005）：平成17年版環境白書，ぎょうせい.
4) 環境省（1999）：土壌・地下水汚染に係る調査・対策指針.
5) 環境省環境保健部環境安全課（2005）：化学物質と環境.

21.4　閉鎖性水域の水質保全計画

閉鎖性水域を対象とする水質保全計画を概説するとともに今後の方向性について考察する.閉鎖性水域の水質保全に関しては大きく分けると以下の三分類で類型化される主要な問題群が想定される.第一は，流域から水域へ流入する有機性の汚濁物質による水質汚濁であり，一般には化学的酸素要求量（COD）を指標として測定されている汚染問題である.第二は，過剰な窒素やリンの水域への流入により，これら物質を原因とする水域内での内部生産や富栄養化と表現される汚染問題である.そして第三は，重金属や化学物質など健康や生態系への有害な影響をもつような物質による水域の汚染問題である.

ここで取り上げる湖沼水質保全計画や水質総量規制計画などは上記のうち第一番目の有機性の汚染の問題と第二番目の富栄養化の問題を政策課題として対策を講じることを狙いとしたものであり，以下でもこの二つの問題群に的を絞って論述していくこととする.閉鎖性水域には水系内での流水の滞留性や汚濁物質の蓄積性といった特性があり，また蓄積されていく汚染物質は底質を含めた系全体のスケールでの栄養塩類の循環などを通して累加的に汚染を深刻化させていくような，いわゆる悪循環の存在も懸念されており，それゆえに他の水域に比して格別の配慮が要請されている.

21.4.1　湖沼水質保全と計画

湖沼水質保全計画は湖沼の水質を改善し，他の公共用水域に比較して低いとされている環境基準の達成率を改善することを目的として，1984（昭和59）年に制定された湖沼水質保全特別措置法により策定

されている計画である．水質汚濁防止法による対策に加え，この特別措置法に基づき，水質保全が緊急な課題になっている湖沼を指定湖沼として指定し，本計画を策定することによりいっそうの対策を講じていこうとするものである．この法律ではその目的を，「湖沼の水質保全を図るため，湖沼水質保全基本方針を定めるとともに，水質汚濁に係わる環境基準の確保が緊要な湖沼について水質の保全に関し実施すべき施策に関する計画の策定及び水質汚濁の原因となるものを排出する施設に係わる必要な規制を行う等の特別の措置を講じ，もって国民の健康で文化的な生活の確保に寄与すること（第1条）」とされている．関係都道府県は，各指定湖沼について，国の定める湖沼水質保全基本方針に基づいて湖沼水質保全計画を策定し，関係省庁の協力を得つつ各種施策の推進を図っている．

しかし，湖沼の水質の改善が十分に進まないことから，中央環境審議会では環境省からの諮問を受けて湖沼水質の保全制度について検討を加え，2005（平成17）年に「湖沼環境保全制度の在り方について」答申をした．計画作りに関しては，①流域全体の管理，水環境の回復，生態系保全や親水性の向上のような多角的な視点からの総合的な計画作り，②行政主体の計画から住民等の参加を組み込んだ計画作り，③長期的視点からの柔軟な計画作り，④定量的な計画とその評価見直しの実施，などの指摘がされた．この答申を踏まえて特別措置法は2005（平成17）年6月に改正・公布され，湖沼水質保全計画に関しても新たな仕組みや制度が盛り込まれた．

指定湖沼の関係各府県では，指定湖沼についての湖沼水質保全計画を策定することにより，関係各省や機関，市町村，事業者，住民などの理解と協力をあおぎ，排水規制，下水道整備，水域浄化事業などの各種水質浄化施策を総合的かつ計画的に推進している．今回の法律の一部改正により，都道府県知事は，湖沼水質保全計画を定めようとする場合において必要があると認めるときは，あらかじめ，公聴会の開催等指定地域の住民の意見を反映させるために必要な措置を講じなければならないこととされた．

湖沼水質保全計画の内容は，「水質の保全に関する方針」，「水質の保全に資する事業」，「水質の保全のための規制その他の措置」および「その他水質の保全のために必要な措置」の4項目とされていたが，今回の改正で「計画期間」を加えることとされた．計画の策定期間については，従来は5年間とされていたものが，今回の改正で各指定湖沼ごとに定めることができることとされたことによる．また，流出水対策地区を指定したときは，湖沼水質保全計画において，当該流出水対策地区における流出水対策の実施を推進するための計画（流出水対策推進計画）を定めなければならないとされた．流出水対策地区とは，農地，市街地などから流出する汚濁負荷への対策が必要な地域をいう．

「水質の保全に関する方針」においては水域の特性やそれに基づく水質保全施策の位置づけをふまえて，「水質目標」が定められている．「水質目標」については，計画期間の最終年度における水域の水質目標として定められるのが通常であり，化学的酸素要求量（COD），全窒素，全リンを指標として設定されている．しかし，野尻湖の計画における全リンのように湖沼の水質特性に応じて制限因子になっている栄養塩類の項目のみを取り上げて水質目標を定めている例もある．

「水質の保全に資する事業」においては「下水道の整備」，農業集落排水処理施設や合併処理浄化槽など下水道以外の「生活排水処理施設の整備」，ごみの不法投棄や不適正な処理による水質の悪化を防ぐための「廃棄物処理施設の整備」，そしてダム貯水池で行われる強制的な曝気循環装置の設置，浚渫事業の実施，水生植物などを利用した流入河川および湖沼内における直接浄化施設の設置，浄化用水の導入などの「流入水路や湖沼水域内での浄化対策」の各種対策の中から流域の特性に応じて必要な対策が計画に盛り込まれている．また，家畜糞尿の適正な処理や利用を推進していくための「家畜排せつ物処理施設の整備」が計画されている例もまれではない．

「水質の保全のための規制その他の措置」では，表21.6の事例にみるように多様な発生源に対して規制その他の措置が計画されている．「工場・事業場排水対策」では水質汚濁防止法および湖沼水質保全特別措置法に基づき，特定事業場やみなし指定地域特定施設に対し排水規制を行い，立ち入り検査などによる監視の強化などが企図されている．地域によってはより厳しい上乗せ規制を実施している例もある．「生活排水対策」においては下水道や浄化槽などの整備と適正な維持管理，また，その積極的な活用のための普及啓発活動などが記述されている．

「その他水質の保全のために必要な措置」では，計画の推進状況の評価のためのモニタリングや調査

表 21.6 湖沼水質保全計画の構成例（「中海に係る湖沼水質保全計画」平成 12 年 2 月，島根県・鳥取県）

1. 水質の保全に関する方針
   (1) 計画期間
   (2) 水質目標
2. 水質の保全に資する事業
   (1) 下水道の整備
   (2) その他の生活排水処理施設の整備
   (3) 廃棄物処理施設の整備
   (4) 湖沼等の浄化対策
3. 水質の保全のための規制その他の措置
   (1) 工場・事業場排水対策
   (2) 生活排水対策
   (3) 畜産業に係る汚濁負荷対策
   (4) 魚類養殖に係る汚濁負荷対策
   (5) 非特定汚染源負荷対策
   (6) 緑地の保存その他湖辺の自然環境の保護
4. その他水質の保全のために必要な措置
   (1) 公共用水域の水質の監視
   (2) 調査研究の推進
   (3) 地域住民等の協力の確保等
   (4) 環境学習の推進
   (5) 関係地域計画との整合
   (6) 事業者等に対する助成

研究の実施，地域住民などへの啓発活動や環境学習その他地域の特性に合わせた取り組みも行われている．

また，流出水対策推進計画には，流出水対策の実施の推進のための方針と具体的方策，啓発に関することその他の流出水対策の実施の推進のために必要な措置に関することを内容として含む必要がある．

図 21.1 に改正された湖沼水質保全特別措置法の体系を示す．また，現在指定されている 10 の湖沼の計画策定状況を表 21.7 に示す．

21.4.2 水道水源の水質保全と計画

湖沼や人工湖などの閉鎖性水域はまた都市部の飲料水源としても重要な役割を果たしている．このような水道水源の水質の管理に関しては，化学物質や重金属などの汚染物質については水質汚濁防止法や廃棄物処理法など汚染物質の環境への放出を管理する法体系の中で必要な措置がとられ，また閉鎖性水域で発生する植物性プランクトンによる異臭味問題については，水質汚濁防止法に加え湖沼水質保全特別措置法でいっそうの対応がとられることとなっている．

さらに，飲料水源の有機性汚染の進行は浄水の過程でトリハロメタンを生成させるという問題を生じることから，水道原水となる水域への有機物の排出を適正に管理することを目的とした「特定水道利水障害の防止のための水道水源水域の水質の保全に関する特別措置法（「水道水源法」と呼ばれる）」（平成 6 年法律第 9）が制定され，追加的な措置が講じられている．同法によると，環境大臣により指定された水域においては，閣議を経て国により定められる「水道水源水域の水質の保全に関する基本方針」に基づき，都道府県知事が「指定地域において特定水道利水障害を防止するため指定水域の水質の保全に関し実施すべき施策に関する計画（「水質保全計画」と呼ばれる）」を定めることとされている．水質保全計画には，「指定水域の水質の保全に関する方針」，「水道事業者が指定水域の水質の汚濁の状況に応じて講じ，及び講じようとする措置」，「指定水域の水質の保全に関する目標」，「下水道，し尿処理施設及び浄化槽の整備，しゅんせつその他の指定水域の水質の保全に資する事業に関する事項」，「指定水域の水質の汚濁の防止のための規制その他の措置

表 21.7 湖沼水質保全計画策定状況一覧

湖沼名	計画時期（年度）																			
	昭和				平成															
	60	61	62	63	元	2	3	4	5	6	7	8	9	10	11	12	13	14	15	16	17	18	19	20
霞ヶ浦 印旛沼 手賀沼 琵琶湖 児島湖	←第1期→				←第2期→						←第3期→						←第4期→			
釜房ダム貯水池 諏訪湖		←第1期→			←第2期→						←第3期→						←第4期→		
中海 宍道湖			←第1期→			←第2期→						←第3期→						←第4期→	
野尻湖							←第1期→						←第2期→						←第3期→

21. 計画管理・政策

```
                    湖沼水質保全基本方針（環境大臣）
                    ・湖沼の水質の保全に関する基本構想                          ┌──────────┐
                    ・湖沼水質保全計画の策定，流出水対策地区，湖辺環境保護地区の指定，◀─┤ 閣議決定 │
                      その他指定湖沼の水質の保全のための施策に関する基本的な事項     └──────────┘

                              湖沼指定の申出（都道府県知事） ◀── 関係市町村長の意見聴取
                                      │
                                      ▼                      ◀── 都道府県知事の意見聴取
                              指定湖沼・指定地域の指定（環境大臣）
                                      │                      ◀── 閣議決定
                                      ▼
   ┌──────────┐            湖沼水質保全計画（都道府県知事）      ・指定地域の住民の意見聴取
   │関係市町村長 │            ・湖沼水質保全計画の計画期間         ・事業実施者，関係市町村長の
   │の意見聴取  │            ・湖沼の水質の保全に関する方針          意見聴取
   └──────────┘            ・湖沼の水質の保全に資する事業に関     ・河川管理者協議
        │                      すること
        ▼                    ・湖沼の水質の保全のための規制その ◀── 環境大臣の同意 ◀── 公害対策会議
   ┌──────────┐              他の措置に関すること
   │流出水対策地区の指定│
   │（都道府県知事）  │      ┌──流出水対策推進計画（都道府県知事）
   └──────────┘              │  ・流出水対策の実施の推進に関する
                              │    方針
                              │  ・流出水の水質を改善するための具
                              │    体的方策に関すること
                              │  ・流出水対策に係る啓発に関するこ
                              │    と
   ・指定地域の住民の意見
     聴取
   ・関係市町村長の意見聴
     取
   ・河川管理者協議
        │
        ▼                    ──▶ 水質保全に資する事業の実施
   ┌──────────┐              ・下水道，農業集落排水施設，合併処理化槽の整備，浚渫等の事業を計画的に実施
   │湖辺環境保護地区の指定│   ・流出水対策（雨水地下浸透や貯留推進，農地の水管理の改善や適正施肥の実施等）
   │（都道府県知事）    │
   └──────────┘              ──▶ 汚濁負荷削減のための規制
   ┌──────────┐              ①湖沼指定施設に対する汚濁負荷量の規制
   │水質改善に資する植物の│        ［対象］湖沼指定施設
   │採取等の制限      │
   └──────────┘              ②みなし指定地域特定施設に対する排水規制
                                  ［対象］一定規模のし尿浄化槽等（水濁法の特定施設になっていないもの）

                              ③指定施設，準用指定施設に対する構造，使用方法の規制
                                  ［対象］畜舎・魚類養殖施設（排水基準による規制により難いもの）

                              （さらに必要な場合）
                              ④総量規制

                              ──▶ その他の措置
                              ・規制対象施設の設置者以外の者に対する指導，助言，勧告
                              ・緑地の保全その他湖辺の自然環境の保護に努めること
```

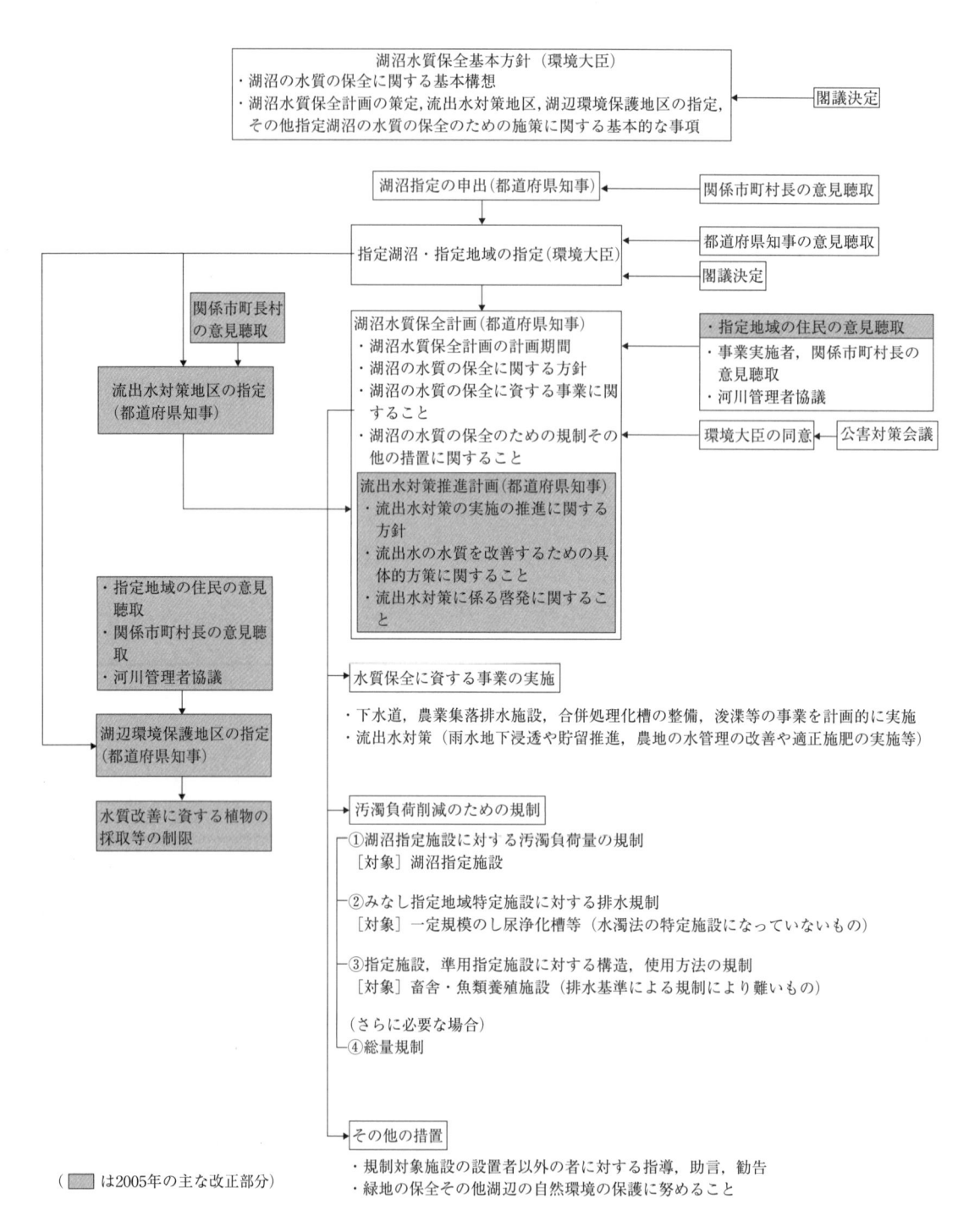

（▨は2005年の主な改正部分）

図 21.1 改正湖沼水質保全特別措置法の体系

21.4 閉鎖性水域の水質保全計画

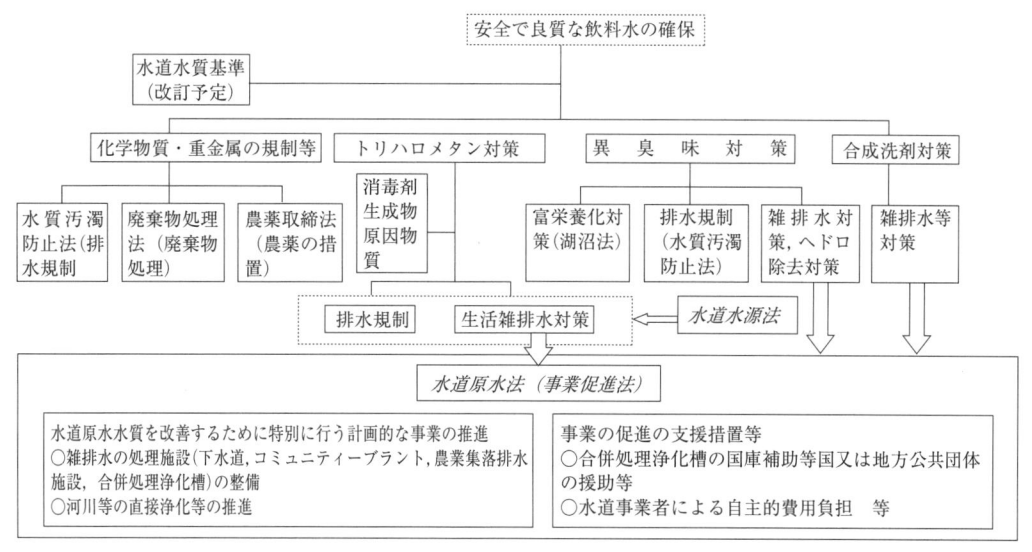

```
                    ┌─────────────────────┐
                    │ 安全で良質な飲料水の確保 │
                    └─────────────────────┘
┌──────────┐  ┌──────────────┬──────────────┬─────────┬──────────┐
│水道水質基準│──│化学物質・重金属│トリハロメタン │異 臭 味 │合成洗剤対策│
│(改訂予定)│  │の規制等      │対策         │対 策   │          │
└──────────┘  └──────────────┴──────────────┴─────────┴──────────┘
```

図 21.2　水道原水の水質保全に関する施策[1]

に関する事項」および「その他の指定水域の水質の保全のために必要な措置に関する事項」を定めることとされている．この計画により総合的かつ計画的に対象とする水域の水質の保全が図れることが期待されている．さらに，これら水域の汚染防止のために特別の排水基準を定め施設の構造などの基準を定めることも規定されている．

一方，このような水域の流域における生活から排出される雑排水の処理を進めるための下水道や合併処理浄化槽などの整備，あるいは河川内での直接浄化などの事業をいっそう推進していくために，「水道原水水質保全事業の実施の促進に関する法律(「水道原水法」と呼ばれる)」(平成6年法律第8)が制定されている．

これらの水道原水の水質保全に関する諸施策は図21.2のようにまとめられている．

21.4.3　瀬戸内海環境保全特別措置法と計画

多島美と豊かな内湾水産資源に恵まれ，わが国の人口のほぼ1/4にも相当する人々の生活の基盤となっている瀬戸内海も，戦後の高度成長期の重工業化や都市化などの過程で浅海部の埋立の問題や周辺工場や生活からの排水による水質汚濁や富栄養化などの問題が大きな関心を呼ぶようになった．1973(昭和48)年には，地元の強い要望を受けて瀬戸内海環境保全臨時措置法が与野党議員全員一致の議員立法として制定された．

同法では，「瀬戸内海の環境保全のために政府が基本計画を策定すること」，当面の措置としての「特定施設の設置などの許可制，埋め立てに対しての特別の配慮」，「産業排水からのCOD負荷量を3年間で47年当時の2分の1にすること」などが内容とされていた．その後，1978(昭和53)年には同法が改正され，瀬戸内海環境保全特別措置法として恒久的な法制度として制定された．同法では政府の定める瀬戸内海環境保全基本計画(以下「基本計画」という)だけではなく，それに基づく「瀬戸内海環境保全府県計画(以下「府県計画」という)を策定すること」，「総量規制制度を導入すること」，「富栄養化のためのリンの削減指導を行うこと」，「自然海浜保全地区の指定」などが新たに規定された．

同法とその基本計画の特徴は，計画の対象とする範囲が「水質の保全」だけではなく「海面及びこれと一体をなす陸域における自然景観の保全並びにこれらの保全と密接に関連する動植物の生育環境などの保全」を含む広範なものになっているところにある．

以下では，瀬戸内海環境保全特別措置法に基づく基本計画および府県計画について概説する．

基本計画は同法第3条で瀬戸内海の環境の保全上有効な施策を推進するため政府が定めるものとされている．2000(平成12)年12月には1978(昭和53)年以来22年ぶりに大幅な見直しが行われ，①

従来の規制を中心とする保全型施策の見直し，②失われた良好な環境の回復のための施策の展開，③国，地方公共団体，住民，事業者などの幅広い連携と参加の推進などが定められた．基本計画は「序説」，「計画の目標」および「目標達成のための基本的な施策」で構成されている．「序説」では，瀬戸内海から享受している恵沢を後代の国民にまで継承していくためにそれにふさわしい環境の確保と維持および失われた良好な環境の回復を目途として総合的かつ計画的な施策の推進を図るためという計画策定の意義が述べられ，さらに計画の性格および対象とする範囲が述べられている．「計画の目標」では，「水質保全などに関する目標」と「自然環境の保全に関する目標」とがそれぞれ述べられている．水質保全などに関する目標においては「水質環境基準の達成維持」「赤潮の防止」「水銀等有害物質による底質の汚染防止」「藻場干潟などの保全及び回復」「自然海浜等の保全」が取り上げられ，自然環境の保全においては「地域指定制度の適正な運用による地域の自然景観等の保全」「緑の保護管理」「自然海浜についての維持回復」「海面及び海岸の清浄の保持」および「史跡など文化財の保全」が取り上げられている．「目標達成のための基本的な施策」では，「水質汚濁の防止」「自然環境の保全」「浅海域の保全」「海砂利採取に当たっての環境保全に対する配慮」「埋立てに当たっての環境保全に対する配慮」など19項目が列挙されている．

基本計画を受けて策定される府県計画は，「計画策定の趣旨」「計画の目標」「目標達成のために講ずる施策」および「施策の実施上必要な事項」から構成されているのが通常である．計画の目標や講ずる施策は政府の定める基本計画とおおむね一致しているが，それを府県レベルでの施策としてより具体化したものになっている．表21.8には府県計画の構成例を示す．

2002（平成14）年7月に関係13府県により各府県計画が改めて定められた．国の関係省庁，地方公共団体，事業者，住民などが連携し，これら計画に定められた施策の効果的な推進を図っていくことが望まれる．

21.4.4 水質総量規制制度のための計画

東京湾，伊勢湾および瀬戸内海というわが国を代表する広域的な閉鎖性海域における水質汚濁防止のための枠組みである．これら海域の集水域には多くの産業や人口が集積しており，このような水域での水質汚濁を防止し生活環境の保全を図るためには，ナショナルミニマムの排水基準や個々の自治体ごとの上乗せ基準では限界があり，水域に流入する汚濁負荷量の総体を視野に入れて総合的な削減対策を実施することが必要である．このような目的から，1978（昭和53）年に水質汚濁防止法が改正され，総量規制制度が導入され，同制度に基づく総量削減計画が策定されることとなった．同計画に基づき総合的な取り組みが進められている．

この水質総量規制制度では，対象とするべき指定水域および指定地域（指定水域への水質の汚濁に関係のある地域）において，指定地域から指定水域に流入する汚濁負荷量の総体の削減が進められることとなっている．総量規制制度の枠組みの概要を図21.3に示す．内閣総理大臣により指定水域ごとに汚濁負荷量の削減目標年度および目標量などを定めた「総量削減基本方針」が定められ，それに基づき指定地域に関係する都道府県知事が各都道府県内での発生源別の削減目標量，削減のための方策などを定めた「総量削減計画」を定める仕組みである．

表21.8 瀬戸内海環境保全府県計画の構成例（「瀬戸内海の環境の保全に関する山口県計画」平成14年7月，山口県）

第1	計画策定の趣旨
第2	計画の目標
1	水質保全等に関する目標
2	自然景観の保全に関する目標
第3	目標達成のため講ずる施策
1	水質汚濁の防止
2	自然景観の保全
3	浅海域の保全
4	海砂利採取に当たっての環境保全に対する配慮
5	埋立てに当たっての環境保全に対する配慮
6	廃棄物の処理施設の整備及び処分地の確保
7	健全な水循環機能の維持・回復
8	失われた良好な環境の回復
9	島しょ部の環境の保全
10	下水道等の整備の促進
11	海底及び河床の汚泥の除去等
12	水質等の監視測定
13	環境保全に関する調査研究及び技術の開発等
14	環境保全思想の普及及び住民参加の推進
15	環境教育・環境学習の推進
16	情報提供，広報の充実
17	広域的な連携の強化等
18	海外の閉鎖性海域との連携
第4	施策の実施上必要な事項
1	施策の積極的な推進
2	施策の実施状況及びその効果の把握
3	計画推進のための関係機関との連絡調整

21.4 閉鎖性水域の水質保全計画

```
[対象水域] 東京湾，伊勢湾，瀬戸内海
[対象項目] 化学的酸素要求量（COD），窒素及びりん
           ↓
知事 ──意見聴取──→ [総量削減基本方針]
                    ・対象水域ごとに環境大臣が定める．
                    （方針の内容）
公害対策会議 ──議を経る──→
                    ①削減の目標（COD，窒素含有量及びりん含有量の
                      それぞれについての発生源別，都府県別の削減目
                      標量と目標年度）
                    ②削減の方途（産業系，生活系，その他系）
                              ↓
市町村長 ──意見聴取──→ [総量削減計画]
                        ・都府県ごとに知事が策定する．
                        ・発生源別の削減目標及び削減の方途
公害対策会議
        議を経る
環境大臣 ──同意──→
```

[総量規制基準]
・環境大臣が定めた範囲において知事が定める
・指定地域内事業場についてその遵守を義務付け

[指導・助言・勧告]
・指定地域内事業場以外の汚濁発生源について知事が行う

[教育・啓発]
・事業者や住民の汚濁削減のための理解向上と協力推進

[事業の実施]
・下水道等生活排水処理施設の整備等

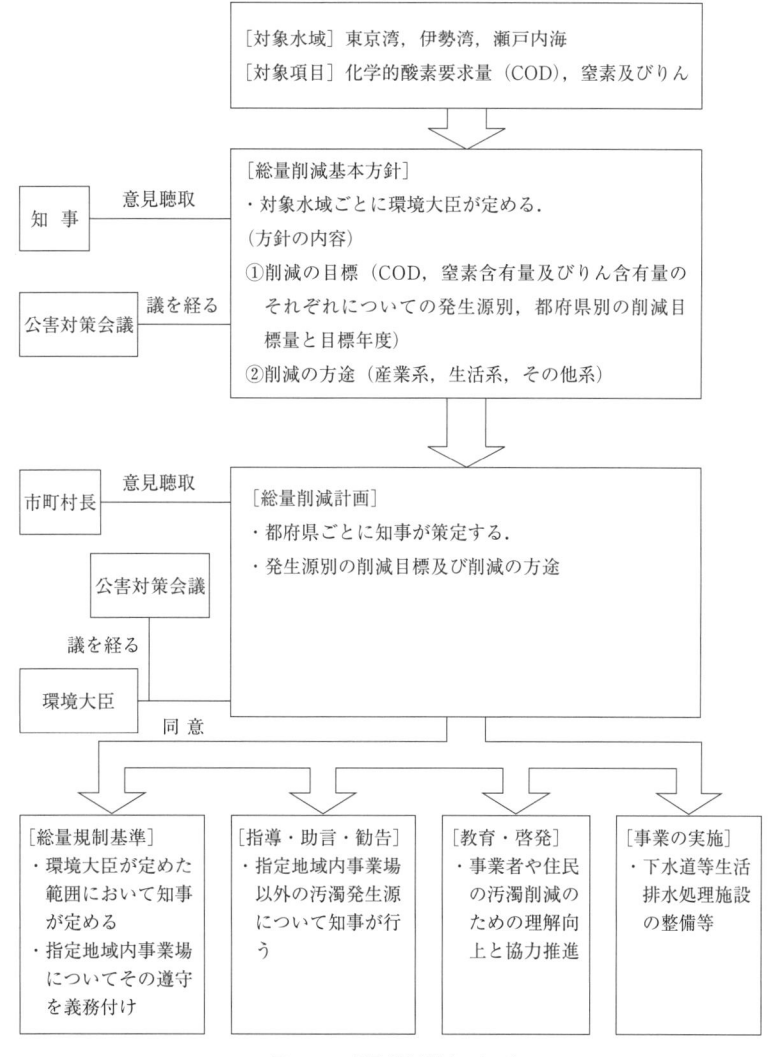

図 21.3 総量規制制度の概要

1979（昭和 54）年以来 COD（化学的酸素要求量）を対象（指定項目）とした四次にわたる汚濁負荷量の総量削減計画が策定されて対策の強化が進められてきたが，2001（平成 13）年 12 月に策定された第 5 次の総量削減基本方針では対象（指定項目）として「窒素含有量及びリン含有量」が加えられ，翌 2002（平成 14）年 7 月にはこの基本方針に基づいた総量削減計画が関係都府県知事により定められた．

この，第 5 次の総量削減計画では，1999（平成 11）年度を基準年度として 2004（平成 16）年度を目標年度とした関係都道府県ごとの削減目標量が定められた．表 21.9，表 21.10 および表 21.11 には，

表 21.9 東京湾の化学的酸素要求量の削減目標量（t/日）

	生活排水	産業排水	その他	合　計
埼玉県	58	20	6	84 (90)
千葉県	28	14	4	46 (90)
東京都	53	6	11	70 (96)
神奈川県	14	9	5	28 (93)
東京湾合計	153 (89)	49 (100)	26 (93)	228 (92)

（　）内は 1999 年における量に対する割合（%）である．

表 21.10　東京湾の窒素含有量の削減目標量　(t/日)

	生活排水	産業排水	その他	合　計
埼玉県	45	7	13	65 (98)
千葉県	23	11	9	43 (96)
東京都	76	6	18	100 (99)
神奈川県	19	14	8	41 (98)
東京湾合計	163 (99)	38 (93)	48 (98)	249 (98)

(　) 内は 1999 年における量に対する割合 (%) である.

表 21.11　東京湾のリン含有量の削減目標量　(t/日)

	生活排水	産業排水	その他	合　計
埼玉県	3.6	1.2	1.0	5.8 (89)
千葉県	1.8	0.7	0.5	3.0 (88)
東京都	5.5	0.5	1.2	7.2 (94)
神奈川県	1.7	0.8	0.7	3.2 (91)
東京湾合計	12.6 (93)	3.2 (91)	3.4 (83)	19.2 (91)

(　) 内は 1999 年における量に対する割合 (%) である.

東京湾における関係各都県の削減目標量を例として示した．このような削減目標量を達成するためにおおむね下記のような施策が計画に盛り込まれている．これらの施策を計画的にまた水質保全の観点から総合的に推進していくことが本制度の眼目である．

1）生活排水処理施設の整備など　下水道や合併処理浄化槽，農業集落排水施設，コミュニティープラント，などといった各種の生活排水処理施設の整備を促進し，維持管理の適正化をいっそう徹底する．また，窒素やリンの含有量を削減するため処理の高度化を促進する．

2）総量規制基準の設定　指定地域内事業場に対しては，全国一律の排水基準や地方自治体における上乗せ規制に加え，閉鎖性水域へ流入する汚濁負荷量の総量の削減という視点から総量規制基準が定められている．この総量規制基準は，既設の施設と新設の施設とを区別して設定されることとされており，既設の施設については排水水質の実態，排水処理技術の動向などを勘案しながら逐次規制が強化されてきており，また新・増設の施設については既設の施設に比べより高度な技術の導入が可能であることを勘案し，より厳しい特別の規制基準が設定されている．

3）その他の汚濁発生源への対策　指定地域内事業場以外の規制の対象にならない小規模な事業場や生活排水処理施設で処理されない生活系排水，さらには農地からの流出汚濁，畜産排水，養殖漁場での水質への負荷など多様な発生源があり，それらに対してもきめ細かな指導などで対策を講じることにより汚濁負荷量の削減を図る．

4）教育，啓発など　負荷量の削減対策をいっそう前進させるため，水質総量規制の趣旨および内容の教育啓発により広範な理解や協力を進めている．

5）その他汚濁負荷量の総量の削減に関し必要な事項　底質の汚泥の除去，監視体制の整備，調査研究の推進，中小企業の助成などが盛り込まれている．

2005 (平成 17) 年 5 月には，2009 (平成 21) 年度を目標とする第 6 次水質総量規制のあり方に係る答申が中央審議会から出されている．

おわりに

閉鎖性水域の汚濁問題に対する行政的な対策計画の概要を述べてきた．戦後の復興から高度経済成長の過程で激しくなったいわゆる公害問題の解決のために規制的な施策を中心とした各種の対策がとられてきた．閉鎖性水域の水質保全のための計画の策定についてもこのような施策の延長線上でより効果的な施策を総合的かつ計画的に進めていくことを目的として進められてきたと考えることができる．このような計画は，閉鎖性水域の環境保全のために水質の環境基準のような目標値を設定し，その達成や維持のために総合的に取り組みを進めていこうとする形のものが一般であった．つまり多様な利水上の障害も水質という指標を通してみてきたのだと表現することもできる．

しかし当然ではあるが，これら閉鎖性水域の環境問題は水質の問題に限定されるわけではなく，水辺の環境や底質の保全，さらには景観や漁業などの水域の利用や水域に関係する生態系全体の保全も含めきわめて多様な要素を含んでいる．もっぱら水質という指標を通して閉鎖性水域の水質保全を図っていく仕組みは，これら閉鎖性水域の抱えているより多様で多彩な問題への関心から目を塞がせてしまったり，あるいは水質という指標を通してしか他の問題の議論ができないというような硬直化した仕組みに甘んじさせてしまうというような負の側面もなきにしもあらずである．

たとえば，漁業以外での海浜利用への関心と漁業との関係が調整され水域管理に反映されることは，

水質の保全だけではなくそれらをさらに一歩進めて水辺の利用や底質環境の保全，生態の保全などのより広い環境の保全へと進めていくことにつながる．このようにコミュニティや地域住民と水域全体との日常的な関係性に基づく多様な問題を取り上げて計画に吸収していくことが，水域と関係する地域における水域の環境保全への気運を高め，ひいては水域を通しての地域のまとまりや活性化にもつながっていくことが期待できる．地域とのつながりが強化され，地域の多様な関心や問題意識が反映されることにより，閉鎖性水域の抱えている問題をより総合的に把握し，管理の一元化へと近づかせていくことも期待できよう．それはまた油濁事故や有害物質の流入などへの緊急的な対応に際しても，より一元的で迅速な対応を可能とするであろう．

瀬戸内海の環境保全のための計画はそのような多様な関心を取り上げたものであるということができようが，今後このような計画の策定と推進がどのように進められていくかに関心をもたざるをえない．

今後の水域の環境保全のための保全計画において残された重要な課題は何かと問われると，それは地域住民の水域へのかかわりをも考慮した地域や水域の特性を保全計画にどのように反映できるかであると答えることができる．それを実現するためには水質に凝縮されてしまっているような水域の環境保全目標をより多様にして地域住民の身近なものにすること，多様な水域環境保全のための自発的な取り組みを支援することのできる仕組みを強化すること，が必要である．また，さらに水域の関連自治体の主体的な取り組みの活性化による多様な主体や関係者の利害の調整機能の強化が図られていく必要がある．　　　　　　　　　〔早瀬隆司〕

文　献
1) 志々目友博，青竹寛子 (2003)：水道水質の保全を図るための施策の推進について．環境衛生工学研究，**17**(3)．
2) 環境法令研究会編集 (2002)：環境六法，中央法規．
3) 須藤隆一他監修，環境庁水環境研究会編集 (1996)：内湾・内海の水環境，ぎょうせい．
4) 木原啓吉 (1982)：湖沼環境はよみがえるか―法制化の歩みと展望―．公害研究，**11**(3)．
5) ブレアーバウアー，都留重人 (1984)：沿岸域の総合管理は可能か．公害研究，**14**(1)．

21.5　水環境リスク管理

▷ 20.3　リスク評価

水環境を保全するために取り組むべき課題の範囲は広く，健全な水循環の機能の確保という観点から，水質，水量，水生生物および水辺地を視野に入れ，土壌環境や地盤環境の保全のための取り組みとも十分に連携した施策の推進が必要である．ここではこの中で，特に水環境リスク管理に関連する施策について，水質に特に着目して記述するものである．

水環境中に存在する各種物質のリスクは，最も単純化していえば，その物質の有する毒性と，その物質への曝露，すなわち，水環境中での存在状況によって決定される．毒性が弱い物質であっても水環境中に大量に存在すればリスクは高いといえるし，逆に，毒性が強くても水環境中にほとんど存在しない状況であればリスクは低いといえよう．

ここでは，水環境政策および関連政策の中で，毒性および存在状況などに着目した施策について概要を紹介する．

21.5.1　環境基準など
a. 環境基準

環境基本法に基づく水質汚濁にかかわる環境基準は，水質保全行政の目標として，公共用水域の水質などについて達成し，維持することが望ましい基準を定めたものであり，人の健康の保護に関する環境基準（以下「健康項目」という）と，生活環境の保全に関する環境基準（以下「生活環境項目」という）の2つがある．

前者の健康項目については，公共用水域および地下水におのおの一律に定められているが，後者の生活環境項目については，河川，湖沼，海域ごとに，水道，水産などの利用目的に応じた水域類型を設けてそれぞれ基準値が定められている．生活環境項目については，各公共用水域について水域類型の指定を行うことにより水域の環境基準が具体的に示されることとなる．

1) 健康項目 現在，健康項目については，カドミウム，全シアンなど26項目について環境基本法に基づく環境基準が定められている．また，ダイオキシン類対策特別措置法に基づき，ダイオキシン類についても環境基準が定められている．

環境基準は項目ごとに基準値が定められている．基準値は，人の健康の保護の観点から達成，維持されることが望ましいレベルとして設定されるものであることから，人に対する疫学調査の結果や動物実験の結果から導出される．いわば，基準値自体は，毒性の観点から定められる．環境基準の設定の際には，こうした毒性および影響に関する知見として，WHO飲料水水質ガイドラインにまとめられた毒性評価結果およびTDI（耐容一日摂取量 tolerable daily intake）や諸外国の基準設定において用いられた調査結果などが活用される．

環境基準項目は，政府の政策目標であり，排水規制やモニタリングなどの環境管理施策を講じて意図的な管理下に置くべき物質であることから，環境基準への設定の要否は，毒性および影響に関する知見だけでは決定せず，当該物質のわが国における水環境中の存在状況を勘案して決定される．具体的には，WHO飲料水水質ガイドラインなどにおいて人の健康に与える影響について知見が集積された物質であっても，製造量や使用量およびモニタリング結果などから，わが国の水環境中で検出されない物質については基準項目とする必要はないと考えられる．

2) 生活環境項目

ⅰ）**有機汚濁などの観点からの環境基準**： 生活環境項目については，BOD，COD，DOなどの環境基準が定められている．さらに富栄養化を防止するため，湖沼および海域について全窒素および全リンにかかわる環境基準が定められている．基準値は，それぞれの利水目的の観点から定められており，たとえば水道であれば浄水処理技術の観点から，水産であれば当該水域で多獲される魚種などがメルクマールとして定められている．

ⅱ）**水生生物の保全の観点からの環境基準**： 水生生物保全の観点からの環境基準などの水質目標については，これまで，中央環境審議会および環境基本計画などにおいて検討すべき旨の指摘がなされてきており，2002年1月には，OECDからも生態系保全にかかわる水質目標の導入が勧告されている．

このため，2002年11月，環境基本法に基づく水質環境基準の設定について，環境大臣が中央環境審議会に諮問を行い，中央環境審議会水環境部会の下に設置された水生生物保全環境基準専門委員会において検討されてきた．

具体的には，水生生物の保全にかかわる水質環境基準は生活環境項目として設定することとし，また，わが国における製造量や公共用水域における検出状況などを勘案し，環境基準項目への位置づけなどの措置を検討してきた．

これらを受け，2003（平成15）年11月に，中央環境審議会水環境部会で答申を経て，全亜鉛について環境基準が設定された．環境基準および要監視項目（後述）については，表21.12に示す．

水生生物の保全にかかわる環境基準値は，公共用水域における水生生物の生息の確保という観点から世代交代が適切に行われるよう，水生生物の個体群レベルでの存続への影響を防止することが必要であることから，特に感受性の高い生物個体の保護までは考慮せず，集団の維持を可能とするレベルで設定するものである．このため，基準値の導出にあたっては，物質ごとに代表的な生物種について，半数致死濃度など（毒性値）にかかわる再現性のある方法によって得られたデータをもとに，試験生物への毒性発現が生じないレベルを確認し，その結果に，種差などに関する科学的根拠を加味して演繹的に求めることとした．この場合，個体差を考慮するような不確実係数を毒性値に適用することはしなかった．

水域区分については，淡水域については河川と湖沼での生息種を明確に区分することは困難であるため，河川と湖沼と区別せず淡水域として一括するものとする．他方，淡水域に生息する魚介類が冷水域と温水域では異なっていることから，淡水域の生息域を水温を因子として2つに区分することとした．

海域については，生息域が広範にわたり，生息域により水生生物をグルーピングすることは困難であることから，当面，一律の区分とすることとした．

なお，淡水域・海域とも，特に，産卵場および感受性の高い幼稚仔などの時期に利用する水域についてはより厳しい目標をあてはめることがありうるものである．

b. 要監視項目

要監視項目とは，人の健康の保護に関連する物質ではあるが，公共用水域などにおける検出状況などからみて，現時点ではただちに環境基準項目とはせず，引き続き知見の集積に努めるべきと判断されるものであって，継続して公共用水域などの水質測定

21.5 水環境リスク管理

表 21.12 環境基準項目および要監視項目について

環境基準

項目	水域	類型	基準値 ($\mu g/l$)	測定法
全亜鉛	淡水域	A：イワナ・サケマス域 B：コイ・フナ域 A-S：イワナ・サケマス特別域 B-S：コイ・フナ特別域	30 30 30 30	酸処理後，溶媒抽出法またはキレート樹脂を用いたイオン交換法により前処理を行い，フレーム原子吸光法，電気加熱原子吸光法，ICP発光分光分析法およびICP質量分析法のいずれか
	海域	G：一般海域 S：特別域	20 10	

要監視項目

項目	水域	類型	指針値 ($\mu g/l$)	測定法
クロロホルム	淡水域	A：イワナ・サケマス域 B：コイ・フナ域 A-S：イワナ・サケマス特別域 B-S：コイ・フナ特別域	700 3000 6 3000	パージ・トラップ-ガスクロマトグラフ質量分析法，ヘッドスペース-ガスクロマトグラフ質量分析法およびパージ・トラップ-ガスクロマトグラフ法のいずれか
	海域	G：一般海域 S：特別域	800 800	
フェノール	淡水域	A：イワナ・サケマス域 B：コイ・フナ域 A-S：イワナ・サケマス特別域 B-S：コイ・フナ特別域	50 80 10 10	ガスクロマトグラフ質量分析法
	海域	G：一般海域 S：特別域	2000 200	
ホルムアルデヒド	淡水域	A：イワナ・サケマス域 B：コイ・フナ域 A-S：イワナ・サケマス特別域 B-S：コイ・フナ特別域	1000 1000 1000 1000	ペンタフルオロベンジルヒドロキシルアミン塩酸塩誘導体化ガスクロマトグラフ質量分析法
	海域	G：一般海域 S：特別域	300 30	

を行い，その推移を把握していくこととされている．

このため，環境省においては都道府県などで行った水質測定結果を集約し毎年公表するとともに，環境基準項目への移行などを検討している．

従来，要監視項目は人の健康の保護の観点から設定されてきており，指針値は，前述した健康項目同様，WHO飲料水水質ガイドラインに盛り込まれた影響評価結果などを勘案して設定される．しかし，全亜鉛について環境基準値が設定されたのに合わせて，3物質が水生生物の保全の観点からの要監視項目として水質測定を行い，その推移を把握していくこととされた．

c. 要調査項目

環境省では，水環境を経由した多種多様な科学物質からの人の健康や生態系に有害な影響を与えるおそれを低減するため，あらかじめ系統的・効率的に対策を進める必要があるとの認識のもと，今後の各種調査を進める際に優先的な知見の集積を図るべき物質のリストとして，要調査項目を設定している．

要調査項目は，1998（平成10）年に300項目が選定されており，以降，環境省が予算措置し，分析法の開発および公共用水域の存在状況の調査を実施している．予算や分析法の都合上，300項目の一斉調査は困難であることから，毎年，一定数の物質を全国で調査することとしており，調査結果については，環境省ホームページに掲載されている．

要調査項目は，水環境中の存在にかかわる新たな知見などをふまえて柔軟に見直されるべきとされており，今後，PRTR法（後述）に基づくPRTRデータの集積を受けた見直しが予定されている．

d. 底質に関する基準など

1）ダイオキシン類底質環境基準 ダイオキシン類対策特別措置法においては，底質に関しても環

境基準を設定することとしており，2000（平成12）年7月にダイオキシン類底質環境基準が告示された．

底質のダイオキシン類は，1999（平成11）年度に環境庁が実施した調査において，底質のダイオキシン類濃度と当該地点で採取された魚介類中のダイオキシン類濃度との間には，相関係数は小さいものの，有意な正の相関が認められ，底質濃度が低減されれば，魚介類中のダイオキシン類濃度の低減が期待できること，および，水への巻き上げおよび溶出により，ダイオキシン類の水への供給源（汚染源）となっていることから，基準の設定が必要とされた．

他方，ダイオキシン類については，大気，水，土壌といった各媒体ごとに環境基準が設定され，かつ，排出規制が実施されているところであり，これら規制により，発生源からの発生負荷量は低減してきている．このため，公共用水域の底質に供給されるダイオキシン類はここ数年で大幅に減少し，さらに今後とも減少していくことが予想される．

また，水への巻き上げおよび溶出，魚介類の摂食などによる取り込みが懸念される底質表層部分の濃度については，コアサンプルのデータをみると近年下がる傾向にあり，規制の進展により今後さらに低減することが期待される．

このため，ダイオキシン類について，人の健康を保護するための行政目標として底質環境基準を設定するにあたり，まず勘案すべき事象は，現存する汚染底質の対策である．かかる観点から，ダイオキシン類の底質環境基準については，汚染底質について対策を講じるための数値基準として設定した．

底質中ダイオキシン類は，ダイオキシン類の水への供給源（汚染源）となっており，その影響の程度を勘案して設定するという方式については，底泥中の間隙水の濃度に着目して底質濃度を規定する分配平衡法と，実際にダイオキシン類に汚染された底泥を用いて水への振盪分配試験を行い，水質への影響を考慮する方法の2種類がある．他にもさまざまな手法が考えられるが，現時点でデータが得られており，算定が可能な手法として，これら両者の手法を勘案して環境基準値を設定することとした．

基準値としては，底質の化学物質濃度は固層と液層との間で平衡状態を形成していることから，底質の間隙水中のダイオキシン類濃度が水質環境基準と同じ値になる程度の底質濃度を求めることとし，150 pg-TEQ/gという数値を得た．この数値については，実際に高濃度のダイオキシン類を含む底質からの，水質への巻き上げおよび溶出の程度を把握するため，2001年度に環境省において高濃度の底泥の振盪分配試験を実施し，その結果から検証を行った．振盪分配試験の全試験結果の平均値は196 pg-TEQ/gであった．

これら2つの結果を比較し，振盪分配試験結果から導出した数値は，分配平衡法で導出した値と比較して大きい数値であったが，一方，振盪分配試験結果の解析は現時点で得られているデータに基づくものであり，多様な底泥のすべてを代表しているとは断言できないことを勘案し，ダイオキシン類の底質環境基準値は150 pg-TEQ/gとした．

2）水銀およびPCB 有害物質を含む底質の対策に関しては，水銀を含む底質およびPCBを含む底質について，それぞれ暫定除去基準が設定されている．暫定除去基準自体には環境基準などの法的位置づけはないが，通知などに基づき，底質の処理・処分などに関する指針とともに運用され，実際に浚渫事業などが進められてきた．

水銀については，海域については，平均潮差，溶出率などを勘案して設定し，河川および湖沼においては25 ppm以上とされている．

PCBについては，10 ppm以上とされている．なお，魚介類のPCB汚染の推移をみて，さらに問題があるような水域においては，地域の実情に応じたより厳しい基準値を設定するよう配慮することとされている．

21.5.2 水質汚濁防止法

工場および事業場から公共用水域に排出される水の排出や地下浸透を規制し，また，生活排水対策の実施を推進することによって公共用水域および地下水の水質の汚濁を防止することを目的として，水質汚濁防止法が制定されている．これらの法律の施策体系を図21.4に示す（詳細については，21.2項を参照されたい）．

21.5.3 化学物質の審査及び製造等の規制に関する法律

化学物質の審査及び製造等の規制に関する法律（以下，「化学物質審査規制法」という）は，化学物質による環境汚染を通じた人の健康被害を防止するため，新規に製造・使用等する工業用化学物質の有

21.5 水環境リスク管理

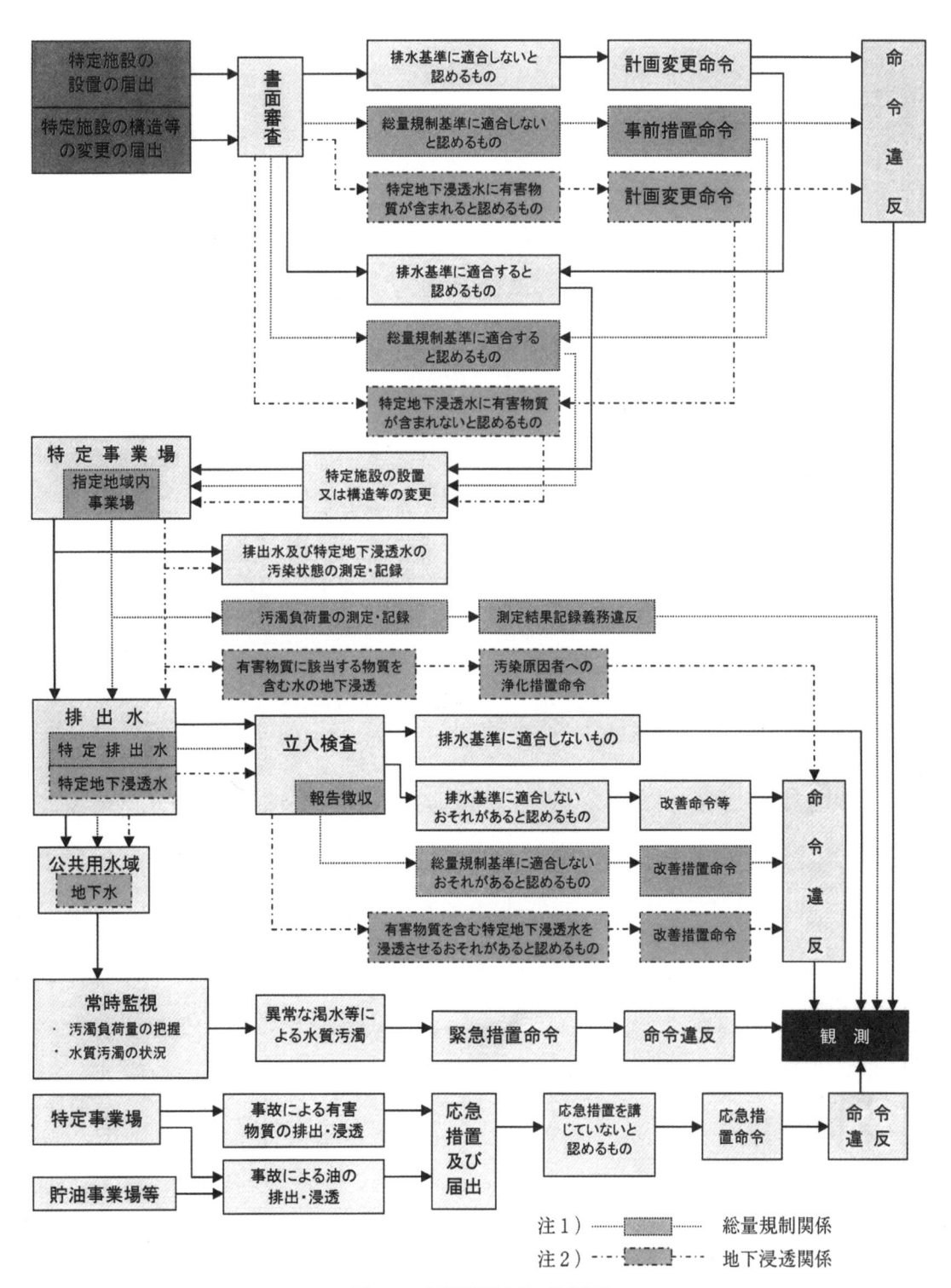

図 21.4 水質汚濁防止法の施策体系

21. 計画管理・政策

```
┌─────────────┐  ┌─────────────────────────────────────────────────────────┐
│  既存化学物質  │  │                   新 規 化 学 物 質                      │
└─────────────┘  │  年間製造・輸入総量  │ 年間製造・輸入総量  │取扱い方法等からみて環境│
                 │  政令で定める数量超  │ 政令で定める数量以下│汚染のおそれがない場合と│
                 │                    │ で被害のおそれがない│して政令で定める場合   │
                 └─────────────────────────────────────────────────────────┘
```

（届出）

分解性，蓄積性，人への長期毒性・動植物への毒性に関する事前審査

- 難分解性あり
- 高蓄積性なし
- 政令で定める数量以下で被害のおそれがない

事前の確認 → 製造・輸入可

報告徴収・立入検査

既存化学物質の安全性点検

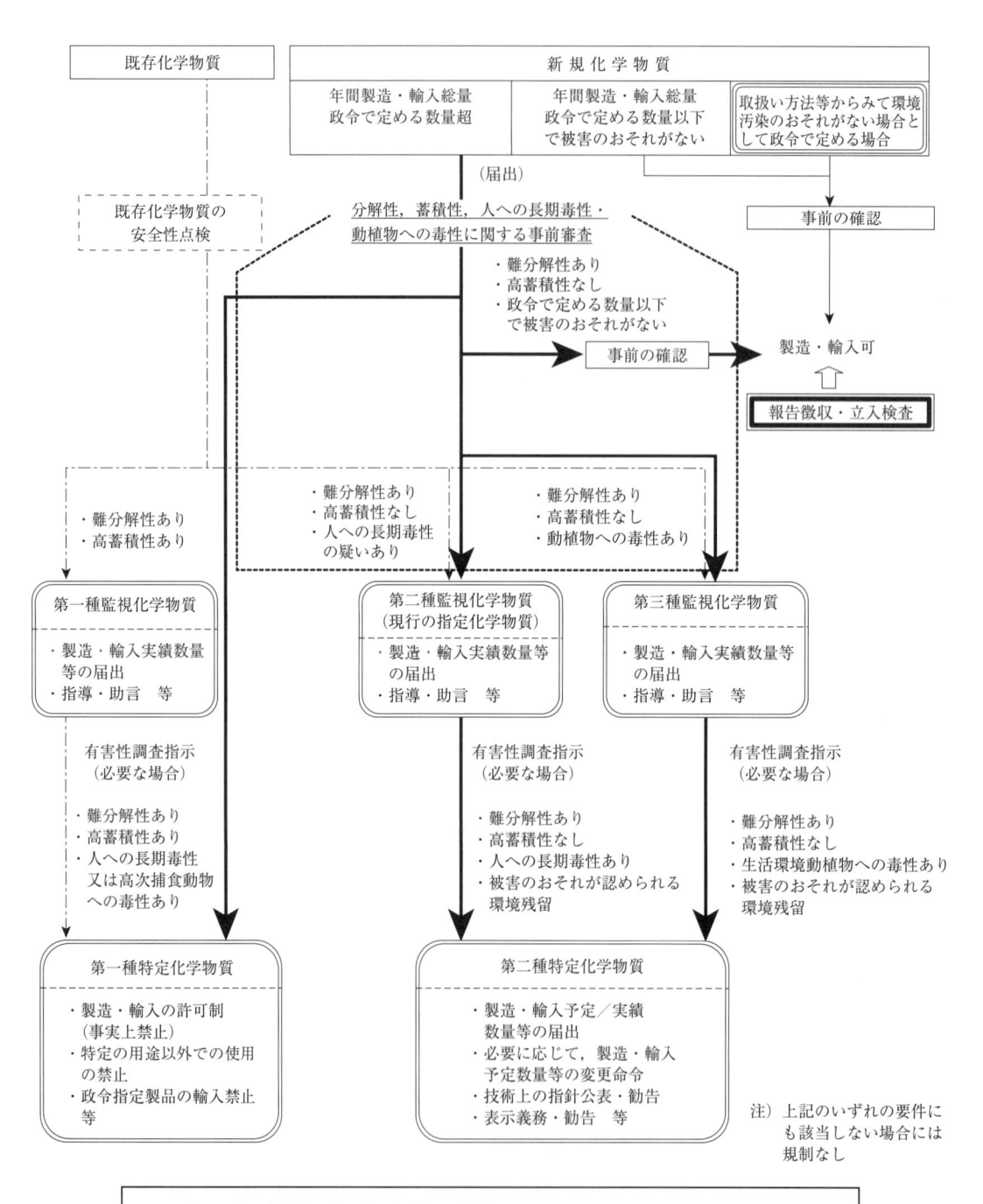

- 難分解性あり
- 高蓄積性なし
- 人への長期毒性の疑いあり

- 難分解性あり
- 高蓄積性なし
- 動植物への毒性あり

第一種監視化学物質
- 製造・輸入実績数量等の届出
- 指導・助言 等

第二種監視化学物質
（現行の指定化学物質）
- 製造・輸入実績数量等の届出
- 指導・助言 等

第三種監視化学物質
- 製造・輸入実績数量等の届出
- 指導・助言 等

有害性調査指示（必要な場合）

- 難分解性あり
- 高蓄積性あり
- 人への長期毒性又は高次捕食動物への毒性あり

- 難分解性あり
- 高蓄積性なし
- 人への長期毒性あり
- 被害のおそれが認められる環境残留

- 難分解性あり
- 高蓄積性なし
- 生活環境動植物への毒性あり
- 被害のおそれが認められる環境残留

第一種特定化学物質
- 製造・輸入の許可制（事実上禁止）
- 特定の用途以外での使用の禁止
- 政令指定製品の輸入禁止 等

第二種特定化学物質
- 製造・輸入予定／実績数量等の届出
- 必要に応じて，製造・輸入予定数量等の変更命令
- 技術上の指針公表・勧告
- 表示義務・勧告 等

注）上記のいずれの要件にも該当しない場合には規制なし

○製造・輸入事業者が自ら取り扱う化学物質に関し把握した有害性情報の報告を義務付け

図 21.5　新たな化学物質の審査・規制制度の概要

害性を事前に審査し，ポリ塩化ビフェニル（PCB）やトリクロロエチレンのように，環境中で分解しにくく（難分解性），継続して摂取すると人への毒性（長期毒性）のある化学物質について，その有害性の程度に応じた製造・輸入などの規制を行ってきた．

一方，欧米においては，人の健康への影響と並んで動植物への影響にも着目するとともに，化学物質の環境中への放出可能性を考慮した審査・規制を行うことが主流となっている．また，2002（平成14）年1月には，OECDからわが国に対し，こうした点を反映させ適切な制度改正を行うべき旨が勧告されている．

このような状況の下，関係審議会（産業構造審議会，厚生科学審議会，中央環境審議会）において今後の審査・規制制度のあり方についての審議が行われた．その結果，現行の制度を見直し，化学物質の動植物への影響に着目した審査・規制制度を導入するとともに，環境中への放出可能性を考慮した，いっそう効果的かつ効率的な措置などを講じることが必要であるとされ，2003（平成15）年，化学物質審査規制法が改正された．

a. 改正の概要

1) 環境中の動植物への影響に着目した審査・規制制度の導入　改正前の制度は，欧米とは異なり，人の健康被害の防止のみを目的としており，環境中の動植物への被害を防止するものとはなっていない．また，OECDから，生態系保全の観点からの措置を講じるべきとの勧告がなされている．

このため，生態系への影響を考慮する観点から動植物への毒性を化学物質の審査項目に新たに加えた．この審査の結果，難分解性があり，かつ，動植物への毒性があると判定された化学物質については，製造・輸入事業者に製造・輸入実績数量の届出を求めるなどの監視措置を講じ，必要な場合には製造・輸入数量の制限などを行うことができる制度を新たに設けた．

2) 難分解・高蓄積性の既存化学物質に関する規制の導入　従来は，難分解性があり，かつ，生物の体内に蓄積しやすい（高蓄積性）ものの，人や動植物への毒性が不明な既存化学物質について，統計調査による製造・輸入実績の把握や行政指導により環境中への放出の抑制を図ってきた．しかし，将来生じる被害の未然防止をいっそう進める観点からは，これらの既存化学物質を法的に管理する枠組み

が必要である．

このため，毒性の有無が明らかでない段階において，事業者に対してそれらの製造・輸入実績数量の届出義務を課すとともに，開放系用途の使用の削減を指導・助言し，必要に応じて毒性の調査を求める制度を新たに設けた．

3) 環境中への放出可能性に着目した審査制度の導入　わが国においては，原則的に化学物質の環境中への放出可能性にかかわらず事前審査を義務づけているが，OECD勧告をふまえ，この点に着目したいっそう効果的・効率的な審査制度とする必要がある．

このため，以下の措置を新たに講じることとした．

a 全量が他の化学物質に変化する中間物や閉鎖系の工程でのみ用いられるものなど，環境中への放出可能性がきわめて低いと見込まれる化学物質については，現行の事前審査に代えて，そうした状況を事前確認・事後監視することを前提として，製造・輸入ができることとすること．

b 高蓄積性がないと判定された化学物質については，製造・輸入数量が一定数量以下と少ないことを事前確認・事後監視することを前提として，毒性試験を行わずにその数量までの製造・輸入ができることとすること．

4) 事業者が入手した有害性情報の報告の義務づけ　従来の制度では，製造・輸入事業者は，新規化学物質の審査時以外には試験データなどの有害性情報を国に報告することは求められていない．化学物質の影響をより確実に防止するには，製造・輸入事業者が新たに入手した有害性情報を国が行う化学物質の有害性の審査や点検に活用できる枠組みが必要である．

このため，化学物質の製造・輸入事業者が化学物質の有害性情報を入手した場合には，国へ報告することを義務づけることとした．

21.5.4 特定化学物質の環境への排出量の把握等及び管理の改善の促進に関する法律（PRTR法）

a. PRTRの概要

PRTR（Pollutant Release and Transfer Register）とは，人の健康や動植物への有害性のある化学物質について，その環境中への排出量および廃棄物中に

含まれて事業所の外に移動する量を事業者が自ら把握して国に報告し,国は事業者からの報告や統計資料などを用いた届出対象外からの排出移動量の推計に基づき,対象化学物質の環境への排出量などを把握,集計し,公表する仕組みをいう.

人の健康や動植物の生息に有害な化学物質による環境汚染に対する国民の関心や不安が増大していることを背景に,また,1996(平成8)年2月にOECDが導入を勧告したことをふまえ,事業者による自主的な管理の改善を促進し,環境の保全上の支障を未然に防止することを目的に,1999(平成11)年に交付されたPRTR法によりPRTR制度(化学物質排出移動量届出制度)が導入された.

b. 対象化学物質

PRTR制度の対象化学物質(第1種指定化学物質)としては,人の健康を損なうおそれまたは動植物の生息もしくは生育に支障を及ぼすおそれなどの性状があり,かつ,相当広範な地域の環境に継続して存在すると認められる354物質をPRTR法施行令で指定している.また,化学物質を譲渡する際にその有害性等の情報を記載したMSDS(Material Safety Data Sheet)の添付のみを義務づける化学物質(第2種指定化学物質)として81物質を指定している.大気汚染防止法,水質汚濁防止法などによる環境規制や化学物質審査規制法による製造規制など,化学物質を一つ一つ個別に規制していく従来の手法と比較すると,PRTR制度では相当幅広い化学物質を対象としている.

c. 対象事業者

対象化学物質を製造したり,原材料として使用しているなど,対象化学物質を取り扱う事業者や,環境へ排出することが見込まれる事業者のうち,従業員数21人以上であって,製造業など政令で定める23の業種に属する事業を営み,かつ,対象化学物質の取り扱い量が1t以上(2002(平成14)年度までは5t以上)の事業所を有しているなどの一定の要件に該当するものを対象としている.

d. PRTR制度の実施の手順

第1種指定化学物質354種類について,事業者は,①各事業所(工場・事業場)における環境への排出量および下水または廃棄物としての事業所外への移動量を把握し,②これらの排出量・移動量を都道府県・政令指定都市などを経由して国に届け出る.国は,③届出対象外の排出源(届出対象外の事業者,家庭,自動車など)からの排出量を推計するとともに,④届出および推計の結果を集計して公表するとともに,⑤個別の工場・事業場のデータについて,請求があればデータを開示することとなる.

なお,事業者からの届出排出量・移動量については,実測値に基づき算出する方法,物質収支により算出する方法,排出係数を用いて算出する方法など,PRTR法施行規則で認められた方法のうち,事業者が適当と判断した方法により把握されたものであり,必ずしも実測値に基づくものではないため,その精度には一定の限界があることに留意が必要である.

e. 2001(平成13)年度データの概要

2001(平成13)年4月より事業者による排出量などの把握が開始され,2002(平成14)年4月より事業者による排出量などの届出が開始された.2003(平成15)年3月に,第1回目の届出データ(2001(平成13)年度の排出量・移動量)を環境省および経済産業省が取りまとめ,別途推計した届出対象外の排出量の推計値と併せて集計し,公表し,以降順次各年度の結果を公表している.

なお,公表にあたっては,対象23業種のうち,製造業をさらに23業種に区分し,計45業種について整理を行った.

2004(平成16)年度に事業者が把握した排出量・移動量については,全国で40341の事業所から届出があった.届出排出量・移動量の全体の内訳は,総排出・移動量50万6000tに対して,総排出量27万t,総移動量23万tであった.排出量の内訳は,①大気への排出23万3000t,②公共用水域への排出1万1000t,③土壌への排出260t,④事業所内での埋立処分2万5000t,また,移動量の内訳は,①事業所の外への廃棄物としての移動22万7000t,②下水道への移動3000tで,排出量の87%が大気への排出,移動量の99%が事業所の外への廃棄物としての移動である.

公共用水域への届出排出量の上位10業種は,①下水道等(4200t),②化学工業(2700t),③非鉄金属製造業(950t),④繊維工業(750t),⑤鉄工業(580t),⑥電気機械器具製造業(450t),⑦産業廃棄物処分業(260t),⑧パルプ・紙・紙加工品製造業(230t),⑨原油・天然ガス鉱業(160t),⑩燃料小売業(140t)であり,これら10業種で1万tと,公共用水域への総排出量1万1000tの92%を占めている.

上位10物質は,①ほう素及びその化合物(2900

t），②ふっ化水素及びその水溶製塩（2800 t），③マンガン及びその化合物（1000 t），④エチレングリコール（920 t），⑤亜鉛の水溶性化合物（640 t），⑥ N, N-ジメチルホルムアミド（310 t），⑦ポリ（オキシエチレン）＝アルキルエーテル（220 t），⑧チオ尿素（190 t），⑨クロロホルム（170 t），⑩ ε-カプロラクタム（160 t）で，これら10物質の合計で9300 tと，全対象物質の公共用水域への届出排出量の総量1万1000 tの83％を占めている．これらの物質は，下水道業，化学工業，繊維工業などの業種から排水処理後の排水に含まれて公共用水域へ排出されているものと想定される．

これらのデータの概要については，環境省などのHPに掲載されているが，個々の事業者が国に届け出た化学物質の排出量などに関する情報については開示請求することが可能である．開示窓口は，環境省，経済産業省，防衛庁，財務省，文部科学省，厚生労働省，農林水産省および国土交通省内に設置されており，開示請求や開示にかかわる各種問い合わせおよび相談を受け付けている．

f．PRTRデータの活用

PRTRデータには，行政による化学物質対策の優先度決定や，事業者による化学物質の自主的な管理の改善の促進，市民への情報提供と理解の増進など，さまざまな場面での活用が期待される．また，環境保全上の基礎データとして，化学物質の環境リスク低減対策はもとより，水環境保全などの各分野においても施策の立案や対策効果や進捗状況の把握への活用が期待されている．

21.5.5 農薬取締法等農薬汚染防止対策
a．農薬取締法

国内で販売される農薬については，その使用による汚染を未然に防止するため，農薬取締法により，毒性，残留性などについての検査を経て登録を受けなければならないこととされており，この登録を保留するかどうかの基準を，①作物残留にかかわるもの，②土壌残留にかかわるもの，③水産動植物に対する毒性にかかわるもの，および，④水質汚濁にかかわるものについて設定している．このうち，2004（平成16）年12月現在，作物にかかわる基準については374農薬を，また，水質汚濁にかかわる基準については139農薬（1993（平成5）年4月より個別農薬ごとに設定）を設定している．その他，土壌残留などにかかわる基準についても，各農薬に共通の基準を設定している．

また，登録された農薬についても，その残留性からみて，使用方法などによっては，それが原因となって人畜に被害が生ずるおそれがある場合などには，作物残留性，土壌残留性，または水質汚濁性農薬として政令指定し，その使用の規制を図っている．

なお，2003（平成15）年には，農薬による生態影響の低減を目的とし，評価対象生物種を，従来のコイのみから，魚類，甲殻類，藻類に拡大することおよび急性影響濃度と環境中短期予測濃度とを比較して評価を行うことを盛り込んだ制度改正を行い，環境リスク低減対策を強化することとした．

一方，ゴルフ場で使用される農薬による水質汚濁を防止する観点から，1990（平成2）年度から「ゴルフ場で使用される農薬による水質汚濁防止に係る暫定指導指針」を定め，対策の推進を図っている．

さらに，1993（平成5）年度には，航空防除農薬について，人の健康を保護する観点から気中濃度の評価を行う際の目安となる「気中濃度評価値」を定めている．

b．POPs（残留性有機汚染物質）条約

POPsとは，PCBやDDTなど，難分解性，生体内での高蓄積性，長距離移動性，人の健康や生態系に対する毒性を有する物質であり，地球規模の汚染をもたらしている．これを防止するための国際的拘束力のある手段として，POPsの削減または排出を抑制するための条約案が2000（平成12）年12月にヨハネスブルグで開催された政府間交渉委員会において合意に達した．同条約案は，当面，PCB，DDT，クロルデン，ダイオキシンなど12物質を対象に，その製造・使用の禁止・制限，排出の削減，廃棄物やストックパイルの適正処理などの措置を講ずるものであり，2001（平成13）年5月にストックホルムで開催された外交会議で正式に採択された．

条約の対象となる12物質には農薬が多く，具体的には，アルドリン（殺虫剤），ディルドリン（殺虫剤），エンドリン（殺虫剤），クロルデン（殺虫剤），トキサフェン（殺虫剤），マイレックス（防火剤），ヘキサクロロベンゼン（除草剤原料），PCB（絶縁油，熱媒体など），DDT（殺虫剤），ダイオキシン類およびフラン類が挙げられている．

〔瀬川恵子・中杉修身〕

21.6 水環境生態保全計画

> 1.4 河川の生態系
> 2.4 湖沼の生態系
> 3.4 湿地生態系
> 4.3 沿岸海域の生物・生態系
> 5.3 地下水・土壌の化学

「水環境」は厳密な定義はなされていないが，一般的には水量，水質，水辺環境，水生生物より構成される環境空間を指すものとして広く認知されてきている．代表的な水環境としては陸水系として河川・湖沼，海洋系としてヒトとのかかわりの中で重要なものは沿岸陸海域が挙げられる．

生態的に健全な水環境の保全，回復を目的とした行政計画をここでは取り上げ概括するものとする．しかしながら，日本においては水環境保全自体を目的とした法制度があるわけでない．2000（平成12）年2月に改定された環境基本計画（注：2006（平成18）年4月に第3次環境基本計画が閣議決定されている）では「環境保全上健全な水循環の確保に向けた取組」が重点的な戦略プログラムと位置づけられており，関係省庁が連携して「環境保全上健全な水循環の構築に向けた計画」を策定するとされているが，この計画がどういうイメージで策定され，どういう法的位置づけになるかも不分明なままである．

したがって，ここでは生態的に健全な水環境の保全，回復に部分的にであれ寄与しうるであろう各種計画や制度を概説することとする．ただし，水量に関する諸制度や，もっぱら水質に関連する排水規制，環境基準，水質保全計画などは他の節に譲り，本節では，主として水環境の空間的保全や水量，水質以外の生物生息環境に関するものについて述べることとする．

最初に河川，湖沼，次いで沿岸陸海域について，これら水環境の法的位置づけと管理体制に触れたあと，その保全・回復にかかる制度，計画，事業について述べる．また，必ずしも水環境に特化したものではないが，多くの優れた水環境を含めて保護の対象としている諸制度について述べる．さらに，地方公共団体が独自に行っている諸施策についても述べ，最後に公有水面埋立を論じる．

21.6.1 陸水系水環境

a. 河川法河川

まず河川であるが，総括的な管理のための法として「河川法」がある．同法では河川を一級河川，二級河川，準用河川と区分しており，それぞれ河川敷を含む河川区域が定められている．一級河川においては国土交通大臣（一部は都道府県知事），二級河川においては都道府県知事，政令指定市長，準用河川においては市町村長が管理するとされている．

2000（平成12）年4月30日現在，一級河川として109水系，1万3971河川，二級河川は7057河川，準用河川は1万4131河川が指定されている．

また，いわゆる湖沼もその多くは法的には河川とされ，河川法の適用を受ける．

河川は公共用物であり，私権の目的にはならないが，水利権などが河川法で定められているほか，漁業法による漁業権が内水面でも定められていることに留意する必要がある．

河川法はもともと利水，治水のために河川を管理する法であり，河川管理者は同法に基づき，河川ごとに「工事実施基本計画」を定め，河川改修やダム建設を行ってきた．その結果，都市部やその周辺部においてはいわゆる三面張りの河川があたりまえになり，またダム建設に伴う自然破壊や水生生物の遡上阻害などにより，河川にかかわる水環境は急速に悪化した．

ちなみに1985（昭和60）年度に実施された環境庁（現・環境省）の第三回自然環境保全基礎調査の河川調査によると，人工化された水際線延長は21.4％に達し，また1998（平成10）年度に実施された第五回自然環境保全基礎調査の河川調査によると，人工化された水際地延長は30.7％に達している．

こうした中で河川の親水空間としての重要性や環境保全機能の確保を目指したさまざまな取り組みが開始された．1974（昭和49）年より親水機能の向上，自然環境の保全復元などを掲げた建設省（現・国土交通省）の河川環境整備事業が各地で開始された．1973（昭和48）年より環境庁（現・環境省）の自然環境保全基礎調査が開始されたが，建設省（現国土交通省）でも1990（平成2）年より生物の生息状況調査を「河川水辺の国勢調査」事業として開始した．さらに法定計画ではないが，1980（昭和

55）年の多摩川環境管理基本計画の策定を皮切りに河川環境管理基本計画の策定が進められ，2003（平成15）年3月現在，国内321水系において河川環境管理基本計画が策定されている．

河川事業においても緩傾斜護岸や緑地造成などがなされ始め，1990（平成2）年から「多自然型川づくり事業」の試行が開始された．

ダムについても環境アセスメントが実施され，魚道設置など各種のミティゲーション（環境影響緩和措置）が施されるとともに，親水機能の向上と環境改善を目指して，ダム湖活用環境整備事業やダム水環境改善事業，レクリエーション湖面整備ダム事業が実施されている．

しかしながら，平成に入って以降も，河川に関する巨大開発計画はやまず，長良川河口堰，吉野川第十可動堰，川辺川ダムなどをめぐって，反対運動が繰り広げられ，さらには2001（平成13）年田中康夫長野県知事がいわゆる「脱ダム宣言」を行い，大きな反響を呼んだ．

このように環境破壊の観点のみならず，政策決定の透明性，公開性，住民意見の反映などを求めて，公共事業をめぐる批判が高まるなかで，1997（平成9）年に河川法が改正された．

まず目的規定の中に，従来の治水，利水に加えて「及び河川環境の整備と保全がされるように」という一節を挿入．さらに従来の「工事実施基本計画」に代えて，河川ごとに河川管理者が「河川整備基本方針」，さらに同方針に基づく「河川整備計画」を策定することになったが，河川整備計画策定に際しては学識経験者の意見聴取，地方自治体の長の意見聴取や住民の意見反映の規定などが新たに設けられた．これに基づき，一級河川（国土交通省直轄管理）においては逐次流域委員会が設けられ，2006（平成18）年7月の河川局ホームページによれば50の水系で河川整備基本方針が，20の水系で河川整備計画が策定された．なかでも2003年1月に発表された淀川水系流域委員会の提言では，工事中・計画中のダムを中止するよう求めて，大きな話題となった．

b. 河川法河川以外の陸水

河川法河川以外の陸域水環境としては河川区域外の湿地，湿原や河川法河川以外の小規模河川・水路で法定外公共物とされる普通河川，管理者が特定されている農業用溜池，都市公園などの池，用水・水路，さらには地下水などがある．これらについての水環境としての管理法は存在しないが，普通河川などについては環境庁の水辺環境再生事業が適用可能であり，また河川法河川も含め，環境保全上重要なものについては後述する各種指定地域制度により保全されているものも多い．

ユニークで先駆的な試みとしては環境庁が1985（昭和60）年に選定した名水百選がある．名水百選は全国各地の湧水，河川から選ばれたもので，清浄さや自然環境の豊かさだけでなく，住民が保全活動をしているかどうかという観点から選定された．特に補助制度も何もないが，大きな話題を呼んだ．

c. 湖沼水質保全特別措置法と湖辺環境保護地区

湖沼は閉鎖性の水域であり，汚濁物質が蓄積しやすいため，河川や海域に比して環境基準の達成状況が悪い．また富栄養化に伴い，各種の利水障害が生じている．そのため湖沼水質保全のためには，従来からの水質汚濁防止法による規制のみでは十分でないとして，湖沼水質保全特別措置法（通称「湖沼法」）が1984（昭和59）年制定された．この法律は，湖沼の水質の保全を図るため，湖沼水質保全基本方針を定めるとともに，水質の汚濁に係る環境基準の確保が緊要な湖沼を指定し（指定湖沼），湖沼水質保全計画を定め，水質の保全に関し実施すべき施策に関する計画の策定及び汚水，廃液その他の水質の汚濁の原因となる物を排出する施設に係る必要な規制を行う等の特別の措置を講じるものであり，10湖沼が指定されている．同法はそれ以降もしばしば規制を強化する改正がなされてきたが，依然として指定湖沼の水質の改善ははかばかしくない．

2003（平成15）年にさらに法改正が行われたが，この改正においては，排水規制の強化，湖沼水質保全計画策定時の関係住民の意見聴取規定の追加のほか，指定湖沼に湖辺環境保護地区を指定できるようにし，当該地区では水質浄化能力をもつ植物などの採取に届出義務を課すことにした．公害対策において規制対策だけではなく，生態系保全の視点を導入しようという動きのひとつとして注目される．

21.6.2 沿岸陸海域

a. 沿岸陸海域の管理法制の変遷

日本は周囲を海に囲まれた島国であり，ヒトとのかかわりの中での水環境という場合，沿岸陸海域が重要な役割を果たす．海は漁業の場，港湾などの海上交通の場として，また陸域造成の場としてとらえられてきた．しかし，近年では沿岸陸海域は環境浄

化機能，環境保全機能，やすらぎやレクリエーションの場としての機能に着目されるようになった．

日本の海岸線延長は 3 万 5000 km に達するが，その管理に関しては河川の場合と大きく異なる．河川敷を含め河川のほとんどは河川法のもとに公的管理がなされ，河川法河川以外の普通河川においても法定外公共物として公的管理がなされている．一方，海岸線縁辺，すなわち沿岸陸海域という水環境に関しては，河川法に相当する総合的な管理法制が存在せず，海岸の土地は私権の対象の場となる．沿岸海域に関しては次項で述べる港湾区域，漁港区域，海岸保全区域に含まれる海域以外は，公共用物ではあっても，その管理主体は必ずしも明確ではない．

3 万 5000 km の海岸線のうち，海岸法の港湾，漁港を含めての海岸保全区域（民有地を含む）は 4 割，1999（平成 11）年の海岸法改正で海岸法の一般公共海岸とされた「国有海浜地」が 4 割で，残り 2 割がその他（河口，道路，民有地）となっている．

海岸法の海岸保全区域では港湾区域や漁港区域を中心に，コンクリート護岸の整備，公有水面埋立法の埋立による，自然海岸の人工海浜化，藻場・干潟の減少が進み，水質悪化の進行と相まって，水環境の劣化が顕著になった．

1978（昭和 53）年の第二回の自然環境保全基礎調査では自然海岸線はすでに 59.0％にすぎなくなっていたが，1993（平成 5）年度の第四回調査ではさらに 55.2％へと減じていたし，東京湾，大阪湾では高度経済成長の過程で自然海岸はほぼ姿を消し，海岸へのアクセスすらもままならなくなっていた．さらに生態系保全の観点からきわめて重要な藻場・干潟に関してもたとえば瀬戸内海では半減するなど，減少が顕著であった．

海洋汚染や赤潮の頻発などの問題と相まって，昭和 40 年代に入って全国的な公害反対運動が広がり，環境行政が本格的なスタートを切るようになったなか，沿岸陸海域の親水空間としての重要性や環境保全機能の確保を目指した制度の改正やさまざまな事業の取り組みが開始され，とりわけ 2000 年前後には河川法がそうであったように，海岸法など関連法においては目的規定に環境保全を加えたり，地方分権，住民参加，情報公開などの流れに沿った改正が相次いだ．

b. 海岸法，海岸保全区域，海岸保全計画

海岸の管理に関連するものとしては海岸法がある．同法は海岸保全のための法律であるが，この海岸保全とは環境保全ではなく，海水の侵入や浸食から陸域を保全するという国土保全，防災の観点からのものであった．

同法では汀線より陸域，水域各 50 m 以内の範囲で海岸保全区域を指定することができ，海岸保全区域内で堤防などの海岸保全施設を整備するというものであるが，河川法の河川区域と異なり，私権を排除するものではない．また海岸保全区域そのものが港湾区域，漁港区域のそれを含めても全海岸線のカバー率は 4 割である．

海岸保全区域では海岸保全施設の計画的整備のために海岸保全計画が定められていたが，生態的に良好な水環境保全という観点からはむしろマイナスの側面が強かったといっても過言ではない．しかし，前項で述べたように，環境行政の進展とともに，1973（昭和 48）年には緑地整備などの海岸環境整備事業が始まり，昭和 50 年代後半には海岸保全施設における親水機能を重視した緩傾斜護岸の採用などがなされるようになった．昭和 60 年代以降は人工干潟や人工海浜の造成などもなされるようになり，その後もエココースト事業がスタートし，さらに，マリンエコトピア事業，海と陸と緑のネットワーク事業など，従来の海岸環境整備事業よりも適用範囲を広げた事業も開始された．

1999（平成 11）年には海岸法が改正され，目的規定に従来の防災に加えて「海岸環境の整備と保全及び公衆の海岸の適切な利用を図り」という一節が追加された．また，国が海岸保全基本方針を定め，県が海岸保全基本計画を策定するようにし，占用許可などの日常管理は市町村が行うなど，国と自治体の分担を見直した．また，海岸保全計画の策定に際しては学識経験者，地方自治体の長の意見聴取規定，公衆の意見反映規定なども挿入された．また，海岸法の枠外にあり，国有財産法に基づく管理がなされるのみだった海岸線延長の 4 割を占める「国有海浜地」も「一般公共海岸」として，海岸法の管理下におき，同法のもとで，一定の規制がなされるようになった．

海岸保全基本方針は 2000（平成 12）年に定められ，その中では「喪失した自然の復元や景観の保全も含め，自然と共生する海岸環境の保全と整備を図る」と謳われている．

なお，港湾および漁港についても，海岸法が理念的にはカバーしているが，実態的には港湾および漁港に関しては港湾法および漁港漁場整備法の管理下

にある．次に港湾および漁港について概説する．

c. 港湾および漁港

沿岸陸海域のうち，港湾（全国で約1000，海岸線延長約8700 km）および漁港（全国で約3000，海岸線延長約6300 km）に関しては港湾法（国土交通省）および漁港漁場整備法（農林水産省水産庁）により，港湾区域および漁港区域を定めて地方自治体による公的管理がなされている．

港湾に関しては一般に大規模で，コンビナートなども含むことがあり，その整備が大きな環境破壊をもたらしたこともあり，1973（昭和48）年，港湾法改正で，港湾計画策定に際して環境への影響を事前に評価する旨の規定が導入された．また，1973年から海岸環境整備事業と類似の緑地整備などを行う港湾環境整備事業などがなされるようになり，その後も前述の海岸法同様，さまざまな環境保全機能の向上に資するための事業が拡大され，環境と共生する港湾（エコポート）が政策目標として掲げられるようになった．

2000（平成12）年には港湾法の目的規定に「環境への配慮」を挿入し，環境の保全・創造の推進を謳うようになった．同法に基づき，同年策定された「港湾の開発，利用，及び保全，並びに開発保全航路の開発に関する基本方針」では良好な自然環境の保全や失われた自然環境の回復と新たな環境の創造などが謳われている．また，漁港に関しても海岸環境整備事業や港湾環境整備事業と類似の自然調和型漁港づくり整備推進事業が実施されるようになった．

2001（平成13）年には漁港法が漁港漁場整備法と改められ，目的規定に「環境との調和」が加えられた．また，従来国が定めていた漁港整備計画に代えて，地方分権の流れに沿い，国は「漁港漁場整備基本方針」によって基本的な考え方のみを提示し，地方公共団体はこれに沿って自主的に「特定漁港漁場整備事業計画」を策定することとされ，さらに特定漁港漁場整備事業計画の策定などにあたって，関係地方公共団体および関係漁港管理者と協議するとともに，公告縦覧・公表などの透明性，客観性の確保に留意するように法改正がなされた．

d. 瀬戸内海環境保全特別措置法

1973（昭和48）年，瀬戸内海環境保全臨時措置法が議員立法で成立した．同法はのちに政府提案の瀬戸内海環境保全特別措置法になった．同法の制定は，当時の瀬戸内海の水環境の破壊に抗する沿岸住民，漁民の激しい反対運動の結果誕生したものであるが，純粋の議員立法であっただけに，行政のタテ割り主義を廃し，今日でいう地方分権の色彩の強いものであり，高邁な理念と先駆的な政策で際立った法制であった．

目的を単なる水質保全だけでなく，漁業資源の保護や自然景観の保全を掲げるとともに，瀬戸内海のみならず，その流入河川水域にも適用した．そして今日でいう水環境のトータルな保全を目指した瀬戸内海環境保全基本計画を閣議決定した．埋立に関しては，法は「瀬戸内海の特殊性に配慮する」とし，具体的な運用は審議会で審議するとしたが，その審議会の答申した「埋立の基本方針」は前文で「埋立は厳に抑制すべきであり，やむをえず認める場合にも以下の基本方針が運用されるべきである」とし，理念的に環境保全の観点からは埋立は好ましくないという観点を打ち出し，埋立の進行に一定の歯止めをかけた．

もっとも，理念は高邁であったが，理念倒れに終わったという指摘もなされている．事実，瀬戸内海環境保全基本計画も定性的，抽象的なものであったし，それの達成状況をフォローアップし，個別政策にフィードバックするシステムもないからである．このことの背景には激甚な公害の沈静化と引き続くオイルショックにより，世論の環境熱が冷めたということが挙げられよう．しかしながら，今日でいう水環境という概念をいちはやく打ち出し，地方分権やパートナーシップという考え方を取り入れたし，瀬戸内海環境保全基本計画は後の湖沼水質保全計画や自治体で展開された環境管理計画，さらには環境基本法の環境基本計画の源流の一部となったという評価も可能であろう．

海岸での具体的な保護制度としては自然海浜保全地区制度が設けられた．条例に基づき，知事が住民に身近に利用されている水浴場，海浜を指定し，保護しようとするもので，2004（平成16）年末現在91地区が指定されている．

2001（平成13）年，瀬戸内海環境保全基本計画は改定された．海砂採取の抑制，ミティゲーションと住民意見の反映の重要性が強調されたのが特徴的である．

e. その他の沿岸陸海域保護制度

水産庁では水産資源保護法に基づき水産動物の産卵や稚魚の生息，水産動植物の種苗発生に適した水面で保護培養を図るべき水面として保護水面制度を

設けているが，その総面積は 2002（平成 14）年 8 月現在で，わずか 2948 ha にすぎない．

また，林野庁では森林法で保安林を設定しており，その総面積は国土の 1/4 近くに達する．さまざまな目的の保安林があり，水環境の保全に寄与しているものも多いが，その中で魚つき保安林は沿岸水域の漁業資源の保護育成を目的とするものである．その総面積は 2005（平成 17）年 3 月 31 日現在で国有林 8000 ha，民有林 4 万 6000 ha の計 5 万 4000 ha である．

さらに陸域においては実質的な自然保護制度として最大のものは後述する自然公園法の自然公園であるが，国立公園，国定公園の地先海面は普通地域としてしか指定されない．自然公園法においては，普通地域では大規模開発の要届出とそれに対する措置命令の発動が可能な旨の規定があるが，規制としてはきわめて緩いものである．そのため 1970（昭和 45）年に国立公園，国定公園内できわめて厳しい規制を課する海中公園地区制度が設けられたが，漁業権との調整などで指定は限定され，2002（平成 14）年 3 月 31 日現在で，その面積は 2654 ha にしかすぎない．後述する自然環境保全法に基づく自然環境保全地域の海中特別地区も同様の状況で，一か所 128 ha が指定されているにすぎない．

21.6.3　全般にわたる保護地域制度

総合的な水環境保全のための法制度は存在しないし，河川や沿岸陸域といった特定の水環境に限定した保全のための制度もない．河川法や海岸法のそれは，近年保全を重視してきているとはいえ，もともと治水，利水，侵食防止のための法制度だからである．こうした意味では水環境に特化しない各種保護制度が重要であり，以下簡単に述べる．

日本では水環境も含め，自然環境保全に寄与するさまざまな保護地域制度がある．その代表的なものは自然公園法に基づく，国立公園，国定公園，都道府県立自然公園の三つの自然公園である．その陸域面積は日本の陸域面積の 1/7 に及んでいる．その目的は「すぐれた自然の風景地の保護を図るとともに，その利用の増進」を図ることである．海外の国立公園はその土地の所有権，管理権を国立公園管理者が有する公園専用地であることが一般的である．しかしながら，日本では土地の所有権，管理権に基礎をおかず，法律により自然公園の区域を指定し，そこでの自然を破壊するおそれのある各種行為を規制している．

2005（平成 17）年 3 月 31 日現在，自然公園の 37％は民有地であり，また残りの国公有地も林業経営を行っている国公有林がほとんどである．憲法では土地，財産の所有権を保障しているが，同時に公共の福祉のために制限する（公用制限）ことも認めており，公用制限でもって一定の保全を図ろうとする制度である．

自然公園においては，その自然環境の重要性に応じて規制の強弱を定めている．すなわち大規模な行為のみを届出することを定めている普通地域，法定の各種行為について環境大臣の許可を要するとしている特別地域，軽微な行為まで許可の対象としている特別地域の中に設定される特別保護地区の三つに区分し（ほかに特殊なものとして前項で言及した海中公園地区），特別保護地区以外の特別地域についても第一種から第三種まで細分している．規模などの許可基準も施行規則で明定しており，特別保護地区および第一種特別地域では原則として許可しないとしている．もっとも憲法の財産権尊重との兼ね合いもあり，最も規制の厳しい特別保護地区および第一種特別地域のほとんどは国公有地となっている．

河川工事，砂防工事など水環境に大きな影響を及ぼす公共事業は既着手行為や不要許可行為扱いされることも多く，さらには指定時の覚書などに拘束され，厳しい規制は困難であった．しかしながら，主要水系の源流部や自然景観のすぐれた沿岸陸域，内水面の大半は自然公園に含まれており，今日ではそうしたところでの水環境の大規模な改変は，実際にはきわめて難しくなっている．

他の保護地域制度もその目的は，たとえば野生鳥獣の保護であったり（鳥獣保護法に基づく鳥獣保護区），自然環境保全であったり（自然環境保全法に基づく三種類の保全地域．なお，その一つの自然環境保全地域では指定要件の一つに「その区域内に生存する動植物を含む自然環境がすぐれた状態を維持している海岸，湖沼，湿原又は河川の区域でその面積が政令で定める面積以上のもの」とある），学術上貴重な自然の動植物や地物であったり（文化財保護法による天然記念物）と違うが，規制の構造はほぼ自然公園法と同様，土地の所有権，管理権でなく，法律に基づく公用制限によるものである．

また，都市近郊では従来の都市計画上の風致地区のほか，都市緑地保全法による都市緑地保全地区制度があるが，これらも公用制限によるものである．

さらに1992（平成4）年にはいわゆる「種の保存法」が制定され、生息地等保護区制度が誕生した。

上記のうち、鳥獣保護区は面積は広いが、狩猟を規制するだけの地域がほとんどで、開発に許可制を敷き、生息環境を保全しようとする特別保護地区はきわめて狭い。自然環境保全法に基づく三種の保全地域や、都市緑地保全地区、生息地等保護区の指定面積は地権者の抵抗が強いため、ごくわずかにとどまっており、土地の所有権、管理権に基づかない新たな公用制限による保護地域制度の困難さを物語っている。なお、海外の諸制度と比べると、陸域については土地の所有権、管理権に基づかない保護制度であるため、不徹底な規制を余儀なくされるということのほか、沿岸海域の保護に関してはきわめて弱いということが指摘されるであろう。

事業に関しても、保護地域ごとにその特質に応じた事業を展開しているが、特記すべきは各省が共同で分担して行う自然再生事業が数年前から開始され、2003（平成15）年には議員立法で自然再生推進法が制定され、自然再生事業が法的に認知されたことである。同法による自然再生基本方針が定められ、自然再生事業の実施にあたっては行政機関、地域住民、NPO、専門家などからなる自然再生協議会を設置することや自然再生事業実施計画を事業主体が作成公表することが定められている。

21.6.4　自治体の独自の制度

以上のほか、自治体でも水環境保全計画のようなものを定めているところが、各地で出現している。

目標をどの程度具体的に定めているか、実現のために、地域指定制度や、規制制度を設けているかなどにより、その実効性はさまざまであるが、たとえば、長野県では水環境保全条例を設置し、水源保護地区を指定し、独自の規制を行っているし、同条例に基づく長野県水環境保全総合計画を策定している。東京都でも水辺環境保全計画、横浜市でも水環境計画を定めるなど自治体でも独自の条例、計画作りを進めている。また、総合的広域的な水環境保全条例や計画以外にも滋賀県の琵琶湖ヨシ群落保全条例や特定河川のホタル保全条例のようなユニークな制度が各地で制定されている。

河川管理についても、愛知、岐阜、長野三県にまたがる矢作川のように、農業関係者、漁業関係者が中心に「矢作川沿岸水質保全協議会」を結成、河川管理者や住民、企業と一体になって、水環境保全に取り組んでいる事例もある。

21.6.5　公有水面埋立

沿岸陸海域および湖沼の水環境を大きく破壊したものは公有水面の埋立である。公有水面の埋立は公有水面埋立法により知事の埋立免許を要し、また免許するに際しては主務大臣（現在は国土交通大臣）の認可を要する。同法は、1973年に改正され、実質的には私人には免許を与えられなくなったこと、環境配慮規定、および50 haを越すものなどについては主務大臣は認可する前に環境庁長官（現・環境大臣）の意見を聞くこととされ、一種の環境アセスメントがなされるようになった。

にもかかわらず、公有水面の埋立自体の進行はとどまることはなかった。地方公共団体が民間への埋立地の分譲を前提として行う埋立への歯止めがなかったこと、空港やごみの最終処分場の立地を埋立に求める動きがとまらなかったこと、環境庁（現・環境省）が埋立をストップさせられるだけの実質的な権限を有していないことがその原因であろう。ただし、埋立地の緑地の整備や代償措置としての人工海浜、藻場・干潟の造成などは相当程度行われるようになった。

1990年代後半に入り、諫早湾干拓や中海干拓などの大規模干拓・埋立に対する世論の反発は大きくなり、事業が進行していた中海干拓が中止、また藤前干潟、和歌山下津港沖、三番瀬などでは埋立を前提とした港湾計画が決定しているにもかかわらず、中止、凍結などの事態が相次いだ。しかし、今日でも沖縄の泡瀬干潟など環境保全上から問題が大きい埋立が計画されるなど、埋立への圧力はなおも強い。

21.6.6　今後の水環境保全の計画の方向

以上みてきたように、昭和40年代の半ばの環境行政スタート時に公害規制が一気に強化され、結果として、さまざまな水環境についても環境配慮がなされるようになったが、それはもっぱら環境行政による規制、行政内部の調整結果、或いは水環境の管理者サイドの自主規制であり、直接的な住民等の意見の反映ではなかった。

しかし、90年代後半からは都市部を中心とする公共事業批判が激しくなり、地方分権、情報公開、住民参加の流れが生まれてきた。それに対応して、河川や沿岸陸海域といった各種水環境に関連する法

制度も改正，環境保全にシフトするとともに計画や管理の制度も地方分権や住民参加を意識したものに大きく転換したし，今後もますますその流れが加速していくだろう．

また，親水機能や環境保全機能向上のための，さまざまな各省の補助による事業が展開されているが，縦割り行政のため，情報の交流，共有に乏しいこと，ハードな施設整備に終わりがちであることが挙げられる．今後は情報の交流，共有に努めるとともに，計画段階から学識経験者やNPO，住民，関係部局の参加がなされ，また，いたずらにハードなハコモノに偏ることなく，ソフト面での管理を重視することが求められている．

さらに，時代の流れということで，事業官庁も環境にシフトしているが，住民の反応が鈍い場合には，みせかけだけの水環境保全強化に終わる危惧も残る．そういう意味では住民の参加と熱意がこれからの水環境保全の強化に必要不可欠であろう．

なお，本節で用いたデータはすべて各省の白書やホームページなどの公的資料からのものであるので，特に出典は示さなかった． 〔久野　武〕

21.7　水資源保全計画

21.7.1　水資源保全計画にかかわる社会的問題点

わが国は明治以降の近代化路線の中で富国強兵策と相まって経済成長を続けてきた．そして人口もここ100年の間に3500万人から1億2400万人へと3倍以上の増加をみた．この間，水資源の逼迫を回避するためにダムや河口堰などの水源開発施設を計画し建設し続けてきた．そのために1950（昭和25）年に治水と電源開発を目指して国土総合開発法が制定され，1957（昭和32）年には特定多目的ダム法にて費用負担配分方法が定められ，多目的ダムの建設が可能になった．さらに大規模開発プロジェクトと大都市圏の水需要請に応えるために，1961（昭和36）年には水資源開発促進法とこの法を実施するための組織である水資源開発公団法が制定された．この法による指定水系は利根川・荒川，淀川，筑後川，木曽川，吉野川，豊川の7河川で現在も同じである．1972（昭和47）年には40 m^3/s の水資源を京阪神に送るために琵琶湖総合開発特別措置法（時限立法）が定められた．このように水資源確保計画の根幹は1950年代から1970年代までにほぼできあがった．水質規制にかかわる立法は1967（昭和42）年の公害対策基本法（1993（平成5）年に環境基本法として発展），1970（昭和45）年の水質汚濁防止法，1984（昭和59）年の湖沼水質保全措置法制定と少し遅れた．このように高度経済成長を支える水資源開発が進められ，需要は増加するという前提の計画作りが進められてきた[1]．

しかし，生活水準の向上，女性の就業率の増加，教育費の上昇など，先進国共通の状況のもとで少子化が進行し，その結果として2005（平成17）年をピークに人口が減少するようになった．また，人件費の上昇により重厚長大の産業が軽薄短小に転換し，さらに製造業そのものが外国に移転し続けて，加えて農業林業生産が相対的に縮小し続けているために，様相が変わり，社会的な水需要ひいては水資源開発の必要性は全国を押しなべてみると表面的には低下してきている．このため，行政の水資源計画の考え方は大きく変わってきている．一方，水資源開発計画が1950年代から1970年代の降水量を参考にして作られているため，一部地域では1990年代からの小雨化傾向のもとで計画水量の確保が難しくなり，おおよそ70％程度に低下しているといわれている．このため，利水安全度を1/10（10年に1度しか計画した水量を取水できない可能性が生じないこと）としていた前提が崩れ，安全度が低下しているところもある．たとえば，筑後川では2年程度になっている．

全体的にみて，わが国の水需要量が減少することは新たな水資源開発の必要性がなくなることであり，財政的見地から水資源確保方策と水利用体系を考え直す余裕が生まれることになる．いいかえれば水がもたらすサービスや水環境を高質化できる機会ともいえる．しかし，水供給が地域的にかなり逼迫するところは依然としてあるので，水資源計画を全国一律で議論することはできないのはいうまでもない．

水資源に余裕が生まれつつあるといっても，ヴァ

ーチャルウォーター（内包水）と呼ばれる輸入される食糧や工業製品の生産に必要な水が2002（平成14）年度で440億m^3/年と都市用水量の1.5倍，農業用水量の60％に及んでいる．今後の世界の人口増加や生活水準向上に伴う食糧消費増加を考えて，国民の生活に必要な食糧を絶えることなく供給し続ける保障を国としてしなければいけない観点から，厳しい課題を生み出している水資源需要減少であることを認識しておく必要がある．

21.7.2 水資源にかかわる制度
a. 水資源にかかわる法制度
わが国の水資源にかかわる法制度は以下のように大別される．
①国土・地域計画に関するもの：国土総合開発法，首都圏整備法，近畿圏整備法，中部圏整備法，都市計画法など
②水資源にかかわるもの：河川法，水資源開発促進法，琵琶湖総合開発特別措置法など
③治水にかかわるもの：河川法，特定多目的ダム法，水害予防組合法など
④利水にかかわるもの：水道法，工業用水道事業法，土地改良法，電源開発促進法，電気事業法，水資源機構法，運河法など
⑤環境保全・水質にかかわるもの：環境基本法，水質汚濁防止法，自然環境保全法，河川法，下水道法，公有水面埋立法，森林・林業基本法など

河川法は災害の防止（治水），河川の適正利用（利水），流水の正常な機能の維持（環境保全）にわたる複合目的を達成することを意図している．水資源開発促進法は，経済の急速な成長と都市化の進展によって，特に大都市圏域において顕著となっていた水需要の逼迫に対処するために1961年に定められたもので，水資源開発水系の指定，水資源開発基本計画の策定を意図したものである．この法に基づき，内閣総理大臣は水資源開発水系について水の用途別の需給見通しおよび供給の目標，目標達成に必要な施設に関する基本的な事項を記載した水資源開発基本計画を定めなければならないとされている．水需要減少に対応する法体系の整備はこれからである．

b. 水利権
水利権とは独占的，排他的に定められた量の公水を使用する権利をいう．公水を水資源として確保するには水利権を設定することから始まる．わが国には「水利権」は法的には存在せず「流水の占用」が河川管理者の許可により成立する．水利権の成立要件は歴史性ゆえに国により異なる．わが国には，許可水利「権」（河川管理者の許可により成立したもの）と慣行水利「権」（旧河川法により許可を受けたとみなされたもの）とがある．後者は主に灌漑用のものである．用途別では，灌漑用，上水用，鉱工業，水力発電用，養魚用，消雪用，流雪用などがある．水利権の行使に際し安定的に取水できる程度に応じて，安定水利「権」（年超過確率1/10程度でも安定的に取水可能なもの）と豊水水利「権」（渇水時に安定的に取水できないもの）とがある．後者には流れ込み式の水力発電，取水量が減少しても公益に影響を及ぼさないもの，他の水利に影響を及ぼさないものなどがある．後者には暫定的に認められたものもある．わが国では慣行水利「権」による取水量が明確にされていないために，水資源計画では定められても現実の河川流量を明確にしえるようになっていない．水利権が現状のように固定化されていると，河川に水が流れ海域にとうとうと流れていても都市が渇水で苦しむことが生じる．このような社会的矛盾を改善する権利設定の見直しが求められ始めている．

わが国では水利権は市場化されていないが，オーストラリアのように市場が成立している国もあれば，逆に中国のように国家に所属しているところもある．

c. 水資源計画の制定
水資源開発量は図21.6に示す手法により決定されてきた．従前の手法は需要追従型で需要に適うまで開発を続ける方式であった．しかし，今後はコストや生態系への配慮などにより当初の地域計画を修正し需要を調整する供給追従型に向かうと思われる．利水安全度を向上させるには水資源開発を続けなければならないが，これを続けると一人あたりの費用負担が人口減少に伴い増加することになる．安全度と負担は住民の選択となる．

d. 開発
水供給の水源として，河川水（湖沼水を含む），地下水，湧水，ため池，さらには，雑用水や海水淡水化があるが，水源のほとんどは河川水と地下水である．

河川流量は，季節やその年の降水量の影響を受け変動するため，年間を通じて安定して利用できるようにする必要がある．また，新たな水利用を行う場

21. 計画管理・政策

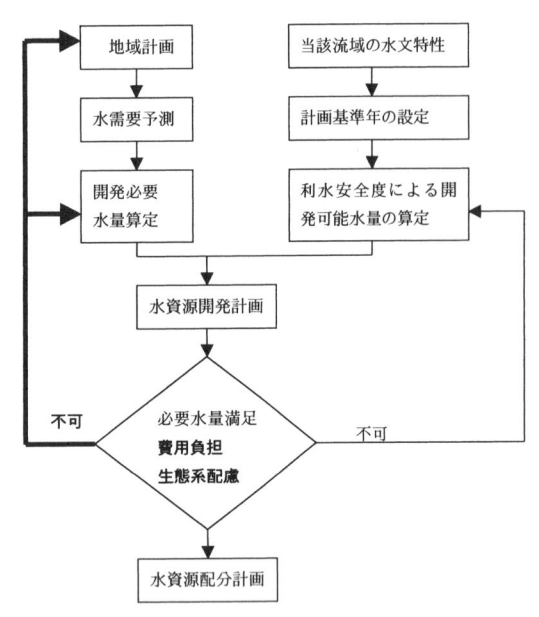

図21.6 水資源計画策定過程（太字，太線は今後の姿）

合には従来からの水利用，河川の水質や生態系の保全など流水の正常な機能を維持したうえで，安定した水利用が可能となるようにしなければならないことになっている．この流水の正常な機能を維持する水量は「舟運，漁業，景観，塩害の防止，河口閉塞の防止，河川管理施設の保護，地下水の維持，動植物の保存，流水の清潔な保持などを総合的に考慮し，渇水時に維持すべきであるとして定められた流量である維持水量，および，それらが定められた地点より下流における流水の占用のために必要な流量あるいは水利流量の双方を満足する流量」と定義されている．この定義によると渇水時に維持すべき流量ということで最少水量の確保を意味しているが，生態学的には流量変動の大小，時期や持続時間も配慮対象になっており，この従前の考え方も変更すべき時期が近づいている．

ダムや河口堰の建設に加えて複数河川を水路によって連結し，それぞれの河川の流況を調整することによって利用可能水量の拡大を図る流況調整河川の建設などによる水資源開発も行われている．また，琵琶湖や霞ヶ浦などの湖沼においては湖沼水位の計画的な調節を行うことにより水利用の拡大を図る湖沼開発も行われている．さらに河川水と排水の高度処理の組み合わせや海水の淡水化なども狭義の水資源開発の範疇にある．なお水資源開発には長期間を要することから水資源開発施設の完成までの間は河川流量の安定化がなされないまま，やむをえず取水しているものがある．このような取水は河川水が豊富にあるときだけ取水可能な不安定取水といわれ，安定的な水利用の阻害要因になっている．

21.7.3 水需給計画
a. 水需要の現状

2003（平成15）年における取水量基準の水使用量実績は，合計で約834億 m^3/年であり，使用形態別にみると，生活用水161億 m^3/年，工業用水121億 m^3/年（従業員4人以上の事業場の合計で，電力，ガス，熱供給事業などの公益事業にて使用された水を含まない），これらの和である都市用水約286億 m^3/年，農業用水約567億 m^3/年である．過去最大のピークの1992（平成4）年には，それぞれ，904，161，147，308，586億 m^3/年，また，記録が明確になり始めた1975（昭和50）年には，それぞれ，850，114，166，280，570億 m^3/年であった．

生活用水は1975（昭和50）年以降，1996（平成8）年まで漸増を示していたが，それ以降使用量は横ばい傾向にある．生活用水は水道により供給される水がほとんどである．水道は1950（昭和25）年から1970（昭和45）年にかけて急速に普及し，1978（昭和53）年には水道普及率が90％を超え，2003（平成15）年度末には96.9％に達している．また，下水道普及率も1960年代後半から直線的に年率1.5％で増加し2003（平成15）年度末には66.7％に，さらに，農業集落排水施設2.4％，合併浄化槽8.2％，コミュニティプラント0.4％を加えると77.7％に至っている．なお，ミネラルウォーターの消費量は，2004（平成16）年度末で一人1年あたり12.4 l，他の飲料水は127 lであり，生活用水量に影響を及ぼす値にはなっていない．

工業活動状況を工業出荷額の推移でみると，高度経済成長期以降も年々増加したものの，1992（平成4）年以降はバブルの崩壊により3年連続で減少した．1995（平成7）年は，5年ぶりに増加に転じ，1998（平成10）年まで増加が続いたが，2000（平成12）年にはほとんどすべての業種で減少した．2003（平成15）年の工業用水の全使用量は532億 m^3/年，循環利用率は79.1％であった．この循環利用率は1970年代後半からほとんど変化していない．循環利用率は「用水多消費3業種」である化学工業，および鉄鋼業は80〜90％程度，パルプ・紙・紙加工品製造業は40％程度となっている．

21.7 水資源保全計画

生活用水と工業用水を合わせた都市用水は 1975（昭和 50）年ころから 1992（平成 4）年まではほぼ横ばいであったが，1987（昭和 62）年以降，生活様式の変化，景気の拡大などを背景にわずかずつ増加してきた．しかし，1993（平成 5）年以降は社会・経済状況などを反映し漸減傾向にある．

農地面積は 1965（昭和 40）年 600 万 ha，1975（昭和 50）年 557 万 ha，1985（昭和 60）年 538 万 ha，1990（平成 2）年 524 万 ha，1996（平成 8）年 499 万 ha，2004（平成 16）年 471 万 ha と減少し続けている．このように水田の作付け面積が減少してはいるものの，農業用水の主要部分を占める水田灌漑用水は，水路から分水を行うために水位を従来のとおり保たなければならないこと，水田利用の高度化や汎用化に伴う単位面積あたりの用水量の増加，水田の用排水の分離に伴う水の反復利用率の低下などの増加要因のために需要量はほぼ横ばい傾向にある．畑地灌漑用水は，灌漑施設整備面積の増加などからこれからも増加すると推測される．特に，ハウスなどの施設園芸にかかわる用水は着実に伸びており，その普及に伴い冬季の水需要が増加している．この増加は水利用の季節変化をもたらしており問題となっている．

b. 水需要の構造と将来予測

生活用水の需要には，増加要因として人口増加，オフィスビル化，水洗化，核家族化，機器の普及などが，減少要因として人口減少，高齢化，渇水経験，節水型機器の普及，料金値上げ，漏水率の減少などがある．一人 1 日あたりの水利用量は 1990（平成 2）年の 318 l からほとんど変化しなくなっており，2003（平成 15）年においても 313 l にとどまっており増加の傾向にない．

工業用水の需要には，増加要因として出荷額の増加，産業の重厚長大化などが，減少要因として出荷額の減少，産業の軽薄短小化・ソフト化，回収再利用率の向上，排水規制の強化，料金値上げなどがある．わが国の工業生産が増加傾向にないことから，工業用水の需要量変化を予測するには経済分析から始めなければならないが，今後増加すると予測する向きはほとんどない．

農業用水の需要は，増加要因として排水改良，区画拡大，管理労力節減，反復利用率低下，用水施設老朽化，管理組織機能低下，ハウス栽培の増加などが，減少要因として節水型施設導入，浸透抑制，水田面積減少，管理労力追加，反復利用強化，用水施設改良，管理組織再編強化などがある．わが国の農作物の輸入状況が今後も変化しないとすれば農業用水量はほとんど変化しないと考えられる．しかし，農産物の自由化や生産組織の再編成，新規農業従事者の激減などが続く中で今後多様な展開が予想される．ただ，食糧安全保障を勘案すると 2003（平成 15）年に冷害による米の緊急輸入を経験したことからも，農業用水量がほとんど変化しないのは必ずしも生活のリスクを低減することにはつながらない．したがって，水資源の余裕分を他用途へ転換するには社会的決断がいる．

c. 水供給の現状

わが国の取水水源は河川水と地下水がほとんどで，88％が河川水，残り 12％が地下水となっている．河川水の開発水量のうち都市用水分は，2004（平成 16）年度末で約 168 億 m^3/年，その内訳は水道用水が約 108 億 m^3/年，工業用水が約 61 億 m^3/年となっている．なお，農業用水の総開発水量は古い資料がないため正確に把握されていない．

なお，2004（平成 16）年度末で都市用水や農業用水の開発用のダムなどの本体工事中の水資源開発施設は全国で 65 施設あり，その計画開発水量は合わせて約 26 億 m^3/年（都市用水約 12 億 m^3/年，農業用水約 14 億 m^3/年）である．

2004（平成 16）年末現在の都市用水の不安定取水量は全国で約 12 億 m^3/年である．これは同年の都市用水使用量の約 4％に相当する．この率は関東臨海地区が他の地域と比較して高く約 15％となっている．

農業用水は慣行水利権が設定されているので，水資源開発施設建設後も水量が保証されることになるが，渇水生起時の付帯条件が明文化されていないために渇水時には渇水調整により常に協議することになっている．

21.7.4 水源開発手法と開発計画

水資源の確保には河川水の開発，地下水の開発，海水淡水化，下水処理水の再利用，雨水利用を始め，有効利用，水循環系の工夫などいくつかの方法がある．

a. 河川水の開発

1）ダムによる開発 わが国で最も利用しやすい水資源は河川水や湖沼水である．その源は梅雨期や台風期に集中する降雨である．そのため河川流量は大きく変動し，しかも近年は変動が大きくなって

①流水の正常な機能を維持するために必要な最小流量
②新規需要量
Ⓐ流水の正常な機能を維持するために必要なダム補給量 ┐ ダムによる
Ⓑ新規需要量を開発するために必要なダム補給量 ┘ 補給量

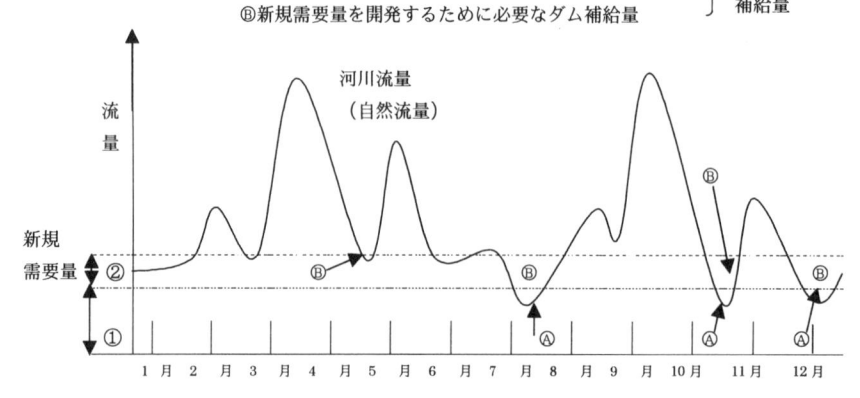

図 21.7 新規需要開発とダム貯水量

いる．これを安定化するために，貯水施設をはじめとする水資源開発施設を準備することになる．河川水が図 21.7 に示すように変動しているものとすると，自然の水供給量の変動と河川水量の変動は一致しないので，年間を通じて常に安定して流れる量を超えて年間を通して新規に安定した流量を開発する場合，渇水時にこの開発流量より不足する部分を施設を設置し豊水時に貯水しておく必要がある．現時点では，利水安全度を 1/10 として計画している．この基準水量を下回る事態が生じたときには少なくとも新たに開発された水利権は制限されることになる．

2）湖沼の開発　湖水の水位を調節する施設を設置することにより，湖沼を貯水池あるいは洪水制御池として利用できるようになる．琵琶湖や霞ヶ浦などの湖沼においては，湖沼水位の計画的な調節を行うことにより水利用の拡大を図るようになっている．

3）河口堰による開発　水利権の設定されていない河口に堰を設け，上流からの排水や雨水・農業用水の還元水を貯水して利用する．この場合，洪水流下能力の増強，高潮の防御，塩水の遡上防止など多機能を河口堰に付加するのが通例である．遡上や降下性の魚類のために魚道が必要になる．

4）流況調整河川　河川を水路によって他の河川と連絡し，それぞれの河川の流況を調整することによって利用可能水量の拡大を図る流況調整河川の建設などによる水資源開発が行われている．これは河川水量の平滑化を意味し，河川生態系にとって好ましいとはいえない．

b．地下水利用

地下水を適正量汲み上げているかぎりは問題ないが，過剰に汲み上げると，関東平野北部，新潟県六日町，濃尾平野，佐賀平野のように地盤沈下が問題となる．「工業用水法」および「建築用地下水の採取の規制に関する法律」あるいは熊本県，岐阜市や大野市のように条例により規制されているものの問題は解決されていない．一方，規制により地下水位が上昇しすぎ東京区部では問題になっている．

地下水は清浄で水温が一定しているため良好な水源と考えられていたが，畑作や果樹の農業地帯では硝酸性窒素の濃度が施肥のために近年上昇傾向にあり，工場地帯では有機塩素化合物などの難分解性の化学物質によっても汚染されることが多くなっているため信頼が揺るぎつつある．取水の際に計量しないことが多いために取水総量を正確に把握することは困難であるが，水資源の 13% 程度 124 億 m^3/年（2003（平成 15）年現在）を供給していると推定されている．離島や海岸部で地下ダムにて地下水を利用しやすくすることも行われている．

わが国ではあまり問題にならないが，中国の華北平原をはじめとし化石地下水の枯渇が引き起こす社会的混乱が心配されているところが少なくない．

c．海水淡水化

2003（平成 15）年度末で 15 万 m^3/日の淡水が製造されている．淡水製造には蒸発法を始め種々の技術が開発されたが，最近はエネルギー消費量が相対的に少ない逆浸透法が主流となっている．とはいえ，

4万 m³/日の規模で 56000 kJ/m³ のエネルギーを必要とし，水道水の6倍近いエネルギーを要するため地球環境に優しい水供給方法ではない．また，逆浸透法で海水を淡水化するとホウ素とフッ素が多量に含まれるため健康上問題ないとはいいがたい．特にホウ素は飲料水基準を超えるため水道水など他の飲料用水とブレンドして給水せざるをえない状況にある．

d．下水処理水・雨水の再利用

発生下水量137億 m³/年の1.6%程度（2003（平成15）年度末）が利用されている．雑用水としての利用が主であるが，人間に触れる可能性のある場合には感染症を避けるために消毒が念入りになされている．ただ，溶解性物質濃度がどうしても高くなるため配水管の腐食を低減する工夫が求められている．条例にて下水処理水を雑用水として利用することを推進している自治体は，東京都，大阪市，福岡市，千葉県，香川県，埼玉県南水道企業団などがある．

雨水は700万 m³/年程度（1999（平成11）年度末）が利用されている．下水処理水同様，雑用水としての利用が主である．今後いっそうの有効利用が求められる水資源である．

e．水の有効利用

水資源を開発する以外に，水を有効に利用することも水資源の開発と同等の効果をもたらす．水道では，配水時の漏水率の低減，節水機器や節水コマの普及，家庭内におけるカスケード利用などが考えられる．ただ投下資本の早期回収を考えると，水が豊富にあるときに水を豊かに使ってもらい，ないときに節水してもらう使い方を住民に学習してもらい，料金もそれに沿うように改定されると効用が増すと思われる．工業用水は回収利用がかなり進んでいる．しかし，農業用水はかけ流し方式を直接配水方式に転換してきていることから，面積あたりの消費量は増加傾向にあるため，発想の転換が必要である．

f．水循環の改善

都市においては，浸透率の減少に対処するために，雨水の浸透率を増す雨水枡，浸透性舗装などが増加傾向にある．特に東京都中西部では湧水を復活させるために盛んに行われている．

水田面積の減少により地下水位の低下が問題になっているのは，水道水源を全量地下水に依存している熊本市である．水の流れを自然に戻すには，流域単位でのマネジメントが必要になってきている．

21.7.5　水源地保全計画

水源地を保全する手法として，森林による被覆率を高め，人の営為を極力減じて廃棄物や農薬などの化学物質の排出を減じる方法がある．森林による被覆率の向上は降雨直後や降雪後の流出を遅らせる効果を生み出すだけでなく流出水の濁りを減じ生態系を豊かにする効果を有する．年間総流出水量は森林のある方が裸地より少なくなるが流出ピークカットの寄与は無視できない．

現在のわが国には禿山はほとんどなく，水源地の森林の改善は針葉樹林から広葉樹林に変えることが主流になっている．これは安価な木材の輸入が続いていることによる．このような条件の下でわが国の国有林は木材生産の目的を1998（平成10）年に国有林野事業改革関連法に基づき公益的機能の維持増進を目的に切り替え，木材生産林を50%から20%に，水源の涵養などに必要なところは水土保全林に，森林生態系の保全，保健文化機能を求めるところには森林と人との共生林とし，これらの総計を80%としている．国内の人件費が高く肉体労働に従事する人が少ないために経済原理に従いこのような状況になっているが持続性のある政策ではない．

法として「水源地帯対策特別措置法」がある．これは，ダム建設地において立ち退きを余儀なくされた人々や村落の分断などに対する財産権や社会的保障的措置を目的としたものである．対象地域では，「水源地域整備計画」を策定し，水源地域の機能を強化し水資源の安定的な確保などに資するために，複層林などの森林整備と治山ダムの一体的整備や森林と渓流が一体となった良好な森林環境形成のための渓畔林の整備などを実施する水源地域整備事業を進めることになっている．

水質を保全するための法的措置の「水道原水水質保全事業の実施の促進に関する法律」（2004（平成16）年施行）は水道水の水質基準に適合しないと考えられる場合に水源保全を河川管理者や下水道部局に要請することを可能にしたものである．「家畜排泄物の管理の適正化及び利用の促進に関する法律」（2004（平成16）年施行）は資源再利用を目指したものであるが，水源域の水質保全にも効果があると思われる．また，各地の流域では上下流交流を進め水源地域の保全が下流域や海域にとってきわめて重要であることが認識されてきている．流域の水マネジメントとしてさらなる進展が期待されるものである．

国際的には国連経済社会理事会の下に 2000（平成 12）年に「国連森林フォーラム（UNFF）」が設置され，森林に関する法的枠組み，輸出国輸入国双方が一体となった国際協力の推進を進めている．

21.7.6 地下水保全計画

地下水は水質が良好で水温がほぼ一定であるため，水源として貴重である．そのため，地下水依存率は工業用水で 30%，上水道で 22%，農業用で 5.8% である．この地下水は流動速度が小さく，地層中における分散が大きいことから排水により一度汚染されれば回復しづらい．A 型肝炎のようにウイルス汚染もあるが，先進国やわが国では有機塩素化合物や硝酸塩が問題になっている．これは工場廃水や施肥が原因である．わが国では 1980 年代から有機塩素化合物による地下水汚染が拡大していることが認識され，1989（平成 1）年より水質汚濁防止法により常時監視が始まった．鉛，6 価クロム，ヒ素，総水銀，ジクロロメタン，四塩化炭素，1,2-ジクロロエタン，シス-1,2-ジクロロエチレン，トリクロロエチレン，テトラクロロエチレンなどが基準を超える例がみられている．硝酸性窒素が基準に加えられてから基準を超える比率は高くなり，8% 程度になっている．

わが国には地下水の水質にかかわる基準はあるが量を規制する法はない．水質汚濁防止法による地下水の規制では，常時監視，有害物質の地下浸透禁止，事故時の措置，汚染された地下水の浄化が求められており，措置・改善命令に従わないと罰則を受けることになっている．このため地方自治体が条例により量的規制，水質の上乗せ規制を実施している．条例を定めている自治体には，熊本県（水量，水質規制），神奈川県（汚染，地盤沈下規制），長野市（汲み上げ水量規制），座間市（汲み上げ水量，水質規制）などがある．

地下水の流下経路や地下水盆の広がりが地方自治体の行政区界を越えているときには制度上の限界が生じるので，法律としての規制が望まれる．

21.7.7 水リサイクル計画

排水のリサイクルの手法として空間規模の順に，家屋における雨水利用やカスケード利用，大型建築物における雨水利用や処理を伴う個別循環，下水処理場における高度処理水を送水利用する地域循環がある．雨水のリサイクルは東京の国技館などですでに多数試みられている．雨天時に排除される水の利用であるので水循環に悪影響を与えることは少ない．しかし，水不足解消への経済的効果など水道との関係性についての検討が求められている．広域循環は下水処理場の配置と再生水の需要地を勘案しリサイクルを前提にした計画から始めたものでなければコスト，配水水質，管路腐食など適正でないことが多くなる．この計画手法はいまだ議論されておらず，しかも下水処理場が社会的に忌避されることが多いので実現性にかなり問題があると思われる．

これらの水利用をコストでみると，浅井戸 23 円/m^3，上水道 5〜10 万 m^3/日で 214 円/m^3，下水処理 12 万 m^3/日で 227 円/m^3，個別循環 376 円/m^3，広域循環 550 円/m^3，海水淡水化 600 円/m^3 の順になり，エネルギーでみると浅井戸 0.06 Mcal/m^3，下水処理 12 万 m^3/日で 1.83 Mcal/m^3，上水道 10〜30 万 m^3/日で 2.78 Mcal/m^3，広域循環 3.75 Mcal/m^3，個別循環 7.90 Mcal/m^3，海水淡水化 14.52 Mcal/m^3 の順になる[2,3]．したがって，上水道と連携をとって再生水利用の時期と量を地域の特性に応じて決定することが肝要である．

また，再生水の水質基準として雑用水にかかわるものは定められているが，農業用水にかかわるものは農作物の食糧化形態により異なるのでわが国では具体的に定められていない．農業用水の水利権との関係もあり，排水処理水の再利用はわが国では当面あまり進まないと思われる．なお，本項の全般的参考書として，文献を 4〜6 に示しておく．

〔楠田哲也〕

文 献

1) 池淵周一（2001）：水資源工学，287 pp，森北出版．
2) 厳 斗鎔，楠田哲也（1999）：渇水の規模と発生確率を考慮した水資源確保対策の検討とその評価—博多湾流域を対象にして—．土木学会環境工学研究論文集，6：333-340．
3) 厳 斗鎔，楠田哲也，石川和也（1998）：渇水に見まわれやすい流域における水資源確保対策の検討とその評価．環境工学研究論文集，35：61-71．
4) 国土交通省編（2002）：日本の水資源，平成 14 年版，329 pp，大蔵省印刷局．
5) 国土交通省編（2000）：日本の水資源，平成 12 年版，465 pp，大蔵省印刷局．
6) 農林水産省編（2001）：農業白書，平成 13 年版，307 pp，大蔵省印刷局．

付　録　編

　本付録は，水環境関連の実務や研究を遂行するにあたり，参考となるであろう事項をまとめたものであり，以下の項目からなる．

付1　水環境関連年表
付2　世界の水環境とその管理
　付2.1　タイにおける水環境と水管理
　付2.2　スロバキアにおける水管理
　付2.3　韓国における水環境と水管理
付3　日本の水環境とその管理
　付3.1　日本の水環境マップ
　付3.2　日本における水環境関連の基準等
　付3.3　水環境版元素周期律表

　このうち，付1は国内外の水環境情勢変化の俯瞰に，付2は特に本ハンドブック本編では十分にふれられなかった水環境管理への世界の取り組み状況の把握に，付3は国内の水環境の現状ならびにその管理体制に関しての客観的なデータとして，それぞれ活用していただければ幸いである．

付録編

付 1　水環境関連年表

年	国内 社会的事象	国内 国家及び地方公共団体の対策（法令制定など）	海外
1740 頃			パリの環状下水道
1804			ペイズリー水道（イギリス）緩速砂ろ過処理創始
1810			イギリス，水洗トイレの使用始まる
1822	コレラ大流行（日本初，文政5年）		
1848			ハンブルグ（ドイツ）下水道 ロンドン（イギリス）のコレラ大流行
1858			シカゴ（米国）下水道
1863			ロンドン（イギリス）下水道
1875			公衆衛生法施行（イギリス）
1880		伝染病予防規則	
1881	日本初の近代下水道着工（横浜）		
1883			コッホがコレラ菌を発見
1887	日本初の近代水道給水開始（横浜）		
1891		鉱毒問題（足尾銅山）の国会討議	
1896		河川法制定（治水中心）	
1897		足尾銅山鉱毒調査会設置 伝染病予防法制定	
1900		旧下水道法制定	
1912	富山県婦中町でイタイイタイ病患者発生		
1914			初の活性汚泥法下水処理施設（イギリス）
1920	コレラ大流行（日本最後）		
1922	日本初の下水処理場（三河島，散水ろ床法）運転開始		
1930	日本初の活性汚泥下水処理（名古屋）開始		
1938		厚生省設置	
1947	カスリン台風による水害	内務省，治水調査会設置	
1948			世界保健機構（WHO）設立
1949		鉱山保安法制定 水防法制定	
1951		日本，世界保健機構（WHO）に加盟	
1954			ビキニ環礁水爆実験
1956	水俣病公式確認	工業用水法制定 旧海岸法制定	
1957	イタイイタイ病重金属原因説発表	特定多目的ダム法制定 水道法制定	
1958		下水道法制定 工場排水規制法制定 水質保全法制定 工業用水道事業法制定	WHO飲料水水質基準策定
1959	熊本大グループが水俣病の原因を水銀中毒と指摘		
1960	伊勢湾台風による水害	治山治水緊急措置法制定	
1961	イタイイタイ病カドミウム原因説発表	水資源開発促進法制定	
1962			レイチェル＝カーソン『沈黙の春』出版
1964	東京オリンピック渇水	新河川法制定（治水と利水）	
1965	阿賀野川第2水俣病公式確認		
1967		下水道行政の一元化閣議決定 公害対策基本法制定	
1968	厚生省，イタイイタイ病を公害病と認定 政府，水俣病，第2水俣病を公害病と認定		
1970		いわゆる公害国会 公害対策基本法改正 下水道法改正 水質汚濁防止法制定	
1971		環境庁発足 環境庁水質環境基準告示 中央公害対策審議会発足	「特に水鳥の生息地として国際的に重要な湿地に関する条約」（ラムサール条約）採択（1975年発効）

付1 水環境関連年表

年			
1972		水質汚濁防止法改正（公害無過失賠償責任の導入） 琵琶湖総合開発特別措置法制定	国連人間環境会議（ストックホルム）・人間環境宣言採択 国連環境計画（UNEP）発足 ルーク，水道水からトリハロメタン発見（ロッテルダム） 廃棄物その他の物の冬季による海洋汚染の防止に関する条約（ロンドン海洋投棄条約）採択（1975年発効）
1973	足尾銅山閉山 高松渇水	化学物質の審査及び製造等の規制に関する法律（化審法）制定 瀬戸内海環境保全臨時措置法制定 ロンドン海洋投棄条約に署名（1980年批准）	
1974		国立公害研究所開設	EPA，水道水よりトリハロメタン検出（ニューオーリンズ）
1975		水質環境基準告示（PCB追加） 水質汚濁防止法施行令改正（PCBを有害物質に指定）	
1976			ホフマン・ラロッチェ化学工場（イタリア・セベッソ）爆発によるダイオキシン排出
1977	瀬戸内海播磨灘赤潮大発生	水道法改正	国連水会議（マルデルプラタ）
1978	国立水俣病研究センター設置 福岡渇水	瀬戸内海環境保全特別措置法制定 水質汚濁防止法改正（水質総量規制の制度化） 水俣病の認定業務の促進に関する臨時措置法制定	飲料水の安全法成立（トリハロメタンの規制）（米国）
1979		琵琶湖富栄養化防止条例（滋賀，リン含有合成洗剤使用・販売・贈与禁止）	
1980		下水道の整備等に伴う一般廃棄物処理事業等の合理化に関する特別措置法制定 ラムサール条約国内効力発効 有機燐剤使用自粛要請 日本，ロンドン海洋投棄条約に批准	
1981	沖縄渇水		有機塩素化合物による地下水汚染（シリコンバレー）
1982		地下水汚染実態調査（環境庁） 水質環境基準改正（湖沼の窒素・リン追加）	
1983		浄化槽法制定	
1984	中部・近畿渇水	湖沼水質保全特別措置法制定 環境影響評価実施要綱閣議決定	WHO，飲料水水質ガイドライン初版公表 第1回世界湖沼会議（滋賀）
1985		水質汚濁防止法施行令改正（窒素・リンを規制項目に追加）	
1986		化審法改正	チェルノブイリ原発事故（ロシア）
1987	首都圏渇水		
1989		水質汚濁防止法施行令，排水基準改正（トリクロロエチレン，テトラクロロエチレン追加） 水質汚濁防止法改正（地下水汚染未然防止制度化）	エクソンバルディーズ号座礁（アラスカ）
1990		水質汚濁防止法改正（生活排水対策制度化）	
1992		水道水質基準改正（基準項目46に） 生物多様性条約に署名（1993年締結）	地球環境サミット（リオデジャネイロ） 生物多様性条約採択（1993年発効）
1993	河川環境保全モニター制度開始	水質環境基準改正（海域の窒素・リン追加，健康項目の拡充） 環境基本法制定 中央環境審議会設置（中央公害対策審議会廃止） アジェンダ21行動計画策定	クリプトスポリジウム症集団発症（ミルウォーキー） WHO，飲料水水質ガイドライン第2版公表 ロンドン海洋投棄条約附属書の改正（1994年発効）
1994	クリプトスポリジウム感染報告（平塚） 列島渇水	水道水源特別措置法，水道原水保全事業法制定 「環境基本計画」閣議決定	気候変動枠組み条約発効
1995		「生物多様性国家戦略」閣議決定	気候変動枠組条約第1回締約国会議（COP1，ベルリン）
1996	クリプトスポリジウム感染報告（埼玉越生）	水質汚濁防止法改正（地下水汚染浄化対策，事故時の油による汚染対策を制度化） 水道におけるクリプトスポリジウム暫定対策指針	ロンドン海洋投棄条約により産業廃棄物の海洋投棄原則禁止 OECDがPRTR制度導入勧告 世界水会議（WWC）設立 「奪われし未来」出版
1997	ナホトカ号座礁による重油流出	地下水環境基準告示 河川法改正（河川環境の整備と保全） 環境影響評価法制定	COP3（京都）京都議定書採択 第1回世界水フォーラム（モロッコ・マラケシュ）
1998		公共用水域の環境ホルモン物質全国調査開始	

年			
1999	汽水・淡水魚類に関してのレッドリスト（絶滅のおそれのある種）公表	特定化学物質の環境への排出量の把握等及び管理の改善の促進に関する法律（PRTR法）制定 ダイオキシン類対策特別措置法制定 海岸法改正（環境・利用の目的化） 水質環境基準改正（硝酸・亜硝酸性窒素，ホウ素，フッ素追加）	
2000	陸・淡水産貝類に関してのレッドリスト公表		第2回世界水フォーラム（オランダ・ハーグ）
2001		環境省発足 PRTR法に基づくMSDS制度，PRTR制度施行 水質汚濁防止法施行令改正（ホウ素，フッ素，アンモニア追加） 水道法改正（第3者委託の適用等）	
2002		有明・八代海再生特別措置法制定 「新・生物多様性国家戦略」閣議決定 自然再生推進法制定	
2003		水道水質基準改正（基準項目50に） 水質環境基準拡充（水生生物保全） 化審法改正（動植物への影響配慮） 環境の保全のための意欲の増進及び環境教育の推進に関する法律制定	第3回世界水フォーラム（日本・京都他）
2004			WHO，飲料水水質ガイドライン第3版公表

〔下ヶ橋雅樹・迫田章義〕

付2　世界の水環境とその管理

付2.1　タイにおける水環境と水管理

水質管理の現状

タイの内水（貯水池，自然湖沼，河川など）の面積は45450 km²で，容量は210 km³である．タイは水に恵まれた国と考えられていたが，現在は利用可能な水資源は3420 m³/人・年であり，東南アジアで最下位である（付表2.1）．タイでは更新可能な全水資源量の9%しか使用していない．都市・工業から1日に約1700 tのBODが水域に排出されている．世界銀行の調査（2001年）によれば，都市・工業による汚濁負荷は全体の74%に及ぶ．したがって，都市・工業排水の適正な処理・処分が最重要課題である．

全国的には地域によって表流水の水質は異なる．中部，東部，南部地域では，人口密度が高く経済活動も活発なために，水質は悪化している．北部と東北部地域の水質は良好である．2002年に水質汚濁局（PCD）が，49の河川と湖沼の水質を測定した結果が付図2.1である．Very Good（Class 1）にランクされた所はなかった．1999年の測定では，50%以上がPoorかVery Poorであったので，この3年で水質は改善されている．しかし，乾季に流量が低下すると多くの河川で水質が"Very Poor"にまで悪化する．Chao Phraya川の下流域とTha Chin川の中・下流域は生物学的にはほとんど死んでいる．人口増加と経済活動の活発化によって，地下水の水質も悪化している．農地からの流出水，工場排水，鉱山排水，都市下水，都市・産業廃棄物埋立地が地下水汚染の原因である．Nakorn Srithammarar県における地下水と表流水の悲劇的なヒ素汚染は，鉱山排水の不適正な管理の例であり，住民は利用できる水の量的不足と質的悪化に苦しんだ．タイ湾の沿岸部と海洋部は陸と海洋からの汚染物質に脅かされている．沿岸域の水質はタイ湾の全海洋汚染の70%を占める都市下水によって劣化している（世界銀行，2001）．このような汚染はサンゴ礁に被害を及ぼしたり魚類の数にも影響する．PCDは2600 kmの沿岸線と重要な島に218か所の観測ステーションを設置している．2001年の沿岸域の水質は，Very Good，Good，MorderateとPoorはそれぞれ47%，36%，11%，4%であった．Poorな水質は湾の奥，Chao Phraya川，Tha Chin川，Rayong川およびPattani川の河口部，東部と南部の沿岸域にみられた．世界銀行の調査（2001年）によるとタイの主な水質汚濁源は，都市下水，農地からの流出，工場排水であり，それぞれの汚濁寄与率は54%，29%，17%であった．

水質汚濁のコスト

水質汚濁はエコシステムと人の健康にダメージを与え，主に下痢，チフス，赤痢などの水系病によって健康と経済的費用が発生する．1999年の健康統計によると，上記の三つの病気によるコストは約2300万ドルでありGDPの0.02%になる．世界銀行（2001年）はタイの衛生状態と水道システムを改善するために，2020年までに年間約17億6000万ドルを投資すれば，約90億ドルの年間利益が得られると忠告した．衛生と水道に投資すれば1ドルあたり7ドル儲かることになる．この利益は観光地の美的価値の改善や食物連鎖での汚染の減少といった無形の利益を含んでいない．

付表2.1　各国の利用可能な水資源量（World Resources Institute, 2001）

国	容量 (km³)	水資源 (m³/capita)	内訳 (%) 家庭	工業	農業
世界	42655	7045	9	19	67
アジア	13508	3668	7	9	81
カンボジア	121	10795	5	1	94
インドネシア	2838	13380	6	1	93
ラオ PDR	190	35094	8	10	82
マレーシア	580	26074	11	13	76
ミャンマー	881	19306	7	3	90
フィリピン	479	6305	8	4	88
タイ	210	3420	5	4	91
ベトナム	367	4591	4	10	86

付図2.1　タイの表流水の水質（2002年）

廃水管理の現状

都市下水　今日まで，タイは約15億ドルを投資して全国に85の下水処理場を建設し，2001年には都市の人口の約30%の下水を処理した．建設中の処理場が完成すると都市の下水処理人口率は65%になる．タイの都市下水処理法はstabilization ponds（37か所），aerated lagoons（16か所）のような単純なものが主流である．活性汚泥法（12か所），回転生物接触法（1か所），オキシデーションデッチ法（19か所）のようなエネルギーを多く消費する方法は土地に制約がある中部の都市部やバンコクでのみ用いられている．残念なことに，PCDの報告（2001年）によると，下水処理場の半分が運転されているにすぎない．この理由は，機器の故障，運転要員の不足，処理費の未収納などである．さらに，下水処理場の運転がうまくいかないのは，設計の計画と基準が不適切なことによる．PCDはタイの都市下水処理システムの設計のための実務規定を作成しなければならない．機能不全な下水処理場を改修し更新する必要があるが，水質汚濁問題を解決するには，集中的な廃水管理方式が適切かどうかを考える必要がある．

工場廃水　PCDの産業調査によれば，国全体の40%（49658工場）が水質汚濁関連産業に分類される．水質汚濁関連産業は高汚濁負荷産業（紙・パルプ，食品製造，半導体製造，など）と低汚濁負荷産業（木工，織物，など）に分けられる．水質汚濁産業数でトップ10の県の中の6県は，バンコクから100 km以内にある．いくつかの処理施設が作られたものの，1994年には多くの工場がある10の県が公共水域やタイ湾に出すBOD負荷は13万t/年と推定された．

タイでは，工場をその場所と関連する運営母体によって二つに分ける：①工業団地にある工場，②工業団地外にある工場．工業団地にある工場は工業省（MOI）の独立法人であるタイ工業団地局の法律と規制の下にあり，各工場で発生する廃水は各工業団地の中央処理場へ排出する前に一次処理しなければならない．工業団地はMOIの工場排水基準に合うように廃水処理を行わなければならない．工業団地外にある工場は独自に工場排水基準に合うように廃水を処理しなければならない．

水質汚濁防止に向けて行われている行動　水質汚濁問題に対処するために，国の自然環境の増進と保全のためのタイの政策と将来計画（1997〜2016年）には，以下のような戦略が含まれている．
- 重要な水資源の質的改善を加速する．
- 地域活動，農業および産業による水質汚濁を減らし制御する．
- 汚濁者負担原則を適用する．
- 水質汚濁問題の解決に民間の投資を促進し支援する．

水質汚濁防止法と基準　タイの水質汚濁規制は種々の法律によりなされ，付表2.2に示すいくつかの省庁によって実行されている．1992年にタイ政府は国家促進質法（National Enhancement Quality ACT：NEQA）を制定し，工場法，公衆衛生法，有害物質法および省エネルギー法を改定した．これらの法律によって，表流水，工場排水，ビル排水，などの水質基準が決められた．付表2.3は表流水の水質基準である．タイは多くの法律を作ったが，環境関連法の施行はうまくいっていない．それは，政治的意思の欠如，各部局の協力体制の不備，違反行為を摘発する技術力の低さ，情報伝達の不十分さ，による．よって，市場原理に基づく手段と公開方法を一体化して法の施行を強化することに努めている．これらの法律に加えて，1999年に地方分権法を制定し，地方政府が自然資源の保全とその環境の管理と処理施設の建設と運転ができるようにした．将来的に，地方政府は中央政府に代わって水質汚濁制御に決定的役割を果たすであろうが，下水処理とその管理技術や計画の専門知識についての中央の支援が必要である．自然処理システムのような適正技術の適用を考えるべきである．

付2.2　スロバキアにおける水管理

スロバキア共和国は面積が49014 km^2，人口は540万人の中緯度の北半球の国である．国土の約38%は森林である．年間の平均降雨量は760 mmであるが，550 mm以下から2000 mm以上に分布している．スロバキアは黒海とバルト海流域に位置する．そこはDanubu川を除くヨーロッパのほとんどの河川の源にあたる．ゆえに，水文学的調和，特に春季の流出は重要である．この時期の出水量の相当部分を貯水しなければ，水資源を国境外に失うことになる．大洪水は人々の生命を脅かすだけでなく，もっと頻繁に莫大な被害を及ぼす．スロバキアの河川の1931〜1980年の長期的平均流量は3328 m^3/sである．その内のわずか12%（398 m^3）が国内から出ている．88%（2930 m^3）は隣国から流入する．

付表 2.2　タイの水質汚濁規制関連官庁と役割

法　律	規　制	関連官庁	注意点
Enhancement and Conservation of National Environmental Quality Act (NEQA) of 1992	Regulates specified point sources for wastewater discharges into public water resources, or the environment, based on effluent standards	MoNRE	Amendment to NEQA is being drafted; key environmental legislation to fill gaps; no criminal or civil liability for violation of standards
Factories Act of 1992	Limits level of effluent discharged and restricts concentration levels of chemical and/or metal pollutants	MOI	MOI also promotes industrial development activities which creates conflicts of interests. An implement to the Act is being drafted to require polluters to pay for clean-up costs. National policy for promoting of clean technologies has been implemented
Navigation in Thai Waterways Act (Volume 14) as amended in 1992	Prohibits dumping of any refuse including oil and chemicals into rivers, canals, swamps, reservoirs, lakes or waterways that may pollute the environment or disrupt navigation in Thai waterways	MoTC	Many cases haven been successfully brought against polluters
Public Health Act of 1992	Regulates nuisance activities related to water pollution such as odor, chemical fumes, wastewater discharge system of buildings, factories or animal feedlots that cause harmful health effects	MoP	Decentralized implementation to local governmental authorities
Cleanliness and Tidiness of the Country Act of 1992	Prohibits dumping of refuse in waterways	LAOs	Decentralized implementation to local governmental authorities
Canal Maintenance Act of 1983	Prohibits dumping or discharging of wastewater in canals	MoAC	Little used
Building Control Act of 1979	Regulates discharges of water pollution from buildings	MOI	Decentralized implementation to local govermental authorities
Penal Code of 1956	Prohibits adding harmful substances in water resources reserved for consumption	OAG	Little used
Fisheries Act of 1947	Prohibits dumping or discharging of hazardous chemicals into water resources reserving for fishing	MoAC	Difficult to prove intention for criminal liability
Royal Irrigation Act of 1942	Prohibits dumping of garbage or discharging polluted water or chemicals into irrigation canals	MoAC	Limited jurisdiction

Adapted from World Bank (2001).
Note : LAOs = Local Administrative Organizations ;
　　　MoAC = Ministry of Agriculture and Cooperatives ;
　　　MOI = Ministry of Industry ;
　　　MoNRE = Ministry of Natural Resources and Environment ;
　　　MOP = Ministry of Public Health ;
　　　OAG = Office of the Attorney General

主な河川は Danubu 川，Morava 川，Dunajec 川，Uh 川，Tisza 川である．最大の流出は 3, 4 月に生ずるが，Danubu 川，Poprad 川および Dunajec 川では 2 か月ほど遅れる．最低流出は晩夏，秋と冬に生ずる．Danubu 川の規制が最も厳しい．その平均流量はスロバキアを出る地点で 2348 m^3/s である．他の河川の比流量は 20～4250 と不安定であり，最大の取水が河川流量が最低の時期にあることから利水が難しい．

表流水と地下水

乾季の河川の水資源量は約 90.3 m^3/s である．河川の維持流量を差し引くと，利用可能水量は 36.5

付表 2.3　タイの表流水の水質基準

パラメータ	単位	統計	基準価 Class 1	Class 2	Class 3	Class 4	Class 5	検査法
1. Color, odor, taste	—	—	n	n	n	n	—	—
2. Temperature	℃	—	n'	n'	n'	n'	—	Thermometer
3. pH	—	—	n	5-9	5-9	5-9	—	Electrometric pH Meter
4. Dissolved Oxygen	mg/l	P20	n	6	4	2	—	Azide Modification
5. BOD (5 days, 20℃)	mg/l	P80	n	1.5	2.0	4.0	—	Azide Modification at 20℃, 5 days
6. Coliform bacteria								Multiple Fermentation Technique
Total coliform	MPN/100 ml	P80	n	5000	20000	—	—	
Fecal coliform	MPN/100 ml	P80	n	1000	4000	—	—	
7. NO_3-N	mg/l	Max. allowance	n		0.5		—	Cadmium Reduction
8. NH_3-N	mg/l	—	n		0.5		—	Distillation Nesslerization
9. Phenols	mg/l	—	n		0.005		—	Distillation, 4-Amino antipyrene
10. Copper (Cu)	mg/l	—	n		0.1		—	Atomic Absorption-Direct Aspiration
11. Nickle (Ni)	mg/l	—	n		0.1		—	Atomic Absorption-Direct Aspiration
12. Manganese (Mn)	mg/l	—	n		1.0		—	Atomic Absorption-Direct Aspiration
13. Zinc (Zn)	mg/l	—	n		1.0		—	Atomic Absorption-Direct Aspiration
14. Cadmium (Cd)	mg/l	—	n		0.005 * 0.05 **		—	Atomic Absorption-Direct Aspiration
15. Chromium Hexavalent	mg/l	—	n		0.05		—	Atomic Absorption-Direct Aspiration
16. Lead (Pb)	mg/l	—	n		0.05		—	Atomic Absorption-Direct Aspiration
17. Total Mercury	mg/l	—	n		0.002		—	Atomic Absorption-Cold Vapour Technique
18. Arsenic (As)	mg/l	—	n		0.01		—	Atomic Absorption-Gaseous Hydride
19. Cyanide (CN)	mg/l	—	n		0.005		—	Pyridine-Barbituric Acid
20. Radioactivity								Low Background Proportional Counter
Alpha	Becqurel/l	—	n		0.1		—	
Beta	Becqurel/l	—	n		1.0		—	
21. Total Organochlorine Pesticides	mg/l	—	n		0.05		—	Gas-Chromatography
22. DDT	μg/l	—	n		1.0		—	Gas-Chromatography
23. Alpha-BHC	μg/l	—	n		0.02		—	Gas-Chromatography
24. Dieldrin	μg/l	—	n		0.1		—	Gas-Chromatography
25. Aldrin	μg/l	—	n		0.1		—	Gas-Chromatography
26. Heptachlor & Heptachlorepoxide	μg/l	—	n		0.2		—	Gas-Chromatography
27. Endrin	μg/l	—	n		none		—	Gas—Chromatography

Ramark : P　　Percentile value
　　　　 n　　naturally
　　　　 n'　　naturally but changing not ＞ 3℃
　　　　 *　　 when water hardness not ＞ 100 mg/l as $CaCO_3$
　　　　 **　　when water hardness ＞ 100 mg/l as $CaCO_3$
　　　　 Based on Standard Methods for the Examination of Water and Wastewater recommended by APHA : American Public Health Association, AWWA : American Water Works Association and WPCF : Water Pollution Control Federation
Source : Notification of the National Environmental Board, No. 8, B.E. 2537（1994）, issued under the Enhancement and Conservation of National Environmental Quality Act B.E. 2535（1992）, published in the Royal Government Gazette, Vol. 111, Part 16, dated February 24, B.E. 2537（1994）.

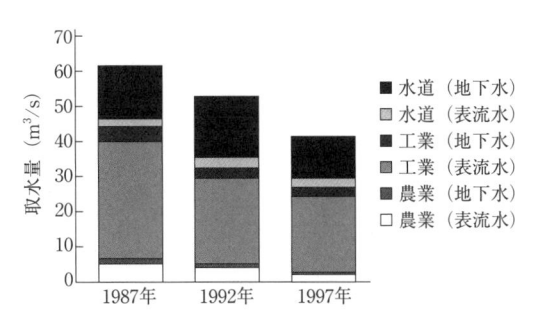

付図2.2　スロバキアの使用目的別取水量の推移

付表2.4　スロバキアの溶存酸素関連指標のモニタリング結果

年	区間長 [km]	類型 [km]					Ⅳ, Vの割合(%)
		Ⅰ	Ⅱ	Ⅲ	Ⅳ	Ⅴ	
1990	3665.9	34.9	1238.0	1110.0	666.0	617.5	35
1995	3740.7	0	1634.2	1387.5	559.4	159.6	19
1997	3795.7	0	1393.4	1601.1	624.7	176.5	21

m^3/s（Danubu, Morava, Tisza 川を除く）しかない．各地の貯水池から乾季に 53.8 m^3/s が放流された結果 90.3 m^3/s になる．乾季に地下水が不足するので，貯水池の水で 4 m^3/s の水道水を補充する．現在の 39.0 m^3/s の取水量は乾季流出量の 29%，平均流出量の 10% に相当する．地下水は国内の主な水道水源であり重要であるが，地域的に量が偏在していて問題である．1998 年の調査では，国内の水資源量は 146.7 m^3/s であり，その 50.6% が利用可能量である．付図 2.2 は表流水の用途別取水量の経年変化である．

表流水の水質

1997 年から全国の河川の 3800 km にわたり表流水の水質調査を行っている．表流水の水質は STN757221 基準（表流水水質類型）により以下のように分類される．

　Ⅰ　very clean water
　Ⅱ　clean water
　Ⅲ　contaminated water
　Ⅳ　heavily contaminated water
　Ⅴ　very heavily contaminated water

表流水の水質に影響を与える物質は次のようにグループ化される．

　A　oxygen regime indicators
　B　basic indicators of chemical compositions
　C　additional indicators of chemical compositions
　D　heavy metals
　E　biological and microbiological indicators
　F　radioactivity indicators

最近の 10 年間に急激な都市化が生じ，都市が重要な点的汚染源となった．都市下水は点的汚染源からの全負荷量の約半分を占めている．1990 年代には，段階的下水道整備と工業生産の低迷によって，下・廃水の流出量が減少傾向にあった．1990 年以降には，農薬使用量が減り，汚染地域が減少した．近年の下・廃水流出量の減少にもかかわらず，表流水水質の顕著な改善はみられない．付表 2.4 に示されるように，類型Ⅳ・Ⅴにランクされた区間長の割合はまだ多い．

地下水の水質

地下水の水質は 26 の重要な地域でモニタリングし評価している．これはスロバキア水文気象研究所が他の機関が行っている湧き水調査と連動したネットワークで行っている．ネットワークは 291 の観測地で構成され，年に 2 回調査するが upper Danubu Island のような重要な場所ではもっと頻繁に調査している．多くのモニタリング地点で，鉄，マンガン，アンモニア性窒素，有機物の濃度が増加している．水道水源となっている地下水の汚染も多く報告されている．

水道と下水道

水資源の利用で技術的に最も複雑なのは水道と下水道である．現在市町村の 2/3 が公共水道をもっており，人口普及率は 81% である．ここ 15 年で水道の普及率は 17 ポイント増加したが，近隣諸国よ

付表2.5　韓国河川の水質基準

Class	類型と利用可能用途	基　準				
		pH	BOD (mg/l)	SS (mg/l)	DO (mg/l)	(MPN/100ml)
I	Level (I) drinking water, nature protection	6.5〜8.5	< 1	< 25	> 7.5	< 50
II	Level (II) drinking water ; Level (I) aquaculture, swimming	6.5〜8.5	< 3	< 25	> 5	< 1000
III	Level (III) drinking water ; Level (II) aquaculture ; Level (I) industrial	6.5〜8.5	< 6	< 25	> 5	< 5000
IV	Level (II) industrial, agricultural	6.0〜8.5	< 8	< 100	> 2	―
V	Level (II) industrial, general environment	6.0〜8.5	< 10	No floating waste	> 2	―

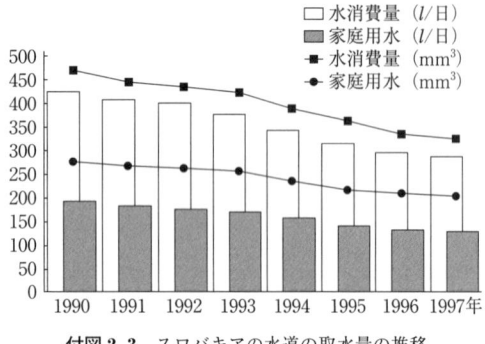

付図2.3　スロバキアの水道の取水量の推移

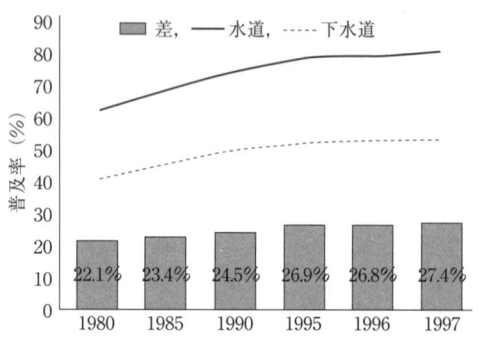

付図2.4　スロバキアの水道と下水道の普及率の推移

り低い値である．最も水道普及率が高いのはブラチスラバ地域で94%である．最低の普及率は中部スロバキア地域の75%である．公共水道の普及には良質の水源がいる．一般に，水源として地下水が選ばれる．しかし，中央スロバキアの南部地域，東部スロバキアの大部分のように良質の水源が不足している場所では，長距離導水管の広範囲の水源利用施設を建設した．1998年には，8つの貯水池に水道原水として148百万 mm^3 の貯水があった．大規模な地下水と表流水を利用する水道システムの構築のために，広域水道の概念が作られた．二つの広域水道が将来のために考えられている．現在ある Nova Bystrica 貯水池を基本とする North-Slovakia システムと Poprad 川渓谷の地下水と計画中の貯水池を水源とする Sub-Tatra システムである．付図2.3に示すように1990年以降，水消費量は減少しているが，これは一時的で，次の10年には家庭用水と工場用水の急激な増加による水道水の需要増が見積もられている．

1998年には，スロバキアの人口の53.4%にあたる287.7万人の家庭が公共下水道を使用していた．

全体の11%に相当する411の市町村が下水道システムをもっている．付図2.4に示すように下水道整備はいつも水道整備より遅れている．そのことで深刻な環境・衛生問題を引き起こしている．現在，水道はあるが下水道のない人々は全人口の1/4を超えている．

付2.3　韓国における水環境と水管理

水資源

韓国の年平均降水量は世界平均（974 mm）の1.3倍である．しかし，人口密度が高いので，一人あたりの降水量は2755 m^3 であり，世界平均のたった12.5%である．利用可能な水資源量としては一人あたり1470 m^3 である．これらより，韓国は水資源が逼迫していることがわかる．1993年，国連の人口行動研究所（PAI）は韓国を南アフリカやリビアとともに水不足国に分類した．建設・交通省の見積もりによると，年間の水不足量は2006年からは4億t，2011年からは20億tになる．韓国の河川と湖沼には付表2.5，2.6のような5類型の水質環境基準が適用される．

付2 世界の水環境とその管理

付表2.6 韓国湖沼の水質基準

Overall	類型と利用可能用途	基　準						
		pH	COD (mg/l)	SS (mg/l)	DO (mg/l)	(MPN/100 ml)	T-P (mg/l)	T-N (mg/l)
I	Level（I）drinking water, nature protection	6.5〜8.5	< 1	< 25	> 7.5	< 50	< 0.010	< 0.200
II	Level（II）drinking water Level（I）aquaculture, swimming	6.5〜8.5	< 3	< 25	> 5	< 1000	< 0.030	< 0.400
III	Level（III）drinking water Level（II）aquaculture Level（I）industrial	6.5〜8.5	< 6	< 25	> 5	< 5000	< 0.050	< 0.600
IV	Level（II）industrial, agricultural	6.0〜8.5	< 8	< 100	> 2	—	< 0.100	< 1.0
V	Level（III）industrial, general environment	6.0〜8.5	< 10	Not Detected	> 2	—	< 0.150	< 1.5

付表2.7 韓国の水道統計

	1993年	1994年	1995年	1996年	1997年	1998年	1999年	2000年
総人口（10^{4}人）	4508	4551	4597	4643	4688	4717	4754	4798
給水人口（10^{4}人）	3657	3735	3811	3882	3961	4019	4095	4117
補給率（%）	81.1	82.1	82.9	83.6	84.5	85.2	86.1	87.1
施設容量（10^4 t/日）	2101	2097	2184	2291	2396	2569	2659	2698
給水量（l/日・人）	394	408	398	409	409	395	388	380

付表2.8 2000年時点での韓国の飲料水の水質基準（単位：mg/l）

分類	汚染物質	基準	分類	汚染物質	基準
Microorganism (2)	Total Colony Counts Total Coliform	100/ml 0/50 ml		Dichloromethane Benzene Toluene Ethylbenzene Xylene 1,1-Dichloroethylene Carbon tetrachloride	0.02 0.01 0.7 0.3 0.5 0.03 0.002
Health-related Inorganic Contaminants (11)	Lead Fluoride Arsenic Selenium Mercury Cyanogen Ammonia Chromium（Cr^{6+}） Nitrogen Nitrate Cadmium Boron	0.05 1.5 0.05 0.01 0.001 0.01 0.5 0.05 10 0.01 0.3	Aesthetic Components (16)	Hardness Permanganate Consumption Odor Taste Copper Color Anionic Surfactant pH Zinc Chloride Total Residue Iron Manganese Turbidity* Sulfate Aluminum	300 mg/l 10 ml/l Not abnormal Not abnormal 1 5 0.5 5.8〜8.5 1 250 500 0.3 0.3 mg/l 1NTU 200 0.2
Health-related Organic Contaminants (18)	Diaginon Malathion Parathion Fenitrothion Cabaril Total Trihalomethane Chloroform Phenol 1,1,1-Trichloroethan Tetrachloroethylene Trichloroethylene	0.02 0.25 0.06 0.04 0.07 0.1 0.08 0.005 0.1 0.01 0.03			

＊Turbidity：0.5 NTU for tap water

付表 2.9　韓国の下水道統計

	1992 年	1993 年	1994 年	1995 年	1996 年	1997 年	1998 年	1999 年	2000 年
総人口（10^4 人）	4457	4508	4551	4597	4643	4688	4717	4754	4798
処理人口（10^4 人）	1728	1862	1908	2091	2442	2856	3110	3254	3384
処理場	26	43	57	71	79	93	114	150	172
補給率（％）	38.8	41.3	41.9	45.4	52.6	60.9	65.9	68.4	70.5
施設容量（10^3 t/日）	5815	6370	9391	9653	11452	15038	16616	17712	18400

付表 2.10　韓国の下水管統計

		1992 年	1993 年	1994 年	1995 年	1996 年	1997 年	1998 年	1999 年	2000 年
計画延長(km)		78501	80330	83898	85742	89119	92391	96728	103280	107623
施設延長	総計(km)	46111	48725	50879	52784	55830	58671	62330	64741	68195
	合流式(km)	32153	33259	34144	35760	36591	38148	40160	41437	42878
	分流式(km)	13958	15466	16735	17024	19239	20523	22170	23304	25317
補給率（％）		58.4	60.7	60.6	61.6	62.6	63.5	64.4	62.7	63.4

付表 2.11　韓国の現在と将来の下水処理水基準 （mg/l）

	現在の基準			将来の基準（2002～2004）		
	BOD	窒素	リン	BOD	窒素	リン
指定地域	20	60	8	10	20	2
他の地域				20	60	8

水　道

　韓国の最初の近代水道による給水は 1908 年 9 月 1 日である．このときはソウルのほんの一部に給水された．それ以降，配水管が拡張され 2000 年 12 月には水道普及率は 87.1％に達し，861 の水道事業体がある．付表 2.7 は最近の水道統計である．飲料水の水質基準は，水道法に基づき設定された．最初の基準は 1963 年に 29 項目について定められた．2001 年 7 月には 47 項目，2002 年 7 月には 55 項目となった．基準が設定されていない 22 の微量汚染物質があり，モニタリングを要する汚染物質に分類されている．付表 2.8 は 47 項目についての飲料水水質基準である．

下水道

　2000 年末に，172 の終末下水処理場があり 1840 万 t/日の処理能力があった．付表 2.9 は最近の下水道統計である．107623 km の下水管の敷設が計画され，2000 年末には 68195 km の敷設が完了した．付表 2.10 は下水管の敷設状況である．ソウルでは 10 万 km で 100％完了した．現在と将来の下水処理水の放流水質基準は付表 2.11 のようである．環境ビジョン 21 政策では，2005 年までに下水処理率を 80％として，195 河川の水質環境基準の達成率を 95％とするとしている．新設の下水処理場は富栄養化防止のために窒素とリンの除去を行う．既設の下水処理場は新設計画が全国的に拡張される前に施設の改善を行うとしている．2005 年までに，180 処理場に窒素とリンの除去プロセスを導入するとしている．環境ビジョン 21 政策では，河川水量の確保と下水管の集水能力不足に対処するために，下水処理場を下水の発生源近くに置く分散化を図るよう求めている．

〔渡辺義公〕

参考文献

1) Koottatep T and Polprasert C (2002)：Water Environment and Management in Thailand.
2) Slovak Water Research Institute (1999)：Water in the Slovak Republic.
3) Shin H‐S (2003)：Water Quality Standards in Korea.

付3　日本の水環境とその管理

付3.1　日本の水環境マップ

このマップは，日本の水環境を考えるうえで重要な川，湖沼，および湾を，「日本の水環境」（日本水環境学会編）の本文中記載をもとに作成したものである．

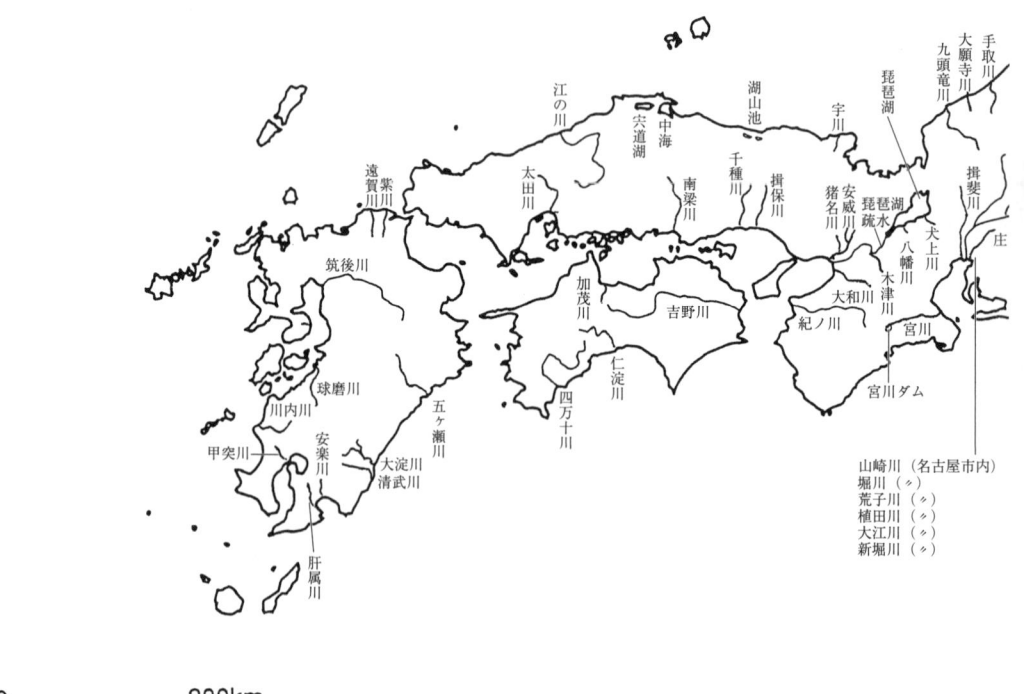

付録編

河川名（西日本）:

手取川、大願寺川、九頭竜川、琵琶湖、揖斐川、庄
江の川、宍道湖、中海、湖山池、宇川
遠賀川、紫川、太田川、南梁川、千種川、揖保川、安威川、猪名川、琵琶湖疏水、犬上川、八幡川、大和川、木津川、紀ノ川、宮川
筑後川、加茂川、吉野川、宮川ダム
球磨川、仁淀川、四万十川
川内川、五ヶ瀬川
甲突川、安楽川、大淀川、清武川
肝属川

山崎川（名古屋市内）
堀川（〃）
荒子川（〃）
植田川（〃）
大江川（〃）
新堀川（〃）

0 200km

付3 日本の水環境とその管理

付3.2 日本における水環境関連の基準等

水環境関連の主な基準値や指針値等は，付図3.1のように分類することができる．それぞれの基準値や指針値等を以下に示す．

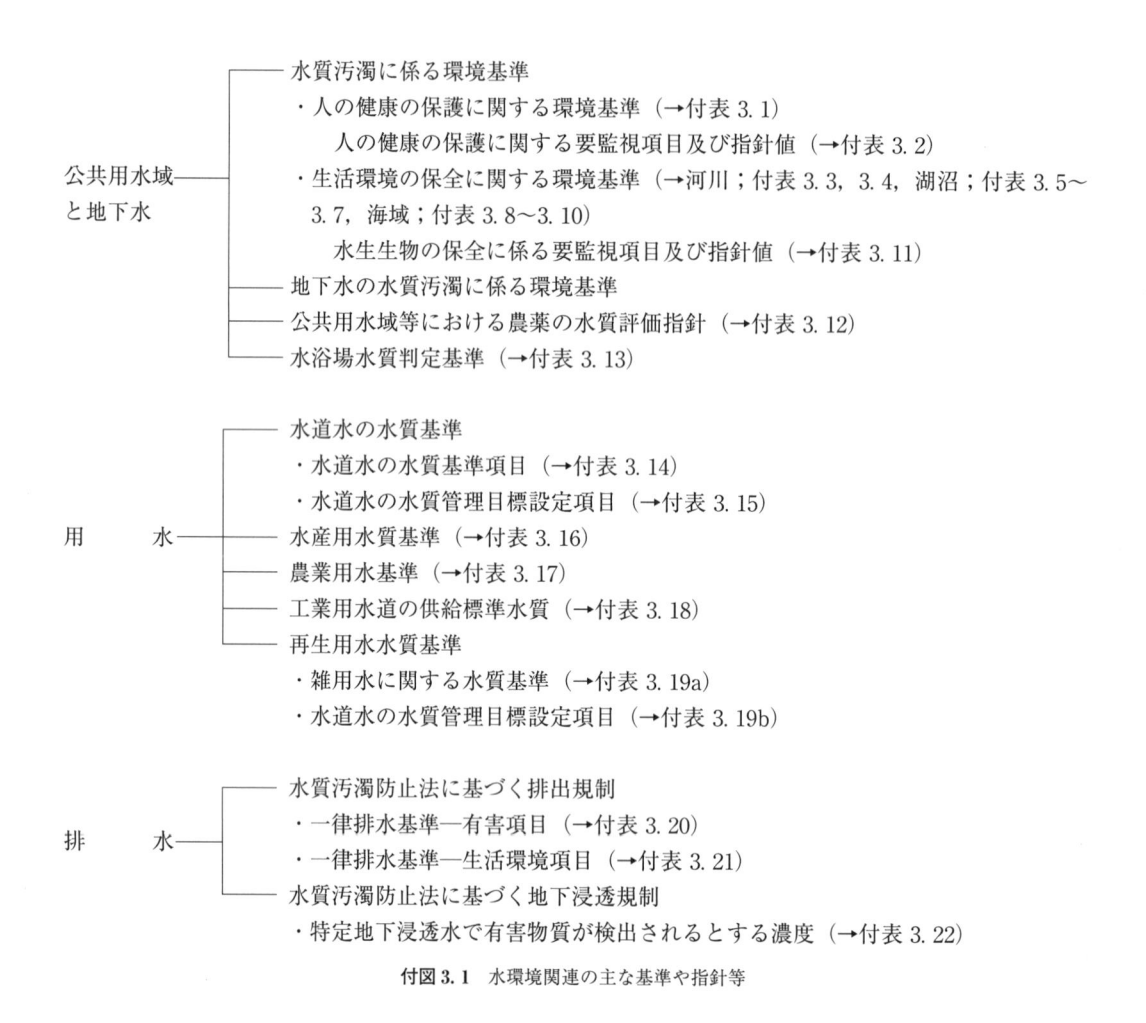

公共用水域と地下水
- 水質汚濁に係る環境基準
  - ・人の健康の保護に関する環境基準（→付表3.1）
    - 人の健康の保護に関する要監視項目及び指針値（→付表3.2）
  - ・生活環境の保全に関する環境基準（→河川；付表3.3，3.4，湖沼；付表3.5〜3.7，海域；付表3.8〜3.10）
    - 水生生物の保全に係る要監視項目及び指針値（→付表3.11）
- 地下水の水質汚濁に係る環境基準
- 公共用水域等における農薬の水質評価指針（→付表3.12）
- 水浴場水質判定基準（→付表3.13）

用水
- 水道水の水質基準
  - ・水道水の水質基準項目（→付表3.14）
  - ・水道水の水質管理目標設定項目（→付表3.15）
- 水産用水質基準（→付表3.16）
- 農業用水基準（→付表3.17）
- 工業用水道の供給標準水質（→付表3.18）
- 再生用水水質基準
  - ・雑用水に関する水質基準（→付表3.19a）
  - ・水道水の水質管理目標設定項目（→付表3.19b）

排水
- 水質汚濁防止法に基づく排出規制
  - ・一律排水基準—有害項目（→付表3.20）
  - ・一律排水基準—生活環境項目（→付表3.21）
- 水質汚濁防止法に基づく地下浸透規制
  - ・特定地下浸透水で有害物質が検出されるとする濃度（→付表3.22）

付図3.1 水環境関連の主な基準や指針等

水質汚濁に係る環境基準

「水質汚濁に係る環境基準」は，「環境基本法」（平成5年11月19日）の規定に基づき，公共用水域の水質汚濁にかかわる環境上の条件につき，人の健康を保護しおよび生活環境を保全するうえで維持することが望ましい基準として定められた．

人の健康の保護に関する環境基準

人の健康の保護に関する環境基準には，直ちに達成し維持するよう努めるものとされる26項目の物質（付表3.1）と，公共用水域などにおける検出状況などからみて，現時点では環境基準健康項目とせず，引き続き知見の集積に努めるべきと判断されるもの（要監視項目）（付表3.2）がある．

付表3.1 人の健康の保護に関する環境基準（26項目）
（昭和46年12月28日 環境庁告示第59号）（表21.1を再掲）

No.	項　目	基準値
1	カドミウム	0.01 mg/l 以下
2	全シアン	検出されないこと
3	鉛	0.01 mg/l 以下
4	六価クロム	0.05 mg/l 以下
5	ヒ素	0.01 mg/l 以下
6	総水銀	0.0005 mg/l 以下
7	アルキル水銀	検出されないこと
8	PCB	検出されないこと
9	ジクロロメタン	0.02 mg/l 以下
10	四塩化炭素	0.002 mg/l 以下
11	1,2-ジクロロエタン	0.004 mg/l 以下
12	1,1-ジクロロエチレン	0.02 mg/l 以下
13	シス-1,2-ジクロロエチレン	0.04 mg/l 以下
14	1,1,1-トリクロロエタン	1 mg/l 以下
15	1,1,2-トリクロロエタン	0.006 mg/l 以下
16	トリクロロエチレン	0.03 mg/l 以下
17	テトラクロロエチレン	0.01 mg/l 以下
18	1,3-ジクロロプロペン	0.002 mg/l 以下
19	チウラム	0.006 mg/l 以下
20	シマジン	0.003 mg/l 以下
21	チオベンカルブ	0.02 mg/l 以下
22	ベンゼン	0.01 mg/l 以下
23	セレン	0.01 mg/l 以下
24	硝酸性窒素および亜硝酸性窒素	10 mg/l 以下
25	フッ素	0.8 mg/l 以下
26	ホウ素	1 mg/l 以下

備考
1. 基準値は年間平均値とする．ただし，全シアンにかかわる基準値については，最高値とする．
2. 「検出されないこと」とは，定められた方法により測定した場合において，その結果が当該方法の定量限界を下回ることをいう．
3. 海域については，フッ素およびホウ素の基準値は適用しない．
4. 硝酸性窒素および亜硝酸性窒素の濃度は，定められた方法により測定された硝酸イオンの濃度に換算係数0.2259を乗じたものと定められた方法により測定された亜硝酸イオンの濃度に換算係数0.3045を乗じたものの和とする．

付表3.2 水質要監視項目及び指針値
（平成16年3月31日環境庁水質保全局長通知）

No.	項目名	指針値
1	クロロホルム	0.06 mg/l 以下
2	トランス-1,2-ジクロロエチレン	0.04 mg/l 以下
3	1,2-ジクロロプロパン	0.06 mg/l 以下
4	p-ジクロロベンゼン	0.2 mg/l 以下
5	イソキサチオン	0.008 mg/l 以下
6	ダイアジノン	0.005 mg/l 以下
7	フェニトロチオン	0.003 mg/l 以下
8	イソプロチオラン	0.04 mg/l 以下
9	オキシン銅	0.04 mg/l 以下
10	クロロタロニル	0.05 mg/l 以下
11	プロピザミド	0.008 mg/l 以下
12	EPN	0.006 mg/l 以下
13	ジクロルボス	0.008 mg/l 以下
14	フェノブカルブ	0.03 mg/l 以下
15	イプロベンホス	0.008 mg/l 以下
16	クロルニトロフェン	—
17	トルエン	0.6 mg/l 以下
18	キシレン	0.4 mg/l 以下
19	フタル酸ジエチルヘキシル	0.06 mg/l 以下
20	ニッケル	—
21	モリブデン	0.07 mg/l 以下
22	アンチモン	—
23	塩化ビニルモノマー	0.002 mg/l 以下
24	エピクロロヒドリン	0.0004 mg/l 以下
25	1,4-ジオキサン	0.05 mg/l 以下
26	全マンガン	0.2 mg/l 以下
27	ウラン	0.002 mg/l 以下

生活環境の保全に関する環境基準

　生活環境の保全に関する環境基準は，河川，湖沼および海域ごとに利用目的などに応じてそれぞれ水域類型の指定が行われ（付表3.3～3.10），各水域ごとに達成期間を示して，その達成，維持を図るものとされている．各公共用水域が該当する水域類型の指定は，「環境基準に係る水域及び地域の指定権限の委任に関する政令」（平成5年11月19日政令371）に基づき，環境庁長官もしくは都道府県知事が行う．また，水生生物の保全に係る要監視項目（付表3.11）が，環境省より通知されている（平成15年11月5日）．

付表3.3　生活環境の保全に関する環境基準—河川（湖沼を除く）　ア

類型	利用目的の適応性	基準値				
		水素イオン濃度 pH	生物化学的酸素要求量 BOD	浮遊物質量 SS	溶存酸素量 DO	大腸菌群数
AA	水道1級 自然環境保全および A以下の欄に掲げるもの	6.5以上8.5以下	1 mg/l 以下	25 mg/l 以下	7.5 mg/l 以上	50 MPN/100 ml 以下
A	水道2級 水産1級 水浴およびB以下の欄に掲げるもの	6.5以上8.5以下	2 mg/l 以下	25 mg/l 以下	7.5 mg/l 以上	1000 MPN/100 ml 以下
B	水道3級 水産2級 およびC以下の欄に掲げるもの	6.5以上8.5以下	3 mg/l 以下	25 mg/l 以下	5 mg/l 以上	5000 MPN/100 ml 以下
C	水産3級 工業用水1級 およびD以下の欄に掲げるもの	6.5以上8.5以下	5 mg/l 以下	50 mg/l 以下	5 mg/l 以上	
D	工業用水2級 農業用水およびEの欄に掲げるもの	6.0以上8.5以下	8 mg/l 以下	100 mg/l 以下	2 mg/l 以上	—
E	工業用水3級 環境保全	6.0以上8.5以下	10 mg/l 以下	ごみなどの浮遊が認められないこと	2 mg/l 以上	—

備考
1. 基準値は，日間平均値とする（湖沼，海域もこれに準ずる）．
2. 農業用利水点については，水素イオン濃度6.0以上7.5以下，溶存酸素量5 mg/l 以上とする（湖沼もこれに準ずる）．

（注）
1. 自然環境保全：自然探勝等の環境保全
2. 水道1級：ろ過等による簡易な浄水操作を行うもの
　〃2級：沈殿ろ過等による通常の浄水操作を行うもの
　〃3級：前処理等を伴う高度の浄水操作を行うもの
3. 水産1級：ヤマメ，イワナ等貧腐水性水域の水産生物用ならびに水産2級および水産3級の水産生物用
　〃2級：サケ科魚類およびアユ等貧腐水性水域の水産生物用および水産3級の水産生物用
　〃3級：コイ，フナ等，β-中腐水性水域の水産生物用
4. 工業用水1級：沈殿等による通常の浄水操作を行うもの
　〃2級：薬品注入等による高度の浄水操作を行うもの
　〃3級：特殊の浄水操作を行うもの
5. 環境保全：国民の日常生活（沿岸の遊歩等を含む）において不快感を感じない限度

付表 3.4 生活環境の保全に関する環境基準—河川（湖沼を除く） イ

種類	水生生物の生息状況の適応性	基準値 全亜鉛
生物 A	イワナ，サケマス等比較的低温域を好む水生生物およびこれらの餌生物が生息する水域	0.03 mg/l 以下
生物特 A	生物 A の水域のうち，生物 A の欄に掲げる水生生物の産卵場（繁殖場）または幼稚仔の生育場として特に保全が必要な水域	0.03 mg/l 以下
生物 B	コイ，フナ等比較的高温域を好む水生生物およびこれらの餌生物が生息する地域	0.03 mg/l 以下
生物特 B	生物 B の水域のうち，生物 B の欄に掲げる水生生物の産卵場（繁殖場）または幼稚仔の生育場として特に保全が必要な水域	0.03 mg/l 以下

付表 3.5 生活環境の保全に関する環境基準—湖沼（天然湖沼及び貯水量が 1,000 万立方メートル以上であり，かつ，水の滞留時間が 4 日間以上である人工湖） ア

類型	利用目的の適応性	水素イオン濃度 pH	化学的酸素要求量 COD	浮遊物質量 SS	溶存酸素量 DO	大腸菌群数
AA	水道 1 級 水産 1 級 自然環境保全および A 以下の欄に掲げるもの	6.5 以上 8.5 以下	1 mg/l 以下	1 mg/l 以下	7.5 mg/l 以上	50 MPN/100 ml 以下
A	水道 2,3 級 水産 2 級 水浴および B 以下の欄に掲げるもの	6.5 以上 8.5 以下	3 mg/l 以下	5 mg/l 以下	7.5 mg/l 以上	1000 MPN/100 ml 以下
B	水産 3 級 工業用水 1 級 農業用水および C 以下の欄に掲げるもの	6.5 以上 8.5 以下	5 mg/l 以下	15 mg/l 以下	5 mg/l 以上	—
C	工業用水 2 級 環境保全	6.0 以上 8.5 以下	8 mg/l 以下	ごみなどの浮遊が認められないこと	2 mg/l 以上	—

備考
水産 1 級，水産 2 級および水産 3 級については，当分の間，浮遊物質量の項目の基準値は適用しない．

付表 3.6 生活環境の保全に関する環境基準—湖沼（天然湖沼及び貯水量が 1,000 万立方メートル以上であり，かつ，水の滞留時間が 4 日間以上である人工湖） イ

類型	利用目的の適応性	基準値 全窒素	基準値 全リン
I	自然環境保全および II 以下の欄に掲げるもの	0.1 mg/l 以下	0.005 mg/l 以下
II	水道 1,2,3 級（特殊なものを除く） 水産 1 種 水浴および III 以下の欄に掲げるもの	0.2 mg/l 以下	0.01 mg/l 以下
III	水道 3 級（特殊なもの）および IV 以下の欄に掲げるもの	0.4 mg/l 以下	0.03 mg/l 以下
IV	水産 2 種および V の欄に掲げるもの	0.6 mg/l 以下	0.05 mg/l 以下
V	水産 3 種 工業用水 農業用水 環境保全	1 mg/l 以下	0.1 mg/l 以下

備考
1. 基準値は年間平均値とする．
2. 水域類型の指定は，湖沼植物プランクトンの著しい増殖を生ずるおそれがある湖沼について行うものとし，全窒素の項目の基準値は，全窒素が湖沼植物プランクトンの増殖の要因となる湖沼について適用する．
3. 農業用水については，全リンの項目の基準値は適用しない．

（注）
水産 1 種：サケ科魚類およびアユ等の水産生物用ならびに水産 2 種および水産 3 種の水産生物用
水産 2 種：ワカサギ等の水産生物用および水産 3 種の水産生物用
水産 3 種：コイ，フナ等の水産生物用

付表 3.7 生活環境の保全に関する環境基準—湖沼（天然湖沼及び貯水量が 1,000 万立方メートル以上であり，かつ，水の滞留時間が 4 日間以上である人工湖）ウ

類型	水生生物の生息状況の適応性	基準値 全亜鉛
生物 A	イワナ，サケマス等比較的低温減を好む水生生物およびこれらの餌生物が生息する水域	0.03 mg/l 以下
生物特 A	生物 A の水域のうち，生物 A の欄に掲げる水生生物の産卵場（繁殖場）または幼稚仔の生育場として特に保全が必要な水域	0.03 mg/l 以下
生物 B	コイ，フナ等比較的高温域を好む水生生物およびこれらの餌生物が生息する水域	0.03 mg/l 以下
生物特 B	生物 B の水域のうち，生物 B の欄に掲げる水生生物の産卵場（繁殖場）または幼稚仔の生育場として特に保全が必要な水域	0.03 mg/l 以下

付表 3.8 生活環境の保全に関する環境基準—海域 ア

類型	利用目的の適応性	基準値				
		水素イオン濃度 pH	化学的酸素要求量 COD	溶存酸素 DO	大腸菌群数	n-ヘキサン抽出物質（油分等）
A	水産 1 級 水浴 自然環境保全および B 以下の欄に掲げるもの	7.8 以上 8.3 以下	2 mg/l 以下	7.5 mg/l 以上	1000 MPN/100 ml 以下	検出されないこと
B	水産 2 級 工業用水 および C 以下の欄に掲げるもの	7.8 以上 8.3 以下	3 mg/l 以下	5 mg/l 以上	—	検出されないこと
C	環境保全	7.0 以上 8.3 以下	8 mg/l 以下	2 mg/l 以上	—	—

備考　水産 1 級のうち，生食用原料カキの養殖の利水点については，大腸菌群数 70 MPN/100 ml 以下とする．
(注) 1. 自然環境保全：自然探勝等の環境保全
2. 水産 1 級：マダイ，ブリ，ワカメ等の水産生物用及び水産 2 級の水産生物用
水産 2 級：ボラ，ノリ等の水産生物用
3. 環境保全：国民の日常生活（沿岸の遊歩等を含む）において不快感を生じない限度

付表 3.9 生活環境の保全に関する環境基準—海域 イ

類型	利用目的の適応性	基準値	
		全窒素	全リン
I	自然環境保全および II 以下の欄に掲げるもの（水産 2 種および 3 種を除く）	0.2 mg/l 以下	0.02 mg/l 以下
II	水産 1 種 水浴および III 以下の欄に掲げるもの （水産 2 種および 3 種を除く）	0.3 mg/l 以下	0.03 mg/l 以下
III	水産 2 種および IV 以下の欄に掲げるもの （水産 3 種を除く）	0.6 mg/l 以下	0.05 mg/l 以下
IV	水産 3 種 工業用水 生物生息環境保全	1 mg/l 以下	0.09 mg/l 以下

備考　1. 基準値は，年間平均値とする．
2. 水域類型の指定は，海洋植物プランクトンの著しい増殖を生ずるおそれがある海域について行うものとする．
(注) 1. 自然環境保全：自然探勝等の環境保全
2. 水産 1 種：底生魚介類を含め多様な水産生物がバランスよく，かつ，安定して漁獲される
水産 2 種：一部の底生魚介類を除き，魚類を中心とした水産生物が多獲される
水産 3 種：汚濁に強い特定の水産生物が主に漁獲される
3. 生物生息環境保全：年間を通して底生生物が生息できる限度

付表 3.10　生活環境の保全に関する環境基準—海域　ウ

類型	水生生物の生息状況の適応性	基準値 全亜鉛
生物 A	水生生物の生息する水域	0.02 mg/l 以下
生物特 A	生物 A の水域のうち，水生生物の産卵場（繁殖場）または幼稚仔の生育場として特に保全が必要な水域	0.01 mg/l 以下

付表 3.11　水生生物の保全に係る要監視項目及び指針値

項目名	水域	類型	指針値（mg/l）
クロロホルム	河川及び湖沼	生物 A	0.7 以下
		生物特 A	0.006 以下
		生物 B	3 以下
		生物特 B	3 以下
	海域	生物 A	0.8 以下
		生物特 A	0.8 以下
フェノール	河川及び湖沼	生物 A	0.05 以下
		生物特 A	0.01 以下
		生物 B	0.08 以下
		生物特 B	0.01 以下
	海域	生物 A	2 以下
		生物特 A	0.2 以下
ホルムアルデヒド	河川及び湖沼	生物 A	1 以下
		生物特 A	1 以下
		生物 B	1 以下
		生物特 B	1 以下
	海域	生物 A	0.3 以下
		生物特 A	0.03 以下

地下水の水質汚濁に係る環境基準

地下水の水質汚濁に係る環境上の条件につき人の健康を保護する上で維持することが望ましい基準として，公共用水域の場合（付表3.1）と同じ環境基準が設定されている．

公共用水域等における農薬の水質評価指針

空中散布農薬など一時に広範囲に使用されるもので，公共用水域などでの水質汚濁に関する基準値などが定められていない農薬について，公共用水域などで検出された場合に水質の安全性にかかわる評価の目安として環境庁（現環境省）が定めた指針である（付表3.12）．

付表 3.12　公共用水域等における農薬の水質評価指針（平成 6 年 4 月 15 日環水土 86 環境庁水質保全局長通知）

	農薬成分名	農薬の水質評価指針値（mg/l）		農薬成分名	農薬の水質評価指針値（mg/l）
殺虫剤	クロルピリホス	0.03 以下	殺菌剤	エディフェンホス（EDDP）	0.006 以下
	トリクロルホン	0.03 以下		トリシクラゾール	0.1 以下
	ピリダフェンチオン	0.002 以下		フサライド	0.1 以下
	イミダクロプリド	0.2 以下		プロベナゾール	0.05 以下
	エトフェンプロックス	0.08 以下	除草剤	ブタミホス	0.004 以下
	カルバリル（NAC）	0.05 以下		ベンスリド（SAP）	0.1 以下
	ジクロフェンチオン（ECP）	0.006 以下		ペンディメタリン	0.1 以下
	ブプロフェジン	0.01 以下		エスプロカルブ	0.01 以下
	マラチオン（マラソン）	0.01 以下		シメトリン	0.06 以下
殺菌剤	イプロジオン	0.3 以下		プレチラクロール	0.04 以下
	トルクロホスメチル	0.2 以下		ブロモブチド	0.04 以下
	フルトラニル	0.2 以下		メフェナセット	0.009 以下
	ペンシクロン	0.04 以下		モリネート	0.005 以下
	メプロニル	0.1 以下			

水浴場水質判定基準

水浴場の適切性を判断するため，全国一律に水浴場水質判定基準が設定されている（付表3.13）．この基準に従い，ふん便性大腸菌群数，油膜の有無，COD又は透明度のいずれかの項目が「不適」であるものが「不適」な水浴場と判定される．また，「不適」でない水浴場については，付表3.13に従い，各項目のすべてが「水質AA」である水浴場は「水質AA」，各項目のすべてが「水質A」以上である水浴場は「水質A」，各項目のすべてが「水質B」以上である水浴場は「水質B」，これら以外のものは「水質C」と判定され，「水質AA」及び「水質A」であるものが「適」，「水質B」及び「水質C」であるものが「可」とされる．

また，「改善対策を要するもの」については以下のとおりとされる．

- 「水質B」又は「水質C」と判定されたもののうち，ふん便性大腸菌群数が，400個/100 mlを超える測定値が1以上あるもの．
- 油膜が認められたもの．

付表3.13 水浴場水質基準

区分		ふん便性大腸菌群数	油膜の有無	COD	透明度
適	水質AA	不検出（検出限界2個/100 ml）	油膜が認められない	2 mg/l 以下（湖沼は3 mg/l 以下）	全透（水深1 m 以上）
	水質A	100個/100 ml 以下	油膜が認められない	2 mg/l 以下（湖沼は3 mg/l 以下）	全透（水深1 m 以上）
可	水質B	400個/100 ml 以下	常時は油膜が認められない	5 mg/l 以下	水深1 m 未満～50 cm 以上
	水質C	1000個/100 ml 以下	常時は油膜が認められない	8 mg/l 以下	水深1 m 未満～50 cm 以上
不適		1000個/100 ml を越えるもの	常時油膜が認められる	8 mg/l 超	50 cm 未満*

（注）判定は，同一水浴場に関して得た測定値の平均値による．
「不検出」とは，平均値が検出限界未満のことをいう．
透明度（*の部分）に関しては，砂の巻き上げによる原因は評価の対象外とすることができる．

水道水の水質基準

水道水は，衛生的で安全であること，飲用するときに不快感や不安感がないこと，ならびに水道設備等に悪影響を与えないことなどの条件を満たしている必要がある．これらの条件を全国一律に法的規定したものが水道水基準であり，水質基準項目（平成16年4月1日現在50項目，付表3.14）と水質管理目標設定項目（同27項目，付表3.15）からなる．

水質基準項目（付表3.14）は，水道水が備えなければならない水質上の条件であり，衛生的安全性の確保（健康に関連する項目），基礎的・機能的条件の確保（水道水が有すべき性状に関連する項目）などについて規定されている．すべての水道に一律に適用され，水道により供給される水はこの基準に適合しなければならない．

一方の水質管理目標設定項目（付表3.15）は，将来にわたって水道水の安全性の確保に万全を期する見地から，水道水中で検出される可能性があるなど，水質管理上留意すべき項目として位置づけられたもので，目標値として定められている．

付表 3.14 水道水の水質基準項目（厚生労働省令第 101 号，平成 15 年 5 月 30 日）

	項　目	基準値	区分
1	一般細菌	1 ml の検水で形成される集落数が 100 以下であること	健康に関連する項目
2	大腸菌	検出されないこと	
3	カドミウムおよびその化合物	カドミウムの量に関して，0.01 mg/l 以下であること	
4	水銀およびその化合物	水銀の量に関して，0.0005 mg/l 以下であること	
5	セレンおよびその化合物	セレンの量に関して，0.01 mg/l 以下であること	
6	鉛およびその化合物	鉛の量に関して，0.01 mg/l 以下であること	
7	ヒ素およびその化合物	ヒ素の量に関して，0.01 mg/l 以下であること	
8	六価クロムおよびその化合物	六価クロムの量に関して，0.05 mg/l 以下であること	
9	シアン化物イオンおよび塩化シアン	シアンの量に関して，0.01 mg/l 以下であること	
10	硝酸態窒素および亜硝酸態窒素	10 mg/l 以下であること	
11	フッ素およびその化合物	フッ素の量に関して，0.8 mg/l 以下であること	
12	ホウ素およびその化合物	ホウ素の量に関して，1.0 mg/l 以下であること	
13	四塩化炭素	0.002 mg/l 以下であること	
14	1,4-ジオキサン	0.05 mg/l 以下であること	
15	1,1-ジクロロエチレン	0.02 mg/l 以下であること	
16	シス-1,2-ジクロロエチレン	0.04 mg/l 以下であること	
17	ジクロロメタン	0.02 mg/l 以下であること	
18	テトラクロロエチレン	0.01 mg/l 以下であること	
19	トリクロロエチレン	0.03 mg/l 以下であること	
20	ベンゼン	0.01 mg/l 以下であること	
21	クロロ酢酸	0.02 mg/l 以下であること	
22	クロロホルム	0.06 mg/l 以下であること	
23	ジクロロ酢酸	0.04 mg/l 以下であること	
24	ジブロモクロロメタン	0.1 mg/l 以下であること	
25	臭素酸	0.01 mg/l 以下であること	
26	総トリハロメタン	0.1 mg/l 以下であること	
27	トリクロロ酢酸	0.2 mg/l 以下であること	
28	ブロモジクロロメタン	0.03 mg/l 以下であること	
29	ブロモホルム	0.09 mg/l 以下であること	
30	ホルムアルデヒド	0.08 mg/l 以下であること	
31	亜鉛およびその化合物	亜鉛の量に関して，1.0 mg/l 以下であること	水道水が有すべき性状に関連する項目
32	アルミニウムおよびその化合物	アルミニウムの量に関して，0.2 mg/l 以下であること	
33	鉄およびその化合物	鉄の量に関して，0.3 mg/l 以下であること	
34	銅およびその化合物	銅の量に関して，1.0 mg/l 以下であること	
35	ナトリウムおよびその化合物	ナトリウムの量に関して，200 mg/l 以下であること	
36	マンガンおよびその化合物	マンガンの量に関して，0.05 mg/l 以下であること	
37	塩化物イオン	200 mg/l 以下であること	
38	カルシウム・マグネシウム等（硬度）	300 mg/l 以下であること	
39	蒸発残留物	500 mg/l 以下であること	
40	陰イオン界面活性剤	0.2 mg/l 以下であること	
41	ジェオスミン[*1]	0.00001 mg/l 以下であること	
42	2-メチルイソボルネオール[*2]	0.00001 mg/l 以下であること	
43	非イオン界面活性剤	0.02 mg/l 以下であること	
44	フェノール類	フェノール量に換算して，0.005 mg/l 以下であること	
45	有機物（全有機炭素：TOC）	5 mg/l 以下であること	

46	pH 値	5.8 以上 8.6 以下であること	水道水が有すべき性状に関連する項目
47	味	異常でないこと	
48	臭気	異常でないこと	
49	色度	5 度以下であること	
50	濁度	2 度以下であること	

*1 平成 16 年 4 月 1 日に布設されている水道により供給されている水は，平成 19 年 3 月 31 日までの間は 0.00002 mg/l 以下であること．

*2 平成 16 年 4 月 1 日に布設されている水道により供給されている水は，平成 19 年 3 月 31 日までの間は 0.00002 mg/l 以下であること．

付表 3.15 水道水の水質管理目標設定項目

	項　目	目標値
1	アンチモンおよびその化合物	アンチモンの量に関して，0.015 mg/l 以下
2	ウランおよびその化合物	ウランの量に関して，0.002 mg/l 以下（暫定）
3	ニッケルおよびその化合物*1	ニッケルの量に関して，0.01 mg/l 以下（暫定）
4	亜硝酸態窒素*1	0.05 mg/l 以下（暫定）
5	1,2-ジクロロエタン	0.004 mg/l 以下
6	トランス-1,2-ジクロロエチレン	0.04 mg/l 以下
7	1,1,2-トリクロロエタン	0.006 mg/l 以下
8	トルエン	0.2 mg/l 以下
9	フタル酸ジ（2-エチルヘキシル）	0.1 mg/l 以下
10	亜塩素酸*2	0.6 mg/l 以下
11	塩素酸*2	0.6 mg/l 以下
12	二酸化塩素*2	0.6 mg/l 以下
13	ジクロロアセトニトリル*1	0.04 mg/l 以下（暫定）
14	抱水クロラール*1	0.03 mg/l 以下（暫定）
15	農薬類	検出値と目標値の比の和として，1 以下
16	残留塩素	1 mg/l 以下
17	カルシウム，マグネシウム等（硬度）	10 mg/l 以上 100 mg/l 以下
18	マンガンおよびその化合物	マンガンの量に関して，0.01 mg/l 以下
19	遊離炭酸	20 mg/l 以下
20	1,1,1-トリクロロエタン	0.3 mg/l 以下
21	メチル-t-ブチルエーテル	0.02 mg/l 以下
22	有機物等（過マンガン酸カリウム消費量）	3 mg/l 以下
23	臭気強度（TON）	3 以下
24	蒸発残留物	30 mg/l 以上 200 mg/l 以下
25	濁度	1 度以下
26	pH 値	7.5 程度
27	腐食性（ランゲリア指数）	－1 程度以上とし，極力 0 に近づける

*1 目標値の 10 分の 1 を超えて検出事例がみられることや国民の関心が高いことから，他の水質管理目標設定項目に比して優先的に取り扱う項目．

*2 浄水または浄水処理過程で二酸化塩素を注入する事業者等においては，水質基準に準じて取り扱う項目．

水産用水基準

水産用水質基準は法的に定められた基準はないが，㈳日本水産資源保護協会が水産の生産基盤として水域の望ましい水質条件を示している（㈳日本水産資源保護協会（2006），水産用水基準（2005年版））（付表3.16）．

付表3.16 水産用水基準（㈳日本水産資源保護協会（2006），水産用水基準（2005年版）より）

水域	河川	湖沼	海域
有機物（BOD，COD）	自然繁殖の条件：BOD 3 mg/l 以下（サケ・マス・アユには 2 mg/l 以下）	自然繁殖の条件：COD_{Mn}（酸性法）4 mg/l 以下（サケ・マス・アユには 2 mg/l 以下）	一般海域：COD_{OH}（アルカリ性法）1 mg/l 以下
	生育の条件：BOD 5 mg/l 以下（サケ・マス・アユには 3 mg/l 以下）	生育の条件：COD_{Mn} 5 mg/l 以下（サケ・マス・アユには 3 mg/l 以下）	ノリ養殖場や閉鎖性内湾沿岸域：COD_{OH} 2 mg/l 以下
全窒素	―	コイ・フナ対象：1.0 mg/l 以下	環境基準が定める水産1種：0.3 mg/l 以下
		ワカサギ対象：0.6 mg/l 以下	環境基準が定める水産2種：0.6 mg/l 以下
		サケ科・アユ科対象：0.2 mg/l 以下	環境基準が定める水産3種：1.0 mg/l 以下
			（ノリ養殖に最低限必要な栄養塩濃度：無機態窒素として 0.07〜0.1 mg/l）
全リン	―	コイ・フナ対象：0.1 mg/l 以下	環境基準が定める水産1種：0.03 mg/l 以下
		ワカサギ対象：0.05 mg/l 以下	環境基準が定める水産2種：0.05 mg/l 以下
		サケ科・アユ科対象：0.01 mg/l 以下	環境基準が定める水産3種：0.09 mg/l 以下
			（ノリ養殖に最低限必要な栄養塩濃度：無機態リンとして 0.007〜0.014 mg/l）
溶存酸素（DO）	6 mg/l 以下（サケ・マス・アユには 7 mg/l 以下）		6 mg/l 以上（内湾漁場の夏季底層では 4.3 mg/l (3 ml/l) を最低限維持しなくてはならない）
水素イオン濃度（pH）	6.7〜7.5		7.8〜8.4
	生息する生物に悪影響を及ぼすほど pH の急激な変化がないこと		
懸濁物質（SS）	25 mg/l 以下（人為的に加えられる懸濁物質は 5 mg/l 以下）	貧栄養湖でのサケ・マス・アユ生産：1.4 mg/l 以下（透明度 4.5 m 以上）	人為的に加えられる懸濁物質：2 mg/l 以下
	忌避行動などの反応を起こさせる原因とならないこと	温水性魚類生産：3.0 mg/l 以下（透明度 1.0 m 以上）	海藻類の繁殖に適した水深において必要な照度が保持され，その繁殖と生長に影響を及ばさないこと
	日光の透過を妨げ，水性植物の繁殖，生長に影響を及ばさないこと		
着色	光合成に必要な光の透過が妨げられないこと．忌避行動の原因とならないこと		
水温	水産生物に悪影響を及ぼすほどの水温の変化がないこと		
大腸菌群	1000 MPN/100 ml 以下（生食用カキ飼育では 70 MPN/100 ml 以下）		
油分	水中に油分が検出されないこと．水面に油膜が認められないこと		
有害物質	重金属，シアン化合物，農薬，その他の有機物質，無機物質などが有害な程度（別に定める）に含まれないこと		
底質	有機物などによる汚泥床，みずわたなどの発生をおこさないこと		COD_{OH} 20 mg/g-乾泥以下
			硫化物 0.2 mg/g-乾泥以下
			ノルマルヘキサン抽出物 0.1% 以下
	微細な懸濁物が岩面，礫，または砂利などに付着し，種苗の着生，発生あるいはその生育を妨げないこと		
	海洋汚染及び海上災害の防止に関する法律に定められた溶出試験により得られた検液中の有害物質のうち水産用水基準で基準値が定められている物質については，水産用水基準の基準値の 10 倍を下回ること．ただし，カドミウム，PCB については溶出試験で得られた検液中の濃度がそれぞれの化合物の検出下限値を下回ること		
	ダイオキシン類の濃度は 150 pgTEQ/g を下回ること		

農業用水基準

農業（水稲）用水基準は，農林水産省が 1970（昭和 45）年に定めた基準で，水稲の正常な生育のために望ましい灌漑用水の指標として利用されている（付表 3.17）．

付表 3.17 農業（水稲）用水質基準

項 目		基 準
pH（水素イオン濃度）		6.0 ～ 7.5
COD（化学的酸素要求量）		6 mg/l 以下
SS（浮遊物質）		100 mg/l 以下
DO（溶存酸素）		5 mg/l 以上
T-N（全窒素濃度）		1 mg/l 以下
EC（電気伝導度）		0.3 mS/cm 以下
重金属	As（ヒ素）	0.05 mg/l 以下
	Zn（亜鉛）	0.5 mg/l 以下
	Cu（銅）	0.02 mg/l 以下

工業用水道の供給標準水質

工業用水道の供給水質の実態（処理下水など特殊な水源のものを除く）および工業用水道受給者側の要望水質を勘案して算出された一応の基準値として，日本工業用水協会，工業用水水質基準制定委員会により，工業用水道の供給標準水質が規定されている（付表 3.18）．

付表 3.18 工業用水道の供給基準水質

濁度 (mg/l)	pH (-)	アルカリ度 $CaCO_3$ (mg/l)	硬度 $CaCO_3$ (mg/l)	蒸発残留物 (mg/l)	塩素イオン Cl^- (mg/l)	鉄 Fe (mg/l)	マンガン Mn (mg/l)
20	6.5～8.0	75	120	250	80	0.3	0.2

再生水水質基準

再生水の利用に関する水質基準としては，建築物衛生法のなかで定められる建築物環境衛生管理基準が関連する．雑用水を供給する場合の必要な措置として水質基準（2003年4月）が付表3.19 a のように定められている．一方，下水処理水の適切な再利用を推進するために，国土交通省によって従来の下水処理水再利用の水質基準及び目標水質等の見直しがなされ，付表3.19 b に示すような水質基準等及び施設基準が提示されている．

付表3.19 a 雑用水に関する水質基準

項目	水洗便所用水	散水用水	修景用水	清掃用水
原水	―	し尿を含む水を原水として用いないこと		
pH値	5.8以上8.6以下			
臭気	異常でないこと			
外観	ほとんど無色透明であること			
大腸菌群	検出されないこと			
濁度	―	2度以下		
遊離残留塩素（結合残留塩素）	給水栓の水で 0.1 mg/l 以上（0.4 mg/l 以上）			

付表3.19 b 再生水利用に関する技術上の基準（水質基準等及び施設基準）*

	基準適用箇所	水洗用水	散水用水	修景用水	親水用水
大腸菌	再生処理施設出口	不検出[1]	不検出[1]	備考参照[1]	不検出[1]
濁度		（管理目標値）2度以下	（管理目標値）2度以下	（管理目標値）2度以下	2度以下
pH		5.8〜8.6	5.8〜8.6	5.8〜8.6	5.8〜8.6
外観		不快でないこと	不快でないこと	不快でないこと	不快でないこと
色度		―[2]	―[2]	40度以下[2]	10度以下[2]
臭気		不快でないこと[3]	不快でないこと[3]	不快でないこと[3]	不快でないこと[3]
残留塩素	責任分界点	（管理目標値）遊離残留塩素 0.1 mg/l 又は結合残留塩素 0.4 mg/l 以上[4]	（管理目標値[4]）遊離残留塩素 0.1 mg/l 又は結合残留塩素 0.4 mg/l 以上[5]	備考参照[4]	（管理目標値[4]）遊離残留塩素 0.1 mg/l 又は結合残留塩素 0.4 mg/l 以上[5]
施設基準		砂ろ過施設又は同等以上の機能を有する施設を設けること	砂ろ過施設又は同等以上の機能を有する施設を設けること	砂ろ過施設又は同等以上の機能を有する施設を設けること	凝集沈殿＋砂ろ過施設又は同等以上の機能を有する施設を設けること
備考		1) 検水量は 100 ml とする（特定酵素基質培地法） 2) 利用者の意向等を踏まえ，必要に応じて基準値を設定 3) 利用者の意向等を踏まえ，必要に応じて臭気強度を設定 4) 供給先で追加塩素注入を行う場合には個別の協定等に基づくこととしても良い	1) 検水量は 100 ml とする（特定酵素基質培地法） 2) 利用者の意向等を踏まえ，必要に応じて基準値を設定 3) 利用者の意向等を踏まえ，必要に応じて臭気強度を設定 4) 消毒の残留効果が特に必要ない場合には適用しない 5) 供給先で追加塩素注入を行う場合には個別の協定等に基づくこととしても良い	1) 暫定的に現行基準（大腸菌群数 1000 CFU/100 ml）を採用 2) 利用者の意向等を踏まえ，必要に応じて上乗せ基準値を設定 3) 利用者の意向等を踏まえ，必要に応じて臭気強度を設定 4) 生態系全体の観点から塩素消毒以外の処理を行う場合があること及び人間が触れることを前提としない利用であるため規定しない	1) 検水量は 100 ml とする（特定酵素基質培地法） 2) 利用者の意向等を踏まえ，必要に応じて上乗せ基準値を設定 3) 利用者の意向等を踏まえ，必要に応じて臭気強度を設定 4) 消毒の残留効果が特に必要ない場合には適用しない 5) 供給先で追加塩素注入を行う場合には個別の協定等に基づくこととしても良い

*国土交通省：下水処理水の再利用水質基準等マニュアル（2005年4月）

水質汚濁防止法に基づく排出規制

公共用水域の水質汚濁を防止するため，水質汚濁防止法に基づき，特定施設を有する工場・事業場の排出水に対して，全国一律の排水基準が定められている（付表3.20, 3.21）．さらに，各都道府県では，条例により，この一律排水基準よりも厳しい上乗せ排水基準を定めることができる．また，特定地下浸透水に関しては，付表3.22の濃度を超えた検出がなされた場合に，有害物質を含むものと判断される．

付表3.20 一律排水基準—有害項目
（平成13年6月改正）

項 目	排水基準値（mg/l）
カドミウムおよびその化合物	0.1
シアン化合物	1
有機リン化合物	1
鉛およびその化合物	0.1
六価クロム化合物	0.5
ヒ素およびその化合物	0.1
水銀化合物	0.005
アルキル水銀化合物	検出されないこと
ポリ塩化ビフェニル	0.003
トリクロロエチレン	0.3
テトラクロロエチレン	0.1
ジクロロメタン	0.2
四塩化炭素	0.02
1,2-ジクロロエタン	0.04
1,1-ジクロロエチレン	0.2
シス-1,2-ジクロロエチレン	0.4
1,1,1-トリクロロエタン	3
1,1,2-トリクロロエタン	0.06
1,3-ジクロロプロペン	0.02
チウラム	0.06
シマジン	0.03
チオベンカルブ	0.2
ベンゼン	0.1
セレンおよびその化合物	0.1
ホウ素およびその化合物	10（海域以外） 230（海域）
フッ素およびその化合物	8（海域以外） 15（海域）
アンモニア，アンモニウム化合物，亜硝酸化合物および硝酸化合物	100*

*：アンモニア性窒素に0.4を乗じたもの，亜硝酸性窒素及び硝酸性窒素の合計量．
備考「検出されないこと．」とは，環境大臣が定める方法により排出水の汚染状態を検定した場合において，その結果が当該検定方法の定量限界を下回ることをいう．

付表3.21 一律排水基準—生活関連項目
（平成13年6月改正）

項 目		排水基準値（mg/l）
pH	海域以外	5.8〜8.6
	海域	5.0〜9.0
BOD	最大	160
	日間平均	120
COD	最大	160
	日間平均	120
SS	最大	200
	日間平均	150
n-ヘキサン抽出物質（鉱物油類）		5
n-ヘキサン抽出物質（動植物油脂類）		30
フェノール		5
銅		3
亜鉛		5
溶解性鉄		10
溶解性マンガン		10
クロム		2
大腸菌群数	日間平均	3000（個/cm^3）
窒素	最大	120
	日間平均	60
リン	最大	16
	日間平均	8

注：1日当たりの平均的な排出水の量が50 m^{3}以上である工場または事業場にかかわる排出水について適用する．
備考1 この表に掲げる排水基準は，一日あたりの平均的な排出水の量が50 m^{3}以上である工場又は事業場に係る排出水について適用する．
　　2 生物化学的酸素要求量（BOD）についての排水基準は，海域及び湖沼以外の公共水域に排出される排出水に限って適用し，化学的酸素要求量（COD）についての排水基準は，海域及び湖沼に排出される排出水に限って適用する．
　　3 窒素含有量についての排水基準は，窒素が湖沼植物プランクトンの著しい増殖をもたらすおそれがある湖沼として環境大臣が定める湖沼，海洋植物プランクトンの著しい増殖をもたらすおそれがある海域として環境大臣が定める海域及びこれらに流入する公共用水域に排出される排出水に限って適用する．
　　4 燐含有量についての排水基準は，燐が湖沼植物プランクトンの著しい増殖をもたらすおそれがある湖沼として環境大臣が定める湖沼，海洋植物プランクトンの著しい増殖をもたらすおそれがある海域として環境大臣が定める海域及びこれらに流入する公共用水域に排出される排出水に限って適用する．

http://www.env.go.jp/water/impure/haisui.html 参照．

付表 3.22 特定地下浸透水で有害物質が検出されるとする濃度

項　目	検出されるとする濃度
カドミウムおよびその化合物	0.001 mg/l
シアン化合物	0.1 mg/l
有機リン化合物（パラチオン，メチルパラチオン，メチルジメトンおよび EPN に限る）	0.1 mg/l
鉛およびその化合物	0.005 mg/l
六価クロム化合物	0.04 mg/l
ヒ素およびその化合物	0.005 mg/l
水銀およびアルキル水銀その他の水銀化合物	0.0005 mg/l
アルキル水銀化合物	0.0005 mg/l
PCB	0.0005 mg/l
ジクロロメタン	0.002 mg/l
トリクロロエチレン	0.002 mg/l
テトラクロロエチレン	0.0005 mg/l
四塩化炭素	0.0002 mg/l
1,2-ジクロロエタン	0.0004 mg/l
1,1-ジクロロエチレン	0.002 mg/l
シス-1,2-ジクロロエチレン	0.004 mg/l
1,1,1-トリクロロエタン	0.0005 mg/l
1,1,2-トリクロロエタン	0.0006 mg/l
1,3-ジクロロプロペン	0.0002 mg/l
チウラム	0.0006 mg/l
シマジン	0.0003 mg/l
チオベンカルブ	0.002 mg/l
ベンゼン	0.001 mg/l
セレンおよびその化合物	0.002 mg/l
ホウ素およびその化合物	0.2 mg/l
フッ素およびその化合物	0.2 mg/l
アンモニア，アンモニウム化合物，亜硝酸化合物および硝酸化合物	下記に表記

アンモニアまたはアンモニウム化合物にあっては 1 l につきアンモニア性窒素 0.7 mg，亜硝酸化合物にあっては 1 l につき亜硝酸性窒素 0.2 mg，硝酸化合物にあっては 1 l につき硝酸性窒素 0.2 mg．

付 3.3 水環境版元素周期律表（水環境関連法令等で規制を受ける物質をグレーで表示）

1	2	3	4	5	6	7	8	9	10	11	12	13	14	15	16	17	18
1 H 1.008 水素 3)他,注																	2 He 4.003 ヘリウム
3 Li 6.941 リチウム	4 Be 9.012 ベリリウム											5 B 10.81 ホウ素	6 C 12.01 炭素	7 N 14.01 窒素 1)他,注	8 O 16 酸素 1)他,注	9 F 19 フッ素 1),3),6),8)	10 Ne 20.18 ネオン
11 Na 22.99 ナトリウム 3)	12 Mg 24.31 マグネシウム 3),4)											13 Al 26.98 アルミニウム 3)	14 Si 28.09 ケイ素	15 P 30.97 リン 7)他	16 S 32.07 硫黄	17 Cl 35.45 塩素 3)他,注	18 Ar 39.95 アルゴン
19 K 39.1 カリウム	20 Ca 40.08 カルシウム 3),4)	21 Sc 44.96 スカンジウム	22 Ti 47.88 チタン	23 V 50.94 バナジウム	24 Cr 52 クロム 1),3),6),7),8)	25 Mn 54.94 マンガン 2),3),4),7)	26 Fe 55.85 鉄 3),7)	27 Co 58.93 コバルト	28 Ni 58.69 ニッケル 2),4)	29 Cu 63.55 銅 2),3),5),7)	30 Zn 65.39 亜鉛 3),5),7)	31 Ga 69.72 ガリウム	32 Ge 72.61 ゲルマニウム	33 As 74.92 ヒ素 1),3),5),6),8)	34 Se 78.96 セレン 1),3),6),8)	35 Br 79.9 臭素 3)	36 Kr 83.8 クリプトン
37 Rb 85.47 ルビジウム	38 Sr 87.62 ストロンチウム	39 Y 88.91 イットリウム	40 Zr 91.22 ジルコニウム	41 Nb 92.91 ニオブ	42 Mo 95.94 モリブデン 2)	43 Tc -99 テクネチウム	44 Ru 101.1 ルテニウム	45 Rh 102.9 ロジウム	46 Pd 106.4 パラジウム	47 Ag 107.9 銀	48 Cd 112.4 カドミウム 1),3),6),8)	49 In 114.8 インジウム	50 Sn 118.7 スズ	51 Sb 121.8 アンチモン 2),4)	52 Te 127.6 テルル	53 I 126.9 ヨウ素	54 Xe 131.3 キセノン
55 Cs 132.9 セシウム	56 Ba 137.3 バリウム	ランタノイド	72 Hf 178.5 ハフニウム	73 Ta 180.9 タンタル	74 W 183.8 タングステン	75 Re 186.2 レニウム	76 Os 190.2 オスミウム	77 Ir 192.2 イリジウム	78 Pt 195.1 白金	79 Au 197 金	80 Hg 200.6 水銀 1),3),6),8)	81 Tl 204.4 タリウム	82 Pb 207.2 鉛 1),3),6),8)	83 Bi 209 ビスマス	84 Po -210 ポロニウム	85 At -210 アスタチン	86 Rn -222 ラドン
87 Fr -223 フランシウム	88 Ra -226 ラジウム	アクチノイド															

ランタノイド:
| 57 La 138.9 ランタン | 58 Ce 140.1 セリウム | 59 Pr 140.9 プラセオジウム | 60 Nd 144.2 ネオジウム | 61 Pm -145 プロメチウム | 62 Sm 150.4 サマリウム | 63 Eu 152 ユウロピウム | 64 Gd 157.3 ガドリニウム | 65 Tb 158.9 テルビウム | 66 Dy 162.5 ジスプロシウム | 67 Ho 164.9 ホルミウム | 68 Er 167.3 エルビウム | 69 Tm 168.9 ツリウム | 70 Yb 173 イッテルビウム | 71 Lu 175 ルテチウム |

アクチノイド:
| 89 Ac -227 アクチニウム | 90 Th 232 トリウム | 91 Pa 231 プロトアクチニウム | 92 U 238 ウラン 2),4) | 93 Np -237 ネプツニウム | 94 Pu -239 プルトニウム | 95 Am -243 アメリシウム | 96 Cm -247 キュリウム | 97 Bk -247 バークリウム | 98 Cf -252 カリホルニウム | 99 Es -252 アインスタイニウム | 100 Fm -257 フェルミウム | 101 Md -258 メンデレビウム | 102 No -259 ノーベリウム | 103 Lr -262 ローレンシウム |

この他、原子番号 104 以上の超アクチノイド元素があるが、本書の主旨から、ここでは省略した。

1) 人の健康の保護に関する環境基準（付表 3.1）
2) 水質要監視項目及び指針値（付表 3.2）
3) 水道水の水質基準項目（付表 3.14）
4) 水道水の水質管理目標設定項目（付表 3.15）
5) 農業（水稲）用水質基準（付表 3.17）
6) 一律排水基準―有害項目（付表 3.20）
7) 一律排水基準―生活関連項目（付表 3.21）
8) 特定地下浸透水で有害物質が検出されるとする濃度（付表 3.22）

注）Hは各種無機・有機化合物および pH として、C は各種有機化合物として、N はシアンや各種無機・有機化合物として、O は溶存形態および各種無機・有機化合物として、Cl はイオン、遊離塩素および各種有機化合物として、Br は臭素酸イオンとして規制。

［下ヶ橋雅樹・迫田章義］

索　引

ア

アイゴ　71
アオコ　403
アオコ制御　343
アオサ　71, 307
青潮　42, 97, 108, 113, 423
アオノリ・アオサ場　71
赤潮　108, 109, 113, 422
アカモク　71
アカンソアメーバ　456
亜寒帯性　103
アカンタメーバ　465
アカントアメーバ属　469
亜急性　370
アクションリサーチ　601
アサリの浮遊幼生　66
亜硝酸還元酵素遺伝子　569
亜硝酸酸化細菌　569
亜硝酸性窒素　363, 364
アストロウイルス　438, 442
アスナロガンガゼ属　72
アセスメントファクター係数（安全係数）　533
アセトニトリル/ヘキサン分配　484
亜セレン酸　360
圧搾　269
圧密　270
アデノウイルス　438, 442
亜熱帯性　103
油汚染　113
アマモ　71
アマモ場　70, 71, 88
アマモ場再生　90
アミトロール　373
アミノ酸　559, 560
アミ類　402
アメニティ　164
アメーバ性角膜炎　465
アメーバ性肉芽腫性脳炎　465
アメーバ赤痢　464
アラメ　71
アラメ・カジメ場　71

有明海　63
アルカリ剤　190
アルカリ度　151, 644
アルカリ分解　485
アルカリ分解-ヘキサン抽出法　519
アルキル　384
アルキルフェノールエトキシレート　384
アルドリン　374
アルミニウム系凝集剤　186
アルミニウム交換緩衝　150
アワビ　72
暗渠施設　313
安全係数　628
アンチコドン　562
安定型最終処分場　149
安定5品目　149
安定水利権　685
安定同位体比　415
安定同位体標識標準物質　372
アンモニア酸化細菌　568
アンモニアモノオキシゲナーゼ　569

イ

硫黄酸化細菌　148, 229
イオン化機構　501
イオン化法　502
イオン交換　249, 273
イオン交換樹脂　273, 322, 323, 324, 481
イオン交換水　318
イオン交換繊維　273
イオン交換膜　273, 324, 325
イオン選択性　323
閾値　626
異臭味　184
イソスポーラ　466
磯浜　102
イタイイタイ病　357
板枠型圧ろ器　269
イチイヅタ　72
一次生産　54, 392
一次躍層　40

一之江境川　169
一之江境川親水公園を愛する会　168
一級河川　678
一般細菌　212, 472
一般毒性試験　625
遺伝子　445, 561, 585
　　　──の発現制御　562
　　　栄養塩除去にかかわる──　594
遺伝子群　585
遺伝子工学　586
遺伝子多様性　76
遺伝子毒性発癌物質　626
移動相　504
移動相とカラム　503
　　　──の種類　505
イフェクター　562
イベント　67
移流分散　18
移流分散係数　18
移流分散方程式　19
イルガロール　373
陰イオン交換　273
飲水量　629
インスプレーグロー放電イオン化　503
インデューサー　562
インパクトアセスメント　641
インフラLCA　641
インベントリ分析　641
飲料水水質ガイドライン　186
飲料水のDNA損傷性　537
飲料製造用水　317

ウ

ヴァーチャルウォーター　684
ヴァールカンピア科　466
ウイルス　408, 410, 422, 444, 448
ウイルス血症　439
ウイルス不活化　449, 450, 451
ウォーターレタス　344
魚つき保安材　682
羽化昆虫　392

索　引

浮島　57
雨水浸透升　616
渦鞭毛植物門　404
渦鞭毛藻　422
雨天時越流水　225
海の健康度　646
海のゆりかご　71
海辺の親水空間　175
埋立て　72, 106
運命　374

エ

影響評価指標　624
衛生害虫　373
栄養塩　28, 73, 422, 423
栄養塩一時貯留機能　30
栄養塩回帰　407
栄養塩回帰者　426
栄養塩除去技術　241
栄養塩除去にかかわる遺伝子　594
栄養塩溶出　122
栄養塩類　397
栄養階層　419
栄養塩変換機能　30
栄養段階　414
液々抽出法　480
液々分配　484
疫学的研究　624
液固抽出法　482
液晶　293
液体クロマトグラフ/質量分析計　372
エキノコックス　456, 466
エクマンバージ型採泥器　516
エコーウイルス　440
エコトーン　59, 62, 81, 416, 418
エコロジー　162
エコロジカルサニテーション　223, 224
エスチャリー　99
江戸川区の都市マスタープラン　170
エトフェンプロックス　373
エルシニア　434
エレクトロスプレーイオン化　501
塩害　128
塩化ビニル　367
沿岸域　387, 415
沿岸域管理　78
沿岸開発構想　74
沿岸漁業　71
沿岸湿地　59
沿岸生態系　426
沿岸帯　52
塩基対置換型　539
塩基飽和度　151

緩効性肥料　311
延焼遮断帯　169
遠心脱水機　257
遠心濃縮法　256
遠心ろ過　269
塩析剤　481
塩素　213
塩素剤　212
塩素消毒　249
塩素消毒副生成物　212, 368
塩素処理　212, 538
エンテロウイルス　440
エンドトキシン　327
エンドポイント　527
エンドリン　374
塩分　73
塩分躍層　49

オ

黄金色藻綱　404
大井ふ頭中央海浜公園　174
オオウキモ　71
大型底生動物　406
オオバフンウニ　71
オオフサモ　345
大森・武岡理論　305
オキシデーションディッチ法　230, 267, 302
沖帯　50
オクタノール/水分配係数　137, 480
オクチルフェノール　550
オーシスト　467
押し出し流れ形　233
汚染井戸周辺地区調査　369, 658
オゾン　327, 450, 468
オゾン酸化　321
オゾン処理　183, 206, 214, 249
オゾン水　327
汚損生物　373
お台場海浜公園　174
汚濁負荷量　666
汚泥減量型活性汚泥法　236
汚泥再生処理センター　263
汚泥焼却　258
汚泥処分　260
汚泥処理　256
汚泥処理工程　284
汚泥脱水　257
汚泥調質　256
汚泥転換率　233
汚泥濃縮　256
汚泥返送比　230
汚泥溶融　258
帯状構造　64
オペレーター　562

オペロン　563
重み付き利用可能面積　26
親潮　101
温度勾配ゲル電気泳動法　579
温排水　113

カ

加圧脱水機　257
加圧浮上法　256, 287
カイアシ類　402, 419
海域　447
　　——における病原細菌汚染状況　435
　　——の生活環境項目設定値　636
海外の干潟・沿岸湿地の造成，修復事業の事例　92
海岸環境整備　172
海岸環境整備事業　680
海岸環境の整備と保全　172
海岸構造物の設置　72
海岸法　94, 172, 680
海岸保全基本計画　680
海岸保全基本方針　680
海岸保全区域　680
概況調査　369, 658
回収型熱交換器　322
回収再利用　293, 294
海上公園　173
海上公園基本計画　173
海水淡水化　203
海跡湖　37
改善のらせん　602, 606
改善命令　650
海藻（草）　125
海草藻場　71
階段式ストーカー炉　258
海中公園地区　682
海中特別地区　682
海中緑化　76
海中緑化技術　76
海中林　71
快適性　187
回転円板装置　237
回転円板法　236
貝毒　422
開発途上国の環境管理　619
海浜流　96
回復　468
外部精度管理　495
海面養殖　304
外来魚　400
外来性有機物　415
改良 28 日間反復投与毒性試験　547
化学イオン化（CI）法　492
化学吸着　273
化学結合型シリカゲル系　481

722

化学酸化　321
化学的汚染　108
化学的処理法　161
化学物質の環境リスク　618
化学物質の審査及び製造等の規制に関する法律　660, 672
化学物質排出移動量登録制度　660
化学物質排出把握管理促進法　372, 660, 661
河況係数　4
核酸　559
拡散係数　18, 98
拡散層　189
各種の排水　540
攪乱　22, 65
隔離効果　103
確率論的モデル　17
かけ流し方式　689
河口　417
河口干潟　63
葛西『四季の道』『新長島川』・水と緑に親しむ会　168
過酸化物　296
火山湖　37
カジメ　71
河状　21
河状係数　4
河床付着層　394
河床変動　22
過剰揚水　128
河状履歴指標　22
化審法　147, 533
加水分解　251, 253
ガスクロマトグラフ　379, 520
ガスクロマトグラフ/質量分析計　372
カスケード効果　400
河川　3, 656
　——の景観　36
　——の水質管理　33
　——の生活環境項目設定値　634
河川維持流量　5
河川環境　35
河川環境管理基本計画　679
河川環境整備　34
河川昆虫　390, 392
河川水　3, 445
河川水中の有機物の消失過程　13
河川水における病原細菌汚染状況　435
河川水量の平滑化　688
河川整備基本方針　33, 679
河川整備計画　33, 679
河川棲浮遊藻類　393
河川法　678
河川水辺の国勢調査　678

河川連続体概念　396
河川連続体仮説　392
画像解析システム　582
ガソリン　147
渇湖干潟　63
カタストロフ　106
家畜排泄物の管理の適正化及び利用の促進に関する法律　689
家畜糞尿　300
渇水年　12
渇水流量　4
活性汚泥シミュレーションモデル　244
活性汚泥微生物濃度　234
活性汚泥法　230, 291
活性炭　487
活性炭含有シリカゲルカラムクロマトグラフィー　520
活性炭吸着　321
活性炭吸着装置　321
活性炭吸着法　321
活性炭処理　183, 206, 287
合併処理浄化槽　261, 662
家庭での雑排水対策　613
カドミウム　355
カドミウム耐性オペロン　592
カドミウム曝露源　356
カートリッジ形固相　481
加熱アルカリ分解法　483
カーバメイト　373
河畔・渓畔植物　21
河畔林　388
カビ臭物質　207
貨幣価値評価法　642
紙・パルプ用水の水質基準　318
β-ガラクトシダーゼ産生量　538
カラム　274
カラムクロマトグラフィー　486
　——の有無　506
カリシウイルス科　438
過硫酸塩　322
下流部（感潮域）　35
カルデラ湖　37
カルバリル　373
カルベンダジム　373
「川に親しむ」プログラム　603, 606
川を調べる　604
川を知る　604
川を伝える　605
川をみる　604
含硫黄代謝産物のメチルスルホン　379
簡易バイオアッセイ　531
簡易法による水質測定　613
灌漑用水　308, 309, 310, 311, 313, 314

灌漑用水池（ファームポンド）　344
ガンガゼ　71
環境アセスメント　638
環境安全総点検調査　660
環境移動　374
環境影響評価　94, 637, 641
環境汚染物質　376
環境基準　110, 122, 367, 516, 648
環境基準値　623
環境基準地点　657
環境基本計画　660, 678
環境基本法　372, 623, 630, 648, 669
環境教育　598
環境教育専門家会議　600
環境傾度　21
環境研究者育成　620
環境残留性　374
環境資源　66
環境浄化　585
環境浄化遺伝子　585
環境データ観測・活用事業　603
環境と社会に関する国際会議　600
環境に関するPCB分析法　380
環境バイオテクノロジー　586
環境配慮型行動　612
環境標準試料　488, 498
環境微量分析　479
環境変数　22
環境保全型農業　299, 300
環境保全活動・環境教育推進法　619
環境ホルモン　479, 551
環境ホルモン作用　371
環境ホルモン戦略計画 SPEED'98　383
環境モニタリング　374
間欠曝気法　303
還元性水　328
慣行水利権　685
乾式灰化法　356
乾式メタン発酵　254
干出　72, 73
岩礁域　418
乾性降下物　9
間接投入エネルギー　643
完全混合形　233
感染リスク　630
感染量　436
感染力　435, 448
乾燥　73
緩速ろ過　183
干拓　72
官能基　323
カンピロバクター・ジェジュニ/コリ　433

索　引

含有基準　154
涵養量　135
涵養量管理　129
管理型　32
管理型最終処分場　149
緩流部　390

キ

機械的分散係数　144
機械濃縮法　256
帰化植物　21
気管鰓　391
気候調節　162
揮散移動性　276
基質の反転・移動　73
技術審査証明制度　334
技術的課題　76
技術の到達点　75
基準超過率　369
汽水域　104, 417
寄生蠕虫　456
寄生虫　453
季節的湿地　80
基礎生産　422, 427
基礎生産者　414
基礎生産力　414
機能水　327
機能分類　556
揮発性有機塩素化合物　147, 159
揮発性有機化合物　508
忌避剤　372
気泡循環法　343
逆浸透　198, 203
逆浸透法　325
逆浸透膜　271
逆洗　202
逆相カラムクロマトグラフィー　485
逆転写酵素　571
逆流洗浄　196
逆粒度構成ろ過　197
キャピラリーカラム　520
キャピラリーカラム/高分解能質量分析計法　380
キャピラリーカラム/四重極質量分析計法　380, 381
キャピラリーカラム/電子捕獲型検出器付ガスクロマトグラフ　380
キャベリング　99
95％信頼区間　625
急性毒性　156, 370
急性毒性試験　531
急性毒性値　377
急速ろ過　183
吸着　249, 273, 330

吸着クロマトグラフィー　485
吸着剤　512
吸着性試験　288
吸着速度　207
吸着容量　273
休眠卵　401
教育の方向性　598
境界環境　390
競合 PCR 法　566, 567
競合プローブ　576
凝集　188, 246
凝集剤　189, 190
凝集剤添加活性汚泥法　246
凝集剤被覆法　196
凝集処理装置　291
凝集性試験　288
凝集沈殿　287
共焦点レーザー走査型顕微鏡　566
共生関係　252
行政計画　608
強制循環　124
共生説　420
競争　22, 402
協働　607
許可水利権　685
局部遮光法　343
漁港漁場整備基本方針　681
漁港漁場整備法　681
巨大動物プランクトン　420
魚類　399, 542
　——の行動圏　25
魚類生産　428
魚類（給餌）養殖場　304
キレート樹脂　274
金魚すくい大会　168
金属塩〜両性高分子凝集剤　257
金属機械加工排水　284
金属水銀　352

ク

空気室　341
空気洗浄　196
空隙率　129
クシクラゲ類　420
クジラ類中の PCBs 濃度　382
クデルナダニッシュ　484
クラゲ類　420
グラニュール汚泥　254
グラファイトカーボン　487
グリコーゲン　243
グリコーゲン蓄積細菌　245
クリプトスポリジウム　183, 453, 458, 467, 473
クリプトスポリジウムオーシスト　186

クリーンアップ　484
クーリングタワー用水　317
クリンメジャー　614
グループ型ファシリテータ方式　601
クレソン　344
黒潮　101
クロスコンタミネーション　496
クロスチェック　496
クロスフロー　272
クロスフローろ過　201, 269, 325
グロー放電　503
クロマトグラフィー　484
クロマトグラム　494, 522
クロム耐性オペロン　592
クロラミン　449
クロラミン処理　213
クロルアクネ　379
クロルデン　374
クロロビフェニル（または PCB）の毒性情報　378
クロロフィル a　47, 125
クロロフィル a 相関法　112
群速度　96

ケ

計画高水流量　162
計画親水水質　162
計画親水流量　162
計画変更命令　650
計画放流水質　220
景観　21, 162
景観形成機能　163
経気道摂取　629
蛍光 in situ ハイブリダイゼーション法　574
経口摂取　629
蛍光増強法　576
傾斜板式沈殿池　192
珪藻赤潮　423
珪藻綱　404
経皮摂取　629
ケークろ過　268
ケーシング収納方式　201
下水汚泥有効利用　260
下水・下水汚泥における病原細菌汚染状況　435
下水再生水中　458
下水試験方法　537
下水処理水　445, 458
下水道管渠空間　223
下水道空間　222
下水道システム　220, 224, 642
下水道法　652
下水道法施行令改正の要点　221
下水道法施行令の一部を改正する政

724

索　引

令　220
下水二次処理水　239
下水のもつ熱エネルギー　222
結合塩素処理　212
結合固定化法　240
結晶性粘土　137, 139
決定論的モデル　17
ケナフ　345
ゲル浸透クロマトグラフィー　486, 488
原位置抽出法　160
原位置分解法　160
限界沈降速度　191
限外ろ過　184, 198, 200, 325
限外ろ過膜　271
原核生物　420
嫌気好気式活性汚泥法　242
嫌気条件　243
嫌気状態　233
嫌気性細菌　236
嫌気性消化　250
嫌気性消化処理方式　262
嫌気性処理　250
嫌気性微生物　250
健康関連微生物　350, 429
健康項目　649
原子吸光光度法　353, 361
検出下限値　499
原水水質　217
減衰定数　144
原生生物　408, 409
原生動物　395, 401
原生動物プランクトン　426
建設技術評価制度　334
健全な水循環系　31
現像排水　293
元素組成　507
現存量　407
懸濁態有機成分　47
懸濁物質　287
原単位　6
原虫類　453
原虫類検出による水道の給水停止事例　464
顕熱交換量　41
原発性アメーバ性髄膜脳炎　465
検量線　514

コ

公園的機能　163
降河回遊　418
甲殻類　63
好気状態　233
好気性細菌　236
好気性消化処理方式　262
好気性状態　340

好気性脱窒　245
好気的条件下のSRT　232
恒久的湿地　80
工業用水　686
公共用水域　649, 657
抗原抗体反応　445
光合成　71, 420
光合成活性　342
光合成産物　395
光合成速度　29
光合成パターン　343
公衆認知　468
公衆の海岸の適正な利用の確保　172
公助と自助　610
更新時間　39
高水敷　20, 21
洪水疎通能　23
洪水貯留　60
洪水ハザードマップ　610
洪水流出負荷　6
厚生省調査による水源河川の原虫類検出結果　463
合成のイオン交換体　273
高層湿原　80
構造方法　265
高速液体クロマトグラフ質量分析計　489
高速凝集沈殿池　192
高速散水ろ床法　237
高速溶媒抽出　482
工程内処理　286
高度浄水処理　183, 205
高度処理工程　283
高負荷脱窒素処理方式　262
鉱物油　488
高分解能ガスクロマトグラフ質量分析計　553
高分解能質量分析計　520
高分子凝集剤　186, 256
酵母細胞　555
肛門鰓　391
向流再生方式　324
合流式下水道　225
光量　73
光量不足　75
港湾環境整備事業　681
港湾法　681
固液分離　246
固化　158
護岸　60
湖岸湿地　57
呼吸　391
呼吸効率　391
国際標準化機構　537
コクサッキーウイルス　439

コークスベッド式　258
国土総合開発法　684
国有海浜地　680
国連環境開発会議（地球サミット）　600
国連・持続可能な開発のための教育の10年　600
国連森林フォーラム　690
固形物滞留時間　232
コジェネレーションシステム　187
湖沼　656
　　──の生活環境項目設定値　635
湖沼開発　686
湖沼型　47
湖沼水　447
湖沼水質　45
湖沼水質保全基本方針　662
湖沼水質保全特別措置法　652
湖沼水質保全特別措置法　661
湖沼生態系　413
湖沼陸封型　399
湖水循環混合の効果　342
湖水を循環混合する方法　340
固相抽出法　481
固相マイクロ抽出　483, 508
固相または溶媒抽出法　372
古代湖　399
固体触媒　296
固定化担体法　236
固定層　189
コドン　562
コプラナー　487
コプラナーPCB　377, 515
コホート研究　624
小松川境川親水公園　167
　　──を愛する会　168
コミュニティ・プラント　261
ゴム堰　331
コメットアッセイ　542
固有透過度　145
コレラ菌　430
コロイド　188
コロナ放電　501
混合栄養　421
混合液浮遊物　230
混床式イオン交換装置　323
コンタミネーション　480, 496, 523
昆虫類　402
コンディショニング　481
コンブ場　71
コンポストトイレ　224

サ

細菌　408, 422
　　浮遊性の──　425
細菌性プランクトン　403

725

索引

サイクロスポラ 454, 465
最終沈殿池 230
最終慢性毒性値 633
最小感染単位 448
最小毒性量 628, 631
採食 73
最初沈殿池 230
再生水 228
再増殖 187
最大無毒性量 631
採泥器 424
砕波 96
再曝気 14
再曝気係数 18
再賦活 208
細胞周期 556
細胞侵入性大腸菌 572
細胞変性ウイルス 444
相模川水系の調査事例 458
作澪 123
左近川親水緑道 169
サザンハイブリダイゼーション 565
砂質干潟 63
差し引き排出負荷量 310, 311, 313
殺菌剤 372
雑食性 391
殺藻剤 344
殺そ剤 372
殺虫剤 372, 403
サッポロウイルス 441
雑用水 689
サーマルサイクラー 566
サーマルサイフォン 44
サーマルバー 44
砂面からの高さ 75
砂面の上下変動 73
サルパ類 420
サルモネラ 430
サルモネラ症 431
サロゲート物質 480
サロゲート法 495, 509
参加型の教育 601
酸化細菌 241
酸化試験 288
酸化・消毒剤 212
酸化処理 249, 287
酸化性水 327
酸化分解 330
産業用水 316
サンゴの白化 107
散水ろ床法 237
酸性雨 150
酸性湖沼 152
酸生成細菌 251
酸素消費速度 305

酸中和容量 644
残留塩素 184
残留性 276
残留性有機汚染物質 645, 660
　　——に関するストックホルム条約 371, 645

シ

次亜塩素酸ナトリウム 295
シアノバクテリア 403
ジアルジア 458, 467, 468
ジェオスミン 209
ジエチルジチオカルバミン酸銀法 359
潮目 98
紫外線 326, 451, 468
　　——による消毒効果 214
市街地土壌汚染 153
枝角類 402
色度 329
子宮肥大試験 547
敷料 300
ジクロロエチレン類 367
試験実施適正基準 495
自己形成 69
自己診断 612
自主防災組織 610
自浄作用 29, 330
飼餌料 306
止水域 390
止水系 390
システム分析 638
自生性有機物 397
自然海底（岩礁，砂泥）での回復 76
自然環境保全基礎調査 82, 678
自然環境保全地域 682
自然環境保全法 86
自然観察会 168
自然共生型流域圏・都市再生 619
自然公園法 86, 682
自然湖沼 37
自然再生 61
自然再生基本方針 683
自然再生事業 683
自然再生推進法 86, 94, 683
自然対流 42
自然調和型漁港作り事業 75
自然の藻場 75
自然由来有機物 204
持続可能な開発 600, 646
　　——のための教育 600
　　——のための世界首脳会議 600
持続可能な社会 221
持続的養殖生産確保法 305
自濁作用 29

室温アルカリ分解法 483
湿原 80
湿式灰化法 356
湿式メタン発酵 253
湿性降下物 9
湿性植物 60, 335
湿性遷移 81
湿性土壌 60
湿地 59, 73, 80
　　——の役割 85
　　日本における主要な—— 85
湿泥-ソックスレー抽出法 519
湿泥-ヘキサン抽出法 519
質量分析計 379
指定区域 154
し尿処理 262
し尿処理施設 261
し尿処理・浄化槽システム 220
篠田堀親水緑道 169
自発摂餌式給餌システム 306
ジヒドロジオール体 379
指標細菌 430, 471
指標生物 407
市民活動 613
市民環境科学 615, 616
市民参加 608
市民による河川の水質調査 613
市民レベル 619
ジメチルスルホキシド/ヘキサン分配 484
社会的な合意 78
社会的/批判的方向性 599
遮光効果 342
遮集容量 226
遮断型最終処分場 149
シャチ 71
周縁性淡水魚 388
重金属 9, 590
重金属汚染対策技術 156
重金属耐性遺伝子 590
重金属による汚染 156
重金属類 147
集水域 373, 414
自由生活性アメーバ類 456, 465, 469
従属栄養 419, 420
従属栄養細菌 395, 421, 472
従属栄養性微小鞭毛虫 425
従属栄養性微小鞭毛虫類 421
臭素系化合物 276
収着 137, 276
終末沈降速度 191
重要湿地500 83
集落排水 299
重力式ろ過装置 239
取水水源 687

取放水　39
樹木衰退　151
主要なイオン化の装置と特徴　501
循環型社会の創造　618
循環型社会を支える技術　618
循環灌漑　310, 311
循環期　48, 51
循環混合の意義　340
循環式硝化脱窒法　241
純水装置　323
浚渫　56, 72, 122
順相カラムクロマトグラフィー　485
純淡水魚　388
順応的管理　62, 70, 91
準用河川　678
常圧浮上法　256
硝化　232
生涯過剰発癌リスク　628
小核試験　541
小核誘発頻度　542
硝化細菌　233, 244, 568
硝化作用　66, 312
浄化生態系　337
浄化槽　264
硝化脱窒法　241
硝化反応　14
浄化保健機能　163
使用基準　371
小気泡連続曝気法　341
小気泡連続揚水法　341
条件の緩和　75
小サブユニット RNA　564
硝酸イオン　363
硝酸塩汚染　9
硝酸汚染　309
硝酸性および亜硝酸性窒素　364
硝酸性窒素　12, 148, 363
硝酸態窒素　329
使用残農薬　374
常時監視　657
上昇流嫌気性スラッジブランケット　251
浄水　183
上水試験方法　537
浄水場排水処理　186
晶析　246
沼沢湿原　80
沼沢地　80
消毒　183, 249
消毒剤耐性　436, 448, 467
消毒指標水質　217
消毒副生成物　184, 206, 209
衝突　75
衝突誘起解離　506
正味の汚濁負荷流出量　8

正味の復帰コロニー数　539
消耗性疾患　72
将来都市像　170
擾乱　67
蒸留　326, 327
上流域（山地域）　35
症例対照研究　624
初期続成作用　114
除去率　253
食害　75
職業訓練的/新古典的方向性　598
植栽浮島　335
植生浄化法　335
植生の遷移　77
食段階　422
触媒湿式酸化分解法　295
食品加工排水　282
食品中のダイオキシン汚染　376
植物成長調整剤　372
植物プランクトン　106, 403, 420, 422
食文化　400
食物網　414
食物連鎖　396, 400, 403, 422
除草剤　372
処理施設　655
処理プロセス　282
試料採取　512, 657
試料処理方法　505
試料調製方法　537
試料の保存　512
シルト　46
人為的要因　656
真核生物　420
新川地下駐車場　169
真菌　408
真空脱水機　257
新興再興感染症　429
人工的な藻場　75
人工干潟　88
親水　61, 162, 163
親水河川・公園　165
親水機能　66, 162
親水空間　167, 169, 170
親水計画　171
親水公園　166, 167, 168, 169, 171
親水コロイド　162
親水施設　164, 166, 171
親水性の概念　163
深水層　41, 50
親水まちづくり　171
親水緑道　169
新生産　422
浸漬ろ床法　236
人造湖（ダム湖）　37
深層曝気装置　342

深層曝気法　341
ジーンチップ　555
真度　495
浸透圧　271, 326
浸透圧調節　104, 391
振とう抽出　482
浸透流速　132
心理的存在　162
森林　297
親和性　276, 277

ス

水域　80
水域類型　657
水温　73
水温成層　39
水温躍層　41, 48, 56, 57, 339
水界生物　350
水銀系農薬　352
水銀耐性オペロン　590
水銀の環境基準　353
水系感染症問題　127
水系感染病原微生物　212
水源涵養林保全基金　609
水源地帯対策特別措置法　689
水産加工工程　280
水産加工排水　280
水産加工廃水処理　280
水産加工廃水処理場　282
水酸化体　379
水酸化物法　274
水産用水　319
水質　513, 655
水質汚染マップ　614
水質汚濁　225, 414
　　――に係る人の健康の保護に関する環境基準などの見直しについて　632
　　――にかかわる環境基準　669
水質汚濁防止法　372, 630, 633, 649, 666, 672
水質環境基準　155, 631, 649
水質環境創造システム　341
水質監視計画　659
水質基準値　212
水質季節変化　11
水質経年変化　11
水質浄化　60, 125
　　木炭を用いた――　613, 616
水質浄化機能　66
水質総合指標　614
水質総量規制制度　666
水質防止汚濁法　286
水質保全対策協議会　609
水生維管束植物　411
水生大型植物　411

水生昆虫　390, 406
水生植物　21, 335, 411
水生生物の保全に係る環境基準の設定について　633
水生生物保全に係る環境基準　633
水生生物保全にかかわる水質目標について　533
吹送流　97, 98, 343
水族館飼育用水　319
水素水　328
水素生成酢酸生成細菌　251
水素発酵　255
水道　183, 659
　　——における消毒　211
水透過流束　271
水道原水水質保全事業の実施の促進に関する法律　689
水道原水法　653
水道水　539
水道水源法　653
水道水質基準　155, 632
水道におけるクリプトスポリジウム暫定対策指針　219
水道法　653
水土保全林　689
水分特性曲線　130
水面からの深さ　75
水面積負荷　230
水理水頭　130
水量管理　32
数値化法　379
数値目標　611
周防灘西海岸　63
スキャン（SCAN）法　493
スクリーニング　638
スクリーニング・確認試験法　544
スクリュー循環法　343
スクリュープレス　270
スクリュープレス脱水機　258
スコーピング　638
砂質干潟　63
砂の移動　73
砂浜海岸　417
スペクトル干渉　492
棲み分け　25
スラグバス式溶融炉　258
スロープファクター　627

セ

生育基盤の設置　76
生育形　412
成育場　417
生育場所　21
生活環境項目　649
生活環境の保全に関する環境基準　217, 631, 633, 669
生活形　412
生活雑排水　329
生活排水　261
生活排水対策　652
生活用水　686
制御型　32
制限要因　73, 75
生産層　56
生産力　83
正常流量　5, 32
生食食物連鎖　427
生殖毒性試験　626
生食連鎖系　415
成層　50
成層期　48
成層破壊　341
生息地適性　22
生息地等保護区　683
生息場　91
生息場適性基準　26
生息場ボトルネック　25
生態影響評価試験　529
生態系　387, 413
　　——の保全　371
生態系影響指標　646
生態系モデル　116, 117
生態毒性　528
生態毒性学　528
生態毒性試験　529
生体内運命　368
生態ピラミッド　414
晴天時堆積量　9
精度　495
精度管理試料　499
製品LCA　641
生物　513
生物育成機能　163
生物応答　527
生物学事業計画　414
生物学的酸素要求量　18
生物学的な底生モジュール　119
生物攪乱/生物喚水モジュール　119
生物活性炭　208
生物活性炭処理法　250
生物吸着・濃縮　275
生物群集　71, 387
生物再生　208
生物資源の持続性　646
生物処理　159, 206, 287
　　——との併用処理法　250
生物処理工程　283
生物生産　61
生物生産機能　66
生物生息　61

生物生息機能　66
生物多様性　53
生物的均質化　389
生物的処理法　161
生物濃縮性　276, 374
生物分解性　287
生物分解性試験　288
生物膜処理法　236
生物膜法　230
生物膜ろ過法　239
生物ろ過膜　194
精密質量　507
精密ろ過　184, 198, 200, 325
ゼオライト　273
世界海草協会　73
石炭系活性　321
脊椎捕食者　402
堰止湖　37
石油類　147
赤痢アメーバ　454, 464, 469
赤痢菌　431
セグメント　22
セジメントトラップ　47
セストン　405
ゼータ電位　189
接触酸化法　238, 291
摂食生態　406
摂食生態的　391
接触沈殿　330
瀬戸内海環境保全基本計画　665
瀬戸内海環境保全特別措置法　652, 665, 681
瀬戸内海環境保全府県計画　665
瀬戸内海の生物資源の持続性評価　646
セリ　344
セレン　360
セレン化水素　360, 361
セレン欠乏症　362
セレン中毒症　360, 362
全イオン検出法　492
繊維・染色排水　288
旋回式　258
洗掘　75
洗浄水　280
染色体異常　541
染色排水　289
浅水変形　96
全層循環湖　39
選択イオン検出法　492, 506
選択取水　57
選択性　273
　　——の序列　274
選択的潮汐輸送　417
選択反応検出　506
潜堤　106

索引

セントラルドグマ 559, 561
潜熱交換量 41
全排水毒性 534
繊毛虫 409, 410
前立腺肥大試験 547
戦略的環境アセスメント 637
全量ろ過 325

ソ

ソイルフラッシング 158
造園 76
早期警戒システム 532
層構造 339
総合的水管理システム 129
総合保養地域整備法 172
総合水管理 31, 32, 34
操作ブランク試験 497
操作ブランク値 499
創出 61
増殖収率 253
増殖速度 28
槽浸漬方式 201
造成湿地 335
造成干潟 63
創造型親水公園 165
相対感度係数 494
相対危険度 624
相対透水係数 141
装置検出下限値 496
相補 DNA 571
草本植物 21
宗谷海流 101
掃流砂 23
造粒調質法 257
掃流力 22
総量規制 652
総量削減基本方針 666
総量削減計画 666
藻類 408, 420
——の大増殖(ブルーム) 340
遡河回遊 418
促進酸化処理 210, 288
測定計画 657
測定方法 369
疎水性収着 137, 138
疎水性反応 137
ソックスレー抽出 519
ソックスレー/ディーンスターク抽出器 519
粗度係数 23
ソフトなイオン化 506
ソーラー発電 344
粗粒状有機物 397

タ

耐塩素性病原性原虫 212, 219

耐塩素性病原微生物 183
ダイオキシン 482, 551, 552, 588, 645
ダイオキシン曝露経路 376
ダイオキシン法 654
ダイオキシン類 115, 276, 375, 479, 515, 660
——の分析方法 516
ダイオキシン類環境基準 115
ダイオキシン類底質環境基準 672
ダイオキシン類対策特別措置法 516, 524, 637, 671
ダイオキシン類対策特別措置法に基づく水質汚濁に係る環境基準について 637
体外排出有機物 425
大気圧イオン化 500
大気圧イオン化の原理 501
大気圧化学イオン化 501
大気圧光イオン化法 503
大気泡間欠揚水法 340
耐久卵 401
体験型教育 601
第三機能 162
第三次全国総合開発計画 172
代償措置 61
対象地概況調査 659
対象地詳細調査 659
対象地資料等調査 659
対称膜 200
帯水層 132
体積含水率 129
堆積性海岸 102
堆積物食者 63
大腸菌 432, 472
大腸菌群 472
大腸菌群数 626
大腸バランチジウム 466
堆泥 72, 73
ダイナミックろ過 269
堆肥 300
耐容一日摂取量 516, 631, 670
大陸沿岸系生物 103
代理指標 642
滞留時間 304
大量増殖赤潮 423
多環芳香族炭化水素類 9, 10, 276, 483
濁度最大域 100
多経路からの暴露 371
多孔質ポリスチレン樹脂 537
多次元尺度法 580
多室円筒型真空ろ過器 269
多重板型スクリュープレス脱水機 258
多種生物試験 529, 530

他生成有機物 388, 397
多成分一斉分析法 372, 495
多成分分析法 479
多槽完全混合形反応タンク 233
多層シリカゲルクロマトグラフィー 485
多層ろ過 197
漂う寄り藻 71
多段型 UASB リアクター 255
脱塩 275
脱酸素係数 18
脱窒 68, 232
脱窒菌 15, 148
脱窒細菌 233, 241
脱窒作用 312
脱窒性ポリリン酸蓄積細菌 245
脱着 137
脱ハロゲン化 485
建物計画 167
妥当性評価管理グループ 544
多摩川における原虫類調査結果 461
多摩川本川の調査事例 459
ダム水質システム 341
多毛類 63
タラ 71
単為生殖 401
単位操作の改良 286
単一種生物試験 529, 531
短期遺伝毒性試験 625
淡水赤潮 48
淡水域 387
淡水化処理 203
断層湖 37
単独処理浄化槽 261
タンパク質 559, 560

チ

チアベンダゾール 373
地域社会問題解決法 601
地域の環境 616
遅延係数 144
チオファネートメチル 373
地下水 130, 369, 447, 655, 656, 658
地下水汚染 146, 361, 365
地下水汚染源推定調査 658
地下水環境基準 155
地下水涵養 60
地下水摂取リスク 157
地下水中における病原細菌汚染状況 435
地下水の流速 135
地下水の流動系 135
地下水の流動速度 135
地下水盆 133
地下水揚水法 160

索　引

地下水利用状況　127
地球温暖化　618
地球温暖化防止対策の推進に関する法律　222
地球温暖化防止のための行動計画　611
地球環境問題　100
地球規模の環境　616
畜産排水　458
畜産排泄物　308, 309, 310
畜舎排水　300
蓄積性　276
地形性貯熱効果　44
地衡流　97
治水機能　162
池水交換率　39
治水事業　11
地中埋設農薬　374
窒素　241, 294, 303, 304, 305, 363
窒素除去遺伝子　594
窒素肥料　148
窒素飽和　645
窒素・リン　306
チフス菌　431
着生藻類　28
中圧（高圧）水銀ランプ　468
中央環境審議会　617
中・大型動物プランクトン　419
中空糸膜　200
抽出方法　480
抽水植物　53, 56, 412
中性フラグメント脱離スペクトル　493
中流域（自然堤防）　35
中流域（扇状地）　35
腸炎ビブリオ　434
超音波抽出　482
腸管系ウイルス　228
腸管出血性大腸菌　432, 572
腸管侵入性大腸菌　432
腸管病原性大腸菌　432
長距離移動性　374
超高感度分析　374
調査時期　656
調査・設計　75
調査頻度　656
鳥獣保護及狩猟の適正化に関する法律　86
潮汐　96
潮汐ダム　124
潮汐残差流　97, 98
潮汐流ポンプ　124
長波放射量　41
直接浄化　329, 329
直接摂取リスク　157
直接投入エネルギー　642

直接配水方式　689
直接曝露リスク　154
貯留係数　142
貯留水循環・混合の意義　339
貯留水の気泡による循環混合法　339
貯留水の成層と水質の悪化　339
沈降フラックス　121
沈降分離　268
沈水植物　53, 106, 412
沈殿　183, 191
沈殿除去率　192

ツ

津軽海流　101
対馬海流　101
土浦ビオパーク　336

テ

低圧水銀ランプ　468
定圧ろ過　195
ディウロン　373
定期的な移植　76
定期モニタリング調査　369, 658
底質　513
底質（東京都）中のPCBs濃度　382
泥質干潟　63
低水敷　20
低水流量　4
低水流路　20
ディスク形固相　481
ディスポーザ　223
底生栄養塩モジュール　119
底生サブモデル　119
底生生物　50
底生藻類　63
定性分析　493
定性法　506
定速ろ過　195
泥炭湿原　80
泥炭地　80
底泥からのリン回帰速度　49
低沸点有機塩素化合物　366
低沸点有機塩素化合物　368
ディフューズポリューション　298
底面波浪流速　75
定量　514
定量イオンの選択法　505
定量下限値　498
定量分析　494
定量法　505
ディルドリン　374
ディレクレ条件　143
適応放散　400

適正放養密度　305
鉄系凝集剤　186
デッドエンドろ過　201
鉄による還元プロセス　279
鉄による硝酸イオン還元のメカニズム　278
テトラクロロエチレン　146, 366
テトラヒドロフラン　504
デトリタス　47
電解陰極水　328
電解法　295
電解陽極水　328
添加回収実験　482, 488
添加回収率試験　498
転換者　425
電気透析法　324, 325
電気2重層　189
テングサ場　71
点源　298
電源立地　74
転耕　65
電子イオン化法　492
転写　561
転送効率　427
展着剤　372
天然のイオン交換体　273
天日乾燥床　257

ト

ドイツ排水令　537
同位体希釈法　374, 480, 509
冬季密度流　44
東京都海上公園基本構想　173
東京湾　63
東京湾再生推進会議　69
透視度　304
透水係数　131
透水層　132
透水量係数　142
同定　514
動的安定　68, 69
動物性食品中のPCB濃度　382
動物プランクトン　401, 419
透明度　54
導流堤　123
登録申請の審査　371
登録保留基準　371
通し回遊　399, 418
通し回遊魚　388
トキサフェン　374
トキソプラズマ　455, 466, 469
毒性　276
毒性等価　379
毒性等価係数　515
毒性当量　515, 524
毒素原性大腸菌　432, 572

索引

特定汚染源　6
特定化学物質の環境への排出量の把握等及び管理の改善の促進に関する法律（PRTR法）　675
特定漁港漁場整備事業計画　681
特定事業場　649, 662
特定施設　649
特定多目的ダム法　684
独立栄養細菌　395
都市計画　166
都市内河川　166
都市マスタープラン　171
土壌　656
土壌汚染対策法　153, 156, 159, 654
土壌ガス抽出法　160
土壌環境　136
土壌環境基準　153
土壌水　130
土壌洗浄法　158
土壌・地下水汚染に係わる調査・対策指針および運用基準　156
土壌・地下水に係る調査・対策指針　658
土壌の酸中和作用　150
土壌有機成分　139
土地利用　167
土地利用形態　373
土地利用変化　72
トップダウン効果　404
利根川・荒川水系の主要取水点におけるクリプトスポリジウム調査結果　463
利根川・江戸川水系における原虫類検出状況　461
利根川水系の調査事例　459
ドーパント　503
トラベルブランク　509
トラベルブランク試験　498
1,1,1-トリクロロエタン　366
トリクロロエチレン　146, 366
トリハロメタン　184, 206, 366
トリフルオロ酢酸　504
トレードオフ　611
豚舎　300

ナ

内水面養殖　305
内標準法　505
内部循環　645
内部生産　112, 423
内部精度管理　495
内部負荷　114
内分泌攪乱　371
内分泌攪乱化学物質　277, 544
　──の試験と評価に関するワーキンググループ　544

内分泌攪乱化学物質評価試験法諮問委員会　545
内分泌攪乱作用　383
内分泌攪乱性　276
内分泌攪乱物質　551
内陸湿地　59
　──におけるミティゲーション事例　88
流れ藻　71
ナノプランクトン　405
ナノろ過　198, 203
ナノろ過膜　271
生下水　445
鉛　148
軟化水　318
軟化装置　323
難分解性有機汚染物質　276

ニ

ニガ潮　42
二級河川　678
二酸化塩素　449
二酸化塩素処理　214
二次汚染　523
二次生産量　407
ニジマス　389
二次躍層　40
二重測定　499, 509
2床3塔型純水装置　323
二段曝気法　302
日射量　41
日周鉛直移動　51
日周期水平移動　53
日本住血吸虫　466
日本における主要な湿地　85
日本の湿地の特徴　85
二枚貝類　63
尿分離システム　223
人間・環境システム　607

ネ

ネクトン　50, 423
ネグレリア　456, 465, 469
熱塩成層　39
熱循環流　43
熱処理　158
熱成循環　44
熱帯性　103
ネットワーク　66
粘土　46

ノ

ノーウォークウイルス　441
農業系　297
農業集落排水施設　261, 662
農業用水　687

濃縮　444, 484
農地　297
濃度分極現象　272
農薬　207, 297, 300, 371
農薬取締法　371, 677
農用地土壌汚染防止法　654
野川　329
ノコギリモク　71
ノーザンハイブリダイゼーション　565
ノニルフェノール　550
ノニルフェノールエトキシレート　384
ノルマル条件　143
ノロウイルス　429, 441

ハ

バイアル　511
バイオアッセイ　527, 555
バイオテクノロジー　558
バイオフィルム　569
バイオマニピュレーション　54, 401
バイオモジュール　338
バイオレメディエーション　276, 580
廃棄物処理法　655
配合飼料　306
排出基準　516
排出規制　649
排出源対策　286
排出水　649
排水回収　316
排水基準　649
排水処理　267
排水処理特性　267
排水処理方式　285
排水のリサイクル　690
廃プラスチック　590
ハイブリダイゼーション　565
ハイブリッド法　641
パイロジェン　327
破過曲線　207
破過容量　512
バクテリオファージ　474
剥離　395
剥離排水　293
曝露経路　629
曝露濃度　533
曝露評価　628
ハサップ　475
パージトラップ法　508, 512, 513
波速　96
発癌性　276, 370
発癌性試験　625
曝気　57
曝気式ラグーン　302

索　引

曝気循環　39
曝気つき礫間接触酸化法　333
曝気排泥　332
パックドカラム/電子捕獲型検出器
　　付ガスクロマトグラフ法　380
発現プロファイル　556
ハニコーム式　210
パネル法　642
パラチフスA菌　431
パラメータフィッティング　20
春の透明期　51
パルプ・製紙排水　289
パルプ製造排水　289
ハロアセトニトリル　369
波浪　73
ハロ酢酸　367, 369
汎食性　391
半数感染量　448
反対荷電イオン　189
半導体　293
半導体製造用水　318
反応タンク　230
ハンノキ　82
汎用農地　313, 314

ヒ

被圧帯水層　132
非遺伝毒性発癌物質　626
非O1コレラ菌　430
ビオパーク　329
ビオパーク方式　336
干潟　109, 124
干潟実験施設　64
干潟造成事例　89
光回復　452
比基質除去速度　277
ピーク強度比　494
非結晶性金属水酸化物　139
非結晶性ケイ酸アルミニウム　139
非結晶性酸化鉄　140
非結晶性酸化マンガン　140
比高　21, 22
飛行時間型質量分析計　507
ピコプランクトン　405
ピコルナウイルス科　438
微細藻類　394, 420
ビ臭　339
微小振幅波理論　96
微小動物プランクトン　419, 422
比水分容量　142
ヒステリシス　130, 139
ビスフェノールA　382
微生物　424, 570
微生物食物連鎖　425, 427
微生物ループ　411
ヒ素　148, 357

——による健康被害　358
ヒ素汚染　128
ヒ素耐性オペロン　593
ヒ素曝露経路　358
ヒ素ミルク中毒事件　358
非対称膜　200
比貯留係数　142
必要酸素量　232
必要度の高い課題　621
非点源　298
ヒトエストロゲン受容体　548
非特定汚染源　6
ヒドロキシアパタイト　248
批判的環境教育　600
評価指標　471
病原ウイルス　473
病原原虫　473
病原性ウイルス　570
病原性大腸菌　572
病原性微生物の水系感染リスク評価
　　629
病原大腸菌　432, 572
病原微生物　184, 212, 429
標準活性汚泥法　230
標準作業手順書　495
標準散水ろ床法　236
標準脱窒素処理方式　262
標準物質　497
表水層　50
表層　41
表層土壌ガス調査　154
費用と便益の比較　610
表面洗浄　196
表面電荷　189
表面負荷率　192
表面溶融式　258
表面流出　372
日和見種　65
微粒状有機物　397
比流量　4
肥料　297
琵琶湖モデル　415
貧栄養湖　38
貧酸素化　107, 113, 122, 124, 428
貧酸素水塊　46, 69, 108, 108, 423
貧酸素層　51

フ

ファーストフラッシュ　226
不圧帯水層　132
不安定取水量　687
フィルター　444
フィルターハイブリダイゼーション
　　法　564
フィルタープレス　270
富栄養化　47, 51, 72, 109, 113, 122,

　　365, 414, 422, 427, 661
富栄養型　38
富栄養化防止　414
富栄養化防止フェンス　57
富栄養湖　52
フェニトロチオン　373
フェノブカルブ　373
フェライト法　275
不確実係数　628
復元　61
——の選択　78
複合影響　371
複合分析機器　491
複合藻場　76
複合養殖　306
覆砂　123
複雑系　620
複製　561
複層ろ過池　197
腹足巻　63
不顕性感染　439
浮上濃縮法　256
浮上分離　268
腐食　229
腐食食物連鎖　54
腐食連鎖系　415
フタル酸エステル類　276, 488
付着過程　194
付着藻類　58, 393
付着動物　75
物質循環　387, 396, 413, 424, 613
フッ素　294
物理化学的処理　246
物理吸着　273
負の遺産解消　618
浮漂（または浮遊）植物　413
部分遮光制藻法　343
部分循環湖　39
不飽和帯　130
フミン質　140
浮遊期　65
浮遊砂　23
浮遊サブモデル　118
浮遊性の細菌　425
浮遊生物法　230
浮遊藻類　392
浮遊モデル　121
不溶化　158
浮葉植物　53, 56, 412
ブラウン運動　188
ブラウントラウト　389
ブラックバス　389
プラトー効果　566
ブランク試料　499
プランクトン　50, 423
——の逆説　404

フルオロアパタイト 248
古川親水公園 163, 166, 168
古川を愛する会 168
ブルーギル 389
プレインキュベーション法 539
フレームシフト型 539
フローサイトメトリー 583
プロセスの転換 286
プロダクトイオン 506
プロトン化イオン 506
プロトン収支法 645
プロトン親和力 502
プロポクス 373
プロモーター 562
フロント 98, 99
分解経路 367
分解速度係数 9
分解率 253
分画分子量 271
分散 18
分散関係式 96
分散係数 144
分子拡散 18
分子拡散係数 144
分子生物学 585
分子生物学的手法 558, 564
分水集水 284
分配係数 151
分別収集 293
糞便性汚染指標 212
糞便性大腸菌群 472
糞便性連鎖球菌 472
粉末活性炭 207
分離カラム 503
分流式下水道 225

ヘ

平均空隙流速 132
平衡吸着量 206
閉鎖循環式養殖 306
平水流量 4
併用法 641
並流再生方式 324
ベオグラード憲章 600, 603
ヘキサクロロベンゼン 374
ヘッドスペース法 508, 512
ベニスシステム 104
ベノミル 373
ヘパトウイルス属 441
ヘプタクロル 374
ベルトプレス 270
ベルトプレス脱水機 257
ペルメトリン 373
変異原性 370, 556
変異原性・発癌性物質 543
変異原性物質生成能 540

変性剤濃度勾配ゲル電気泳動法 564, 579
返送汚泥 230
ベントス 63, 423
鞭毛虫 409, 410

ホ

ボイラの給水およびボイラ水の水質 318
防汚剤 373
防火帯機能 169
包括固定化法 240
包括的計画 70
防御 61
方形枠 424
防災機能 163
防災計画 609
胞子の着底 75
放射線 468
抱水クロラール 367
豊水流量 4
防波堤 106
防波堤改良 123
飽和恒数 277
飽和帯 130
飽和透水係数 131
補償深度 42, 53, 54
補償措置 87
捕食 402
捕食食物連鎖 425
補助地点 657
保全 61, 73
保存 61
ボックスモデル 118
ホテイアオイ 344
ボトムアップ効果 404
ホモ酢酸生成細菌 251
ポリ塩化アルミニウム 190
ポリ塩化ジベンソ-p-ジオキシン 374, 515
ポリ塩化ジベンゾ-p-ダイオキシン 377
ポリ塩化ジベンゾフラン 374, 377, 515
ポリ塩化ナフタレン 485
ポリ塩化ビフェニル 276, 374, 376, 482
ポリオウイルス 439
ポリ臭素化ジフェニルエーテル 487
ポリスチレンゲル系 481
ポリヒドロキシアルカン酸 242
ポリメラーゼ連鎖反応 564
ポリリン酸合成酵素 595
ポリリン酸蓄積細菌 242
ホルモン受容体結合応答性レポータ

――遺伝子アッセイ 546
ホルモン受容体結合試験 546
ホンダワラ場（ガラモ場） 71
翻訳 562

マ

マイクロコズム 530
マイクロ生息場 26
マイクロベントス 423
埋没 75
マイレックス 374
前処理 479
前処理工程 282
前浜干潟 63
膜エレメント 200
膜間差圧 202
膜処理 317, 474
膜分離 198
膜分離活性汚泥処理法 250
膜分離高負荷脱窒素処理方式 262
膜分離バイオリアクター 272
膜分離法 270
膜モジュール 200, 201
膜ろ過 183, 198
マクロ生息場 26
マクロプランクトン 405
マクロベントス 63, 423
マコンブ 71
マススペクトル 494
マダイ 307
まちづくり 166
まちづくり活動 609
末端標識制限酵素断片多型分析法 582
マッドボール 196
マトグラフ/質量分析計 491
慢性毒性 155, 370
慢性毒性試験 531

ミ

三河湾 63
β2-ミクログロブリン 357
ミクロスポリジア 455, 466, 469
ミクロプランクトン 405
ミジンコ類 402
水環境 669, 678
水環境教育 597
水環境中の病原細菌 434
水空間 176
――の親水性 177
――の生理・心理的効果 176
水草 52, 411
ミズクラゲ 107
水資源開発公団法 684
水資源開発促進法 684
水収支 134

索　引

水使用量実績　686
水と底質との栄養塩の交換　15
水と緑の行動指針　170, 171
水と緑の整備方針　170
水のある空間　172
水辺　166
水辺環境再生事業　679
水理学的滞留時間　232
身近な川の一斉調査　614
密度成層　97, 108, 113
密度流　343
ミティゲーション　61, 87, 640
みなし指定地域特定施設　662
水俣病　352, 354
ミネラルウォーター　686
ミント　344

ム

無影響濃度　533
無害化処理　374
無機イオン型水銀　352
無機イオン交換体　273
無機化　422
無機化学肥料　148
無機凝集剤　257
無光層　57
無酸素条件　243
無酸素状態　233
無脊椎捕食者　402
無登録農薬　371
無毒性量　628

メ

メイオベントス　63, 423
名水百選　679
メカニズム　342
メガベントス　423
メジナ虫　466
メダカエストロゲン受容体　548
メダカパーシャルライフサイクル試験　549
メダカパーシャルライフ試験　549
メダカビテロゲニンアッセイ　549
メダカを用いた in vivo 試験　549
メタノール/ヘキサン分配　484
メタロチオネイン　356
メタン生成　250
メタン生成古細菌　251
メタン発酵法　250, 303
メチル水銀　353
メチル水銀化合物　354
鍍金工程排水　284
滅菌　326
メトヘモグロビン血症　365
綿タンポン　444
メンテナンスフリー　74

モ

藻　70
木材生産林　689
木材用防除剤　373
木炭を用いた水質浄化　613, 616
目標値法　642
木本植物　21
モスクワ会議　600
モニタリング　73, 75, 88, 527
モニタリング計画　656
藻場　70, 109, 124
　　——の基本図・分布図　76
　　——の保全　73
　　自然の——　75
藻場回復　74, 75
　　——の方向性　76
藻場生態系　70
藻場造成　75
モンモリロナイト　138

ヤ

ヤシ殻系活性炭　321
谷地田　312, 313
八代海　63
ヤナギ　82
屋根などからの排水　9

ユ

誘引剤　372
有害赤潮　423
有害影響　528
有害化学物質　10, 350, 351, 403
有害重金属含有排水　288
有害性の同定　627
有害有毒藻類ブルーム　423
有機イオン交換体　273
有機塩素化合物　588
有機塩素系農薬　276
有機汚濁　108, 110
有機汚濁物質　266
有機水銀　352, 354
有機炭素成分　137, 138
有機ヒ素化合物　358
有機肥料　148
有機物による汚染　159
有機リン酸トリエステル類　480
有効空隙率　131
有効径　195
有光層　422
湧昇　97
有毒ブルーム　423
遊離塩素　449
遊漁資源　388
ユスリカ　406
輸送過程　66, 194

ユニットリスク　627
油分　287

ヨ

陽イオン交換　273
陽イオン交換緩衝　150
陽イオン交換容量　151
溶解・拡散説　326
溶解度　274
溶解度積　275
要監視項目　623
溶質透過流束　271
溶出　114
溶出基準　154
養殖施設　305
用水処理　316
溶存酸素　18
溶存酸素垂下曲線　18
溶存酸素飽和量　102
溶存態有機物　397, 409
溶存有機成分　45
溶存有機炭素　45
溶存有機物　425
溶脱率　310
用途別工業用水要望水質　318
溶媒抽出法　277
溶媒分子　502
　　——のイオン　502
用量-反応関係　448
用量-反応評価　627
用量-反応モデル　448
葉緑体　420
ヨシ　82
余剰汚泥　230
　　——の発生量　232, 233
淀川水系における原虫類検出状況　462
淀川水系の調査事例　460
予防的アプローチ　638
予防的措置　374

ラ

ライフサイクルエネルギー　642, 643
ライフサイクルCO_2　644
落射蛍光顕微鏡　424
ラッコ　71
ラムサール条約　80, 85
ランブル鞭毛虫　453, 473
乱流拡散　18

リ

リサイクル処理　159
利水機能　162
リスク管理　371
リスクコミュニケーション　619

リスクの判定　628
リスク評価　374, 627
理想沈殿池　191
立形多段焼却炉　258
リプレッサー　562
リベラル/進歩的方向性　598
リボソーム　562
リボソーム RNA　574
流域委員会　679
流域管理　57
硫化水素　229
硫化物法　275
硫化物量　305
流況調整河川　686
流砂　21
硫酸アルミニウム　190
硫酸塩還元細菌　229, 253
硫酸洗浄　485
粒子状有機物　425
粒子追跡法　145
流出率　372
粒状活性炭　207
流水機能　162
流水系　390
流送土砂　21
流程遷移　25
流動焼却炉　258
流入下水　458
流量　505
両側回遊魚　388
両生植物　413
両側回遊　418
緑藻綱　404
理論酸素要求量　267
リン　241, 303, 304, 305
リン酸除去遺伝子　595
リン除去　246
リン蓄積微生物　233
リンの回収　246

ル

類型指定　649

レ

励起ガス　503
励起原子　503
冷却水の水質基準　317
レオウイルス科　438
礫間接触酸化施設　329
礫間接触酸化法　331
レクリエーション　162
レクリエーション機能　163
レジオネラ　433, 465
レジャーボート増加　72
レッドフィールド　405
レポータージーンアッセイ　549,

551, 552, 553
連続電気脱イオン装置　324
連続モニタリング　532

ロ

労働力投入による負荷　643
ろ過　268
　　——の数式化　195
ろ過食者　63, 68
ろ過閉塞　197
六価クロム　148
ろ材の粒径比率　195
ろ層厚さの設計指標　195
ロタウイルス　442
ロータリーエバポレーター　484
路面堆積フラックス　10
路面排水　10

ワ

ワカメ場　71
渡瀬調整池　336
湾口改良　123

A

A 型肝炎ウイルス　441
ALC－CO_2　644
ALCE　644
Ames 試験　359, 539
amo 遺伝子群　594
amoA　569
Anammox　245
A2O プロセス　243
APCI　501
ASM　244
ASRT　232, 233
Aufwuchs　394

B

bacterioplankton　425, 426
Bacteroidales　572
barren ground　72
B/C 比　104
BOD　17, 267, 289
BOD 濃度　14
BOD 負荷　237
BOD 容積負荷　303
BOD－SS 負荷　234
BOX モデル　15
bph オペロン　588

C

CALUX　552
6－carboxyfluorescein diacetate
　580
Carlson 指数　47
CE－QUAL－RIV1　20

CID　506
CIP　283
Clean Water Act　60
COD　110, 111, 112, 122, 613, 614
COD 収支　252
COD 除去　289
Co－PCB　377, 523
coralline flat　72
CPOM　397
Ct 値　450

D

Darcy の法則　131, 141
DDT　374, 482
ΔCOD 法　112
DGGE 法　574, 580
DHS　255
Direct Viable Count 法　576
DNA　559
DNA 修飾関連遺伝子　556
DNA 損傷性強度　536
DNA 損傷性物質生成能　538
DNA 損傷度　542
DNA チップ　555
DNA ポリメラーゼ　566
DNA マイクロアレイ　555
DNAPL　147, 159
DOC　45
DOM　397
Dupuit－Forchheimer の仮定　142
DVC－FISH 法　577

E

E 型肝炎ウイルス　442
EC_{50}　530, 554
EGSB　255, 283
EMS モデル　116
ERSEM モデル　116
Euler 法　145

F

Fick の法則　144
FISH 法　564, 574
FPOM　397
FRNA ファージ　474

G

γHCH（γBHC）　589
GC/MS　372, 479, 491, 513
GFP　538
Gibbs の自由エネルギー　137
Gouy 層　189
GPC　488, 504
GPC（GFC）固定相　504
GREEN　603
GSS　254

索　引

H

hao 遺伝子群　594
HCB　374, 482
helper oligonucleotide　576
Henry の法則　508
HPLC　479, 484
HPLC/ICP-MS　492
HRGC　520
HRMS　520
HRT　232
HSC　26

I

IC　255
ICP 発光分光光度法　361
IFIM　26
in situ ハイブリダイゼーション法　565
in situ LAMP 法　578
in situ PCR-FISH 法　578
in vitro スクリーニング試験法　545, 546
in vivo スクリーニング試験　545, 547
IR　538
ISO 14000s 環境マネジメントシステム　187

K

K 戦略　105

L

LC_{50}　530
LCA　640
LC/MS　372, 479, 500
L-DOC　45
LNAPL　147, 160
LOEC　530

M

MAP 法　303
MDL　497
MDS 解析　580
MF　184, 325, 327
MF 膜　198
2-MIB　209
Michaelis-Menten 型のモデル　277
Mino モデル　243
mono-ortho PCBs　523
MRM 法　493

N

Naegleria fowleri　469
NAPLs　145
Newton の式　191
nirS　569
NOEC　530
No-Net-Loss 国家政策　73
non-ortho PCBs　523

O

Odds 比　624
OPEs　480

P

PAH　276, 277, 483, 589
P/B 比　424
PBDE　487
PCB　276, 376, 482, 588, 645
　——に関する主な経緯　377
　——の汚染実態　380
　——の環境基準　379
　——の急性毒性　377
　——の代謝　379
　——の毒性等価係数　379
　——の分析法　379
PCB 製品　377
PCB 濃度調査　381
PCDD　374, 377, 522
PCDF　374, 377, 522
PCE　588
PCN　485
PCR 法　566
P-DOC　45
PEEK　504
PFOA　504
PHABSIM　26
pH 調整剤　190
POP　115, 276, 277, 645, 661
POPs 条約　371, 677
POPs モニタリング調査　645
Posidonia 属海草藻場　72
PRTR 制度　367, 676
PRTR 法　372, 533, 619, 671, 675
Pseudomonas 属　395
PTRI　494

Q

QUAL2E　19

R

r 戦略　105
Real-Time PCR 法　567
Real-Time RT-PCR 法　571
Rec アッセイ　541
Richardson 数　42, 98
RNA　559
RO　199, 271, 325, 327
RRF　494
RT-PCR 法　567, 571
RWQM1　20

S

Salmonella spp.　572
Shigella 属　431
SPME　483
SRT　232
　好気的条件下の——　232
Stern 層　189
Stokes 式　191
Streeter-Phelps の式　18
student の t 分布　498
SYBR Green ケミストリ　568
syntrophs　251

T

TA98 株　539
TA100 株　539
TaqMan ケミストリ　568
TaqMan プローブ　568
TCE　588
TEF　554
TEQ　379
Terminal restriction fragment length polymorphism　572
TGGE 法　574, 580
THM　369
Tier 1 スクリーニング試験　545
Tm 値　568
TOF-MS　507
T-RFLP 法　574, 582
tRNA　562
TSA　576

U

U 字状の逆サイフォン　340
UASB 法　251, 283
UCT プロセス　244
UF　325
UF 膜　198, 271
umu 試験　536
USEPA　545

V

VOC　508
Vollenweider 型　47

W

Wedderburn number　42
wetland　59
WHO 飲料水水質ガイドライン　214
WHO/ICPS　516
WUA　26

水環境ハンドブック	定価は外函に表示

2006年10月30日　初版第1刷
2007年 3月30日　　　第2刷

編集者　㈳日本水環境学会

発行者　朝　倉　邦　造

発行所　株式会社　朝倉書店
東京都新宿区新小川町6-29
郵便番号　162-8707
電話　03(3260)0141
FAX　03(3260)0180
http://www.asakura.co.jp

〈検印省略〉

© 2006〈無断複写・転載を禁ず〉

教文堂・渡辺製本

ISBN 978-4-254-26149-3　C 3051　　Printed in Japan

太田猛彦・住　明正・池淵周一・田渕俊雄・
眞柄泰基・松尾友矩・大塚柳太郎編

水　の　事　典

18015-2 C3540　　　　A 5 判 576頁 本体20000円

水は様々な物質の中で最も身近で重要なものである。その多様な側面を様々な角度から解説する，学問的かつ実用的な情報を満載した初の総合事典。〔内容〕水と自然（水の性質・地球の水・大気の水・海洋の水・河川と湖沼・地下水・土壌と水・植物と水・生態系と水）／水と社会（水資源・農業と水・水産業・水と工業・都市と水システム・水と交通・水と災害・水質と汚染・水と環境保全・水と法制度）／水と人間（水と人体・水と健康・生活と水・文明と水）

水文・水資源学会編　京大 池淵周一総編集

水文・水資源ハンドブック

26136-3 C3051　　　　B 5 判 656頁 本体35000円

きわめて多様な要素が関与する水文・水資源問題をシステム論的に把握し新しい学問体系を示す。〔内容〕【水文編】気象システム／水文システム／水環境システム／都市水環境／観測モニタリングシステム／水文リスク解析／予測システム【水資源編】水資源計画・管理のシステム／水防災システム／利水システム／水エネルギーシステム／水環境質システム／リスクアセスメント／コストアロケーション／総合水管理／管理・支援モデル／法体系／世界の水資源問題と国際協力

東工大 池田駿介・名大 林　良嗣・京大 嘉門雅史・
東大 磯部雅彦・東工大 川島一彦編

新領域　土木工学ハンドブック

26143-1 C3051　　　　B 5 判 1120頁 本体38000円

〔内容〕総論（土木工学概論，歴史的視点，土木および技術者の役割）／土木工学を取り巻くシステム（自然・生態，社会・経済，土地空間，社会基盤，地球環境）／社会基盤整備の技術（設計論，高度防災，高機能材料，高度建設技術，維持管理・更新，アメニティ，交通政策・技術，新空間利用，調査・解析）／環境保全・創造（地球・地域環境，環境評価・政策，環境創造，省エネ・省資源技術）／建設プロジェクト（プロジェクト評価・実施，建設マネジメント，アカウンタビリティ，グローバル化）

産総研 中西準子・産総研 蒲生昌志・産総研 岸本充生・
産総研 宮本健一編

環境リスクマネジメントハンドブック

18014-5 C3040　　　　A 5 判 596頁 本体18000円

今日の自然と人間社会がさらされている環境リスクをいかにして発見し，測定し，管理するか──多様なアプローチから最新の手法を用いて解説。〔内容〕人の健康影響／野生生物の異変／PRTR／発生源を見つける／*in vivo*試験／QSAR／環境中濃度評価／曝露量評価／疫学調査／動物試験／発ガンリスク／健康影響指標／生態リスク評価／不確実性／等リスク原則／費用効果分析／自動車排ガス対策／ダイオキシン対策／経済的インセンティブ／環境会計／LCA／政策評価／他

日本環境毒性学会編

生態影響試験ハンドブック
―化学物質の環境リスク評価―

18012-1 C3040　　　　B 5 判 368頁 本体16000円

化学物質が生態系に及ぼす影響を評価するため用いる各種生物試験について，生物の入手・飼育法や試験法および評価法を解説。OECD準拠試験のみならず，国内の生物種を用いた独自の試験法も数多く掲載。〔内容〕序論／バクテリア／藻類・ウキクサ・陸上植物／動物プランクトン（ワムシ，ミジンコ）／各種無脊椎動物（ヌカエビ，ユスリカ，カゲロウ，イトトンボ，ホタル，二枚貝，ミミズなど）／魚類（メダカ，グッピー，ニジマス）／カエル／ウズラ／試験データの取扱い／付録

日中英用語辞典編集委員会編

日中英土木対照用語辞典（普及版）

26150-9 C3551　　　　A 5 判 500頁 本体8800円

日本・中国・欧米の土木を学ぶ人々および建設業に携わる人々に役立つよう，頻繁に使われる土木用語約4500語を選び，日中英，中日英，英日中の順に配列し，どこからでも用語が捜し出せるよう図った。〔内容〕耐震工学／材料力学，構造解析／橋梁工学，構造設計，構造一般／水理学，水文学，河川工学／海岸工学，湾岸工学／発電工学／土質工学，岩盤工学／トンネル工学／都市計画／鉄道工学／道路工学／土木計画／測量学／コンクリート工学／他。初版1996年。

京大防災研究所編

防災学ハンドブック

26012-0 C3051　　B 5 判 740頁 本体32000円

災害の現象と対策について，理工学から人文科学までの幅広い視点から解説した防災学の決定版。〔内容〕総論（災害と防災，自然災害の変遷，総合防災的視点）／自然災害誘因と予知・予測（異常気象，地震，火山噴火，地表変動）／災害の制御と軽減（洪水・海象・渇水・土砂・地震動・強風災害，市街地火災，環境災害）／防災の計画と管理（地域防災計画，都市の災害リスクマネジメント，都市基盤施設・構造物の防災診断，災害情報と伝達，復興と心のケア）／災害史年表

前東大 不破敬一郎・国立環境研 森田昌敏編著

地球環境ハンドブック（第 2 版）

18007-7 C3040　　A 5 判 1152頁 本体35000円

1997年の地球温暖化に関する京都議定書の採択など，地球環境問題は21世紀の大きな課題となっており，環境ホルモンも注視されている。本書は現状と課題を包括的に解説。〔内容〕序論／地球環境問題／地球／資源・食糧・人類／地球の温暖化／オゾン層の破壊／酸性雨／海洋とその汚染／熱帯林の減少／生物多様性の減少／砂漠化／有害廃棄物の越境移動／開発途上国の環境問題／化学物質の管理／その他の環境問題／地球環境モニタリング／年表／国際・国内関係団体および国際条約

前気象庁 新田　尚・東大住　明正・前気象庁 伊藤朋之・前気象庁 野瀬純一編

気象ハンドブック（第3版）

16116-8 C3044　　B 5 判 1032頁 本体38000円

現代気象問題を取り入れ，環境問題と絡めたよりモダンな気象関係の総合情報源・データブック。［気象学］地球／大気構造／大気放射過程／大気熱力学／大気大循環［気象現象］地球規模／総観規模／局地気象［気象技術］地表からの観測／宇宙からの気象観測［応用気象］農業生産／林業／水産／大気汚染／防災／病気［気象・気候情報］観測値情報／予測情報［現代気象問題］地球温暖化／オゾン層破壊／汚染物質長距離輸送／炭素循環／防災／宇宙からの地球観測／気候変動／経済［気象資料］

日本雪氷学会監修

雪 と 氷 の 事 典

16117-5 C3544　　A 5 判 784頁 本体25000円

日本人の日常生活になじみ深い「雪」「氷」を科学・技術・生活・文化の多方面から解明し，あらゆる知見を集大成した本邦初の事典。身近な疑問に答え，ためになるコラムも多数掲載。雪氷圏／降雪／積雪／融雪／吹雪／雪崩／氷／氷河／極地氷床／海水／凍上・凍土／雪氷と地球環境変動／宇宙雪氷／雪氷災害と対策／雪氷と生活／雪氷リモートセンシング／雪氷観測／付録（雪氷研究年表／関連機関リスト／関連データ）／コラム（雪はなぜ白いか？／シャボン玉も凍る？他）

水産総合研究センター編

水 産 大 百 科 事 典

48000-9 C3561　　B 5 判 808頁 本体32000円

水産総合研究センター（旧水産総研）総力編集による，水産に関するすべてを網羅した事典。〔内容〕水圏環境（海水，海流，気象，他）／水産生物（種類，生理，他）／漁業生産（漁具・機器，漁船，漁業形態）／養殖（生産技術，飼料，疾病対策，他）／水産資源・増殖／環境保全・生産基盤（水質，生物多様性，他）／遊漁／水産化学（機能性成分，他）／水産物加工利用（水産加工品各論，製造技術，他）／品質保持・食の安全（鮮度，HACCP，他）／関連法規・水産経済

谷内　透・中坊徹次・宗宮弘明・谷口　旭・日野明徳・阿部宏喜・藤井建夫・秋道智弥他編

魚 の 科 学 事 典

17125-9 C3545　　A 5 判 612頁 本体20000円

日本人にとって魚類は"生物として"，"漁業資源として"，"文化として"大きな関心がもたれている。本書はそれらを背景に食文化や民俗的観点も含めて"魚"を科学的・体系的に把握する。また折々に豊富なコラムも交えて魚のすべてをわかりやすく展開。〔内容〕＜1．魚の構造と機能編＞魚の分類と形態／魚の解剖・生理／魚の生態／魚の環境：＜2．魚と漁業編＞魚と漁獲／魚と増養殖／魚と資源：＜3．魚と文化編＞魚と健康／魚と食文化／魚と民俗・伝承

兵庫県大 江崎保男・兵庫県大 田中哲夫編	野外生態学者13名が結集し，保全・復元すべき環境に生息する生物群集の生息基盤(生息できる理由)を詳述。〔内容〕河川(水生昆虫・魚類・鳥類)／水田・用水路(二枚貝・サギ・トンボ・水生昆虫・カエル・魚類)／ため池(トンボ・植物)
水 辺 環 境 の 保 全 ―生物群集の視点から― 10154-6 C3040　　　　B 5 判 232頁 本体5800円	
前日大 木平勇吉編	信濃川(大熊孝)，四万十川(大野晃)，相模川(柿澤宏昭)，鶴見川(岸由二)，白神赤石川(土屋俊幸)，由良川(田中滋)，国有林(木平勇吉)の事例調査をふまえ，住民・行政・研究者が地域社会でパートナーとしての役割を構築する〈貴重な試み〉
流 域 環 境 の 保 全 18011-4 C3040　　　　B 5 判 136頁 本体3800円	
九大 楠田哲也・九大 巖佐 庸編	生態系をモデル化するための新しい考え方と技法を多分野にわたって解説した"生態学と工学両面からのアプローチを可能にする"手引書。〔内容〕生態系の見方とシミュレーション／生態系の様々な捉え方／陸上生態系・水圏生態系のモデル化
生態系とシミュレーション 18013-8 C3040　　　　B 5 判 184頁 本体5200円	
富士常葉大 杉山恵一・東農大 進士五十八編	本書は，身近な自然環境を復元・創出するための論理・計画・手法を豊富な事例とともに示す，実務家向けの指針の書である。〔内容〕自然環境復元の理念と理論／自然環境復元計画論／環境復元のデザインと手法／生き物との共生技術／他
自 然 環 境 復 元 の 技 術 10117-1 C3040　　　　B 5 判 180頁 本体5500円	
富士常葉大 杉山恵一・九大 重松敏則編	全国各地に造成されてすでに数年を経たビオトープの利活用のノウハウ・維持管理上の問題点を具体的に活写した事例を満載。〔内容〕公園的ビオトープ／企業地内ビオトープ／河川ビオトープ／里山ビオトープ／屋上ビオトープ／学校ビオトープ
ビオトープの管理・活用 ―続・自然環境復元の技術― 18008-4 C3040　　　　B 5 判 240頁 本体5600円	
東大 宮崎 毅・北大 長谷川周一・山形大 粕渕辰昭著	大学初年級より学べるよう，数式の使用を抑え，極力平易に解説した土壌物理学の標準的テキスト。〔内容〕土の役割／保水のメカニズム／不飽和浸透流の諸相／地表面の熱収支／土の中のガス成分／土中水のポテンシャルの測定原理／他
土 壌 物 理 学 43092-9 C3061　　　　A 5 判 144頁 本体2900円	
京大 禰津家久・名工大 冨永晃宏著	水理学を体系の中で理解できるように，本文構成，図表，式の誘導等に様々な工夫をこらし，身につく問題と詳解，ティータイムも混じえた本格的な教科書。〔内容〕I. 流れの基礎／II. 水理学の体系化―流体力学の応用／III. 水理学の実用化
水 理 学 26139-4 C3051　　　　A 5 判 328頁 本体5200円	
岩田好一朗編著　水谷法美・青木伸一・村上和男・関口秀夫著 役にたつ土木工学シリーズ1	防護・環境・利用の調和に配慮して平易に解説した教科書。〔内容〕波の基本的性質／波の変形／風波の基本的性質と風波の推算法／高潮，津波と長周期波／沿岸海域の流れ／底質移動と海岸地形／海岸構造物への波の作用／沿岸海域生態系／他
海 岸 環 境 工 学 26511-8 C3351　　　　B 5 判 184頁 本体3700円	
京大 小尻利治著 役にたつ土木工学シリーズ2	水資源計画・管理について基礎から実際の応用までをやさしく，わかりやすく解説。〔内容〕水資源計画の策定／利水安全度／水需給予測／流域のモデル化／水質流出モデル／総合流域管理／気象変動と渇水対策／ダムと地下水の有機的運用／他
水 資 源 工 学 26512-5 C3351　　　　B 5 判 160頁 本体3400円	
京大 池淵周一・京大 椎葉充晴・京大 宝 馨・京大 立川康人著 エース土木工学シリーズ	水循環を中心に，適正利用・環境との関係まで解説した新テキスト。〔内容〕地球上の水の分布と放射／降水／蒸発散／積雪・融雪／遮断・浸透／斜面流出／河道網構造と河道流れの数理モデル／流出モデル／降水と洪水のリアルタイム予測／他
エース 水 文 学 26478-4 C3351　　　　A 5 判 216頁 本体3600円	
元東北大 松本順一郎編	水環境全般について，その基礎と展開を平易に解説した，大学・高専の学生向けテキスト・参考書〔内容〕水質と水文／各水域における水環境／水質の基礎科学／水質指標／水環境の解析／水質管理と水環境保全／水環境工学の新しい展開
水 環 境 工 学 26132-5 C3051　　　　A 5 判 228頁 本体3900円	
前建設技術研 中澤弌仁著	地球資源としての水を世界的視野で総合的に解説〔内容〕地球の水／水利用とその進展／河川の水利秩序と渇水／水資源開発の手段／河川の水資源開発の特性／水資源開発の計画と管理／利水安全度／海外の水資源開発／水資源開発の将来
水 資 源 の 科 学 26008-3 C3051　　　　A 5 判 168頁 本体3800円	

上記価格（税別）は 2007 年 3 月現在